INQUIRY INTO PHYSICS 8e

VERN J. OSTDIEK, DONALD J. BORD 원저

8판 개정판

쉽게 배우는 **물리학**

물리학교재편찬위원회 역

북스힐

Cengage

Australia • Brazil • Canada • Mexico • Singapore • United Kingdom • United States

Inquiry into Physics, 8th Edition

Vern J. Ostdiek
Donald J. Bord

Original edition © 2018 Brooks Cole, a part of Cengage Learning.
Inquiry into Physics, 8th Edition
by Vern J. Ostdiek and Donald J. Bord
ISBN: 9781305959422

This edition is translated by license from Brooks Cole, a part of Cengage Learning, for sale in Korea only.

For permission to use material from this text or product, email to
asia.infokorea@cengage.com

ISBN-13: 979-11-5971-474-0

Cengage Learning Korea Ltd.
14F YTN Newsquare 76 Sangamsan-ro
Mapo-gu Seoul 03926 Korea
Tel: (82) 2 1533 7053
Fax: (82) 2 330 7001

Cengage is a leading provider of customized learning solutions with employees residing in nearly 40 different countries and sales in more than 125 countries around the world. Find your local representative at: **www.cengage.com**.

To learn more about Cengage Solutions, visit **www.cengageasia.com**.

Every effort has been made to trace all sources and copyright holders of news articles, figures and information in this book before publication, but if any have been inadvertently overlooked, the publisher will ensure that full credit is given at the earliest opportunity.

Printed in Korea
Print Number: 01   Print Year: 2023

무지개는 어떻게 생기는지, 맑은 하늘은 왜 파란지, 피겨 스케이터는 어떻게 빠르게 회전을 하는지, 그리고 조수는 왜 높아졌다가 낮아지는지, 우리 주변의 자연현상들은 한없이 우리의 지적호기심을 자극한다. 이 모든 현상들은 과연 어떻게 일어나는 것일까?

물리학은 이 모든 자연현상의 원리를 탐구하고 이해하는 학문 분야로 자연과학도 뿐만 아니라 현대 과학사회를 살아가는 일반인에게도 꼭 필요한 지식이 되고 있다.

최근에 이루어지고 있는 과학 기술의 발전은 일반인은 물론이거니와 과학 분야에 종사하고 있는 사람들에게도 그야말로 현기증이 날 정도로 빠르게 발전하고 있다. 또한 새로운 과학 기술의 개발은 국가의 경쟁력 차원에서도 더욱 중요해지고 있다. 이제 자연과학에 대한 지식은 과학자들은 물론, 중요한 판단을 해야 하는 정책의 입안자들이나 언론인들에게도 꼭 필요한 소양이 되었다.

단편적인 정의나 물리법칙, 공식은 우리의 주변에 어디서나 검색이 가능하다. 중요한 것은 물리학의 원리와 개념을 이해하고 나아가 그것들이 어떻게 실생활에 적용되는지, 그리고 그러한 인과관계가 의미하는 미래는 어떻게 변화될 것인지를 예측하는 능력이다.

V. Ostdiek, D. Bord 교수의 저서인 『쉽게 배우는 물리학』은 물리학의 원리와 개념들을 설명하는 데 있어 우리 주변의 흔히 일어나는 현상들을 소재로 다루어 아주 쉽게 이해를 돕고 있다. 그 설명은 간단하고 명료하여 마치 재미있는 이야기를 읽듯이 쉽게 소화시킬 수 있다. 또한 어려운 물리용어들도 일상용어와 섞여 자연스럽게 도입되므로 그 개념을 빠르게 파악할 수 있게 해준다.

이번 개정판에는 각 장과 절마다 "물리 체험하기"를 추가하여, 우리 주변에서 볼 수 있는 간단한 도구들을 이용하여 실험하고 관찰하며 주어진 물리량을 직접 체험할 수 있도록 이끌어준다. 이를 통해 자연스럽게 습득한 물리법칙들이 실생활의 경험들과 접목되어, '아! 이러한 곳에도 물리학적인 원리가 숨어 있었구나'하고 깨닫게 된다. 또한 매 단원마다 제시되는 학습 목표는 무엇을 이해해야 하는지 분명한 지표를 보여주고 있어, 계획적인 학습과 심화 과정의 목표를 제시한다.

이 책은 자연과학 전공자들에게는 자연현상의 개념에 대하여 양적인 것이나 수식적인 것보다는 그 개념을 보다 깊이 있게 이해할 수 있도록 도와주는 것을 목표로 하고 있다. 그리고 이 책의 저자는 자연과학의 비전공자들에게도 자연현상에서 오는 작은 호기심을 통해 스스로 물리학에 대한 첫 질문을 던질 수 있도록 안내하고 있다. 다시 말해 이 책은 전공자 뿐만 아니라 비전공자들에게도 한 학기동안 물리학 개론으로 강의하기에 적절한 교재가 될 것이다.

역자 일동

개정판 서문

쉽게 배우는 물리학 8판에 온 것을 환영한다. 개정판에서도 질문을 통한 물리학에의 접근 방법은 계속 강조된다. 독자들은 책이나 인터넷을 통해서 얻게 되는 단순 지식이 아니라 실제 상황에서 스스로 물리적인 양들 사이의 관계를 찾아보게 될 것이다. 말하자면 이 책은 그저 물리학의 학문적 문제에 대한 정답을 제공하려는 것이 아니라 독자들이 주어진 상황을 관찰하고 분석하며, 나아가 그 관계를 파악하기 위한 새로운 실험을 기획하는데 까지 나아가도록 도울 것이다. 한 주제에서 또 다른 주제로 나아가면서 여러분의 내면에 내재되어 있던 호기심을 끌어내어 관찰되는 새로운 사실들에 계속적으로 질문을 던질 수 있도록 격려할 것이다. 다만 여러분이 잊지 말아야 할 것은 교수의 강의를 수동적으로 받아들이는 것을 벗어나서 주제에 집중하여 능동적으로 몰입할 때에 배움은 완전하고 지속적이며 진정으로 즐거운 과정임을 깨닫게 될 것이다.

누구를 위한 책

이 책은 대학의 기초 물리학과정 이수하고자 하는 학생들을 위해 마련되었다. 그러나 우주의 물리적 자연현상에 호기심을 가지고 이해하기 위한 갈증을 가진 모든 이들에게 도움을 줄 수 있도록 물리학의 다양한 정의들과 자연법칙, 원리들뿐만 아니라 우리 주변에서 경험할 수 있는 물리현상들을 다루었다. 물리학에의 탐구 과정은 이 우주를 구성하고 있는 가장 작은 소립자들 그리고 그들의 상호작용과 그로 인한 에너지의 표출 등 미시적인 세계에서부터, 우리가 흔히 볼 수 있는 자동차의 충돌, 온 우주의 별들 사이에 작용하는 중력 등 은하들 사이의 상호작용을 다루는 거시적인 세계까지 이르는 것이다. 실로 우주에서 벌어지는 별과 은하와의 충돌 시간은 20만 년에 불과한 인류 역사의 시간을 훌쩍 뛰어 넘는 것이다. 그러나 그것이 크던 작던 물리학의 원리와 작용은 매 순간 우리의 일상을 지배하고 있다. 즉 심장의 펌프작용에 의한 압력은 동맥과 정맥을 따라 피가 흐르게 하며, 신경 다발을 통해 흐르는 전기 신호는 근육을 수축시키고 우리의 눈과 귀는 빛과 소리를 통해 외부 세계를 인지하는 것이다.

물리학은 일상적인 것으로 느껴졌던 현상 속에 숨어 있는 자연의 비밀을 보여줌으로써 우리의 지적인 호기심을 만족시켜주기도 한다. 또한 물리학에는 핵분열 또는 핵융합과 같이 미래의 세상에 큰 영향을 줄 수 있는 정치적인 이슈가 포함되기도 한다. 과학의 발전을 이끌어 왔던 남녀 과학자들의 중요한 발견들을 통해 우리는 과거와 연결되며 또한 과학적 지식의 이해로 통하는 작은 오솔길을 발견하기도 한다. 개정판에는 이 모든 요소들을 종합하여 물리학의 원리들과 각 주제에 내포된 의미와 실제 상황 사이의 조화 등이 통일된 개념으로 만들어지기를 추구한다. 이를 위한 도구로 사용되는 것들은 아주 기본적인 것들이다. 즉 표현된 정의, 수많은 사진들에 의한 시각화와 모형들, 도표와 그래프, 그리고 간단한 수식들인데 이들은 물리학의 개념적인 측면을 실제적이고도 양적으로 표현하는 데 도움을 줄 것이다. 이러한 방법을 통하여 독자들이 바로 우리가 알고 있는 물리적인 우주에 대한 정확한 이해와 어떻게 거기에 도달할 수 있었는지를 배우기를 바란다.

무엇이 새로운가?

각 장들은 자세히 검토되어 정확하고 뜻이 분명하도록 수정되었다. 어떤 부분은 최신의 과학적 발견과 성취들이 반영되도록 설명이 확대되었고 21세기 들어 그 응용 분야가 확대되거나 대중적인 관심이 된 물리적인 원리들에 대한 내용을 추가하였다. 각 장들은 주된 주제가 분명히 드러나고 각 소주제들과의 관계가 보다 분명히 드러나도록 각 절로 분리하였다. 그림들은 최근의 상황과 현대 감각에 맞도록 최신의 기법으로 향상시켰다. 특히 벡터가 포함된 그림들에서 화살표 부분을 더욱 진하고 색깔을 이용하여 그것이 확장되고 변화된 부분을 인식하기 쉽도록 하였다. 예제의 형식을 바꾸어 질문과 해답이 보다 분명히 설명되도록 하였고 해답부분을 음영 처리하여 돋보이도록 하였다.

Vern J. Ostdiek, Donald J. Bord

차례

프롤로그: 시작하기

Pictorial Press Ltd/Alamy

"원자와 우주의 힘을 이해하고 또 이용할 수 있는 지금의 과학기술시대에 최고의 우상이자 아이콘이라 할 만한 사람이 있다. 심한 건망증에 산발한 머리카락, 날카로운 눈과 매력적인 인간성 그리고 비범한 재능을 가진 친절한 대학교수였던 그는 바로 아인슈타인(Albert Einstein)이다. 그는 얼굴이나 이름만으로도 이미 천재의 대명사가 되었다."(Time 誌)

P.1 서론

1999년 타임 지는 연례적으로 선발하던 "올해의 인물" 대신 "세기의 인물"을 선정하기로 하였다. 20세기의 격동성과 선정되지 못한 이들을 지지하는 쪽에서 반드시 터져 나올 비판을 감안한다면 매우 힘든 작업이었을 것이다. 루즈벨트(Franklin D. Roosevelt; '세기의 인물' 후보자 중 한 사람)나 스탈린(Joseph Stalin; 1939년, 1942년의 '올해의 인물')과 같이 좋은 쪽이든 나쁜 쪽이든 긴 세월 동안 영향을 미친 정치 지도자를 선정할 것인가? 아니면 아이젠하워(Dwight D. Eisenhower; 1944년 '올해의 인물')와 같은 군인이나 교황 요한 바오로 2세(Pope John Paul Ⅱ; 1994년 '올해의 인물') 같은 종교 지도자를 꼽을 것인가? 간디(Mahatma Gandhi; 또 다른 '세기의 인물' 후보자)나 마틴 루터 킹 목사(Martin Luther King, Jr.; 1963년 '올해의 인물')처럼 정의와 평화의 수호자를 선택할 것인가? 하지만 최종적으로 선택된 인물은 전무후무한 명성을 떨쳤으나 정작 그의 업적에 대해서 이해하는 이는 별로 없는 물리학자 아인슈타인(Albert Einstein)이었다.

아인슈타인은 우주의 실체를 물리적으로 해석하고 연구해 온 업적으로 1900년대를 대표하는 인물로 선정된 것이다. 한편 그의 스타일이나 매너, 매력 역시 선정 요인으로 작용하였다. 이는 마치 "20세기의 스포츠인"으로 행크 아론(Aron), 무하마드 알리(Ali), 웨인 그레츠키(Gretzky), 마이클 조던(Jordan), 조 몬태나(Montana), 마르티나 나브라틸로바(Navratilova), 잭 니클라우스(Nicklaus) 등이 손꼽히는 것처럼, 아인슈타인이라는 이름은 이미 물리학의 대명사이며 물리학의 대가로 추앙받는다. 그는 1905년 학계에서가 아니라 일개 공무원으로 일하고 있던 때, 독일의 물리학 저널에 서로 다른 주제를 다룬 세 편의 논문을 실었다. 이 논문들은 너무나도 출중해서, 그 누구라도 아인슈타인의 (그때나 지금이나 학계 최고의 권위를 가진) 노벨 물리학상 수상을 예측할 수 있었다.

만약 타임 지가 20세기 이전에도 발행되었다면, 17세기에는 갈릴레오(Galileo)나 뉴턴(Newton), 19세기에는 맥스웰(Maxwell) 등의 물리학자들이 선정되었을 것이다. 왜냐하면 서구 사회는 물리학이란 학문 자체와 그 발전에 기여를 한 인물을 높이 평가하는 성향을 갖고 있기 때문이다. 물리학적 발견이 혁신적인 도구에서부터 인류 문명을 위협하는 무기에 이르기까지 일상에 큰 영향을 주기 때문

1

이기도 하지만 가장 큰 이유는 지구가 태양 주변을 돌고 있다거나, 질량이 에너지로 전환되어 태양을 빛나게 한다는 것과 같은 물리학자들의 혁신적인 통찰이 우리에게 지적인 공감대를 형성하도록 하는 까닭에서 비롯된 것이라고 할 수 있다.

물리학의 세계에 들어온 것을 환영한다. 여러분은 모든 계층의 사람들을 꾸준히 매혹시키는 분야의 도입부에 첫 발을 내디딘 것이다. 가족과 친구들에게 여러분이 물리학을 공부하고 있다고 공언해 보라. 다른 과목과는 다르게 꽤 깊은 인상을 줄 수 있을 것이다.

P.2 왜 물리학을 배우는가?

물리학을 왜 배우는가? 이 질문에 대한 물리학이나 공학 등 자연 과학을 전공하는 이들의 답은 너무도 간단하다. 물리학이 학문이나 직업 등 그들의 삶에 직접적이고 중요한 수단이 되기 때문이다. 현대 사회의 많은 기술들은 물리학을 비롯한 과학 분야의 연구 결과나 그 응용으로부터 탄생하였다. 안전하고 효율적인 여객기의 설계부터 값싸고 성능이 좋은 컴퓨터, 휴대전화의 생산에 이르기까지 기술자들은 항상 물리학을 활용하고 있다.

20세기 최고 위업 중 하나인 인간의 달 착륙과 지구로의 무사귀환은 물리학이 다양한 수준으로 응용되고 있음을 보여주는 좋은 예이다(P.1). 강력한 추진 로켓부터 선내에 탑재된 컴퓨터에 이르기까지 우주선과 연관된 기계들은 물리학에 조예가 깊은 사람들이 설계, 개발하고 테스트한 것이다. 우주선의 궤도 및 궤도 수정을 위한 로켓 발화 시점에는 중력이나 운동 법칙을 잘 아는 과학자들이 관여하였다. 달 착륙과는 달리 성과를 즉시 감지할 수 없는 경우도 종종 있다. 위대한 기술적 발전의 이면에는 수년에서 수십 년에 걸쳐 이루어지는 물질의 성질에 대한 기초 연구가 자리하고 있다.

휴대용 블루레이 DVD의 예를 들어보자(P.2). 레이저가 회전하는 디스크의 데이터를 읽으면, 내장된 집적회로 칩이 그 디지털 데이터를 전기 신호로 '변환'한다. 이 신호는 다시 헤드폰 안의 소형 자석에 의해 소리로 전환되며, 사용자들에게 필요한 정보는 액정화면 위에 나타난다. 만약 이 장치를 여러분의 할아버지가 어린아이였던 시대로 보낸다면, 당대의 걸출한 물리학자들이나 전기 기술자들에게 큰 충격이 될 것이다. 하지만 그 시절에도 과학자들은 이미 레이저와 집적회로의 소재가 되는 반도체의 특성이나 액정에 대한 연구를 진행하고 있었다.

한 학기 동안만 물리학 강좌를 수강하는 독자들에게는 물리학을 배우는 가장 큰 이유가 위와 같은 물리학의 유용성 때문은 아닐 것이다. 그러나 단 한 학기만 수강한다 하더라도 여러분은 물리학을 사용하게 될 것이다. 예를 들면 내 몸무게를 지탱할 수 있는 뗏목의 크기를 계산한다거나, 토스터와 헤어드라이어를 동시에 사용했을 때 차단기가 작동할 것인지의 여부를 알아낼 수 있게 된다. 하지만 이 정도로 여러분이 물리학으로 생계를 꾸리거나, 일상 속에서 의식적으로 활용하지는 않을 것이다. 그렇다면 왜 물리학을 공부해야 하는가? 이에 대해서는 심

NASA Images

그림 P.1 아폴로 17호를 달에 보내는 데는 물리학의 역할이 컸다. 1972년 탐사대장 유진 서만이 타루스−리트로우 착륙지에서 달 표면 탐사용 차량을 점검하고 있다.

미적인 이유와 실용적인 이유 두 가지가 있다. 자연 속에 존재하는 질서들을 발견하고 그러한 질서들이 비교적 작은 수의 "규칙"을 따른다는 사실을 이해하는 것은, 마치 예술작품 속에 녹아 있는 음악가나 예술가의 영감에 대해 배우는 것처럼 매력적인 일이다. 또한 주변 기기의 작동 원리를 배움으로써 그 사용법을 잘 알 수 있을 뿐만 아니라 때로는 사용상의 불편함도 직접 해결할 수도 있다. 물리에 대한 기초적인 이해는 개인과 지역사회, 나아가 국가와 인류가 맞닥뜨리고 있는 중요한 문제에 대해 보다 현명한 결정을 내릴 수 있도록 도와주기도 한다. 이 책을 통해 공부해 나가면서, 매체에 보도되는 사건들을 유심히 보길 바란다. 아마 직접적이든 간접적이든 뉴스에서 물리학이 다루어지는 빈도가 꽤 높다는 사실에 놀라게 될 것이다.

그림 P.2 휴대용 블루레이 DVD 플레이어는 10년간의 물리학 연구의 결과물이다.

물리학을 배우는 이유가 호기심과 지식에 대한 갈증 때문이라면, 결코 후회나 실망하게 되진 않을 것이다. 물리학을 배움으로써 태양과 물방울이 어떻게 무지개를 만들어내는지 알게 되고 자연에 대한 아름다움을 보다 더 잘 느끼게 될 것이다. 구심력에 대해 배우고 나면 굽은 도로 위의 얼음이나 자갈이 왜 위험한지도 이해할 수 있을 것이다. 기초적인 핵물리학 지식은 라돈 기체의 위험성이나 국가 간 핵융합 협약을 이해하는 데에도 도움이 될 것이다. 스테레오 스피커, 항공기 고도계, 냉장고, 레이저, 전자레인지, 기타 편광 선글라스 등의 원리를 앎으로써 이 장치들이 어떤 기능을 하는지도 더 잘 알게 될 것이다.

이 책을 통해 여러분들이 더 많은 호기심을 갖게 되기를 바란다. 축구 규칙을 무조건 외운다고 해서 축구를 잘 할 수 있는 것이 아니듯, 정의와 사실을 단순 암기하는 것만으로는 물리학을 진정으로 이해할 수 없다. 뭔가를 해보고, 실험하고, 여러 상황이나 사건들의 관계를 생각해 보아야 한다. 뉴턴의 운동 제3법칙을 암기하는 것도 좋지만, 그 법칙을 이해하고 그것이 일상에서 어떻게 작용하는지를 이해하는 것이 무엇보다 중요하다.

가끔 우리는 질문을 멈추고 독자 스스로 답과 결과들을 탐구하여 진정한 배움에 도달하도록 요구할 것이다. 이것을 탐구학습이라고 하는데 이 책에서 "물리 체험하기"는 바로 이러한 목적으로 기획되었으며 각 장의 마지막 부분에는 탐구를 위한 질문들이 있다. 여러분이 이러한 학습방법에 익숙해진다면 깊은 지식에 더 빨리 도달할 수 있는 방법을 터득하게 될 것이다.

P.3 물리학이란 무엇인가?

물리학이란 무엇인가? 물리학은 기초과학에 속하기 때문에 이 질문에 답하려면 먼저 과학이란 무엇인가에 대한 답이 나와야 할 것이다. 과학이란 우주에 대한 지식을 찾고 응용하는 '과정'이다. 또한 과학은 인류에 의해 축적되어 온 우주에 관한 '지식 그 자체'이다. 지식을 추구하는 것이 기초과학이자 순수과학이고, 이를 활용하는 것이 응용과학이다. 천문학은 순수과학에 가깝고, 공학 분야는 응용과학에 속한다. 이 책에는 반드시 알아야 한다고 판단되는 기본 개념과 이 개념들이

표 P.1 물리학 주요 분과(박사 학위 취득자 수가 많은 순으로 정렬)

분과	연구 주제
1. 응집 물질 물리학	고체와 액체의 구조와 성질
2. 입자/ 장 물리학	기본입자와 장, 입자 가속기
3. 천문학/ 천체 물리학	별, 은하, 우주의 진화
4. 핵물리학	핵, 핵물질, 쿼크, 글루온
5. 생물 물리학	생명 현상에서의 물리
6. 원자 분자 물리학	원자, 분자
7. 광학 및 광전자학	빛, 레이저 기술
8. 응용 물리학	장비 개발, 기술 혁신
9. 플라즈마와 핵융합	저온 및 천제 플라즈마, 핵융합
10. 재료과학	응집물리학의 응용 분야

(출처: American Institute of Physics)

실생활에 응용되는 사례들이 함께 수록되어 있다.

순수과학과 응용과학으로 분류 이외에 그 영역에 따라 과학을 분류하는 방법이 있는데 물리과학(물리학과 지구과학 등이 그 예이다), 생명과학(생물학과 의, 약학), 그리고 사회과학(심리학, 사회학 등)으로의 분류법이다. 이러한 분류 방식에는 둘 이상이 겹치는 영역이 있을 수 있는데 물리생물학 분야가 좋은 예이다.

생물학을 '살아있는 유기체를 다루는 학문'이라고 정의하는 것처럼 물리학을 과학의 한 분야로서 간단히 정의하기란 쉽지 않다. 물리학자들에게 물리학의 정의를 묻는다고 할 때, 아마 두 명 이상의 답이 일치하는 경우는 거의 없다고 보아야 할 것이다. 다만 그중 적절한 정의를 찾는다면, 물리학이란 '물리적 우주에서의 기본 구조와 상호작용을 다루는 학문'이 될 것이다. 여러분은 이 책을 통해 원자나 핵 등의 구조를 알게 될 것이며, 중력과 전기력, 자기력 등이 어떤 상호작용을 하는지 알게 될 것이다. 물리학 안에는 표 P.1에서 보는 바와 같이 매우 다양한 영역의 분과가 존재한다. 이들은 서로 중복되는 부분이 있으며, 일부는 생물학이나 화학 등의 다른 과학 분야와 연관되어 있기도 하다.

초보자들이 물리학을 배울 때에는 분과를 나눈 방식이 아닌 다른 순서를 따른다. 운동을 먼저 배우고 나서 입자를 배우고 마지막으로 우주를 배우게 되는데 이는 역사적인 발견의 순서이기도 하지만 우리가 일상에서 접하는 빈도순이기도 하다. 우리를 포함한 주변의 모든 물체가 쿼크로 이루어졌음에도 불구하고 물리학을 배우기 이전에는 우리가 늘 경험하는 사물이나 사람들의 운동과 충돌 현상에서 쿼크의 개념을 떠올리는 사람은 거의 없다.

기초물리학 강좌를 수강하는 대다수의 학생이 물리학 전공자는 아니다. 또 대부분의 물리학 학위 소지자들은 사업체나 산업체, 정부기관 또는 교육계 등에 종사하고 있다. 미국 물리학회의 최근 발표 자료에 따르면 물리학 학사나 석사학위 취득자는 처음 두 분야에, 그리고 박사학위 취득자는 나중 두 분야에서 일하고 있는 것으로 나타났다. 물리학 전공자들이 대개 연구원이나 교사가 된다고 생각하지만 실제로는 기술자나 기사, 매니저, 컴퓨터 과학자 등이 되기도 한다. 물리학자들이 물리학 지식뿐 아니라 문제해결능력이나 첨단기술에 대한 능력으로 고용되는 경우는 흔한 일이다.

P.4 물리학을 어떻게 수행하는가?

일반적으로 과학이나 물리학을 어떻게 "하는가?" 또는 "수행하는가"라는 질문을 해볼 수 있다. 오랜 세월 동안 인류는 어떻게 과학적 지식의 산물들을 얻게 되었는가? 이러한 질문에 대한 답을 찾는 흥미로운 시발점이 되는 청사진이 하나 있다. 이것은 과학자들이 어떻게 하는지를 지극히 단순하게 보인 것에 불과할 수도 있지만 어떠한 것을 시작할 때마다 변화하는 전략이나 계획이라고 할 수도 있다. 바로 **과학적 방법**(scientific method)이다. 과학적 방법은 다음과 같은 순서로 진행된다. 우선 현상을 면밀히 '관찰'하고, 그 현상의 원인에 대한 의문을 갖는다. 그 다음에는 그 현상에 대한 설명을 하기 위해 '가설'을 설정하고 가설의 진위를 검사할 '실험'을 설계한다. 실험의 결과는 가설의 '일반화'나 심층 실험을 유도하는 새로운 의문점을 생각해내기도 한다. 최종적으로는 여러 종류의 실험을 거쳐 확고히 입증된 가설이 '이론'이나 '법칙'으로 승격된다. 하지만 물리학에서 '이론'이냐 '법칙'이냐 하는 차이가 그다지 중요하지는 않다. 물리학자들은 뉴턴의 제2운동 '법칙'과 아인슈타인의 특수 상대성 '이론' 모두를 타당성이나 중요성 측면에서 비슷하게 평가하고 있다.

과학적 탐구는 대부분의 사람들이 자주 수행하는 논리적 사고 절차를 통해 습득할 수 있다는 장점이 있다(그림 P.3). 자동차 운전석에 앉았는데 시동이 걸리지 않는 것을 알게 되었다(관찰). 그러면 전지가 방전되었을 것이라고 짐작한다(가설). 이 생각이 맞는지 확인하기 위해 라디오나 라이트를 켜본다(실험). 만약

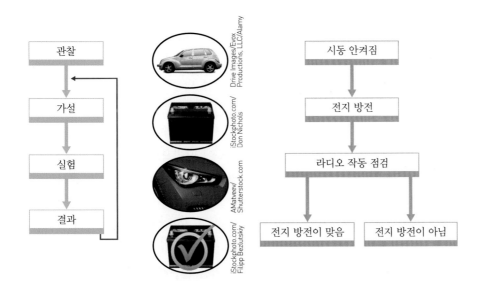

그림 P.3　기본적인 과학적 방법 예시.

작동하지 않는다면 전지를 점프시킬 다른 차를 찾아본다. 반대로 라디오가 이상 없이 작동하면 엔진 시동장치 등 다른 곳에서 고장 원인을 찾을 것이다. 훌륭한 기술자는 이런 식의 과정에 숙련되어 있으며 의사들도 비슷한 과정을 통해 처방을 내린다.

이러한 과학적 방법론의 얼개는 마치 과학적 발견을 위한 실행 매뉴얼 같이 보이기도 한다. 그렇다면 과학자들은 매일의 연구에서 이 모든 과정들을 항상 빠트림 없이 준수해야만 하는가? 물론 아니다. 다만 그 방법론의 각 요소들은 과학자들에게 하나하나가 기본적인 도구가 되어준다. 이 책의 곳곳에 제시된 "물리 체험하기"는 바로 이러한 도구들 즉, 학생들이 실제로 해보고(실험) 얻어진 데이터를 정리하고 결과를 이끌어내는 것이다. 이러한 작업은 자연을 이해하고 배우는 흥미로운 방법이 될 것이다.

갈릴레오(Galileo Galilei; 1564~1642)는 과학적 방법의 창시자이다. 그는 자신의 운동 법칙 연구를 위해 어떻게 과학적 절차가 수행되고 응용될 수 있을지를 고민하는 데 많은 시간을 할애하였다. 그는 과학이란 탄탄한 논리적 기반을 갖추어야 한다고 생각하였다. 이를테면 용어는 명확하게 정의되어야 하고 여러 관계들은 표현할 수 있는 수학적 구조도 갖추어야 한다. 그의 천재성이 돋보이는 실험 설계인 과학적 방법은 물체의 자유 낙하 연구를 대성공으로 이끌었다. 당시의 조악한 시간 측정 장치의 한계를 극복하고 낙하하는 물체의 가속도를 측정 가능하게 한 것이다. 갈릴레오는 진자의 운동에서부터 목성의 위성에 이르기까지 자연 현상에 대한 대단히 날카로운 관찰자였다. 그는 자신이 관찰한 사실들로부터 논리적인 결론을 도출해냄으로써 불가사의한 일이나 마술로 여겨지던 자연 현상을 과학 원리로 예측하고 설명할 수 있다는 것을 보여주었다. 1장에서 갈릴레오의 많은 업적에 대하여 자세히 다루게 될 것이다.

과학적 방법은 현재 연구하고 있는 현상에 대한 세부 정보를 알아나갈 때 특히 중요하다. 하지만 이것이 전부는 아니다. 물리학의 역사를 대충 훑어보기만 해도 과학자들이 결론을 단순한 방법으로 도출해낸 것이 아님을 알 수 있다. 몇몇 위대한 발견은 고전적인 물리학자들이 실험실에서 "과학적 방법"과 유사한 과정을 수행하던 중에 일어났다. 반면 계획에 없던 우연이나 행운의 사건들이 발생하기도 한다. 생물학 실험 중에 우연히 전자의 흐름을 발견한 갈바니(Luigi Galvani)의 경우가 그렇고, 파리에 흐린 날이 계속되는 덕분에 방사선을 발견한 베크렐(Antoine−Henri Becquerel)도 말하자면 계획에 없던 행운이 가져다 준 발견이다. 당대의 기술이 부족하여 "실제" 실험 대신 "사고" 실험을 해야 하는 경우도 있다. 뉴턴은 인공위성을 예측했고, 아인슈타인도 이 방법으로 상대성을 밝혀냈다. 가끔은 전문 과학자가 아닌 아마추어들이 엄청난 발견을 하기도 한다. 정치인이었던 프랭클린(Benjamin Franklin)이 그랬고 교사였던 옴(Georg Simon Ohm)도 이에 해당한다. 한편 "연결점"을 찾는 데 실패한 두 가지 이상의 결과들의 연결점을 찾아냄으로써 이루어진 것도 있다. 마이트너(Lise Meitner)와 그녀의 조카 프리쉬(Otto Frisch)는 이러한 방법을 통해 핵분열을 발견하였다.

따라서 여기서 말하고자 하는 것은 과학적 발견을 이끌어 내는 데에 있어서 "영원불변의 원칙"은 없으며, 이 사실은 물리학에만 국한되는 것이 아니라 화학, 생물학, 천문학 및 기타 과학 분야 모두에 해당된다.

P.5 물리학을 어떻게 배우는가?

물리학을 비롯한 과학 과목의 학습 목표는 우주와 그 안에 존재하는 것들에 대해 좀 더 잘 이해하고자 하는 데 있다. 우리는 보통 한 번에 우주의 일부분에만 집중함으로써 그 안에 내재한 구조적 복잡성 및 상호작용을 비교적 용이하게 파악할 수 있는 방법을 택한다. 이를 '계(system)'라고 부른다. 우리가 다룰 계의 예로는 원자핵과 원자 그 자체, 레이저 안의 전자들, 방 안에서 순환하고 있는 공기, 지구 표면 근처에서 움직이고 있는 암석, 지구와 지구 궤도를 돌고 있는 위성들을 들 수 있다(그림 P.4).

하나의 계에 속하는 것들 중 우리가 탐구해야 할 것은 (1) 계의 구조 또는 배

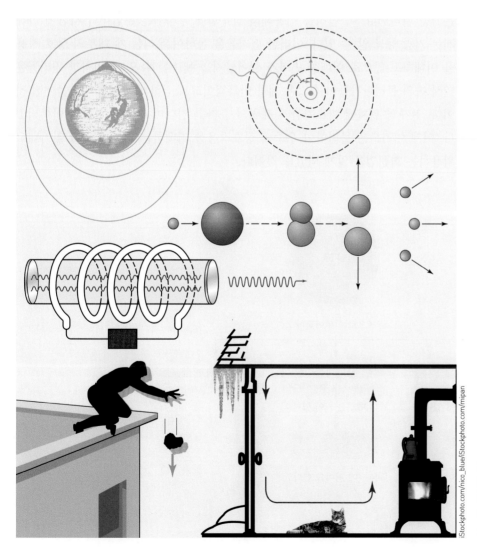

그림 P.4 제시된 여섯 가지 그림은 앞으로 우리가 배울 서로 다른 여섯 가지 계를 나타낸다. 이들은 현미경으로 보기도 힘들 만큼 작은 것에서부터 수천 마일에 이르기까지 그 크기가 다양하다.

열, (2) 계 안에서 일어나는 일과 그 원인, (3) 앞으로 그 계 안에서 일어날 일 등이다. 계의 구조나 배열 등 계 내부의 것들을 확인하는 첫 단계는 상대적으로 쉽다. 양성자, 전자, 크롬 원소, 가열된 공기, 암석, 달 등이 계를 구성하는 것들의 예이다. 이들 중 일부는 이미 우리에게 친숙한 것들이다. 진정한 의미의 물리학을 시작하기 위해서는 우선 계 내부에서 벌어지는 모호한 점들을 찾아 알아내야 한다. 계 내부에서 현재 일어나고 있는 일과 앞으로 일어날 변화를 이해하기 위해서는 암석의 이동 '속도', 공기의 '밀도', 레이저 관내 원자의 '에너지', 위성의 '각운동량' 등을 먼저 밝혀내야 한다. 이러한 것들을 "**물리량**(physical quantities)"이라 부르는데, 이전에 물리학을 공부한 적이 없는 이에게는 생소하게 느껴질 수도 있다. '물리학 용어'에는 이러한 물리량과 몇몇 물질명이 들어간다. 물리학의 여러 분야에서 수백 가지 물리량이 빈번히 사용되지만, 이 교재에서는 그중 일부만 다루게 될 것이다.

물리학은 사물의 상호작용이 기본적으로 어떤 방식으로 일어나는지를 찾아내는데, 법칙과 원리를 통해 물리량들 사이의 관계를 표현할 수 있다. 예를 들어 유체 압력의 법칙은 유체 내 특정 부분의 압력이 윗부분의 무게에 얼마나 영향을 받는가를 나타낸다. 이 법칙을 이용해서 잠수함에 부하되는 수압이나 사람에 가해지는 기압 등도 알 수 있다. 이러한 법칙들을 통하여 우리는 계 내부의 상호 작용을 이해하고 앞으로 어떠한 변화가 일어날지를 예측할 수 있다. 법칙과 원리들은 역사 속의 물리학자들이 수많은 계를 반복적이고 세심하게 관찰하여 만들어진 것이다. 현재의 위치에 이르기까지 세월의 풍파를 견디며 수많은 실험이 반복되었다. 이제 여러분은 물리학이 우주의 상호작용을 지배하는 기본 원리를 찾아내고 활용하는 학문임을 알게 되었을 것이다.

● **개념도 P.1**

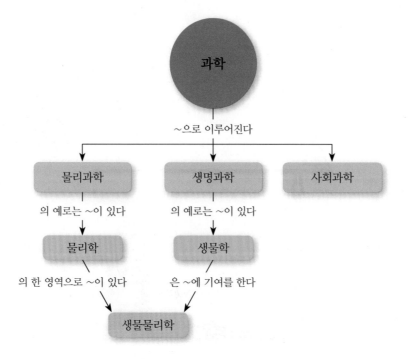

물리학을 배우는 데에는 두 가지 중요한 요점이 있다.

첫째는 사용하는 여러 물리량을 잘 이해해야 한다는 것이고 또 이들 물리량 간의 관계를 나타내는 법칙과 원리의 의미를 알아야 한다는 것이다.

또 우리가 조심해야 할 점은 정의나 법칙 등을 암기하는 것은 시작일 뿐이라는 것이다. 그것만으로는 아무것도 할 수 없다. 보고, 하고, 생각하고, 상호작용하고, 시각화하라. 물리학 세계로 들어가라. 그것이 바로 물리를 배우는 방법이다. 어디를 보든 물리학이 개입된 예를 쉽게 찾아낼 수 있을 것이다. 이 교재에 수록된 예제들은 각 장의 토의 주제와 실제 상황의 관계를 쉽게 파악할 수 있게 해준다.

물리적 관계를 시각화하는 또 다른 방법으로 '개념도(concept map)'를 말할 수 있다. 개념도는 1960년대에 개발된 이후 다양한 영역에 활용되었다. 개념도는 주제와 사례, 개념, 기술 등의 관계를 '명제'들의 형태로 그 연관성을 보여주는 일종의 개요도이다. 둘 이상의 개념을 공통적인 어휘나 어구로 연결하여 명제를 만든다. 개념도를 이해하려면 상단의 일반적이고 보편적인 큰 개념에서부터 시작, 하단의 구체적이고 세부적인 항목이나 예시로 읽어 내려와야 한다. 개념도 P.1을 참고하라. 이는 과학의 보편적 개념과 물리학, 생물 물리학으로 이어지는 관계를 보여준다. 이 개념도를 확장시켜 물리학의 다른 분과 학문이나 사회과학의 다른 모든 분야로 연결해나갈 수 있다.

이 책에는 각 장마다 물리의 개념, 사실, 용례의 조직화를 돕는 개념도가 제시되어 있다. 다만 개념도를 만드는 데에는 여러 가지 방법이 있을 수 있기에 제시된 개념도는 특정 개념을 조직화하고 이해하기 위한 한 가지 예일 뿐이다.

여러분은 각 장을 마친 후에 나름대로 중요한 개념들의 리스트를 만들고 나름대로의 개념도를 만들어보는 것은 좋은 방법이다. 많은 사람들이 자신이 배운 개념들을 시각화함으로써 그 관계를 더 쉽게 이해할 수 있고 배운 개념을 더욱 깊이 있게 이해할 수 있는 통찰력을 얻게 된다.

물리학이 대성공을 거둘 수 있었던 또 다른 이유로는 수학의 권위를 지지기반으로 삼기 때문이다. 수학적 해법은 물리학에서 대부분의 주요 물리량 간 상관관계를 설명하는 최고의 방법이다. 어떠한 계의 미래 상태를 예측하는 방법 역시 대부분 수학이 관여한다. 아인슈타인, 뉴턴, 그리고 위대한 물리학자들의 성공의 비결은 핵심 개념들을 수학이라는 언어로 명확하게 설명한 부분일 것이다(움직이는 시계가 얼마나 천천히 가는지, 조수 간만은 달의 중력의 영향이라는 것). 물리학 공부에 있어서 수학을 이해하고 또 응용하는 것은 매우 중요하다.

다만 물리학이나 수학을 잘 못하는 이들에게 그나마 다행스러운 것은 16세 이전에 배운 기초 수학만 가지고도 충분히 할 수 있다는 사실이다.

물리학의 개념적인 부분과 그것의 수학적인 표현의 결합은 매 절의 끝 부분에 제시된 연습 문제들을 다루며 점점 나의 것으로 체득될 것이다. 수년간의 교수 경험에 의하면 수학에 익숙한 학생들이 물리학 수업에 보다 편안하게 적응한다는 것이다. 물리학의 세계를 여행하는 또 다른 즐거움은 이곳에서도 간단한 수학이 아주 유용한 도구가 된다는 사실을 알게 되는 것이다.

P.6 물리량과 측정

물리학에서 사용하는 물리량은 일정한 조건이 있다. 우선 물리량은 그 의미가 확실하고 널리 수용될 수 있도록 '정확'해야 한다. 용어의 뜻을 이해하는 것은 용어 정의를 단순히 암기하는 것 이상의 의미가 있다. 언어는 무언가를 설명하는 도구일 뿐이다. 개념 이해를 위해서는 언어적 표현 그 이상이 되어야 한다. 예를 들어, "힘은 물체를 밀거나 당기는 것"이라는 정의만 가지고는 힘에 대해 이해했다고 할 수 없다. 속도, 압력, 힘, 밀도 등과 같은 많은 물리량들이 수식으로 정의된다. 수학적 표현은 용어의 의미를 명확히 하며, 언어적 표현보다 더욱 정확한 면을 가지고 있다.

관찰은 계에 대한 '질적' 정보를 제공하며, 측정은 정확성이 요구되는 모든 과학 분야의 핵심인 '양적' 정보를 산출한다. 따라서 물리량은 직접적으로든 간접적으로든 측정 가능해야 한다. 물리량에는 수치값을 부여할 수 있어야 한다. 거리나 넓이, 속도를 측정하여 시각화하는 것은 비교적 쉽지만 압력이나 전압, 에너지, 동력 등은 매우 추상적이다. 이와 같은 물리량도 측정할 수 있다. 만약 측정할 수 없는 것이라면 이들은 더 이상 유용하지 않다.

측정에는 기준이 되는 단위가 필요하다. 사람의 키를 측정할 때 바닥에서부터 머리까지의 길이를 측정하여 피트나 미터와 같은 표준 측정 단위가 필요하다(그림 P.5). 이러한 길이의 단위는 거리의 측정 단위로도 사용되는데, 이러한 **측정 단위**(unit of measure)는 측정에 필수적이다. 측정값은 수치와 측정 단위로 나타내어진다. 예를 들어 어떤 사람의 키를

$$키(height) = 5.75\ feet\ 또는\ h = 5.75\ ft$$

로 나타낼 수 있다. 여기서 h는 물리량인 키(height)를, ft는 측정단위인 피트(feet)를 나타낸다. 이것을 미터법으로 바꾸어 표현하면 다음과 같다.

$$h = 1.75\ m$$

물리량을 표현할 때에는 서술적으로 정의하는 대신 명시적으로 나타내야 한다. 또 가능하면 수학적 정의를 제시하고, 다른 유사한 물리량과 연계시켜 적절한 측정 단위로 표현해야 한다.

오늘날 상용되는 측정계에는 크게 두 가지가 있다. 하나는 미국에서 사용하는 **영국식**(English system)이고, 다른 하나는 미국 외 대부분의 국가에서 사용하는 **미터법**(metric system)이다. 미국에서도 미터법을 상용화하려는 시도가 있었으나 성공을 거두지 못하였다. 과학자들은 주로 미터법을 사용하므로 이 교재에서도 미터법을 자주 다루게 될 것이다. 물리량은 십진법을 사용하기 때문에 미터법이 더 편리하다. 예를 들어 1킬로미터(kilometer)는 1,000미터(meters)이고, 밀리미터(millimeter)는 0.001미터이다. 미터 앞의 접두사는 10의 제곱수를 나타낸다. 킬로(kilo-)는 1,000, 센티(centi-)는 0.01 또는 1/100, 밀리(milli-)는 0.001, 즉 1/1000을 뜻한다. 표 P.2는 미터법에 자주 쓰이는 접두사들이다. 설령 암

그림 P.5 측정에는 단위가 필요하다. 사람의 키는 일정한 표준값이 되는 단위를 이용하여 표현할 수 있다. 다음 그림에서 이 사람의 키는 1 ft 길이 다섯 개에 0.75 ft를 더한 길이이다. 미터법으로는 1 m에 0.75 m를 더한 값이다.

표 P.2 상용되는 미터법 접두사들

접두사	수		과학적 표기	읽기
	의 미			
tera	1 000 000 000 000		$= 10^{12}$	= 1 trillion
giga	1 000 000 000		$= 10^{9}$	= 1 billion
mega	1 000 000		$= 10^{6}$	= 1 million
kilo	1 000		$= 10^{3}$	= 1 thousand
centi	1/100	= 0.01	$= 10^{-2}$	= 1 hundredth
milli	1/1000	= 0.001	$= 10^{-3}$	= 1 thousandth
micro	1/1 000 000	$= 1/10^{6}$	$= 10^{-6}$	= 1 millionth
nano	1/1 000 000 000	$= 1/10^{9}$	$= 10^{-9}$	= 1 billionth
pico	1/1 000 000 000 000	$= 1/10^{12}$	$= 10^{-12}$	= 1 trillionth

페어(ampere)가 무엇인지 모른다고 해도 밀리암페어(milliampere)가 암페어의 1/1000이라는 것은 바로 알아볼 수 있어야 한다.

　장의 끝 부분 특별 응용 란에 미터법의 유래에 대하여 간략히 기술하였다. 개정판을 통틀어 20개 이상의 응용을 제시하였다. 이들은 각각 주어진 주제의 역사 또는 응용 분야를 더 깊이 다루고 있다.

　두 측정계를 같이 쓰는 것은 두 나라의 화폐를 같이 쓰는 국경지역에 사는 것과 유사하다. 미국인들에게는 미터법인 m, km/h(kilometers per hour), 뉴턴(N) 등의 단위보다 영국식인 ft, mph(miles per hour), 파운드(pound) 등이 더 익숙할 것이다. 일부 예제에서 이 둘을 모두 사용하여 미터법에 익숙하지 않은 이들이 미터법에 대한 감각을 기르도록 하였다. 교재 뒤쪽에 영국식과 미터법의 비교표가 있다. 다행스럽게도, 전기를 다루는 7장 이후부터는 단위는 하나로 통일된다.

1장
운동에 대한 이해

400 m 드래그 레이스에서 감속하는 모습.

Marc Sanchez/Icon Sportswire 144/Marc
Sanchez/Icon Sportswire/Newscom

드래그 레이스

가속도란 단순한 개념이다. 약 400 m의 직선 거리를 질주하는 드래그 레이스에서 중요한 점은 바로 가속도이다. 경주에서 레이서는 최대한 빠른 시간 내에 자동차의 속도를 끌어 올려서 경쟁자를 물리친다. 정상급 자동차의 엔진은 2차 대전 당시 비행기의 엔진보다도 더욱 강력하여 5초 만에 자동차의 속도를 0에서 480 km/h로 끌어올릴 수 있다. 드래그 레이스에서는 경주 거리가 아주 짧기 때문에 또 하나의 결정적인 요소가 있는데 바로 안전하게 자동차를 정지시키는 일이다. 과연 어떻게 하면 여객기가 착륙할 때보다 더 빠른 자동차를 효과적으로 감속하여 정지시킬 수 있을까? 그것은 낙하산을 사용하는 것이다.

이런 경주에 참여한다고 생각해 보자. 먼저 최대한 가속되는 동안 여러분의 몸은 시트의 등받이 쪽으로 압력을 받게 되고, 이어서 반대 방향으로 가속되는(감속되는) 동안에는 시트 벨트가 몸을 압박하게 된다. 그 사이 자동차는 시속 수백 킬로미터의 속도로 질주한다.

드래그 레이스야말로 인간이 경험하는 가속도의 가장 극적인 경우가 될 것이다.

경주에 참여하는 수많은 관중들은 그야말로 전율을 경험하게 된다. 그러나 실상 가속도란 주변에 어디에나 존재한다. 이 장을 마칠 즈음에 우리는 가속도의 개념뿐 아니라, 상대속력과 속도에 대하여도 익숙해지리라 믿는다.

물체의 운동과 그 동인을 다루는 분야를 물리학에서는 역학이라 하는데 2장까지 연결된다. 여기서는 속력, 속도, 가속도의 개념을 이용하여 운동을 기술하는 방법을 배우는데 특별히 동역학이라 분류된다.

1.1 기본적인 물리량들

이 장에서 우선 운동에 대하여 운동은 무엇이며 어떻게 숫자로 계량화하는가? 또 가장 간단한 운동이란 어떤 것인가 등을 관찰하기로 한다. 다행히 운동은 우리의 일상생활에서 늘 경험하는 것이며 우리 모두가 이미 대부분 이해하고 있는 개념이다. 우리는 시속 100 km의 속도가 어느 정도를 의미하는지 이미 알고 있으며, 또 이런 속도로 일정한 거리를 가려면 얼마나 시간이 걸릴지 계산할 수 있는 능력이 있다. 단위가 이 모든 것을 말해주고 있는데 시속, 즉 '시간당 킬로미터'란 킬로미터 단위로 나타낸 거리를 시간으로 나눈 것이다. 단 일반적인 개념에는 약간 모호한 부분이 있으므로 속도, 가속도에 대한 정확한 개념을 배울 필요가 있다.

아울러 교재에서 운동과 같이 익숙한 개념은 아니지만 지속적으로 관계를 설명하기 위해 필요한 기본적인 물리

19 mm

0.000019 km

그림 1.1 두 가지 측정 모두 같은 거리를 나타낸다. 그러나 밀리미터 단위로 표현한 것이 더 알기가 쉽다.

량들을 간략하게 설명하는 것이 적절하다고 생각된다.

물리학에서 물질계의 모든 현상을 기술하려면 기본적으로 세 가지 영역이 고려되어야 하는데 이는 공간, 시간 그리고 물질이다. 이 교재에서 다루게 될 수많은 물리량도 결국은 이러한 기본적인 양들의 조합으로 이루어진다. 따라서 이러한 양들의 단위 역시 길이, 시간의 단위 그리고 물질 영역에서 질량 그리고 전하의 기본 단위들의 조합이다. 전하에 대하여는 7장 이후에 다루게 될 것이다.

1.1a 길이(거리)

기본적인 물리량(fundamental physical quantities)인 길이, 시간 그리고 질량은 너무나도 기본적이어서 오히려 정확하게 정의하기가 어려운데 특히 시간이 그러하다. 길이(distance)는 공간의 한 차원에서 측정된다. 길이, 너비, 높이 등이 바로 거리를 측정하는 예들이다.

아래 표는 거리를 측정하는 기본 단위들과 함께 영국 단위들도 그 약자와 함께 나열되어 있다.

물리량	미터 단위계	영국 단위계
거리 d(or l, w, h)	meter(m)	foot(ft)
	millimeter(mm)	inch(in.)
	centimeter(cm)	mile(mi)
	kilometer(km)	

그런데 왜 이렇게 많은 단위들이 있는 것일까? 이는 길이를 측정할 때에는 측정하고자 하는 시스템의 크기에 맞는 단위를 사용해야 하기 때문이다. 집의 크기를 잴 때는 미터 단위가, 동전의 크기를 잴 때는 밀리미터 단위 그리고 도시 간의 거리를 측정할 때는 킬로미터 단위가 유용하다. 두 도시 사이의 거리는 80,000 m라고 하기보다는 80 km로, 동전의 반지름은 19 mm라고 해야지 0.000019 km라고 하면 불편해진다(그림 1.1).

영국 단위들을 포함한 모든 길이의 단위는 미터 단위로 변환할 수 있다. 이 책에서는 주로 미터 단위를 사용하게 될 것이므로 여러분은 빨리 25 m, 0.2 m와 같이 미터 단위로 표시된 길이에 익숙해져야 할 것이다. 표 1.1은 미터 단위계 그리고 영국 단위계로 표현된 예들이다.

미터 단위로 표현된 길이를 다른 단위로 변환하는 것도 간단하다. 예를 들어 어떤 문제의 답이 "보트가 10초 동안에 23 m를 움직인다" 이었다면 23 m란 얼마만한 거리인가? 이는 물론 1 m 길이의 23배에 해당되는 거리이다. 그러면 1 m는 피트 단위로 변환하면 어떻게 되는가? 단위들의 변환 관계식은 책 뒤에 있다.

$$23 \text{ meters} = 23 \times 1\text{meter}$$

1 m = 3.28 ft이므로

표 1.1 몇 가지 대표적인 크기와 거리

크기/거리	미터 단위	영국 단위
핵의 크기	1×10^{-14} m	4×10^{-13} in.
원자의 크기	1×10^{-10} m	4×10^{-9} in.
적혈구 세포의 크기	8×10^{-6} m	3×10^{-4} in.
표준 사람의 키	1.75 m	5.75 ft
최고 고층 빌딩	830 m	2,722 ft
지구의 지름	1.27×10^{7} m	7,920 miles
지구와 태양의 거리	1.5×10^{11} m	9.3×10^{7} miles
은하계의 크기	9×10^{20} m	6×10^{17} miles

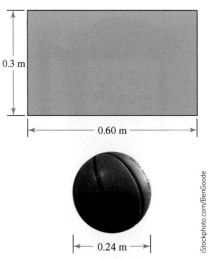

그림 1.2 모든 면은 그것이 평평하든 굽어 있든 넓이라는 값을 가진다. 그림에서 직사각형의 넓이와 농구공의 겉넓이는 같다.

$$23 \text{ meters} = 23 \times 1 \text{meter} = 23 \times 3.28 \text{feet}$$
$$23 \text{ meters} = 75.44 \text{ feet}$$

넓이 그리고 부피는 거리와 밀접하게 관계되는 물리량들이다. 넓이는 면의 크기를 말하는데, 예를 들면 방바닥의 넓이 또는 야구공의 표면 넓이 등이다. 넓이라는 개념은 그 면이 꼭 평평한 경우가 아니더라도 사용할 수 있으며, 때로는 구멍이나 창과 같이 비어있는 공간에도 적용된다. 넓이는 단순히 직사각형의 넓이를 구하는 높이 곱하기 너비의 공식 이상의 의미를 가진다. 넓이는 1 in. 곱하기 1 in. 또는 1 m 곱하기 1 m 등으로 표현된다.

마찬가지로 어떤 물체의 부피는 in.^{3} 또는 cm^{3}로 표현되며 그 물체가 점유하고 있는 공간의 크기이다. 6면체 박스나 구의 부피를 구하는 공식은 비교적 간단하며 이러한 것들은 슈퍼에서 식품을 살 때 우리가 빈번히 사용하는 것들이다.

이미 언급한 것처럼 넓이나 부피는 바로 길이라는 기본적인 물리량으로부터 유도된 물리량이다. 단위 역시 마찬가지여서 1제곱미터란 1 m 곱하기 1 m가 된다. 7장에서 전기를 소개하기 전까지 다루는 모든 물리량은 길이, 시간, 질량의 조합으로 이루어진다.

물리량	미터 단위계	영국 단위계
넓이(A)	square meter(m^2)	square foot(ft^2)
	square centimeter(cm^2)	square inch(in.^{2})
	square kilometer(km^2)	square mile(mi^2)
	hectare	acre

물리량	미터 단위계	영국 단위계
부피(V)	cubic meter(m^3)	cubic foot(ft^3)
	cubic centimeter(cm^3 or cc)	cubic inch(in.^{3})
	liter(L)	quart, pint, cup
	milliliter(mL)	teaspoon, tablespoon

University of Michigan-Dearborn

그림 1.3　규칙적으로 흔들리는 시계의 추–정확히 반복되는 운동이 시계의 요소가 된다.

1.1b 시간

시간(time)은 같은 간격으로 정확히 반복되는 주기적인 현상을 이용하여 측정한다. 원래 시간의 기본 단위인 1초는 지구의 자전 현상을 기반으로 만들어진 단위이다. 즉 지구가 한 바퀴 자전하는 시간을 86,400초(24 × 60 × 60)로 한다. 시간에 대하여 미터 단위계와 영국 단위계가 똑같다.

물리량	미터 단위계	영국 단위계
시간(t)	second(s)	second(s)
	minute(min)	minute(min)
	hour(h)	hour(h)

물리 체험하기 1.1

실험에 진지가 필요하다. 진자는 약 50 cm 정도의 줄에 물체를 매달아 만드는데 가는 실에 열쇠를 하나 묶어주면 그것으로 완벽한 진자가 된다. 또 시간을 재는 도구로는 초시계가 필요한데 초단위로 표시되는 디지털시계나 또는 스마트폰의 앱도 완벽한 도구이다.

1. 진자를 팽팽히 한 다음 좌우로 10번 흔들리는 데 걸리는 시간(10주기)을 측정한다. 한 주기란 진자가 왼쪽 끝에서 오른쪽으로 다시 왼쪽까지 돌아오는 데 걸린 시간을 말한다.
2. 다음은 진자가 10초라는 정해진 시간동안 흔들리는 횟수를 측정한다. (예를 들면 7.5번과 같이 소수점까지) 이 숫자를 10으로 나누면 1초 동안 흔들린 횟수 즉, 진동수를 얻을 수 있다.
3. 위의 두 숫자 사이의 수학적인 관계를 추론해 보자.
4. 줄의 길이를 처음의 두 배로, 그리고 절반으로 하는 경우 각각 실험을 반복해 보자. 결과는 앞의 실험 결과와 비교하여 어떻게 다른가?

시계 역시 주기적인 운동을 이용하여 시간을 측정한다. 기계적인 시계는 흔들리는 진자가 한 번 왔다 갔다 하는 시간이 일정함을 이용하여 시계 바늘의 움직임을 조정한다(그림 1.3). 기계식 손목시계 역시 내부의 미세한 진동자가 같은 역할을 한다. 반면에 디지털 전자시계는 수정 진동자의 전기적인 진동을 이용한다.

따라서 모든 시계 설계의 기본은 이러한 기본 진동자가 한 번 진동하는 데 걸리는 시간을 결정하는 것이다. 만일 어떤 진자가 한 번 진동하는 시간, 즉 **주기**(period)가 2초라면, 진자가 30번 진동하는 동안 초침은 완전히 한 바퀴 돌게 된다.

또 다른 시계 설계의 방법은 1초(또는 1분 혹은 1시간 동안) 진동이 몇 번 반복되는지를 결정하는 것이다. 이러한 방법을 위의 예에 적용하면 1초 동안 이 진자는 1/2번 진동한 것이 되는데, 이것을 **진동수**(frequency)라고 한다.

진동수의 기본 단위는 헤르츠(Hz)이며 1헤르츠는 1초에 한 번 진동하는 빠르기이다.

$$1 \text{ Hz} = 1/s = 1 \text{ s}^{-1}$$

AM 라디오의 진동수는 킬로헤르츠(kHz), FM은 메가헤르츠(MHz) 단위를

주기
반복되는 주기 운동에서 운동이 완전히 한 번 진행되는 데 걸리는 시간. 문자 T로 표기하며 단위는 초, 분 등을 사용한다.

진동수
단위시간당 주기 운동의 반복한 횟수. 문자 f로 표기하며 단위는 s^{-1} 또는 Hz를 사용한다.

사용한다. 메가(mega)란 백만을 의미하는 접두사이며, 따라서 FM 91.5 MHz 는 91,500,000 Hz이다. 진동수 헤르츠와 같이 잘 쓰이는 접두사로 기가(giga) 가 있는데, 어떤 컴퓨터 프로세서의 속도가 2기가헤르츠라고 하면 이는 20억, 즉 2,000,000,000헤르츠를 의미한다.

주기와 진동수 사이에는 간단한 역수 관계가 성립한다. 1을 주기로 나눈 값이 진동수가 되고 마찬가지로 1을 진동수로 나누면 주기가 된다.

$$주기 = \frac{1}{진동수}$$

$$T = \frac{1}{f}$$

$$f = \frac{1}{T}$$

예제 1.1

한 기계적 스톱워치의 진동 바퀴는 매 2초마다 10번 앞뒤로 진동한다. 이 진동 바퀴의 진동 수를 구하라.

$$진동수 = 단위시간당 진동 횟수$$

$$f = \frac{10회}{2\,s}$$

$$= 5\,Hz$$

진동 바퀴의 주기를 구하라.

$$주기 = 한 번 진동하는 데 걸린 시간$$

$$= 진동수의 역수$$

$$T = \frac{1}{5\,Hz}$$

$$= 0.2\,s$$

이 진동 바퀴는 매 분당 300회 진동한다.

1.1c 질량

세 번째 물리의 기본량은 **질량**(mass)인데 물체가 포함하고 있는 물질의 양을 말한 다. 위의 설명은 약간 순환논리적인 점이 없지 않으나 우리는 본능적으로 기차와 같이 커다란 물체는 많은 물질로 이루어져 있고, 따라서 큰 질량을 가질 것이라는 사실을 안다. 질량은 **관성**(inertia)을 의미한다. 말하자면 관성이 큰 물체는 속도를 증가시키거나 혹은 감소시키는 것이 그만큼 더 어렵다는 뜻이다.

무게란 질량과 관계가 있기는 하지만 질량과는 다른 개념이다. 두 개념의 차이 는 그림 1.4와 같이 여행 가방으로 설명할 수 있다. 가방을 위로 번쩍 들어 올리는 것은 무게를 느끼는 것이다. 반면에 가방을 가속시키거나 속도를 늦추는 것은 질 량과 관계가 있다. 질량과 무게에 대하여는 2장에서 자세히 다룰 것이다.

(a)

(b)

그림 1.4 (a) 물체의 속력을 변화시켜보면 질량을 느낄 수 있다. (b) 물체를 들어 올려보면 무게를 느낄 수 있다.

물리량	미터 단위계	영국 단위계
Mass(m)	Kilogram(kg)	slug
	gram(g)	

복습

짧은 형태의 퀴즈 문제가 각 절의 끝부분에 제시된다. 내용 전체를 아우르는 것은 아니지만 만일 당신이 이 짧은 질문에 선뜻 답을 하지 못한다면 이는 아마도 각 절의 내용을 충분히 이해하지 못한 것이다. 앞으로 돌아가 내용을 다시 한 번 읽어보기로 하자.

1. (참 혹은 거짓) 진자의 주기가 1초보다 짧다면 그 진동수는 1 Hertz보다 크다.
2. 1 kg은 _____ g과 같다.
3. 물리학의 기본적인 세 가지 양들은 무엇인가?
   a. 길이, 시간, 무게
   b. 길이, 시간, 질량
   c. 길이, 시간, 속력
   d. 길이, 면적, 체적
4. (참 혹은 거짓) 역학에서 무게와 질량은 같은 개념이다.

답 **1.** 참 **2.** 1,000 **3.** b **4.** 거짓

1.2 속력과 속도

1.2a 속력

속력
움직임의 빠르기. 기준점으로부터 거리가 변하는 비율. 움직인 거리를 그동안의 시간으로 나누어 준 값.

운동을 정의하는 열쇠가 되는 개념이 **속력**(speed)이다.

물리량	미터 단위계	영국 단위계
Speed(v)	meter per second(m/s)	foot per second(ft/s)
	kilometer per hour(km/h)	mile per hour(mph)

속력의 몇 가지 중요한 요소들을 짚어보자. 먼저 속력은 상대적(relative)이다. 어떤 사람이 30 km/h의 속력으로 항해하는 배의 갑판에서 10 km/h 속력으로 달리고 있다면, 이 사람은 물에 대하여 40 km/h의 속력으로 움직이고 있는 셈이다(그림 1.5). 물론 이 사람이 배의 앞쪽을 향해 달리고 있을 때 그렇다. 그러나 배를 기준으로 한다면 이 사람의 속력은 그대로 10 km/h이다. 다른 예로 당신이 고속도로에서 시속 80 km의 속력으로 달리고 있는데 한 자동차가 시속 100 km의 속력으로 옆으로 지나가고 있다면, 이 자동차는 당신의 차에 대하여 시속 20 km의 속력으로 움직이는 것이 된다. 대부분의 속력은 아무런 추가적인 설명이 없으면 지구 표면을 기준으로 한 상대 속력을 말하는 것이다. 이 책에서도 마찬가지 개념을 사용한다.

다음으로 평균 속력(average speed)과 순간 속력(instantaneous speed)을 구분하는 것이 중요하다. 어떤 물체의 평균 속력이란 움직인 전체 거리를 움직이는 데 걸린 전체 시간으로 나누어 준 양이다.

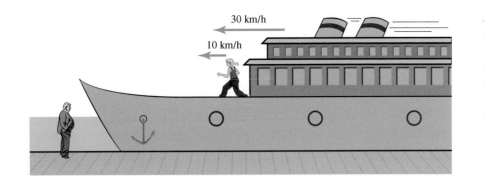

$$평균 \; 속력 = \frac{전체 \; 거리}{전체 \; 걸린 \; 시간}$$

만일 비행기가 3시간 동안 총 1,500 km를 날아갔다면 평균 속력은 500 km/h가 된다. 물론 3시간 동안 비행기의 속력은 시시각각 변화하였을 것이고 매 순간의 속력이 500 km/h가 아니었음은 자명하다(네 번의 시험에서 모두 75점을 맞지 않더라도 평균 점수가 75점이 될 수 있음과 같다). 다른 예로 단거리 선수가 100 m를 10초에 달린다고 하자. 평균 속력은 10 m/s가 된다. 그렇다고 그가 매 순간 10 m/s의 속력으로 달렸다는 것은 아니다.

순간 속력은 중요한 개념이다. 이는 그 특정한 순간 물체의 속도를 말한다. 자동차의 속도계의 숫자는 순간 속력을 보여준다. 속도계에 70 km/h라고 나타났다면, 이 자동차는 바로 지금 현재 1시간당 정확하게 70 km를 달리는 속력으로 달리고 있다는 뜻이다. 그렇다면 자동차와 같이 속도계가 없는 물체의 순간 속력은 어떻게 결정하는가? 순간 속력은 일반적으로 속력을 측정하는 것과 같이 일정한 거리를 걸린 시간으로 나누어 측정할 수는 없다. 왜냐하면 순간이라는 단어속에 걸린 시간 간격이 거의 0이라는 의미가 함축되어 있기 때문이다. 그러나 아주 짧은 시간 간격 동안 움직인 거리를 측정하므로 근사적인 순간 속력을 구할 수는 있다.

$$순간 \; 속력 = \frac{아주 \; 짧은 \; 거리}{아주 \; 짧은 \; 시간}$$

예를 들면 아주 정밀한 기계 장치라면 자동차가 1 m 움직이는 데 걸리는 시간을 측정할 수 있을 것이다. 만일 0.05초가 걸렸다면,

$$순간 \; 속력 = \frac{1 \; m}{0.05 \; s} = 20 \; m/s$$

는 자동차의 순간 속력으로 아주 좋은 근삿값이 될 것이다. 드래그 레이스에서 자동차의 최대 순간 속력은 마지막 약 18 m를 달린 시간을 측정하여 결정하는데 이는 대략 0.15초가 된다.

비행기 조종사, 운전자, 등산가들이 사용하는 지구 위치 추적 장치(GPS)는 전파를 사용 인공위성과 교신하여 위치를 찾아낸다. 이 시스템은 동시에 그 소지자

가 일정한 시간 동안 움직인 거리를 측정하여 시간으로 나누어 줌으로써 순간 속력의 근삿값을 계산해낸다. 대부분의 GPS 시스템은 매 초마다 위치를 재확인하므로 순간 속력을 계산하는 데 사용된 아주 짧은 시간이란 1초가 되는 것이다. 일반적인 자전거에 부착된 속도계는 자전거 바퀴에 붙어있는 센서 시스템이 바퀴가 한 번 돌아가는 데 걸리는 시간을 측정하여 순간 속력을 계산한다. 이는 위의 계산식에서 아주 짧은 거리가 자전거 바퀴의 둘레가 되는 셈이다.

속력의 단위를 m/s에서 km/h로 변환하는 방법은 1.1절에서 다루었다. 1m/s는 약 2.24 mph가 되므로 앞에서 언급한 순간 속력 20 m/s의 자동차의 속력은 mph로 다음과 같다.

$$20 \text{ m/s} = 20 \times 1 \text{ m/s} = 20 \times 2.24 \text{ mph}$$
$$= 44.8 \text{ mph}$$

그러나 실제로 이는 아주 짧은 시간 동안의 평균 속력이다. 보통의 운행 상태라면 내 순간의 순간 속력은 이보다 ±1 mph 범위에서 변히기는 하나 이는 대체로 타당한 근삿값이다. 그러나 만일 자동차가 충돌하는 순간이라면 이야기는 달라진다. 자동차 회사에서 사용하는 정밀한 비디오카메라로 자동차가 충돌하는 장면을 찍어 분석한 것을 보면 자동차의 속력은 0.05초 만에 크게 변하는 것을 알 수 있다. 이러한 충돌 상황을 다루려면 0.05초의 시간 간격이란 아주 짧은 시간으로는 부족함을 알 수 있다. 일반적으로 "아주 짧은 시간"이란 그동안 물체의 속도가 크게 변하지 않는 시간이어야만 큰 오차 없이 순간 속력의 근삿값을 구할 수 있다. 순간 속력이란 사실 그것을 측정하는 기술적인 측면보다는 그것이 의미하는 개념적인 부분이 더욱 중요하다.

물리 체험하기 1.2

올림픽 기록경기 중 육상, 수영, 빙속, 그리고 사이클의 기록들을 찾아보자. 아마도 온라인상에서 쉽게 검색할 수 있을 것이다. 몇 가지 경기에 대하여 평균 속력을 계산해 보자. 아마도 장거리 경기일수록 그 값은 작아지는 것을 발견할 것이다. 왜 그럴까 답해보자. 또 서로 다른 경기종목에 대하여 같은 거리, 예를 들면 1,500 m 육상과 수영에 대하여 그 속력을 각각 계산하여 비교해 보자. 이들은 왜 서로 다른가?

때로는 지속적으로 움직이는 물체의 운동 중 특정한 구간에서의 평균 속력이 필요한 경우도 있을 것이다. 예를 들면 단거리 선수의 경주 중 마지막 구간에서의 평균 속력을 알고자 할 때이다. 그러면 우리는 그 특정한 구간의 거리, 즉 나중 위치와 처음 위치의 차이를 알아야 하고 마찬가지로 시간 간격을 알아야 한다. 따라서 일반적인 속력의 계산식은 다음과 같다.

$$속력 = \frac{거리의 \ 변화}{시간의 \ 변화} = \frac{d_{나중} - d_{처음}}{t_{나중} - t_{처음}}$$

$$v = \frac{\Delta d}{\Delta t}$$

(기호 Δ는 그리스 문자 델타로 그 물리량의 변화량을 뜻한다.) 위의 수식은 평균 속력이자 곧 순간 속력에 대한 계산식이 된다. 즉, Δt가 시간 간격이라면 평균 속력이 되고, 아주 짧은 시간이라면 순간 속력이 된다.

예제 1.2

2009년 올림픽 금메달리스트인 우사인 볼트(그림 1.6)의 100 m 경주를 비디오테이프로 분석하여 다음 표와 같은 결과를 얻었다. 그의 평균 속력을 계산하라. 최대 순간 속력을 추측할 수 있는가?

구간(meters)	소요 시간(seconds)
0–10	1.85
10–20	1.02
20–30	0.91
30–40	0.87
40–50	0.85
50–60	0.82
60–70	0.82
70–80	0.82
80–90	0.83
90–100	0.90
총 거리: 100 m	총 시간: 9.69 s

전체 경주에 대하여

$$\text{평균 속력} = v = \frac{\Delta d}{\Delta t} = \frac{d_\text{나중} - d_\text{처음}}{t_\text{나중} - t_\text{처음}}$$

$$v = \frac{100\text{ m} - 0\text{ m}}{9.69\text{ s} - 0\text{ s}} = \frac{100\text{ m}}{9.69\text{ s}}$$

$$= 10.32\text{ m/s}(= 23.1\text{ mph})$$

와 같음을 알 수 있다.

50 m에서 90 m까지 시간의 간격이 같은 것으로부터 그의 속도 역시 일정하였음을 알 수 있다. 따라서 이 구간 동안 어느 두 점을 사용하여도 순간 속도를 얻을 수 있다. 예를 들어 70 m와 80m 두 점을 사용 계산하면 다음과 같다.

$$v = \frac{\Delta d}{\Delta t} = \frac{d_\text{나중} - d_\text{처음}}{t_\text{나중} - t_\text{처음}}$$

$$= \frac{80\text{ m} - 70\text{ m}}{0.82\text{ s}} = \frac{10\text{ m}}{0.82\text{ s}}$$

$$= 12.2\text{ m/s}(= 27.3\text{ mph})$$

마지막 10 m 구간에서 볼트는 결승점에 다가가며 뒤따라오는 선수를 돌아보느라 속력이 약간 늦어지고 있다.

그림 1.6 100 m와 200 m 경주에서 세계 신 기록을 수립하는 우사인 볼트.

Andy Lyons/Getty Images

그림 1.7 먼 곳에서 일어나는 번개와 천둥은 바로 빛의 속도와 소리의 속도가 다름을 나타 내는 전형적인 예이다.

도시 구간을 운행하는 자동차의 속력은 자주 변화한다. 때로는 교차로에서 순간 속력이 0이 되기도 하고, 정상 주행 중 60 km/h의 정상 속도로 달리기도 한다. 아마도 장시간에 걸쳐 평균 속력을 구하면 대략 35 km/h 정도가 된다.

만일 물체가 항상 일정한 속력으로 움직이고 있다면 평균 속력은 순간 속력과 같다. 이 경우 움직인 거리와 시간의 관계는 다음과 같다.

$$d = vt \ \text{(속력은 일정)}$$

이때 거리 d는 시간 t에 비례한다고 한다. 즉 시간이 두 배가 되면 거리도 두 배가 된다. 일정한 속력 v는 비례 상수가 된다. 앞으로 물리학에서 한 물리량이 다른 물리량에 비례하는 많은 경우를 보게 될 것이다.

물리 체험하기 1.3

번개가 칠 때 그 번쩍이는 빛(그림 1.7)은 순간적으로 도달하지만 소리는 뒤늦게 들린다. 왜 그럴까. 표 1.2의 데이터를 참고하여 그 이유를 생각해 보자. 번개의 빛과 소리가 도달하는 시간의 차이로 번개가 친 지점까지의 거리를 추정할 수 있다. 소리는 1초에 340 m를 간다. 그러면 번개가 친 지점까지의 거리와 번개의 빛과 소리가 도달한 시간의 차이와는 어떤 수학적인 관계가 있는가?

대부분의 운전자들은 속력을 이야기할 때 km/h 또는 mph 단위에 익숙해 있다. 이는 한 번의 이동에 보통 수 km를 움직이는 경우 편리하다. 그러나 가끔은 m/s 단위가 필요할 때도 있다. 예를 들어 100 km/h의 속력으로 달리는 자동차는 계산대로 2시간 동안 200 km를 달리게 된다. 그러나 이 자동차가 만일의 경우에 생길 수 있는 충돌 사고를 고려한다면 수 초 동안 움직이는 거리를 알아야 할 필요가 있기 때문이다. 100 km/h는 27.8 m/s가 된다. 즉, 운전자에게 충돌을 피할 수 있

표 1.2 몇 가지 대표적인 속력

설명	미터 단위계	영국 단위계
빛의 속력, c(진공에서)	3×10^8 m/s	186,000 miles/second
소리의 속력(실온의 공기 중에서)	344 m/s	771 mph
최고 속력		
달리기(치타)	28 m/s	75 mph
수영(돛새치)	30.6 m/s	68 mph
날기-수평(비오리)	36 m/s	80 mph
날기-수직(송골매)	108 m/s	242 mph
사람(근삿값)		
수영	2.5 m/s	5.6 mph
달리기	12 m/s	27 mph
빙상 스케이팅	14 m/s	31 mph

는 2초가 주어졌다면 그 사이에 자동차는 55.6 m를 달리게 된다는 것이다. 이는 자동차 길이의 10배에 해당되는 거리이다.

속도의 또 다른 단위들, 특히 m/s로 환산해 보자.

$$65 \text{ mph} = 95.6 \text{ ft/s} = 29.1 \text{ m/s} = 105 \text{ km/hr}$$

분명히 이 우주는 절대적인 최대 제한 속도를 가지고 창조되었다. 그것은 바로 진공에서의 빛의 속도이며 보통 c로 표기한다. 세상에서 어떠한 것도 c보다 빠르게 움직이는 것이 관찰된 적이 없다. 빛의 속도 c와 그 외 여러 가지 속도들이 표 1.2에 나열되었다.

1.2b 속도

운동의 또 다른 중요한 요소는 방향(direction)이다. 물체가 움직이는 방향이 바뀌면 이는 마치 그 속력이 변화된 것과 비슷한 효과가 있음을 보게 될 것이다. 물체의 운동의 속력과 방향을 모두 고려한 물리량이 바로 **속도**(velocity)이다.

10 m/s는 속력을 나타낸다. 반면에 동쪽으로 10 m/s는 속도에 대한 표현이다. 물체가 움직이는 방향이 달라지면, 예를 들어 자동차가 커브길을 돌고 있는 경우, 속력이 변하지 않더라도 속도는 변한다. 비행기가 현 위치에서 160 km/h의 속력으로 2시간 동안 비행하였다고 하더라도 현재 비행기가 있는 위치를 파악하기에는 정보가 충분치 않은 것이다. 현재의 위치를 알기 위해서는 정북쪽과 같이 움직인 방향을 동시에 말해주어야 한다.

속도계는 그 순간 자동차의 순간 속력을 말해준다. 속도계와 함께 나침반이 주어져야만 운동의 속력과 방향을 동시에, 즉 속도를 알 수 있다. 자동차가 곡선도로를 달리면 나침반의 바늘이 움직이게 되고 속력은 변하지 않을지라도 속도는 변하고 있음을 보여준다.

그림 1.8과 같은 간단한 GPS 단말기의 화면에는 속력과 방향이 각각 따로 표시된다. 즉 속도가 주어지는 것이다. 속력이나 또는 향하고 있는 방향이 변화하면 속도가 변하고 있는 것이다.

속도는 **벡터**(vector)라고 불리는 물리량의 좋은 예이다. 벡터란 수학적으로 방향과 크기를 가지고 있는 양이다. 반면에 방향은 없고 크기만 있는 양을 **스칼라**(scalar)라고 한다. 속력은 스칼라이다. 속력에 움직인 방향이 추가되어야만 속도 벡터가 된다. 마찬가지로 변위 역시 벡터량이다. 앞의 예에서 비행기가 2시간 동안 비행한 거리는 320 km이다. 그러나 비행기의 현 위치를 정확히 알기 위해서는 변위, 즉 정북쪽 320 km라는 정보가 주어져야 한다. 앞에서 속력에 대한 수식 $v = \Delta d / \Delta t$는 d에 변위 벡터를 대입하여 속도 벡터에 대한 수식으로도 사용할 수 있다.

우리가 사용하는 모든 물리량은 벡터와 스칼라로 구분된다. 시간, 질량 그리고 부피 등은 방향과는 관계가 없는 스칼라이다.

벡터는 보통 그림 1.9와 같이 길이가 있는 화살표로 나타내는데 화살의 방향은

속도
방향을 가진 속력. 속력에 방향을 동시에 고려한다. 단위는 속력과 같다.

그림 1.8 속력과 움직이는 방향, 즉 속도를 측정할 수 있는 휴대형 GPS 단말기.

그림 1.9 벡터량은 화살표로 표현된다. 화살의 길이는 벡터의 크기를 나타내고 화살의 방향은 벡터의 방향을 나타낸다. 두 그림에서 속도는 화살표로 표시되고 있다. 자동차의 **속도**가 걷고 있는 사람의 속도보다 빠르기 때문에 더 긴 화살표로 표현되고 있다. 화살표의 방향으로 보아 두 경우 모두 같은 방향으로 움직이고 있음을 알 수 있다.

벡터의 방향을, 길이는 크기를 의미한다. 그림에서 자동차가 걷고 있는 사람에 비해 두 배의 속력으로 움직이고 있음을 알 수 있다.

만일 물체가 일직선 상에서 앞뒤로 움직이고 있다면, 앞으로 움직이고 있을 때 속도를 양의 값으로, 반대 방향으로 움직이고 있을 때 속도를 음의 값으로 표현하는 방법도 자주 사용된다. 어떤 자동차가 앞으로 움직이고 있을 때 속도를 +10 m/s로 하는 것이다. 만일 자동차가 정지하였다가 후진하고 있다면 속도는 음의 값, 즉 −5 m/s로 표기하는 것이다. 그네를 타고 있는 사람의 속도 역시 양과 음 사이에서 계속 변한다. 다만 어떤 쪽 방향을 앞으로 잡는가는 전적으로 정하기 나름이다. 예를 들어 농구공을 드리블하는 경우 농구공이 아래로 내려갈 때 속도를 +로, 위로 올라올 때를 −로 할 수도 있고 그 반대로 방향을 잡을 수도 있다. 속도에 있어서 음의 부호는 속도의 방향이 반대라는 의미이다.

물체의 운동 방향이 변하는 경우, 비록 그것이 앞쪽 또는 뒤쪽 두 가지 방향으로만 움직인다 할지라도, 속력보다는 + 또는 − 부호를 붙여서 속도로 다루는 것이 바람직하다. 단 낙하하는 물체와 같이 속도의 방향이 변하지 않는 경우는 속력이나 속도나 마찬가지이다. 이 교재에서는 앞으로 운동의 방향이 명확하게 드러나는 속도를 사용할 것이다.

1.2c 벡터의 합

때로는 운동하는 물체가 두 개의 속도를 가질 때가 있다. 예를 들면 그림 1.5에서와 같이 배의 갑판에서 달리기를 하는 사람의 경우이다. 즉 사람이 배에 대하여 상대적으로 움직이는 속도와 배 자체의 속도이다. 바람이 강하게 부는 날 바람 속에서 날아가는 새의 경우도 마찬가지로 공기에 대한 새의 속도와 지면에 대한 공기의 속도가 있다. 물에 대한 사람의 속도나, 지면에 대한 새의 속도를 구하려면 이 두 속도들을 더해주어야 한다. 두 속도의 합, 즉 벡터를 합(vector addition.)하는 것에 대하여 알아보자.

두 속도를 더할 때 먼저 각각을 크기와 방향에 따라 비례하는 길이의 화살표로 나타낸다. 배 위에서 달리기를 하는 사람의 경우 배의 속도를 나타내는 화살표는 사람의 속도를 나타내는 화살표보다 3배 길이가 길다. 왜냐하면 두 속도는 각각 30 km/h와 10 km/h이기 때문이다. 벡터를 나타내는 화살표는 이리저리 움직여도 상관이 없다. 단 움직일 때 방향을 바꾸어서는 안 된다. 두 벡터를 합하는 요령은 다음과 같다.

먼저 한 벡터를 고정시키고 그 벡터의 화살표 끝 지점에 다른 벡터의 시작점이 오도록 일치시킨다. 그런 다음 앞 벡터의 시작점에서 두 번째 벡터의 끝점까지 가는 화살표를 그리면 그것이 두 벡터의 합이 된다.

그림 1.10이 이 과정을 보여준다. 그림 1.10a는 배가 가는 방향으로 사람이 달리는 경우인데, 두 화살표는 같은 방향을 향하고 머리와 꼬리가 이어져, 결과인 합도 같은 방향으로 크기는 40 km/h이다. 그림 1.10b는 사람이 배의 뒤쪽을 향하

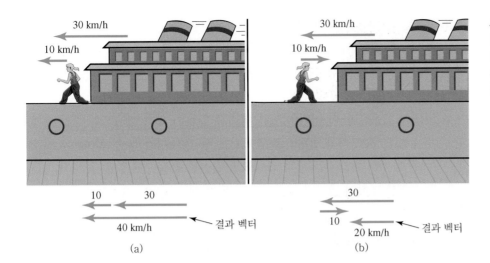

그림 1.10 (a) 달리고 있는 사람의 속도는 사람의 상대 속도와 배의 속도를 합해야 하며 그 결과는 40 km/h이다. (b) 마찬가지 방법으로 사람이 배의 뒤쪽을 향하고 있는 경우 그 속도는 20 km/h가 된다.

여 달리고 있는 경우인데 두 화살표는 반대 방향을 향하고 있고 결과 벡터의 크기는 20 km/h가 됨을 알 수 있다.

벡터를 합하는 방법은 두 벡터가 한 선상에 있지 않는 경우에도 동일하게 적용된다. 그림 1.11의 경우는 새가 북쪽으로 8 km/h의 속도로 날고 있고 동시에 바람은 동쪽으로 6 m/s의 속도로 불고 있다. 지면에 대한 새의 속도는 그림 1.11b와 같이 두 속도 벡터의 합이 된다. 앞에서와 마찬가지로 벡터의 합은 두 벡터의 머리와 꼬리를 일치시킨 후 앞 벡터의 시작점에서 두 번째 벡터의 끝점까지 가는 화살표를 그리는 것이다(그림 1.11c와 d). 결과 벡터는 북동쪽을 향한다. 바람이 심하게 부는 날 새가 날아가는 모습을 자세히 관찰하면 새가 머리 부분이 향한 방향과는 다른 방향으로 움직이는 것을 볼 수 있다.

그러면 결과 벡터의 크기는 얼마인가? 물론 단순히 8 + 6 또는 8 − 6은 아닐

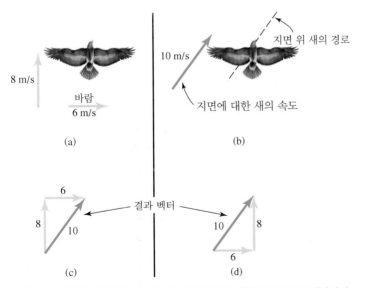

그림 1.11 지면에 대한 새의 속도는 (b) 새의 공기에 대한 상대 속도와 바람의 속도와의 벡터 합이다. (c)와 (d)는 벡터를 합하는 두 가지 방법을 보여주고 있는데 결과는 같다.

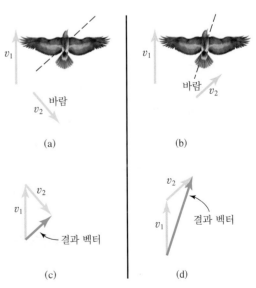

그림 1.12 벡터 합의 또 다른 경우. 새는 공기에 대하여 같은 속력, 같은 방향을 움직이고 있으나 바람의 방향이 서로 다르다.

것이다. 두 벡터가 평행이 아니기 때문이다. 이 예에서 새의 속도는 10 m/s가 된다. 이는 두 벡터의 상대적인 길이를 정확히 그린 후 결과 벡터의 길이를 측정하든지 아니면 조금만 대수적인 지식이 있다면 피타고라스 정리를 사용하여 구할 수 있다.

두 벡터의 합은 그들이 어떤 방향을 향하고 있든지 같은 방법으로 구할 수 있다. 그림 1.12는 새가 다른 방향으로 날아가는 두 가지 다른 예를 보여준다. 두 경우 모두 결과 벡터의 크기는 결과 화살표의 길이를 측정하여 구할 수 있다. 이외에도 두 속도를 더하여 물체의 알짜 속도가 되는 예는 수없이 많은데 흐르는 물을 가로질러 가는 보트의 속도도 그중 하나이다. 변위 벡터를 합하는 방법도 마찬가지이다. 만일 당신이 남쪽으로 10 m 그리고 이어서 서쪽으로 10 m 움직였다면 알짜 변위는 남서쪽으로 14.1 m가 될 것이다.

벡터를 합하는 과정을 역으로 적용하면 모든 벡터들은 두 벡터의 합으로 나타낼 수 있으며 우리는 이것을 벡터의 두 성분이라고 한다. 그림 1.11b에서 새의 순 속도는 두 속도 벡터의 합이었음을 알고 있다. 또 물체가 실제로 하나의 속도로 움직이는 경우에도 이것을 두 속도의 합으로 분해하여 생각하는 것이 편리할 때가 있다. 예를 들면 한 축구 선수가 운동장에서 남동쪽 방향으로 가로질러 가고 있을 때 이것을 그림 1.13과 같이 남쪽 방향의 속도와 또 하나의 동쪽 방향 속도가 동시에 적용되는 것으로 생각할 수 있다. 자동차가 긴 내리막길을 내려가고 있는 경우에도 자동차의 속도를 수평 방향 속도 성분과 수직 방향 속도 성분이 동시에 있는 것으로 생각할 수 있다.

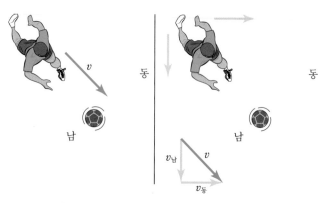

그림 1.13 축구선수가 남동쪽으로 달리고 있는 상태는 즉, 남쪽으로 그리고 동쪽으로 달리는 운동의 합으로 생각할 수 있다. 이 두 속도를 각 성분이라고 부르는데 이 둘이 합쳐져 원래의 남동쪽 운동이 된다.

1.3 가속도

우리 주변은 온통 다양한 운동으로 가득 차 있다. 자동차, 자전거, 보행자, 비행기, 기차 그리고 다양한 물체들을 가만히 살펴보면 이들은 모두 끊임없이 속력과 운동 방향을 바꾸고 있다. 그들은 출발하고, 정지하고, 가속하고, 속도를 늦추거나 또 회전한다. 바람의 방향도 시시각각으로 변한다. 심지어 지구 자체도 태양의 주위를 돌면서 운동의 방향과 속력이 변화하고 있다. 바로 2장의 주제는 이러한 물체들의 속도의 변화와 물체에 작용하는 힘의 관계를 다루게 될 것이다. **가속도** (acceleration)는 물리학에서 아주 중요한 개념이다.

가속도
속도가 변화하는 비율. 속도의 변화량을 그 동안의 시간으로 나눈다.

$$a = \frac{\Delta v}{\Delta t}$$

물리량	미터 단위계	영국 단위계
가속도(a)	초 제곱당 미터(m/s²)	초 제곱당 피트(ft/s²)
		초 제곱당 마일(mi/s²)

어떤 물체가 속도를 빠르게 하거나 늦추는 것은 바로 가속하는 과정이다. 만일 당신이 자동차 운전을 하고 있다면 속도계의 숫자가 변할 때 자동차는 가속하고 있는 것이다. 가속도 역시 벡터량이기 때문에 크기와 방향이 있다. 가속도와 속도와의 관계는 바로 속도와 변위와의 관계와 유사하다는 사실에 주목하라. 즉, 가속도는 속도가 변화하는 정도를, 속도는 바로 변위가 변화하는 정도를 나타낸다.

예제 1.3

자동차가 트럭을 추월하며 4초 만에 20 m/s에서 25 m/s로 가속하였다(그림 1.14). 자동차의 가속도를 구하라.

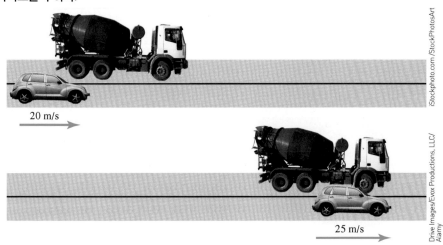

20 m/s

25 m/s

그림 1.14 트럭을 추월하며 자동차가 속력을 20 ms에서 25 ms로 증가시키고 있다.

자동차의 운동 방향이 일정하므로 속력의 변화가 곧 속도의 변화이다. 즉, 나중 속도에서 처음 속도를 뺀다.

$$a = \frac{\Delta v}{\Delta t} = \frac{\text{나중 속도} - \text{처음 속도}}{\Delta t}$$

$$= \frac{25 \text{ m/s} - 20 \text{ m/s}}{4 \text{ s}}$$

$$= \frac{5 \text{ m/s}}{4 \text{ s}}$$

$$= 1.25 \text{ m/s}^2$$

결과는 자동차가 매 초당 1.25 m/s의 비율로 가속하였다.

물체가 속도를 늦추는 것도 가속하는 과정이다. 일상 대화에서는 가속이란 속도가 빨라지는 경우를 의미하고 속도가 늦어지는 경우에는 감속이란 말을 사용한다. 또 속도의 방향만 바뀌는 경우는 가속된다고 표현하지 않는다. 그러나 물리학에서는 이 모든 경우에 대하여 가속도 한 가지로 통일해서 사용한다.

예제 1.4

한 경주자가 9 m/s의 속력으로 결승점을 통과한 후 완전히 정지하는 데 5초가 걸렸다. 가속도를 구하라.

$$a = \frac{\Delta v}{\Delta t} = \frac{0 \text{ m/s} - 9 \text{ m/s}}{5 \text{ s}}$$

$$= \frac{-9 \text{ m/s}}{5 \text{ s}}$$

$$= -1.8 \text{ m/s}^2$$

가속도의 부호가 음인 것은 가속도가 속도의 방향(양의 방향으로 잡음)과 반대 방향임을 의미한다.

아마도 가속도 운동 중에서 가장 중요한 예는 그림 1.15와 같이 지구 표면 근처에서 자유 낙하하는 물체의 경우이다. 자유 낙하란 물체에 오로지 중력만이 작용

그림 1.15   자유 낙하하는 사람의 가속도는 일정하다.

표 1.3 몇 가지 대표적인 가속도

설명	가속도	
자유 낙하하는 물체(달 표면에서)	1.6 m/s²	0.16 g
자유 낙하하는 물체(지구 표면에서)	9.8 m/s²	1 g
스페이스 셔틀(최대)	29 m/s²	3 g
드래그 레이스–자동차(0.25마일 평균)	32 m/s²	4.2 g
인간의 한계점	245 m/s²	25 g
자동세탁기 속의 옷	400 m/s²	41 g
자동차의 바퀴 표면(65 mph의 속력)	2,800 m/s²	285 g
방아깨비의 점프	3,920 m/s²	400 g
발사된 총알	2,000,000 m/s²	200,000 g
입자가속기 내에서 양성자의 평균 가속도	1.86×10^9 m/s²	1.9×10^8 g

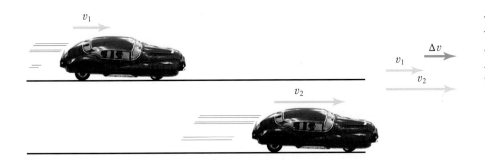

그림 1.16 자동차가 일직선 상에서 가속할 때 속도를 나타내는 화살표의 길이는 길어진다. Δv로 표현된 화살표는 v_1에서 v_2가 되었을 때 그 변화량을 나타내며 가속도의 방향이 전방을 향하고 있음을 보여준다.

하여 자유롭게 떨어지는 것을 말하며 따라서 공기의 저항 같은 것은 무시한다. 떨어지는 돌멩이의 운동은 자유 낙하이다. 그러나 깃털은 그렇지 못하다.

자유 낙하하는 물체는 아래쪽 방향으로 일정한 가속도의 운동이며 가속도의 크기는 g로 쓴다.

$$g = 9.8 \ \text{m/s}^2 \ (중력 \ 가속도)$$

따라서 자유 낙하하는 돌멩이의 속도는 아래쪽 방향으로 매 초당 9.8 m/s의 비율로 증가한다. 간혹 중력 가속도 g는 가속도의 단위로 사용되기도 한다. 가속도 19.6 m/s²은 2 g가 된다. 몇 가지 대표적인 운동의 가속도 크기가 표 1.3에 나열되어 있다.

물리 체험하기 1.4

자동차가 속도를 높이거나 늦출 때 그 가속도를 g 단위로 쉽게 계산할 수 있다. 즉 속도의 변화가 9.8 m/s로 변화하는 데 얼마나 시간(초 단위로 측정)이 걸렸는지를 측정한다. 당신이 타고 있는 자동차의 속도계를 보고 실제로 이 값을 측정해 보자. 고속 도로를 달리는 자동차가 10 m/s의 속도로 달리다가 가속하여 4초 만에 속도가 19.8 m/s가 되었다면 g 단위로 계산된 자동차의 가속도는 얼마인가?

가속도를 시각적으로 도식화하는 방법은 각 순간의 속도 벡터를 화살표로 그리는 것이다. 만일 자동차가 가속하고 있다면 자동차의 속도를 나타내는 벡터는 길이가 길어진다(그림 1.16). 가속 전과 후의 두 속도 벡터 화살표를 나란히 놓았을 때 그 차이에 해당되는 화살표가 속도의 변화량 Δv인데 첫 번째 벡터의 끝점에서 두 번째 벡터의 끝점까지 가는 벡터이다. 즉, 나중 속도는 처음 속도와 속도의 변화량을 더한 값이다. 가속도 벡터란 속도의 변화량 벡터를 시간으로 나누어준 것이다. 속도가 빨라지므로 가속도 벡터의 방향이 앞을 향하고 있다.

1.3a 구심 가속도

가속도는 속도의 크기가 변화할 때 뿐만 아니라 속도의 방향이 변하는 경우에도 발생한다. 자동차가 커브길을 돌거나 당구공이 충돌에 의해 방향이 바뀌는 것도 속도의 크기는 변하지 않았더라도 가속도 운동이다.

속도의 변화를 구하기 위해 그림 1.17과 같이 다시 한 번 화살표 다이어그램을

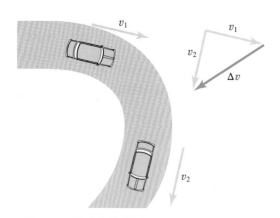

그림 1.17 자동차가 일정한 속도로 곡선 도로를 달리는 것은 구심 가속도 운동을 하고 있는 것이다. 화살표는 자동차의 속도의 방향이 변하고 있음을 보여준다. 속도의 변화량 벡터, Δv는 곡선 도로의 구심을 향하고 있으며 따라서 가속도도 마찬가지이다.

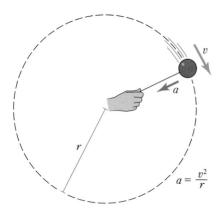

그림 1.18 원 궤도를 따라 움직이는 물체는 움직이는 방향이 변하고 있고 따라서 속도가 변하고 있는 것이다. 이때 구심 가속도의 크기는 속도의 제곱을 반지름으로 나눈 값이다. 따라서 속력이 두 배가 되면 가속도는 네 배가 되고, 반지름이 두 배가 되면 가속도는 절반이 된다.

이용해 보자. 전과 후의 속도를 나타내는 두 벡터를 바로 옆에 붙여 놓으면 방향이 바뀌었음이 분명하게 드러난다. 앞에서와 마찬가지로 벡터 v_1의 끝점에서 v_2의 끝점까지 가는 벡터가 속도의 변화량 벡터 Δv이다. 따라서 일직선을 달리는 그림 1.16의 경우와 마찬가지로 처음 속도 v_1에 Δv를 더하면 v_2가 된다.

여기서 변화량 Δv의 방향에 대하여 주목하자. 그것은 곡선의 중심 방향을 향한다. Δv의 방향이 가속도의 방향을 의미하므로 가속도 벡터도 중심을 향한다. 곡선 궤도를 그리는 물체의 가속도를 **구심 가속도**(centripetal acceleration)라고 부르는 이유가 여기에 있다. 또 구심 가속도의 방향은 매 순간 속도 벡터와는 수직을 이룬다.

원 궤도를 그리는 물체의 가속도 방향에 대하여 알아보았다. 그렇다면 크기는 어떻게 될까? 당연히 물체의 속도가 빠르면 빠를수록 속도의 방향은 빠르게 변한다. 결국 가속도의 크기는 물체의 속도에 비례한다. 또 그것은 원 궤도의 반지름 r과 관계가 있다(그림 1.18). 반지름이 커지면 곡선의 구부러짐이 더 완만해지므로 속도의 방향은 더 완만하게 변하게 되고 따라서 가속도의 크기는 작아진다. 실제 구심 가속도에 대한 공식은 다음과 같다.

$$a = \frac{v^2}{r} \text{ (구심 가속도)}$$

구심 가속도 a와 v, r의 관계를 쉽게 풀어보면 구심 가속도는 속도의 제곱에 비례하고

$$a \propto v^2$$

반지름 r에 반비례한다.

$$a \propto \frac{1}{r} \text{ (구심 가속도)}$$

따라서 만일 속도가 두 배가 되면 가속도는 네 배가 되며, 반지름이 두 배가 되면 가속도는 반으로 줄어든다. 이러한 관계식을 다음에 다시 다루게 될 것이다.

예제 1.5

곡선 운동을 하는 자동차의 가속도를 계산해 보자. 곡선 도로 구간의 회전 반지름이 20 m이고 자동차는 이 곡선 도로를 일정한 속력 10 m/s로 달리고 있다(그림 1.19).

순간적으로 자동차는 원운동을 하므로

$$a = \frac{v^2}{r} = \frac{(10 \text{ m/s})^2}{20 \text{ m}}$$

$$= \frac{100 \text{ m}^2/\text{s}^2}{20 \text{ m}} = 5 \text{ m/s}^2$$

이다. 만일 자동차의 속력이 20 m/s이었다면 가속도는 네 배가 되어 20 m/s²이 될 것이다.

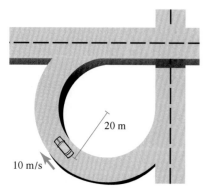

그림 1.19 자동차가 반지름이 20 m인 클로버형 입체교차로를 달린다.

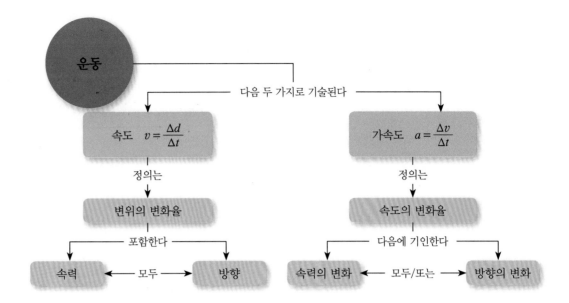

많은 사람들이 구심 가속도의 개념을 어려워한다. 이는 속도의 크기의 변화와 마찬가지로 속도의 방향의 변화도 가속도라는 사실을 이해하지 못하기 때문이다. 다음과 같은 경험(예를 들면 장을 본 바구니가 자동차가 급커브를 돌 때 쏟아지던 경험)들을 상기해 보자. 한 사람이 버스에 타고 있다. 버스 안 탁자 위의 책은 버스가 가속도 운동을 함에 따라 버스가 속도를 높이면 뒤쪽으로, 속도를 늦추면 앞쪽으로 미끄러진다. 두 경우 모두 책의 움직임의 방향은 버스의 가속도 방향의 반대 방향이다. 버스가 원 궤도를 따라 곡선 운동을 하면 어떻게 되는가? 책은 원의 바깥쪽 방향으로 움직인다. 이는 버스의 가속도의 방향은 원 궤도의 안쪽, 즉 중심 방향을 향하고 있음을 보여준다.

자동차의 회전 능력은 때때로 그 자동차가 낼 수 있는 최대 구심 가속도로 표현하기도 한다. 자동차 전문 잡지에서 자동차의 성능을 기술할 때 사용하는 "회전 가속력(회전 가속도)" 또는 "측면 가속력(측면 가속도)"이 바로 그것이다. 대부분의 스포츠카에서 그 값은 대략 0.85 g, 즉 8.33 m/s²이 된다.

복습

1. 물체의 속도가 변하고 있을 때 물체가 _____ 한다고 한다.

2. 자유 낙하하는 물체는
   a. 속도가 일정하다.
   b. 원심 가속도가 있다.
   c. 가속도가 일정하다.
   d. 가속도가 일정하게 증가하고 있다.

3. (참 혹은 거짓) 느리게 움직이고 있는 물체의 가속도가 빠르게 움직이고 있는 물체의 가속도보다 더 클 수 있다.

4. 물체가 일정한 속력으로 원운동을 하고 있을 때
   a. 가속도는 속도와 수직이다.
   b. 그 가속도는 0이다.
   c. 속도는 일정하다.
   d. 가속도와 속도는 평행이다.

5. 가속도 2.5 g는 _____ m/s²과 같다.

1.4 간단한 운동들

이제 몇 가지 간단한 운동들을 정리하여 보기로 하자. 각각의 예는 모두 한 물체가 특별한 방법으로 움직이는 경우들이며, 물체가 움직인 거리가 물체의 속도와 시간에 어떤 관계가 있는지 알아보고자 한다. 각각의 관계식이 어떻게 표현되는지에 주목하자.

1.4a 등속도 운동

가장 간단한 경우는 물체가 전혀 움직이지 않는 것이다. 즉 물체가 차지하는 공간상의 위치가 변하지 않는다. 우리는 이 경우 어떠한 고정된 기준점으로부터도 물체까지의 거리가 일정하다고 말한다. 아무것도 변한 것이 없다. 따라서 물체의 속도도 가속도도 0이다.

다음으로 간단한 운동은 등속도 운동이다. 물체의 속도가 일정한 경우이며 물체는 일정한 방향으로 일정한 속력으로 움직인다. 곧게 뻗은 고속 도로에서 일정한 속도로 달리는 자동차가 좋은 예이다. 또 아주 매끄러운 빙판 위를 미끄러지는 아이스하키 퍽도 마찰이 거의 없어 퍽의 속력이 늦어지는 것을 무시한다면 이 범주에 속한다. 여기서 가속도는 말할 것도 없이 0이다. 이 경우 움직인 거리와 시간과의 관계는 어떻게 되나? 이 관계를 다음과 같이 네 가지, 즉 말, 수식, 표 그리고 그래프로 표현해 보자.

일정한 속력 7 m/s로 달리는 육상 선수의 예를 보자. 만일 당신이 바로 트랙 옆에 서 있다면 선수가 바로 당신을 지나간 후 당신과의 거리는 시간에 대하여 어떻게 변하는가? 말로 표현하면 '거리는 매 초마다 7 m씩 증가하고 있다'이다. 또 선수가 당신 옆을 지나간 2초 후 거리는 14 m가 될 것이다(그림 1.20). 수식을 사용하면 거리는 m 단위로 선수의 속력인 7 m/s와 시간을 곱하면 된다. 이때 시간은 선수가 당신을 지나간 이후의 시간을 초 단위로 계산한다. 이를 더욱 간단하게 수식으로

$$d = 7\,t \quad (d는\ 미터\ 단위,\ t는\ 초\ 단위)$$

여기서 $v = 7$ m/s는 선수의 속도이므로 이 수식을 보다 일반적으로 써보면

$$d = vt$$

가 된다. 동일한 관계는 다음과 같이 시간과 거리에 대한 표로 나타낼 수도 있다. 모든 값들은 거리 $d = 7\,t$의 관계를 만족한다. 표에는 몇몇 시간(t)에서의 거리(d) 값이 나타나 있다. 물론 더 긴 표를 다른 시간 간격으로 나타낼 수도 있다.

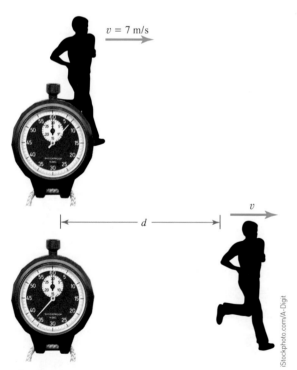

$v = 7$ m/s

v

d

iStockphoto.com/A-Digit

그림 1.20 경주자의 속도는 7 m/s이다. 이는 여러분이 서 있는 고정된 위치로부터 경주자까지의 거리가 매 초당 7 m씩 증가한다는 것을 의미한다.

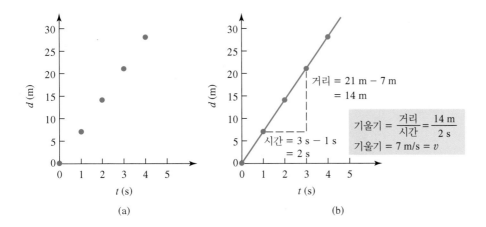

그림 1.21 (a) 속도가 7 m/s인 경우 거리-시간 그래프. (b) 같은 그래프에 기울기를 표시하였다.

거리 = 21 m − 7 m
= 14 m

시간 = 3 s − 1 s
= 2 s

$$기울기 = \frac{거리}{시간} = \frac{14 \text{ m}}{2 \text{ s}}$$

기울기 = 7 m/s = v

시간(s)	거리(m)
0	0
1	7
2	14
3	21
4	28

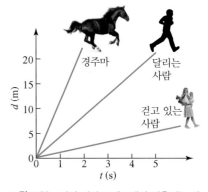

그림 1.22 거리-시간 그래프에서 기울기는 바로 속도를 의미한다. 속도가 빠른 물체(말)의 그래프는 기울기가 급하고, 속도가 느린 물체의 기울기는 수평에 가깝다.

시간과 거리의 관계를 나타내는 마지막 방법은 위의 표에 나타난 수치들을 그래프를 이용하여 표현하는 것이다(그림 1.21a). 보통 거리와 시간의 그래프에서 수직축은 거리를 나타낸다. 그래프에서 데이터 포인트들은 일직선 상에 있음을 알 수 있다. 간단한 규칙을 기억하자. 일정한 속도의 운동에서 시간에 대한 거리의 그래프는 직선이다. 일반적으로 한 물리량이 또 다른 물리량에 비례 관계가 있다면 그 그래프는 직선이다.

그래프에서 아주 중요한 요소 가운데 하나가 그래프의 경사도, 즉 기울기이다. 기울기는 그림 1.21b에서와 같이 두 데이터 포인트 사이에 수직 변화량을 수평 변화량으로 나눈 값이다. 그림에서 수직 변화량은 Δd 그리고 수평 변화량은 경과된 시간 Δt이고 따라서 기울기는 Δd를 Δt로 나눈 값, 즉 속도의 크기가 된다. 따라서 거리-시간 그래프에서 기울기가 바로 속도의 크기인 것이다.

경주마와 같이 더 빠르게 움직이는 물체의 그래프에서 기울기는 경사가 급하고 큰 값을 가지며(그림 1.22), 걷고 있는 사람의 거리-시간 그래프의 기울기는 경사가 완만하여 작은 값을 갖는다. 만일 물체가 전혀 움직이지 않고 있다면 그래프는 수평축과 평행하게 나타날 것이고 기울기는 0이 된다.

속도가 일정하지 않은 경우에 있어서도 거리-시간 그래프의 기울기는 속도의 크기를 나타낸다는 사실에는 변함이 없다. 이 경우 그래프는 기울기가 계속 변하므로 직선이 아니다. 그것은 곡선이 되거나 굽을 것이다. 그림 1.23은 어떤 자동차가 정지 신호로부터 출발하여 거리를 달리다가 다시 정지한 후 후진으로 주차할 때까지의 운동에 대한 그래프이다. 자동차가 정지하였을 때 그래프는 수평이다. 따라서 거리는 변하지 않으며 속도는 0이다. 자동차가 후진을 할 때는 그래프가

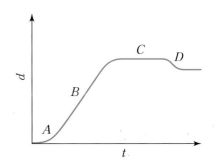

그림 1.23 속도가 변하고 있는 자동차의 거리-시간 그래프. 그래프 상 A에서 자동차가 출발 가속하며 기울기가 증가하고 있다. B에서 속도는 일정한 값이다. C에서 기울기는 0이며 자동차가 정지했음을 말해준다. D에서 자동차는 후진하고 있기 때문에 속도는 음의 값이다.

그림 1.24 높은 빌딩에서 돌멩이를 자유 낙하시킨다. 빌딩 꼭대기에서부터 측정한 거리는 돌멩이의 속도가 일정한 비율, 즉 매 초당 9.8 m/s² 의 비율로 증가하고 있다.

이래로 경시진다. 거리가 감소하고 있으며 속도는 음의 값을 갖는다.

1.4b 등가속도 운동

다음으로 간단한 운동은 물체가 일직선 상에서 일정한 가속도로 움직이는 경우이다. 즉, 물체의 속도가 일정한 비율로 증가하는 것이다. 지구 표면에서 자유 낙하하는 물체의 운동이 대표적인 경우이다. 경사진 면을 따라 굴러 내려오는 공의 운동도 또 다른 예이다. 때로 자동차나 자전거, 기차 등이 출발하여 서서히 속도를 높여갈 때의 운동도 여기에 속한다.

자유 낙하의 경우 좀 더 자세히 살펴보기로 하자. 만일 높은 빌딩 위에서 떨어뜨린 돌멩이의 매 순간에서의 순간 속도와 낙하한 거리를 측정할 수 있다고 하자(그림 1.24). 떨어지는 돌멩이의 가속도는 g, 즉 9.8 m/s²이다. 먼저 돌멩이의 속도가 어떻게 변하는지를 살펴보자. 가속도로부터 돌멩이의 속도는 매 초마다 9.8 m/s씩 증가함을 알 수 있다. 즉, 속도는 시간과 9.8(m/s 단위)을 곱한 값이다. 수식으로는

$$v = 9.8\,t \quad (v \text{는 m/s}, t \text{는 초 단위})$$

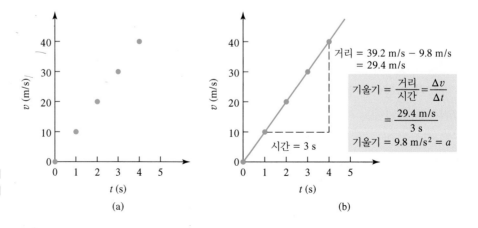

그림 1.25 (a) 자유 낙하하는 물체의 속도-시간 그래프. (b) 같은 그래프에 기울기를 표시하였다.

로 나타낼 수 있다.

정지 상태로부터 출발하여 일정한 가속도 a로 움직이는 운동에 대한 일반적인 수식적 표현은

$$v = at \quad \text{(가속도는 일정)}$$

이다. 가속도가 일정한 경우 속도는 시간에 비례한다. 비례 상수는 가속도 a이다. 이것을 표로 나타내면 다음과 같다.

시간	속도	
(s)	(m/s)	(mph)
0	0	0
1	9.8	22
2	19.6	44
3	29.4	66
4	39.2	88

속도를 시간에 대한 함수로 나타낸 그래프는 그림 1.25와 같이 직선이다. 또 속도-시간 그래프에서 기울기는 가속도를 의미한다. 그래프에서 수직 변화량은 속도의 변화 Δv이고 수평 변화량은 시간의 변화 Δt이다. 따라서

$$\text{기울기} = \frac{\Delta v}{\Delta t} = a$$

사면을 굴러 내려가는 공과 같이 더 작은 가속도를 갖는 운동의 그래프는 더 작은 경사의 기울기를 가진다.

그림 1.25의 그래프는 등속도 운동에 대한 그래프인 그림 1.21과 그 모양이 똑같다. 그러나 그림 1.21은 등속도 운동에 대한 거리-시간 그래프이고, 그림 1.25는 속도-시간 그래프임을 주지하여야 한다.

그러면 등가속도 운동의 경우 거리-시간 그래프는 어떤 모습일까? 아마 조금 복잡할 것이다. 그림 1.26은 자유 낙하하는 물체가 연속적인 동일한 시간 간격 동안 떨어지는 거리가 점점 증가하고 있음을 보여준다. 속도가 점점 증가하고 있으므로 움직인 거리는 평균 속도와 시간을 곱한 값이 된다. 그러면 평균 속도는 어떠한가? 처음 물체의 속도는 0이었고 t초 후 물체의 속도는 at이므로 이 둘의 평균은

$$\text{평균 속도} = \frac{0 + at}{2} = \frac{1}{2}at$$

이다. (만일 당신이 두 번의 간이 시험을 치러 0점과 8점을 받았다면 평균 점수는 0과 8을 합한 값의 절반 4점이 된다.)

따라서 움직인 거리는 평균 속도와 시간의 곱

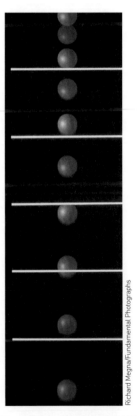

Richard Megna/Fundamental Photographs

그림 1.26 낙하하는 공의 스트로보스코프 사진. 각각의 영상은 같은 시간 간격으로 플래시가 번쩍일 때 공의 위치를 보여준다. 처음 영상 사이의 간격이 가까운 것은 공의 속도가 느린 것을 말해주며 공이 떨어짐에 따라 속도가 점점 빨라지고 있음을 보여준다.

그림 1.27 자유 낙하하는 물체의 거리-시간 그래프. 기울기가 점점 증가하는 것은 속도가 빨라지고 있음을 말해준다.

시간(s)	거리(m)
0	0
1	4.9
2	19.6
3	44.1
4	78.4

(a)

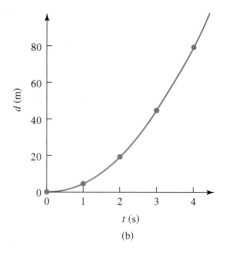

(b)

$$d = \text{평균 속도} \times t = \frac{1}{2}at \times t$$

$$d = \frac{1}{2}at^2 \quad (\text{가속도는 일정})$$

이다. 자유 낙하하는 물체에 대하여 가속도는 $9.8 \, \text{m/s}^2$이므로

$$d = \frac{1}{2}at^2 = \frac{1}{2} \times 9.8 \times t^2$$

$$d = 4.9 \, t^2 \quad (d\text{는 미터 단위, } t\text{는 초 단위})$$

이다. 일정한 가속도 운동의 경우 움직인 거리는 시간의 제곱에 비례한다. 그 비례 상수는 가속도의 절반이다.

처음에 $v_{처음}$의 속도로 움직이던 물체가 t초 동안 일정하게 가속되었다면 이 구간에서의 평균 속도는

표 1.4 여러 가지 운동의 요약

운동의 형태	물리량들의 변화	공식
정지 상태의 물체	거리 일정	$d = $ 일정
	속력 0	$v = 0$
	가속도 0	$a = 0$
등속도 운동	거리는 시간에 비례	$d = vt$
	속도 일정	$v = $ 일정
	가속도 0	$a = 0$
등가속도 운동*(정지 상태로부터)	거리는 시간의 제곱에 비례	$d = \frac{1}{2}at^2$
	속도는 시간에 비례	$v = at$
	가속도 일정	$a = $ 일정
* 물체의 처음 위치로부터 측정된 거리		

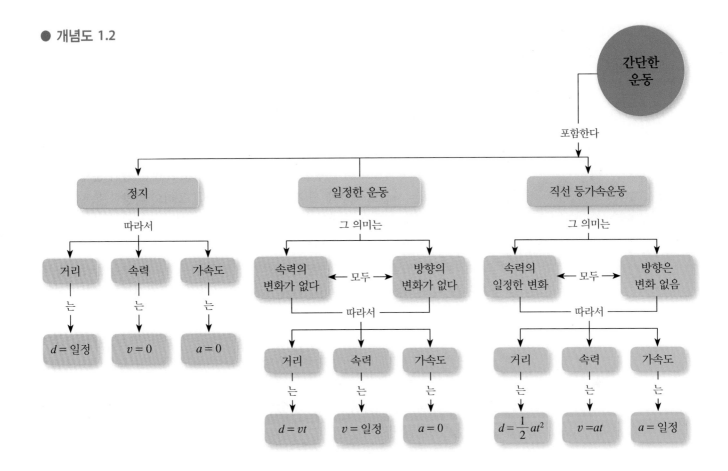

간단한
운동

포함한다

| 정지 | 일정한 운동 | 직선 등가속운동 |

정지

따라서

| 거리 | 속력 | 가속도 |

는 / 는 / 는

| $d=$ 일정 | $v=0$ | $a=0$ |

일정한 운동

그 의미는

| 속력의 변화가 없다 | 모두 | 방향의 변화가 없다 |

따라서

| 거리 | 속력 | 가속도 |

는 / 는 / 는

| $d=vt$ | $v=$ 일정 | $a=0$ |

직선 등가속운동

그 의미는

| 속력의 일정한 변화 | 모두 | 방향은 변화 없음 |

따라서

| 거리 | 속력 | 가속도 |

는 / 는 / 는

| $d=\dfrac{1}{2}at^2$ | $v=at$ | $a=$ 일정 |

$$v_{평균} = \frac{v_{처음} + (v_{처음} + at)}{2} = v_{처음} + \frac{1}{2}at$$

이므로

$$d = v_{처음}t + \frac{1}{2}at^2$$

이다.

낙하하는 물체의 거리와 시간에 대한 표는 다음과 같으며 거리가 급격하게 증가하고 있다. 거리-시간 그래프는 그림 1.27과 같이 위로 구부러진 곡선이다. 이는 물체의 속도가 시간에 대하여 증가하고 있으며 그래프의 기울기가 바로 속도를 나타내기 때문이다. 표 1.4와 다시보기에 이들 세 가지 운동을 요약하였다.

1.4c 또 다른 운동의 그래프

실제로 낙하하는 물체의 경우 가속도가 지속적으로 일정할 수는 없다. 물체의 속도가 증가함에 따라 공기의 저항이 증가하여 가속도는 감소한다. 자동차가 정지 신호로부터 가속할 때 가속도는 감소하는데, 특히 변속기가 고속 모드로 변환될 때 그렇다. 그림 1.28은 자동차가 정지 상태에서 80 km/h로 가속하는 과정에서의 속도의 변화를 그래프로 나타낸 것이다. 그래프의 기울기가 점점 감소하는 것으로 보아 가속도가 감소하고 있음을 알 수 있다. 또 변속기를 변환하는 짧은 시

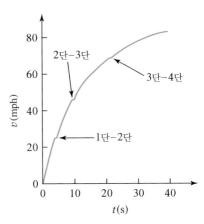

그림 1.28 출발하여 가속하고 있는 자동차의 속도-시간 그래프. 곡선의 불연속적인 점들은 자동차의 기어가 변속되는 짧은 시간 동안 자동차 엔진이 본체와 순간적으로 분리된 때를 의미한다. 기어가 변속되는 사이 그래프의 기울기, 즉 가속도는 감소하는 반면 자동차의 속도는 지속적으로 증가한다.

그림 1.29 아랍 에미레이트 두바이의 버즈 칼리파는 현재 세계에서 가장 높은 건물로서 높이가 830 m에 달한다.

간 동안에는 가속도가 0이다.

그래프는 물리량 사이의 관계를 시각적으로 표현하는 아주 좋은 방법이다. 그러나 수학적인 표현은 더욱 간결하며 나아가 두 개 이상의 물리량 사이의 관계도 표현할 수가 있다. 수학은 보다 추상적이며 이는 마치 언어와 같은 성질을 갖는다.

이 교재를 통하여 우리는 대부분의 수학적 공식을 말로 설명하거나 혹은 그래프를 통해 표현하는 방법을 사용하게 될 것이다. 동시에 원어를 유지하고 있는 수학 공식도 지속적으로 다루며 고교 수준의 수학만으로도 많은 물리 문제를 해결할 수 있다는 사실도 배우게 될 것이다. 공학과 같이 물리의 다양한 응용을 다루는 분야에서는 수학적 표현은 필수적이다. 세계에서 가장 높은 인공 건축물인 버즈 칼리파는 언어적인 표현으로만은 결코 지어질 수 없다.

그래프를 다룰 때 항상 주의해야 할 점은 수직과 수평축이 무슨 물리량을 나타내는지 살펴야 한다는 것이다. 예를 들어 한 그래프에서 직선으로 표현된 운동이 있다고 하자. 이 그래프가 시간에 대하여 거리를 나타낸 것이라면 직선 그래프는 등속도 운동을 의미한다. 그러나 이것이 속도와 시간의 관계를 나타낸 것이라면 직선 그래프는 등가속도 운동을 의미하는 것이다. 이 둘은 그래프의 모양은 유사할지라도 전혀 다른 운동을 나타낸다. 이는 사업가에게 증가하는 그래프에서 수직축이 이윤이라면 즐거운 일이지만 반대로 비용이라면 걱정거리가 되는 것과 마찬가지이다.

그래프의 모양을 보는 데 있어 중요한 것은 그 경향성이다. 즉, 그래프의 기울기가 항상 양인지 아니면 음인지, 다시 말해 그래프가 지속적으로 증가하는지 아니면 반대로 감소하는지 살펴봐야 한다. 만일 기울기가 변화한다면 그것은 무엇을 의미하는가? 예를 들어 속도-시간 그래프에서 각각의 시점에서 속도가 증가하는지, 감소하는지, 아니면 일정한 값을 유지하고 있는지를 파악한다.

우리의 주변에서 그래프를 응용하는 예를 하나 들어보자. 태권도 선수가 주먹으로 벽돌을 격파하는 경우이다. 그림 1.30a는 벽돌 표면으로부터 주먹까지의 거

그림 1.30 (a) 태권도 격파 시 주먹의 위치-시간 그래프. 6 ms에서 벽돌 면과 접촉이 일어난다. (b) 주먹의 속도-시간 그래프. 벽돌 면과 접촉하는 순간 주먹은 급격하게 가속도 운동을 한다. [S. R. Wike "가라데의 물리학" —American Journal of Physics V51] (c) 가라데 시범은 어떻게 사람의 주먹으로 콘크리트 벽돌을 격파할 수 있는지를 보여준다.

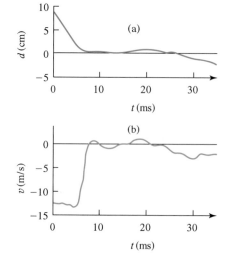

리를 시간에 대하여 나타낸 것으로 고속 촬영한 사진으로부터 실제 데이터를 측정하여 그린 것이다. 주먹은 벽돌 면과 닿을 때 즉 약 6 ms까지 아래쪽으로 움직이고 있다. 이때 주먹이 갑자기 정지하는 것으로 보아 순간적으로 매우 큰 가속도 운동을 하였음을 알 수 있다. 그림 1.30b는 속도-시간 그래프이다. 이는 위의 그래프의 매 순간에서의 기울기를 그래프로 그린 것이다. 여기서 거의 수직에 가깝게 속도가 변화하여 0이 되는 시점이 바로 주먹이 벽돌 표면과 접촉하는 순간이다. 바로 이 구간에서 그래프의 기울기를 계산하면 주먹의 가속도 값을 구할 수 있으며 계산하면 약 3,500 m/s² 또는 360 g가 된다. 그래프에서 약 25 ms인 순간에 어떤 일이 일어났는가?

복습

1. 시간과 거리의 그래프에서 빠르게 움직이는 물체와 느리게 움직이는 물체는 어떻게 다른가?

2. (참 혹은 거짓) 높은 빌딩에서 떨어뜨린 돌이 매 1초 동안 떨어지는 거리는 항상 같다.

3. 시간과 속도의 그래프에서 자동차의 속도가 위로 구부러져 있다면 이는 가속도가 _____ 한다는 것이다.

4. 시간과 거리의 그래프와 시간과 속도의 그래프는 다음 어떤 운동을 분석하는 데 도움이 되나?
   a. 낙하하는 물체
   b. 자동차의 성능
   c. 실험실에서 가속도 운동하는 물체
   d. 위의 것 모두

답 1. 기울기가 다르다. 2. 거짓 3. 증가 4. d

요약

기본적인 물리량들 거리, 시간 그리고 질량은 세 가지 기본적인 물리량들로 역학, 즉 물리학 중에서 특히 물체의 운동을 다루는 분야에서 많이 사용되는 것들이다. 길이, 너비, 높이 등은 거리의 다양한 요소들이고 단위로는 미터를 사용한다. 초, 분, 시간 등은 일반적으로 사용되는 시간의 단위들이다. 주기, 진동수 등은 반복되는 주기 운동에서 바로 시간과 관계되는 요소를 나타내는 양들이다. 질량은 무게와는 구별되는 양으로서 단위로는 킬로그램을 사용한다.

속력과 속도 속력, 속도 그리고 가속도 등은 물체가 어떻게 움직이는가를 기술하기 위하여 거리와 시간을 기반으로 유도된 양들이다. 속력은 움직임의 빠르기를 나타내며, 속도는 특정한 방향으로의 속력을 나타낸다. 속도는 크기와 방향이 있으므로 벡터량이다. 반면에 속력은 크기만을 말하므로 스칼라량이다. 때때로 한 순간 물체의 속도가 하나의 성분 이상일 수도 있다. 이때는 벡터의 합 개념이 필요하다. 만일 두 속도 성분이 서로 수직 방향이라면 피타고라스 정리를 이용하여 속도의 크기를 알수 있다.

가속도 가속도란 속도의 변화율을 말한다. 속도와 마찬가지로 가속도도 벡터이다. 이는 우리가 자동차를 타고 가며 교차로 부근에서 속력을 내거나 혹은 속력을 줄일 때 경험하는 것들이다. 지구의 표면에서 자유 낙하하는 물체는 지구 중심 방향으로 9.8 m/s²의 일정한 가속도를 갖는다. 또 직선 상을 일정한 속도로 달리는 자동차의 가속도는 0이다. 만일 어떤 물체가 곡선을 따라 움직이고 있다면 이는 구심 가속도를 가지고 있으며, 구심 가속도의 방향은 보통 곡선의 중심 방향으로 속도에 수직이다.

간단한 운동들 간단한 운동들은 대개 몇 가지로 분류할 수 있다. 만일 물체가 아무 방향으로도 움직이지 않고 있다면 그 속도는 0이다. 물체가 일정한 방향과 일정한 속력으로 움직이고 있다면 이는 등속도 운동이다. 물체가 일정한 방향으로 움직이고는 있으나 속력이 일정한 비율로 증가하거나 감소하고 있다면 이는 등가속도 운동이 된다.

● 정의

기본적인 물리량 거리, 시간 그리고 질량으로서 물리학의 가장 기본적인 측정 양들.

길이 한쪽 차원으로의 공간적 간격.

시간 같은 간격으로 계속 반복되는 주기적 현상을 기반으로 측정.

주기 반복되는 주기 운동에서 운동이 완전히 한 번 진행되는 데 걸리는 시간. 문자 T로 표기하며 단위는 초, 분 등을 사용한다.

$$T = \frac{1}{f}$$

진동수 단위시간당 주기 운동의 반복한 횟수. 문자 f로 표기한다.

$$f = \frac{1}{T}$$

질량 물체가 가속도에 저항하는 정도를 측정한다. 물체가 가진 물질의 양을 말한다.

속력 움직임의 빠르기. 기준점으로부터 거리가 변하는 비율. 움직인 거리를 그 동안의 시간으로 나누어 준 값.

$$v = \frac{\Delta d}{\Delta t}$$

속도 방향을 가진 속력(단위는 속력과 같다.)

벡터 크기와 방향을 동시에 가진 양.

스칼라 크기만을 가진 양.

가속도 속도가 변화하는 비율. 속도의 변화량을 그동안의 시간으로 나눈다.

$$a = \frac{\Delta v}{\Delta t}$$

구심 가속도 곡선을 따라 움직이는 물체의 가속도. 곡면의 중심 방향으로 속도에 수직 방향이다.

● 특별한 경우의 방정식

등속도 운동에서 움직인 거리.

$$d = vt$$

등가속도 운동에서 출발점으로부터 움직인 거리.

$$d = \frac{1}{2}at^2$$

물체가 정지 상태로부터 등가속도 운동을 한다면 그 속도.

$$v = at$$

자유 낙하하는 물체의 가속도.

$$a = g$$

곡선을 따라 움직이는 물체의 구심 가속도.

$$a = \frac{v^2}{r}$$

(▶ 표시는 복습 질문을 나타낸 것이고, 답을 하기 위해서는 기본적인 이해만 있으면 된다는 것을 의미한다. 다른 것들은 지금까지 공부한 개념들을 종합하거나 확정해야 한다.)

1(1). 진열장에 직사각형의 양탄자 두 개가 진열되어 있다. 한 양탄자는 다른 양탄자의 두 배라고 한다면 이것은 양탄자의 넓이가 두 배라는 것을 의미하는가? 설명하라.

2(2). ▶ "유도된 물리량"이란 무엇인가 설명하라.

3(3). 시계 수리점에서 진자 시계를 수리하였는데 원래보다 주기가 더 짧은 진자로 교체하였다고 한다. 이는 시계가 가는 데 어떤 효과가 있을까?

4(4). ▶ "기본적인 물리량"이란 무엇인가? 그것들은 왜 그런 이름으로 불리는가?

5. 영국 단위계를 사용하는 많은 국가들이 표준 단위계 사용으로 전환하고 있는 추세이다. 표준 단위계를 사용하는 것은 어떤 점이 더욱 편리한가?

6(5). 바람이 북쪽으로부터 불어오고 있다(따라서 공기는 남쪽 방향으로 움직이고 있다). 한 사람이 북쪽으로 걸어가고 있을 때 이 사람이 느끼는 바람의 상대 속도는 가만히 서 있을 때보다 더 큰가, 변함없는가, 아니면 더 작은가? 만일 이 사람이 남쪽으로 걸어가고 있다면 어떠한가?

7(6). 가끔 영화에서 달리는 열차에서 사람이 뛰어내려 지면에 험하게 떨어지는 장면을 보게 된다. 달리는 기차에서 뛰어내려야 하는 경우 상대 속도의 개념을 이용하여 어떻게 뛰어내리면 지면에서의 충격을 줄일 수 있는가?

8(7). ▶ 이 장에서 설명되고 있는 모든 물리량들을 나열해보라. 이 물리량들은 기본적인 물리량의 어떤 조합으로 되어 있는지 설명하라. 그들 중 어떤 것이 벡터이고 어떤 것이 스칼라인가?

9(8). ▶ 속도와 속력의 구체적 개념의 차이는 무엇인가? 이 상황을 물체의 속력은 일정한데 속도는 변하는 경우를 예로

들어 설명하라.

10(10). ▶ 벡터의 합은 어떻게 정의되는가?

11(11). 두 속도를 합하여 그 크기가 0이 될 수 있는가? 가능하다면 구체적인 예를 들어보라.

12(12). 한 수영 선수가 빠르게 흐르는 물살을 가로질러 건너편 강둑으로 헤엄쳐 가고 있다. 수영 선수의 두 속도를 기술하고 두 속도의 합을 기술하라.

13(13). 농구 선수가 자유투를 던지고 있다. 농구공이 선수의 손을 떠난 직후 농구공의 속도 벡터를 그려보라. 속도 벡터를 수평과 수직의 두 성분으로 나타내라. 또 농구공이 바로 골링에 도달하는 순간 속도 벡터를 그려보라. 이들 둘 사이의 차이는 무엇인가?

14(14). ▶ 속도와 가속도의 관계는 무엇인가?

15(16). ▶ 자유 낙하하는 물체의 속도는 시간에 따라 어떻게 변하는가? 그 떨어진 거리는 어떻게 변하는가? 가속도는 어떠한가?

16(17). 이 장에서 배운 물리량들의 개념을 이용하여 사람이 지면에서 수평 방향으로 점프하는 것은 비교적 안전하나 높은 건물의 옥상에서 수평 방향으로 점프하는 것은 왜 위험한지 설명하라.

17(18). ▶ 구심 가속도란 무엇인가? 곡선 상을 주행하고 있는 자동차의 구심 가속도의 방향은 어느 쪽인가?

18(19). 200 m 또는 400 m 경주에서는 선수들이 자신의 레인을 지키며 곡선 구간을 달리게 된다. 만일 나란히 달리는 두 선수가 정확하게 같은 속력으로 곡선 구간을 달리고 있다면 두 선수의 구심 가속도 역시 정확하게 같은가 설명하라.

19. 벌레 한 마리가 자동차 바퀴의 가장자리에 붙어 있다. 이 자동차는 5 km/h의 속도로 달리고 있다. 만일 자동차가 10 km/h로 달린다면 벌레는 이전보다 얼마나 더 바퀴에 붙어 있기 어려운가?

20(20). 곡선 구간을 달리는 자동차가 그 속력을 증가시키고 있다. 이는 자동차에 두 가지 가속도가 있음을 의미한다. 두 가속도의 방향을 설명하라.

21(21). 다음은 GPS 수신기상에 나타난 속력과 방향이다. (방향은 북쪽 = 0°, 동쪽 = 90°, 남쪽 = 180° 등으로 나타낸다.) 다음 각각의 경우 수신기는 가속되고 있는가? 만일 그렇다면 그 가속도를 기술하라.
a) 처음 60 km/h 70°에서 5초 후 50 km/h 70°로
b) 처음 50 km/h 70°에서 5초 후 70 km/h 70°로
c) 처음 60 km/h 70°에서 5초 후 60 km/h 90°로

22(22). 그림 1.18은 원운동하고 있는 물체의 속도와 가속도의 방향을 보여준다. 다음과 같이 움직이고 있는 자동차에 대하여 동일한 그림을 그려라.
a) 정지 신호로부터 출발하고 있는 자동차
b) 정지 신호를 향하여 속도를 줄이고 있는 자동차

23(23). ▶ 공을 수직 위쪽 방향으로 던졌을 때 이 공이 위로 올라가고 있는 동안 가속도의 방향은 어느 쪽인가? 공이 최고점에 도달하여 순간적으로 멈추었을 때 가속도의 방향은 어느 쪽인가?

24(24). ▶ 거리-시간의 그래프에서 기울기는 물리적으로 무엇을 의미하는가?

25(25). 그림 1.23에 나타난 운동에 대하여 속도-시간 그래프를 그려라. 서로 다른 몇 가지 시간에서 가속도를 나타내라.

연습 문제

1(1). 요트의 길이가 20 m이다. 이는 몇 피트인가?

2(2). 여러분의 키를 미터 단위로, 센티미터 단위로 기술하라.

3(3). 아주 짧은 시간 단위로는 밀리초가 사용된다. 0.0452초는 몇 밀리초인가?

4(4). 1마일은 1,609 m이다. 이를 킬로미터, 센티미터 단위로 써보라.

5(5). 최면술사의 회중 시계가 0.8초 주기로 흔들리고 있다. 이 진자의 진동수를 구하라.

6(6). 전자 시계의 수정 진동자가 32768 Hz의 진동수로 진동하고 있다. 이 진동의 주기를 구하라.

7(7). 여객기가 900 km 떨어진 두 도시 사이를 날아가는 데 2.5시간이 걸린다. 이 여객기의 평균 속력은 몇 m/s인가?

8(9). 마라톤 선수가 10 km 지점을 1시에 지나갔고, 다시 40 km 지점을 정확히 3시에 통과하였다. 이 선수의 두 구간 사이

의 평균 속력을 구하라.

9(11). 그림 1.12에서 $v_1 = 8$ m/s와 $v_2 = 6$ m/s라고 가정하고 막대자를 이용하여 (c)와 (d)의 결과 속도의 크기를 측정하라.

10(12). 바람이 남쪽을 향해 3 m/s로 불고 있는 날, 한 사람이 서쪽으로 4 m/s의 속도로 조깅을 하고 있다. 이 사람이 느끼는 바람의 상대 속도를 구하라.

11(13). 자동차가 25 m/s의 속력으로 5초간 달리면 얼마나 이동하는가? 250 m/s의 속도로 날아가는 비행기는 5초 만에 얼마나 이동하는가?

12(14). 장거리 선수가 평균 4 m/s의 속력으로 달린다. 이 선수가 20분간 달렸을 때 이동 거리를 구하라.

13(15). 연습 문제 11의 자동차에 대하여 거리-시간 그래프를 그려라. 그래프의 기울기를 구하라.

14(16). 그림 1.31의 그래프는 엘리베이터가 위아래로 움직이는 모습을 그래프로 그린 것이다. a, b, c로 표시된 시간에서 엘리베이터의 속력을 구하라.

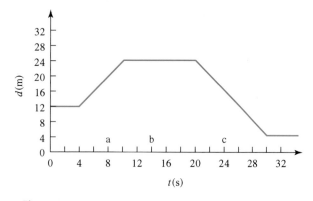

그림 1.31

15(17). 고성능 스포츠카가 정지 상태에서 90 km/h로 가속하는데 5초가 걸렸다.
  a) 자동차의 평균 가속도를 구하라.
  b) 같은 자동차가 30 m/s로 달리다가 완전히 정지하는데 3.2초가 걸렸을 때 평균 가속도를 구하라.

16(18). 야구공을 던져 0에서 40 m/s로 가속되는 데 0.15초가 걸렸다.
  a) 야구공의 평균 가속도를 구하라.
  b) 가속도를 g 단위로 표현하면 몇 g가 되는가?

17(19). 아이가 고무공을 줄에 매달아 수평면에서 원을 그리고 있다. 줄의 길이는 0.5 m이고, 공은 속력은 10 m/s이다. 이

공의 구심 가속도를 구하라.

18(20). 아이가 회전목마의 가장자리, 중심에서 1.5 m 지점에 앉아 있다. 아이의 속력이 2 m/s일 때 아이의 가속도를 구하라.

19(21). 육상 선수가 반지름 35 m의 곡선 구간 트랙을 10 m/s의 속력으로 돌고 있다. 이 선수의 가속도를 구하라.

20(22). 자동차 경주에서 한 자동차가 반지름 250 m의 곡선 트랙을 50 m/s의 속력으로 돌고 있다. 자동차의 가속도를 구하라.

21(23). 로켓이 정지 상태로부터 60 m/s²으로 가속하고 있다.
  a) 가속을 시작한 지 40초 후 로켓의 속력을 구하라.
  b) 로켓의 속력이 7,500 m/s가 되려면 얼마나 걸리는가?

22(24). 정지해 있는 기차가 0.5 m/s²의 가속도로 출발하고 있다.
  a) 15초 후 기차의 속력을 구하라.
  b) 기차가 25 m/s의 속도까지 이르는 데 걸리는 시간을 구하라.

23(25). a) 연습 문제 22의 기차에 대하여 속력-시간 그래프를 그려라.
  b) 연습 문제 22의 기차에 대하여 거리-시간 그래프를 그려라.

24(26). 연습 문제 14의 엘리베이터에 대하여 속력-시간 그래프를 그려라.

25(27). 비행기로부터 뛰어내린 스카이다이버가 낙하산을 펴기 전 3초 동안 자유 낙하한다.
  a) 낙하산이 펴지기 직전 스카이다이버의 속력을 구하라.
  b) 이 동안 다이버는 비행기로부터 얼마의 거리를 떨어지는가?

26(28). 다리의 난간에서 떨어뜨린 돌이 2초 만에 수면에 부딪쳤다.
  a) 수면에 부딪치는 순간 돌의 속력을 구하라.
  b) 떨어지는 동안 돌의 평균 속력을 구하라.
  c) 다리는 수면으로부터 얼마 높이에 있는가?

27(29). 그림 1.32의 롤러코스터가 수평면과 30° 각도의 직선 경사면의 꼭대기로부터 내려오고 있다. 이로 인해 롤러코스터의 가속도는 4.9 m/s²(1/2 g)가 된다.
  a) 3초 후 롤러코스터의 속력을 구하라.
  b) 이 시간 동안 롤러코스터는 얼마나 이동하는가?

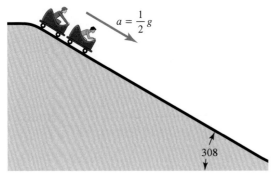

$a = \frac{1}{2} g$

308

그림 1.32

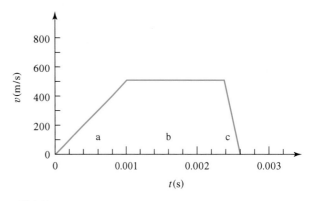

그림 1.33

28(30). 비행기가 이륙 후 8초 만에 0에서 50 m/s의 속력에 도달하였다.

a) 비행기의 가속도를 구하라.

b) 5초 후의 속력을 구하라.

c) 5초 동안 얼마나 비행하는가?

29(31). 그림 1.33은 총에서 발사된 총알이 일정한 시간 날아가다가 나무토막에 박히는 과정을 속도-시간 그래프로 그린 것이다. a, b, c로 표시된 지점에서 총알의 가속도를 구하라.

30(32). 번지점프하는 사람이 처음 1.3초간 고무줄이 늘어나지 않으며 낙하한다. 이 후 고무줄은 이 사람이 다시 이 위치로 돌아오기까지 위쪽으로 4 m/s²의 가속도를 지속적으로 준다.

a) 고무줄이 막 늘어나기 시작하는 순간 점프한 사람의 속력을 구하라.

b) 이때까지 사람이 떨어진 거리를 구하라.

c) 고무줄이 막 늘어나기 시작한 지점에서 이 사람이 최저점에 도달한 지점까지의 거리를 구하라.

d) 이 사람의 처음 위치에서 속도가 0이 된 지점까지의 거리를 구하라.

31(33). 경주 자동차는 0에서 480 km/h까지 가속하는 데 5초가 걸린다. 이 자동차의 평균 가속도를 g 단위로 표현하면 몇 g인가?

2장

뉴턴의 법칙

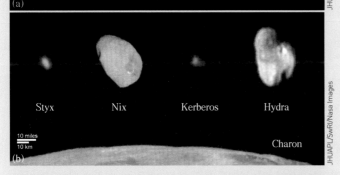

(a) 뉴 호라이즌 호가 2015년 7월 14일 명왕성에 가장 근접한 시기에 찍은 명왕성의 사진. **(b)** 뉴 호라이즌 호가 2015년 6개월의 탐사기간 촬영한 명왕성의 5개의 작은 달들의 상대적 이미지.

뉴 호라이즌 호-과거의 물리학

1960년대 이후, 무인 우주 탐사선들이 태양계 내의 행성들이나 행성의 달, 운석, 혜성 및 기타 과학연구의 대상들을 연구하기 위하여 태양계에 보내졌다. 아직까지 닿지 않은 곳은 명왕성과 카론(명왕성의 달)이다. 그러나 아마도 2015년경에는 닿을지도 모른다. 우주선 "뉴 호라이즌"이 태양계를 관통하여 그 이전의 어느 탐사선보다도 빠르게 명왕성과 카론에 접근하기 위한 비행을 하고 있는 중이다. 2006년 1월에 발사된 뉴 호라이즌은 다른 우주선들이 자주 갔었던 거대한 목성을 탐사하는 것뿐만 아니라 가까이 다가가서 중력의 도움을 받는 방식으로 속력을 얻어 2007년 2월 말에 목성을 지나갔다.

뉴 호라이즌에 싣고 간 실험 장치들과 우주비행 중 사용할 로켓은 현대 첨단 기술의 산물이다. 그러나 행성을 여행하기 위해 알아야 할 원리들은 이미 300년 전에 뉴턴이 발견한 법칙을 바탕으로 한다. 그의 운동에 관한 제3법칙에 의하면 서로 간에 "미는" 것이 아무것도 없는 빈 공간에서 우주선이 어떻게 가속될 수 있는지를 설명한다. 제2법칙은 우주선의 속도를 원하는 만큼 변화시키기 위해서 로켓을 얼마나 오랫동안 작동시켜야 하는지를 계산할 수 있게 해 준다. 그의 중력 법칙(만유인력의 법칙이라고도 한다)은 지구, 태양 및 다른 행성들이 우주선의 경로에 미치는 효과를 설명하는 도구이기도 하다. 뉴턴은 또한 수학의 한 분야인 미분적분학을 만들었으며 이는 제2법칙이나 중력 법칙을 사용하는 데 필수적이다.

뉴 호라이즌 호가 전송한 고해상도의 사진들은 과학자들뿐만 아니라 일반인들에게도 명왕성과 그 주변의 놀라운 모습을 보여준다. 해왕성의 궤도로부터 수십억 킬로미터 떨어진 우주의 더 깊은 곳을 탐사하며 쿠퍼 벨트를 비롯한 고대의 신화에나 나오는 작은 얼음의 왕국 등 놀랍고 흥분되는 정보들을 보내주고 있다. 그러나 이러한 모든 일들이 가능한 것은 결국 17세기에 정립된 기초적인 물리

45

학의 이론과 지속적으로 이루어온 성취들이 있었기에 이러한 미션은 성공적으로 수행될 수 있었다.

2.1 힘

뉴턴(Isaac Newton, 1642–1727)은 영국의 과학자로서 물리학과 수학에서 많은 기본법칙들을 발견하였으며, 그를 현대 과학의 아버지라고도 한다. 또 그런 이유 때문에 오늘날의 문명의 이기들을 개발하는 데 있어서 그의 공로를 결코 과소평가할 수 없다. 지난 200년 동안 이루어진 과학, 산업 및 기술 발전의 주요한 모든 것들은 부분적으로 뉴턴의 업적을 발판으로 한 것이다.

뉴턴은 역학 법칙을 만드는 과정에서, 운동에 관한 갈릴레오의 아이디어를 참고하여 운동을 지배하는 체계적인 규칙들을 찾아내었는데 그것이 '운동의 변화'라는 아주 중요한 것이었다. 뉴턴 역학의 중요한 개념은 "**힘**(force)"이다.

물리량	미터 단위계	영국 단위계
힘(F)	뉴턴(N)	파운드(lb)
	다인	온스(oz)
	미터법 톤	영국 톤

두 단위계에서 힘의 단위 간의 환산인자는 다음과 같다.

$$1\,\text{N} = 0.225\,\text{lb} \quad 1\,\text{lb} = 4.45\,\text{N}$$

이것은 150 lb의 힘이 668 N의 힘과 같다는 뜻이다.

물체가 힘을 받았을 때 변형이 생기는 것은 흔히 볼 수 있는데 그 예로 소파에 앉을 때 소파가 압축되는 것이다. 경우에 따라 아주 자세히 보지 않으면 알아볼 수 없기도 한다. 예를 들어, 고속카메라를 사용해야 테니스공이 라켓에 맞을 때 찌그러지는 모습을 찍을 수 있다(그림 2.1). 슈퍼마켓의 야채 저울과 같은 용수철 저울은 힘을 측정하기 위해 용수철이 늘어나는 길이를 재는 기구이다. 용수철을 늘이거나 압축하는 데 드는 힘이 클수록 용수철의 변형이 커진다(그림 2.2).

힘은 간단하게 정의되는 것이 아님에도 불구하고 때로는 시간이나 거리처럼 기본적인 양으로 간주되기도 한다. 영국 단위계에는 힘의 개념이 아주 일상적인 것으로 나타나 있다. '민다, 힘껏 떠민다, 들어 올린다, 당긴다, 확 잡아당긴다' 라는 말은 일상에서 흔히 쓰는 말로 힘을 나타내는 데 사용하고 있다. 힘과 에너지의 개념은 모든 물리학 책에서 가장 흔하면서 유용한 개념이다. 뉴턴의 운동 법칙은 단순하면서, 흔히 사용되는 힘과 힘에 의한 운동과의 관계를 명확하게 나타내고 있다.

그 개념이 얼마나 다양한지를 알아보기 위해 힘의 예를 몇 가지 들어보자. 문을 열고 닫을 때, 상자를 들어 올릴 때, 서랍을 열거나, 공을 던질 때 등의 일상생활 속의 수십 가지 상황에서 물체에 힘이 작용한다(그림 2.3). 우리가 사용하는 많은

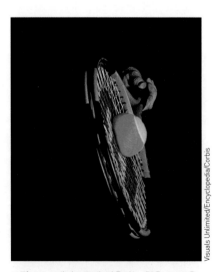

Visuals Unlimited/Encyclopedia/Corbis

그림 2.1 테니스공에 작용하는 힘은 그 공을 순간적으로 일그러지게 하고 가속시킨다.

그림 2.2 (a) 5 N의 힘이 용수철을 9 cm 늘어나게 했다. (b) 용수철에 작용하는 힘을 두 배로 하면 늘어나는 길이도 두 배가 된다. 눈금이 매겨진 원형 판 뒤에 용수철이 있으며 힘에 비례하여 늘어난다는 원리로 만들어져 있다.

그림 2.3 우리는 매일 힘을 경험한다.

기계들은 힘이 작용하도록 설계되어 있다. 크레인, 호이스트, 잭, 바이스 등은 모두 그러한 기계 장치의 예이다. 자동차나 다른 추진 장치들은 스스로 힘을 내서 추진하도록 되어 있다. 그러한 장치에 대해서 이해가 되지 않는다면 2.6절의 운동에 관한 뉴턴의 제3법칙에 관해 공부한 다음 다시 생각해 보기 바란다.

2.1a 무게

일상생활에서 가장 흔하게 사용되는 힘은 **무게**(weight)이다. 우리는 대부분 자신의 몸무게를 주기적으로 측정한다. 밀가루, 고양이 밥, 못 등 우리가 사는 많은 물건들도 무게의 단위로 판매된다.

중력의 방향을 기준으로 위 또는 아래 방향을 결정하기도 한다. 우리는 지구가 지표 위의 모든 물체들을 잡아당기는 힘을 받으며 생활하는 데 익숙해 있으면서도 그것이 바로 중력임을 잊고 산다(그림 2.4). 물체들은 당연히 "아래로 떨어진다"는 단순한 관찰들이 아리스토텔레스로 하여금 모든 물체는 원래의 곳으로 향

무게

물체에 작용하는 중력. 기호 W로 표기한다.

그림 2.4 무게(W)란 아래 방향으로 작용하는 중력이다. 이 힘은 그 물체가 정지해 있거나, 수평으로 움직일 때나 또는 위로 움직일 때에도 그 물체에 작용한다.

한다는 운동의 개념을 이끌어 냈다. 그러나 뉴턴은 사람에 의해 썰매가 끌려가는 것과 마찬가지 방법으로 어떤 힘에 의해 물체들이 지구로 향한다는 중요한 관찰을 하였다.

물체의 무게를 결정하는 요소는 두 가지가 있는데 첫째는 그 물체를 구성하는 물질의 양(질량)이고 둘째는 그것이 무엇이 되었든 그 물체가 중력적으로 상호작용하고 있는 제2의 물체와의 관계이다. 둘째의 의미는 어떤 물체의 무게는 그 물체가 있는 장소에 따라 달라질 수 있다는 것이다. 달에서의 물체의 무게는 지구에서의 약 6분의 1 정도이다. 그 이유는 달의 중력이 지구의 중력에 비해 작기 때문이다. 지구 위에서라도, 물체의 무게는 위치에 따라 약간의 차이가 있다. 몸무게가 190 lb인 경우 적도 지방에서는 남극이나 북극 지방에 비해 약 1 lb정도 작게 나타난다.

2.1b 마찰

또 다른 흔한 힘은 **마찰**(friction)이다. 의자가 마룻바닥에서 미끄러지거나, 자동차의 브레이크가 차를 언덕에서 미끄러지지 않도록 하는 것, 공기 저항이 야구공을 느리게 하는 것, 배가 물 위에서 미끄러져 갈 때 마찰이 존재한다. 마찰력은 관련된 물질들의 경계면이나 표면에서 나타난다. 마찰에는 두 가지 형태가 있는데 하나는 정지 마찰력이고 다른 하나는 운동 마찰력이다. 두 물체 간에 상대 운동이 없을 때는 **정지 마찰력**(static friction)이 작용한다. 마룻바닥에서 냉장고를 밀려면 냉장고와 마룻바닥 사이의 정지 마찰력 이상의 힘을 작용해야만 한다. 걷거나 달리는 사람은 그러한 운동을 하기 위해서 신발과 땅바닥 사이에 작용하는 정지 마찰력의 도움을 받아야 한다. 사람의 몸이 지면에 대해 상대적으로 움직이지만, 신발과 지면이 접촉해 있을 때는 상대 운동이 없다. 정지 마찰력이 작은 얼음 위에서는 걷는 것이 더 어려워서 때로는 미끄러지기도(넘어질 수도 있고) 한다. 움직이는 자동차도 타이어와 도로면 간의 정지 마찰력에 의존한다. 타이어가 미끄러지거나 헛돌지 않는 한 서로 간에 접촉해 있는 타이어와 도로면은 상대 운동하지 않는다.

경사면 위에 나무토막이 정지해 있는 것은 정지 마찰력이 작용하는 간단한 예이다(그림 2.5). 면이 수평이면 마찰력이 없다. 면이 조금 기울어지면, 마찰력은

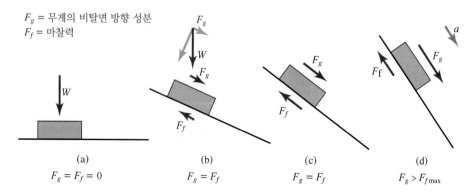

그림 2.5 정지 마찰력은 경사면을 따라 물체를 끌어 내리고자 하는 중력 성분에 반대 방향으로 작용한다. 경사면의 경사각이 증가함에 따라 두 힘(F_g와 F_f)은 정지 마찰력이 도달할 수 있는 최대의 크기까지 커진다(c). 경사각이 그 이상이 되면 F_g는 F_f보다 커지게 되고 물체는 경사면을 따라 미끄러져 내려오게 된다(d).

F_g = 무게의 비탈면 방향 성분
F_f = 마찰력

(a)
$F_g = F_f = 0$

(b)
$F_g = F_f$

(c)
$F_g = F_f$

(d)
$F_g > F_{f\,max}$

나무토막이 미끄러지지 않게 한다. 여기서 마찰력은 면에 수평한 중력(무게)의 수평 성분에 반대 방향으로 작용한다. 면의 기울기가 더 커질수록, 나무토막이 미끄러지지 않기 위해 필요한 정지 마찰력은 점점 더 커진다. 하지만 어떤 각이 되면, 나무토막은 움직이기 시작한다. 그때 무게의 면에 평행한 성분은 정지 마찰력의 최댓값을 넘어서는 것이다. 두 면 사이의 정지 마찰력은 영에서부터 어떤 특정 최댓값까지 가능하다.

운동 마찰력(kinetic friction)은 접촉해 있는 두 물체 간의 상대 운동이 있을 때 작용한다. 그러한 예로, 공기 중을 나는 비행기, 물속을 헤엄치는 물고기, 포장된 도로 위에서 미끄러지는 타이어 등이 있다. 그림 2.5d에, 경사면을 미끄러져 내려가는 나무토막에 운동 마찰이 작용한다. 두 물체 간에 작용하는 운동 마찰력은 같은 조건에서의 최대 정지 마찰력보다 작다. 그렇기 때문에 타이어가 미끄러지지 않아야 자동차가 재빠르게 정지할 수 있다.

운동 마찰력의 효과는 별로 바람직스러운 것은 아니다. 편평한 길에서 일정한 속력으로 달리는 자동차가 연료를 소비하게 되는 주된 원인은 차가 운동 마찰력에 대해서 일을 해야 하기 때문이다. 그러한 운동 마찰력은 자동차 외부에 작용하는 공기의 저항, 엔진과 트랜스미션 및 동력 전달축 등의 여러 가지 움직이는 부품들 사이의 마찰에 기인한다. 이러한 것들은 비행기나 배의 경우에도 마찬가지이다. 브레이크는 운동 마찰력을 응용한 좋은 예이다. 대부분의 자전거에서 브레이크는 바퀴 테두리와 그를 누르는 브레이크 패드로 구성되어 있다(그림 2.6). 브레이크를 당기면, 패드와 바퀴 테두리 사이의 운동 마찰력이 자전거의 속력을 줄여준다.

대부분의 경우에 마찰의 효과를 수학적으로 명료하게 다루는 것은 간단치가 않다. 따라서, 마찰력을 무시할 수 있을 정도로 작은 경우를 살펴보는 것이 문제를 쉽게 하는 데 도움이 될 것이다. 깃털이 자유 낙하하는 문제를 다루는 것보다는 돌멩이가 자유 낙하하는 것을 다루는 것이 훨씬 쉽다. 마찰과 관련된 복잡한 것을 다루기 전에 이처럼 단순한 문제를 이해해 둘 필요가 있다.

그림 2.6 자전거 브레이크는 브레이크 패드가 바퀴의 테두리에 접촉하여 미끄러지면서 생기는 운동 마찰을 이용한 것이다.

2.2 운동에 관한 뉴턴의 제1법칙

운동에 관한 뉴턴의 제1법칙
물체에 작용하는 알짜 외력이 없으면 그 물체는 정지해 있거나 일정한 속도로 움직인다.

지금까지 배운 바와 같이, 우리의 일상에서 일어나는 여러 가지 상황 속에는 많은 힘들이 관련되어 있다. 그런 힘들이 중력에 의한 것이든지, 마찰 또는 밀거나 당기는 힘에 의한 것이든지 일관된 원칙이 있다.

이 문장을 이해하기 위해서는 약간의 설명이 필요하다. 외력이란 다루고자 하는 물체나 계의 외부의 어떤 원인에 의해 발생하는 것이다. 무게도 외력인데 그 이유는 외부의 어떤 다른 물체(예를 들어, 지구)가 그 원인이기 때문이다. 만일 자동차가 정지해 있을 때, 안에 있는 운전자가 좌석을 밀거나 창문을 민다고 해도 자동차가 움직이지는 않는다. 이러한 힘은 내력이다. 차를 움직이게 하려면 차 밖으로 나가서 밀어야 한다. 알짜힘이란 어떤 물체에 작용하는 외력들의 벡터합을 말한다. 어떤 한 사람이 차를 앞으로 밀고 또 다른 사람이 같은 크기의 힘으로 그 차를 뒤로 민다면, 알짜힘은 영이다(그림 2.7a). 두 힘이 같은 방향으로 작용하면, 알짜힘은 한 힘의 두 배가 된다(그림 2.7b). 두 힘이 방향이 다르게 작용하면, 알짜힘은 두 힘 벡터를 서로 합하여 구할 수 있다(그림 2.8).

얼핏 보면, 뉴턴의 제1법칙은 심오해 보이지 않는다. 하지만 물체는 자신을 움직이게 할만한 알짜힘이 작용하지 않으면 정지한 상태 그대로 머무른다. 또한 이

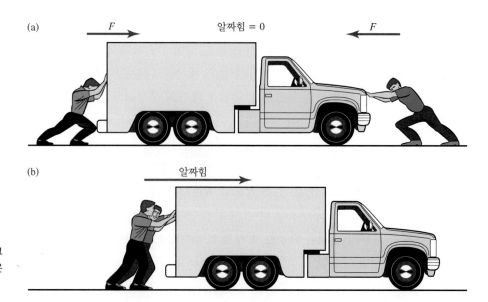

그림 2.7 (a) 반대 방향으로 작용하는 같은 크기의 두 힘에 의한 알짜힘은 영이다. (b) 같은 방향으로 작용하는 힘들은 서로 더해진다.

법칙은 움직이고 있는 물체에 알짜힘이 작용하지 않는 한 빨라지거나, 느려지거나, 방향이 바뀌지 않는다. 이것은 힘과 관련하여 물체가 "움직이지 않는" 상태와 "일정하게 움직이는" 상태는 동등하다는 뜻이다. 즉, 뉴턴의 제1법칙은 운동의 상태를 변화시키기 위해 필요한 것은 힘뿐이라는 것을 의미한다. 이것은 일반인들의 직관적인 생각으로는 받아들이기가 쉽지 않아 보이지만, 이는 보통 물체에 작용하는 알짜힘 없이 움직이는 물체를 보는 경우가 거의 없기 때문이다. 일정한 속력으로 달리는 자동차는 그에 작용하는 알짜힘이 영이다. 작용하는 여러 가지 모든 힘이 서로 상쇄되고 있는 것이다.

공을 던지면, 손은 공의 속도와 같은 방향으로 알짜힘이 작용한다. 공이 움직이는 방향과 같은 방향으로 힘이 작용하므로 공의 속력은 증가한다. 그 공을 잡을 때는, 공의 속도와 반대 방향으로 힘이 작용한다. 그래서 공을 잡은 힘이 공을 멈추게 한다.

제1법칙에 포함된 또 다른 중요한 점은 물체의 운동 방향을 변화시키기 위해서도 힘이 필요하다는 것이다. 벡터량인 속도는 방향을 포함하는 양이다. 속도가 일정하다는 것은 속력이 일정하고 방향도 일정하다는 뜻이다. 움직이는 물체의 운동 방향을 변화시키기 위해서는 그 물체에 외부의 힘이 작용해야만 한다. 움직이는 축구공을 휘어가게 하려면, 선수는 발이나 머리로 축구공의 옆면에 힘을 주어야 한다(그림 2.9). 그러한 힘 없이, 공은 운동 방향을 바꾸지 않을 것이다.

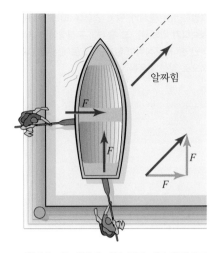

그림 2.8 두 사람이 배를 서로 다른 방향으로 밀고 있다. 알짜힘은 그 두 힘의 벡터합이다.

물리 체험하기 2.2

실험을 위해 양말과 팔 길이 정도의 실, 그리고 날카로운 칼을 준비한다. 비어 있는 넓은 공간에서 양말을 탄탄하게 둘둘 말아 실을 한 쪽 끝에 묶는다. 한 손으로 실의 반대편 끝을 잡고 양말을 수평면에서 원운동을 시킨다. 이때 다른 한 손으로, 가능하다면 조수의 도움을 받아 칼을 원운동을 하는 실이 지나가는 위치에 조심스럽고 신속하게 가져다댄다. 실이 끊어지고 양말이 향하는 방향을 관찰하자. 양말에 작용하는 힘이 제거된 후 양말은 어느 방향을 향하는가? 실험을 반복해 보자.

2.2a 구심력

뉴턴의 제1법칙은 어떤 물체를 빠르게 하거나, 느리게 하거나 또는 방향을 변화시키는 데 외력이 작용해야 함을 암시하고 있다. 이러한 것들이 바로 물체의 가속도이기 때문에, 제1법칙은 물체를 가속시키기 위해서는 힘이 필요하다는 것을 말하고 있는 것이다. 원운동을 할 때 필요한 구심 가속도는 힘을 필요로 하는데 그러한 힘을 **구심력**(centripetal force)이라고 한다. 구심 가속도와 마찬가지로, 물체에 작용하는 구심력은 운동 경로의 중심을 향한다. 자동차가 곡선 길을 감에 따라, 도로를 달릴 때 차에 작용하는 구심력은 타이어와 길바닥 사이의 옆 방향으로 작용하는 마찰력이다. 얼음 위에서처럼, 이러한 마찰력이 없으면 구심력이 없어져서 차가 곡선으로 가지 못하고 직선으로만 가야 한다.

그림 2.9 물체의 운동의 방향을 바꾸기 위해서는 힘이 필요하다.

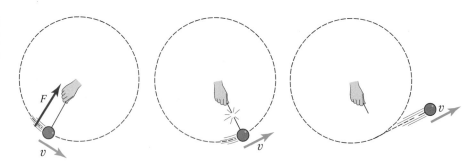

그림 2.10 물체가 원형 경로를 따라 운동을 계속하기 위해서는 그 물체에 구심력이 작용해야만 한다. 구심력이 없으면 그 물체는 같은 속력으로 직선 운동을 할 것이다.

줄에 고무공을 매달고 머리 위의 수평면에서 원운동을 시키는 경우를 생각해 보자. 그 공은(제1법칙에 의해) 직선으로 움직이기를 "원하고" 있지만 줄에 작용하는 구심력이 그러지 못하게 한다. 만일 줄이 끊어지면 그 공의 경로는 줄이 끊어지는 순간 공이 가던 경로로 직선 운동을 할 것이다(그림 2.10). 어떤 사람들은 줄이 끊어지면 공은 원운동의 중심으로부터 멀어지는 방향으로 움직일 것이라고 생각할 수도 있다. 그러나 실제로는 그렇지 않다. 아마도 망치를 던진다든지, 원반을 던진다든지 아니면 투석기 공을 날려 보내는 것 등에서, 포물체의 경로를 관찰해 보았을 것이다. 그러한 것들은 원래 원형 경로의 접선 방향을 따라서 움직인다.

이러한 효과를 내는 다른 예도 있다. 회전목마를 타고 있는 어린이(아니면 물리학 교수라도 좋다)는 손잡이를 잡고 있어야 한다. 왜냐하면 몸은 원운동이 아닌 직선운동을 "하려고 하기" 때문이다. 마찬가지로, 자동 세탁기에서 통을 돌리는 동안 옷들이 탈수되는 이유는 직선으로 움직이고자 하는 물방울들이 통의 구멍 밖으로 빠져나가기 때문이다. 통이 돌면서 물은 옷으로부터 "떨어지는" 것이다. 이와 같은 방식이 우주정거장에서 사용된다. 우주정거장은 그 자체가 회전하도록 해서 그 안에 "인공적인 중력"을 생기게 한다. (2001년에 나온 영화 "A space odyssey"에 인공중력의 모습이 잘 묘사되어 있다.) 놀이공원에 가서 "회전하는 방"을 탈 수 있는데, 그것이 바로 이러한 원리를 사용한 것이다(그림 2.11).

그림 2.11 놀이공원의 회전하는 방에서 밑바닥이 제거되었음에도 아이들이 원심력의 도움으로 벽에 그대로 붙어있다.

---

1. 일정한 속도로 움직이는 물체에는
   a. 작용하는 순 힘은 0이다.
   b. 일정한 힘이 작용하고 있다.
   c. 원운동을 한다.
   d. 작용하는 마찰력은 0이다.

2. (참 혹은 거짓) 한 물체에 여러 힘이 동시에 작용하더라도 순 힘은 0이 될 수 있다.

3. 원의 호를 그리며 움직이고 있는 물체에 작용하는 힘을 _____ 이라고 한다.

정답 1. a, 2. 참 3. 구심력

2.3 질량

운동에 관한 뉴턴의 제2법칙은 물체에 작용하는 알짜힘과 그 물체의 가속도와의 정확한 관계를 정의한다. 하지만 제2법칙을 설명하기 전에 질량을 다른 관점으로 살펴보기로 하자. 자동차에 작용하는 아주 작은 알짜힘을 상상해 보자(그림 2.12). 그 힘에 의한 가속도 역시 아주 작을 것이다. 그와 같은 힘을 쇼핑수레에 작용한다면 그 수레의 가속도는 훨씬 크게 나타날 것이다.

가속도를 방해하는 물질의 성질을 관성(inertia)이라고도 한다. 자동차는 쇼핑수레에 비해 관성이 크기 때문에 자동차를 가속시키는 데는 쇼핑수레보다 더 큰 힘이 필요하다. 관성의 개념은 질량이라고 하는 물리량 속에 포함되어 있다.

물리량	미터 단위계	영국 단위계
질량(m)	킬로그램(kg)	슬러그
	그램(g)	

영국 단위계에서 질량의 개념은 거의 사용되지 않고 있다. 예를 들어, 밀가루는 질량 단위(slug)로 사지 않고 무게 단위(pound)로 구입한다. 미터 단위계에서는, 그와 반대이다. 질량이라는 말이 무게라는 말보다 일반적이다. 밀가루는 몇 뉴턴으로 사지 않고 몇 킬로그램으로 산다. 1 kg이 어느 정도인지를 쉽게 알게 하기 위해 다음과 같은 "혼합된" 환산 방법이 있다. 1 kg의 무게는 2.2 lb이다(지구 표면에서). 1 kg이 2.2 lb라는 말은 아니다! 지구 표면에서, 질량이 1 kg인 물체의 무게는 9.8 N이며 이것은 2.2 lb와 같다.

어떤 물체의 실제 질량은 그 크기(부피)와 구성 성분에 따라 다르다. 바위는 조약돌보다 크기가 크기 때문에 질량이 더 크다. 조약돌은 같은 크기의 스티로폼보다 질량이 더 큰데 그 이유는 구성 성분 때문이다. 바위를 가속시키는 것은 어려우며 일정한 가속도 a에 이르게 하기 위해서는 매우 큰 힘이 필요하다. 기본적으로, 물체의 질량은 원자 내 입자들(양성자, 중성자 및 전자)의 총수에 따라 결정된다.

질량은 무게와 같은 것이 아니다. 질량과 무게의 상호 관계는 물체의 무게가 질량에 비례하는 것이다. 그러나 무게는 중력적 상호작용에 의한 일종의 힘이다. 질량은 물질의 고유한 성질로서 다른 어떠한 외적인 현상과는 무관하다. 사람들이 혼동하는 주된 요인은 영국 단위계와 미터 단위계를 혼용하면서 생기는 것이다. 영국 단위계를 쓰는 나라에서는 질량을 사용해야 하는 경우에 무게를 잘못 사용하고 있고, 미터 단위계를 쓰는 나라에서는 무게를 사용해야 하는 경우에 질량을 잘못 사용하고 있다. 질량과 무게는 서로 비례 관계에 있으므로 큰 문제가 되지는 않지만, 장래에 인류가 지구와 중력 가속도가 다른 달이나 다른 장소에 자주 가게 되면 문제가 된다.

어떤 망치의 질량이 1 kg이라고 한다면 그 값은 지구 밖의 우주선이나 달의 표

그림 2.12 물체에 작용하는 알짜힘의 영향은 그 물체의 질량에 따라 다르다. 질량이 크면, 그 물체의 가속도는 작고, 질량이 작으면 가속도는 커진다.

그림 2.13 망치의 무게는 장소에 따라 달라지지만 그 질량은 항상 같다. 여기서의 망치는 1 kg짜리이다.

우주공간에서   달의 표면에서   지구 표면에서

면에서도 같다. 그것의 질량은 어디에서든지 1 kg이다. 그러나 망치의 무게는 위치에 따라 변한다. 왜냐하면 무게는 중력에 따라 다르기 때문이다(그림 2.13). 1 kg의 무게는 지구에서는 9.8 N이지만 지구 밖의 우주선에서는 영이며 달 표면에서는 1.6 N이 될 것이다. 우주선에서는 비록 "무게가 없지만" 망치의 질량이 없는 것은 아니며 그 역시 지구 표면에서처럼, 가속도에 지향할 것이다.

　질량과 무게를 잘 구별하는 다른 방법은 그 두 가지를 물질의 서로 다른 두 특징으로 생각하는 것이다. 이러한 다른 두 가지 특징을 관성과 중력의 측면에서 살펴볼 수 있다. 질량은 물질의 관성적인 성질-속력을 바꾸기가 얼마나 힘이 드는가의 척도이다. 무게는 물질의 중력적인 측면을 나타내고 있다. 모든 물체는 지구, 달, 또는 그 부근에 있는 다른 물체가 당기는 힘을 받고 있다.

2.4 운동에 관한 뉴턴의 제2법칙

2.4a 힘과 가속도

운동에 관한 뉴턴의 제2법칙
물체의 외부에서 알짜힘이 그 물체에 작용할 때 그 물체는 가속된다. 이때 알짜힘의 크기는 그 물체의 질량 그리고 가속도의 곱과 같다.

$$F = ma$$

이제 운동에 관한 뉴턴의 제2법칙에 관해 공부할 준비가 되었다. 이 법칙은 역학을 실제 현상에 응용하는 가장 중요한 도구이다.

　이 법칙은 힘과 가속도의 정확한 관계를 표현한다. 주어진 물체에 대해, 큰 힘은 그에 비례하여 큰 가속도를 낸다(그림 2.14). 힘과 가속도는 모두 벡터량이다. 어떤 물체의 가속도의 방향은 그 물체에 작용하는 알짜힘의 방향과 같다. 힘의 측정 단위인 뉴턴은 이 법칙에 의해 정해졌다. 1 N은 질량이 1 kg인 물체가 1 m/s^{2}의 가속도를 갖게 하기 위한 힘이다. 다시 말해서 1 N = 1 kg-m/s^{2}이다.

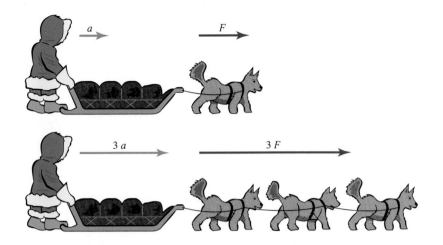

그림 2.14 물체의 가속도는 알짜힘에 비례한다. 작용하는 힘이 세 배가 되면 가속도도 세 배가 된다.

예제 2.1

질량이 2,000 kg인 어떤 비행기가 4 m/s²의 가속도로 가속되고 있다. 그 비행기에 작용하는 알짜힘을 구하라.

$$F = ma = 2,000 \, \text{kg} \times 4 \, \text{m/s}^2$$
$$= 8,000 \, \text{N}$$

뉴턴의 제2법칙을 정의하는 또 다른 방법은, 어떤 물체의 가속도는 그 물체에 작용하는 알짜힘을 질량으로 나눈 것과 같다고 하는 것이다.

$$a = \frac{F}{m}$$

이것은 질량이 큰 물체에 큰 힘이 작용하는 것은 질량이 작은 물체에 작은 힘이 작용하는 것과 같은 가속도를 낸다는 것을 의미하고 있다. 2,000 kg의 비행기에 작용하는 8,000 N의 힘은 1 kg의 장난감에 4 N의 힘이 작용하는 것과 같은 가속도를 낸다.

다음 예제는 지금까지 배운 역학으로 무엇을 할 수 있는지를 설명해 주고 있다.

예제 2.2

어떤 자동차 공장에서 10초 동안에 0에서 60 mph로 일정하게 가속할 수 있는 자동차를 만들기로 결정하였다(그림 2.15). 미터 단위로 하면 이것은 0에서 27 m/s에 해당한다. 그 자동차의 질량은 약 1,000 kg이다. 얼마나 강한 힘이 필요하겠는가?

우선, 가속도를 구하고 나서 뉴턴의 제2법칙을 써서 힘을 구해야 한다. 제1장에서 한 것처럼,

$$a = \frac{\Delta v}{\Delta t} = \frac{27 \, \text{m/s} - 0 \, \text{m/s}}{10 \, \text{s}}$$
$$= 2.7 \, \text{m/s}^2$$

이다. 따라서 이러한 가속도를 위한 힘은

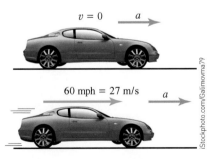

그림 2.15 자동차가 정지 상태로부터 60 mph 또는 27 m/s로 가속되고 있다.

$$F = ma = 1{,}000 \text{ kg} \times 2.7 \text{ m/s}^2$$
$$= 2{,}700 \text{ N}$$

이 된다. (이것은 2,700 × 0.225 lb = 607.5 lb에 해당한다.) 다음 장에서는 이러한 힘을 위한 자동차 엔진의 규모(출력)를 결정하는 데 이 정보를 사용할 것이다.

뉴턴의 제2법칙은 질량과 무게의 관계를 확실히 해준다. 자유 낙하하는 어떠한 물체도 그 가속도가 g(9.8 m/s²)와 같다는 사실을 생각해 보자. 제2법칙에 의하면, 이러한 가속도를 내기 위한 중력의 크기는 다음과 같다.

$$F = ma = mg$$

우리는 이러한 힘을 무게라고 한다. 따라서 이 경우 "힘은 질량 곱하기 가속도"라는 표현은 "무게는 질량 곱하기 중력 가속도"라고 바꾸면 된다.

$$F = ma \rightarrow W = mg$$

지구 표면에서, 중력 가속도가 9.8 m/s²이므로 물체의 무게는 다음과 같다.

$$W = m \times 9.8 \quad \text{(지표에서 } m \text{은 kg, } W \text{는 N 단위)}$$

2 kg짜리 물체의 무게는

$$W = 2 \text{ kg} \times 9.8 \text{m/s}^2 = 19.6 \text{ N}$$

달에서는 중력 가속도가 1.6 m/s²이므로

$$W = m \times 1.6 \quad \text{(달 표면에서, } m \text{은 kg, } W \text{는 N 단위)}$$

이 된다.

물리 체험하기 2.3

물리 체험하기 2.2에서 사용하였던 실에 매달린 양말을 다시 한 번 이용하자. 양말을 수평면에서 회전시킬 때 한 바퀴 도는 데 1초 이상이 걸리도록 천천히 돌린다. 이제 속도를 높여 점점 빠르게 회전시킨다. 실이 약하면 도중에 끊어질 수도 있다. 양말의 속도가 빨라질수록 줄을 잡고 회전시키는 팔에 가해지는 느낌은 어떠한가? 줄 끝에 매달린 양말의 속도와 줄에 걸리는 원심력의 상관관계를 추론해 보자.

감속도 또는 구심 가속도를 내는 힘도 제2법칙을 따른다. 움직이는 물체의 속도를 늦추려면 물체의 속도와 반대되는 방향으로 힘이 작용해야 한다(그림 2.16). 움직이는 물체에 옆으로 힘이 작용하면 구심 가속도의 원인이 된다. 움직이는 물체에 속도와 수직한 방향으로 알짜힘이 작용하게 되면 그 물체는 곡선 경로를 따라 움직이게 된다. 원 운동을 위해 필요한 구심력의 크기는 다음과 같다.

$$F = ma$$

그리고 여기에

그림 2.16 드래그 레이스에서 자동차에 작용하는 알짜힘(F)은 거의 낙하산에 의한 것으로 속도(v)와는 반대 방향이므로 자동차는 느려진다.

$$a = \frac{v^2}{r}$$

을 대입하면

$$F = \frac{mv^2}{r} \quad \text{(구심력)}$$

이 된다.

예제 2.3

예제 1.5에서, 반지름이 20 m인 곡선 도로를 10 m/s의 속력으로 달리는 차의 구심 가속도를 계산하였다. 차의 질량이 1,000 kg이라면 그 차에 작용하는 구심력의 크기를 구하라.

$$F = \frac{mv^2}{r} = \frac{1,000 \text{ kg} \times (10\text{m/s})^2}{20 \text{ m}}$$
$$= 5,000 \text{ N}$$

이미 가속도($a = 5.0$ m/s²)를 계산하였으므로 그것을 $F = ma$에 직접 대입하면 된다.

$$F = ma = 1,000 \text{ kg} \times 5.0 \text{ m/s}^2$$
$$= 5,000 \text{ N}$$

편평한 길에서 곡선을 그리며 달리는 자동차는 타이어와 길바닥 사이의 마찰력이 구심력을 제공한다. 차의 속도가 빠를수록 원 궤도를 달리기 위해 더 큰 힘이 필요하다. 두 대의 차가 같은 곡선 길을 달리는 경우, 한 대가 다른 차의 두 배의 속력으로 달리기 위해서는 네 배의 구심력이 필요하게 된다(그림 2.17). 구심력은 곡선의 곡률 반지름에 반비례한다. 급한 곡선 길(반지름이 작은 것)에서는 구심력이 크거나 속력이 느려야 한다. 차가 곡선 길을 너무 빨리 달리면, 구심력을 제공할 마찰력이 부족해져서 차가 길 밖으로 튕겨나갈 것이다.

$F = ma$의 형태로 주어지는 뉴턴의 제2법칙은 원래 그런 식은 아니었지만 현재는 일반적으로 가장 흔하게 사용되고 있다. 그 식은 물체의 질량이 변하지 않을 때만 사용할 수 있다. 그러나 때로는 특별한 예외가 있다. 예를 들어, 로켓은 추진하면서 연료를 많이 소비하기 때문에 질량이 급격히 감소한다. 결국, 로켓에 작용하는 알짜힘이 변하지 않더라도 그 가속도는 증가할 것이다. 그러한 경우를 다루기 위해서는 좀 더 복잡한 수학을 사용해야 한다.

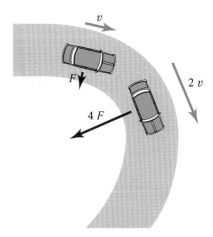

그림 2.17 차가 곡선 도로를 달리기 위해 필요한 구심력은 타이어와 길바닥 사이의 정지 마찰에 의해 주어진다. 그 힘의 크기는 속력의 제곱에 비례한다. 어떤 차가 다른 차보다 두 배의 속력을 내고자 한다면 네 배의 구심력이 필요하다.

2.4b 국제표준단위계(SI)

힘의 단위인 1 N은 질량이 1 kg인 물체가 $1 m/s^2$의 가속도를 내는 데 필요한 힘이다. 즉, kg 단위의 질량에서 m/s^2 단위의 가속도를 곱한 것은 N 단위의 힘이 된다. 그 대신에 g과 cm/s^2 단위를 사용하면 힘의 단위는 N이 아니다.

때로는 측정의 여러 단위계로 혼란스러울 수도 있다. 특히 수식에 여러 가지 물리량이 결합되어 있는 경우는 더 그럴 것이다. 이 문제를 쉽게 해결하기 위해서 독립적인 단위계가 제정되었다. 그러한 단위계를 **국제표준단위계**(international system) 또는 SI 단위계라 한다. SI는 국제표준단위계라는 의미의 프랑스 말 Systéme International d'Unités에서 따온 것이다. 이 단위계는 각각의 물리량에 대해서 하나의 측정 단위가 지정되어 있다(표 2.1). 각각의 단위는 원래의 물리 단위가 SI 단위로 되어 있는 경우 수식 내에 둘 혹은 그 이상의 물리량이 혼합되어 있을 때 그 결과도 SI 단위가 되도록 선택되어 있다. 예를 들어, 거리와 시간의 SI 단위는 각각 미터와 초이다. 결국 속력의 SI 단위는 m/s이다. 표 2.1에 지금까지 우리가 사용해 온 물리량의 SI 단위가 나열되어 있다.

표 2.1 SI 단위(몇 가지만 나열함)

물리량	SI 단위
거리(d)	미터(m)
면적(A)	제곱미터(m^2)
부피(V)	세제곱미터(m^3)
시간(t)	초(s)
진동수(f)	헤르츠(Hz)
속력 및 속도(v)	초당 미터(m/s)
가속도(a)	제곱초당 미터(m/s^2)
힘(F)과 무게(W)	뉴턴(N)
질량(m)	킬로그램(kg)

우리는 대부분의 예제에서 SI 단위를 사용해 왔음을 알 수 있을 것이다. 지금부터 단위계는 SI 단위만을 사용할 것이다.

복습

1. 일정한 순 힘이 물체에 작용할 때 가속도는 물체의 _____ 에 따라 달라진다.
2. 물체의 무게는 물체의 질량에 _____ 을 곱한 것이다.
3. 같은 질량의 자동차 A와 B가 같은 곡선 도로를 달리고 있고, A가 B의 속력의 2배일 때 A에 작용하는 구심력은

a. B에 작용하는 구심력의 2배이다.
b. B에 작용하는 구심력의 4배이다.
c. B에 작용하는 구심력의 1/20다.
d. B에 작용하는 구심력과 같다. 같은 곡선 도로를 달리며 질량이 같기 때문이다.

답 1. 질량 2. 중력가속도 3. b

2.5 힘이 다르면 운동도 다르다

제1장에서 세 가지 간단한 운동들을 살펴보았다. 그것은 속도가 영인 것, 속도가 일정한 것 그리고 가속도가 일정한 것이다. 이제 이 세 가지 경우에 힘이 어떻게 관계되는지를 알아보고 다른 형태의 운동에 대해서도 살펴보자. 여기서 힘이 어디에서부터 작용하는지는 중요하지 않다. 움직이는 물체에 작용하는 알짜힘은 중력이나 마찰력에 의한 것이든지 또는 다른 물체를 미는 힘이든지 같은 효과를 갖는다. 여기서 관심을 갖고자 하는 문제는 힘−크기와 방향 모두−과 운동 간의 관계이다. 즉, 우선적인 관심은 힘이 일정하거나 또는 일정하지 않다면 그 변하는 양상에 따라 힘의 방향이 속도 벡터에 미치는 영향을 알아보는 것이다.

정지해 있는 물체나 일정한 운동(속도가 일정한 것)의 가속도는 영이다. 제2법칙에 의하면, 이것은 알짜힘이 영이라는 뜻이다(그림 2.18). 그런 경우는 매우 단순하다. 물체에 작용하는 알짜힘이 영인 경우, 물체가 정지해 있거나 아니면 일정한 속도로 운동하고 있는데 이때 평형 상태(equilibrium)에 있다고 말한다.

가속도가 일정할 때 제2법칙은 물체에 일정한 힘이 작용하고 있음을 말해준다. 고정된 방향으로 작용하는 일정한 알짜힘은 물체를 일정한 가속도로 움직이게 할 것이다. 그 좋은 예가 자유 낙하 운동이다. 힘(무게)은 일정하고 항상 아래 방향으로 향한다.

물체의 운동 방향과 반대 방향으로 작용하는 알짜힘은 그 물체를 느려지게 할 것이다. 그 힘이 계속 작용하면, 그 물체는 어느 순간 정지하게 되고, 그 다음에는 원래의 운동방향과 반대인 힘의 방향으로 가속되게 된다. 이것이 바로 공을 연직 위로 던져 올릴 때 나타나는 운동이다(그림 2.19). 공은 올라갈 때나 내려올 때나 아래로 가속된다. 올라갈 때는 최고점에 다다를 때까지 공의 속력이 감소한다. 최고점에서 속력은 순간적으로 영이 되고 그 다음에는 속력이 증가하면서 낙하한다. 공의 가속도는 공이 정지해 있는 순간일지라도 항상 g이다.

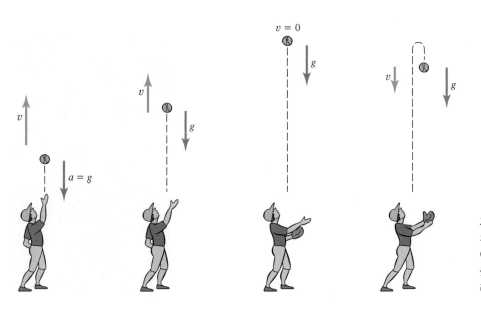

그림 2.18 보트가 일정한 속도로 나아가거나 가만히 있거나에 관계없이 보트에 작용하는 알짜힘은 영이다.

그림 2.19 공을 수직 위로 던져 올릴 때 그 공의 가속도의 크기는 1 g이며 방향은 아래 방향이다. 이 가속도는 공이 위로 올라가는 속력을 늦추게 하여 어느 순간 정지하였다가 다시 아래 방향으로 가속하게 한다.

그림 2.20 음용수대에서 나오는 물줄기가 포물선 궤적을 따라 뿜어져 나온다.

2.5a 다시 보는 포물선 운동

수평면에서 일정한 각도로 공을 던지면 어떻게 될까? 이것이 바로 고전 역학 문제—포물체 운동—이다. 포물체 운동은 수평 운동과 수직 운동으로 구성되어 있다. 포물체가 날아가는 경로는 원호 모양의 특징을 가지는데, 예를 들면 음료수대에서 물줄기가 뿜어져 나오는 것이 있다(그림 2.20). 역학에서 중요한 것 중의 하나로 이런 모양을 포물선(parabola)이라 한다.

포물체 운동을 이해하기 위해서 중요한 것은 연직 방향으로 작용하는 중력이 수평 방향의 운동에는 영향을 주지 않는다는 것이다. 처음에 수평 방향으로 움직이는 물체나 또는 단순히 자유 낙하시킨 물체나 꼭 같은 아래 방향의 가속도 g를 갖는다. 따라서 공기의 저항을 무시한다면, 포물체는 수평으로는 일정한 속력으로 움직이고 수직 방향으로는 아래로 일정하게 가속된다(그림 2.21). 물체가 경로를 따라 움직이면서, 그 속도의 수직 성분은 영이 될 때까지 감소(최고점에서)한 다음 아래 방향으로 속력이 증가한다. 속력의 수평 성분은 일정하다. 포물체는 수평과 45도 방향으로 던져졌을 때 가장 멀리 간다. 소프트볼을 아주 멀리 던진 경우처럼 말이다. 그러나 공기의 저항이 운동에 영향을 줄 정도로 크다면 최대 도달 거리는 좀 더 낮은 각에서 가능하다.

그림 2.21 (a) 각각의 순간에서의 속도 벡터와 함께 포물체의 경로가 그려져 있다. 궤도의 정점에서의 속도는 수평 방향뿐이다. (b) 같은 포물체에 대해 속도 벡터를 수평 성분과 수직 성분을 모두 그려 넣었다. 수평 속도 성분은 일정하지만 수직 속도 성분은 크기가 감소하였다가 증가한다. 그 모든 이유는 아래 방향으로 작용하는 일정한 중력 가속도 때문이다. (c) 마술사가 두 손으로 세 개의 공을 가지고 노는 모습의 스트로보 사진.

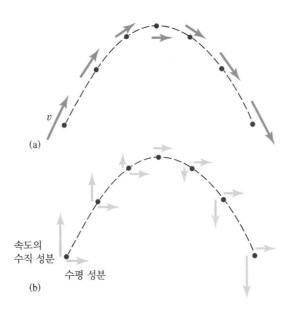

2.5b 단순 조화운동

힘이 일정하지 않은 단순한 경우가 있다. 용수철의 끝에 매달려 있는 나무토막을 생각해 보자(그림 2.22). 그 물체가 움직이지 않을 때는, 물체가 평형 상태에 있는 것이고, 물체에 작용하는 알짜힘은 영이다. 그 나무토막을 위로 조금 들어 올렸다가 살짝 놓으면, 그 나무토막은 아래 방향으로 원래(정지해 있던)의 위치를 향하는 알짜힘을 받게 될 것이다. 처음에 그 나무토막을 아래로 살짝 당겼다가 놓으면 이와는 반대 현상이 일어날 것이다. 그 경우 알짜힘은 위를 향할 것이고 또한 원래의 위치를 향한다. 그러한 힘을 복원력(restoring force)이라 한다. 왜냐하면 그 힘은 그 계를 처음 상태로 되돌려 놓으려는 방향으로 작용하기 때문이다. 이러한 예에서 알짜힘의 크기는 정지 위치로부터의 변위에 비례한다. 나무토막의 처음 변위가 클수록, 되돌아오게 작용하는 하는 힘은 더 크다(그림 2.2도 역시 이런 상황을 보여주고 있다).

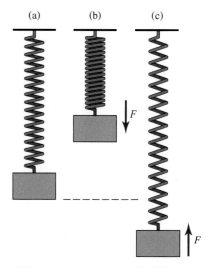

그림 2.22 (a) 용수철에 매달린 물체에 작용하는 알짜힘은 그 물체의 처음 정지 상태의 위치(평형 위치)로부터의 변위에 따라 변한다. (b) 위로 올렸다가 놓으면 그 물체는 아래로 향하는 알짜힘을 받는다. (c) 물체를 아래로 당겼다가 놓으면, 알짜힘은 위로 향한다.

이러한 힘에 대한 방정식은 다음과 같다.

$$F = -kd$$

여기서 마이너스 부호는 힘의 방향이 물체가 움직이는 방향의 반대 방향임을 의미한다. 수식에서 k는 용수철 상수라 하며 용수철의 강도를 나타내고 미터당 뉴턴의(N/m)의 단위를 가진다. 자동차나 커다란 트럭에 장착되는 강한(단단한) 용수철은 큰 k값은 가지며, 주방의 저울 등 약한 용수철은 작은 k값을 가진다. 같은 길이만큼 늘어난 경우 k값이 클수록 용수철에 작용하는 복원력은 커진다. 즉 복원력의 크기는 늘어난 길이에 비례한다. 복원력을 늘어난 길이에 대하여 그래프를 그리면 기울기가 k인 직선으로 나타날 것이다.

이러한 관계식을 그 발견자의 이름을 따서 후크의 법칙(Hooke's law)이라고 한다. 그는 뉴턴과 동시대에 활동한 인물이며 나름대로의 업적을 가지고 있다. 단 뉴턴의 법칙이 어느 경우에나 적용되는 일반적인 법칙인 반면에 후크의 법칙은 용수철이나 고무줄, 몸의 근육 등 탄성을 가진 특정한 물체들에만, 그것도 탄성의 한계 내에서만 적용되는 법칙이다. 만일 탄성의 한계를 벗어나는 힘이 가해지면 그 물체는 영원히 원래의 모습으로 돌아올 수 없게 된다. 그러나 탄성한계 내에서 비례관계는 정확하게 유지되며 k는 상수 값을 가진다.

이 힘이 일으키는 운동은 어떤 종류일까? 용수철에 매달린 물체를 아래로 당겼다가 놓으면, 위로 향하는 힘이 그 물체를 가속시킬 것이다. 그 물체가 힘이 영인 평형점에 도달하면, 가속은 중지되지만 위로 향하는 운동은 계속된다(뉴턴의 제1 법칙). 평형점을 지나쳐서 움직인 다음에는 물체에 작용하는 힘은 아래를 향한다. 그 물체는 속력이 줄어들어서 순간적으로 정지한 다음 다시 아래로 향하는 속력이 증가한다. 이러한 과정이 여러 차례 반복되면서 그 물체는 위아래로 진동한다.

물리학에서 아주 중요한 이러한 형태의 운동을 **단순 조화운동**(simple harmonic motion)이라고 한다. 이러한 현상은 다른 상황에서도 많이 일어난다. 그 예로, 아주 작은 각으로 흔들리는 진자, 물속에서 아래위로 불규칙하게 움직이는 코르크,

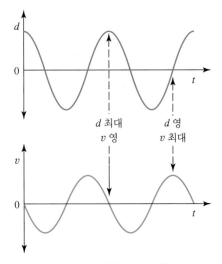

그림 2.23 단순 조화운동의 t에 대한 v와 d의 그래프. 거리가 최대가 될 때 속도는 영이고 반대로 거리가 최소가 될 때 속도는 최대가 된다. 운동의 최고점과 최저점에서 물체는 순간적으로 정지한다. 물체가 정지 위치를 지날 때마다 속력은 최대가 된다.

충격 흡수 장치가 불량인 자동차, 소리굽쇠에서 나오는 소리에 진동하는 물 분자 등이 있다. 사실, 단순 조화운동은 모든 형태의 파동과 관계되는 운동이며 매우 중요하다.

시간에 따른 거리의 그래프나 시간에 따른 속도의 그래프도 진동의 특성을 보여주고 있다(그림 2.23). 두 그래프는 모두, 사인파의 모양을 갖는다. 이러한 모양은 물리학에서 자주 나오는 것이며, 나중(제6장)에 파의 운동을 공부할 때 다시 배우게 될 것이다.

단순 조화운동은 진동수가 일정한 주기적인 운동이다. 진동의 진동수는 물체의 질량과 용수철의 세기에 의존한다.

$$f = \frac{1}{2\pi} \times \sqrt{\frac{k}{m}} = 0.159 \times \sqrt{\frac{k}{m}}$$

같은 질량을 강한 용수철에 매달면, 진동수가 높아진다. 주어진 용수철에 큰 질량을 매달면 진동수는 낮아(작아)질 것이다. 이러한 원리를 응용한 것이 바로 관성저울이다. 이는 어떤 물체의 진동수를 측정한 후 질량을 이미 알고 있는 물체의 진동수와 비교하여 질량을 알아내는 방법이다. 이는 무중력 상태인 우주선에서 사용되는 저울이기도 하다(그림 2.24).

예제 2.4

질량 0.25 kg의 물체가 용수철에 매달려 평형점으로부터 0.3 m 이동하였다. (a) 용수철 상수가 2.4 N/m일 때 물체에 작용하는 용수철에 의한 복원력의 크기는 얼마인가? (b) 용수철에 매달린 질량이 용수철에 의한 힘에 의하여 단조 조화진동을 한다면 그 진동의 주파수와 주기는 얼마인가?

(a) 후크의 법칙에 따라 질량에 작용하는 힘의 크기는

$$F = kd = 2.4 \text{ N/m} \times 0.30 \text{ m} = 0.72 \text{ N}$$

(b) 진동의 주파수는

$$f = 0.159 \times \sqrt{k/m} = 0.159 \times \sqrt{(2.4 \text{ N/m})/(0.25 \text{ kg})}$$
$$f = 0.159 \times \sqrt{9.6 \text{ s}^{-2}} = 0.159 \times 3.10 \text{ s}^{-1}$$
$$f = 0.493 \text{ Hz}$$

그리고 주기는 다음과 같다.

$$T = 1/f = 1/0.493 \text{ Hz} = 2.03 \text{ s}$$

그림 2.24 유럽 우주국 소속 우주인 안드레 쿠이퍼가 관성저울을 이용하여 자신의 질량을 측정하고 있다.

2.5c 공기 저항을 받고 낙하하는 물체

공중으로 던져진 야구공이나 낙하하는 스카이다이버와 같이 공기 중에서 움직이는 물체에 작용하는 공기의 저항력은 운동 마찰력의 한 예이다. 공기의 저항력은 물체의 속도와 반대 방향이며 다른 힘이 작용하지 않는 한 그 물체의 속력을 느리게 할 것이다. 물체의 속력이 빠르면 공기의 저항력도 커진다. 공기의 저항력의 크

기를 단순하게 표현하는 식은 없다. 야구공, 자전거 타는 사람, 자동차, 비행기 등의 경우 공기 저항력은 공기에 대한 물체의 속력의 제곱에 비례한다. 예를 들어, 바람이 불지 않는 날 100 km/h의 속력으로 달리는 자동차에 작용하는 공기 저항력은 자동차가 50 km/h로 달릴 때의 약 네 배이다.

물리 체험하기 2.5

신발이나 작은 책 또는 유사한 물체와 두 장의 커피 필터가 필요하다. 먼저 커피 필터를 완전히 뭉쳐 골프공 크기의 뭉치로 만든다. 또 한 장의 필터는 원래의 모습 그대로 둔다.

1. 두 필터를 양손에 각각 들고 머리 위 높이로 올린 뒤 필터 면을 아래로 하여 그대로 떨어뜨린다. 두 필터는 동시에 바닥에 도달하는가? 떨어지는 물체에 작용하는 저항력은 단순히 물체의 무게에 의존하는가?
2. 같은 방법으로 양손으로 책과 뭉쳐진 필터를 떨어뜨려 본다. 두 물체는 동시에 바닥에 도달하는가? 이러한 실험을 통하여 떨어지는 물체에 작용하는 저항력에 대하여 어떠한 추론이 가능한가?

공기 저항 없이 일정한 힘(물체의 무게)이 자유 낙하하는 물체에 작용하면 가속도는 일정한 값 g를 갖는다. 그런 물체는 땅에 닿기까지 속력이 서서히 증가한다. 그러나 공기의 저항력을 고려하는 경우 물체가 공기 중에서 낙하함에 따라, 속력의 증가와 함께 공기 저항력은 증가하여 그 운동에 영향을 미친다(그림 2.25). 이렇게 증가하는 힘은 위쪽 방향이고 아래로 향하는 중력에 반대로 작용하여 알짜힘을 감소시킨다. 이러한 알짜힘의 감소는 속력의 증가에 따라 증가하는 공기 저항력이 아래로 향하는 무게와 같아질 때까지 계속된다. 공기 저항력과 무게가 같아지는 순간 알짜힘은 영이 되어 그 이후의 속력은 일정하게 된다. 이러한 속력을

그림 2.25 공기 저항($F_{공기\ 저항}$)을 받고 낙하하는 물체의 모습. 위쪽 방향의 공기 저항은 물체의 속력이 증가할수록 증가한다. 이 힘이 충분히 커져서 물체의 무게(W)와 같아지면, 그 물체에 작용하는 알짜힘($F_{알짜}$)이 영이 된다(맨 오른쪽 그림). 그러면 물체의 속력은 일정하게 된다. 그러한 속력을 종단 속력(v_t)이라 한다.

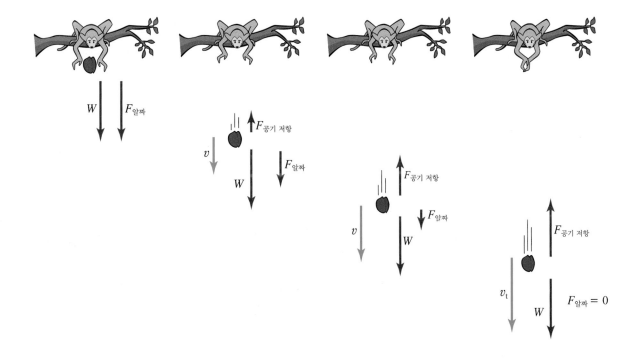

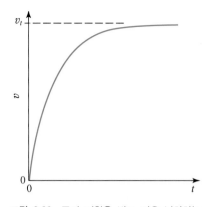

그림 2.26 공기 저항을 받고 자유 낙하하는 물체의 시간에 따른 속력의 그래프. 물체가 자유 낙하함에 따라 처음에 속력은 급하게 증가한다(그림 1.22b와 비교해 보자). 그러나 속력이 증가함에 따라 공기 저항이 증가하여 가속도가 영으로 감소하게 되면 그때부터 속력은 일정하게 되는데 그 속력을 종단 속력 v_t이라 한다.

그 물체의 종단 속력(terminal speed)이라 한다. 그림 2.26에 이러한 운동의 시간에 따른 속력의 변화가 그래프로 그려져 있다.

바위나 다른 단단한 물체들은 종단 속력이 매우 커서 공기 저항이 그 물체의 운동에 현저한 영향을 줄 때까지 수 초 동안 낙하할 것이다. 깃털, 민들레 씨앗, 풍선 등은 종단 속력에 도달하는 데 1초도 안 걸린다. 스카이다이버가 공중의 헬리콥터나 기구에서 점프를 할 때 공기의 저항력이 상당한 크기로 커지기까지 약 2~3초 동안 거의 자유 낙하한다. 스카이다이버의 종단 속력은 그의 몸집 크기나 떨어질 때의 자세 등에 따라 다르지만 대략 193 km/h 정도이다. 이 후 낙하산이 펼쳐지면, 갑자기 증가하는 공기 저항력은 스카이다이버의 종단 속력을 확 낮추어 약 16 km/h 정도 되게 한다.

종단 속도는 당시 공기의 밀도에 관계가 있다. 2014년 10월 알란 유스타스는 40 km 상공에서 점프하여 기록적인 1,300 km/h의 속도를 기록하였다. 그가 낙하하며 공기가 밀해짐에 따라 속도는 점점 느려져 그가 낙하산을 펼 즈음에는 현저히 낮은 속도에 도달하였다.

그림 2.22의 용수철-나무토막의 시스템에서 알짜힘은 평형 위치로부터 물체까지의 거리에 따라 달라진다. 자유 낙하하는 물체의 운동에서 공기의 저항력이 작용하는 경우 그 크기는 물체의 속력에 의존한다. 이러한 예는 서로 다른 물리량이 실제의 물리계에서 어떻게 서로 연관되어 있는지를 설명해 준다. 어떤 경우는 매우 복잡한 것도 있다. 용수철과 물체가 물속에서 매달려 있다고 생각해 보자. 알짜힘은 물체의 위치와 속력 모두에 따라 달라진다. 그 물체가 어떻게 움직일 것인지를 표현할 수 있는지 알아보자. 표 2.2에 지금까지 우리가 논의한 여러 가지 형태의 힘을 나열하였다.

이 절에 나와 있는 모든 예에서, 미래의 임의의 시각에서의 물체의 위치는 운동에 관한 뉴턴의 법칙과 적절한 수학을 사용하여 예측할 수 있다. 다만 이를 위해서는 처음 위치와 속력 및 운동에 영향을 미치는 힘에 관한 정확한 정보가 있어야 한다. 물체의 위치를 예측하기 위한 이러한 능력은 뉴턴의 법칙이 매우 중요한

표 2.2 힘의 예

알짜힘의 성질	그 힘을 받는 운동
알짜힘이 영인 경우	속도가 일정: 정지해 있거나 일정 속력으로 직선 운동한다.
알짜힘이 일정한 경우 힘이 속도에 평행한 경우 힘이 속도에 반대 방향인 경우 힘이 속도에 직각 방향으로 작용하는 경우	가속도가 일정하다. 속력이 증가하면서 직선 운동한다. 속력이 감소하면서 직선 운동한다. 원운동한다. 지름은 속력과 힘에 따라 다르다.
변위에 비례하는 복원력	단순 조화운동(진동)
속력이 증가함에 따라 알짜힘이 감소하는 경우	가속도가 감소하면서 속도는 일정값에 다다른다.

주된 이유 중 하나이다. 뉴턴의 법칙은 우리가 우주선을 수십 억 마일 떨어진 우주 공간으로 보낼 수 있게 해 주며 롤러코스터를 건설하기 전에 그것의 운동 방식을 예측할 수 있게 해 준다. 그러나 지난 세기 동안의 많은 발견들은 물리계의 미래의 상황을 항상 정확하게 예측할 수는 없다는 사실도 알게 해 주었다. 제10장에서, 원자나 그보다 더 작은 크기의 물리계를 다루는 필수 도구인 양자 역학은 그러한 예측을 원하는 만큼 정밀하게 하는 것은 불가능함을 어떻게 말해 주는지를 살펴볼 것이다. 그 불가능한 이유는 전자와 같은 입자의 위치와 속도를 동시에 정확하게 알아내는 것이 불가능하기 때문이다. 혼돈에 관한 연구에 의하면, 비교적 단순한 계라도 그곳에는 본래의 임의성이 있다고 알려져 있다.

힘, 처음 위치, 처음 속도 등을 아무리 정밀하게 안다고 해도 미래의 어느 순간의 상황을 아주 정확하게 예측하는 것은 불가능하다. 하지만 뉴턴의 법칙에 근거를 둔 역학은 우리 주변의 물리 현상에 적용하는 데 아직도 가장 가치 있는 도구로 남아 있다.

복습

1. (참 혹은 거짓) 포물선 운동을 하는 물체는 그 속도는 변할지라도 그 속력은 일정하다.
2. 종잇장이 바닥으로 떨어지고 있다. 종이가 떨어지는 동안
   a. 작용하는 공기의 마찰력은 증가한다.
   b. 그 속력이 증가한다.
   c. 작용하는 순 힘은 감소한다.
   d. 위 모두가 참이다.

3. 그네를 타고 앞뒤로 흔들리는 아이의 운동은 _____ 운동의 예이다.
4. 다음 중 순 힘이 0인 경우는 어느 것인가?
   a. 단진동
   b. 자유 낙하하는 물체
   c. 공기의 저항력을 받으며 낙하하는 물체
   d. 위의 것 모두

정답 **1.** 거짓 **2.** d **3.** 단진동 흔들림 **4.** c

2.6 운동에 관한 뉴턴의 제3법칙

운동에 관한 뉴턴의 제3법칙은 힘의 본질에 관한 일반적인 정의이다. 그것은 힘을 이해하기 위한 중요한 관점을 추가하는 단순한 법칙이다.

물체 A가 물체 B에 힘을 작용한다면, 물체 B는 같은 크기의 힘을 반대 방향으로 A에 작용한다.

$$F_{\text{B on A}} = -F_{\text{A on B}}$$

손으로 벽을 밀면, 그 벽은 같은 크기의 힘을 손에 작용한다(그림 2.27). 테이블 위에 있는 책은 그 책의 무게와 같은 크기의 아래 방향의 힘을 테이블에 작용한다. 테이블은 책의 무게와 같은 크기의 힘을 위쪽 방향으로 작용한다. 지구는 지표 위의 사람을 무게라고 하는 힘으로 아래로 당긴다. 결과적으로, 그 사람은 무게와 같은 크기이지만 위쪽 방향의 힘을 지구에 작용한다. 다이빙 선수가 다이빙 판을 튕기고 날아갈 때, 지구의 중력은 그 선수를 아래로 가속시킨다. 동시에, 선수는

운동에 관한 뉴턴의 제3법칙
힘은 항상 두 물체 사이에 상호작용한다. 한 물체가 다른 물체에 힘을 작용하면 다른 물체는 그 물체에 크기가 같고 방향이 반대인 힘을 작용한다.

사람이 벽에 작용하는 힘 F 벽이 사람에 작용하는 힘 F

서랍이 손에 작용하는 힘 F 손이 서랍에 작용하는 힘 F

그림 2.27 어떤 물체가 다른 물체에 힘을 작용하면 다른 물체는 크기가 같고 방향이 반대인 힘을 그 어떤 물체에 작용한다.

같은 크기의 힘으로 지구를 선수 쪽으로 가속시킨다. 하지만 지구의 질량이 사람의 질량보다 10^{23}배나 되기 때문에 지구의 가속도는 완전히 무시할 만하다. 하지만 낙하하는 사람의 가속도는 느낄 수 있을 정도로 충분히 크다.

제3법칙은 많은 물리계에서 실제로 일어나는 문제에 대하여 새로운 관점을 제공한다. 인라인스케이트를 타고 벽을 세게 밀면, 반대 방향으로 튕겨서 가속된다 (그림 2.28). 이것을 잠시 동안 생각해 보자. 사람의 발이 앞으로 작용하는 힘은 반대 방향으로 그 사람을 가속시킨다. 실제로는, 크기가 같고 방향이 반대인 벽이 발에 작용하는 힘이 그 사람을 가속시킨다. 사람이 롤러스케이트장에 서 있다면, 자신의 발만을 사용하여 자신을 움직이게 할 수 없다. 왜냐하면 무엇인가를 밀어야 하기 때문이다. 마찬가지로 자동차가 가속할 때, 엔진은 바퀴가 도로 위에서 뒤로 미는 힘을 내게 한다. 그것은 도로면이 크기가 같고 방향이 반대인 힘을 타이어에 작용하여 차가 앞으로 가속하게 하는 것이다. 브레이크가 차를 세우려고 할 때도 같은 일이 일어난다. 총의 반동은 제3법칙에 의해 생기는 것이다. 탄환을 가속시키는 큰 힘은 크기가 같고 방향이 반대인 힘을 총에 작용하여 총이 뒤로 밀려나게 한다.

그림 2.29는 뉴턴의 제3법칙을 설명하는 그림이다. 작은 수레에는 용수철을 장전할 수 있는 플런저가 있어서 용수철을 수레 속으로 밀어 넣어서 장전할 수 있게 되어 있다. 용수철이 튕겨지면, 플런저가 튀어 나온다. 만일 그 앞에 플런저가 밀 다른 물체가 없다면(그림 2.29a), 수레는 더 이상 움직이지 않을 것이다. 그 플런저는 아무 힘도 작용할 수 없으므로 수레를 가속시킬 크기가 같고 방향이 반대인 힘이 없

그림 2.28 스케이트 선수가 벽에 부딪치게 되면, 벽은 크기가 같고 방향이 반대인 힘을 스케이트 선수에 작용하여 뒤로 튕겨 나가게 한다.

그림 2.29 작은 실험용 수레가 눌려진 용수철에 의해 튕겨진다. 눌려진 용수철이 어딘가에 작용하는 힘에 의해 그 수레는 가속되고(b와 c), 수레에 작용하는 크기가 같고 방향이 반대인 힘이 그 수레를 가속시킨다.

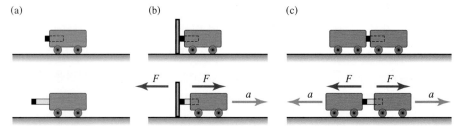

(a)   (b)   (c)

다. 만일 용수철이 튕겨질 때 수레가 벽에 붙어 있었다면(그림 2.29b), 벽에 작용하는 힘은 수레에 반대 방향의 힘을 작용하게 했을 것이고 그 수레는 벽으로부터 멀어지도록 가속될 것이다. 두 번째 수레가 첫 번째 수레의 플런저에 붙어 있었다면(그림 2.29c), 두 수레는 크기가 같고 방향이 반대인 힘을 받고 서로 멀어져 가면서 가속될 것이다. 제3장에서는, 이런 경우의 속력의 비가 두 수레의 질량의 비와 관계가 있음을 증명할 것이다. 하나의 질량이 다른 것의 두 배라면, 속력은 다른 것의 반이 될 것이다.

로켓이나 제트기는 연소되는 기체를 매우 빠른 속력으로 분사해서 추진된다(그림 2.30). 엔진은 분사시키는 힘을 기체에 작용하고 분사된 기체는 크기가 같고 방향이 반대인 힘을 로켓이나 제트기에 작용시킨다. 자동차와는 달리, 로켓이나 제트기는 추진되기 위해 다른 물체를 밀 필요가 없다.

새, 비행기, 글라이더 등은 공중으로 날아가면서 날개에 위쪽 방향의 힘이 작용하기 때문에 날 수 있다(그림 2.31a). 공기가 날개의 아래쪽과 위쪽으로 흐르면서 아래쪽으로 휘어지는 힘을 작용한다. 그로 인해 크기가 같고 방향이 반대인 힘이 날개에 위쪽으로 작용하는데 이것을 양력(lift)이라고 한다(그림 2.31b). 비행기, 헬리콥터, 배 등의 프로펠러는 그와 같은 기본적인 원리에 의해 추진된다. 모두 한 방향으로 공기나 물을 당기거나 밀면, 프로펠러에 반대 방향의 힘이 작용하게 된다. 프로펠러는 진공 중에서는 아무런 쓸모가 없다.

그림 2.30 로켓의 원리는 바로 뉴턴의 제3법칙이다.

물리 체험하기 2.6

자동차가 고속 도로를 달리는 동안 손을 차창 밖으로 살짝 내민 후 손바닥을 평평히 펴서 공기에 의한 힘을 느껴보자. 위쪽으로 느껴지는 힘이 양력이며, 뒤로 쳐지는 힘은 저항력이다. 손바닥이 지면과 이루는 각도를 변화시키면서 이러한 힘들이 어떻게 달라지는지 느껴보자.

물체가 가속되고 있을 때는 언제나 크기가 같고 방향이 반대인 힘이 물체를 가속시키고자 하는 것에 작용한다. 그런 것은 타고 있는 승용차, 버스, 비행기 등이 가속될 때 느껴보았을 것이다. 의자의 등받이가 승객에게 힘을 작용하면 그 힘이 승객을 가속시키는 원인이다. 승객의 몸은 크기가 같고 방향이 반대인 힘을 등받이에 작용한다. 그것은 마치 등받이에 대해 승객을 뒤로 당기는 듯한 어떤 힘이 있는 것처럼 느끼게 한다. 이것은 실제의 힘이 아니며 단지 승객의 몸을 가속시키기 위한 반작용일 뿐이다. 물체가 구심 가속도를 받고 있을 때 같은 효과가 관측된다. 자동차나 버스가 커브 길을 돌 때, 그 안의 승객은 옆으로 당겨지는 느낌을 받게 된다. 이것은 단지 가속도의 원인이 되는 알짜힘에 대한 반작용일 뿐이다.

뉴턴의 제1법칙과 같이, 제3법칙은 수학적이라기보다는 개념적인 것이다. 그것은 둘 또는 그 이상의 물체끼리 상호작용할 때만 힘이 존재한다는 것을 강조하고 있다. 상호작용력이라는 말로 생각하면, 그러한 상호작용에서 원인과 결과를 쉽게 구별할 수 있다.

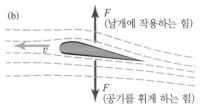

그림 2.31 (a) 뉴턴의 제3법칙을 응용하는 즐거움을 만끽하고 있는 행글라이더. (b) 비행기의 날개가 공기를 아래 방향으로 휘어가게 한다. 이 공기에 작용하는 아래 방향의 힘과 크기가 같고 방향이 반대인 힘이 날개에 작용한다.

예제 2.5

허블 우주망원경의 우주선 밖 작업에서 우주인이 우주선에 125 N의 힘을 가하고 있다. (a) 허블 망원경은 우주인에 얼마의 힘을 가하고 있는가? (b) 우주인의 질량이 85 kg, 우주선의 질량이 11,600 kg이라면 각각의 가속도는 얼마가 되는가?

(a) 뉴턴의 제3법칙에 따라 우주선이 우주인에 작용한 힘은 우주인이 우주선에 작용한 힘의 크기 125 N과 정확히 같다.

(b) 뉴턴의 제2법칙에 따라 우주인과 우주선의 가속도를 계산할 수 있다. 우주선의 경우

$$F_{HST} = m_{HST} \times a_{HST}$$
$$125\,N = 11{,}600\,kg \times a_{HST}$$
$$a_{HST} = (125\,N) \div 11{,}600\,kg = 0.0108\,m/s^2$$

우주인의 경우는

$$F_{astro} = m_{astro} \times a_{astro}$$
$$125\,N = 85\,kg \times a_{astro}$$
$$a_{astro} = (125\,N) \div 85\,kg = 1.47\,m/s^2$$

● 개념도 2.1

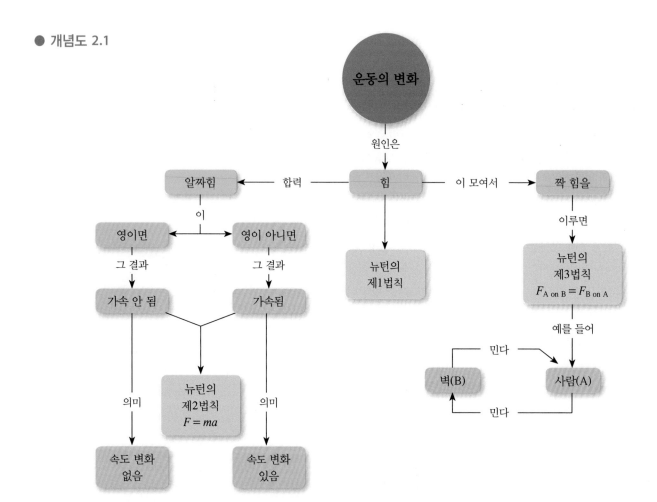

2.7 만유인력의 법칙

뉴턴의 역학에 관한 중요한 업적 중 네 번째는 운동에 관한 법칙이 아니라 중력과 관련된 법칙이다. 당시 뉴턴은 상당히 중요한 지적 도약을 이루어내었다. 그가 깨달은 것은 물체를 지구 표면 쪽으로 당기는 바로 그 힘에 의해 달의 궤도 운동이 이루어지고 있다는 것이다. 더구나, 그는 모든 물체는 다른 물체에 당기는 인력을 작용한다는 주장을 하였다. 이 개념이 바로 만유인력(universal gravitation)이라고 부르는 개념이다. 중력은 모든 곳에서 모든 물체에 작용한다. 지구가 그 표면에 있는 모든 물체에 작용하는 힘-무게-은 만유인력의 한 예이다.

두 물체 간의 중력의 크기를 결정하는 것은 무엇이겠는가? 뉴턴은 그러한 힘의 법칙이 어떤 것인가를 밝혀내기 위해 달과 행성의 궤도에 관한 정보에 그가 잘 알고 있는 수학과 역학을 적용하였다. 운동에 관한 뉴턴의 세 번째 법칙은 두 물체가 서로에게 상호작용할 때, 각각의 힘은 크기가 같다는 것이다. 지구의 중력은 물체의 질량에 비례하므로, 뉴턴의 법칙에 의해 각 물체에 짝으로 작용하는 힘은 각 물체의 질량에 비례한다(그림 2.32). 어느 한쪽의 질량이 두 배가 되면, 각각에 작용하는 힘의 크기도 두 배가 된다.

두 물체 사이의 중력의 크기는 둘 사이의 거리에 따라 달라져야만 한다. 태양은 지구에 비해 훨씬 질량이 크지만, 태양이 우리에게 미치는 힘은 지구가 미치는 힘에 비해 훨씬 작다. 그 이유는 우리가 지구에 매우 가까이 있기 때문이다. 기하학적인 이유로, 뉴턴은 중력의 크기가 물체 사이의 거리의 제곱에 반비례할 거라고 생각했다. 뉴턴은 이러한 사실을 달의 궤도를 통하여 수학적으로 증명하였다.

뉴턴보다 훨씬 이전 시기에, 천문학자들은 달의 궤도 반지름을 측정했고, 궤도

뉴턴의 중력 법칙
모든 물체는 자신을 제외한 다른 모든 물체에 당기는 힘인 중력이 작용한다. 그 힘은 두 물체의 질량에 비례하고 두 물체의 중심 간의 거리의 제곱에 반비례한다. 즉,

$$F \propto \frac{m_1 m_2}{d^2}$$

여기서 m_1과 m_2는 두 물체의 질량이고 d는 중심 간의 거리이다.

그림 2.32 임의의 두 물체에 작용하는 크기가 같고 방향이 반대인 중력의 크기는 두 물체의 질량과 관계가 있다. 둘 중의 하나를 질량이 큰 다른 물체로 바꾸어 놓으면, 두 힘은 그에 비례해서 커진다.

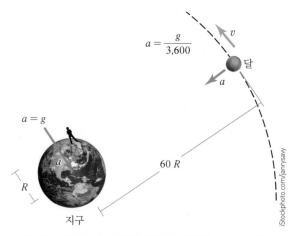

그림 2.33 지구가 다른 물체에 작용하는 중력의 크기는 지구 중심으로부터 그 물체의 중심까지의 거리의 제곱에 반비례한다. 그런 이유로 그림에서처럼 달의 구심 가속도가 g보다 작다(이 그림은 실제의 크기에 비례하지 않는다).

반지름과 알고 있는 공전 주기를 사용하여 궤도 속력을 구했다. 따라서 달의 (구심) 가속도, $\frac{v^2}{r}$을 계산할 수 있었다. 그것은 중력 가속도 g의 약 3,600분의 1이다. 다시 말해서, 달의 가속도는 지표 부근에서 자유 낙하하는 물체의 가속도보다 3,600배나 작다. 뉴턴은 당시에 이미 지구로부터 달까지의 거리가 지구 반지름의 약 60배라는 것을 알고 있었다. 따라서 달의 가속도는 60의 제곱, 즉 3,600배나 작다. 그것은 달이 지표 위의 물체보다 지구 중심에서 60배나 멀리 떨어져 있기 때문이다(그림 2.33). 뉴턴은 그가 생각했던 문제인 중력이 두 물체의 중심 간의 거리의 제곱에 반비례한다는 것을 증명하였다.

이 힘이 지구와 달 사이에 작용하고, 지구와 그 위의 사람에게, 사막에 있는 두 개의 바위 사이에−모든 두 물체 사이에−작용한다. 어떤 사람이 지표로부터 두 배나 멀리(6,370 km가 아니라 12,740 km) 떨어져 있다면 그의 몸무게는 1/4이 된다(그림 2.34). 세 배나 멀리 떨어져 있으면 몸무게는 1/9이 된다.

1798년, 영국의 물리학자 캐번디시(Henry Cavendish)는 두 물체 사이에 작용하는 중력을 실험을 통하여 아주 정밀하게 측정하였다. 그는 아주 민감한 비틀림 저울을 사용하였다(그림 2.35). 두 개의 작은 추를 가느다란 막대에 붙이고 그 막대의 중간점에 가느다란 금속선을 붙여서 막대가 매달리게 하였다. 두 개의 큰 추를 막대에 매달린 작은 추의 뒤에 가까이 놓아 두었다. 큰 추에 의해서 작은 추에 작용하는 중력은 막대를 조금이나마 회전시키기에 충분해서 금속선이 비틀리게 된다. 캐번디시는 중력의 크기를 측정하기 위하여 금속선이 비틀리는 정도를 측정하였다. 실험 결과에 의하면 두 개의 1 kg짜리 추가 1 m 만큼 떨어져 있을 때 둘 사이의 힘은 6.67×10^{-11} N이 되었다. 이 결과로부터 뉴턴의 만유인력의 법칙은

그림 2.34 높이가 6,370 km되는 탑이 지구에 있다고 하자. 그 꼭대기 점은 지구 중심으로부터의 거리가 지표에 있을 때의 두 배가 되는 곳이다. 탑 위에 있는 사람의 몸무게는 지표에서의 1/4이 될 것이다(이 그림에서 사람의 크기는 매우 크게 그려진 것이다).

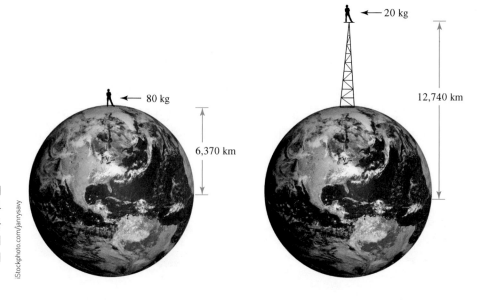

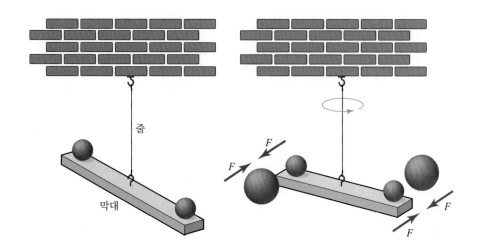

줄

막대

다음과 같은 식으로 표현할 수 있다.

$$F = \frac{6.67 \times 10^{-11}\, m_1 m_2}{d^2} \quad \text{(SI 단위)}$$

이 식에서의 비례 상수를 중력 상수 G라 하며 그 값은 다음과 같다.

$$G = 6.67 \times 10^{-11}\ \text{N-m}^2/\text{kg}^2$$

G는 매우 작은 수이므로 물체들 간의 중력은 매우 작다. 예를 들어, 각각 질량이 70 kg인 두 사람이 서로 1 m 떨어져 있을 때 둘 사이의 중력의 크기는 0.00000033 N 밖에 되지 않는다. 이것은 0.0000012온스의 무게에 해당한다. 지구가 우리에게 작용하는 중력은(또한 우리가 지구에 작용하는 중력) 매우 큰데 그 이유는 지구의 질량이 매우 크기 때문이다.

사실, 만유인력의 법칙을 이용하여 지구 전체의 질량을 계산할 수 있다. 우선, 지구가 질량이 m인 지표상의 물체에 작용하는 중력(그 물체의 무게)을 $W = mg$를 사용하여 계산해 보자. 이 힘은

$$F = \frac{GmM}{R^2}$$

을 써서 계산할 수도 있다.

여기서 M은 지구의 질량이고, R은 지구의 반지름이며 지구 중심으로부터 그 물체까지의 거리이기도 하다. R의 값은 2,000년이 넘는 옛날에 그리스인에 의해 처음으로 측정되었는데 그 값은 약 6.4×10^6 m이다. 이들 두 힘은 서로 같기 때문에

$$W = F$$

$$mg = \frac{GmM}{R^2}$$

이 된다. m을 지우면

$$g = \frac{GM}{R^2}$$

표 2.3 태양계에서의 중력 가속도

행성	중력 가속도(g)
지구	1
태양	27.9
달	0.16
수성	0.38
금성	0.88
화성	0.39
목성	2.65
토성	1.05

이 얻어진다.

g, G 및 R의 값을 대입하고 그 식을 지구의 질량 M에 대해 계산하면 그 결과는 $M = 6 \times 10^{24}$ kg이 된다.

달에서의 중력 가속도는 지구에서와는 다르다. 이와 마찬가지로 다른 행성들도 각각 고유의 g값을 갖고 있다. 그 값이 각각 다른 이유는 각각의 질량과 반지름이 모두 다르기 때문이다. 달, 태양 및 다른 행성들에서의 중력 가속도의 값이 위의 식과 각각의 질량 M 및 반지름 R을 사용하여 계산되어 있다(표 2.3).

뉴턴은 행성들의 만유인력의 법칙을 사용하여 그 이전에 신비로웠던 많은 현상들을 설명하였다. 그러한 현상들은 궤도 운동, 혜성의 운동, 밀물과 썰물의 원인 등에 대한 이론적 근거 등이다.

2.7a 궤도 운동

뉴턴은 지구를 중심으로 하는 달의 궤도 운동은 실제로는 포물선 운동의 확장임을 설명하기 위해 아주 정교한 "사고(thought) 실험"을 하였다.

매우 높은 산 정상에 대포를 설치하고 포탄을 원하는 속력으로 그리고 수평으로 쏘았다고 생각해 보자(그림 2.36). 포탄이 포신에서 천천히 굴러 나와 떨어졌다면 곧바로 지구 중심을 향해 수직 아래로 낙하할 것이다. 포탄이 속력을 가지고 쏘아졌다면 포탄의 궤도는 포물선이 될 것이다(그림 2.36에서 경로 D). 그러나 속력을 점점 더 빠르게 하면, 포탄은 땅에 떨어지기 전에 더욱 멀리까지 날아갈 것이다(그림 2.36에서 경로 E, F, G). 엄청나게 빠른 속력으로 포탄을 쏠 수 있다면, 그 포탄은 지구를 한 바퀴 도는 완전한 원을 그리고 나서 포의 뒤를 칠 것이다. 그것은 마치 달이 지구를 돌듯이 지구를 중심으로 하는 궤도 운동을 하는 것이다. 궤도 운동을 하는 물체는 계속적으로 지구를 향해 "떨어지고" 있는 것이다. 더 높은 산이라면, 대포알을 더 큰 궤도 반지름에 있게 할 수 있다.

현실적으로는, 공기의 저항 때문에 이런 일은 일어날 수 없다. 지구에 대해 궤도 운동을 하려면, 물체는 지구 대기권 밖에 있어야 한다. 그러나 이러한 생각은 지구 둘레를 도는 달의 운동과 천체 현상(포물선 운동)을 연결 짓는 멋진 생각이다. 이것은 또한 인류가 언젠가는 위성을 궤도에 올릴 수 있을 것이라는 뉴턴의 예언을 증명하는 것이다.

궤도에 머물면서 운동하기 위해서는 어떠한 속력을 가져야 하는지를 계산하는 것은 어렵지 않다. 어떤 물체가 지구 둘레를 원 궤도로 돈다면 결국 지구에 의한 중력이 구심력이 되어야 한다. 지표 부근에서 궤도 운동하는 위성의 경우 중력은 그 위성이 지표에 있을 때의 무게 mg와 거의 같다. 또한 위성의 궤도 반지름은 지구 반지름 R과 거의 비슷하다(그림 2.37). 궤도 운동에 필요한 속력은 중력과 구심력을 같게 놓아서 구한다. 구심력은 mv^2/R이다. 여기서 R은 지구의 반지름이다. 따라서,

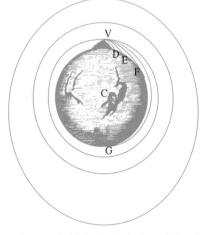

그림 2.36 뉴턴이 대포를 수평으로 쏘는 것에 관한 "사고 실험"을 재구성한 그림. 매우 높은 산꼭대기(V)에 대포를 놓고 수평으로 쏘면 대포알의 경로는 처음 속력에 따라 달라진다.

$$\frac{mv^2}{R} = mg$$

$$v^2 = gR = 9.8 \ \text{m/s}^2 \times (6.4 \times 10^6 \ \text{m})$$

$$= 63{,}000{,}000 \ \text{m}^2/\text{s}^2$$

$$v = 7{,}900 \ \text{m/s}$$

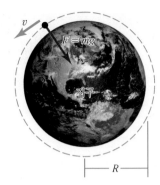

그림 2.37 지구 둘레를 원형 궤도로 도는 저 궤도 위성. 위성에 작용하는 중력(구심력)은 지 표에서는 위성의 무게 mg에 비례하고 궤도 반 지름은 지구의 반지름 R과 거의 같다.

가 된다.

궤도 운동에 관한 뉴턴의 수학적 분석은 지구 궤도에만 한정된 것은 아니었다. 태양 둘레를 도는 행성의 운동 및 다른 행성들의 주위를 돌고 있는 달에 대해서도 적용된다. 그 결과 천문학자들로 하여금 천체의 궤도를 계산하는 데 그 이전보다 적은 관측 데이터로 더 정밀한 계산을 할 수 있게 하였다. 핼리 혜성과 같은 혜성 들이 태양을 중심으로 궤도 운동한다는 사실도 증명되었다. 그 혜성들의 대부분 의 궤도는 태양을 타원의 초점으로 하는 아주 길쭉한 타원이다(그림 2.38). 이것 이 바로 핼리 혜성이 76년만에 지구 가까이에 다가오는 이유이다. 그 혜성은 대부 분의 시간을 태양과 지구로부터 먼 곳에서 궤도 운동을 한다.

지구를 포함한 모든 행성들의 궤도는 핼리 혜성의 궤도에 비해 훨씬 더 원에 가 깝지만 실제로는 타원이다. 태양은 이들 타원의 한 초점에 있다. 그림 2.38를 살 펴보면, 외행성인 명왕성의 타원 궤도는 궤도 운동의 일부를 해왕성의 궤도 안쪽 에 머무르게 한다.

물리 체험하기 2.7

두 개의 핀, 실, 자와 종이를 이용하면 타원 도형을 쉽게 그릴 수 있다.

1. 먼저 평평한 곳을 찾아 종이 위에 10 cm 간격으로 두 개의 핀을 꽂는다. 실의 양 끝을 핀 에 서너 번 감아 매듭을 지어 빠지지 않도록 고정시킨다. 한 핀을 뽑아 두 핀의 거리가 좀 더 가깝게 하고 다시 핀을 꽂아 고정시킨다. 연필을 실을 팽팽히 유지한 상태에서 그 림 2.39와 같이 핀 주위로 한 바퀴 돌리면 타원 도형이 그려진다.
2. 핀 사이의 간격을 4 cm로 하여 타원을 그리면 바로 명왕성의 궤도가 된다. 이때 태양의 위치는 한 핀의 위치가 된다. 명왕성의 궤도는 거의 원에 가깝다. 완전한 원을 그리기 위 해서는 어떻게 해야 할까?
3. 핀의 간격을 8.6 cm로 하여 타원을 그리면 해왕성의 달인 네리드의 궤도가 되는데 이 는 길쭉한 타원이다.

2.7b 중력장

중력은 원거리 힘의 한 예이다. 물체들은 비록 멀리 떨어져 있더라도 서로 간에 힘을 작용하며, 그들 간에 힘을 미치기 위해 중간에 다른 것을 필요로 하지도 않 는다. 다른 힘들은 직접적인 접촉에 의해서 작용하지만 중력은 그렇지 않다.

접촉 없이 어떻게 힘이 가능한가? 이러한 경우에 어떤 통찰력이 필요하다면 장(field)이라는 개념을 사용하는 것이 한 방법이다. 모든 물질은 그 주변 공간

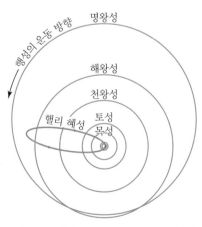

그림 2.38 태양 둘레를 도는 핼리 혜성의 궤 도. 이 그림은 핼리 혜성의 궤도가 태양 가까 이에 있을 때 그 혜성을 지구에서 본 그림이 다. 파란색의 가장 작은 원이 지구의 궤도이다.

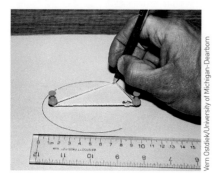

그림 2.39 타원 그리기.

에 어떤 간섭이나 영향을 미친다. 이렇게 질량으로서 영향을 미치는 것을 중력장(gravitational field)이라고 한다. 중력장은 공간의 모든 곳에 펼쳐져 있으나 대상 물체로부터의 거리가 멀어짐에 따라 약해진다. 이러한 모델로 보면, 장 그 자체는 다른 모든 물체에 힘이 작용하는 원인이 된다. 그것은 중력에 대한 눈에 보이지 않는 대리자의 역할을 한다. 첫 번째 물체에 의해 만들어진 장 안에 두 번째 물체가 있으면 언제든지 그 물체는 중력을 받게 된다. 하지만 그 장은 주변에 장의 효과를 받을 다른 물체가 없어도 존재한다.

이러한 장을 "힘의 장"이라고 부를 수 있다. 왜냐하면 그 장은 다른 물체에 작용하는 힘의 원인이 되기 때문이다. 하지만 그것을 공상 과학 영화에서 보는 "불투명한 벽"의 일종으로 상상하지 않도록 하자. 어떤 물체 주변의 중력장의 모양을 표현하기 위한 한 가지 방법은 공간 내의 여러 점에 화살표를 그리는 것이다. 그 화살표는 그 점에 시험 질량이 놓여 있다고 할 때 그 질량이 받는 힘의 크기와 방향을 나타내는 표시이다(그림 2.40a). 중력은 거리에 따라 감소하므로 이들 화살표는 대상 물체 가까이에서는 길고 멀어질수록 짧아진다. 중력장을 표현하는 또 다른 방법은 화살표들을 연결하여 "장선"을 만드는 것이다. 공간 내 임의의 점에서의 장선의 방향은 그 점에 시험 질량을 놓게 될 때 그 질량이 받게 될 힘의 방향을 나타낸다. 중력장의 세기는 선들 간의 간격으로 나타낸다. 선들 간의 간격이 넓으면 장의 세기가 약한 것이다(그림 2.40b).

자연에 존재하는 모든 힘들은 요약해서 네 가지 기본 힘으로 나타낼 수 있다. 중력은 그 네 가지 중 하나이다. 그 외에 전기와 자기 효과를 내는 전자기력이 있고 또 강한 핵력과 약한 핵력이 있다. 이들에 관해서는 나중에 공부하게 될 것이다. 하지만 직접 접촉해서 작용하는 마찰력이나 다른 힘들은 어느 힘에 속하는 것일까? 이들 힘들의 대부분은 잘 살펴보면 전자기력으로 간주할 수 있다. 이 힘은 원자와 분자의 크기와 모양을 결정하는 힘이다. 예를 들어, 늘어난 용수철은 그 속에 있는 원자들 간의 전기력 때문에 당기는 힘을 갖게 된다.

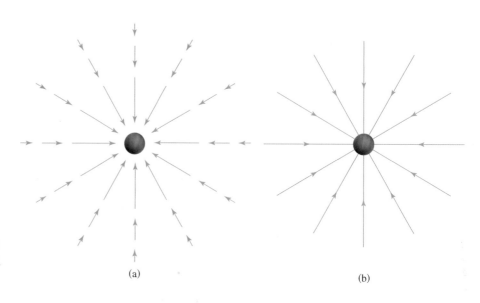

(a)　　　　　　　　　　　　(b)

그림 2.40 어떤 물체 주변의 중력장을 나타내 보이는 두 가지 방법. (a) 화살표로 나타내 보인 모습. (b) 장선으로 나타내 보인 모습.

2.8 밀물과 썰물(조류:潮流)

조류 현상의 상당 부분은 달이 지구에 작용하는 중력 때문이다. 이것을 이해하기 위해서 그림 2.41을 살펴보자. 점 A, B, C는 모두 달의 중심과 지구의 중심을 잇는 직선상에 놓여 있다. 뉴턴의 만유인력의 법칙에 의하면, 점 A가 점 C보다 달에 더 가깝기 때문에 점 A에 있는 지표의 물체는 점 C에 있는 물체보다 달의 인력을 크게 받는다. 마찬가지로 점 C에 있는 물체들은 점 B에 있는 물체보다 더 큰 인력을 받는다. 그러므로 점 A의 물체들은 점 C로부터 멀리 당겨지는 반면, 점 C의 물체들은 점 B로부터 멀리 당겨진다. 알짜 효과를 알기 위해서는 이 점들을 서로 분리해서 생각해야 한다. 따라서 지구의 모양은 지구와 달을 잇는 선상에서 달의 중력적인 인력 때문에 약간 길쭉하게 늘어지게 된다.

이렇게 보는 것은 지구–달 계의 밖에 있는 관측자가 그 계를 들여다보았을 때의 모습이다. 하지만 관측자가 점 C에서 보고 있다면 어떻게 보이겠는가라고 물을 수 있다. 그 관측자는 점 A는 달 쪽으로 당겨져서 점 C에서 멀어짐을 보게 될 것이다. 또한 점 B는 점 C에 대해서 달로부터 밀려나는 방향으로 멀어지게 관측된다.

이제 그림 2.41을 점 C를 기준으로 다시 그려서 달이 점 A와 점 B에 작용하는 힘을 지구에 붙어 있는 점 C에 있는 관측자의 입장에서 살펴보자(그림 2.42). 이 경우에도 전처럼 지구와 달을 잇는 선을 따라 늘어나거나 약간 길쭉해지지만 점 C에서 본 상황의 대칭성이 좀 더 분명하게 나타난다.

그러나 조류를 생기게 하는 것은 무엇인가? 이제 이런 방식을 점 D, E, F, G, H, J에 대해 분석해 보자. 달의 중력이 존재하기 때문에 지구 표면상에 생기는 힘들을 점 C에서 관측한 것으로 그리면 그림 2.42에 나타난 화살표 방향의 힘들이 될 것이다. 이제 지구가 일정한 두께의 물로 덮여 있다고 생각하자. 이들 힘들에 의해 지표상의 유체가 어떻게 흐르게 되겠는가? 역학 법칙들을 적용하면 놀라운 다음과 같은 결론이 나온다. (1) 점 D와 E에 있는 물은 다른 곳에 있는 물보다 약간 더 무거워진다. 왜냐하면 본래 지구가

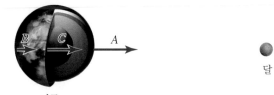

그림 2.41 달이 지구 표면에 있는 세 가지 다른 장소에 있는 물체에 작용하는 중력(그림의 크기와 실제 크기는 다르다).

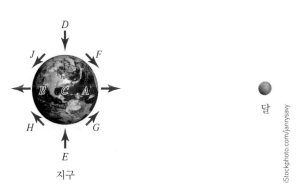

그림 2.42 달이 지표상의 여러 점에 작용하는 중력을 지구의 중심점 C에 대한 상대적인 힘 벡터로 나타낸 그림(그림의 크기와 실제 크기는 다르다).

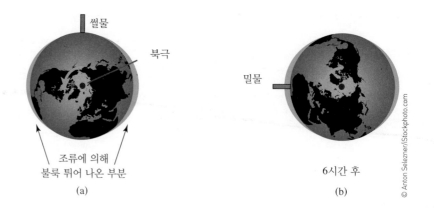

그림 2.43 (a) 바다에서 "조류에 의해 불룩 튀어나온 부분"은 달의 인력에 의한 것이다. (b) 지구의 자전에 따라 지표상의 어떤 위치가 썰물에서 밀물이 되고, 다시 썰물이 되는 위치 등등이 계속 이동하게 된다(그림의 크기와 실제 크기는 다르다).

썰물

북극

조류에 의해
불룩 튀어 나온 부분

(a)

밀물

6시간 후

(b)

© Anton Selezner/iStockphoto.com

점 C를 향하여 당기는 중력적 인력에 달에 의한 인력의 지구 중심 방향 성분이 더해지기 때문이다. (2) 정반대로, 점 A와 B에 있는 물은 다른 어느 곳보다도 무게가 조금은 덜 나간다. 왜냐하면, 지구 중심점 C를 향하는 지구의 중력적 인력에 반대 방향으로 달의 인력이 작용하기 때문이다. 이들 힘들은 중력에 반대로 작용해서 물의 무게를 줄인다. (3) 점 F, G, H, J의 물들은 지표에 평행한 방향으로 힘을 받게 되어 각 점에서 화살표 방향으로 물이 흐르게 된다. 그것은 마치 물이 중력을 받고 경사면에서 흘러내리는 것과 같다. 이 흐름은 지구와 달을 잇는 선상의 지구 양쪽 끝으로 물이 모이게 한다. 이렇게 모여진 물을 조류의 부풀음이라고 한다. 지구가 돌기 때문에 지표상의 점들은 부풀음 점으로 들어갔다가 나오게 되고 만조와 간조가 대략 6시간 간격으로 반복하게 된다(그림 2.43과 그림 2.44).

이렇게 단순하게 설명했지만 실제로는 아주 복잡한 요소들이 실제의 조수를 위에서 설명한 것보다는 차이가 있게 한다. 특히, 조수에 미치는 다른 영향인 태양의 인력, 밀물의 운동에 미치는 지구 회전의 영향, 지구 표면이 편평하지 않기 때문에 생기는 위치에 따라 조수의 높이가 달라지는 효과는 여기서는 고려하지 않았다. 이들 복잡한 요소들에 의한 주된 현상은 달이 상현달이거나 하현달일 때(태양, 지구, 달이 서로 직각을 이루는 때) 일어나는 평균 간조보다 낮은 조류와 달이 그믐달이거나 보름달일 때(태양, 지구, 달이 일직선으로 놓일 때) 나타나는 평균 만조보다 높은 조류 현상이다. 이러한 문제들을 무시했음에도 불구하고, 위의 단순한 뉴턴의 모델만으로도 조류의 기본적인 특성을 이해할 수 있다.

그림 2.44 (a) 노바 스코티아 해변의 썰물. (b) 노바 스코티아 해변의 밀물.

요약

힘 힘은 뉴턴 역학에서 가장 중요한 물리량이다. 힘은 우리 주위에 널려 있다. 무게와 마찰은 우리의 일상 환경에서 지배적인 역할을 한다. 운동의 법칙은 힘이 무엇이며 어떻게 운동에 영향을 주는지에 관한 직접적이고도 보편적인 정의이다. 뉴턴은 현대의 자연과학의 기초를 세운 사람 중의 하나이다. 운동에 관한 그의 세 가지 법칙, 중력의 법칙 그리고 미분적분학은 역학 문제를 풀기 위한 거의 완벽한 체계를 형성한다. 그는 광학에 관해서도 중요한 많은 발견을 했다. 뉴턴의 논리적인 실험과 수학적인 분석의 결합은 그의 이후 과학이 발전해온 방법론을 형성해 왔다.

운동에 관한 뉴턴의 제1법칙 운동에 관한 뉴턴의 제1법칙은 물체에 알짜힘이 작용하지 않는 한 그 물체의 속도는 일정하다는 것을 말해주고 있다. 알짜힘이 작용하지 않는 한 정지해 있는 물체는 계속 정지해 있고 운동하고 있던 물체는 반대 방향의 힘(마찰 같은 힘)이 작용하지 않는 한 느려지지 않을 것이다.

질량 질량이란 물체의 가속도에 대한 저항을 나타내는 척도이다. 영국 질량 단위인 슬러그는 거의 사용되지 않는 반면, 질량은 미터 단위계에서 kg으로 측정된다. 주어진 물체의 질량은 그 크기(부피)와 구성 성분에 따라 달라진다.

운동에 관한 뉴턴의 제2법칙 운동에 관한 뉴턴의 제2법칙은 물체에 작용하는 알짜 외력은 그 물체의 질량에다 가속도를 곱한 것과 같다고 정의한다. 이 법칙은 역학 문제를 푸는 데 아주 중요한 열쇠이다. 어떤 물체에 작용하는 힘의 크기를 알면, 그 물체의 가속도를 알 수 있다. 그 다음에는 제1장에서 배운 개념을 사용하여 이후의 속도와 위치를 예측할 수 있다.

국제표준단위계 주어진 물리량에 대한 미터 단위계에서의 있을 수 있는 여러 가지 측정 단위들 간의 혼란을 피하기 위하여, 계산을 표준화하기 위한 보조 단위계로서 SI 단위가 제정되었다. SI 단위계는 통일된 단위계이며 미터 단위를 기본으로 하기 때문에 비교적 사용하기 쉽다.

힘이 다르면 운동도 다르다 힘이 다르면 운동에 미치는 영향도 다르다. 고전 역학 문제인 포물체 운동은 물체에 작용하는 수평 방향의 힘, 중력 및 기타 다른 힘들이 관련되어 있다. 그 결과 운동의 모양은 원 궤도 또는 포물선을 그린다. 용수철에 매달린 물체의 단순 조화운동은 한 물체에 동시에 여러 힘이 작용하는 또 다른 예이다. 물체가 공기 중에서 낙하할 때 낙하하는 속도가 빠를수록 더 큰 저항을 받게 된다. 이러한 공기 저항은 운동 마찰의 일종이며 저항력이 중력과 같아져서 알짜힘이 영이 될 때까지 그 물체의 가속도를 감소시킨다.

운동에 관한 뉴턴의 제3법칙 운동에 관한 뉴턴의 제3법칙은 첫 번째 물체가 두 번째 물체에 힘을 작용할 때는 언제나 두 번째 물체는 크기가 같고 방향이 반대인 힘을 첫 번째 물체에 작용한다는 것이다. 롤러스케이터가 벽을 밀면, 그 벽은 크기가 같고 방향이 반대인 힘을 스케이터가 뒤로 가속되도록 작용한다. 이렇게 이해하기가 애매한 단순한 개념의 정의는 힘의 본성에 관한 새로운 면을 알게 해 준다.

만유인력의 법칙 만유인력의 법칙은 모든 물체는 서로 간에 크기가 같고 방향이 반대인 인력이 작용한다는 것이다. 각 힘의 크기는 두 물체의 질량의 곱에 비례하고 두 물체들 간의 거리의 제곱에 반비례한다. 위성의 궤도와 조류의 원인은 만유인력의 법칙을 써서 설명할 수 있는 많은 현상 중 두 가지에 지나지 않는다.

● 정의

힘 물체를 밀거나 당기는 것. 힘은 물체를 변형시키거나, 속도를 변화시키거나 또는 동시에 두 가지 다 일으키는 원인이 된다. 힘은 벡터량이다.

무게 물체에 작용하는 중력. 약해서 W로 표기한다.

$$W = mg$$

마찰 물리적으로 접촉해 있는 두 물체나 물질 사이의 상대 운동에 저항하는 힘.

정지 마찰 두 물체가 서로 접촉해 있으나 상대 운동하지 않는 경우의 마찰. 어떠한 두 물체이든지 정지 마찰력의 최댓값이 있다. 힘이 정지 마찰력 이상으로 작용하면, 두 물체는 서로 간에 상대 운동을 하기 시작한다.

운동 마찰 두 물체가 서로 접촉해 있으면서 상대 운동하는 경우의 마찰.

구심력 물체가 원형 경로를 따라 운동할 수 있도록 작용해 주어야 하는 힘. 구심력의 방향은 원운동의 중심을 향한다.

질량 물체의 가속도에 대한 저항의 척도. 물체 내의 물질의 양을 나타내는 척도.

국제단위계(SI) 미터 단위계 내에서 통일된 단위계.

단순 조화운동 진동 또는 주기적인 운동. 특정 시간과 진폭으로 계속해서 반복되는 운동. 예로는 용수철에 매달린 질량, 흔들리는 진자, 물결치는 연못에서 아래 위로 흔들리며 떠 있는 물체 등이 있다.

● 법칙

운동에 관한 뉴턴의 제1법칙 알짜 외력이 작용하지 않는 한 물체는 정지해 있거나 일정한 속도로 운동을 계속한다.

운동에 관한 뉴턴의 제2법칙 물체에 알짜 외력이 작용하면 그 물체는 가속된다. 알짜힘의 크기는 그 물체의 질량에 가속도를 곱한 것과 같다.

$$F = ma$$

운동에 관한 뉴턴의 제3법칙 힘은 항상 짝으로 존재한다. 한 물체가 두 번째 물체에 힘이 작용하면, 두 번째 물체는 크기가 같고 방향이 반대인 힘을 첫 번째 물체에 작용한다.

뉴턴의 만유인력의 법칙 모든 물체는 다른 모든 물체에 중력적 인력을 작용한다. 그 힘의 크기는 두 물체의 질량에 비례하고 두 물체의 중심 간의 거리의 제곱에 반비례한다.

$$F \propto \frac{m_1 m_2}{d^2}$$

여기서 m_1과 m_2는 두 물체의 질량이고 d는 두 물체의 중심 간의 거리이다. SI 단위로 나타낸 비례 상수는 다음과 같다.

$$G = 6.67 \times 10^{-11} \text{ N-m}^2/\text{kg}^2$$

$$F = \frac{Gm_1 m_2}{d^2}$$

● 특별한 경우의 방정식

구심력(원형 경로를 따라 운동하는 물체에 작용하는 힘).

$$F = \frac{mv^2}{r}$$

질문

(▶ 표시는 복습 질문을 나타낸 것이고, 답을 하기 위해서는 기본적인 이해만 있으면 된다는 것을 의미한다. 다른 것들은 지금까지 공부한 개념들을 종합하거나 확정해야 한다.)

1(1). ▶ 힘이란 무엇인가? 지금 각자에게 또는 각자 주변에 작용하는 몇 가지 힘을 찾아보자.

2(2). ▶ 무게란 무엇인가? 어떤 경우에 무게를 느끼지 못하는 상태가 되는가?

3(3). 어떤 사람이 책을 자동차의 천장 위에 놓고는 그만 깜박 잊고 차를 몰았다. 책과 자동차가 일정한 속력으로 거리를 따라 움직이면 그 책 위에는 두 가지의 수평력이 작용한다. 그 수평력들은 무엇인가?

4(4). ▶ 마찰의 두 가지 형태는 무엇인가? 두 가지 형태가 동시에 같은 물체에 작용하는가?

5(5). 어떤 사람이 테이블 위에 정지해 있는 책에 손을 얹고 밀었다. 책이 테이블 밖으로 밀려 나가거나 손이 책에서 미끄러져 나가거나 둘 중의 어느 것이든 가능하다. 어떤 종류의 마찰이 개입되어 있는가?

6(6). ▶ "외부"의 힘(외력)이란 무엇을 의미하는가? 왜 외력(내력도 존재하는데)만이 물체를 움직이게 할 수 있는가?

7(7). 축구 경기의 어떤 순간에 선수 A가 선수 B에게 동쪽을 향하는 힘을 작용했다. 동시에, A의 같은 팀 선수가 같은 크기의 힘을 B에게 남쪽 방향으로 작용했다. 이들 두 힘에 의해 B는 어느 쪽으로 움직이게 되겠는가?

8(8). ▶ 어떤 물체가 일정한 구심력을 받는다면 그 물체는 어떻게 움직이겠는가? 그 물체가 움직이는 도중 그 구심력이 갑자기 없어지면 그 물체는 어떻게 움직이겠는가?

9(9). 어떤 여자가 기차를 타고 가면서 GPS 장치의 화면을 보고 있다. 그녀는 기차의 속력과 방향이 변치 않고 있음을 알고 있다. 기차의 객차에 작용하는 힘에 대해 그 사람이 내릴 수 있는 결론은 무엇인가?

10(10). ▶ 질량과 무게의 차이에 대해 논의하라.

11(11). ▶ 궤도를 도는 우주선 안의 두 우주인이 공놀이(서로 간에 공을 주고받는 것)를 하고 있다. 지구에서 하는 것과 비교하여 "무중력" 환경이 그 공을 가속시키는 데(던지고 잡는 과정) 미치는 영향은 무엇인가?

12(12). 매우 아슬아슬하게 만들어진 롤러코스터가 트랙을 따라 움직이고 있다. 어느 짧은 순간에 그 트랙은 트랙을 구르는 차에 아래 방향의 힘을 작용한다. 그 순간 무슨 일이 일어나는지를 설명하라. (또한 그 순간의 트랙의 모양은 어떠한 것이겠는가?)

13(13). 엔진이 한 개인 비행기는 그 프로펠러가 비행기의 머리 부분에 있다. 소형 보트나 큰 배들은 프로펠러가 뒤에 있다. 뉴턴의 제2법칙의 입장에서 볼 때 이러한 것이 중요한 것인가?

14(14). 로켓이 상승할 때 로켓에 작용하는 알짜힘이 일정하게 유지되어도 로켓은 가속된다. 그 이유를 설명하라.

15(15). ▶ 국제단위계(SI)란 무엇인가?

16(16). 활을 쏘는 궁수가 정확하게 수평 방향으로 표적을 겨냥하여 활을 쏘았다. 그와 동시에 궁수의 시곗줄이 끊어져서 시계가 바닥에 떨어졌다. 활이 먼저 땅에 떨어지는지 아니면 시곗줄이 먼저 땅에 떨어지는지를 논리적으로 설명하라.

17(17). ▶ 단순 조화운동을 하는 용수철에 매달린 물체에 작용하는 힘과 그 물체의 가속도의 변화를 묘사하라.

18(19). ▶ 낙하하는 물체에 작용하는 공기 저항력의 변화가 어떻게 그 물체가 종단 속력에 도달하게 하는지를 설명하라.

19(20). 탁구공의 종단 속력이 약 32 km/h이다. 건물 옥상에서 탁구공을 80 km/h의 속력으로 연직 아래로 던진다고 하자. 그 공이 던져진 순간부터 땅에 닿기까지 공의 속력이 어떻게 변하는지를 수식으로 설명하라.

20(21). 지금 여러분에게 최소한 두 가지의 힘이 작용한다고 할 때 그 힘들은 무엇이 있겠는가? 그 힘들 각각에 대해 크기가 같고 방향이 반대인 힘은 무엇인가?

21(22). 평탄한 고속 도로를 직선으로 달리는 모든 차에게 길은

연직 방향(위로 또는 아래로)의 힘과 수평 방향(앞으로 또는 뒤로)으로의 힘이 작용한다. 이들 각각의 힘들의 방향은 어느 쪽인가?

22(23). 위로 점프를 할 때 운동에 관한 뉴턴의 제3법칙은 어떻게 관련이 되어 있는가?

23(24). 제인과 존은 롤러스케이트를 타고 마주 보고 있다. 처음엔 제인이 존을 손으로 밀어서 서로 멀어지게 되었다. 나중에 둘이 다시 만났을 때는 아까와 똑같은 크기의 힘으로 존이 제인을 밀어서 서로 멀어지게 되었다. 이 두 경우에 둘의 움직임에는 어떤 차이가 있는가? 있는 경우나 없는 경우 그 이유를 설명하라.

24. 지구 표면에서 지구 반지름 R만큼 더 먼 우주 공간의 한 점에 사람이 있다고 할 때 그에게 작용하는 중력은 어떻게 되겠는가?

25(25). ▶ 물체들 간의 중력의 크기가 맨 처음에 어떻게 측정되었는지를 설명하라.

26(27). 중력 상수 G가 갑자기 현재 값의 10억 배가 된다면 어떤 일들이 일어나겠는가?

27(28). 최초의 "달에서의 올림픽 경기"가 달 위의 거대한 둥근 지붕 안에서 열린다고 한다. 보통의 올림픽 종목들(육상, 구기, 수영, 체조 등) 중 달의 중력에 의해 엄청난 영향을 받는 것은 어느 것이겠는가? 어느 종목이 지구에서의 기록을 깰 수 있는가? 또 어떤 종목이 지구에서보다 좋지 않거나 나쁜 결과를 주겠는가?

28(29). ▶ 넓은 의미에서 조수의 간만에 영향을 주는 것은 무엇인가?

29(30). 태양이 지구와 바다에 작용하는 힘이 달이 작용하는 힘보다는 크다. 하지만 조수의 간만에 미치는 영향은 태양보다는 달에 의한 것이 더 크다. 그 이유는 무엇인가?

30(31). 지금까지 네 가지 뉴턴의 법칙을 공부하였다. 다음에 나타낸 여러 가지 현상들 중 각각은 어떤 법칙으로 잘 설명되는지를 나타내라.
a) 자동차가 미끄러져 내려올 때 차에 작용하는 알짜힘을 계산하는 것
b) 지구가 위성에 작용하는 힘을 계산하는 것
c) 질량과 무게 간의 수학적인 관계를 나타내는 것
d) 머리 위에서 줄에 매달려 원운동을 하고 있던 물체의 줄이 갑자기 끊긴 다음에 나아가는 방향을 설명하는 것

e) 총을 쏘면 총신이 뒤로 튕기는 이유를 설명하는 것

f) 비행기가 공기 중에서 앞으로 나아갈 때 비행기 날개가 위로 힘을 받게 됨을 설명하는 것

연습 문제

1(1). 여러분의 몸무게를 뉴턴 단위로 나타내보자. 이것으로부터 몸의 질량을 킬로그램 단위로 구하라.

2(2). 어떤 어린이의 몸무게가 300 N이다. 그 아이의 질량을 구하라.

3(3). 어떤 항공사는 승객 1인당 휴대할 수 있는 가방의 무게를 최대 30 kg까지 허용하고 있다.

a) 30 kg짜리 가방의 무게를 뉴턴 단위로 구하라.

b) 그 무게를 파운드 단위로 나타내라.

4(4). 어떤 코끼리의 질량이 1,130 kg이다.

a) 그 코끼리의 무게를 뉴턴 단위로 구하라.

b) 파운드 단위로 나타내라.

5(5). 객차와 승객을 합한 질량이 40,000 kg인 지하철이 있다. 그 객차가 역을 떠날 때의 가속도가 0.9 m/s^2이라면 그 객차에 작용하는 알짜힘을 구하라.

6(6). 오토바이와 타고 있는 사람의 전체 질량이 300 kg이다. 운전자가 브레이크를 밟으면 그 오토바이는 -5 m/s^2의 비율로 가속된다. 그 오토바이에 작용하는 알짜힘을 구하라.

7(7). 2 kg의 공이 10 N의 알짜힘을 받으면서 경사면을 따라 굴러 내려오고 있다. 그 공의 가속도를 구하라.

8(8). 우주정거장에서 행한 실험에서 60 N의 힘이 어떤 물체에 작용하여 그 물체가 4 m/s^2으로 가속되었다. 그 물체의 질량을 구하라.

9(9). 원유를 운반하는 유조선의 엔진은 그 배에 20,000,000 N의 알짜힘을 작용한다. 그 힘에 의해 배의 가속도가 0.1 m/s^2일 때 배의 질량을 구하라.

10(11). 어떤 사람이 정지해 있는 승강기 안의 저울 위에 서 있다(그림 2.45). 저울의 눈금은 800 N이다.

a) 그 사람의 질량을 구하라.

b) 그 승강기가 순간적으로 2 m/s^2으로 가속된다면 저울 눈금은 얼마가 되겠는가?

c) 그 승강기가 다시 5 m/s의 일정한 속력으로 움직일 때 저울의 눈금을 구하라.

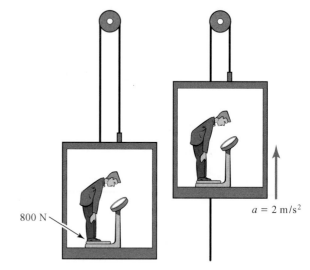

800 N

$a = 2 \text{ m/s}^2$

그림 2.45

11(12). 질량이 4,500 kg인 제트비행기의 엔진은 60,000 N의 추진력을 갖고 있다.

a) 이륙할 때 그 제트기의 가속도를 구하라.

b) 가속된 후 8 s가 되었을 때의 제트기의 속력을 구하라.

c) 8 s 동안에 제트기가 이동한 거리를 구하라.

12(13). 1.4절의 끝에서 어떤 가라데 선수가 주먹을 날릴 때 그 주먹의 가속도가 약 $3,500 \text{ m/s}^2$으로 측정되었다.

a) 주먹의 질량을 약 0.7 kg이라고 할 때 주먹이 작용하는 최대 힘을 구하라.

b) 콘크리트 벽에 작용하는 최대 힘을 구하라.

13(14). 질량이 80 kg인 달리기 선수가 3 s 동안에 0 m/s에서 9 m/s로 가속한다.

a) 그 선수의 가속도를 구하라.

b) 그 선수에 작용하는 알짜힘을 구하라.

c) 그 선수가 3 s 동안에 간 거리를 구하라.

14(15). 포수가 야구공을 잡을 때 공의 속력이 0.005 s 동안에 30에서 0 m/s로 감속된다. 공의 질량은 0.145 kg이다.

a) 야구공의 가속도를 m/s^2로 구하라. 이것은 g의 몇 배인가?

b) 공이 포수의 미트에 작용하는 힘은 어느 정도인가?

15(16). 항공모함에서는 짧은 활주 거리에서 제트기를 이륙시키기 위해 비행기 발사 장치라는 것을 사용한다. 그러한 발사 장치는 18,000 kg의 제트기를 2.5초 동안에 70 m/s로 가속시킨다.

　a) 제트기의 가속도를 구하라(m/s^2 및 g의 배수로 나타내라).

　b) 가속되는 동안 이동한 거리를 구하라.

　c) 가속장치가 제트기에 가한 힘의 크기를 구하라.

16(17). 놀이공원에 있는 유람차를 타고 마지막에 내릴 때 안전을 위해 유람차가 지나치게 급정거하지 않도록 해야 한다. 그러기 위한 감속도는 2 g를 넘지 않는 것이 좋다. 유람차와 승객의 전체 질량이 2,000 kg일 때 유람차를 세우기 위한 최대 브레이크 힘을 구하라.

17(18). 어떤 비행기는 6 g의 가속도에 견딜 수 있도록 설계되어 있다. 비행기의 질량이 1,200 kg일 때 이러한 가속도를 내기 위해 필요한 힘을 구하라.

18(19). 특수한 조건에서 인체는 10 g의 가속도를 안전하게 견딜 수 있다.

　a) 이러한 가속도를 내기 위해 50 kg의 사람에 작용해야 하는 알짜힘을 구하라.

　b) 그러한 사람의 몸무게를 파운드 단위로 구한 다음 a)에서의 답을 파운드 단위로 구하라.

19(20). 경주용 차가 어떤 곡선을 60 m/s의 속력으로 돌고 있다. 곡선 도로의 곡률 반지름은 400 m이고 차의 질량은 600 kg이다.

　a) 그 차의 (구심)가속도의 크기를 구하라. 그 값을 g 단위로 계산하라.

　b) 그 차에 작용하는 구심력을 구하라.

20(21). 행글라이더와 타고 있는 사람의 질량의 합이 120 kg이다. 행글라이더가 360° 회전할 때 반지름이 8 m인 원형 곡선으로 움직인다. 행글라이더의 속력은 10 m/s이다.

　a) 행글라이더에 작용하는 알짜힘을 구하라.

　b) 가속도를 구하라.

21(22). 0.1 kg의 공이 줄에 매달려 머리 위의 수평면 상에서 운동한다. 줄에 작용하는 힘이 60 N을 넘는 순간 줄이 끊어진다. 원운동의 반지름이 1 m라고 할 때 공이 낼 수 있는 최대 속력을 구하라.

22(23). 곡률 반지름이 50 m인 고속 도로의 곡선 부분에서 1,000 kg의 차가 곡선을 돌 때 차에 작용하는 정지 마찰력(구심력)의 최댓값은 8,000 N이다. 차가 곡선 길을 안전하게 달리기 위해서는 속도 제한을 얼마로 설정해야 하겠는가?

23(24). 어떤 행성 둘레를 5,000 m/s의 속력으로 원운동하는 질량이 1,000 kg인 인공위성에 200 N의 구심력이 작용한다. 그 인공위성의 원 궤도의 반지름을 구하라.

24(25). 우주선이 행성에 접근하면서 행성 가까이의 궤도에 진입하기 위해 로켓 엔진을 작동하여 속력을 낮추어야 한다. 우주선의 질량은 2,000 kg이고 로켓 엔진의 추진력은 400 N이다. 로켓의 속력이 1,000 m/s로 감소되어야 한다면 로켓 엔진을 얼마나 오랫동안 작동해야 하겠는가? (연료의 연소에 의한 질량 감소는 매우 적다고 가정하자.)

25(26). 아주 먼 우주를 탐사하기 위한 우주선이 지구로부터 발사되었다. 지구 중심으로부터 16,100 km 떨어진 곳에서 그 우주선에 작용하는 중력의 크기는 2,670 N이다. 그 우주선의 지구 중심으로부터의 거리가 다음과 같을 때 우주선에 작용하는 중력의 크기를 구하라.

　a) 32,200 km

　b) 48,300 km

　c) 161,000 km

3 장

에너지와 보존 법칙

충돌 물리학.

과학수사의 물리학

타이어 자국들. 브레이크의 '삑'하는 소리. 찌그러진 차체와 튀는 유리조각들. 자동차가 충돌하는 장면이다. 다친 사람은? 얼마나 심하게? 누군가 신고는 했는가? 이러한 질문들은 자동차 충돌의 현장에서 우선적으로 던져지는 질문들이고 인명과 재산의 손실을 줄이기 위해 중요하다. 그러나 우리는 다음과 같은 보다 근원적인 질문에 다다르게 된다. 무슨 일이 일어난 것일까? 누가 과속을 했는가? 누구의 잘못이 더 컸나? 결정적인 책임은 누구의 것인가? 이러한 질문들에 답하기 위하여 우리는 경찰관, 법률적 자문, 법정의 변호사가, 그리고 놀랍게도 아마 물리학자의 도움이 필요할지도 모른다. 특히 이러한 일에는 과학수사대라고 불리는 전문가가 필요한데 이들은 물리학의 법칙들로 사고 또는 범죄의 현장의 진실을 밝혀내는 역할을 한다.

과학수사대의 요원들은 먼저 사고의 현장을 재구성하는 일을 돕는다. 충돌 직전 두 자동차는 각각 어느 방향에서 어느 정도의 속도로 현장에 진입하였는지를 밝히는 것이다. 현장 감식 결과 얻은 스키드 마크의 길이와 밀도, 흩어진 조각들의 분포와 놓인 방향, 심지어는 브레이크 등과 방향 지시등을 점검하여 사고 당시 그것들이 켜진 상태였는지를 확인한다. 요원들은 이들 정보를 분석하는 데 운동량 보존의 법칙과 에너지 보존의 법칙을 이용한다. 이들은 먼저 주어진 정보로부터 충돌 직후 두 자동차의 속력과 방향을 찾아낸다. 이로부터 바로 충돌 전의 상황을 알 수 있게 된다. 예를 들면 누가 제한속도를 초과하였는지, 또는 두 운전자가 모두 브레이크를 밟아 최소한도의 충돌을 피하려 하였는지, 아니면 한 자동차가 중앙선을 넘어 상대방의 차선을 침범하였는지 등이다. 물론 이러한 결론들은 인명이나 재산의 피해가 난 사건의 법률적 결론에도 큰 영향을 미치게 될 것이다.

이 장에서 우리는 선운동량 보존, 에너지 보존, 각운동량 보존의 법칙들을 배우게 될 것이다. 이들 법칙들은 단순한 내용을 담고 있으나 단지 충돌뿐만 아니라 상호작용하는 두 물체의 운동을 이해하는 강력한 도구가 될 것이다. 아울러 일과 일률도 에너지와 관계되는 중요한 개념이다. 에너지 개념이야말로 물리학에서 아마도 가장 중요한 개념일 것이며, 이는 역학 분야를 넘어서도 다양하게 사용되는 개념이다.

3.1 보존 법칙

운동에 관한 뉴턴의 법칙 중 제2법칙은 어떤 계의 순간적인 상황을 다루고 있다. 그 법칙은 주어진 시각의 임의의 순간에 작용하는 힘을 그 결과로 나타나는 운동의 변화와 관련시킨다. **보존 법칙**(conservation laws)은 어떤 계에서

Stocktrek Images/Superstock

그림 3.1 공중 급유는 질량 보존 법칙의 좋은 예이다.

의 "이전과 이후"를 관찰하는 또 다른 방법으로 역학 문제를 다룬다. 보존 법칙은 계에 존재하는 어떤 물리량의 총량이 일정하게 유지된다(보존된다)는 것을 의미한다. 예를 들어, 보존 법칙을 다음과 같이 기술할 수 있다.

이 경우의 "고립된 계"란 그 계에 들어오거나 나오는 물질이 없다는 것을 의미한다. 그 법칙은 고립된 계 내의 모든 물체들의 전체 질량은 그 안에서 어떤 일이 일어나는가에 관계없이 변하지 않는다는 것을 말하고 있다. (제 11장에서 아인슈타인은 여기에 에너지가 포함되어야 한다는 사실을 밝히고 있다. 이는 핵반응에 있어서는 질량과 에너지가 서로 교환되는 것이 가능함이 발견되었기 때문이다. 그러나 11장까지는 이러한 사실은 잠시 유보하기로 한다.)

공중 급유를 하는 경우를 예를 들어보자. 급유기라고 하는 비행기가 비행 중인 다른 비행기에 연결된 호스를 통해 연료를 공급하고 있다(그림 3.1). 두 비행기가 공중 급유를 하는 동안의 연료 소모를 무시한다면, 이 두 비행기를 고립된 계로 볼 수 있다. 질량 보존의 법칙에 의하면 두 비행기가 갖고 있는 연료의 전체 질량은 일정하다. 따라서 공급받는 비행기가 2,000 kg의 연료를 받는다면 공급하는 비행기는 2,000 kg의 연료를 내보냈음을 쉽게 알 수 있다. 급유기가 여러 대의 비행기에 급유를 하는 경우, 그 계에 급유를 받는 모든 비행기를 포함시키면 된다. 급유기가 내보낸 연료의 총량은 다른 비행기들이 받은 연료의 총량과 같다. 이것은 경우에 따라 매우 유용한 것이다. 그런 예로, 어떤 비행기의 연료 게이지가 고장났다면, 그 비행기가 받은 연료의 양은 질량 보존의 법칙을 사용하여 쉽게 계산할 수 있다. 급유기가 공급한 연료의 총량에서 다른 비행기들이 급유받은 연료의 총량을 빼면 문제의 비행기가 받은 연료의 양이 계산된다.

앞의 예는 우리가 보존 법칙을 어떤 경우에 사용할 수 있는가를 보여 주는 것이다. 상호작용에 관한 자세한 내용(예를 들어, 비행기 간에 연료가 전달되는 비율)을 모르더라도, 급유 전과 급유 후의 총량을 비교하여 정량적인 관계를 알아낼 수 있다. 그 외의 다른 보존 법칙들이 이 장에 소개되어 있다. 그것들이 질량 보존의 법칙에 비해 덜 직관적이고 사용하기에 좀 더 복잡하긴 하지만, 그 개념은 동일하다.

3.2 선운동량

선운동량(linear Momentum)에 관한 보존 법칙은 뉴턴의 운동 법칙으로부터 직접 유도되는 것이다. 우선 다음을 살펴보자.

선운동량은 운동량(momentum)이라고도 한다. 그것은 벡터량(속도가 벡터이기 때문에)이고, SI 단위는 kg-m/s이다.

선운동량은 질량과 운동이 관련되어 있다. 정지해 있는 물체의 운동량은 영이다. 빠르게 움직일수록 운동량은 커진다. 같은 속도로 움직이고 있다면 무거운 물체가 가벼운 물체보다 운동량이 크다(그림 3.2). 예를 들어, 자전거와 타고 있는

사람의 전체 질량이 80 kg이고 속력이 10 m/s이라면 운동량은

$$mv = 80\ \text{kg} \times 10\ \text{m/s} = 800\ \text{kg-m/s}$$

이다. 같은 속력의 1,200 kg의 자동차의 운동량은 12,000 kg-m/s이다. 자전거와 그 위에 타고 있는 사람이 이러한 운동량을 가지려면 속력이 150 m/s이어야 한다.

3.2a 뉴턴의 제2법칙 다시 보기

뉴턴은 처음에 그의 운동에 관한 제2법칙을 선운동량을 써서 정의하였다. 그것을 여기에 다시 정의해 보자.

물체의 선운동량을 변화시키기 위해서는 그 물체에 알짜힘이 작용해야만 한다. 그 힘이 클수록, 운동량은 빠르게 변화할 것이다. 물체의 질량이 변하지 않는다면, 대부분의 경우에 그렇지만

$$\frac{\Delta(mv)}{\Delta t} = m\frac{\Delta v}{\Delta t} = ma \quad \text{(질량이 일정한 경우)}$$

이므로, 이 식은 뉴턴의 제2법칙의 첫 번째 식과 같은 식이 된다. 제2법칙에 관한 어떤 형태든지 자동차, 비행기, 야구공 등의 운동에 적용할 수 있다. 질량이 변하는 로켓 등의 경우는 다른 형태의 식을 사용하여야 한다.

제2법칙에 관한 식의 양변에 Δt를 곱하면

$$\Delta(mv) = F\,\Delta t$$

가 얻어진다. 이 식의 우변의 양을 충격량(impulse)이라고 한다. 주어진 운동량의 변화량에 대하여 긴 시간 동안 작은 힘이 작용하는 경우와 짧은 시간 동안 큰 힘이 작용하는 경우가 있을 수 있다. 이 식은 공과 채를 사용하는 스포츠 종목에서 충격이 일어나는 동안의 현상을 분석하는 데 사용된다.

테니스공을 던질 때, 작은 힘이 긴 시간 동안 작용한다(손이 공중에서 움직이는 동안). 그러나 라켓으로 공을 서브할 때는 큰 힘이 짧은 시간 동안 공에 작용한다. 두 경우 모두 결과는 공의 운동량 변화 $\Delta(mv)$이다. 공을 칠 때 마무리 동작

운동에 관한 뉴턴의 제2법칙(다른 표현)
어떤 물체에 작용하는 알짜 외력은 그 물체의 선운동량의 변화율과 같다.

$$힘 = \frac{운동량의\ 변화}{시간\ 간격}$$

$$F = \frac{\Delta(mv)}{\Delta t}$$

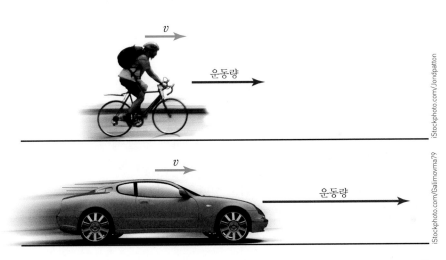

그림 3.2 선운동량은 질량과 속도에 의존한다. 어떤 자동차와 자전거의 속도가 같다면 질량이 큰 자동차의 운동량이 더 크다.

그림 3.3 골프클럽이 골프공에 큰 힘을 아주 짧은 시간 동안 작용한다.

을 좋게 하기 위한 이유 중 하나는 공과 라켓 간의 접촉 시간을 길게 하는 것이다. 그렇게 하면 운동량 변화를 크게 하므로 공이 라켓을 떠날 때의 속력이 커진다.

예제 3.1

클럽헤드가 골프공을 때릴 때 공에 작용하는 평균 힘을 대략적으로 구하라(그림 3.3). 공의 질량은 0.0045 kg이고, 클럽헤드를 떠날 때의 속력이 50 m/s이다. 고속 촬영으로 확인한 접촉 시간은 5 ms(0.005 s)이다.

공이 처음에는 영의 속력에서 출발하므로(따라서 운동량도 영), 공의 운동량 변화는

$$\Delta(mv) = 나중 운동량$$
$$= 0.0045 \text{ kg} \times 50 \text{ m/s}$$
$$= 2.25 \text{ kg-m/s}$$

이다. 따라서 평균 힘은 다음과 같다.

$$F = \frac{\Delta(mv)}{\Delta t} = \frac{0.225 \text{ kg-m/s}}{0.005 \text{ s}}$$
$$= 45 \text{ N}$$

3.2b 선운동량 보존: 충돌

선운동량의 개념은 주로 다음과 같은 보존 법칙을 근거로 응용된다.

선운동량 보존의 법칙
고립계의 전체 선운동량은 일정하다.

여기서의 고립계란 그 계 내의 물체의 운동량 변화에 영향을 줄 수 있는 외부의 힘이 없다는 것을 의미한다. 물체의 운동량은 그 계 내의 다른 물체와의 상호 작용에 의해서만 변할 수 있다. 예를 들어, 당구대에서 큐볼이 한 번 때려지면(어떤 주어진 순간에), 그 당구대와 당구공들은 고립된 계이다. 큐볼이 정지해 있는 다른 공과 충돌하면, 큐볼의 운동량은 변한다(감소한다)(그림 3.4). 이러한 변화는 그 계 내의 다른 물체와의 상호작용 때문에 생긴다. 그 계의 전체 운동량은 일정하게 유지되어도, 충돌한 공에 맞는 공의 운동량은 증가한다. 어떤 사람이 달려가는 큐볼에 손을 대어 공을 세우면, 그 계는 더 이상 고립계가 아니며, 그 계의 전체 선운동량이 일정하게 보존되지 않는다.

선운동량 보존 법칙의 가장 중요한 용도는 충돌을 해석하는 것이다. 두 당구공의 충돌, 교통사고, 서로 달려오는 두 스케이트 선수 등은 모두 비슷한 충돌의 예이다. 여기서는 일차원상에서(직선을 따라) 움직이는 두 물체의 충돌만을 예로 다루기로 하자.

어떠한 충돌이든 충돌하는 두 물체에는 크기가 같고 방향이 반대인 힘을 서로 작용하여 각각을 가속시킨다(반대 방향으로). 이들 힘들은 매우 크며 때로는 직접 접촉에 의한 것이다. 그것은 마치 당구공이나 자동차끼리의 충돌과 비슷한 것이다. 우주선과 행성 간의 인력과 같이 직접 접촉하지 않는 물

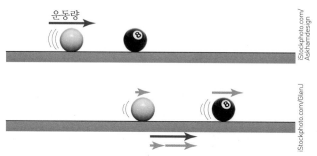

그림 3.4 이 그림은 충돌 전(위)과 후(아래)의 모습을 보여 주고 있다. 당구 큐대에 맞은 공은 운동량을 잃고 8번 공은 운동량을 얻는다. 충돌 전 두 공의 전체 운동량은 충돌 후의 전체 운동량과 같다. 충돌 전의 운동량 벡터는 충돌 후의 운동량 벡터의 합과 같다. 그림 아래에 그 벡터 화살표가 그려져 있다.

체 사이의 "원격 작용"의 힘도 충돌 문제로 다룰 수 있다. 다음 정의는 선운동량 보존 법칙을 충돌 문제에 응용하는 요점이다.

충돌 전 어떤 계의 물체들의 전체 선운동량은 충돌 후의 전체 선운동량과 같다.

충돌 전 전체 mv = 충돌 후 전체 mv

예제 3.2

자동차의 충돌 문제를 해석하기 위해 선운동량 보존 법칙을 사용해 보자. 1,000 kg의 자동차 (차 1)가 정지해 있는 1,500 kg의 자동차(차 2)의 뒤를 들이받았다. 충돌 직후 두 차는 한 덩어리가 되어 약 4 m/s의 속력으로 움직였다(그림 3.5). 충돌 전의 자동차 1의 속력을 구하라.

보존 법칙에 의하면 그 계의 전체 선운동량은 일정하다. 즉,

$$\text{전체 } (mv)_\text{전} = \text{전체 } (mv)_\text{후}$$

충돌 전, 자동차 1만이 움직이고 있었다. 충돌 전의 전체 선운동량은

$$\text{전체 } (mv)_\text{전} = m_1 \times v_\text{전} = (1{,}000 \text{ kg}) \times v_\text{전}$$

이다. 충돌 후, 두 차는 하나로 움직인다. 따라서 충돌 후의 전체 선운동량은

$$(mv)_\text{후} = (m_1 + m_2) \times v_\text{후}$$
$$= (1{,}000 \text{ kg} + 1{,}500 \text{ kg}) \times 4 \text{ m/s}$$
$$= 2{,}500 \text{ kg} \times 4 \text{ m/s} = 10{,}000 \text{ kg-m/s}$$

가 된다. 이들 두 선운동량이 같으므로 다음과 같이 된다.

$$1{,}000 \text{ kg} \times v_\text{전} = 10{,}000 \text{ kg-m/s}$$
$$v_\text{전} = \frac{10{,}000 \text{ kg-m/s}}{1{,}000 \text{ kg}}$$
$$= 10 \text{ m/s}$$

이러한 형태의 해석은 교통사고를 재구성하는 데 자주 사용된다. 예를 들어, 충돌 전에 어떤 자동차가 속도 제한을 초과했는지를 알아내는 데 사용된다. 이 문제에서 자동차의 속력은 10 m/s 또는 약 36 km/h이었다. 그 사고가 속도 제한이 30 km/h인 곳에서 일어났다면, 자동차 1의 운전자는 과속 딱지를 받아야 할 것이다.

탄환이나 던져진 물체의 속력도 같은 방법으로 측정될 수 있다. 발사된 탄환이 줄에 매달려 있는 나무토막에 박히는 경우를 살펴보자(그림 3.6). 우선 탄환과 나무토막의 질량과 충돌 직후의 나무토막의 속력을 측정하면, 선운동량 보존 법칙

그림 3.5 1,000 kg의 자동차가 정지해 있는 1,500 kg의 자동차와 충돌한다. 그 후 두 자동차는 붙어서 4 m/s의 속력으로 움직인다. 선운동량 보존 법칙을 사용하여 풀면 첫 번째 차의 충돌 전 속력은 10 m/s임을 알 수 있다.

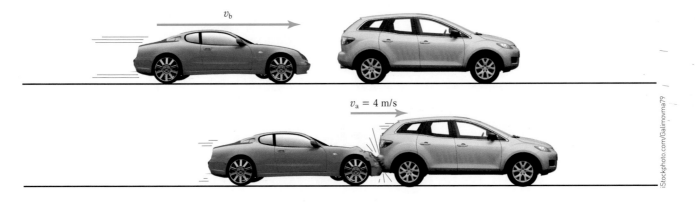

iStockphoto.com/Galimovma79

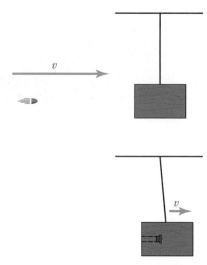

그림 3.6 나무토막을 향해 쏘아진 총알이 나무토막에 박힌다. 나무토막의 질량과 총알의 질량을 알면 선운동량 보존 법칙을 사용하여 총알의 처음 속력을 계산할 수 있다.

을 써서 탄환의 처음 속력을 구할 수 있다. 매달려 있는 나무토막에 점토 덩어리를 던지는 방식으로 "매우 빠른 공"의 속력을 측정할 수 있다. 두 경우의 중요한 문제는 충돌 직후의 나무토막의 속력을 측정하는 것이다. 그렇게 하는 쉬운 방법 중 하나는 에너지 보존 법칙을 사용하는 것이다. 이에 대하여는 3.5절에서 살펴보기로 하자.

2.6절에서, 두 개의 수레를 사용하는 단순한 실험을 다루었다(그림 2.29c). 수레 하나는 스프링이 장전된 플런저가 있고 그것으로 다른 수레를 튕겨서 두 수레가 가속될 수 있도록 되어 있다. 선운동량 보존 법칙에 의해,

$$(mv)_\text{전} = (mv)_\text{후}$$

이다. 스프링이 튕겨지기 전에는 어느 수레도 움직이지 않고 있었으므로 운동량은 영이다. 즉,

$$(mv)_\text{전} = 0$$

그러므로 충돌 후의 전체 운동량도 영이다. 그러나 이제는 두 수레가 모두 움직이고 있으므로, 이 운동량들은 크기가 서로 같다.

$$(mv)_\text{후} = 0 = (mv)_1 + (mv)_2$$

따라서

$$(mv)_1 = -(mv)_2$$

가 된다.

한 수레의 운동량은 음이다. 그렇게 되는 이유는 두 수레는 서로 반대 방향으로 움직이기 때문이다(선운동량은 벡터량임을 기억하자). $(mv)_1 = m_1 \times v_1$이므로

$$m_1 \times v_1 = -m_2 \times v_2$$

$$v_1 = \frac{m_2}{m_1} \times v_2$$

$$\frac{v_1}{v_2} = -\frac{m_2}{m_1}$$

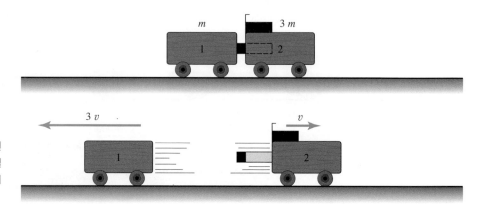

그림 3.7 오른쪽에 있는 수레 2의 질량은 왼쪽에 있는 수레 1의 질량의 세 배이다. 용수철이 튕긴 후 가벼운 수레의 속력은 무거운 수레의 속력의 세 배가 된다.

그림 3.8 그림 3.8 퍽을 친 후 하키 선수와 퍽의 운동량은 크기가 같지만 방향이 반대이다.

이다. 이것은 2.6절에서 나온 것과 같은 것이다. 두 수레의 속력의 비는 질량비의 역이다. 수레 2의 질량이 3 kg이고 수레 1의 질량이 1 kg이라면, 그 비는 3:1이다. 수레 1은 수레 2에 비해 세 배나 빠른 속력으로 움직인다(그림 3.7). 이것은 속력의 비만 알려줄 뿐이지 각 수레의 실제 속력을 알려주지는 않는다. 속력은 플런저 속의 스프링의 강도에 따라 다르다. 약한 스프링으로는 속력이 1 m/s, 3 m/s가 될 것이고, 강한 스프링으로는 2.5 m/s와 7.5 m/s가 될 것이다.

선운동량 보존 법칙을 사용하여 2.6절에서 살펴본 상황을 다른 방식으로 살펴볼 수 있다. 거기서는 힘과 운동에 관한 뉴턴의 제3법칙을 사용하였다. 총알이 발사되면, 탄환은 한 방향으로 운동량을 얻을 것이고 총은 총알과 반대 방향으로 같은 크기의 운동량을 가질 것이다. 즉, 총은 손이나 어깨에 반동을 준다. 하키 선수가 퍽을 앞으로 치면 그는 똑같은 운동량으로 뒤로 움직이게 된다(그림 3.8). 로켓이나 제트기는 배기되는 추진가스에 운동량을 줌으로써 몸체가 앞으로 나아가는 운동량을 얻는다. 외력이 전혀 작용하지 않는 로켓의 경우, 매 초당 운동량 증가량은 배출되는 가스의 양(연소하는 연료의 질량과 같다)과 가스가 배출되는 속력에 의존할 것이다(그림 3.9).

왜 선운동량이 보존되어야 하는가? 운동에 관한 뉴턴의 제2법칙과 제3법칙을 사용하여 그 질문에 답을 할 수 있을 것이다. 충돌이나 스프링 플런저에 의해 두 물체가 충돌하면서 상호 간에 힘을 작용할 때 그 힘들은 크기가 같고 방향이 반대이다. 물체들은 크기가 같지만 방향이 반대인 힘으로 서로를 밀친다. 제2법칙 (식이 다름)에 의해, 이들 크기가 같은 힘들은 두 물체에 같은 시간 비율로 운동량이 변하게 한다. 물체들이 서로 상호작용하므로 서로 상대 물체의 운동량을 크기가 같고 방향이 반대되게 변화시킨다. 한 물체가 얻은(또는 잃은) 운동량은 다른 물체가 잃은(얻은) 운동량과 정확하게 크기가 같고 방향이 반대가 된다. 따라

그림 3.9 로켓엔진은 분사되는 가스에 운동량을 주고 로켓은 그 반작용으로 반대 방향의 추진력을 얻는다.

서 전체 선운동량은 변화하지 않는다. 예제 3.2에서, 1,000 kg의 자동차는 충돌 전 속력이 10 m/s에서 충돌 후 4 m/s로 느려졌다(그림 3.5). 그 자동차의 감소된 운동량은 6,000 kg-m/s(1,000 kg × 10 m/s − 1,000 kg × 4 m/s)이다. 1,500 kg의 자동차는 충돌 전 0 m/s에서 충돌 후 4 m/s로 속력이 변했다. 따라서 그 자동차의 운동량은 6,000 kg-m/s(1,500 kg × 4 m/s) 만큼 증가하였다.

이 예는 보존 법칙을 사용하는 것이 얼마나 유용한지를 보여주고 있다. 이 방법은 제2장에 있는 뉴턴의 제2법칙을 사용하는 것보다도 유용하다. 물체의 속도를 알기 위해 뉴턴의 제2법칙에서는 매 순간 물체에 작용하는 힘의 크기를 알 필요가 있었다. 선운동량 보존 법칙을 사용하면, 상호작용의 상세한 내용(힘의 크기와 상호작용 시간)을 알 필요가 없다. 보존 법칙에서 필요한 것은 그 계의 상호작용 전과 후의 약간의 정보만 알면 된다. 예제 3.2에서는 충돌 전의 자동차의 속력을 알기 위해 충돌 후의 정보를 사용하였다. 수레를 사용한 예제에서(그림 3.7), 상호 작용 후의 속력의 비를 구했다.

복습

1. 트럭의 선운동량은 다음과 같은 경우 버스의 선운동량보다 크다.
   a. 트럭의 질량이 버스보다 크고 속력은 같다.
   b. 트럭의 속력은 버스보다 크고 질량은 같다.
   c. 트럭의 속력과 질량이 모두 버스보다 크다.
   d. 위 모두가 참이다.

2. (참 혹은 거짓) 보존의 법칙은 계 내부의 세부적인 사항을 모르더라도 응용할 수 있다.
3. 충돌에 있어서 그 전과 후의 _____ 은 보존된다.
4. (참 혹은 거짓) 두 미식축구 선수들의 충돌에 있어서 총 선운동량은 결코 0이 될 수 없다.

정답 1. d 2. 참 3. 선운동량 4. 거짓

3.3 일: 에너지의 원천

에너지 보존 법칙은 가장 중요한 보존 법칙임에 틀림없다. 문제 풀이에 중요할 뿐 아니라, 폭넓게 다양한 현상들을 이해하거나 가설적인 가정의 가능성을 증명하는 데 사용되는 강력한 이론적 법칙이다. 이미 언급한 바와 같이, 에너지의 개념은 물리학에서 가장 중요한 것 중의 하나이다. 이것은 **에너지**(energy)가 여러 가지 형태를 취할 수 있고 모든 물리적인 과정에 개입되어 있기 때문이다. 이 우주 내의 모든 상호작용들은 한 형태에서 다른 형태로의 에너지의 전달이나 변환과 관련이 있다고 말할 수 있다.

에너지의 개념을 현금, 부동산, 재화 혹은 투자 등의 형태인 금융 자산과 비교할 수 있다. 경제학의 연구는 부분적으로는 이러한 금융 자산의 형태와 그것이 어떻게 전달되고 변환되는지를 연구하는 학문이다. 물리학의 상당 부분은 상호 작용에서 일어나는 에너지의 형태와 변환을 다룬다.

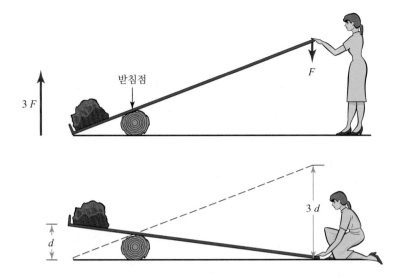

3.3a 일

얼핏 보기에 에너지의 개념은 그것을 정의하는 단순한 방법이 없기 때문에 약간 어려운 듯 보인다. 하나의 방법으로, 아주 기본적이면서 에너지를 이해하는 데 매우 좋은 근본을 제공하는 물리량인 일(work)을 먼저 소개하도록 하자.

물리학에서 일의 개념은 마찰을 무시할 수 있는 상황에서 사용되는 경사면이나 지렛대와 같은 단순한 기구를 살펴볼 때 당연하게 나온다. 무거운 바위를 들어올리기 위하여 지렛대를 사용한다고 하자(그림 3.10). 받침목을 바위 가까이에 놓으면 지렛대를 아래로 미는 쪽에서 작은 힘이 작용하여도 바위에는 큰 힘이 위로 작용한다. 그러나 아래로 미는 쪽의 움직이는 거리는 바위가 들어 올려지는 거리보다 훨씬 길다. 힘과 거리를 측정함으로써, 큰 힘을 작은 힘으로 나눈 것은 큰 거리를 작은 거리로 나눈 비와 같음을 알 수 있다. 즉,

$$\frac{\text{왼쪽 끝에 작용하는 힘 } F}{\text{오른쪽 끝에 작용하는 힘 } F} = \frac{\text{오른쪽 끝이 움직이는 거리 } d}{\text{왼쪽 끝이 움직이는 거리 } d}$$

양변에 오른쪽 끝에 작용하는 힘 F와 왼쪽 끝이 움직이는 거리 d를 곱하면 다음과 같이 된다.

$$(\text{왼쪽에 작용하는 힘 } F) \times (\text{왼쪽이 움직이는 거리 } d) =$$
$$(\text{오른쪽에 작용하는 힘 } F) \times (\text{오른쪽이 움직이는 거리 } d)$$
$$F_{왼쪽}d_{왼쪽} = F_{오른쪽}d_{오른쪽}$$

다시 말해서, 두 힘과 두 거리가 모두 다를지라도, 힘과 거리를 곱한 양은 지렛대의 양쪽 끝에서 모두 같다. 바위를 들어 올리는 데 정해진 방식이 있는 것은 아니다. 바위를 직접 손으로 들어 올려서 그 일을 하거나 지렛대를 사용하여 할 수 있다. 직접 들어 올리는 경우, 바위의 무게를 들어야 하므로 힘이 많이 들지만 움직이는 거리는 짧다. 지렛대를 사용하면, 힘은 적게 들지만 움직여야 하는 거리는 길어진다. 그 일을 어떤 방식으로 하던 간에, Fd를 곱한 양은 같다. 그림 3.11의 쇠

그림 3.11 쇠 지렛대를 사용하여 나무에 박힌 못을 제거하고 있다. 사람이 펜치를 사용하는 경우와 결국 같은 양의 일을 하는데 상대적으로 작은 힘을 사용하고 있다.

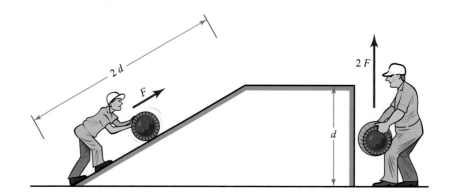

그림 3.12 두 개의 드럼통을 짐칸에 들어 올려야 한다. 한 사람은 곧바로 위로 들어 올린다. 다른 사람은 경사면을 따라 굴려 올려간다. 이 경우는 힘이 적게 들지만 긴 거리를 움직여야 한다.

지렛대를 사용하여 나무에 박힌 못을 빼는 것도 유사한 상황이다.

경사면에서의 경우를 살펴보면 같은 결론을 내릴 수 있다. 드럼통을 제방 위에 올리는 것에 대해 이야기해 보자(그림 3.12). 그 통을 직접 바로 위로 들어 올리는 것은 제방의 높이에 해당하는 작은 거리를 이동하지만 큰 힘이 든다. 그 통을 경사면을 따라 굴려 올리면, 힘은 적게 들지만 먼 거리를 이동해야 한다. 다시 말해서, 힘과 움직인 거리의 곱은 두 방법 모두 같다.

(들어 올리는 힘 F) × (높이) = (굴러 올리는 힘 F) × (경사면의 길이)

$$F_{들어 올림} d_{들어 올림} = F_{굴림} d_{굴림}$$

힘과 거리의 곱은 분명히 어떤 일의 "크기"를 측정하는 방법으로서 유용한 것이다. 그것을 **일**(work)이라고 한다.

일
일이 작용한 힘과 힘의 방향으로 움직인 거리의 곱이다.

$$일 = Fd$$

물리량	미터 단위계	영국 단위계
일	줄(J)[SI 단위]	피트-파운드(ft-lb)
	에르그(erg)	영국 열단위(Btu)
	칼로리(cal)	
	킬로와트아워(kWh)	

예제 3.3

마찰이 있는 면에서 어떤 상자를 밀어내는 데 100 N의 일정한 힘이 필요하다(그림 3.13). 상자가 3 m 움직일 때 한 일을 구하라.

$$일 = Fd$$
$$= 100\,\text{N} \times 3\,\text{m}$$
$$= 300\,\text{N-m}$$

예제 3.3의 답의 단위는 뉴턴-미터(N-m)이다. 이것을 줄(joule)이라 한다.

$$1줄 = 1뉴턴-미터 = 1뉴턴 \times 1미터$$
$$1\,\text{J} = 1\,\text{N-m}$$

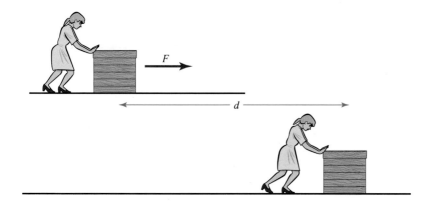

줄 단위는 유도 단위이며, 일과 에너지의 SI 단위이다. 힘, 거리 등에 SI 단위만을 사용한다면, 일과 에너지의 단위는 항상 줄(J)이 됨을 기억하면 된다.

예제 3.4

그림 3.12에서 통의 질량이 30 kg이고, 들어 올릴 높이가 1.2 m라고 하자. 그 통을 들어 올리기 위해 얼마의 일을 해 주어야 하겠는가?

그 통을 일정한 속력으로 들어 올렸다고 가정하고, 작용한 힘은 통의 무게 mg라고 하자.

$$F = W = mg = 30 \text{ kg} \times 9.8 \text{ m/s}^2$$
$$= 294 \text{ N}$$

작용한 힘은 통의 운동 방향과 같은 방향이므로

$$일 = Fd = Wd$$
$$= 294 \text{ N} \times 1.2 \text{ m}$$
$$= 353 \text{ J}$$

통을 경사면을 따라 굴려서 올릴 때도 같은 크기의 일을 하게 된다. 그때 힘은 적게 들지만 움직이는 거리는 멀어질 것이다.

물리 체험하기 3.1

실험을 위해 여러 층이 있는 큰 건물로 가보자. 먼저 한 층에서 앞뒤로 약 10 m 정도 걸어보자. 넓은 홀을 이리저리 걸어보는 것이다. 다음에는 계단을 이용하여 위층으로 10 m, 그리고 다시 아래층으로 10 m 오르내려보자. 두 가지 임무의 차이가 느껴지는가? 어떤 경우가 더 일을 많이 한 것으로 느껴지는가? 더 구체적으로 어떤 경우가 움직이는 방향으로 더 큰 힘을 가하였는가? 이러한 힘은 어떻게 그리고 어디에 가해졌는가?

3.3b 다른 힘, 다른 일

힘은 벡터량이기 때문에, 방향이 있다. 따라서 일은 움직인 거리에 그 운동에 평행한 힘의 성분을 곱한 것과 같다. 일 자체는 벡터량은 아니며 일과 연관된 방향은 없다. 하지만 일은 음일 수도 있고 양일 수도 있다. 물체가 움직일 때는 그 물

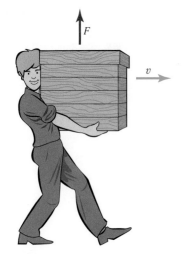

그림 3.14 방에서 상자를 운반할 때, 상자에 작용하는 힘은 상자의 운동 방향과 수직이다. 상자를 들고 있는 것만으로는 상자에 한 일은 없다.

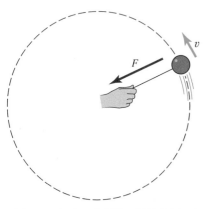

그림 3.15 줄이 공에 힘을 작용하지만 공의 운동 방향에 수직하므로 이 힘이 한 일은 없다.

체에 작용하는 힘은 물체가 움직이는 방향이거나 아니면 그 반대 방향일 수도 있다. 어떤 경우에도 일은 행해진 것이다. 만일 힘의 방향이 운동 방향과 반대이면 일은 음수가 된다. 만일 예제 3.3, 예제 3.4에서 그 힘이 반대 방향으로 작용했다면 그 일은 음수이다.

물체에 작용하는 힘의 방향이 그 물체의 운동 방향과 수직일 때는 그 힘이 물체에 한 일은 없다는 것을 알아두어야 한다. 단순히 방을 가로질러서 상자를 옮길 때, 상자에 작용하는 힘은 위를 향하고 있고 상자의 변위는 수평 방향이 된다. 따라서 상자에 해준 일은 없다(그림 3.14).

움직이는 물체에 힘이 작용하지만 일이 없는 또 하나의 예로 등속 원운동이다. 구심력은 물체가 원형 경로를 따라서 원운동을 하기 위해 물체에 작용하는 힘이다(그림 3.15). 이 힘은 항상 원의 중심을 향하지만 매 순간 물체의 속도와는 수직한 방향이다. 따라서 그 힘은 물체에 일을 하지 않는다.

물론 원운동에서도 구심력이 아닌 다른 힘이 일을 할 수도 있다. 예를 들면 연필깎이의 회전 손잡이를 돌리거나 낚싯줄 감개를 돌릴 때 그 손잡이에 운동 방향과 같은 방향의 힘이 작용한다. 그러므로 손잡이를 돌리는 사람이 손잡이에 일을 한다.

직선상에서 가속 운동을 할 때 물체에 일이 행해진다. 다음은 일의 양이 어떻게 계산되는지를 설명하는 예제이다(다음 절에서는 이런 계산을 좀 더 쉽게 할 수 있는 방법을 배울 것이다).

예제 3.5

예제 2.2에서, 1,000 kg의 자동차를 10초 동안에 0에서 27 m/s로 가속시키기 위해 필요한 힘을 계산하기 위해 뉴턴의 제2법칙을 사용하였다. 그때의 답은 $F = 2,700$ N이었다. 한 일을 구하라.

자동차가 이동한 거리를 구하기 위해 그 차가 10초 동안에 2.7 m/s²으로 가속되었다는 사실을 이용하자. 1.4절에 있는 식을 사용하면 다음과 같다.

$$d = \frac{1}{2}at^2$$
$$= \frac{1}{2} \times 2.7 \text{ m/s}^2 \times (10 \text{ s})^2$$
$$= 1.35 \text{ m/s}^2 \times 100 \text{ s}^2 = 135 \text{ m}$$

한 일은 다음과 같이 계산된다.

$$일 = Fd$$
$$= 2,700\text{N} \times 135 \text{ m}$$
$$= 364,500 \text{ J}$$

지금까지 배운 것은 (a) 중력에 대항에서 어떤 것을 움직이기 위해 힘을 작용할 때(그림 3.10과 3.12), (b) 마찰력에 대항해서 어떤 것을 움직이고자 힘이 작용할

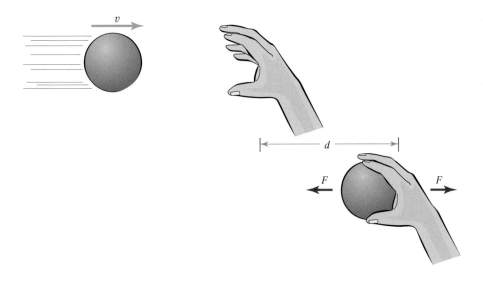

그림 3.16 공을 잡을 때 손이 공에 힘을 작용한다. 뉴턴의 제3법칙에 의하면, 공은 크기가 같고 방향이 반대인 힘을 손에 작용한다. 공을 잡을 때 공의 속력이 줄어들면서 작용한 힘이 공에 일을 한다. 이 일은 맨 처음에 공을 가속시키기 위해 한 일과 같다.

때(그림 3.13), (c) 힘이 어떤 물체를 가속시킬 때 일이 행해진다는 것이다. 그 외에도 일이 행해지는 방법이 많이 있다. 힘이 어떤 것을 변형시킬 때에도 일이 행해진다. 예를 들어, 스프링을 늘이거나 압축하기 위해서는 스프링에 힘이 작용해야 한다. 이때의 힘은 힘과 같은 방향으로 어느 정도의 거리를 이동하면서 작용하며 그에 따라 일이 행해진다.

어떤 물체의 속력을 느리게 하는 힘이 작용할 때도 일이 행해진다. 사람이 공을 손으로 잡을 때 그 손은 공에 힘을 작용한다. 공의 속력이 느려짐에 따라, 공은 크기가 같고 방향이 반대인 힘을 작용하여 손이 뒤로 밀리게 한다(그림 3.16). 이 경우, 공은 그 손에 일을 한다. 반대로 손은 공에 음의 일을 한다. 공이 손에 하는 일의 양은 처음에 공을 가속시키기 위해 공에 행해졌던 일의 양과 같다(공기의 저항을 무시한다면). 공을 잡을 때 손이 뒤로 밀리면, 공이 손에 작용하는 힘은 손이 뒤로 밀리지 않고 공을 잡을 때의 힘보다 작다. 공이 손에 하게 되는 일은 어느 경우든지 같다. 일 = 힘 × 거리이기 때문에 공을 잡을 때 손이 움직이는 거리가 길면 공이 손에 작용하는 힘은 적을 것이다.

끝으로, 어떤 물체가 자유 낙하할 때, 중력이 그 물체에 일을 한다. 앞에서 이야기한 자동차의 예와 마찬가지로 일이 행해진 물체는 가속된다. 물체가 거리 d만큼 자유 낙하하면, 중력이 그 물체에 한 일은

$$일 = Fd$$

이다. 하지만

$$F = W = mg$$

이므로

$$일 = Wd = mgd$$

가 된다. 물체가 낙하하면서 중력이 그 물체에 하는 일은 그 물체를 같은 거리만큼 들어 올리기 위해 해주어야 하는 일과 같다. 물체를 들어 올리는 경우, 일이 중

력에 대항해서 행해졌다고 말한다. 이 경우 움직임은 중력과 반대 방향이다. 물체가 낙하할 때, 중력에 의해 일이 행해진다. 그 경우의 움직임은 중력과 같은 방향이다.

요약하면, 힘의 작용점이 힘과 같은 방향으로 움직일 때는 힘에 의해 일이 행해진다. 그러나 힘의 작용점이 힘과 반대 방향으로 움직일 때는 힘에 대항하여 일이 행해진 셈이다. 힘은 항상 크기가 같고 방향이 반대인 짝으로 존재한다(운동에 관한 뉴턴의 제3법칙). 결국, 하나의 힘에 의해 일이 행해지면, 이 일이 다른 짝힘에 대항하여 동시에 행해지고 있는 것이다.

복습

1. (참 혹은 거짓) 대부분의 자동차의 주차 브레이크는 지렛대의 원리를 사용하여 운전자가 작은 힘으로 조작할 수 있도록 한다. 결과석으로 운전자는 더 작은 일을 하는 셈이다.
2. 물체에 힘이 작용하고 있는데 물체의 속도가 힘의 방향과 반대라면 그 힘에 의한 일은 _____ 이다.
3. (참 혹은 거짓) 중력에 의한 힘은 일을 하지 않는다.

4. 다음 물체에 대하여 일을 해준 경우는
   a. 물체가 일정한 속력으로 원운동을 하였다.
   b. 물체가 직신상을 가속도 운동을 하였다.
   c. 물체가 수평면상을 움직였다.
   d. 위 모두가 참이다.

답 **1.** 거짓 **2.** 음수 **3.** 거짓 **4.** b

3.4 에너지

3.3절에서 일이 때로는 "되돌려질 수 있는 것"임을 배웠다. 공이 던져질 때 한 일은 공을 잡을 때 한 일과 같다. 물체를 들어 올릴 때 중력에 대해 물체에 한 일은 그 물체가 낙하할 때 중력이 한 일과 같다. 일이 어떤 것에 행해지면, 그것은 에너지를 얻는다. 이 에너지는 나중에 다른 일을 할 때 사용될 수 있다. 볼링공을 던지는 사람은 공이 손을 떠나기 직전 공에 **에너지**(energy)를 준다. 이 에너지는 공이 반대쪽에 있는 핀들을 무너뜨릴 때 다 써버린다.

에너지의 단위는 일의 단위와 같다. 일과 같이 에너지도 스칼라량이다.

일이 더 많이 행해지면 얻는 에너지도 그만큼 많으며 그 에너지로 나중에 그만한 일을 할 수 있다. 에너지를 "저장된 일"이라고 할 수도 있다. 일할 수 있는 능력이 존재하기 위해서는 물체는 에너지를 갖고 있어야 한다. 공을 던질 때, 어떤 양의 에너지가 손에서 공으로 전달된다. 그 공은 나중에 일을 할 수 있다. 그림 3.15에서는 한 일이 없기 때문에 전달된 에너지가 없다.

일을 할 수 있는 여러 가지 방법에 해당하는 여러 가지 형태의 에너지가 존재한다. 흔히 나타나는 에너지의 형태로는 화학, 전기, 핵, 중력 등이 있으며 열, 소리, 빛 및 복사 형태의 에너지도 있다. 이러한 형태의 에너지들이 어떤 과정을 거치든 일을 할 수 있는 능력이 있는 것이다(그림 3.17).

에너지

E로 표기한다.
1. 어떤 계가 일을 할 수 있는 척도.
2. 일이 행해질 때 전달되는 것.

NASA

그림 3.17 크레인이 움직일 수 있는 것은 연료에 저장된 화학적 에너지를 사용하는 것이다.

3.4a 역학적 에너지: 운동 에너지와 위치 에너지

역학에서는, 두 가지 형태의 에너지를 다루게 되는데 모두 역학적 에너지라는 말로 분류할 수 있다. 운동이라는 형태의 에너지와 위치나 배열에 의해서 갖게 되는 에너지는 모두 역학적 에너지이다. 전자를 **운동 에너지**(kinetic energy)라고 하며 후자를 **위치 에너지**(potential energy)라고 한다.

움직이는 모든 것은 운동 에너지를 갖는다. 가장 단순한 예가 직선상에서 움직이는 물체이다. 어떤 물체가 갖는 에너지 양은 그 물체의 질량과 속력에 따라 달라진다. 정확히

$$KE = \frac{1}{2}mv^2 \quad \text{(운동 에너지)}$$

이다. 물체가 갖는 운동 에너지는 그 물체를 정지 상태에서 그 속도까지 가속시킬 때 한 일과 같다. 따라서 물체를 가속시킬 때 한 일의 양을 결정하는 또 다른 방법은 그 물체의 운동 에너지를 계산하는 것이다. 이러한 계산에 의하면 한 일은 그 물체가 얼마나 빨리 또는 느리게 가속되었느냐가 아니라 그 물체의 최종 속력에 의해 결정된다.

예제 3.6

예제 3.5에서 1,000 kg의 자동차가 0에서 27 m/s로 가속될 때 한 일을 계산하였다. 그 차의 속력이 27 m/s일 때의 운동 에너지는 다음과 같다.

$$\begin{aligned}
KE = \frac{1}{2}mv^2 &= \frac{1}{2} \times 1,000\,\text{kg} \times (27\,\text{m/s})^2 \\
&= 500\,\text{kg} \times 729\,\text{m}^2/\text{s}^2 \\
&= 364,500\,\text{J}
\end{aligned}$$

이것은 자동차가 가속될 때 자동차에 행해진 일과 같다. 이 자동차는 그 운동때문에 364,500 J의 일을 할 수 있다.

움직이는 물체의 운동 에너지는 속력의 제곱에 비례한다. 한 자동차가 다른 자동차의 두 배의 속력으로 달리면 그 빠른 자동차는 네 배의 에너지를 갖는다. 그 빠른 자동차를 세우기 위해서는 느린 자동차보다는 네 배의 일을 해 주어야 한다. 물체의 운동 에너지는 음이 될 수 없다(왜 그런가? 차의 질량 m은 항상 양이고, 속도 v는 음일지라도 v^2은 항상 양이기 때문이다).

속력은 상대적인 것이기 때문에, 운동 에너지 또한 상대적이다. 움직이는 배 위에서 뛰는 사람은 배에 대한 운동 에너지를 가지며 물 위에 떠 있는 부표에 대한 운동 에너지 값은 다르다(그림 1.5).

물체가 운동 에너지를 갖는 다른 방법은 회전하는 것이다. 어떤 것을 회전시키기 위해서는 그것에 일을 해 주어야 한다. 발레하는 사람이 한 발을 들고 빨리 돌 때 운동 에너지를 갖는다(그림 3.18). 돌고 있는 팽이가 운동 에너지를 가지

운동 에너지
운동에 기인한 에너지. 물체가 움직이기 때문에 가지게 되는 에너지. *KE*로 나타낸다.

Paul A. Souders/Encyclopedia/Corbis

그림 3.18 회전하는 무용수는 어떤 위치에 머물러 있어도 운동 에너지를 갖는다.

듯이 지구, 달, 태양 및 천체들도 각각의 축에 대하여 회전하는 회전 운동 에너지를 갖는다. 회전하는 물체의 운동 에너지의 크기는 질량, 회전 속력, 질량이 분포되어 있는 방식에 따라 달라진다. 단순한 어린이 장난감에서부터 복잡한 하이브리드 자동차까지 상당수의 물체들은 에너지를 "저장"하는 방법으로 회전하는 장치를 갖고 있다. 그림 3.19는 장난감 자동차나 운동기구도 이런 방식으로 작동함을 보여준다.

어떤 계의 **위치 에너지**(potential energy)의 크기는 그 계가 그러한 배열을 갖도록 하기 위해 해준 일의 양과 같다. 어떤 물체가 들어 올려지면, 위치 에너지가 주어진 것이다. 그 에너지를 일하는 데 쓸 수 있다. 예를 들어, 뻐꾸기 시계 또는 다른 형태의 중력으로 구동되는 시계의 추를 위로 들어 올리면, 위치 에너지가 주어지는 것이고 그 추를 놓으면, 시계가 작동된다(그림 3.20).

3.3절에서, 물체가 들어 올려질 때 한 일을 계산하였다. 이 일은 그 물체에 주어진 위치 에너지와 같다. 일은 중력에 대해 행해졌으므로 이를 **중력 위치 에너지**(gravitational potential energy)라고 한다.

$$PE = \text{한 일} = \text{무게} \times \text{올려진 거리}$$
$$= Wd = mgd$$
$$PE = mgd \quad (\text{중력 위치 에너지})$$

중력 위치 에너지는 가장 흔한 형태의 위치 에너지이며, 그냥 단순히 위치 에너지라고 하기도 한다. 물체의 높이는 서로 다른 기준점에 대해 측정될 수 있으므로 위치 에너지는 상대적인 양이다.

예제 3.7

3 kg짜리 나무토막을 테이블 위에서 0.5 m 들어 올렸다(그림 3.21). 그 토막의 테이블에 대한 위치 에너지는

$$PE = mgd$$
$$PE = 3\,kg \times 9.8\,m/s^2 \times 0.5\,m$$
$$= 14.7\,J \quad (\text{테이블 면에 대한 값})$$

그러나 테이블 위쪽 표면은 마룻바닥에서 1 m 높이에 있다. 마룻바닥에 대한 토막의 높이

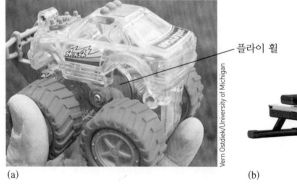

플라이 휠

(a)   (b)

그림 3.19 투명한 자동차(a)와 운동기구(b)도 회전 운동 에너지가 회전바퀴에 저장된다. 자동차의 회전바퀴는 여러 색의 나선무늬를 띤 원판이다.

는 1.5 m가 되므로, 마룻바닥에 대한 위치 에너지는

$$PE = mgd$$
$$= 3 \text{ kg} \times 9.8 \text{ m/s}^2 \times 1.5 \text{ m}$$
$$= 44.1 \text{ J} \quad \text{(마룻바닥에 대한 값)}$$

의자에 앉아 있는 사람은 마룻바닥에 대한 중력 위치 에너지를 가질 뿐 아니라 건물의 바닥 및 바닥의 표면에 대한 위치 에너지도 갖는다. 통상, 위치 에너지를 정하기 위해서 편리한 기준면을 선택하여 사용한다. 방에서는 높이를 재는 기준, 즉 위치 에너지의 기준으로 방바닥을 택하는 것이 편리하다.

물체가 정해진 기준면보다 아래에 있을 때 그 물체의 위치 에너지는 음이다. 때로는 그 물체가 탈출할 수 없는 상태에 있음을 나타내기 위해 물체의 위치 에너지가 음수가 되도록 기준면을 잡기도 한다. 예를 들어, 위치 에너지를 야외의 편평한 지면을 기준으로 측정하는 것이 좋은 방법이다. 그러면 지면에 있는 모든 것의 위치 에너지는 영이고, 지면보다 높은 곳에 있는 것은 양의 위치 에너지를 갖는다. 만일 지면에 웅덩이가 있다면, 그 웅덩이 속에 있는 물체의 위치 에너지는 음이 될 것이다(그림 3.22). 위치 에너지가 영이거나 영보다 큰 모든 물체는 운동 에너지가 조금이라도 있으면 자유롭게 움직일 수 있다. 예를 들어, 그림 3.22의 공은 땅 위의 표면에서 수평으로 굴러다닐 수 있다. 음의 위치 에너지를 가진 물체는 웅덩이에 갇힌 것이고 빠져 나올 수가 없다. 자유롭게 움직일 수 있도록 공이 웅덩이를 빠져 나오려면 먼저 공에 충분한 에너지가 주어져야 한다.

3.4b 다른 형태의 위치 에너지

용수철이나 고무줄은 **탄성 위치 에너지**(elastic potential energy)라고 하는 다른 형태의 위치 에너지를 가질 수 있다. 용수철을 압축하거나 늘이기 위해서는 일이 주어져야 하고 그 일은 용수철의 탄성 위치 에너지가 된다. 이 "저장된 에너지"는 일을 하기 위해 사용될 수 있는 것이다. 용수철이 갖고 있는 실제의 위치 에너지는 용수철을 얼마나 늘이거나 압축했느냐와 용수철의 세기에 따라 달라진다. 그림 3.7에서, 용수철이 튕겨진 후 두 수레의 운동 에너지의 합은 처음 용수철의 탄성 위치 에너지와 같다. 더 강한 용수철일수록 탄성 위치 에너지는 클 것이고, 따

그림 3.20 시계가 움직이도록 하는 것은 시계 추에 저장된 위치 에너지이다.

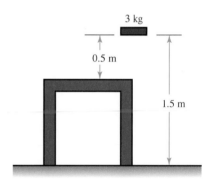

그림 3.21 물체의 위치 에너지(PE)는 어떤 기준점으로부터 거리(d)를 측정하느냐에 따라 달라진다. 그림에 있는 3 kg의 물체의 위치 에너지는 테이블 표면을 기준으로 했을 때는 14.7 J 이고, 바닥을 기준으로 했을 때는 44.1 J이다. 두 경우 위치 에너지는 그 기준점으로부터 들어 올리는 데 필요한 일과 같다.

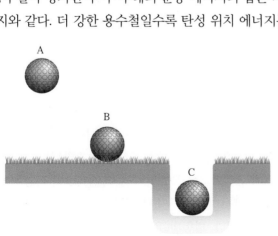

그림 3.22 골프공 A의 위치 에너지는 지면에 대해서는 양이다. B의 위치 에너지는 영이고 C는 지면보다 아래쪽에 있으므로 위치 에너지는 음이다. A와 B는 수평 방향으로 운동할 수 있지만 C는 구멍에서만 수평으로 움직일 수 있다.

라서 운동 에너지도 커져서 두 수레는 더 빨리 움직일 것이다.

2.5b절에서 탄성체에 대하여 다루었는데 후크의 법칙으로부터 계산하면 용수철이 d만큼 압축되었을 때 용수철에 저장된 탄성 에너지는 다음과 같이 계산할 수 있다.

$$PE_{\text{spring}} = \frac{1}{2}kd^2$$

여기서 k는 용수철 상수이다. 용수철의 압축된 길이가 2배이면 에너지는 4배가 된다. 운동 에너지가 속도의 제곱에 비례하는 것과 유사하다.

탄성 위치 에너지를 응용한 장치들이 많이 있다. 장난감 화살총에는 궁수가 압축하는 용수철이 들어 있다. 방아쇠를 당기면, 용수철이 놓아지면서 화살을 가속하도록 화살에 일을 한다. 그 용수철의 위치 에너지는 화살의 운동 에너지로 변환된다. 진짜 활에서의 시위와 화살도 그와 같은 방식으로 동작한다. 진짜 활에서는 시위가 용수철의 역할을 한다(그림 3.23). 시계나 장난감 및 오르골 같이 태엽을 감는 장치는 그 장치를 작동하기 위한 에너지를 저장할 용수철이 들어 있다. 비록 용수철은 나선형 모양이지만 작동 원리는 같다. 고무줄 같은 것은 장난감 비행기 같은 곳에서 크지는 않지만 에너지를 저장한다.

그림 3.23 대한민국의 윤옥희 선수가 2008북경올림픽 여자양궁 동메달전 경기에 임하고 있다. 활시위를 뒤로 당길 때 그녀는 활에 대하여 일을 한 것이고 활에는 탄성 에너지가 축적된다.

Michael Steele/Getty Images Sport/Getty Images

예제 3.8

예제 2.4에서 용수철 상수가 2.4 N/m인 용수철이 평형점에서 0.3 m 늘어났다. 용수철에 저장된 탄성 위치 에너지는 얼마인가?

$$PE_{\text{spring}} = \frac{1}{2}kd^2 = \frac{1}{2} \times 2.4 \text{ N/m} \times (0.30 \text{ m})^2$$

$$= \frac{1}{2} \times 2.4 \text{ N/m} \times 0.09 \text{ m}^2$$

$$= 0.108 \text{ N-m} = 0.108 \text{ J}$$

역학계에서 중요한 또 다른 형태의 에너지는 **내부 에너지**(internal energy)이다. 내부 에너지, 열 및 온도는 제5장에서 다룬다. 기본적으로, 물질의 내부 에너지는 그 물질 내의 모든 원자와 분자들이 가지고 있는 전체 에너지이다. 물체의 온도를 높이거나, 고체를 녹이거나, 액체를 끓이는 것은 모두 그 물질의 내부 에너지를 높여야 하는 것이다. 물질의 온도가 감소하거나, 액체가 얼거나, 기체가 응결할 때 내부 에너지는 감소한다.

운동 마찰이 있을 때 내부 에너지가 개입된다. 그림 3.13에서, 마룻바닥에서 밀쳐지는 상자에 한 일은 상자와 바닥 사이의 마찰 때문에 내부 에너지로 변환된다. 그 결과 마룻바닥과 상자의 온도가(비록 크지는 않지만) 올라간다. 자동차나 자전거가 정지하기 위해 브레이크를 작동시키면, 브레이크를 작동시키는 운동 에너지가 브레이크의 내부 에너지로 변환된다. 자동차의 경우 브레이크를 너무 세게 밟으면 열이 많이 날 수 있다. 별똥별(유성)은 운동 에너지가 내부 에너지로 변환된 멋진 예이다(그림 3.24). 유성이 매우 빠른 속력으로 지구 대기권 안으로 들어오면, 공기 저항에 의해 불이 붙어서 타게 된다. 중력 위치 에너지도 내부 에너지로 변환된다. 경사면을 따라 미끄러져 내려가는 상자는 그 상자의 중력 위치 에너지를 마찰에 의한 내부 에너지로 변환시킨다. 어떤 사람이 줄을 타고 올라갔다가 줄을 잡고 미끄러져 내려온다면 그는 손에 심한 화상을 입을 것이다. 그것은 위치 에너지가 내부 에너지로 변환되면서 손과 줄 사이의 마찰에 의한 열로 나타나기 때문이다.

내부 에너지는 물체가 변형될 때 내부 마찰에 의해 생기기도 한다. 고무줄을 늘이거나, 엿가락을 당기거나, 알루미늄 캔을 납작하게 밟을 때 하는 일은 내부 에너지를 발생시킨다. 책 같은 것을 바닥에 떨어뜨리면 튀어 오르지 않지만, 그 물체가 갖고 있던 대부분의 에너지는 충격에 의한 내부 에너지로 변환된다.

내부 에너지는 운동 에너지나 위치 에너지와는 달리 다시 복원되지 않는 마찰에서 생긴다. 상자를 들어 올릴 때 한 일은 위치 에너지를 주어서 그것이 다시 일이나 다른 형태의 에너지로 되돌려질 수 있다. 마룻바닥에서 미는 상자에 한 일은 "아주 없어지는"(다시 얻을 수 없는) 내부 에너지가 된다. 모든 역학적인 과정에, 어떤 에너지는 내부 에너지로 변환된다. 미국에서 마찰을 극복하기 위한 것과 관련된 연간 재정 손실은 수천 억 달러에 달하는 것으로 평가되고 있다.

요약하면, 일은 항상 한 물체에서 다른 물체로 또는 상호 간의 에너지의 전달이 일어나게 한다. 앞에서 에너지를 금융 자산에 비교한 것처럼, 일은 사고, 팔고, 벌고, 맞바꾸는 것과 같은 거래의 역할을 한다. 이러한 거래는 개개의 순수 가치를 증가하거나 감소시키는 한 형태의 자산을 다른 형태의 자산으로 변환하는 등에 사용된다. 어떤 계에 행해진 일은 그 계의 에너지를 증가시킨다. 계가 일을 하면 그 계의 에너지는 감소한다. 계 내에서 이루어진 일은 에너지를 한 형태에서 다른 형태로 바꾸게 한다.

그림 3.24 레오니드 유성우. 유성이 떨어지며 밤하늘에 긴 자취를 남긴다. 유성은 공기의 저항에 의해 그 운동 에너지를 내부 에너지와 빛 에너지로 변환된다.

복습

1. 동일한 질량의 자동차 A와 B가 고속 도로를 달리고 있다. A의 속력이 B의 2배이다. A의 운동 에너지는
   a. B의 운동 에너지의 2배이다.
   b. B의 운동 에너지의 4배이다.
   c. B의 운동 에너지의 1/2이다.
   d. B의 운동 에너지와 같다. 이는 질량이 같기 때문이다.

2. (참 혹은 거짓) 어떤 물체를 들어 올리면 그 위치 에너지는 감소한다.

3. 일을 할 수 있기 위해서 계는 _____ 을 가지고 있어야 한다.

4. 한 등산가가 그의 SUV 차량에 짐을 싣고 있다. 그의 자동차의 뒤 쪽 스프링은 평소보다 2배가 압축되었다. 스프링에 저장된 위치 에너지는 평소보다
   a. 1/2이다.   b. 2배이다.
   c. 1/4이다.   d. 4배이다.

5. 야구 시합에서 주자가 홈으로 슬라이딩하며 들어오고 있다. 선수의 운동 에너지는 _____ 에너지로 바뀌었다.

답 1. b, 2. 거짓, 3. 에너지, 4. d, 5. 내부

3.5 에너지의 보존

앞 절에서, 에너지가 한 형태에서 다른 형태로 변환되는 몇 가지 경우를 살펴보았다. 거기에는 화살총(용수철의 위치 에너지가 화살의 운동 에너지로 변환된다), 자동차 브레이크(운동 에너지가 내부 에너지로 변환된다), 경사면에서 미끄러져 내려오는 상자(중력 위치 에너지가 내부 에너지로 변환된다)가 있었다. 에너지가 다른 형태로 전달되거나 변환되는 예는 수없이 많다.

일상생활의 많은 장치들이 단순한 에너지 변환기이다. 몇 가지 예가 표 3.1에 나열되어 있다. 이들 장치들의 일부는 한 번 이상의 변환을 하기도 한다. 수력 발전소(그림 3.25)에서는, 댐 안에 있는 물의 위치 에너지가 물의 운동 에너지로 변환된다. 댐 아래로 떨어지는 물은 터빈의 날개를 때려서 터빈을 돌리는데 이것은 회전 운동 에너지로 바뀌는 것이다. 회전하는 터빈은 발전기를 돌리고 발전기는 운동 에너지를 전기 에너지로 변환한다.

내부 에너지는 자동차 엔진이나 핵발전소에서 중간 단계의 에너지 형태이다. 자동차 엔진에서 연료의 화학 에너지는 연료가 연소(폭발)하며 내부 에너지로 변환된다. 뜨거운 기체는 팽창하면서 피스톤(또는 회전 엔진에서의 회전자)을 밀어낸다. 피스톤은 크랭크축과 플라이휠을 돌리고 이어서 구동축을 통해 바퀴의 회전으로 전달된다. 핵발전소에서는 핵에너지가 반응로의 내부 에너지로 변환된다. 이 내부 에너지는 물을 끓여서 증기로 만든다. 그 증기는 터빈을 돌리고 터빈은 발전기를 돌려서 전기를 생산한다.

내부 에너지는 또한 표 3.1에 나열되어 있는 모든 장치에서 부산물로 "낭비"되기도 한다. 움직이는 부품을 가진 모든 장치들은 약간의 운동 마찰을 가질 수밖에 없다. 입력 에너지의 일부가 이 운동 마찰에 의한 내부 에너지로 변환된다. 발전기, 전동기, 자동차 엔진 및 발전소 등은 모두 피할 수 없는 마찰 손실을 갖고 있다(그림 3.26). 어떤 장치들은 그 장치의 동작특성 때문에 내부 에너지가 생기기

표 3.1 에너지 변환 장치들

장치	변화되는 에너지
전구	전기 에너지가 복사 에너지로
자동차 엔진	화학 에너지(연료의)가 운동 에너지로
전지	화학 에너지를 전기 에너지로
승강기	전기 에너지를 중력 위치 에너지로
발전기	운동 에너지를 전기 에너지로
전동기	전기 에너지를 운동 에너지로
태양전지	복사 에너지(빛)를 전기 에너지로
플루트	운동 에너지(공기의)를 음향 에너지(음파의)로
핵발전소	핵 에너지를 전기 에너지로
수력발전소	중력 위치 에너지(물의)를 전기 에너지로

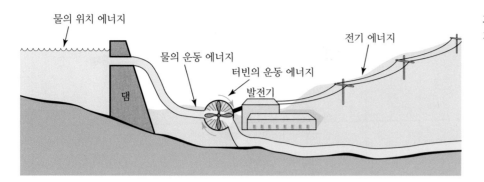

그림 3.25 수력 발전소에서 에너지가 여러 단계로 변환된다.

물의 위치 에너지

물의 운동 에너지

터빈의 운동 에너지

전기 에너지

댐

발전기

도 한다. 백열등에서 사용되는 에너지의 95% 이상이 빛이 아닌 내부 에너지로 변환된다. 화석연료를 사용하는 발전소나 핵발전소의 가용 에너지의 60% 이상이 사용되지 않는 내부 에너지로 변환된다. 이런 문제에 관해서는 뒤에 나오는 장에서 다루게 될 것이다.

아주 많은 다른 형태의 에너지가 있고 에너지 변환을 하는 수없이 많은 장치들이 있지만 이들 모두는 다음과 같은 에너지 보존의 법칙을 따른다.

어떤 계를 고립시키면 그 계를 통해 에너지가 빠져 나가거나 들어오지 않는다. 고립된 역학계의 경우, 외부 힘에 의해 그 계에 일이 행해질 수 없으며 또한 그 계가 외부에 일을 할 수도 없다.

이 법칙은 에너지가 무에서 창조되거나 무로 소멸될 수 없는 일종의 상품과 같다는 의미이다. 일이 행해지고 있거나 에너지의 어떤 형태가 "나타난다"면, 그 에너지는 어딘가에 사용되고 있거나 변환된 것이다. 가짜를 만들거나 태워 없앨 수 있는 돈과는 달리, 에너지는 만들어지거나 소멸될 수 없다.

에너지 보존의 법칙은 유용한 이론적인 도구이다. 특히 역학 문제 풀이에 사용할 수 있고, 제안된 이론적 모델을 만족시키기 위한 필요조건이기도 하다. 후자의 예로, 이론 천체 물리학자들은 별들이 핵에너지를 어떻게 열과 복사로 변환하는지를 설명하기 위한 모델을 세울 수 있다. 그 모델이 성립하는지를 시험하는 첫 번째는 에너지가 보존되는지를 확인하는 것이다.

에너지 보존 법칙
에너지는 생성되거나 소멸되지 않으며 다만 한 형태에서 다른 형태로 변환된다. 고립된 계의 전체 에너지는 일정하다.

3.5a 에너지 보존 법칙의 응용

이제 몇 가지 역학계를 살펴서 보존 법칙의 실제적 유용성을 설명해 보도록 하자. 각각의 경우에, 마찰은 무시할 수 있다고 가정한다. 따라서 위치 에너지나 운동 에너지가 내부 에너지로 변환되는 것은 고려하지 않기로 한다.

에너지 보존의 법칙을 사용하는 기본적인 접근은 선운동량 보존의 법칙을 사용하는 방식과 같다. 그 계에서 에너지가 한 형태에서 다른 형태로 변환된다면, 변환 전의 전체 에너지는 변환 후의 전체 에너지와 같다.

변환 전의 전체 에너지 = 변환 후의 전체 에너지

이전(1.4절과 2.5절)에 우리가 공부한 좋은 예는 자유 낙하하는 물체의 운동이다. 어떤 물체가 높이 d만큼 들어 올려지면, 그 물체는 중력 위치 에너지를 갖는

그림 3.26 풍력발전기는 바람의 운동 에너지를 전기 에너지와 마찰에 의한 내부 에너지로 변환시킨다.

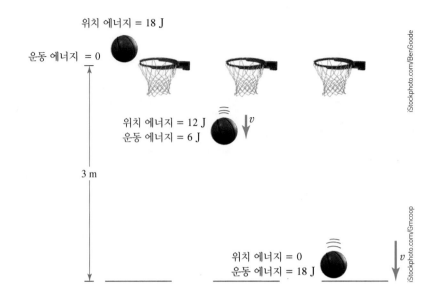

그림 3.27 농구공이 골대에서 튕겨져 나와 바닥에 떨어졌다. 처음에 그 공은 위치 에너지만 있었다. 공이 떨어짐에 따라 위치 에너지는 감소하면서 운동 에너지는 증가한다. 공이 마룻바닥에 닿기 직전 그 공은 운동 에너지만 있다. 낙하하는 동안의 매 순간 운동 에너지와 위치 에너지를 더한 전체 에너지는 항상 일정하며 여기서의 값은 18 J이다.

위치 에너지 = 18 J
운동 에너지 = 0

위치 에너지 = 12 J
운동 에너지 = 6 J

3 m

위치 에너지 = 0
운동 에너지 = 18 J

다. 그것이 놓아지면, 그 물체는 떨어지게 되면서 위치 에너지가 운동 에너지로 변환된다. 그 변환 과정은 연속적이다. 물체가 떨어지면서, 높이가 감소하므로 위치 에너지는 감소하는 반면, 속력이 증가하면서 운동 에너지는 증가한다. 자유 낙하하는 경우, 공기의 저항을 무시하면 단지 두 가지 형태의 에너지, 즉 운동 에너지와 중력 위치 에너지만 있다. 에너지 보존은 그 물체의 운동 에너지와 위치 에너지의 합은 항상 같다는 것을 의미한다(그림 3.27).

$$E = KE + PE = 일정$$

이 식을 이용하여 물체가 바닥에 닿을 때의 속력이 처음 높이 d에 의존함을 증명할 수 있다. 그러기 위해서 물체가 떨어지기 시작하는 순간의 에너지와 바닥에 닿기 직전의 에너지를 살펴보면 된다. 떨어지기 직전에 속력이 영이므로 운동 에너지는 영이고 위치 에너지는 mgd이다.

$$E_i = KE + PE = 0 + PE$$
$$= PE = mgd \quad (떨어지기\ 직전)$$

바닥에 닿으면서 충돌하는 순간 위치 에너지는 영이 된다. 따라서

$$E_f = KE + PE = KE + 0$$
$$= KE = \frac{1}{2}mv^2 \quad (바닥에\ 부딪치기\ 직전)$$

그 물체의 에너지는 형태만 변하고 크기는 변하지 않았기 때문에 이들 두 양은 같다. 즉 물체가 놓여질 때 가지고 있던 위치 에너지는 바닥에 닿기 직전의 운동 에너지와 같다.

$$\frac{1}{2}mv^2 = mgd$$

양변을 m으로 나누고 2를 곱하면

$$v^2 = 2\,gd$$

$$v = \sqrt{2\,gd} \quad \text{(거리 } d\text{만큼 떨어진 후의 속력)}$$

가 얻어진다.

예제 3.9

2003년에 어떤 사람이 나이아가라 폭포의 캐나다 쪽 폭포에서 뛰어내려서 살아남았다. 그는 아무런 안전장치의 도움 없이 뛰어내린 최초의 사람으로 알려져 있다. 낙하 높이는 약 50 m이다. 그가 떨어질 때의 속력을 구하라.

공기 저항이 작아서 운동에 영향을 미치지 않는다고 가정하면, 앞에서 공부한 결과를 사용할 수 있다.

$$v = \sqrt{2\,gd} = \sqrt{2 \times 9.8 \text{ m/s}^2 \times 50 \text{ m}}$$
$$= \sqrt{980 \text{ m}^2/\text{s}^2}$$
$$= 31.3 \text{ m/s}$$

자유 낙하하는 물체의 속력은 질량과는 무관하며 단지 얼마나 높은 곳(d)에서 떨어지는가와 중력 가속도에만 의존한다. 표 3.2에 여러 높이에서 떨어지는 물체의 높이에 따른 속력의 값이 나열되어 있다. 1.4절에서 속력과 시간의 관계 및 거리와 시간의 관계를 설명했다.

물체를 연직 위로 던져 올리면 상황이 반대로 나타난다. 물체는 운동 에너지를 갖고 출발하여 그것이 모두 위치 에너지로 변환될 때까지 위로 올라간 다음 다시 떨어진다(그림 2.19). 에너지의 보존은 처음에 가지고 있었던 운동 에너지가 맨 위의 위치 에너지와 같음을 말해 준다. 이로부터 처음 속력 v와 최고 도달 높이

표 3.2 자유 낙하하는 물체의 낙하 거리와 속력

A. SI 단위계		B. 영국 단위계	
거리 d	속력 v	거리 d	속력 v
(m)	(m/s)	(ft)	(mph)
0	0	0	0
1	4.4	1	5.5
2	6.3	2	7.7
3	7.7	3	9.5
4	8.9	4	11
5	9.9	5	12
10	14	10	17
20	20	20	24
100	44	100	55
주의: A와 B는 별개로 거리와 속력은 각각 같은 값이 아니다.			

그림 3.28 물리 체험하기 3.2를 위한 그림.

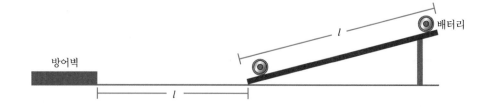

방어벽

l

l

배터리

d와의 관계를 나타내는 식을 이끌어 낼 수 있다. 즉,

$$v^2 = 2\,gd$$

이것을 다시 쓰면 다음과 같이 된다.

$$d = \frac{v^2}{2\,g}$$

연직 위로 던져 올렸을 때 얼마나 높이 올라갈 것인가를 계산하기 위해서는 이 식의 v에 처음 속력의 값을 대입하면 된다. 물론, 표 3.2를 거꾸로 사용해도 된다. 표에 의하면 14 m/s의 속력으로 위로 던져 올리면 최고 도달 높이는 10 m가 된다.

물리 체험하기 3.2

배터리 경주. 두 개의 원통모양의 AA 또는 AAA 배터리를 준비한다. 책이나 판자를 이용하여 그림과 같이 배터리가 굴러 내려갈 수 있는 경사면을 만든다.

1. 경사면의 밑쪽 끝부분으로부터 경사면의 길이만큼 떨어진 곳에 정지대를 설치한다(그림 3.28). 두 경우 배터리가 경사면 끝에 도달하였을 때 같은 속도가 되는가?
2. 경사면의 꼭대기와 경사면을 따라 1/4되는 지점에 두 배터리를 동시에 굴린다면 어느 배터리가 먼저 정지대에 도착하는가? 밑에서 출발하는 배터리의 위치를 바꾸어가며 같은 경주를 해보자. 어떤 결과가 나타나는가?

이제 다른 유사한 문제를 살펴보자. 롤러코스터가 지상에서 높이 d가 되는 곳에서 정지 상태로부터 출발한다. 마찰이나 공기의 저항 없이 아래로 굴러 내려온

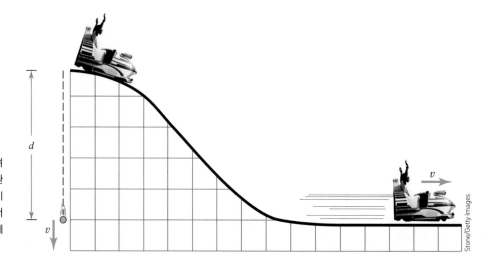

그림 3.29 미끄럼차가 언덕을 미끄러져 내려옴에 따라 위치 에너지가 운동 에너지로 전환된다. 마찰이 없다면, 바닥에서의 운동 에너지는 맨 위에서의 위치 에너지와 같다. 맨 밑에서의 속력은 같은 높이에서 곧바로 떨어진 물체의 속력과 같다.

d

v

v

Stone/Getty Images

다고 하자(그림 3.29). 바닥에 내려왔을 때의 속력은 얼마이겠는가?

여기서도, 마찰이 없다고 가정했기 때문에 에너지의 형태는 중력 위치 에너지와 운동 에너지뿐이다. 운동 에너지와 위치 에너지의 합인 전체 에너지는 일정하다. 맨 밑에서의 롤러코스터의 운동 에너지는 맨 위에서의 위치 에너지와 같아야만 한다.

$$KE(맨 \ 밑에서) = PE(맨 \ 위에서)$$

$$\frac{1}{2}mv^2 = mgd$$

이것은 자유 낙하하는 물체에 대해 구한 것과 똑같은 결과이다. 결국 맨 밑에서의 속력은 다음과 같은 식으로 주어진다.

$$v = \sqrt{2gd}$$

이런 문제는 제2장에서 배운 방법만으로는 풀 수가 없을 것이다. 뉴턴의 제2법칙 $F = ma$를 사용하기 위하여, 매 순간 작용하는 알짜힘을 알 필요가 있다. 롤러코스터를 구동하는 알짜힘은 경로의 기울기가 변함에 따라 변하므로 뉴턴의 제2법칙을 사용하는 것은 이 문제를 매우 복잡하게 만든다. 에너지 보존의 원리는 이전에 풀 수 없었던 문제들을 쉽게 풀 수 있게 해 준다. 그 과정에서, 다음과 같은 일반적인 결과를 얻게 된다. 에너지 보존의 법칙은 마찰 없이 중력만 받는 물체에 대해 출발점으로부터 아래로 거리 d가 되는 곳에서의 속력은 그 물체의 중간 경로에 관계없이 앞에서 주어진 식에 의해 결정된다는 것을 말해 준다. 언덕을 굴러 내려가는 롤러코스터의 속력은 같은 높이에서 연직 아래로 떨어지는 물체의 속력과 같다. 하지만 롤러코스터가 그러한 속력에 도달하는 데는 자유 낙하보다 시간이 더 걸리며(가속도가 작기 때문에), 자유 낙하하는 물체는 롤러코스터보다 먼저 밑에 도달한다.

진자의 운동은 중력 위치 에너지와 운동 에너지의 연속적인 변환의 반복으로 이루어진다. 어린아이가 타고 있는 그네가 뒤로 당겨졌다고 하자(그리고 약간 위로, 그림 3.30). 그 위치는 그네의 맨 밑보다 위이기 때문에 어린아이는 중력 위치 에너지를 갖고 있다. 그네를 놓으면, 아이는 아래로 흔들리고 위치 에너지는 운동 에너지로 변환된다. 원호의 가장 낮은 점에서, 그 아이는 운동 에너지만을 가지며 그 크기는 원래의 위치 에너지와 같다. 계속해서 어린이는 반대쪽 위로 올라가면서 운동 에너지가 다시 위치 에너지로 변환된다. 이것은 출발점과 거의 같은 높이에서 그네가 정지할 때까지 계속된다. 이 과정은 어린이가 흔들리는 동안 계속 반복된다. 그네가 흔들리는 동안 공기의 저항은 운동 에너지의 일부를 빼앗아 간다. 누군가가 어린아이를 매번 밀어주면 일은 그 계에 에너지를 주게 되고 공기 저항에 의한 손실을 보충한다. 공기 저항이나 다른 마찰이 없다면, 그 아이는 매번 밀어줄 필요가 없이 흔들림은 무한히 계속될 것이다.

진자가 (전환점에) 도달하는 최고 높이는 전체 에너지에 따라 달라진다. 진자의 에너지가 더 크면, 전환점은 더 높아진다. 3.2절에서 탄환이나 던져진 물체의

그림 3.30 어린아이가 그네를 타고 흔들림에 따라, 중력 위치 에너지는 계속 운동 에너지로 전환되고 다시 또 위치 에너지로 되돌려 전환된다. 최고점(전환점)에서의 위치 에너지는 최저점에서의 운동 에너지와 같다.

속력을 측정하는 방법에 대해 설명한 적이 있다(그림 3.6). 충돌 전 탄환의 속력과 충돌 후 나무토막(또는 탄환)의 속력을 관계 짓기 위해 선운동량 보존 법칙이 사용되었다. 나무토막이 줄에 매달려 있으면, 그 나무토막이 총알의 충격으로 얻는 운동 에너지는 그것을 진자처럼 흔들려 올라가게 한다. 에너지가 클수록 더 높이 올라갈 것이다. 따라서 나무토막이 흔들려 올라간 높이를 측정하면 총알이 나무토막에 박힌 후 나무토막의 속력을 구할 수 있다. 나무토막(또는 탄환)의 최고점에서의 위치 에너지는 총알이 박힌 직후의 운동 에너지와 같다. 이로부터 최저점에서의 속력과 흔들려 올라가는 높이와의 관계를 나타내는 식을 세울 수 있다.

$$v = \sqrt{2\,gd}$$

2.5절에서, 용수철에 매달린 물체의 운동을 논의한 적이 있다(그림 2.22). 이 운동 역시 용수철이 수축과 늘어나기를 반복하면서 탄성 위치 에너지와 운동 에너지의 계속적인 상호 변환이 반복되는 운동이다.

그림 3.31은 어떤 사람이 골프 코스에서 웅덩이에 빠진 공을 쳐내기 위한 연습을 하고 있는 모습이다. 공이 지면보다 낮은 작은 웅덩이 밑에서 정지하고 있으므로, 그 공의 위치 에너지는 지면에 대해 음수이다. 공이 움직이지 않고 있을 때는 운동 에너지가 영이고 위치 에너지가 음이므로 전체 에너지는 음이다. 골퍼는 클럽으로 공을 때려서 공에 운동 에너지를 준다. 약하게 치면 다시 굴러 내려와서 웅덩이에서 왔다 갔다 할 뿐 웅덩이에서 빠져나오지 못한다(그림 3.31a). 이때의 공의 전체 에너지는 여전히 음이다. 그림 3.31b에서, 골퍼가 공을 좀 더 세게 때려 공에 에너지를 더 준다. 그래도 전체 에너지가 여전히 음이기 때문에 공은 다

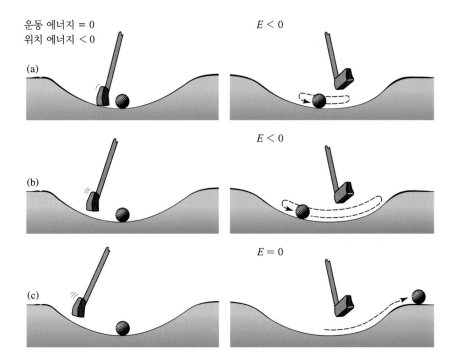

운동 에너지 = 0
위치 에너지 < 0

(a)

$E < 0$

$E < 0$

(b)

$E = 0$

(c)

그림 3.31 구덩이에 있는 골프공은 음의 위치 에너지를 갖고 있다. (a)와 (b) 그 공을 채로 때림으로써 공은 운동 에너지를 갖게 되지만 그 공의 전체 에너지가 음이라면 그 공은 골짜기 안에서 좌우로 왔다 갔다 하게 된다. (c) 골프 공의 운동 에너지가 충분히 커서 전체 에너지 가 영이 된다면 그 공은 구덩이를 빠져 나와서 정지하게 된다.

시 앞뒤로 양쪽에서 더 높게 흔들린다. 그림 3.31c에서, 골퍼는 공을 좀 더 세게 때려서 공이 웅덩이를 간신히 빠져 나가 정지하게 한다. 이때 공은 전체 에너지가 영이 될 만큼의 에너지를 받았기 때문에 웅덩이를 빠져나올 수 있었다. 공을 아주 더 세게 때린다면 그 공은 웅덩이를 빠져나올 뿐 아니라 충분한 운동 에너지를 갖고 있기 때문에 지면에서 계속 굴러갈 수 있을 것이다.

이것은 자동차가 웅덩이에 빠졌을 때 자동차를 앞으로 밀었다 뒤로 밀었다 하는 원리와도 같은 것이다. 타이어가 구덩이에 빠져 있으면, 자동차를 앞뒤로 흔드는 것이 최선의 방법이다. 자동차를 앞뒤로 밀거나 엔진 힘으로 앞뒤로 왔다 갔다 하여 흔들릴 때마다 자동차에 약간씩의 에너지를 주어 바퀴가 구멍을 빠져 나오기에 충분한 에너지를 자동차가 갖게 할 수 있다.

물체가 갖는 전체 에너지가 어떤 값과 같거나 그보다 크지 못하여 그 물체가 속박되는 계의 예들이 물리학에서는 많이 있다. 지구 둘레를 궤도 운동하는 위성이 아주 좋은 예이다. 지구의 한쪽에서 다른 쪽으로 왔다 갔다 하는 위성의 운동은 웅덩이에 빠진 골프공의 운동과 비슷하다. 에너지가 충분하게 주어진다면, 위성은 지구로부터 탈출하여 멀리 갈 것이다. 그것은 웅덩이에 빠진 골프공의 경우와 아주 비슷하다. 위성이 지구를 탈출하기 위해 가져야 하는 최소 속력을 탈출 속력(escape velocity)이라고 하며, 그 값은 대략 11,200 m/s 또는 25,000 mph이다.

물이 끓을 때, 개개의 물 분자들은 액체로부터 떨어져 나오기에 충분한 에너지가 주어진다(제5장). 전기 방전이나 전기 불꽃은 전자가 원자로부터 떨어져 나오기에 충분한 에너지가 주어질 때 일어난다(제7장). 어떤 계가 속박 상태에서 자유로워지는 전환은 물리학에서 많이 나타나는 예이며, 역학계에만 한정된 것은 아니다.

1. 스키 선수가 슬로프를 내려오며 속도가 증가하는 것은 _____ 에너지가 _____ 에너지로 변환되기 때문이다.

2. (참 혹은 거짓) 고립된 계에서 내부적으로 이루어진 일은 계의 총 에너지를 증가시킬 수 있다.

3. 다이빙 선수가 플랫폼에서 뛰어내려 5 m/s의 속도로 입수하였다. 그의 입수 속도가 10 m/s가 되도록 하려면 플랫폼의 높이를 종전보다 _____ 배로 하여야 한다.

4. (다음 중 틀린 것은) 물체의 총 운동 에너지와 위치 에너지의 합은
a. 음수일 수도 있다.
b. 물체가 자유 낙하하는 동안 항상 일정하다.
c. 저항이 작용한다면 항상 상수이다.
d. 물체의 속력이 감소하고 있는 경우에도 일정할 수 있다.

답 1. 위치, 운동 2. 거짓 3. 4 4. c

3.6 충돌: 에너지로 설명하기

이 장의 앞부분에서 모든 충돌을 연구하기 위한 주된 "도구"는 선운동량 보존 법칙이라고 했다(3.2절). 이 질에서는, 충돌 문제를 에너지의 측면에서 다루어 보고자 한다. 어떤 충돌에서는, 충돌 전과 후에서 단지 운동 에너지만 관련되는 것도 있다. 다른 충돌의 경우는 위치 에너지와 내부 에너지 등이 관련되어 있기도 하다.

3.6a 충돌의 종류

충돌을 다음과 같이 분류할 수 있다.

탄성 충돌
충돌하는 물체들의 충돌 후의 전체 운동 에너지가 충돌 전의 전체 운동 에너지와 같은 충돌.

탄성 충돌에서는 운동 에너지가 보존된다. 어떤 형태의 충돌이든 전체 에너지는 항상 보존되지만, 탄성 충돌에서는 충돌 전의 전체 운동 에너지가 충돌 후 다른 형태의 에너지로 변환되는 일은 일어나지 않는다.

그림 3.32는 이들 두 가지 형태의 충돌의 예를 설명하고 있다. 질량이 같은 두 개의 수레가 서로 반대 방향으로 같은 속력으로 달려와 충돌한다. 두 가지 충돌 모두에서 충돌 전의 전체 선운동량은 충돌 후의 전체 선운동량과 같다(이 전체 선운동량은 영이다. 왜 그럴까?). 그림 3.22a에서, 수레들은 둘 중 하나에 달린 용수철 때문에 서로 튕겨 나간다. 충돌 후, 각 수레는 각자가 충돌 전에 가졌던 속력과 같은 속력을 갖지만 방향은 충돌 전과 반대이다. 결국, 두 수레의 전체 운동 에너지는 충돌 전과 후가 같다. 이런 경우가 탄성 충돌이다.

비탄성 충돌
충돌하는 물체들의 충돌 후의 전체 운동 에너지가 충돌 전의 전체 운동 에너지와 같지 않은 충돌. 충돌 후의 전체 운동 에너지는 충돌 전의 전체 운동 에너지보다 클 수도 있고, 작을 수도 있다.

그림 3.32b는 비탄성 충돌의 예이다. 이번에는 두 수레가 서로 달라붙은(한쪽 수레에 끈적한 것을 붙여 놓았다) 후 정지한다. 이 경우 충돌 후의 전체 운동 에너지는 영이다. 예제 3.2(그림 3.5)에서 분석한 자동차의 충돌도 비탄성 충돌이다. 그 예제에 있는 데이터를 사용하여 충돌 전과 후의 전체 운동 에너지를 계산함으로써 그 충돌이 비탄성 충돌임을 확인해 보자.

예제 3.10

예제 3.2(그림 3.5)에 있는 자동차 충돌 문제를 다시 분석해 보기 위해 충돌 전과 후의 운동 에너지의 양을 비교하자.

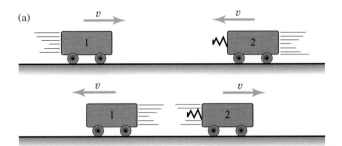

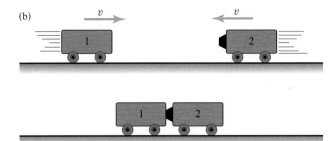

충돌 전의 운동 에너지는

$$KE_{전} = \frac{1}{2} \times 1{,}000 \text{ kg} \times (10 \text{ m/s})^2$$

$$= 50{,}000 \text{ J}$$

이고 충돌 후의 운동 에너지는

$$KE_{후} = \frac{1}{2} \times 2{,}500 \text{ kg} \times (4 \text{ m/s})^2$$

$$= 20{,}000 \text{ J}$$

이다. 따라서 충돌 전의 운동 에너지에서 30,000 J(60%)의 운동 에너지가 다른 형태의 에너지로 변환되었다.

그림 3.32 (a) 질량과 속력이 같은 두 수레가 정면충돌을 한 후 튕겨 나간다. 충돌 전과 후의 수레의 전체 운동 에너지는 같다. (b) 충돌 후 두 수레가 붙어 버린다. 이 경우 충돌 후의 두 수레의 운동 에너지는 영이다.

이들 두 비탄성 충돌의 예에서 충돌하는 물체가 갖고 있던 원래 운동 에너지의 일부 또는 전부가 다른 형태의 에너지로 변환되었다. 그 다른 형태의 에너지는 대부분 내부 에너지이지만 충돌음("부딪치는" 소리를 들을 때도 있다)이라는 소리 에너지로도 변환된다. 그림 3.32b에서, 운동 에너지의 전부가 다른 형태의 에너지로 변환되었다.

어떤 충돌에서는, 충돌 후의 전체 운동 에너지가 충돌 전의 전체 운동 에너지보다 큰 경우도 있다. 많이 다루었던 수레 문제에서, 수레 속에 용수철 플런저가 눌려져 있으면("장전"되었다고 한다), 그것이 두 번째 수레와 부딪칠 때 그 플런저가 충격에 의해 튀어 나온다(그림 3.33). 그 플런저가 갖고 있던 탄성 위치 에너지가 두 수레의 운동 에너지로 전환되는 것이다. 그러므로 충돌 후의 전체 운동 에너지는 충돌 전의 전체 운동 에너지보다 크다. 이것은 비탄성 충돌이다. 저장된 에너지가 충돌에 의해 방출된 것이다.

충돌은 기체의 압력이나 열의 전도와 같은 현상과도 관련이 있다. 풍선의 안쪽 표면에서의 공기 분자의 충돌은 풍선을 팽팽하게 한다. 얼음 조각에 손을 대면, 손가락에 있는 분자들이 얼음 분자와 충돌하여 에너지를 잃는다. 그로 인해 손가락의 온도가 내려간다.

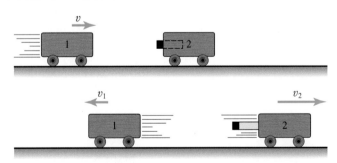

그림 3.33 2번 수레는 용수철이 장전되어 있어서 그 안에 에너지를 저장하고 있다. 이 수레가 1번 수레를 치게 되면 위치 에너지가 운동 에너지로 전환되어 두 수레가 나누어 가지게 된다. 충돌 후의 전체 운동 에너지는 충돌 전의 전체 운동 에너지보다 크다.

3.6b 비접촉 충돌

충돌은 원자와 그 내부 핵과 같이 접촉하지 않은 상태 즉, 멀리 떨어져서 작용하는 힘이 작용하는 경우 그 구조를 연구하는 데 중요한 도구가 된다. 10장, 11장, 그리고 12장에서 알게 된 많은 정보들은 바로 이런 형태의 충돌을 분석한 결과들이다. 선형가속기, 사이클로트론, 테바트론 등 입자가속기는 원자, 핵자, 소립자들을 아주 빠른 속도로 충돌시키는 실험 장치이다. 전자기력이나 핵력의 영향으로 일어나는 이러한 충돌들은 면밀하게 기록되고 분석되는 데 운동량 보존 등 원리들이 사용된다. 충돌이 비탄성 충돌이라면 충돌로 인해 운동 에너지가 감소 또는 증가하게 되는데 이는 입자의 성질을 밝히는 데 중요한 단서가 된다.

중력에 의한 탄성충돌(접촉은 없음)을 이용하는 방법이 우주 비행 시 사용된다. 슬링쇼트 효과 또는 중력추진이라고 불리는 방법은 지구로부터 멀리 떨어져 어떤 행성의 옆을 지나치며 추월하는 기술이다. 그림 3.4의 8번 당구공이 운동 에너지를 얻는 것과 같은 방식으로 우주선은 행성으로부터 운동 에너지를 얻는다. 행성은 그로인해 운동 에너지를 잃지만 행성은 매우 크므로 그 속력의 변화를 감지할 수 없을 정도이다. 우주 탐사선을 태양계 바깥(목성의 건너편)으로 보낼 때, 예를 들면 2장에서 언급하였던 뉴 호라이즌 호의 경우에도 중력추진 방법이 사용되었다. 보이저 2호 역시 해왕성 궤도까지 여행하는 동안 목성, 토성, 그리고 천왕성으로부터 중력추진을 받았다(목성의 중력추진에 의해 속력이 16 km/s나 증가하였다).

그림 3.34 수성의 표면 탐사를 수행한 메신저 호의 궤도. 메신저 호는 그 임무를 수행하는 동안 여러 번의 복잡한 중력추진 방법을 이용하여 속도를 조절하였는데 그중 하나는 2007년 금성의 옆을 지날 때였다.

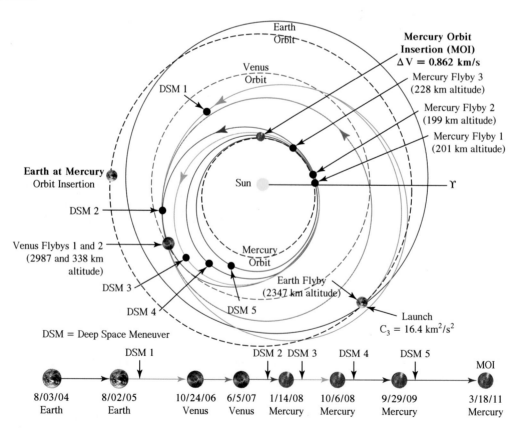

최근의 우주여행에는 내행성의 중력추진을 이용하는 방법으로 상대적으로 적은 우주선으로 효과적인 우주여행이 이루어진다. 1995년 목성 탐사에 성공한 갈릴레오 우주선은 지구와 금성의 중력추진을 이용하였다. 무게가 6톤이나 되는 카니시 우주선은 금성과 지구로부터의 중력추진을 받았으며 2004년 토성에 도달할 때에는 목성으로부터의 중력추진을 사용하였다. 2004년에 발사된 메신저 호는 수성표면의 지질과 화학적 성분분석, 그리고 자기장 탐사가 주목적이었다. 메신저 호는 2006년과 2007년에 금성을 근접통과, 그리고 2008년 1월에는 수성의 옆을 근접통과 하였다. 이후 2009년까지 두 번의 근접통과 후 2011년에 그림 3.34와 같이 탐사궤도 진입에 성공하였다.

4년 동안의 수성표면 탐사결과 수성의 표면상태, 대기, 그리고 자기층에 대한 많은 정보를 얻을 수 있었는데 그중에는 (1) 극지방의 분화구 속에 존재하는 얼음과 태양으로부터의 그림자 (2) 수성을 구성하고 있는 원소들이 녹는점은 매우 낮은 그러나 휘발성이 강한 원소들을 예상과 달리 다량 포함하고 있다는 것으로 이는 수성의 기원이 금성, 지구, 화성과 같은 경로를 거쳐 형성된 행성임을 보여주는 것이다. 메신저의 임무는 2015년 수성표면과 충돌함으로 막을 내린다.

3.7 일률

지금까지 일이 행해지고 에너지가 다른 형태로 변환되는 많은 예를 공부했다. 이러한 과정에서 소요된 시간에 대해서는 아직까지 논의하지 않았다. 이제 땅에 있는 1톤의 벽돌을 트럭의 짐칸에 싣는다고 해 보자(그림 3.35). 이 일을 하는 것에는 두 가지 방법이 있을 수 있다. 첫째는, 한 사람이 벽돌을 한 번에 하나씩 들어서 트럭에 올려놓는 것이다. 이 작업은 한 시간이 걸릴 수도 있다. 두 번째 방법은, 지게차를 사용하여 한 번에 몽땅 올려버리는 것이다. 이것은 단 10초면 해결될 것이다. 두 경우에 일의 양은 같다. 각 벽돌에 작용한 힘(벽돌의 무게)과 벽돌이 움직인 거리(트럭 짐칸의 높이)를 곱한 것은 벽돌을 한 번에 하나씩 싣거나 한꺼번에 몽땅 싣거나에 상관없이 같다. 한 일은 Fd이고 두 경우 모두 같다. 그러나 **일률**(power)은 다르다.

그림 3.35 1톤의 벽돌이 두 가지 방법으로 트럭에 실리고 있다. 한 일은 같지만, 지게차는 일을 신속히 하므로 일률이 훨씬 크다.

일률

P로 나타낸다.

1. 일을 시간으로 나눈 것이다.

$$P = \frac{일}{t}$$

2. 단위시간당 전달된 에너지이다.

$$P = \frac{E}{t}$$

물리량	미터 단위계	영국 단위계
일률(P)	와트(W)	피트-파운드/초(ft-lb)/s
		마력(hp)

SI 단위로 벽돌 1톤의 무게는 8,900 N이다. 트럭 짐칸의 높이가 1.2 m라면, 한 일은

$$일 = Fd = 8,900\,\text{N} \times 1.2\,\text{m}$$
$$= 10,680\,\text{J}$$

이다. 지게차가 이 일을 10초 만에 한다면, 그 일률은

$$P = \frac{일}{t} = \frac{10,680\,\text{J}}{10\,\text{s}}$$
$$= 1,068\,\text{J/s}$$
$$= 1,068\,\text{W}$$

이다. J/s의 단위는 일률의 SI 단위인 와트(W)로 정의한다.

$$1\,\text{watt} = \frac{1\,\text{Joule}}{1\,\text{second}}$$
$$1\,\text{W} = 1\,\text{J/s}$$

와트 단위는 전기 장치의 전력 소모량을 측정하는 데 사용되기 때문에 우리에게 매우 친숙하다. 60 W의 전구는 매 초 60 J의 전기 에너지를 사용한다. 1,600 W의 헤어드라이어는 매 초 1,600 J의 에너지를 사용한다(그림 3.36).

마력은 영국 공학 단위계에서 가장 많이 사용한다. 자동차 엔진이나, 잔디 깎는 기계 및 기타 다른 동력 장치들은 그 일률을 마력으로 표기한다. 기본적인 일률의 단위인 lb-ft/s는 일의 단위인 ft-lb를 시간의 단위인 초로 나눈 것이다. 변환 인자는

$$1\,\text{hp} = 550\,\text{ft-lb/s}$$
$$= 746\,\text{W}$$

이다. 550파운드를 1초 동안에 1피트를 들어 올리는 장치의 출력이 1마력이다. 110파운드를 1초 동안에 5피트 들러 올리는 것도 1마력이다.

일률과 일(또는 에너지)의 관계는 속력과 거리의 관계와 같다. 일률은 일(에너지)의 시간 변화율이다. 속력은 거리의 시간 변화율이다.

$$P = \frac{일}{시간} \longleftrightarrow v = \frac{거리}{시간}$$

달리기 선수와 자전거는 둘 다 10 km를 달릴 수 있다. 하지만 자전거가 더 빨리 달린다. 사람과 지게차는 벽돌을 차에 싣기 위해 같은 크기의 일을 할 수 있지만 지게차는 일률이 더 좋기 때문에 사람보다 훨씬 빨리 할 수 있다.

그림 3.36 헤어드라이어에 적힌 1600이라는 숫자는 회로의 안전을 위한 최대 출력을 의미한다.

Vern Ostdiek/University of Michigan

예제 3.11

예제 2.2와 3.5에서, 1,000 kg의 자동차가 10초 동안에 0에서 27 m/s로 가속시키는 데 필요한 가속도, 힘, 일을 계산하였다. 이제 그에 해당하는 자동차 엔진의 출력을 계산하라.

364,500 J의 일이 10초 동안에 행해진다. 따라서 일률은

$$P = \frac{일}{t} = \frac{364,500 \text{ J}}{10 \text{ s}}$$
$$= 36,450 \text{ W} = 48.9 \text{ hp}$$

이다. 27 m/s로 달릴 때의 자동차의 운동 에너지 역시 364,500 J이다(예제 3.6). 자동차가 이러한 운동 에너지를 내는 데 10초가 걸리므로, 에너지를 시간으로 나누면 같은 결과를 얻는다.

그림 3.37 2013년 10월 라이트 이글의 비행 모습. 이 비행기는 MIT의 다달러스 프로젝트의 일환으로 제작되었다. 이 프로젝트는 1988년 4월 MIT에서 제작한 비행기가 무동력으로 가장 먼 거리, 긴 비행시간을 기록하였던 후속 프로젝트로 당시 무동력기는 크레타에서 산토리니 섬까지 비행하였다.

먹는 것과 연료가 충분히 주어진다면, 사람이나 기계가 일을 할 수 있는 양은 제한이 없다. 그러나 일을 얼마나 빨리 하느냐 하는 것은 한계가 있다. 일률에는 한계가 있다. 다시 말해서, 매 초당 할 수 있는 일은 정해져 있다. 일률 출력은 영(일을 못함)에서부터 어떤 최댓값까지일 수 있다. 예를 들어, 100마력의 자동차 엔진은 0에서 100마력까지의 출력을 낼 수 있다. 가능한 최대로 가속할 때, 엔진은 최대 일률을 낸다. 평탄한 고속 도로를 일정한 속력으로 달릴 때 엔진은 단지 10~20마력 정도만 내도 된다. 그 정도면 공기의 저항과 다른 마찰력의 효과에 대응할 수 있는 것이다.

사람 몸의 최대 일률 출력은 사람에 따라 매우 크게 변한다. 점프를 할 때 최고의 육상 선수들은 8,000 W 이상의 일률을 내지만 단지 수 초 동안일 뿐이다. 같은 사람이 한 시간 동안 일정한 일률을 유지하려면 그의 일률 출력은 800 W 미만이 될 것이다. 평균적인 사람들은 수 초 동안에 800 W 내외의 일률을 내지만 한 시간 그 이상에서는 100~200 W의 일률을 낼 수 있을 뿐이다. 달리기 할 때 몸은 마찰과 공기 저항을 극복하기 위해 에너지를 사용한다. 단거리 경주에서 최고의 주자들은 약 20초 동안 10 m/s의 속력을 낼 수 있다. 장거리 경주에서는 주어진 일률로 오래 달리기 위해서 속력은 느려질 수밖에 없다. 30분 정도 지속되는 경주에서는 가장 좋은 평균 속력은 약 6 m/s이다(그림 3.37).

지게차는 일률이 더 좋기 때문에 사람보다 훨씬 빨리 할 수 있다.

예제 3.12

1979년 6월 12일 브라이언 알렌은 자전거와 같은 기계식 비행기인 고사머 알바트로스 호로 영국해협을 횡단하였다. 횡단에는 2.82 시간이 소요되었다. 알렌이 비행기에 약 250 W로 에너지를 생산하였다면 전체 여행에서 알렌이 한 일은 얼마인가?

$$일 = Pt = 250 \text{ W} \times 2.82 \text{ h}$$
$$= 250 \text{ W} \times 10,152 \text{ s} = 2,538,000 \text{ J}$$
$$= 606 \text{ Calories}$$

그림 3.38 계단을 오를 때 일률을 계산하는 방법은 계단 한 개의 높이와 당신의 무게를 곱한 후 그것을 오르는 데 걸린 시간으로 나누어 준다.

복습

1. (참 혹은 거짓) 올라가는 엘리베이터에 더 많은 사람이 탔다면 더 큰 일률이 필요하다.

2. 같은 질량의 두 자동차 A와 B가 같은 경사면을 올라가고 있다. A가 B보다 더 큰 일률을 낼 수 있다면 어떤 일이 일어나는가?

답 **1.** 참 **2.** A가 더 빠르게 시간에 올라간다.

3.8 회전과 각운동량

이제 마지막으로 보존 법칙을 회전 운동에 적용해 보자. 그러한 예로는 회전하는 피겨스케이트 선수나 지구 둘레에서 궤도 운동하는 위성 등이 있다. 이 법칙이 선운동량의 보존 법칙을 회전 운동에 유추시킨 것이거나 대응되는 것이라고 할 수도 있다.

각운동량 보존 법칙이 적용되기 위해서는 계가 고립되어 있어야 하며, 그 물체에 작용하는 알짜 외력이 그 물체의 운동의 중심으로 향하거나 운동의 중심으로부터 멀어지는 것이어야 한다. 원운동을 유지시키는 데 필요한 구심력이 이 조건에 맞는 힘이다. 운동의 중심으로부터 멀어지거나 중심을 향하는 힘이 아닌 다른 방향으로 작용하는 힘은 **토크**(torque, 이것은 라틴어의 "twist"에서 나온 것이다)라는 것을 일으킨다. 우주선이 대기에 재진입하기 위해 로켓 엔진을 점화할 때 로켓의 운동 방향과 반대 방향으로 작용하는 힘은 각운동량을 감소시키는 토크를 발생시킨다. 회전 운동에서의 토크는 선운동에서의 힘에 해당하는 말이다. 알짜 외력은 물체의 선운동량을 변화시키며, 알짜 외부 토크는 물체의 각운동량을 변화시킨다.

힘과 같이 토크도 벡터량이다. 토크의 방향은 물체가 회전하는 면에 대하여 수직이며 회전 방향에 따라 다르다. 강체가 시계 방향으로 회전할 때 회전 방향으로 오른손을 감으면 엄지손가락 방향이 토크의 방향이다.

하지만 **각운동량**(angular momentum)이란 정확하게 무엇인가? 우선 단순하게 원운동하는 물체의 경우에 각운동량을 적용한 다음 그것을 원이 아닌 경로를 따라서 움직일 때 확대 적용해 보도록 하자. 궤도를 따라 움직이는 작은 물체를 생각해 보자. 이 경우, 각운동량은 물체의 질량과 속력 그리고 원 궤도 반지름을 곱

각운동량 보존의 법칙
고립계의 전체 각운동량은 일정하다.

토크
강체에 작용하는 알짜 토크는 각운동량의 변화와 같다.

$$토크 = \frac{운동량의\ 변화}{시간의\ 변화}$$

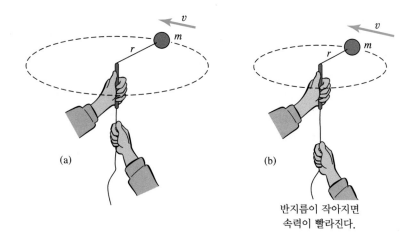

반지름이 작아지면
속력이 **빨라진다.**

한 것이다.

$$각운동량 = mvr \quad (원형 경로)$$

그 물체의 각운동량은 선운동량(mv)에 원 궤도의 반지름을 곱한 것과 같다.

각운동량도 벡터량이다. 각운동량의 방향은 회전에 있어 토크의 방향과 같은 방법으로 정해진다.

각운동량 보존 법칙을 설명하기 위해, 줄에 공을 매달고 그 줄을 대롱에 끼워서 머리 위에서 돌리는 경우를 생각해 보자(그림 3.39a). (공기의 저항이나 마찰이 없다고 가정한다.) 공이 빨리 돌수록 각운동량은 커진다. 줄을 좀 더 길게 하면서 전과 같은 속력으로 돌리면, 공의 각운동량은 더 커진다. 다른 손으로 갑자기 줄을 밑으로 당기면, 공의 회전 반지름이 짧게 되지만 속력은 더 빨라진다(그림 3.39b). 공에 작용하는 힘이 중심을 향하기 때문에 각운동량은 보존(전과 후의 각운동량 값이 같다)된다. 공의 원 궤도의 반지름이 짧아졌기 때문에, 공의 속력은 빨라져야 한다. 줄을 풀어서 반지름을 크게 하면, 그 공은 느려져서 역시 각운동량은 일정하게 보존된다.

줄을 아래로 당기는 과정에서 일이 행해진다. 이 일은 공의 운동 에너지를 증가시킨다.

잘 살펴보면, 각운동량의 정의(mvr)를 원 궤도가 아닌 다른 경로에서 운동하는 물체에도 사용할 수 있다. 그림 3.40은 지구 둘레에서 운동하는 위성의 타원 궤도를 나타낸 것이다. 점 A와 B에서 위성의 속도는 지구의 중심과 위성을 잇는 선에 수직한 방향일 것이다. 이 점들에서 위성의 경로는 원의 일부분과 같다. 결국, 그 점들에서 위성의 각운동량 mvr이다. 점 A와 B에서의 각운동량은 같기 때문에, 위성의 속력은 점 B에서 더 빠르다. 예를 들어, 위성이 점 B에 있을 때 지구 중심으로부터의 거리가 13,000 km(약 8,000마일, 지구 반지름의 약 두 배)이고 점 A에서는 26,000 km라면, 점 B에서의 속력은 점 A에서의 두 배가 될 것이다. 속력의 실제 값은 지구에 가장 가까울 때 약 6,400 m/s(약 14,000 mph)이고 가장 멀 때 3,200 m/s이다.

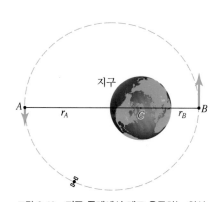

그림 3.40 지구 둘레에서 궤도 운동하는 위성은 점 B에 있을 때보다 점 A에 있을 때 지구 중심으로부터의 거리가 두 배이다. 따라서 각운동량 보존 법칙에 의해 점 A에서의 속력은 점 B에서의 반이다.

회전이 원활한 의자가 필요하다. 의자를 넓은 공간, 벽이나 모든 가구들로부터 1m 이상 떨어져 있는 곳에 놓는다. 먼저 의자에 앉아서 양팔을 밖으로 쭉 뻗은 상태에서 발을 이용하여 의자를 회전시킨다. 발을 바닥에서 뗀 후 양팔을 몸 쪽으로 당겨 완전히 웅크린다. 어떤 일이 일어나는가? 다시 팔을 밖으로 쭉 뻗으면 어떤 일이 일어나는가? 만일 양 손에 아령과 같이 무거운 물체를 들고 같은 실험을 하면 효과가 보다 분명히 나타날 것이다. 왜 그런가?

팽이나 빙글빙글 도는 피겨스케이트 선수처럼 한 축에 대해 자전하는 물체도 각운동량을 갖는다. 그런 물체의 각 부분들은 원운동을 하고 있는 셈이며 따라서 각운동량을 가진다. 예를 들어, 피겨스케이트 선수의 손, 팔, 어깨 및 다른 몸의 부분들이 모두 원운동을 한다. 자전 운동하는 몸의 모든 부분들의 각운동량의 총합은 외부 토크가 작용하지 않는 한 일정하게 유지된다. 몸의 각 부분의 위치를 변화시킴으로서 자전의 빠르기를 증가 또는 감소시킬 수 있다. 예를 들어, 피겨스케이트 선수는 처음에 돌기 시작할 때 팔을 벌리고 돈다. 그런 다음 돌면서 팔을 안

● 개념도 3.1

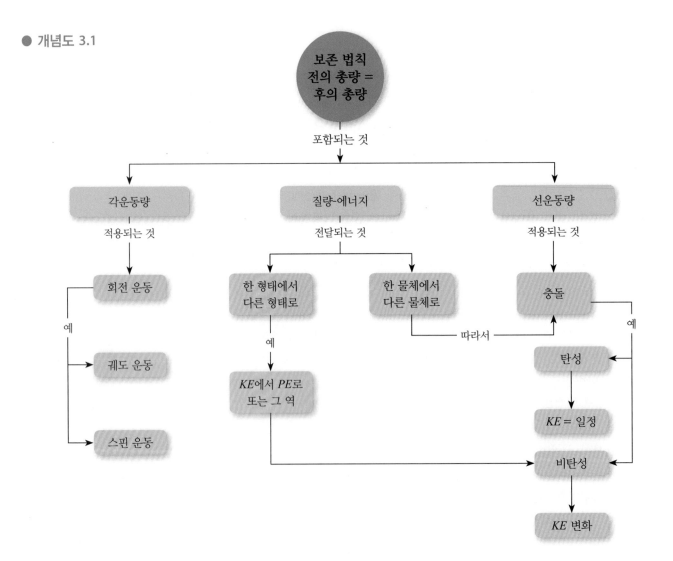

으로 오므리면 회전 속력이 빨라진다. 그 선수 팔의 각 부분의 원운동의 반지름에 따라 그에 해당하는 각운동량을 가지게 된다. 팔을 안으로 오므리면 반지름은 작아진다. 회전 반지름이 감소하면, 각운동량이 일정하게 유지되기 위하여 회전 속력은 증가해야만 한다. 결국 그 선수의 몸의 나머지 부분은 빠르게 돌게 되고, 따라서 전체 각운동량은 같게 유지된다. 팔을 벌리면 그 반대의 일이 일어나면서 선수의 회전 속력이 느려진다.

요약

보존 법칙 보존 법칙이란 한 계에 존재하는 어떤 물리량의 총량은 일정하게 유지(보존)된다는 것이다. 보존 법칙을 응용하는 방식은 "전과 후"의 그 물리량을 같게 놓는 방식으로 한다. 상호작용 이전에 보존되는 물리량의 총량은 상호작용 후의 그 물리량의 총량과 같다. 보존 법칙은 특별히 역학 문제에서 물리계를 분석하기 위한 막강한 도구이기도 하다. 그 주된 이점은 중간의 어떤 시각에서 무엇이 일어나는지 자세한 정보가 필요 없다는 것이다.

선운동량 선운동량은 질량과 운동 모두와 관련이 있다. 선운동량 보존 법칙의 주된 응용은 충돌 문제이다. 고립계에서, 충돌 전의 전체 선운동량은 충돌 후의 전체 선운동량과 같다. 이것은 탄성 충돌이든 비탄성 충돌이든 모든 충돌에 적용된다. 선운동량 보존 법칙을 사용하여 상호작용의 상세한 내용(힘이 얼마나 크며 오랫동안 작용했는지)을 알 필요는 없다. 단지 필요한 것은 상호작용 이전과 이후의 그 계에 관한 몇 가지 정보일 뿐이다.

일: 에너지의 원천 힘의 작용점이 힘의 방향으로 움직이면 그 힘은 일을 한 것이다. 힘의 작용점이 힘의 방향과 반대로 움직이면 그 힘에 대항하여 일이 행해진다. 힘은 항상 크기가 같고 방향이 반대인 짝으로 존재한다(운동에 관한 뉴턴의 제3법칙). 결국, 한 힘에 의해 일이 행해지면 그와 짝인 다른 힘에 대항하여 일이 행해진다.

에너지 일을 할 수 있기 위해서는, 어떤 장치나 사람은 에너지를 갖고 있어야 한다. 일을 하는 작용은 에너지를 한 물체에서 다른 물체로 전달하거나, 에너지를 한 형태에서 다른 형태로 변환하거나 또는 두 가지 모두를 포함한다. 어떤 계에 하여진 일은 그 계의 에너지를 증가시킨다. 그 계가 한 일은 그 계의 에너지를 감소시킨다. 계 내에서 행해진 일은 에너지의 형태를 다른 형태로 변화시킨다. 역학에서의 주된 에너지 형태는 운동 에너지, 위치 에너지, 그리고 내부 에너지이다.

에너지의 보존 여러 가지 서로 다른 일의 종류에 따라 각각에 해당하는 에너지의 형태가 있다. 어떠한 형태의 에너지이든 적절한 변환 장치가 있으면 일을 하는 데 사용할 수 있다. 에너지 보존의 법칙은 그러한 변화 과정에서 에너지의 총량은 일정하게 유지된다는 것을 말한다.

충돌: 에너지로 설명하기 어떤 충돌에서는, 충돌 전과 후에 관여하는 에너지가 운동 에너지만 있는 경우가 있다. 다른 충돌에서는, 위치 에너지나 내부 에너지와 같은 형태의 에너지가 어떤 역할을 한다. 충돌은 탄성일 수도 있고 비탄성일 수도 있다. 탄성 충돌에서는 운동 에너지가 보존된다. 어느 형태의 충돌이든 전체 에너지는 항상 보존된다. 탄성 충돌에서는 충돌 후의 전체 운동 에너지가 충돌 전의 전체 운동 에너지와 같다. 비탄성 충돌에서는, 충돌하는 물체의 원래의 운동 에너지의 일부 또는 전부가 다른 형태의 에너지로 변환된다.

일률 일률이란 일을 하는 또는 에너지를 소비하는 시간 비율이다. 그것은 에너지가 얼마나 빨리 전달되거나 변환되는가 하는 척도이다.

회전과 각운동량 각운동량은 회전 운동에서 보존되는 양이다. 어떤 계를 고립시켜서 각운동량 보존 법칙을 적용시키고자 할 때, 작용할 수 있는 알짜 외력은 그 물체의 운동의 중심을 향하거나 중심에서 멀어지는 방향이어야만 한다. 어떤 물체가 원운동을 유지하기 위해 필요한 구심력이 바로 이런 조건에 맞는 힘이다. 운동의 중심으로부터 멀어지거나 향하는 힘이 아닌 다른 방향으로 작용하는 힘은 토크라는 것을 일으킨다.

핵심 개념

● 정의

보존 법칙 한 계에 존재하는 어떤 물리량의 총량은 일정하게 유지(보존)된다.

선운동량 물체의 질량과 속도의 곱. 선운동량은 벡터량이다.

$$선운동량 = mv$$

일 작용한 힘의 크기와 그 힘 방향으로 움직인 거리의 곱.

$$일 = Fd$$

에너지 어떤 계가 일을 할 수 있는 능력. 일이 행해질 때 전달된다. E로 표기한다.

운동 에너지 운동 때문에 생기는 에너지. 물체가 움직이기 때문에 갖는 에너지. KE로 표기한다.

$$KE = \frac{1}{2}mv^2$$

위치 에너지 물체의 위치나 방향 때문에 생기는 에너지. 어떤 계가 배열하는 방식 때문에 갖는 에너지. PE로 표기한다.

중력 위치 에너지 다른 질량에 의해 생기는 알짜 중력장 내에서 어떤 물체가 그 위치에 따라 갖게 되는 위치 에너지.

탄성 위치 에너지 탄성 매질이 압축되거나 늘어나기 위해 그 매질(용수철이나 고무줄 같은)에 해 주는 일이 저장하는 에너지.

내부 에너지 물질 내의 모든 원자나 분자들의 운동 에너지와 위치 에너지의 총합.

탄성 충돌 충돌하는 물체의 전체 운동 에너지가 보존되는 충돌. 충돌 후의 전체 운동 에너지는 충돌 전의 전체 운동 에너지와 같다.

비탄성 충돌 충돌하는 물체의 충돌 후의 전체 운동 에너지가 충돌 전의 전체 운동 에너지와 같지 않은 충돌. 전체 운동 에너지는 보존되지 않으며 충돌 전의 전체 운동 에너지보다 크거나 작을 수 있다.

일률 일을 하는 시간 비율. 일이 전달되거나 변환되는 시간 비율. 한 일을 걸린 시간으로 나눈 것. 전달된 에너지를 시간으로 나눈 것.

$$P = \frac{일}{t} \quad P = \frac{E}{t}$$

각운동량 물체의 질량과 속력 및 경로의 반지름을 곱한 것.

$$각운동량 = mvr$$

● 법칙

운동에 관한 뉴턴의 제2법칙(다른 형태) 물체에 작용하는 알짜 외력은 그 물체의 선운동량의 시간 변화율과 같다.

$$F = \frac{\Delta(mv)}{\Delta t}$$

선운동량 보존의 법칙 고립된 계의 전체 선운동량은 일정하다. 충돌 전 계 내의 물체들의 전체 선운동량은 충돌 후의 전체 선운동량과 같다.

충돌 전의 전체 mv = 충돌 후의 전체 mv

에너지 보존 법칙 에너지는 생성되거나 소멸되지 않으며 단지 한 형태에서 다른 형태로 변환된다. 고립된 계의 전체 에너지는 일정하다.

각운동량 보존의 법칙 고립된 계의 전체 각운동량은 일정하다.

● 특별한 경우의 방정식

거리 d만큼 떨어진 다음의 속력

$$v = \sqrt{2gd}$$

속력 v로 바로 위로 던져 올렸을 때 올라가는 높이.

$$d = \frac{v^2}{2g}$$

지표로부터 높이 d되는 곳에 있는 질량 m인 물체의 중력 위치 에너지.

$$PE = mgd$$

● 원리

고립된 계의 전체 질량은 일정하다.

(▶ 표시는 복습 질문을 나타낸 것이고, 답을 하기 위해서는 기본적인 이해만 있으면 된다는 것을 의미한다. 다른 것들은 지금까지 공부한 개념들을 종합하거나 확정해야 한다.)

1(1). ▶ 보존 법칙이란 무엇인가? 보존 법칙을 사용하고자 할 때 기본적으로 확인해야 되는 것은 무엇인가?

2(2). ▶ 이 장에서 주어진 운동에 관한 뉴턴의 제2법칙의 또 다른 표현이 왜 좀 더 일반적인 표현인가?

3(3). 거북이의 선운동량이 말의 선운동량보다 클 수 있는가? 어느 경우든 그 이유를 설명하라.

4(4). 우주선으로부터 조금 떨어져서 연장을 많이 들고 일하던 우주인이 "유인 이동 장치"가 고장이 나서 오지도 가지도 못하게 되었다. 연장의 일부를 버리더라도 그 우주인이 우주선으로 어떻게 되돌아가겠는가?

5(5). ▶ 선운동량 보존 법칙을 가장 유용하게 하는 물체 간의 상호작용은 어떤 형태의 것인가?

6(6). 오늘 한 것 중에서 일과 관련된 것 몇 가지를 표현하라. 여러분은 지금도 일을 하고 있는가?

7(7). 5 N의 힘이 어떤 물체에 작용하여 2 m 움직였다고 하면, 그 외 다른 정보 없이 한 일을 계산할 수 있는가? 이유를 설명하라.

8(8). 두 자동차가 정면충돌하는 동안, 승객들이 갑자기 감속되었다. 일의 개념을 사용하여 승객의 앞에서 재빨리 부풀어 오르는 에어백이 왜 부상을 줄여 주는지를 설명하라.

9(9). 계단을 오를 때 오르는 사람이 계단에 일을 하는가? 아니면 계단이 사람에게 일을 하는가? 그 이유를 설명하라.

10(10). 우리 주변의 기계와 사람들은 항상 일을 하고 있다. 하지만 자석이나 지구도 일을 하는 것이 가능하다. 그 이유를 설명하라.

11(11). 여러분은 농구공에 얼마의 에너지를 줄 수 있겠는가? 방법은 여러 가지가 있는가?

12(12). ▶ 지금 이 순간 여러분 주변에서 볼 수 있는 여러 가지 형태의 에너지를 확인하자.

13(13). 공을 던질 때, 던지는 사람이 한 일은 공이 얻는 운동 에너지와 같다. 공을 던질 때 두 배의 일을 해 준다면 공의 속력이 두 배가 되는가? 이유를 설명하라.

14(14). ▶ 어떤 물체가 운동 에너지를 갖고 있지만 한 곳에 머물러 있다. 그 물체는 어떻게 하고 있는 것인가?

15(15). ▶ 어떤 물체의 중력 위치 에너지가 어떻게 음이 될 수 있는가?

16(16). ▶ 탄성 위치 에너지란 무엇인가? 지금 여러분 주위에 탄성 위치 에너지를 갖고 있는 어떤 것이 있는가?

17(18). 다음의 각 경우에 일어나는 에너지 변환을 확인하라. 그에 관련된 에너지에 적절한 형태의 이름을 붙여 보자.
a) 야영객이 두 개의 막대기를 문질러서 불을 붙이는 것
b) 화살을 곧바로 위로 쏘아 올리는 과정에서 활이 시위에서 튕겨지는 순간부터 맨 꼭대기에 도달하는 순간까지
c) 판자에 못을 박을 때 목수가 망치로 내리치기 시작하는 순간부터 못이 판자 속으로 어느 정도 들어간 순간까지
d) 지구 대기권으로 들어오는 운석

18(19). 태양 에너지로 작동되는 가로등은 낮에 태양전지에 의해 충전되어 밤에 전등을 켜기 위한 전지를 갖고 있다. 태양의 핵폭발에 의한 에너지로부터 시작하여 가로등의 빛이 그 주변에 흡수되기까지의 전 과정에서의 에너지 변환을 설명하라. 관련된 모든 형태의 에너지에 적절한 이름을 붙여 보자.

19(20). 트럭이 경사가 심한 오르막을 오르기 위해서는 때로는 그 이전부터 속력을 높인다. 이렇게 하는 것이 왜 좋은가? 특별한 이유가 있는가?

20(21). 공 하나를 눈높이 정도에서 들고 있다가 놓으면, 바닥에서 되튀어 오를 것이다. 하지만 되튀어 오르는 높이는 원래의 높이보다는 낮다. 이 과정에서 일어나는 에너지 변환을 확인하고, 왜 공의 처음 높이까지 올라가지 못하는지 설명하라.

21(22). 달의 표면에서 공을 머리 위로 던졌다. 같은 속력으로 지구 표면에서 머리 위로 던졌다면 달에서 던진 경우의 최대 높이는 지구에서의 경우와 비교하여 높은가, 같은가, 아니면 낮은가(어느 경우에서나 공기의 저항은 무시한다)? 이유를 설명하라.

22(23). ▶ 탄성 충돌과 비탄성 충돌을 비교하라. 각각의 경우에 해당하는 예를 들어 보라.

23(24). 많은 스포츠가 물체들(공과 라켓 같은) 간의 충돌 및 사

람들 간의 충돌(축구나 하키에서처럼)과 관련이 있다. 여러 가지 스포츠에서 나타나는 충돌의 특징을 탄성과 비탄성으로 나누어 보라.

24(25). 실험실의 수레 A와 B가 충돌할 때마다 달라붙는다. A의 질량은 B의 질량의 두 배이다. 충돌 후 두 수레가 붙어서 정지하게 하려면 어느 수레를 어떻게 밀어야 하겠는가? (마찰이 없다고 가정하자.)

25(26). 한 물체가 다른 물체와 접촉 없이 역학적인 에너지를 얻는 것이 가능한가? 그 이유를 설명하라.

26(28). 두 기중기가 동시에 같은 크기의 강철 빔을 각각 들어 올리고 있다. 그중 한 기중기는 다른 것보다 출력을 두 배로 내고 있다. 마찰을 무시할 수 있다고 가정하고, 이 차이를 설명하기 위해 어떤 결론을 내릴 수 있겠는가?

27(29). 어떤 사람이 여러 계단을 뛰어 오르고 나서 맨 위에서 힘이 다 빠져 버렸다. 그 사람이 나중에 같은 계단을 걸어서 올라갔더니 뛰어 오를 때처럼 많이 피곤하지 않았다. 왜 그런가? 공기의 저항을 무시하고, 계단을 걸어 오르는 것보다 뛰어 오르는 것이 일이나 에너지를 더 많이 소모하는가?

28(30). ▶ 위성이 그의 각운동량을 변화시키지 않고 속력을 어떻게 감소시킬 수 있겠는가?

29(31). ▶ 공중에서 낙하하는 사람이 낙하하는 동안 공중제비를 돌 때 왜 그의 다리를 몸 쪽으로 오므리는가?

30(32). 어떤 사람은 전체 각운동량이 영이 되는 방식으로 제자리 돌기와 원운동을 하는 것이 모두 가능하다. 그런 것이 어떻게 가능한지를 설명하라.

연습 문제

1(1). 몸의 질량이 65 kg인 달리기 선수가 경주에서 10 m/s의 속력으로 달렸다. 그 선수의 선운동량을 구하라.

2(2). 2,000 kg의 큰 배가 5 m/s의 속력으로 나아가는 경우와 600 kg의 쾌속선이 20 m/s의 속력으로 나아가는 경우 선운동량이 큰 것은 어느 것인가?

3(3). 2.4절에서 1,000 kg의 자동차를 0에서 27 m/s까지 10 s 동안에 가속하는 데 필요한 힘을 계산하였다. 뉴턴의 제2법칙의 다른 식을 써서 그 힘을 구하라. 운동량의 변화는 차의 속력이 27 m/s 때의 운동량과 0 m/s 때의 운동량의 차이다.

4(4). 몸의 질량이 80 kg인 사람이 3 s 동안에 0에서 9 m/s로 가속한다. 뉴턴의 제2법칙의 다른 식을 써서 그렇게 달리는 사람에게 작용하는 알짜힘을 구하라.

5(7). 투수가 0.5 kg의 찰흙 덩어리를 6 kg의 나무토막을 향해 던졌다. 찰흙 덩어리는 나무토막에 달라붙어서 3 m/s의 속력으로 나아갔다. 처음 찰흙 덩어리의 속력은 얼마이겠는가?

6(8). 3,000 kg의 트럭이 정지해 있던 1,000 kg의 승용차를 뒤에서 받았다. 트럭과 승용차는 충돌 후 엉겨 붙어서 9 m/s의 속력으로 나아갔다. 충돌 전 트럭의 속력을 구하라.

7(9). 롤러스케이트를 타는 50 kg의 소년이 5 m/s의 속력으로 나아가고 있다. 그가 스케이트를 신고 서 있는 40 kg의 소녀를 껴안고 나아갈 때 그 두 사람의 속력을 구하라.

8(10). 얼음 위에서 스케이트를 신은 두 사람이 서로 마주 보고 서 있다가 서로를 밀었다(그림 3.41). 한 사람의 질량은 60 kg이고, 다른 사람은 90 kg이다. 밀고 난 직후 각자의 속력을 구하라. 누가 더 빠른가?

그림 3.41

9(11). 총알이 장전된 총이 얼어붙은 호수 위에 떨어졌다. 총이 격발되어 총알이 발사되면서 총알과 반대 방향으로 총이 튕겨나갔다. 총알의 질량은 0.02 kg이고, 속력은 300 m/s로 측정되었다. 총의 질량이 1.2 kg일 때 그 총이 튕겨나가는 속력을 구하라.

10(12). 몸의 질량이 80 kg인 러닝백이 8 m/s의 속력으로 달리다가 마주보고 달려오던 120 kg의 수비수 태클과 정면충돌하였다. 부딪친 다음 두 사람이 정지 상태가 되기 위해서 충돌 전에 수비수가 달려야 할 속력을 구하라.

11(13). 경주용 자동차가 주유소를 200 m 남겨두고 평탄한 길 위에서 연료가 떨어졌다. 운전자가 1,200 kg의 차를 밀어서 주유소까지 갔다. 차를 움직이는 데 150 N의 힘이 필요할 때, 그 운전자가 한 일을 구하라.

12(14). 그림 3.10에서, 무게가 100 kg인 바위를 지렛대를 써서 1 m 들어 올렸다.
a) 한 일을 구하라.
b) 바위를 들어 올리는 동안 지렛대의 다른 끝은 3 m 아래로 눌렀다. 그 끝에 작용한 힘의 크기를 구하라.

13(15). 역도 선수가 100 kg의 바벨을 2.2 m 들어 올렸다. 바벨의 위치 에너지를 구하라.

14(16). 질량이 80 kg인 초단파 안테나가 높이가 50 m인 탑 위에 놓여 있다. 안테나의 위치 에너지를 구하라.

15(17). 수상 모터바이크와 타고 있는 사람의 질량의 합이 400 kg이다. 속력이 15 m/s일 때 전체의 운동 에너지를 구하라.

16.(18). 지구 궤도를 돌고 있는 11,000 kg의 허블 우주망원경의 속력은 7,900 m/s이고 지구 표면으로부터의 거리는 560,000 m이다.
a) 운동 에너지를 구하라.
b) 위치 에너지를 구하라.

17(19). 모터사이클과 운전자의 운동 에너지가 60,000 J이다. 전체 질량이 300 kg일 때, 속력을 구하라.

18(20). 장난감 화살총의 용수철을 눌러서 0.5 J의 일을 하였다. 그 총이 발사되면, 용수철은 질량이 0.02 kg인 화살에 운동 에너지를 주게 된다.
a) 화살이 총을 떠날 때의 운동 에너지를 구하라.
b) 화살의 속력을 구하라.

19(21). 노스다코타 주(North Dakota)에 있는 629 m 높이의 텔레비전 송신탑의 꼭대기에 있는 기술자가 실수로 무거운 연장을 떨어뜨렸다. 공기의 저항을 무시한다면, 그 연장이 땅에 닿기 직전의 속력을 구하라.

20(24). 한 학생이 높이가 12 m인 기숙사 창문에서 밖으로 물풍선을 떨어뜨렸다. 땅에 닿을 때의 속력을 구하라.

21(25). 어린아이가 타고 있는 그네의 흔들림의 맨 아래에서의 속력이 7.7 m/s이다(그림 3.42). 그 그네가 흔들리는 최고점의 높이를 구하라.

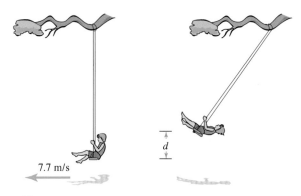

7.7 m/s

d

그림 3.42

22(26). 멕시코의 아카풀코에 있는 절벽에서 다이빙 선수가 해면으로부터 26.7 m 높이에서 점프를 했다. 공기의 저항을 무시하고, 그 다이버가 물에 들어갈 때의 속력을 구하라.

23. 독일 브레멘에 있는 낙하용 탑에서 300 kg의 빈 통을 110 m 높이에서부터 자유 낙하시켰다.
a) 탑의 맨 위에서 그 통의 위치 에너지를 구하라.
b) 그 통이 탑의 바닥에 닿을 때의 속력을 구하라. (이때 답을 자동차의 속력과 비교하기 위해 mph 단위로 표현할 수도 있다.)

24(28). 인간이 달릴 수 있는 가장 빠른 속력은 약 12 m/s이다.
a) 장대높이뛰기 선수가 이러한 최대 속력으로 달려서 그의 운동 에너지를 모두 중력 위치 에너지로 바꿀 수 있다면 그가 올라갈 수 있는 최대 높이는 얼마이겠는가?
b) 계산한 높이를 세계 신기록과 비교하라.

25(29). 자전거와 타고 있는 사람이 10 m/s의 속력으로 언덕을 오르고 있다. 전체 질량은 80 kg이다.
a) 운동 에너지를 구하라.
b) 타고 있는 사람이 페달을 밟지 않는다면 자전거가 정지할 때까지 올라갈 수 있는 최대 높이는 얼마인가?

26(30). 2003년 1월에 18세의 어떤 학생이 큰 교통사고에서 아주 적은 부상만 입고 살아남아서 유명해졌다. 그가 운전하던 차는 다른 차에 의해 "딱 부러져서" 길 밖으로 튕겨나와 몇 번 굴러갔다. 그의 몸은 차보다 높이 위로 날아가서 (그는 안전벨트를 매지 않고 있었다), 지상에서 8 m 높이에 있던 전화선과 접지선에 걸려 매달리게 되었다. 그는 20분 후 도착한 구조대원에 의해 구조되었다. 그는 최고 높이

가 약 10 m까지 오른 다음 떨어져 내려오다 걸린 것으로 추정된다.

a) 그가 차에서 떨어져 날아갈 때의 속력을 구하라.

b) 그가 전화선에 걸리지 않았다면, 그가 땅에 떨어져 닿을 때의 속력은 얼마였겠는가?

27(31). 실내 경기장의 천장 높이가 바닥에서 20 m이다. 던진 공이 천장에 닿기 위한 최소 속력을 구하라.

28(32). 연습 문제 **6**의 충돌에서 운동 에너지가 얼마나 "손실"되어야 하는지를 계산하라.

29(33). 연습 문제 **7**의 충돌에서 운동 에너지가 얼마나 "손실"되어야 하는지를 계산하라.

30(34). 정비공장에서 차를 들어 올리는 장치에 달린 전동기의 출력이 1,000 W이다.

a) 1,500 kg의 차를 2 m 들어 올리는 데 얼마의 시간이 걸리겠는가?

b) 전동기를 2,000 W로 바꿨을 때 걸리는 시간을 구하라.

31(35). 200 W의 일률을 낼 수 있는 노동자가 10,000 J의 일을 하려면 시간이 얼마나 걸리겠는가?

32(36). 어떤 승강기가 1,000 kg을 15 s 동안에 40 m 올릴 수 있다.

a) 그 승강기가 하는 일을 구하라.

b) 그 승강기의 일률 출력을 구하라.

33(38). 어떤 교수의 작은 차는 언덕을 10 s만에 오를 수 있다. 언덕의 맨 위는 밑보다 30 m 높다. 자동차의 질량이 1,000 kg일 때, 그 차의 일률 출력을 구하라.

34(39). 매년 열리는 엠파이어스테이트빌딩 경주에서 경주자들은 0.32 m의 높이를 1,575 계단을 따라 뛰어 올라가야 한다. 2003년 호주 사람 폴 크레이크는 경주를 9분 33초 만에 주파하였다. 그의 몸무게는 65 kg이다.

a) 크레이크 빌딩 꼭대기에 이르기까지 얼마의 일을 하였는가?

b) 평균 일률 출력은? (ft-lb/s의 단위와 hp 단위로 나타내라.)

35(40). 중년의 물리학 교수가 자전거를 타고 프랑스의 Alpe d'Huez를 오르는 데 100분이 걸린다. 그 언덕의 수직 높이는 1,120 m이고 자전거와 그 교수의 질량은 85 kg이다. 그가 낸 평균 일률 출력을 구하라.

4장

물질의 물리학

오하이오 주 에이크론에 떠 있는 굿이어 소형비행선.

비행선

작은 비행선은 이제 TV 화면에 자주 노출되기 때문에 아마 아무도 주목해서 보지 않을 것이다. 작은 비행선은 운동 경기장 상공에 띄워져 카메라 촬영 장소나 또는 광고판이 되기도 한다. 이 공기보다도 가벼운 비행선의 역사는 생각보다 오래된 것이다. 인류가 풍선모양의 기구를 타고 공중을 여행한 것은 1903년 노스캐롤라이나의 키 호크에서 있었던 라이트 형제의 비행보다 약 100년은 앞선 것이었다. 비행선을 이용한 첫 정기 항공노선은 대서양을 가로지른 대형 비행선 제플린 호로서 수십 명을 태운 호화 비행선이었다. 제플린 호는 약 100여 대가 만들어져 후일 제1차 대전 기간 중 런던을 비롯한 많은 유럽의 도시들을 폭격하는 데 사용되기도 하였다. 1930년에 미국 해군은 2척의 200톤이 넘는 거대한 비행선을 이용한 항공모선을 운용 비행기를 이착륙시키기도 하였는데 모두 폭풍에 의해

파괴되었다. 비행선으로 인한 재앙은 1937년에 있었던 힌덴부르그 제플린으로 그 화염에 휩싸인 모습은 아직도 기억되고 있다.

이런 비행선은 금속 부품들로 인한 막대한 무게를 가지고 어떻게 풍선과 같이 공기 중에 떠 있을 수 있을까? 지금의 비행선들은 힌덴부르크의 위험을 어떻게 피할 수 있을까? 그 대답, 그리고 물질과 연관된 많은 주제들 즉 유체의 압력, 아르키메데스의 원리, 밀도 등을 이번 장에서 다루고자 한다.

4.1 물질: 상태, 형태 그리고 힘

4.1a 물질의 상태

이 절의 주제는 물질(질량을 가지며 크기가 있는 모든 것)이다. 지구, 우리가 마시는 물, 숨 쉬는 공기, 우리의 몸 등 우리가 접촉하는 모든 것은 물질로 구성되어 있다. 분명히 물질은 물리적인 성질이 다른 여러 가지 형태로 존재한다. 물질을 네 가지 범주로 구분할 수 있는데 그것은 **고체**(solid), **액체**(liquid), **기체**(gas) 및 **플라즈마**(plasma)이다. 이들을 물질의 네 가지 **상**(phases) 또는 상태라고 한다(물리학에서, 가스(기체)는 가솔린을 의미하는 것이 아니며, 플라즈마는 혈액의 액체 부분을 의미하는 것이 아니다). 간단히 말해서 네 가지 상태를 다음과 같이 구별할 수 있다.

일상생활에 존재하는 거의 모든 물질들은 고체, 액체 및 기체로 되어 있다. 예전에는 이들을 물질의 세 가지 상태라고 하였으나 지금은 플라즈마를 물질의 특별한 네 번째

고체

단단한 물질; 강한 힘을 가하지 않는 한 그 모양이 변하지 않는다. 예: 바위, 나무, 플라스틱, 철.

액체

흐를 수 있는 물질; 담는 용기에 따라 모양이 결정된다. 경계(표면)가 명확하며 기체보다는 밀도가 높다. 예: 물, 알코올, 휘발유, 혈액.

기체

흐를 수 있는 물질; 담는 용기에 따라 모양이 결정된다. 표면이 명확하지 않으며 압축될 수 있다(부피가 작아도 쪼그라들 수 있음). 예: 공기, 이산화탄소, 질소, 헬륨.

플라즈마

기체와 같은 성질을 가지나 전기를 통할 수 있다. 자기장의 영향을 쉽게 받는다. 보통 매우 온도가 높은 상태에서 존재한다. 예: 불이 켜진 형광등 속의 기체, 네온 및 증기 상태로 발광하는 것(형광등)으로서 태양이나 별을 구성하는 물질이 그에 속한다(그림 4.1).

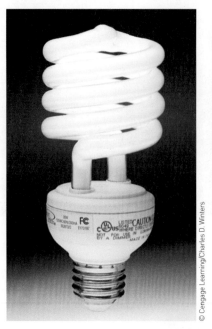

그림 4.1 형광등의 불빛은 플라즈마에 의한 발광을 이용한 것이다.

그림 4.2 물질의 상은 그림과 같이 그 온도에 의해 결정된다.

상태라고 한다. 비록 플라즈마는 지구상에서 흔하지 않지만, 눈에 보이는 우주 속의 대부분의 물질은 별 속에 있는 플라즈마의 형태로 존재한다. 지난 50년 동안 플라즈마에 대한 연구는 물리학의 중요한 한 분야로 성장해 왔다. 그 이유는 핵융합과 관련되어 있다(11.7절에서 다룬다). 핵융합은 태양을 포함한 별들의 에너지원이다. 플라즈마 물리학의 주요 목표 중 하나는 핵융합이 일어날 수 있는 곳에서 별과 같은 플라즈마를 인공적으로 생기게 하는 것이다.

많은 물질들이 이러한 물질의 범주에 쉽게 딱 들어맞지는 않는다. 가느다란 알갱이로 된 설탕 가루나 소금 가루는 쏟아 부으면 쉽게 흐를 수 있으며 담는 용기에 따라 그 모양이 달라진다. 그렇지만 그런 것들은 고체로 간주한다. 왜냐하면 가느다란 알갱이 하나하나는 고체라고 할 수 있으며 또한 큰 덩어리로 결정화될 수 있기 때문이다. 타르나 당즙 같은 것들은 잘 흐르지 않지만 차가울 때는 특히 더 그렇기 때문에 고체와 같은 특징을 갖고 있기는 하다. 그러나 흐르도록 오래 기다리면 용기에 따라 모양이 달라지므로 액체로 간주한다.

또 어떤 많은 물질들은 두 가지 다른 상태로 구성되어 있다. 스티로폼은 어떤 고체와 같은 성질이 있지만 수백만의 아주 작고 단단하게 연결된 거품 속에 기체가 갇혀 있는 형태로 되어 있다. 대부분의 강물은 그 속에 작은 고체 입자들이 떠서 흘러 다니다가 물이 정지하면 그 입자들은 가라앉는다. 샤워실의 안개나 낮게 떠 있는 구름 등은 공기와 혼합된 수백만의 작은 물방울로 되어 있다. 사과나 감자는 겉으로는 고체이지만 그 속에 액체를 많이 포함하고 있다.

간단하게 분류하였지만 복잡하게 보이게 하는 다른 요소 중에는 주어진 물질의 상태가 온도와 압력에 따라 변할 수 있다는 것이다. 그 좋은 예로 물이 있다. 보통은 액체이지만, 0 ℃(32 ℉) 이하에서는 고체(얼음)가 된다(그림 4.2). 정상 압력에서 온도가 100 ℃(212 ℉) 이상이 되면 물은 기체(수증기)가 된다. 그러나 실온에서도 공기의 압력을 낮추면 물을 끓게 할 수 있다. 프로판, 이산화탄소 및 다른 여러 가지 기체들은 압력을 가하여 실온에서도 강제로 액체 상태로 만들 수 있다. 대부분의 냉장고나 에어컨은 기체 상태의 냉매를 압축하여 액화하는 방식으로 작동된다.

이 장에서의 논의를 좀 더 단순하게 하기 위해, 이제부터는 "순수" 상태에 있는 물질만을 고려하기로 하자. 예를 들어 바위와 같은 고체, 순수한 물과 같은 액체 및 이산화탄소와 같은 기체 상태 등이다. 물질이 특정 상태로 존재한다고 말하는 것은(특별한 언급이 없는 한) 실온과 정상 압력 하에서의 상태를 의미한다.

물질의 상태가 무엇이냐에 따라 거시적인(겉으로 보이는) 형태와 물질의 성질을 알 수 있다. 이러한 성질은 결국 물질의 미시적인(내부의) 구성에 의해 결정된다. 약 2,500년 전 그리스의 철학자들은 우리가 보고 만지는 모든 물질은 아주 작은 개개의 조각으로 이루어졌다는 이론을 세웠다. 어떻게 보면 그것은 맞는 말이다. 다이아몬드나 물, 산소는 모두 아주 작은 "기초 요소"로 되어 있거나 물질의 특징을 이루는 가장 작은 독립체들을 단위로 하여 구성되어 있다(하지만 곧 알게 되겠지만, 기초 요소라고 하는 것도 더 작은 것들의 집합으로 이루어져 있다). 물은 액체이고 다이아몬드는 고체이다. 그 이유는 그것들을 구성하는 작은 단위들의 성질 때문이다. 그러므로 모든 물질은 그것을 구성하는 고유한 성분의 성질에 의해 다시 분류할 수 있다. 이제 물질의 단순한 분류로 시작해서 좀 더 복잡한 것으로 살펴보기로 하자.

4.1b 물질의 형태

화학 **원소**(elements)는 일상의 모든 물질들의 가장 단순하면서도 순수한 형태를 나타낸다. 현재, 과학자들은 118개의 원소들을 확인했으며 그중 114개 원소의 이름에 동의하고 있다. 우리 일상에서 사용되고 있는 보통 물질들의 일부는 원소 상태의 물질이다. 이들 중에는 수소, 헬륨, 탄소, 질소, 산소, 네온, 금, 은, 철, 수은 및 알루미늄 등이 있다. 각 원소들은 원자라고 불리는 엄청나게 작은 입자로 되어 있다. 118가지의 **원자**(atoms)들이 있으며 모두가 각각 다른 것이다. 그중 약 90개 정도만이 지구상에 자연적으로 존재하며 그 외 다른 원소들은 실험실에서 인공적으로 생성되는 원소들이다. 상당수의 원소들이 매우 드물게 존재하며 그런 원소들의 이름은 화학자나 과학자의 이름을 딴 것이 많다.

원자는 하나의 입자로 된 것은 아니며 내부 구조를 갖고 있다. 각각의 원자들은 매우 밀도가 높은 **핵**(nucleus)과 그 둘레를 한 개 이상의 **전자**(electrons)라고 하는 입자가 둘러싸는 구조로 되어 있다. 핵 자체는 **양성자**(protons)와 **중성자**(neutrons)라는 두 종류의 입자로 되어 있다(그림 4.3). 양성자와 전자는 크기가 같으나 부호가 반대인 전하를 띠고 있어서 서로 간에는 인력이 작용한다. 전자는 양성자나 중성자에 비해 매우 가벼우며, 양성자에 의한 인력을 구심력으로 하여

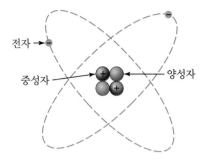

전자 →

중성자 → ← 양성자

그림 4.3 원자의 개념도. 원자는 양성자와 중성자를 포함하는 밀도가 높은 핵과 그 둘레를 도는 전자로 구성되어 있다. 특정 원소의 모든 원자들은 양성자의 수가 같다. 그 수를 그 원소의 원자번호라 한다(이 그림은 실제 크기와는 다르다).

궤도 운동을 한다.

특정 원소에 해당하는 모든 원자들은 고유한 양성자수를 갖는다. 예를 들어, 양성자가 두 개인 원자는 헬륨이고, 양성자가 8개인 원자는 산소, 79개인 원자는 금이다. 원소의 원자번호는 그 원소의 원자가 가지는 양성자의 수이다. 헬륨은 두 개의 양성자가 있으므로 헬륨의 원자번호는 2이다. 산소는 8이고 금은 79이다. 각 원소는 화학기호라고 하는 약자로 표기한다. 표 4.1에 많이 사용되는 원소의 화학기호와 원자번호가 나열되어 있다. 또한 실온과 정상압력 하에서 각 물질의 상태도 주어져 있다. 이 책의 뒤쪽에 있는 원소의 주기율표는 알려진 모든 원소들과 그 성질이 주어져 있다(원자의 구조에 관해서는 7장과 10장에서 자세히 다루게 될 것이다).

일상에 존재하는 물질 중에 다음으로 단순한 형태는 **화합물**(compounds)이라고 하는 것이다. 수백만 가지의 다른 화합물이 존재하는데 그중에는 물, 소금, 설탕, 알코올 등이 있다. 화합물은 원소와 비슷해서 각각의 화합물들은 **분자**(molecule)라고 하는 고유의 구성 입자를 가지고 있다. 특정 화합물의 개개의 분자들은 둘 또는 그 이상의 원자들이 전기력에 의해 결합되어 있는 고유의 조합으로 이루어

표 4.1 흔히 사용되는 화학 원소

원소	원소기호	원자번호	상태
수소	H	1	기체
헬륨	He	2	기체
탄소	C	6	고체
질소	N	7	기체
산소	O	8	기체
네온	Ne	10	기체
나트륨	Na	11	고체
알루미늄	Al	13	고체
규소	Si	14	고체
염소	Cl	17	기체
칼슘	Ca	20	고체
철	Fe	26	고체
니켈	Ni	28	고체
구리	Cu	29	고체
아연	Zn	30	고체
은	Ag	47	고체
금	Au	79	고체
수은	Hg	80	액체
납	Pb	82	고체
우라늄	U	92	고체

져 있다. 예를 들어, 물의 각 분자는 두 개의 수소 원자와 하나의 산소 원자가 결합되어 있는 구조이다(그림 4.4). 마찬가지로, 산소 원자 하나에 붙어 있는 탄소 원자 하나는 일산화탄소 분자를 형성한다. 각 화합물은 어떤 "식"으로 나타낼 수 있다. 그 식은 화합물 분자 속에 들어 있는 각각의 원자들의 수와 종류를 식별할 수 있는 약식 부호로 되어 있다. 잘 알고 있는 바와 같이 물 분자는 H_2O로 나타낸다. 그 외 다른 분자의 예로는 NaCl(소금), CO_2(이산화탄소), CO(일산화탄소), $C_{12}H_{22}O_{11}$(설탕) 및 C_2H_5OH(에탄올) 등이다. 분자를 이루기 위해 원자들이 어떻게 결합하는가를 연구하는 것이 화학의 주요 분야이다.

기체 상태의 어떤 원소들도 역시 분자로 이루어져 있다. 우리가 숨 쉬는 공기 중의 산소는 원소이지만 대부분의 산소 원자들은 짝을 이루어 O_2 분자로 존재한다. 오염된 공기로 존재하는 오존(O_3)은 산소로 된 형태 중에서는 드문 것으로서 지구 표면 위 15마일 부근에 있는 오존층에도 존재한다. 각각의 오존 분자는 세 개의 산소 원자로 되어 있다. 질소 기체 N_2도 역시 분자의 형태로 존재한다. 헬륨이나 네온은 모두 기체 상태의 원소이지만 쉽게 분자 형태가 되지 않는 원소이다.

공기나 돌, 바닷물 같은 많은 물질들은 둘 또는 그 이상의 다른 원소들이 물리적으로 혼합된 것이다. 이들은 **혼합물**(mixtures)과 **용액**(solutions)으로 분류한다. 공기는 서로 혼합된 수십 가지의 서로 다른 기체들로 구성되어 있다. 표 4.2에 깨끗하고 건조한 공기의 구성 성분들이 주어져 있다. 우리가 숨 쉬는 공기는 수증기와 공해 물질(일산화탄소와 같은)도 포함하고 있다. 공기 중에 그러한 기체가 존재하는 양은 위치에 따라 다르고 매일 매일 다르다. 사하라 사막의 공기는 로스앤젤레스의 공기와는 그 구성 성분들이 완전히 다르다.

두 원소의 혼합은 같은 두 원소의 화합과는 다르다. 산소와 수소를 섞는다면, 그것은 단지 기체 상태의 혼합일 뿐이다. 개개의 수소 원자들과 산소 원자들은 별개로 남아 있을 뿐이다. 그 혼합물에 불을 붙인다면 수소와 산소 원자들은 결합하여 물 분자를 이룰 것이다. 그때 여분의 에너지가 열(불)의 형태로 폭발적으로 방출된다. 왜냐하면 원자들이 서로 결합할 때 갖는 전체 에너지는 개별적으로 있을 때의 전체 에너지보다 작기 때문이다.

수소, 산소, 물의 예는 화합물(물)의 성질이 구성 원소(수소와 산소)들의 성질과 아주 다르다는 것을 보여 주고 있다. 고체인 나트륨(Na)은 물과 아주 잘 반응한다. 기체인 염소(Cl)는 음료수 내에 있는 박테리아를 죽이는 데 사용된다. 둘 중

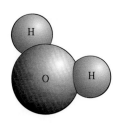

그림 4.4 물 분자는 두 개의 수소 원자가 하나의 산소 원자에 붙어 있는 구조이다. 이러한 구조는 물이나 얼음 및 수증기의 경우에도 마찬가지다.

표 4.2 맑고 건조한 공기 속의 주요 원소들

기체	%(부피 비율)
질소(N_2)	78.1
산소(O_2)	20.9
아르곤(Ar)	0.93
이산화탄소(CO_2)	0.03
기타 다른 기체들(Ne(네온), He(헬륨) 등)	0.04

그림 4.5 염소와 나트륨은 각각 독성이 있지만 화학적으로 결합하면 소금이 된다.

염소   나트륨   소금

그림 4.6 지구와 같은 크기의 속이 빈 구에 골프공을 얼마나 많이 넣을 수 있겠는지를 생각해 보자. 그것이 바로 골프공에 들어 있는 원자의 수와 같다.

어느 하나만이라도 삼키면 아주 치명적이 될 수도 있다. 그러나 나트륨과 염소가 화학적으로 결합되면 그 결과는 소금(NaCl)이 되는데 소금은 식생활에 절대적으로 필요한 것이다(그림 4.5).

생명의 기본 단위는 세포이며 각 세포는 많은 여러 가지 화합물로 구성되어 있다. 이들 중 어떤 것은 각 분자 내에 수십 억 개의 원자들을 포함하기도 한다. 아주 좋은 예로 DNA 분자가 있다. 그러한 "유기" 분자들의 주요 구성 원소는 수소, 탄소, 산소 및 질소이다. 그 외의 다른 원소들은 아주 미량이 들어 있다. 예를 들어, 사람의 뼈와 치아에는 칼슘이 들어 있다.

따라서 원자들은 원소에서와 마찬가지로 화합물의 기본이다. 보통의 물체 속에 얼마나 작은 원자들이 얼마나 많이 들어 있는지를 상상하기는 어렵다. 원자의 지름은 대략 천만분의 1밀리미터 정도이다. 지름이 1인치인 공의 크기는 원자의 크기와 지구의 크기의 중간쯤에 있다(그림 4.6). 다시 말해서, 1인치 크기의 공이 지구의 크기로 부풀어 오른다면 공 속의 각 원자들은 지름이 1인치 정도로 부풀어질 것이다.

원자들은 매우 작기 때문에, 우리가 볼 수 있을 정도의 크기를 가진 물체 속에는 엄청난 수의 원자가 있다. 10억의 10억 배의 천 배의 백 배(숫자 1 다음에 0을 23개 쓴 것)개의 원자가 손톱 크기 정도에 들어 있다. 맨눈으로 볼 수 있는 가장 작은 입자라 하더라도 지구상에 있는 사람의 숫자보다도 훨씬 많은 원자가 있다.

원자들은 거의 쪼개지지 않으며(핵반응에서는 쪼개진다) 계속적으로 순환된다. 지구와 그 위에 있는 모든 것들은 수십억 년 전에 폭발된 별의 부스러기들로 되어 있다고 믿어진다. 연소, 붕괴 및 성장과 같은 과정들은 원자들이 서로 결합되거나 다른 원자들로부터 분해되어지는 것이다. 사람의 귓불에 있는 탄소 원자

한 개는 과거에는 공룡, 삼나무, 장미 또는 레오나르도 다 빈치 아니면 네 가지 모두다의 일부분이었을 수도 있다.

4.1c 원자와 분자의 성질

물질의 구성 입자인 원자나 분자들은 서로 간에 전기적인 힘을 미친다("정전기로 달라붙는" 것은 전기력의 한 예이다). 이들 힘의 본질이 물질의 성질을 결정한다. 원소 내의 원자들 사이의 힘은 각 원자의 전자 배열에 따라 다르다. 화합물의 경우 분자들 간의 힘과 마찬가지로 분자들의 크기나 모양은 겉모습이나 성질에 영향을 준다. 물질의 세 가지 상태를 입자들 간의 힘과 관련지어 다음과 같이 표현할 수 있다.

고체 내에서 입자들 간의 힘을 나타내기 위한 표준 모형은 각각의 원자들을 그 이웃 원자와 용수철로 연결하는 것이다. 원자들은 용수철에 매달린 물체처럼 자유롭게 진동할 수 있다(원자나 분자의 진동은 온도와 관계있으며 5장에서 배우게 될 것이다). 때로는 고체 내의 원자나 분자들은 결정이라고 하는 규칙적인 기하학적 배열을 이루고 있다(그림 4.7). 먹는 소금은 나트륨 원자와 염소 원자가 교대로 배열되어 있는 결정성 화합물이다. 규칙적인 결정 구조를 갖지 않는 고체를 비정질 고체라 하며 그것은 원자나 분자들이 임의의 형태로 "뒤섞여 있는" 것이다. 그러한 고체의 좋은 예가 유리이다.

탄소는 매우 흥미로운 원소인데 아주 다른 성질을 갖고 있는 두 가지의 결정 형태(흑연과 다이아몬드)와 최근에 발견된 것으로 엄청난 수의 분자로 형성된 것이 있다. 다이아몬드의 경우, 각 탄소 원자는 가장 가까이 있는 네 개의 이웃 원자들과 매우 강하게 결합된 결정성 고체로서 자연적으로 존재하는 물질 중에 가장 단단한 것으로 알려져 있다(그림 4.8a). 그러나 흑연은, 연필 "심"의 주성분으로, 탄소 원자들은 각 원자가 이웃하는 세 개의 같은 층의 가장 가까운 원자와 강하게 결합하여 육각형의 그물을 형성하여 얇은 판을 여러 층 쌓은 모양을 이룬다(그림 4.8b). 이들 하나하나의 판은 이웃하는 판에 대해 쉽게 미끄러지는 힘을 받을 수 있다. 그래서 흑연은 "가루 상태"의 우수한 윤활 재료가 될 수 있는 것이다. 또한 탄소 원자들은 거대한 분자를 형성하기 위한 결합을 할 수도 있다. 그중 아주 유명한 것으로 벅민스터풀러렌(그냥 "벅키볼"이라고도 한다)이라고 하는 C_{60}이 있다. 그 명칭은 유명한 기술자이자 철학자인 벅민스터 풀러(R. Buckminster Fuller)의 이름을 딴 것이다. 그 분자를 보면 측지선 돔의 발견자인 풀러를 생각나게 한다. 각각의 벅민스터풀러렌 분자 속에 있는 60개의 원자들

고체

구성 입자들 간의 인력이 매우 강하다. 구성 원자나 분자들이 그 이웃과 매우 단단히 결합되어 있어서 단지 진동만 할 수 있다.

액체

구성 입자들이 서로 결합되어 있지만 그렇게 강하지는 않다. 각 원자나 분자들은 이웃에 대해 상대적으로 움직일 수 있지만 항상 다른 원자나 분자들과 서로 접촉을 유지하고 있다.

기체

구성 입자들 사이의 인력이 서로를 묶어 두기에는 매우 작다. 원자나 분자들은 매우 빠른 속력으로 움직이며 따라서 넓게 퍼져 있게 된다. 입자들은 서로 충돌할 때만 접촉한다.

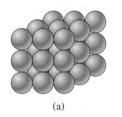 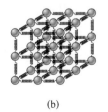 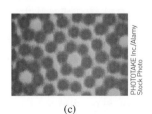

(a) (b) (c)

그림 4.7 (a) 고체 결정 내의 원자나 분자들은 규칙적인 3차원 배열을 이루고 있다. 그것은 마치 대형 아파트나 건물에 방이 배열되어 있는 것과 같은 방법이다. 원자나 분자들은 서로에게 힘이 작용한다. (b) 결정은 서로 용수철로 연결해 놓은 것과 아주 비슷한 성질을 갖는다. (c) 이 사진은 IBM 왓슨 연구소의 주사 투과현미경(STM)으로 찍은 것으로 실리콘 원자들이 정렬되어 있는 모습을 보여 주고 있다.

그림 4.8 고체 탄소의 세 가지 형태. 각각의 작은 구들은 탄소 원자 한 개를 나타내고 있으며, 연결 막대는 탄소 원자들을 서로 잡아주는 것을 나타낸다. (a) 다이아몬드 구조. (b) 흑연 구조. (c) C_{60} 구조.

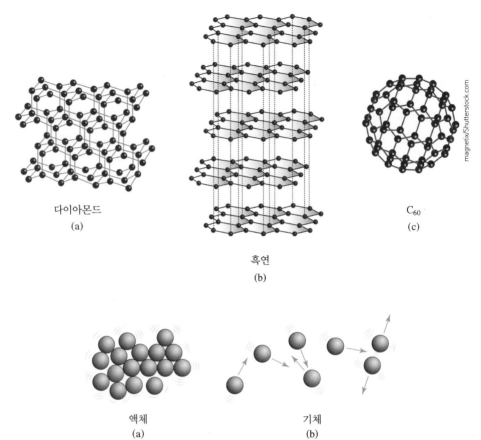

다이아몬드
(a)

흑연
(b)

C_{60}
(c)

magnetix/Shutterstock.com

그림 4.9 (a) 액체 속의 원자나 분자들은 서로 접촉을 유지하고 있지만 서로에 대해 자유롭게 움직일 수 있다. (b) 기체에서는 원자나 분자들이 서로에 묶여 있지 않다. 기체의 분자들은 매우 빠른 속력으로 움직이며 충돌할 때만 상호작용한다.

액체
(a)

기체
(b)

Jochen Tack/Alamy Stock Photo

그림 4.10 구형의 자석들은 그 결합력의 본질은 다를지라도 액체 상태의 원자나 분자들이 구의 모양을 갖는 것과 같은 원리이다.

은 축구공 모양의 오각형 12개와 육각형 20개로 되어 있다. C_{60} 분자들은 차곡차곡 결합하여 결정이 될 수 있다(그림 4.8c). 흑연과 같이 탄소 원자들의 얇은 판이 둘둘 말려서 가늘고 긴 관이 되어 "탄소 나노튜브"를 만들 듯이 수십 개의 크고 작은 속이 빈 C_{60}이나 다른 분자 탄소 형태들은 마이크로 전자공학이나 의학 등에 매우 유용하게 응용될 것으로 기대되고 있다.

액체에서는 입자들이 매우 단단하게 결합될 수 있을 정도로 입자들 간의 힘이 그리 강하지 않다. 원자나 분자들이 진동하기도 하지만 가까이로 쉽게 움직이기도 한다(그림 4.9a). 이것은 마치 많은 공 모양의 자석들이 서로 달라붙어 있는 모습과 비슷하다. 입자들 간의 힘은 표면장력(액체의 표면과 인접한 다른 표면과의 본질적인 인력)과 작은 알갱이들이 얼마나 동그랗게 생겼는가와 관련이 있다 (그림 4.10).

많은 화합물들이 액체 결정[줄여서 '액정'이라고 함] 상태라고 하는 고체와 액체의 중간 상태로도 존재한다. 그런 상태의 분자들은 액체에서처럼 약간의 이동성이 있으나 고체에서처럼 비교적 규칙적으로 정렬되어 있다. 계산기에 있는 액정표시장치(LCD), 액정 TV 및 시계 등은 액정의 광학적 성질을 변화시키기 위하여 전기적으로 유도된 분자의 운동을 이용한다(좀 더 자세한 내용은 9.1절에서 다룬다).

기체의 경우, 원자와 분자들과의 간격이 넓어서 충돌할 때를 제외하고는 개별

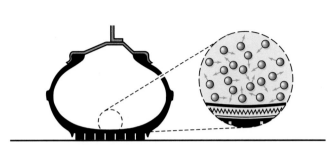

그림 4.11 자동차 타이어 내의 공기 분자는 타이어의 벽과 충돌하여 힘이 작용한다. 공기 분자가 움직이지 않는다면 바람이 빠진 경우일 때만 그렇다.

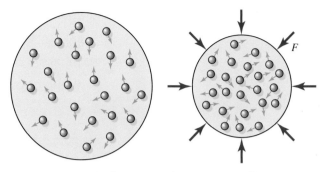

그림 4.12 기체 분자들은 매우 넓게 퍼져 있기 때문에 압축될 수 있다. 기체 용기의 외벽에 힘(압력)이 작용하면 그 안의 기체 분자들은 서로 가까워진다.

적으로 움직인다(그림 4.9b). 또한 움직이는 속력은 매우 빠르다. 예를 들어 우리가 숨 쉬는 산소 분자의 속력은 1,610 km/h 이상이다. 각각의 분자가 다른 분자들과 임의로 충돌함에 따라, 어떤 때는 속력이 증가하고 다른 때는 감소한다.

항상 그렇지만, 고체나 액체의 표면은 기체에 대한 경계면이 된다. 유리잔 속이나, 호수 또는 바닷물의 표면은 공기의 아래쪽 경계가 된다. 타이어의 안쪽 벽은 그 안에 있는 공기의 경계이다(그림 4.11). 기체 속에서 속력이 매우 빠른 원자나 분자들은 임의의 운동에 의해 표면에 충돌하게 되며 그때 그 표면에 힘이 작용한다. 이것이 바로 3.6절에서 배운 바와 같이 기체가 압력을 가지게 되는 이유이다. 다시 말해서, 자동차의 무게는 타이어의 안쪽 벽과 공기 분자와의 충돌

● 개념도 4.1

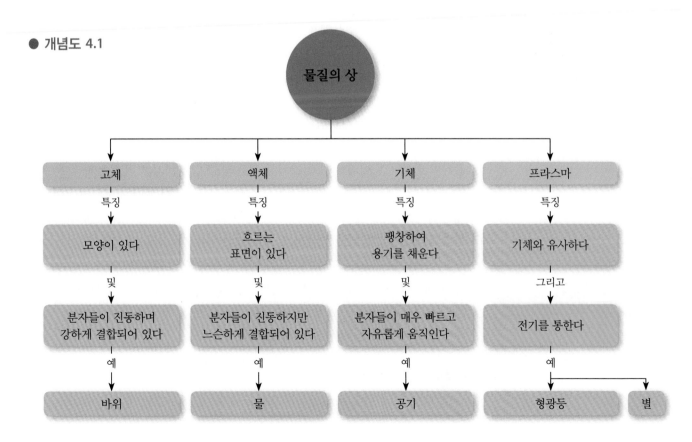

에 의해 지탱된다.

정상 온도와 압력 하에서, 기체에서의 원자나 분자들 간의 평균 거리는 고체나 액체의 경우보다 약 10배가 된다(그림 4.12). 기체 속에는 빈 공간이 아주 많이 있는 것이며 그것 때문에 기체가 쉽게 압축될 수 있다.

4.2 압력

지금까지 고체, 액체, 기체에 관한 기본적인 성질에 관하여 공부하였다. 이제 앞에서 배운 역학이 물질에는 어떻게 관련지을 수 있는지를 살펴볼 때이다. 이미 1장, 2장, 3장에서 큰 물체도 때로는 점으로 취급할 수 있다고 배웠다(예를 들어, 떨어지는 바위, 궤도 운동하는 위성이나 행성, 충돌하는 트럭 등이다). 더욱이 각 운동량 보존 법칙(3.8절)으로 매우 재미있는 고체의 회전 운동에 관하여 알아볼 수 있다. 그러나 기체나 액체의 경우는 어떤가? 우리 몸 속이나 주변에 있는 유체(동맥이나 정맥 속을 흐르는 피, 대기, 물줄기, 바다)는 일정한 운동을 한다. 우리가 알고 있는 역학을 유체에도 적용할 수 있을까? 그에 대한 답은 당연히 "그렇다"이다.

뉴턴의 법칙과 보존 법칙은 질량이나 힘과 같은 물리량에 적절히 응용하여 유체의 운동에 적용할 수 있다. 그러나 이 책의 수준을 넘는 조금 복잡한 수학을 이용해야 한다. (전 세계의 가장 강력한 컴퓨터 중 일부는 대기의 운동과 같은 유체와 관련된 문제를 풀기 위해 독점적으로 사용되고 있다.) 따라서 여기서는 유체에 대한 공부를 보존 법칙 하나(제한적으로)만으로 다루고자 한다(4.7절). 그러나 우리의 일상생활에서 아주 중요하고 또 간단한 수학으로 다룰 수 있는 정지해 있는 유체와 관련된 몇 가지 현상이 있다. 이들 현상들은 이 장의 나머지 부분의 중요한 주제이다. 이제 먼저, **압력**(pressure)과 **밀도**(density)라는 물리량을 소개한다. 그것은 각각 힘과 질량을 확장한 개념이다. 이들은 정지해 있거나 운동하는 유체를 공부하기 위한 두 가지 필수 물리량이다.

4.2a 압력이란?

기체, 액체 및 고체에 수직으로 작용하는 힘은 표면 전체에 고르게 작용한다. 마

표 4.3 몇 가지 압력의 예

압력의 예	p(Pa)	p(psi)	p(atm)
실험실에서 가능한 최저 압력	7×10^{-12}	1×10^{-14}	7×10^{-16}
고도 100 km 상공에서의 대기압	0.06	9×10^{-6}	6×10^{-7}
해수면 위에서 측정된 대기압의 최저값	0.87×10^5	12.6	0.86
해수면에서의 평균 대기압	1.01×10^5	14.7	1
해수면 위에서 측정된 대기압의 최고값	1.08×10^5	15.7	1.07
자동차 타이어 속의 압력(보통의 경우)	3.1×10^5	45	3.1
해저 11 km에서의 압력(마리아나 해구)	1.1×10^8	1.6×10^4	1.1×10^3
실험실 최대 물 제트 압력	6.8×10^{10}	9.9×10^6	6.8×10^5
지구 중심에서의 압력	1.7×10^{11}	2.5×10^7	1.7×10^6
태양의 중심에서의 압력	2.5×10^{16}	3.6×10^{12}	2.5×10^{11}

그림 4.13 바닷물은 배가 물속에 잠긴 부분의 밑표면 전체에 위로 향하는 힘을 작용한다.

룻바닥이 서 있는 사람에게 작용하는 힘은 발바닥 전체에 퍼져 있다. 물 위에 떠 있는 배는 배 밑의 표면에 골고루 위로 향하는 힘을 받는다. 공중에 떠 있는 풍선 주위의 공기는 풍선의 표면에 힘을 작용한다. 이러한 경우에, **압력**(pressure)이라는 물리량이 아주 유용한 것이다.

압력은 벡터가 아니고 스칼라량이다. 따라서 그와 관련된 방향은 없다. p는 압력의 머리글자이며, P는 일률의 머리글자이다.

압력
어떤 면에 수직하게 작용하는 단위넓이당 힘. 그 면에 작용하는 힘의 수직한 성분을 그 표면의 넓이로 나눈 것이다. 즉,

$$p = \frac{F}{A}$$

물리량	미터 단위계	영국 단위계
압력(p)	파스칼(Pa)(1 Pa = 1 N/m^2)	제곱피트당 파운드(lb/ft^2)
		제곱인치당 파운드(psi)
	mm 단위 수은주 높이(mm Hg)	인치 단위 수은주 높이(in. Hg)

압력의 표준 단위는 힘의 단위를 넓이의 단위로 나눈 것이다. 압력의 SI 단위는 파스칼(Pa)이며 제곱미터당 1 N과 같다. 압력의 영국 단위(psi)가 많은 사람들이 더 잘 알고 있을 수 있다. 타이어의 공기압은 흔히 psi 단위로 측정된다. psi 단위와 Pa 단위 간의 관계는 다음과 같다.

$$1\ \text{psi} = 6{,}890\ \text{Pa}$$

이 수치는 너무 커서 제곱인치당 1 lb의 힘은 제곱미터당(상당히 넓은 넓이이다) 엄청난 크기의 힘을 내는 것이다. 수은주 높이 압력 단위와 이 두 압력 단위에 대해서는 4.4절에서 자세히 설명할 것이다. 그 외 다른 압력 단위로 흔히 사용하는 기압(atm)이라는 단위가 있다. 그것은 해수면에서의 평균 공기압과 같다(나중에, 고도가 높아짐에 따라 공기압이 낮아진다는 것을 알게 될 것이다). 기압과 다른 단위와의 관계는 다음과 같다.

$$1\ \text{atm} = 1.01 \times 10^5\ \text{Pa} = 14.7\ \text{psi}$$

그림 4.14 마루에 작용하는 압력은 높은 힐의 경우가 크다.

이 단위는 중력 가속도로 사용되는 g와 비슷하다. 우리 모두는 우리 주변의 공기의 압력과 중력 가속도 속에서 살아가고 있다. 따라서 다른 압력과 가속도를 대기압과 중력 가속도와 비교해 볼 필요가 있다. 거리의 단위로 사람의 발걸음의 길이(보폭)를 사용한 오래된 관습은 가장 자연스러운 측정 단위의 한 예이다. 표 4.3에 몇 가지 대표적인 압력을 나열하였다.

예제 4.1

몸무게가 686 N인 사람이 마루 위에 서 있다. 바닥과 접촉해 있는 신발의 넓이는 140 cm²이다. 마루에 작용하는 압력을 구하라.

사람의 몸무게는 두 발에 고르게 퍼져 있다고 가정하면, 한 발에 작용하는 힘은 343 N이다. 따라서

$$p = \frac{F}{A} = \frac{343\ \text{N}}{140\ \text{cm}^2}$$
$$= 2.45 \times 10^4\ \text{N/m}^2 \quad \text{(두 발로 서 있는 경우)}$$

운동에 관한 뉴턴의 제3법칙에 의하면, 마루는 신발에 크기가 같고 방향이 반대인 힘을 작용한다. 따라서 마루가 신발에 작용하는 압력도 4 psi이다.

만일 그 사람이 발 하나를 들고 서 있다면, 신발 하나가 전체 몸무게를 받으므로 압력은 다음과 같이 된다.

$$p = \frac{686\ \text{N}}{140\ \text{cm}^2}$$
$$= 4.9 \times 10^4\ \text{N/m}^2 \quad \text{(한 발로 서 있는 경우)}$$

만일 그 사람이 뒷굽이 높은 신발을 신고 한 발의 뒷굽에 몸무게를 다 실어 한 발로 서 있다면 압력은 어떻게 되겠는가? 뒷굽 바닥의 넓이는 1.2 cm × 1.2 cm이다. 따라서 이 경우의 압력은 다음과 같다.

$$p = \frac{686\ \text{N}}{1.44\ \text{cm}^2}$$
$$= 4.76 \times 10^6\ \text{N/m}^2 \quad \text{(굽 높은 신발을 신고 한 발로 서 있는 경우)}$$

예제 4.1은 같은 힘이라도 작용하는 넓이가 작으면 압력이 크다는 것을 보여주는 예이다. 압력을 힘이 어떻게 "집중되어" 있는가의 척도로 생각할 수 있다.

액체나 기체가 압력을 받고 용기의 벽에 힘을 작용하는 예는 많이 있다. 힘과 압력의 관계를 사용하여 벽의 한 면에 작용하는 힘을 구할 수 있다. 압력은 힘을 넓이로 나눈 것이기 때문에 압력 곱하기 넓이는 힘과 같다. 다시 말해서, 면에 작용하는 전체 힘은 단위넓이당 힘(압력)과 넓이를 곱한 것과 같다. 즉,

$$F = pA$$

이다.

그림 4.15와 같이 게시용 핀의 뾰쪽한 부분을 엄지손가락에 대고 지그시 눌러보자. 뉴턴의 제 3법칙에 의해 양 손가락 면에 작용하는 힘은 동일하다. 다만 양 손가락에 느끼는 통증도 역시 같은가? 여기서 압력은 어디에 적용이 되나?

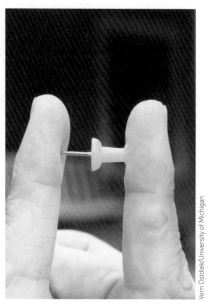

예제 4.2

1980년대 말에, 비행기의 객실 내의 압력이 갑자기 낮아지는 등의 크고 비극적인 사고가 여러 번 있었다(그 원인은 화물칸의 문이 고장나거나, 부식이나 틈새에 의한 비행기 표면의 결함 또는 작은 폭탄 등이다). 객실 내는 적정 압력으로 채워지기 때문에, 창문이나 출입문 및 동체 외벽에는 외부로 큰 힘이 작용한다. 이러한 힘의 크기를 대략적으로 구하라.

그림 4.15 핀을 양손가락에 끼우고 누르면 힘은 같으나 압력은 그렇지 않다.

고도가 높은 곳(약 7,500 m 또는 25,000 ft)에서 제트기 객실 내의 압력은 외부에 비해 약 0.41×10^5 N/m²(0.41기압) 높다. 넓이가 0.3 m × 0.3 m인 창문과 1 m × 2 m인 출입문에 작용하는 밖으로 향하는 힘의 크기를 구하라.

창문의 넓이는

$$A = 0.3\,\text{m} \times 0.3\,\text{m}$$
$$= 0.09\,\text{m}^2$$

이다.

창문에 작용하는 힘은

$$F = pA = 0.41 \times 10^5\,\text{N/m}^2 \times 0.09\,\text{m}^2$$
$$= 3690\,\text{N}$$

이다. 비록 작은 압력이라도 창문에는 큰 힘이 될 수 있다.

$$A = 1\,\text{m} \times 2\,\text{m} = 2\,\text{m}^2$$

즉, 출입문에 작용하는 힘은

$$F = pA = 0.41 \times 10^5\,\text{N/m}^2 \times 2\,\text{m}^2$$
$$= 0.82 \times 10^5\,\text{N}$$

이다. 출입문에 작용하는 힘은 작은 자동차 10대의 무게이거나 사람 100명의 무게보다 크다.

4.2b 계기 압력

압력은 상대적인 양이다. 보통 사람들이 타이어의 압력을 측정할 때 타이어 내부의 압력을 타이어 외부의 대기압과 비교하여 측정한다. 타이어의 바람이 완전히 빠졌을 때에도 여전히 타이어 안에는 공기가 남아 있지만 압력은 타이어 외부의 대기압과 같다.

예를 들어, 대기압이 1 atm이라고 하자. 어떤 타이어의 공기압을 측정했더니 2 atm이 나왔다면, 이것은 타이어 내부의 공기압이 외부의 대기압에 비해 2 atm

그림 4.16 1988년 4월 보잉 737 여객기가 7,300미터 상공을 비행하던 중 비행기 앞쪽의 알루미늄 덮개 부분이 떨어져 나가는 사고가 발생하였다. 한 명이 사망하였고 많은 사람이 다쳤으나 비행기는 무사히 착륙하였다.

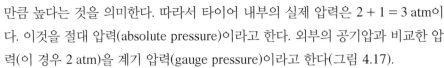

$p_{out} = 1$ atm

2 atm

$p_{in} = 3$ atm

그림 4.17 타이어 내의 절대 압력이 3 atm이면 계기 압력은 2 atm이 된다.

만큼 높다는 것을 의미한다. 따라서 타이어 내부의 실제 압력은 2 + 1 = 3 atm이다. 이것을 절대 압력(absolute pressure)이라고 한다. 외부의 공기압과 비교한 압력(이 경우 2 atm)을 계기 압력(gauge pressure)이라고 한다(그림 4.17).

이 문제를 다른 방법으로 살펴보자. 타이어 내부의 압력 3 atm은 타이어의 벽에 제곱미터당 1.01×10^5 N의 힘을 외부로 작용한다. 반면, 타이어 외부의 대기는 제곱미터당 1.01×15^5 N의 힘을 타이어 안쪽으로 작용한다. 따라서 타이어에 작용하는 제곱미터당 알짜힘은 2.2×10^5 N이다.

외부의 대기압이 변하면 타이어 내의 공기의 계기 압력은 변한다. 만일 자동차가 매우 큰 통 속으로 들어가고 그 통 속의 압력이 1 atm에서 3 atm으로 증가한다면 어떻게 되겠는가? 타이어의 계기 압력은 영이 될 것이고, 그 타이어는 공기를 빼지 않은 상태에서도 편평하게 될 것이다. 통 속의 공기의 압력이 다시 1 atm으로 감소하면 타이어는 탱탱해져서 본래의 모습이 될 것이다.

물리 체험하기 4.2

빈 알루미늄 캔을 준비한다. 20 g 정도의 물을 알루미늄 캔에 넣고 가열하여 캔으로부터 김이 나올 정도까지 가열한다. 캔 속의 물이 2~3분 끓도록 한 후 고무장갑을 낀 손으로 캔의 뚜껑 쪽을 잡고 빠르게 거꾸로 세우며 찬 물이나 싱크 속에 넣어 캔이 반 정도 잠기도록 한다. 어떤 일이 일어나는가? (그림 4.18) 이 실험에서 대기압은 어떤 형식으로 작용하였나?

비행기 객실 내의 압력을 높이는 앞의 예에서, 0.41 atm은 계기 압력이다. 객실 내의 절대 압력은 0.75 atm이며 밖의 대기압은 0.34 atm이다. 고도가 7900 m 되는 곳에서의 대기압은 약 0.34 atm이다.

볼펜 모양으로 생긴 타이어 압력계는 지금까지 우리가 배운 물리의 몇 가지 내용들이 아주 멋있게 포함된 기구이다. 가늘고 긴 관(실린더)과 그 안에서 움직일 수 있게 끼워져 있는 피스톤으로 구성되어 있다(그림 4.19). 타이어의 공기가 왼쪽의 구멍을 통해 압력계의 실린더 속으로 들어가면 피스톤의 왼쪽 끝을 밀게 된다. 피스톤의 오른쪽 끝은 외부 공기에 노출되어 있어서 밖으로 밀려 나갈 수 있게 되어 있다. 타이어 내의 공기의 압력이 외부의 공기 압력보다 높으면 피스톤을 오른쪽으로 밀게 하는 알짜힘이 있게 된다. 피스톤 뒤에 있는 용수철은 이 알짜힘과 균형을 이루게 한다. 피스톤에 작용하는 알짜힘이 커질수록 용수철의 압축이

그림 4.18 물리 체험하기 4.2의 결과.

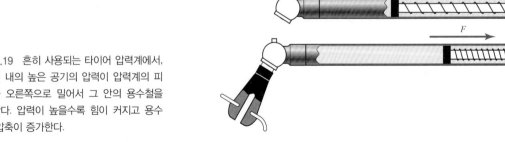

피스톤

F

그림 4.19 흔히 사용되는 타이어 압력계에서, 타이어 내의 높은 공기의 압력이 압력계의 피스톤을 오른쪽으로 밀어서 그 안의 용수철을 압축한다. 압력이 높을수록 힘이 커지고 용수철의 압축이 증가한다.

커진다. 피스톤의 오른쪽의 밖으로 나오는 부분에 눈금이 매겨져 있다. 피스톤이 오른쪽으로 밀리게 되면 용수철이 압축된 길이만큼 피스톤 축이 오른쪽으로 튀어 나오게 된다. 압력에 비례하는 힘이 피스톤에 작용하기 때문에 피스톤 축에는 타이어의 계기 압력을 나타내는 눈금이 매겨져 있다.

이제 이 절을 마치면서 압력에 관한 아주 중요한 요점을 이야기하자. 기체는 압축될 수 있기 때문에, 기체의 부피는 바뀔 수 있다(그림 4.12). 주어진 양의 기체의 부피가 변할 때마다, 그 기체의 압력도 따라서 변한다. 기체의 부피가 증가하면 압력은 감소하고 부피가 감소하면 압력이 증가한다. 왜 그런지를 이해하기 위해, 앞 절에서 배운 기체 내의 원자와 분자들의 표면과의 충돌이 압력의 원인이 된다는 사실을 상기할 필요가 있다. 부피가 감소하면, 입자들은 서로 밀집하게 되어 용기의 경계면에 부딪치게 되는 단위넓이당 입자의 수가 증가한다. 매 초당 충돌하는 횟수가 증가한다는 것은 단위넓이당 작용하는 힘이 증가하게 되므로 압력이 증가한다. 부피가 증가하는 경우에는 그 반대의 일이 생긴다.

기체의 온도는 원자나 분자들의 속력에 영향을 미친다. 결국, 기체의 온도에 의해 압력도 영향을 받는다. 일정한 양의 기체의 온도가 일정하게 유지되면, 압력 p 와 부피 V의 관계는 다음과 같다.

$$pV = 일정 \quad (온도가 일정한 기체에 대해)$$

이것은 기체의 부피가 압력에 반비례함을 의미하는 것이다. 압력이 두 배가 되면 부피는 반으로 줄어든다. 5장에서, 온도가 압력과 부피에 어떻게 영향을 주는지를 자세히 공부하게 될 것이다.

복습

1. 같은 크기의 힘이 작은 넓이에 작용한다면,
   a. 압력이 감소한다.
   b. 압력은 변하지 않는다.
   c. 압력이 증가한다.
   d. 그 결과는 면적의 모양에 따라 다르다.
2. (참 혹은 거짓) 밀폐된 상자 속에 압력이 높은 공기가 들어 있

다. 벽에 작용하는 외부로 향하는 힘은 넓이가 가장 작은 벽에서 제일 클 것이다.
3. 타이어의 내부와 외부의 압력의 차이를 _____ 압력이라고 한다.
4. (참 혹은 거짓) 용기 속에 있는 기체의 질량과 온도가 일정하게 유지되면서 부피가 감소하면, 압력도 역시 감소할 것이다.

답 1. c 2. 거짓 3. 계기 4. 거짓

4.3 밀도

4.3a 질량 밀도

압력은 힘의 개념을 확장한 것이다. 마찬가지로, **질량 밀도**(mass density)는 질량의 개념을 확장한 것이다. 압력이 힘의 밀집도의 척도인 것처럼, 밀도는 질량이 얼마나 밀집해 있는가를 나타내는 척도이다.

어떤 물질의 단위부피당 질량. 즉 물질의 질량을 그 물질이 차지하는 부피로 나눈 값이다.

$$D = \frac{m}{V}$$

여기서 D는 질량 밀도(density)의 머리글자이다. d는 거리(distance)의 머리글자이다.

물리량	미터 단위계	영국 단위계
질량 밀도(D)	세제곱미터당 킬로그램(kg/m³)	세제곱피트당 슬러그(slug/ft³)
	세제곱센티미터당 그램(g/cm³)	

예제 4.3

육면체 모양의 수족관의 크기가 0.5 m × 1 m × 0.5 m이다. 수족관의 질량은 물을 가득 채웠을 때가 비웠을 때보다 250 kg 많다(그림 4.20). 물의 밀도를 구하라.

우선, 물의 부피는

$$V = l \times w \times h$$
$$= 1\,\text{m} \times 0.5\,\text{m} \times 0.5\,\text{m}$$
$$= 0.25\,\text{m}^3$$

이고,

$$D = \frac{m}{V} = \frac{250\,\text{kg}}{0.25\,\text{m}^3}$$
$$= 1{,}000\,\text{kg/m}^3 \quad (\text{물의 질량 밀도})$$

이다.

부피가 두 배가 되는 탱크를 사용한다면, 물의 질량은 두 배가 될 것이고 따라서 밀도는 그대로이다. 순수한 물의 질량 밀도는 양에 관계없이 1,000 kg/m³이다.

같은 탱크에 휘발유를 채운다면 휘발유의 질량은 170 kg이 될 것이다. 따라서 휘발유의 밀도는 다음과 같다.

$$D = \frac{170\,\text{kg}}{0.25\,\text{m}^3}$$
$$= 680\,\text{kg/m}^3$$

순수한 고체나 액체의 질량 밀도는 온도나 압력의 변화에 따라 미세하게 변화하며 따라서 거의 일정하다고 할 수 있다. 반면에, 순수한 기체의 질량 밀도는 온도나 압력에 따라 크게 변한다. 이것이 바로 물질의 성질을 확인하는 방법 중의 하나이다. 기체의 압력을 두 배로 하면, 부피는 반으로 줄어들기 때문에 질량 밀도는 두 배가 된다. 5장에서, 기체의 온도가 변함에 따라 부피와 밀도가 바뀌게 되는 것에 관하여 공부할 것이다. 편의상, 표준 온도와 압력(STP)인 0 ℃ 1기압에서의 기체의 밀도가 표 4.4에 나열되어 있다.

각 원소나 화합물의 질량 밀도는 고정된 값이다. 물, 납, 수은, 소금, 금 등은 모두 측정되어 표준화된 고유한 질량 밀도를 갖는다. 둘 혹은 그 이상의 물질로 된 혼합물의 밀도는 각 성분의 밀도와 함유 비율에 따라 달라진다. 일상에 흔히 사용되는 금속은 대부분이 합금이며 주로 둘 이상의 금속 원소와 경우에 따라서는 탄소 같은 원소가 섞이기도 한다. 예를 들어, 14캐럿짜리 금은 그 속에 금이 약 58% 정도 들어 있다. 하지만 성분들의 구성비가 같은 혼합물의 질량 밀도는 일정하다.

표 4.4에는 흔히 사용되는 물질들의 질량 밀도(세 번째 세로줄)가 나열되어 있

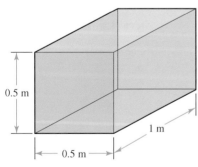

0.5 m

1 m

0.5 m

그림 4.20 이 수족관 속의 물의 질량은 250 kg이다. 이 값과 수족관의 부피를 알면 물의 밀도를 계산할 수 있다.

표 4.4 몇몇 물질들의 밀도

물질	형태*	질량 밀도 $D(\text{kg/m}^3)$	무게 밀도 $D_W(\text{lb/ft}^3)$	비중
고체				
스트로폼	m	37	2.3	0.037
노간주나무	m	560	35	0.56
얼음	c	917	57.2	0.917
흑단목	m	1,200	75	1.2
실리콘	e	2,300	146	2.3
콘크리트	m	2,500	156	2.5
알루미늄	e	2,700	168	2.7
화강암	m	2,700	168	2.7
다이아몬드(탄소)	e	3,400	210	3.4
철	e	7,860	490	7.86
놋쇠	m	8,500	530	8.5
니켈	e	8,900	555	8.9
구리	e	8,930	557	8.93
은	e	10,500	655	10.5
납	e	11,340	708	11.34
우라늄	e	19,000	1,190	19
금	e	19,300	1,200	19.3
액체				
휘발유	m	680	42	0.68
에틸 알코올	c	791	49	0.791
물(순수)	c	1,000	62.4	1.00
바닷물	m	1,030	64.3	1.03
부동액	m	1,100	67	1.1
황산	c	1,830	114	1.83
수은	e	13,600	849	13.6
기체(0 °C 1기압)				
수소	e	0.09	0.0056	0.00009
헬륨	e	0.18	0.011	0.00018
질소(N_2)	c	1.25	0.078	0.00125
공기	m	1.29	0.08	0.00129
산소(O_2)	c	1.43	0.089	0.00143
이산화탄소	c	1.98	0.12	0.00198
라돈	e	10	0.627	0.010

* "e"는 원소(element), "c"는 화합물(compound), "m"은 혼합물(mixture)을 나타내는 표기이다.

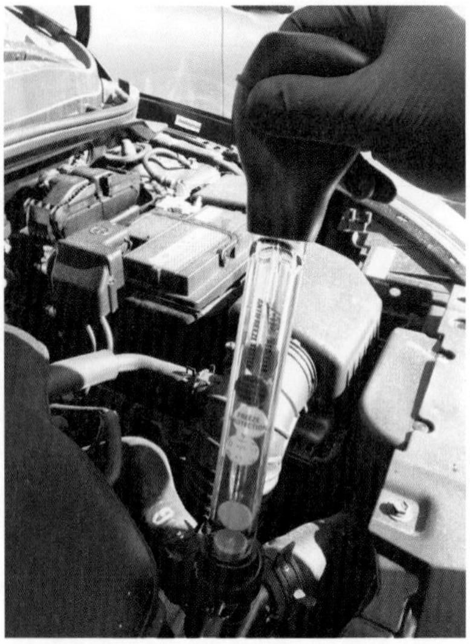
© Christine Myaskovsky/Cengage Learning

그림 4.21 자동차 냉각수의 어는점은 그 밀도를 측정하여 알 수 있다. 냉각수의 밀도는 그 속에 부동액이 상대적으로 얼마나 섞여 있는지를 말해준다.

다. 혼합물의 경우는 변할 수 있기 때문에 여기서는 대표적인 것만 나타내었다. 기체의 질량 밀도는 표준 상태에서의 값이다.

많이 사용되는 물질들의 질량 밀도표를 갖고 있으면 세 가지 이유에서 매우 유용하다. 첫째, 물질의 종류를 확인하기 위한 수단으로 사용할 수 있다. 예를 들어, 금반지가 속이 빈 것이 아닌지를 확인하기 위하여 그 밀도를 측정하여 순수한 금의 밀도와 비교하면 된다. 둘째로, 밀도를 측정하는 것은 혼합물 속에 들어 있는 특정 물질의 양을 알아내는 데 주로 사용된다. 자동차의 냉각수는 물과 부동액의 혼합물이다. 이들 두 액체는 밀도가 다르기 때문에(표 4.4), 혼합물의 밀도는 물의 양과 부동액의 양의 비에 따라 다르게 된다. 밀도가 높으면 부동액의 함량이 많아서 어는점이 낮아진다. 따라서 냉각수의 밀도만 측정하여도 그 어는 온도를 알아낼 수 있다(그림 4.21). 혈액은행에 헌혈을 하였다면, 혈액 속의 헤모글로빈의 농도가 충분한지를 알아보기 위해 어떤 검사를 한다. 그러한 검사는 혈액의 밀도가 허용되는 최솟값보다 큰지를 확인하면 된다.

세 번째로, 어떤 물질의 부피를 알면 질량을 쉽게 계산할 수 있다. 물질의 질량은 부피에 질량 밀도를 곱하면 얻어진다.

$$m = V \times D$$

예제 4.4

수영장에 물을 가득 채우는 데 필요한 물의 질량은 수영장의 부피를 측정하여 계산할 수 있다. 어떤 수영장의 너비가 10 m, 길이가 20 m 그리고 깊이가 3 m 되게 만들어졌다고 하자. 얼마의 물을 채울 수 있겠는가?

수영장의 부피는

$$V = l \times w \times h = 20\ \text{m} \times 10\ \text{m} \times 3\ \text{m} = 600\ \text{m}^3$$

이다. 따라서 질량은

$$m = V \times D = 600\text{m}^3 \times 1{,}000\ \text{kg/m}^3$$
$$= 600{,}000\ \text{kg}$$

이다. 이것은 상당히 많은 양의 물이다(약 3,000개의 욕조를 채울 수 있는 양).

4.3b 무게 밀도와 중력 가속도

무게 밀도
물질의 단위부피당 무게. 어떤 물질의 무게를 그 물질이 차지하고 있는 부피로 나눈 값.

$$D_W = \frac{W}{V}$$

어떤 경우에는 **무게 밀도**(weight density)라는 다른 형태의 밀도를 사용하기도 한다. 그것은 영국 단위계에서 많이 사용되고 있는데 그 이유는 질량보다는 무게라는 말이 대중에게 더 친숙하기 때문이다.

물리량	미터 단위계	영국 단위계
무게 밀도(D_W)	세제곱미터당 뉴턴(N/m^3)	세제곱피트당 파운드(lb/ft^3)
		세제곱인치당 파운드(lb/in^3)

물질의 무게 밀도는 질량 밀도에 중력 가속도를 곱한 것과 같다. 그것은 단순히 무게가 질량에 중력 가속도를 곱한 것이기 때문이다.

$$W = m \times g \rightarrow D_W = D \times g$$

표 4.4의 네 번째 세로줄에 대표적인 물질들의 무게 밀도가 영국 단위계로 주어져 있다. 이들은 질량 밀도가 사용되는 방법과 똑같은 방법으로 사용될 수 있다. 재미있는 예로 실내에 있는 공기의 무게를 계산해 보는 것이 있다(사람들은 공기나 다른 기체들이 무게를 갖는다는 생각을 잘 하지 않는다).

그림 4.22 다음 물체들을 밀도의 크기에 따라 나열해 보라(힌트: 모든 포장은 모두 100 g 이다).

예제 4.5

어떤 대학 기숙사의 방의 크기는 너비가 **3.6 m**, 길이는 **4.8 m**, 높이가 **2.4 m**이다. 정상 상태에서 그 방에 있는 공기의 무게는 얼마인가?

무게와 부피와의 관계는 다음과 같다.

$$W = D_W \times V$$

그러나

$$V = l \times w \times h = 4.8\,\text{m} \times 3.6\,\text{m} \times 2.4\,\text{m}$$
$$= 41.5\,\text{m}^3$$

이다. 따라서 무게는

$$W = D_W \times V = 1.29\,\text{kg/m}^3 \times 9.8\,\text{m/s}^2 \times 41.5\,\text{m}^3$$
$$= 525\,\text{N}$$

이다. 이것은 0 ℃ 1기압에서의 값이다. 실온인 20 ℃에서 그 무게는 490 N이 될 것이다.

물리 체험하기 4.3

다음 번 슈퍼마켓에 갔을 때 몇 가지 포장된 음식물을 사온 뒤 그것들을 밀도의 크기에 따라 순서대로 나열해 보자. 예를 들면 시리얼, 넛트류, 팝콘, 머시 멜로우 등이다(그림 4.22). 밀도를 어떻게 알 수 있나? 포장의 형태가 영향을 미치는가? 양적인 측정의 도구가 없이 밀도를 알 수 있는가?

오래 전부터, 밀도란 말은 미터 단위계에서 질량 밀도를 나타내는 것이고, 영국 단위계에서는 무게 밀도란 말을 사용하여 왔다. 다른 물질들 간의 밀도를 비교할 때는 **비중**(specific gravity)이라고 하는 또 다른 용어가 자주 사용된다. 물질의 비중은 그 물질의 밀도와 물의 밀도와의 비이다. 표 4.4의 다섯 번째 세로줄에는 물질의 비중값이 나열되어 있다. 다이아몬드의 밀도는 물의 밀도의 3.4배이기 때문에 비중이 3.4이다. 다이아몬드는 같은 부피의 물에 비해 질량도, 무게도 3.4배임을 의미한다.

물이 비중의 기준으로 사용되는데, 그 이유는 이 세상에서 물이 가장 중요하면서도 흔한 물질이기 때문이다. 물의 밀도는 중력 가속도(g)와 대기압(atm)과 같이 측정의 "자연" 단위의 한 예이다. 사실, 미터법에서 질량의 단위의 원래의 정의인 그램이라는 말은 물의 밀도에 근거를 둔 것이었다. 그램은 0 ℃의 물 1세제곱센티미터의 질량으로 정의되었다. 이것이 바로 물의 밀도가 정확히 1,000 kg/m³인 이유이다.

밀도의 보편적인 개념에 관한 최종 결론은 다음과 같다. 지금까지는 부피 밀도(단위부피당 질량 또는 무게)만 다루었다. 그러나 카펫이나 포장지 같은 2차원적인 물체에 대해서는 면밀도(단위넓이당 질량 또는 무게)를 사용하는 것이 편리하다. 마찬가지로, 실이나 밧줄 및 전선 같은 경우는 선밀도(단위길이당 질량 또는 무게)를 사용할 수 있다. 밀도의 기본적인 개념은 물질의 농도를 나타내는 척도이다. 즉, 질량이나 무게를 물리적인 외형과 관계 짓는 양이다.

복습

1. 물체의 질량 밀도는 물체의 _____ 을 _____ 으로 나눈 값이다.
2. (참 혹은 거짓) 알코올 음료는 물과 에틸 알코올을 섞은 것이다. 더 강한 알코올 음료(알코올이 더 많이 들어간 것)는 약한 음료보다 밀도가 더 높다.
3. 어떤 물질의 비중은 그 물질의 밀도를 _____ 의 밀도로 나눈 것이다.

4. 고체 A는 고체 B보다 무게가 더 나간다. 따라서 다음과 같은 결론에 도달한다.
   a. A의 무게 밀도는 B의 무게 밀도보다 커야만 한다.
   b. A의 부피는 B의 부피보다 커야 한다.
   c. A의 무게 밀도와 부피는 둘다 B보다 커야 한다.
   d. 무게의 차이가 나는 원인을 알아내기 위한 측정이 필요하다.

정답 1. 질량, 부피 2. 거짓 3. 물 4. d

4.4 유체의 압력과 중력

쉽게 흐를 수 있는 모든 물체를 유체라 한다. 모든 기체와 액체는 유체이고 플라즈마도 유체이다. 소금이나 낟알처럼 가루 모양으로 된 고체는 상황에 따라서 유체라고도 할 수 있다. 그 이유는 그것들을 어떤 용기에 들어부을 때 흐르기 때문이다.

우리의 일상에서 유체는 매우 중요하다. 공기나 물이 없다면, 우리가 아는 생명이란 불가능했을 것이다. 이 장의 나머지 부분에서, 유체의 일반적인 성질에 대해 논의할 것이다. 통상적으로, 액체나 기체에 대해서만 다루겠지만, 기체는 압축성이고 액체는 비압축성이라는 사실이 매우 중요하다.

4.4a 유체 압력의 법칙

인간은 공기가 가득한 공간인 대기 속에서 살아가고 있다. 흔히 그런 점을 잘 의식하지 않지만, 공기는 그 안의 모든 것들에게 압력을 작용하고 있다. 고도에 따라 변하는 이 압력은 사람이 매우 빨리 올라가는 승강기에 탔을 때 귀가 "멍"해지는 원인이기도 하다. 물속에서 수영할 때 깊이 들어가면 그와 같은 현상이 일어날 수 있다. 대기 속에서나 깊은 물속이거나 압력은 중력때문에 존재한다. 중력이 없다면, 공기나 물은 지구로 당겨지지 않고 그냥 공중에 떠다니게 될 것이다. 어떠한 유체에서도 압력은 깊이 들어갈수록 증가하고 위로 뜰수록 감소할 것이다.

깊이와 압력 간의 관계를 정확히 살펴보기 전에, 유체 내의 압력의 두 가지 일반적인 성질에 대해 살펴보자. 첫째, 유체의 압력은 모든 방향으로 작용한다. 물속에 손을 넣으면, 손 위에만 압력이 작용하는 것이 아니라 손바닥이나 옆에도 압력이 작용한다. 둘째로, 중력은 유체 내의 압력이 깊이에 따라 변하게 하여 유체 내의 압력은 같은 높이에서 동일하다. 액체에서 압력은 표면으로부터의 수직 거리에 따라 변하며 용기의 모양과는 무관하다.

고무장화에 물을 채우면 위의 두 가지 원리를 설명할 수 있다. 장화에 구멍이 뚫려 있다면, 그 구멍을 통해 물이 흘러나오게 하는 원인은 압력이다(그림 4.23). 구멍이 장화의 위, 옆, 발가락 부분 등에 있다면 압력은 장화 내의 어느 방향으로나 작용하므로 모든 구멍에서 물이 흘러나온다. 다만 압력이 큰 곳에서는 물이 흘러나오는 속력이 빨라진다. 따라서 위 표면으로부터 아래쪽으로 내려갈 수록 흘러나오는 물의 속력이 빠르다. 수평 높이가 같은 곳에서는 방향(위, 아래, 옆 등)에 관계없고 위치(발가락, 뒤꿈치 등)에 관계없이 속력이 같다. 이것은 특정 유체 내에서의 압력이 수평 위치가 아닌 깊이에만 의존하기 때문이다.

다음에 주어진 법칙은 유체 내의 압력이 중력과 어떻게 연관되어 있는지를 설명하고 있다.

그림 4.23 고무장화 속에 물을 가득 채우면, 그 속의 물의 압력은 고무장화 내부의 모든 부분에 고루 작용하며 작은 구멍이 있다면 그 구멍으로 물이 뿜어져 나가도록 하는 힘을 작용한다. 어떤 구멍을 통해 흘러나오는 물의 속력은 물의 표면으로부터 구멍의 위치까지의 깊이에 관계된다.

물리 체험하기 4.4

빈 생수용기나 음료수 캔(플라스틱 또는 알루미늄)을 준비하여 서로 다른 높이에 구멍을 낸다. 구멍 중 하나는 최대한 바닥에 가까이 오도록 한다. 물이 구멍을 따라 새어 나오는 상태에서도 물이 가득하도록 계속 물을 부으며 구멍으로부터 새어나오는 물줄기를 관찰한다. 이것들은 용기 내의 물의 압력에 대하여 어떤 정보를 알려주고 있는가?

이 법칙은 유체 내에서 압력의 원인을 설명하면서 압력의 크기를 결정하는 법칙이다. 액체의 경우, 이 법칙을 압력과 깊이의 간단한 관계를 유도하는 데 사용할 수 있다. 어떤 탱크에 액체가 가득 채워져 있어서 액체의 표면으로부터 바닥까지의 깊이가 h라고 하자. 바닥면은 가로가 l이고 세로가 w인 사각형이다(그림 4.24). 그 사각형 바로 위의 모든 액체는 $l \times w \times h$ 크기만큼 들어 있다. 이 액체의 무게가 바닥의 직사각형을 누른다. 이것이 바닥에 작용하는 압력의 원인이며 그 압력의 크기는 사각형 기둥에 있는 액체의 무게를 사각형의 넓이로 나눈 것이다. 즉,

$$p = \frac{F}{A} = \frac{W}{A} = \frac{\text{액체의 무게}}{\text{사각형의 넓이}}$$

이다. 이 압력은 넓이의 크기에 상관없다. 왜냐하면 사각형의 넓이가 커지면 그만큼 그 위의 액체의 기둥의 무게가 커지기 때문이다. 액체 기둥의 실제 높이가 압

유체의 압력
정지해 있는 유체의 임의의 깊이에서의 압력(계기 압력)은 그 유체 기둥의 높이에 해당하는 유체의 무게를 그 기둥의 단면적으로 나눈 것이다.

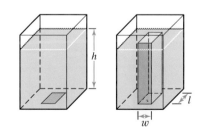

그림 4.24 깊이 h까지 액체가 채워진 탱크. 사각형으로 된 밑바닥의 모든 부분은 그 바로 위의 유체의 무게를 지탱한다. 따라서 그 바닥의 압력은 그 기둥 속에 있는 액체의 무게를 사각형의 넓이로 나눈 것과 같다.

력의 크기를 결정하는 것이다. 액체의 무게가 무게 밀도 D_w에 그 액체 기둥의 부피 V를 곱한 것이라는 사실을 사용하여 압력을 구할 수 있다.

$$F = W = D_W \times V = D_W \times l \times w \times h$$
$$A = \text{사각형의 넓이} = l \times w$$

따라서,

$$P = \frac{W}{A} = \frac{D_W \times l \times w \times h}{l \times w}$$
$$p = D_W\, h \quad \text{(액체 내의 계기 압력)}$$

즉, $D_W = Dg$이므로

$$p = Dgh \quad \text{(액체 내의 계기 압력)}$$

이다. 이것은 어떤 위치 바로 위에 있는 액체에 의한 압력이다. 만일 액체의 위쪽 표면에 다른 압력(예를 들어, 대기압 같은)이 있다면 이 압력도 바닥에 전달될 것이다. 또한, 바닥에 관해서는 특별한 것이 없기 때문에 바닥 위의 임의의 높이에서 그 위의 액체가 그곳에 힘을, 즉 그 높이 아래에 압력을 작용한다. 이것을 요약하면 다음과 같다.

지구 표면에 놓인 유체 내의 주어진 위치에서의 압력은 단지 유체 표면으로부터의 깊이와 유체의 밀도에만 관계가 있다는 사실은 매우 중요한 포인트이다. 따라서 주어진 모양의 용기에 담긴 유체의 바닥에서의 압력은 그림 4.25와 같이 가는 관이나 또는 콘 모양을 뒤집어 놓은 용기나 그 모양과 관계없이 유체의 수직 높이에 따라 결정된다.

예제 4.6

깊이가 3 m인 어떤 수영장 바닥에서의 압력을 계산해 보자.

그 깊이에서의 계기 압력은 표 4.4를 사용하면, 다음과 같다.

$$p = D_W h = 9800 \text{ N/m}^3 \times 3 \text{ m}$$
$$= 29400 \text{ N/m}^2$$

이것을 psi로 환산해 보자. $1 \text{ N} = 0.225 \text{ lb}$, 1 m^2은 1500 in^2이므로

$$p = 29400 \times \frac{0.225 \text{ lb}}{1500 \text{ in}^2}$$
$$= 4.33 \text{ lb/in.}^2 = 4.33 \text{ psi} \quad \text{(계기 압력)}$$

이다. 절대 압력은 계기 압력에 해수면에서의 대기압 14.7 psi을 더한 것이다. 즉, 절대 압력 = 4.33 psi + 14.7 psi = 19.03 psi이다.

6 m 깊이에서, 계기 압력은 두 배인 8.66 psi가 될 것이다. 이런 계산을, SI 단위로 하면 다음과 같이 된다.

$$p = Dgh = 1{,}000 \text{ kg/m}^3 \times 9.8 \text{ m/s}^2 \times 6 \text{ m}$$
$$= 58{.}800 \text{ Pa}$$

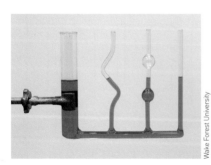

액체에서, 깊이 h에서의 절대 압력은 임의의 표면에서의 압력보다 그 액체의 무게 밀도에 깊이를 곱한 값만큼 크다. 계기 압력은 다음과 같다.

$$p = D_W\, h = Dgh$$
$$\text{(액체 내에서의 계기 압력)}$$

그림 4.25 각 관의 바닥에서의 유체의 압력은 유체의 수직 높이가 같다면 그 모양에 관계없이 모두 같다.

Wake Forest University

물의 깊이에 따른 압력의 증가에 대한 일반적인 식은 다음과 같다.

$$p = 0.098 \text{ atm/m} \times h$$

(물에 대해서만 성립, h는 m 단위, p는 atm 단위)

물의 깊이가 10 m씩 증가할 때마다 압력은 0.98 atm 증가한다. 그림 4.26은 깊이에 따른 물속에서의 압력의 변화를 나타내는 그래프이다. 압력이 깊이에 비례하기 때문에 이 그래프는 직선이다. 바닷물의 경우 압력은 약간 높아서, 10 m 깊이마다 1.03 atm 만큼씩 증가한다. 물속에서 활동하는 잠수함이나 다른 장치들은 이러한 높은 압력에 견딜 수 있도록 설계되어야 한다. 예를 들어, 바다 속 90 m 깊이에서의 압력은 10 atm이다. 그 깊이에서는 제곱미터당 9톤 이상의 힘이 작용한다.

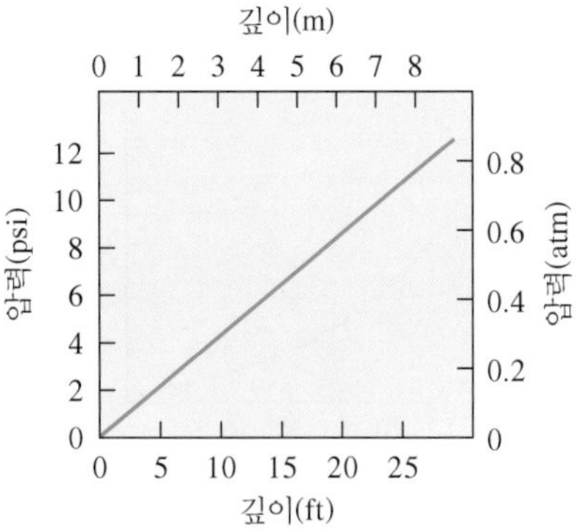

그림 4.26 물속 깊이에 따른 유체의 압력. 물 표면에서 1 m 깊어질수록 압력은 0.1 atm씩 높아진다. 모든 유체는 같은 모양의 그래프로 나타나지만, 단 기울기는 다르다.

예제 4.7

계기 압력 1기압에 해당하는 물의 깊이를 구하라.

$$p = 0.098 \text{ atm/m} \times h$$
$$1 \text{ atm} = 0.098 \text{ atm/m} \times h$$
$$\frac{1 \text{ atm}}{0.098 \text{ atm/m}} = h$$
$$h = 10.3 \text{ m}$$

수은은 물보다 13.6배나 밀도가 높으므로 계기 압력 1기압에 해당하는 수은 기둥의 높이는

$$h = \frac{10.3 \text{ m}}{13.6} = 0.76 \text{ m} \quad \text{(그림 4.27)}$$

가 된다.

4.4b 대기 중의 유체의 압력

유체의 압력에 관한 법칙은 액체에서는 매우 단순하다. 그러나 기체의 경우 약간 복잡해진다. 기체의 밀도가 압력에 따라 달라진다는 것은 이미 알고 있다. 기체의 깊이가 깊어질수록 증가된 압력에 의해 밀도가 커진다. 기체의 연직기둥의 전체 무게를 계산하는 것은 적분을 사용해야만 구할 수 있다.

지구의 대기는 여러 가지 기체들이 혼합된 비교적 얇은 층이다. 고도가 높아짐에 따라 공기의 압력이 감소하는 것은 온도의 변화와 기체의 구성 성분에 의해 더 복잡해진다. 태양에 의한 공기의 가열, 지구의 회전 및 그 외 다른 요인들이 주어진 장소에서 시시각각으로 공기의 압력을 약간씩 변하게 하는 원인이다. 또한 고도가 같은 점이라도 압력은 항상 같지 않다.

문제가 복잡함에도 불구하고, 고도에 따른 공기의 압력에 관한 일반적인 정의를 내릴 수는 있다. 대기는 기체이기 때문에, 맨 위 표면이나 경계가 없다. 대기 중

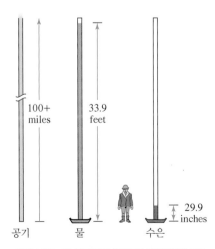

그림 4.27 각 물기둥의 바닥에서의 압력은 1기압이다.

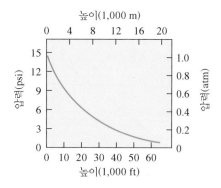

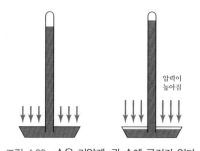

에서 점점 높이 올라갈수록 공기는 점점 희박(단위부피당 분자의 개수가 몇 개 안 되는)해지려는 경향이 있다. 해발 9,000 m(30,000 ft)에서 공기의 밀도는 해수면에서의 35% 밖에 되지 않는다. 이 고도에서, 보통 사람들은 숨 쉴 수 있는 산소가 충분치 않기 때문에 의식을 유지하기가 힘들다. 해발 160 km(100마일) 고도에서는 공기의 밀도는 해수면에서의 10억분의 일로 떨어진다. 이 정도를 대기의 유효 상한으로 간주한다. 우주 공간에서는 희박한 공기가 공기 저항을 매우 작게 하므로 우주선이 궤도 비행을 할 수 있다.

그림 4.28은 지표 부근에서의 고도에 따른 공기 압력의 그래프이다(이것을 그림 4.26의 그래프와 비교할 때, 액체에서의 깊이란 표면에서 아래쪽으로 측정된 것이지만, 대기 중의 높이는 해수면에서 위로 측정된 것임에 유의해야 한다). 공기의 압력은 밀도가 여전히 높고 낮은 고도에서 고도에 따라 급격히 감소한다. 높이에 관계없이 압력은 그 위의 공기의 무게에 의해 결정된다. 9,000 m의 고도에서 압력은 약 0.3기압이다. 이것은 그 높이 위쪽으로 존재하는 공기는 30% 밖에 안 된다는 뜻이다. 대기가 160 km까지 걸쳐 있으나 대부분(70%)의 공기는 모두 10 km 아래쪽에 있다.

공기의 압력은 기압계(barometer)로 측정한다. 가장 단순한 기압계가 수은 기압계이다. 연직으로 세워진 유리관에 수은이 가득 들어 있으며 그 아래 부분은 수은 그릇에 담겨 있다. 유리관 속에는 공기가 전혀 없으므로 관 속 맨 위의 수은 표면에 작용하는 공기의 압력은 없다(그림 4.29). 아래쪽 수은 그릇 표면의 공기 압력은 유리관 내의 수은을 위로 올라가게 한다(빨대로 음료수를 빨아 마시는 경우 입 안의 압력을 낮추면 음료수 표면의 대기압이 음료수를 빨대 속으로 밀어 올린다). 유리관 내의 수은은 관의 아래 부분의 압력이 대기압과 같아질 때까지 올라갈 것이다. 따라서 공기의 압력은 수은주의 높이를 측정하여 알 수 있다.

공기의 압력이 1기압일 때(14.7 psi), 수은주의 높이는 760 mm(29.9 in.)이다. 압력이 낮으면 기둥의 높이는 짧아지므로, 수은주의 높이를 압력의 척도로 사용할 수 있다(수은주 760 mm를 1기압으로 하면 된다). 다른 액체를 사용할 수도 있으나, 액체의 밀도가 낮은 경우 관의 길이가 상당히 길어야 하는 문제가 있다. 예를 들어, 물의 경우 10.3 m(33.9 ft)여야 1기압에 해당하는 길이가 된다(그림 4.27).

이러한 단위는 공기의 압력을 측정하는 데만 사용하는 것이 아니다. 혈압을 측정할 때도 수은주의 높이를 mm단위로 나타낸다. 만일 어떤 사람의 혈압이 100에서 60이라면, 그것은 혈압이 수은주 단위가 100 mm에서 심장 박동마다 60 mm로 떨어진다는 것을 의미한다.

그림 4.28 해수면을 기준으로 한 높이에 따라서 변하는 절대 공기 압력의 그래프. 고도에 따라 대기의 밀도가 감소하므로 이 그래프는 직선이 아니다. 압력은 완벽하게 영이 되지는 않는다.

그림 4.29 수은 기압계. 관 속에 공기가 없다면, 그릇 속의 수은에 작용하는 대기의 압력은 관 속의 수은이 위로 올라가게 한다. 관의 바닥에서의 압력은 대기압과 같다. 대기압이 높아지면 수은 기둥의 높이도 높아진다.

그림 4.30 아네로이드 기압계의 원리를 보여주는 그림. 대기압이 높아지면 통의 윗부분이 더 눌러져서 바늘 끝이 더 높은 압력을 가리키게 된다.

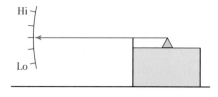

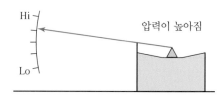

휴대용 기압계로 내부의 공기를 비운 아주 짧은 금속 깡통을 사용하기도 한다(그림 4.30). 깡통의 위 표면은 부드러운 막으로 되어 있는데 공기의 압력이 그 막을 속으로 눌러지게 한다. 압력이 높을수록 그 막은 안으로 더 눌러진다. 막의 가운데에 지침 지레 막대의 한쪽 끝을 붙이면 다른 끝이 압력을 나타내게 할 수 있다. 이러한 압력계를 아네로이드 기압계(aneroid barometer)라 한다.

높이에 따른 대기압의 변화를 이용하여 비행기의 고도를 측정하기도 한다. 고도계는 아네로이드 기압계를 사용하는데, 단지 눈금을 압력 대신 기압을 표시하도록 하면 된다(그림 4.31의 왼쪽 사진). 예를 들어, 비행기 내의 아네로이드 기압계가 나타내는 대기압이 0.67기압이라면, 이것은 그림 4.28에서 보면 고도 3000 m에 해당하는 기압이다. 기압계에 나타나는 압력 눈금은 고도 눈금에 해당한다고 보면 된다.

비행기가 얼마나 빨리 상승하고 하강하는가를 나타내는 비행기 속도의 수직 성분을 측정하는 데는 좀 더 복잡한 기구가 사용된다. 비행기에서는 수직 속도계라고 하며(그림 4.31의 오른쪽 사진), 글라이더(활공기)에서 승강계는 공기 압력의 변화를 측정하는 장치이다. 그 장치는 공기 압력의 변화를 수직 속력으로 환산하여 나타낸다.

유체의 압력에 관한 법칙은 액체에서와 같은 방식으로 가느다란 알갱이로 된 고체에 대해서도 적용된다. 저장용 창고의 벽이라든지 기둥 모양의 곡식 창고는 아랫부분이 윗부분보다 압력이 높아서 아래를 윗부분보다 두껍게 만든다. 분명한 것은, 위에 있는 물질을 아래로 당겨서 압력이 생기게 하는 것은 중력이라는 사실이다.

그림 4.31 고도계(위)는 대기의 압력을 측정하여 고도를 측정한다. 연직 방향의 비행기 속도계(아래)는 공기의 압력이 얼마나 빨리 증가 또는 감소하느냐를 측정하여 연직 방향의 속력을 측정한다.

물리 체험하기 4.5

유리잔을 준비한 후 잔에 물을 가득 채운다. 카드와 같이 다소 단단한 종이로 유리잔을 덮고 그 위를 손으로 잘 감싼 후 잔을 거꾸로 세운다. 조심스럽게 손을 유리잔에서 제거한다(아마도 싱크대에서 하는 것이 좋을 듯하다). 손을 제거한 후에도 잔에서 물은 왜 쏟아지지 않는가?

복습

1. (참 혹은 거짓) 바다 속에서 깊이에 따라 압력이 변하는 것은 중력 때문이다.

2. 두 개의 수족관에 물이 가득 차 있다. 그러나 수족관 A의 바닥에서의 압력은 수족관 B의 바닥에서의 압력보다 크다. 이러한 것의 이유는?
   a. A 수족관의 물의 깊이가 B보다 깊기 때문이다.
   b. A 수족관의 물은 순수한 물이고 B 수족관의 물은 바닷물

이기 때문이다.
   c. A 수족관은 모양이 사각형이고 B 수족관은 원통 모양이기 때문이다.
   d. 모두 맞다.

3. (참 혹은 거짓) 지구에서 5,000 m 상공에서의 대기압은 10,000 m 상공에서의 대기압의 정확히 2배이다.

4. 기압계란 _____ 을 측정하는 장치이다.

4.5 아르키메데스의 원리

4.5a 부력

중력은 유체 내에서 깊이에 따라 증가하는 압력의 원인이다. 다시 말해서 이것은 일부 혹은 전부가 유체 내에 잠긴 물체에 어떤 영향을 미친다는 것이다. 어떤 경우에는 떠(물 위의 나무토막이나 기름방울 및 공기 중에 떠 있는 비행선이나 열기구 등) 있는 물질도 있다. 어떤 경우에는 물질이 겉보기에 가벼워지기도 한다. 445 N의 돌이 물속에 있을 때는 약 267 N의 힘으로 들어 올려질 수 있다. 분명히, 물속에 들어온 물체에는 그 물체에 작용하는 중력(무게)에 반대 방향의 어떤 힘이 작용한다. 이런 힘을 **부력**(buoyant force)이라고 한다.

이 힘은 기체나 액체 속에 잠긴 모든 물체에 작용한다. 그 물체에 작용하는 다른 힘이 없는 한, 일어날 수 있는 현상은 세 가지가 있다(그림 4.32). 부력이 무게보다 작으면 그 물체는 가라앉을 것이고 부력이 무게와 같으면 떠 있을 것이다. 그러나 부력이 무게보다 크면 그 물체는 위로 상승한다. 긱긱의 예(위의 순서대로)로는 물속의 바위, 물 위에 떠 있는 나무토막, 공기 중에 위로 올라가는 헬륨을 채운 풍선이다. 이 중 바위와 풍선은 그에 작용하는 무게와 부력이 상쇄되지 않기 때문에 알짜힘을 받는다. 이러한 알짜힘은 그 물체를 가속하게 되는데 운동 마찰의 크기가 알짜힘과 상쇄되어서 종단 속도에 이르기까지 가속된다.

부력
부분 또는 전체가 유체 속에 잠긴 물체에 유체가 작용하는 위쪽 방향의 힘.

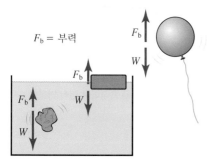

F_b = 부력

그림 4.32 돌덩이에 작용하는 부력이 돌덩이의 무게보다 작기 때문에 돌덩이는 가라앉는다. 나무토막은 무게와 부력이 같기 때문에 떠 있다. 헬륨을 넣은 풍선은 부력이 무게보다 크기 때문에 위로 올라간다.

물리 체험하기 4.6

커피를 마시는 머그잔, 그리고 고무줄을 준비하자. 싱크대에 약 10 cm 높이로 물을 채운다. 머그잔의 손잡이에 고무줄로 한 번 감은 그림 4.33과 같이 머그잔이 옆으로 매달리도록 한다. 고무줄은 머그잔을 견딜 정도 그리고 잔을 매달았을 때 충분히 늘어나는 것으로 한다.

1. 고무줄이 얼마나 늘어났는지 측정한다.
2. 머그잔을 물속에 넣는다. 머그잔에 공기가 남아 있는지 확인한다. 또 머그잔이 바닥이나 옆면에 닿았는지도 확인한다. 이렇게 머그잔이 물속에 완전히 잠긴 상태에서 고무줄의 길이를 측정한다. 측정결과는 어떠하며, 어떠한 해석이 가능한가?

여기서는, 두 가지 문제를 다루어 보자. 첫째, 부력의 원인이 무엇인가? 둘째, 부력의 크기를 결정하는 것은 무엇인가? 이다. 첫째 질문에 대한 답은 앞 절의 내용을 살펴보면 쉽게 알 수 있다. 완전히 잠긴 물체를 살펴보자(그림 4.34). 그 물체의 밑면은 윗면보다 더 깊은 곳에 있으므로, 바닥면에 작용하는 압력이 더 클 것이다. 이 압력에 의해 그 밑면에서 위로 향하는 힘은 윗면에서 아래로 향하는 힘보다 크다. 간단히, 그 물체의 아랫면과 윗면에 작용하는 유체의 압력의 차이는 위로 향하는 알짜힘의 원인이 된다(물체의 옆면에 작용하는 힘은 크기가 같고 방향이 반대이므로 서로 상쇄된다).

어떤 물체가 액체의 표면에 떠 있을 때는, 그 물체의 아랫면만 액체의 압력이 작용한다. 그 압력이 위로 향하는 힘의 원인이다.

그림 4.33 물리 체험하기 4.6의 그림.

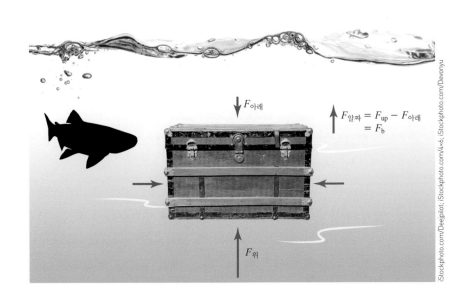

그림 4.34 유체의 압력은 잠겨 있는 물체의 모든 면에 힘을 작용한다. 아랫면에서의 압력은 윗면에서의 압력보다 크다. 따라서 아랫면에서 위로 작용하는 힘이 윗면에서 아래로 작용하는 힘보다 크다. 위로 작용하는 알짜힘이 곧 부력이다.

아르키메데스의 원리

정지해 있는 유체 속의 물체에 작용하는 부력은 그 물체가 배제한 유체의 무게와 같다.

$$F_b = \text{배제된 유체의 무게}$$

4.5b 아르키메데스의 원리

두 번째 질문에 대한 답으로서, 부력의 크기는 기원전 3세기경 그리스의 과학자 아르키메데스에 의해 세워진 법칙으로 구할 수 있다.

나무토막이 물에 들어 있으면 어떤 양의 물을 배제하게 된다. 배제한다는 말은 나무의 일부가 물이 전에 차지하고 있던 공간이나 부피와 같은 부피를 차지한다는 말이다. 이 배제된 물의 무게가 그 나무에 작용하는 부력과 같다. 명확하게 말하면, 유체 속에 완전히 잠긴 물체는 그 물체의 부피와 같은 부피의 물을 배제한다.

물체에 작용하는 부력이 그 물체의 무게보다 작으면, 가라앉게 되지만 아래로 향하는 알짜힘은 감소된다. 그림 4.35에 저울에 매달린 물체가 그려져 있다. 매달린 물체의 원래 무게는 10 N이다. 그 물체가 물이 들어 있는 비커 속으로 들어가면, 물의 일부를 배제하게 된다. 이때 저울의 눈금은 부력의 크기만큼 감소한다. 저울의 눈금이 6 N이라면, 부력은 4 N이 되는 셈이다. 즉,

$$\text{저울의 눈금} = \text{원래 무게} - \text{부력}$$
$$6\,\text{N} = 10\,\text{N} - 4\,\text{N}$$

비커의 옆으로 흘러나오는 물의 무게는 4 N이다. 그 물체가 물속으로 더 깊이 들어간다면, 부력은 증가할 것이며 저울 눈금은 더 감소할 것이다.

물체에 작용하는 부력은 그 물체가 무엇인가와는 무관하고 단지 유체 속에 잠길 때 유체를 얼마나 배제하느냐에 달려 있다. 부피가 똑같은 세 개의 풍선에 각각 헬륨, 공기, 물을 채운다 해도 그 풍선들에 작용하는 부력은 모두 같다. 하지만 헬륨을 채운 풍선만이 공기 중으로 떠오른다. 그 이유는 무게가 부력보다 작기 때문이다. 또한, 물체의 무게만으로는 뜰 것인지 안 뜰 것인지를 결정할 수 없다. 작은 조약돌은 물에 가라앉지만 무게가 2톤이나 되는 통나무는 물에 뜬다.

그림 4.35 물체의 무게는 10 N이다. 그 물체가 물속에 잠겨 있으면 물체에 작용하는 위 방향의 부력때문에 저울의 눈금은 작아진다. 부력은 물체가 배제한 물의 무게와 같다.

그림 4.36 수은의 밀도가 강철의 밀도보다 크기 때문에 강철로 된 구는 수은 위에 떠 있게 된다.

여기서 중요한 것은 밀도이다. 액체 속에 잠긴 고체로 된 물체를 생각해 보자. 그 물체가 배제한 액체의 부피는 당연히 그 물체의 부피와 같다. 따라서

물체의 무게 = (물체의) 무게 밀도 × 부피
$$W = D_W \times V$$

부력은

부력 = 배제된 유체의 무게(아르키메데스의 원리)
$$F_b = \text{(유체의) 무게 밀도} \times \text{부피}$$
$$= D_W(\text{유체}) \times V$$

이다. 이것으로부터 물체의 무게 밀도가 유체의 무게 밀도보다 크면, 그 물체의 무게는 부력보다 크다고 할 수 있다. 따라서 그 물체는 가라앉는다. 물체의 밀도가 유체의 밀도보다 작으면, 그것은 뜰 것이다. 물체와 유체의 밀도(또는 비중)를 간단히 비교하면, 유체에 놓인 물체가 뜰 것인지 안 뜰 것인지를 쉽게 알 수 있다. 어떤 유체보다 밀도가 작은 모든 물체는 그 유체 속(또는 위)에서 뜰 것이다.

표 4.4를 살펴보면 노간주나무, 얼음, 휘발유, 에틸 알코올 등 모든 기체들은 물보다 밀도가 작기 때문에 물 위에 뜨는 것을 알 수 있다(단, 알코올은 물과 섞여 버린다. 다른 유체 속에 넣고자 하는 유체의 경우, 그 유체가 용기의 크기를 무시할 수 있는 아주 얇은 막으로 된 풍선 속에 들어 있어서 다른 유체와 섞이지 않는다고 생각하는 것이 좋다).

수은의 밀도는 상당히 커서 위쪽 표 속에 있는 모든 물체는 금과 우라늄을 제외하고는 모두 수은에서 뜬다(그림 4.36). 수소와 헬륨은 둘 다 공기 중에 뜨지만 라돈이나 이산화탄소는 가라앉는다.

배나 비행선은 띄우고자 하는 유체보다 밀도가 큰 재료로 만들어졌지만 그 유체에서 뜬다. 그것들은 여러 가지 물질들을 섞어서 만든 것이다. 배의 부피 중에서 많이 차지하는 것은 공기이며, 비행선의 부피의 대부분은 헬륨이다. 두 경우 모두, 그 물체의 평균 밀도는 그 유체의 밀도보다 작다.

배가 짐을 싣게 되면, 물속으로 조금씩 내려가게 된다. 그렇게 되면 물을 더 많이 배제하게 되며, 따라서 부력이 커지게 되고 짐을 얼마나 많이 실었는지를 알 수 있게 된다(그림 4.37).

그림 4.37 화물을 실은 배는 큰 부력을 갖기 위해 더 많은 물을 배제하므로 화물을 싣지 않은 배보다 물속에 더 많이 잠겨서 나아간다.

(a) 화물을 실은 배

(b) 화물을 싣지 않은 배

4.5c 아르키메데스의 원리

아르키메데스의 원리는 가라앉는 고체의 밀도나 비중을 측정하는 데 자주 사용된다. 비중을 측정하고자 하는 물체를 저울에 매달고 눈금을 기록한다(눈금이 질량을 표시하든 무게를 표시하든 상관없다). 그 다음, 그 물체를 물속에 완전히 잠기게 한 다음 저울 눈금을 기록한다(그림 4.35). 이 두 눈금의 차이가 아르키메데스의 원리에 의해 배제된 물의 무게이다.

배제된 물의 W = 물 밖에 있을 때의 저울 눈금 – 물속에 넣을 때의 저울 눈금

배제된 물의 W = (물 밖에서의) 눈금 – (물 안에서의) 눈금

따라서 물체의 무게를 알았고, 같은 부피의 물의 무게를 알았다. 밀도는 무게를 부피로 나눈 것이다. 부피가 같으므로, 그 물체의 밀도를 물의 밀도로 나눈 것은 물체의 무게를 물의 무게로 나눈 것과 같다.

$$\frac{\text{물체의 밀도}}{\text{물의 밀도}} = \frac{\text{물 밖에 있을 때의 저울 눈금}}{(\text{물 밖에서의}) \text{ 눈금} - (\text{물 안에서의}) \text{ 눈금}}$$

이 비는 바로 그 물체의 비중이다.

$$\text{비중} = \frac{(\text{물 밖에서의}) \text{ 눈금}}{(\text{물 밖에서의}) \text{ 눈금} - (\text{물 안에서의}) \text{ 눈}}$$

4.3절에서 자동차 냉각수의 밀도가 어떻게 부동액 함량을 나타내는지를 설명했다. 냉각수의 밀도는 아르키메데스의 원리를 응용한 간단한 장치로 측정한다. 그림 4.38은 가느다란 유리관 속에 다섯 개의 플라스틱 공을 넣어 놓은 부동액 테스터의 모습을 나타낸 것이다. 그 공들은 아래에 있는 공이 위에 있는 공보다 밀도가 조금씩 크게 만들어져 있다. 냉각수가 유리관 안으로 빨려 들어오면, 냉각수의 밀도보다 밀도가 작은 공까지 위로 뜨게 된다. 즉, 공이 뜨는 개수에 따라서 냉각수의 밀도가 달라진다. 부동액의 농도가 크면, 냉각수의 밀도가 커서 공이 모두 뜨게 된다.

혈액 속의 헤모글로빈 함량을 측정하기 위해, 피 한 방울을 밀도를 정확하게 아는 어떤 액체에 놓는다. 그 피가 가라앉으면, 피의 밀도는 액체의 밀도보다 큰 것이고, 헤모글로빈 함량이 높은 것이다.

다음의 예제는 아르키메데스의 원리를 응용한 것이다.

그림 4.38 부동액 테스터 속에 있는 구들은 냉각수의 밀도에 따라 뜨는 개수가 달라진다. 냉각수의 밀도가 높으면(오른쪽) 어는점이 낮다.

예제 4.8

허클베리 핀의 모험이라고 하는 소설의 주인공은 합판 밑에 속이 빈 2,000 cm³짜리 우유통을 여러 개 붙여서 뗏목을 만들었다. 뗏목과 그 위에 타고자 하는 사람의 총 무게는 1,000 N이다. 그 뗏목이 물에 뜨게 하기 위해서는 우유통을 몇 개나 붙여야 하겠는가?

뗏목에 작용하는 부력은 최소한 1,000 N는 넘어야 한다. 결국, 뗏목은 1,000 N의 무게에 해당하는 물을 배제하여야 한다.

$$F_b = \text{배제할 물의 무게}$$

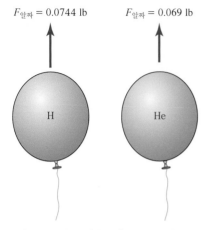

$F_{알짜} = 0.0744$ lb　　$F_{알짜} = 0.069$ lb

H　　　He

그림 4.39　수소 기체 1m³는 0.335 N을 들어 올릴 수 있고, 헬륨 기체 1 m³는 0.307 N을 들어 올릴 수 있다.

$$= D_W(물) \times 베제될 물의 부피$$
$$1{,}000 \text{ N} = 9800 \text{ N/m}^3 \times V$$
$$V = \frac{1{,}000 \text{ N}}{9800 \text{ N/m}^3}$$
$$= 0.10 \text{ m}^3$$

1,000 N의 무게를 뜨게 하려면, 0.10 m³의 물이 배제되어야 한다. 1 m³는 10⁶ cm³에 해당하므로 이것은 2,000 cm³짜리 통 약 50개에 해당한다.

예제 4.9

1937년 독일의 비행선 힌덴부르크 호가 비참하게 파괴되기 전까지는, 소형 비행선이나 체펠린 비행선 및 풍선기구 등은 수소를 채웠었다. 지금은 헬륨을 채운다. 두 기체를 공기 중에서의 부력과 관련하여 비교해 보자. 수소 기체 1 m³의 무게는 0 ℃ 1기압 하에서 0.88 N이다 (표 4.4).

비행선 안에서 이 수소 기체는 공기 1 m³를 배제할 것이다. 따라서 수소 1 m³는 공기 1 m³의 무게인 12.64 N의 부력을 유지할 수 있다. 그러므로 수소 1 m³에 작용하는 알짜힘은

$$알짜힘 = 12.64 \text{ N} - 0.88 \text{ N}$$
$$F = 11.76 \text{ N} \quad (수소)$$

이다. 즉, 수소 1 m³는 11.76 N을 들어 올릴 수 있다(그림 4.39). 수소 대신 헬륨이 사용된다면, 부력은 같겠지만 헬륨 세제곱미터의 무게는 1.76 N이므로

$$알짜힘 = 12.64 \text{ N} - 1.76 \text{ N}$$
$$F = 10.88 \text{ N} \quad (헬륨)$$

이 된다. 수소 1 m³는 같은 부피의 헬륨보다 8% 더 들어 올릴 수 있다. 즉, 같은 크기의 풍선에 헬륨을 채운 것보다는 수소를 채운 것이 8% 더 들어 올릴 수 있다. 그렇지만 헬륨을 사용하게 되는 중요한 이유는 수소는 불에 타지만 헬륨은 안 탄다는 사실이다.

공기는 그 안에 있는 모든 것에 부력이 작용하지만, 풍선처럼 모두가 뜨는 것은 아니다. 1 m³당 12 N의 힘은 작아서, 다른 기체와 비교하는 것을 제외하고는 무시할 수 있는 정도이다. 예를 들어, 사람의 몸은 보통 0.056에서 0.084 m³ 정도이다. (인체의 밀도는 물의 밀도와 비슷하다. 그래서 사람이 물에 뜬다. 따라서 사람의 대략적인 부피는 무게를 물의 밀도로 나누면 된다.) 이것은 공기 중에서 사람에게 작용하는 부력이 약 0.54에서 0.82 N 정도임을 의미한다.

물리 체험하기 4.7

이번 실험은 반드시 야외에서 진행하도록 한다. 유리잔에 약 2/3 정도 물과 가솔린을 같은 비율로 채운다. 두 액체는 서로 섞이지 않는다. 가솔린이 물 위에 떠 있으며 그 경계선이 육안으로도 분명하게 구분이 된다. 이제 얼음조각을 유리잔에 넣어보자. 얼음조각은 어떻게 되는가? 관측결과는 표 4.4에 주어진 데이터로부터 추론한 당신의 예측과 잘 맞는가?

1. 어떤 사람이 보트에 오르면, 그 보트는 더욱 물속으로 가라앉는다. 이는
   a. 보트에 작용하는 알짜힘이 0이기 때문이다.
   b. 더 많은 물이 밀려나고 따라서 보트의 부력이 증가하기 때문이다.
   c. 보트 밑이 물속으로 깊이 들어갈수록 압력이 증가하여 위로 향하는 부력도 증가한다.
   d. 위의 모두가 참이다.

2. 물에서 정지해 있는 보트에 작용하는 _____ 은 보트에 의해 옮겨진 물의 무게와 같다.

3. 한 풍선에는 순수한 물이 가득 들어 있고, 두 번째 풍선에는 부동액을 가득 채웠다. 바닷속에 있는 스쿠버다이버가 그 풍선을 놓아주면 어떤 일이 생기겠는가?

4. (참 혹은 거짓) 수소로 가득 채운 풍선에 작용하는 부력은 같은 크기의 헬륨으로 채운 풍선보다 부력이 크다.

답 1. d 2. 부력 3. 물에 들어 있는 풍선은 아래로 뜨고 부동액을 채운 풍선은 가라앉는다. 4. 거짓

4.6 파스칼의 원리

고체의 표면에 힘이 작용하면 압력이 고체를 통해 "전달"되는데 단지 방향은 작용한 힘의 방향으로만 전달된다. 의자에 앉으면, 무게는 의자의 다리를 통해 마룻바닥에 전달된다. 이 압력은 의자 다리 옆으로는 작용하지 않으며 아래로만 작용한다.

유체에서는, 힘에 의해 생기는 어떠한 압력이든지 유체 내의 모든 곳을 통하여 전달되어 모든 방향으로 작용한다. 치약 튜브를 누르면 압력이 그 안의 치약 모든 곳으로 전달된다. 튜브 표면에서 안으로 작용하는 힘은 치약 튜브 끝에 있는 구멍으로 치약이 나오게 한다. 이러한 유체의 성질은 모두에게 매우 익숙한 것이어서 고체와 유체가 다르다고 하는 것을 이미 알고 있을 것이다. 파스칼의 원리는 이러한 현상에 관한 형식적인 정의이다.

이러한 유체의 성질은 여러 가지 유압 장치에 널리 응용되고 있다. 유압잭이나 자동차의 브레이크 시스템 등이 그러한 예이다. 그러한 장치들의 기본적인 구성은 피스톤과 실린더로 되어 있다. 그림 4.40에 작은 피스톤과 실린더의 모습이 그려져 있는데 왼쪽에 있는 실린더에 관을 붙여서 오른쪽에 있는 큰 피스톤과 실린더에 연결하였다(여기서는 중력에 의한 효과를 무시할 수 있다). 양쪽의 실린더와 관 속에는 유체가 들어 있다. 왼쪽의 피스톤에 힘이 작용하면, 그에 의한 압력이 액체를 통해 전달된다. 이러한 압력이 오른쪽의 피스톤에 힘이 작용하게 한다. 오른쪽 피스톤은 왼쪽 피스톤보다 굵기 때문에, 힘($F = pA$)은 더 클 것이다. 예를 들어, 오른쪽 피스톤의 단면적이 왼쪽 것의 다섯 배라면, 힘도 다섯 배나 클 것이다. 이런 것의 특징은 지렛대와 비슷하다(그림 3.10). 한 곳에 작용한 작은 힘이 다른 곳에 큰 힘으로 전달된다. 지렛대에서처럼, 작은 피스톤은 큰 피스톤에 비해서 긴 거리를 움직여야 한다. 두 경우 한 일은 같다.

유압식 시스템의 기계적인 이득을 수학적으로 표현하면 다음과 같다. 파스칼의 원리에 의해 그림 4.40과 같이 닫힌 계안의 모든 유체의 압력은 같으므로 따라서 각 피스톤에 작용하는 힘과 그 단면적의 비는 같다.

파스칼의 원리
밀폐된 유체 속에 작용하는 압력은 유체 내의 모든 부분과 용기의 벽에 똑같이 전달된다.

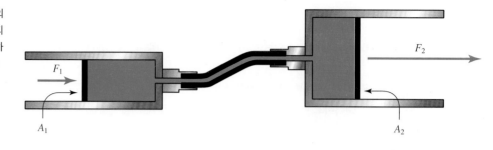

그림 4.40 작은 피스톤에 작용하는 힘에 의한 압력은 유체 내의 모든 곳에 전달되어 큰 피스톤에도 힘이 작용한다. 큰 피스톤에 작용하는 힘은 작은 피스톤에 작용하는 힘보다 크다.

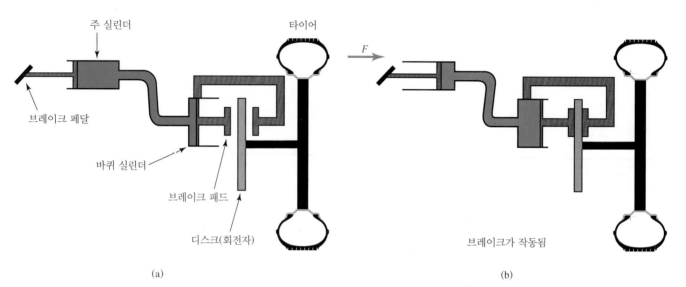

(a)

(b)

그림 4.41 (a) 자동차의 유압식 브레이크의 원리도. 그림에서는 디스크 브레이크가 장착된 자동차의 바퀴 한 개만을 보여주고 있다. (b) 브레이크 페달을 밟으면 주 실린더에서 증가된 압력은 파이프 내의 유체를 통해 바퀴에 붙은 실린더에 전달된다. 피스톤이 밀려나면서 브레이크 패드가 디스크를 누른다.

$$\frac{F_1}{A_1} = p = \frac{F_2}{A_2}$$

따라서

$$F_1 \left(\frac{A_2}{A_1} \right) = F_2$$

그림에서 보듯이 A_2는 A_1보다 크므로 F_2는 F_1보다 크다. (아래 첨자로) 단, 이때 유체는 비압축성 유체이어야 하며 두 피스톤의 위치가 같은 높이여서 유체의 이동에 의한 중력 위치 에너지는 변함이 없어야 한다.

자동차 브레이크 시스템에서, 브레이크 페달은 "주" 실린더 안에서 움직이는 피스톤에 연결되어 있다. 이 실린더는 관을 통해서 바퀴의 브레이크에 있는 "바퀴" 실린더에 연결되어 있다(그림 4.41). (실제로는 주 실린더에는 두 개의 실린더가 나란히 있고, 각각이 두 바퀴에 연결되어 있어서 만일 하나가 문제가 생기면 다른 하나가 작동하도록 되어 있다.)

브레이크액은 실린더와 관 속에 가득 들어 있다. 브레이크 페달을 밟으면, 피스톤은 주 실린더에 압력을 생기게 하고 그 압력을 바퀴 실린더에 전달한다. 각 바퀴 실린더의 피스톤은 브레이크가 작동하게 하는 장치에 부착되어 있다. 대부분 자동차의 앞바퀴에 있는 디스크 브레이크의 경우, 피스톤이 디스크 패드를 밀어서 회전하는 디스크의 옆면을 누른다. 이러한 작용은 자전거의 바퀴테 브레이크 시스템과 매우 비슷하다. 대부분 자동차의 뒷바퀴에 있는 드럼 브레이크의 구조는 약간 복잡하다.

유압 브레이크 시스템을 사용하는 목적은 두 가지다. 바퀴 실린더는 주 실린더보다 지름이 크기 때문에 역학적인 이득을 낸다. 두 개의 바퀴 실린더의 피스톤에 작용하는 힘은 주 실린더에 가해진 힘보다 크다. 또한, 이것은 자동차 내의 한 곳에서 힘을 네 곳으로 전달하는 효과적인 방법이기도 하다.

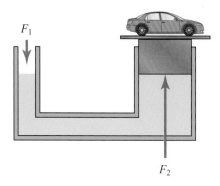

그림 4.42 유압식 리프트에서 힘이 배가되는 모습.

| 예제 4.10 |

그림 4.42와 같은 유압식 자동차 리프트에서 1차 피스톤의 단면적은 $A_1 = 0.0025 \text{ m}^2$이며 그 무게는 무시할 만큼 작다. 리프트 쪽 2차 피스톤의 단면적은 $A_2 = 0.0625 \text{ m}^2$ 자동차와 그 받침을 합한 무게는 17,500 N이라고 한다. 두 피스톤의 높이는 그림처럼 같다고 할 때 리프트를 들어 올리기 위해서 1차 피스톤에 가해주어야 하는 힘의 크기는 얼마인가?

파스칼의 원리를 적용하면 닫힌 유압식 시스템의 모든 유체의 압력은 같은 높이에서 같다. 따라서

$$p_1 = p_2$$
$$\frac{F_1}{A_1} = \frac{F_2}{A_2}$$

이것을 F_1에 대하여 풀면

$$F_1 = F_2\left(\frac{A_1}{A_2}\right)$$
$$F_1 = (17,500 \text{ N})\frac{(0.0025 \text{ m}^2)}{(0.0625 \text{ m}^2)}$$
$$= 700 \text{ N}$$

| 복습 |

1. 부드러운 플라스틱 물병의 옆면을 누르면 물이 위로 넘쳐흐르는 것은 _____ 원리이다.

2. (참 혹은 거짓) 유압 시스템에서 두 실린더 속의 유체의 압력이 같더라도 두 피스톤에 작용하는 힘은 같지 않을 수 있다.

정답 1. 파스칼의 2. 참

4.7 베르누이의 원리

이제 흐르는 유체에 적용되는 간단한 원리 하나를 공부해 보자. 개울이나 수도꼭지에 연결된 파이프를 통해 흐르는 물, 난방용 덕트를 통해 흐르는 공기나 여름의 시원한 산들바람, 동맥이나 정맥을 통해 흐르는 피 등은 모두 흐르는 유체의 예이다. 이들 흐름의 속력이 빨라지기도 하고 느려지기도 하는 것이 보통이다. 유체의 속력이 변화함에 따라 유체의 압력도 변한다. 이는 스위스의 물리학자이자 수학자였던 베르누이(1700~1782)의 이름을 따서 베르누이의 원리라고 한다.

베르누이의 원리
정상류의 유체인 경우 유체의 흐름이 빠른 곳에서는 압력이 낮다.

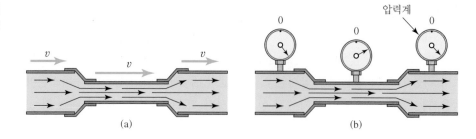

그림 4.43 (a) 관의 단면이 좁은 곳에서 물의 흐름은 빠르다. (b) 물이 빠르게 흐르는 곳에서 압력은 낮다.

정상류라 함은 유체 내에 소용돌이(난류)가 없으며 흐름률을 변화시키는 외력이 작용하지 않는 흐름을 의미한다.

이 원리는 에너지 보존 법칙을 기초로 만들어진 것이다. 압력을 받고 있는 유체는 압력 위치 에너지(pressure potential energy)를 갖는다. 압력이 높으면, 유체의 임의의 주어진 부피의 위치 에너지가 크다(수도꼭지를 틀면, 압력에 의한 위치 에너지 때문에 물이 흘러나온다. 압력이 낮으면 낮은 위치 에너지 때문에 물이 느리게 흘러나올 것이고, 그에 따라 운동 에너지도 작아질 것이다). 흐르는 유체는 운동 에너지와 위치 에너지 둘 다 갖는다. 유체의 속력이 증가하면, 운동 에너지가 증가할 것이다. 전체 에너지가 일정하게 유지되므로, 위치 에너지는 감소하게 되고 그에 따라 압력이 감소하게 된다.

베르누이의 원리의 가장 좋은 예의 하나가 그림 4.43에 그려져 있다. 관을 통해 흐르는 물은 굵기가 작은 관의 이음새를 통해 흐른다. 그러한 가느다란 곳을 물이 지나갈 때는 속력이 증가하고 굵은 곳으로 나가면 다시 속력이 낮아진다. 이렇게 되는 이유는 관의 단면을 매 초 통과하는 유체의 부피가 같기 때문이다. 매 초 흘러들어가는 유량과 흘러나가는 유량이 같다면, 단면적이 작은 곳에서 유체는 빠르게 흘러야만 한다. 이러한 것은 마당에서 호스를 사용하여 물을 뿌릴 때 엄지손가락으로 호스를 살짝 누르면 물이 빨라지는 경험을 통해 이미 알고 있다.

그림 4.43에서 유체의 속력과 그 위치에서 관의 단면적과의 관계는 유체의 체적흐름을 이용하여 구할 수 있다. 비압축성 유체의 경우 그 체적흐름은 어디나 같으며 이 값은 관의 단면적과 유속의 곱, 즉 A_v가 된다. 이것은 체적흐름의 단위를 생각해보면 (meter)^2 × (meter/second) = (meters)^3 × (second) = (volume)/(time) 알 수 있다.

따라서 체적흐름이 항상 일정하므로 관의 두 위치에서의 값은

$$A_1 v_1 = A_2 v_2$$

이 수식은 말하자면 연속 방정식이 된다. 수식을 다시 정리하면

$$\frac{v_1}{v_2} = \frac{A_2}{A_1}$$

즉 면적 A_2가 면적 A_1의 3배라면 1번 위치에서의 유속은 2번 위치에서의 유속의 3배가 된다는 것을 말해준다. 예제 4.11에서 응용문제를 풀어보자.

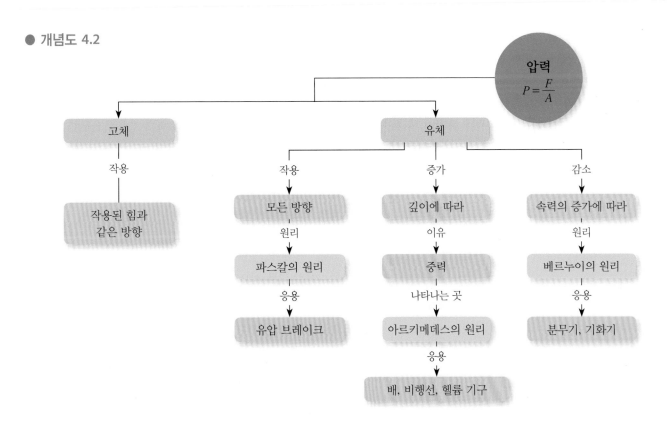

예제 4.11

일반적으로 정원에서 사용하는 호스의 단면적은 5.1×10^{-4} m²라고 한다. 수돗물을 틀면 물은 호스 입구를 0.85 m/s의 속력으로 뿜어져 나간다. 만일 정원사가 손가락으로 호스 입구를 눌러 그 단면적을 2.0×10^{-4} m²으로 줄이면 물의 속력은 어떻게 되는가?

물은 비압축성 유체로 생각할 수 있다. 따라서 호스에서 물의 흐름에 대하여 연속 방정식을 적용할 수 있다.

$$A_1 v_1 = A_2 v_2$$

v_2를 호스의 입구를 좁힌 경우 물의 속도라고 하면

$$v_2 = v_1 \left(\frac{A_1}{A_2} \right)$$

$$v_2 = (0.85 \text{ m/s}) \frac{(5.1 \times 10^{-4} \text{ m}^2)}{(2.0 \times 10^{-4} \text{ m}^2)}$$

$$= 2.17 \text{ m/s}$$

그림 4.44 향수 분무기(향수병 입구에 부착되어 있음: 역자주)는 베르누이의 원리를 이용한 것이다. 바람주머니를 누르면 공기가 수평관을 통해 흘러나간다. 이 관에서 공기가 매우 빠르게 흐르므로 압력은 낮다. 향수병 속의 압력은 보통의 압력이므로 향수를 위로 밀어 올리게 되어 공기를 따라 퍼져 나가게 된다.

베르누이의 원리는 흐르는 물에서의 압력은 단면이 넓은 곳보다는 좁은 곳에서 작다는 것을 말해 주고 있다. 관에 압력계를 붙여 두면 이러한 차이를 알 수 있다. 이것은 물리적인 사실이 사람들의 직관과 잘 안 맞는 아주 드문 예의 하나이다. 언뜻 보기에 대부분의 사람들은 관이 좁은 곳에서는 유체가 "더 작은 줄기로 눌려지기" 때문에 압력이 높아져야 할 것으로 예상한다. 그러나 사실은 그렇지가 않다. 좁은 곳에서 압력은 낮다.

● **개념도 4.2**

압력
$$P = \frac{F}{A}$$

고체 / 유체

고체
작용
→ 작용된 힘과 같은 방향

유체
- 작용 → 모든 방향 → (원리) 파스칼의 원리 → (응용) 유압 브레이크
- 증가 → 깊이에 따라 → (이유) 중력 → (나타나는 곳) 아르키메데스의 원리 → (응용) 배, 비행선, 헬륨 기구
- 감소 → 속력의 증가에 따라 → (원리) 베르누이의 원리 → (응용) 분무기, 기화기

향수병의 분무기는 베르누이의 원리를 응용한 것이다. 바람주머니를 누르면 공기가 수평관을 통해 흘러 지나간다(그림 4.44). 공기가 빠르게 흐르면, 압력은 낮아진다. 수평관에 연직으로 붙어 있는 가느다란 관이 향수 속까지 있다. 수평관의 압력이 낮아지므로 향수병 안의 정상 대기압은 향수의 표면에 힘을 작용하여 향수가 연직관을 통해 위로 올라가도록 힘을 작용하여 공기 중으로 뿜어지게 한다. 잔디 깎는 기계에 사용되는 기화기나 가스 펌프 분사기의 자동 차단 장치 등은 베르누이의 원리를 응용한 것이다.

그림 4.45 베르누이의 원리를 보여주고 있다.

물리 체험하기 4.8

그림 4.45와 같이 종이의 위쪽 끝을 두 손으로 수평이 되게 잡고 입가에 댄 다음 종이의 나머지 부분은 자연스럽게 수직이 되게 한다. 종이 위로 세게 바람을 불어보자. 종이는 어떻게 되는가? 왜 그렇게 되는지 설명해 보자.

복습

1. (참 혹은 거짓) 환기를 위한 덕트에서 공기의 압력이 가장 낮은 곳에 환기구를 설치하면, 공기가 가장 빠르게 움직인다.

2. 베르누이의 원리를 응용한 장치로는 _____ 등이 있다.

답 1. 참 2. 향수분무기 또는 기화기

요약

물질: 상태, 형태 그리고 힘 117종의 원자(원소)들이 우리가 접하는 물질의 근본을 이루고 있다. 분자들은 둘 또는 그 이상의 원자들이 화합물의 기본 단위를 이루기 위해 서로 섞여 있는 것이다. 이러한 기본 구성물(원자나 분자) 간의 힘의 본질은 그 물질이 고체, 액체 또는 기체인지를 결정한다. 물질의 네 번째 상인 전기적으로 도체인 플라즈마는 이온화된 기체로 구성되어 있다. 혼합물이나 용액은 서로 다른 원소나 화합물 또는 모두가 혼합되어 이루어진 것이다.

압력 압력은 고체, 액체, 기체에 작용하는 힘의 개념을 확장한 것이다. 압력은 힘이 어떤 면에 얼마나 집중적으로 작용(압력은 힘의 단위를 넓이의 단위로 나눈 $\left(P = \dfrac{F}{A}\right)$ 것으로 나타낸다)하느냐를 나타내는 척도이다. 압력은 스칼라량으로서 그에 관련된 방향은 없다. 물체에 또는 물체가 작용하는 압력을 측정하고자 할 때 그 주변의 대기압과 비교하여 측정한다. 예를 들어 계기 압력은 정상 대기 압력을 초과하여 측정되는 압력이다.

밀도 질량 밀도란 질량의 개념을 확장한 것이다. 압력이 힘의 집중도를 나타냈듯이 밀도는 질량의 집중도를 나타낸다. 이 스칼라량은 어떤 물질의 질량을 그 물질이 차지하는 부피로 나누어 구한다. 온도나 압력의 변화에 따른 아주 작은 변화를 제외하고, 거의 모든 순수한 고체나 액체의 질량 밀도는 고정된 상수값을 갖는다. 무게 밀도(물질의 단위부피당 무게)도 그 밀도를 나타내는 것이지만 영국 단위계에서 많이 사용되고 있다.

유체의 압력과 중력 액체와 기체는 유체이다. 쉽게 흐르며 그것이 담기는 용기에 따라 모양이 달라진다.

유체의 깊이에 따라 압력이 증가하는 원인은 중력이다. 유체 압력의 법칙은 유체 내의 임의의 점에서 압력이 물체를 잠기고 있는 유체의 무게에 의해 어떻게 결정되는지를 나타내고 있다. 액체에서는, 압력은 액체 표면으로부터 아래로의 깊이에 비례한다. 기체는 압축성으로서, 밀도가 일정하지 않기 때문에 압력은 깊이에 따라 좀 더 복잡하게 증가한다.

아르키메데스의 원리 유체 내에 일부 또는 전부가 잠긴 물체에는 위로 향하는 부력이 작용한다. 아르키메데스의 원리에 의하면 이 힘의 크기는 그 물체가 배제한 유체의 무게와 같다. 배, 잠수함, 비행선, 열기구 등은 모두 이 원리에 따른다. 아르키메데스의 원리는 고체나 액체의 밀도를 측정하는 데 자주 사용된다.

파스칼의 원리 파스칼의 원리는 유체에 가해진 압력이 유체 내의 모든 곳 및 용기의 벽에 균일하게 전달된다는 것이다. 고체에 작용하는 압력은 그 힘의 원래의 방향으로만 전달되는 반면, 유체에서는 모든 압력은 유체의 모든 곳을 통해 모든 방향으로 전달된다. 이러한 성질을 이용하여 자동차 브레이크 같은 유압 시

스템이 개발되었다.

베르누이의 원리 베르누이의 원리를 이용하여 기화기, 분무기 등의 장치가 개발되었다. 이 원리는 흐르는 유체의 압력은 속력이 증가하면 감소하고, 속력이 감소하면 증가한다는 것이다. 이 원리의 근거는 에너지 보존 법칙이다. 유체 내의 주어진 부피에 작용하는 압력이 커지면 그 유체가 갖는 위치 에너지도 커진다.

핵심 개념

● 정의

고체 단단하다. 힘으로 변형시키지 않는 한 그 모양을 유지한다(바위, 나무, 플라스틱, 철). 구성 입자들 간의 인력은 매우 강하다. 원자나 분자들은 그 이웃과 단단하게 결합되어 있어서 진동만이 가능하다.

액체 쉽게 흐른다. 용기에 따라 그 모양이 바뀌며 경계면(표면)이 분명하고 기체보다는 밀도가 높다(물, 음료수, 가솔린, 혈액). 입자들이 서로 결합되어 있으나 단단하지는 않다. 각각의 원자나 분자들은 다른 것들과 상대적으로 움직일 수는 있으나 항상 이웃 원자나 분자들과 접촉해 있다.

기체 쉽게 흐른다. 용기에 담겨지지만 그 경계가 분명하지 않고 쉽게 압축된다(아주 작은 부피로 쭈그릴 수 있다. 공기, 이산화탄소, 헬륨). 결합되기에는 입자들 간의 인력이 너무 약하다. 원자나 분자들은 매우 빠른 속력으로 자유롭게 움직이며 서로 간의 간격이 넓어서 충돌할 때만 접촉한다.

플라즈마 이온화된 기체이다. 기체의 특성을 가지지만 전기를 통한다. 따라서 자기장과 매우 강하게 상호작용하며 보통 매우 고온의 기체 상태로 존재한다(불이 켜진 형광등 속의 기체, 네온 등 속의 기체, 가열된 증기로 빛을 내는 전등 속의 기체, 태양이나 별 속에 있는 기체 물질).

상 물질의 네 가지 상태인 고체, 액체, 기체, 플라즈마.

원소 물질의 가장 단순하고 순수한 형태인 기본 물질. 117가지의 원소가 있다.

원자 화학 원소의 가장 작은 구성 단위.

핵 매우 밀도가 높고 단단하게 밀집된 것으로 원자의 중심에 있다.

전자 음으로 대전된 입자로서 원자핵 둘레를 궤도 운동한다.

양성자 원자의 핵 속에 있으며 양으로 대전된 입자.

중성자 원자의 핵 속에 있으며 전기적으로 중성인 입자.

화합물 둘 혹은 그 이상의 원소가 화학적으로 결합된 순수한 물질.

분자 둘 또는 그 이상의 원자들이 결합하여 화합물의 기본 단위를 이룬 것.

혼합물 둘 혹은 그 이상의 서로 다른 화합물이나 원소들로 구성된 물질.

용액 둘 혹은 그 이상의 물질로 된 균질한 분자 혼합물.

압력 표면에 수직하게 작용하는 단위넓이당 힘. 표면에 작용하는 힘의 수직한 성분을 그 표면의 넓이로 나눈 것.

$$p = \frac{F}{A}$$

질량 밀도 물질의 단위부피당 질량, 물질의 어떤 양의 질량을 그 물질이 차지하는 부피로 나눈 것.

$$D = \frac{m}{V}$$

무게 밀도 물질의 단위부피당 무게. 물질의 어떤 양의 무게를 그 물질이 차지하는

부피로 나눈 것.

$$D_W = \frac{W}{V}$$

비중 물질의 밀도를 같은 부피의 물의 밀도로 나눈 것.

부력 일부 또는 전부가 유체 속의 잠긴 물체에 그 유체가 위로 작용하는 힘.

● 법칙

유체 압력의 법칙 정지해 있는 유체 내의 임의의 깊이에서 (계기) 압력은 유체 표면에서 그 깊이까지의 유체 기둥의 무게를 그 기둥의 단면적으로 나눈 것과 같다.

● 특별한 경우의 방정식

깊이가 h(ft 단위)인 물속에서의 압력(계기)은 atm 단위로

$$p = 0.098 \text{ atm}/m \times h$$

이다.

● 원리

액체 내의 깊이 h에서의 절대 압력은 표면에서의 압력보다 그 액체의 무게 밀도에 깊이를 곱한 것만큼 더 크다.

$$p = D_w h = Dgh \quad \text{(액체 내의 계기 압력)}$$

아르키메데스의 원리 정지해 있는 유체 내의 물체에 작용하는 부력은 그 물체가 배제한 유체의 무게와 같다.

$$F_b = \text{배제된 유체의 무게}$$

파스칼의 원리 밀폐된 유체에 작용하는

압력은 유체 내의 모든 곳과 용기의 벽에 줄어들지 않고 고르게 전달된다.

베르누이의 원리 정상 흐름의 유체에 대해 속력이 빠른 곳에서의 압력은 낮다.

질문

(▶ 표시는 복습 질문을 나타낸 것이고, 답을 하기 위해서는 기본적인 이해만 있으면 된다는 것을 의미한다. 다른 것들은 지금까지 공부한 개념들을 종합하거나 확정해야 한다.)

1(1). ▶ 물질의 네 가지 상태를 설명하라. 그들의 겉보기 성질들을 비교하라. 고체, 액체, 기체 상태에서의 원자나 분자(또는 둘 다) 간의 힘의 성질을 비교하라.

2(2). 주변에 순수한 형태(화합물이 아닌)로 존재하는 몇 가지 원소들을 찾아보자.

3(3). ▶ 두 원소로 이루어진 혼합물과 화합물의 차이는 무엇인가?

4(4). 여러분들 주변에 있는 모든 것들을 원소, 화합물, 혼합물 등으로 분류한다면, 내용물들의 수가 가장 많은 것은 어떤 분류에 해당하는 것인가?

5(5). ▶ 기체는 왜 고체나 액체보다 쉽게 압축될 수 있는가?

6(6). 만일 당신이 지구를 도는 궤도상에 있는 국제우주정거장 안에 있다고 가정하고 그 안에 있는 동료 우주인이 당신에게 부풀어 오른 것처럼 보이는 풍선을 주었다고 하자. 그 풍선 속에 들어 있는 것이 기체인지, 액체인지 아니면 고체인지를 어떻게 판별할 수 있는지 설명하라.

7(7). ▶ 눈이 많이 온 곳에서 보통 신발을 신는 것보다 눈신발을 신는 것이 걷기에 왜 좋은지를 압력의 개념을 사용하여 설명하라.

8(10). 산악용 자전거 타이어에 250 kPa의 바람을 넣고 일반 자전거 타이어에 700 kPa의 바람을 넣는 데 같은 펌프를 사용한다. 그 두 타이어에 펌프를 사용하여 공기를 넣을 때 느끼는 차이점은 무엇인가?

9(11). ▶ 계기 압력과 절대 압력의 차이점을 설명하라.

10(12). ▶ 어떤 순수 물질이 차지하는 부피를 사용하여 그 물질의 질량을 계산하려면 어떻게 하여야 하는가?

11(13). 알코올과 물의 혼합물의 질량 밀도는 950 kg/m³이다. 그 혼합물은 대부분이 물인가, 알코올인가 아니면 대략 반

반인가? 그 이유를 설명하라.

12(14). 믿거나 말거나 카누는 콘크리트로 만들어 왔다(하지만 잘 뜬다). 그러나 콘크리트가 알루미늄보다는 밀도가 낮지만, 콘크리트 카누는 알루미늄으로 만든 카누보다는 무게가 조금 더 무겁다. 왜 그런가?

13(15). 달에서의 물의 무게 밀도는 지구에서의 무게 밀도와 다른가? 질량 밀도는 어떤가?

14(16). 기체에서 깊이에 따라 압력이 증가하는 방식은 액체에서의 경우와는 다르다. 왜 그런가?

15(17). 기술자들이 속이 비어 있는 저장용 탱크의 바닥 부근에 출입문을 설치하려고 한다. 그 문을 얼마나 튼튼한 것으로 하는가의 문제는 탱크의 높이와 어떤 관계가 있는가? 문의 너비도 관계가 있는가? 그 탱크에 물을 채우는 것과 수은을 채우는 것은 어떻게 다른가 설명하라.

16(18). 지표에서의 중력 가속도가 갑자기 증가한다면, 그것이 대기압에 영향을 미치겠는가? 수영장 바닥의 압력에도 영향을 미치겠는가? 설명하라.

17(19). 지구 대기의 온도가 높아지면 대기의 부피가 증가하지만 전체 질량이 변하지 않는다면, 이런 현상이 해수면에서의 대기압에 영향을 미치겠는가? 에베레스트 산 정상에서의 대기압에는 어떤 영향을 미치겠는가? 설명하라.

18(20). 우주 궤도에서 비행 중인 우주선 내의 연료탱크에서 압력의 변화(깊이에 따라 증가하는)가 있겠는가? 왜 그런가 아니면 왜 그렇지 않은가?

19(21). ▶ 기압계가 어떻게 고도를 측정하는 데 사용할 수 있는지를 설명하라.

20(24). 왜 부력은 항상 위로만 작용하는가?

21(25). ▶ 휘발유 속에서 가라앉고 물에서 뜨는 물체를 찾아보라.

22(26). 마을에 있는 수영장보다 바다에서 수영할 때 잘 뜬다. 그 이유는 무엇인가?

23(27). ▶ 넓은 강 위에 떠 있는 배가 다리 밑에 접근하게 되면서 선장이 배의 위쪽 끝이 다리에 닿을 것 같다는 경고를 내렸다. 그러자 선원들은 강물을 배의 빈 탱크 속에 넣으려고 한다. 이런 것이 도움이 되겠는가?

24(28). 에드가 앨런 포의 단편소설 "한스 팔의 환상여행"에서, 주인공은 밀도가 수소보다 "37.4"배나 작은 기체를 발견한다. 그러한 새로운 기체를 사용하여 풍선에 채우는 것이 수소를 채우는 것과 비교하여 얼마나 잘 뜨겠는가?

25(29). 공기가 채워진 풍선에 벽돌을 매달고 바다로 던졌다. 풍선이 벽돌 때문에 바다 속으로 끌려 들어감에 따라 풍선에 작용하는 부력이 감소한다. 왜 그런가?

26(30). 금성의 대기는 지구의 대기보다는 밀도가 높고 화성의 대기는 더 낮다. 각각의 행성에 탐험가를 보낸다고 하자. 각 행성에 도착한 후에는 그 행성의 표면에서 헬륨을 채운 풍선을 사용하여 이동하려고 한다. 각각의 행성에서 사용해야 할 풍선의 크기는 지구에서의 경우와 비교하여 어떤 크기여야 하는가?

27(31). ▶ 파스칼의 원리란 무엇인가?

28(32). ▶ 자동차의 브레이크 시스템은 파스칼의 원리를 어떻게 응용한 것인가?

29(33). ▶ 움직이는 유체의 속력이 증가할 때 일어나는 매우 중요한 현상은 무엇인가?

30(34). 비행기 날개(비행 중인 경우)의 위쪽 표면에서의 공기의 압력은 아래쪽 표면에서의 공기의 압력보다 낮다. 날개 위로 흐르는 공기의 속력과 아래로 흐르는 공기의 속력을 비교하라.

31(35). ▶ 향수 분무기(향수병 입구에 부착되어 있음: 역자주)는 베르누이의 원리를 어떻게 응용한 것인가?

연습 문제

1(1). 곡식 저장고에 밀 8,000,000 N가 채워져 있다. 저장고 바닥의 넓이는 40 m²이다. 바닥에 작용하는 압력을 제곱미터당 뉴턴과 atm 단위로 구하라.

2(2). 자전거 타이어 펌프의 피스톤의 단면적은 4 cm²이다. 피스톤에 12 N의 힘을 작용하여 타이어에 바람을 넣는다면, 펌프 내의 공기의 압력은 얼마가 되겠는가?

3(3). 대형 트럭의 타이어는 계기 압력 50 N/cm²로 공기가 채워져 있다. 타이어 측면의 전체 넓이는 0.5 m²이다. 타이어 내의 공기압에 의해 타이어 측면에 작용하는 밖으로 향하는 힘을 구하라.

4(4). 옥내 배관 속의 물의 계기 압력은 300,000 Pa이다. 배관에 연결된 온수기 내의 탱크의 윗부분에 작용하는 힘을 구하라. 온수기 윗면의 넓이는 0.2 m²이다.

5(5). 육면체 모양의 속이 빈 금속통의 크기가 밑면이 20 cm × 10 cm이고 높이가 25 cm이다. 진공 펌프를 사용하여 통 안의 공기를 모두 빼내었다. 통 밖의 압력이 1기압이라면 20 × 100 cm² 면에 작용하는 전체 힘을 구하라.

6(6). 관람용 수족관의 관람 창의 넓이가 2 m × 3 m이다(그림 4.46). 물에 의한 계기 압력의 평균값이 0.2 atm일 때 그 창에 작용하는 밖으로 향하는 전체 힘을 구하라.

그림 4.46

7(7). 어떤 매우 큰 금속 덩어리의 질량은 393 kg이고, 부피는 0.05 m³이다.

a) 그 금속의 질량 밀도와 무게 밀도를 SI 단위로 구하라.

b) 무슨 금속이겠는가?

8(8). 고고학자들이 작은 동상을 발굴하였다. 그것의 무게는 100 N이고, 부피는 0.2 m³으로 측정되었다.

a) 그 동상의 무게 밀도를 구하라.

b) 동상의 재료는 무엇이겠는가?

9(9). 어떤 대형 유조선 트럭이 18,144 kg의 액체를 운반할 수 있다.

a) 그 트럭이 운반할 수 있는 물의 부피를 구하라.

b) 그 트럭이 운반할 수 있는 휘발유의 부피를 구하라.

10(10). 힌덴부르크 비행선에 있는 수소 기체의 전체 질량이 18,000 kg이다. 표준 상태로 가정하고 그 안에 채워져 있는 수소 기체의 부피를 구하라.

11(11). 상층부의 대기를 채취하기 위한 대형 풍선이 900 m³의 헬륨으로 채워져 있다. 헬륨의 질량을 구하라.

12(12). 비행기 엔진의 어떤 부품의 부피가 0.04 m³이다.

a) 그 부품이 철로 만들어졌을 때 무게를 구하라.

b) 같은 부품을 알루미늄으로 만들었다면, 그 무게를 구하고 철과 비교할 때 무게가 얼마나 줄어든 것인가?

13(13). 낙하 실험을 위한 "Bremen"(길이가 100 m이며 자유 낙하 과정을 연구하기 위해 사용된 커다란 관) 탑의 부피는 1,700 m³이다.

a) 그 관 속의 압력(100,000 Pa에 비교하여 1 Pa 정도 되게)이 거의 영이 되게 하기 위해 빼내어야 할 공기의 질량을 구하라.

b) 그 공기의 질량을 파운드 단위로 구하라.

14(14). 왕관을 물속에 넣어서 그 부피가 400 cm³ = 0.015 ft³임을 알았다.

a) 왕관이 순금으로 만들어진 것이라면 무게는 얼마가 되겠는가?

b) 부피의 반은 금으로 나머지는 납으로 만든 것이라면 그 무게는 얼마가 되겠는가?

15(15). 깊이가 4 m인 수영장 바닥에서의 계기 압력을 구하라.

16(16). 태평양에 있는 마리아나 해구의 깊이는 12 m이다. 이 깊이에서 계기 압력을 구하라.

17(17). 바닷속 300 m 깊이에서 계기 압력을 구하라.

18(18). 깊이가 30 m인 저장 탱크에 휘발유가 채워져 있다.

a) 탱크 바닥에서의 계기 압력을 구하라.

b) 탱크의 바닥 바로 옆에 0.5 × 0.5 m²의 사각형 출입문에 작용하는 힘을 구하라.

19(19). 북아메리카에서 최고 높은 곳은 알라스카에 있는 맥킨리 산의 정상이며 해발 6,200 m이다. 그림 4.28을 사용하여 그곳의 대략적인 대기압을 구하라.

20(20). 글라이더가 도달한 최고 높이는 15,460 m로 기록되어 있다. 그러한 고도에서의 대기압은 대략 얼마인가?

21(21). 부피가 0.4 m³인 흑단통나무를 물속에 넣었다. 그에 작용하는 부력을 구하라.

22(22). 부피가 40 m³인 빈 저장 탱크가 있다. 그 탱크에 작용하는 공기에 의한 부력을 구하라.

23(23). 운동 경기를 항공 촬영하기 위해 50,000 m³의 헬륨 기체로 채워진 소형 비행선이 사용된다.

a) 헬륨의 무게를 구하라.

b) 해수면에서 그 비행선에 작용하는 부력을 구하라.

c) 그 비행선이 추가로 더 들어 올릴 수 있는 무게를 구하라.

24(24). 현대의 체펠린 비행선은 8,000 m³의 헬륨으로 채워져 있다. 그 비행선이 추가로 더 실을 수 있는 해수면에서의 최대 적재 가능 무게를 구하라.

25(25). 상자 모양의 콘크리트 조각의 크기가 1 m × 0.5 m × 0.2 m 이다.

a) 무게를 구하라.

b) 그것이 물속에 잠겨 있을 때 받는 부력을 구하라.

c) 콘크리트 조각이 물속에 가라앉았을 때 받는 알짜힘을 구하라.

26(26). 크기가 5 cm × 25 cm × 400 cm인 어떤 노간주나무 판자가 물속에 완전히 잠겨 있다.

a) 그 판자의 무게를 구하라.

b) 그 판자에 작용하는 부력을 구하라.

c) 판자에 작용하는 알짜힘의 크기와 방향을 구하라.

27(27). 빙산의 부피가 500 m³이다(그림 4.47).

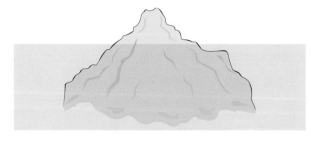

그림 4.47

a) 순수한 얼음으로 되어 있다고 가정할 때 그 빙산의 무게를 구하라.

b) 그 빙산이 바닷물에 떠 있을 때 배제하는 바닷물의 부피를 구하라. (힌트: 바닷물의 무게를 알아야 한다.)

c) 빙산이 물 위에 있는 나와 있는 부분의 부피를 구하라.

28(28). 어떤 배(바닥이 편평한)와 실린 화물의 무게가 5,000 N 이다. 그 배의 밑바닥의 넓이는 4 m²이다. 그 배가 물 위에 떠 있을 때 배가 물속에 잠긴 부분의 깊이는 얼마이겠는가?

29(29). 어떤 저울에 알루미늄을 매달았을 때의 저울 눈금이 100 N이다. 그 알루미늄 덩어리가 저울에 매달린 채로 물속에 잠기면 저울 눈금은 얼마가 되겠는가?

30(30). 크기가 2 m × 3 m × 0.2 m인 직육면체의 얼음 덩어리가 물에 떠 있다. 몸무게가 600 N인 사람이 그 얼음 위에 서 있고 싶어한다. 얼음이 그 한 사람을 떠받칠 수 있겠는가? 또한 수면 아래로 가라앉지 않겠는가? 답변에 대한 근거를 제시하라.

5장

온도와 열

2005년 8월 걸프 만을 강타한 허리케인 카트리나.

으로 밀어 올린다. 이로 인해 지구의 표면에서는 압력이 낮아지고 주위의 공기가 몰려들며 폭풍을 형성하는 것이다. 여기에 개입되는 에너지는 그야말로 거대하여서 2차 대전 시절의 원자폭탄 규모로 매 분당 30개 정도의 에너지에 달한다고 한다.

허리케인이 생기는 물리적인 과정을 보다 심층적으로 분석하고 이해하기 위해서, 그리고 일상생활에서의 많이 사용하는 냉장고나 온도계의 원리를 이해하기 위해서는 열과 온도의 개념을 알아야 한다. 이것이 이 장의 목적이기도 하다.

허리케인

우주에서 본 허리케인의 모습, 열대 사이클론의 한 종류인 허리케인의 모습은 아름다움 그 자체이다. 그러나 그것이 강타하는 해안가에 거주하는 수백만의 주민들에게는 가공할 공포의 대상이기도 하다. 허리케인 카트리나는 2005년 8월 루이지아나와 미시시피 지역에 상륙하여 뉴올리안즈를 초토화 시키고 약 1800여 명의 목숨을 앗아갔다. 통계에 의하면 지난 세기 동안 동남부 아시아지역에서 열대 사이클론에 희생된 사람은 10만 명이 넘는다고 한다. 강풍에 의해 넘어지는 가옥과 빌딩, 그리고 해일이 위험하며 때로는 내륙에서 넘쳐나는 홍수에 희생되기도 한다.

이런 괴물과도 같은 열대 폭풍은 어떻게 형성이 되며 그 근본이 되는 에너지는 어디에서 근원하는가? 태양에 의해 뜨거워진 대양의 물은 수증기로 기화되어 높은 하늘에서 구름이 된다. 그곳에서 수증기는 응축되어 물방울이 되며 에너지를 내놓고 이 에너지는 주변의 공기가 더 높은 곳

5.1 온도

온도(temperature)는 아마도 일상생활에서 가장 흔히 사용되는 물리적 양일 것이다. 온도를 뜨거움 또는 차가움의 척도로 느슨하게 정의할 수도 있다. 그러나 뜨거움과 차가움의 개념들은 모호하고, 주관적이고 상대적이다. 여름철에 21 ℃의 공기는 시원하게 느껴지지만, 겨울철에는 같은 온도라도 따뜻하게 느껴진다.

온도의 개념은 열 혹은 내부 에너지와는 다르다. 예를 들어 뜨거운 물컵에서 물 한 방울을 뽑아내는 경우를 생각해 보자. 컵 속의 물과 스포이트 안의 물은 같은 온도이다. 그러나 각각의 내부 에너지의 양은 크게 다르다(그림 5.1). 여러분 손바닥에 물 한 방울을 떨어뜨리는 것과 물 한 컵을 쏟는 것은 같은 효과(고통과 상처)를 나타내지는 않을 것이다.

온도계는 물체의 온도를 측정하는 장치로, 온도에 따

167

그림 5.1 컵 속의 물과 스포이트 안의 물은 같은 온도이지만, 컵 안의 물이 훨씬 많은 내부 에너지를 주변으로 전달할 수 있다.

라 변하는 물리적 성질을 이용한 것이다. 일반적인 형태의 온도계는 수은이나 빨간색 알코올과 같은 액체가 온도가 변하면서 따뜻해지거나 차가워질 때 팽창 혹은 압축되면서 유리관 안에서 올라가거나 내려간다. 어떤 온도계는 고체의 부피, 기체의 압력이나 부피, 금속의 전기적 성질, 방출되는 에너지의 양과 주파수 그리고 기체 안에서의 음속과 같이 온도에 의존하는 다른 물리적 성질을 이용하기도 한다.

5.1a 온도의 눈금

눈금을 정하는 방식에 따라 온도계는 일반적으로 화씨, 섭씨 그리고 켈빈 온도의 세 가지 다른 온도를 사용하고 있다. 소위 상변이 온도라 부르는 물의 어느 온도와 끓는 온도가 세 가지 눈금을 비교하는 데 사용될 수도 있다. 화씨 눈금에서는 1기압에서 물의 끓는점이 212°(212 °F로 표시)이다. 1기압에서 물의 어는점은 32 °F이다. 따라서 두 온도 차이를 180등분하여 1도를 정한다. 섭씨 눈금은 이전에는 백분도 눈금이라고 하였는데 미터법에 기초를 두고 있으며, 물의 어는점과 끓는점 사이를 100등분하여 사용한다. 섭씨 0도(0 °C로 표시)는 물이 어는 온도, 100 °C는 끓는 온도이다.

물리 체험하기 5.1

철물점이나 슈퍼마켓을 방문하여 온도계를 찾아 그 눈금을 관찰하자. 서로 다른 종류의 온도계가 있다면 그 눈금의 차이를 자세히 살펴보자. 또 모든 온도계들이 정확하게 같은 온도를 가리키고 있는지도 살펴보자. 그것들은 정확히 같아야 하는가? 그렇지 않다면 그러한 온도계들의 정확도에 대하여 생각해 보자.

우리들 대부분은 −60~120 °F(−51~49 °C) 온도 범위 안에서 삶을 영위한다. 하지만 일상에서 볼 수 있는 난로나 자동차 엔진 내부, 전구의 필라멘트, 촛불의 불꽃 등은 이보다 훨씬 온도가 높다. 태양의 표면 온도는 약 10,000 °F(5,700 °C)이고, 내부 온도는 약 27,000,000 °F(15,000,000 °C)이다. 지구상에서 이렇게 높은 온도는 플라즈마 실험이나 핵폭발 등을 통해 발생시키고 있다. 온도의 상한은 없다.

이와 정반대로, 차가운 온도에는 한계가 있다. 가장 차가운 온도를 **절대영도**(absolute zero)라고 하며 −459.67 °F(−273.15 °C)이다. 이 온도 아래로 내려가는 것은 불가능하기 때문에 (이유에 대해서는 나중에 논의할 것임) 시작점을 절대 영도로 사용하는 켈빈 눈금이 편리하다(이 눈금은 또한 "절대 온도"라고 한다). 켈빈 눈금에서 단위의 크기는 도 대신 켈빈(K)이라고 부르는 것을 제외하고 섭씨 눈금에서와 같다.

켈빈 눈금에서의 온도는 섭씨 온도에 273.15를 더한 것과 같다. 물의 끓는 온도와 어는 온도는 절대 온도로 각각 373.15 K와 273.15 K이다.

$$T(\text{K}) = T(°\text{C}) + 273.15$$

그림 5.2는 세 가지 온도 눈금을 비교한 것이다. 화씨와 섭씨 눈금은 −40 ℃에서 일치한다. 표 5.1은 몇 가지 대표적인 온도의 목록들이다. 온도의 물리량은 T로 표시한다.

5.1b 온도와 에너지

무엇이 물체의 온도를 결정하는가? 달리 말하면, 한 잔의 커피가 뜨거울(200 ℉) 때와 차가울(70 ℉) 때의 차이점은 무엇인가? 물체를 구성하는 원자와 분자들은 운동 에너지를 갖는다. 기체에서 이들은 매우 빠른 속력으로 무질서하게 움직인다. 액체와 고체에서 이들은 용수철에 매달린 질량 또는 구멍 안에서 진동하는 물체와 같이 진동한다(3.5절). 높은 온도에서 물체 내부의 원자와 분자들은 더 빠르게 움직이고 더 큰 운동 에너지를 갖는다.

입자들 사이의 충돌로 인해 에너지가 입자들 사이에서 끊임없이 교환되기 때문에 매 순간 모든 입자들이 동일한 에너지를 가질 수 없으며, 또한 한 입자의 에너지도 끊임없이 변화한다. 그러나 온도가 일정하게 유지되는 한 모든 입자들의 평균 운동 에너지는 일정하다.

따라서 한 잔의 커피가 뜨거울 때 그 안의 분자들은, 차가울 때보다 큰 평균 운동 에너지를 갖는다. 여러분이 손가락을 뜨거운 커피에 넣을 때, 커피 안의 원자와 분자들은 충돌에 의해 여러분 손가락의 원자와 분자들로 운동 에너지가 전달되고, 여러분 손가락은 따뜻해진다.

물체의 켈빈 온도는 구성 입자들의 평균 운동 에너지에 비례한다.

켈빈 온도 ∝ 원자와 분자들의 평균 운동 에너지

표 5.1 세 가지 온도 눈금에서 대표적인 온도들

종류	℉	℃	K
절대영도	−459.67	−273.15	0
헬륨 끓는점*	−452	−268.9	4.25
질소 끓는점	−320.4	−195.8	77.35
산소 끓는점	−297.35	−182.97	90.18
알코올 어는점	−175	−115	158
수은 어는점	−37.1	−38.4	234.75
물 어는점	32	0	273.15
보통의 신체 온도	98.6	37	310.15
물 끓는점	212	100	373.15
"적열"(대략)	800	430	700
알루미늄 녹는점	1,220	660	933
철 녹는점	2,797	1,536	1,809
태양 표면(대략)	10,000	5,700	6,000
태양 내부(대략)	27×10^6	15×10^6	15×10^6
실험실의 가장 높은 온도	7.2×10^9	4×10^9	4×10^9

* 모든 끓는점들은 1기압에 대한 것이다.

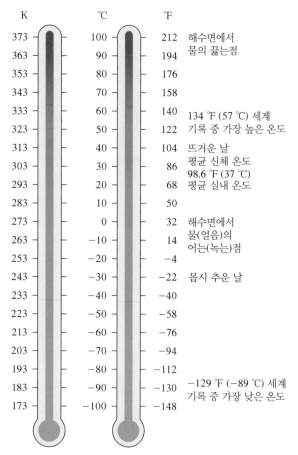

K	℃	℉	
373	100	212	해수면에서 물의 끓는점
363	90	194	
353	80	176	
343	70	158	
333	60	140	134 ℉ (57 ℃) 세계
323	50	122	기록 중 가장 높은 온도
313	40	104	뜨거운 날
303	30	86	평균 신체 온도 98.6 ℉ (37 ℃)
293	20	68	평균 실내 온도
283	10	50	
273	0	32	해수면에서
263	−10	14	물(얼음)의
253	−20	−4	어는(녹는)점
243	−30	−22	몹시 추운 날
233	−40	−40	
223	−50	−58	
213	−60	−76	
203	−70	−94	
193	−80	−112	
183	−90	−130	−129 ℉ (−89 ℃) 세계
173	−100	−148	기록 중 가장 낮은 온도

그림 5.2 세 가지 온도 눈금의 비교. 섭씨와 켈빈 눈금은 같은 크기의 단위를 갖는다. 화씨 온도는 섭씨 온도의 5/9배이다.

이러한 사실(온도가 원자와 분자들의 평균 운동 에너지에 영향을 받는다)은 매우 중요하다. 이것은 이번 장에서 논의할 많은 현상들을 이해하는 데 도움을 준다. 기체 안에서 큰 운동 에너지는 원자와 분자들이 빠른 속력으로 움직임을 의미한다. 액체와 고체의 경우, 분자들은 큰 진폭으로 흔들리는 진자와 같이 긴 거리를 진동한다. 입자들이 이와 같이 진동할 때 위치 에너지도 가진다는 것을 기억할 것이다. 그러나 액체와 고체 안의 "속박된" 원자와 분자들의 위치 에너지는 온도와 직접적으로 관련되지 않는다. 이와 같은 위치 에너지는 물체가 얼거나 끓는 등 상의 변화가 일어날 때 중요하다. 자세한 것은 나중에 다룬다.

이 원리는 또한 절대영도의 존재를 설명한다. 낮은 온도에서, 입자들의 평균 운동 에너지는 더 작다. 입자들이 모두 움직이는 것을 멈추면, 평균 운동 에너지는 영이 될 것이다. 이것은 가능한 가장 낮은 온도인 절대영도(그림 5.3)에서 일어날 것이다. 절대영도는 결코 도달할 수 없기 때문에 "일 것이다"라는 단어가 사용된다. 물체의 원자와 분자들이 완전히 멈출 리는 없다. 연구자들은 절대영도(십억 분의 1도 혹은 그 이하)에 매우 근접하지만, 정확하게 도달하지는 못했다.

매우 낮은 온도에서, 많은 물체들은 특별한 성질을 갖는다. 플라스틱이나 고무는 유리와 같이 부서지기 쉽게 된다. 대략 2 K 미만에서 헬륨은 "초유동" 액체로 마찰 없이 흐른다. 어떤 물체는 "초전도체"가 된다. 초전도체는 저항 없이 전기를 통한다(이에 대한 것은 7장에서 자세히 다룬다).

물질의 성질은 매우 높은 온도에서도 달라진다. 약 6,000 K 이상에서 원자들이 같이 결합되어 있을 수 없을 정도로 운동 에너지가 크다. 따라서 이렇게 높은 온도에서 고체, 액체 혹은 분자들조차 있을 수 없다. 약 20,000 K 이상에서 전자는 원자로부터 자유롭게 떨어져서 플라즈마 상태만이 존재할 수 있다.

그림 5.3 낮은 온도에서 원자와 분자들은 적은 평균 운동 에너지를 갖는다. 절대영도에서 이들의 운동 에너지는 0일 것이고, 정지해 있을 것이다.

400 K

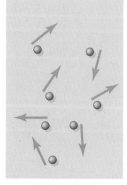

큰 운동 에너지

200 K

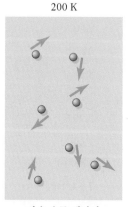

작은 운동 에너지

0 K

0의 운동 에너지

5.2 열팽창

열팽창은 중요한 현상으로 일반적인 온도계와 다른 여러 종류의 유용한 장치들에 활용된다. 4 ℃ 미만의 물과 약간의 텅스텐 화합물을 제외하고 대부분의 경우, 속박되지 않은 물체는 온도가 상승하면 팽창한다.

풍선 속의 공기는 가열될 때 팽창하고, 뜨거운 액체에 넣은 온도계는 유리관 안의 수은이 팽창하여 상승한다. 그리고 다리의 일부는 여름에 늘어난다. 물체가 충분히 속박되어 있으면 팽창하지는 않지만, 반면에 구속에 대응하여 힘과 압력이 생겨날 것이다. 예를 들어 속이 빈 압력 조리 기구를 밀폐한 후 가열하면, 내부의 공기는 팽창하지 못한다. 그러나 내부의 압력은 증가하여 점점 더 큰 힘이 압력 조리 기구의 내부 표면에 미치게 된다.

왜 이런 팽창이 일어나는지 정량적으로 살펴볼 수 있다. 높은 온도에서, 고체 혹은 액체 안의 원자와 분자들은 큰 진폭으로 진동하고 인접한 원자들끼리 서로를 민다. 기체 안에서 원자와 분자들은 온도가 올라갈수록 빨리 움직인다. 풍선을 데우면 풍선이 팽창하는데, 그 이유는 공기 분자의 속도가 빨라져 압력이 커지면서 풍선의 표면과 충돌할 때 표면을 밖으로 밀어낸다. 이 경우, 3차원 모든 방향으로 팽창이 일어난다. 예를 들어 벽돌이 가열될 때 그 길이, 너비 그리고 두께 모두 비례적으로 증가한다.

5.2a 고체의 선형팽창

논리적이고 기초적인 수학을 사용하여 팽창의 양을 예측할 수 있다. 우선 간단히 금속 막대와 같이 길고 가는 고체의 열팽창의 경우를 생각해 보자. 주된 팽창은 길이 l 의 증가일 것이다(그림 5.4). Δl로 표현되는 이러한 증가는 세 가지 요인에 따라 달라진다.

1. 처음의 길이 l. 막대의 처음 길이가 길수록 길이의 변화가 커진다.
2. ΔT로 나타내는 온도의 변화. 온도의 증가가 클수록 길이의 증가가 커진다.
3. 물질. 예를 들어 같은 조건에서 알루미늄 막대는 동일한 철 막대보다 길이가 두 배 증가한다.

요인 3의 내용은 실험을 통해 시험해볼 수 있다. 다른 고체들의 팽창은 비슷한

그림 5.4 온도가 T일 때 금속 막대의 길이는 l이다. 온도가 ΔT만큼 증가할 때 막대의 길이는 이에 비례하여 Δl만큼 증가한다.

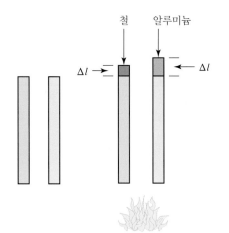

철   알루미늄

Δl →   ← Δl

그림 5.5 온도가 똑같이 증가해도 알루미늄은 철보다 많이 팽창하기 때문에, 선팽창계수가 더 크다.

조건에서 측정한다. 그 결과는 각 재료의 **선팽창계수**(coefficient of linear expansion)를 결정하는 데 사용한다. 이 계수의 값은 질량 밀도 혹은 무게 밀도와 같이 각 물질의 고정된 매개 변수이다. 이것은 그리스 문자 알파 α로 나타낸다. 같은 조건에서 알루미늄은 철보다 많이 팽창하기 때문에, 알루미늄의 선팽창계수는 철보다 크다(그림 5.5).

길이의 변화를 온도의 변화와 선팽창계수의 항으로 나타내면 방정식

$$\Delta l = \alpha \, l \, \Delta T$$

로 표현할 수 있다. 길이의 변화는 온도 변화와 처음 길이에 비례한다. 선팽창계수 α는 비례 상수이다. 표 5.2는 몇 가지 다른 고체들에 대한 α를 나열한 것이다. 방정식에서 l과 Δl의 단위는 같아야만 한다. 따라서 온도의 단위 ℃는 α의 단위를 상쇄시켜야만 한다. 즉, α의 단위는 온도의 역수 1/℃이어야만 한다.

예제 5.1

온도가 −5 ℃인 겨울 낮에 철강 다리의 중심 지주 간격은 1,200 m이다. 온도가 35 ℃인 여름 낮에 간격은 얼마만큼 늘어날까?

우선, 온도 변화는 마지막 온도에서 처음 온도를 뺀 것이다.

$$\Delta T = 35 - (-5) = 35 + 5 = 40 \, ℃$$

표 5.2에서 철강의 선팽창계수는

$$\alpha = 12 \times 10^{-6}/℃$$

이다. 따라서

$$\begin{aligned} \Delta l &= \alpha \, l \, \Delta T \\ &= (12 \times 10^{-6}/℃) \times 1,200 \text{ m} \times 40 \, ℃ \\ &= (12 \times 10^{-6}/℃) \times 48,000 \text{ m-}℃ \\ &= 576,000 \times 10^{-6} \text{ m} \\ &= 0.576 \text{ m} \end{aligned}$$

이다.

표 5.2 몇 가지 선팽창계수들

고체	$\alpha (\times 10^{-6}/℃)$
알루미늄	25
황동 또는 청동	19
벽돌	9
구리	17
유리(판)	9
유리(파이렉스)	3
얼음	51
철 또는 철강	12
납	29
석영(용융)	0.4
은	19

예제 5.1에서 길이의 변화는 작지 않으며 이는 다리 등의 설계에 포함되어야 한다. 마치 느슨하게 맞물린 손가락들과 같은 신축 이음을 두어 다리, 고가 도로 그리고 다른 구조물들에서 열팽창이 안전하게 일어나도록 한다(그림 5.6).

그림 5.6 다리나 고가 도로에서 열팽창을 고려하여 신축 이음을 둔다. 도로 구간 양쪽 끝의 연결부분은 금속으로 된 "빗" 모양으로 되어 있다. 두 빗들의 톱니들은 서로 맞물려 있고 구간의 길이가 변할 때 앞뒤로 움직일 수 있다. 비교하기 위해 보인 온도계의 너비가 30 cm(1 ft)이다.

또한 열팽창에 대한 방정식은 온도가 낮아질 때에도 작용한다. 이때 온도 변화가 음(−)이면, 길이의 변화도 음(−)이다. 고체는 줄어들기 시작한다. 달리 말하면, 열팽창은 가역 과정이다. 일반적으로 물질은 뜨거워지면 늘어나고 차가워지면 줄어든다. 이번 장에서 논의한 대부분의 현상은 가역적이다. 온도가 상승할 때 어떤 현상이 일어나면, 온도가 하강할 때 그 반대 현상이 일어날 것이다.

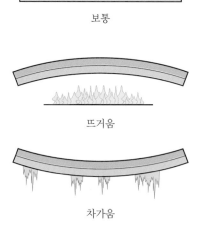

그림 5.7 이 바이메탈 판에서 위쪽의 금속이 아래쪽 금속보다 열팽창계수가 크다. 위쪽이 더 많은 길이의 변화가 있기 때문에 뜨거워지면 조각은 아래쪽으로 구부러진다. 차가워지면 조각은 위쪽으로 구부러진다.

물리 체험하기 5.2

여러분이 사는 주변에 안전한 교량이나 육교가 있다면 그 위를 걸어보자. 그곳에는 팽창을 고려한 그림 5.6과 같은 연결 포인트가 있을 것이다. 한 낮 뜨거운 온도에서 그 연결 포인트가 어떤 모습인지 사진을 찍거나 스케치를 해두자. 그리고 날씨가 서늘해졌을 때 다시 한 번 관찰해 보자. 어떤 차이를 발견할 수 있는가?

바이메탈 판은 열팽창을 기발하게 잘 이용한 것이다. 이름이 암시하듯이 바이메탈 판은 두 개의 다른 금속 조각을 하나로 붙인 것이다(그림 5.7). 두 금속의 선팽창계수는 서로 달라서 가열하면 다른 비율로 팽창한다. 그 결과 바이메탈 판은 뜨거워지면 한 방향으로 구부러지고 차가워지면 다른 방향으로 구부러진다. 온도 변화가 클수록 구부러짐이 크다. 예를 들어 황동과 철을 사용할 경우 황동은 철보다 팽창과 수축이 심하다. 황동은 조각이 뜨거워지면 구부러진 것의 바깥쪽이 되고, 조각이 차가워지면 안쪽이 될 것이다.

온도 조절 장치, 온도계 그리고 자동차의 초크-조절 장치에는 나선 모양으로 감긴 바이메탈 판이 들어 있다. 온도가 변하면 코일은 부분적으로 풀리거나 더 세게 감긴다. 나선의 한쪽 끝에 바늘을 붙이고, 다른 한 끝은 고정하여 온도계를 만든다. 온도가 변하면 바늘은 눈금 위에서 움직이면서 온도를 나타낸다(그림 5.8). 온도 조절 장치에서는 나선 끝의 움직임이 스위치를 켜거나 끄는 데 사용된다. 스위치는 히터, 에어컨디셔너, 화재 경보기 또는 냉장고의 냉각 장치를 켤 수도 있다.

이미 언급한 것처럼, 열팽창은 3차원 모든 방향으로 일어난다. 온도가 상승하면 다리가 늘어나는 한편 넓고 두꺼워진다. 모든 면의 넓이가 증가하고, 고체의 부피도 증가한다. 고체 내부에 구멍이 있다면, 대부분의 사람들 직관과 반대로 열팽창은 구멍을 더 크게 만든다(그림 5.9). 이것은 열팽창이 고체 안의 모든 지점을 밖으로 나아가도록 하기 때문이다. 이것은 사진을 확대할 때 일어나는 현상

그림 5.8 이 온도계는 나선 모양의 바이메탈 판을 이용한다. 온도 변화가 적어도 나선의 바깥쪽 끝에 붙어 있는 바늘이 눈에 띄게 회전한다.

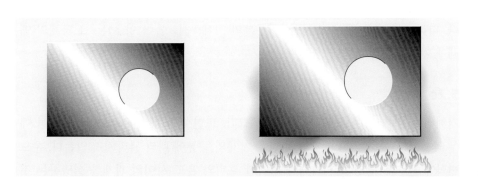

그림 5.9 물체가 뜨거워지면 구멍들은 커진다.

그림 5.10 4 ℃ 이상에서 따뜻한 물은 표면으로 떠오른다. 4 ℃ 미만에서는 차가운 물이 표면으로 떠오른다.

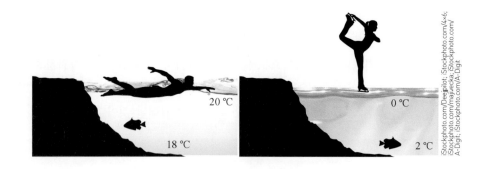

과 비슷하다. 구멍의 한쪽에 있는 점이 구멍의 다른 쪽에 있는 임의의 점으로부터 멀어져 간다.

5.2b 액체

액체의 성질은 고체와 매우 비슷하다. 액체는 특정한 모양을 유지하지 않기 때문에 열팽창에 의한 부피의 변화를 고려하기에 가장 좋다. 일반석으로, 액체는 고체보다 더 많이 팽창한다. 이것은 액체를 담고 있는 용기가 뜨거워지면 보통 액체의 높이가 상승함을 의미한다. 일반적으로 액체는 용기(고체)보다 부피 증가가 더 크기 때문이다. 수은 온도계가 뜨거워지면 유리관과 맨 아래 유리공 안의 수은은 유리 용기보다 더 많이 팽창하여 수은의 높이가 올라간다. 유리가 수은보다 더 많이 팽창하면, 수은 기둥은 온도가 높아져도 올라가지 않고 내려갈 것이다.

물체가 가열될 때 팽창한다는 일반적 규칙에 예외가 있다는 것을 이 절의 처음에 암시했다. 이것의 가장 중요한 예는 어는 온도 근처에 있는 물이다. 4 ℃(39 ℉) 이상의 물은 보통의 액체와 같이 뜨거워지면 팽창한다. 반대로 물은 0~4 ℃ 사이에서 뜨거워지면 수축하고 차가워지면 팽창한다. 3 ℃에서 물의 부피는 1 ℃에서의 같은 물의 부피보다 작다. 호수, 연못 그리고 다른 형태의 물이 위에서부터 어는 것은 이 때문이다. 물의 평균 온도가 4 ℃ 이상이면 따뜻한(밀도가 낮은) 물은 표면으로 떠오르고, 차가운 물은 바닥으로 가라앉는다(그림 5.10). 가을에 공기가 차가워지면, 표면에 있는 물이 차가워진다. 물의 평균 온도가 4 ℃ 이하로 내려가면, 차가운 물(얼기 직전)은 밀도가 낮아지고 표면으로 올라간다. 결과적으로, 표면의 물이 먼저 0 ℃에 도달하여 어는데, 표면 아래의 물보다 차갑고, 차가운 공기와 접촉하고 있기 때문이다.

또한 고체 상태(얼음)의 물의 밀도가 액체 상태에서보다 낮다는 점이 특이하다. 따라서 얼음은 물에 뜨지만, 대부분의 고체(예를 들어 양초)는 그 자체의 액체에 가라앉는다.

5.2c 기체

기체의 부피 팽창은 고체나 액체보다 크다. 또한 온도가 매우 낮거나 압력이 매우 높을 경우를 제외하고 팽창의 양은 기체의 종류에 따라 달라지지 않는다. 온도 변화에 관련된 팽창보다 기체가 차지한 부피와 온도 사이의 관계를 설명하는 것이 더 간단하다. 특히, 압력이 일정하게 유지된다면, 기체가 차지하는 부피는 온도(켈빈 온도)에 비례한다.

$$V \propto T \quad \text{(압력이 일정한 기체)}$$

온도는 켈빈 온도이어야 한다. 기체의 온도가 어떤 퍼센트로 증가할 때 부피도 같은 퍼센트만큼 증가한다. 303 K(86 °F)에서 풍선의 부피는 273 K(32 °F)에 있는 같은 풍선의 부피보다 약 10% 크다(그림 5.11). 참고로 같은 온도 차이라면 일반적인 고체의 부피 변화는 1% 내외, 액체에서는 최대 5% 정도이다.

그림 5.11 기체 안의 압력이 일정하게 유지되면, 기체가 차지하는 부피는 켈빈 온도에 비례한다. 온도가 10% 올라가면 풍선의 부피는 10% 증가한다.

물리 체험하기 5.3

실험을 위하여 풍선 한 개와 피쳐와 같은 큰 용기를 준비한다. 용기는 투명하여 밖에서 물의 높이를 관찰할 수 있는 것이 좋다(그림 5.12).

1. 먼저 풍선을 용기 안에 완전히 잠길 수 있도록 적당한 크기로 분 다음 공기가 빠져나가지 않도록 묶는다. 이때 풍선에 여유가 있어 팽창할 수 있을 정도로 한다.
2. 풍선이 밑에 있도록 붙잡은 상태에서 용기에 찬 물을 붓는다. 먼저 찬 물을 용기의 아귀까지 가득 부은 후 찬 물에 의하여 풍선이 압축되어 수위가 내려가면 다시 찬물을 추가로 부어 용기의 가득 찬 상태가 유지되도록 한다.
3. 풍선을 제거한 후 물의 수위를 표시한다.
4. 2와 3의 과정을 다른 온도의 물, 즉 따뜻한 그리고 견딜 만큼 최대한 뜨거운 물로 반복한다.
5. 물의 수위는 각 과정에 모두 동일한가? 그렇지 않다면 왜 차이가 생기는지 설명해 보자. 풍선이 보다 따뜻한 물속에 있을 때에는 어떤 일이 일어나는가 설명하여라.

이상 기체 법칙은 기체의 압력, 부피 그리고 온도의 상관 관계를 설명한다.

이 일반적 관계식은 대부분의 조건에서 대부분의 실제 기체에 적용이 가능하기 때문에 유용하고 중요하다. 이 방정식에 나타나는 상수는 기체의 종류가 아닌 양에만 영향을 받기 때문에, 방정식은 수소, 헬륨, 산소, 이산화탄소 등에 대하여 똑같이 사용될 수 있다. 또한 극한 환경을 제외하고, 일반적으로 기체 입자들이 충분히 멀리 떨어져 있어서 그들의 상호작용을 무시하기에 충분할 정도로 p, V 그리고 T가 변하는 범위가 제한된다. 동시에, 이 사실들은 이상 기체 법칙을 사용하여 태양과 행성의 대기 기체들에서부터 교실의 공기와 소형 비행선의 헬륨에 이르기까지 다양한 물리계의 열역학적인 특성을 설명하는 데 유용하다.

이상 기체 법칙
구성 입자들 사이의 상호작용을 무시할 수 있을 정도로 밀도가 충분히 낮은 기체에서, 기체의 압력, 부피 그리고 온도는 다음 방정식과 같은 관계가 있다.

$$pV = (\text{상수}) \, T$$

그림 5.12 열팽창을 보여준다(물리 체험하기 5.3).

예제 5.2

굿이어 풍선은 그것을 처음 지면에서 띄워 올릴 때 헬륨 기체 5400 m³가 채워져 있으며 그 압력은 1.1×10^5 Pa(1.0 atm)라고 한다. 이때 기체의 온도는 280 K(7 °C)이다. 이 풍선이 약 3,000 m(10,000 ft) 고도에 이르렀을 때 압력이 0.66×10^5 Pa(0.6 atm)이었고 온도는 270 K(−3 °C)이었다면 이때 풍선의 체적은 얼마이겠는가? (단, 헬륨의 총 질량은 변함이 없다고 한다.)

헬륨을 이상기체와 같이 다룰 수 있다면, 전체 기체의 양에는 변함이 없으므로 이상기체

의 방정식에 의해

$$\frac{pV}{T} = 일정$$

과 같이 쓸 수 있다. 이러한 관계식을 지면에서와 공중에서 써보면

$$\left(\frac{p_i}{T_i}\right) V_i = \left(\frac{p_f}{T_f}\right) V_f$$

i와 f는 각각 전과 후를 말한다. 이 수식을 원하는 값, 즉 공중에서 풍선의 체적에 대하여 풀면

$$
\begin{aligned}
V_f &= \left(\frac{p_i}{p_f}\right)\left(\frac{T_f}{T_i}\right) V_i \\
&= \left(\frac{1.0\ \text{atm}}{0.6\ \text{atm}}\right)\left(\frac{270\ \text{K}}{280\ \text{K}}\right)(5400\ \text{m}^3) \\
&= (1.67)(0.96)(5400\ \text{m}^3) \\
&= 8660\ \text{m}^3
\end{aligned}
$$

가 된다. 기체의 체적은 약 60% 정도 늘어나는데, 이는 일차적으로 공중에서의 압력이 낮아졌기 때문이다. 제작업체에서는 공중에서 풍선의 이러한 팽창을 감안하여 설계를 해야만 공중에서 풍선이 터지는 사고를 막을 수 있을 것이다.

이때 주어진 양의 기체는 압력, 부피 그리고 온도 값들이 이상 기체 법칙을 만족하는 한 어떠한 조합도 가질 수 있다. 예를 들어 기체의 부피가 고정되어 있다면 온도가 상승할 때마다 압력은 높아진다. 달리 말하면, 부피가 일정하게 유지되기만 하면 압력은 온도(켈빈으로)에 비례한다. 압력 조리 기구 안의 공기를 가열하는 앞의 예에서 내부의 공기 부피는 거의 일정하다(이것은 금속의 부피 팽창이 기체에 비하여 매우 적기 때문이다). 따라서 내부의 압력은 온도에 따라 비례하여 증가할 것이다.

물질의 상태에 관계없이 온도가 변하여도 질량과 무게는 변함이 없다. 다만 열팽창은 부피를 증가시키기 때문에, 질량 밀도와 무게 밀도는 감소한다. 뜨거운 철조각의 질량 밀도는 차가운 조각보다 조금 낮다. 앞에 나온 풍선의 예에서 303 K에 있는 풍선의 질량 밀도는 273 K에 있는 것보다 약 10% 낮다.

열기구는 압력이 일정한 기체를 가열하면 밀도가 감소하는 성질을 활용한 것이다. 기본적으로 아래쪽이 뚫려 있는 커다란 자루로 된 풍선 안의 공기를 연소기로 가열한다(그림 5.13). 내부의 압력은 구멍 때문에 대기압과 같이 유지된다. 결과적으로, 풍선 안의 공기는 팽창하고 밀도는 감소한다. 풍선 안은 주변의 유체(차가운 공기)보다 밀도가 낮은 기체(뜨거운 공기)로 채워지기 때문에 풍선은 공기 중에서 떠다닐 수 있다. 내부 공기가 차가워지면 연소기로 공기를 다시 가열할 때까지 풍선은 지상으로 가라앉을 것이다.

그림 5.13 열기구는 열팽창을 이용한다.

Elsa Hoffmann/Shutterstock.com

5.3 열역학 제1법칙

지금까지 온도가 무엇이고 온도 변화가 물질의 특성, 특히 밀도에 어떻게 영향을 미치는지를 논의하였다. 다음으로 생각할 것은 물질의 온도가 어떻게 변하는가이다. 이것을 위해 에너지의 개념으로 돌아가야 한다.

5.3a 열과 내부 에너지

물체의 온도를 상승시키는 방법에는 일반적으로 두 가지가 있다.

1. 높은 온도에 있는 환경에 노출시키기
2. 어떤 방법으로든 그것에 일을 하기

첫 번째 방법은 여러분에게 친숙한 것이다. 무엇인가를 난로 위에서 데우거나, 난방기에 손을 갖다대어 따뜻하게 하거나, 혹은 태양이 여러분의 얼굴 위로 따스하게 내리쬘 때 무엇인가가 높은 온도에 노출되면 온도가 상승한다(자세한 것은 5.4절에서 다룬다). 앞에서 언급한 것처럼 데워지고 있는 물체 안의 원자와 분자들은 뜨거운 물체 안의 원자와 분자들로부터 운동 에너지를 얻는다. 원자와 분자들이 운동 에너지를 얻을 때에만 물체의 온도가 올라간다.

두 번째(물체에 일을 하는 것)로 마찰은 물체의 온도를 올리는 효과적인 방법이다. 운동 마찰로 무엇인가를 데울 때, 거기에 일이 더해진다. 이것은 3.4절의 끝부분에서 더 자세하게 다루었다.

이번에는 자전거 타이어 펌프와 펌프로 공기를 불어 넣을 것, 즉 바람이 빠진 자전거 타이어 또는 커다란 비치볼이나 튜브가 필요하다. 바람을 불어 넣기 전 펌프의 가장 밑 부분 또는 연결 장치의 금속 부분을 만져 그 온도를 느껴본다. 다음 바람이 빠진 물체가 팽팽해지도록 펌프로 공기를 주입한 후 다시 한 번 같은 부분의 온도를 느껴본다. 무엇이 달라졌는가?

물체에 일을 해줌으로써 온도를 높이는 다른 예는 기체를 압축하는 것이다. 기체를 압축하여 부피를 작게 하면 (빠르게) 온도가 상승한다(그림 5.14). 디젤 엔진

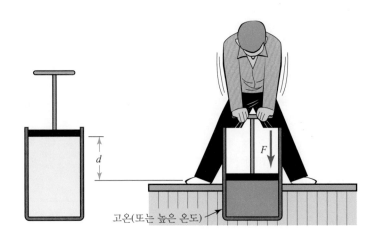

그림 5.14 실린더 안에서 기체가 압축될 때 기체에 일을 한다. 이 일은 기체의 온도를 상승시킨다.

고온(또는 높은 온도)

에서는 공기가 압축되어 그 온도가 디젤 연료의 연소 온도까지 올라간다. 연료가 압축된 뜨거운 공기 안으로 주입되면 점화된다.

기체가 압축될 때 기체의 온도 상승에 대한 계산은 이 책의 범위를 벗어난다. 그러나 다음과 같은 예의 결과를 설명함으로써 가열의 종류를 보여줄 수 있다. 27℃의 공기가 디젤 엔진에서 처음 부피의 1/20로 압축되면, 공기의 온도는 700℃ 이상으로 올라갈 것이다(그림 5.15).

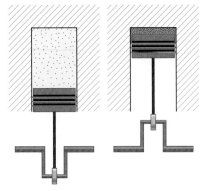

그림 5.15 디젤 엔진 안 공기의 처음 온도는 27℃이다. 처음 부피의 1/20이 될 때까지 피스톤으로 공기를 압축하면 온도는 721℃까지 상승한다.

두 과정은 모두 반대 방향으로 일어날 수도 있어서 반대로 물체의 온도를 낮아지게 한다. 냉장고 안의 차가운 공기는 차 주전자의 온도를 낮춘다. 타이어에서 새어나오는 공기는 팽창하면서 차가워진다.

온도는 원자와 분자들의 평균 운동 에너지에 따라 달라진다. 온도 변화가 일어나기 위해서는 원자와 분자들은 에너지를 얻거나(온도 상승) 잃어야만(온도 하강) 한다. 기체에서 구성 입자들은 운동 에너지만 가지고 있다. 원자와 분자들에 주어진 모든 에너지는 기체의 온도를 증가시키는 작용을 한다. 이것이 고체와 액체의 경우와 다른 점이다. 원자와 분자들은 서로 결합되어 있고 진동하기 때문에 운동 에너지와 위치 에너지를 갖는다. 입자들에 주어진 에너지는 입자들의 위치 에너지와 운동 에너지를 증가시킨다. 3.4절에서 도입한 **내부 에너지**(internal energy)의 개념은 두 가지 형태의 에너지로 이루어진다.

내부 에너지는 U로 나타내며 단위는 에너지와 일의 단위와 같다.

기체에서 내부 에너지는 운동 에너지만의 합이다. 원자와 분자들은 위치 에너지를 갖지 않는다(중력 위치 에너지는 내부 에너지에 포함되지 않는다). 고체와 액체의 경우 입자들의 운동 에너지와 위치 에너지 모두 내부 에너지에 기여한다.

물체의 온도가 상승하면 내부 에너지가 증가한다. 뜨거운 물체에 노출시켜 이러한 현상이 일어나면 **열**(heat)이 뜨거운 물체에서 차가운 물체로 흘러갔다고 말한다.

열은 Q로 나타내며 단위는 일과 에너지의 단위와 같다. 전통적으로 칼로리, 킬로칼로리 그리고 영국 열 단위(British thermal unit, Btu)만이 열의 단위로 사용되었다. 줄 그리고 피트-파운드가 일과 다른 형태의 에너지에 사용되었다. 현재는

내부 에너지
물체 안의 모든 원자와 분자들의 운동 에너지와 위치 에너지의 합.
때때로 내부 에너지의 개념은 원자와 분자들이 지닌 에너지의 다른 형태를 포함하는 범위까지 확장된다.

열
다른 온도를 갖는 두 물체들 사이에서 전달되는 에너지의 형태.

줄이 열의 표준 단위로 사용된다.

물질의 내부 에너지는 열이 그 안으로 흘러들어갈 때 증가하고, 열이 밖으로 흘러나올 때 감소한다(그림 5.16). 열의 흐름은 뜨거운 물체로부터 차가운 물체로 에너지가 전달되는 것이다. 이러한 의미에서, 열은 역학에서의 일과 비슷하다. 일이 진행되고 있을 때, 에너지가 한 물체에서 다른 물체로 전달되거나 또는 다른 형태로 변환된다. 전지와 감겨진 용수철이 일을 가지고 있지 않은 것과 같이 뜨거운 피자는 열을 가지고 있지 않다. 전지와 용수철은 위치 에너지를 가지고 있으며, 이것은 모터 혹은 다른 장치에 일을 하는 데 사용될 수 있다는 것을 의미한다. 같은 방법으로 뜨거운 피자가 가지고 있는 내부 에너지는 차가운 물체를 데우는 데 사용될 수 있다. 열과 일은 전달 과정에 있는 에너지이지만, 내부 에너지와 위치 에너지는 저장된 에너지이다.

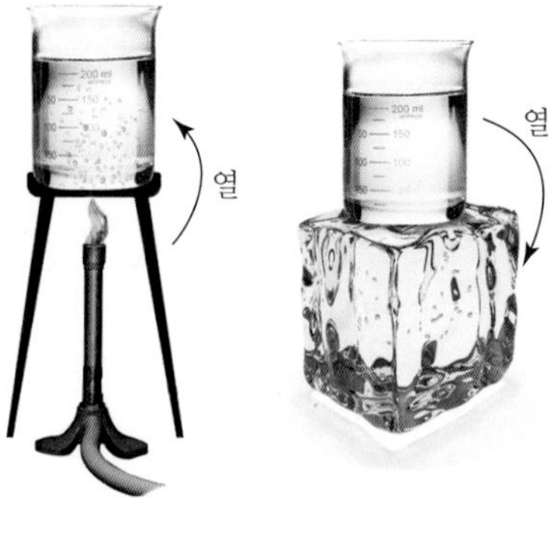

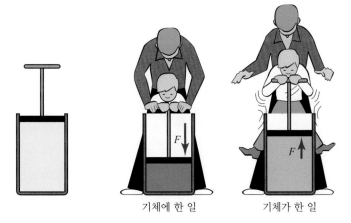

그림 5.16 열이 연소기로부터 물로 흘러들어 가고, 물의 내부 에너지가 증가한다. 열이 물에서 흘러나와 얼음으로 흘러들어가고, 물의 내부 에너지가 감소한다.

5.3b 열역학 제1법칙

온도가 같은 두 물체는 열평형 상태에 있다고 한다. 물체들 사이에 열전달은 없다. 뜨거운 커피 컵으로부터 열이 공기로 전달되면 컵은 차가워진다. 커피와 컵이 주변 공기와 같은 온도에 도달하면 열전달은 멈추고 이들은 열평형 상태에 있다.

열역학 제1법칙은 이런 설명들의 요약이다. 이 법칙에 관련된 일은 기체의 압축과 같이 원자와 분자들로 에너지를 직접 전달하는 형태이어야 한다. 물체를 들어 올릴 때 물체에 일을 한다. 그러나 이것은 물체의 내부 에너지(내부 중력 위치 에너지)에 영향을 주지 않는다.

물체에 일을 할 때 일은 양(+)이고, 물체가 다른 무엇인가에 일을 하면 일은 음(−)이다. 실린더 안의 기체를 피스톤으로 압축할 때, 한 일은 양(+)이다. 그리고 피스톤을 놓으면 기체는 팽창하고 피스톤을 밖으로 밀어낼 것이다. 이 경우, 기체는 피스톤에 일을 하고, 일은 음(−)이다(그림 5.17). 마찬가지로 열이 물체 안으로 흘러들어갈 때 Q는 양이고, 열이 물체 밖으로 흘러나갈 때 Q는 음이다. 벽돌을 뜨거운 오븐 안에 두면, 열은 벽돌 안으로 흘러들어가고, Q는 양이다. 벽돌을 냉장고 안에 두면 열이 벽돌 밖으로 흘러나가고 음의 Q가 된다.

열역학 제1법칙은 에너지 보존 법칙을 열역학 계에 적용하여 에너지 보존 법칙

iStockphoto.com/KateLeigh; iStockphoto.com/ KateLeigh; iStockphoto.com/Givapa; iStockphoto.com/ PLAINVIEW; iStockphoto.com/khorzhevska

열역학 제1법칙
물체의 내부 에너지 변화는 물체에 한 일과 전달된 열을 더한 것과 같다.

$$\Delta U = 일 + Q$$

기체에 한 일   기체가 한 일

그림 5.17 피스톤이 기체를 압축할 때 기체에 한 일은 양이다. 기체가 피스톤을 제자리로 밀어낼 때, 기체는 피스톤에 일을 한다. 이 경우 기체에 한 일은 음이다.

을 다시 말하는 것에 지나지 않는다. 물체에 한 일 또는 전달된 열은 내부 에너지로 물체에 저장된다. 열역학 제1법칙은 이론적으로 중요할 뿐만 아니라 내부 연소 기관과 에어컨디셔너와 같은 것들의 분석에 사용되는 중요한 도구이다.

예제 5.3

한 라켓볼 경기에서 선수가 6.2 × 10⁵ J의 내부 에너지를 소모한다. 그동안 이 선수가 주위에 발산한 열이 3.6 × 10⁵ J이라고 한다. 이 선수는 그동안 얼마의 일을 한 것인가?

열역학 제1법칙을 이 상황에 적용하면

$$\Delta U = 일 + Q$$

이 경우 계는 선수의 몸이라고 보면 ΔU와 Q는 모두 음수이다. 즉 선수는 내부 에너지를 소모하였고 열도 주변으로 발산하였다. 따라서

$$-6.2 \times 10^5 \text{ J} = 일 - 3.2 \times 10^5 \text{ J}$$
$$일 = -6.2 \times 10^5 \text{ J} + 3.2 \times 10^5 \text{ J}$$
$$= -2.6 \times 10^5 \text{ J}$$

선수가 그 주변에 대하여 일을 하였으므로 일도 음수가 된다. 즉 선수는 라켓볼이 가속도 운동을 하도록 힘을 작용하였다.

이 절은 물체의 온도가 어떻게 변하는가에 대한 고찰로 시작하였다. 내부 에너지가 이것과 어떻게 일치하는가? 온도는 물체의 원자와 분자들의 운동 에너지에 따라 달라진다. 이들 운동 에너지는 물체의 내부 에너지이기 때문에, 무엇인가의 온도를 높이는 것은 원자와 분자들의 운동 에너지를 증가시키기 때문에 그것의 내부 에너지를 증가시킨다.

온도가 입자들의 운동 에너지만으로 결정되기 때문에 아마도 여러분은 도대체 왜 내부 에너지가 사용되는지 궁금할 것이다. 내부 에너지는 상변화를 고려할 때 유용하다. 예를 들어 물이 난로 위에서 끓는 동안 열이 물로 전달되지만, 온도는 변하지 않는다. 이것은 물 분자들의 평균 운동 에너지 또한 똑같이 유지된다는 것을 의미한다. 상태가 변화하는 동안 전달된 열은 분자들의 위치 에너지만을 증가시켜서 내부 에너지를 증가시킨다. 물 분자들 사이의 결합을 끊고 자유롭게 하는 데 에너지가 사용된다. 이것을 5.6절에서 더 자세히 살펴볼 것이다.

복습

1. (참 혹은 거짓) 고체의 내부 에너지는 그 고체를 이루고 있는 모든 원자와 분자의 운동 에너지를 더한 것과 같다.
2. 물체의 _____ 은 그 보다 더 낮은 온도의 환경에 노출되었을 때 이동한다.
3. 열역학의 제1법칙은 _____ 보존의 법칙의 특별한 경우이다.

4. 공기의 내부 에너지가 증가하는 경우는
   a. 공기가 압축될 때
   b. 공기로부터 열이 빠져나갈 때
   c. 공기를 올라가게 할 때
   d. 공기를 팽창하게 할 때

정답: 1. 거짓 2. 열 3. 에너지 4. a

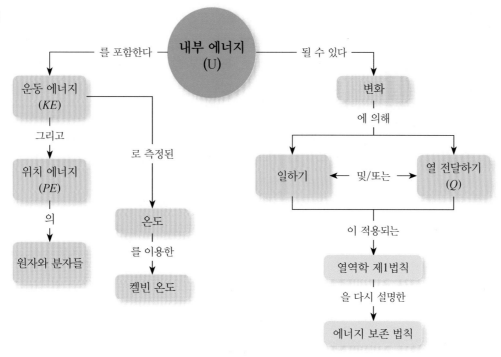

5.4 열전달

열을 전달하는 것이 무엇인가는 온도를 변화시키는 두 가지 방법에서 공통점을 찾을 수 있다. 두 물체들 사이 또는 같은 물체의 부분들 사이에서 온도 차이가 발생하면 열전달이 일어난다. 이번 절에서는 **전도**(conduction), **대류**(convection) 그리고 **복사**(radiation)라는 세 가지 다른 열전달 과정에 대해 논의한다.

5.4a 전도

냄비가 뜨거운 난로 위에 있을 때, 여러분의 손을 차가운 물속에 넣을 때 그리고 각얼음이 따뜻한 공기에 접촉하고 있을 때 전도가 일어난다. 따뜻한 물체 안의 원자와 분자들은 차가운 물체 안에 있는 입자들에 에너지를 직접 전달한다. 이 예들에서 두 물체들 사이의 경계를 가로질러 전도가 일어나지만, 원자와 분자들은 서로 충돌한다. 또한 전도는 고체의 한 부분에서 다른 부분으로의 열전달의 방법이기도 하다(전도는 또한 유체에서도 일어나지만, 대류만큼 영향력이 크지는 않다). 냄비의 밑바닥만 뜨거운 연소기에 닿아 있어도 금속을 통하여 열이 흐르고 마침내 냄비 전체의 온도가 상승한다(그림 5.18). 바닥의 원자와 분자들이 가열될 때, 계속 서로를 밀어내면서 그들의 증가된 속력의 일부를 이웃한 원자나 분자들에 넘겨준다.

물체 내에서 열이 쉽게 흐르는 것은 많은 변화를 가져온다. 열을 잘 전달하지 않는 물질을 열 부도체라고 한다. 양털, 스티로폼 그리고 광섬유 스탠드의 다발은 많은 양의 공기 또는 다른 기체들을 품고 있어 좋은 부도체들이다. 기체 안에서는

전도
직접 접촉하고 있는 원자와 분자들 사이의 열전달.

대류
유체의 흐름에 의한 열전달.

복사
전자기파에 의한 열전달.

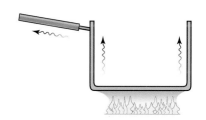

그림 5.18 불꽃과 직접 접촉하고 있는 냄비로 열이 전도된다. 냄비 안에서도 전도가 일어난다. 뜨거운 바닥으로부터 냄비의 옆면 위로 그리고 손잡이 끝까지 열이 흐른다.

그림 5.19 양탄자는 마룻바닥보다 따뜻하게 느껴진다. 이는 열전도를 막아 맨발로부터 열을 빼앗기는 것을 막아주기 때문이다.

원자와 분자들이 서로 계속 접촉하고 있지 않기 때문에 전도가 적게 일어난다. 다이아몬드와 철, 구리와 같은 금속들은 열 전도체이다. 이들을 통한 열 흐름은 쉽게 일어난다. 콘크리트, 돌, 나무 그리고 유리는 열 부도체와 열 전도체의 중간이다. 원자 혹은 분자들이 없는 진공은 전도가 전혀 일어나지 않는다.

금속은 좋은 전기 도체이자 좋은 열의 도체이다. 금속을 이루고 있는 원자의 전자들 중 일부는 금속 내부를 자유롭게 돌아다닌다. 이들 "전도 전자"의 이동에 의해 전류가 흐르게 된다(7장). 이 전자들은 또한 금속 물체의 따뜻한 부분에서 차가운 부분으로 내부 에너지를 전달할 수 있다.

물체의 어느 것도 한 장소에서 다른 장소로 움직이지 않는다는 것을 제외하면 물체 안에서의 열의 전도는 유체의 흐름과 비슷하다. 물체의 따뜻한 부분에서 차가운 부분으로 열이 흐르는 비율은 두 지점 사이의 온도 차이, 거리, 열이 가로질러 흐르는 단면의 넓이 그리고 물체의 열전도가 얼마나 좋은가 하는 몇 가지 요인들에 따라 달라진다.

열전도는 일상생활에서 중요하다. 추운 날, 따뜻한 몸에서 차가운 공기로 열이 잘 전도되지 않도록 옷을 입는다. 금속 냄비의 손잡이는 보통 나무 또는 플라스틱으로 만들어서 연소기에서 손으로의 열전도를 감소시킨다. 양탄자와 바닥 깔개를 사용하는 이유는 여러분이 맨발로 그것들 위를 밟을 때 따뜻함을 느끼도록 하는 것이다. 바닥 깔개는 사실 맨바닥보다 따뜻하지 않고, 나쁜 전도체이다. 바닥 깔개를 밟을 때, 아주 적은 열이 여러분 발로부터 전도되어 나가고, 따라서 깔개가 따뜻하게 유지된다. 나무 또는 타일 맨바닥, 열 전도가 좋은 물체들을 밟을 때, 그것들로부터 열이 더 빨리 전도되기 때문에 여러분의 발은 차가워진다(그림 5.19).

5.4b 대류

대류는 유체 안에서 열전달의 주된 형태이다. 4 ℃ 미만의 물을 제외하고 가열된 유체는 열팽창으로 밀도가 감소하여 상승하게 된다. 그 결과로 유체는 서로 섞이

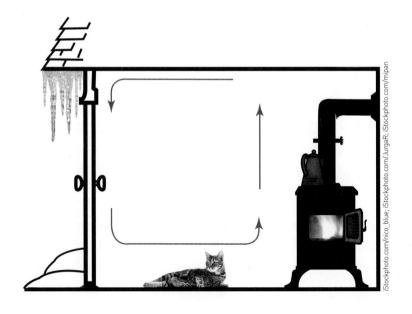

그림 5.20 대류에 의해 장작 난로로 따뜻해진 방은 자연적으로 공기 순환이 이루어진다. 난로와의 접촉에 의해 데워진 공기는 천장으로 올라간다. 바깥 벽에 접촉하여 차가워진 공기는 바닥으로 내려온다. 이 결과 공기가 천장과 바닥을 따라 옆으로 이동한다.

게 된다. 이때 따뜻한 유체와 차가운 유체 사이에서 전도가 일어날 수 있다.

장작 난로나 난방기가 있는 방은 대류에 의해 따뜻해진다. 가열된 공기는 밀도가 낮아져 천장으로 올라가서 차가워지고, 바닥 근처의 밀도가 높은 공기는 열원 쪽으로 이동해서 올라간 공기를 대신한다. 그 결과 천장, 바닥 그리고 방의 벽을 따라가는 공기는 자연적으로 순환한다(그림 5.20). 천장 근처의 따뜻해진 공기가 벽에 닿으면 차가워져서 바닥으로 내려온다. 같은 방식의 순환이 데워진 수족관과 수영장에서 일어날 수 있다.

여러분은 "열의 상승"이라는 표현을 들어봤을 것이다. 이것은 물리적으로 옳지 않다. 열은 오르거나 떨어질 수 있는 어떤 물체가 아니다. "가열된 공기의 상승" 또는 "가열된 유체의 상승"이 올바른 개념의 표현이다. 그리고 따뜻하고 밀도가 낮은 유체를 위로 밀어 올리는 것은 주변의 밀도가 높은 유체라는 것을 기억하자.

열전달이 일어나게 하는 유체 혼합의 원리의 예로 강제 대류가 있다. 뜨거운 커피에 차가운 크림을 넣어 숟가락으로 뒤섞는 것은 강제 대류이다. 열 부력에 의해 생긴 혼합이 아니다. 다른 예는 뜨겁거나 차가운 공기를 빌딩이나 자동차 내부 주변으로 불어넣어 따뜻한 공기와 차가운 공기의 혼합에 의한 열전달이 일어나게 하는 것이다.

지구 대기에서의 대류는 구름, 바람, 뇌우 그리고 다른 기상학적 현상의 주된 원인이다. 하얗고 커다란 뭉게구름들은 따뜻한 공기가 위에 있는 차가운 공기 속으로 올라갈 때 형성된다.

해안을 따라 해변 쪽으로 부는 정상풍, 즉 해풍은 대류에 의해 발생한다. 햇빛은 육지를 바다보다 따뜻하게 하고, 따라서 땅 위의 공기는 데워져서 위로 올라간다. 이것은 육지의 공기 압력을 낮아지게 하고, 따라서 바다 위의 더 높은 압력은 공기를 내륙 쪽으로 이동하게 한다(그림 5.21 위). 밤에는 육지가 바다보다 차가워지고, 따라서 과정이 반대로 일어나 육풍이 발생한다. 차가운 땅 위의 공기는 가라앉아 공기를 바다 쪽으로 이동하게 한다(그림 5.21 아래). 흙은 나쁜 전도체이기 때문에 땅의 표면만이 태양에 의해 데워진다. 바다로 전달된 열은 해류와 대류 혼합에 의해 표면 아래로 빠르고 깊게 퍼진다. 그리고 5.5절에서 물의 온도를 높이기 위해서 상당히 많은 양의 열전달이 필요하다는 것을 살펴볼 것이다.

대양에서는 거대한 규모의 대류가 일어난다. 적도 근처에서 태양은 바닷물을 데우고 더워진 물은 표면으로 올라와 극지방으로 흐른다. 반면 극지방의 차가운 물은 깊이 심해로 흘러들어 그곳에서 적도지방으로 흐른다. 물론 실제 대양의 흐름은 이런 단순 모델에 지구의 자전 등 더욱 복잡한 요소들이 고려되어야 한다.

5.4c 복사

복사는 전자기파를 통한 열전달이다. 바람이 없는 맑은 날 여러분 얼굴 위로 내리쬐는 태양의 따뜻함이나 뜨거운 불에서 방출되는 열 등을 느낀 적이 있을 것이다. 이것이 라디오파와 X-선에 관계된 파의 일종인 열복사이다. (8장과 10장에서 전자기파에 대하여 더 자세하게 논의할 것이다.) 이것은 세 가지 열 전달 중 유일하

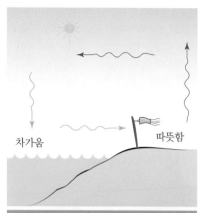

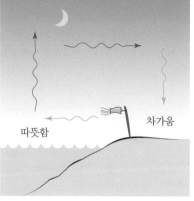

그림 5.21 (위) 해풍. 따뜻해진 공기는 데워진 육지로부터 상승하여 차가운 공기를 바다로부터 끌어당긴다. (아래) 육지는 밤에 차가워지고, 따라서 흐름은 반대가 된다.

그림 5.22 빛나는 전구가 당신의 손으로 열을 전달하는 데는 복사와 대류가 동시에 작용한다.

게 진공을 통해 열이 전달될 수 있는 방법이다. 태양의 복사는 1억 5천만 km(9천 3백만 마일)의 빈 공간을 통과하여 지구와 거기에 있는 모든 것을 데운다. 태양의 복사가 없다면 지구는 차갑고 생명이 없는 바위와 같을 것이다.

물리 체험하기 5.5

1. 백열전구에서 10 cm 정도 떨어진 곳에 손바닥을 펴서 대보자.
2. 손바닥을 전구에 떼고 식을 때까지 잠시 기다린 후 이번에는 손바닥을 그림 5.22와 같이 전구에 가까이 바짝 대어보자. 두 경우에 어떤 차이점이 있는가? 설명해 보자.

적외선 열 전구는 복사에 의해 물체를 따뜻하게 한다. 여러분은 모닥불 혹은 다른 열원으로부터의 복사가 여러분의 손과 얼굴을 따뜻하게 하기 때문에 멀리 떨어져서도 열을 느낄 수 있다.

여러분은 복사를 내부 에너지의 "매개 수단" 또는 "운반자"로 생각하였을 것이다. 원자와 분자들의 내부 에너지는 전자기 에너지, 즉 복사로 바뀐다. 그리고 복사는 무엇인가에 의해 흡수될 때까지 공간을 가로질러 에너지를 운반한다. 복사에 의한 에너지는 흡수될 때 흡수 물체의 원자와 분자들의 내부 에너지로 바뀐다.

태양, 지구, 여러분의 신체, 이 책과 같은 모든 물체는 전자기 복사를 방출한다. 복사의 양과 형태는 방사체의 온도에 따라 달라진다. 물체가 뜨거울수록 방출하는 전자기 복사가 많아진다. 약 800 °F(430 °C) 미만의 물체는 눈에 보이지 않는 적외선을 주로 방출한다. 물체가 더 뜨거워지면 더 많은 적외선과 가시광선을 방출하기 때문에 어두운 곳에서 "적열(red hot)" 또는 "백열(white hot)"을 볼 수 있다. 10,000 °F의 태양과 같이 뜨거운 물체는 적외선과 가시광선을 더 많이 방출하지만 자외선도 방출한다. 8장에서 열복사에 대해 자세히 살펴볼 것이다.

모든 물체는 복사를 방출하고 있고 또한 다른 물체가 방출한 복사를 흡수하고 있다. 이것이 어떻게 알짜 열전달로 나타날까? 복사 방출이 일어나면 물체는 차가워지는 반면 복사 흡수가 일어나면 물체는 따뜻해진다. 복사를 방출하는 것보다 빨리 복사를 흡수하면 그 물체는 따뜻해진다. 여러분 얼굴은 태양에 의해 따뜻해지는데 얼굴이 방출하는 복사보다 많은 복사 에너지를 흡수하기 때문이다.

5.4d 조합

대체로 온도가 급상승하는 경우 열전달의 세 가지 과정이 모두 포함된다. 태양은 복사를 통해 지구를 따뜻하게 한다. 뜨거운 땅과 닿아있는 공기는 전도에 의해 온도가 올라가고 팽창한다. 조건이 맞는다면 뜨거운 공기는 보이지 않는 공기방울이 되어 표면으로부터 공중으로 올라가는데 이것이 바로 대류 현상이다(이것은 냄비 바닥의 끓는 물에서 증기 기포가 형성되는 것과 비슷하다). 가열되어 올라가는 이들 공기방울들을 상승 온난 기류라고 한다(그림 5.23). 행글라이더와 세일플레인 조정사 그리고 독수리, 매, 콘도르와 같이 솟아오르는 새들은 상승 온난 기류를 찾아내고 그 주변을 선회한다. 전형적인 상승 기류의 속력은 5 m/s(11 mph)

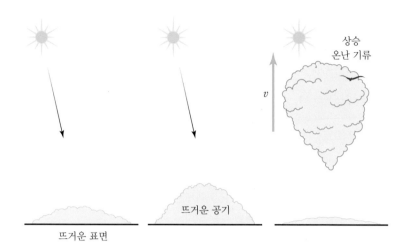

그림 5.23 상승 온난 기류가 태양에 의해 가열된 표면에서 형성된 공기 "방울들"을 위로 밀어올리고 있다. 솟아오르는 새들과 비행기는 이 기류를 타고 자유롭게 위로 올라간다. 온난 기류를 찾아서 그 안에 머무는 것은 그것을 볼 수 없기 때문에 조금 어렵다.

상승 온난 기류

뜨거운 공기

뜨거운 표면

정도이고, 이 기류를 타면 자유롭게 올라갈 수 있다.

다른 열전달 과정이 건물에서 난방과 냉방 비용을 줄이는 데 중요한 역할을 한다. 추운 날 건물 밖으로 흘러나가거나 따뜻한 날 건물 안으로 흘러들어 오는 열이 많을수록 건물의 난방 혹은 냉방에 비용이 많이 든다. 이러한 열 흐름을 줄이면 돈을 절약할 수 있다(그림 5.24). 벽과 천장에 단열재를 넣으면 전도가 감소한다. 천장에 두꺼운 단열재를 사용하면 대류를 줄여주는 효과가 있다. 방에서 가장 따뜻한 공기는 천장에 있다. 천장은 겨울철에 열이 가장 빠르게 방 밖으로 전달되는 곳이다. 여름철에 직사광을 피하기 위해 창문 가리개, 블라인드, 덮개를 사용하면 복사에 의한 열전달이 줄어든다.

보온병도 안으로 혹은 밖으로의 열 흐름을 제한하도록 설계한다. 보온병은 안쪽

여름철 햇빛

겨울철 햇빛

단열재

그림 5.24 열전달 과정을 잘 이해하면 집의 난방과 냉방 비용을 줄일 수 있다.

● 개념도 5.2

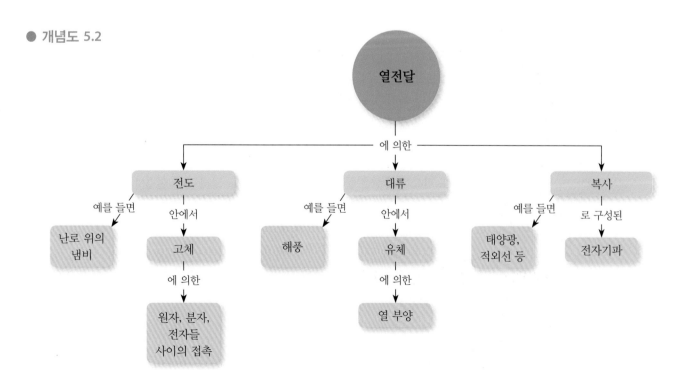

과 바깥쪽 벽 사이를 거의 진공 상태로 하여 전도에 의한 열 흐름을 거의 차단한다. 안쪽 유리통은 은이나 알루미늄으로 코팅하여 빛을 반사시켜 복사를 막아준다.

5.5 비열

물체에 열을 전달하거나 일을 하면 물체의 내부 에너지는 증가한다. 이 절에서 그 결과 물체의 온도가 어떻게 변하는가를 설명한다. 문제를 간단히 하기 위하여 상변화는 일어나지 않는다고 가정한다.

현재 생각하고 있는 주제를 질문의 형태로 설명할 수도 있다. 물체의 온도를 ΔT만큼 증가시키기 위해서 물체에 전달되는 열의 양 Q는 어느 정도여야만 하는가? (물체에 일을 얼마만큼 해야 하는가와 같이 질문할 수도 있다.)

필요한 일의 양은 온도 증가에 비례한다. 온도를 20 ℃ 올리는 데 필요한 열은 10 ℃ 올리는 것의 두 배가 필요하다. 따라서 다음의 식이 성립한다.

$$Q \propto \Delta T$$

필요한 열의 양은 열이 전달되는 물체의 양(질량)에 따라서도 달라진다. 같은 온도만큼 올리기 위해 2 kg의 물은 1 kg의 물에 비해 두 배의 열량이 필요하다. 따라서 다음과 같다.

$$Q \propto m$$

또 필요한 열량은 물질의 종류에 따라서도 달라진다. 물을 1 ℃ 올리는 데는 같은 질량의 철을 1 ℃ 올릴 때보다 많은 열이 필요하다. 열팽창과 마찬가지로 (5.2절), 각 물체에 특정한 값을 부여해서, 물체의 온도를 올리는 데 필요한 열의 상대적인 양을 나타낼 수 있다. 이것을 비열 C라고 하며 이 값은 각 물체에 대한 실험을 통해 결정된다. 물체의 비열이 클수록 같은 크기로 온도를 올리는 데 필요한 열량이 커진다. 따라서 다음과 같다.

$$Q \propto C$$

다음의 방정식과 같이 세 개의 비례식을 결합할 수 있다.

$$Q = C \, m \, \Delta T$$

필요한 열량은 물체의 비열, 물체의 질량 그리고 온도 증가분을 곱한 값과 같다. 비열의 SI 단위는 줄/킬로그램-섭씨온도(J/kg-℃)이다. 물체의 비열이 1,000 J/kg-℃이면, 1 kg 물체의 온도를 1 ℃ 올리는 데 1,000 J의 에너지가 필요하다(켈빈 온도도 ℃와 같은 크기의 단위로 사용할 수 있다). 표 5.3은 몇 가지 물체에 대한 비열의 목록이다.

표 5.3 몇 가지 비열

물체	C(J/kg-℃)
고체	
알루미늄	890
콘크리트	670
구리	390
얼음	2,000
철과 강철	460
납	130
은	230
액체	
가솔린	2,100
수은	140
바닷물	3,900
물(순수)	4,180

예제 5.4

커피 또는 차 한 잔을 데우는 데 필요한 에너지를 구하라. 물 8온스의 질량은 약 0.22 kg이다. 물의 온도를 20 ℃에서 끓는점 100 ℃까지 올리는 데 얼마만큼의 열이 물로 전달되어야 하는가?

온도 변화는

$$\Delta T = 100 - 20$$
$$= 80℃$$

이다. 물의 비열 C는 4,180 J/kg-℃(표 5.3)이다. 따라서

$$Q = C \, m \, \Delta T$$
$$= 4{,}180 \text{ J/kg-℃} \times 0.22 \text{ kg} \times 80 \text{ ℃}$$
$$= 73{,}600 \text{ J}$$

이다.

물을 가열하는 데 상당히 많은 양의 에너지가 필요하다. 예제 3.6에서 고속도로를 달리는 소형 자동차의 운동 에너지를 계산한 것을 기억할 것이다. 그 답은 364,500 J이었다. 이 많은 에너지는 단지 5컵의 물을 20 ℃에서 끓는점까지 올리는 데 충분한 정도이다(그림 5.25). 보통은 상대적으로 많은 양의 역학 에너지가 열로 변환될 때에는 온도 변화가 크지 않다. 예제 5.5는 다른 방법을 보여준다.

예제 5.5

5 kg의 콘크리트 벽돌이 10 m 높이에서 바닥으로 떨어진다. 벽돌이 바닥에 도달할 때 벽돌의 처음 위치 에너지 모두가 벽돌을 데우는 열로 바뀌었다면 온도 변화는 얼마인가?

두 번의 에너지 변환이 있다. 벽돌이 떨어질 때 중력 위치 에너지, $PE = mgd$가 운동 에너지로 바뀐다. 벽돌이 바닥에 도달하면 운동 에너지는 비탄성 충돌을 통해서 내부 에너지로 바뀐다(그림 5.26). 실제로 이 내부 에너지는 벽돌과 바닥으로 분산되지만, 모두 벽돌로 유입된다고 가정한다. 따라서 벽돌로 전달되는 열은 처음의 위치 에너지와 같다.

$$Q = PE = mgd$$
$$= 5 \text{ kg} \times 9.8 \text{ m/s}^2 \times 10 \text{ m}$$
$$= 490 \text{ J}$$

벽돌의 온도 증가 ΔT는 다음과 같다.

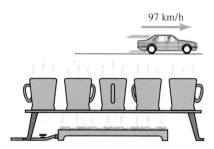

97 km/h

그림 5.25 5컵의 물을 실온에서 끓는점까지 가열하는 데 필요한 에너지는 대충 소형 자동차를 97 km/h까지 가속하는 데 필요한 에너지와 같다.

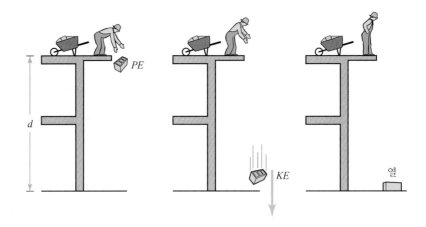

그림 5.26 콘크리트 벽돌이 바닥까지 10 m 떨어진다. 벽돌 에너지 전부가 벽돌이 흡수한 열로 바뀐다면 벽돌의 온도는 0.15 ℃ 올라간 다.

$$Q = C\, m\, \Delta T$$
$$490\ \text{J} = 670\ \text{J/kg-}\degree\text{C} \times 5\ \text{kg} \times \Delta T$$
$$= 3{,}350\ \text{J/}\degree\text{C} \times \Delta T$$
$$\Delta T = \frac{490\ \text{J}}{3{,}350\ \text{J/}\degree\text{C}}$$
$$\Delta T = 0.15\ \degree\text{C}$$

3.4절에서, 역학 에너지가 어떻게 내부 에너지로 바뀌는지 논의하였다. 그 당시 여러분이 무엇인가를 바닥에서 미끄러지게 하거나 책을 탁자 위로 떨어뜨릴 때 보통은 왜 온도 증가를 느끼지 못하는지 궁금했을 것이다. 우리가 보통 다루는 에너지나 일의 양은 관련된 물체의 온도를 크게 변화시키지 않는다.

예제 5.6

낮은 지구 궤도에 있는 위성은 약간의 공기 저항을 받고, 결국 지구 대기권으로 재진입한다. 위성이 공기 밀도가 증가하는 아래 방향으로 이동할 때, 공기 저항에 의한 마찰력은 위성의 운동 에너지를 내부 에너지로 변환시킨다. 위성은 대부분 알루미늄이고, 그것의 운동 에너지 전부가 내부 에너지로 바뀐다면, 온도는 얼마만큼 증가할까?

다시 말하면, 열의 일부는 공기로 다른 일부는 위성으로 전달된다. 위성의 온도가 얼마나 올라가게 될지 어림잡아 알아보기 위해 마찰에 의한 열이 전부 위성으로 흘러들어간다고 가정한다. 나중에 보겠지만 질량 m이 약분되기 때문에 위성의 질량을 알 필요는 없다. 위성에 전달되는 열은 처음의 운동 에너지와 같다. 2.7절에서 낮은 지구 궤도에 있는 위성의 속력을 7,900 m/s로 계산했다. 따라서

$$Q = KE = \frac{1}{2}mv^2 = \frac{1}{2} \times m \times (7{,}900\ \text{m/s})^2$$
$$= (31{,}200{,}000\ \text{J/kg}) \times m$$

이다. 이 양에 의한 온도 증가는 다음과 같다.

$$Q = (31{,}200{,}000\ \text{J/kg}) \times m = C\, m\, \Delta T$$
$$31{,}200{,}000\ \text{J/kg} = 890\ \text{J/kg-}\degree\text{C} \times \Delta T$$

$$\Delta T = \frac{31{,}200{,}000 \text{ J/kg}}{890 \text{ J/kg-}°\text{C}}$$

$$\Delta T = 35{,}000 \text{ }°\text{C}$$

물론, 실제로 위성의 온도는 이만큼 올라갈 수는 없다. 위성이 그 이전에 이미 녹기 시작할 것이기 때문이다. 만일 발생되는 열의 90%가 공기로 유입된다고 하여도 남은 10%로 위성을 녹이기에 충분하다(즉, $\Delta T = 35{,}000 \text{ }°\text{C}$이므로 표 5.1에 나와 있는 알루미늄의 녹는점의 온도 660 °C를 훨씬 넘는다).

예제 5.6의 목적은 일반적으로 안전 장치를 하지 않은 위성과 유성체가 지구 대기권으로 진입할 때 붕괴되는 이유를 보여주는 것이다. 공기와의 마찰은 운동 에너지를 내부 에너지로 변환시켜서 위성이나 유성체의 표면 온도를 수천 도까지 올라가게 한다. 물체들은 밖에서부터 녹기 시작한다. 밤에 관찰할 수 있는 유성은 매우 높은 온도를 가지고 있다. 유성은 새빨갛게 달아오른 공기와 파편들로 이루어진 흔적을 남긴다(그림 3.24).

19세기 중반 이전에는, 열과 역학 에너지의 개념은 서로 결부시켜 생각하지 않았다. 열은 온도 변화만을 다루었고, 역학 에너지와는 직접 관련이 없다고 여겼다(그 결과 마찰로 인한 가열의 설명들은 약간 이상하였다). 물이 다시 한 번 측정 단위를 정의하는 데 사용되었다. 즉, 1 cal가 1 g의 물의 온도를 1 °C 올리는 데 필요한 열의 양으로 정의되었다. 이와 비슷하게 영국 열 단위(British thermal unit, Btu)는 1 lb의 물의 온도를 1 °F 올리는 데 필요한 열의 양으로 정의되었다. 이렇게 하면 물의 비열은 1 cal/g-°C = 1 Btu/lb-°F가 된다.

1843년에 줄(James Joule)은 측정할 수 있는 역학 에너지의 양을 사용하여 휘저어진 물의 온도를 높인 실험 결과를 발표하였다. 놀랍게도 물의 증가한 내부 에너지의 양은 소비된 역학 에너지와 같았다. 그 결과 줄은 "열의 일당량"을 계산할 수 있었다. 에너지 단위와 열 단위 사이의 관계식은 다음과 같다.

$$1 \text{ cal} = 4.184 \text{ J}$$

줄의 실험을 기념하기 위하여 에너지 단위로 줄을 사용하게 된 것은 나중의 일이다.

물의 비열이 표 5.3의 다른 물질들에 비해 거의 두 배 정도로 높은 것을 알 수 있다. 이처럼 많은 내부 에너지를 흡수(또는 방출)하는 능력은 물의 또 다른 고유한 특성이자 유용한 점이다. 물은 풍부하고 또 비열이 높기 때문에 자동차 엔진, 발전소 그리고 무수한 생산 과정에서 냉각수로 사용된다. 자동차 엔진 내부의 연소에 직접 노출된 부분의 온도는 매우 높아서 금속을 냉각시키는 방법이 없다면, 손상을 입거나 심지어 녹을 것이다. 물은 엔진 주위를 순환하면서 뜨거운 금속으로부터 열을 흡수하여 그 부분을 냉각시킨다. 뜨거워진 물은 방출기로 흘러가고 거기에서 냉각핀을 이용하여 주변 공기로 열을 전달한다.

복습

1. 50 ℃로 가열된 10 g의 구리 조각이 역시 50 ℃로 가열된 10 g의 은조각에 비해 더 따뜻하게 느껴진다. 이는 구리와 은이 모두 열전도가 잘 되지만 구리가 은에 비해 _____ 이 더 크기 때문이다.
2. (참 혹은 거짓) 움직이는 야구공을 잡을 때 온도가 올라간다.
3. (참 혹은 거짓) 뜨거운 물체를 냉각시키는 데 물이 효과적인 이유는 그 비열이 상대적으로 낮기 때문이다.
4. 고체의 경우 온도가 일정한 크기로 증가하기 위해서 필요한 내부 에너지는
   a. 온도 변화의 크기에 비례한다.
   b. 물체의 질량에 비례한다.
   c. 물체가 조성된 물질과 관계가 있다.
   d. 위 모두가 참이다.

답 **1.** 비열 **2.** 참 **3.** 거짓 **4.** d

5.6 상전이

상전이 또는 "상태 변화"는 물체가 하나의 상태에서 다른 상태로 바뀔 때 일어난다. 표 5.4는 일반적인 상전이, 관련된 상태들, 물체의 내부 에너지에 미치는 영향들에 대한 목록이다.

물이 담긴 냄비가 난로 위에 있고 일정한 비율로 열이 물로 전달된다고 하면 물의 온도는 계속 올라가 결국 물이 끓게 된다. 물이 끓는 온도(100 ℃ = 212 ℉)에 도달하면 열이 계속 공급되어도 물의 온도는 변하지 않는다. 더해진 에너지가 더 이상 물 분자의 운동 에너지를 증가시키지 않고 있다. 에너지는 액체 상태에서 분자들을 잡고 있는 "결합"을 깨뜨리고 있다. 분자들은 물의 표면에서 떨어져 나오기에 충분한 에너지를 얻게 되고 자유로운 수증기 분자들이 된다(그림 5.27a).

끓는 온도 아래에서 물 분자들은 서로에게 묶여 있어서 음의 위치 에너지를 갖는다. 물이 끓는다는 것은 각 분자들이 결합을 깨기에 충분한 에너지를 얻는다는 뜻이다. 끓고 있는 동안 분자들의 평균 운동 에너지는 변함이 없으며, 따라서 물의 온도는 일정하게 유지된다.

고체가 녹을 때 비슷한 과정이 일어난다. 원자 혹은 분자들은 서로 강하게 결합된 고체 상태로부터 느슨하게 결합된 액체 상태로 간다. 끓는 경우와 같이, 녹고 있는 동안에 내부 에너지의 증가는 원자 또는 분자들의 위치 에너지만을 증가시킨다. 따라서 얼음이 녹고 있는 동안 얼음의 온도는 0 ℃(32 ℉)에 머문다.

표 5.4 일반적인 상전이들

이름	관련된 상태들	영향
끓음	액체에서 기체로	U의 증가
녹음	고체에서 액체로	U의 증가
응축	기체에서 액체로	U의 감소
응고	액체에서 고체로	U의 감소

응축과 응고는 각각 단순히 끓음과 녹음의 반대 과정이다. 이때 원자와 분자들의 위치 에너지는 감소하지만, 운동 에너지와 온도는 같게 유지된다.

특정한 상전이가 일어나는 온도는 물체의 원자와 분자들의 특성, 특히 입자들의 질량과 그들 사이의 결합력에 따라 달라진다. 식탁용 소금과 같이 분자 사이의 결합력이 매우 강할 때, 녹는 온도와 끓는 온도는 매우 높다. 헬륨과 같이 분자 사이의 결합력이 매우 약할 때, 상전이 온도는 매우 낮아서 절대영도 근처이다.

각 액체의 끓는 온도는 표면에 작용하는 공기(또는 다른 기체)의 압력에 따라 변한다. 압력이 1기압일 때 물은 100 °C에서 끓는다. 압력이 약 0.67기압인 해수면 위 3,000 m(10,000 ft) 고도에서 물의 끓는점은 90 °C로 감소한다. 높은 고도에서 음식을 끓일 때 더 오래 걸리는 것은 바로 이 때문이다. 물이 끓는 온도는 더 낮고, 따라서 음식으로 들어가는 열전도는 더 느려진다. 압력 조리 기구에서와 같이 압력이 2기압으로 증가하면, 물의 끓는점은 120 °C가 되고 음식이 빨리 조리된다(그림 5.27b). 핵발전소의 한 유형인 가압수형 원자로는 높은 압력을 이용하여 섭씨 수백 도에서도 물이 끓지 않게 한다.

이와 같이 압력에 따라 끓는 온도가 달라지기 때문에 압력만 변화시켜도 끓음과 응축을 유도할 수 있다. 예를 들어 압력이 2기압 미만일 때 물은 110 °C에서 액체로 존재한다. 압력이 1기압으로 낮아지면, 끓는 온도는 100 °C로 낮아지고, 물은 끓기 시작한다. 같은 방법으로, 110 °C와 1기압의 압력에 있는 증기는 압력이 2기압으로 증가하면 응축하기 시작한다. 5.7절에서 다루겠지만, 압력 유도 상전이는 냉장고와 다른 "열 이동자"의 동작 기본 원리이다.

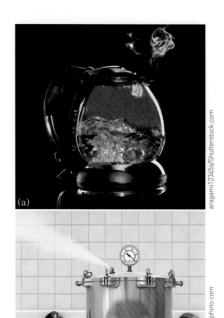

그림 5.27 (a) 열이 물로 흘러들어 가고 있어도 끓는 물의 온도는 일정하게 유지된다.
(b) 압력 조리 기구 안은 압력이 높아 물의 끓는점을 약 120 °C까지 높여준다.

5.6a 숨은열

상전이가 완전하게 일어나려면 일정한 양의 내부 에너지를 특별한 물체에 더하거나 없애야만 한다. 예를 들어 0 °C에 있는 1 kg의 얼음을 녹이기 위해서는 334,000 J의 열이 얼음에 전달되어야만 한다. 이 양을 물의 **녹음의 숨은열**(latent heat of fusion)이라고 한다. 100 °C, 1 kg의 물을 증기로 완전히 바꾸기 위해서 훨씬 많은 열, 2,260,000 J이 전달되어야 한다. 이것을 물의 **기화의 숨은열**(latent heat of vaporization)이라고 한다. 응고와 응축과 같은 반대의 과정이 일어나는 동안, 물과 증기 각각에서 같은 양의 내부 에너지가 없어져야만 한다.

예제 5.7

실온 20 °C의 물을 0 °C로 차갑게 하는 데 0 °C의 얼음을 사용한다. 1 kg의 얼음으로 얼마나 많은 물을 차갑게 할 수 있을까?

얼음이 녹을 때 물을 차갑게 하면서 열이 얼음으로 흘러들어 간다. 0 °C로 차갑게 할 수 있는 물의 최대 양은 녹고 있는 얼음의 양의 전부에 해당한다. 따라서 방정식은 334,000 J의 열이 빠져나갈 때 20 °C만큼 차가워져야 할 물이 얼마나 될 것인가이다.

$$Q = C m \Delta T$$

그림 5.28 소방관들은 물의 기화의 숨은열을 일상적으로 사용한다.

$$-334{,}000 \text{ J} = 4{,}180 \text{ J/kg-}°\text{C} \times m \times -20 °\text{C}$$

$$-334{,}000 \text{ J} = -83{,}600 \text{ J/kg} \times m$$

$$\frac{-334{,}000 \text{ J}}{-83{,}600 \text{ J/kg}} = m$$

$$m = 4.0 \text{ kg}$$

밖으로 나가는 열전도를 최소화한 잘 절연된 용기에서 일어난다고 가정하면, 0 ℃의 얼음은 그 자체 물의 질량의 네 배를 20 ℃에서 0 ℃로 냉각시킬 수 있다.

이와 같은 얼음과 물의 큰 숨은열은 흔히 응용되고 있다. 얼음이 음료수를 차갑게 하기에 좋은 이유는 얼음이 녹는 동안 많은 양의 내부 에너지를 흡수하기 때문이다. 음료수 안에 얼음이 있으면, 온도는 0℃ 근처를 유지한다. 물이 불을 끌 수 있는 최적의 이유 중 하나는 물이 기화하면서 막대한 양의 내부 에너지를 흡수한다는 것이다. 물을 뜨겁고, 타고 있는 물체에 쏟아 부으면 물이 끓으면서 열을 흡수하여 물체를 식힌다(그림 5.28).

물리 체험하기 5.6

먼저 주방용 전기레인지와 빈 알루미늄 캔, 오븐용 장갑, 그리고 스톱워치가 필요하다.

1. 한 스푼 정도의 물을 덜어낸 캔을 전기레인지에 넣는다.
2. 전기레인지를 켠 후 안정된 온도에 이르기까지 2~3분 기다린다.
3. 캔을 전기레인지에 올려놓은 후 물이 끓을 때까지의 시간을 측정한다. 물이 확실히 끓는지 소리로 그리고 캔 위로 수증기가 올라오는 것으로 확인한다.
4. 스톱워치를 리셋한 다음 물이 완전히 끓어 없어질 때까지 걸리는 시간을 측정한다. 물이 완전히 증발한 후에는 **즉시**(immediately) 오븐용 장갑을 사용하여 캔을 전기레인지에서 제거한다. 시간을 조금이라도 지체하면 캔의 표면의 페인트에서 검은 연기가 피어오를 것이다.
5. 두 시간을 비교해 보자. 이 시간의 차이는 물이 끓는점까지 가열되는 데 필요한 내부 에너지와 물이 수증기로 변환되는 데 필요한 내부 에너지와 어떤 관계가 있는가 설명해 보자.

물의 온도, 상태 그리고 내부 에너지 사이의 관계를 정리한 예가 있다. 온도가 −25 ℃인 얼음 덩어리가 특수한 용기 안에 있다. 열이 일정한 비율로 얼음에 전달되는 동안 용기 안의 압력은 1기압으로 유지된다. 그림 5.29는 얼음에 전달된 열의 양에 대한 얼음의 온도를 보여주는 그래프이다.

그래프의 점 a와 b 사이에서 얼음에 전달된 열은 단순히 얼음의 온도를 높여준다. 점 b에서 얼음은 녹기 시작하고, 얼음이 전부 녹는점 c까지 온도는 0 ℃로 유지된다. 점 c에서 d까지 물에 전달된 열은 물의 온도를 높이는 데 사용된다. 점 d와 e 사이에서 온도가 100 ℃에 머무는 동안 물은 끓는다. 점 e에서 모든 물이 수증기로 바뀌고, 수증기의 온도는 올라가기 시작한다.

용기 안에 수증기를 넣고 열을 빼냄으로써 과정을 반대로 할 수 있다. 그 결과는 그래프의 오른쪽에서 왼쪽으로 따라 이동하는 것과 같이 될 것이다.

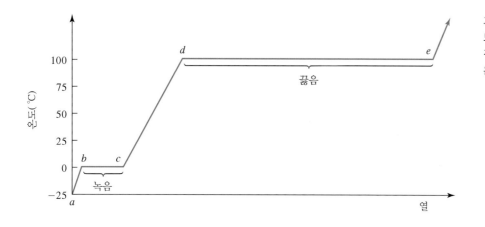

그림 5.29 물에 전달된 에너지에 대한 물 온도의 그래프. 그래프가 평평한 두 지점에서 상전이가 일어난다. 내부 에너지는 증가하지만, 온도는 일정하게 유지된다.

5.6b 습도

액체는 끓는점 미만의 온도에서 **증발**(evaporation) 과정을 통해서 서서히 기체 상태로 간다. 이 때문에 남아 있는 물은 결국 "사라질" 것이다. 끓는점 미만의 온도에서 어떻게 이 상전이가 일어날 수 있을까? 액체 안의 각 원자와 분자들은 충분한 에너지가 있다면 기체 상태로 갈 수 있다. 끓는점 미만의 온도에서 원자 혹은 분자들의 일부는 이를 위한 충분한 에너지를 갖는다. 입자들의 평균 에너지가 끓음이 일어나기에 너무 낮다고 하더라도 이들의 일부는 평균보다 큰 에너지를 갖고, 다른 일부는 작은 에너지를 갖는다. 액체 표면 근처에 있는 원자나 분자들은 평균 이상 에너지를 가질 때 액체부터 떨어져 나갈 수 있다. 온도가 끓는점 미만일지라도 공기 중에서 원자나 분자들은 기체 상태에 머물 수 있다.

증발로 인해 수증기는 언제나 공기 중에 존재한다. 그 양은 지리적 위치(큰 호수에 가까움), 기후와 날씨에 따라 변한다. **습도**(humidity)는 공기 중의 수증기 양을 측정하는 척도이다.

습도의 단위는 질량 밀도의 단위와 같다. 습도의 범위는 일반적으로 약 0.001 kg/m³(건조하고 추운 날)에서 0.03 kg/m³(덥고 습한 날) 정도이다. 이들 밀도는 공기의 보통 밀도인 1.29 kg/m³보다 훨씬 낮음에 주목하자. 습한 조건이라도 수증기는 공기의 5% 이하의 작은 성분에 지나지 않는다.

주어진 온도에서 포화 밀도라고 하는 최대 가능 습도가 있다. 공기 중의 물 분자가 액체 상태에 있고 "싶어하기" 때문에 상한이 존재한다. 공기 중에 너무 많은 분자들이 있다면, 그중 몇 개는 그들 사이에 인력이 발생하기에 충분히 가까워질 가능성이 높다. 그 분자들은 작은 방울을 만들기 시작하고 표면 위에서 응축한다. 이것은 안개와 이슬 또는 샤워 중 연무의 형성 과정이다(그림 5.30). 물 분자들이 더 빠르게 이동하고 충돌할 때 함께 "뭉칠" 가능성이 낮기 때문에 포화 밀도는 온도가 높으면 더 높다. 따라서 작은 방울을 만들지 않고 어떤 부피의 공기 안에 더 많은 분자들이 있을 수 있다. 표 5.5는 몇 가지 다른 온도에 있는 공기 중의 수증기의 포화 밀도를 나열한 것이다.

증발의 반대 과정도 일어날 수 있다. 물 표면 근처에 있는 공기 중의 물 분자들

습도
공기 중에 있는 단위부피당 수증기의 질량. 공기 중의 수증기의 밀도.

그림 5.30 계곡의 차가운 공기 중에 있는 안개. 공기 중에 너무 많은 수증기가 있을 때, 즉 습도가 포화 밀도보다 높을 때 물방울들이 만들어진다.

표 5.5 공기 중의 수증기의 포화 밀도

온도		포화 밀도	온도		포화 밀도
(℃)	(℉)	(kg/m³)	(℃)	(℉)	(kg/m³)
−15	5	0.0016	15	59	0.0128
−10	14	0.0022	20	68	0.0173
−5	23	0.0034	25	77	0.0228
0	32	0.0049	30	86	0.0304
5	41	0.0068	35	95	0.0396
10	50	0.0094	40	104	0.0511

이 물속으로 "포획"될 수 있다. 이 온도에서 습도가 포화 밀도보다 충분히 낮을 때 물 분자들의 재흡수보다 빠르게 증발이 일어난다. 습도가 포화 밀도까지 올라가면 물 분자들은 증발할 때와 같은 비율로 물로 재흡수된다. 습한 환경에서 축축한 수건이 천천히 마르는 것은 이 때문이다.

결국, 물이 얼마나 빠르게 증발하는지가 단순히 습도에 의해 결정되는 것은 아니다. 문제는 습도가 포화 밀도에 얼마나 가까운가, 즉 **상대 습도**(relative humidity)에 의해 결정된다.

상대 습도가 40%일 때, 최대 수증기 양의 40%가 있다는 것을 의미한다.

상대 습도
포화 밀도에 대한 백분율로 표현한 습도.

$$상대 습도 = \frac{습도}{포화 밀도} \times 100\%$$

예제 5.8

습도가 0.009 kg/m³이고 온도가 20 ℃일 때 상대 습도를 구하라.

표 5.5에서 20 ℃에서 포화 밀도는 0.0173 kg/m³이다. 따라서

$$상대 습도 = \frac{0.009 \text{ kg/m}^3}{0.0173 \text{ kg/m}^3} \times 100\%$$

$$= 52\%$$

이다. 15 ℃에 있는 공기 중의 상대 습도는 70%가 된다. 공기가 9 ℃로 차가워지면, 상대 습도는 100%가 될 것이다.

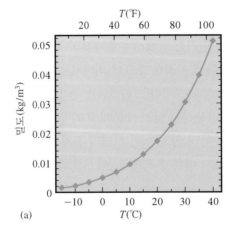 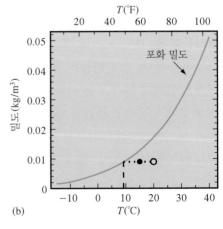

그림 5.31 (a) 온도에 대한 포화 밀도 그래프 (표 5.5의 데이터). (b) 예제 5.8에서 설명한 상황을 보여주는 같은 그래프.

수증기 함량이 일정하게 유지되면서 공기가 차가워지면 상대 습도는 증가한다. 공기가 가열되고 습도가 일정하게 유지되면, 상대 습도는 감소한다. 따라서 겨울에 가열된 건물에서 흔히 건조함을 느끼게 되는 것이다. 외부의 차가운 공기가 건물 안으로 들어가면 데워진다. 이 공기는 가습기를 사용하여 인공적으로 수증기를 더해주지 않는 한 상대 습도는 매우 낮다.

습도가 일정하게 유지되는 동안 공기를 냉각하면 결국은 응축이 일어나기 시작한다. 이것이 일어나는 온도를 이슬점 온도라고 한다. 때때로 맑은 밤에 이슬점에 도달해서 응축이 일어나기 시작할 때까지 대기 온도가 떨어진다. 그 결과 식물과 다른 표면 위에 이슬이 맺힌다. 이 온도가 "이슬점"이다. 습도를 알면 이슬점은 쉽게 예측된다. 바로 습도가 포화 밀도에 도달하는 온도이다. 표 5.5 또는 그림 5.31은 이러한 목적으로 이용될 수 있다. 예를 들어 습도가 0.0128 kg/m³일 때 이슬점은 15 ℃(59 ℉)이다.

그림 5.31b는 이슬점을 그래프적으로 어떻게 결정할 수 있을까를 보여준다. 점 ○는 예제 5.8에서 설명한 공기를 나타낸다. 공기가 20 ℃에서 15 ℃로 차가워진 후의 상태를 ●로 표시하였다. 점이 낮은 온도쪽으로 수평하게 이동하였다. 계속 냉각되면 약 9 ℃의 온도에서 공기가 포화 밀도 곡선, 즉 이슬점에 도달한다.

음료수통이나 차가운 음료수를 담고 있는 다른 용기의 표면에 종종 작은 물방울들이 생긴다. 이것은 용기면의 온도가 이슬점 온도 미만일 때 일어난다. 표면과 접촉하고 있는 공기는 이슬점에 도달할 때까지 차가워지고, 응축이 시작된다(이 과정은 추운 겨울에 자동차 유리에 수증기가 서릴 때도 일어난다). 공기가 매우 건조(낮은 상대 습도)하면, 응축은 일어나지 않는데, 이슬점이 차가운 음료수

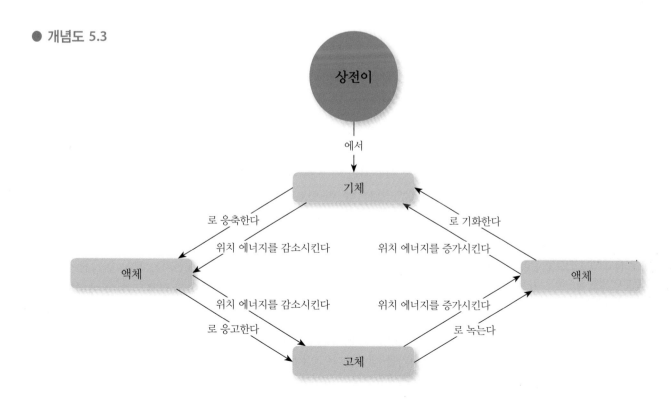

● 개념도 5.3

의 온도보다 낮기 때문이다.

증발의 과정은 액체를 차갑게 한다. 기체 상태의 원자나 분자들은 액체 상태에 있을 때보다 많은 에너지를 갖는다. 물 분자가 증발할 때, 물로부터 어느 정도의 내부 에너지를 빼앗아가고, 따라서 물을 차갑게 한다. 이러한 현상을 이해하는 또 다른 방법이 있다. 더 큰 운동 에너지를 갖는 분자들은 증발하는 것들이기 때문에, 남아 있는 물 분자의 평균 운동 에너지는 더 낮다.

우리들의 신체는 땀의 증발로 인해 시원해진다. 더운 날, 증발이 억제되어 습도가 높아지면 더 덥게 느껴진다. 산들바람이 땀 때문에 습도가 높아진 우리들의 피부 근처에 있는 공기를 이동시키면 시원함을 느낀다. 건조한 공기가 이동한 공기를 채우기 때문에 보다 빠른 증발이 일어나고 시원해진다.

복습

1. 물속으로 열이 흘러들어가고 있음에도 물의 온도가 올라가지 않는다면, 어떤 일이 일어날 것으로 생각할 수 있는가?
2. (참 혹은 거짓) 물의 매우 높은 기화열은 화재를 진압하는 데 물이 효과적인 이유이다.
3. 외부 공기의 상대습도는 보통 밤에 증가한다. 그 이유는 무엇인가?

4. 얼음물이 담긴 컵의 바깥 면에 물방울이 맺히는 것은 컵의 바로 바깥쪽 공기가
   a. 습도가 거의 포화상태에 이르렀기 때문이다.
   b. 상대습도가 약 100%에 이르렀다.
   c. 온도가 거의 이슬점에 이르렀기 때문이다.
   d. 위 모두가 참이다.

답 1. 끓이 증발한다. 2. 참 3. 증기 응축기가 대기하기다. 4. d

5.7 열기관과 열역학 제2법칙

건물의 난방과 냉방을 위해 사용하는 에너지를 절약하기 위한 최근의 노력과 함께 에너지 사용 효율을 개선하려는 많은 노력들이 이루어지고 있다. 이 절에서는 열과 역학 에너지를 사용하는 에너지 절약 장치들에 관한 몇 가지 이론적 원리의 바탕을 알아볼 것이다.

5.7a 열기관

일상생활에서 사용되는 대부분의 에너지는 석탄, 석유 그리고 천연 가스와 같은 화석 연료로부터 나온다. 이 연료들의 일부는 가스난로와 고온의 노 안에서 직접 연소한다. 그러나 이 연료들의 대부분은 **열기관**(heat engine)으로 분류되는 장치들의 입력 에너지로 사용된다.

가솔린 엔진, 디젤 엔진, 제트 엔진 그리고 증기 발전기는 모두 열기관이다. 가솔린 엔진과 디젤 엔진에서 타는 연료에서 나오는 열의 일부는 역학 에너지로 바뀐다. 열의 나머지는 배기관, 방열기, 엔진의 뜨거운 표면을 통해 공기로 배출된다. 석탄, 핵연료 그리고 몇 가지 태양열 발전기는 증기를 이용하여 발전기를 돌림으로써 전기를 생산한다(그림 5.32). 타고 있는 석탄, 분열하고 있는 핵연료 또

열기관
열을 역학적 에너지나 일로 변환시키는 장치. 열기관은 타고 있는 연료와 같이 뜨거운 열원으로부터 열을 흡수하고, 이 에너지의 일부를 사용가능한 역학적 에너지나 일로 바꾼다. 남은 에너지는 열의 형태로 저온 열원으로 내보낸다.

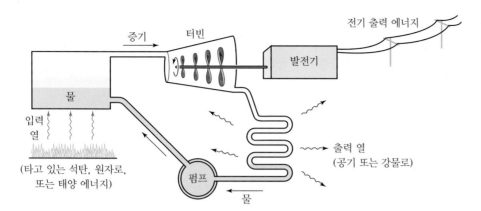

그림 5.32 입력 에너지(열)와 출력 에너지를 보여주는 발전소의 개요도.

증기 터빈
전기 출력 에너지
발전기
물
입력 열
(타고 있는 석탄, 원자로, 또는 태양 에너지)
펌프
물
출력 열 (공기 또는 강물로)

는 태양에서 나오는 열은 물을 끓이는 데 사용한다. 증기는 파이프를 통해 터빈 (기본적으로는 프로펠러)으로 보내져 회전 에너지로 변환된다. 터빈에 연결된 발전기는 회전 에너지를 전기 에너지로 바꾼다. 증기가 터빈을 떠난 후 물 또는 공기로 냉각시켜서 액체 상태로 다시 응축된다. 자동차 방열기와 비슷한 기능을 하는 냉각탑이 후자의 경우에 사용된다. 물을 끓이기 위해 전달한 열의 대부분은 증기가 응축될 때 발전기에서 폐열로 배출된다.

열기관의 실제 내부 기능들은 꽤 복잡하지만, 에너지의 관점에서 볼 때 그 기능들을 간단한 개요도로 나타낼 수 있다(그림 5.33). 일부 열원에서 나오는 열의 형태인 에너지가 열기관으로 들어간다. 열기관은 열의 일부를 역학 에너지로 바꾸고 나머지는 배출한다. 열기관을 간단히 표현해보면, 열을 공급하는 고온 열원은 높은 온도 T_h를 갖고, 배출된 열을 흡수하는 저온 열원은 낮은 온도 T_l을 갖는다.

엔진이 동작하고 있는 동안 주어진 주기 안에서 열의 특정한 양 Q_h가 열원으로부터 흡수된다. 이 에너지의 일부는 사용가능한 일로 바뀌고, 처음 입력 에너지의 나머지는 폐열 Q_l로 배출된다. 폐열이 발생하는 것은 불가피하다.

어떤 장치나 과정의 에너지 효율은 사용가능한 출력을 전체 입력으로 나누어서 100%를 곱한 것이다.

$$효율 = \frac{에너지\ 또는\ 출력\ 일}{에너지\ 또는\ 입력\ 열} \times 100\%$$

장치의 효율이 25%라면 입력 에너지의 1/4이 사용가능한 형태로 바뀐다. 나머지 3/4은 폐열로 방출되는 "손실"이다.

열기관의 경우 입력 에너지가 Q_h이고, 출력은 일이다. 따라서

$$효율 = \frac{일}{Q_h} \times 100\% \quad (열기관)$$

이다. 위에서 살펴본 것과 같이 많은 종류의 열기관들이 있다. 이들 중 일부는 본질적으로 다른 것들에 비해 더 효율적인 과정을 이용한다. 그러나 열기관 효율의 이론적 상한이 있다. 이 최대 효율은 프랑스 물리학자 카르노(Sadi Carnot)에 의해 밝혀졌으며 카르노 효율이라 부른다. 카르노는 완전 열기관의 효율은 열원과

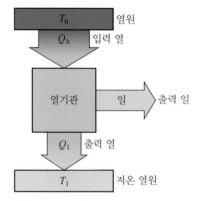

T_h 열원
Q_h 입력 열
열기관 일 출력 일
Q_l 출력 열
T_l 저온 열원

그림 5.33 열기관의 도표. 열원으로부터 에너지를 흡수하는 열기관은 에너지 일부를 일을 하는 데 사용하고, 나머지는 저온 열원으로 내보낸다.

열역학 제2법칙
열의 일부를 저온 열원으로 배출하지 않고, 반복적으로 열원으로부터 열을 추출해서 역학 에너지 혹은 일로 내보내는 어떤 장치도 만들 수 없다.

저온 열원의 온도에 의해 제한을 받는다는 것을 발견하였다. 특히

$$\text{카르노 효율} = \frac{T_h - T_1}{T_h} \times 100\% \quad (T_h와 \ T_1은 \ 켈빈 \ 온도)$$

이다. 실제 열기관은 마찰, 불완전한 단열 그리고 효율을 감소시키는 다른 요소들을 가지고 있다. 그러나 이 요소들을 완전히 제거하더라도 열기관은 100%의 효율을 가질 수 없다. 효율이 100%라는 것은 저온 열원의 온도가 영도 또는 열원의 온도가 무한대로 높은 것을 의미하는데, 이는 실제로 일어날 수 없다.

예제 5.9

화력 발전소에서는 1,000 °F(810 K) 온도의 증기를 이용한다. 증기는 약 212 °F(373 K)의 온도로 터빈에서 배출된다. 발전소의 이론적 최대 효율을 구하라.

여기서 $T_h = 810 \text{K}$, $T_1 = 373 \text{K}$이다. 따라서

$$\text{카르노 효율} = \frac{810 - 373}{810} \times 100\% = 54\%$$

이고, 이것은 이상적인 최대 효율이다. 화력 발전소의 실제 효율은 보통 35~40% 근처이다.

발전소의 경우 입력 에너지의 거의 2/3는 폐열로 없어진다(그림 5.34). 사용되지 않은 에너지는 환경을 인공적으로 가열하는 열오염을 유발한다. 일반적으로 사용하는 다른 열기관들의 실제 최고 효율은 비슷해서, 디젤 엔진은 35%, 제트 엔진은 23%, 가솔린(피스톤) 엔진은 25%이다.

열기관의 효율을 개선하는 두 가지 일반적인 방법이 있다. 하나는 과정을 개선해서 효율이 카르노 효율에 가까워지도록 에너지 손실을 줄이는 것이다. 다른 방법은 T_h를 높이거나 T_1을 낮추어서 카르노 효율을 증가시키는 것이다. 증기 열기관들의 효율은 고온 증기를 사용하여 크게 개선되어 왔다.

5.7b 열 이동자

냉장고, 에어컨디셔너 그리고 열 이동자 등은 거꾸로 동작하는 열기관과 비슷한 장치이다. 이들은 입력 에너지를 사용해서 차가운 물체에서 따뜻한 물체로 열이 흐르게 한다. 이것은 뜨거운 물체에서 차가운 물체로 가는 자연적 흐름의 반대이다. 냉장고와 에어컨디셔너의 목적은 특정 부분에서 열을 빼내고 그렇게 함으로써 그 부분을 식히는 것이다. 열 이동자는 내부 공간을 겨울에는 따뜻하게 할 뿐 아니라 여름에는 시원하게 하도록 설계한다. 이 장치들에서, 냉각되고 있는 물체

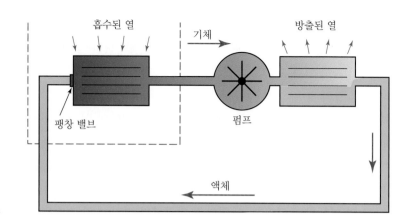

흡수된 열　　　　기체　　　　방출된 열

팽창 밸브　　　　　펌프

기체

액체

그림 5.35 냉장고는 냉매의 상전이를 활용하여 냉장고 내부의 열을 밖으로 빼낸다. 냉매가 기화하면서 냉장고 내부의 열을 흡수한다. 냉매가 응축하면서 방 안의 공기 중으로 열을 방출한다.

로부터 열을 빼낼 때 따뜻해지는 다른 물체로 많은 양의 열이 흘러들어 간다. 냉장고는 내부에서 열을 빼내 방으로 방출한다. 이 장치들을 **열 이동자**(heat mover)라고 하는데, 이들이 동작하는 것을 설명하는 용어이기 때문이다.

위에서 언급한 세 가지 장치들의 구조는 거의 같다. 냉매라고 하는 기체는 순환과정에서 강제로 상이 바뀐다. 냉매 기체의 끓는점은 꽤 낮아야만 하고, 냉매의 압력이 증가할 때 쉽게 응축되어야만 한다. 프레온(CCl_2F_2) 기체는 가장 널리 사용되었던 냉매였으나 환경 문제로 인해 최근에는 오존을 파괴하지 않는 다른 화합물로 대체되고 있다. 펌프를 사용하여 냉매 기체는 액체 상태로 압축되고 팽창밸브(그림 5.35)라고 하는 작은 구멍으로 강제로 흐르게 된다. 밸브의 다른 면의 압력은 냉매가 빠르게 기체 상태로 갈 수 있도록(끓음) 낮게 유지한다. 이 과정에서 상전이는 냉매를 차갑게 하고 주변으로부터 열을 흡수한다. 냉매 기체는 펌프로 다시 흘러가고 액체 상태로 다시 압축된다. 이 과정은 냉매의 온도를 높게 하여 열이 냉매로부터 주변으로 흘러가게 한다. 냉매가 식고 액체가 된 다음 팽창밸브를 통과하여 흐르고 순환은 반복된다.

최종 결과는 냉각기에서 온열기로의 열 흐름이지만, 실제로 냉매로부터 열이 흘러들어 가고 나가는 흐름은 언제나 높은 온도에서 낮은 온도로 흐른다. 기본적으로 냉매는 처음에 열을 제거하고자 하는 물체의 온도보다 낮은 온도로 냉각되고, 그 다음 데워지고 있는 물체의 온도보다 높은 온도로 올라간다. 이 과정이 작동되기 위해서는 펌프에 에너지를 공급해야만 한다는 사실에도 주목하자.

열 이동자는 열기관과 비슷한 도표로 나타낼 수 있다(그림 5.36). 열기관과는 다르게, 열 이동자의 구조는 입력 에너지 또는 일을 가지고 있다. 주어진 한 주기 동안, 온도가 T_l인 저온 열원으로부터 열이 Q_l만큼 흡수된다. 펌프에 의해 일의 양이 냉매에 주어지고, 열의 양 Q_l이 온도가 T_h인 고온 열원으로 방출된다. 냉장고에서 저온 열원은 냉장고 내부의 공기이다. 고온 열원은 방 안의 공기이다. 에어컨디셔너는 건물, 자동차 등의 내부에서 순환하는 공기로부터 열을 흡수하고, 따뜻한 외부 공기로 열을 배출한다. "난방 모드"에 있을 때 열 이동자는 외부 공기, 지하수로부터 열을 빼내고, 건물 안으로 배출한다. "냉방 모드"에서 열 이동자는 열 흐름을 반대로 한다. 건물 내부로부터 열을 빼내고 건물 밖으로 배출한다.

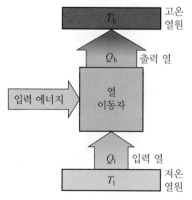

T_h　　고온 열원

Q_h　출력 열

입력 에너지　　열 이동자

Q_l　입력 열

T_l　　저온 열원

그림 5.36 열 이동자의 도표. 기관은 입력 에너지를 이용하여 차가운 열원으로부터 열을 빼내고 고온 열원으로 열을 배출한다.

방출되는 열 Q_h는 흡수되는 열 Q_l과 입력 에너지를 더한 값과 같기 때문에 에너지 보존 법칙이 성립한다. Q_h, Q_l, 입력 에너지의 상대적인 값은 펌프의 효율, 온도 T_h와 T_l의 차이 그리고 다른 요인들에 따라 달라진다. 보통의 냉장고에서, 내부로부터 빼낸 열의 양은 입력 에너지 양의 약 세 배이다. 가열 모드에서 좋은 열 이동자가 공급하는 열의 양은 장치가 소비하는 에너지 양의 약 세 배이다. 에너지는 "창조되고" 있지 않다. 열 이동자는 단지 차가운 물체에서 열을 빼내고 있고 그 다음 많은 양의 열을 따뜻한 물체로 전달하고 있다(절대영도보다 높은 온도를 가진 어떠한 계 또는 물체도 약간의 내부 에너지를 저장한다는 것을 기억하자. 이것은 적당한 열 이동자를 고안할 수 있다고 가정하면 그것이 열 전달원으로 작용한다는 것을 의미한다).

5.7c 사용 가능한 에너지

열기관의 출력은 저온 열원으로 흘러들어간 열과 유용한 일 또는 에너지이다. 저온 열원으로 흘러간 열은 내부 에너지를 증가시키며, 유용한 일로 사용된 에너지도 궁극적으로 마찰 등의 과정을 통하여 내부 에너지로 변환된다. 따라서 열기관의 종합적인 효과는 고온 열원의 내부 에너지를 저온 열원의 내부 에너지로 바꾸는 것이다. 이 내부 에너지는 결국 더 이상 유용한 일을 할 수 없다. 카르노는 낮은 온도는 낮은 효율을 줄 것이라고 말한다. 이 과정에서 에너지가 전부 "없어지거나" 혹은 "파괴" 되지 않더라도, 다시는 사용할 수 없게 된다.

이것은 에너지 변환의 일반적인 결과이다. 남아 있는 에너지는 처음의 에너지보다 쓸모가 적다. 전기 에너지는 매우 편리하고, 쉽게 다양한 형태의 에너지로 변환하여 사용할 수 있다. 전구, 난방기 그리고 선풍기는 전기 에너지를 다른 원하는 형태(독서등에 필요한 복사 에너지, 방을 따뜻하게 할 열 에너지, 더운 날 방을 시원하게 하기 위해 공기를 이동시킬 운동 에너지)로 바꾸어주며 동시에 마찰과 관련된 피할 수 없고 덜 유용한 내부 에너지(예를 들어 선풍기의 회전 부품들에서와 같이)도 만들어진다. 내부 에너지의 경우는 물론 그 이외의 다른 형태의 에너지들도 더 이상은 전기 에너지와 같이 다른 형태의 에너지로 변환시켜 유용한 일을 만드는 데 사용하기는 어렵다. 예를 들어 선풍기에 의해 이동하는 공기의 운동 에너지를 모아 고효율의 풍력 터빈 장치를 동역학적 에너지로 바꿀 수 있는 효율($< 60\%$)은 처음 전기 에너지가 선풍기 모터에 의해 회전 에너지로 바뀔 수 있는 효율($> 90\%$)보다 훨씬 작다. 이러한 의미에서, 전기 에너지의 질은 풍력 에너지보다 높다고 말할 수 있다.

기호 S로 나타내는 물리적인 양 **엔트로피**(entropy)는 특정한 온도에 있는 계에서 "쓸모없는" 또는 저질 혹은 분산된 에너지, 즉 외부 일을 하는 데 쉽게 이용할 수 없는 에너지의 양을 평가하는 수단으로 사용된다. 위에서 언급한 것과 같이, 자연스러운 과정들은 에너지의 분산이 수반되는 경향이 있고 따라서 계의 엔트로피가 증가한다. 일반적으로, 엔트로피를 계의 무질서(혹은 19세기 미국 물리학자 깁스(J. Willard Gibbs)가 사용한 용어로 "혼돈스러움")의 척도로 택한다. 엔트

그림 5.37 한 학생이 공부하고 있는 책상 위는 시간이 갈수록 무질서해지고 있다. 학기 초에는(위) 책상이 잘 정돈되어 있다. 그러나 며칠이 지나면(아래) 책상 위는 어지러워진다. 시간이 지날수록 엔트로피는 증가하는 것이다.

로피를 증가시키는 것은 무질서를 증가시키는 것과 관련이 있다(그림 5.37). 이러한 관점에서, 계를 더 혼란스럽게 하면 그것의 에너지는 다른 형태의 내부 상태로 퍼지고, 엔트로피는 더 커진다. 이와 같은 고찰은 열역학 제2법칙의 다른 형식을 이끌어낸다.

엔트로피 변화는 가역 과정의 경우에만 영이다. 그러나 자연적이고 자발적인 어떤 과정도 정확하게 가역적이지 않다. 따라서 우주의 엔트로피는 전체적으로 볼 때 시간에 따라 증가할 것으로 예상한다.

위의 내용이 열역학 제2법칙에 대한 이전의 내용과 같은지 분명히 알지 못하더라도, 참이라는 것을 보일 수 있다. 사실 엔트로피의 개념과 "쓸모없는" 에너지의 양과의 연관성으로부터 앞으로 가는 임의의 과정에 대해 $\Delta S \times T_R$는 계의 주변으로 전달되어야만 한다는 결론을 얻는다. 이때 ΔS는 계의 엔트로피 변화이고, T_R는 외부 환경의 켈빈 온도이다. 이 조건이 만족되지 않으면, 과정(또는 과정을 수행하도록 설계한 장치)은 일어날 수 없다.

엔트로피의 기본 단위는 절대온도 켈빈당 줄이다(J/K). 따라서 엔트로피 변화량에 켈빈 단위의 온도를 곱하면 에너지가 된다.

계 일부분의 엔트로피는 계의 나머지 부분의 엔트로피를 증가시키는 방법으로 감소할 수 있다. 생명체가 자라면서 영양소와 생명을 유지하는 화합물을 구성하여, 더 질서있는 상태로 변화하면 엔트로피는 감소한다. 그러나 동시에 생명체들은 소비하는 음식물 안으로 에너지를 분산시키고, 그렇게 함으로써 그들 엔트로피를 증가시킨다. 유기체가 죽은 후 유해의 엔트로피는 유기체가 사라지면서 다시 한 번 증가한다. 자동차 축전기가 충전되면서 엔트로피는 감소하지만, 충전 장치 자체는 충전을 위해 에너지를 소비하고 있으며 주변 어딘가 다른 곳에 더 많은 엔트로피를 증가시키고 있다.

열역학 제2법칙(다른 형식)
임의의 열역학 과정에서 계와 그 주변 전체의 엔트로피는 항상 증가하거나 혹은 일정한 값을 갖는다. 즉, $\Delta S \geq 0$이다. 우주의 엔트로피는 항상 증가한다.

예제 5.10

어떤 열기관에서 550 K의 고온의 열원으로부터 350 K의 저온부로 열이 흐르면서 130 J의 열이 외부 환경으로 흘러가 더 이상 사용할 수 없는 에너지로 변하였다. 이러한 비가역적인 과정이 우주의 엔트로피를 얼마나 변화시켰는지 계산하여라. (단, 열기관 외부의 환경의 온도는 290 K라고 한다.)

열이 뜨거운 곳에서 차가운 곳으로 흐르는 것은 엔트로피가 증가하는 비가역 과정이다. 따라서 우주로 흘러간 에너지는

$$\Delta E = \Delta S \times T_R$$

이고 여기서 T_R는 외부 환경의 온도이다. 수식을 엔트로피 변화에 대하여 정리하면

$$\Delta S = \left(\frac{\Delta E}{T_R} \right)$$
$$= \frac{130 \text{ J}}{290 \text{ K}}$$
$$= 0.45 \text{ J/K}$$

따라서 우주의 엔트로피는 증가한다.

우리들의 문화생활이 에너지원을 소비하는 비율 그리고 이러한 것이 다음 세대가 자원을 계속 사용할 수 없게 할지도 모르는 걱정에 대한 문제에 자주 등장하는 "에너지 저장고"라는 용어는 이름이 잘못 붙여진 것이다. 사실 현재나 과거나 에너지의 양은 변함이 없다(결국, 우주의 전체 에너지는 일정하다). 화석 연료, 우라늄 그리고 숲속에 저장된 품질 좋고 편리한 에너지를 사용하고 있으며, 품질이 나쁘고 보다 분산된 내부 에너지를 생산하고 있다. 우리는 자손들을 위한 쓸모 있는 에너지를 적게 남기면서 세계의 엔트로피를 되돌릴 수 없게 증가시키고 있다. 그러나 태양, 바람, 지열 그리고 조력 발전과 같은 "재생" 에너지원들을 개발함으로써 지속적으로 이용 가능한(적어도 다음 몇 십억 년 동안) 에너지 공급원(그렇지 않으면 쓸모없이 될 것인)을 활용할 수 있고, 그 과정에서 온실 가스 배출을 줄이고 있다. 태양 에너지는 땅이나 태양 전지 등에 흡수되어 궁극적으로 내부 에너지로 변환된다. 다만 태양 에너지를 고효율의 태양 전지에 흡수시키면 그 일부를 낮은 엔트로피, 고품질의 에너지를 생산하여 유용하게 사용할 수도 있다.

요약

온도   온도는 뜨겁고 차가운 감각의 기준이다. 물리적으로 물체의 온도는 그것의 원자와 분자들의 평균 운동 에너지에 비례한다. 현재 일반적으로 화씨, 섭씨 그리고 켈빈의 세 가지 온도가 사용되고 있다. 켈빈 온도 눈금은 가능한 가장 낮은 온도인 절대영도를 영점으로 사용한다.

열팽창   대부분의 경우 물체는 온도가 증가할 때 팽창한다. 팽창하는 양은 물질의 종류와 온도 변화에 따라 달라진다. 열팽창은 물체가 가열될 때 크기(부피, 면적 혹은 길이)의 증가로 나타낸다. 막대의 경우 길의 변화는 다음 방정식으로 주어진다.

$$\Delta l = \alpha \, l \, \Delta T \quad (\alpha \text{는 선팽창계수})$$

열역학 제1법칙   열역학 제1법칙은 물체의 내부 에너지 변화는 물체에 가해진 일과 전달된 열의 합과 같다는 것이다. 내부 에너지는 물체의 원자와 분자들의 전체 운동 에너지와 위치 에너지로 구성된다. 열이 물체로 흘러 들어갈 때 내부 에너지는 증가할 수 있고, 열이 밖으로 흘러 나갈 때 감소할 수 있다. 같은 온도에 있는 두 물체는 열적 평형 상태에 있다.

열전달   두 물체 사이 혹은 같은 물체의 부분들 사이에 온도차가 있을 때마다 열전달이 일어난다. 한 장소에서 다른 곳으로의 열전달은 세 가지 방법으로 일어날 수 있다. 전도는 원자 혹은 분자들 사이의 접촉을 통한 열전달이다. 대류는 유체 안에서의 유체의 흐름을 통한 열전달이다. 복사는 전자기 방출을 통한 열전달이다. 어떤 경우에는 세 과정이 동시에 일어난다.

비열   상전이 과정 중을 제외하면 물체의 내부 에너지가 증가할 때마다 온도가 올라간다. 물체의 온도를 주어진 양만큼 올리는 데 필요한 열의 양은 물체의 질량과 성분에 따라 달라진다. 비열은 물체에 전달되는 열, 질량, 그 결과 나타나는 온도 증가 사이의 관계의 척도이다.

상전이 상전이가 일어나는 동안 원자와 분자들의 위치 에너지가 변하지만 평균 운동 에너지는 일정하게 유지된다. 따라서 내부 에너지는 증가하지만 온도는 일정하게 유지된다. 증발은 액체에서 기체로의 전이로 평균보다 높은 운동 에너지를 가진 분자들이 액체 표면에서 벗어날 때 끓는 온도 아래에서 일어난다.

열기관과 열역학 제2법칙 열기관은 뜨거운 열원에서 나오는 열에너지를 일로 활용하는 장치이다. 이 과정에서 열기관은 열을 저온 열원으로 방출한다. 이론적으로 "완벽한" 열기관의 최대 효율은 두 열원들의 온도에 의해 결정된다.
엔트로피는 어떤 계의 무질서의 척도이다. 열기관은 에너지를 "소비"하지 않지만, 엔트로피를 증가시키고, 따라서 나머지 에너지의 "질"을 떨어트린다. 모든 자연적인 과정들은 우주의 엔트로피(무질서)를 증가시킨다.

핵심 개념

● **정의**

온도(T) 뜨거움 또는 차가움의 척도. 물체의 온도는 물체 안의 원자와 분자들의 평균 운동 에너지에 따라 달라진다.

절대영도 가능한 가장 낮은 온도 ($-273.5\,°C$).

열팽창 물체가 가열될 때 크기(부피, 면적 또는 길이)의 증가를 나타내는 용어. 막대의 경우, 길이의 변화는 다음 방정식으로 주어진다.

$$\Delta l = \alpha\, l\, \Delta T$$

여기에 α는 선팽창계수이다.

선팽창계수 고체의 팽창을 측정하는 고정된 값.

내부 에너지 물체 안의 모든 원자와 분자들의 운동 에너지의 합.

열 온도차를 갖고 있는 두 물체들 사이에 전달되는 에너지의 형태. 질량 m인 물체의 온도를 ΔT의 양만큼 변화시키기 위해 필요한 열은 다음과 같이 주어진다.

$$Q = C\, m\, \Delta T$$

전도 원자와 분자들 사이에서 직접적인 접촉에 의한 열의 전달.

대류 유체에서 유체의 흐름에 의한 열의 전달.

복사 전자기파에 의한 열의 전달.

용해 잠열 $0\,°C$의 얼음 $1\,kg$을 녹이기 위해 전달되어야 하는 열의 양.

기화 잠열 $100\,°C$의 물 $1\,kg$을 전부 증기로 변환시키기 위해 전달되어야 하는 열의 양.

기화 액체가 기체로 전이하는 과정.

습도 공기 중에 있는 단위부피당의 수증기의 질량. 공기 중의 수증기의 밀도.

상대 습도 포화밀도의 퍼센트로 표현된 습도.

$$\text{상대 습도} = \frac{\text{습도}}{\text{포화 밀도}} \times 100\%$$

열기관 열을 역학적 에너지 혹은 일로 변환시키는 장치. 열기관은 타고 있는 연료와 같은 뜨거운 열원으로부터 열을 흡수하여 그 에너지 중 일부를 흡수해서 유용한 역학적 에너지 또는 일로 변화시키고, 나머지 에너지를 낮은 온도의 열원 등에 열로 배출한다. 모든 열기관의 효율은 다음의 방정식으로 주어진다.

$$\text{효율} = \frac{\text{에너지 또는 일의 출력}}{\text{에너지 또는 일의 입력}} \times 100\%$$

열 이동자 한 영역에서 열을 빼내서 다른 영역으로 전달하는 장치.

엔트로피 어떤 계에서 무질서한 양의 척도.

● **법칙**

이상기체법칙 밀도가 충분히 낮아서 이웃한 입자들 사이의 상호작용을 무시할 수 있는 기체에서 기체의 압력, 부피 그리고 온도 사이의 관계는 다음 방정식과 같다.

$$pV = (\text{상수})T$$

열역학 제1법칙 물체의 내부 에너지의 변화는 물체에 한 일과 전달된 열을 더한 것과 같다.

$$\Delta U = \text{일} + Q$$

열역학 제2법칙 일정 양의 열을 저온의 열원으로 배출하지 않고, 열원에서 계속해서 열을 추출해서 역학적 일 또는 에너지로 전달하는 어떠한 장치도 만들 수 없다.

열역학 제2법칙(다른 형태) 모든 열역학 과정에서 계와 그 주변 환경의 전체 엔트로피는 증가하거나 일정하게 유지된다. 즉, $\Delta S \geq 0$이다. 우주의 엔트로피는 항상 증가한다.

● **특별한 경우의 방정식**

열기관(카르노)의 이론적인 최대 효율은

$$\text{효율} = \frac{T_h - T_l}{T_h} \times 100\%$$

이다.

● **원리**

물체의 켈빈온도는 구성 입자들의 평균 운동 에너지에 비례한다.

(▶ 표시는 복습 질문을 나타낸 것이고, 답을 하기 위해서는 기본적인 이해만 있으면 된다는 것을 의미한다. 다른 것들은 지금까지 공부한 개념들을 종합하거나 확정해야 한다.)

1(1). ▶ 일반적인 세 가지 온도 눈금은 무엇인가? 각 범위에서 물의 정상적인 끓는점과 어는점은 얼마인가?

2(2). 화씨 온도와 섭씨 온도 눈금은 −40 ℃(−40 ℃= −40 ℉)에서 일치한다. 화씨와 켈빈 온도 눈금은 일치하는가? 섭씨와 켈빈 눈금의 경우는 어떠한가?

3(3). ▶ 절대영도의 중요성은 무엇인가?

4(4). ▶ 온도가 올라가면 물질 안의 원자와 분자들은 어떻게 될까?

5(5). ▶ 따뜻한 방(27 ℃ = 300 K) 안의 공기 분자들은 일반적으로 약 500 m/s(1,100 mph)의 속력을 갖는다. 이렇게 빨리 움직이는 입자들이 우리 신체와 계속 부딪치는 것을 인식하지 못하는 이유는 무엇인가?

6(6). 특수한 유리 온도계는 온도가 올라갈 때 유리보다 덜 팽창하는 액체를 이용하여 만든다. 온도계가 정확한 온도를 나타낸다고 가정하면, 온도계 위에 있는 눈금과 다른 점은 무엇인가?

7(7). ▶ 바이메탈 판이 무엇이고, 어떻게 쓰이는지 설명하라.

8(8). 그림 5.8에 있는 온도계를 참조하라. 바이메탈 판의 어떤 금속이 큰 선팽창계수를 가질까? 나선의 바깥쪽 금속일까 아니면 안쪽 금속일까? 여러분은 어떻게 결정할 수 있는가?

9(9). ▶ 기관이 따뜻해지면 길이가 1 mm 늘어나는 철로 만든 부품이 있다. 부품을 철 대신 알루미늄으로 만들었다면 길이 변화는 대략 얼마가 될까?

10(10). ▶ 4 ℃ 미만의 온도에서 물의 색다른 성질은 무엇인가?

11(11). 회사가 수은 또는 알코올 대신 물을 사용하는 새로운 유리 온도계를 만들기로 결정했다.
　　a) 온도계가 0 ℃ 미만의 온도에 노출되지 않도록 사용자에게 경고하도록 하여야 한다. 왜일까?
　　b) 온도가 1 ℃인 외부에 온도계가 있다고 가정하자. 온도계가 새로운 온도에 적응할 때 물의 높이가 어떻게 변하는지 설명하라. 그리고 어떤 온도에서 수은이나 알코올이 채워진 온도계와 다르게 동작하는지 설명하라.

12(14). ▶ 물질의 내부 에너지를 증가시키는 두 가지 일반적인 방법은 무엇인가? 각각의 예를 들어 설명하라.

13(15). 팽창한 타이어에서 공기가 빠져나온다고 할 때 빠져나오는 공기의 온도는 타이어 안의 공기보다 높을까 낮을까 아니면 같을까? 이유를 설명하라.

14(16). 내부 에너지의 증가 없이 공기를 압축하는 것이 가능할까? 그렇다면 어떻게 하면 될까?

15(18). ▶ 열전달의 세 가지 방법들을 설명하라. 이들 중 어떤 것이 지금 여러분 주위에서 일어나고 있을까?

16(19). 큰 못을 감자 안에 박으면 재래식 오븐에서 빨리 구워진다. 이유를 설명하라.

17(21). 동전과 유리 조각을 60 ℃로 가열하였다. 그것들을 만졌을 때 어느 것이 더 따뜻하게 느껴질까?

18(22). 물속에 잠긴 난방기는 수족관에서 물을 실내 온도 이상으로 유지하는 데 사용된다. 효율을 가장 높이기 위해서는 난방기를 물표면 가까이에 두어야 할까 바닥 가까이에 두어야 할까?

19(23). 바람이 없는 추운 밤에 모닥불을 쪼이고 있는 사람들은 등 뒤에서 바람을 느낀다. 이유를 설명하라.

20(24). 메고 있는 얼음주머니의 내부 공기가 보통의 실내 온도에 있다고 가정하자. 손바닥을 얼음에서 수 인치 옆에 두면 여러분은 무엇을 느끼겠는가? 이유를 설명하라. 손바닥을 얼음 밑에 같은 거리에 둘 때 다르게 느끼는 점은 무엇일까?

21(25). 난로 위에서 물을 끓일 때 냄비 가득한 물은 냄비의 반이 찬 물보다 끓는점에 도달하는 데 오래 걸린다. 이유를 설명하라.

22(26). 철 1 kg 조각을 100 ℃로 가열한 후 처음 온도가 0 ℃인 1 kg의 물에 넣었다. 철과 물이 같은 온도(열 평형 상태)가 될 때까지 철은 차가워지고 물을 따뜻해진다. 이 과정에서 다른 열전달은 없다고 가정하면, 나중 온도는 0 ℃, 50 ℃ 또는 100 ℃ 중 어디에 가까워질까? 이유를 설명하라.

23(27). 예제 5.5에서 이 문제를 풀기 위하여 콘크리트 벽돌의 질량을 정말로 알아야 할 필요가 있을까? 달리 말하면, 5 kg

벽돌 대신 10 kg 벽돌이 떨어지면 답이 달라질까?

24(28). 알루미늄 조각과 철 조각이 공기의 저항 없이 건물의 꼭대기에서 떨어져서 땅에 도달하면서 박힌다. 그것들의 온도가 같은 양만큼 변할까? 설명하라.

25(29). 물의 비열은 매우 높다. 이것이 훨씬 낮으면, 즉 1/5 정도이면 불을 끄거나 자동차 엔진을 식히는 과정에서 어떤 영향이 있을까?

26(30). ▶ 왜 물의 온도는 끓고 있는 동안 변하지 않을까?

27(31). ▶ 공기 압력을 변화시키면 물이 끓는 온도에 어떤 영향을 미칠지 설명하라.

28(32). 바닷물을 담수화—녹아 있는 소금을 제거하여 물을 마실 수 있게—하는 방법 중 하나는 증류시키는 것이다. 즉, 바닷물을 끓이고 증기를 응축시키면 소금이 남는다. 이 방법은 큰 단점이 하나 있는데 에너지를 많이 소비한다는 것이다. 그 이유는 무엇일까?

29(33). ▶ 포화 밀도는 무엇인가? 온도가 올라가면 이것은 어떻게 변할까?

30(34). ▶ 방 안의 공기를 데우면 상대 습도에 어떤 영향을 미칠까?

31(35). 우드 합금은 비스무트, 납, 주석 그리고 카드뮴 원소들

의 합금으로 녹는점이 70 ℃이다. 이것이 화재 진압용 자동 살수 장치에 어떻게 사용될 수 있는지 설명하라.

32(36). 밤사이 도달할 수 있는 가장 낮은 온도를 예측하려고 할 때 예보관은 이슬점 온도에 세심한 주의를 기울인다. 왜 공기 온도가 이슬점 이하로 많이 내려가지 않을 것 같은가? (물 수증기의 높은 숨은열이 중요하다.)

33(37). ▶ 열기관은 어떤 작용을 하고 열 이동자는 어떤 작용을 하는지 설명하라.

34(38). ▶ 겨울철에 열 이동자가 가정에 전달하는 내부 에너지의 양은 가정에서 소비하는 전기 에너지보다 크다. 이것은 에너지 보존 법칙을 위반하는가? 설명하라.

35(39). ▶ 엔트로피는 무엇인가? 일반적으로 계의 엔트로피는 시간에 따라 어떻게 변하는가?

36(40). 물의 일부가 얼어서 얼음이 되기 시작할 때 물은 더 정렬되고 엔트로피는 감소한다. 이것은 열역학 제2법칙의 다른 형태를 어기는가? 설명하라.

37(43). "에너지 위기"라는 용어를 우리들이 에너지를 전부 소모하고 있다는 것을 뜻한다고 하면, 우리 사회는 정말로 에너지 위기에 직면해 있을까?

연습 문제

1(1). 제트기가 런던에 도착하고 있고, 조종사는 온도가 30℃라고 알려준다. 웃옷을 입어야만 할까? 그림 5.2를 이용해서 화씨로 온도를 결정하라.

2(2). 남극의 맑은 겨울 낮에 −60 ℉까지 온도가 올라간다. 섭씨로는 대략 몇 도인가?

3(3). 온도가 30 ℃일 때 철로 된 철도 레일의 길이는 200 m이다. 온도가 −10 ℃일 때 그것의 길이를 구하라.

4(4). 실온 (20 ℃)에서 구리로 된 큰 통의 길이는 10 m이다. 이것이 1기압에서 끓는 물을 담고 있을 때 길이는 얼마나 늘어날까?

5(5). 기계제작자가 지름이 5 mm인 강철 막대를 지름이 4.997 mm인 구멍에 넣고 싶어한다. 막대를 구멍에 맞추기 위해서 기계제작자는 막대의 온도를 얼마나 낮추어야 하는가?

6(6). 온도가 20 ℃일 때 제트 여객기의 알루미늄 날개 길이는 30 m이다. 날개의 길이가 5 cm(0.05 m) 줄어드는 온도는 몇 도인가?

7(9). 실린더 안에서 기체가 압축된다(그림 5.14). 50 N의 평균 힘이 작용해서 피스톤이 0.1 m 움직인다. 압축되는 동안 2 J의 열이 기체로부터 전도되어 나간다. 기체의 내부 에너지의 변화를 구하라.

8(10). 풍선 안의 공기가 70 J의 열을 흡수하는 동안 50 J의 일을 한다. 내부 에너지의 변화를 구하라.

9(11). 5 kg의 은을 20 ℃에서 960 ℃로 온도를 올리는 데 얼마만큼의 열이 필요한가?

10(12). 20 ℃의 물 3 kg을 담고 있는 병을 3 ℃로 유지되는 냉장고 안에 넣었다. 물이 3 ℃로 차가워질 때 물로부터 전달되

는 열은 얼마나 될까?

11(13). a) 1 kg의 물을 어는점에서 보통의 끓는점까지 온도를 높이는 데 필요한 열의 양을 계산하라.

b) 100 ℃의 물 1 kg을 100 ℃의 증기로 바꾸는 데 필요한 일의 양을 구하고 a)의 답과 비교하라.

12(14). 재활용 과정에서 알루미늄을 녹인다.

a) 알루미늄을 실온 20 ℃에서 녹는점 660 ℃까지 올리려면 알루미늄 1 kg에 얼마나 많은 열이 전달되어야 하는가?

b) 얼마나 많은 컵의 커피가 여러분에게 이 정도의 에너지를 줄 수 있을까?(예제 5.4)

13(15). 25 m/s로 가는 1,200 kg의 자동차가 브레이크를 이용해서 멈추었다. 브레이크 안의 약 20 kg의 철과 바퀴가 마찰에 의해 발생한 열을 흡수한다고 가정하자.

a) 자동차의 처음 운동 에너지를 구하라.

b) 자동차가 멈춘 후 브레이크와 바퀴의 온도 변화를 구하라.

14(16). 그림 5.38에 있는 0.02 kg의 납 총알이 200 m/s의 속력으로 날아와 방탄판과 부딪쳐서 멈추었다. 총알의 에너지 전부가 총알이 흡수하는 열로 바뀐다면 총알의 온도 변화는 얼마인가?

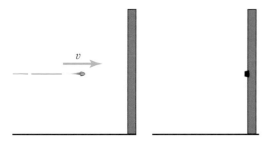

그림 5.38

15(17). 629 m 높이의 텔레비전 송신탑 꼭대기에서 10 kg의 납 벽돌을 떨어뜨려 지상에 도달하였다. 벽돌의 모든 에너지가 열로 바뀐다고 가정하면, 벽돌의 온도 증가는 얼마인가?

16(18). 엘로스톤 국립공원의 로워 폭포(Lower Falls)에서 흐르는 물은 94 m 높이에서 떨어진다. 물의 에너지 전부가 열로 간다면 물의 온도 증가는 얼마인가?

17(19). 겨울철 낮에 공기의 온도가 −15 ℃이고, 습도는 0.001 kg/m³이다.

a) 상대 습도를 구하라.

b) 이 공기를 건물 안으로 보낼 때 20 ℃로 데워진다. 습도

가 변하지 않는다면, 건물 안의 상대 습도는 얼마인가?

18(20). 휴스턴의 여름철 낮에 온도가 35 ℃이고 상대 습도는 77%이다.

a) 습도를 구하라.

b) 응축이 시작되기 전에 공기는 몇 도까지 차가워질 수 있을까? (즉, 이슬점을 구하라.)

19(21). 건물 안 온도는 20 ℃이고, 상대 습도는 40%이다. 공기 1 m³ 안에 수증기는 얼마나 있을까?

20(22). 워싱턴 D.C.의 여름철 낮에 온도는 30 ℃이고, 상대 습도는 70%이다. 공기 1 m³ 안에 들어 있는 수증기량을 구하라.

21(23). 아파트의 크기가 10 m × 5 m × 3 m이다. 온도는 25 ℃이고, 상대 습도는 60%이다. 아파트 안의 공기 중에 있는 수증기의 전체 질량을 구하라.

22(24). 새 집의 전체 부피가 800 m³이다. 난방을 하기 전의 내부 공기 온도는 10 ℃이고, 상대 습도는 50%이다. 공기가 20 ℃로 데워진 다음 상대 습도를 50%로 하려면 공기 중에 더해주어야 할 수증기량은 얼마인가?

23(25). 상승 온난 기류의 공기 온도는 1,000 m 올라갈 때 마다 약 10 ℃ 내려간다. 상승 온난 기류가 30 ℃로 땅을 떠나고 상대 습도가 31%라고 한다면, 어떤 고도에서 공기가 포화되기 시작해서 수증기가 응축되어 구름을 형성하는가? (달리 말하면, 어떤 고도에서 온도가 이슬점과 같아지는가?)

24(26). 추운 날 여러분은 가끔 여러분의 호흡을 "볼 수" 있다. 여러분이 보는 것은 작은 물방울들의 엷은 안개이고, 이것은 구름과 안개 속에서도 마찬가지이다. 공기가 여러분 입을 35 ℃의 온도와 0.035 kg/m³의 습도로 떠나고, 온도가 5 ℃이고 습도가 0.005 kg/m³인 같은 양의 공기와 섞인다고 가정하자.

a) 섞인 공기의 온도와 습도가 처음의 두 공기들의 평균값과 같을 때 섞인 공기의 상대 습도는 얼마인가?

b) 그림 5.31과 같은 그래프에서 세 점들을 그려서 어떤 일이 일어나는지 표시하라.

25(27). 300 ℃(573 K)와 100 ℃(373 K) 사이의 온도에서 작동하는 열기관의 카르노 효율을 구하라.

26(28). 물의 끓는 온도와 어는 온도 사이에서 작동할 때 열기관이 가질 수 있는 최대 효율을 구하라.

27(29). 가솔린 엔진이 작동할 때, 15,000 J의 화학적 위치 에너

지를 가지는 가솔린이 1 s 안에 타버린다. 이 1 s 동안 엔진은 3,000 J의 일을 한다.

a) 엔진의 효율을 구하라.

b) 타고 있는 가솔린은 약 2,127 °C(2,400 K)의 온도이다. 엔진이 작동하면서 나오는 폐열이 약 27 °C(300 K)의 공기로 흘러 들어간다. 이들 온도 사이에서 작동하는 열기관의 카르노 효율을 구하라.

28(30). 바다 표면의 따뜻한 물(25 °C)과 표면 아래 1,000 m의 차가운 물(5 °C) 사이에서 작동하는 열기관인 해양 열 에너지 변환(ocean thermal-energy conversion, OTEC) 장치가 제안되었다. 이 장치의 가능한 최대 효율을 구하라.

6장

파동과 소리

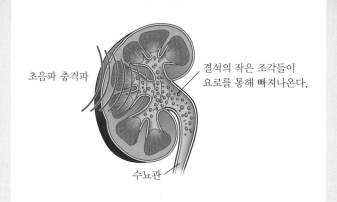

초음파 충격파

결석의 작은 조각들이
요로를 통해 빠져나온다.

수뇨관

자연스럽게 빠져 나오기에는 너무 큰 신장의 담석을 파쇄하여 제거하는 데 사용되는 ESWL. 이러한 시술에서 초음파 충격파는 몸 밖에서 발생되어 여러 가지 물리적인 기술을 이용하여 담석에 집중된다.

초음파 의공학

진단: 담석은 20대나 30대에서도 가끔 생기는 증상이다. 환자는 큰 고통을 느끼며 빨리 치료되지 않으면 죽음에 이를 수도 있다. 수술도 한 치료의 방법이다. 그러나 이 방법은 여러 가지 부작용과 4 내지 6주 정도의 회복기가 필요하기 때문에 담석의 크기가 매우 큰 경우 시도된다. 1980년대 이래로 대다수의 담석제거에는 메스가 필요 없는 음파를 이용한 파쇄법이 사용된다.

이 시술 방식은 ESWL, 즉 체외 초음파 리소그래피라 불린다. 쇄석기라 불리는 이 기계는 체외에서 발생된 강한 음파를 이용 담석을 파쇄한 후 몸 밖으로 빠져나오도록 한다. 음파는 몸 밖에서 발생되고 초점이 맞추어지므로 체외라는 단어를 사용한다. 어떤 ESWL 장치는 음파를 모으는데 그림 2.39와 같은 타원형 반사경을 사용하기도 한다. 강한 음파는 타원의 한 초점에 위치한 음원에서 발생되어

반사된 후 또 다른 초점 위치에 집중되게 된다. 담석은 바로 이 두 번째 초점의 위치에 놓인다. 또 다른 쇄석기는 음파를 초점에 모으는 데 음파렌즈를 사용한다. 이는 광학렌즈가 햇빛을 초점에 모으는 것과 같은 원리가 적용된다. 어떤 경우가 되었든 음파는 체외에서 발생되어 '쿠션'이라고 부르는 물을 가득 채운 풍선 같은 장치에서 초점이 맞추어진다. 음파는 공기 중을 이동하지 않는다. 왜 그것이 효과적인지를 배우기로 하자.

음파가 치료의 과정에 효과적으로 사용되는 것은 그 파동의 성질 때문이다. 파동은 우리의 일상생활에서 흔히 볼 수 있는 현상이다. 기타 연주, 음악, 야구공의 속도 측정은 모두 파동을 이용하는 예이다. 사람의 감각기능 중 가장 중요한 시각과 청각이 바로 파동을 인지하는 과정이다. 이 장의 앞부분에서 간단한 파동과 그 일반적인 성질을 알아본다. 뒷부분에서는 음파가 어떻게 만들어지는지 그리고 그것은 어떻게 인지되는지를 알아본다.

6.1 파동: 종류와 특성

고요한 연못 표면 위에서 움직이는 잔물결, 공기를 통해 전달되는 라디오 스피커에서 나오는 소리, 피아노 줄 위에서 앞뒤로 "튀는" 펄스, 지구를 비추고 데워주는 태양에서 오는 빛 등 이들 모두는 파동이다(그림 6.1). 어떤 파동은 우리가 직접 느낄 수 있다. 지진이 지나갈 때 대지의 진동(지진파라 부름)과 같이 몇몇 파동들이 그것이다. 소리와 빛과 같은 다른 것들은 눈과 귀로 직접 감지할 수 있다. 우리가 감지할 수 없는 파동들(극초단파, 초음파, X-선)을

그림 6.1 파동의 한 종류인 물결파는 진동과 관계가 있다.

파동
물체의 알짜 움직임 없이 에너지를 전파하는 결합된 떨림들로 이루어진 진행하는 교란.

발생시키거나 검출할 수 있는 많은 장비들을 만드는 기술이 개발되었다.

파동은 무엇일까? 파동은 다양하지만 기본적으로 몇 가지 같은 특성들을 가지고 있다. 파동은 떨림(vibration) 또는 진동(oscillation)과 관계가 있다. 물 위에 떠 있는 나뭇잎들은 잔물결이 이동할 때 물 표면의 떨림을 보여준다. 우리들의 귀는 공기 분자의 진동에 반응하고 소리를 인식한다. 또한 파동들은 이동하고 에너지를 전달하지만 질량을 가지고 있지는 않다. 확성기에서 나오는 소리는 포도주 잔을 깰 수도 있지만 스피커로부터 잔까지 아무것도 이동하지 않는다. 파동을 다음과 같이 정의할 수 있다.

예를 들어 공기 분자 또는 물의 표면과 같이 소리, 잔물결 그리고 비슷한 파동들은 물질의 떨림들로 이루어진다. 이들 파동이 진행하는 물질을 파동의 매질이라고 부른다. 매질의 입자들은 결합된 형태로 떨려서 파동을 형성한다.

두 사람 사이에서 당겨진 줄은 간단한 파동을 보여주기에 편리한 매질이다(그림 6.2). 손목을 가볍게 흔들어서 줄의 아래쪽으로 파동을 보낸다. 줄의 각 짧은 부분이 위쪽으로 당겨지고 그 옆 부분이 차례로 당겨진다. 매질의 두 부분들 사이의 힘은 파동을 "차례대로 넘겨주는 것"의 원인이다. 이러한 종류의 파동은 파동이 지나간 다음 파동의 매질이 "다시 제자리로 갈" 필요가 없는 경우를 제외하고 서로 쳐서 넘어뜨리는 도미노 줄과 같다.

소리, 잔물결, 줄 위의 파동과 같은 많은 파동들은 물체로 된 매질이 필요하다. 이 파동들은 진공 중에서는 존재하지 못한다. 반면, 빛, 라디오파, 극초단파 그리고 X-선 등은 전파하기 위한 매질을 필요로 하지 않기 때문에 진공 중에서도 진행할 수 있다. 8장에서 전자기파라고 하는 이런 특수한 파동들을 자세하게 살펴보기로 하자.

파동은 기체(소리), 액체(잔물결) 그리고 고체(바위를 통한 지진파)와 같이 매우 다양한 물질들에서 발생한다. 이들 중 어떤 것은 선을 따라서(줄 위의 파동), 어떤 것은 표면을 가로지르고(잔물결) 그리고 또 어떤 것은 3차원 공간에 걸쳐서(소리) 진행한다. 더 많은 예를 들 수 있다. 분명히 파동은 모든 곳에 걸쳐 있고 다양하다.

파동은 짧고 어느덧 지나가는 소위 펄스파(wave pulse)가 될 수 있고 또는 정상적이고 반복적인 소위 연속파(continuous wave)가 될 수 있다. 풍선 터지는 소리, 쓰나미(지진에 의해 발생하는 큰 해양파) 그리고 카메라 플래시의 빛 등은 펄스파의 예들이다. 소리굽쇠에서 나오는 소리와 태양에서 나오는 빛은 연속파이다. 그

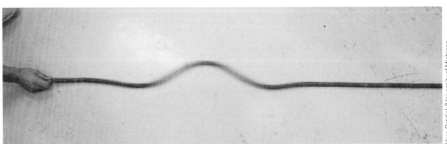

그림 6.2 파동이 줄 모양의 용수철을 따라 진행한다.

림 6.3은 긴 줄 위의 펄스파와 연속파를 보여준다. 연속파는 잇따라 나오는 일련의 펄스파 또는 펄스파의 연속과 비슷하다는 것을 볼 수 있다. (지금은 빛을 단순한 파동으로 취급할 수 있다. 10장에서 아인슈타인과 다른 사람들에 의해 발전된 새로운 관점으로 빛을 표현할 것이다.)

6.1a 파동의 종류와 속도

다른 많은 종류의 파동을 자세히 살펴보면, 진동 방향에 따라 파동을 분류할 수 있다. **횡파**(transverse wave)와 **종파**(longitudinal wave)의 중요한 두 파동이 있다.

두 파동 모두 슬링키라는 짧고 굵은 스프링(여러분은 이것이 계단을 걸어 내려가는 것을 보았을 것이다) 위에 발생시킬 수 있다. 슬링키를 평평하고 부드러운 탁자 위에서 늘리고, 한쪽 끝을 슬링키 길이에 수직하게 좌우로 움직이면 횡파가 발생한다(그림 6.4a). 슬링키의 한쪽 끝을 앞뒤로 밀고 당기면 종파가 발생한다(그림 6.4b). 각 파동에 대해 펄스파 혹은 연속파 중 하나를 발생시킬 수 있다.

물리 체험하기 6.1

슬링키라는 용수철로 된 긴 줄을 준비한다. 미끄러운 책상이나 바닥에 슬링키를 1.5 m 길이로 약간 팽팽한 상태가 되도록 한 다음 슬링키의 다른 쪽 끝을 실험조원이나 아니면 다름 움직이지 않는 것에 고정시킨다.

1. 슬링키를 잡은 손을 좌우로 흔들어 횡파를 발생시켜 본다. 다음에는 손을 빠르게 앞뒤로 흔들어 종파를 발생시켜 본다. 두 파동은 같은 속도로 움직이는가? 즉 두 파동이 다른 쪽 끝까지 진행하는데 비슷한 시간이 걸리는가?
2. 다시 한 번 횡파를 만들어보자. 파동이 진행하여 끝부분에 도달한 후 반사되는가? 만일 그렇다면 반사된 파동은 원래의 파동과 같은 모습인가?

슬링키가 횡파와 종파 모두를 전달할 수 있는 유일한 매질은 아니다. 두 종류의

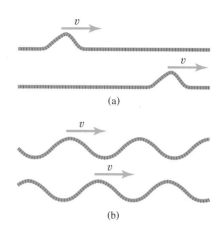

그림 6.3 (a) 펄스파가 줄 위를 진행할 때의 연속 보기. (b) 줄 위를 진행하는 연속파.

횡파

진동의 방향이 파동이 진행하는 방향과 수직인(가로지르는) 파동. 예를 들어 줄 위의 파동, 전자기파, 지진파의 S파.

종파

진동의 방향이 파동이 진행하는 방향과 같은 파동. 예를 들어 공기 중의 소리, 지진파.

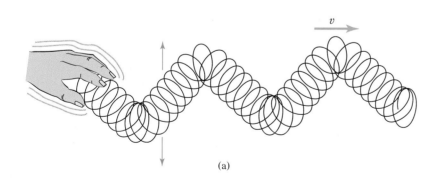

(a)

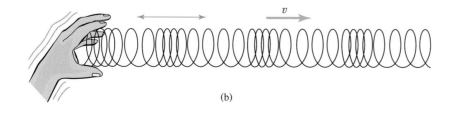

(b)

그림 6.4 (a) 슬링키 위의 연속 횡파. 파동이 오른쪽으로 진행할 때 각 코일은 아래위로 진동한다. (b) 슬링키 위의 연속 종파. 파동이 오른쪽으로 진행할 때 각 코일은 좌우로 진동한다.

파동 모두 모든 고체 안에서 전파할 수 있다. 지진 그리고 지하 폭발은 지구를 통해 전파하는 종파와 횡파 모두를 발생시킨다. 원자와 분자들의 진동을 포함하는 단순 파동은 입자들 사이에 강체 결합이 없기 때문에 액체와 기체 안에서 전파하는 종파이어야만 한다.

많은 파동들은 순수한 종파도 아니고 순수한 횡파도 아니다. 잔물결이 단순 종파로 보일지 몰라도 실제로는 각각의 물덩어리는 원 혹은 타원 모양으로 이동하고, 앞뒤 뿐 아니라 아래위로도 진동한다. 플라즈마와 대기권에서의 파동은 훨씬 복잡하다. 그러나 여기에서 설명한 두 종류의 단순 파동은 일반적인 파동 현상을 보여주기에 적당하다.

파동의 속력은 교란의 이동 비율이다(입자들이 진동할 때 각 입자들의 속력과 혼돈하지 말 것). 어떤 종류의 파동의 속력은 매질의 특성에 의해 결정된다. 지금까지 논의해 온 파동에서 진동하는 입자들의 질량과 입자들 사이에 작용하는 힘은 파동의 속력에 영향을 미친다. 예를 들어 종파가 슬링키를 진행할 때, 각 코일은 그 이웃들에 의해 앞뒤로 가속된다. 기본적인 원리는 각 코일의 질량과 코일에 작용하는 힘의 크기가 코일이(따라서 파동이) 얼마나 빨리 움직이는지를 결정한다. 일반적으로, 약한 힘 또는 매질 안의 질량이 큰 입자들이 파동의 속력을 느리게 한다.

때로는 매질의 다른 특성을 측정하여 매질 안에서의 파동의 속력을 예측할 수 있다. 결국, 입자의 질량과 입자들 사이의 힘과 같이 파동의 속력에 영향을 주는 인자들 또한 물질의 다른 특성에 영향을 미친다. 예를 들어 잡아당긴 줄이나 슬링키 또는 팽팽한 줄에서 파동의 속력은 줄의 장력 F, 질량 m을 길이 l로 나눈 줄의 **선 질량 밀도**(linear mass density) ρ를 이용하여 계산할 수 있다(ρ는 그리스 문자로 로우(row)처럼 발음한다). 특히

$$v = \sqrt{\frac{F}{\rho}} \quad \left(\text{줄 또는 용수철에서의 파동; } \rho = \sqrt{\frac{m}{l}} \right)$$

이다. 장력을 증가시키면 파동의 속력은 빨라지게 된다. 이것이 기타나 피아노와 같은 줄이 있는 악기를 조율하는 방법이다(더 자세한 것은 6.4절).

예제 6.1

한 학생이 마룻바닥 위에서 슬링키를 2 m 길이로 잡아 늘린다. 슬링키를 늘린 상태로 유지하기 위해 필요한 힘을 측정하였더니 1.2 N이었다. 슬링키의 질량은 0.3 kg이다. 학생에 의해 슬링키에 만들어진 파동의 속력을 구하라.

우선, 슬링키의 선형 질량 밀도를 계산하자.

$$\rho = \frac{m}{l} = \frac{0.3 \text{ kg}}{2 \text{ m}}$$
$$= 0.15 \text{ kg/m}$$

슬링키에서 파동의 속력은

$$v = \sqrt{\frac{F}{\rho}} = \sqrt{\frac{1.2 \text{ N}}{0.15 \text{ kg/m}}}$$
$$= \sqrt{8 \text{ m}^2/\text{s}^2} = 2.8 \text{ m/s}$$

이다.

공기 또는 다른 기체 안에서 소리의 속력은 기체의 압력과 밀도의 비에 따라 달라진다. 그러나 각 기체의 경우 이 비는 온도에만 영향을 받는다. 특히 기체에서의 소리의 속력은 켈빈 온도의 제곱근에 비례한다. 공기의 경우

$$v = 20.1 \times \sqrt{T}$$

(공기 안에서 소리의 속력; v는 m/s, T는 켈빈 단위)

이다. 소리의 속력은 고도가 높은 곳에서 더 낮은데, 공기가 희박해서가 아니라 차갑기 때문이다.

예제 6.2

실온(20 ℃ = 68 ℉)에 있는 공기 중에서의 소리의 속력을 구하라.

켈빈 온도는

$$T = 273 + 20 = 293 \text{ K}$$

이다. 따라서

$$v = 20.1 \times \sqrt{T}$$
$$= 20.1 \times \sqrt{293} = 20.1 \times 17.1$$
$$= 344 \text{ m/s(770 mph)}$$

이다.

예제 6.2의 방정식에서 수치값(20.1)은 공기를 구성하는 분자들의 특성에 의해 결정되고, 따라서 공기에만 적용된다. 다른 기체 안에서의 소리의 속력은 달라질 것이고, 그것에 대응하는 방정식은 다른 값을 가질 것이다. 두 가지 예가 있다.

헬륨에서 소리의 속력
$$v = 58.8 \times \sqrt{T} \quad \text{(SI 단위)}$$
이산화탄소(CO_2)에서 소리의 속력
$$v = 15.7 \times \sqrt{T} \quad \text{(SI 단위)}$$

물리 체험하기 6.2

(샌디에고 주립대학의 물리 이해하기 수업에서 원용한 내용이다.)
실험을 위해 좁은 목을 가진 유리병 두 개를 준비한다. 또 유리병의 열린 입구로 가로질러 바람을 불어 소리를 낼 수 있는 기술이 필요하다. 탄산수를 만드는 알약을 준비한다.

1. 두 유리병에 물을 반쯤 채운다. 병 입구를 불어 같은 소리를 내는지 알아본다. 병에 물을 더하거나 빼면서 그 소리를 관찰한다.
2. 한 유리병에 탄산수 알약을 넣은 후 완전히 녹을 때까지 기다려 이산화탄소가 병의 빈 부분을 채우도록 기다린다.
3. 이제 1과 같이 두 병의 입구를 불어본다. 두 병은 앞에서와 같이 같은 소리를 내는가? 그렇지 않다면 그 두 소리는 어떻게 다른가? 각 병에서 소리의 어떤 특성이 달라졌는가? 그리고 그것은 우리가 인지하는 소리의 어떤 부분이 달라진 것인가?

6.1b 진폭, 파장 그리고 주파수

이 절의 나머지 부분에서 연속파의 몇 가지 특성에 대하여 살펴볼 것이다. 편리한 예는 슬링키의 한쪽 끝을 좌우로 부드럽게 움직여 발생시킨 횡파이다. 그림 6.5는 그러한 파동의 "스냅 사진"으로 어떤 주어진 순간에서 슬링키의 모양이다. 파동은 이전에 보았던(그림 2.23) 사인(sinusoidal) 모양을 갖고 있다는 것에 주목하자.

파동의 높은 점들을 정점 또는 마루라고 하고, 낮은 점들을 계곡 또는 골이라고 한다. 중간을 가로지르는 직선은 파동이 없을 때 모양으로 매질의 평형 상태를 나타낸다.

파동의 속력과 더불어 측정할 수 있는 연속파의 중요한 세 가지 다른 매개 변수들이 있다. 이들은 **진폭**(amplitude), **파장**(wavelength) 그리고 **주파수**(frequency)이다. 임의의 순간에 매질의 다른 입자들은 보통 평형 위치에서 다른 양만큼 이동한다. 최대 변위를 파동의 진폭이라고 한다.

진폭은 마루의 높이 또는 골의 깊이에 해당하는 거리로 이들은 같다. 파동의 종류에 따라 진폭이 많이 변한다. 물의 파동의 경우, 잔물결의 진폭은 수 밀리미터이고 해양파의 진폭은 수 미터이다(그림 6.6). 소리를 들을 때, 그 크기는 음파의 진폭에 따라 달라진다. 그리고 큰 소리는 큰 진폭을 갖는다.

파동의 종류에 따라서 파장의 차이가 크다. 사람이 들을 수 있는 소리의 파장(공기 중에서)은 약 2 cm(매우 높은 높낮이)부터 약 17 m(매우 낮은 높낮이)의 범위에 걸쳐 있다. 라디오파의 일반적인 파장은 FM의 경우 3 m이고, AM의 경우 300 m이다.

한 파장 길이의 파동의 모든 부분을 파동의 순환이라고 한다. 파동의 각 순환이 매질의 주어진 점을 지날 때 그 점은 위와 아래로 그리고 출발점으로 다시 돌

진폭
평형 위치로부터 측정한 파동 위 점들의 최대 변위.

파장
파동 위의 연속한 "비슷한" 점들의 거리. 예를 들면 이웃한 정점들 혹은 이웃한 계곡들 사이의 거리. 파장은 그리스 문자 람다(lambda, λ)로 표시한다.

주파수
단위시간당 한 점을 지나는 파동의 순환 수. 파동에서 매 초당 진동 수.

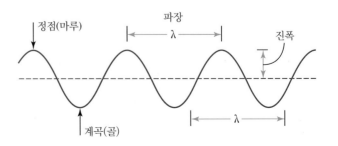

그림 6.5 횡파의 "스냅 사진" 점선은 파동이 없을 때 매질의 위치인 평형 상태를 나타낸다.

아오는 하나의 완전한 주기적인 진동을 한다. 그림 6.5는 파동의 완전한 세 개의 순환을 보여주고 있다.

파동의 진폭과 파장은 독립적이다. 파장이 짧은 파동이 진폭이 작을 수도 있고 클 수도 있다(그림 6.7).

파동의 주파수가 무엇인가를 이해하기 위해서 파동이 진행해 나갈 때 파동을 "고정시키지 않고" 상상해야 한다. 파동의 순환이 한 점을 지나는 비율을 파동의 주파수라고 한다. 1.1절에서 주파수의 단위가 헤르츠(Hz)인 것을 기억하자.

슬링키의 한 끝을 1초에 3번 앞뒤로 움직이면, 3 Hz의 주파수를 갖는 파동이 발생한다. 피아노의 중간 C 위의 A 음은 440 Hz의 주파수를 갖는다. 이것은 매 초당 음파의 440 순환들이 여러분의 귀에 도달한다는 것을 의미한다. 소리를 발생시키는 피아노 줄과 방 안의 공기 분자들 모두 440 Hz의 같은 주파수로 떨리고 있다.

이상적인 조건에서 청력이 좋은 사람은 20 Hz보다 낮거나 20,000 Hz보다 높은 주파수의 소리를 들을 수 있다. 라디오 방송국은 예를 들어 1,100 kHz = 1,100,000 Hz 또는 92.5 MHz = 92,500,000 Hz의 특정한 주파수를 갖는 라디오파를 송출한다.

종파의 진폭을 가시화하는 것이 조금은 어려워도 횡파와 종파 모두의 진폭, 파장 그리고 주파수를 구별할 수 있다. 종파의 경우에도 진폭은 여전히 평형 위치로부터의 변위이지만, 이 경우 변위는 파동이 진행하는 방향이다. 그림 6.8은 파동이 없는 슬링키와 파동이 진행하고 있는 슬링키를 자세히 보여준 것이다. 진폭은 모든 코일이 평형 위치에서 오른쪽 혹은 왼쪽으로 변위된 가장 먼 거리이다. 코일이 서로 촘촘하게 된 부분을 **압축**(compressions) 그리고 멀리 퍼져 있는 부분을 **팽창**(expansions) 혹은 희박한 상태라고 한다. 파장은 이웃한 두 압축 사이 또는 이웃한 두 팽창 사이의 거리이다.

파동의 속력, 파장 그리고 주파수는 간단한 방법으로 서로와 연관된다. 예를 들어 잔물결과 같은 연속파가 한 점을 지나고 있다고 상상해 보자. 파동의 속력은 매 초 지나가는 순환들의 수와 각 순환의 길이를 곱한 것과 같다. 예를 들어 다섯 개의 순환이 매 초 한 점을 지나고 잔물결의 두 정점들이 0.03 m 떨어져 있으면, 파동의 속력은 0.15 m/s(그림 6.9)이다. 일반적으로

그림 6.6 큰 진폭을 갖는 파동.

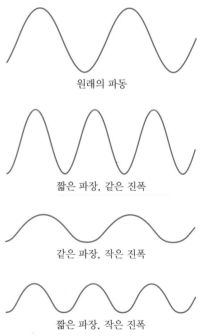

원래의 파동

짧은 파장, 같은 진폭

같은 파장, 작은 진폭

짧은 파장, 작은 진폭

그림 6.7 파장과 진폭의 다른 조합을 갖는 횡파들.

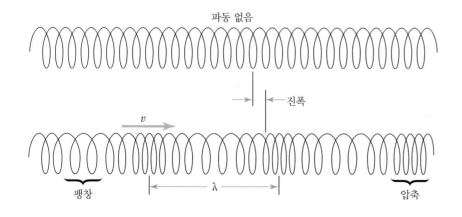

파동 없음

진폭

v

팽창

λ

압축

그림 6.8 슬링키에 있는 종파의 진폭은 코일의 가장 큰 가로 방향의 변위이다.

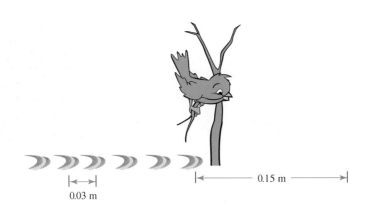

그림 6.9 일 초 동안 다섯 개의 물결파가 한 점을 지나가고, 파동의 파장을 0.03 m라고 할 때 파동은 0.15 m/s로 진행하고 있다.

파속 = 매 초당 순환의 수 × 각 순환의 길이

이다. 등호 오른쪽의 두 양들은 각각 파동의 주파수와 파장이다. 따라서

$$v = f\lambda$$

이다. 연속파의 속도는 파동의 주파수와 파상을 곱한 것과 같다.

많은 경우에 매질에서 진행하는 모든 파동은 같은 속력을 갖는다. 펄스, 낮은 주파수의 연속파 그리고 높은 주파수의 연속파 모두 같은 속력으로 진행한다. 소리는 이런 것의 좋은 예이다. 소리 펄스, 낮은 주파수의 소리 그리고 높은 주파수의 소리는 실온의 공기 중에서 344 m/s의 같은 속력으로 진행한다. 이와 비슷하게 빛, 라디오파 그리고 극초단파는 진공 중에서 3×10^8 m/s의 속력으로 진행한다. 방정식 $v = f\lambda$에 따라, 모든 파동의 파속이 같으므로 높은 주파수의 파동은 반대로 짧은 파장을 가져야만 한다. 20 Hz 음파는 약 17 m의 파장을 가지는 반면 20,000 Hz 음파는 약 1.7 cm의 파장을 갖는다.

예제 6.3

음악회 전에 관현악단의 연주자들은 각자의 악기를 440 Hz의 주파수를 갖는 A 음에 조율한다. 실온의 공기에서 이 소리의 파장을 구하라.

이 온도에서 소리의 속력은 344 m/s이다. 따라서

$$v = f\lambda$$
$$344\,\text{m/s} = 440\,\text{Hz} \times \lambda$$
$$\frac{344\,\text{m/s}}{440\,\text{Hz}} = \lambda$$
$$\lambda = 0.78\,\text{m} = 2.6\,\text{ft}$$

이다. 주파수가 220 Hz인 소리의 파장은 이것의 두 배로 1.56 m이다.

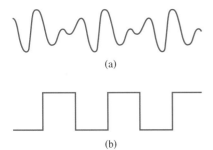

그림 6.10 복합 파동의 두 가지 예. "네모파 (square wave)"인 아래쪽 파동은 많은 전자 회로에 이용된다.

어떤 매질에서는 파동의 속도가 주파수에 따라 달라지는 경우가 있다. 이 경우 주파수와 파장은 앞에서 언급한대로 단순 관계가 아니다. 이때 파동은 분산의 형태이고 그 효과는 파동이 매질을 따라 진행하며 그 모양이 변한다.

9장에서 빛을 다루며 이 분산현상에 대하여 자세히 다루기도 하고 음파에 있어

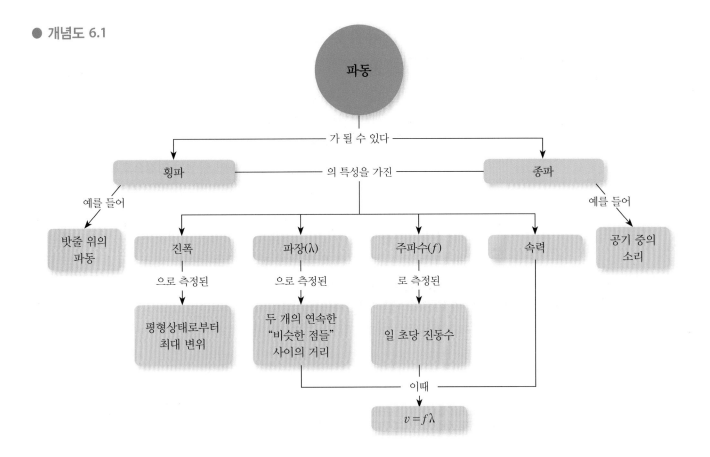

서는 이러한 복잡한 현상은 무시하기로 한다.

모든 연속파가 그림 6.5와 같이 단순한 사인 곡선 모양을 가지고 있는 것은 아니다. 사실은 정확하게 그와 같은 모양을 가진 파동은 거의 없다. 사인 곡선 모양을 갖지 않은 모든 파동을 복합 파동(complex wave)이라고 한다. 그림 6.10은 두 가지 예를 보여주고 있다. 위쪽의 파동에는 다른 크기의 세 개의 정점이 있다. 파동의 모양을 파형이라고 한다. 그림에서 두 복합 파동은 거의 같은 파장과 진폭을 갖지만, 매우 다른 파형들을 갖는다. 파형은 복합 파동을 비교할 때 필요한 또 다른 특성이다. 이것을 6.6절에서 자세히 살펴볼 것이다.

복습

1. (참 혹은 거짓) 카메라의 플래시 빛은 연속파의 예이다.
2. ____ 파는 진동이 파동의 전파 방향과 수직인 파동이다.
3. 공기 중에서 소리가 더 빠른 속도로 전달되도록 하는 유일한 방법은 공기의 _____ 을 증가시키는 것이다.
4. (참 혹은 거짓) 종파에서 매질의 입자들 사이의 거리가 가까워지는 것을 압축이라고 한다.
5. 공기 중을 이동하는 두 개의 음파가 서로 다른 주파수를 가지고 있다. 따라서 두 파동은 다음 중 어느 것이 다를까?
   a. 진폭
   b. 속도
   c. 파장
   d. 위의 것 모두

6.2 파동 전파의 양상

6.2a 파면과 광선

이 단원에서는 파동이 진행할 때 어떤 일이 일어나는지 생각해 보자. 표면을 따라서 혹은 3차원 공간을 가로질러 진행하는 파동의 경우, 두 가지 다른 방법으로 파동을 나타내는 것이 편리하다. 이들을 **파면 모형**(wavefront model) 그리고 **광선 모형**(ray model)이라고 한다. 그림 6.11은 파동이 발생된 지점으로부터 진행해나갈 때 물 위의 펄스파를 가시화하는데 이들이 어떻게 사용되는지를 보여준다. 파면은 펄스파의 정점의 위치를 보여주는 원이다. 광선은 파동의 일부분이 진행하는 방향을 보여주는 직선 화살이다. 블라인드의 작은 구멍을 지나는 레이저빔과 햇빛은 모두 공기 중에 먼지가 있을 때 볼 수 있는 독특한 빛의 선들과 비슷하다. 한편 잔물결의 광선을 볼 수 없지만, 그림 6.1과 같은 파면을 볼 수 있다.

연속 물결파의 경우, 파면들은 파동의 각 정점들을 나타내는 원점(파원)에 대하여 동심원들이다(그림 6.12). 가장 큰 원은 발생된 첫 번째 정점의 위치를 보여준다. 연속한 작은 원은 나중에 나오고 아직 진행되지 않았기 때문에 연속한 각 파면은 작다. 이웃한 파면들 사이의 거리는 파동의 파장과 같다. 또한 연속파는 다른 펄스파 이후에 발생되는 일련의 펄스파들과 비슷하다. 연속파를 나타내기 위해 사용한 광선들은 파원으로부터 퍼져나가는 선들이다(그림 6.12의 파란 화살표들). 파원에서 먼 지점에 도달하는 파면들은 거의 직선들이다(그림 6.12의 가장 오른쪽). 이에 해당하는 광선들은 거의 평행하다.

여러분이 소리치거나 호루라기를 불 때 밖으로 진행하는 소리와 같이 3차원 공간에서 이동하는 파동의 경우 파면들은 파원을 감싸고 있는 공의 껍질들이다. 박수 소리와 같은 펄스파의 파면은 아주 빠르게 부풀어 오르는 풍선처럼 퍼진다. 계속되는 호루라기처럼 3차원 연속파의 경우 파면들은 표면 위에 있는 파동의 원형 파면들과 같이 일련의 중심이 같은 공 껍질들을 형성한다. 440 Hz 소리굽쇠는 이와 같은 파면들을 1초에 440개 발생시킨다. 각 파면의 표면은 344 m/s의 속력(실

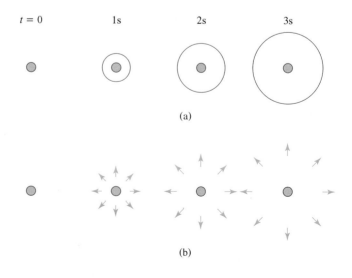

그림 6.11 (a) 펄스가 물 위로 어떻게 퍼지는지를 보여주기 위해 피면을 사용한다. (b) 광선으로 나타낸 같은 시간에서의 동일한 펄스파. 광선들은 파동이 진행하는 방향을 나타내고 파면에 수직이다.

온에서)으로 밖으로 퍼져 나간다. 표면 위의 파동들과 같이, 3차원에서 연속파를 나타내기 위하여 사용한 광선들은 파원으로부터 밖으로 퍼지는 선들이다.

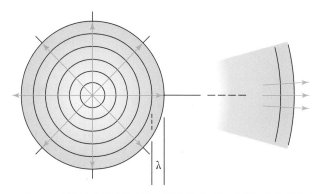

그림 6.12 연속파의 파면과 광선. 파원에서 먼 경우 파면은 거의 직선이고, 광선은 거의 평행하다.

표면 위에서 또는 3차원으로 파동이 전파할 때 파원으로부터 파동이 멀어지면서 진폭이 필연적으로 감소하는 것은 자연스러운 현상이다. 일정한 에너지의 양이 퍼져서 펄스파 또는 연속파의 한 순환을 만든다. 이 에너지는 파면 위로 퍼지고 파동의 진폭을 결정한다. 파면에 주어지는 에너지가 클수록 진폭이 커진다. 파면이 밖으로 이동하면서 원의 둘레가 커지고, 따라서 이 에너지는 더 넓게 퍼져서 약해지기 시작한다. 이러한 감소는 시끄러운 자동차가 여러분으로부터 멀어질 때 소리가 작아지는 것과 여러분이 전구로부터 멀어질 때 전구의 밝기가 감소하는 이유이다.

파동은 그것을 유지하고 전달하는 데 매질이 필요하며 때로는 매질을 통해 주변으로 에너지를 전달한다. 에너지의 감소는 진폭의 감소를 의미하며 이는 거리에 따라 단순히 파동이 약해지는 것보다 더 복잡한 요소가 있다는 뜻이다. 다만 당분간 이런 복잡한 요소는 무시하기로 한다.

파동의 진폭이 변할 때 파면 또는 광선의 변화를 알 수 있다. 파면이 점점 커진다면, 진폭은 점점 작아진다. 광선이 퍼질 때 이와 같은 것이 나타난다.

3차원 파원으로부터 아주 멀리 떨어진 곳에서 파면은 거의 평면이 되고 이를 평면파라고 한다. 이에 해당하는 광선들은 평행하고, 파동의 진폭은 일정하게 유지된다. 지구와 태양 사이의 거리가 매우 멀기 때문에 태양에서 나오는 빛은 평면파로 지구에 도달한다.

이러한 배경을 가지고 파동의 전파에 관련된 몇 가지 현상을 살펴볼 것이다.

6.2b 반사

여러분은 오늘 거울을 몇 번 보았는지 생각해 보자. 파동을 반사시키는 데 거울이 아주 흔히 사용되고 있지만, 유일한 방법은 아니다. 나중에 알게 되겠지만, 방 안에서 듣는 소리도 반사의 영향을 받고, 기타와 같은 음악 악기들도 소리를 낼 때 반사를 이용한다. 레이더와 음파탐지기 등도 여러 목적(얼마나 빨리 운전하는지 조사하는 것과 같이)으로 반사를 이용한다.

파동이 매질의 경계에 도달하거나 매질의 특성(밀도, 온도 등)의 갑작스런 변

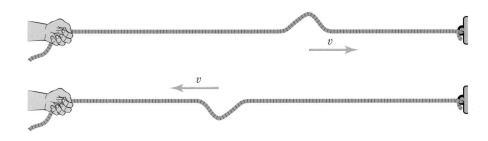

그림 6.13 줄 위에서 진행하는 펄스파는 고정된 끝에서 반사된다. 이 경우 펄스는 거꾸로 된다.

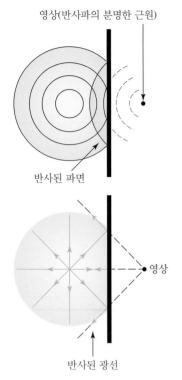

그림 6.14 연못의 한쪽에서 반사되는 잔물결. 파동의 두 모형들은 반사파가 영상이라고 하는 벽 뒤의 한 점으로부터 발산하는 것처럼 보이는 것을 설명한다.

화를 만나게 되면 반사가 일어난다. 줄 위에서 진행하는 펄스파가 고정된 끝에 도달하면 반사된다(그림 6.13). 펄스파가 끝에서 튕겨져 줄을 따라 반대로 진행한다. 반사된 펄스가 거꾸로 뒤집힌 것에 주목하자. 줄의 끝이 매우 가벼운(그러나 강한) 끈에 붙어 있을 때는 반사된 펄스가 거꾸로 되지 않는다(들어오는 펄스는 반사된 펄스와 가벼운 끈 쪽으로 계속 진행하는 펄스 두 개가 생기게 한다). 이러한 반사는 매질의 밀도가 높은 것(무거운 줄)에서 낮은 것(가벼운 끈)으로 갑자기 변하기 때문에 생긴다.

이와 비슷하게 표면 위의 파동이나 3차원에서의 파동이 경계에 부딪히면 반사된다. "뒤로 튀기는" 파동을 반사파라고 한다. 광선은 파동의 각 부분의 방향이 어떻게 변하는지를 잘 보여주기 때문에 반사를 가시화하는 데 보다 일반적으로 이용된다. 파동이 직선 경계(표면파) 또는 평면 경계(3차원으로)에서 반사될 때 경계 뒤의 한 점으로부터 밖으로 퍼져나가는 것처럼 보인다(그림 6.14). 이 점을 원래 파원의 영상이라고 한다. 메아리는 좋은 예이다. 절벽의 앞과 같이 큰 평면 경계와 만나는 소리는 반사되고 절벽 뒤의 한 점에서 나오는 소리처럼 들린다.

반사에 대한 가장 흔한 경험은 거울에서 반사되는 빛이다. 거울에서 보는 상은 여러분이 보는 물체 위의 다른 점들에서 나오는 반사된 광선들의 모임이다(이것을 9.2절에서 더 자세히 다룰 것이다).

평평하지 않은 면에서의 반사는 파동에 흥미로운 현상이 일어나게 할 수 있다. 그림 6.15는 곡면에서 반사되고 있는 파동을 보여준다. 파동의 반사된 광선들이 수렴하고 있음을 알 수 있다. 이것은 파동이 "집속되고" 있고, 파동의 진폭이 증가하고 있다는 것을 의미한다. 텔레비전으로 방송되는 미식축구의 사이드라인에서 보이는 포물형 마이크는 이러한 원리를 이용해서 운동장에서 나는 소리를 크게 증폭한다. 위성 수신 접시들은 라디오파에 동일하게 작동한다(그림 6.16).

타원 모양의 반사체는 유용한 특성을 가지고 있다. 타원의 내부에 초점이라는 두 점이 있다. 한 초점에서 파동이 발생하면 타원 표면에서 반사된 후 다른 초점

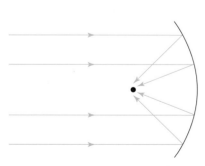

그림 6.15 오목한 면에서 반사되는 음파. 반사된 광선은 한 점으로 수렴하고, 파동의 진폭이 증가하는 것을 나타낸다.

그림 6.16 포물형 접시 안테나는 반사에 의해 라디오파를 집속시킨다.

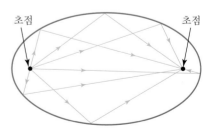

그림 6.17 타원의 집속 특성. 하나의 초점에서 발생된 파동의 광선은 타원의 표면에서 반사되고 다른 초점을 통과한다.

으로 수렴한다. 하나의 초점에서 나오는 모든 광선들은 타원에서 반사되고 다른 초점을 통과한다(그림 6.17). 한 초점에 서 있는 사람이 다른 초점에서 발생한 속삭임과 같이 작은 소리조차도 들을 수 있기 때문에 타원 모양을 한 방을 속삭임 방(whispering chamber)이라고 한다.

6.2c 도플러 효과

사이렌을 울리는 응급차 또는 기적을 울리는 기차가 여러분 옆을 빨리 지나가는 것을 기억할 수 있을까? 이러한 일은 늘 일어나는 익숙한 것이라 여러분이 알아차리지 못했을 수도 있지만, 응급차나 기차가 지나갈 때 소리의 높낮이나 음색이 갑자기 떨어지는 것을 기억할지도 모른다. 이것은 기적을 울리면서 강을 따라 내려가는 예인선 혹은 선로를 따라 움직이는 기차와 같이 움직이는 파원에서 방출되는 파면의 주파수 변화를 나타내는 도플러 효과의 예이다. 그림 6.18에 보인 것과 파면은 파원이 파면을 방출할 때 있었던 지점으로부터 밖으로 퍼져 나간다. 파원이 정지해 있는 그림 6.12의 경우와는 다르게 파면들은 움직이는 파원의 앞쪽에 함께 모여 있다. 이것은 파원이 정지해 있을 때보다 파장이 짧고 따라서 파동의 주파수는 높다는 것을 의미한다. 움직이는 파원의 뒤에서는 파면 사이의 간격이 멀어진다. 파원이 움직이지 않을 때보다 파장은 길어지고, 주파수는 낮아진다. 두 지점들에서, 파원의 속력이 빠를수록 주파수 변화가 크다(주의: 매질 안에서 파동의 속력은 일정하고 파원에 관련된 어떠한 움직임에도 영향을 받지 않는다. 따라서 파장이 길어지면, 주파수는 낮아져야만 하고, 그 반대의 경우도 성립하여 일정한 속력 $v = \lambda f$가 된다).

움직이는 기차 앞에 있는 사람에게 도달하는 소리의 주파수는 기차가 움직이지 않을 때 듣는 주파수보다 높다. 움직이는 기차 뒤쪽의 사람은 낮은 주파수를 듣는다. 기차나 빠른 자동차가 여러분 옆을 지나갈 때 높은 주파수(높낮이)에서 낮은 주파수로 이동하는 소리를 듣는다. 단, 듣는 소리의 크기 변화는 도플러 효과가 아니고, 별도의 과정이 관련되어 있다.

여러분이 정지한 음원 쪽으로 이동할 때에도 이와 비슷한 소리의 주파수 변화가 일어난다(그림 6.19). 소리를 듣는 사람의 파동에 대한 상대 속도가 움직이지 않을 때보다 빠르기 때문에 이러한 도플러 효과가 나타난다. 파동의 속력과 여러분의 속력을 더한 것과 같은 속력으로 파면들이 여러분 쪽으로 다가온다. 파장은

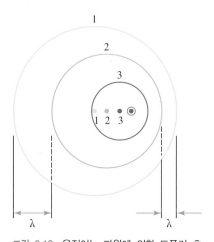

그림 6.18 움직이는 파원에 의한 도플러 효과. 파원이 일정한 속력으로 오른쪽으로 움직인다. 각 점은 파원이 방출될 때 파원의 위치를 나타낸다. 파원이 1의 위치에 있을 때 파면 1이 방출되고, 2와 3의 경우도 마찬가지이다. 파원의 앞쪽에서(오른쪽으로) 파동의 파장이 감소한다. 파원의 뒤쪽에서(왼쪽으로) 파장이 증가한다.

그림 6.19 움직이는 관찰자에 의한 도플러 효과. 왼쪽의 자동차 안에 있는 사람은 보행자보다 높은 주파수를 듣는다. 오른쪽 자동차 안에 있는 사람은 낮은 주파수를 듣는다.

영향을 받지 않기 때문에 방정식 $v = f\lambda$로부터 여러분에 대한 파동의 상대 속력에 비례하여 파동의 주파수가 증가한다는 것을 알 수 있다. 같은 이유로 사람이 음원으로부터 멀어질 때, 주파수는 감소한다.

도플러 효과는 소리와 빛 모두에서 일어나고, 천문학자들은 일상적으로 이러한 효과를 측정에 반영한다. 지구 쪽으로 혹은 지구에서 멀어지는 쪽으로 움직이는 별들이 방출하는 빛의 주파수는 이동된다. 별의 속력을 알면, 빛의 처음 주파수를 계산할 수 있다. 대신 주파수를 일면, 역으로 도플러 효과로부터 별의 속력을 계산할 수 있다. 이러한 정보는 우리들 은하계 안의 별들의 운동 또는 우주 전체 은하계의 운동을 결정하는 데 필수적이다.

음파 탐지법(echolocation)은 물체에서 반사된 파동들을 이용하여 물체의 위치를 결정하는 방법이다. 레이더 또는 수중 음파 탐지기는 두 가지 예이다. 기본적인 음파 탐지법은 반사파를 이용한다. 한 점에서 방출된 파동이 특정한 물체에서 반사되고, 처음의 지점으로 돌아와서 검출된다. 파동의 방출과 반사된 파동의 검출 사이의 시간은 파동의 속력과 반사체까지의 거리에 따라서 달라진다. 예를 들어 여러분이 절벽에서 소리를 지르고 1초 후에 메아리를 듣는다면, 절벽은 여러분과 172 m 떨어져 있다는 것을 알 수 있다. 이것은 소리가 1초에 344 m (실온에서) 진행하기 때문이다. 만약 2초가 걸린다면, 절벽은 344 m 떨어져 있고, 기타 등이다(그림 6.20).

수중 음파 탐지기는 물속의 스피커에서 소리 펄스를 방출하고 반사된 소리를 물속의 마이크로 검출한다. 펄스를 보내고 반사된 펄스를 인식하는 사이의 시간

그림 6.20 간단한 음파 탐지법. 메아리의 시간을 측정하여 절벽까지의 거리를 결정할 수 있다.

을 이용하여 반사 물체까지의 거리를 결정한다. 기본적인 레이더는 비행기, 빗방울 그리고 다른 물체들에서 반사하는 극초단파를 사용하여 물체까지의 거리를 측정한다.

도플러 효과를 음파 탐지법과 결합시키면 물체에 다가가거나 멀어지는 속력을 동시에 측정하는 것이 가능하다. 움직이는 물체는 반사된 파동에 도플러 이동이 생기게 한다. 반사된 파동의 주파수가 원래 파동의 것보다 높을 때, 물체는 파원 쪽으로 움직이고 있다. 주파수가 낮아지면 물체는 멀어지는 방향으로 움직이고 있다.

도플러 레이더는 이렇게 음파 탐지법과 도플러 효과를 결합하여 사용한다. 전송과 검출 사이의 시간으로 물체까지의 거리를 알 수 있고, 주파수의 이동한 양을 이용하여 속력을 결정한다. 법 집행관은 도플러 레이더를 사용해서 자동차의 속력을 측정한다(그림 6.21). 그리고 도플러 레이더는 농구, 테니스 그리고 다른 스포츠에서 공의 속력 측정에도 사용된다. 공기 중의 먼지, 빗방울 그리고 다른 입자들은 극초단파를 반사하므로 도플러 레이더를 사용하여 토네이도 안에서 빠르게 소용돌이치는 공기를 검출하는 것이 가능하다. 낮게 나는 비행기를 추락하게 하는 폭풍에 가까운 갑작스런 풍속의 변화와 같이 갑자기 방향이 바뀌는 돌풍의 속력을 측정함으로써 인명 구조 등에도 응용한다(6.3절의 마지막에 이와 같은 물리의 몇 가지 예가 더 있다).

그림 6.21 레이더 작동 모습.

6.2d 선수파와 충격파

앞부분의 논의에서 은연 중에 파원의 속력이 파동의 속력보다 매우 느리다고 가정하였다. 그러나 충격파 음을 들었을 때나 혹은 배가 물 위에 떠 있는 동안 지나가는 배의 자국에 떠밀린 적이 있을 때, 그 반대의 경우가 일어나는 상황들에 대한 경험을 한 것이다. 그림 6.22a는 움직이는 파원에 의해 발생한 다른 일련의 파면들을 보여준다. 이때 파원의 속력은 파동의 속력보다 크다. 파면들은 앞쪽 방향으로 여러 개가 쌓이고 **충격파**(shock wave)라고 하는 진폭이 큰 펄스 파동을 형성한다. 이것이 헤엄치는 오리와 움직이는 배가 만드는 V-모양의 선수파(bow wave)가 생기게 하는 것이다(그림 6.22b).

음속보다 빠른 속도로 날고 있는 비행기는 비슷한 충격파를 발생시킨다. 이 경우, 3차원 파면들은 원뿔형 충격파를 만들고, 비행기는 원뿔의 꼭짓점에 있다. 이

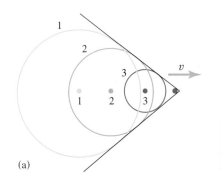

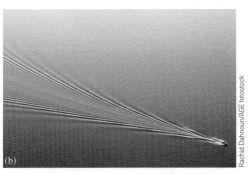

그림 6.22 (a) 파원의 속력이 파동의 속력보다 빠를 때 충격파가 발생한다. 파면의 부분들이 검은 색들을 따라 합쳐져서 V-모양의 파면을 형성한다. (b) 소리보다 빠르게 움직이는 제트 추진식 자동차. 자동차로부터 퍼져나가는 충격파에 의해 자동차 양옆으로 일어나고 있는 먼지를 볼 수 있다.

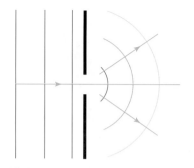

그림 6.23 파동이 장벽의 열린 구멍을 통과해 지날 때의 회절. 파동이 통과한 후 파면들은 양 옆으로 퍼진다.

와 같은 원뿔형 파면은 비행기와 같이 이동하고 땅 위의 사람은 충격파 음(소리 펄스)을 듣는다.

6.2e 회절

거리를 걸으면서 열린 문이나 창을 통해 소리가 들려오는 상황을 생각해 보자. 여러분은 열린 곳을 지난 후 뿐 아니라 그곳에 도달하기 전에도 소리를 들을 수 있다. 소리는 빛줄기와 같이 구멍 밖으로 직진하지 않고, 사방으로 퍼진다. 이것이 **회절**(diffraction)이다. 그림 6.23은 파동이 장벽의 틈을 지날 때의 파면들을 보여준다. 이 파면들은 문을 통과하는 소리일 수도 있고, 방파제를 만난 해양파일 수도 있다. 틈을 통과하는 파동의 일부는 실제로는 앞쪽뿐 아니라 양옆으로도 파면을 보낸다. 이러한 과정을 나타내는 광선들은 파동이 구멍의 모서리 주위로 휘는 것을 보여준다.

회절된 파동이 퍼지는 범위는 구멍의 크기와 파동의 파장의 비에 따라서 달라진다. 구멍이 파장보다 훨씬 클 때 회절은 적게 일어난다. 파면은 일직선으로 남아 있고, 옆으로는 눈에 띄게 퍼지지 않는다. 빛이 창을 통해 들어올 때가 바로 좋은 예이다. 빛의 파장은 백만분의 1보다 짧고, 따라서 회절이 적게 일어난다. 파장이 거의 구멍 정도의 크기일 때 회절된 파장은 훨씬 많이 퍼진다 (그림 6.24). 창과 문의 크기들이 음파의 파장 범위 안에 있고, 따라서 소리는 창과 문을 통과한 후에 많이 회절된다. 높은 주파수의 음파는(짧은 파장) 낮은 주파수만큼 회절되지는 않는다.

물리 체험하기 6.4

그림 6.25와 같이 음악이나 또는 일정한 소리를 지속적 내는 음원이 있는 방의 창문 앞에 서 보자.

1. 열려진 문의 바깥쪽에서 문과의 거리를 달리해 가며 또 문의 좌우로 음원이 직접 보이지 않는 구석 쪽으로 오며 소리를 들어보자. 어느 곳에서 소리는 가장 크게 들리는가?

그림 6.24 장벽의 틈을 통과하는 물결파의 회절. 틈이 파동의 파장과 거의 같을 때, 파동은 장벽 너머로 두드러지게 회절된다(왼쪽). 구멍의 크기가 파장보다 훨씬 클 때, 회절은 적게 일어난다(오른쪽). 파동은 장벽의 오른쪽이나 왼쪽으로는 조금 퍼지고, 앞으로 똑바로 계속 이동해 나간다.

Andrew Lambert Photography/Science Source

Andrew Lambert Photography/Science Source

2. 문 바깥쪽에서 앞에서와 같이 오가며 이번에는 소리 속에 얼마나 고음이 또는 저음이 섞여 있는지를 주의 깊게 살펴보자. 당신의 위치가 중심점으로부터 상대적인 위치에 따라 음의 고저의 조합이 달라지는가?

6.2f 간섭

간섭(interference)은 보통 같은 진폭과 주파수를 가진 두 개의 연속 파동이 같은 지점에 도달할 때 일어난다. 일정한 같은 음색을 가지고 서로 다른 스피커에서 나오는 입체 음향 소리는 이와 같은 경우의 예이다. 간섭을 일으키는 다른 방법은 두 개의 구멍을 가진 슬릿에 연속파를 보내는 것이다. 두 구멍에서 나오는 두 개의 파동들은 회절되고(퍼져나감), 서로 겹치고, 간섭이 일어난다.

두 개의 작은 물체들이 동시에 위아래로 진동하며 만드는 물 표면 위에서의 두 파동을 생각하자. 이들 두 파동이 밖으로 이동하면서 주변 물의 각 점은 두 파동의 영향으로 위아래로 움직인다. 파동이 파원들 주변으로 원호 모양으로 퍼져나갈 때, 몇 군데에서 물이 위아래로 큰 진폭을 갖고 움직이고 있는 것을 발견할 수 있다. 다른 지점들에서는 물이 실제적으로는 정지해 있다(그림 6.26).

이렇게 큰 진폭과 진폭이 영인 움직임의 특별한 무늬가 왜 생기는지를 알기 위해서 어떤 순간에서의 두 파동을 보여주는 스케치인 그림 6.27a를 생각해 보자. 두꺼운 선들은 파동의 정점을 나타내고, 얇은 선들은 계곡을 나타낸다. 그림 6.27b에서 C로 붙여진 직선들은 두 파동의 "위상이 같은", 한 파동의 정점이 다른 파동의 정점과 일치하고 계곡은 계곡과 일치하게 되는 지점들을 나타낸다. 두 파동은 서로를 보강해 주고 진폭이 커진다. 이것을 **보강 간섭**(constructive interference)이라고 한다. D로 붙여진 직선들 위에서 두 파동은 "위상이 반대"가 되어 한 파동의 정점이 다른 것의 계곡과 맞추어진다. 두 파동은 서로를 상쇄시킨다(한 파동이 위쪽의 변위를 가질 때마다, 다른 파동은 아래쪽의 진폭을 갖고, 그 반대이기도 하다. 따라서 알짜 변위는 항상 영이다). 이것을 **소멸 간섭**(destructive interference)이라고 한다. 그림 6.27c는 잠시 뒤 파동들이 각각 파장의 1/2만큼 이동한 다음의 같은 파동들을 보여준다. 파동들이 밖으로 이동할 때 보강 간섭과 소멸 간섭의 무늬는 변화하지 않는다. 그림 6.26에 보인 사진을 조금 전이나 후에 찍는다면 같게 보일 것이다.

두 파동의 위상이 같거나 반대가 되는 것은 두 파동이 진행하는 상대적인 거리에 따라 달라진다. 그림 6.27b의 C_1 선 위의 임의의 점에 도달하기 위해서 두 파동은 같은 거리를 진행하고, 결과적으로 정점과 정점이 일치하고, 계곡과 계곡도 일치한다. 반면에 C_2 선의 점들은 왼쪽의 파원에서 나오는 파동이 오른쪽에서 나오는 파동보다 한 파장의 거리를 더 진행해야만 한다. C로 붙인 왼쪽의 선을 따라서는 반대의 경우가 된다. 일반적으로 한 파동이 다른 파동보다 한 개, 두 개, 세 개 등의 파장만큼 더 멀리 진행한 곳에 있는 모든 점들에서 보강 간섭이 일어난다.

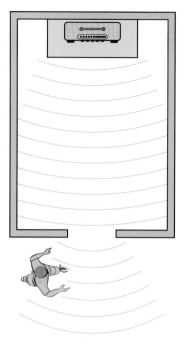

그림 6.25 소리의 회절 현상.

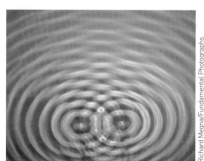

그림 6.26 두 개의 인접한 파원에서 나오는 물결파의 간섭무늬. 고요한 물의 가는 선들은 소멸 간섭을 나타낸다. 이 선들 사이는 큰 진폭을 가진 파동들의 영역이고, 보강 간섭에 의해 생긴다.

그림 6.27 두 파동들의 간섭.

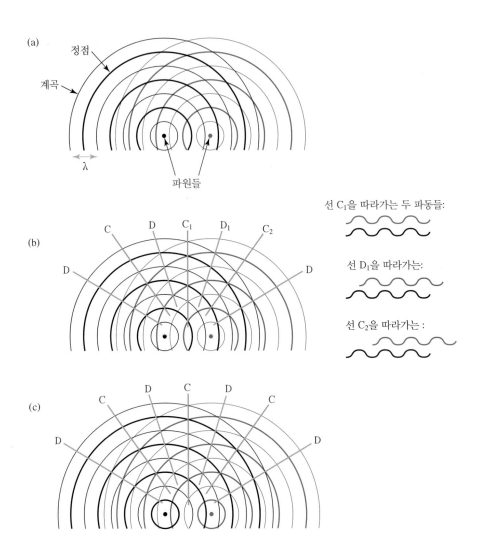

이에 반해서 D_1 선의 점들은 왼쪽에 있는 파원에서 나오는 파동이 오른쪽의 파원에서 나오는 파동보다 $1\frac{1}{2}$ 파장만큼 더 진행해야만 하며, 따라서 소멸 간섭이 된다. 파동들은 정점과 계곡이 일치하게 되어 서로 상쇄된다. 왼쪽의 파원에서 나오는 파동은 "D"로 붙여진 더 오른쪽 선을 따라서 파장만큼 더 이동해야 하고, 따라서 두 파동들은 위상이 반대가 된다. 왼쪽에서 소멸 간섭을 보이는 선들에 대해 반대의 경우도 성립한다. 일반적으로 한 파동이 다른 것보다 $\frac{1}{2}$ 또는 $1\frac{1}{2}$ 또는 $2\frac{1}{2}$ … 파장만큼 더 멀리 진행한 곳에 있는 모든 점들에서 소멸 간섭이 일어난다. 보강과 소멸 간섭 사이의 지점들에서 파동들은 위상이 완전히 같거나 반대가 되지 않고, 따라서 서로 부분적으로 보강되거나 상쇄된다.

음파와 다른 종파들에서 같은 방법으로 간섭이 일어난다. 그림 6.27은 정점이 음파의 압축에 해당하고 계곡이 팽창에 해당하는 것으로 생각할 수 있다. 보강 간섭의 선들을 따라가면 크고 일정한 소리를 들을 수 있다. 소멸 간섭 선들을 따라가면 소리를 전혀 들을 수 없다. 9장에서 비슷한 해석을 적용해서 광파의 간섭을 이해할 것이다.

간섭은 파동이 진행하며 나타나는 매우 중요한 현상이다. 이에 대하여 장 뒷부분에서 그리고 빛에 대하여 9장에서 더 깊이 다룰 것이다.

6.3 소리

우리는 소리를 주로 공기 중에서 듣지만, 소리는 어떠한 고체, 액체 또는 기체 안에서도 진행할 수 있다. 예를 들어 여러분이 말을 할 때 여러분이 듣는 소리는 여러분 머릿속에 있는 뼈들과 다른 근육들을 통해 여러분 귀로 전달되는 것이다. 이것이 목소리를 녹음한 것이 직접 말을 하고 있을 때 듣는 것과 다르게 들리는 이유이다. 표 6.1은 몇 가지 일반적인 물질들 안에서의 소리의 속력이다.

물리 체험하기 6.5

이번 실험은 아무도 없는 곳에서 하는 것이 좋을 것이다.

1. 보통 말하는 톤으로 하나의 문장을 소리내어 읽어본다.
2. 두 손바닥으로 귀를 막고 같은 문장을 같은 방법으로 읽어본다. 무엇이 다른가?
3. 이번에는 읽는 소리를 전자기기로 녹음을 한 뒤 재생하며 소리를 들어본다. 무엇이 다른가?

어떤 물질 안에서 소리의 속력은 그것을 구성하는 원자나 분자들의 질량과 그들 사이의 힘에 따라 달라진다. 고체 안의 원자들과 분자들 사이의 힘이 매우 강하기 때문에 소리의 속력은 일반적으로 액체와 기체 안에서보다 빠르다. 기체와 액체 안에서의 소리는 종파인 반면 고체 안에서는 종파 또는 횡파가 될 수 있다. 이 장의 마지막에서 주로 공기 중에서의 소리에 집중할 것이다.

6.3a 압력파

소리는 떨고 있는 모든 것에 의해 발생하여 그 이웃에 있는 공기 분자들을 떨게 한다. 그림 6.28은 떨고 있는 소리굽쇠에서 방출되는 음파를 보여준다. 어두운 부

표 6.1 몇 가지 일반적인 물질들 안에서의 음속

물질	속력*	
	(m/s)	(mph)
공기		
−20 ℃에서	320	715
20 ℃에서	344	770
40 ℃에서	356	795
이산화탄소	269	600
헬륨	1,006	2,250
물	1,440	3,220
사람의 근육 조직	1,540	3,450
알루미늄	5,100	11,400
화강암	4,000	9,000
철과 강철	5,200	11,600
납	1,200	2,700
* 표시한 것을 제외하고 실온 (20 ℃)에서		

분은 물론 볼 수는 없지만 공기 분자를 나타낸다. 파동은 슬링키 위의 종파와 아주 비슷하게 보인다(그림 6.8). 이들 압축과 팽창은 344 m/s(실온에서)의 속도로 진행한다.

각각의 압축에서 공기 분자들이 서로 가깝게 몰려 있기 때문에 공기 압력은 보통의 대기압보다 높다. 마찬가지로 각 팽창에서의 압력은 대기압보다 낮다. 스케치 아래는 파동이 진행하는 방향으로의 공기 압력의 그래프이다. 그래프가 독특한 사인 모양을 가진 것에 주목하자. 따라서 음파를 일련의 압력 정점과 계곡을 가진 압력파로 나타낼 수 있다. 소리를 분자들의 떨림보다는 공기 압력의 규칙적인 요동으로 생각하는 것이 더 편리하다. 그러나 소리는 두 가지 모두가 될 수 있다. 음파의 진폭은 최대의 압력 변화이다. 매우 큰 소리일지라도 진폭은 약 0.00002기압에 지나지 않는다.

우리의 귀가 감지하고 소리로 느끼는 것은 결국 미세한 압력의 변동이다. 고막은 압력 변화에 반응하는 유연한 얇은 막이다. 이것이 여러분이 빠른 승강기를 탔

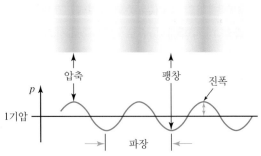

그림 6.28 소리굽쇠에서 방출되는 음파의 일부에 대한 표현. 그래프에서 볼 수 있듯이 공기 압력은 각 압축에서 증가하고, 각 팽창에서 감소한다(출처: 리처드 디트만과 글렌 슈마이크, 《일상생활의 물리》. 맥그로힐 사의 허가를 받아 사용하였다).

을 때 여러분 귀가 "튀어나갈 것처럼 멍한" 이유이다. 음파의 진동 압력은 고막이 들락거리며 떨리게 한다. 주목할 만한 일련의 신체 기관들은 이러한 고막의 진동을 소리로 인식하는 전기 신호로 바꾸어서 뇌로 보내 준다.

음파의 **파형**(waveform)은 음파에 의해 생기는 공기 압력의 요동에 대한 그래프이다. 소리의 파형을 보여주기 위한 가장 쉬운 방법은 마이크를 오실로스코프에 연결하는 것이다. 오실로스코프는 종종 텔레비전의 병원 장면에서 심장박동을 표시할 때 볼 수 있는 전자 장치이다. 최근 사용되는 개인용 컴퓨터는 대부분 이러한 기능을 가지고 있다(그림 6.29). 오실로스코프가 마이크가 탐지한 압력의 변화 그래프를 보여준다.

소리를 파형에 따라 분류할 수 있다(그림 6.29b, c, d). **순음**(pure tone)은 사인 파형을 가진 소리이다. 사람이 조심스럽게 일정한 음색으로 휘파람을 불 때와 같이 소리굽쇠는 순음을 발생시킨다. **복합음**(complex tone)은 복잡한 음파이다. 복합음의 파형은 반복되기는 하지만 사인 모양은 아니다. 따라서 모든 복합음 또한 일정한 파장과 일정한 주파수를 가진다. 대부분의 음악 소리는 복합음이다.

소리의 세 번째 유형은 잡음이다. 잡음은 계속해서 반복되지 않는 불규칙한 파형을 갖는다. 이렇기 때문에 잡음은 일정한 파장이나 주파수를 갖지 않는다. 빠르게 움직이는 공기의 소리는 잡음의 좋은 예이다(일상적인 말에서 그것이 순음이나 복합음이 될지라도 "잡음"은 원하지 않는 모든 소리를 나타낼 때 종종 이용된다).

20~20,000 Hz의 범위 밖에 있는 주파수의 소리는 사람이 들을 수 없다. 20 Hz보다 낮은 주파수의 소리를 **초저주파**(infrasound)라고 한다. 큰 진폭의 초저주파는 듣는 것보다 주기적인 압력 펄스로 느낄 수 있다. 코끼리와 고래가 들을 수 있는 범위는 초저주파 영역까지 내려간다. 20,000 Hz(20 kHz)보다 높은 주파수의 소리를 초음파라고 한다. 개, 고양이, 나방, 쥐 그리고 박쥐의 가청 범위는 초음파까지 올라가서, 사람이 들을 수 없는 매우 높은 주파수의 소리를 들을 수 있다.

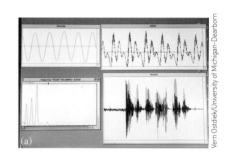

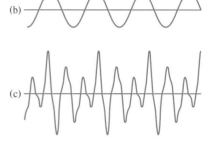

그림 6.29 세 가지 유형의 파형의 예. (a) 컴퓨터를 사용하여 소리의 파형을 보여준다. (b) 순음: 소리굽쇠에서 나오는 소리. (c) 복합음: "우――"의 말소리. (d) 잡음: 마이크에 빠르게 다가가는 공기의 소리.

6.3b 소리의 응용

주로 사람이 듣는 소리에 대하여 자세히 살펴보기 전에 소리의 다른 이용들에 대한 것을 생각해 보자.

많은 종류의 동물들은 음파 탐지법으로 소리를 이용해서 그들의 주변을 "살피고" 먹이를 찾는다. 돌고래와 다른 수중 동물들은 물고기와 다른 물체에서 반사되는 찰칵 소리를 낸다. 돌고래는 반사된 소리가 돌아오는 데 걸리는 시간, 오는 방향 그리고 반사된 소리의 세기를 통해서 근처 물체들의 크기와 위치에 대한 매우 정확한 정보를 얻을 수 있다. 박쥐들은 도플러 효과가 포함된 매우 복잡한 음파 탐지법을 사용하며 매우 높은 주파수의 소리, 보통은 초음파를 사용한다(그림 6.30). 어떤 박쥐는 16~150 kHz의 특별한 범위의 주파수를 사용하기도 한다. 박쥐는 땅, 나무 그리고 날아다니는 곤충과 같은 주변의 물체에서 반사되는 짧은 소리 다발을 방출하고 소리가 왕복하는 데 걸리는 시간을 이용하여 물체까지의 거

그림 6.30 박쥐는 초음파를 이용하여 어두운 곳에서도 거리를 측정한다.

리를 판단한다. 박쥐는 움직이는 물체에서 반사되는 소리의 주파수 변화를 감지하여 날아다니는 곤충을 추적한다. 박쥐는 자신의 움직임으로 인해 생기는 소리의 도플러 주파수 변화를 보상하며 인식한다.

과학과 기술 분야에서 대부분의 소리 중 초음파를 이용하기는 하지만 때로는 낮은 주파수의 소리를 이용하는 몇 가지 재미있는 장치들이 개발되었다. 냉장고를 순환시키는 펌프 대신 기체 안의 음파를 이용하는 특수 용도 냉장고가 시판되고 있다(그림 5.35). 통 안의 진폭이 큰 음파는 헬륨과 같은 기체 안에서 높은 압력의 진동을 발생시킨다. 이 장치는 순환 과정 동안 압력이 감소할 때 기체가 팽창하고 물체로부터 열을 흡수해서 냉각되도록 조절되어 있다. 이 열은 통의 다른 부분으로 전달되고 방출된다. 이러한 장치는 움직이는 부분과 윤활유가 없고, 환경적으로 유해한 냉매도 없다. 이와 같은 열 음향(thermoacoustic) 냉장고는 매우 낮은 온도로 냉각시키는 것이 필요한 기술적인 응용에 쓸모가 있다.

20세기 동안 초음파의 유용한 응용이 많이 개발되었다. 초음파는 사람이 방에 들어올 때 불을 켜거나 침입자가 특정 영역에 들어올 때 경보기를 동작시키는 움직임 감지기에 사용된다. 그리고 설치류와 곤충을 퇴치하거나, 보석과 복잡한 역학 또는 전자 장치를 세척하고, 플라스틱을 결합하고, 의료 기구를 소독하고, 화학 반응을 촉진시키고, 바람의 속력을 측정하는 데 사용되기도 한다.

또한 초음파는 빛을 발생시키는 데 이용될 수 있다. 1930년대에 처음 발견된 **음파 발광**(sonoluminescene, 소리와 빛을 뜻하는 라틴어)은 최근에 중요한 연구 주제가 되어 왔다. 낮은 주파수의 초음파에 의한 압력 진동이 물속의 거품을 팽창시키고 터지게 할 때 물속의 거품은 섬광을 방출한다. 거품이 터지는 동안 내부 온도는 태양의 표면보다 뜨거운 10,000 K 이상까지 올라가고, 광 펄스는 10억분의 1초보다 짧게 지속된다. 최근의 연구로 빛을 발생하는 과정은 X-선관 내부에서 일어나는 것과 비슷하다고 추측한다.

초음파는 의학 분야에도 응용되고 있다. 초음파는 일상적으로 신체의 내부 기관과 태아의 영상을 만드는 데 사용된다(그림 6.31). 일반적으로 3.5 MHz의 높은 주파수 초음파를 신체에 투사시키고 이들이 다른 종류의 근육과 만나면 부분적으로 반사된다. 이러한 반사를 분석하여 텔레비전 모니터에 영상을 만든다. 일부 복잡한 초음파 주사 장치들도 도플러 효과를 이용한다. 반사된 초음파의 주파수 이동을 감지해서 태아의 심장 고동과 동맥 안의 피의 흐름을 관찰할 수 있다.

최근에 개발된 음향 수술(acoustic surgery)은 종양 파괴와 같은 일에 초음파를 사용한다. 집속된 고강도 소리는 근육을 파괴하는 열을 발생시킨다. "음향 메스(acoustic scalpel)"와 같은 정밀도는 통상적 칼의 정밀도를 뛰어 넘을 수 있다.

의학에서 초음파의 다른 응용은 방광에 생긴 신장결석을 분쇄하는 기술인 초음파 쇄석술(ultrasonic lithotripsy)이다. 큰 진폭 23,000~25,000 Hz의 초음파가 신체에 삽입된 금속관을 통해 결석에 전달된다. 포도주 잔을 깨는 가수처럼 초음파는 결석을 작은 조각들로 부순다. 최근 혈전을 부수기 위해 초음파 쇄석술과 비슷한 기술이 개발되고 있다.

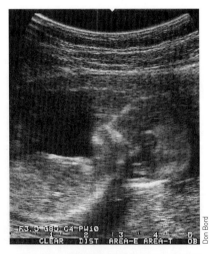

그림 6.31 초음파를 이용하여 촬영한 13주된 저자의 아들 초음파 사진.

6.4 소리의 발생

앞에서 소리의 압력파와 응용에 대해 알아보았다면, 이 장의 나머지 절에서는 소리의 발생(production), 전파(propagation) 그리고 인식(perception) 등 음향학의 세 가지 현상들을 간단히 살펴볼 것이다.

우리가 듣는 소리는 일정한 휘파람과 같은 단순음에서부터 길거리에서 들을 수 있는 시끄러운 소리와 같이 복잡하고 불규칙한 파형에 걸쳐 있다. 우리가 듣는 대부분의 소리는 다른 음원에서 나오는 많은 소리들의 조합이다. 소리의 크기도 마치 복합음의 주파수와 같이 불안정하기도 하다.

공기 중에서 진동이 압력 변화를 일으킬 때 소리가 발생한다. 진동하는 모든 평판, 막대기 또는 얇은 막은 소리를 발생시킨다. 그림 6.28에 보인 소리굽쇠는 좋은 예이다. 떨어진 쓰레기통 뚜껑, 진동하는 스피커 막 그리고 두들겨진 북도 같은 방법으로 소리를 발생시킨다. 소리굽쇠는 단조화 진동을 통해 순음을 발생시킨다. 쓰레기통 뚜껑과 고막은 더 복잡한 운동을 하고 따라서 복합음이나 잡음을 발생시킨다.

여러 악기들은 몇 가지 기본적인 소리를 발생시킨다. 드럼, 트라이앵글, 실로폰 그리고 다른 타악기는 직접적인 떨림에 의해 소리를 만든다. 각 악기는 타구봉이나 북채로 칠 때 떨리도록 만들어졌다.

기타, 바이올린 그리고 피아노는 떨리는 줄을 이용해서 소리를 발생시킨다(그림 6.32). 줄 주변의 공기를 효과적으로 압축하고 팽창시키기에는 줄이 너무 가늘어서 떨리는 줄만으로는 소리가 너무 작다. 이 악기들은 소리를 크게 하기 위해 "공명판"을 사용한다(전기 기타와 전기 바이올린의 경우는 줄을 튕기고 전자적으로 떨림을 증폭시킨다). 줄의 한 끝은 줄에 의해 떨리게 한 나무로 된 공명판에 붙어 있다. 그 다음에 떨리는 공명판이 소리를 발생시킨다.

그림 6.33은 피아노에서 소리가 발생되는 간략도이다. 음표가 연주될 때, 망치가 피아노 줄을 치고 펄스파가 발생한다. 펄스는 매번 끝에서 반사되면서 줄 위에서 앞뒤로 진행한다. 공명판은 펄스가 끝에서 반사될 때마다 "반동"을 받아친다. 이것은 펄스가 앞뒤로 움직이는 주파수와 같은 주파수로 공명판을 떨리게 한다. 각 순환 동안 펄스가 에너지를 공명판에 주고 줄어들기 때문에 소리는 점점 사라진다.

그림 6.32 기타 연주자는 줄들을 뜯어서 진동하게 한다. 우리가 듣는 대부분의 소리는 기타의 앞쪽 판에서 나오고, 이것은 줄들에 의해 진동하게 된다.

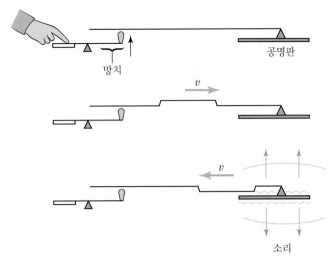

그림 6.33 피아노에서 소리의 발생. 망치는 피아노 줄 위에서 앞뒤로 진동하는 펄스파를 만든다. (진폭은 비례가 맞지 않다.) 펄스는 공명판이 펄스 진동의 주파수로 진동하게 한다.

기타의 줄은 치는 대신에 튕겨서 다른 모양의 펄스들을 만든다. 이것이 기타 소리가 피아노 소리와 다른 이유 중 하나이다. 바이올린의 줄은 활로 켜서 훨씬 더 복잡한 펄스파가 만들어진다. 이들 세 가지의 악기에서 펄스 움직임의 주파수는 줄 위에서의 파동의 속력과 줄의 길이에 따라 달라진다. 줄을 팽팽하게 조율하면 파동의 속력은 증가한다. 펄스는 줄 위에서 더 빨리 움직이고 매 초 "왕복하는" 수가 많아진다. 즉, 소리의 주파수가 증가한다. 동일한 기타 혹은 바이올린의 고정된 끝에서 어느 정도 거리가 되도록 줄을 손가락으로 눌러서 다른 음표를 연주한다. 펄스는 반사와 반사 사이에서 더 짧은 거리를 이동하고, 매 초당 왕복하는 수가 많아지고, 높은 주파수의 소리가 발생한다.

비슷한 현상이 플루트, 트럼펫 그리고 다른 관악기에도 적용된다. 이때 공기 중의 압력 펄스가 관 안에서 앞뒤로 이동한다(그림 6.34). 처음에는 연주자에 의해 관의 한쪽 끝에서 소리 펄스가 만들어진다. 이 펄스는 관 아래로 이동하고 다른 끝에서 일부는 반사하고 일부는 통과한다. 통과된 일부는 공기 중으로 퍼져서 우리가 듣는 소리가 된다. 반사된 일부는 구멍으로 되돌아와서, 연주자에 의해 다시 반사되어 보강된다(그리고 소리 펄스는 양 끝에서 거꾸로 된다. 압축에서 팽창으로 되고, 그 반대로도 된다). 연주자는 펄스가 관 안에서 앞뒤로 진동하는 주파수와 같은 주파수로 압력 펄스를 만들어야만 한다. 물론 이것이 발생되는 소리의 주파수이다.

관악기의 옆 구멍을 열거나 금관 악기의 밸브 또는 슬라이드를 이용해서 관의 길이를 변화시킴으로써 다른 음표를 연주한다. 펄스의 속력은 공기의 온도에 의해 결정된다. 이것이 연주가가 실연 전에 "사전 연습"을 하는 이유 중 하나이다. 악기 내부의 공기는 연주자의 호흡과 손에 의해 데워진다. 따라서 내부 공기가 차가울 때보다 주파수가 높다.

사람 목소리는 몇 가지의 소리 발생과 변형 과정을 걸친다. "sss"와 "fff" 같이 들리는 자음은 기술적으로는 잡음이다. 이들은 공기가 이와 입술에 부딪힐 때 나는 쉿하는 소리이다. 불규칙적으로 소용돌이치는 공기는 불규칙하고 변하는 주파수의 소리를 발생시킨다. 목구멍의 목젖 안에 위치한 성대는 노래와 모음의 근본적인 발생 기관이다(그림 6.35). 공기가 성대를 통해 내뿜어질 때 성대는 색소폰의 리드와 같이 펄스파(소리)를 만들어내고 떨리게 한다. 이 소리는 목구멍, 입, 코 부위의 공기 공동(air cavity)의 모양에 의해 변형된다. 목구멍의 근육은 성대를 조이거나 느슨하게 하는 데 사용되고, 따라서 소리의 높낮이가 변한다. 혀 또는 턱을 움직이면 입의 공기 공동 모양이 변화하고, 다른 소리가 발생하게 된다. 코감기에 걸리면 부어오름에 의해 비강(nasal cavity)의 형태가 바뀌기 때문에 사람 목소리가 변할 수 있다.

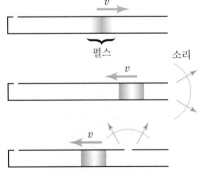

그림 6.34 플루트 안에서 소리의 발생. 연주자는 소리(압력) 펄스가 관 안에서 앞뒤로 진동하도록 한다. 펄스가 오른쪽 끝에 도달할 때마다 압축되고, 우리는 소리의 일부를 듣는다. 관 옆의 구멍을 열면 펄스의 경로가 짧아지고, 따라서 주파수가 증가한다.

그림 6.35 모든 합창대원들이 각자의 성대를 떨게 하므로 소리를 낸다. 턱의 위치, 입을 열린 정도 그 외에도 여러 가지 요소가 소리의 색깔을 좌우한다.

여러분은 헬륨을 들이마신 사람이 말하는 것을 들었을 것이다(이것은 추천할 만한 연습은 아니다. 폐에 산소가 부족하기 때문에 질식할 가능성이 있다). 헬륨에서 소리의 속력은 공기에서보다 세 배 정도 빠르다(표 6.1). 이렇게 하면 소리의 주파수가 증가하고 가성으로 말하게 된다.

음파는 모든 파동과 마찬가지로 에너지를 전달한다. 이것은 음원에 에너지가 공급되어야만 한다는 것을 의미한다. 크게 말하거나 악기를 오랫동안 연주하면 피곤해지는 것은 이 때문이다. 연속적인 소리의 경우 에너지가 계속 공급되어야 하기 때문에 음원의 출력을 고려하는 것이 더 의미가 있다. 사람의 목소리를 포함해서 대부분의 악기들은 매우 비효율적이다. 일반적으로 연주자의 출력 에너지의 작은 부분만이 소리 에너지로 바뀐다.

6.5 소리의 전파

일단 소리가 만들어지면, 그것이 우리의 귀까지 전달될 때 어떤 요인들이 영향을 미칠까? 물론 6.2절에서 논의한 파동 전파의 일반적인 양상들이 음파에도 적용된다. 영향을 미치는 요인들 가운데 반사, 굴절 그리고 음원으로부터의 거리에 따른 진폭의 감소 등이 우리의 귀에 실제적으로 도달하는 소리에 가장 큰 영향을 미친다.

가장 간단한 경우는 텅빈 들판에서 이야기하는 사람과 같이 열린 공간 안에 있는 단일 음원이다. 소리는 3차원으로 전파하고, 파면이 퍼짐에 따라서 진폭은 감소한다. 특히, 진폭은 음원으로부터의 거리에 반비례한다.

$$진폭 \propto \frac{1}{d}$$

일정한 음원에서 거리가 두 배 멀어지면, 소리의 진폭은 1/2로 줄어든다. 음원으

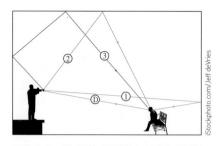

그림 6.36 방 안의 음원에서 소리가 여러분 귀로 전달되는 몇 가지 가능한 경로들; D는 여러분 귀로 직접 도달하는 소리를 나타낸다. 경로 1과 2는 한 번 반사된다. 경로 3은 두 번 반사된다. 대부분의 방 안에서 열 번 이상 반사된 소리도 들을 수 있다.

로부터 멀어지면 소리는 작아진다.

6.5a 소리의 잔향

소리의 전파는 방과 같이 둘러싸인 공간에서는 더 복잡하다. 첫 번째, 소리의 회절과 반사는 여러분이 음원이 보이지 않는 구석진 곳에 있어도 소리를 들을 수 있게 해 준다. 우리는 이러한 현상에 매우 익숙하다. 두 번째, 음원이 여러분과 같은 방 안에 있을 때라도 여러분이 듣는 소리의 대부분은 벽, 천장, 바닥 그리고 방안의 모든 물체에서 한 번 또는 그 이상 반사된 것이다. 이것이 듣는 소리에 큰 영향을 미친다.

그림 6.36은 방안에 있는 음원에서 방출되는 소리가 무수히 많은 경로로 우리의 귀에 도달할 수 있음을 보여준다. 박수와 같은 하나의 소리 펄스를 생각해 보자. 빈 공간에서 소리 펄스가 여러분 옆을 지나갈 때 순간적인 소리만을 들을 것이다. 방 안에서 발생된 비슷한 펄스가 반복적으로 들린다. 여러분 귀로 직접 전달되는 소리, 그 다음 여러분 귀에 도달하기 전에 천장, 바닥 또는 벽에서 반사되는 소리, 그 다음 두 번, 세 번, 그 이상 반사되는 소리들을 듣는다. 이 반사된 음파들은 여러분 귀에 도달하기 전에 점점 먼 거리를 진행하기 때문에 직접 도달하는 소리보다 나중에 연속적으로 들린다. 둘러싸인 공간에서 일어나는 이와 같은 반복되는 소리의 반사 과정을 **잔향**(reverberation)이라고 한다. 한 번의 박수 소리는 빨리 사라지는 연속음으로 들린다.

그림 6.37은 박수 소리를 빈 공간에서 듣는 것과 방안에서 듣는 것을 비교한 것이다. 각 그래프는 소리 펄스가 발생한 후 시간이 지남에 따라 들리는 소리의 진폭을 보여준다. 반향은 소리가 방 안에 "남아 있게" 한다. 처음에 직접 귀에 도달하는 펄스 다음에 듣는 간접음을 잔향음(reverberant sound)이라고 한다. 잔향음이 사라지는 데 걸리는 시간은 방의 크기와 벽, 천장 그리고 바닥을 덮고 있는 재질에 영향을 받는다. 소리는 결코 표면에서 완전히 반사되지 않는다. 입사파 에너지의 몇 퍼센트는 표면에서 흡수되고, 반사파의 진폭은 감소한다(콘크리트는 입사 소리 에너지의 2%만을 흡수하지만, 카펫과 방음벽 타일은 90% 가까이 흡수할 수 있다). 소리를 흡수하는 재질이 많이 들어 있는 방은 잔향이 적을 것이며 몇 번의 반사 후에 소리는 대부분의 에너지를 잃고 들을 수 없게 된다.

6.5b 잔향의 시간

잔향 시간은 서로 다른 방 안에서의 잔향의 양을 비교하는 데 사용된다. 잔향 시

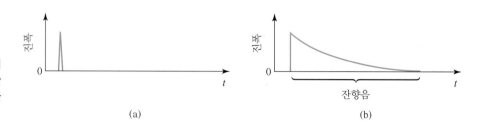

그림 6.37 (a) 빈 공간과 (b) 방 안에서 들리는 박수 소리의 비교. 빈 공간에서는 펄스가 한 번 들리는 반면, 방 안에서는 연속적이고 약한 소리가 들린다.

간은 잔향음의 진폭이 1,000배 감소하는 데 걸리는 시간이다. 이 시간은 소리 흡수가 큰 작은 방의 경우 수분의 1초에서 벽돌 벽으로 된 체육관의 경우 수 초까지 변한다. 인도 아그라에 있는 놀랍도록 아름다운 무덤인 타지마할(그림 6.38)은 딱딱한 대리석으로 되어 있어서, 소리의 흡수 정도가 매우 작아 그 중앙의 둥근 천장의 잔향 시간은 10초 이상이다.

그림 6.38 인도의 타지마할은 소리 에너지를 거의 흡수하지 않는 대리석 재질로 지어진 건물이다. 따라서 중앙 돔에서 소리의 잔향은 매우 길어서 10초에 달한다.

물리 체험하기 6.7

1. 큰 교실이나 라켓볼 경기장 같이 닫힌 공간에서 잔향 시간 실험을 해 보자. 스톱워치가 필요하다. 친구에게 큰 소리로 박수를 치게 하고 동시에 스톱워치 버튼을 누른다. 귀에 잔향이 거의 들리지 않게 될 때까지의 시간을 측정한다. 몇 번을 반복한 후 평균값을 구하는 것은 좋은 방법이다.

2. 그 방이 잔향 시간이 길면 그것이 대화에 미치는 효과를 쉽게 알아볼 수 있다. 먼저 방의 한 가운데 친구와 함께 나란히 서서 서로 몇 개의 문장을 읽는다. 다음에는 두 사람이 약간 떨어져서 같은 행동을 반복한다. 어떤 차이가 있는가? 두 사람 사이의 거리를 점점 멀리하며 서로의 말을 잘 알아들을 수 없을 때까지 계속 해 보자.

3. 같은 실험을 서로 더 천천히 말하면서 반복해 보자. 앞에서와 어떤 차이가 있는가? 왜 그런지 설명해 보자.

4. 같은 크기의 그러나 바닥에 카펫과 벽을 흡음재로 시공한 방에서 위의 1~3의 실험을 반복해 보자. 어떤 차이가 있는가?

강당에서 긴 음표를 연주하는 트럼펫과 같이 방 안에서 일정한 소리가 발생할 때 사람이 듣는 소리는 많은 경로의 잔향에 의해 영향을 받는다.

1. 소리는 열린 공간의 같은 거리에서 여러분이 들었던 것보다 크다.

2. 여러분을 "둘러싸는" 소리는 음원에서 직접 오는 것이 아니고 모든 방향에서 온다(그림 6.36).

3. 음원 뒤 짧은 거리에서 소리의 크기는 열린 공간에서와 같이 거리에 따라 빠르게 감소하지는 않는다. 이것이 강당의 가운데에서 뿐 아니라 뒤에서도 소리를 들을 수 있는 이유이다.

4. 음원이 멈출 때 소리가 서서히 줄어들 뿐 아니라 소리가 시작될 때에는 서서히 "증가"한다.

적당한 잔향은 우리가 듣는 소리, 특히 음악에 전반적으로 긍정적인 효과를 미친다. 그러나 과도한 잔향은 말소리와 음악이 깨끗하게 들리는 것에 나쁜 영향을 미친다. 말소리와 음악은 군데군데 짧은 휴지의 순간이 있는 짧고 일정한 소리의 연속이다(그림 6.39). 각각의 음, 단어 또는 음절은 사이마다 멈춤의 순간이 있다. 시간에 따른 소리의 진폭을 그려 보면 잔향의 효과를 볼 수 있다(그림 6.40). 열린 공간에서 각 음절이나 음표를 분명하고 독립적인 소리로 들을 수 있다. 방 안에서는 각 소리들이 합쳐지기 시작한다. 새로운 음을 연주하거나 새로운 말을 할 때 앞서 나오는 잔향음을 여전히 들을 수 있다. 잔향 시간이 길수록 소리들은 서

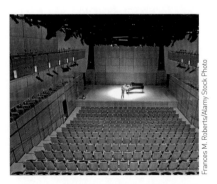

그림 6.39 카네기홀의 잔켈 강당에서 바이올리니스트 라일라 조세포비치와 피아니스트 존 노바첵이 리허설을 하고 있다. 잔향은 그들의 음악을 더욱 풍성하게 해준다.

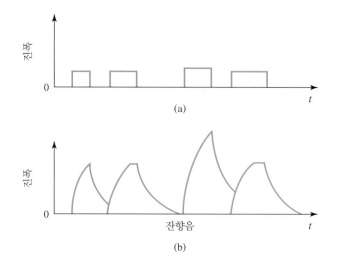

그림 6.40 음절을 말하는 것과 같이 일련의 일정한 소리가 (a) 열린 공간과 (b) 방 안에서 들린다. 방에서의 잔향은 소리가 합쳐지게 한다. 이것은 음악 소리가 섞이게 하고 말소리를 알아듣기 어렵게 만든다.

로 더 많이 겹치고 말소리를 알아듣기 더 어려워진다. 라켓볼 경기장은 딱딱하고 부드러운 벽들로 인해 매우 긴 잔향 시간을 갖는다. 선수들이 서로 가까이 있지 않는 한 대화하기 어려운 이유이다. 구두 발표와 강의에 사용되는 방의 잔향 시간은 0.5~1초 근처여야 좋다. 연주회장의 경우 1~3초여야 하고, 연주되는 음악의 종류에 따라 다르다.

건축가와 건물 설계자는 잔향 시간 이외에 다른 많은 요인들을 고려하여야 한다. 예를 들어, 발코니는 주요층 위에 있어야 하고 너무 멀리 밖으로 나가지 말아야 한다. 그렇지 않으면 적은 잔향음이 발코니 밑의 의자에 도달한다. 또한 소리는 오목한 벽과 천장에 의해 집속된다. 타원 모양의 강당 건물에서 소리가 방의 작은 넓이에 집속되게 할 수도 있다(그림 6.17).

복습

1. 정지해 있는 잔디 깎기가 야외에서 일정한 소리를 내고 있다. 어떤 사람이 잔디 깎기로부터 반만큼 멀어졌다면 그 소리는
   a. 반으로 줄어든다.　　b. 1/4로 줄어든다.
   c. 2배가 된다.　　d. 4배가 된다.

2. (참 혹은 거짓) 반향은 대화나 음악을 더욱 명료하게 해준다.

3. 소리를 더 잘 반사시키는 재질로 벽을 구성하면 소리를 흡수하는 재질로 벽을 구성하였을 때보다 소리의 _____ 이 증가한다.

답 1. c　2. 틀림　3. 잔향음 시간

6.6 소리의 인식

이 절에서는 소리 인식의 몇 가지 양상에 대하여 생각해 본다. 즉, 음파의 물리적 특성이 소리를 들을 때 갖는 정신적 느낌과 어떻게 관련되어 있는가? 이는 매우 주관적일 수도 있지만, 심리적인 느낌을 측정할 수 있는 물리적인 양과 비교할 것이다(비슷한 경우: "뜨거움"과 "차가움"은 온도와 관계된 주관적 인식으로, 측정할 수 있는 물리적 양이다). 문제를 간단히 하기 위하여 일정하고 연속적인 소리

로 제한할 것이다. 이렇게 하면 방 안의 잔향과 같은 효과 즉, 소리가 어떻게 커지고 어떻게 감소하는지 등으로부터 자유롭게 된다.

소리를 주관적으로 기술하기 위해 사용하는 주된 분류는 음의 **음조**(pitch), **세기**(loudness) 그리고 **음질**(tone quality)이다.

소리의 음조는 높음 또는 낮음의 인식이다. 소프라노 목소리는 높은 음조를 갖고 베이스 목소리는 낮은 음조를 갖는다. 소리의 음조는 주로 음파의 주파수에 영향을 받는다.

소리의 세기는 자명하다. 매우 조용한 소리들(듣기에 어렵다), 매우 큰 소리들(귀에 고통을 준다) 그리고 중간 정도의 센 소리들을 구별할 수 있다. 소리의 세기는 주로 음파의 진폭에 의해 결정된다.

소리의 음질은 두 개의 소리가 같은 음조와 크기를 가지고 있어도 그것들을 구별하는 데 사용된다. 바이올린으로 연주하는 음은 플루트로 연주하는 음과 같이 들리지 않는다. 소리의 음질(음색으로 표현하기도 한다)은 주로 음파의 파형에 따라 달라진다.

6.6a 음조

세 개의 분류 가운데 가장 정확하게, 특히 잘 훈련된 음악인들이 잘 구별하는 것은 아마도 음조일 것이다. 음조는 거의 완벽하게 음파의 주파수에 의해 좌우된다. 주파수가 높을수록 음조가 높아진다. 잡음은 정확한 주파수가 없기 때문에 정확한 음조를 갖지 않는다.

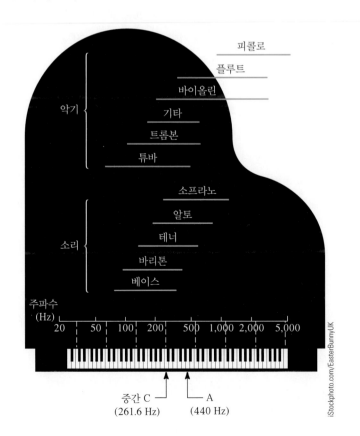

그림 6.41 피아노 건반들의 주파수를 표시하였고, 다른 노래 소리와 악기들의 대략적인 주파수 범위와 비교하였다. 따라서 이 주파수 범위와 건반은 로그 비율로 나타내었다. 50 Hz와 100 Hz 사이의 간격은 500 Hz와 1,000 Hz 사이의 간격과 같다(출처: 리처드 디트만과 글렌 슈마이크, 《일상생활의 물리》. 맥그힐 사의 허가를 받아 사용하였다).

음조는 거의 모든 음악에 있어서 핵심적이다. 음계는 매우 많은 계산의 결과이다. 각 음표는 특별한 값의 주파수를 갖는다. 그림 6.41은 피아노 건반의 음표들에 대한 주파수를 보여준다. 피아노에는 7개의 옥타브가 있고, 각 옥타브는 12개의 다른 음표로 구성된다. 각 옥타브 안에서 음표들은 A~G로 나타내고, 5개의 올림음과 내림음이 있다. 주어진 옥타브에서 각 음표는 바로 아래 옥타브의 대응되는 음표보다 정확하게 두 배의 주파수를 갖는다. 예를 들어 피아노의 가장 낮은 음표 A의 주파수는 27.5 Hz, 다음 옥타브의 A는 55 Hz, 세 번째 A는 110 Hz 등이다. 가운데 C의 주파수는 261.6 Hz이다.

어떤 음표들의 조합은 듣기에 좋은 반면 다른 것들은 그렇지 않다. 약 2,500년 전에 피타고라스는 다른 두 음표의 주파수가 단순한 정수비를 가질 때 그들이 조화를 이루는 것을 간접적으로 발견하였다. 예를 들어 5도 화음은 주파수가 3대 2의 비율인 음표의 조합이다. 모든 G와 그 아래의 처음 C가 그런 것처럼, 모든 E와 그 아래의 처음 A는 이 주파수의 비율을 갖는다.

또한 그림 6.41은 노래 소리와 몇몇 악기들의 근사적인 범위를 보여준다. 보통의 말소리의 경우, 주파수 범위는 대략 남자일 때 70 Hz에서 200 Hz, 여자일 때 140 Hz에서 400 Hz이다. 속삭일 때 여러분은 성대를 사용하지 않고, 높은 주파수의 "치찰음"을 발생시킨다.

6.6b 세기

소리의 세기는 주로 음파의 진폭에 의해 결정된다. 사람의 고막에 도달하는 음파의 진폭이 클수록 인식되는 소리의 세기가 커진다. 보통의 소리의 경우 공기 압력의 차이는 매우 작아서, 일반적으로 1기압의 백만분의 1 정도이다. 이 때문에 고막이 단일 원자 지름의 약 100배 정도의 거리를 진동하게 된다. 매우 작은 소리는 1기압의 십억분의 1보다 작은 진폭을 가지고, 고막은 원자 지름보다 작게 움직이게 된다. 귀는 놀라울 정도로 민감한 장치이다.

소리의 크기를 나타내는 특별하게 정의된 물리적인 양이 있다. 그것은 진폭과 인식된 크기를 연관시키는 데 보다 편리하다. 음압 수준 또는 간단히 **음량**(sound level)이 그것이다.

음량의 표준 단위는 데시벨(dB)이다. 우리가 보통 노출되어 있는 소리의 범위는 0 dB에서 약 120 dB까지이다. 그림 6.42는 인식된 소리의 세기에 관계되는 몇 가지 대표적인 음량을 보여준다. 음량은 소리가 얼마나 자극적인가와는 관계가 없다. 100 dB로 연주되는 음악은 80 dB의 음량으로 칠판 위를 손가락으로 긁는 소리만큼 자극적으로 들리지 않을지도 모른다.

제트기 이륙(60 m)		120 dB	
건설 현장		110 dB	견딜 수 없음
고함(1.5 m)		100 dB	
무거운 트럭(15 m)		90 dB	매우 큼
도시의 거리		80 dB	
자동차 실내		70 dB	시끄러움
보통의 대화(1 m)		60 dB	
사무실, 교실		50 dB	적당함
거실		40 dB	
한밤의 침실		30 dB	조용함
방송 스튜디오		20 dB	
가랑잎		10 dB	거의 들을 수 있음
		0 dB	

그림 6.42 대략적으로 각 음량을 발생시키는 대표적인 소리의 데시벨 범위. 약 85 dB 이상의 음량은 치료해야 할 정도로 위험하다. 120 dB 이상의 음량은 귀가 아프고 영구적인 청력 상실의 가능성이 있다.

일정한 소리의 진폭과 음량의 관계는 10의 배수에 기반을 둔다. 어떤 소리의 진폭에 10배 크기의 소리의 음량은 데시벨로 20 dB이 높다. 90 dB의 소리는 70 dB 소리보다 10배 큰 진폭을 갖는다.

다음 다섯 개의 설명들은 소리의 인식된 크기가 측정된 음량과 어떻게 연결되는지를 기술한다. 연구자들이 많은 사람들에게 시험한 결과 분류한 일반적인 경향이 있다. 특별한 사람의 경우, 음량의 실제적인 수치는 열거한 값들과 약간 다를 수 있다. 또한 주어진 값들 중, 특히 1과 3 아래의 수들 중 몇몇은 소리의 주파수에 따라 달라진다.

그림 6.43 열 개의 동일한 음원은 한 개 음원의 약 두 배 큰 소리를 낸다.

1. 이상적인 조건에서 들을 수 있는 가장 작은 소리의 음량은 0 dB이다. 이것을 듣기 문턱이라고 한다.

2. 120 dB의 음량을 고통 문턱이라고 한다. 이렇게 높은 음량은 귀에 고통을 주고 즉각적인 상처를 초래한다.

3. 알아차릴 수 있는 소리 크기의 변화는 음량이 최소 1 dB 증가하는 경우이다. 예를 들어 67 dB의 소리와 그 다음 68 dB의 소리가 들릴 때, 두 번째 소리가 더 크다고 인식한다. 두 번째 소리의 음량이 67.4 dB이면, 우리는 크기의 차이를 알지 못한다.

4. 소리의 음량이 약 10 dB 높아지면 다른 소리의 두 배만큼 크다고 판단한다. 44 dB의 소리는 34 dB의 소리보다 약 두 배 크다. 110 dB의 소리는 100 dB의 소리보다 약 두 배 크다. 110 dB의 소리는 90 dB의 소리보다 약 네 배 크다.

5. 같은 음량을 가진 두 개의 소리를 합한 결과의 소리 음량은 약 3 dB 높아진다. 잔디 깎는 기계 한 개는 80 dB의 음량을 발생하고, 어느 정도 가까이에서 동일한 두 번째 기계를 동작시키면 음량은 약 83 dB까지 올라간다. 열 개의 비슷한 음원은 단일 음원보다 두 배만큼 크다(그림 6.43).

순음 그리고 정도는 덜하지만 복합음의 크기 또한 주파수에 영향을 받는다. 이것은 귀가 근본적으로 낮은 주파수와 높은 주파수에 덜 민감하기 때문이다. 귀는 1,000 Hz에서 5,000 Hz 사이의 주파수 범위에 가장 민감하다. 예를 들어 78 dB의 50 Hz 순음, 60 dB의 1,000 Hz 순음 그리고 72 dB의 10,000 Hz 순음은 모두 같은 크기로 들린다(80 dB 그리고 그 이상의 매우 높은 음량에서 귀의 감도는 낮은 음량에서처럼 주파수에 따라 많이 변하지 않는다). 감도가 주파수에 따라 이와 같이 변하는 이유 중 하나는 우리 체내에 피가 흘러가거나 근육이 수축 팽창할 때 낮은 주파수의 소리가 발생되기 때문인데, 우리의 귀는 이러한 체내의 소리를 잘 들을 수 없도록 낮은 주파수의 소리에 덜 민감하도록 설계된 것이다.

음량은 음량계로 측정한다(그림 6.44). 대부분의 음량계는 귀가 반응하는 만큼 소리에 반응할 수 있도록 특수한 가중 회로(A 눈금으로 부름)로 구성된다. 낮고 높은 주파수에 대한 반응은 감소시켰다. A 눈금에 대한 수치는 dBA로 지정된다. 보통의 모드(C 눈금이라고 부름)에서 동작할 때, 음량계는 음량을 데시벨로 측정하고, 모든 주파수를 동일하게 취급한다. A 눈금 모드에서 음량계는 사람 귀와 같

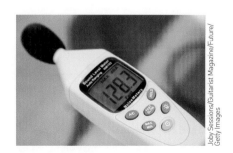

그림 6.44 음량계.

표 6.2 OSHA 잡음 한계

음량(dBA)	하루 노출(시간)
90	8
92	6
95	4
97	3
100	2
102	1.5
105	1
110	0.5
115	0.25

이 반응하고, 따라서 소리의 상대적인 크기를 표시한다.

큰 소리를 들은 사람의 귀에 손상을 줄 뿐 아니라 신체의 생리학적 그리고 심리적 균형에도 영향을 줄 수 있다. 인류의 시작 이래로 듣는 감각은 경고 장치로 이용되어 왔다. 큰 소리들은 가끔 위험 가능성을 표시하고, 신체는 자동적으로 반응하여 긴장하고 불안해지기 시작한다. 크고 괴로운 소리에 계속적인 노출은 신체가 긴 시간 동안 스트레스를 받게 하고, 결과적으로 개개인의 육체적 그리고 정신적인 행복을 위협한다.

연방산업안전청(Occupational Safety and Health Administration, OSHA)은 근로자를 과도한 음량으로부터 보호하도록 고안된 표준을 제정하였다. 근로자는 90 dBA 또는 그 이상(표 6.2)의 음량에 노출될 때 귀마개와 같은 방음 장비를 갖추어야만 한다. 그리고 어떤 단체는 교통과 다른 활동들에 대한 음량을 줄이기 위하여 계획한 잡음 조례들을 갖고 있다.

6.6c 음질

소리의 음질은 크기나 음조와 같이 쉽게 설명되지 않는다. 꽉참 대 텅빔, 거침 대 부드러움 그리고 풍부함 대 모자람과 같은 비교들이 종종 사용된다. 소리의 음질은 우리들이 소리를 발생시키는 음원의 종류를 구별하는 데 중요한 요소이다. 플루트 소리는 클라리넷 소리와 다르고, 이 악기들이 같은 음량으로 같은 음을 연주하더라도 무슨 악기인지 구별할 수 있다. 사람 목소리의 음질은 사람을 구별하는 데 도움을 준다.

소리의 음질은 주로 음파의 파형에 영향을 받는다. 두 개의 소리가 다른 파형을 갖는다면, 우리는 보통 다른 음질로 인식한다. 가장 간단한 파형은 순음의 것, 즉 사인 곡선이다. 순음은 부드럽고 기분 좋은 음질을 가지고 있다(너무 크거나 높은 음조를 갖지 않는 한). 거의 사인형의 파형들을 가진 복합음은 같은 특성을 공유한다. 주파수와 음량과는 다르게 파형은 하나의 수치적인 값으로 표현할 수 없다.

무엇이 음파의 파형을 결정하는가? 모든 복잡한 파형은 일정한 진폭을 가진 두 개 혹은 그 이상의 사인파형의 조합과 동등하다. 이 파형들의 성분을 배음이라고 한다. 배음의 진동수들은 복합파형의 주파수의 정배수이다.

이는 모든 복합음은 순음들의 조합과 동등하다는 것을 의미한다. **배음**(har-

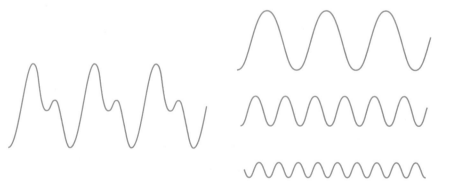

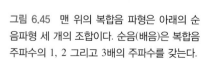

그림 6.45 맨 위의 복합음 파형은 아래의 순음파형 세 개의 조합이다. 순음(배음)은 복합음 주파수의 1, 2 그리고 3배의 주파수를 갖는다.

monics)이라고 하는 이 순음들은 복합음 주파수의 1, 2, 3, …배와 같은 주파수를 갖는다. 예를 들면, 그림 6.45은 주파수가 100 Hz인 복합음의 파형을 보여준다. 복합음의 파형은 주파수가 100, 200 그리고 300 Hz인 세 개의 순음들의 조합과 동등하다. 이것은 각 순음들을 동시에 주의 깊게 연주하면 인공적으로 이 복합음을 만들 수 있다는 것을 의미한다. 이것이 전자 음악 합성기를 사용하여 음을 창조할 수 있는 하나의 방법이다.

복합음의 음질은 존재하는 배음들의 수와 그들의 상대적인 진폭들에 따라 달라진다. 이 두 요소들은 파형들을 비교하는 정량적인 방법을 제공한다. 스펙트럼 분석기는 복합음 안에 어떤 배음이 존재하고 그들의 진폭이 얼마인지를 나타내는 정교한 전자 기구이다. 일반적으로 많은 수의 배음을 가진 복합음은 풍부한 음질을 갖는다. 리코더나 플루트로 연주하는 음들은 한 쌍의 배음만을 포함하고, 따라서 이 음들은 순음과 비슷하게 들린다. 반면 바이올린 그리고 클라리넷의 연주음에는 열 개 이상의 배음을 가지며, 보다 풍부한 음질을 갖는다.

잡음의 파형은 반복되지 않은 불규칙한 "낙서"이다. 이는 잡음들이 서로 관련이 없는 많은 주파수의 파동들로 구성되어 있기 때문이다. 잡음은 배음이 아니다. "백색 잡음"은 같은 양의 모든 주파수의 소리를 포함한다(따라서 "백색광"이 같은 양의 모든 주파수의 빛을 조합하는 것이기 때문에 이와 같이 이름을 붙인 것이다). 급격한 공기의 소리는 백색 잡음과 비슷하다.

모든 복잡한 파형은 일정한 진폭을 가진 두 개 혹은 그 이상의 사인파형의 조합과 동등하다. 이 파형들의 성분을 배음이라고 한다. 배음의 진동수들은 복합파형의 주파수의 정수배이다.

물리 체험하기 6.8

이 실험에는 휘파람을 불 수 있어야 한다.

1. **물리 체험하기 6.5**의 1, 2단계를 다음과 같이 진행한다. 단, 이번에는 모음 발음하기와 특정한 음의 소리내기를 해본다.

2. 이번에는 일정한 음을 휘파람으로 불어본다. 귀를 막았을 때와 막지 않았을 때 소리가 달라지는가? 1에서의 결과와 유사한가?

악보에서 높은 주파수의 배음의 존재는 하이파이 음 재생 장비가 약 20,000 Hz까지 주파수에 반응해야 하는 이유를 설명해 준다. 비록 악보의 주파수들이 일반적으로 4,000 Hz보다 낮지만, 배음들의 주파수는 20,000 Hz 그 이상까지 가기도 한다(우리들의 귀는 20,000 Hz 이상의 주파수를 가진 어떤 배음도 들을 수 없기 때문에 그것들을 재생할 필요가 없다). 하나의 복합음을 정확하게 재생하기 위해서는 높은 주파수의 각 배음이 재생되어야만 한다. 아이폰은 주파수 80 Hz에서 20,000 Hz의 소리에 반응하도록 잘 설계되었다.

소리 인식의 연구는 물리학, 생물학 그리고 심리학 분야를 더 가깝게 만들었다. 음파의 역학적인 특성들은 귀 안에서 생리적 메커니즘과 상호작용하여 심리적 인식이 일어난다. 하나의 시도는 다른 소리 인식의 구체적인 설명들을 음파의 측정 가능한 양상들과 연관시키는 것이다. 청각 장치 자체는 모든 자연 가운데 가장 놀랄 만한 것 중의 하나이다. 그것은 놀랄 만한 범위의 주파수와 진폭에 반응하고

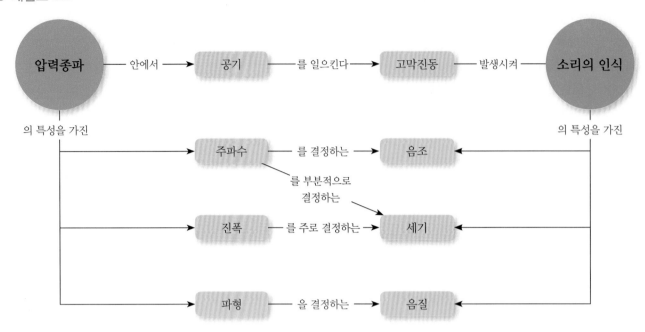

음악의 아름다움과 신비함을 포착한다. 동시에 그것은 예민한 만큼 망가지기도 쉽다. 우리의 듣기 감각이 어떻게 작용하고 그것을 어떻게 보호할 수 있는지에 대하여 더 자세하게 공부할 필요가 있다.

복습

1. 다음 중 올바른 것은?
   a. 듣는 음의 높이는 그 소리의 주파수와 관계가 없다.
   b. 각 음표의 주파수는 다음 낮은 음표의 주파수보다 10 Hz 높다.
   c. 데시벨은 음질을 측정하기 위한 표준 단위이다.
   d. 인식된 소리의 세기는 소리의 주파수에 따라 어느 정도 달라진다.

2. (참 혹은 거짓) 똑같은 소리를 내는 음원 2개가 동시에 소리를 내면 소리의 세기는 2배가 된다.
3. 복합음은 두 개 이상의 _____ 을 합하여 만들 수 있다.
4. (참 혹은 거짓) 북미의 전신회사를 사용하는 전화기는 주파수 3,400 Hz 이상의 소리는 전파되지 않도록 한다. 그렇다면 주파수 3,400 Hz 이하의 모든 음악소리는 원음 그대로 전화기를 통해 전달된다.

답 1. d 2. 거짓 3. 가음 4. 거짓

요약

파동: 종류와 특성 파동은 어디에나 있다. 파동의 진동 방향에 따라서 횡파 또는 종파로 분류할 수 있다. 파동의 속력은 파동이 이동하는 매질의 특성에 영향을 받는다. 연속적이고 주기적인 파동의 경우, 파동의 속력은 주파수와 파장을 곱한 것과 같다. 파동의 압축과 팽창의 공간적인 간격은 교란의 파장이 되

지만, 파동의 진폭은 파동의 평형점에서 정점까지의 거리이다.

파동 전파의 양상 파동이 만들어지면, 전파하면서 종종 변형된다. 반사와 회절은 파동이 경계를 만날 때 운동 방향이 바뀌게 하는 원인이 된다. 두 파동의 간섭은 진폭이 큰 파동과 영인 파동이 번갈아 나타나는 영역을 만든다. 도플러 효과와 충격파의

형성은 움직이는 파원에 관련된 현상이다. 도플러 효과는 파동의 수신자가 움직일 때에도 나타난다.

소리 소리가 모든 물질 안에서의 넓은 범위의 역학적 파동을 의미하더라도, 우리가 흔히 들을 수 있는 공기 중에서의 종파에 한정한다. 공기 중에서의 음파는 일반적으로 음파의 압축과 팽창과 관련된 공기 압력의 요동으로 나타낸다. 사람이 듣기에 너무 높은 20,000 Hz 이상의 주파수를 가진 소리를 초음파라고 한다. 초음파는 박쥐의 음향 위치 결정법과 의학의 여러 과정들에 사용된다. 우리가 들을 수 있는 소리는 순음, 복합음 그리고 잡음으로 분리할 수 있다.

소리의 발생 소리는 여러 가지 방법으로 발생되고, 파동이 진행함에 따라 빠른 압력의 요동이 생겨난다. 몇몇 악기들은 가지각색의 구조를 가지고 있다. 그리고 때로는 진동하는 판 혹은 얇은 막, 진동하는 줄 또는 진동하는 관속의 공기 기둥들과 같이 소리를 내는 여러 구조를 가지고 있다.

소리의 전파 실내와 다른 테두리 안에서 소리의 전달은 주로 반향이라고 하는 반복적인 반사에 의해 일어난다. 이로 인해 소리가 발생된 다음 오랫동안 사라지지 않는다. 적당한 반향은 음표와 같은 연속적인 소리들이 더해지는 혼합이 일어나게 하지만, 너무 많은 반향은 명확하게 말하는 데 불리하게 작용한다.

소리의 인식 음조, 세기 그리고 음질의 세 가지의 중요한 특징들을 이용해서 우리가 인식하는 일정한 소리를 분류한다. 소리의 세기는 주로 소리의 진폭(또는 음량)에 따라 달라지지만, 주파수의 영향도 받는다. 소리의 음질은 음파의 파형에 따라 달라진다. 복합음의 파형은 그것을 구성하고 있는 각 순음들의 수와 진폭의 영향을 받는다.

핵심 개념

● **정의**

파동 매질의 알짜 움직임 없이 에너지를 전달하는 동기화된 진동으로 이루어진 진행하는 교란.

횡파 파동이 진행하는 방향에 수직으로 진동하는 파동. 예를 들면 줄 위의 파동, 전자기파, 지진파 등.

종파 파동이 진행하는 방향을 따라 진동하는 파동. 예를 들면 공기 중의 소리, 지진파 등.

선 질량 밀도 균일하고 1차원적인 질량의 교란의 경우, 물체 일부분의 질량을 길이로 나눈 것.

$$\rho = \frac{m}{l}$$

진폭 평형 위치로부터 측정한 파동 위의 점들의 최대 변위.

파장 파동 위의 연속적인 "비슷한" 점들 사이의 거리. 예를 들어, 이웃한 두 마루 사이의 거리 혹은 이웃한 두 골 사이의 거리. 파장은 그리스 문자 람다(λ)로 나타낸다.

주파수 단위시간당 한 점을 통과하는 파동의 순환 수. 파동에서 매 초당 진동수.

압축 종파에서, 파동 매질의 밀도가 평균보다 높은 영역.

팽창 종파에서, 파동 매질의 밀도가 평균보다 낮은 영역.

파속 연속파의 경우, 속력은 다음과 같이 파장과 주파수에 관계된다.

$$v = f\lambda$$

파면 모형 연속파의 경우, 연이은 시간 간격으로 마루의 위치를 보여주는 파동의 전파를 나타내는 방법 중 하나이다.

광선 모형 연속파의 경우, 주어진 순간 동안 파면이 앞으로 나아가는 순간적인 방향을 나타내는 파동의 전파를 표현하는 방법 중 하나. 균일한 매질에서, 광선들은 항상 파면에 수직이다.

음향 위치 결정법 파동의 반사를 이용해서 물체의 위치를 알아내는 과정.

충격파 파면들이 겹쳐서 만들어진 큰 진폭의 파동 펄스.

회절 파동이 장애물 모서리 주변을 지날 때 파동의 구부러짐. 회절은 파동이 구멍이나 슬릿을 지나서 그림자 영역으로 퍼져 나가게 한다.

간섭 두 개의 파동이 같은 지점에 도달해서 결합된 결과.

보강 간섭 두 개의 파동이 같은 위상으로 만나서(마루와 마루가 만나서) 더해질 때마다 일어난다.

소멸 간섭 두 개의 파동에서 위상이 반대로 만나서(마루와 골이 만나서) 상쇄될 때마다 일어난다.

파형 음파에 의한 공기 압력 변동의 그래프.

순음 사인파형을 가진 소리.

복합음 사인파는 아니지만 특징적인 모양의 파형 자체가 반복되는 복합음파. 복합음은 한 개 이상의 순음으로 이루어진다.

잡음 불규칙한 파형을 가진 소리의 한 종류.

초저주파음 20 Hz 이하의 주파수를 가진 소리.

초음파 20,000 Hz 이상 주파수를 가진 소리.

음파발광 초음파로부터 발생된 빛.

반향 밀폐 공간 안에서 소리의 반복적인 반사.

음조 주로 음파의 주파수에 영향을 받는 소리에서의 높음(피콜로와 같이)과 낮음(튜바와 같이)의 인식.

세기 주로 음파의 진폭에 영향을 받는 들을 수 있는 소리의 세기.

음질 음파의 파형에 영향을 받는 두 가지 소리(비록 같은 음조와 세기를 갖더라도) 사이의 구조적 구별의 인식.

음량 특별히 정의된 물리적인 양으로 소리의 진폭에 영향을 받는다. 음량의 표준 단위는 데시벨(dB)이다.

배음 결합해서 복합음을 만드는 순음들.

● **특별한 경우의 방정식**

밧줄, 전선, 줄, 슬링키 등에서의 파동의 속력.

$$v = \sqrt{\frac{F}{\rho}}$$

공기 중에서 음파의 속력.

$$v = 20.1 \times \sqrt{T}$$

● **원리**

모든 복합파형은 뚜렷한 주파수를 가진 두 개 이상의 사인파형들의 조합과 같다. 이들을 구성하고 있는 파형들을 배음이라고 한다. 배음의 주파수들은 복합파형 주파수의 정수배이다.

질문

(▶ 표시는 복습 질문을 나타낸 것이고, 답을 하기 위해서는 기본적인 이해만 있으면 된다는 것을 의미한다. 다른 것들은 지금까지 공부한 개념들을 종합하거나 확정해야 한다.)

1(1). 그림 6.2의 밧줄 위를 진행하는 펄스를 주의 깊게 살펴보자. 펄스는 손을 빠르게 왼쪽으로(사진의 위로) 그리고 오른쪽으로 움직여서 발생시킨다. 밧줄은 펄스의 정점 앞쪽과 뒤쪽에서 희미하지만 정점 자체는 그렇지 않음을 주목하자. 이유를 설명하라.

2(2). ▶ 전파하는 데 매질을 필요로 하지 않는 파동과 매질을 필요로 하는 파동의 예를 들어라.

3(3). ▶ 종파와 횡파의 차이점은 무엇인가? 각각의 예를 들어라.

4(4). 1980년대 이후 스포츠 행사에서 군중들의 파도타기 응원은 말하자면 "파동"이다. 한 구역의 사람들이 빠르게 일어난 후 앉는다. 이웃한 구역들의 사람들은 연속해서 따라가고, 경기장을 돌아 이동하는 군중에서 무늬를 볼 수 있게 된다. 이것은 두 종류의 파동 중 어느 것일까? 6장에서 설명한 파동과 비교하면 경기장 파동과 어떻게 다른가?

5(5). 서비스 창구에서 다른 사람 뒤에 사람들이 길게 줄을 서 있다. 클럼지(Joe E. Clumsy)는 우연히 맨 뒤쪽 사람의 뒤에 서게 되어, 기다리는 사람들 속에서 파동을 만들기에 충분할 정도로 심하게 밀었다. 발생한 파동은 어떤 종류일까?

6(6). 어떤 사람이 슬링키의 90개의 각 코일에 종이집게를 붙여서, 파동들이 집게 위를 지나갈 수 있게 하였다. 종이집게들은 슬링키 위의 파동들의 속력에 어떤 영향을 미칠까?

7(7). 항공기의 속력은 종종 마하수로 나타낸다. 마하 1은 속력이 음속과 같음을 의미한다. 여러분이 마하 2.2로 가는 항공기의 속력을 m/s나 mile/h로 결정하고 싶을 때 더 필요한 정보는 무엇인가?

8(8). 6.1절과 4.3절에 주어진 정보를 근거로 할 때 기체 안에서의 음속과 밀도 사이에 관계가 있어 보이는가? 설명하라.

9(9). 만약 스타워즈 II처럼 공상 과학 영화에서 보는 것과 같이 여러분이 우주에서의 전쟁을 하고 있다면, 폭발음을 들을 수 있을까? 그 이유를 설명하라.

10(10). ▶ 파동의 진폭, 주파수 및 파장이 무엇인지 설명하라.

11(11). ▶ 낮은 주파수의 소리가 들린 후 높은 주파수의 소리가 들린다. 어떤 소리가 더 긴 파장을 가질까?

12(12). 막대기의 꼭대기에서 사이렌을 울려서 방출되는 꾸준한 소리를 나타내기 위해서 사용될 수 있는 광선은 물체 주위의 장을 표현하는 중력장 선들(2.7절)과 비슷하게 보인다. 이들이 비슷한 이유를 설명하고, 한 가지 중요한 차이를 지적하라.

13(13). 아주 멀리 떨어진 음원에서 오는 약한 소리를 들으려고 할 때 우리는 종종 손을 귀 뒤에 두고 컵 모양으로 한다. 이렇게 하는 것이 도움이 될 수 있음을 설명하라.

14(14). ▶ 파동이 오목한 반사면을 만날 때 어떤 유용한 일이 일어날까?

15(15). ▶ 버스에 타고 있는 사람이 정지하고 있는 자동차의 경적 소리를 듣는다. 버스가 자동차에 다가가고 있을 때와 버스가 자동차에서 멀어질 때의 소리를 비교하면 어떤 차이가 있을까?

16(16). ▶ 반향 위치 결정법의 과정을 설명하라. 도플러 효과가 어떻게 포함되는가?

17(17). 과거에 배들은 짙은 안개 속에서 해안으로 접근할 때 미지의 땅까지의 거리를 측정하기 위해 사용하던 작은 대포들을 장착하였다. 이것이 어떻게 가능하였는지 설명하라.

18(18). 여러분은 "초음파 거리 측정기"라고 광고하는 측정 장비를 구입할 수 있다. 스피커, 마이크 그리고 정밀한 시간 기록기를 갖춘 장비가 장비로부터 벽(예를 들어)까지의 거리를 측정하는 데 어떻게 이용될 수 있는지 설명하라.

19(19). 움직이는 파원에 의해 충격파가 발생되고 있는 동안 도플러 효과 또한 일어나고 있을까? 설명하라.

20(20). 공기 중에서의 음속이 갑자기 20 m/s로 줄어들었을 때 일어날 수 있는 일들 몇 가지를 들어라. 고속 도로 옆에 사는 것과 비슷한 것은 무엇이 있을까?

21(21). ▶ 배가 물 위를 이동하면서 선수파를 만들고 있다면 무엇이 배의 속력과 맞아야 하는가?

22(22). 파동이 장애물의 인접한 두 개의 구멍을 통과할 때 회절이 있어야만 간섭이 일어난다. 회절이 있어야만 하는 이유를 설명하라.

23(23). 높은 주파수의 순음을 녹음한 것을 들판에 설치된 휴대용 스테레오 스피커들을 통해 재생한다. 스테레오 몇 미터 앞에 있는 사람이 스테레오 주위의 호를 따라 천천히 걷는다. 사람이 움직일 때 듣는 소리가 어떻게 변할까?

24(24). 크고 낮은 주파수의 음파가 작은 풍선을 지나 이동할 때 풍선의 크기가 영향을 받는다. 어떤 일이 일어나는지 설명하라(이 효과는 보통의 조건에서 관찰하기에 너무 작다).

25(25). ▶ 순음, 복합음 그리고 잡음의 파형들을 설명하라.

26(26). ▶ 초음파는 무엇이고, 어디에 사용하는가?

27(27). ▶ 현악기에서 소리가 어떻게 발생되는지 설명하라. 줄을 팽팽하게 하면 줄이 만드는 소리의 주파수가 변하는 이유는 무엇일까?

28(28). 컨디션 조절 훈련은 농구장의 한쪽 끝에서 다른 쪽 끝으로 달리기, 180도 방향 전환 그리고 처음 위치로 다시 달리기 등의 반복으로 구성된다. 때로는 훈련이 바뀌어서 주자들은 경기장 중간이나 3/4 지점에서 방향 전환하기도 한다. 거리가 변할 때 주자들이 매 분당 할 수 있는 왕복 횟수가 어떻게 변하는지 설명하라. 그리고 이것이 기타 연주자가 줄 위의 몇 군데를 손가락으로 눌러서 발생되는 소리를 변화시키는 것과 어떻게 관련되는지 설명하라.

29(29). 특수한 방 안에 호흡할 수 있는 산소와 헬륨이 섞여 있다. 두 명의 음악가가 방 안에서 기타와 플루트를 연주한다. 각 악기를 보통의 공기에서 연주할 때와 다른 소리가 날까? 그렇다면 이유는? 그렇지 않다면 이유는?

30(31). ▶ 반향은 무엇인가? 반향은 어떻게 영향을 미치는가? 우리는 어떻게 소리를 듣는가?

31(32). ▶ 소리의 정신적 인식을 설명하기 위해 사용되는 세 가지 종류는 무엇인가? 음파의 물리적 성질들은 각각 어느 것에 영향을 받는가?

32(33). 70 dB의 음준위를 가진 100 Hz의 순음과 같은 음준위를 가진 1,000 Hz의 순음을 따로따로 듣는다. 두 소리는 같은 크기를 가질까? 그렇지 않다면 어느 것이 크고 이유는 무엇인가?

33(34). 주파수가 200 Hz, 400 Hz 그리고 600 Hz인 세 개의 순음들을 결합해서 소리를 발생시킨다. 200 Hz, 413 Hz 그리고 600 Hz의 순음들을 이용해서 두 번째 소리를 발생시킨다. 두 소리들에서 중요한 차이는 무엇인가?

34(35). ▶ 피아노의 가장 높은 음표는 4,186 Hz의 주파수를 가진다. 피아노 음악을 녹음한 것을 5,000 Hz의 주파수까지만 재생할 수 있는 재생기로 들을 때 왜 무섭게 들릴까?

35(36). 보통의 전화기들은 약 300 Hz 이하의 주파수를 가진 순음들을 전송하지 못한다. 그러나 말소리가 100 Hz의 주파수를 가진 사람은 전화기를 통해 들을 수 있고 이해할 수 있다. 이유를 설명하라.

1(1). 어린이 두 명이 줄넘기 줄을 당기고 펄스파들을 앞뒤로 보낸다. 줄의 길이는 3 m, 질량은 0.5 kg 그리고 어린이들에 의해 가해지는 힘은 40 N이다.
a) 줄의 선 질량 밀도를 구하라.
b) 줄 위에서 파동의 속력을 구하라.

2(2). 어떤 기타의 D 줄을 당기는 힘이 150 N이다. 줄의 선 질량 밀도는 0.005 kg/m이다. 줄 위에서 파동의 속력을 구하라.

3(3). 물이 보통 끓는 온도에 있는 공기 중에서 소리의 속력을 구하라.

4(4). 미국에서 기록된 가장 추운 온도와 가장 더운 온도는 각각 −83 °F(210 K)와 134 °F(330 K)이다. 각 온도에 있는 공기 중에서 소리의 속력을 구하라.

5(5). 4 Hz의 연속파가 슬링키 위를 진행한다. 파장이 0.5 m일 때 슬링키 위에서 파동의 속력을 구하라.

6(6). 500 Hz의 소리가 순수한 산소를 통과한다. 소리의 파장이 0.65 m로 측정되었다. 산소 안에서 소리의 속력을 구하라.

7(7). 80 m/s로 진행하는 파동이 3.2 m의 파장을 가진다. 파동의 주파수를 구하라.

8(8). 20 °C의 공기 중에서 진행하는 소리의 어떤 주파수가 사람의 평균 키인 1.7 m와 같은 파장을 가질까?

9(9). 사람이 들을 수 있는 가장 낮은 주파수와 가장 높은 주파수(각각 20 Hz와 20,000 Hz)의 파장에 대한 6.1절에 주어진 그림을 증명하라.

10(10). 3.5 MHz 초음파가 인체 조직을 통과할 때 파장을 구하라.

11(11). 피아노의 중간 C 음의 주파수는 261.6 Hz이다.
a) 이 주파수를 가진 소리가 실온의 공기 중을 진행할 때 파장을 구하라.
b) 물속에서 이 주파수를 가진 소리의 파장을 구하라.

12(12). 전체 길이가 30 m이고 질량이 100 kg인 강철 케이블이 두 기둥에 연결되어 있다. 케이블의 장력이 3,000 N이고, 바람이 케이블을 2 Hz의 주파수로 떨리게 한다. 케이블에 생기는 파동의 파장을 구하라.

13(13). 실험에서 40,000 Hz 초음파의 파장이 0.868 cm로 측정되었다. 공기 온도를 구하라.

14(14). 들판에 있는 스테레오로 1,720 Hz의 순음을 재생한다. 한쪽 스피커에서 4 m, 다른 스피커에서 4.4 m 떨어진 점에 사람이 서 있다. 사람이 소리를 들을 수 있을까? 설명하라.

15(15). 동일한 순음을 방출하는 두 개의 스피커 바로 앞에 사람이 서 있다. 이때 사람이 소리가 들리지 않을 때까지 한쪽으로 움직인다. 그 지점에서 사람은 한쪽 스피커에서 7 m, 다른 스피커에서 7.2 m 떨어져 있다. 방출되는 소리의 주파수를 구하라.

16(16). 초음파 탐사는 초음파 파동 자체의 파장과 거의 같은 크기로 자세한 구조를 분석할 수 있다. 20 MHz 초음파를 이용하여 인체 조직을 조사할 때 식별 가능한 가장 작은 크기는 얼마인가? 인체 조직에서 소리의 속력은 1,540 m/s이다.

17(17). 음파 측심기를 땅 위 5 m에 설치하였다. 아래로 보내진 초음파 펄스는 눈에서 반사되고, 장치에서 방출된 후 0.03 s 후에 장치에 도달한다. 공기의 온도는 −20 °C이다.
a) 장치로부터 눈의 표면까지는 얼마나 먼가?
b) 눈의 깊이를 구하라.

18. 초음파를 이용하여 산업 공정 중 하나인 표면에 하는 보호막의 두께를 측정할 수 있다. 이는 밀도가 다른 영역의 경계들을 잘 보여주기 때문이다. 윗면과 아랫면에 생기는 초음파 메아리의 왕복 시간이 0.75 μs만큼 다를 때 금속 기판 위의 플라스틱 막의 두께를 구하라. 플라스틱 안에서 소리의 속력은 900 m/s로 가정한다(기억하자: 왕복할 때, 아랫면에서 반사된 파동은 막 두께의 두 배와 같은 거리를 진행한다).

19(18). 1883년 인도네시아의 크라카토아(Krakatoa) 섬의 커다란 화산 폭발은 4,782 km(2,970 mi) 떨어진 로드리게스(Rodrigues) 섬에서도 들렸다. 소리가 로드리게스 섬까지 가는 데 걸린 시간을 구하라.

20(19). "값이 싼 자리"에 앉아 있는 야구팬이 홈베이스와 150 m 떨어져 있다. 타자가 공을 치는 순간과 팬이 소리를 듣는 순간 사이에 경과한 시간은 얼마일까?(그림 6.46)

21(20). 지질학자가 분출하는 화산에서 8,000 m(5 mi)되는 지점에 텐트를 쳤다.
a) 지질학자가 폭발하는 소리를 듣기 전에 얼마나 많은 시간이 경과할까?
b) 폭발로 인해 발생하는 지진파가 지질학자의 텐트에 도달

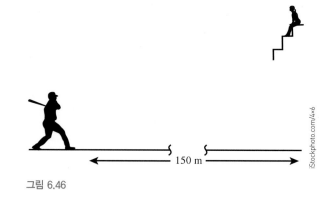

그림 6.46

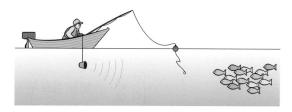

그림 6.47

하는 데 걸리는 시간을 구하라. 지진파는 음파와 같이 화강암을 통해 전파한다고 가정한다.

22(21). 가파른 절벽 면 앞 300 m에 사람이 서 있다. 사람이 소리를 지를 때 메아리를 듣기 전 경과하는 시간을 구하라.

23(22). 물속에서 방출되는 소리 펄스가 물고기 떼에서 반사되어 같은 지점에서 0.01 s 후에 감지된다. 물고기가 얼마나 멀리 떨어져 있는가?(그림 6.47)

24(23). 사람이 안방극장 장치로 영화를 보면서 방 안에서 측정한 음준위가 조용한 부분의 경우 65 dB로부터 시끄러운 부분의 경우 95 dB까지 변한다. 시끄러운 소리는 대충 몇 배 정도 클까?

25(24). 100 dB의 소리는 60 dB의 소리보다 대충 몇 배 정도 클까?

26(25). 중간 C(261.6 Hz)의 처음 네 개 배음들의 주파수는 얼마인가?

27(26). 피아노의 가장 높은 음의 주파수는 4,186 Hz이다.

a) 이 음의 얼마나 많은 배음을 들을 수 있을까?

b) 이 음보다 한 옥타브 아래에서 얼마나 많은 배음을 들을 수 있을까?

7장
전기

21세기 첨단 아이제품군은 19세기 전기의 물리학을 기본으로 한다.

STANCA SANDA/Alamy Stock Photo

아이제품군−아이팟, 아이패드, 그리고 아이폰

이 장에서 전기의 기본적인 요소들을 알아보고자 한다. 먼저 전하가 정지되어 있는 정전기학에서 시작한다. 이어서 전위, 저항, 전류 등 전기학의 기본 개념들을 소개하고 그것들이 우리 주변의 전기기기들과 어떻게 관련되는지를 배운다. 마지막 두 절에서 전력과 전기 에너지, 그리고 직류와 교류의 두 가지 형태의 전기를 배우게 된다.

2001년 아이팟이 소개된 이후 사람들이 음악, 비디오와 영상들을 구매하고 소비하는 방법에 대한 대변혁이 일어나고 있다. 이제 아이팟과 아이폰은 여러분이 가까운 커피숍을 찾고, 혈압을 측정하고, 좋아하는 유명 인사들의 최근 "트위터"에 접속하고, 은행계좌를 관리하고, 세계 스포츠의 최신 결과들을 찾고 그리고 훨씬 더 많은 것들을 할 수 있는 수백 개의 "앱스"를 지원한다. 이 장치들은 전기학, 자기학 그리고 광학의 성공적인 응용을 의미한다.

이들 "아이프로덕트"의 몇 가지 핵심 요소는 전기장을 이용하여 동작한다. 예를 들어 대부분의 아이팟 제품들을 제어하기 위한 기본적 인터페이스인 클릭 휠은 장치 내의 전기장 안에서 손가락에 의한 변화를 감지하여 사용자 손가락의 유무와 움직임을 측정한다. LCD 핸드폰과 휴대형 컴퓨터에 있는 것과 같은 디스플레이는 전기장을 이용하여 각각의 픽셀을 선택적으로 동작시켜서 영상을 만든다. 아이팟에 저장된 디지털 신호는 음향과 영상 신호로 바뀐다. 이렇게 많은 계산이 필요한 일은 집적 회로 칩에 들어 있는 수백만 개의 트랜지스터들에 의해 수행된다. 이 트랜지스터들은 전기장을 이용하여 그것들을 통과하는 전하의 흐름을 조절함으로써 기능을 수행한다.

이 장에서 전기의 기본적인 요소들을 알아보고자 한다. 먼저 전하가 정지되어 있는 정전기학에서 시작한다. 이어서 전위, 저항, 전류 등 전기학의 기본 개념들을 소개하고 그것들이 우리 주변의 전기기기들과 어떻게 관련되는지를 배운다. 마지막 두 절에서 전력과 전기 에너지, 그리고 직류와 교류의 두 가지 형태의 전기를 배우게 된다.

7.1 전하

여러분의 주변에 얼마나 많은 전기 기계가 있으며 그중 지금 작동하고 있는 것들은 또 얼마나 되는가? 이 글을 읽고 있는 순간에도 여러분의 뇌와 신경계통은 전기적인 신호를 기반으로 정보를 주고받고 있는 것이다. 여러분이 책의 쪽을 넘기거나 마우스를 스크롤 할 때도 뇌는 같은 전기신호를 통하여 손의 근육과 통신하고 있는 것이다.

전기학은 여러분이 아마도 거의 생각하지 않는 방법으로 생활을 지배한다. 여러분을 감싸고 있는 모든 물질−여러분이 호흡하는 공기, 마시는 물, 앉는 의자−의 특성들조

그림 7.1 호박 효과. 빗을 문지름으로 해서 전하가 대전되기 때문에 종이를 끌어당긴다.

차 원자와 원자들 사이에 작용하는 전기력에 의해 크게 영향을 받는다. 가장 최신의 장치에서부터 물체를 한데 모아두는 "접착제"까지 전기학은 생활 속에 밀접하게 얽혀 있다. 그러면 전기학이 무엇인지 보다 자세하게 살펴보기로 하자.

물리 체험하기 7.1

주의: 이번 실험은 습도가 높을 때에는 결과가 좋지 않을 수도 있다.
스티로폼 컵(또는 플라스틱 머리빗이나 불어진 풍선)을 준비한다. 또 짧게 자른 가는 실 조각이나 손톱 크기로 자른 종잇조각을 준비한다. 먼저 스티로폼 컵을 머리털이나 또는 작은 양털조각에 여러 번 문질러 정전기를 일으킨다. 컵을 작은 종이나 실 조각 가까이 갖다 댄다. 무슨 일이 일어나는가? 관찰하는 사실에 대하여 힘과 뉴턴의 법칙의 관점에서 설명해 보자. (컵을 머리털에 다시 문질러 재충전할 수도 있고 반대로 수도관과 같은 곳에 대어 방전시킬 수도 있다.)

전기학이라는 단어는 호박을 뜻하는 그리스 단어에 근거를 둔 전자로부터 나왔다. 호박은 실, 종이, 머리카락 그리고 그것을 모피에 문지른 다음 다른 것들을 잡아당기는 합성수지이다. 빗으로 머리카락을 빗을 때 같은 현상이 일어나는 것을 알고 있을 것이다(그림 7.1). "호박 효과"라고 알려진 이 현상은 고대 그리스인들에 의해 기록되었지만, 그 원인은 2천년 이상 수수께끼로 남아 있었다. 미국의 과학자이자 정치가인 벤자민 프랭클린에 의해 수행된 몇 개의 실험과 이전의 많은 실험 결과들은 질량이나 중력과 관련 없이 물질이 "새로운" 특성을 갖는다는 것을 보여주었다. 이 특성은 결국 원자로 규명되었고 **전하**(electric charge)로 부르고 있다.

공간, 시간 그리고 물질의 특성들과 같이 물리학자들이 양을 표시하거나 측정할 수 있는 세 가지 기본적인 양이 있다고 앞에서 설명하였다(1.1절). 지금까지는 질량만이 우리가 사용해온 물질의 기본적 특성이었다. 전하도 물질의 다른 기본적인 특성이지만, 근본적으로 전자, 양성자 그리고 다른 원자 이하 또는 "기본" 입자들만 가지고 있다(보다 자세한 것은 12장에). 전하는 질량과는 다르게 양전하와 음전하로 이름 붙여진 두 가지 다른 종류의 전하가 있다. 1 C의 양전하는 1 C의 음전하를 "상쇄"시킨다. 달리 말하면, 알짜 전하는 $0(q = -1\,C + 1\,C = 0\,C)$이 된다.

모든 원자는 한 개 또는 그 이상의 전자들로 둘러싸인 핵으로 구성되어 있다는 것을 기억하자(4.1절). 핵 자체는 양성자와 중성자의 두 종류의 입자들로 이루어져 있다(그림 7.2). 모든 전자는 -1.6×10^{-19} C의 전하량을 갖고, 모든 양성자는 1.6×10^{-19} C의 전하량을 갖는다(-1 C의 전체 전하량을 갖기 위해서는 6백경 개의 전자들이 필요하다). 중성자들은 알짜 전하를 가지고 있지 않은 중성이기 때문에 이런 이름이 붙여졌다. 보통은 하나의 원자는 양성자와 같은 수의 전자들을 갖는다. 이것은 원자는 전체적으로 중성이라는 것을 의미한다. 원자 안에 있는 양성자들의 수는 원자의 정체성을 결정하는 원소의 원자번호이다. 예를 들어 헬륨

전하

전기적 그리고 자기적인 현상을 설명하는 원자보다 작은 입자들의 고유한 물리적인 성질. 전하량은 q로 나타내고, SI 측정 단위는 쿨롬(C)이다.

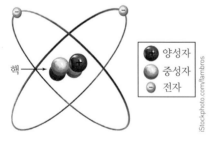

그림 7.2 헬륨 원자의 단순화된 모형. 핵은 두 개의 양성자를 가지고 있고, 따라서 헬륨의 원자 번호는 2이다. 또 두 개의 대전되지 않은 중성자가 핵 안에 있다. 핵을 돌고 있는 것은 전자들이다. 전자들의 수가 양성자들의 수와 같으므로 원자의 알짜 전하는 없다.

양성자
중성자
전자

원자는 핵 안에 두 개의 양성자와 핵 둘레 궤도에 두 개의 전자를 가지고 있다. 두 개의 양성자들이 가지고 있는 양전하는 두 개의 전자들이 가지고 있는 음전하와 정확하게 균형을 이루고 있어서 알짜 전하는 영이다. 모든 원자들 안의 전체 전자 수는 전체 양성자 수와 같기 때문에 우리가 일반적으로 접하는 대부분의 물체들은 전기적으로 중성이다.

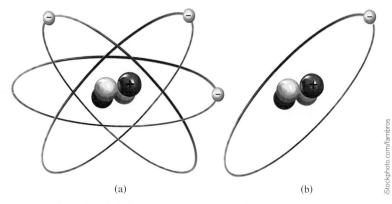

그림 7.3 전자들의 수가 양성자들의 수와 같지 않을 때 원자는 이온화된다. (a) 음의 헬륨 이온. (b) 양의 헬륨 이온.

물리적 화학적 상호작용의 다양성은 원자가 한 개 혹은 그 이상의 전자를 얻거나 잃을 수 있게 한다. 이 경우 원자가 이온화되었다고 한다. 예를 들어 헬륨 원자가 한 개의 전자를 얻으면, 음의 입자 세 개와 양의 입자 두 개를 갖는다. 이 원자는 알짜 음전하를 가지므로 이 원자를 **음이온**(negative ion)이라고 한다(그림 7.3a). 이것의 알짜 전하량의 값은 "추가" 전자의 전하량인 $q = -1.6 \times 10^{-19}$ C과 같다. 마찬가지로, 중성의 헬륨 원자가 전자 한 개를 잃으면, 양의 입자 두 개와 음의 입자 한 개만 갖게 되므로 **양이온**(positive ion)이 된다. 따라서 알짜 전하는 1.6×10^{-19} C이다(그림 7.3b).

많은 경우 마찰에 의해 이온들이 물체의 표면 위에 형성된다. 호박, 플라스틱 또는 딱딱한 가죽 조각을 모피에 문지를 때 음이온들이 모피 표면에 형성된다. 모피와 물체 사이의 접촉은 가죽의 원자들 안에 있는 약간의 전자들이 고체 표면 위에 있는 원자들로 전달되게 한다. 모피는 양성자보다 적은 전자들을 갖기 때문에 모피는 알짜의 양전하를 얻는다. 이와 비슷하게 호박, 플라스틱 또는 딱딱한 가죽은 여분의 전자들을 갖기 때문에 알짜 음전하를 얻는다(그림 7.4). 같은 방법으로 머리를 빗는 것은 빗을 대전시킬 수 있다. 유리를 비단에 문지르는 것은 유리가 알짜 음전하를 갖게 한다. 유리 표면의 원자들에 있는 약간의 전자들은 비단으로 이동하여 음으로 대전된다.

마찰에 의한 이온의 형성은 완전하게 이해되지 않은 복잡한 현상이다. 어떤 물체가 사용되고 상대 습도가 얼마인가와 같이 많은 요소들에 의해 영향을 받는다.

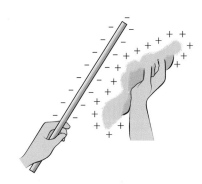

그림 7.4 모피와 플라스틱을 함께 문지를 때 이들 사이의 접촉은 모피 안의 약간의 전자들이 플라스틱으로 이동하게 한다. 이렇게 하면 알짜 음전하가 플라스틱에 알짜 양전하가 모피에 남게 한다.

iStockphoto.com/fambros

물리 체험하기 7.2

팝콘 실험. 주의: 이번 실험은 습도가 높을 때에는 결과가 좋지 않을 수도 있다.
역시 스티로폼 컵, 그리고 알루미늄 호일을 뭉쳐서 손톱 크기의 공 모양으로 만든 것 몇 개가 필요하다. 또 과자를 굽는 쟁반 같은 금속으로 된 평평한 판을 준비한다. 알루미늄 호일 공을 금속 판 위에 놓고 **물리 체험하기 7.1**에서와 같이 스티로폼 컵에 정전기를 만든다. 천천히 컵을 알루미늄 공 위로 가까이 가져간다. 무슨 일이 일어나는가? 만일 모든 일이 순조롭다면 그것은 순식간에 일어나므로 주의 깊게 관찰해야 한다. 관찰된 결과에 대하여 그 원인이 무엇인지 깊이 생각해 보자.

1. 입자가 가지고 있는 물리적인 성질로 전기적 현상이나 자기적 현상의 원인이 되는 것을 _____ 라고 한다.
2. (참 혹은 거짓) 원자를 이루고 있는 세 가지 기본 입자들은 모두 전하를 띠고 있다.

3. 양이온은 다음의 경우 생길 수 있다.
   a. 중성 원자가 전자를 얻는다.
   b. 중성 원자가 전자를 잃어버린다.
   c. 음이온이 전자를 잃어버린다.
   d. 위의 것 모두

답 1. 전하 2. 거짓 3. b

7.2 전기력과 쿨롱의 법칙

원래의 호박 효과는 전하들이 힘을 작용할 수 있음을 보여준다. 머리카락이 대전된 빗쪽으로 끌리거나 건조기에서 꺼낸 옷들 사이의 "정전기에 의한 달라붙음"이 그것이다. 이것들은 가장 흔히 일어나는 현상으로, 반대 부호의 전하를 가진 물체들은 서로 끌어당긴다(그림 7.5). 음으로 대전된 빗은 양으로 대전된 머리카락에 끄는 힘을 작용한다. 그리고 같은 종류의 전하(모두 양이거나 모두 음)를 가진 두 물체는 서로 밀친다. 동일하게 대전된 두 개의 빗이 실에 매달려 있을 때, 서로 멀리가게 밀친다. 간단한 이 법칙을 기억하자. 서로 같은 전하들은 밀치고, 서로 다른 전하들은 끌어당긴다.

물리 체험하기 7.3

주의: 이번 실험은 습도가 높을 때에는 결과가 좋지 않을 수도 있다.
스티로폼 컵에 0.5 m 정도 길이의 실을 연결한다. **물리 체험하기 7.1**과 같은 방법으로 컵을 전하로 충전한 다음 실에 매달리도록 한다. 두 번째 스티로폼 컵을 같은 방법으로 충전한 다음 매달려 있는 첫 번째 컵 가까이로 가져간다. 무슨 일이 벌어지는가? 매달려 있는 컵에 작용하는 힘은 그 컵이 매달린 실이 연직선과 이루는 각도의 크기에 비례함을 추론할 수 있다. 두 번째 컵과 매달린 컵과의 거리를 변화시켜보자. 두 컵 사이의 거리가 매달린 컵에 작용하는 힘의 크기에 영향을 주는가?

7.2a 쿨롱의 법칙

대전된 물체들 사이의 이 힘은 물리적인 세계, 특히 원자 수준에서 매우 중요하다. 이 힘은 원자들을 묶어두고 존재하게 한다. 각 원자에서 양으로 대전된 핵 안의 양성자들은 음으로 대전된 전자들에 끌어당기는 힘을 작용한다. 태양에 의한 중력이 지구를 궤도 안에 머무르게 하는 것과 같이, 각 전자에 작용하는 힘은 전자가 궤도 안에 머무르게 한다. 반대 부호의 전하들이 끌어당기기 때문에 많은 화합물의 원자들 사이에 힘이 발생한다. 예를 들어 나트륨과 염소로 소금이 만들어질 때 각 나트륨 원자는 염소 원자에게 전자를 내어준다. 그 결과 이온들은 반대로 대전되기 때문에 다른 이온들에게 당기는 힘을 작용한다

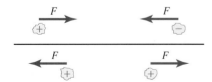

그림 7.5 서로 반대의 전하를 가진 물체들은 서로 끌어당기는 힘이 작용한다. 같은 종류의 전하를 가진 물체들은 서로 밀친다.

(그림 7.6). 우리가 알고 경험하는 것들은 전기력 없이는 존재하지 않는다.

2.7절에서 다룬 것과 같이 두 질량들 사이에 작용하는 힘의 크기에 관한 뉴턴의 만유인력법칙을 생각해 보자. 전기력에 해당하는 법칙인 **쿨롱의 법칙**(Coulomb's law)은 이와 매우 비슷하다.

뉴턴의 제3운동법칙에 따라서 q_1에 작용하는 힘은 q_2에 작용하는 힘과 크기가 같고 방향이 반대이다. 두 물체가 같은 종류의 전하(모두 양 또는 모두 음)를 가지고 있으면, 힘 F는 양수임에 주목하자. 한 전하가 음이고 다른 것은 양이면, 힘 F는 음이어서, 당기는 힘을 의미한다. 대전된 두 물체 사이의 거리가 두 배로 되면 힘의 크기는 처음 값의 1/4로 줄어든다(그림 7.7).

쿨롱의 법칙이 뉴턴의 만유인력법칙과 같은 모양을 갖는다는 것은 놀랄 만한 것은 아니다. 결국, 질량과 전하는 물질을 구성하는 입자의 기본적인 특성들이다. 그러나 질량에 의한 두 물체 사이의 힘(중력)은 항상 끄는 힘이지만, 전하에 의한 두 물체들 사이의 힘(정전기)은 전하들이 다른 부호 혹은 같은 부호의 전하를 가지는 것에 따라서 잡아당기거나 밀치는 힘이 되는 것을 기억해야 한다. 또한 모든 물체는 질량을 가지고 있고 따라서 중력을 느끼고 작용하지만, 보통은 두 물체 중 하나 혹은 모두에 알짜 전하가 있을 때에만 두 물체 사이에 정전기력이 작용한다. 일반적으로 두 물체가 전하를 가지고 있을 때, 그들 사이의 정전기력은 중력보다 훨씬 크다. 예를 들어 전자와 양성자 사이의 정전기력은 그들 사이의 중력보다 약 10^{39}배 크다.

대전된 물체가 알짜 전하가 없는 두 번째 물체에 당기는 힘을 작용하는 것이 가능하다. 이는 대전된 빗을 사용하여 종이나 실 조각을 들어올릴 때 일어난다. 이때 음으로 대전된 빗은 원자의 핵들을 끌어당기고 전자들은 밀친다. 전자들의 궤도는 찌그러져서 전자들은 평균적으로 핵들보다 대전된 빗으로부터 멀리 떨어져 있다(그림 7.8). 그 결과 밀치는 힘 때문에 약간 멀리 떨어지고 음으로 대전된 전자에 작용하는 당기는 알짜힘은 조금 더 가깝고 양으로 대전된 양성자에 작용하는 당기는 힘보다 작게 된다. 핵들과 원자 그리고 전자들 사이의 작은 전하 간격

쿨롱의 법칙

두 개의 대전된 물체에서 각각에 작용하는 힘은 물체들의 알짜 전하량에 비례하고, 그들 사이의 거리의 제곱에 반비례한다.

$$F \propto \frac{q_1 q_2}{d^2}$$

비례상수는 SI 단위로 9×10^9 N-m²/C²이다. 따라서

$$F = \frac{(9 \times 10^9) q_1 q_2}{d^2}$$

이고, SI 단위로 F는 뉴턴, q_1과 q_2는 쿨롱 그리고 d는 미터이다.

나트륨 이온

염소 이온

그림 7.6 보통의 식탁용 소금은 양의 나트륨 이온과 음의 염소 이온으로 이루어진다. 반대로 대전된 이온들 사이에 강하게 당기는 힘은 나트륨 이온과 염소 이온이 단단한 결정구조를 이루도록 잡고 있다.

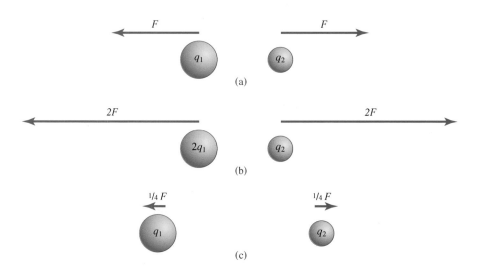

(a)

(b)

(c)

그림 7.7 쿨롱의 법칙. 한쪽 물체의 전하량을 두 배로 하면, (b) 두 물체에 작용하는 힘은 두 배가 된다. 전하들 사이의 거리를 두 배로 하면, (c) 힘은 처음 값의 1/4로 줄어든다.

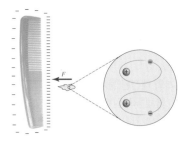

그림 7.8 전자들이 음으로 대전된 빗에서 약간 떨어져 있게 되어 대전된 빗은 중성인 종이 조각에 당기는 알짜힘을 작용한다. (이 그림에서 찌그러진 전자궤도들은 과장되게 그렸다.) 가까운 핵들에 작용하는 당기는 힘은 전자들에 작용하는 미는 힘보다 강하다.

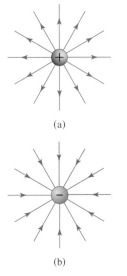

그림 7.9 양전하 주변 (a)와 음전하 주변 (b) 공간의 전기력선. 화살표는 각 전기장에 놓인 양전하에 작용하는 힘의 방향을 나타낸다.

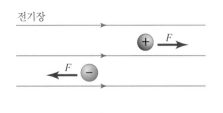

그림 7.10 전기장 안에서 양으로 대전된 물체에 작용하는 힘은 전기장에 평행한 방향으로 작용하지만, 음으로 대전된 물체에 작용하는 힘은 전기장의 방향과 반대 방향으로 작용한다.

(또는 변위)을 유도하는 과정을 편극이라고 한다.

어떤 분자들은 자연적으로 편극되어 있다. 즉, 그것들은 핵전하의 알짜 양전하의 한쪽으로 이동되어 있는 알짜 음전하를 가지고 있다. 이들을 극성분자라고 한다. 물 분자는 이러한 특성을 가지고 있다. 극성분자가 자유롭게 회전할 수 있다면(물 안에서) 대전된 물체에 끌려갈 것이다. 그림 7.8의 원자들과 같이 물체가 가진 전하와 반대 부호의 전하를 가진 쪽은 물체 방향으로 돌 것이고, 그 부분에 작용하는 당기는 힘은 반대편에 작용하는 미는 힘보다 클 것이다.

물리 체험하기 7.4

주의: 이번 실험은 습도가 높을 때에는 결과가 좋지 않을 수도 있다.
수도꼭지를 아주 조금 적당한 크기로 열어 물이 방울방울 연이어 떨어지도록 만든다. 이 물줄기 가까이에 대전된 스티로폼 컵을 가까이 가져간다. 어떤 일이 일어나는가?

7.2b 전기장

정전기력은 "떨어진 물체 사이에 작용"하는 또 다른 보기이다. 중력에서와 같이 장의 개념이 유용하다. 임의의 대전된 물체 주변 공간에는 전기장이 존재한다. 이 장은 정전기력의 "매개체(agent)"이다. 전기장은 그곳에 놓여 있는 대전된 입자가 힘을 느끼도록 한다. 대전 입자 주변의 전기장은 양의 전하가 놓여 있을 때 작용하는 힘의 방향을 의미하도록 선으로 표시한다. 따라서 양으로 대전된 입자 주변의 전기력선은 바깥 지름 방향으로 향하고, 음으로 대전된 입자 주변의 전기력선은 안쪽 지름 방향으로 향한다(그림 7.9).

공간의 한 점에서의 전기장의 세기는 그 점에 놓인 대전된 물체에 작용하는 힘을 물체가 가진 전하량으로 나눈 것이다.

$$\text{전기장 세기} = \frac{\text{대전된 물체에 작용하는 힘}}{\text{물체가 가진 전하량}}$$

전기장이 강한 곳에서 대전된 입자는 큰 힘을 느낄 것이다. 전기장의 세기는 전기력선의 간격으로 나타낸다. 전기력선들이 밀집해 있는 곳에서 전기장은 세다. 전기장은 대전 입자의 주변보다 멀리 떨어진 곳에서 분명히 약해진다.

양전하가 전기장 안에 있을 때 양전하는 항상 전기력선과 같은 방향으로 힘을 느낀다. 전기장 안의 음전하는 전기력선과 반대 방향의 힘을 느낀다(그림 7.10). 전기장은 대전된 물체에 힘을 작용한다는 것을 기억하자. 8장에서 전하들을 직접 사용하지 않고 전기장을 만들 수 있다는 것을 보일 것이다.

여러분은 아마도 양탄자 바닥을 걷고 난 다음 금속 문손잡이를 만질 때 충격을 받은 경험을 가지고 있을 것이다. 이 같은 현상은 보통은 상대습도가 낮아 정전기 대전이 쉽게 일어나는 겨울에 쉽게 발생한다. 충격은 여러분과 문손잡이 사이에 흐르는 전하들 때문이고, 경우에 따라 눈에 보이는 불꽃을 동반한다. 보통 전하들은 공기를 통하여 흐르지 못한다. 공기 중의 원자들을 이온화시키기에 충분한 전기장이 있을 때 불꽃이 일어난다. 자유롭게 된 전자들은 전기장 반대 방향으로 가속되고, 양이온들은 전기장과 같은 방향으로 가속된다. 전자와 이온들은 속력을 높이고 다른 원자나 분자들과 충돌하여 추가적으로 이온화시키거나 빛을 방출시키게 한다(그림 7.11). 프랭클린이 18세기 중반에 연, 열쇠 그리고 금속막대 등을 이용하여 더 큰 규모의 번개를 일으키는 실험을 하였다. 10장에서 원자 충돌이 어떻게 빛을 방출하는지 논의할 것이다.

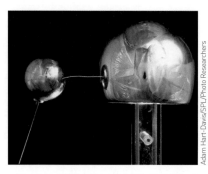

그림 7.11 실험실에서 만들어진 큰 불꽃. 두 개의 빛나는 공 모양 물체들 사이의 공간에 강한 전기장이 있기 때문에 불꽃이 발생한다.

물리 체험하기 7.5

주의: 이번 실험은 습도가 높을 때에는 결과가 좋지 않을 수도 있다.

이번 실험에는 바람이 없는 방과 연기가 나는 것 즉, 불에 그을린 막대나 타는 향을 필요로 한다. 전하가 대전된 스티로폼 컵을 위로 올라가는 연기에 가까이 대보자. 어떤 일이 일어나는가? 이 결과를 **물리 체험하기 7.4**의 결과와 비교해 보자.

우리가 사용하는 대부분의 전기기기들은 전류를 사용하지만 때로는 정전기를 이용하는 경우도 간혹 있다. 대표적인 예가 대기 오염을 줄이는 정전 흡착기이다 (그림 7.12). 화석연료를 사용하는 발전소나 또는 대규모 공장에서 대기 중으로 방출되는 기체에는 아주 작은 그을음이나 재 또는 먼지가 다량으로 포함되어 있다. 바로 정전 흡착기들은 방출 전에 이들을 완벽하게 제거한다. 흡착기에서 이들 작은 입자들은 그림 7.13과 같은 양전하로 대전된 금속판과 음전하로 대전된 도선이 번갈아가며 놓인 평행한 극판 사이를 지나간다. 입자가 평행판 사이를 지나가며 강한 전기장에 의해 음전하를 띠게 되며 양전하를 띤 극판 쪽으로 끌려 흡착된다. 주기적으로 양극판을 진동시킴으로 흡착된 그을음이나 먼지들이 아래로 떨어져 통 속으로 모여진다. 모여진 재들은 폐기되거나 또는 적절한 용도로 재사용되기도 한다.

흡착기가 작동 중 흡착기가 작동하지 않음

(a)   (b)

그림 7.12 대규모 공장의 굴뚝에서 정전흡착기가 작동하고 있다(a). 같은 공장에서 흡착기가 작동하지 않고 있다(b). 두 경우 그을음 배출을 비교해 보자.

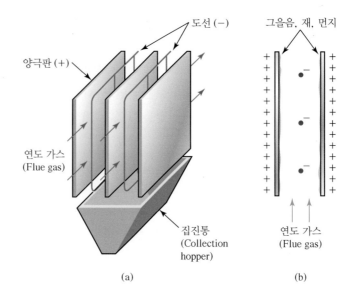

그림 7.13 정전 흡착기의 개략도. (a) 배기가스가 양극판 가운데 설치된 음극 도선 옆으로 지나가고 있다. (b) 흡착기를 위에서 본 그림. 입자가 음극 도선 가까이로 지나가며 강한 전기장에 의해 음전하를 띠게 된다. 결국 이들은 양극판에 흡착되어 배기가스에서 제거된다.

전자 사인은 전자적으로 지울 수 있는 종이가 전기장을 이용해서 글자와 다른 그림을 만드는 것과 같이 작동한다. 스마트 페이퍼(SmartPaper™)는 두 장의 얇은 판 사이에 수백만 개의 전하로 이루어진다(그림 7.14). 각 알갱이의 한쪽은 약간의 색을 띠고 음으로 대전되고, 다른 한쪽은 대비색을 띠고 양으로 대전된다. 전기장은 알갱이의 두 쪽에 반대의 힘을 작용하여(그림 7.10), 알갱이들이 전기장 방향으로 정렬될 때까지 알갱이들을 회전하게 한다(8장에서 공부하겠지만, 이 현상은 나침반 바늘이 자기장 안에서 회전하는 것과 매우 비슷하다). 전기장을 다른 위치들에 선택적으로 위와 아래 방향으로 가하고, 디스플레이의 일부분들이 하나

● 개념도 7.1

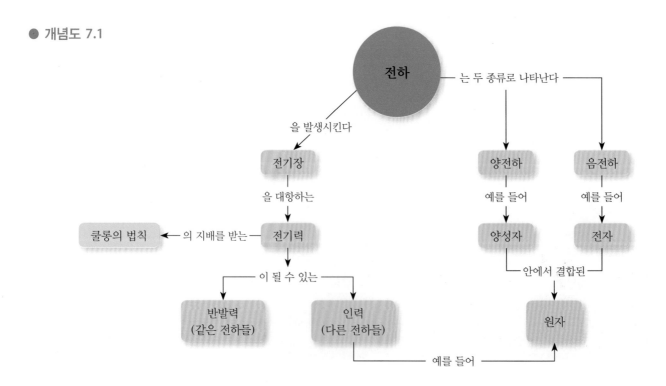

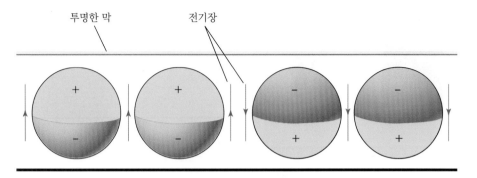

투명한 막   전기장

그림 7.14 스마트 페이퍼(SmartPaper™) 전자 종이조각의 간단화한 끝머리 보기 그림. 작은 알갱이의 반은 음전하를 가지고 있고 약간의 색을 띠고(이 예제에서는 빨강), 다른 반은 양전하를 가지고 있고 대비 색을 띤다. 전기장은 각 알갱이의 두 쪽에 반대의 힘을 작용한다. 따라서 알갱이가 회전하고 전기장 방향으로 정렬한다. 전기장을 사용해서 디스플레이의 일부분에서 빨간 것을 위쪽으로 돌리고 다른 부분에서는 파란 것을 위로 하여 글자를 만든다.

의 색을 띠고 나머지 부분은 다른 색을 띠게 해서 전자종이 위에 글자를 만든다.

컴퓨터 그리고 비슷한 장치들에서 가장 널리 사용되는 트랜지스터의 종류는 장효과 트랜지스터(field-effect transistor, FET)이다. FET 내부에서 전기장은 트랜지스터를 통과하는 전기의 흐름을 통제한다. 전기장은 LCDs(Liquid Crystal Displays)뿐 아니라 휴대용 컴퓨터의 터치 패드의 동작에 핵심적인 역할을 한다.

복습

1. 두 전하를 띈 물체가 서로에게 힘을 작용한다. 두 힘의 크기는 어떤 경우에 증가하는가?
   a. 두 물체의 거리가 가까워진다.
   b. 두 물체 중 하나의 전하가 증가한다.
   c. 두 물체 모두 전하가 증가한다.
   d. 위의 것 모두

2. 같은 전하끼리는 _____, 다른 전하끼리는 _____.
3. 전하를 띈 물체는 그 주변의 공간에 _____ 을 만든다.
4. (참 혹은 거짓) 정전기 흡착을 이용하면 전기장을 응용 비가 내리게 한다.

답 1. d 2. 밀치고, 당긴다 3. 장 4. 거짓

7.3 전류-초전도

전류(electric current)는 대전 입자들의 흐름이다. 가전제품들의 코드는 분리된 두 개의 금속 전선을 절연체로 감싸고 있다. 가전제품의 플러그를 콘센트에 꽂아서 동작시킬 때 각 전선 안의 전자들이 앞뒤로 이동한다. 텔레비전 브라운관 안에서 자유 전자들이 관의 뒤쪽에서 앞의 스크린까지 가속된다. 브라운관 안은 거의 진공이기 때문에 전자들은 기체 분자들과 충돌 없이 이동할 수 있다(그림 7.15). 소금이 물에 녹을 때, 나트륨과 염소 이온들은 분리되고 마치 물 분자들과 같이 돌아다닐 수 있다. 전기장이 물에 가해지면, 양의 나트륨 이온은 한 방향(전기장 방향으로)으로 흐르고, 음의 염소 이온은 반대 방향으로 흐를 것이다.

7.3a 전류

이동하는 전하의 특성에도 불구하고 전류의 정성적인 정의는 다음과 같다.

전선에 흐르는 5 A의 전류는 매 초 5 C의 전하가 전선을 통해 흐르는 것을 의

전류
전하의 흐름 비율. 1초당 흐르는 전하의 양

$$전류 = \frac{전하}{시간} \qquad I = \frac{q}{t}$$

전류의 SI 단위는 암페어(A 또는 amp)로 1 C/s와 같다. 전류는 전류계라는 장치로 측정한다.

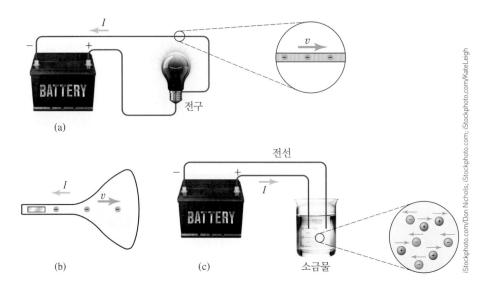

그림 7.15 전류의 보기. (a) 금속 전선 안을 흐르는 전자. (b) 거의 진공인 텔레비전 브라운관 안에서 이동하는 전자. (c) 녹은 소금에서 물을 통해 흐르는 양이온과 음이온.

미한다(표 7.1은 대표적인 전류 몇 가지를 나열한 것이다). 양전하 또는 음전하 모두 전류를 형성할 수 있다. 한 방향으로 이동하는 양전하의 효과는 반대 방향으로 이동하는 같은 음전하의 효과와 동일하다. 공식적으로 전류는 양전하의 흐름으로 나타낸다. 이것은 처음에 전류가 금속을 통하여 이동하는 양전하로 이루어진다고 믿었기 때문이다. 비록 전선 안에서 음으로 대전된 전자들이 전류를 형성한다는 것이 나중에 밝혀졌지만, 전류의 방향을 양전하에 관련된 것으로 정의한 전통이 유지되었다. 양이온들이 액체 안에서 오른쪽으로 흐르고 있다면 전류의 방향은 오른쪽이다. 그림 7.15(a)와 (b)의 경우 전류의 방향은 왼쪽이고, (c)의 경우 오른쪽이다.

전하들이 다른 물질을 통과해서 쉽게 이동하는 것은 상황에 따라 크게 달라진다. 통과하는 전하의 흐름을 어렵게 하는 물질을 부도체라고 한다. 전자들이 원자에 단단히 속박되어 있고, 보통의 전자들을 자유롭게 떼어내기에 전기장이 충분히 크지 않기 때문에 플라스틱, 나무, 고무, 공기 그리고 순수한 물과 같은 물체들은 부도체이다. 우리 주변에 많은 부도체가 있다. 전기 코드를 덮고 있는 것과 같은 부도체가 몸 속으로 들어오는 전기를 막아주지 않는다면 가정에서 사용되는 전기 장치들에 전력을 공급하는 전기는 우리를 죽일 수도 있다.

전기도체는 전하가 그것을 통과하는 것을 쉽게 허락하는 물질이다. 금속의 경우 약간의 전자들이 원자들에 단지 느슨하게 묶여 있어서 전기장이 있을 때 하나의 원자에서 이웃한 원자로 자유롭게 "뛰어넘을" 수 있기 때문에 도체의 성질을 갖는다. 일반적으로 좋은 열전도체는 좋은 전기도체이기도 하다. 앞에서 언급한 것과 같이 물과 같은 액체들은 분해된 이온들을 포함하고 있을 때 도체가 된다. 대부분의 마시는 물은 약간의 중성 광물과 거기에 녹아 있는 소금을 가지고 있어서 전기를 통하게 한다. 고체 부도체들은 수분 속의 이온들로 인해 젖어 있을 때 도체가 될 수 있다. 전기 장치들이 젖어 있을 때 감전사되는 위험이 극적으로 증가한다.

표 7.1 일반적인 장치들에서 대표적인 전류값

장치	전류(A)
계산기	0.0001
스파크 플러그	0.001
시계 라디오	0.003
60 W 전구	0.5
LCD 텔레비전	1.9
1,800 W 헤어드라이어	15

반도체는 도체와 부도체의 두 극단 사이에 있는 물질이다. 반도체인 실리콘과 게르마늄은 순수한 상태에서는 나쁜 전기도체이지만, 매우 유용한 전기적 특성을 가지도록 화학적으로 변형시킬 수 있다. 20세기 후반부에 반도체 기술로 인해 저렴한 계산기, 컴퓨터, 소리 재생 장치 그리고 다른 장치들을 포함하는 전자혁명이 일어났다(그림 7.16).

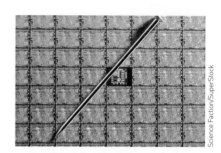

그림 7.16 반도체 칩 위에 조성된 미세 전기 회로의 확대 사진. 칩 위에 놓인 핀과 비교하면 회로의 크기가 매우 작음을 알 수 있다.

7.3b 저항

무엇이 100 W 전구를 60 W 전구보다 밝게 만들까? 필라멘트를 통해 흐르는 전류의 크기는 밝기를 결정한다. 즉, 밝기는 필라멘트의 **저항**(resistance)에 따라 달라진다.

일반적으로, 도체는 작은 저항을 갖고 부도체는 큰 저항을 갖는다. 예를 들어 금속 전선 도체 물질 조각의 실제 저항은 네 가지 요소에 영향을 받는다.

1. **성분** 전선을 구성하는 금속의 종류는 저항에 영향을 미친다. 예를 들어 철 전선은 동일한 구리 전선보다 큰 저항을 갖는다.
2. **길이** 전선이 길수록 저항이 커진다.
3. **지름** 전선이 가늘수록 저항이 커진다.
4. **온도** 전선의 온도가 높을수록 저항이 커진다.

100 W 전구의 필라멘트는 60 W 전구의 필라멘트보다 두껍기 때문에 저항은 더 낮다. 다음 단원에서 보듯이, 이것은 100 W 전구를 통해 큰 전류가 흐르고, 결국 더 밝다는 것을 의미한다.

저항을 마찰과 비교할 수 있다. 저항은 전하의 흐름을 방해하고, 마찰은 두 물체 사이의 상대 운동을 방해한다. 금속에서, 전류의 전하들은 원자들 사이를 이동하고 그 과정에서 원자들과 충돌하고 원자들에게 에너지를 전해준다. 이것은 전자의 운동을 방해하고 금속이 내부 에너지를 얻게 해준다. 저항의 결과는 운동 마찰(가열)의 것과 같다. 특수한 장치를 통과하는 전류가 클수록 가열이 커진다.

저항
전류의 흐름을 방해하는 척도. 저항은 R로 나타내고 SI 측정 단위는 옴(Ω)이다.

7.3c 초전도

1911년 네덜란드 물리학자 오네스(Heike Kamerlingh Onnes)는 매우 낮은 온도에 있는 수은의 저항을 측정하는 동안 중요한 발견을 하였다. 오네스는 절대온도 4.2 K(−452.1 °F)까지는 온도가 떨어지면 저항이 서서히 감소하다가 그 이하의 온도에서 저항이 갑자기 0으로 떨어진다는 것을 발견하였다(그림 7.17). 전류는 저항없이 수은을 통해 흘렀다. 오네스는 이 현상을 초전도라고 이름 붙였다. 수은은 임계온도(T_c로 표시)라고 하는 4.2 K 아래에서 초전도체가 된다. 계속된 연구는 수백 개의 원소, 화합물 그리고 금속합금들이 매우 낮은 온도에서만 초전도체가 된다는 것을 보여주었다. 1985년까지 알려진 가장 높은 T_c는 니오브와 게르마늄 원소의 혼합물인 경우 23 K이었다.

초전도는 너무 좋아 꿈만 같아 보인다. 가열로 인한 에너지의 손실 없이 전선을

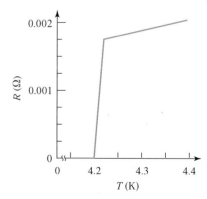

그림 7.17 초전도체로 전이하는 것을 보여주는 수은 시료의 온도에 대한 저항 그래프.

통해 전기가 흐르기 때문이다. 전류가 일단 초전도체 전선 고리를 흐르게 하면, 저항에 의한 에너지 손실이 없기 때문에 전원이나 다른 에너지원이 없어도 몇 년 동안 흐를 수 있다. 전통적인 도체를 초전도체로 바꿀 수 있다면 전선에서 열로 소비되는 많은 양의 전기 에너지를 절약할 수 있다. 그러나 주어진 물질에 대한 초전도 상태에는 한계가 있다. 온도가 초전도의 T_c 위로 올라가거나, 물체를 통과하는 전류가 너무 크거나 혹은 너무 강한 자기장 안에 있으면 저항이 다시 생긴다.

실용적인 초전도체는 1960년대에 만들어졌고 현재는 과학과 의학에 널리 이용되고 있다. 초전도체의 대부분은 니오브 원소의 화합물들이다. 가장 강한 자석으로 알려진 초전도 전자석은 자기장의 물질에 대한 영향을 연구하고 고속의 대전 입자들을 조작하는 데 이용되고 있다. 스위스 제네바 시(그림 8.16) 근처에 있는 세계에서 가장 좋은 성능의 에너지 입자가속기는 초전도 전자석을 이용해서 원자 속 입자들이 빛의 속력에 가깝게 가속될 때 방향을 유도한다. 초전도 전자석으로 부양된 실험용 여객 열차가 건설되었으며, 초전도 전자석을 이용한 자기공명영상(Magnetic resonance imaging, MRI)은 믿기질 않을 정도로 자세한 사람 내부의 영상을 만든다(자기학 그리고 전자석은 8장에서 논의한다).

이 초전도체들의 광범위하고 실용적인 활용은 액체 헬륨을 이용하여 초저온을 유지하여야만 하기 때문에 엄격하게 제한된다. 헬륨은 매우 비싸고 차갑게 하여 액화시키기 위하여 복잡한 냉각장치가 필요하다. 일단 초전도 장치가 액체 헬륨 온도로 냉각되면 헬륨과 초전도체로 들어가는 열의 흐름을 제한하기 위하여 커다란 부피의 단열 장비가 필요하다. 이러한 요인들이 합쳐져 특별한 경우를 제외하고는 대안이 없을 때 소위 낮은 T_c 초전도체의 응용성이 좁게 되거나 비경제적이 된다.

그러나 초전도체의 폭넓은 활용에 대한 희망은 90 K의 임계온도를 갖는 "높은 T_c" 초전도체의 새로운 집합이 개발된 1987년 꽃피웠고, 그 이후 임계온도는 약 140 K까지 높아졌다. 이 물질들은 액체 질소(끓는점 77 K)를 이용하여 초전도체로 만들 수 있기 때문에 이것은 놀랄만한 큰 발전이었다. 액체 질소는 쉽게 구할 수 있고, 액체 헬륨에 비하여 생산 비용이 싸고, 단열을 위한 장치도 훨씬 간단하다. 그러나 새로운 높은 T_c 초전도체들은 두 개의 좋지 않은 특성의 장애가 있다. 쉽게 부서져 전선으로 만들기 어렵다. 그리고 강한 자기장이나 큰 전류를 견디지 못한다. 이 문제들을 극복할 수 있다면, 초전도 기술의 새로운 혁명이 일어날 수 있을 것이다.

2008년 초전도 기술은 출자금이 6000만 달러에 달하는 홀브룩 초전도 프로젝트가 개시되며 한걸음 크게 발전하는 계기가 된다. 미국 에너지성이 투자하고 롱아일랜드 전력공사가 주도한 이 사업은 교외의 138 kV짜리 변전소로부터 100마일 길이의 초전도 도선이 액체질소로 채워진 지하관을 통하여 도심으로 송전하는 것이 주목적이었다. 초전도체로는 비스무스-스트론튬-칼슘-구리 산화물이 사용되었으며 임계온도는 108 K이었다. 리본모양의 초전도체 냉각을 위한 액체질소를 만들고 저장하는 데 막대한 보조 장비들이 사용되었다. 2012년에 케이블을 위한 자기 시스템이 향상되며 이 시스템은 아직도 잘 작동하고 있다.

2014년에는 암파씨티라고 불리는 40 MW급 프로젝트가 독일의 에센지역에서 시작되었는데 이는 1 km 떨어진 도심의 두 지점을 연결하는 사업이었다. 처음 설치비용은 기존의 송전기술을 사용하는 것보다 훨씬 많으나 초전도 송전선의 수명이 40년에 달한다는 사실만으로, 초전도 송전선을 사용하므로 중간에 전기손실의 상당부분을 막을 수 있다는 사실을 제외하고도 경제적이라는 평가를 받고 있다. 문제는 그 규모이다. 언젠가 초전도 케이블이 지구상의 모든 송전선을 대체하게 될 것인가? 대답은 시간이 말해줄 것이다. 현재의 기록상 최고온의 T_c 초전도체는 황화수소 기체를 150 GPa의 압력을 가하여 고체 상태로 만든 물질이며 그 임계온도는 203 K(-70 C)이다.

복습

1. 전류는 어떻게 구성되어 있는가?
   a. 액체 속을 흐르는 양이온
   b. 액체 속을 흐르는 음이온
   c. 도선을 따라 움직이는 전자
   d. 위의 것 모두

2. 좋은 도체도 아니고 좋은 부도체도 아닌 물질을 _____ 라고 부른다.

3. 전기기기에 많이 사용되는 구리와 같은 도체와 초전도체와의 차이는 무엇인가?

답 1. d 2. 반도체 3. 저항 차이 더 이야 저항

7.4 전기회로와 옴의 법칙

전구, 라디오 등 모든 전기 장치 안에서는 전기장이 존재하여 전하들에 힘을 작용할 경우에만 전류가 흐른다. 전지는 전자들이 전구를 통해 흘러가게 하는 전기장을 만들기 때문에 손전등이 동작한다. 전기회로는 전지 또는 다른 전력공급장치, 전구와 같은 전기장치 그리고 전선 혹은 장치로 들어가거나 장치에서 나오는 전류를 전달하는 도체들로 구성된 시스템이다(그림 7.18). 전력공급장치는 "전하 펌프"처럼 행동한다. 그것은 전하들이 하나의 전극으로부터 흘러나와서 회로의 나머지 부분을 통과하여 다른 전극으로 흘러들어가게 만든다. 일반적으로 전자들은 약 1 mm/s 정도로 매우 느리게 회로를 통해 움직인다. 이런 점에서, 전기회로는 물 펌프가 냉매를 엔진, 방열기 그리고 그들을 연결하는 호스들을 지나서 흐르게 하는 자동차의 냉각장치와 매우 비슷하다.

7.4a 전위와 옴의 법칙

에너지와 일의 개념은 회로에서 전력공급장치의 효과를 정량화하는 데 이용된다. 예를 들어 손전등의 경우, 전지는 전자들이 전구의 필라멘트를 통해 흐르게 한다. 힘이 전자들에 작용하여 먼 거리를 움직이게 하기 때문에, 전지에 의해 전자들에게 일이 행해진다. 달리 말하면, 전지는 전자들에게 에너지를 준다. 이 에너

그림 7.18 간단한 전기회로. 전지는 전하들이 회로를 통해 움직이게 하는 데 필요한 에너지 혹은 "압력"을 공급한다. 전하는 어디에도 비축되지 않는다. 양전극에서 나온 1 C의 전하는 그대로 1 C으로 음전극으로 들어간다.

표 7.2 일반적인 전압의 예

설명	전압(V)
신경 충동	0.1
D-셀 전지	1.5
화재 감지 장치	9.0
자동차 전지	12
전기자동차 배터리	300
발전기(전형적)	24,000
치과용 X선기계	80,000
고전압 전송선(전형적)	345,000

전압

대전 입자가 할 수 있는 일을 전하의 크기로 나누어준 값. 전력공급장치에 의해 대전 입자들에 주어진 단위전하당 에너지.

$$V = \frac{일}{전하량} \qquad V = \frac{E}{q}$$

전압의 SI 단위는 볼트(V)로, 1 J/C과 같다. 전압은 전압계라는 장치로 측정한다.

옴의 법칙

도체에서의 전류는 도체에 걸린 전압을 저항으로 나눈 것과 같다.

$$I = \frac{V}{R} \quad 또는 \quad V = IR$$

지는 전자들이 전구를 지나갈 때 내부 에너지와 빛으로 바뀐다. 이것으로부터 **전압**(voltage)의 개념이 나온다.

12 V 전지는 회로를 통해 이동하는 1 C의 각 전하에 12 J의 에너지를 준다. 1 C의 각 전하는 회로를 지나면서 12 J의 일을 한다(표 7.2는 몇 가지 전형적인 전압들을 나열한 것이다).

전지와 전하 펌프의 비슷한 점을 다시 생각해 보면, 전압은 전기적 압력의 역할을 한다. 회로에서 전하들이 흘러가게 하는 높은 전압은 유체가 흘러가게 하는 높은 압력과 비슷하다(그림 7.19). 회로와 전력공급장치의 연결이 끊어지고 전하의 흐름이 없을 때일지라도 전력공급장치는 여전히 전압을 가지고 있다. 이 경우, 전하들은 위치 에너지를 갖는다(전압은 전위라고도 부른다).

도체를 통하여 흐르는 전류의 크기는 도체의 저항과 전류가 흐르게 하는 전압에 따라 달라진다. 발견자인 옴(Georg Simon Ohm)의 이름을 딴 **옴의 법칙**(Ohm's law)은 이들 간의 관계를 설명한다.

측정 단위는 두 방정식에서 일관성이 있다. I가 암페어, R이 옴이면, V는 볼트이다. 옴의 법칙에 따라 저항에 걸리는 전압이 높을수록 전류는 커진다. 다른 크기의 전압을 도체에 걸어주면 다른 크기의 전류를 만들 수 있다. 전류에 대한 전압의 그래프는 직선이며 그 기울기는 도체의 저항이다(그림 7.20). 전압의 극성("+"와 "−" 전극)을 바꾸면 전류의 방향이 반대로 될 것이다.

예제 7.1

3 V 손전등에 사용하는 전구는 6 Ω의 저항을 가진다. 전구를 켰을 때 전류는 얼마인지 구하라.

옴의 법칙에 따라 다음과 같다.

$$I = \frac{V}{R} = \frac{3\text{ V}}{6\text{ Ω}} = 0.5\text{ A}$$

예제 7.2

작은 전기 난방기는 전류가 2 A일 때 15 Ω의 저항을 갖는다. 이 전류를 만들기 위해 얼마의 전압이 필요한지 구하라.

$$V = IR = 2\text{ A} \times 15\text{ Ω} = 30\text{ V}$$

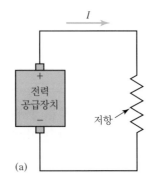 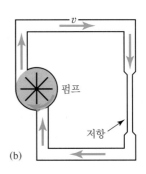

그림 7.19 (a) 전기회로에서 전하의 흐름은 닫힌 파이프를 통해 흐르는 물 (b)와 비슷하다. 전력공급장치는 물 펌프에 해당하고, 저항은 파이프의 폭이 좁은 부분에 해당한다. 펌프의 출구 쪽의 압력은 전력공급장치의 "+" 전극의 전압과 비슷하다. 전류는 물이 흐르는 비율에 해당한다.

모든 장치들이 전압과 전류가 비례하는 옴의 법칙을 따르지는 않는다. 전압이 변할 때 도체의 저항이 일정하지 않고 변하는 경우가 가끔 있다. 더 높은 전압에서 더 큰 전류가 전구의 필라멘트를 통해 흐르고, 그 온도 또한 더 높아진다. 뜨거운 필라멘트의 저항은 결과적으로 더 크다(그림 7.21). 다이오드라고 부르는 몇몇의 반도체 장치들은 한 방향으로 전류가 흐를 때 매우 작은 저항을 갖지만 반대방향으로 전류가 흐르도록 전압이 가해지면 매우 큰 저항을 가지도록 설계되었다. 소금이 녹아있는 물은 일반적으로 높은 전압이 걸릴 때 낮은 저항을 갖는다. 전압을 두 배로 하면 전류는 두 배 이상이 된다. 보통의 수돗물에서 I에 대한 V의 그래프는 높은 전압일 때 기울기가 작아진다.

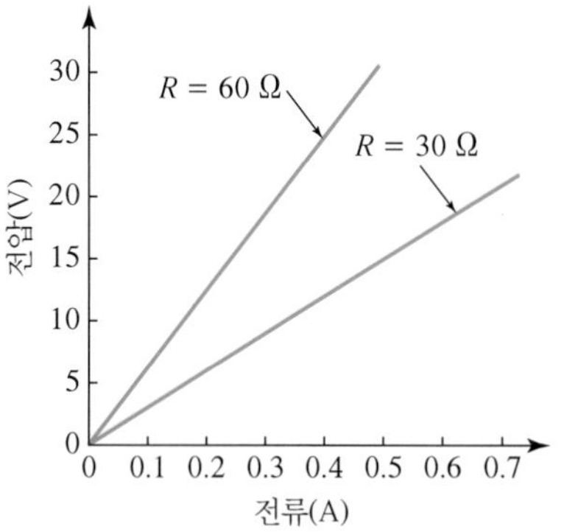

많은 전기장치들은 저항을 변화시켜 조절한다. 라디오 또는 텔레비전에서 소리의 크기 조절은 단순히 회로 내의 저항을 변화시킨다. 저항을 작게 하면 더 큰 전류가 회로에 흐르고 따라서 더 큰 소리가 나게 된다. 방 안의 전구의 밝기를 바꾸기 위해 사용하는 조광 조절장치도 같은 방법으로 동작한다.

그림 7.20 다른 저항(R)을 갖는 두 도체들의 전류에 대한 전압 그래프. 예를 들어 주어진 전류를 만드는 데 필요한 전압은 전류에 비례한다.

7.4b 직렬회로와 병렬회로

많은 경우에 있어서 몇몇 전기장치들이 같은 전력공급장치에 연결되어 있다. 한 가정에 들어오는 하나의 전선에 수백 개의 전구들과 가전제품들이 모두 연결되어 있기도 하다. 자동차는 하나의 전지에 연결된 수십 개의 장치들을 가지고 있다. 한 개 이상의 장치가 한 개의 전력공급장치에 연결되는 방법은 기본적으로 두 가지이다. 즉, 직렬회로와 병렬회로 연결 방법이 있다.

직렬회로에서는 각 장치에서 전하들이 흐르는 경로는 하나밖에 없고, 따라서 각 장치에 같은 전류가 흐른다(그림 7.22). 이와 같은 회로에서 전압은 장치들 각각에 나누어진다. 첫 번째 장치의 전압과 두 번째와 나머지 장치들의 전압을 더하면 전력공급장치의 전압과 같다. 예를 들어 같은 저항을 가진 전구 세 개가 12 V 전지에 직렬로 연결되어 있을 때, 각 전구의 전압은 4 V이다. 전구들이 다른 저항을 갖는다면 각 전구들에 걸리는 전압의 "몫"은 각 저항에 비례할 것이다.

직렬회로에서 장치들 중 어느 하나가 회로를 끊으면 전류는 더 이상 흐르지 않는다(그림 7.23). 전구들 중 하나가 타버리면 전류는 멈추고 모든 전구들이 꺼지기 때문에 보통은 직렬회로는 많은 전구들과 같이 사용하지 않는다. 동시에 반짝이

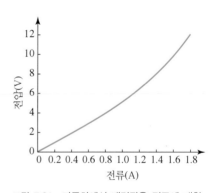

그림 7.21 자동차에서 배면광용 전구에 대한 전류 대 전압 그래프. 전류 대 전압 그래프의 기울기가 저항인데 그래프의 곡선이 위쪽을 향하여 기울기가 커지는 것은 저항이 커짐을 의미한다. 이것은 필라멘트가 더 뜨거워지기 때문이다.

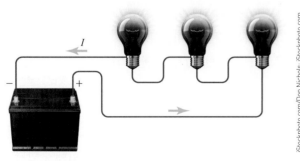

그림 7.22 간단한 직렬회로. 각 전구들의 전류는 같다.

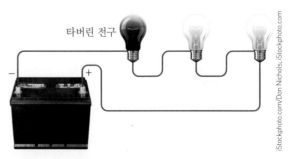

그림 7.23 전구가 타버린 것과 같이 직렬회로에서 하나의 장치가 고장나면, 전류는 멈추고 모든 장치는 꺼진다.

는 크리스마스 전구 열은 직렬회로를 이용하여 모든 전구가 같이 켜지고 꺼진다.

병렬회로에서 전력공급장치를 통해 흐르는 전류는 장치들 각각의 가지로 "나누어진다". 따라서 각 장치는 같은 전압을 갖는다(그림 7.24). 첫 번째 장치에 흐르는 전류와 두 번째와 나머지 장치들의 전류를 더하면 전력공급장치의 출력 전류와 같다. 전하들이 흐를 수 있는 경로는 하나 이상이고, 이 경우 세 개가 있다. 장치들 중 한 개가 고장나거나 제거되어도 다른 것들은 여전히 동작한다. 다중 전구 설비에서 전구들은 병렬이고, 따라서 하나의 전구가 고장나도 다른 것들은 불이 켜진다. 때로는 두 종류의 회로가 결합되기도 한다. 하나의 스위치가 병렬로 연결된 몇 개의 전구들과 직렬로 연결될 수도 있다.

예제 7.3

12 V의 전지에 세 개의 전구가 병렬로 연결되어 있다. 각 전구의 저항은 24 Ω이다. 전지에 흐르는 전류를 구하라.

각 전구의 전압은 12 V이다. 따라서 각 전구의 전류는

$$I = \frac{V}{R} = \frac{12\,V}{24\,\Omega} = 0.5\,A$$

전지가 공급하는 전체 전류는 세 개 전구에 흐르는 전류를 더한 것과 같다.

$$I = 0.5\,A + 0.5\,A + 0.5\,A = 1.5\,A$$

전압의 개념은 꽤 일반적이고 전력공급장치나 전기회로에 제한되지 않는다. 전기장은 전하들에게 일을 할 수 있는 능력을 가지고 있기 때문에 공간에 전기장이 있을 경우 언제나 전압이 존재한다. 전기장의 세기는 전기력선 방향으로의 단위길이당 전압 변화량으로 표현할 수 있다. 7.2절에서 정의된 것과 같이 전기장의 SI 단위는 N/C이다. 여기에서 전기장의 또 하나의 같은 단위가 1 N/C = 1 V/m인 것을 알 수 있다.

예를 들어 공기 중에서 원자들을 이온화시키기에 전기장이 충분히 강할 때 공기는 전기를 전도한다. 이것이 일어나는 데 필요한 전기장 세기의 최솟값은 조건에 따라 달라지지만 센티미터당 10,000에서 30,000 V 사이이다.

다시 말해, 이것은 여러분 손가락과 문손잡이 사이에 1/4인치 길이의 불꽃이 일어난다면, 불꽃이 일어나게 하는 전압은 최소한 7,500 V라는 것을 의미한다.

집적 회로 칩들(ICs)에 있는 트랜지스터와 다른 부품들이 더 작게 만들어짐에 따라 이들을 동작시키는 데 사용하는 낮은 전압(일반적으로 1 V 근처)이라도 매우 강한 전기장을 발생시킨다. 이보다 단지 약 25% 강한 전기장도 회로를 교란시킬 수 있기 때문에 ICs 설계자들은 이 점을 명심해야 한다.

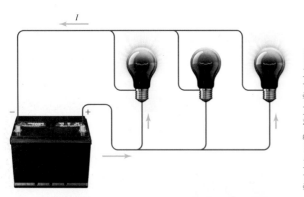

그림 7.24 간단한 병렬회로. 각 전구들은 같은 전압(전력공급장치의 전압)을 갖는다. 전류에 대한 세 개의 분리된 경로가 있기 때문에 전구들 중 하나가 타버려도(보이지 않음) 다른 전구들은 불이 켜진다.

7.5 전류에서 전력과 에너지

전지 또는 다른 전력공급장치는 에너지를 계속 출력해서 전류가 흐르도록 해야 하므로 에너지가 회로로 공급되는 비율인 **일 출력**(power output)을 고려하는 것이 중요하다. 출력은 전력공급장치의 전압과 흐르는 전류에 의해 결정된다. 이런 방법으로 생각해 보자. 일 출력은 단위시간당 소비된 에너지의 양이다. 전력공급장치는 일정량의 에너지를 회로를 통해 흐르는 1 C의 각 전하에 준다. 결국, 단위시간당의 에너지 출력은 1 C의 각 전하에 주어진 에너지와 단위시간당 회로를 통해 흐른 전하의 양, 즉 쿨롬 수를 곱한 것과 같다.

$$\frac{\text{에너지}}{\text{단위 시간}} = \frac{\text{에너지}}{\text{쿨롬}} \times \frac{\text{쿨롬 수}}{\text{단위 시간}}$$

이 세 가지 양들은 각각 출력, 전압, 전류이다. 결국 전력공급장치의 일 출력은

$$\text{출력} = \text{전압} \times \text{전류}$$
$$P = VI$$

이다. 이 방정식에서 단위들을 정확하게 계산하면 J/C(V) 곱하기 C/s(A)가 J/s(W)와 같다는 것이다. 전지의 일 출력은 전지가 공급하는 전류에 비례한다. 전류가 클수록 일 출력이 커진다.

예제 7.4

예제 7.1에서 손전등 전구에 흐르는 전류를 계산하였다. 전지의 일 출력을 구하라.

전지가 3 V를 발생시키고 전구의 전류는 0.5 A인 것을 기억하자. 일 출력은

$$P = VI = 3 \text{ V} \times 0.5 \text{ A} = 1.5 \text{ W}$$

이다. 전지는 매 초 1.5 J의 에너지를 공급한다.

그림 7.25 흐르는 전류가 가느다란 필라멘트를 가열하여 뜨겁고 밝게 만든다. 반면에 굵은 도선을 사용하면 온도는 훨씬 낮아진다.

전력공급장치가 공급한 에너지에 어떤 일이 일어날까? 전구에서는 5%보다 작은 양이 가시광으로 바뀌고 나머지는 내부 에너지가 된다. 전구가 방출한 가시광조차도 결국 주변의 물질에 흡수되고 내부 에너지로 변환된다(실내조명은 실제적으로는 다른 건물을 데우는 데 사용된다). 헤어드라이어, 진공청소기 그리고 이와

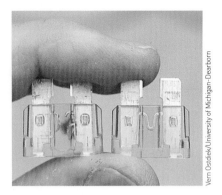

그림 7.26 자동차에 사용되는 두 개의 20암페어 퓨즈. 왼쪽 퓨즈에 흐르는 전류가 20암페어를 초과하여 타버린 것으로 보인다.

유사한 것들의 전기 모터는 입력 에너지의 약 60%를 역학적 일이나 에너지로 바꾸고 나머지는 내부 에너지가 된다. 역학적 에너지는 일반적으로 마찰로 인한 내부 에너지로 사라진다. 비슷한 방법으로 다른 전기장치들의 에너지 변환을 추적해 볼 수 있고, 그 결과는 같다. 대부분의 전기 에너지는 결국 내부 에너지가 된다.

보통의 금속 전선은 전류가 흐를 때마다 전기 에너지를 내부 에너지로 바꾼다. 헤어드라이어를 사용할 때 전깃줄이 따뜻해지는 것을 느꼈을 것이다. **오믹 가열**(Ohmic heating)이라고 하는 이러한 가열은 저항이 아무리 작더라도 저항을 가지고 있는 모든 도체에서 일어난다. 발전소에서 도시에 전기를 전달하는 커다란 전선들은 이 효과로 인해 가열된다. 이러한 가열은 유용한 에너지의 손실을 나타낸다.

오믹 가열에 의해 전류를 전달하는 전선이 도달하는 온도는 전류의 크기와 전선의 저항에 따라 달라진다. 주어진 전선의 전류를 증가시키면 온도가 올라간다. 많은 장치들이 이 효과를 이용한다. 토스터와 전기 난방기의 가열 부품들의 저항선이 빨갛게 되어 빵을 굽거나 빵을 데울 때까지 가열하기에 충분히 큰 동작 전류가 되도록 선택한다. 백열전구의 필라멘트는 가늘게 만들어서 오믹 가열로 인해 백색으로 빛나게 하고 방을 비추는 데 충분한 빛을 방출한다(그림 7.25).

오믹 가열은 복잡한 집적 회로 칩을 설계할 때 주로 고려해야 할 점이다. 비록 작은 트랜지스터를 통해 흐르는 전류가 매우 작아도 특별한 과정을 통해서 발생되는 열이 전도에 의해 빠져나가는 것을 확인할 수 있는 작은 공간에 많은 회로들이 있다. 초전도체의 저항이 0이기 때문에 오믹 가열은 없다. 보통의 전선들을 초전도체로 대체할 수 있다면 대부분의 전기장치들의 전체적인 효율을 개선할 수 있다. 초전도 전송선들은 전기를 에너지 손실 없이 발전소에서 도시로 전달되게 할 수도 있다. 현재 알려진 초전도체의 문제점들은 이러한 활용을 비실용적이게 한다.

모든 전선에서 충분히 큰 전류는 전선 주변의 모든 절연체를 녹이거나 근처의 물질들에 불이 나게 하기에 충분할 정도로 전선을 매우 뜨겁게 한다. 안전장치로 퓨즈와 회로 차단기를 전기회로 안에 두어서 전선의 위험한 가열을 방지한다. 무엇인가 잘못되거나 너무 많은 장치들이 회로와 연결되어서 전류가 사용한 전선의 굵기에 따라 추천된 안전 한계를 넘으면, 퓨즈 또는 회로 차단기는 자동적으로 회로를 "끊고" 전류는 멈출 것이다. 자동차, 가정 그리고 다른 건물들의 전기회로 설계자들은 필요한 전류를 과열 없이 전달하기에 충분히 굵은 전선을 선택하여야 한다(그림 7.26). 그리고 회로 설계자들은 회로에 과부하가 걸릴 때 연결을 끊게 하는 퓨즈 혹은 회로 차단기를 포함시켜야만 한다.

대부분의 전기장치들은 소비하는 전력으로 평가한다. 방정식 $P = VI$를 사용하여 장치가 동작할 때 얼마나 많은 전류가 흐르는지를 결정할 수 있다.

266 7장 전기

예제 7.5

헤어드라이어가 120 V로 동작할 때 1,875 W를 소비한다. 이를 통해 흐르는 전류를 구하라.

$$P = VI$$
$$1,875 \text{ W} = 120 \text{ V} \times I$$
$$\frac{1,875 \text{ W}}{120 \text{ V}} = I$$
$$I = 15.6 \text{ A}$$

전선줄은 15.6 A의 전류가 흐를 때 뜨겁게 되어 위험하지 않게 충분히 커야만 한다.

특수한 전선에서 과열 없이 흐를 수 있는 가장 큰 전류는 전선의 굵기에 따라 달라진다. 이것은 전력공급회사들이 높은 전압의 전기공급 시스템을 사용하는 이유 중 하나이다. 도시, 작은 구역 또는 개인 주택으로 공급되는 전기는 전선을 이용하여 전송되어야 한다. $P = VI$이므로 높은 전압을 사용하면 작은 전류로 같은 전력을 전송하는 것이 가능하다. 낮은 전압(즉, 더 일반적인 345,000 V 대신 100 V)을 사용하면 큰 전류를 다루기 위하여 훨씬 큰 전선들을 사용해야만 한다.

소비자들은 전기회사가 공급한 전기에 대한 비용을 사용한 에너지의 양으로 지불한다. 전기미터기는 전력(에너지 사용 비율)을 측정하여 전체 사용량과 각각의 출력 수준이 유지될 때의 양을 파악한다(그림 7.27). 전력을 정의하는 데 사용한 방정식을 기억하자.

$$P = \frac{E}{t}$$

따라서

$$E = Pt$$

이다.

사용한 에너지의 양은 전력과 사용 시간을 곱한 것과 같다. P가 와트(W)이고, t가 초(s)이면, E는 줄(J)이 된다.

예제 7.6

예제 7.5에서 논의한 헤어드라이어를 3분 동안 사용할 때, 헤어드라이어가 사용하는 에너지의 양을 구하라.

전력은 1,875 W이다. E를 줄(J)로 얻기 위해서 3분을 초로 바꾸어야 한다.

$$t = 3 \text{ min} = 3 \times 60 \text{ s}$$
$$= 180 \text{ s}$$

따라서

$$E = Pt = 1,875 \text{ W} \times 180 \text{ s}$$
$$= 340,000 \text{ J}$$

그림 7.27 최신 디지털 전기 미터기는 송신기가 장착되어 미터기의 수치를 자동으로 지역 전력망 네트워크에 전송해주는 기능을 가지고 있다.

이다. 이것은 60 mph로 가는 소형차의 운동 에너지와 거의 같은 정도의 많은 에너지 양이다(예제 3.6). 다른 비교를 해보자. 150 lb의 사람이 340,000 J의 위치 에너지를 얻기 위해서 1,700 ft(약 170층)를 올라가야 한다.

보통의 가정은 매달 10억 J 이상의 에너지를 소비할 수 있다. 이 때문에 킬로와트시(kilowatt-hours, kWh)와 같은 보다 적당한 크기의 전기 에너지 측정 단위가 사용된다. 킬로와트시에서 에너지는 전력을 킬로와트(kW)로 시간을 시(h)로 표현해서 계산한다. 줄과 킬로와트시 사이의 변환 인자는

$$1 \text{ kWh} = 1 \text{ kW} \times 1 \text{ h}$$
$$= 1,000 \text{ W} \times 3,600 \text{ s}$$
$$= 3,600,000 \text{ J}$$

이다.

예제 7.6의 헤어드라이어가 사용한 에너지는 약 0.1 kWh이다. 전기요금은 사용량 및 용도에 따라 변하지만, 일반적으로 kWh당 약 57원이다. 이것은 헤어드라이어를 3분 사용하는 데 약 5.7원의 비용이 든다는 것을 의미한다.

아마도 여러분은 보통의 1.5 VD-셀 건전지가 화재경보기와 다른 일상적인 전기장치들에 사용하는 9 V 전지보다 왜 더 큰지 궁금했을 것이다. 사실은 전지의 전압은 그 물리적 크기와 아무 관련이 없다. 서로 다른 1.5 V 전지의 크기는 버튼(손목시계용)에서부터 맥주 캔보다 더 큰 범위에 걸쳐 있다. 크기는 전지에 저장된 전기 에너지의 양의 표시이다. 큰 전지는 같은 전압을 가진 작은 전지보다 같은 전류(그리고 같은 전력)를 보다 긴 시간 동안 공급할 수 있다. 보청기와 계산기와 같이 작은 전력이 필요한 응용에서는 작은 전지로도 일 년 혹은 그 이상 동안 장치를 동작시키기에 충분한 에너지를 공급할 수 있다.

7.6 교류와 직류

전지에 의해 공급되는 전류는 일반 가정의 벽에 설비된 콘센트에서 공급되는 전류와는 다르다. 전지는 **직류**(direct current, DC)를 공급하고, 가정용 콘센트는 **교**

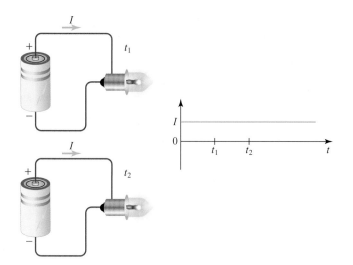

그림 7.28 직류. 시간 대 전류의 그래프에 보이는 것과 같이 전류는 한 방향으로 흐르고 증가하거나 감소하지 않는다.

류(alternating current, AC)를 공급한다. 전지와 같은 직류 전력공급장치는 회로 안에서 전류가 일정한 방향으로 흐르게 한다(그림 7.28). 전류는 전력공급장치의 양전극(+)에서 흘러나오고, 전력공급장치의 음전극(−)으로 흘러들어간다. 회로의 전체 저항이 변하지 않는다면, 전류의 크기는 일정하게 유지된다(전지가 고장 나지 않는 한). 시간 t에 대한 전류 I의 그래프는 단순한 수평선이다.

교류 전력공급장치에서 두 전극의 극성은 앞뒤로 바뀌고 전압은 번갈아 발생한다. 이것은 전력공급장치에 연결된 모든 회로의 전류 또한 교대로 발생하게 한다. 전류는 시계 반대 방향으로 흐르고, 그 다음은 시계 방향 그리고 다시 시계 반대 방향 등으로 흐른다. 그동안 내내 전류의 크기는 증가하고, 그 다음은 감소하고, 다시 증가하고가 반복된다. 교류 회로에서 전류의 그래프는 이러한 전류의 크기와 방향의 변화를 보여준다(I가 0 아래로 내려갈 때, 전류의 방향이 바뀐 것을 의미한다. 그림 7.29).

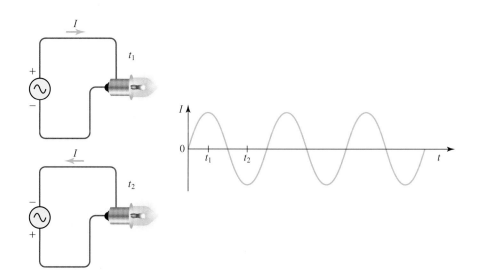

그림 7.29 교류. 전류의 방향이 앞뒤로 바뀌고, 전류의 크기는 연속적으로 변한다.

실험을 위하여 긴 튜브 모양의 형광등이 있는 방이 필요하다. 스탠드에 사용되는 콤팩트 타입의 형광등은 잘 작동이 되지 않을 수 있다. 그리고 흰색 또는 연한 색의 연필이나 볼펜 등이 필요하다. 먼저 형광등이 당신의 뒤쪽 위쪽으로 오도록 위치를 잡는다. 볼펜을 형광등의 불빛이 잘 닿는 곳에 들고 그 뒤 배경으로는 검은색이 오도록 한다. 볼펜을 손으로 잡고 빠르게 좌우로 흔들면 볼펜의 움직임을 따라 그 희미한 흔적이 가늘게 이어지는 것을 볼 수 있다. 이는 무엇 때문인가? (힌트는 교류가 관계되어 있다.) 위와 같은 현상은 백열전구를 사용하였을 때는 나타나지 않는다. 왜 그런가?

이전에 2.5절과 6장 전체에서 이러한 종류의 진동을 공부하였다. 교류를 도체 안의 전하들이 앞뒤로 진동하게 하는 "파동"의 한 종류로 생각할 수 있다. 한국의 전력공급회사들은 60 Hz 교류를 공급한다. 벽에 붙은 콘센트의 두 구멍 사이의 전압은 1초에 60번 앞뒤로 진동한다(유럽의 경우, 교류의 표준 주파수는 50 Hz이다).

몇몇 전자 장치들(전구와 같은)은 교류 혹은 직류에서 동작할 수 있지만, 그 밖의 것은 어느 하나에서만 동작한다. 전기 모터와 발전기는 교류 혹은 직류 둘 중 하나에서 동작하거나 이를 발생시키도록 설계되어야 한다. 또 교류 전압을 직류 전압으로 바꿀 수 있는 장치들이 있으며, 그 반대로도 할 수 있다. 이러한 이유로 자동차는 직류 전기 시스템을 가지고 있다. (자동차의 교류기는 교류를 발생시키고, 그 다음 직류로 바뀌어서 전지와 호환할 수 있다.)

교류는 직류에 비해 한 가지 분명한 장점이 있다. 변압기라고 하는 간단하고 매우 효율적인 장치는 교류 전압을 점차적으로 높이거나, 점차적으로 낮추는 것이 가능하다. 이렇게 하면 발전소에서 중간 정도의 전압으로 교류를 발생시키고, 그것을 매우 높은 전압(일반적으로 300,000 V 이상)으로 높이고, 그 다음 그것을 다시 가정이나 산업체에서 사용하도록 낮은 전압으로 낮추는 것이 가능하다. 직류에서는 이러한 역할을 하는 변압기는 없다. 교류의 다른 중요한 활용은 전자 음향 장비에 있다. 예를 들어 440 Hz 음을 테이프에 녹음하여 재생할 때, 스피커로 가는 "신호"는 440 Hz의 주파수를 가진 교류일 것이다. (변압기과 음의 재생을 8장에서 논의할 것이다.)

복습

1. 직류(DC)는 다음 중 어느 것일까?
   a. 배터리에 의해 만들어진다.
   b. 대부분의 전기기기에 사용된다.
   c. 음성신호를 스피커에 전달한다.
   d. 진동한다.

2. (참 혹은 거짓) 보통 교류(AC)에 사용되는 형광등은 적절한 전위의 직류(DC)에도 사용 가능하다.

3. 교류(AC)는 _____ 를 사용하여 그 전위를 높이거나 낮추는 것이 용이하다.

전하 전자, 양성자 그리고 다른 원자 내부의 입자들은 전기적 자기적 현상의 근원인 전하라고 하는 물리적 특성을 지닌다. 원자가 양의 양성자보다 음의 전자들을 더 많이 가지고 있을 때, 원자는 음으로 대전된 이온이 된다. 원자가 전자보다 많은 양성자를 가질 때, 양이온이 된다. 많은 경우에 마찰에 의해 물질의 표면에 이온들이 형성된다.

전기력과 쿨롱의 법칙 양 또는 음의 알짜 전하를 가진 모든 물체들 사이에 힘이 작용한다. 같은 전하들을 밀치고, 다른 전하들은 끌어당긴다.

쿨롱의 법칙으로 표현되는 정전기력은 원자 안에서 핵에 결합된 전자들, 호박 효과(달라붙는 것과 같이) 그리고 다른 많은 현상들을 설명한다. 전하들은 그들 주변의 공간에 전기장을 발생시킨다. 중력장이 두 물체들 사이의 만유인력의 대행자인 것과 같이 이 전기장은 정전기력의 대행자이다.

전류-초전도 전기 현상의 유용한 응용들 대부분은 전류를 포함한다. 전류는 전지와 같은 전원공급 장치에 의해 전선을 통해 흐르도록 만들어진 주로 전자들로 이루어진다. 이와 같은 현상은 저항에 의해 방해를 받고, 이로 인해 전도 금속을 통한 전류의 양이 유지된다.

초전도체는 전류가 거의 0의 저항을 가지고 흐르도록 한다. 전기 저항은 도체와 반도체에 따라 변하고, 절연체는 전류를 완전히 차단한다.

전기회로와 옴의 법칙 전하의 흐름은 전압, 전류 그리고 저항을 이용해서 분석한다. 옴의 법칙은 회로 안에서의 전류가 전압을 저항으로 나눈 것과 같다는 것을 뜻한다. 회로 안에서의 전력 소비는 전압과 전류에 따라 달라진다. 직렬회로에서는 전류가 한 방향으로만 흐르지만, 병렬회로에서는 각 장치들 사이로 나누어져 흐른다.

전류에서 전력과 에너지 전류가 저항이 있는 요소들을 통과해 흐르게 하는 데 필요한 전기 에너지는 내부 에너지로 변환된다. 이러한 옴 가열은 백열전구가 빛을 발생시키는 데 이용된다. 전류가 너무 커서 과도한 옴 가열이 일어나면 퓨즈와 회로차단기를 이용해서 자동으로 회로의 연결을 끊는다. 매우 낮은 온도에서, 많은 물질들이 초전도체가 되어 영의 저항을 갖는다. 결과적으로, 전류가 초전도체를 통과해 흐를 때 가열에 의한 에너지 손실이 없다. 현재 사용되고 있는 초전도체들은 주로 특수 목적의 과학 그리고 의학 장비들에 국한되어 있다.

교류와 직류 전류에는 교류(AC)와 직류(DC)의 두 종류가 있다. 전지는 직류를 발생시키기 때문에 전지로 동작하는 장치들은 일반적으로 직류를 사용한다.

변압기는 교류 전압을 한 값에서 다른 값으로 점진적으로 올리거나 내리게 할 수 있다. 이것은 전기사업과 같은 전기 공급망에 교류가 더 편리하도록 해준다.

● **정의**

전하 전기적 그리고 자기적 현상을 보이는 원자 속 입자들의 고유한 물리적 특성. 전하는 q로 나타내고, SI 측정 단위는 쿨롬(C)이다.

음이온 알짜 전하량이 음인 원자로서 양성자보다 많은 전자들을 가지고 있다.

양이온 알짜 전하량이 양인 원자로서 전자보다 많은 양성자들을 가지고 있다.

전류 전하 흐름의 비율. 1초당 흐르는 전하의 양.

$$I = \frac{q}{t}$$

전하의 SI 단위는 암페어(A 또는 amp)로 1초당 1 C과 같다.

저항 전류 흐름에 대한 방해의 척도. 저항은 R로 나타내고, SI 측정 단위는 옴(Ω)이다.

전압 대전된 입자가 할 수 있는 일을 전하의 크기로 나눈 것. 전원공급장치에 의해 대전된 입자에 주어진 단위전하당의 에너지.

$$V = \frac{E}{q} = \frac{일}{q}$$

전압의 SI 단위는 볼트(V)로, 쿨롱당 1 J과 같다.

전력 회로에 전달되는 에너지 비율.

$$P = \frac{E}{t} = VI$$

옴 가열 전기 에너지가 내부 에너지로 변환될 때 저항을 가진 모든 도체에서 일어나는 의도하지 않은 가열.

직류(DC) 한 방향으로 일정하게 흐르는 전류.

교류(AC) 앞뒤로 흐르는 전하들로 구성된 전류.

● **법칙**

쿨롱의 법칙 대전된 두 개의 물체 각각

에 작용하는 힘은 물체의 알짜 전하에 비례하고 둘 사이의 거리의 제곱에 반비례한다.

$$F \propto \frac{q_1 q_2}{d^2}$$

비례상수의 SI 단위는 9×10^9 N-m^2/C^{2}이다. 따라서

$$F = \frac{(9 \times 10^9) q_1 q_2}{d^2}$$

이다.

옴의 법칙 도체 안의 전류는 도체에 걸린 전압을 도체의 저항으로 나눈 것과 같다.

$$I = \frac{V}{R} \ \text{또는} \ V = IR$$

질문

(▶ 표시는 복습 질문을 나타낸 것이고, 답을 하기 위해서는 기본적인 이해만 있으면 된다는 것을 의미한다. 다른 것들은 지금까지 공부한 개념들을 종합하거나 확정해야 한다.)

1(1). ▶ 모든 물체에는 양과 음으로 대전된 입자 모두가 들어 있다. 왜 대부분의 물체가 알짜 전하를 갖고 있지 않을까?

2(2). 특수한 고체는 문지른 후 전기적으로 대전되지만, 그 전하가 양 또는 음인지 알 수 없다. 플라스틱이나 모피를 이용해서 물체가 가지는 전하를 결정할 수 있을까?

3(3). ▶ 양이온은 무엇인가? 음이온은 무엇인가?

4(4). 수소원자가 양으로 이온화된 후 무엇이 남을까?

5(5). ▶ 두 물체 사이의 중력과 두 대전된 물체 사이의 정전기력의 비슷한 점과 다른 점들을 설명하라.

6(7). 빈 공간에서 두 개의 양으로 대전된 물체 사이에 작용하는 정전기력의 크기가 물체들 사이에 작용하는 중력과 정확하게 같다면 어떤 일이 일어날까? 물체들을 서로 가까이 가져가거나 멀리 떨어뜨리면 어떤 일이 일어날까?

7(8). a) 음으로 대전된 쇠 공(플라스틱 막대의 한쪽 끝에 있는)은 동전이 중성이라고 할지라도 동전에 강하게 잡아당기는 힘을 작용한다. 이것이 어떻게 가능할까?

b) 동전은 공쪽으로 가속되어 공을 치고, 그 다음 곧바로 튕겨나간다. 동전과 공이 접촉할 때 무엇이 당기는 힘이 갑자기 밀치는 힘으로 바뀌게 만들까?

8(9). ▶ 전기장은 무엇인가? 단일 양성자 주변의 전기장 모양을 스케치하라.

9(10). ▶ 폭풍이 일어나는 동안의 한 순간에서 두 구름 사이의 전기장이 동쪽으로 향한다. 이 영역에 있는 전자에 작용하는 힘의 방향은 무엇인가? 이 영역에 있는 양이온에 작용하는 힘의 방향은 무엇인가?

10(11). ▶ 전기집진기가 무엇이고, 어떻게 동작하는지 설명하라.

11(13). 소금물에는 같은 수의 양이온과 음이온들이 들어 있다. 소금물이 파이프를 통해 흐를 때, 전류를 형성할까?

12(14). ▶ 어떤 전하들이 물체를 통해 흐를 수 있는지에 따라서 물체들을 네 종류로 쉽게 분류할 수 있다.

13(15). 고체 금속 원통이 어느 정도의 저항을 가지고 있다. 원통을 가열하고 조심스럽게 길게 늘여서 가는 원통으로 만든다. 이것을 냉각시키면 저항은 처음 원통의 저항과 같을까, 더 클까? 아니면 더 작을까?

14(16). 학생이 저항을 측정하는 민감한 측정기를 사용해서 가는 전선을 맨손으로 들어 올릴 때 저항이 조금 변한 것을 발견하였다. 무엇이 저항의 변화를 일으킬까? 저항은 커질까 아니면 작아질까?

15(17). 모든 온도에서 초전도체가 되는 신소재가 발견되었다면, 보통의 전기장치들의 어떤 부품들이 신소재로 만들어지지 않을까?

16(18). ▶ 전류, 저항 그리고 전압은 무엇인지 설명하라.

17(19). ▶ 간단한 전기회로를 스케치하라.

18(20). ▶ 옴의 법칙을 설명하라.

19(21). 전력공급장치가 한 컵의 소금물에 담겨진 두 개의 벗겨진 전선에 연결되어 있다. 전압이 증가할 때 물의 저항은 감소한다. 이 소금물에 대하여 전압 대 전류의 그래프를 그려라.

20(22). ▶ 회로에 한 개 이상의 전기장치를 연결하기 위한 기본적인 구성이 두 가지 있다. 각각의 이름을 적고, 설명하고, 장점들을 들어라.

21(23). 한 개의 스위치와 두 개의 전구들을 포함하는 회로에서 전구 중 어느 하나가 타버려도 다른 하나는 여전히 동작하지만, 스위치가 꺼지면 두 전구가 모두 꺼지는 회로를 스케치하라.

22(24). 전기회로에서 두 개의 1.5 V 전지들이 직렬로 연결되어 있다. 에너지의 개념을 이용해서 이 결합이 3 V 전지 한 개와 동일한 이유를 설명하라. 병렬 연결할 때 1.5 V 전지 두 개는 무엇과 동일한가?

23(25). 전기회사는 두 종류의 100 W(최대 전력이 100 W) 전력 공급장치를 판매하고, 그중 하나는 12 V, 다른 하나는 6 V의 전압을 낸다. 두 전력공급장치가 발생시키는 최대 전류를 구하라.

24(26). 간단한 전기회로가 일정한 전압을 공급하는 전력공급장치와 변할 수 있는 저항으로 구성된다. 저항을 줄이면 회로 안의 전류와 전력공급장치의 전력에 어떤 영향을 미칠까?

25(27). ▶ 전기회로에서 퓨즈와 차단기를 두는 목적은 무엇인가? 이들이 효과적이려면 회로에서 어떻게 연결되어야만 하는가?

26(28). 가정의 전기회로에서 20 A의 퓨즈가 타버렸다. 이 퓨즈를 30 A 퓨즈로 바꾸면 어떤 재해가 일어날까?

27(29). ▶ 전력을 전송할 때 매우 높은 전압을 사용하는 것이 왜 경제적일까?

28(30). ▶ 교류와 직류는 무엇인지 설명하라. 전력사업에서 왜 교류가 사용될까? 손전등에 왜 직류를 사용할까?

29(31). 회로에서 교류를 파동으로 생각할 수 있다면, 종파 또는 횡파 중 어떤 종류일까?

30(32). 여러분이 살고 있는 곳의 전력회사가 교류의 주파수를 갑자기 20 Hz로 바꾸었다면, 어떤 문제가 일어날 수 있을까?

연습 문제

1(4). 전자레인지를 30초 사용하는 동안 250 C의 전하가 흐른다. 전류의 크기를 구하라.

2. 세동제거기는 심장마비가 온 환자의 심장으로 전기충격을 보내서, 10 ms 동안 0.16 C의 전하를 신체에 전달한다. 이렇게 구명 행동에 관계된 전류를 구하라. (많은 양의 전하가 환자의 피부와 흉강 전체로 확산되는 한, 일반적인 세동제거기 동작 과정에서 실제로는 이 전류의 작은 양만이 심장으로 흐른다.)

3(6). 0.7 A의 전류가 1분 동안 전기모터로 들어간다. 이 시간 동안 모터를 통해 흐르는 전하의 쿨롱 수를 구하라.

4(7). 계산기가 5분 동안 0.0001 A의 전류를 흐르게 한다. 얼마나 많은 전하들이 계산기를 통해 흐를까?

5(8). 120 V로 동작하는 전기 난방기를 통해 12 A의 전류가 흐른다. 난방기의 저항을 구하라.

6(9). 가정집의 120 V 회로는 전류가 20 A를 넘을 때 "끊어지는" 20 A 퓨즈를 갖추고 있다. 퓨즈가 끊어지게 하지 않고 회로에 연결될 수 있는 가장 작은 저항을 구하라.

7(10). 자동차의 브레이크 전구의 저항이 6.6 Ω이다. 자동차는 12 V의 전기 장치들을 가지고 있다는 사실을 이용해서 각 전구에 흐르는 전류를 구하라.

8(11). 컴퓨터 영상기에 사용되는 전구의 저항은 80 Ω이다. 영상기가 120 V로 동작할 때 전구를 통해 흐르는 전류를 구하라.

9(12). 사람 손가락 피부의 저항은 일반적으로 약 20,000 Ω이다. 손가락으로 흘러 들어가는 전류가 0.001 A가 되기 위해서 필요한 전압을 구하라.

10(13). 150 Ω의 저항이 전압을 변화시킬 수 있는 전력공급장치에 연결되어 있다.

a) 저항에 0.3 A의 전류가 흐르기 위해서 얼마의 전압이 필요할까?

b) 전압이 18 V일 때 저항으로 흐른 전류를 구하라.

11(14). 문제 **5**에서 전기 난방기의 소비 전력을 구하라.

12(15). 전기 뱀장어는 먹이를 기절시키기 위해 400 V, 0.5 A의 전기 쇼크를 발생시킬 수 있다. 뱀장어의 전력을 구하라.

13(16). 전기기차가 750 V로 동작한다. 기차의 모터를 통해 흐르는 전류가 2,000 A일 때 기차의 소비 전력을 구하라.

14(17). 방 안의 모든 전기 콘센트는 단일 병렬회로에 연결되어 있다(그림 7.30). 회로에는 20 A 퓨즈가 들어가 있고, 전압은 120 V이다.

a) 퓨즈의 끊어짐이 없이 콘센트가 공급할 수 있는 최대 전

력을 구하라.

b) 퓨즈의 끊어짐이 없이 1,200 W의 가전제품이 소켓에 얼마나 많이 연결될 수 있을까?

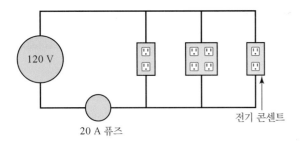

그림 7.30

15(19). 자동차의 전조등은 하향등일 때 40 W, 상향등일 때 50 W를 소비한다.

a) 각 경우에 흐르는 전류를 구하라($V = 12$ V).

b) 각 경우의 저항을 구하라.

16(20). 가정에서 사용하는 40 W의 전구에 흐르는 전류를 구하라($V = 120$ V). 이것을 연습 문제 **15**의 첫 부분의 답과 비교하라.

17(21). 전기 빨래건조기가 4,000 W의 전력을 소비한다. 이것이 40분 동안 소비하는 에너지를 구하라.

18(22). 시계가 2 W의 전력을 소비한다. 시계가 하루에 사용하는 에너지의 양을 구하라.

19(23). 1,200 W의 헤어드라이어를 5분 동안 사용하는 것과 60 W 등을 밤새(10시간)켜두는 것 중 어느 것이 비용이 많이 드는가?

20(24). 대표적인 낙뢰는 200,000,000 V에 의해 발생하고 짧은 시간 동안 흐르는 1,000 A의 전류로 이루어진다. 전력을 구하라.

21(25). 120 V로 동작하는 토스터가 9 A의 전류를 사용한다.

a) 토스터의 소비 전력을 구하라.

b) 토스터가 1분 동안 사용하는 에너지 양을 구하라.

c) 뜨거워지는 열선의 총 저항은 몇 Ω인가?

22(26). 어떤 전기모터가 120 V에 연결되어 있을 때 10 A의 전류를 흐르게 한다.

a) 모터의 소비 전력을 구하라.

b) 4시간 동안 사용할 때 모터는 얼마나 많은 에너지를 사용할까? 답을 J과 kWh로 표현하라.

23(27). 큰 발전소에 있는 발전기는 24,000 V에서 1,000,000 kW

의 출력을 갖는다.

a) 발전기가 직류 발전기일 때, 전류를 구하라.

b) 발전기가 하루에 내보내는 에너지를 J과 kWh로 나타내라.

c) 이 에너지가 kWh당 10센트에 팔린다면 발전소 발전기가 매일 얼마나 수입을 올리는가?

24(28). 전구가 120 V에 연결되어 있을 때 60 W를 소비한다.

a) 이 경우 전구를 통해 흐르는 전류를 구하라.

b) 전구의 저항을 구하라.

c) 전구가 60 V에 연결되어 있을 때 저항이 동일하다고 가정하면 전구의 전류는 얼마가 될까?

d) 이 경우 전구의 소비 전력을 구하라.

25(30). 재충전이 필요하기 전에 2시간 동안 4,000 W의 평균 진력을 깆는 진기 자동차가 설계되고 있다. (에너지 낭비가 없다고 가정한다.)

a) 충전된 전지들에 얼마나 많은 에너지가 저장될까?

b) 전지들은 30 V로 동작한다. 전지들이 4,000 W로 동작할 때 전류를 구하라.

c) 전지들을 1시간 동안 재충전하기 위해서 얼마나 많은 전력이 전지들에게 공급되어야만 하는가?

26(31). 전기 난방기가 120 V에 연결되어 있을 때 저항이 10 Ω이다. 난방기를 30분 동안 동작시킬 때 사용하는 에너지의 양을 구하라.

27. 여러분의 핸드폰으로 친구에게 문자를 보낼 때 일반적으로 400 mW의 전력을 소비한다. 이러한 조건에서 전화기가 3.6 V의 전압을 가진 리튬-이온 전지를 사용하여 동작할 때, 핸드폰 회로를 통해 흐르는 전류를 구하라. 이 결과를 표 2.1에 주어진 값과 비교하라.

28. 밝기가 3단계로 전환되는 전구는 보통 두 개의 필라멘트를 가지고 있고, 밑바닥에 세 개의 접점을 가지도록 되어 있다. 밝기가 3단계로 전환되는 등에 사용할 때, 스위치는 전류를 우선 저항이 큰 필라멘트로 보내서 전구를 어둡게 하고, 다음에 낮은 저항의 필라멘트로 보내서 전구를 밝게 하고, 마지막으로 두 필라멘트에 모두 보내서 전구를 가장 밝게 한다.

a) 특수한 3단 조절 전구가 40 W, 60 W 그리고 100 W를 소비하고, 120 V를 전달하는 회로의 일부로 동작하고, 세 가지 가능한 전력/밝기 조절에 사용될 때 조명기구에 흐르는 전류를 구하라.

b) 전구를 두 번째 위치에 90분 동안 있게 할 때, 전구가 소비하는 에너지의 양은 J과 kWh로 측정할 때 얼마인가? 전기 에너지의 지역 비용이 $0.08/kWh이라면, 주택 소유자가 이 시간 동안 등을 밝히는 비용을 구하라.

8 장
전자기학과 전자기파

공항의 금속 탐지기.

Andre Lambertson/CORBIS

금속 탐지기

몰래 들여오는 무기류를 탐지하는 금속 탐지기를 공항이나 정부 건물 또는 학교를 비롯하여 많은 곳에서 볼 수 있다. 금속 탐지기는 당신의 옷이나 신체에 접촉하지 않고도 총이나 칼, 위험한 무기의 일부일 수 있는 금속을 찾아내는 장치이다. 몸속에 숨겨진 아이템을 찾는 아치가 있는 두 기둥 사이를 걸어들어 가면 마치 공상과학 소설 속으로 들어가는 듯한 느낌을 받는다.

어떻게 이 장치는 마법을 실행하는 것일까? 실제로 금속 탐지기는 전기로 작동되지만 금속을 찾아내는 것은 자성을 이용한다. 탐지기는 대상자에게 1초에 100번 정도 진동하는 매우 빠른 자기 펄스를 발사한다. 동시에 이 자기 펄스의 크기가 얼마나 빠른 속도로 감쇄하는지를 측정한다. 모든 금속 물체는 자기 펄스에 노출되면 스스로 자기 펄스를 유도하기 때문에 금속의 존재는 자기 펄스의 감쇄에 영향을 미친다. 이러한 방법으로 철 성분뿐 아니라 직접적으로는 자석에 끌리지 않는 금속인 알루미늄이나 금 성분까지도 감지할 수 있는 것이다.

자성 그리고 그것의 전기와의 관계를 이해하는 것이 이 장의 목표가 된다. 전기와 자기적인 현상의 결합이 바로 우리 주변의 많은 기기들 즉, 모터, 발전기, 금속 탐지기의 원리가 되고 있으며 무엇보다도 전자기파를 이용하는 와이파이, 무선 리모컨 등 현대적인 통신의 기본기술의 원리가 되고 있다. 전자기파의 원리 또한 이 장의 후반부의 주제이기도 하다.

8.1 자기

자기는 천연광물인 자철석에서 처음으로 관측되었다. 자철석은 소아시아 지역의 고대 도시인 마그네시아 부근에서는 매우 흔한 광물이었다. 대전된 플라스틱이 종이조각을 끌어당기듯이 자철석은 철, 니켈과 다른 금속 조각들을 끌어당긴다(그림 8.1). 자철석 조각을 실에 매달거나 나무 조각 위에 놓고 물에 띄우면 스스로 남북 방향을 가리킨다는 사실을 발견한 최초의 사람은 아마 중국인이었을 것이다. 나침반은 선원들이 구름이 많이 낀 날 바다에서 북쪽

277

그림 8.1 자철석, 자연 상태의 자석이 금속 조각을 끌어당긴다.

방향을 결정할 수 있게 해 주었기 때문에 항해술에 혁명을 불러 일으켰다. 나침반은 또한 19세기까지 몇 안 되는 자기를 응용한 장치들 가운데 하나였다.

8.1a 자성체와 자기장

모든 간단한 자석은 동일한 나침반 효과를 보인다.—자석의 한 끝 부분은 북쪽으로 끌리고, 반대쪽 끝 부분은 남쪽으로 끌린다. 북쪽을 향하는 자석의 부분을 **북극**(north pole), 남쪽을 향하는 부분을 **남극**(south pole)이라고 한다. 모든 자석은 두 극을 가진다. 만약 자석을 여러 조각으로 자른다면 잘라진 각 부분은 자신의 북극과 남극을 가지게 될 것이다. 한 자석의 남극은 두 번째 자석의 북극을 끌어당긴다. 두 자석의 남극은 서로 밀친다. 두 자석의 북극의 경우에도 동일하다(그림 8.2). 간단히 말해 같은 극끼리는 서로 밀치고 다른 극끼리는 서로 끌어당긴다(전하 사이의 힘과 동일하다).

자석이 강하게 끌어당기는 금속들을 강자성체라고 부른다. 이런 물체들을 자석 근처에 가져가면 내부에서 자기가 유도된다. 철 조각을 자석의 남극에 가까이 가져가면 자석에 가장 가까운 철의 일부는 북극으로 유도되고 가장 먼 부분은 남극으로 유도된다(그림 8.3). 철을 자석으로부터 멀리 하면 철은 유도된 자기의 대부분을 잃어버린다. 일부 강자성 금속들은 실제로 내부에 유도된 자기를 유지한다. 그 결과 이들은 영구자석이 된다. 집에서 사용하는 가장 흔한 자석과 나침반 바늘은 이런 금속들로 만들어진다. 강자성은 또한 자기 데이터 기록장치의 기초가 된다. 이에 대해서는 나중에 다룰 것이다.

중력과 정전기학에서처럼 자석이 주위에 미치는 영향을 나타내는 데 장의 개념을 사용하는 것이 유용하다. 자기장은 자석이 만드는 것이고 자기력을 미치는 요인으로 작용한다. 두 번째 자석의 자극은 자기장 안에서 힘을 받는다. N극은 자기장의 방향과 같은 방향으로 힘을 받는다. 반면 S극은 자기장과 반대 방향으로 힘을 받는다. 나침반의 바늘은 항상 자기장 방향으로 정렬되려고 하기 때문에 "자기장 감지기"라고 생각할 수 있다(그림 8.4). 자석이 만드는 자기장의 모양은 자석 주위 여러 곳에 놓인 나침반의 방향을 가지고 "그려낼" 수 있다. 자기장의 모양을 보여주려고 자기력선을 그릴 수 있다(그림 8.5). 이것은 전기장의 모양을 보여주

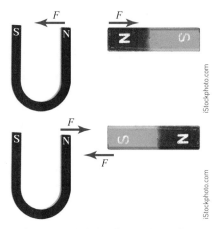

그림 8.2 두 자석의 극은 서로에게 힘을 가한다. 같은 극끼리는 밀치고 다른 극끼리는 끌어당긴다.

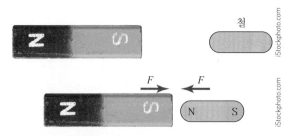

그림 8.3 (철과 같은) 강자성 물질의 조각을 자석 가까이에 가져가면 물질 내부에 자기가 유도된다. 이것이 강자성 물질이 자석에 끌리는 이유이다.

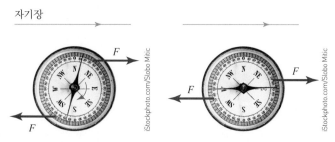

그림 8.4 자기장 속에 놓인 나침반의 두 극에 작용하는 힘의 방향은 서로 반대이다. 이 때문에 나침반의 바늘이 자기장 방향과 평행해질 때까지 바늘이 회전한다.

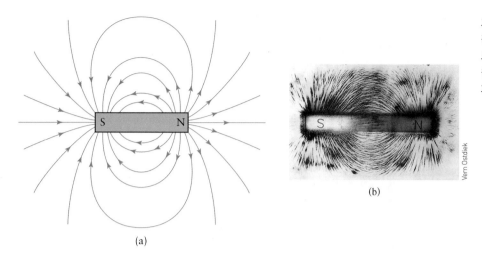

(b)

(a)

그림 8.5 (a) 막대자석 주위 공간에서의 자기장의 모양. 자기력선이 항상 N극에서 나와 S극으로 들어가는 것에 주목하라. (b) 자석 주위의 철가루를 찍은 사진. 각각의 작은 철 조각들이 자화가 되어 자기장 방향으로 정렬된다.

기 위해 전기력선을 사용하는 것과 같다. 특별한 위치에서 자기력선의 방향은 같은 장소에 놓인 나침반 바늘의 N극이 가리키는 방향이다.

8.1b 지구의 자기장

자석은 자기장에 반응하기 때문에 나침반의 바늘이 북쪽을 가리킨다는 사실은 지구가 자기장을 가지고 있다는 것을 의미한다. 수세기 동안 지구 자기장의 모양이 세밀하게 조사되었다. 왜냐하면 항해할 때 나침반이 중요하기 때문이다. 지구 자기장은 지구 자전축에 대해 11° 정도 자극이 기울어진 막대자석의 자기장 모양과 유사하다(그림 8.6). 지도에 나타난 "진북"의 방향은 지구 자전축에 대한 각도를 의미한다. (자전축은 북극성 방향을 향하고 있다.)

지구상의 대부분의 장소에서 지구 "자기축"이 기울어져 있기 때문에 나침반은

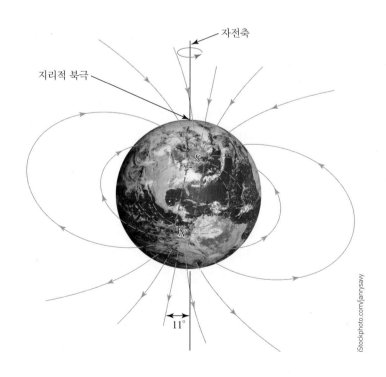

자전축

지리적 북극

11°

그림 8.6 지구 자기장. 지구 자기장의 모양은 지구 자전축에 대해 11° 기울어진 거대한 막대자석이 지구 내부 깊숙이 있다고 가정했을 때의 자기장 모양과 같다.

진북을 가리키지 않는다. 예를 들어 미국 서부의 2/3 정도의 지역에서 나침반은 진북의 오른편(동쪽)을 가리킨다. 반면 뉴잉글랜드 주에서 나침반은 진북의 왼편(서쪽)을 가리킨다. 나침반의 방향과 진북 방향 사이의 차이(각도)는 장소에 따라 다르며 이를 자기 편차라고 한다. (알래스카 주의 일부 지역에서의 자기 편차는 동쪽으로 최대 25°나 된다.) 나침반을 가지고 항해를 할 때 이런 사실을 고려해야 한다.

우연하게도 지구 자기장은 자철석의 자기와도 관련이 있다. 이 천연의 자기 광물은 지구 자기장에 의해 약하게 자화되어 있다. 지구 자기장에 대해 주목해야 할 또 다른 특성은 지구 자기의 북극이 지리적 남극(근방)에 있으며 그 역도 사실이라는 것이다. 왜 그럴까?

1. 자석의 북극은 두 번째 자석의 남극 쪽으로 끌린다.
2. 나침반 바늘의 북극은 북쪽을 가리킨다.

따라서 나침반의 북극은 지구 자기의 남극을 가리킨다. 이것은 물리적으로 모순이 되지 않는다. 이것은 자석의 극을 양(+)과 음(−) 또는 A와 B라고 부르는 대신 방향에 따라 이름을 붙였기 때문에 생긴 결과이다.

일부 생명체들은 지구 자기장을 이용하여 이동한다. 이들이 사용하는 생체 메커니즘이 아직 완전히 밝혀지지는 않았지만 물고기, 개구리, 거북이, 새, 도롱뇽과 고래의 일부 종들은 지구 자기장의 세기 또는 방향(또는 둘 다)을 감지할 수 있다. 이런 동물들은 지구 자기장의 세기로부터 대략적인 위도(얼마나 북쪽 또는 남쪽에 있는가)를 결정한다. 왜냐하면 자극 쪽으로 갈수록 지구 자기장이 강해지기 때문이다(그림 8.6). 일부 철새들은 집으로 돌아가기 위해 수천 마일을 여행하는데─적어도 부분적으로─지구 자기장을 감지하여 길을 찾는다.

전기저항 없이 전류를 운반하는 능력 때문에 초전도체란 이름이 붙은 물질은 자기장에 대해 조금 특이한 방식으로 반응한다. 초전도 상태에 있을 때 이 물질은 내부에 있는 자기장을 밀어낸다. 마이스너 효과로 알려진 이 현상은 강한 자석을 초전도체 위에 놓았을 때 자석을 뜨게 만든다. 어떤 물질이 초전도 상태에 있는지 결정하려면 전기저항이 정확히 영이 되는지 알아보는 것보다 마이스너 효과가 존재하는지 시험해 보는 편이 용이하다(그림 8.7).

아마 자기와 정전기가 매우 유사하다는 것을 눈치챘을 것이다. 두 종류의 자극이 존재하고 전하 역시 두 종류가 존재한다. 같은 자극끼리 밀치는 것처럼 같은 전하도 서로 밀친다. 자기장과 전기장이 존재한다. 그러나 중요한 차이가 있다. 전하의 각 종류는 독립하여 분리될 수 있지만 자극은 항상 쌍으로만 존재한다. (현대 이론에서는 단일 자극을 가진 원자보다 작은 특수한 "소립자"가 존재한다고 이야기한다. 이 책을 쓰고 있을 때까지 "자기 단극자"와 같은 것은 발견되지 않았다.) 더 나아가 모든 통상적인 물질은 양전하와 음전하(양성자와 전자)를 포함하고 있으며 "대전"을 통해 정전기 효과를 보인다. 그러나 강자성체를 제외하고 대부분의 물질은 자기장에 거의 반응하지 않는다.

또한 지금까지 기술한 정전기 및 자기 효과는 완전히 독립적임을 지적하고자 한다. 예를 들어 자석은 대전된 플라스틱에 영향을 주지 않고 그 반대도 성립한다. 물체가 움직이거나 전기장 및 자기장의 세기가 변화하지 않는 한 이것이 사실이다. 다음 절에서 배우게 되겠지만 운동이나 장 세기의 변화에 의해 전기와 자기 사이의 많은 흥미롭고 유용한 상호작용이 일어난다.

그림 8.7 마이스너 효과. 한 자석이 액체 질소로 냉각된 고온 초전도체 위에 떠 있다.

● 개념도 8.1

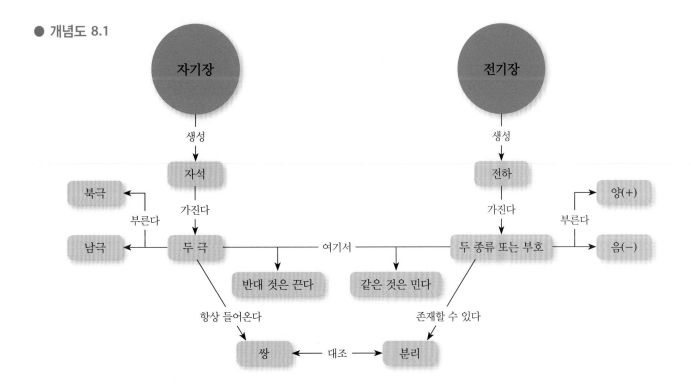

복습

1. 쇠못을 자석 가까이에 가져갈 때 옳지 않은 것은?
   a. 못에는 동시에 N극과 S극이 생긴다.
   b. 못은 N극이 되거나 또는 S극이 된다.
   c. 자석에 의해 못에는 인력이 작용한다.
   d. 못에 의해 자석에는 인력이 작용한다.

2. (참 혹은 거짓) 막대자석의 주변에 생기는 자기장의 모습은 양전하의 주위에 생기는 전기장의 모습과 유사하다.

3. 자기 _____ 는 나침반 바늘이 진북으로부터 얼마나 멀리 떨어져 있는지를 가리킨다.

8.2 전기와 자기의 상호작용

당연하게 생각하는 다음과 같은 부품들을 생각해 보자. 헤어드라이어, 진공청소기, 컴퓨터 하드 디스크, 엘리베이터와 수많은 전기기구 속에 들어가 있는 전기 모터, 우리가 사용하는 전기의 대부분을 생산하는 발전기, 스피커, 오디오 녹음기 및 비디오 녹화기, 하이파이 마이크 그리고 라디오, 핸드폰, 레이더, 마이크로 웨이브 오븐, 의료용 X-선 장비와 우리 눈이 사용하는 파동이 그것이다. 이 모든 것들의 공통점은 무엇일까? 이들은 기본적인–또한 매우 유용한–방식으로 전기와 자기가 서로 상호작용하기 때문에 가능하다. 이 장에서 수십 번 이상 등장할 전자기적이라는 단어는 전기와 자기 두 현상이 서로 얽혀있다는 것을 잘 보여주는 용어이다.

전자기 상호작용에 대해 알아보기 전에 7.1, 7.2와 8.1절에서 다룬 정전기학과 자기학의 중요한 속성을 요약하고 다시 살펴보자.

- 전하는 주위 공간에 전기장을 생성한다(그림 7.9).
- 근원에 관계없이 전기장은 그 속에 놓인 대전된 물체에 힘을 작용한다(그림 7.10).
- 자석은 주위 공간에 자기장을 생성한다(그림 8.5).
- 근원에 관계없이 자기장은 자기장 속에 놓인 자석의 자극에 힘을 작용한다(그림 8.4).

위의 속성들을 특별한 방식으로 기술하고 있다. 나중에 알게 되겠지만 전기와 자기 사이의 상호작용에 관여하고 있는 것이 전기장과 자기장이기 때문이다. 이 절에서는 전자기 상호작용에 관한 세 가지 기초적인 관측 사실을 기술하고 이들의 응용에 대해 논의할 것이다. 8.3절에서는 위에서 언급한 네 가지 속성들과 같은 기본 개념을 두 가지 원리의 형태로 요약하게 될 것이다. 우리는 전기와 자기가 상호작용하는 방법, 많은 전기기구들의 작동 방식과 빛과 다른 전자기파가 무엇인지와 같은 것들을 이해하는 데 이 원리들이 어떻게 도움을 주는지를 강조할 것이다. 다행히도 이런 상호작용이 일어나는 복잡한 원인을 배우지 않더라도 이런 일을 할 수 있다.

8.2a 전자석

세 가지 관측 사실 가운데 첫 번째 관측 사실은 전자석의 기초가 된다.

단일 전하는 이 전하가 움직일 때만 자기장을 생성한다. 만들어진 자기장은 전하의 궤적에 대해 동심원 형태를 가진다(그림 8.8). 도선에 흐르는 정상(직류) 전류–이것은 기본적으로 움직이는 전하의 연속체이다–의 경우 자기장 역시 시간과 무관하며 자기장의 세기는 전류의 세기에 비례하고 도선으로부터의 거리에 반비례한다. (전류가 크지 않을 경우 자기장이 매우 약하다. 전류가 10 A 또는 그 이상이 되어야 나침반으로 탐지할 수 있을 정도의 자기장이 만들어진다. 그림

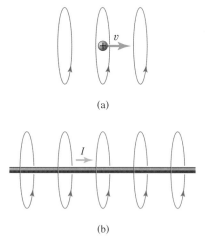

그림 8.8 (a) 움직이는 전하와 (b) 직류 전류가 흐르는 도선이 만드는 자기장. 자기력선은 전하 궤적에 대하여 동심원을 그린다. (전류의 전원은 그려져 있지 않다.)

(a)

(b)

8.9를 보라.) 도선에 흐르는 전류의 방향을 반대로 하면 자기장의 방향 역시 반대가 된다.

관측 사실1

움직이는 전하는 주위에 자기장을 생성한다. 전류는 주위에 자기장을 생성한다.

물리 체험하기 8.2

실험에 자동차와 나침반이 필요하다. 먼저 자동차의 후드를 열고 내부의 배터리와 배터리로부터 시동 모터에 전류를 공급하는 케이블의 위치를 확인한다. 후드를 닫고 후드 위, 아래 케이블이 있는 위치에 나침반을 놓는다. 친구에게 자동차의 시동을 걸어보도록 한 다음 나침반의 움직임을 관찰한다. 어떤 일이 일어나는가? 왜 그런지 설명해 보자.

이 현상을 응용할 때는 대개 코일—흔히 철심 주위에 원통형으로 감은 긴 도선—을 사용한다. 철심에 유도된 자기장은 코일의 자기장을 크게 증가시킨다. (직류 전류가 흐르는) 이런 코일의 자기장은 막대자석 주위의 자기장과 같은 모양을 가진다. (그림 8.10을 보고 그림 8.5와 비교하라.) 이런 장치가 전자석이다. 전자석은 전류가 흐르는 한 영구자석처럼 행동한다. 코일은 한 끝은 북극이 되고 다른 끝은 남극이 된다. 전자석은 영구자석에 비해 전류를 끊어줌으로써 자기장을 "끌" 수 있다는 장점을 가진다. (고철을 들어 올리는 데 보통 거대한 전자석을 사용한다.)

길이가 반지름보다 훨씬 큰 코일을 솔레노이드라고 부른다. 속이 빈 솔레노이드에 철심을 조금 넣고 전류를 흘리면 철심이 솔레노이드 안으로 끌려 들어간다. 철심에 가장 가까이 있는 코일의 자기장과 관련된 자극이 철심과 반대인 극성의 자기장을 유도하기 때문이다. 따라서 철심에 끌리는 힘이 작용한다(그림 8.11). 솔레노이드는 초인종, 세탁기에 물을 넣거나 빼는 밸브를 여는 장치, 전자자물쇠

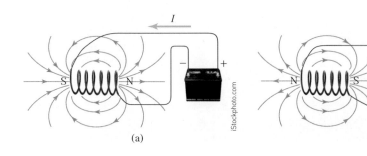
(a) (b)

그림 8.10 (a) 코일 도선에 흐르는 전류가 만드는 자기장. 이 자기장은 막대자석이 만드는 자기장과 같은 모양을 가진다. (b) 전류의 방향을 반대로 하면 자기장의 극성 역시 반대가 된다.

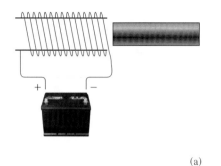
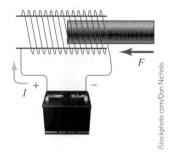
(a)

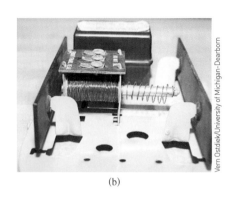
(b)

그림 8.11 (a) 전류가 흐를 때 철심이 코일(솔레노이드) 안으로 끌려 들어간다. (b) 초인종 내부에 있는 솔레노이드(빨간색)에 전류가 흐를 때 철심을 안으로 끌어당겨진다. 그러면 철심이 왼쪽에 있는 검은색 막대를 때려 소리가 난다. 전류를 끊으면 용수철이 철심을 뒤로 당겨 오른쪽에 있는 막대를 때린다. 두 막대를 다른 주파수에 맞추면 우리에게 친숙한 "딩동"하는 소리가 만들어진다.

를 열고 닫는 장치와 자동차나 트럭 엔진의 시동 모터와 같은 여러 장치에 사용된다.

전자석은 지상에서 가장 강한 자기장을 만드는 데 사용된다. 두 가지 요소가 강한 자기장을 만드는 데 기여한다. 원통 주위로 코일을 더 많이 감는 것과 더 큰 전류를 흘리는 것이 그것이다. 첫 번째 요소는 더 가는 도선을 사용해야 동일한 공간에 더 많은 코일을 감을 수 있음을 의미한다. 그러나 가는 도선을 사용하면 전류를 줄여야 한다. 아니면 도선이 과열되어 녹기 때문이다. 초전도 전자석을 사용하면 이런 제약을 극복할 수 있다(그림 8.12). 전자석에 사용하는 도선이 초전도체이면 전기저항이 없기 때문에 엄청난 양의 전류를 흘려도 과열되지 않는다. 매우 작은 초전도 전자석도 매우 강한 자기장을 생성할 수 있다. 반면 초전도 전자석은 보통 전자석보다 훨씬 작은 전기 에너지를 사용한다. (7.3절에서 이미 초전도 전자석의 용도에 대해 다루었고 이 절의 후반부에서는 또 다른 용도를 소개한다.)

초전도 전자석 역시 제약이 있다. 온도, 전류, 자기장의 세기가 특정한 값을 넘

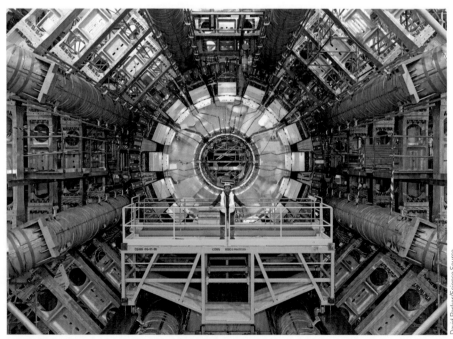

그림 8.12 한 기술자가 스위스 제네바에 있는 하드론 충돌 장치의 일부인 ATLAS 감지장치 앞에 서 있다. 이 감지장치는 두 개의 거대한 초전도 자석을 이용해 강한 자기장을 만들어 매우 빠른 속도의 양성자에 힘을 가하여 그 궤도가 휘도록 만든다. 이 휘어짐의 정도를 측정하여 양성자의 운동량을 측정한다.

어서면 초전도 상태가 사라진다. 전 세계 연구실에서 사용되는 대부분의 초전도 전자석은 니오븀과 주석의 합금을 사용하며 액체 헬륨($T = 4$ K)을 사용해 냉각시켜야 한다. 액체 헬륨을 사용하는 데 드는 비용은 보통 전자석과 비교해 강한 자기장과 전기 에너지 사용량의 감소로 상쇄가 된다.

전류 방향을 반대로 하면 전자석의 극성이 반대가 된다(그림 8.10b). 코일에 교류 전류를 흘리면 진동하는 자기장이 얻어진다. 자기장은 전류의 주파수와 같은 주파수로 커졌다 작아졌다 또 극성이 반대가 되었다가 한다. 이런 진동하는 자기장은 주위에 놓인 철조각을 진동하게 한다. 교류 전류가 흐르는 코일의 진동하는 자기장은 많은 평상적인 장치에 사용되고 있다. 이에 관해서는 다음 절에서 살펴보게 된다.

첫 번째 상호작용은 전자석의 작동 원리를 설명할 뿐만 아니라 영구자석에 대한 새로운 통찰력을 제공한다. 원자 속에 들어 있는 전자는 원자핵 주위를 도는 대전 입자이기 때문에 전자는 자기장을 만든다. 또한 전자는 자전과 관련된 자기장도 만든다(12장에서 더 자세히 다룰 것이다). 자화되지 않은 물질에서는 전자의 개별 자기장이 무질서하게 정렬되어 있어 서로 상쇄가 된다(그림 8.13). 강자성 물질에서는 외부 자기장에 의해 이런 개별 자기장이 정렬될 수 있다. 이 때문에 알짜 자기장이 나타난다. 그러므로 우리는 움직이는 전하가 보통 막대자석과 말굽자석의 자기장의 원인이라고 결론을 내릴 수 있다.

이런 사실은 7장 초반부에서 언급한 내용을 생각나게 한다. 즉, 전하는 전기 효과와 자기 효과의 원인이다. 전기와 자기를 동일한 대상인 전하가 가진 두 가지 다른 모습이라고 생각해도 무방하다.

8.2b 전기모터

두 번째 관측 사실은 전기모터와 스피커의 작동 원리를 이해하는 데 도움을 준다.

정지 전하는 자기장의 영향을 받지 않지만 보통 움직이는 전하는 자기장의 영향을 받는다. 두 번째 관측 사실은 첫 번째 관측 사실의 논리적인 결과임에 주목하라. 즉, 자기장을 생성하는 모든 것은 다른 자기장의 영향을 받는다.

전자기 현상이 가진 신기한 특성은 이 효과가 흔히 원인에 수직하다는 것이다. 전류가 흐르는 도선이 만드는 자기장의 방향은 전류 방향과 수직한다(그림 8.8). 동일하게 자기장이 움직이는 전하나 전류 도선에 가하는 힘 역시 자기장의 방향

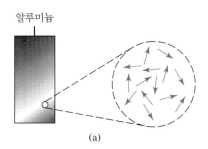

알루미늄

(a)

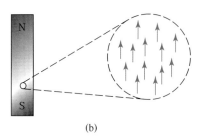

(b)

그림 8.13 화살표는 개별 원자 안에 들어 있는 전자들의 자기장을 나타낸다. (a) 비강자성 물질에서는 자기장이 무질서하게 정렬되어 있다. (b) 자화된 강자성 물질 내부에서는 개별 자기장이 정렬되어 있다.

관측 사실2
자기장은 움직이는 전하에 힘을 가한다. 따라서 자기장은 전류가 흐르는 도선에 힘을 가한다.

그림 8.14 (a) 자기장 속에 놓인 전류 도선에 작용하는 힘. (b) 전류 방향이 반대가 되면 힘의 방향 역시 반대가 된다. (c) 전류 도선이 자기장 속에서 떠 있다.

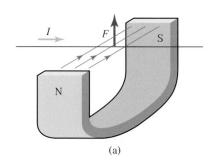

(a)

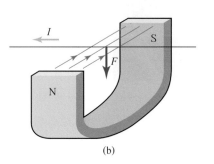

(b)

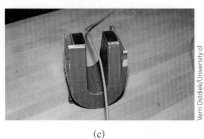

(c)

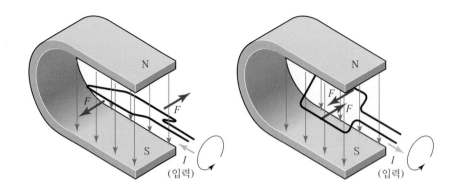

그림 8.15 전기모터의 개략도. 폐곡선 도선의 가장자리에 힘이 작용하기 때문에 도선이 회전한다. 도선이 수평이 될 때마다 전류 방향이 반대가 되어 도선이 연속적인 회전을 하게 된다.

과 전하가 이동하는 방향 모두에 수직한다. 예를 들어 수평 자기장의 방향이 우리로부터 멀어지는 방향이고 도선의 전류가 오른쪽으로 흐른다면 도선에는 수직 상방의 힘이 작용한다(그림 8.14). 전류 방향이 반대가 되면 힘의 방향도 반대(수직 하방)가 된다. 교류 전류는 도선에 작용하는 힘이 교대로 위아래 방향이 되게 한다.

전기모터─헤어드라이어와 엘리베이터에 설치된 것 같은─는 이런 전자기 상호작용을 이용한다. 가장 간단한 전기모터는 말굽자석의 자기장 안에서 회전하는 코일 도선으로 구성되어 있다(그림 8.15). 직류 전류가 코일에 흐르면 자기장이 코일의 가장자리에 힘을 가하여 코일을 회전시킨다. 코일이 반 바퀴 회전을 하고 나면 간단한 장치가 전류 방향을 반대가 되게 하여 코일이 나머지 반 바퀴를 회전하게 만든다. 이 과정이 반복되면서 코일이 연속해서 회전하게 된다. 교류로 작동하는 모터에서는 전류 방향이 매 초 120번 자동으로 반대가 된다(매 초 60번 진동하는 교류에서 각 진동당 2번 방향이 바뀌기 때문이다).

특정한 원자로에서 사용되는 녹아 있는 상태의 나트륨과 같은 액체 금속은 움직이는 부품이 없는 전자기 펌프를 사용하여 관을 통과하게 만든다. 이 금속을 남북 방향의 관을 통과하게 하려면 큰 전류를 관을 가로지르는 동서 방향으로 흘려준다. 그리고 관의 동일 부분에 수직 하방의 강한 자기장을 걸어주면 전류가 흐르는 금속이 남쪽으로 이동하게 된다.

실험 물리학에서 사용하는 몇몇 거대한 규모의 장치들은 움직이는 대전 입자에 작용하는 자기장 효과를 이용한다. 고온의 플라즈마 용기는 녹아버릴 수 있기 때문에 보통 금속이나 보통 유리 속에 가둬둘 수가 없다. 플라즈마는 대전 입자들로 구성되어 있기 때문에 "자기 병"이라고 알려진 것 내부에 플라즈마를 담는 데 자기장을 사용한다. 이것은 핵융합을 에너지원으로 이용하려는 데 사용되는 한 가지 접근방법이다(11.7절).

다른 힘이 작용하지 않을 때 자기장 방향에 수직한 방

그림 8.16 스위스 제네바에 있는 거대한 입자가속기의 공중 사진. 붉은 원으로 표시된 8.6 km 직경의 터널 속으로 양성자는 거의 빛의 속도까지 가속된다. 하전 입자가 원 궤도를 돌도록 하는 데 강한 자기장이 사용된다.

향으로 움직이는 입자들은 원운동을 한다. 입자에 작용하는 힘이 항상 입자의 속도에 수직하기 때문에 이 힘이 구심력으로 작용한다. 전자, 양성자 또는 다른 대전 입자들은 자기장에 의해 원운동을 하고 한 번 회전할 때마다 서서히 가속된다. 원자물리학, 핵물리학과 소립자물리학 실험 및 일부 대형 병원에서 암 치료에 사용하는 복사 에너지를 얻는 데 사용되는 입자가속기는 이런 원리를 이용한 것이다.

세계 최고의 에너지를 가진 입자가속기는 프랑스와 스위스 경계인 제네바 시 근교에 있는 거대 하드론 충돌기(LHC)이다(그림 8.16). 이 장치는 지름 8.6 km의 원형 터널로 이루어져 있으며 이 터널은 지하 50 m에서 175 m 사이에 묻혀 있다. 터널 안에는 반대 방향으로 도는 두 대전 입자 빔이 초전도 전자석의 유도를 받으며 진공 속에서 움직이고 있다. 반대 방향으로 움직이는 빔 안의 입자들이 정면충돌하면서 자연의 기본 힘과 기본 상호작용에 대한 정보를 제공한다. 이 주제에 대해서는 12장에서 더 이야기할 것이다.

8.2c 전자기 유도와 발전기

전기와 자기 사이의 세 번째 상호작용은 발전기에 사용된다. 첫 번째 관측 사실은 우리에게 움직이는 전하가 자기장을 생성한다는 사실을 알려주었다. 세 번째 관측 사실은 움직이는 자석에 대한 것과 유사하다.

움직이는 자석 주위의 전기장의 모양은 자석의 궤적에 대해 원형이다. 이 원형 전기장은 코일 도선 내부의 전하에 힘을 가해 전하가 힘과 동일한 방향으로 움직이게 한다. 즉, 전류를 생성한다(그림 8.17). 자기장으로 전류를 유도하는 과정을 **전자기 유도**(electromagnetic induction)라고 한다. 이를 위해 필요한 것은 자석과

관측 사실3
움직이는 자석은 자석 주위의 공간에 전기장을 생성한다. 자기장 속에서 움직이는 코일 도선에는 전류가 유도된다.

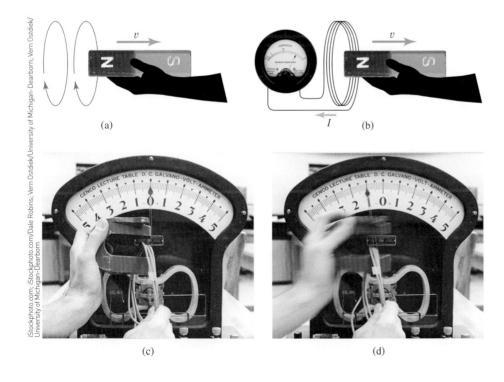

그림 8.17 (a) 움직이는 자석이 만드는 전기장은 원형이다. (자석이 만드는 자기장은 그려져 있지 않다.) (b) 자석이 코일을 통과할 때 코일에 전류가 유도된다. (c) 말굽자석(파란색)이 움직이지 않을 때 코일(노란색)에 전류가 흐르지 않음을 전류계가 보여주고 있다. (d) 자석을 움직이면 전류가 흐른다.

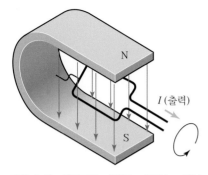

그림 8.18 발전기의 개략도. 폐곡선 코일이 자기장에 대해 회전할 때 코일에 전류가 유도된다.

코일이 서로에 대해 상대적인 운동을 하는 것뿐이다. 코일이 움직이고 자석이 정지해 있다면 전류가 유도된다. 어느 경우라도 운동이 일정하다면 유도 전류는 한 방향으로 흐른다. 코일 또는 자석이 앞뒤로 진동할 경우 동일한 주파수로 전류 방향이 바뀐다. 즉, 교류 전류가 유도된다.

전자기 유도는 전기를 생산하는 중요 장치인 대부분의 발전기에서 사용되고 있다. 가장 간단한 발전기는 기본적으로 전기모터이다. 코일을 회전시키면 코일이 자석에 대해 움직이게 되어 전류가 코일에 유도된다(그림 8.18). 이 장치를 "양방향 에너지 변환기"라고 불러도 좋다. 전기 에너지를 이 장치에 공급하면 전기모터가 된다. 즉, 전기 에너지를 회전 운동 에너지로 변환한다. 또 이 장치를 (손 또는 자동차 엔진에 달린 팬벨트 또는 발전소의 터빈을 사용해) 기계적으로 회전시키면 발전기가 된다. 발전기는 역학적 에너지를 전기 에너지로 변환한다.

이런 모터-발전기의 이중성을 양수발전소에서 사용하고 있다. 다른 발전소에서 얻은 전기 에너지가 남아도는 밤에는 한 저수지에서 더 높은 곳에 있는 다른 저수지로 물을 길어 올리기 위해 모터 모드를 사용한다. 대부분의 전기 에너지가 중력 위치 에너지로 "저장"된다. 다음날 전기 사용이 최고일 때 물을 반대 방향으로 흘려 모터(이제는 발전기로 작동)를 돌리는 펌프(이제는 터빈으로 작동)를 회전시키는 발전기 모드를 사용하여 전기를 생산한다. 이 시스템은 재충전 가능한 중력 전지처럼 작동한다고 말할 수 있다.

이 기술의 또 다른 응용으로 전기 자동차와 하이브리드 자동차에 사용하는 재생산 브레이크를 들 수 있다. 가속하거나 달리는 중에는 전지로부터 전기 에너지를 사용해 전기모터가 바퀴를 회전시킨다. 브레이크를 밟는 동안에는 모터가 발전기 구실을 한다. 바퀴가 모터를 회전시켜 전기가 만들어지고 일부는 전지를 충전한다. 자동차의 운동 에너지 전부가 열로 낭비되는 대신-전통적인 마찰 브레이크 경우에 그렇다-일부 에너지를 재활용할 수 있다.

요약하자면 전하 또는 자석이 움직이면 전기와 자기는 더 이상 독립적인 현상

● 개념도 8.2

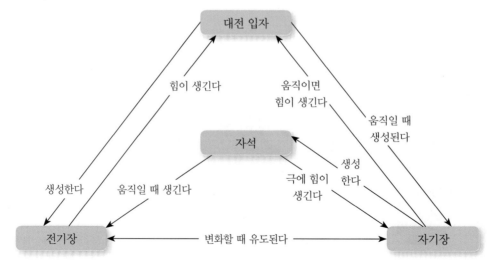

이 아니다. 여기서 주어진 세 가지 관측 사실들은 이런 상호 의존성을 보여주는 실험적 사실들을 적은 것이다. 이런 사실들은 전지, 도선, 나침반, 거대 자석과 민감한 전류계를 사용해 쉽게 보여줄 수 있다. 운동이 있을 때(그리고 결과가 원인에 수직할 때)만 전기와 자기가 상호작용한다는 사실은 중력 및 정전기학과 비교해 조금 놀랍다. 2장과 7장에서 살펴본 것처럼 중력과 정전기력의 방향은 항상 이 힘의 원인이 되는 물체 쪽을 향하거나 물체로부터 멀어지는 방향이다. 그리고 물체의 운동이나 변화 유무에 관계없이 작용한다. 전기와 자기 사이의 기본적이며 놀라운 상호작용은 현대 전기문명 사회에서 결정적으로 중요하다.

8.3 전자기학의 원리

앞 절에서 다른 유사한 관측 사실들과 함께 기술한 전기와 자기 사이의 상호작용은 다음 두 가지 일반적인 내용을 암시하고 있다. 이를 **전자기학의 원리**(principles of electromagnetism)라고 한다.

1. 전류 또는 변화하는 전기장은 자기장을 유도한다.
2. 변화하는 자기장은 전기장을 유도한다.

이런 두 내용은 앞서의 관측 사실들을 요약하고 있으며 또한 대칭성의 존재를 강조하고 있다. 두 경우 모두에서 "변화하는" 장이란 장의 세기나 방향이 변화한다는 것을 의미한다. 첫 번째 원리는 첫 번째 관측 사실을 설명하는 데 사용될 수 있다. 전하가 공간의 한 점을 지나게 되면 전기장의 세기가 증가했다가 감소한다. 또 장의 방향이 항상 변한다(그림 8.19). 이런 효과에 의해 자기장이 만들어진다. 같은 식으로 두 번째 원리는 전자기 유도를 설명한다.

7.6절에서 언급한 대로 변압기는 교류 전압을 증가시키거나 감소시키는 장치이다. 변압기는 전자기학을 가장 우아하게 응용한 장치 가운데 하나이다. 본질적으로 변압기는 가까이 있는 두 개의 분리된 코일 도선으로 구성되어 있다. "입력" 또는 "1차" 코일이라고 부르는 한 코일에 교류 전압을 가하면 "출력" 또는 "2차" 코일이라고 부르는 또 다른 코일에 교류 전압이 나타난다(그림 8.20). 1차 코일의 교류 전압은 두 코일 모두에 진동 자기장을 생성한다. 대부분의 변압기들은 자

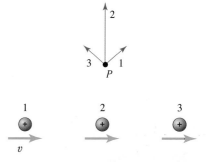

그림 8.19 대전 입자가 움직일 때 점 P에서의 전기장이 변한다. 위쪽 파란색 화살표는 입자의 세 가지 다른 위치에 대한 전기장의 크기와 방향을 나타낸다. 점 P에 유도된 자기장의 방향은 종이를 뚫고 나오는 방향이다.

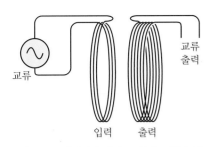

그림 8.20 변압기의 개략도. 입력 코일이 만든 교류 자기장이 출력 코일에 교류 전류를 유도한다. 이 그림의 경우 출력 전압이 입력 전압보다 높다.

기장을 강화시키고 자기장을 한 코일에서 다른 코일로 전달하기 위해 단일 강자성체 심 주위로 두 코일을 감는다. 이런 진동하는(따라서 변화하는) 자기장은 출력 코일에 교류 전류를 유도한다. 직류 입력은 정상 자기장을 유도하므로 출력 코일에 전류가 유도되지 않는다는 것에 주목하라. 변압기는 직류에서는 작동하지 않는다.

이제 출력 전압이 입력 전압과 얼마나 다른지 알아보자. 출력 코일의 각 "폐곡선" 또는 "횟수"는 동일한 전압을 유도한다. 코일의 전압은 모든 감은 횟수의 전압 값을 더해 준 것이기 때문에 출력 코일의 감은 횟수가 많을수록 전체 전압 역시 커진다. 두 코일의 감은 횟수의 비가 입력 전압과 출력 전압의 비를 결정한다. 특별히

$$\frac{\text{출력 전압}}{\text{입력 전압}} = \frac{\text{출력 코일의 감은 횟수}}{\text{입력 코일의 감은 횟수}}$$

$$\frac{V_o}{V_i} = \frac{N_o}{N_i}$$

를 만족한다. 출력 코일의 감은 횟수가 입력 코일의 감은 횟수의 두 배라면 출력 전압은 입력 전압의 두 배가 된다. 출력 코일의 감은 횟수가 입력 코일의 감은 횟수의 $\frac{1}{3}$이라면 출력 전압은 입력 전압의 $\frac{1}{3}$이 된다. 따라서 두 코일의 감은 횟수의 비를 조정함으로써 원하는 만큼 교류 전압을 올리거나 내릴 수 있다.

예제 8.1

120 V를 입력하여 600 V를 출력하는 변압기를 설계하는 중이다. 입력 코일의 감은 횟수가 800회일 때 출력 코일의 감은 횟수를 구하라.

$$\frac{V_o}{V_i} = \frac{N_o}{V_i}$$

$$\frac{600\,\text{V}}{120\,\text{V}} = \frac{N_o}{800}$$

$$800 \times 5 = N_o$$

$$N_o = 4,000\text{회}$$

변압기는 배전시스템에서 전압을 변화시키는 데 사용될 뿐 아니라 전기기구에서도 폭넓게 사용되고 있다. 라디오, 계산기 등에서 사용되는 대부분의 전기부품들은 120 V보다 훨씬 낮은 전압을 필요로 한다. 가정용 교류에서 작동하도록 설계된 장치들은 전압을 낮추기 위해 변압기가 들어 있다. 고광도 탁상용 램프 역시 변압기를 사용한다. 램프 받침대가 무거운 것이 이 때문이다(그림 8.21). 자동차 엔진에서 휘발유를 점화시키는 데 사용되는 스파크는 "코일"이라고 부르는 일종의 변압기를 사용해 얻는다. 출력 코일의 감은 횟수는 입력 코일의 감은 횟수의 수 배가 된다. 입력 코일에 짧게 전류를 흘리면 스파크가 만들어진다. 만들어진 자기장은 신속히 사라진다. 코일은 출력 측에 매우 높은 전압(대략 25,000 V)을 유

그림 8.21 램프 안정기 안의 변압기는 120 V AC를 14 V AC로(Hi), 또는 12 V AC(Lo)로 변환한다.

도하고 이 전압이 스파크 플러그로 전달되어 연료를 점화시킨다.

전자기학에 대한 이해는 이 장의 초반부에 소개한 금속 탐지기가 어떻게 작동하는지를 더 잘 알 수 있게 해 준다. 코일 도선에 짧은 시간 동안 전류를 보내 자기 펄스를 만든다. 전류가 멈추면 만들어진 자기장이 빠르게 사라지고 감소하는 자기장에 의해 코일에 전류가 유도된다. 자기 펄스가 얼마나 빨리 감소하는가를 모니터하는 데 이 전류가 사용된다.

금속을 탐지할 수 있는 이유는 각 펄스의 빠르게 변화하는 자기장이 금속에 들어 있는 전자들을 이동하게 만들고—변압기의 2차 코일에서처럼—이 전류가 반대 방향의 자기 펄스를 만들기 때문이다. 이런 전체 자기장의 변화는 코일에 유도되는 전류에 영향을 준다. 전자회로는 이런 변화를 감지하여 경보를 울리도록 설계되어 있다.

8.4 응용: 소리의 재생

수백 년 전에는 세계 정상급 음악가들이 연주하는 음악을 들을 수 있는 사람들은 실제로 공연에 참석한 사람들뿐이었다. 지금은 오지에서도 거대한 가정용 엔터테인먼트 시스템, 포켓용 MP3 플레이어 또는 중간 크기의 전자기기를 사용해 공연장 음질 수준의 소리를 들을 수 있게 되었다. 최초의 에디슨 축음기는 엄밀히 말해 기계식이었고 그럭저럭 소리를 재생할 수 있었다. 진짜 고음질의 소리를 재생하게 된 것은 전자식 녹음과 재생기계의 발명 때문이다. 스튜디오에서 소리를 녹음하는 것으로부터 시작해 가정용, 헤드폰 또는 자동차의 스피커로 소리를 재생하는 것으로 끝나는 과정은 전자기학을 사용하는 부품들과 관련이 있다.

8.4a 마이크와 자기테이프 기기

전자식 녹음과 재생에 있어 중요한 요소는 소리를 교류 전류로 변환하고 나중에 다시 교류를 소리로 변환하는 것이다. 첫 번째 단계는 마이크를 필요로 하고 두 번째 단계는 스피커를 필요로 한다. 몇 가지 다른 종류의 마이크가 존재하지만 그 중에서 다이내믹 마이크에 대해 알아보자. 이 마이크는 진동판에 붙어있는 코일 도선으로 둘러싸인 자석으로 구성되어 있다(그림 8.22). 코일과 진동판은 정지한 자석에 대해 자유로이 진동할 수 있다. 음파가 마이크에 도달하면 음파의 압력 변

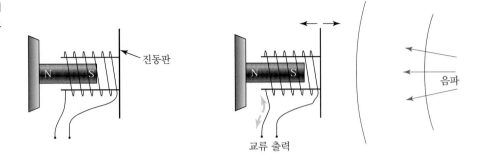

그림 8.22 마이크의 개략도. 음파가 자석에 대해 진동판과 코일을 떨리게 한다. 이 떨림으로 인해 코일에 교류가 유도된다.

진동판

교류 출력

음파

화가 진동판을 앞뒤로 밀어 진동판과 코일이 진동하게 된다. 코일이 자석에 대해 움직이기 때문에 코일에 진동 전류가 유도된다. 코일에 생기는 교류의 주파수는 진동판의 주파수와 같고 다시 이것은 원래 소리의 주파수와 같다. 이것이 마이크의 전부이다. 다이내믹 마이크는 "움직이는 코일" 마이크라고도 한다. 다른 방법은 작은 자석을 진동판에 붙이고 코일을 고정하는 것이며, "움직이는 자석" 마이크라고 한다.

이제 소리의 재생으로 가보자. CD 플레이어, 라디오 또는 다른 오디오 기기들의 출력은 교류 전류이며 이 전류를 스피커를 사용해 소리로 변환시켜야 한다. 기본적인 스피커는 다이내믹 마이크와 매우 유사하다. 이 경우("음성 코일"이라고 부르는) 코일은 진동판 대신 딱딱한 종이 원뿔에 연결되어 있다(그림 8.23). 8.2절에서 자석이 있을 때 음성 코일의 교류 전류가 코일이 힘을 받도록 만든다는 것을 배웠다. 음성 코일과 스피커의 원뿔은 교류 입력과 같은 주파수로 진동한다. 진동하는 종이 원뿔은 공기 중에 종파(소리)를 만든다.

아이팟을 비롯하여 많은 휴대용 음향기기에 사용되는 초소형 스피커 역시 이러한 원리가 응용된다. 물론 이것이 가능해지기까지는 네오디뮴, 철, 보론(NIB) 합금의 강력 영구자석이 발명되었기 때문이다. 경우에 따라 의학용 MRI에 사용되기도 하는 초강력 NIB 자석은 넓은 주파수 범위의 소리를 깨끗하게 재생하는 데 중요한 역할을 한다. 이것이 그 작은 크기와 함께 초소형 스피커에 없어서는 안 되는 소재로 사용된다.

마이크와 스피커는 변환기로 분류된다. 변환기는 소리에 의한 기계적인 진동을

그림 8.23 (a) 스피커의 개략도. 음성 코일의 교류가 원뿔을 앞뒤로 이동하게 하여 소리가 만들어진다. (b) 자기 녹음은 소리 재생에만 국한되지 않는다. VCR은 이런 기술을 이용한 것이다.

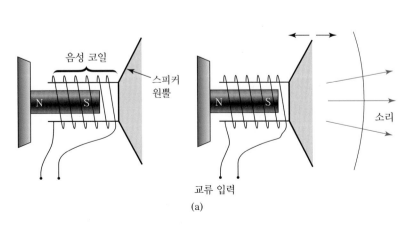

음성 코일

스피커 원뿔

교류 입력

소리

(a)

Speaker Cone

Voice Coil

Magnet

Vern Ostdiek/University of Michigan-Dearborn

(b)

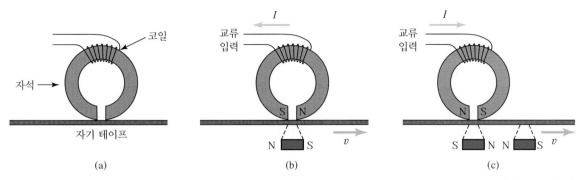

(a)   (b)   (c)

그림 8.24 (a) 테이프 헤드의 개략도. (b)와 (c) 녹음하는 동안 코일의 교류가 테이프에 교류 자기장을 유도한다.

교류로 변환하거나(마이크) 교류를 기계적인 진동과 소리로 변환한다(스피커). 변환기는 거의 동일하다. 실제로 마이크는 스피커로 사용할 수 있고 또 스피커를 마이크로도 사용할 수도 있다. 그러나 모터와 발전기에서처럼 자신의 설계에 맞게 작동시키는 것이 최선이다.

물리 체험하기 8.3

실험을 위하여 헤드폰 한 세트와 헤드폰 플러그와 연결이 가능한 마이크 잭 단자가 있는 스테레오나 녹음기가 필요하다. 헤드폰 플러그를 마이크 잭 단자에 연결한 다음 마치 마이크를 사용하듯 헤드폰에 말을 해보자. 소리가 들리는가? 재생되는 소리의 크기와 음질은 어떠한가?

단순한 카세트 녹음기로부터 복잡한 스튜디오용 테이프 녹음기까지 대부분의 녹음기들은 자기 테이프를 사용한다. 자기 테이프는 자화 가능한 미세한 강자성 입자들이 박막으로 코팅된 플라스틱 필름이다. 소리는 매우 좁은 틈을 가진 고리 모양의 전자석인 녹음 헤드를 사용해 테이프 위에 기록된다(그림 8.24). 녹음하는 동안 (예를 들어 마이크에서 나온) 교류 신호는 녹음 헤드의 틈에 교류 자기장을 만든다. 테이프가 틈을 지나는 동안 테이프의 각 부분에 있는 입자들은 이 입자들이 틈에 오게 되는 순간의 녹음 헤드의 자기장의 극성에 따라 자화가 일어난다. 입자의 극성은 테이프의 방향을 따라 남북으로부터 북남으로 또는 그 반대로 변화한다.

녹음을 재생하기 위해 테이프가 재생 헤드를 통과하게 한다. 흔히 녹음 헤드를 재생 헤드로도 사용한다. 앞뒤로 진동하는 테이프 입자의 자기장은 테이프 헤드

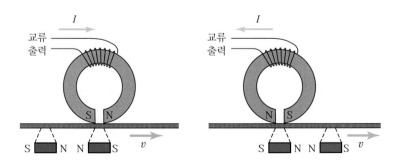

그림 8.25 재생하는 동안 테이프의 교류 자기장이 테이프 헤드의 코일에 교류를 유도한다.

에 진동하는 자기장을 유도한다(그림 8.25). 이 진동 자기장이 코일에 진동 전류 (AC)를 유도한다. 다시 전자기 유도가 일어난다.

자기 녹음은 소리 재생에만 국한되지 않는다. 비디오 카세트 녹화기(VCR)는 소리와 영상 모두를 자기 테이프에 기록한다. 컴퓨터는 정보를 테이프와 하드 디스크/드라이브에 자기적으로 저장한다.

마이크, CD 플레이어와 테이프 재생 헤드가 만드는 교류 신호는 매우 약하다. 이 신호를 스피커로 보내기 전에 신호의 출력을 증가시키기 위해 증폭기가 사용된다. 또한 증폭기는 볼륨 조정을 통해 신호의 크기를, 베이스와 트레블 조정을 통해 신호의 음색을 조절하여 소리를 수정할 수 있게 해준다.

8.4b 디지털 음

1980년대 디지털 소리 재생이 등장하면서 소리 녹음의 혁명이 일어났다. 이 방법은 콤팩트 디스크(CD)와 MP3를 포함한 다양한 컴퓨터 소리 파일 포맷에서 사용되고 있다. 아날로그의 디지털 변환으로 알려진 과정을 통해 기록하고자 하는 소리를 측정하여 숫자로 저장한다. CD의 경우 마이크로부터 나온 교류 신호의 실제 전압을 매 초 44,100번 측정한다(그림 8.26). 이 주파수는 사람들이 들을 수 있는 최고 주파수의 두 배 이상인 것에 주목하라. 소리의 파형을 작은 조각들로 "잘라" 이를 숫자로 기록한다. 컴퓨터에서 정보를 저장하는 것처럼 이 숫자들이 0과 1의 이진법의 수로 저장된다. 소리를 재생하려면 디지털의 아날로그 변환 과정을 통해 교류 신호를 만들어 소리를 재구성한다. 각 순간에서의 교류 신호의 전압은 원래 녹음된 숫자와 동일하다. 전자 필터를 사용해 "부드럽게" 만들면 파형이 원래 파형과 거의 완벽히 재생된다.

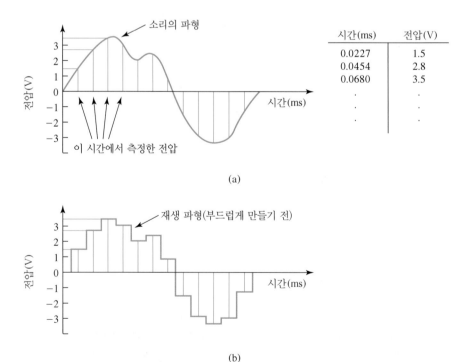

그림 8.26 CD에서의 디지털 음 재생. (a) 녹음을 위해 매 초 44,100번 파형의 전압을 측정한다. 결과로 얻은 숫자들을 나중에 사용하기 위해 저장한다. (b) 재생하는 동안 매순간 출력 전압이 원래 저장한 숫자들과 같도록 만든다. 그러고 나서 전자 필터를 사용해 재생 파형을 "부드럽게" 만든다. 최종 파형은 원래 파형과 거의 흡사해진다.

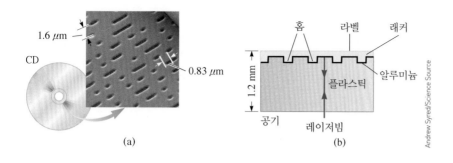

그림 8.27 정보가 CD와 DVD 위에 디지털 형태로 저장된다. 미시적인 홈이 0과 1을 나타내는 데 사용된다. 소형 레이저로부터 나오는 빔을 사용해 회전하는 디스크로부터 정보를 읽는다(유론이 지은 《대학물리학》, 2판에서 발췌. 저자 허락을 얻어 사용하였다).

엄청난 양의 데이터—분당 수백만 개의 숫자—가 디지털 음 재생과 연관되어 있다. CD(그리고 DVD)는 이런 데이터를 수 km의 길이를 가진 나선형의 미시적인 홈의 형태로 저장한다(그림 8.27). 홈에 초점을 맞춘 소형 레이저가 홈을 0과 1로 읽는다. 70분 CD에 저장된 정보의 양은 12권의 백과사전에 실린 정보의 양보다 많다. 표준적인 DVD는 CD에 비해 일곱 배나 많은 데이터를 저장할 수 있다. PC 업계에서 CD와 DVD는 엄청난 양의 정보를 저장하는 오래 가고 이동성이 높은 매체로 환영한 것은 당연하다고 볼 수 있다.

디지털 음의 음질이 탁월한 이유는 재생 장치가 숫자만을 다루기 때문이다. 이것은 디스크나 테이프의 결함, 카세트에서 "쉬" 하는 잡음을 만드는 테이프의 약한 무작위 자화, 축음기 모터의 기계적인 진동에 의한 우르르하는 소리와 같은 것을 제거할 수 있게 해준다. 정교한 오류 수정 시스템은 읽지 못한 숫자나 왜곡된 숫자조차도 보정할 수 있다. CD 플레이어의 픽업 장치는 디스크에 닿지 않기 때문에 각 CD를 여러 번 반복해서 듣더라도 음질이 저하되지 않는다. 축음기의 경우 판의 홈을 따라 바늘이 움직이기 때문에, 카세트 테이프의 경우 녹음 헤드 위로 테이프를 앞으로 돌리거나 되감기를 하기 때문에, 느리게 음질의 저하가 일어나는 것과는 차이가 있다. 하이파이와 디스크 내구성의 조합으로 인해 CD 시스템은 소비자들로부터 바로 인기를 얻게 되었다.

이것은 단지 최첨단 하이파이 소리 재생의 몇몇 요소들을 잠깐 들여다 본 것에 지나지 않는다. 이제 우리는 이런 것에 너무 익숙해져 있어 이것들이 얼마나 대단한 기술적인 기적인지 인식하지 못하고 있다. 다음 번에 고음질로 녹음된 음악을 듣게 된다면 이 모든 것이 8.2절에서 기술한 전기와 자기의 기본적인 상호작용 때문에 가능해졌다는 것을 기억하라.

복습

1. 소리를 디지털로 녹음하는 과정은?
   a. 디지털을 아날로그로 전환하는 과정
   b. 아날로그를 디지털로 전환하는 과정
   c. 전자기 유도
   d. 위의 것 모두이다.

2. 다음 중 전자기 유도와 관계가 없는 것은?
   a. 스피커   b. 변압기
   c. 마이크   d. 카세트 플레이어

3. (참 혹은 거짓) 스피커는 마이크로도 사용할 수 있다.

답 1. b, 2. d, 3. 참

8.5 전자기파

눈, 라디오, 텔레비전, 레이더, X-선 기계, 마이크로웨이브 오븐, 가열램프 등 이것들의 공통점은 무엇일까? 이들은 모두 **전자기(EM)파**(electromagnetic(EM) waves)를 사용한다. 전자기파는 일상적인 삶과 기술문명에서 독보적인 지위를 차지하고 있다. 전자기파는 또한 많은 자연적인 과정에도 관계되어 있고 생명에도 필수적이다. 이 장의 나머지 부분에서는 전자기파의 본질과 성질에 대해 논의하며 현재 세계에서 차지하는 중요한 역할들을 살펴볼 것이다.

이름이 의미하듯이 전자기파는 전기와 자기가 모두 관계되어 있다. 전자기파의 존재는 19세기 물리학자 맥스웰에 의해 처음으로 제안되었다. 그는 당시 전기와 자기 사이의 상호작용에 대해 분석하고 있는 중이었다. 8.3절에서 언급한 두 가지 전자기학의 원리를 생각해 보자. 진동 전기장이 특정한 장소에 생성되었다고 가정하자. 이 전기장의 방향이 앞뒤로 바뀌고 전기장의 세기도 이에 따라 변화한다. 이 진동 전기장은 전기장 주위의 공간에 진동 자기장을 유도한다. 그러나 진동 자기장은 다시 진동 전기장을 유도하게 된다. 그리고 다시 이것은 진동 자기장을 유도하게 되어 이런 일이 무한히 "반복"되게 된다. 전자기학의 원리는 우리에게 진동 전기장과 진동 자기장이 연속해서 만들어진다고 알려준다. 이런 장들이 파동, 즉 전자기파로 진행하게 된다.

전자기파는 전기장과 자기장의 진동이 파동의 전파 방향과 수직하기 때문에 횡파이다. (플라즈마 내부의 일부 전자기파는 종파이다.) 그림 8.28은 오른쪽으로 진행하는 전자기파의 "스냅사진"을 보여준다. (세 축은 서로 수직하다.) 이 특별한 전자기파에서는 전기장이 수직하다. 파동이 공간의 특정한 점을 지나갈 때 전기장은 위아래로 진동한다. 수면파 위의 꽃잎이 진동하는 것과 유사하다. 이 점에서 자기장은 수평으로 진동한다.

그림 8.28은 6장에서 기술한 횡파를 떠올리게 한다(예를 들어 그림 6.5). 전자기파는 역학적 파동과는 두 가지 면에서 중대한 차이가 있다. 첫 번째로 전자기파는 두 파동, 즉 전기장파와 자기장파를 하나로 결합한 것이다. 이들은 절대 따로 존재할 수 없다. 두 번째로 전자기파는 진행을 위한 매질을 필요로 하지 않는다. 전자기파는 진공 속을 진행할 수 있다. 태양으로부터 나오는 빛은 진공인 우주공간을 진행한다. 전자기파는 물질을 관통해 진행할 수 있다. 공기와 유리를 통과하는 빛과 우리 몸을 통과하는 X-선이 좋은 예이다.

전자기파는 엄청난 고속으로 진행한다. 진공 속에서의 전자기파의 속도를 "광속"이라고 부르는 이유는 빛을 이용해 처음으로 이 속도를 측정하였기 때문이다. 광속을 기호 c로 표기한다. 광속의 값은

$$c = 299{,}792{,}458 \text{ m/s} \ (\text{광속})$$

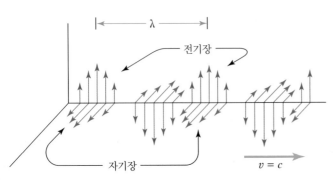

그림 8.28 전자기파의 일부를 그린 그림. 전기장은 항상 자기장에 수직하다. 전체 패턴이 광속으로 오른쪽으로 진행한다.

또는

$$c = 3 \times 10^8 \, \text{m/s} \quad (\text{근삿값})$$
$$= 300{,}000{,}000 \, \text{m/s}$$
$$= 186{,}000 \, \text{miles/s} \quad (\text{근삿값})$$

이다.

6장에서 파동에 대해 소개한 모든 파라미터들이 전자기파에도 적용된다. 파장은 그림 8.28에서 쉽게 알 수 있다. 진폭은 전기장 세기의 최댓값이다. $v = f\lambda$라는 식은 v를 c로 바꾸었을 때 그대로 성립한다. 전자기파의 파장은 대략 양성자의 크기인 10^{-15}m로부터 라디오파의 4,000 km까지 엄청난 범위를 가지고 있다. 이에 해당하는 주파수는 대략 10^{23} Hz와 76 Hz가 된다. 실제로 사용되고 있는 대부분의 전자기파들은 음파에 비해 엄청나게 주파수가 높다.

예제 8.2

FM 라디오 방송국이 100 MHz의 주파수를 가진 전자기파를 송출한다. 이 전자기파의 파장을 구하라.

1 MHz는 백만 Hz를 의미한다. 따라서 주파수는 1억 Hz가 된다.

$$c = f\lambda$$
$$300{,}000{,}000 \, \text{m/s} = 100{,}000{,}000 \, \text{Hz} \times \lambda$$
$$\frac{300{,}000{,}000 \, \text{m/s}}{100{,}000{,}000 \, \text{Hz}} = \lambda$$
$$\lambda = 3 \, \text{m}$$

전자기파는 주파수에 따라 다른 이름으로 불린다. 주파수가 증가하는 순서대로 **라디오파**(radio waves), **마이크로파**(microwaves), **적외선**(infrared radiation), **가시광선**(visible light), **자외선**(ultraviolet radiation), **X-선**(X-rays), **감마선(γ선)**(gamma rays, γ-rays) 그룹 또는 "띠"로 나눌 수 있다. 그림 8.29는 주파수와 파장 스케일에서 이들 그룹들을 표시한 것이다. 이것을 **전자기 스펙트럼**(electromagnetic spectrum)이라고 한다. 각 그룹이 서로 중첩되어 있는 것에 주목하라. 예를 들어 10^{17} Hz의 전자기파는 자외선 또는 X-선이 될 수 있다. 중첩이 되는 경우 전자기파에 붙이는 이름은 이 전자기파가 어떻게 만들어지는가에 달려 있다.

전자기파 스펙트럼의 각 그룹의 성질에 대해 간단히 설명하려고 한다. 어떻게 이들이 만들어지고 이들의 용도는 무엇이며 일상생활을 어떻게 변화시켰는가? 전자기파의 용도가 다양한 이유는 다른 물질들과 상호작용하는 방법이 다양하기 때문이다. 우리 주위의 모든 물질들은 전하(전자와 양성자)를 가지고 있다. 따라서 전자기파는 물질에 영향을 미치고 또 물질에 의해 전자기파가 영향을 받는다고 생각하는 것이 논리적이다. 진동 전기장은 도체에 교류 전류를 유도하여 분자, 원자, 개별 전자들을 진동하게 한다. 또는 전자기파는 원자핵과도 상호작용할 수

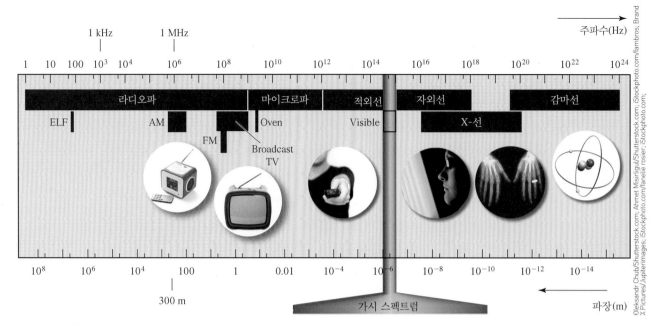

1 kHz   1 MHz   주파수(Hz)

라디오파   마이크로파   적외선   자외선   감마선

ELF   AM   Oven   Visible   X-선
FM
Broadcast
TV

300 m   가시 스펙트럼   파장(m)

그림 8.29 전자기 스펙트럼.

있다. 어떤 종류의 상호작용이 일어나는지는 전자기파의 주파수와 전자기파가 진행하는 물질의 성질−밀도, 분자와 원자의 구조 등−에 달려 있다.

원리상 특정 주파수의 전자기파는 한 개 또는 그 이상의 대전 입자들을 이 주파수로 진동시켜 얻을 수 있다. 전하의 진동장은 전자기파를 만든다. "낮은 주파수"의 전자기파(라디오파와 마이크로파)는 이런 방식으로 만들어진다. 전송기가 교류 신호를 생성하여 안테나로 보낸다. 더 높은 주파수에서는 이런 과정이 어려워진다. 마이크로파 이상의 전자기파는 분자, 원자 및 원자핵과 관련된 다양한 과정에 의해 만들어진다. 대전 입자들이 이 모든 과정에 관여한다는 것에 주목하라.

기억해야 할 또 다른 요소가 있다. 전자기파는 에너지의 한 형태이다. 전자기파를 만드는 데 에너지가 필요하고 전자기파를 흡수하는 물질은 에너지를 얻는다. 전자기파 복사에 의한 열의 전달이 한 예이다.

8.5a 라디오파

주파수가 가장 낮은 전자기파인 라디오파는 100 Hz 이하로부터 10^9 Hz(10억 Hz)까지의 영역에 걸쳐 있다(그림 8.30). 이 영역에는 다른 이름이 주어진 여러 주파수 띠가 존재한다. 예를 들면 ELF(극저주파), VHF(고주파), UHF(초고주파) 등이다. 대부분의 주파수는 kHz(킬로 Hz)나 MHz(메가 Hz)로 주어진다. 때때로 라디오파는 파장으로 분류하여 장파, 중파, 단파로 부르기도 한다.

앞서 언급한 대로 라디오파는 적절한 주파수를 가진 교류를 사용해 생성할 수 있다. 라디오파는 대기 속을 잘 전파하기 때문에 통신에 유용하게 사용된다. 더 낮은 주파수를 가진 라디오파는 대기권 상층을 투과할 수 없기 때문에 우주와 위성 통신을 위해서는 더 높은 주파수의 라디오파를 사용해야 한다. 매우 낮은 주파수의 라디오파만이 바닷물을 관통할 수 있다.

그림 8.30 라디오는 한 주파수의 라디오파를 수신할 수 있는 전자기파 디텍터이다.

라디오파의 가장 중요한 응용은 통신이다. 음성, 비디오 또는 다른 정보를 특정 주파수의 라디오파에 "부호화"하여 방송한다. 그 후 수신기로 이 라디오파를 받아 정보를 추출한다. 때때로 이 과정은 일방적이다(상업용 AM과 FM 라디오 및 텔레비전). 그러나 대부분의 응용에서는 양방향 과정이 이루어진다. 각 집단은 방송을 할 뿐만 아니라 수신을 하기도 한다. 특수한 목적을 위해 좁은 주파수 띠가 할당된다. 예를 들어 88 MHz에서 108 MHz까지의 주파수는 상업용 FM 방송을 위해 확보되어 있다. 십여 개 이상의 다른 주파수 띠들이 정부와 사설 통신을 위해 할당되어 있다.

8.5b 마이크로파

라디오파의 주파수보다 높은 다음 전자기파 띠는 마이크로파 띠이다. 주파수는 라디오파의 상한값으로부터 적외선 띠의 최저값, 즉 대략 $10^9 \sim 10^{12}$ Hz가 된다. 파장은 대략 0.3 m에서 0.3 mm가 된다.

마이크로파의 또 한 가지 용도는 통신이다. 컴퓨터, 핸드폰과 다른 장치들을 연결해 주는 블루투스와 와이파이 신호는 마이크로파를 사용한다. 마이크로파 통신에 관한 초기 실험들에 의해 마이크로파의 가장 중요한 응용인 레이더(무선 탐지 및 거리 측정)가 등장하였다. 레이더는 배나 비행기의 금속에 의해 마이크로파가 반사되는 성질을 이용한다. 6.2절에서 논의한 것처럼 레이더는 마이크로파를 사용한 반향 위치 측정 장치이다. 마이크로파가 송신기로부터 반사 물체까지 갔다가 다시 돌아오는 데 걸리는 시간을 가지고 물체까지의 거리를 결정한다. 레이더 시스템은 매우 정교하다. 도플러 레이더는 반사파의 진동수 변이를 측정하여 송신기에 대해 멀어지거나 가까워지는 물체의 속도를 결정할 수 있다. 이런 레이더들은 항공관제와 기상 예보를 하는 데 없어서는 안 될 도구이다. 2005년부터 카시니 우주선은 토성의 가장 큰 위성인 타이탄을 에워싸고 있는 고밀도의 스모그를 관통해서 타이탄의 지형을 알아내기 위해 영상 레이더를 사용하고 있다(그림 8.31). 지구 궤도에 있는 유사한 레이더 장비가 지구 표면의 영상을 얻기 위해 사용되고 있다. 지구 환경의 변화를 모니터하고 고고학적 유적지를 찾는 것이 이 장비의 목적이다.

마이크로파를 사용해 요리하는 것이 널리 퍼져 있다. 요리의 목적은 음식물을 가열하는 것이다. 다른 말로 하면 음식물 안의 분자들의 에너지를 증가시키는 것이다. 전통적인 오븐은 음식물 주위의 공기를 가열하고 에너지를 음식물 전체에 전달하기 위해 (고체 내의) 전도와 (액체 속의) 대류에 의존한다. 마이크로웨이브 오븐은 마이크로파 (보통 $f = 2{,}450$ MHz와 $\lambda = 0.122$ m)를 음식물 속으로 보낸다. 이 마이크로파는 음식물을 관통해 직접 분자의 에너지를 증가시킨다. 7.2절에서 물이 극성 분자들로 구성되어 있다고 한 것을 기억하라. 물 분자는 한쪽에는 알짜 양전

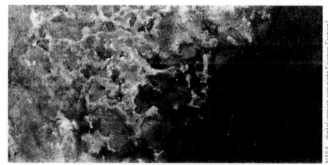

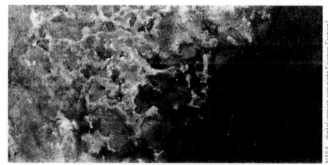
그림 8.31 토성의 위성인 타이탄 표면의 3차원 영상. 이 영상은 2005년부터 카시니 우주선의 저공비행을 통해 축적된 레이더 데이터를 사용해 제작하였다. 대략 폭이 450 km인 이 지형 영상은 벨레트라고 부르는 적도상의 "모래 바다"의 일부를 보여주고 있다.

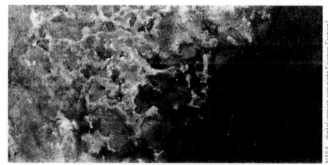
NASA - digital version copyright Science Faction/Getty Images

8.5 전자기파 **299**

그림 8.32 (a) 알짜 전하가 표면에 몰려 있다는 것을 보여주는 물분자의 개략도. (b, c) 마이크로파의 진동 전기장이 분자를 앞뒤로 비틀어 분자에 에너지를 전달한다.

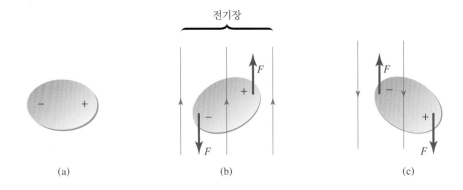

전기장

(a)   (b)   (c)

하를, 반대쪽에는 알짜 음전하를 가지고 있다(그림 8.32). 마이크로파의 전기장이 음식물 안에 들어 있는 물 분자의 양쪽에 힘을 가한다. 이 힘은 방향이 반대이므로 물 분자를 비틀게 된다. 전기장이 진동하기 때문에 물 분자들은 교대로 한 번은 한 방향으로, 다음에는 반대 방향으로 비틀리게 된다. 이 과정에 의해 물 분자들의 에너지가 증가하게 되어 음식물의 온도가 증가한다. 마이크로파 요리는 에너지가 직접 분자 전체에 전달되기 때문에 요리 시간이 빨라진다. 마이크로파 요리는 음식물 외부로부터 내부로의 열의 전도-훨씬 느린 과정이다-에 전적으로 의존하지 않는다.

8.5c 적외선

적외선(IR)은 전자기 스펙트럼에서 마이크로파와 가시광선 사이에 위치한다. 주파수는 대략 10^{12} Hz로부터 4×10^{14} Hz까지이다. 적외선의 파장은 대략 0.3 mm에서 0.00075 mm까지이다.

적외선은 보통 (5.4절에서 소개한) 열복사의 주요 성분이다. 주위의 모든 것은 우리 몸처럼 적외선을 흡수하고 또 방출한다. 불이나 가열램프에서 느끼는 열기는 적외선이 피부에서 흡수되기 때문이다. 원자와 분자들은 열적 진동 때문에 항상 적외선을 방출한다. 차가운 물체가 적외선을 흡수하면 원자와 분자들의 진동이 증가하여 온도가 올라간다. 8.6절에서 열복사 및 열복사의 용도에 대해 자세히 살펴볼 것이다.

적외선은 보통 텔레비전의 무선 리모컨 및 개인 디지털 보조장치(PDA)와 노트북 컴퓨터 같은 장치 사이의 단거리 무선 데이터 전송에 사용된다. 이런 장치들은 부호화된 적외선 신호를 방출하고 이것을 다른 장치가 탐지한다(그림 8.33). 이런 용도로 사용할 때 적외선은 라디오파와 매우 유사한 일을 한다. 적외선의 또 다른 용도는 레이저이다. 현재 사용되고 있는 가장 강력한 레이저들 가운데 일부는 적외선을 방출한다(10.8절).

8.5d 가시광선

가시광선은 인간의 눈이 탐지할 수 있는 매우 좁은 주파수 띠의 전자기파이다. 간상세포와 원추세포라고 부르는 특수 세포들이 이 띠에 속한 전자기파에 민감하게

그림 8.33 이 리모컨은 정보를 전달하는 데 적외선을 사용한다.

IR 송신기

Barat Roland/Shutterstock.com

표 8.1 색에 따른 대략적인 주파수와 파장

색	주파수 범위(× 10^{14} Hz)	파장 범위(× 10^{-7} m)
빨간색	4.0 – 4.8	7.5 – 6.3
주황색	4.8 – 5.1	6.3 – 5.9
노란색	5.1 – 5.4	5.9 – 5.6
초록색	5.4 – 6.1	5.6 – 4.9
파란색	6.1 – 6.7	4.9 – 4.5
보라색	6.7 – 7.5	4.5 – 4.0

반응한다. 이들 세포는 가시광선에 반응하여 전기 신호를 뇌로 보낸다. 뇌에서는 정신적 영상이 만들어진다. (허밍버드와 벌 같은 동물들은 자외선 띠까지를 볼 수 있다. 인간에게는 평범해 보이는 꽃들이 이런 과즙을 먹고 사는 동물들에게는 대단히 매력적으로 보이게 된다.)

가시광선도 매우 뜨거운 물체가 방출하는 열복사의 한 성분이다. 태양 복사의 44% 정도는 가시광선이다. 태양은 백열한다. 백열등은 동일한 방식을 사용하여 가시광선을 만든다. 형광등과 네온등은 여기된 원자를 이용하여 가시광선을 방출한다. 10장에서 이런 과정에 대해 다루게 되며 어떻게 여기된 원자들로부터 적외선과 자외선, 심지어는 X-선이 방출될 수 있는지 설명할 것이다.

사람들은 가시광선의 좁은 띠 안의 여러 주파수를 다른 색으로 인식한다. 적외선 띠 옆에 있는 가장 낮은 주파수의 가시광선을 빨간색으로 인식한다. 가장 높은 주파수의 가시광선은 보라색으로 인식한다. 표 8.1은 무지개에서 나타나는 여섯 가지 주요 색의 대략적인 주파수와 파장을 보여주고 있다.

주파수 띠가 매우 좁다는 것에 주목하라. 우리가 볼 수 있는 빛의 가장 높은 주파수는 가장 낮은 주파수의 두 배보다 작다. 이와 비교해 우리가 들을 수 있는 음파의 주파수 범위는 엄청나게 크다. 최고 주파수가 최저 주파수의 1,000배나 된다.

우리가 보는 대부분의 색은 여러 다른 주파수들이 섞인 것이다. 극단적인 예가 흰색이다. 흰색을 만드는 한 가지 방법은 모든 주파수(색)의 가시광선을 동일한 양으로 섞는 것이다. 무지개는 이와는 반대 과정을 통해 만들어진다. 흰색을 성분 색으로 분리하는 것이다. 가시광선이 눈에 도달하지 않으면 검은색으로 인식한다.

일상생활에서 가장 중요한 전자기파가 가시광선이다. 다음 장 전체는 빛과 물질과 빛의 상호작용에 대한 연구인 광학을 다루고 있다.

8.5e 자외선

자외선(UV)은 보라색 주파수 바로 위 주파수로부터 시작해 X-선 띠까지에 위치해 있다. 주파수 범위는 대략 7.5×10^{14} Hz로부터 10^{18} Hz까지이다.

자외선 역시 매우 뜨거운 물체가 방출하는 열복사의 한 부분이다. 태양 복사의 7% 정도가 자외선이다. 태양광의 이 부분은 피부 태우기 및 피부 화상과 관계가 있다. 자외선은 적외선처럼 피부를 가열하지는 않지만 피부에 화학 반응을 일으켜 피부가 타게 된다. 과도하게 자외선에 노출되면 피부 화상이라는 단기 효과가 나타나고 과도한 노출이 살아가는 동안 반복되면 피부암에 걸릴 확률이 증가한다. 8.7절에서 어떻게 오존층이 과도한 태양광 자외선으로부터 우리를 보호하는지 설명할 것이다.

어떤 물질은 자외선을 받으면 형광빛을 발산한다. 형광등의 안쪽 면에는 이러한 물질이 발라져 있다. 형광등 안에 여기된 원자에서 방출된 자외선이 형광물질에 닿으면 가시광선이 방출된다. 플라즈마 TV의 원리도 동일하다. 어떤 형광물질은 일반적인 빛에는 반응하지 않아 색깔이 없어 보이지 않는 잉크라고도 불린다. 여기에 자외선 램프를 비추면 색깔이 나타난다.

자외선 복사는 많은 곳에 실제적으로 응용되고 있다. 예를 들어 범죄 현장에서 혈액이나 담즙과 같은 체액을 탐지하는 감식 도구로 사용된다. 자외선은 야행성 곤충들을 유인하고 수집하는 데 도움을 주기 때문에 곤충의 분류 및 곤충 연구를 하는 곤충학자들도 자외선을 사용한다. 자외선 램프는 생물학 실험실과 의료 기관에서 사용하는 도구와 작업장을 살균하기 위해 사용된다. 그리고 야금술(조판)로부터 의학(피부학 및 광학적 각막 절제술), 전산학(광학 데이터 저장)까지 여러 분야에서 자외선 레이저의 사용이 늘고 있다.

8.5f X-선

자외선보다 주파수가 더 높은 쪽에 있는 전자기파는 X-선이다. X-선의 주파수는 대략 10^{16} Hz로부터 10^{20} Hz까지이다. X-선의 중요한 속성은 파장의 범위(대략 10^{-8} m에서 10^{-11} m까지)가 고체 내부의 원자 사이의 간격을 포함하고 있다는 것이다. X-선은 결정 속의 규칙적인 원자 격자들에 의해 부분적으로 반사가 되며 따라서 원자 배열을 결정하는 데 사용할 수 있다. 또한 자외선, 가시광선과 다른 낮은 주파수의 전자기파에 비해 X-선은 대부분의 물질 속으로 훨씬 더 많이 침투할 수 있다.

고속의 전자를 텅스텐이나 다른 금속으로 만든 "표적"에 충돌시켜 X-선을 발생시킬 수 있다(그림 8.34). 전자는 금속과 충돌하여 급속히 감속되면서 자발적으로 X-선을 방출한다. 또한 X-선은 고속 전자에 의해 여기된 일부 원자들에 의해서도 방출된다.

의료 및 치과용 "X-선" 사진은 X-선이 몸을 관통하도록 하여 얻는다. 보통 주파수가 3.6×10^{18} Hz와 12×10^{18} Hz 사이에 있는 X-선을 사용한다. X-선이 몸을 관통할 때 X-선이 흡수되는 정도는 X-선이 통과하는 물질에 의존한다. 칼슘(Z = 20)과 같이 비교적 큰 원자번호(Z)를 가진 원소가 포함된 조직은 탄소(Z = 6), 산소(Z = 8) 또는 수소(Z = 1)와 같은 가벼운 원소들로 구성된 조직에 비해 더 효율적으로 X-선을 흡수한다. 원자번호가 82인 납은 특히 X-선을 차단하는 좋은 차폐물이 된다. 칼슘이 풍부한 뼈

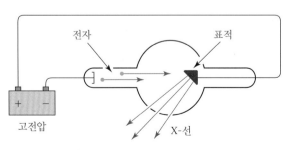

그림 8.34 X-선관의 개략도. 고전압에 의해 전자가 매우 고속으로 가속된다. 이 전자들이 금속 표적과 충돌하면서 X-선이 발생한다.

는 근육이나 지방과 같은 부드러운 조직에 비해 X-선을 잘 흡수한다. 따라서 X-선 사진에서 더 분명하게 나타난다(그림 8.35).

X-선(그리고 감마선)은 **이온화 복사**(ionizing radiation)−물질을 통과할 때 이온이 만들어지는 복사−로 인해 몸에 해롭다. 이런 복사는 원자로부터 전자를 "떼어내기" 때문에 자유전자와 양이온의 궤적이 남는다. 이 과정은 분자 속 원자의 화학 결합을 깨뜨려 결국 분자가 분열되거나 바뀐다. 살아있는 세포는 정상적인 작동과 재생을 위해 매우 크고 정교한 분자들에 의존한다. 이온화 복사를 통해 이런 분자들이 파괴되면 세포가 죽거나 돌연변이를 일으켜 암세포가 될 수 있다. 인체는 죽은 세포를 일상적으로 교체한다. 그러나 엄청난 양의 X-선 또는 이온화 복사를 쪼이면 이것이 교체 과정을 압도하게 되어 병, 암 또는 죽음에 이르게 된다. 의료용 X-선은 미국에서 국민들의 일 년 복사 조사량의 10% 정도에 해당하는 최대 인공 복사원이다. 따라서 진단 방사선학에서는 불필요한 노출로 인한 X-선의 피해로부터 국민들을 보호하는 것이 공중위생 및 방사선 물리학자들에게 주어진 최대 과제라는 사실이 그리 놀랍지 않다.

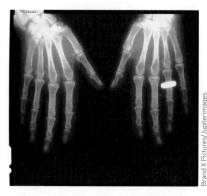

그림 8.35 사람 손의 X-선 사진. 이 사진에서 하얗게 보이는 부분은 입사 X-선을 강하게 흡수하는 부분이다. 뼈는 칼슘 농도가 높아 X-선을 훨씬 더 효율적으로 흡수한다. 대부분의 보석류에서 사용되는 금과 은 같은 원소들은 원자번호가 크기 때문에 X-선을 더 잘 흡수한다.

Brand X Pictures/Jupiterimages

8.5g 감마선

주파수가 가장 높은 전자기파는 감마선(γ선)이다. 주파수 범위는 대략 3×10^{19} Hz에서 10^{23} Hz 이상이다. 주파수가 높은 감마선의 파장은 대략적으로 원자핵의 지름과 비슷하다. 감마선은 방사성 붕괴, 핵분열 및 핵융합과 같은 여러 원자핵 과정을 통해 방출된다. 11장에서 이런 원자핵 과정에 대해 자세히 공부하게 된다.

이것으로 간략한 전자기 스펙트럼의 소개를 마친다. 여러 종류의 파동들이 다른 방법을 통해 생성되고 다양한 용도로 사용되지만 유일한 차이는 주파수 또는 파장뿐이다.

복습

1. 햇볕에 피부가 타는 것은 햇볕의 _____ 때문이다.
2. 다음 중 마이크로파를 사용하지 않는 것은?
   a. 음식 만들기
   b. 레이더
   c. 의학적 영상 만들기
   d. 통신
3. 두 물체의 색깔이 서로 다른 것은 두 물체로부터 나오는 빛의 _____ 가 서로 다르기 때문이다.
4. 전하를 이용하여 가장 간단하게 전자기파를 만드는 방법은 무엇인가?
5. (참 혹은 거짓) X-선 사진에서 뼈의 모습이 보이는 것은 뼈는 근육이나 다른 세포에 비해 X-선을 잘 흡수하기 때문이다.

답 1. 자외선 2. c 3. 주파수 4. 진동하게 한다 5. 참

8.6 흑체 복사

모든 물체는 이들이 가진 원자와 분자들의 열적 운동 때문에 전자기파를 방출한다. 이미 이 복사가 어떻게 열을 전달하는지 다루었다(5.4절). 태양으로부터의 복

사가 없었다면 지구는 얼어붙은 암석이 되었을 것이다. 이제 열복사에 대해 잘 살펴보고 열복사의 용도에 대해 생각해 보자.

주어진 물체가 방출하는 복사의 본질—전자기파의 주파수 또는 파장 범위와 세기—은 물체의 온도와 표면 특성(예를 들어 색깔)에 의존한다. 완전히 검은 가상적인 물체—입사되는 모든 전자기파를 흡수하는 물체—는 실제로 열복사를 가장 잘 방출한다. 흑체라고 부르는 이 물체는 같은 온도를 가진 다른 물체들보다 더 효율적으로 복사 에너지를 방출한다. 그리고 방출하는 모든 파장에서 전자기파의 세기를 매우 정확하게 예측할 수 있다. 흑체가 방출하는 열복사를 **흑체 복사**(BBR—blackbody radiation)라고 한다.

열복사의 이상적인 표현인 흑체 복사는 이미 철저하게 분석되고 이해되어 있다. 실제 물체로부터 방출되는 복사는 보통 흑체 복사와 그리 차이가 크지 않기 때문에 흑체 복사를 열복사의 모델로 사용할 수 있다.

8.6a 열복사의 법칙

(우리 몸, 태양, 흑체와 같은) 특정 물체가 방출하는 열복사는 넓은 띠 모양의 전자기파이다. 이 띠에서 특정 파장의 복사가 다른 파장의 복사보다 더 강하게 방출된다. 각 파장에서의 복사의 세기, 즉 매 초 $1\,m^2$의 면적에서 방출되는 에너지량은 파장에 따라 다르다. 예를 들어 태양에서 나오는 열복사는 적외선 파장 영역보다 가시광선 파장 영역에 더 많은 에너지를 담고 있다. 가시광선 영역 파장에서의 세기가 적외선 영역 파장에서의 세기보다 크다.

흑체가 방출하는 각 복사 파장에서의 세기를 보여주는 그래프를 흑체 복사 곡선이라고 부른다(그림 8.36). 그래프의 크기와 모양은 물체의 온도에 따라 달라진다. (흑체가 아닌) 실제 물체의 곡선도 흑체 복사 곡선과 유사하다.

한 물체로부터 매 초 방출되는 전체 복사량은 분명히 이 물체가 얼마나 큰지와 관련이 있다. 100 W의 백열등은 10 W의 백열등에 비해 밝기가 더 밝다(더 많은

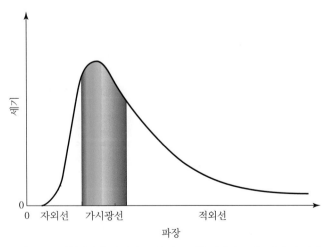

그림 8.36 전형적인 흑체 복사 곡선. 이 곡선은 전자기 스펙트럼의 각 파장에 따라 방출되는 에너지량을 나타낸다.

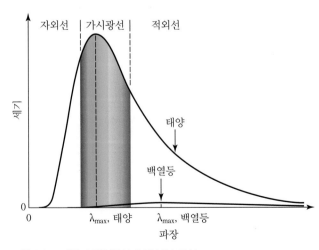

그림 8.37 태양과 백열등의 흑체 복사 곡선.

빛을 방출한다). 왜냐하면 100 W 백열등의 필라멘트가 더 크기 때문이다. 이 점을 무시하더라도 방출되는 복사의 양과 종류에 가장 큰 영향을 미치는 것은 물체의 온도이다. 열복사의 세 가지 속성이 물체 온도의 영향을 받는다.

1. 방출되는 각 종류(마이크로파 또는 적외선)의 복사량은 온도가 증가함에 따라 증가한다.

밝기 조절기가 붙어 있는 백열등 전구는 이런 사실을 잘 보여준다. 전구를 어둡게 하면 필라멘트의 온도가 감소한다. 따라서 방출되는 가시광선의 양이 감소한다. 전구의 밝기가 감소하고 방출되는 적외선의 양도 감소한다.

2. 단위 시간에 단위 면적에서 방출되는 복사 에너지의 전체 양은 온도가 증가함에 따라 급격하게 증가한다. 특별한 흑체의 경우 매 초 방출되는 전체 복사 에너지(일률)는 (절대온도로 표시한) 온도의 네제곱에 비례한다.

$$P = (5.67 \times 10^{-8}) A T^4$$

물체의 절대온도가 두 배가 되면 매 초 16배나 많은 복사 에너지를 방출하게 된다. 310 K(섭씨 37 ℃)의 인체는 체온이 293 K(섭씨 20 ℃)의 실온일 때보다 대략 매 초 25% 더 많은 에너지를 방출한다. 우리가 적외선을 볼 수 있다면 인체는 차가운 주변에 비해 더 밝게 빛나 보일 것이다.

3. 온도가 높아지면 전자기 복사의 더 짧은 파장(더 높은 주파수)쪽에서 매 초 더 많은 에너지가 방출된다. 흑체의 경우 최대 에너지(흑체 복사 곡선의 최고점)를 방출하는 파장은 온도에 반비례한다.

$$\lambda_{max} = \frac{0.0029}{T} \quad (\lambda_{max}의 \ 단위는 \ m, \ T의 \ 단위는 \ 절대온도)$$

대략 700 K(섭씨 430 ℃ 정도)보다 낮은 온도의 물체는 대부분 적외선을 방출하고 약간의 마이크로파, 라디오파와 가시광선도 방출한다. 가시광선의 양이 충분하지 않아 우리 눈에는 보이지 않는다. 이 온도보다 높아지면 물체가 백열하여 충분한 양의 가시광선을 방출한다. 이 물체는 붉고 뜨겁게 보이는데 이유는 다른 가시광선 영역의 파장보다 빨간색(더 긴 파장) 복사를 더 많이 방출하기 때문이다. 최고점 파장은 여전히 적외선 영역에 있다. (물체가 백열하는 데 필요한 최소 온도는 여러 요인의 영향을 받는다. 이들 요소로 물체의 크기와 색깔, 배경 빛의 밝기와 관찰자 시력의 민감성을 들 수 있다.)

물리 체험하기 8.4

실험을 위해 어두운 방과 백열등 그리고 밝기를 연속적으로 조절할 수 있는 스위치가 필요하다. 최대한도로 밝게 한 상태에서 흰 종이의 색깔을 자세히 관찰한다. 등의 밝기를 천천히 어둡게 하면서 종이의 색깔이 변하는지 관찰한다. 관찰결과를 기술하여라.

백열등 전구의 필라멘트의 온도는 3,000 K나 된다. 이 전구의 열복사의 최고점 파장은 적외선 영역에 있지만 가시광선 영역으로부터 그리 떨어져 있지 않다. 긴 파장에서 방출되는 가시광선이 더 강하기 때문에 물체가 조금 붉은 색을 띤다. 태양표면 온도인 6,000 K에서는 최고점 파장이 가시광선 영역에 있다(최고점 파장이 백열등의 최고점 파장의 절반이다). 따라서 태양은 하얗고 뜨겁게 보인다(그림 8.37). 곡선을 비교할 때 태양의 곡선이 더 높다는 것에 주목하라. 이것은 태양이 백열등보다 더 크기 때문이 아니라 온도가 더 높기 때문이다.

예제 8.3

반지름이 0.25 m인 구형 흑체의 표면적은 0.79 m²이다. 이 흑체의 온도가 1500 K라고 하면 이 흑체는 매 초당 얼마의 에너지를 방출하는가?

$$P = (5.67 \times 10^{-8}) A T^4$$
$$= (5.67 \times 10^{-8}) (0.79 \text{ m}^2) (1,500 \text{ K})^4$$
$$= 2.27 \times 10^5 \text{ W}$$

예제 8.4

태양이 온도가 6,000 K인 흑체라고 가정하면 어느 파장에서 에너지를 최대로 방출할까?

$$\lambda_{max} = \frac{0.0029}{T}$$
$$= \frac{0.0029}{6,000 \text{ K}}$$
$$= 4.8 \times 10^{-7} \text{ m}$$

표 8.1은 이 파장이 가시광선 띠의 파란색–초록색 부분에 있음을 보여준다(그림 8.37).

일부 별들은 온도가 충분히 높아 파란색으로 보인다. 북쪽 하늘에서 가장 밝은 별들인 시리우스와 베가가 좋은 예이다. 이들 별의 흑체 복사 곡선의 최고점은 자외선 영역에 있다. 따라서 이들은 가시광선의 긴 쪽 파장에서보다 짧은 쪽 파장(파란색)에서 더 많은 에너지를 방출한다(물리 체험하기 8.5).

흑체 복사의 온도 의존성은 수많은 흥미로운 현상들과 관련이 있으며 이 의존성을 기막힌 방식으로 사용하고 있다. 다음 내용이 그 예이다.

8.6b 온도 측정

물체가 방출하는 복사 에너지를 조사함으로써 물체의 온도를 결정할 수 있다. 특히 용광로와 같이 매우 높은 온도를 측정할 때 유용하다. 왜냐하면 이런 뜨거운 물체와 직접 접촉할 수 없기 때문이다. 고온 온도계라고 부르는 특수 장치는 방출되는 복사의 양과 종류를 측정하고 위에서 언급한 규칙들을 사용하여 온도를 결정한다. 유사한 과정이 태양과 다른 별들의 온도를 측정하는 데 사용된다.

전자 귀 온도계도 동일한 방식으로 작동한다. 이 온도계는 환자의 고막에서 방출되는 적외선 복사를 측정하여 환자의 체온을 결정한다.

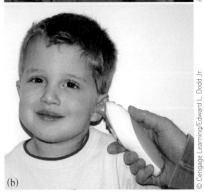

그림 8.38 (a) 온도기록–적외선 사진–은 주위보다 온도가 높거나 낮은 지역을 보여준다. (b) 적외선 온도계는 사람의 몸으로부터 발산되는 적외선 에너지를 측정하여 그것을 온도로 변환하여 준다.

8.6c 따뜻한 물체의 탐지

지구상의 대부분의 물체들은 주로 적외선을 방출하게 하는 온도를 가지고 있다. 적외선을 탐지할 수 있는 어떤 것이라도 이 사실을 이용해 평균보다 높은 온도를 가진 물체의 위치를 아는 데 사용될 수 있다. 왜냐하면 이 물체들이 적외선을 더 많이 방출하기 때문이다. 예를 들어 방울뱀은 밤에 적외선을 사용하여 쥐나 다른 온혈 동물들을 사냥한다. 이런 뱀들은 주위 환경보다 온도가 높은 물체가 방출하는 적외선에 민감한 기관을 가지고 있다.

적외선에 민감한 사진 필름, 비디오카메라, 다른 탐지 장치들은 여러 실용적인 용도를 가지고 있다. 예를 들어 온도기록이라고 부르는 적외선 사진술은 단열이 잘 안 된 집에서 열이 어디로 빠져나가는지 보여줄 수 있으며(그림 8.38a) 또 전기발전소에서 회로가 끊어져 일어나는 오믹 가열을 탐지할 수 있다. 암에 의한 인체의 가열 부위를 찾아낼 수도 있다(그림 8.38b). 군대에서는 적외선 탐지기를 사용해 밤에 군인의 위치를 알아낸다. 열추적 미사일은 자동적으로 비행기의 뜨거운 배기가스를 따라갈 수 있다.

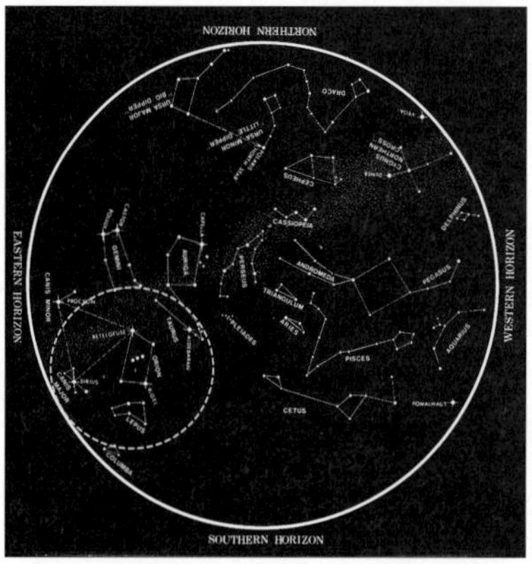

그림 8.39 중위도 지역에서 겨울 밤의 별자리. 원형 점선으로 구분된 영역이 오리온 자리이다.

물리 체험하기 8.5

맑은 날 밤에 도시의 불빛이 닿지 않으며 장애물도 없는 곳에서 하늘을 자세히 관찰해 보자. 모든 별들이 밝기가 모두 동일한가? 또 그들은 모두 같은 색깔로 보이는가? 별의 색깔은 앞에서 설명하였듯이 그 별의 표면온도와 직접 관계가 있다. 당신은 우리가 지금까지 배운 흑체 복사의 법칙을 떠올린다면 몇몇 밝게 빛나는 별들의 상대적인 온도들을 구분할 수 있을 것이다. 이를 위해 그림 8.39의 겨울철의 주요 별자리인 오리온자리로부터 시작해 보자. 먼저 오리온자리의 밝은 별 리겔과 베텔게우스를 찾아보자. 베텔게우스별의 표면온도는 항성의 평균온도보다 다소 낮은 3200 K이지만 그래도 강철을 녹이기에 충분한 온도이다. 이별은 아마도 붉은색을 띨 것이다. 반면에 리겔은 아주 뜨거운 별로 표면온도가 10,000 K에 달하며 희고 푸른색을 띤다.

오리온자리의 근처에 있는 다른 밝은 별들을 찾아보자. 예를 들면 카니스 메이저에 속한 시리우스별을 보자. 그 색깔로 리겔이나 베텔게우스와 상대적인 표면온도를 가늠해 보자. 또 그 이외의 밝은 별들의 상대적인 표면온도를 짐작해 보자. 만일 우리가 살고 있는 은하의 태양 가까이에 이는 대부분의 별들은 그 색깔이 붉거나 주황색 계열이어서 그 표면온도가 대체로 낮다고 누군가가 기술하였다면 당신은 여기에 동의하는가?

복습

1. 흑체가 발산하는 빛의 총 파워는 _____ 의 네제곱에 비례한다.

2. (참 혹은 거짓) 푸른빛을 띠는 흑체는 붉은빛을 띠는 흑체에 비해 온도가 더 높다.

3. (참 혹은 거짓) 생명체가 감지할 수 있는 전자기파는 오직 가시광선뿐이다.

4. 태양과 같이 뜨거운 흑체가 방출하는 전자기파에는 다음 중 어느 것이 포함되어 있는가?
   a. 적외선   b. 가시광선
   c. 자외선   d. 위의 모두가 참이다.

답 1. 온도 2. 참 3. 거짓 4. d

8.7 전자기파와 지구 대기

지구를 둘러싸고 있는 대기 중의 많은 물질들은 전자기파와 중요한 의미를 가진 상호작용을 한다. 이런 상호작용 가운데 일부는 지구상에 생명체가 존재하는 데 결정적인 역할을 담당한다. 다른 상호작용들은 통신에 도움을 주거나 아름다움을 느끼게 해주며 지구상의 생명체의 특성을 결정하기도 한다. 예를 들어 무지개와 같은 가시적인 현상에 대하여는 가시광선만을 다루는 9장에서 더 설명하려고 한다. 반면 다른 상호작용들은 여기서 논의할 것이다.

8.7a 오존층

지구를 따뜻하게 하고 식물을 성장하게 하는 태양광은 또한 생명체에 해로운 자외선을 포함하고 있다. 그러나 대기가 자외선으로부터 생명체를 보호해 주었기 때문에 생명체는 진화할 수 있었다. 지구 상공에서 대략 20 km와 40 km 떨어진 곳을 오존층이라고 부르는데 산소 원자 세 개가 결합한 오존(O_3)의 농도가 비교적 높기 때문이다. 오존은 태양광 속의 해로운 자외선을 대부분 흡수한다. 오존층은 지구상의 생명체를 보호하는 방패 구실을 해 왔다.

1974년 냉장고, 에어컨이나 스프레이 통의 에어로졸 추진제로 사용하는 프레온 기체인 염화불화탄소(CFC)와 같은 화합물이 오존층을 파괴할 수 있다는 보고가 있었다. 염화불화탄소는 공기 흐름을 따라 오존층으로 올라가 놀라운 효율로 오존 분자를 화학적으로 분해한다. 1995년 노벨화학상은 이 효과의 발견에 수여되었다. 이런 이유로 미국에서는 염화불화탄소를 에어로졸 추진제로 사용하는 것을 금지하였다. 1985년 남극 상공의 오존층에 "구멍"이 생겨 매년 후반기에 구멍이 커진다는 사실이 발견되었다. 대기 가운데 엄청나게 넓은 구역에서 오존의 농도가 대략 절반 정도로 감소하였다. 낡은 위성 측정 자료를 살펴본 결과 이 구멍이 이전에도 존재하고 있었지만 1982년 실시한 측정에서는 면적이 미국 면적의 두 배나 되었다(그림 8.40). 이제 과학자들은 오존 구멍이 CFC에서 나온 염소와 관련된 일련의 복잡한 과정을 거쳐 만들어진다고 믿고 있다. 남반구의 겨울 동안에 극성층권구름(PSC)이라고 부르는, 태양이 뜨지 않는 남극 상공에 걸린 극단적으로 높은 곳에 생기는 구름에서 일어나는 화학 반응에 의해 염소 분자(Cl_2)가 방출된다. 봄에 태양광이 돌아오면 염소가 오존 분자를 분해하는 화학 반응이 일어나기 시작한다.

최근까지도 유사한 오존 구멍이 북극 상공에는 나타나지 않으리라 생각했다. 그러나 1997년 3월 북극 상공의 오존 농도가 일 년 중 이 기간의 최젓값을 기록했다. 감소량은 남극 오존 구멍에 비해 크지 않았지만 오존층의 피해가 증가하는 중임을 암시하고 있다.

오존층에 대한 전 세계적인 모니터링을 통해 20세기 후반부 동안 남극과 북극뿐만 아니라 전반적으로 오존 농도가 감소하고 있음을 알게 되었다. 오존 농도의 지속적인 감소는 비극적인 결과를 가져올 수 있다. 피부암 발생률이 증가할 수 있

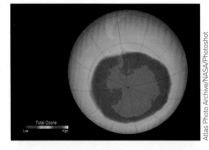

그림 8.40 2006년 10월 5일 위성 측정에 기초해 만든 남반구 위에 생긴 오존층 구멍의 색깔 영상. 파란색으로 표시된 오존이 현저하게 감소한 영역이 남극보다 더 넓게 확장되어 있다. 2006년 관측된 오존의 전체 감소량은 기록을 시작한 이래 최대 수치이다.

다. 증가한 자외선이 많은 식물들에 유해한 영향을 주기 때문에 수확량이 줄어들 수 있다. 그러나 이전에 없던 국제적인 협력을 통해 개발도상국에서 염화불화탄소를 사용하는 것을 금지시켰다. 대기 중의 염화불화탄소 농도는 감소하고 있는 것처럼 보이지만 이 화합물의 극단적인 화학적 안정성으로 인해 앞으로도 여러 해 동안 피해를 줄 수 있다.

8.7b 온실 효과

추운 날씨에 부분적으로 온실을 따뜻하게 하는 것과 관계가 있기 때문에 **온실 효과**(greenhouse effect)라는 이름이 붙어 있다. 유리와 다른 특정 물질들은 가시광선은 통과시키는 반면 이보다 더 긴 파장을 가진 적외선은 흡수하거나 반사시킨다. 건물의 유리 벽이나 유리 지붕은 가시광선이 들어오도록 해 건물 내부를 덥힌다. 물체의 내부 온도가 증가하면 물체는 더 많은 적외선을 방출하게 된다. 유리가 없다면 이 적외선이 외부로 빠져나가 에너지가 축적되지 않는다. 그러나 유리가 적외선을 막고 있기 때문에 추가된 에너지가 건물 내부에 갇히면서 내부가 더 뜨거워진다. (유리는 복사에 의한 열 손실을 줄일 뿐만 아니라 대류를 막는다. 위로 상승하는 뜨거운 공기가 내부를 떠날 수 없어 내부 에너지를 가지고 있게 된다.) 창문을 닫고 태양 아래 주차한 자동차는 이런 가열 현상 때문에 외부 공기보다 훨씬 더 뜨겁다. 같은 식으로 건물에서 해가 비치는 쪽은 건물을 가열하게 된다.

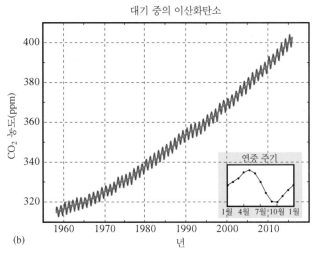

그림 8.41 (a) 지구 대기의 온실 효과를 보이고 있다. 공기 중에서 증가한 이산화탄소 양이 대기의 온도를 올리고 있다. (b) 하와이 섬 마우나로아 정상에 있는 관측소에서 측정한 공기 중의 CO_2 양 대 시간의 그래프. 농도가 연중 변화를 보인다. 북반구의 식물들이 활동이 활발한 여름에 더 많은 CO_2를 흡수하기 때문이다.

온실 효과는 지구 대기에서 자연스럽게 일어난다. 대기 중의 수증기, 이산화탄소(CO_2)와 다른 기체들은 유리와 같은 역할을 하여 태양으로부터 오는 가시광선을 지구 표면까지 통과시키는 반면 뜨거워진 지구 표면으로부터 방출되는 일부를 흡수한다(그림 8.41a). 대기는 흡수한 적외선에 의해 가열된다. 대기는 이 효과가 없을 때에 비해 대략 35 ℃나 높아진다.

1958년부터 2008년까지 대기 중의 이산화탄소의 양이 21%나 증가하였다(그림 8.41b). 증거는 인간의 활동이 원인일 가능성이 높다는 지적을 하고 있다. 지난 세기 동안 엄청난 양의 화석 연료—석탄, 석유와 천연 가스—가 불태워졌다. 이것은 엄청난 양의 이산화탄소를 대기 중으로 방출하였다. 동시에 건축 재료를 얻기 위해 또 경작과 거주를 위해 숲의 나무가 잘려 쓰러졌다. 나무와 식물들이 대기로부터 이산화탄소를 흡수하기 때문에 숲의 감소는 공기 중 이산화탄소의 증가를 의미한다. 메탄 농도 또한 증가하고 있는 중이다. 일부 동물과 벼가 자라면서 방출하는 메탄 기체와 오존을 위협하는 염화불화탄소 역시 수증기나 CO_2처럼 "온실 효과 기체"이다. 이 결과로 인해 전 세계적인 온난화가 가능하다—전체 대기가 가열된다.

지구의 온난화에 대한 증거들은 상당히 신빙성이 있어 보인다. 예를 들어 지난 세기 중 해수면은 평균 17 cm가 높아졌고, 그 속도도 점차 빨라지고 있다. 지구 표면의 온도 모델은 1880년 이래로 꾸준히 높아지고 이는 1970년대 10년 동안이 가장 더웠던 해의 순위에 모두 랭크된 것으로도 알 수 있다. 대양 표면 700 m 표면 위의 온도도 1969년 이래 0.1678 ℃가 상승하였다. 이로 인해 그린랜드와 북극해의 얼음도 빠르게 녹고 있다.

추운 겨울을 보내는 사람들은 대기 온난화가 그리 나쁘지 않다고 생각할 수도 있다. 주요 관심사는 전 세계적인 재앙을 불러올지 모를 온실 효과가 시작되고 있다는 것이다. 지구 대기의 온도가 기후 패턴의 변화를 촉발할 정도로 증가할 수 있다. 한때 푸르렀던 지역이 사막이 될 수도 있고 그 반대가 될 수도 있다. 극지방의 빙하가 녹기 시작하여 해수면이 높아져 전 세계 해안의 인구밀집 지역에 큰 홍수가 날 수도 있다. 온실 효과가 수성에서 자연히 발생한 적이 있다. 지금 수성의 표면 온도는 460 ℃이다. 수성의 조건은 과도한 대기 중의 이산화탄소가 지구에서처럼 석회석에 갇히거나 바다에 녹는 것을 방해하고 있다.

대기의 온실 효과는 이와 같은 복잡한 현상으로 이로 인해 어떤 일이 일어날지 정확하게 예측하는 것이 거의 불가능하다. 다른 시나리오도 제안되었다. 지구가 가열됨에 따라 바다에 녹아 있는 엄청난 양의 CO_2가 방출되어 지구 온난화를 더 악화시킨다. 물의 증발이 증가하여 더 가열이 된다. 또는 수증기의 양이 증가하여 더 많은 구름 덮개가 생겨나 태양광을 막기 때문에 지구 온도가 낮아질지 모른다. 우리가 확신할 수 있는 것은 지금까지 생명체를 유지시켜 온 대기의 담요를 변화시키고 있다는 것이다. 그리고 그 효과가 무엇일지 정확히 알지 못하고 있다.

8.7c 이온층

수백 km 떨어진 AM 방송국의 방송은 수신할 수 있지만 80 km 이상 떨어진 FM 방송국이나 텔레비전 방송국의 방송은 수신할 수 없는 이유가 궁금한 적은 없었는가? 지상에서 수직 상방으로 50~90 km 떨어진 대기 영역을 이온층이라고 부르는데 이유는 이 영역의 이온과 자유 전자의 밀도가 비교적 높기 때문이다. 송신기에서 나온 라디오파는 위로 진행하여 이온층에 도달한다. FM 라디오와 텔레비전에서 사용하는 더 높은 주파수의 라디오파는 이온층을 통과해 우주로 나간다 (그림 8.42a). AM 라디오에서 사용하는 500~1,500 kHz 라디오파와 같은 낮은 주파수의 라디오파는 이온층에서 반사되어 지구로 되돌아온다(그림 8.42b). 고주파 라디오파의 범위는 "시선" 수신에 국한된다. 지구 곡률로 인해 송신탑에서 보

그림 8.42 (a) 낮은 주파수의 라디오파가 이온층에 의해 다시 지구 표면 쪽으로 반사된다. 이로 인해 수백 km 떨어진 곳에서도 AM 라디오 방송을 들을 수 있다. (b) 높은 주파수의 라디오파는 이온층을 통과한다. 이 때문에 상업용 FM 방송과 텔레비전 방송의 전송 범위는 대략 100 km로 국한된다.

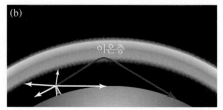

내는 신호가 도달하는 범위가 제한되기 때문이다. 반면에 저주파 라디오파는 이온층에서 반사되어 지구 주위로 멀리 전파될 수 있다. 우주선과의 교신에 사용되는 라디오파는 이온층을 통과할 정도의 고주파여야 한다.

이온층은 또한 오로라–북극과 남극–의 고향이다. 태양에서 나온 대전 입자들이 이온층의 원자와 분자를 여기시켜 빛을 방출하게 한다. (10장에서 더 다루게 된다.)

8.7d 천문학

별, 은하와 다른 우주의 천체들은 모든 종류의 전자기파를 방출한다. 천문학자들은 원래 광학 망원경을 가지고 가시광선만을 연구하였다. 이제 천문학자들은 전자기파의 전체 스펙트럼을 조사하여 우주에 대해 더 완벽하게 이해하게 되었다. 지구의 대기는 이런 조사를 하는 데 방해가 된다. 별과 은하에서 나오는 자외선은 오존 및 다른 기체에 의해 흡수되기 때문이다. 적외선 역시 주로 수증기에 의해 흡수된다. 더 낮은 주파수의 라디오파는 이온층에서 흡수된다. 가시광선조차도 불규칙한 공기의 소용돌이에 의한 영향을 받아 별이 반짝이게 하고 거대한 망원경이 찍은 영상의 질을 떨어뜨린다. 마이크로파와 더 높은 주파수의 라디오파만이 대기의 영향을 받지 않고 우주로부터 지구에 도달하는 전자기파이다.

1960년대 초부터 십여 대의 망원경과 다른 천문학적 도구들이 지구 대기의 유해한 영향을 극복하기 위해 우주 궤도에 올려졌다. 가장 중요하고 정교한 최근의 우주 임무는 NASA의 거대 천문대 프로그램을 마무리하는 네 가지 임무였다. 각 임무는 차가운 별과 성간 먼지를 연구하는 적외선으로부터 초신성 폭발과 간이별 충돌과 관련된 고에너지 과정을 통해 방출되는 감마선까지 전자기 스펙트럼의 다른 부분을 조사하도록 설계되었다. 이 임무 가운데 가장 유명한 것이 허블 우주 망원경(HST)으로 1990년에 발사되었고 가시광선, 자외선 및 짧은 파장의 적외선을 분석할 수 있는 도구들이 실려 있다(그림 8.43). 초기 혼란이 지난 후 허

그림 8.43 (왼쪽) 스페이스셔틀 디스커버리에서 허블 우주 망원경을 배치하고 있다. (오른쪽) 허블 우주 망원경이 찍은 고양이 눈 성운의 영상. 죽어가는 별로부터 가스와 먼지가 방출되는 것을 보여준다.

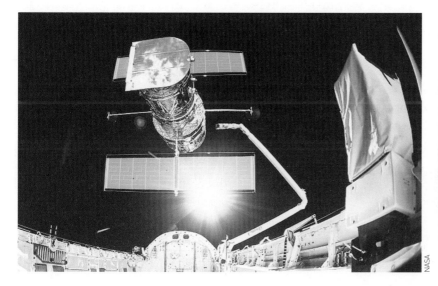

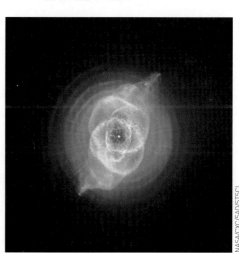

블 우주 망원경은 놀라운 성공을 거두었다. 천문학 연구자들은 물론 전 세계 수백만의 사람들은 허블 우주 망원경이 전송한 생생한 영상에 사로잡혔다. (9.2절에 허블 우주 망원경에 대한 소개가 더 나온다.) 이 프로그램의 또 다른 우주선들을 발사 연도와 함께 적어보면, 콤프턴 감마선 천문대(1991년), 찬드라세카르 X-선 천문대(1999년) 및 스피처 우주 망원경(적외선, 2003년)이 있다. 앞으로 나올 천문학 교재들은 이들 천문대들이 제공하는 사진과 발견을 담고 있을 가능성이 크다. 우주 탐사는 천문학자들이 계속해서 전체 전자기 스펙트럼에 접근할 수 있도록 해주고 있다.

복습

1. 다음 중 지구의 온실효과에 가장 큰 영향을 미치는 기체는 무엇인가?
   a. 수증기
   b. 오존
   c. CFC
   d. 메탄가스

2. 대기 중 오존의 양이 줄어들면 사람들의 피부가 더 잘 타게 되는 것은 무엇 때문인가?

3. (참 혹은 거짓) 전자기파 스펙트럼의 비가시광선 영역의 전자기파로 측정하는 허블 스페이스 망원경은 지구 대기권에 의한 파동의 왜곡과 흡수를 피하기 위하여 우주 공간에 띄운다.

정답 1. a 2. 태양광의 UV가 증가하기 때문이다. 3. 참

요약

자기 모든 단순한 자석은 남극과 북극을 가지고 있는데 자석의 두 부분이 자연적으로 각각 남쪽과 북쪽으로 끌리기 때문에 이런 이름이 붙여졌다. 두 자석을 가까이 하면 같은 극끼리는 밀고 다른 극끼리는 당긴다. 자석이 만드는 자기장은 다른 자석의 극에 힘을 가한다. 나침반은 단순히 자기장이 존재할 때 자유로이 회전할 수 있는 작은 자석이다. 나침반은 공간의 특정 점에서 자기장의 방향을 결정할 때 사용할 수 있다. 지구는 자체 자기장을 가지고 있어 나침반이 북쪽을 가리키도록 만든다. 지구 자극은 지리적인 극과 일치하지 않기 때문에 나침반은 지상의 대부분의 장소에서 정확히 북쪽을 가리키지는 않는다.

전기와 자기의 상호작용 많은 현상들이 전기와 자기의 상호작용에 의존한다. 이런 상호작용은 전하나 자석의 운동과 같은 특정한 종류의 변화가 일어날 때만 일어난다. 기본 전자기 상호작용은 세 가지 간단한 관측 사실의 형태로 기술할 수 있다.

1. 움직이는 전하는 자기장을 생성한다.
2. 자기장은 움직이는 전하에 힘을 가한다.
3. 움직이는 자석은 코일 도선에 전류를 유도한다(전자기 유도). 이 과정을 이용해 전자석과 전기 모터로부터 마이크와 스피

커까지 다양한 쓸모있는 장치를 만들 수 있다.

전자기학의 원리 전자기학의 원리는 전기와 자기 사이의 기본 관계를 표현해 준다. "전류 또는 변화하는 전기장은 자기장을 유도한다"와 "변화하는 자기장은 전기장을 유도한다"가 그것이다. 전하가 공간상의 한 점 주위를 지나갈 때 전기장의 세기가 커졌다가 작아진다. 또한 항상 전기장의 방향이 변한다. 이 때문에 자기장이 만들어진다. 변압기는 전자기 유도를 이용한 실제적인 장치이다.

응용: 소리의 재생 다이나믹 마이크는 음파가 진동판을 진동하게 할 때 소리를 교류 전류로 변환한다. 진동은 자석 주위에 감은 금속 코일에 전달되어 음파의 주파수와 일치하는 주파수를 가진 교류 전류로 바뀐다. 스피커는 반대 작용을 하는 마이크처럼 행동한다. 스피커에 부착된 음성 코일에 교류 전류가 흐른다. 그러면 코일 내부에 있는 자석이 이 교류에 반응하여 교류 주파수와 동일한 주파수로 스피커 원뿔을 구동하는 힘을 가한다. 결국 이 교류가 압력 변화(소리)를 만든다. 디지털 음은 아날로그 음과 거의 동일한 복사판 소리를 만든다.

전자기파 전자기학의 원리는 8.2절에 있는 세 가지 기본 관측 사실로 요약될 수 있으며 전자기(EM)파–진행하는 진동 전기장과 자기장의 조합–의 존재를 예측한다. 전자기파는 주파수에 따라 분류한다. 주파수가 낮은데서 높은 순서대로 적으면 라디오파, 마이크로파, 적외선, 가시광선, 자외선, X-선, 감마선 순이다. 다른 파동들은 다양한 자연적인 과정과 기술적인 응용을 내포하고 있다.

흑체 복사 흑체 복사는 원자와 분자들의 열적 운동 때문에 물체가 방출하는 넓은 띠의 전자기파이다. 각 파장에서 방출되는 복사량과 세기는 물체의 온도에 의존한다. 흑체 복사를 이용해 어둠 속에서 따뜻한 물체의 위치를 알아낼 수 있다.

전자기파와 지구 대기 지구 대기의 오존층은 태양광에 존재하는 유해한 대부분의 자외선을 흡수한다. 염화불화탄소로 알려진 화합물이 공중으로 올라가 오존의 농도를 감소시킨다. 이산화탄소, 수증기, 메탄 기체와 염화불화탄소는 지구 대기의 온실 효과에 기여한다. 이들은 태양광이 대기를 통과해 지구 표면에 도달해 지구를 덥힌다. 반면 뜨거워진 표면이 방출하는 적외선의 많은 부분을 흡수한다. 이들의 높아진 농도 때문에 대기 온도가 증가하는 결과가 나타난다. 이온과 자유 전자를 포함하고 있는 대기 상층부인 이온층은 저주파 라디오파를 다시 지구로 반사시킨다. 이 때문에 저주파를 이용한 라디오 통신의 범위가 엄청나게 증가한다. 천문학자들은 망원경과 다른 도구들을 우주에 설치함으로써 대기에 의한 전자기파의 다른 띠의 흡수 문제를 극복하였다.

핵심 개념

● 정의
북극 자석에서 북쪽을 향하는 부분.

남극 자석에서 남쪽을 향하는 부분.

전자기 유도 변화하는 자기장이 전류를 유도하는 과정.

전자기(EM)파 진동 전기장과 자기장의 조합으로 구성된 횡파. 진공 속에서의 전자기파의 속도는 다음과 같은 파장과 주파수와의 관계식을 만족한다.

$$c = f\lambda$$

라디오파 마이크로파의 주파수보다 낮은 주파수를 가진 전자기파.

마이크로파 주파수가 라디오파와 적외선 사이의 주파수를 가진 전자기파.

적외선 주파수가 가시광선 바로 아래에 있는 전자기파. 적외선은 열복사의 주요 성분이다.

가시광선 적외선과 자외선 사이의 주파수를 가진 전자기파. 광파는 인간의 눈으로 볼 수 있다.

자외선 가시광선 바로 위 주파수를 가진 전자기파.

X-선 자외선 주파수보다 높고 감마선 주파수보다 낮은 주파수 범위의 전자기파.

감마선(γ선) 최고 주파수를 가진 전자기파. 핵 복사의 일종.

전자기 스펙트럼 라디오파로부터 감마선까지 전자기파의 완전한 띠.

이온화 복사 물질을 통과할 때 이온이 생성되는 복사.

흑체 복사(BBR) 빛과 전자기파를 모두 흡수하는 가상의 물체(흑체)가 방출하는 특징적인 복사. 단위 시간에 단위면적당 방출하는 에너지는 흑체 온도의 네제곱에 비례하고 흑체 복사 곡선의 최고점 파장은 SI 단위로

$$\lambda_{max} = \frac{0.0029}{T}$$

로 주어진다.

온실 효과 대기층의 수증기와 이산화탄소가 태양의 가시광선은 통과시켜 지구에 도달하게 하지만 지표면에서 반사된 적외선은 흡수하는 현상.

● 특별한 경우의 방정식
변압기의 출력과 입력 전압.

$$\frac{V_O}{V_i} = \frac{N_O}{N_i}$$

● 관측 사실
관측 사실 1 움직이는 전하는 주위의 공간에 자기장을 만든다. 전류는 주위에 자기장을 만든다.

관측 사실 2 자기장은 움직이는 전하에 힘을 가한다. 따라서 자기장은 전류가 흐르는 도선에 힘을 가한다.

관측 사실 3 움직이는 자석은 주위 공간에 전기장을 만든다. 자석에 대해 상대 운동을 하는 코일 도선의 내부에 전류가 유도된다.

● 원리
전자기학의 원리
전기와 자기의 상호작용에 대한 두 가지 일반적인 사실.
1. 전류 또는 변화하는 전기장은 자기장을 유도한다.
2. 변화하는 자기장은 전기장을 유도한다.

(▶ 표시는 복습 질문을 나타낸 것이고, 답을 하기 위해서는 기본적인 이해만 있으면 된다는 것을 의미한다. 다른 것들은 지금까지 공부한 개념들을 종합하거나 확정해야 한다.)

1(1). 탁자 위에 있는 세 개의 막대자석이 직선을 따라 극과 극이 마주보고 놓여 있다. 가운데 놓인 자석이 받는 알짜 자기력이 영이고 북극은 왼쪽을 향하고 있다. 다른 자석의 극이 어떤 배열을 하고 있는지 두 장의 그림을 그려보라.

2(2). ▶ 막대자석 주위의 자기장 모습을 그려라.

3(3). ▶ 자기장 속에 강자성 물질을 놓으면 어떤 일이 일어날까?

4(4). 자기 편차의 원인은 무엇인가? 자기 편차가 180°(나침반이 남쪽을 가리킨다)인 곳이 있을까? 있다면 위치는 대충 어디쯤일까?

5(5). ▶ 전기와 자기 사이의 세 가지 기본 상호작용을 기술하라.

6(6). ▶ 초전도 전자석이 무엇인지 설명하라. 보통 전자석에 비해 초전도 전자석이 가진 장점은 무엇인가? 또 단점은 무엇인가?

7(7). ▶ 전자기 상호작용을 적어도 한 가지 이상 사용하는 기본 장비의 이름을 다섯 개 적어라.

8(8). ▶ 많은 경우 전자기 상호작용의 효과는 원인에 대해 수직하다. 이것을 보여주는 두 가지 다른 예를 기술하라.

9(9). 물질이 초전도체인지 시험하기 위해 한 과학자가 이 물질로 고리를 만들어 에너지를 입력하지 않아도 전류가 계속해서 고리에 흐르는지 보기로 하였다.
  a) 처음에 전류가 흐르도록 하기 위해 자석을 사용하는 방법을 설명하라.
  b) 나중에 이 과학자는 어떻게 고리를 만지지 않고서도 고리에 전류가 흐르는지 확인할 수 있을까?

10(10). 코일 도선에 큰 교류 전류가 흐른다. 알루미늄 또는 구리 조각을 코일 가까이에 놓으면 조각이 코일에 닿지 않아도 조각이 따뜻해진다. 그 이유를 설명하라.

11(12). ▶ "모터-발전기 이중성"이란 무엇인가? 이것의 용도를 설명하라.

12. 전류가 흐르고 있는 두 도선이 서로 닿아 있지 않더라도 서로 힘을 가하는 이유를 설명하라.

13(13). ▶ 변압기가 직류에 대해서는 작동하지 않는 이유를 설명하라.

14(14). 그림 8.23에 있는 것 같은 오디오 스피커에 낮은 전압의 전지를 연결하는 순간 어떤 일이 일어날까?

15(15). 8.4절에서 기술한 마이크는 "반대로 작동하는" 스피커로 생각할 수 있다. 이유를 설명하라.

16(16). ▶ 아날로그의 디지털 변환기는 무엇이고, 소리의 재생에서 어떤 일을 담당하는가?

17(17). ▶ 전자기파가 전자기학의 원리로부터 나온 자연스런 결과임을 설명하라.

18(18). 선사기파가 사유 선사들만이 존재하는 공산 영역을 신행한다. 이 전자들의 운동을 기술하라.

19(19). ▶ 주파수가 증가하는 순서대로 주요 전자기파의 종류를 열거하라. 각 전자기파의 종류에 대해 적어도 한 가지 이상의 응용을 적어라.

20(20). ▶ 주파수가 100만 Hz인 교류 전류가 도선에 흐른다. 특히 어떤 전자기파가 도선 외부로 방출될까?

21(21). ▶ 마이크로파의 주요 용도는 무엇인가? 각 과정의 작동 원리를 기술하라.

22(22). 마이크로파를 사용해 물을 가열하듯이 마이크로파를 사용해 어떤 액체 화합물을 가열할 수 없다. 이 화합물 분자의 본질에 대해 어떤 결론을 내릴 수 있을까?

23(23). 강력한 레이더를 장착한 비행기의 조종사는 지상에서 사람이 근처에 있을 때 이 레이더를 켤 수 없도록 되어 있다. 그 이유가 무엇인지 설명하라.

24(24). ▶ 우리 몸은 어떤 종류의 전자기파를 가장 강하게 방출할까?

25(25). ▶ 전자기파의 가시광선 띠 내부의 다른 주파수들을 인식할 때 어떤 차이가 있는가?

26(26). 가열램프가 음식물과 다른 것을 데우도록 설계되었다. 이 램프를 피부를 태우는 데 사용할 수 있을까? 왜 그런지 또는 왜 그럴 수 없는지 설명하라.

27(27). ▶ X-선은 어떻게 발생시킬 수 있을까?

28(28). ▶ X-선이 근육이나 다른 조직에서보다 뼈에서 더 강하게 흡수되는 이유는 무엇인가?

29(29). ▶ 흑체 복사는 무엇인가? 흑체가 방출한 복사는 온도가 증가함에 따라 어떻게 변하는가?

30(30). 전구 생산자들은 다른 "색온도"를 가진 전구를 생산한다. 다시 말해 전구가 방출하는 빛의 스펙트럼은 같은 색온도를 가진 흑체의 스펙트럼과 유사하다. 색온도가 2,000 K와 4,000 K인 전구에서 나온 빛은 어떤 차이를 보이는가?

31(32). 어둠 속에서 동물을 탐지하는 데 적외선을 어떻게 이용하는지 설명하라. 이 방법이 적용될 수 없는 상황을 생각할 수 있는가?

32(33). 별들은 흑체와 매우 유사한 스펙트럼의 복사를 방출한다. 크기가 같은 두 별이 있고 각 별은 우리로부터 동일한 거리 떨어져 있다고 가정하자. 한 별은 빨간색을 띠고 있고 다른 별은 파란색을 띠고 있다. 이 정보에 근거해 두 별의 상대적인 온도에 대해 어떤 이야기를 할 수 있을까? 어느 별이 더 고온인가? 어떻게 이런 사실을 알 수 있을까?

33(34). ▶ 오존층은 태양으로부터 오는 전자기파에 어떤 영향을 미치는가? 현재 오존층을 위협하고 있는 것은 무엇인가?

34(35). ▶ 지구 대기에서 일어나는 온실 효과를 기술하라.

35(36). ▶ 이온층은 라디오 통신의 범위에 어떤 영향을 미치는가?

연습 문제

1(1). 핸드폰을 충전하는 데 사용하는 충전기는 120 V 교류를 5 V 교류로 바꿔주는 변압기를 포함하고 있다. 입력 코일의 감은 수가 1,000번일 때 출력 코일의 감은 수를 구하라.

2(2). 발전소의 발전기가 교류 24,000 V를 생산한다. 변압기가 이 전압을 송전선을 통해 송전하기 위해 345,000 V로 승압한다. 변압기의 입력 코일의 감은 수가 2,000번일 때 출력 코일의 감은 수를 구하라.

3(3). 좋아하는 라디오 방송국의 반송파의 파장을 구하라.

4(4). "라디오파-조정" 시계와 팔목 시계에 사용되는 60,000 Hz 라디오파의 파장을 구하라.

5(5). 파장이 1 in(0.0254 m)인 전자기파의 주파수를 구하라.

6(6). 전자기파의 파장을 측정하니 600 m였다.
    a) 이 파의 주파수를 구하라.
    b) 이 전자기파의 종류는 무엇인가?

7(7). 자외선 띠의 파장 범위를 결정하라.

8(8). 철 조각을 온도가 900 K인 토치로 가열한다. 이 조각을 흑체라 가정하고 300 K의 실온에 있을 때에 비해 900 K에서는 얼마나 더 많은 에너지를 방출할까?

9(9). 전구를 켜면 전구 필라멘트의 온도가 300 K에서 3,000 K로 증가한다. 전구가 꺼져 있을 때에 비해 전구가 켜져 있을 때 방출하는 에너지는 몇 배가 되는가?

10(12). 인체($T = 310$ K)에 대한 흑체 복사 곡선의 최고점 파장은 무엇인가? 이것은 어떤 종류의 전자기파인가?

11(13). 핵폭발 중심의 온도인 대략 10,000,000 K에서 가장 강하게 방출되는 전자기파의 파장은 무엇인가? 이것은 어떤 종류의 전자기파인가?

12(14). 온도 1,500 K인 난로의 백열하는 부분이 가장 강하게 방출되는 전자기파의 파장은 무엇인가?

13(15). 용광로가 방출하는 흑체 복사의 최고점 파장이 1.2×10^{-6} m(0.0000012 m)이다. 용광로 내부의 온도를 구하라.

14(16). 흑체 복사의 최고점이 적외선 영역에 있을 가장 낮은 온도는 무엇인가?

9장
광학

해무리.

이런, 빌어먹을!

여름의 더위가 가시고 겨울의 추위가 다가올 즈음 극지방에 사는 사람들은 유령과도 같은 모습을 보게 된다. 화창한 날씨에 태양이 수평선 가까이에 떠있고 하늘엔 엷은 구름이 차가운 공기 가운데 떠있을 때 태양의 좌우 각도 22도 위치에 두 개의 빛의 조각이 떠있는 것이다. 때로는 무지개와 같은 다양한 색깔을 가지기도 하는 이것은 가짜 해라고도 불리는 이 해무리로 중위도, 또는 보다 고위도 지역에서 나타나는 대표적인 광학적 현상이다.

이러한 현상은 무지개나 또는 후광 효과와 같이 기이한 아름다움으로 다가오며 그러한 놀라운 장면의 뒤에 숨어있는 자연의 원리에 더욱 지적인 호기심을 느끼게 된다. 이런 놀라운 시각적인 효과를 만들어내는 물리적인 원리는 무엇일까? 우리가 비온 뒤 가끔 보게 되는 아름다운 무지개와는 어떤 관련이 있는가?

해무리와 같이 자연이 우리에게 제공하는 놀라운 현상들은 그 답변을 찾아가는 과정을 통하여 더 가까이 다가올 것이다. 그 첫 번째 실마리는 바로 회절현상이다.

이 장에서 먼저 회절의 법칙을 다룰 것이며 이어서 그것과 짝이 되는 반사의 법칙을 다룰 것인데 이들은 바로 빛이 물질과 상호작용을 하는 방식을 다루는 광학의 중요한 주제들이다. 또 이러한 법칙들은 실질적인 광학기기인 카메라, 망원경, LCD 같은 많은 광학장비뿐만 아니라 무지개, 비눗방울의 무지개, 그리고 해무리와 같은 자연 현상의 기본적 원리가 되는 것이다.

9.1 광파

빛은 횡파로 약 4×10^{14} Hz부터 7.5×10^{14} Hz까지의 진동수를 가진다(표 8.1). 빛의 파장은 아주 작아서 나노미터(nm) 단위로 표현하는 것이 유용하다. 1 nm는 1 m의 10억분의 1이다.

$$1\text{nm} = 10^{-9} \text{ meter} = 0.000000001 \text{ meter}$$
$$= 10^{-9} \text{ m}$$

가시광선의 파장은(진공이나 공기 중에서) 가장 낮은 진동수인 빨간색 빛은 약 750 nm, 가장 높은 진동수인 보라색 빛은 약 400 nm이다. 8.5절에서 명심해야 할 두 가지 중요한 사항은 (1) 다른 진동수를 가진 빛은 다른 색상으로 지각되고, (2) 흰색 빛에는 가시 스펙트럼의 모든 진동수들이 섞여 있다는 것이다.

6장의 첫 부분에서 설명한 파동의 다양한 특성들은 빛에도 적용된다. (이 시점에서 6.1과 6.2절을 복습하면 유

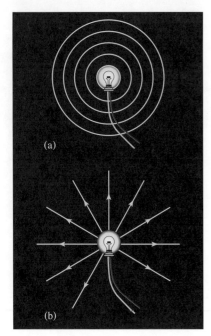

그림 9.1 전구로부터 나오는 빛을 (a) 파면과 (b) 광선으로 표시한다.

용할 것이다.) 소리나 잔물결에서와 마찬가지로 광파를 표현하는 데 파면과 광선 둘 다 사용할 것이다. 파면은 파동의 한 특정한 위상(예를 들어 마루나 골)을 가진 공간에서의 위치를 보인다는 것을 기억하라. 전구의 경우, 파면은 빛의 속도로 표면이 확장되는 구면껍질(풍선과 같은)과 같다(그림 9.1). 광선은 넓은 빛의 일부를 "연필 형태"로 표현하여, 공간상에 직선을 그린 것이다. 광선은 화살표로 표시하며, 빛이 이동하는 방향을 나타낸다. 레이저 빔은 단일광선으로 종종 생각될 수 있다. 전구로부터 나오는 빛은 모든 방향으로 밖으로 퍼져 나가는 광선으로 표현될 수 있다. (이 광선들을 이전 장에서 논의했던 전기장 또는 자기장 선들과 혼동하지 않도록 주의하라.)

반사와 같은 파동 진행의 몇몇 일반적인 특성들은 빛에서도 손쉽게 관측된다. 그러나 다른 현상들은 두 가지 요인 때문에 일상생활에서는 관측하기 매우 힘들다.

1. 빛의 속도는 진공에서 3×10^8 m/s로 매우 빠르다.
2. 빛의 파장은 매우 짧다.

예를 들어, 빛의 도플러 효과를 관측하려면 우리에게서 빠른 속도로 멀어지는 먼 거리의 은하계를 보아야 한다. 반면에 6.2절에서 보았듯이, 소리의 도플러 효과는 매우 흔히 관측되는데, 이는 소리의 속도가 단지 약 350 m/s이고, 공기 중에서의 파장은 센티미터에서 미터의 범위 안에 있기 때문이다.

이 장의 처음 두 절에서는, 빛이 매질과 만날 때 발생할 수 있는 몇몇 현상들을 설명할 것이고, 나머지 절에서는 빛이 투명한 물질 안으로 투과한 후에 발생하는 중요한 현상들을 다룬다.

9.1a 반사

빛의 반사는 매우 흔하다. 태양, 백열전구, 불 등과 같은 광원을 직접 볼 때 외에는, 우리가 보는 모든 빛은 반사하여 눈으로 온다. 반사에는 거울반사와 난반사의 두 가지 형태가 있다.

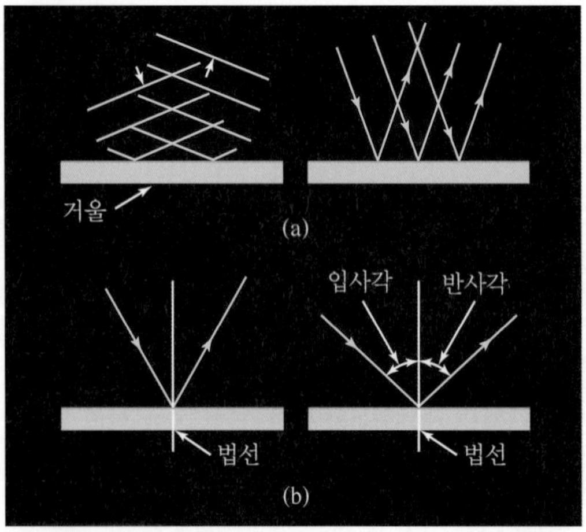

거울반사(specular reflection)는 익숙한 형태로서, 거울이나 수영장의 고요한 수면에서 일어난다. 거울은 보통 알루미늄이나 은의 얇은 층으로 유리를 코팅하여 만들어져서, 표면이 매우 매끄럽고 반짝인다. 거울반사는 빛의 진행 방향이 변할 때 발생한다(그림 9.2). 입사광선의 각도를 변화시키고 반사광의 각도를 관측하면, 당구공이 당구대의 쿠션에서 튕겨 나오는 것처럼 빛이 행동하는 것을 볼 수 있다.

그림 9.2b는 입사광과 거울이 만나는 점에서 수직으로 그린 가상의 선을 보여준다. 이 선을 **법선**(normal)이라고 한다. 입사광과 법선 사이의 각은 **입사각**(angle of incidence)이라고 하고, 반사광과 법선 사이의 각은 **반사각**(angle of reflection)이라고 한다. 그림을 보면 두 각이 항상 같다는 것을 알 수 있다. 기원전 3세기에 유클리드가 집필했다고 생각되는 반사광학이라는 책에 처음으로 묘사된 법칙은 다음과 같다.

그림 9.2 (a) 파면과 광선을 사용한 거울반사. (b) 다른 입사각의 단일 광선의 거울반사.

따라서 6장에서 설명했듯이, 빛의 거울반사는 절벽에서 소리가 반사되는 것과 매우 유사하다.

물리 체험하기 9.1

작은 거울의 반사면이 수직으로 서도록 거울을 벽이나 또는 평평한 판에 기대어 세운다. 두 개씩 두 쌍의 핀을 거울을 바라보며 그림 9.3과 같이 역 V자 형태로 꽂는다. 핀의 위치를 조정하여 두 개의 핀이 또 다른 두 핀의 거울의 상과 일직선이 되도록 한다. 이러한 방법으로 반사의 법칙이 증명될 수 있도록 설명을 만들어 보라. 즉 어떻게 하면 이러한 장치를 이용하여 입사각이 반사각과 같게 됨을 설명할 수 있을까?

그림 9.3 거울 앞에 두 개의 핀을 꽂고 거울에 맞히는 상과의 일직선상에 또 다른 두 개의 핀을 꽂으면 반사의 법칙을 직접 확인할 수 있다.

다른 형태의 반사인 **난반사**(diffuse reflection)는 빛이 알루미늄 냄비의 바닥이나 종이의 표면과 같이 연마되지 않아 매끄럽지 않고 거친 표면에 입사할 때 발생한다. 광선은 표면의 돌출 부분에서 무작위로 반사하여, 모든 방향으로 산란한다(그림 9.4). 반사법칙은 여전히 성립하지만, 광선들은 각도가 다른 울퉁불퉁한 표면과 만나서 다른 방향으로 향한다. 그래서 알루미늄 팬에 손전등을 비추면, 팬 주위의 어느 각도에서도 반사된 빛을 볼 수 있다. 거울로는 오직 한 방향에서만 반사된 빛을 볼 수 있다.

광원을 보거나 거울같이 매끄럽고 반짝이는 표면을 볼 때 외에는, 우리가 보는 모든 빛은 물체에서 난반사된 빛이다. 이 난반사에 의해 표면의 각 지점에서 빛이 밖으로 퍼진다. 얼굴 앞에 손을 놓으면 손의 모든 부분을 볼 수 있는데, 이는 피부의 각 부분이 빛을 모든 방향으로 반사하기 때문이다.

물체가 색을 띠는 이유는 빛이 실제로 물질 표면에 입사할 때 밖으로 일부 반사되며, 안으로 들어가면서 부분적으로 흡수되기 때문이다. 만약 물질 속의 안료가 일부 진동수(색)를 보다 더 효율적으로 흡수한다면, 표면에서 반사된 빛은 특정 색을 띨 것이다. 이 종이와 같은 흰색 표면은 모든 진동수의 빛을 거의 균일하게 반사한다. 만약 흰색 종이에 빨간색 빛을 비추면, 빨간색으로 보일 것이다. 파란색 빛이라면, 파란색으로 보일 것이다. 빨간색 소화기처럼 채색된 표면은 빛의 몇몇 진동수를 "제거한다". 빨간색 표면은 다른 표면보다 더 효율적으로 낮은 진동수의 빛(빨간색)을 반사하고, 나머지는 대부분 흡수한다(그림 9.5). 만약 빨간색을 띠는 물질에 빨간색 빛을 비춘다면, 빨간색으로 보일 것이다. 파란

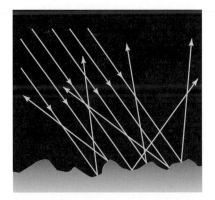

그림 9.4 거친 표면에서 빛의 난반사.

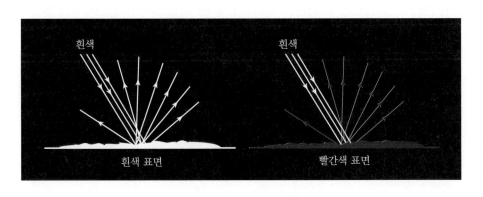

그림 9.5 빨간색 표면은 흰색 빛에 포함된 색들 중에서 파란색, 초록색을 포함한 다른 색들보다 빨간색을 훨씬 더 효율적으로 반사한다.

색이나 다른 단색이라면 그 물질은 검은색으로 보일 것이다. 반사되는 빛이 거의 없기 때문이다.

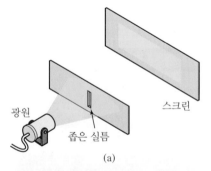

9.1b 회절

다른 모든 파동들과 마찬가지로, 빛이 구멍이나 실틈을 지나갈 때 발생하는 회절은 구멍의 크기가 빛의 파장에 비해서 너무 크지 않을 때에만 관측된다. 즉, 빛은 창문을 통과할 때 소리처럼 퍼지지 않고, 매우 좁은 실틈(사람의 머리카락 두께 정도)을 통과했을 때 회절이 관측된다(그림 9.6). 실틈이 좁을수록 빛이 더 많이 확산된다.

9.1c 간섭

6.2절에서 파동이 간섭을 일으키는 원리에 대해 설명했다. 두 개의 독립적인 파동이 동일한 장소에서 만날 때 두 파동은 서로 합쳐진다는 것을 상기하라. 만약 두 파동의 "위상이 일치한다"면, 즉 배와 배가 겹친다면 진폭은 두 배가 된다. 이를 **보강 간섭**(constructive interference)이라고 한다. 어느 점에서라도 두 파동의 "위상이 어긋난다"면, 즉 배와 골이 겹친다면 각각의 파동은 소멸된다. 이것이 **상쇄 간섭**(destructive interference)이다.

빛의 간섭은 두 가지 이유 때문에 매우 중요한 현상이다. 첫 번째는 1800년대에 이루어진 실험에서 영국의 과학자인 토마스 영(Thomas Young)은 간섭을 사용하여 빛이 파동이라는 것을 증명하였다. 두 번째로 빛의 파장을 측정하기 위해서는 일반적으로 간섭을 사용해야 한다. 이제 이중실틈 간섭과 박막 간섭이라는 두 가지 형태의 간섭을 논의할 것이다.

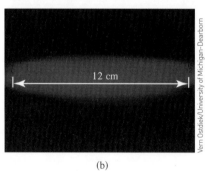

그림 9.6 빛의 회절. (a) 스크린에 보이듯이, 좁은 실틈을 통과한 빛은 확산된다. (b) 폭이 0.008 cm인 실틈을 통과한 후 스크린에 투사된 레이저 빛의 사진. 스크린은 실틈으로부터 10 cm 떨어져 있고, 약 12 cm의 크기로 퍼져 있는 레이저빔이 보인다.

광원
좁은 실틈
스크린
(a)

12 cm

Vern Ostdiek/University of Michigan-Dearborn

(b)

가까운 두 좁은 실틈을 통과한 두 빛은 회절현상으로 넓게 퍼져 서로 겹친다. 단일 진동수(색)의 빛이라면, 실틈 뒤의 두 빛이 겹치는 부분에 놓여 있는 스크린에 밝고 어두운 영역이 교차하는 무늬가 나타난다(그림 9.7). 밝은 영역에서는 실틈으로부터 나온 두 빛이 완벽하게 위상이 일치하여 보강 간섭이 일어난다. 반대로 어두운 영역에서는 두 빛이 완벽하게 위상이 어긋나서 상쇄 간섭이 일어난다. 즉, 두 빛은 서로를 상쇄시킨다.

이 간섭무늬의 중심이 밝은 이유는 두 빛이 두 실틈으로부터 정확하게 동일한 거리를 진행했으며 따라서 두 빛의 위상이 일치하기 때문이다. 중심에서 왼쪽에 있는 첫 번째 밝은 영역은 오른쪽 실틈으로부터 나온 빛이 왼쪽 실틈으로부터 나온 빛보다 정확하게 한 파장 더 먼 거리를 진행해야 한다. 이때도 역시 위상이 일치한다. 마찬가지로, 왼쪽 측면에 순차적으로 보이는 밝은 영역은 오른쪽 실틈으로부터 나온 빛이 왼쪽 실틈으로부터 나온 빛보다 파장의 2, 3, 4, …배 만큼 더 진행해야 한다. 무늬의 오른쪽 측면에 있는 밝은 영역 또한 왼쪽 실틈으로부터 나온 빛이 오른쪽 실틈보다 파장의 정수 배만큼 더 진행한 것이다.

무늬 중심에서 왼쪽에 있는 첫 번째 어두운 영역은 오른쪽 실틈에서부터 나온 빛이 왼쪽 실틈에서부터 나온 빛보다 반 파장 더 진행한다. 두 빛은 위상이 어긋나서, 상쇄 간섭이 일어난다. 왼쪽의 다음 어두운 영역은 $1\frac{1}{2}$ 파장, 그 다음은 $2\frac{1}{2}$ 파장 더 진행한 것이다. 정확한 보강 간섭과 상쇄 간섭은 실제로는 밝고 어두운 영역의 중심에서만 발생한다. 밝은 영역과 어두운 영역의 사이에서는 위상이 정확하게 일치하지도, 정확하게 어긋나지도 않아서 약간 밝아지거나 어두워진다.

인접한 밝은 영역과 어두운 영역의 거리는 두 실틈 사이의 거리, 실틈과 스크린 사이의 거리 그리고 빛의 파장에 따라 다르다. 처음의 두 영역은 쉽게 측정할 수 있으므로, 이 거리는 빛의 파장을 계산하는 데 사용한다.

수학에 관심이 많은 독자를 위해: 간섭무늬에서 두 인접한 밝은 영역 사이의 거리 Δx는 실틈 간의 거리 a, 실틈과 무늬가 투사되는 스크린 간의 거리 S, 실험에 사용된 빛의 파장 λ에 의해 결정된다. 이 변수들 간의 구체적인 관계는 다음과 같다.

$$\Delta x = \left(\frac{S}{a}\right)\lambda$$

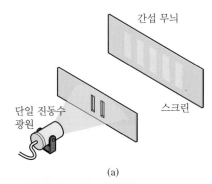

(a)

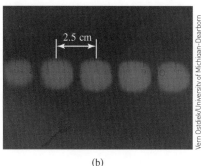

2.5 cm

(b)

그림 9.7 이중실틈 간섭. (a) 빛이 두 좁은 실틈을 통과하면 스크린에 간섭무늬가 나타난다. 밝은 영역에서는 두 실틈으로부터 나온 빛의 위상이 일치한다. (b) 0.025 cm 떨어져 있는 두 좁은 실틈을 통과한 레이저 빛에 의해 형성된 간섭무늬 사진. 스크린은 실틈으로부터 10 m 떨어져 있다.

예제 9.1

그림 9.7b에 주어진 실험 장치에서 슬릿 간격 a가 0.025 cm, 슬릿에서 스크린까지의 거리 S가 10 m, 그리고 빛의 파장이 He-Ne 레이저의 $\lambda = 633$ nm의 빨간색 빛이라고 한다. 간섭무늬에서 밝은 점끼리의 간격은 2.5 cm가 됨을 보여라.

$$\Delta x = \left(\frac{S}{a}\right)\lambda$$

$$\Delta x = \left(\frac{10 \text{ m}}{0.025 \text{ cm}}\right)(633 \text{ nm})$$

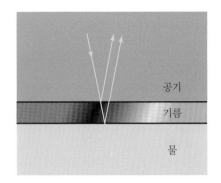

그림 9.8 기름의 박막에 입사되는 빛의 간섭. 박막의 윗면에서 반사되는 빛은 표면을 통과하여 기름 박막의 아랫면에서 반사된 빛과 만나 간섭을 일으킨다. 일부 빛은 기름 박막의 아랫면을 통과하여 계속 진행한다.

$$= \left(\frac{10\ \text{m}}{2.5 \times 10^{-4}\ \text{m}}\right)(633 \times 10^{-9}\ \text{m})$$

$$= (4 \times 10^4)\,(633 \times 10^{-9}\ \text{m})$$

$$= 2{,}532 \times 10^{-5}\ \text{m} = 2{,}532 \times 10^{-3}\ \text{cm}$$

$$= 2.53\ \text{cm}$$

젖은 포장도로 위에 떠다니는 유출된 기름이나 휘발유에서 볼 수 있는 알록달록한 색들은 박막 간섭에 의해 일어나는 현상이다. 빛이 기름의 박막에 닿으면 일부는 반사되고, 일부는 투과하여 물에서 반사된다(그림 9.8). 박막을 투과한 후 물에서 반사된 빛은 기름의 표면상에서 반사된 빛보다 더 먼 거리를 진행한다. 만약 두 빛의 위상이 일치한다면 보강 간섭이 일어난다. 위상이 어긋난다면 상쇄 간섭이 일어난다.

간섭이 보강 간섭인지 상쇄 간섭인지 아니면 중간인지 하는 것은 빛의 파장, 박막의 두께 그리고 박막에 입시히는 빛의 각도의 조합에 의해서 결정된다. 단색 빛(단일 파장)이라면 박막의 여러 위치에서 밝은 영역과 어두운 영역이 보인다. 흰색 빛이라면 박막의 위치마다 다른 색이 보인다. 박막의 두께와 입사각에 따라 정해지는 보강 간섭의 위치는 빨간색 빛인가 초록색 빛인가에 따라 다르다.

벌새와 공작새의 깃털에서 무지갯빛이 나타나는 이유는 박막 간섭 때문이다. 비눗방울에서의 무지개 빛은 비누 막의 앞면과 뒷면에서 반사되는 빛의 간섭때문이다(그림 9.9).

9.1d 편광

영과 다른 과학자들이 당시에 주장했듯이, 빛이 파동의 성질을 띤다는 것은 빛이 회절과 간섭을 일으킨다는 사실로 입증되었다. 뉴턴은 빛이 아주 작은 입자의 흐름이라고 주장했지만 이 접근은 회절이나 간섭 같은 뚜렷한 파동의 성질을 설명하지 못했다. **편광**(polarization)은 빛이 소리 같은 종파가 아닌 횡파라는 것을 나타낸다.

편광은 한쪽 끝이 고정된 밧줄을 사용하여 설명할 수 있다. 밧줄의 자유로운 한쪽 끝을 당겨서 위아래로 움직인다면, 밧줄을 따라 수직 편광된 파동이 진행한다. 밧줄의 각 부분은 위아래로만 진동한다(그림 9.10). 같은 방법으로 밧줄의 자유로운 끝을 수평으로 움직이면 수평 편광된 파가 발생된다. 밧줄의 자유로운 끝을 어느 각도로 움직여도 그 각도로 편광된 파동이 발생된다. 편광은 횡파에서만 가능하다.

빛이 편광된다는 사실은 빛이 횡파의 특성을 가진다는 것을 나타낸다. 폴라로이드 선글라스의 렌즈와 같은 폴라로이드 필터는 특정 방향으로 편광된 빛을 선택적으로 통과시킨다. 이 방향은 필터의 투과축과 일치한다. 투과축으로 편광된 빛은 거의 영향을 받지 않고 폴라로이드를 통과하고, 투과축에 수직 방향으로 편광된 빛은 차단되며(흡수되며), 이 두 방향 사이의 각도로 편광된 빛은 부분적으

그림 9.9 얇은 막의 간섭으로 만들어진 색깔의 예.

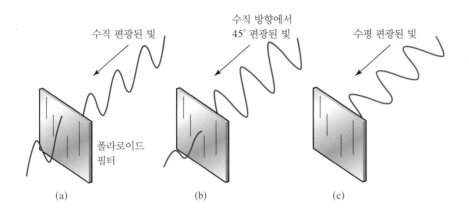

그림 9.10 밧줄 위에서 수평 편광된 파(왼쪽)와 수직 편광된 파(오른쪽).

수직 편광된 빛

수직 방향에서
45° 편광된 빛

수평 편광된 빛

폴라로이드
필터

(a)   (b)   (c)

그림 9.11 투과축이 수직 방향인 폴라로이드 필터와 다른 방향으로 편광된 빛이 만난다. 실제로 폴라로이드 필터의 선은 보이지 않지만 필터의 투과축 방향을 나타내기 위해 그려졌다.

로 흡수된다(그림 9.11). (간단하게 하기 위해 투과축에 수직한 방향으로 편광된 빛에 대한 폴라로이드 필터의 흡수 효율은 100%라고 가정한다.)

물리 체험하기 9.3

백화점이나 편의점의 선글라스 매장에 가서 편광 렌즈의 안경 2개를 찾아보자. 먼저 한 렌즈로 머리 위의 빛에 비추어보며 관찰한다. 투과되는 빛을 보며 렌즈를 회전시켜 본다. 빛의 밝기가 변화하는가? 다음에 안경의 케이스나 반질반질한 바닥처럼 빛이 잘 반사되는 곳을 찾아보자. 다시 한 렌즈를 이 면에 대고 90도 돌려가며 빛을 관찰해 보자. 면의 밝은 이미지가 변화하는가? 렌즈를 돌리는 각도에 따라 변화하는 이미지와의 관계를 기술할 수 있는가? 이번에는 한 안경의 렌즈로 머리 위의 빛을 향하고 투과된 빛이 다시 다른 안경의 렌즈를 통과한 다음 당신의 눈을 향하도록 안경을 배치한다. 한 안경의 렌즈를 다른 안경에 대하여 상대적으로 회전시켜본다. 어떤 일이 일어나는가? 같은 실험을 반사된 빛에 대하여 반복하면 어떤 현상이 관측되는가?

태양이나 일반적인 조명기구로부터 곧장 나오는 빛은 각기 다른 방향으로 편광된 빛들이 모두 혼합된 것이다. 이런 빛을 "자연스럽다"거나 "편광되지 않았다"고 하는 이유는 특정 면으로만 진동하지 않기 때문이다. 자연광이 폴라로이드 필터와 만나면 투과축 방향으로 편광된 빛이 나온다(그림 9.12). 폴라로이드 필터는 입사광 중에서 투과축 방향으로 진동하는 부분만 투과시키고, 나머지 빛은 흡수한다.

이제 수직 편광된 빛이 두 번째 폴라로이드 필터를 만나면, 필터를 통과한 빛의

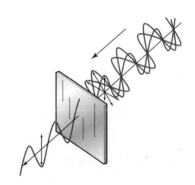

그림 9.12 편광되지 않은 빛이 폴라로이드 필터에 의해 수직 편광된다. 별 모양의 화살표 다발은 각기 다른 방향으로 편광된 빛이 모두 조합된 것을 나타낸다. 폴라로이드 필터는 수직 편광된 성분을 제외한 모든 빛을 차단한다.

그림 9.13 교차된 폴라로이드. (a) 첫 번째 폴라로이드 필터를 투과한 빛은 수직 편광된다. 투과축이 수평인 두 번째 폴라로이드는 빛을 차단시킨다. (b) 교차된 폴라로이드의 시각적 효과를 보여주는 사진.

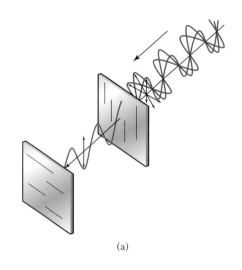

Charles D. Winters/Science Source

(a)　　　　　　　　　　　　(b)

세기는 두 번째 필터의 투과축 방향에 따라 다를 것이다. 두 번째 폴라로이드 필터의 투과축이 첫 번째 필터의 투과축과 일치한다면, 빛은 막힘없이 계속 진행할 것이다. 두 번째 필터의 투과축이 첫 번째 필터의 투과축과 수직이라면, 빛은 두 번째 필터에 의해 모두 차단될 것이다. 이것을 "교차된 폴라로이드"라고 한다(그림 9.13). 두 폴라로이드 필터의 투과축 사이의 각도가 0°나 90° 사이의 다른 각도라면, 투과하는 빛의 세기는 각도가 90°에 가까워질수록 계속해서 줄어들 것이다.

폴라로이드 선글라스가 매우 유용한 이유는 빛이 물, 아스팔트 또는 자동차 표면의 페인트 같은 매끄러운 표면에서 반사될 경우 어느 정도 편광되기 때문이다. 특히 반사된 태양광은 부분적으로 수평 편광되어 있다(그림 9.14). 이런 반사된 빛은 너무 밝아서 눈에 부담을 준다. 투과축이 수직인 폴라로이드 렌즈가 장착된 선글라스는 반사되는 태양광을 대부분 차단해서 표면이 잘 보인다.

계산기, 디지털시계, 노트북 그리고 몇몇 평면 TV와 비디오 게임에서 쓰이는 액정 디스플레이도 편광을 사용한다. 액정을 교차된 폴라로이드 사이에 넣고 거울 앞에 놓는다. 이 액정이 없으면, 첫 번째 폴라로이드를 투과한 빛이 수직 편광되고 두 번째 폴라로이드에서 전부 흡수되기 때문에 디스플레이는 검은색으로 보일 것이다. 거울에 도달하는 빛이 없기 때문에 디스플레이에서는 반사되는 빛이 없을 것이다. 두 폴라로이드 사이에 있는 특수한 액정 물질은 정상적인 상태에서

편광 렌즈가 아닌 경우

GIPhotoStock/Science Source

편광 렌즈인 경우

GIPhotoStock/Science Source

그림 9.14 (a) 자동차의 유리나 후드 표면에서 반사되는 빛은 수평으로 편광되어 있다. (b) 수직으로 편광된 렌즈를 끼고 보면 반사 표면의 번쩍거림을 차단할 수 있다.

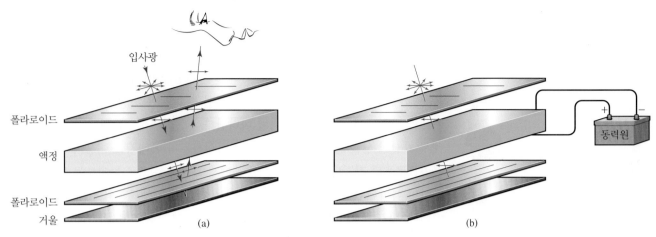

입사광

폴라로이드

액정

폴라로이드

거울

(a)

동력원

(b)

그림 9.15 액정 디스플레이의 일부 영역을 확대한 사진. (a) 액정은 빛의 편광 방향을 바꿔서 빛이 교차된 폴라로이드 필터를 왕복하여 통과할 수 있도록 한다. (b) 액정의 일부 영역에 전압을 걸어주면 액정의 편광 특성을 무효화시켜서 빛이 두 번째 폴라로이드에 의해 차단되게 한다. 이 디스플레이의 일부 영역은 어둡게 보인다.

는 액정을 통과하는 빛의 편광 방향을 바꾸도록 배열되어 있다. 액정은 편광된 빛을 90° 돌린다. 액정의 앞면으로 들어오는 빛은 수직에서 수평으로 편광되고, 뒷면으로 들어오는 빛은 수평에서 수직으로 편광된다. 첫 번째 폴라로이드에서 수직 편광된 빛은 액정에서 수평 편광되며, 두 번째 폴라로이드를 거쳐 디스플레이를 통해 되돌아 나오고 수직 편광된다(그림 9.15a).

디스플레이에 영상을 만들기 위해 액정의 일부 영역을 어둡게 만든다. 액정의 특성이 사용되는 곳이 바로 이 부분이다. 디스플레이 액정의 어두워질 부분에 전기장이 걸린다. 전기장이 액정의 분자들을 회전시켜서 한 방향으로 정렬시킨다. 그 결과, 액정을 통과하는 빛의 편광은 더 이상 변하지 않는다. 이 일부 영역을 계속 지나가는 빛은 두 번째 폴라로이드에서 흡수되고, 그 부분의 디스플레이는 검게 보인다(그림 9.15b). 어쨌든 첫 번째 폴라로이드의 투과축은 수직 방향으로 되어 있기 때문에 선글라스를 쓰고 있는 동안에도 디스플레이를 볼 수 있다. 디지털 시계의 LCD를 회전시켜서 선글라스를 쓴 상태로 시계를 본다면 어느 순간 모든 부분이 검게 보일 것이다.

오징어 같은 몇몇 색맹 동물들이 빛의 편광을 감지할 수 있을 거라는 것이 발견되었다. 이로 인해 오징어는 투명한 플랑크톤을 "볼 수 있다".

9.2 거울: 평면거울과 구면거울

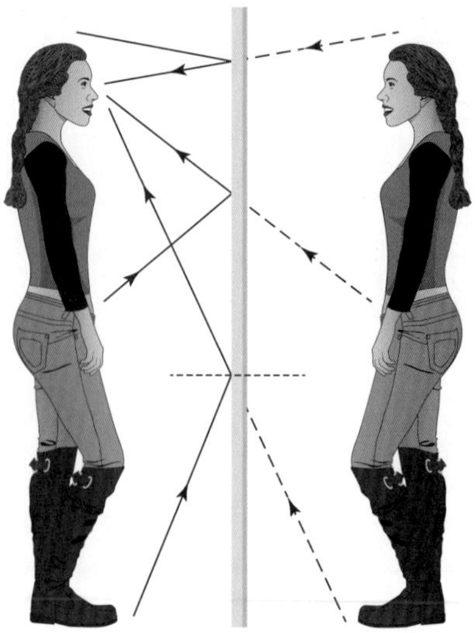

우리가 사용하는 대부분의 거울은 평면거울, 즉 평평하고 매끄러운 거의 완벽한 빛의 반사체이다. "자신을 보기 위해" 거울을 사용할 때 옷과 얼굴에서 반사된 빛은 거울에서 거울반사된다. 거울에서 반사된 빛은 눈에 도달해 상을 만든다. 상은 거울의 반대편에 존재하는 것처럼 나타난다. 그림 9.16은 사람이 평면거울을 통해서 자신의 상을 볼 때 어떠한 상황이 발생하는지 마네킹을 이용하여 보여준다. 사람으로부터 퍼져나가는 모든 광선 중에서 사람의 눈으로 들어오는 광선만을 선정하여 나타내었다. 상에서 나오는 점선은 거울에서 상까지의 겉보기 경로를 나타낸다. 반사법칙과 약간의 수학을 적용하면 상과 물체 사이의 거리가 평면거울과 물체 사이의 거리와 같다는 것을 나타낼 수 있다. (이 결과를 확인하려면 거울의 표면 쪽으로 집게손가락을 가리키고 거울 앞으로 천천히 손을 움직여라. 손가락의 상은 실제 손가락이 이동한 거리와 똑같은 거리만큼 접근할 것이고, 표면에 도달하면 손가락과 상이 접촉한 것처럼 보일 것이다.)

중요하고 실용적인 많은 장치들이 평면거울을 사용한다. 평면거울은 전문적인 실험실 장비에서 작은 회전을 증폭시키는 "광학적인 지렛대"로 사용된다. 예를 들어, 각도 θ로 거울을 회전시키면 반사된 광선은 각도 2θ만큼 회전된다. 반사 카메라(그림 9.17)들은 평면거울을 사용하여 렌즈에서 파인더까지 빛을 되돌려 보낸다. 카메라의 셔터를 누르면 필름에 빛이 들어올 수 있도록 거울을 위로 기울인다. 최근에는 바늘구멍 크기(0.5 mm 이하)만큼 작은 마이크로 거울이 현대의 전기통신망에 없어서는 안 될 부품이 되었는데, 고속 광학 스위치로서 광섬유를 통한 정보의 흐름을 제어한다(9.3절 참조).

물리 체험하기 9.5

평면거울 앞에 서서 오른손을 들어보자. 조심해서 거울의 상을 자세히 살펴보아야 한다. 만일 구분이 잘 되지 않는다면 치약과 같이 위에 글씨가 있는 물체를 거울에 비추어 보자. 무엇이 보이는가? 평면거울에 나타나는 공통적인 속성을 도치(반사)라고 한다.

그림 9.16 평면거울에 형성된 상. (왼쪽) 관찰자의 눈에 도달한 빛은 거울 반대편에 보이도록 상을 형성한다. (오른쪽) 광선의 법선은 반사법칙이 적용되었다는 것을 보여주기 위해 점선으로 나타내었다.

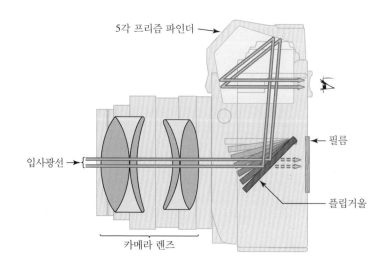

그림 9.17 전형적인 반사 카메라 구조. 렌즈를 통해 들어오는 빛은 거울과 만나서 프리즘을 지나 사진사의 눈에 도달한다. 셔터를 누르면 필름에 빛이 들어올 수 있도록 거울이 위로 올라갔다가 다시 아래로 내려온다.

9.2a 한쪽에서만 보이는 거울

한쪽에서만 보이는 거울은 유리를 살짝 코팅한 것으로 빛을 일부는 반사시키고 나머지는 투과시킨다. 이런 거울은 반도금 거울(그림 9.18)이라고 한다. 반도금 거울을 불이 켜져 있는 방과 어두운 방 사이에 창문이나 벽으로 사용하면, 한쪽에서만 보이는 거울의 성질을 보일 것이다. 이 거울은 밝은 방 안에서는 일반적인 거울로 보이지만, 어두운 방에서는 창문으로 보인다. 그 이유는 밝은 방의 반도금 거울에서 반사된 빛이 어두운 방에서 나와서 투과된 빛보다 더 밝기 때문이다. 또 어두운 방에서는, 밝은 방에서 투과되어 나오는 빛이 더 밝기 때문이다(그림 9.19). 따라서 어두운 방에 있는 사람은 밝은 방에서 어떠한 일이 일어나는지 볼 수 있지만, 밝은 방에서는 어두운 방에서 일어나는 상황을 볼 수 없다.

한쪽에서만 보이는 거울은 면접장과 심문실(그림 9.20) 그리고 상점과 카지노에서 고객들을 관찰하는 용도로 종종 사용된다. 어두운 방에서 밝은 조명이 켜진다면 한쪽에서만 보이는 거울의 효과는 사라진다는 것을 명심해야 한다. 일반 창문의 유리 또한 표면에 닿는 빛을 조금이나마 반사하기 때문에 한쪽에서만 보이는 거울의 성질을 약간은 가진다. 밤에 밖에서는 밝은 실내를 볼 수 있지만, 실내에서는 창문 유리에서 반사된 빛으로 인해 밖을 보기 힘들다.

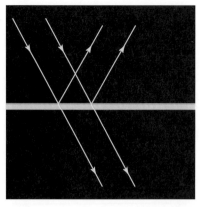

그림 9.18 빛이 반도금 거울에 닿으면, 일부는 반사되고, 일부는 투과한다.

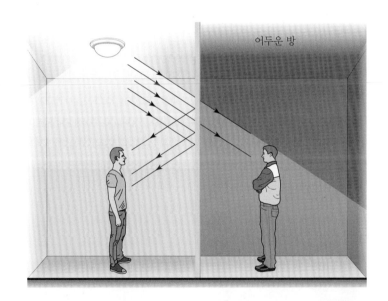

그림 9.19 반투명 은박을 바른 거울은 한쪽에서만 보이는 거울로 활용된다. 그림의 왼쪽 방에 있는 사람은 거울에 반사되는 빛을 본다. 반면 오른쪽 방에 있는 사람은 창문을 통해 투과되는 빛을 본다.

Charles D. Winters

Charles D. Winters

그림 9.20 (왼쪽) 밝은 방에서는 반투명 은박의 거울은 평범한 거울처럼 보인다. (오른쪽) 그러나 옆에 있는 어두운 방에서는 거울을 통해 옆 방의 모습을 볼 수 있다.

그림 9.21 (a) 오목거울에서 반사된 평행광선은 초점이라고 불리는 한 점에 모인다(위 쪽의 광선에 그려진 법선은 반사법칙이 성립한다는 것을 보여준다). (b) 오목거울에 의해 모여진 태양광은 높은 온도를 발생시킬 수 있다. 그림과 같이 나무 한 조각이 거울의 초점 부분에 놓이면 몇 초 후 불이 붙어 타오르게 된다.

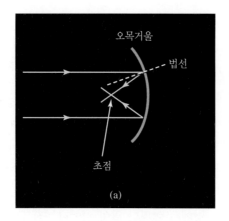

오목거울

법선

초점

(a)

(b)

물리 체험하기 9.6

작은 사각형의 거울을 책상 위에 수직으로 세운다. 같은 모양의 또 다른 거울을 앞의 거울과 수직인 면이 닿도록 세운다. 두 거울의 각도가 약 45도가 되도록 만든 다음 동전과 같은 작은 물체를 두 거울의 사이에 놓는다. 거울에 반사되어 보이는 동전은 모두 몇 개인가? 이번에는 거울의 각도가 60도가 되도록 한다. 동전은 모두 몇 개가 보이는가? 거울의 각도가 30도인 경우에는 어떠한가? 두 거울의 각도에 따라 보이는 동전의 개수는 어떤 관계가 있는지 추론해 보라. 이러한 원리는 만화경을 만드는 데 어떻게 응용되는가?

9.2b 구면거울

6.2절에서 설명했듯이, 구면거울과 같은 반사체는 매우 유용한 특성을 지닌다. 거울이 안쪽으로 적절하게 굽은 오목거울에서 평행광선이 반사되면 **초점**(focal point)이라고 불리는 한 점에 모인다(그림 9.21a). 이때 빛의 에너지는 초점에 집중된다. 오목거울로 모은 태양광은 물체를 매우 높은 온도로 가열할 수 있다(그림 9.21b). 거울의 표면은 휘어져 있지만, 반사법칙은 광선이 거울에 닿는 각 점에서

그림 9.22 (a) 평범한 평면거울의 상. (b) 확대된 오목거울의 상. (c) 축소된 볼록거울의 상(확대된 시야각으로 인해 사진을 찍는 사람의 모습이 보인다).

(a)

(b)

(c)

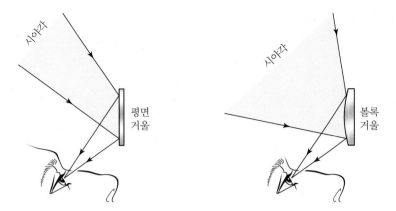

그림 9.23 볼록거울의 시야각은 평면거울보다 훨씬 더 넓다.

여전히 성립한다. 그림 9.2b에서 설명했던 것처럼 법선을 거울의 각 부분에 그려보면, 입사각과 반사각이 같다. 이 법선을 그림 9.21a에 나타내었다.

오목거울은 상을 확대할 때 사용된다. 화장과 면도할 때 사용하는 확대경이 바로 오목거울이며 천체 망원경에 쓰이는 큰 거울도 오목거울이다(그림 9.22b).

볼록거울은 밖으로 굽은 거울이다. 볼록거울은 평면거울보다 더 작은 축소된 상을 형성한다(그림 9.22c). 볼록거울의 장점은 넓은 시야각을 가지고 있어서 넓은 영역의 물체의 상을 관측할 수 있다는 점이다. 그림 9.23은 같은 크기의 볼록거울과 평면거울의 시야각을 나타낸다. 자전거 도로에 적절히 설치된 볼록거울은 흘긋 보기만 해도 주위의 넓은 영역을 한눈에 볼 수 있다(그림 9.24). 자가용의 조수석에 있는 백미러와 트럭이나 다른 자동차의 보조 광각 백미러가 볼록거울이기 때문에 운전자는 후방의 영역을 넓게 관측할 수 있다. 축소된 상은 실제 물체보다 더 멀리 있는 것처럼 보이므로 이와 같은 거울을 사용할 때는 주의해야 한다.

물리 체험하기 9.7

잘 닦여진 작은 숟가락은 그 면이 이상적이지는 않으나 오목거울 또는 볼록거울의 역할을 할 수 있다. 숟가락의 안쪽 면은 오목거울과 같다. 손가락을 가까이 가져가 보고 숟가락에 비치는 상을 관찰해 보자. 이번에는 숟가락을 뒤집어서 당신의 얼굴을 가까이 대보자. 앞에서 본 손가락의 상과는 어떻게 다른가? 숟가락의 뒤쪽 면은 볼록거울이 된다. 숟가락에 비치는 당신의 얼굴과 그 뒤로 보이는 모습을 한 번 그려보자.

9.2c 천체 망원경 거울

천문학자들이 별, 은하계 그리고 다른 천체들을 관찰할 때 사용하는 초대형 망원경은 구면거울을 사용한다. 그림 9.25는 이런 망원경들의 일반적인 구조를 나타낸다. 먼 별에서 온 빛은 망원경으로 들어와서 주경이라고 불리는 오목거울에서 반사된다. 반사된 빛은 부경이라고 불리는 훨씬 더 작은 볼록거울에 모인다. 빛은 다시 주경을 향해 반사되어 중심부의 구멍을 통과하여 초점 F에 상을 형성한다. 여기서 주경은 망원경의 핵심요소이다.

그림 9.24 미네소타 대학의 한 자전거 전용 도로에 설치된 볼록거울은 넓은 시야각을 제공 보통은 가려져 있는 위치를 볼 수 있도록 해준다.

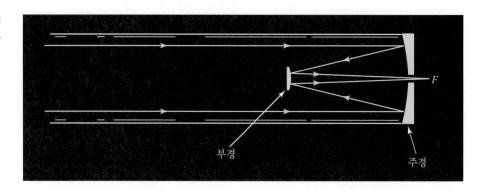

그림 9.25 이 그림은 대형 천체 망원경의 기본 구조이다. 오목한 큰 주경과 볼록한 작은 부경의 조합은 입사광선을 초점 F에 모은다.

망원경 거울의 기본적인 기능은 빛을 모아서 한 점에 집중시키는 것이다. 빛을 모으는 거울의 성능은 거울 표면의 크기가 클수록 증가한다. 희미한 물체의 연구에 필요한 충분한 빛을 얻기 위하여, 천문학자들은 점점 더 큰 구경을 가진, 즉 빛 수집 영역이 더 넓은 장치를 개발해 왔다.

망원경에 의한 상의 질은 거울의 모양에 매우 큰 영향을 받는다. 만들기 가장 쉬운 구면거울은 표면이 구의 일부분인 거울이다. 그러나 이러한 구면거울은 광선의 초점을 맞추는 데 완벽하지 않다. 그림 9.26a는 구면거울에서 반사되는 평행 광선이 한 점에 모두 모이지 않는 것을 보여준다. 이와 같은 거울은 다소 흐린 상을 형성할 것이다. 이 현상을 **구면수차**(spherical aberration)라고 한다. 9.4절에서는 렌즈에서도 같은 현상이 일어나는 것을 알게 될 것이다.

이름에서 알 수 있듯이 구면수차는 표면이 구면이기에 생기는 결함이다. 포물선 모양의 오목거울은 이 수차를 만들지 않는다(2.7절에서 포물선에 대해 설명한 것을 기억하라). 포물면경은 먼 별에서 오는 모든 빛을 한 점에 모을 것이다(그림 9.26b). 따라서 망원경 거울(또는 자동차 헤드라이트와 가정용 손전등의 반사체)에 이상적인 표면은 포물선 형태이다. 지름이 10 m(33 ft) 정도로 매우 큰 거울을 정밀한 포물선 형태로 만드는 것은 기술적으로 매우 큰 도전이다. 스핀 캐스팅이라고 불리는 기술은 일정한 속도로 회전하는 액체 표면이 포물선 모양을 만드는 현상을 이용한다.

그림 9.26 (a) 먼 별에서 오는 입사광선이 구면거울에서 반사하면 모두 같은 점으로 모이지 않는다. 거울의 대칭축에서 먼 광선들은 축에 가까운 광선들 보다 거울에 가까운 쪽에 초점이 맺힌다. 이 현상을 구면수차라고 한다. (b) 포물면경은 먼 별에서 오는 빛이 모두 한 점에 초점을 맺는다. 포물면경은 망원경 거울의 이상적인 형태다.

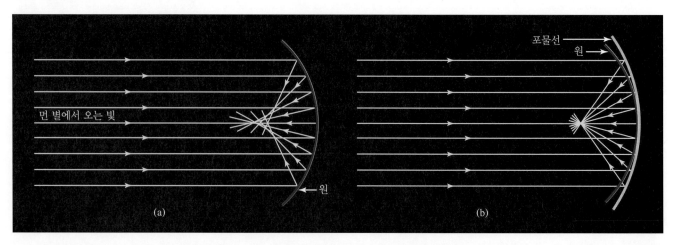

당신이 전축의 턴테이블을 가지고 있다면 그것으로 회전하는 포물면경을 만들 수 있다. 먼저 턴테이블 위에 가벼운 오목한 스프 그릇을 그 중심이 턴테이블의 중심과 일치하도록 놓는다. 어두운 색깔의 그릇이 적당하다. 그릇이 평평하기 위해서 턴테이블 중심의 볼록한 부분을 떼어내든지 아니면 못쓰는 LP판을 한두 장 올려놓으면 그릇이 흔들리지 않도록 할 수 있다. 턴테이블이 33과 1/3로 일정하게 회전을 하도록 한 다음 그릇 안에 맑은 식용유를 붓는다(물도 가능하기는 하나 약간의 출렁거림이 있을 수 있다). 방에 충분한 빛이 있도록 한 다음 당신의 손을 기름 거울면의 한쪽에 거울로부터 30 cm 위치에 놓는다. 당신의 머리를 역시 거울면 위 다른 쪽에 위치하고 거울 면에 비치는 당신의 손의 이미지를 관찰한다. 어떤 모습으로 보이는가? 방의 불빛이 충분치 않아 손의 상이 보이지 않는다면 이번에는 손 대신에 중간 밝기의 전등을 손의 위치에 놓고 그 상을 관찰한다. 손이나 전등을 거울 면에서 멀리 또는 가까이 하면서 관찰한다. 이번에는 턴테이블의 회전 속도를 45로 올리고 같은 실험을 반복해 보자. 어떤 차이가 있는가? 마지막으로 턴테이블의 스위치를 끄고 완전히 정지할 때까지 그 상을 관찰한다. 그 상은 어떻게 변하는가 기술하라.

1980년대부터 몇몇 망원경은 액체 거울을 회전시키는 방법으로 만들어졌는데, 이 중 영국 컬럼비아에 있는 6 m 크기의 대형 제니스 망원경(LZT)이 가장 야심적이다. 구조를 간단하게 설명하면, 대형 수은 그릇을 적절한 속도로 회전시키면 원하는 포물선 모양의 표면이 만들어진다. 이런 액체 거울 망원경은 기울어지게 할 수 없어서 망원경의 바로 위에 있는 하늘만 관측 가능하지만, 이 망원경은 비교적 저가로 만들 수 있다. 6 m 크기의 LZT를 만드는 비용은 약 백만 달러이고, 이 가격은 전통적인 유리 거울 망원경보다 100배 싼 가격이다.

1990년 4월 25일 허블 우주 망원경(HST; 그림 8.44)이 궤도상에 탑재시 얼마 후 과학자들은 주경이 구면수차의 한 종류에 의해 영향을 받고 있다는 것을 발견하였다. 지름이 2.4 m인 거울 가장자리의 표면이 원래의 모양에서 0.002 mm 기형으로 만들어져 있었다. 이 사소해 보이는 차이가 망원경이 만든 상의 선명도를 급격하게 감소시켰다. 1993년 12월에 우주왕복선의 우주비행사들이 우주 망원경에 보정 광학장치를 설치하여 이 문제를 수정해서 천문대에서 계획한 작업이 가능하도록 되었다. 그림 9.27은 개선된 우주 망원경의 극적인 분해능 향상을 보여

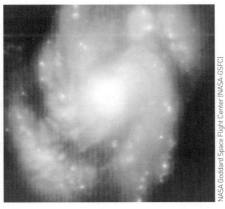

그림 9.27 (왼쪽) 1993년 12월에 보정 광학장치를 설치한 후에 촬영한 M100은하의 중심부 영상. (오른쪽) 보정 광학장치를 설치하기 전에 허블 우주 망원경으로 촬영한 M100 은하의 중심부 영상.

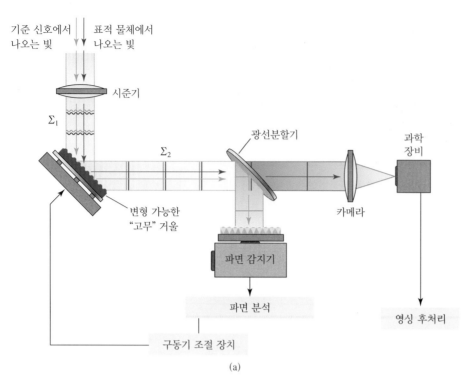

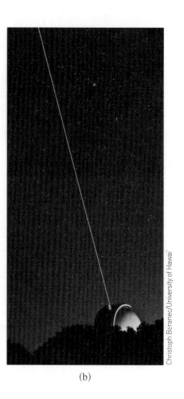

(a)

(b)

Christoph Baranec/University of Hawaii

그림 9.28 (a) 적응광학(AO) 시스템. 왜곡된 파면 Σ_1을 분석하여 변형 가능한 "고무" 거울을 사용하여 보정한다. 보정된 파면 Σ_2는 과학 장비와 파면 감지기로 전송되어 변형 가능한 거울을 조절하는 피드백을 제공한다. (b) 팔로마 천문대 1.5 m 망원경 Robo-AO. 레이저 빔은 사람의 눈에는 보이지 않으나 자외선 카메라로 캡쳐한 이미지이다.

준다. 2009년 5월 고성능 관측카메라(ACS)를 설치하여 HST의 성능은 더욱 향상되었다. 높은 해상도, 넓은 관측 영역 그리고 뛰어난 빛 수집 효율을 가진 ACS는 이전의 카메라를 대체함으로써 우주 망원경의 성능은 약 10배 향상되었다.

최근에는 지구 대기권(8.7d)의 효과로 인한 흐릿함을 고려하여 광학장치 분해능을 향상시키기 위해 지상에서는 "적응광학"(AO)을 사용한다. 적응광학은 정밀한 파면 감지기, 고속 컴퓨터 그리고 변형 가능한 거울들을 사용하여 마치 대기가 완전히 없는 것처럼 선명한 상을 형성한다.

그림 9.28a에 보이는 적응광학 시스템의 일반적인 구조는 하와이에 있는 두 개의 10 m 케크 망원경, 8.2 m 제미니 망원경(북은 하와이에 남은 칠레에) 그리고 칠레의 초대형 망원경 배열에서 사용되는 것과 유사하다. 주요 광학 요소는 "고무 거울"로 표현할 수 있는 얇은 유리 거울인데, 뒤에 부착된 최대 100개의 작은 구동기로 표면을 약간 변형시킬 수 있다. 먼 광원으로부터 오는 파면이 지구 대기의 난기류에 의해 변형된 것을 고무 거울의 작은 변형으로 상쇄함으로써 상의 흐릿함을 제거하여 본래 파면을 재생할 수 있다. 빠르게 변하는 대기의 상태를 관측하고, 필요한 보정 값을 계산한다. 그리고 구동기가 적절하게 움직이도록 신호를 보내기 위해서는 고속 컴퓨터가 필요하다.

이 기술은 일반적으로 망원경의 시야에 있는 밝은 별을 파면 평가에 대한 기준 신호로 사용한다. 그런 별이 없을 때는 고성능, 고집적 레이저 빔을 망원경을 통해서 위로 투사하여 기준 신호를 인공적으로 만들 수 있다. 이 "레이저 안내별"은 고도 10에서 40 km에서의 공기분자나 90 km 정도의 고도에 존재하는 나트륨 원자에서 아래쪽으로 산란된 빛인데 희미하기는 하지만 측정 가능해서 파면 감지기

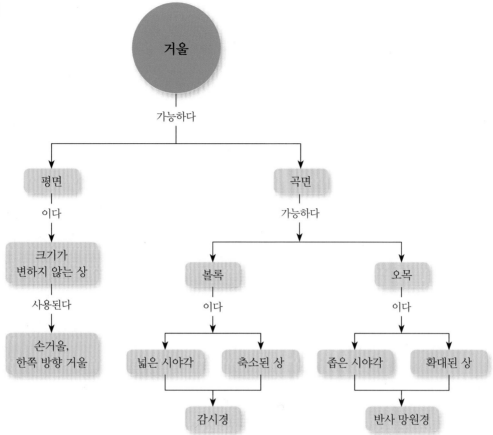

의 기준 신호로 사용할 수 있다. 2011년 팔로마 천문대에는 Robo-AO라는 레이저를 이용한 자동 별탐지 장치를 장착하였다. 이 장치는 망원경과 레이저, AO시스템을 자동으로 작동하여 다양한 별자리를 관측한다.

Robo-AO는 과거 3년간 18,000회의 관측이라는 매우 효율적인 성과를 보여주었다.

복습

1. 어떤 물체가 평면거울에서 20 cm 거리에 놓여 있다. 거울에 의한 물체의 상은 어디에 맺히는가?
   a. 거울의 앞 10 cm
   b. 거울의 뒤쪽으로 10 cm 위치
   c. 바로 거울 면에
   d. 거울의 앞 20 cm
   e. 거울 면의 뒤쪽으로 20 cm 위치

2. 평행한 광선이 오목거울 면에 입사된다. 반사된 광선은 거울 면의 _____ 을 향한다.

3. (참 혹은 거짓) 어떤 구면거울은 평면거울에 비해 물체의 상이 확대되어 나타나며 동시에 시야각이 더 넓기도 한다.

4. 망원경의 1차 거울은
   a. 반투명거울이다.
   b. 볼록거울이다.
   c. 오목거울이다.
   d. 평면거울이다.
   e. 육각형거울이다.

9.3 굴절

이 절에서는 빛이 유리와 같은 투명 물질과 상호작용하는 경우 어떤 일이 발생하는지에 대해서 설명한다. 공기 중에 있는 광원에서 오는 광선이 유리 같은 투명한 물질의 표면에 도달한다고 생각해 보자. 공기와 유리 사이를 경계면이라고 한다. 입사광선 중 일부는 공기 중으로 다시 반사되지만 나머지는 경계면을 통과하여 유리 안으로 투과된다(그림 9.29a). 반사되는 빛의 방향은 반사법칙으로 알 수 있지만 투과된 빛은 어떠할까?

9.3a 굴절의 법칙

유리 속을 통과하는 빛은 굴절된다. 즉, 투과된 빛은 입사광선과 다른 방향으로 꺾이게 된다(단, 입사광선이 경계면에 수직인 경우에는 꺾이지 않는다). 굴절은 이 꺾인 빛이 공기보다 유리 속에서 더 느리게 움직인다는 사실 때문에 발생한다. 다시 경계면에 수직한 선인 법선을 그려보자. **굴절각**(angle of refraction)(법선과 투과된 광선 사이의 각)은 입사각보다 더 작다(그림 9.29b). 이와 반대의 과정을 생각해 볼 수 있는데, 유리 안에서 진행하는 광선은 경계면에 도달하고, 공기 중으로 투과된다(그림 9.30a). 이 경우에는, 굴절각이 입사각보다 더 크다(그림 9.30b). 이에 따른 법칙은 다음으로 요약된다.

그림 9.29와 그림 9.30에서의 대칭성을 주목하라. 이것은 광선이 굴절 표면을 통과하는 광선 경로를 되돌아갈 수 있다는 가역성 원리의 한 예이다. 광선이 공기 중에서 유리 속으로 들어갈 때 지나는 경로는 유리에서부터 공기 중으로 돌아서 나올 때 지나는 경로와 완벽하게 동일하다. 이후에 나오는 모든 그림에서 광선에 표시된 화살표를 거꾸로 해도 경로는 같을 것이다.

빛의 굴절 때문에 물 등의 매질 안에 있는 물체가 다르게 보인다. 그림 9.30c에서 유리잔 안의 물에 연필이 일부 잠겨 있다. 이 그림에서 우선 수면과 공기 사이의 경계면에서 연필이 또렷하게 분리되는 것에 주목해 보자. 이 효과는 빛이 연필에서 공기 중으로 나올 때 생기는 굴절 때문이다. 더욱이, 물에 잠겨 있는 연필 부분이 공기 중에 있는 부분보다 더 크게 보이는 이유는 물속에서 형성된 상이 공기

광선은 진행 속도가 더 느려지는 투명한 매질로 들어갈 때 법선 쪽으로 꺾인다. 광선이 진행 속도가 더 빨라지는 매질로 들어갈 때는 법선에서 멀어지는 쪽으로 꺾인다.

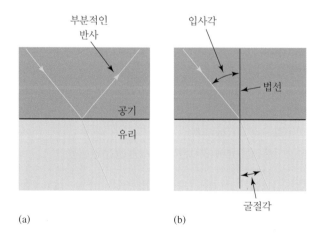

그림 9.29 (a) 유리로 진입할 때 빛의 부분적인 반사와 굴절. (b) 법선과 입사각과 굴절각. 광선이 법선 쪽으로 구부러짐에 주목하라.

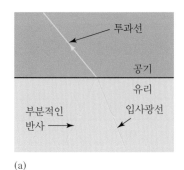

(a)

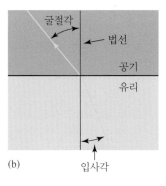

투과선

굴절각

법선

공기

유리

부분적인
반사

입사광선

(b)

입사각

(c)

그림 9.30 (a) 빛이 유리에서 공기로 진행하며 굴절하는 모습. (b) 빛의 경로도 그림 9.29b의 범래이다. (c) 연필의 길이가 비연속적인 것처럼 보이는 것은 물속에 잠긴 부분의 빛이 공기 중으로 나오며 굴절되기 때문이다. 물에 의해 연필이 확대되고 있음도 알 수 있다.

(a)

(b)

그림 9.31 물속의 동전(b)이 물이 없을 때의 같은 동전(a)보다 더 가까이 그리고 더 크게 보인다.

중에서 형성된 상보다 관찰자에게 더 가깝기 때문이다. 그림 9.32의 광선 도표는 연필의 가장자리에서 나온 빛이 물속에서 공기 중으로 들어갈 때 꺾이면서 물이 담겨 있는 용기의 표면에서 실제보다 더 가깝게 보이는 것을 간략하게 보여준다. 그림 9.30c의 확대 효과는 부분적으로는 유리그릇의 표면이 곡면이라서 액체 원통형 렌즈 역할을 하기 때문이기도 하지만, 유리그릇의 표면이 평면일지라도 마찬가지로 확대되어 보일 것이다.

어떤 투명한 물질 속에서도 빛의 속도는 진공 속에서의 광속 c보다 작다. 예를 들어 진공에서는 $c = 3 \times 10^8$ m/s이지만 물속에서는 2.25×10^8 m/s이고, 다이아몬드 속에서는 1.24×10^8 m/s이다. 표 9.1은 투명한 매질 속에서의 노란색 빛의 속도를 나타낸다* (색에 따른 임계각과 속도의 변화는 나중에 논의할 것이다).

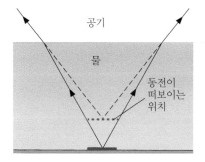

그림 9.32 물속에 있는 물체의 일부가 왜 관찰자에게 확대되어 보이는지를 보여주는 광선 도표. 상이 관찰자에게 가까워서 물체가 크게 보인다.

---

* 수학에 관심이 많은 독자를 위해: 각각의 투명한 물질의 굴절률 n은 다음의 공식으로 나타낸다.

$$n = \frac{c}{v} \quad (v = 물질\ 안에서의\ 빛의\ 속도)$$

표 9.1의 자료를 통해 계산한 물의 굴절률은 1.33이고, 다이아몬드는 2.42이다. 굴절각과 입사각 사이의 정확한 수학적인 관계는 다음과 같다.

$$n_1 \sin A_1 = n_2 \sin A_2 \quad (스넬의\ 법칙)$$

여기서 n_1과 A_1은 각각 매질 1에서의 굴절률, 광선과 법선 사이의 각도이고, n_2과 A_2는 매질 2에 대해 대응되는 양이다. 예를 들어, 그림 9.36(b)를 미리 보면 $n_1 = 1.00$(공기), $A_1 = 14.7°$(굴절각), $n_2 = 1.46$(유리) 그리고 $A_2 = 10°$(입사각)이다.

표 9.1 선정된 물질에 대한 (노란색) 빛의 속도와 임계각

상	물질	속도	임계각[†]
0 °C와 1기압에서의 기체	이산화탄소	2.9966×10^8 m/s	
	공기	2.9970	
	수소	2.9975	
	헬륨	2.9978	
20 °C에서의 액체	벤젠	1.997×10^8 m/s	41.8°
	에틸 알코올	2.203	47.3°
	물	2.249	48.6°
20 °C에서의 고체	다이아몬드	1.239×10^8 m/s	24.4°
	유리(중 플린트)	1.81	37.0°
	유리(경 플린트)	1.90	39.3°
	유리(크라운)	1.97	41.1°
	식용 소금	2.00	41.8°
	용융 실리카	2.05	43.2°
	얼음	2.29	49.8°

[†] 임계각은 공기가 두 번째 매질인 경우이다.

이 부분에서, 두 가지 의문이 생길 것이다. 왜 유리나 물과 같은 투명한 매질 속에서 빛의 속도가 더 느리며, 왜 이러한 굴절이 일어나는가? 첫 번째 의문에 답을 얻으려면, 빛이 진동하는 전기장과 자기장이 조합되어 진행하는 전자기파라는 것을 기억해야 한다. 빛이 유리로 들어갈 때, 전자기파에서 진동하는 전기장은 유리 원자의 전자를 같은 진동수로 진동시킨다. 이렇게 진동하는 전자는 이웃한 전자 쪽으로 향하는 이차 전자기파(빛)를 방출시킨다. 그러나 방출된 이차 파동은 전자를 진동시킨 입사파와 정확히 "위상이 어긋난다". 예를 들어 이차 파동의 마루는 매질의 주어진 지점에 일차 파동의 마루보다 조금 뒤에 도달한다는 의미이다. 이 과정이 전자에서 전자로 반복되면서 위상 지연이 축적되어, 일차 파동과 매질 때문에 전파 속도가 줄어든 이차 파동의 합이 전자기 교란을 형성한다.

두 번째 의문에 대해서는, 경계면을 통과하는 파면을 주의 깊게 추적해 보면 빛

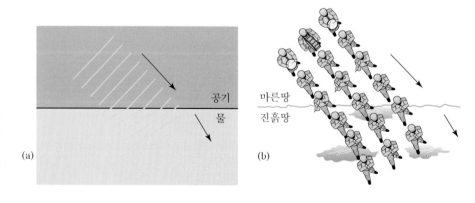

그림 9.33 (a) 유리 속으로 들어갈 때 굴절되는 빛의 파면. 빛은 유리 속에서 더 느리게 진행하기 때문에 진행 방향에 변화가 발생한다. (b) 군악대가 방향을 바꾸는 모습과 상대적으로 비교가 된다.

(a) 공기 / 물

(b) 마른땅 / 진흙땅

의 속도변화가 왜 빛의 방향을 바꾸는지 알 수 있다(그림 9.33). 이것에 대한 좋은 비유로, 줄을 맞추어 행진하는 악단이 마른 땅과 진흙투성이인 지역 사이의 경계선을 비스듬하게 통과하는 모습을 생각해 보면 된다. 밴드의 대원들은 진흙에 들어가면 미끄러지거나 빠져서 느려진다. 줄을 흐트러뜨리지 않고 간격을 적절하게 유지하려면 대원들은 조금 방향을 돌려야 하므로, 결국엔 밴드 전체가 조금 다른 방향으로 행진될 것이다. 이같은 방향 변화는 유리 속으로 들어가는 빛에 대해서도 동일하게 나타난다. 경계면에서 위치가 다른 전자 진동자가 발생하는 느린 파면들이 더해지면 전체 파면은 입사하는 파동과는 다른 방향으로 진행한다. 또한 속도가 감소하면 파장이 더 짧아진다는 것을 유의하라. 전자기파의 진동수는 어디에서나 $v = f\lambda$여야 하기 때문에 같다.

굴절법칙은 1621년 네덜란드의 물리학자인 스넬에 의해 발견되었고, 이후 프랑스의 수학자인 데카르트에 의해서 현재의 형태로 표현되었다. 두 매질에서의 입사각과 빛의 속도를 알고 있다면, 이 공식으로 정확한 굴절각의 값을 구할 수 있다.

그림 9.34의 그래프는 공기와 유리의 경계면에 대한 두 각 사이의 관계를 보여준다(다른 매질에 대해서도 유사한 그래프를 그릴 수 있을 것이다). 공기 중의 광선과 법선 사이의 각은 수평축에 그리고, 유리 속의 광선에 상응하는 각도는 수직축에 그린다. 유리 속의 각도는 공기 중의 각도보다 더 작다는 것을 주의하라. 이것은 그림 9.29에서 보이는 것과 같이 광선이 공기에서 유리 속으로 들어갈 때, 굴절각이 입사각보다 더 작다는 것을 의미한다. 입사각이 최대 90°일 때, 굴절각은 약 43°이다.

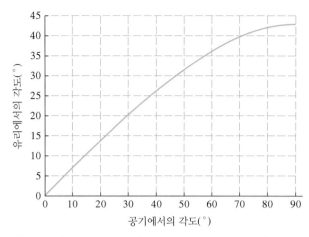

그림 9.34 빛이 공기와 유리의 경계면을 통해 지나갈 때 광선과 법선 사이의 각도를 보여주는 그래프. 공기에서 유리 속으로 들어가는 광선에 대한 입사각은 "공기에서의 각도"이다. 광선이 유리에서 공기 중으로 지나갈 때의 입사각은 "유리에서의 각도"이다.

예제 9.2

그림 9.35는 광선이 입사각 60°로 공기에서 유리 속으로 들어가는 모습을 나타낸다. 굴절각을 구하라.

그림 9.34에서 공기 중에서의 각도가 60°일 때를 보자. 수평축에서 60°인 각도를 찾아서 수직으로 곡선까지 올라간다. 그 다음에 왼쪽을 향해서 수평으로 움직이면, 수직축 위에 나타난 유리 속에서의 각도가 약 36°임을 알 수 있다. 따라서 굴절각은 36°이다.

그러나 빛이 창유리의 경우와 같이 유리를 완벽하게 통과하여 지나가면 어떻게 되는가? 각각의 광선은 유리로 들어갈 때 법선 쪽으로 방향을 바꾸고, 반대편의 공기로 다시 나올 때 법선에서 멀어지는 쪽으로 방향을 바꾼다. 따라서 원래의 입사각과 관계없이 두 번의 방향 전환이 서로를 완벽하게 상쇄하여 유리에서 나오는 광선은 처음 경로와 평행하게 진행한다(그림 9.35).

그림 9.35 광선이 유리블록을 통과하여 지나가는 경우 두 번 굴절된다. 유리의 두 표면이 평행하다면 마지막 경로는 처음의 경로에 평행하게 된다(광선이 처음 유리로 들어가는 표면 위에서 일부가 반사된다는 것에 주목하라).

9.3b 전반사

이번에는 그림 9.36에 개략적으로 나타낸 다음의 실험을 생각해 보자. 유리에서 경계면(주변 공기로부터 분리되는 표면)으로 향하는 광선의 입사각을 계속 증가시켜보자. 이 경우, 유리 속에서 빛의 속도는 공기 중에서의 빛의 속도보다 더 작기 때문에 광선은 법선에서 먼 쪽으로 방향을 바꾼다. 다르게 말하면, 굴절각은 그림 9.36b에 보이는 것처럼 입사각보다 더 크다. 게다가 입사각이 증가할수록 굴절각도 증가한다.

굴절각을 알고 싶을 때 입사각을 알고 있으면 가역성에 의해 그림 9.34와 유사한 그래프를 사용할 수 있다. 이러한 경우, 입사각은 "유리에서의 각도"인 반면에 굴절각은 "공기에서의 각도"이다. 예를 들어 입사각이 20°일 때, 수직축 위의 20°를 찾아서 수평으로 곡선까지 움직이고, 그 다음 수평축까지 아래로 내려오면 굴절각이 약 30°인 것을 볼 수 있다. 이것을 그림 9.36c에 나타내었다.

이 경우 공기 중에 입사광선이 있었던 이전의 경우와 다른 점은 굴절각을 90°로 만드는 입사 **임계각**(critical angle)이다. 입사각이 임계각과 같을 때, 투과된 광선은 두 매질 사이의 경계면(그림 9.36e)을 따라서 진행한다. 입사각이 임계각보다 더 큰 경우, 일반적으로는 투과되어야 할 광선이 입사매질 속으로 방향을 바꾸

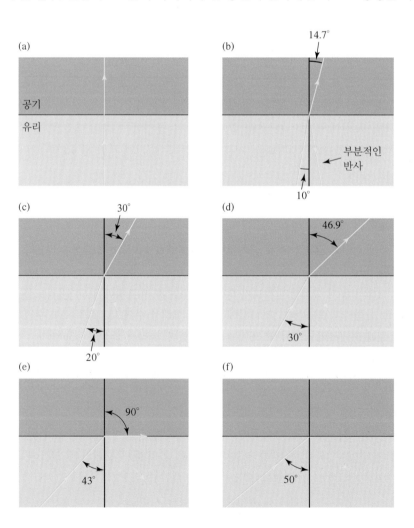

그림 9.36 유리 속에서 진행하는 빛이 다른 입사각으로 유리와 공기의 경계면에 도달한다. (e)에서 입사각은 굴절각을 90°로 만드는 임계각이다. 전반사는 입사각이 임계각보다 크거나 같을 때 발생하고, 어떤 빛도 공기로 들어갈 수 없다(e와 f).

어 되돌아오고, 두 번째 매질 쪽으로 진행하지 않는 것을 뚜렷하게 볼 수 있다. 이러한 경우를 **전반사**(total internal reflection)라고 하고, 그림 9.36e와 그림 9.36f에 나타내었다.

그림 9.34의 그래프는 유리와 공기의 경계면에 대한 임계각을 보여주고, 공기 중에서의 각도가 90°라면 유리 속에서는 43°이다. 일반적으로, 매질이 달라지면 임계각도 달라진다. 표 9.1은 여러 투명한 매질들에서 공기로 향하는 광선에 대한 임계각의 값이 표시되어 있다. 임계각은 빛의 속도가 더 낮은 매질에서 작아진다는 것을 주의하라. 목록에서 빛의 속도가 가장 낮은 매질인 다이아몬드의 임계각은 유리의 반 정도인 25°보다도 작다.

예제 9.3

집주인이 수영장 물속의 벽면에 투광조명을 설치해서 야간에 수영장 수면을 최대로 밝게 하길 원한다(그림 9.37). 벽면에 대한 빛의 각도를 구하라.

수면에 빛을 비출 때, 물과 공기의 경계면에서 굴절된 빛이 수면에 스치듯이 지나가도록

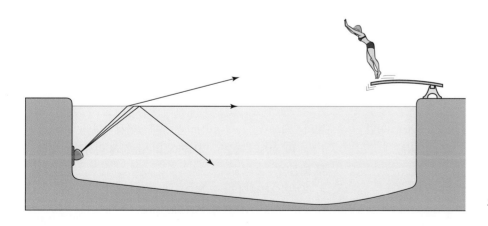

그림 9.37 수영장 수면의 조명 최대화.

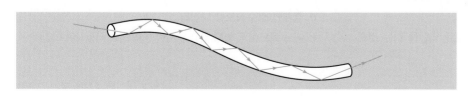

그림 9.38 광섬유 내부의 다중 내부반사.

해야 한다. 이것은 굴절각이 90°이고, 따라서 입사각은 임계각이 되어야 한다는 의미이다.

표 9.1을 보면 물에 대한 임계각이 약 49°라는 것을 알 수 있다. 따라서 집주인은 투광조명을 광선이 수영장의 수직한 방향의 벽에 대해 거의 49°가 되도록 위로 향하게 해야 한다.

그림 9.39 광케이블(아래)은 매우 두꺼운 전선(위)보다 더욱 많은 전화통화를 전송할 수 있다.

유리 섬유로 코팅된 광섬유는 유연하며 전반사를 응용하여 빛을 전달한다. 어떤 의미에서 광섬유와 빛의 관계는 정원용 호스와 물의 관계와 같다. 그림 9.38은 광섬유의 한쪽 끝으로 들어온 특정 광선의 경로를 보여준다. 이 광선이 섬유의 벽과 부딪칠 때 입사각이 임계각보다 크므로 전반사된다. 이것은 광선이 섬유의 벽에 부딪칠 때마다 매번 반복되어, 광섬유의 반대편 끝으로 나올 때까지 섬유 안에 갇히게 된다. 광섬유로 만들어진 "꽃다발"의 끝에서 빛이 나오는 장식용 전등을 본 적이 있을 것이다. 십여 개나 백여 개의 광섬유로 이루어진 광케이블은 최근에 정보전달용으로 많이 사용된다(그림 9.39). 전화통화, 오디오 및 비디오 신호 그리고 컴퓨터 정보는 부호화(디지털화)된 후, 작은 레이저를 이용해서 빛의 펄스 형태로 만들어져서 광케이블을 통해 전달된다. 일반적으로 광케이블은 지름이 훨씬 더 두꺼운 종래의 전선보다 천 배 더 많은 정보를 전달할 수 있다. 예를 들어, 1988년대부터 사용되기 시작한 대서양을 가로지르는 광케이블은 단지 두 쌍 정도의 유리섬유로 4만 건의 통화를 동시에 전송하기 위해 개발되었다. 이와는 반대로, 국제 전화를 하기 위한 목적으로 마지막에 설치된 두꺼운 구리 묶음선(1983)은 약 8천 건의 통화량만을 처리할 수 있다.

위에서 지적한 바와 같이, 어떤 위치에서 다른 위치로 빛을 전송하는 데 광섬유를 사용할 경우의 중요한 장점은 유연성이다. 만약 섬유 다발이 한쪽 끝에서 다른 쪽 끝까지 흐트러지지 않도록 잘 묶여 있다면, 이 다발은 빛만 아니라 영상도 잘 전달할 것이다. 이 기술이 포함된 장치들은 핵원자로, 제트 엔진 또는 사람의 몸 내부 같은 접근하기 어려운 장소를 조사하는 데 자주 사용된다. 이러한 기술이 사용된 장비를 일반적으로 내시경이라고 한다. 내시경의 구체적인 예로서는 기관지경(폐 조직 검사), 위내시경(위와 소화관 검사), 대장내시경(장 검사)이 있다.

복습

1. 공기 중에서 어떤 광원에서 나오는 빛의 파장이 590 nm이었다. 이 광원이 물속에 있었다면 방출되는 빛의 파장은
   a. 길어진다.
   b. 짧아진다.
   c. 변함없다.

2. 임계각이란 굴절하는 빛의 굴절각이 _____ 이 되는 때의 입사각을 말한다.

3. 전반사를 이용하는 소자로 통신에 중요한 역할을 하는 것의 이름은 무엇인가?

4. 빛의 속도가 2.0×10^8 m/s인 매질에서 빛의 속도가 1.5×10^8 m/s인 매질로 입사면에 비스듬하게 입사하는 빛은 두 매질의
   a. 경계면으로부터 더 먼 쪽으로 휘어진다.
   b. 경계면에서 가까운 쪽으로 휘어진다.
   c. 경계면을 따라 나아간다.
   d. 경계면에 수직으로 나간다.
   e. 어느 쪽으로도 휘지 않고 입사한 방향으로 직진하여 나간다.

답 1. b 2. 90°, 3. 광섬유 4. b

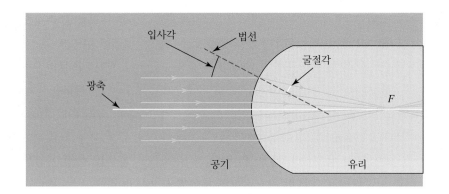

그림 9.40 빛의 수렴을 나타내는 볼록한 구면에서의 굴절. *F*는 광선이 표면을 통과한 후 모이는 지점인 초점이다.

9.4 렌즈와 상

9.2절에서 구면거울이 천체 망원경과 다른 장비들에서 광선의 경로를 바꾸는 데 유용하게 사용되는 것을 설명하였다. 현미경, 쌍안경, 카메라 그리고 다른 여러 광학장비들은 광선의 경로를 바꾸기 위해 렌즈라고 하는 특별한 모양의 유리 부품을 사용한다. 거울에서도 그랬듯이, 유리나 다른 투명한 물질로 빛의 방향을 바꾸는 데 있어서 핵심은 평평한 면이 아닌 곡면(경계면)을 사용하는 것이다.

유리 뭉치를 갈아서 그림 9.40의 단면도에 보이는 것과 같이 한쪽 끝을 구의 모양으로 만들었다고 생각해 보자. 평행한 광선을 볼록한 구면의 대칭선(광축) 위아래의 여러 지점에서 입사하도록 한다. 굴절법칙을 적용하여 각 지점에서 광선들의 굴절각을 구하면, 그림 9.40과 같은 결과가 나온다. 특히, 광축을 따라서 진행하는 광선은 경로가 변하지 않고 경계면에서 나올 것이다. 광축의 위아래로 먼 지점에서 유리로 입사하는 광선일수록 경로의 방향이 광축 쪽으로 더 많이 굴절된다. 원래 평행했던 광선 다발이 모두 경계면 뒤에 있는 한 지점에 점차적으로 수렴, 즉 초점이 맺히기 때문에 이러한 결과가 발생한다. 이 지점을 초점이라고 하며, 기호는 *F*이다(오목거울에 의해서 광선이 수렴하는 그림 9.21a와 비교해 보자).

그림 9.41은 평행한 광선이 구면을 지나면서 굴절된 후 안으로 휘지 않고 바깥쪽으로 휘는 것을 보여준다. 이 경우에 나타나는 광선은 경계면의 왼쪽에 있는 점 *F'*에서 광선이 나오는 것처럼 밖으로 발산한다. 광선을 수렴하거나 발산시키는 능력은 카메라 렌즈, 망원경 렌즈 또는 사람 눈의 렌즈 등 모든 렌즈의 기본적인 특성이다.

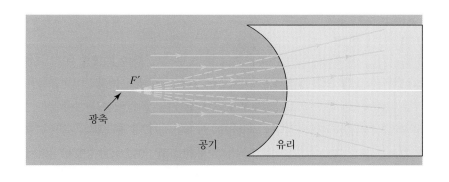

그림 9.41 평행한 광선의 발산을 보여주는 오목한 구면에서의 굴절. *F'*은 초점, 즉 표면을 통과한 광선이 나와서 퍼지는 것처럼 보이는 점이다.

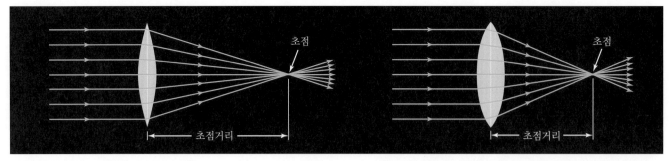

그림 9.42 초점에 평행 광선을 모으는 볼록 렌즈. 곡률이 큰 렌즈는 초점거리가 짧다.

그림 9.40이 눈에서만 일어나는 상황이 아니라, 대부분의 장비들에서도 광선은 광학소자(렌즈) 안으로 들어가서는 방향이 바뀌어 나온다. 일반적인 렌즈는 하나가 아닌 두 개의 굴절 표면을 가지고 있다. 한쪽 표면은 일반적으로 구의 일부분과 같은 형태를 가지고 반대쪽의 두 번째 표면은 구형일 수도 있고 평평한 모양(평면)이기도 하다. 양쪽 표면을 통과하는 평행한 광선에 대한 효과는 이전의 예에 나왔던 굴절 표면이 하나인 경우와 동일하다. 볼록 렌즈는 평행 광선을 렌즈의 초점에 모은다(그림 9.42). 렌즈에서 초점까지의 거리는 렌즈의 **초점거리**(focal length)라고 한다. 더 곡률이 더 큰 렌즈는 초점거리가 더 짧다. 반대로, 아주 작은 광원이 초점에 놓여 있다면, 볼록 렌즈를 통과한 광선은 평행하게 진행할 것이다. 이것을 가역성의 원리라고 한다.

물리 체험하기 9.10

집 주위나 사무실을 둘러보면 간단한 돋보기 하나쯤은 발견할 수 있을 것이다. 위쪽의 불빛을 렌즈로 모아 그 상이 손바닥 위에 맺히도록 해보자. 다음 렌즈의 위치를 위 아래로 바꾸어가며 손바닥 위의 상의 초점이 깨끗하게 맺히는 지점을 찾아보자. 이때 렌즈에서부터 상이 맺히는 손바닥까지의 거리를 측정해 보자. 축하한다. 당신은 방금 렌즈의 초점거리를 측정한 것이다. 이러한 방법으로 어떤 볼록 렌즈도 그 초점거리를 측정할 수 있다. 단, 광원에서 렌즈까지의 거리는 초점거리보다 충분히 길어야 한다. 렌즈의 상을 손바닥이 아니라 깨끗한 흰 종이 위에 맺히도록 해보자. 이때 렌즈에 의해 맺힌 상에 대하여 기술해 보자.

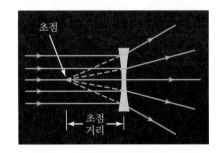

그림 9.43 오목 렌즈를 통과한 후 발산되는 평행광선. 광선이 렌즈 왼쪽에 있는 초점에서 방출되는 것처럼 보인다.

오목 렌즈는 평행 광선이 렌즈를 통과한 후 퍼지게 한다. 이렇게 생긴 광선은 렌즈의 다른 쪽에 있는 하나의 점으로부터 나오는 것처럼 보인다. 이 점이 오목 렌즈의 초점이다(그림 9.43). 렌즈에서 초점까지의 거리는 역시 초점거리라고 하

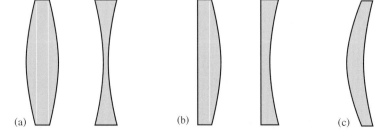

그림 9.44 여러 종류의 렌즈의 예. (a) 양면 볼록(왼쪽), 양면 오목(오른쪽). (b) 평 볼록(왼쪽), 평 오목(오른쪽). (c) 반 볼록(왼쪽), 반 오목(오른쪽).

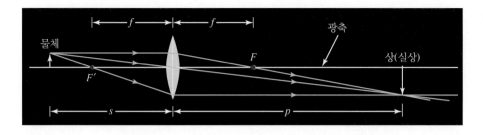

지만 오목 렌즈에 대해서는 초점거리가 예를 들어 −15 cm와 같이 음수로 주어진다. 반대로 렌즈의 초점거리 쪽으로 수렴하도록 광선을 보내면, 평행하게 나온다.

두 종류의 렌즈 모두 각 면에 하나씩 두 개의 초점이 있다. 평행 광선이 그림 9.45의 오른쪽에서 볼록 렌즈로 들어온다면, 분명히 렌즈 왼쪽의 초점으로 모일 것이다. 렌즈가 오목 렌즈인가 볼록 렌즈인가는 매우 쉽게 알 수 있다. 중심 부분이 가장자리 부분보다 더 두껍다면 볼록 렌즈이고, 중심부분이 더 얇다면 오목 렌즈이다(그림 9.44).

9.4a 상의 형성

렌즈의 주 용도는 물체의 상을 만드는 것이다. 먼저 대칭인 볼록 렌즈의 상 형성의 기본을 생각해 보자(그림 9.44a). 눈이나 대부분의 카메라(스틸이든 비디오든), 슬라이드 프로젝터, 영사기, 오버헤드프로젝터는 이런 방식으로 상을 만든다. 그림 9.45는 화살표로 표시한 물체에서 나온 빛이 어떻게 렌즈 반대편에 상을 만드는지 보여준다. 이것을 간단하게 하려면 손전등을 화살표에 비추어 보라. 빛이 화살표에서 반사하여 렌즈를 지나갈 것이다. 렌즈 오른쪽 적절한 지점에 흰색 종이를 대보면 상이 보일 것이다.

물체의 각 점에서 수많은 광선이 모든 방향으로 나오지만, 우선 화살표 꼭대기의 한 점에서 나오는 세 특정한 광선만 생각하는 것이 편리하다. 그림 9.45에 보이는 이 광선들을 **주광선**(principal rays)이라고 한다.

1. 광축에 평행한 광선은 렌즈 반대쪽의 초점(F)을 지나간다.
2. 물체 쪽의 초점(F')으로 향하는 광선은 렌즈에서 광축과 평행하게 나간다.
3. 렌즈 중심을 지나는 광선은 평행한 두 경계면을 지나므로 방향이 변하지 않는다.

렌즈의 초점에 상이 형성되지 않는 점에 주목하라. 평행한 입사광선들만 초점에 모인다.

물체의 각 점에서 나오는 주광선들을 그려 보면 상의 해당되는 점에 모일 것이다. 사진을 찍거나(그림 9.46) 슬라이드를 스크린으로 볼 때 이런 식으로 상이 형성된다. 슬라이드의 각 점에서 나오는 빛이 스크린 위의 상의 각 점에 모인다. 상이 도립된다(뒤집어진다)는 점에 주목하라. 이 때문에 슬라이드를 거꾸로 끼워야 상이 바로 보인다.

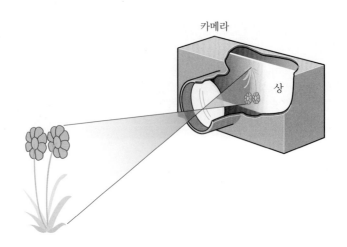

그림 9.46 카메라 상의 형성. 물체의 위와 아래에서 나오는 중앙의 주광선이 보인다.

카메라

상

물체와 렌즈 사이의 거리를 **물체거리**(object distance)라고 하며 s로 표시하고, 상과 렌즈 사이의 거리를 **상거리**(image distance)라고 하며 p로 표시한다. 빛이 왼쪽에서 오른쪽으로 신행하는 일반적인 관습을 따르면, 물체가 렌즈의 왼쪽에 있으면 s는 양수이고 상이 렌즈의 오른쪽에 있으면 p는 양수이다. 물체를 광축 위의 다른 점에 놓으면 상도 다른 점에 형성된다. 다시 말해서 s가 변하면 p도 변한다. s를 고정시킨 채 초점거리가 다른 렌즈를 써도 p가 변한다. 예를 들어 초점거리가 짧아지면 상이 렌즈에 가까워진다.

물리 체험하기 9.11

돋보기를 가지고 또 다른 실험을 해보자. 이번에는 작은 전등의 상을 만들어 본다. 작은 탁상용 전등이면 충분하다. 전등을 충분히 먼 곳에 고정시키고 그림 9.47과 같이 렌즈에 의한 상이 흰 종이나 또는 카드로 된 스크린에 맺히도록 한다. 렌즈를 전등 쪽으로 움직이며 종이 위의 상이 초점이 잘 유지되도록 동시에 카드의 위치를 조정한다. 스크린과 렌즈의 거리, 즉 상거리는 렌즈와 전등 사이의 거리, 즉 물체거리에 따라 어떻게 변화하는가 기술하여라. 또 이때 물체거리가 줄어들 때 상의 모습은 어떻게 달라지는가? 렌즈와 물체와의 거리가 렌즈의 초점거리보다 가까워지면 어떤 일이 일어나는가? 이때 스크린을 치우고 바로 스크린의 위치에서 렌즈를 통하여 물체 곧 전등을 바라보면 어떻게 보이는가? 실험을 반복하는데 이번에는 상의 모양을 주의 깊게 관찰하면서 물체의 거리를 초점거리의 2배 이상, 초점거리의 정확히 2배, 초점거리의 2배와 1배의 사이, 마지막으로 초점거리보다 가까운 위치에서. 그 결과를 정리하여 기록해 보자.

다음의 렌즈 방정식으로 상거리 p, 초점거리 f, 물체거리 s의 관계를 알 수 있다.

$$p = \frac{sf}{s-f} \quad \text{(렌즈 방정식)}$$

다음의 예제를 보면 렌즈 방정식의 사용법을 알 수 있다.

예제 9.4

슬라이드 프로젝터의 슬라이드를 초점거리가 0.1 m인 볼록 렌즈에서 0.102 m 떨어진 곳에 놓

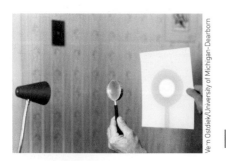

그림 9.47 하나의 렌즈로 상 맺기.

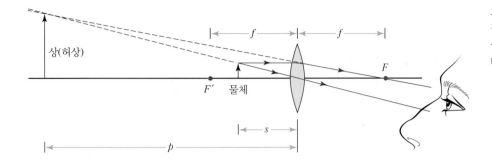

는다. 스크린을 어디에 놓아야 상의 초점이 맞을까?

스크린을 상거리 p에 놓아야 하므로

$$p = \frac{sf}{s-f} = \frac{0.102 \text{ m} \times 0.1 \text{ m}}{0.102 \text{ m} - 0.1 \text{ m}}$$

$$= \frac{0.0102 \text{ m}^2}{0.002 \text{ m}}$$

$$= 5.1 \text{ m}$$

렌즈와 슬라이드 사이의 거리를 0.105 m로 늘리면 스크린까지의 거리(p)는 2.1 m로 줄어든다.

렌즈를 초점거리가 짧은 것으로 교체해도 스크린까지의 거리는 줄어든다.

위와 같은 방식으로 형성된 상을 **실상**(real image)이라 한다. 이런 상은 스크린에 투사할 수 있다. 스크린에 도달한 빛이 눈으로 반사하므로 상을 볼 수 있다. 일반적인 확대경은 볼록 렌즈이기는 하지만, 일반적으로 사용할 때는 실상을 형성하지 않으므로 스크린에 투사할 수 없다. 이 상은 렌즈 안쪽에 생기는데, 거울의 상이 거울 안쪽에 생기는 것과 마찬가지다. 이런 상을 **허상**(virtual image)이라 한다. 확대경 상이 어떻게 형성되는지 그림 9.48에 나와 있다. 이 경우에는 물체가 초점 F'과 렌즈 사이에 있으므로, 물체거리 s가 렌즈의 초점거리 f보다 작다. 상이 확대된 정립상임을 주목하라. 또한 상이 물체와 같은 쪽에 있으므로 p가 음수이다. 이 상황은 화장할 때 사용하는 오목거울의 상 형성과 매우 유사하다.

예제 9.5

초점거리가 10 cm인 볼록 렌즈를 확대경으로 사용한다. 물체가 렌즈에서 8 cm 떨어진 인쇄물이라면 상은 어디에 형성되는가?

$$p = \frac{sf}{s-f} = \frac{8 \text{ cm} \times 10 \text{ cm}}{8 \text{ cm} - 10 \text{ cm}}$$

$$= \frac{80 \text{ cm}^2}{-2 \text{ cm}}$$

$$= -40 \text{ cm}$$

p가 음수인 것은 상이 물체와 같은 쪽에 있다는 것을 의미한다. 즉, 허상이므로 렌즈를 통해서 보아야 한다.

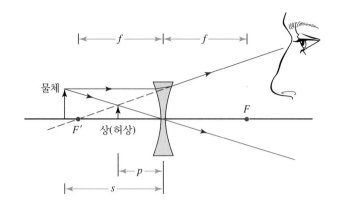

그림 9.49 오목 렌즈의 상의 형성. 허상이므로 렌즈를 통해서 보아야 한다(마찬가지로 주광선 두 개만 표시했다).

오목 렌즈로 물체를 볼 때에도 허상이 형성된다(그림 9.49). 이 경우에는 볼록 거울과 마찬가지로 상이 물체보다 작다.

9.4b 배율

그림 9.45~9.49까지 형성된 상의 크기는 물체의 크기와 다르다. 이것이 렌즈의 매우 유용한 특성 중의 하나이다. 즉, 확대된 상도 축소된 상도 만들 수 있다. 어떤 경우가 되었든 배율 M은 상의 크기를 물체의 크기로 나누어 준 것이다.

$$배율 = \frac{상의\ 크기}{물체의\ 크기}$$

따라서 상의 크기가 물체의 두 배라면 **배율**(magnification)은 2이다. 상이 정립이면 배율은 양수이다. 상이 도립이면 상의 크기가 음수이므로 배율은 음수이다.

물체거리가 변하면 렌즈의 배율도 변한다. 간단한 기하를 사용하면 물체거리, 상거리와 배율의 관계를 알 수 있다.

요약하면 다음과 같다.

1. 상이 렌즈의 오른쪽에 있고 실상이면, 즉 p가 양수라면 M은 음수이다. 즉, 상은 도립이다(그림 9.45와 9.46).
2. 상이 렌즈의 왼쪽에 있고 허상이면, 즉 p가 음수이면 M은 양수이다. 즉, 상은 정립이다(그림 9.48과 9.49 그리고 9.50).

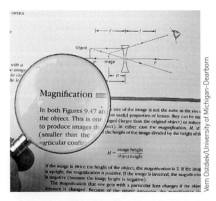

그림 9.50 볼록 렌즈를 통하여 보는 상은 확대된 정립 허상이다.

예제 9.6

예제 9.4의 슬라이드 프로젝터와 예제 9.5의 확대경의 배율을 구하라.

예제 9.4에서 $s = 0.102$ m이고, $p = 5.1$ m이므로

$$M = \frac{-p}{s}$$
$$= \frac{-5.1\ \text{m}}{0.102\ \text{cm}}$$
$$= -50$$

상은 물체보다 50배 크지만 M이 음수이므로 도립이다. 35 mm의 슬라이드가 스크린에서

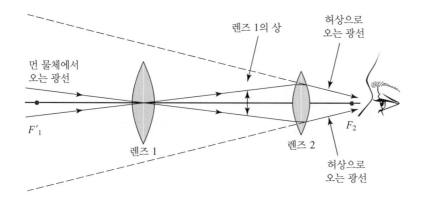

렌즈 1의 상

허상으로 오는 광선

먼 물체에서 오는 광선

F'_1

렌즈 1

렌즈 2

F_2

허상으로 오는 광선

는 크기가 1,750 mm(1.75 m)인 상이 된다. s가 0.105 m, p가 2.1 m라면 배율은 −20이다. 예제 9.5에서는 s = 8 cm이고, p가 −40 cm이므로

$$M = \frac{-p}{s}$$

$$= \frac{-(-40 \text{ cm})}{8 \text{ cm}}$$

$$= +5$$

확대경으로 본 인쇄물의 상의 크기는 물체의 다섯 배이고 M이 양수이므로 정립이다.

두 개 이상의 렌즈를 함께 사용하면 망원경과 현미경을 만들 수 있다. 두 개의 볼록 렌즈로 된 간단한 망원경이 그림 9.51에 나와 있다. 렌즈 1의 실상이 렌즈 2의 물체가 된다. 스크린으로 갈 렌즈 1의 상이 렌즈 2로 바로 간다. 요약하면 렌즈 2는 확대경처럼 물체의 허상을 만든다. 이 망원경의 상은 확대는 되지만 도립이다. 그림 9.51에서 렌즈 2를 오목 렌즈로 대치하면 정립상이 만들어진다.

9.4c 수차

실제 상황에서는 렌즈가 완벽한 상을 맺지는 못한다. 구의 일부인 렌즈 면을 광축에 평행하게 지나가는 몇 개의 광선에 굴절법칙을 조심스럽게 적용해 보자(그림 9.52). 9.2절에서 구면 형태의 렌즈에서 나왔던 것과 동일한 결함(구면수차)이 생기는 것을 알 수 있다. 그림 9.52를 보면 광선이 렌즈와 만나는 위치가 다르면 광축과 만나는 위치도 다르다(그림 9.26a와 비교). 다시 말하면 단일 초점이 존재하

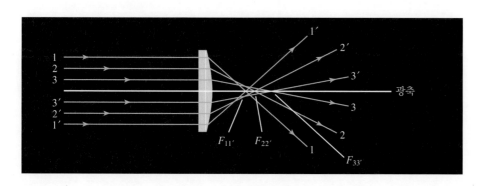

그림 9.52　평행광선으로 조명한 볼록 렌즈의 구면수차. 광선 1과 광선 1′은 $F_{11'}$에서, 광선 2와 광선 2′는 $F_{22'}$에서, 광선 3과 광선 3′은 $F_{33'}$에서 초점이 맞는다.

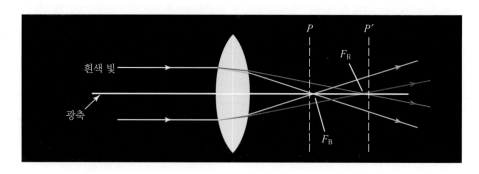

그림 9.53 단일 렌즈에서 두 색의 초점의 위치를 보여주는 도표. 파란색 빛의 초점은 빨간색 빛보다 렌즈에 가깝다. 스크린을 P점에 놓으면 상의 테두리가 빨간색-주황색을 띠고, P'점에 놓으면 푸르스름하다.

지 않는다. 따라서 렌즈의 상이 흐려진다. 이 렌즈 수차는 교정이 가능하지만 과정이 복잡하고 종종 몇 개의 렌즈를 결합해야 한다.

아무리 이상적인 상황에서 사용하더라도 단일 렌즈로서는 피할 수 없는 것이 색수차이다. 흰색 빛으로 조명하면 색수차에 의해 크기와 색이 다른 여러 개의 상이 중첩된다. 눈의 감도가 가장 높은 노란색-초록색에 초점을 맞추면 다른 색의 상은 모두 초점이 맞지 않은 채로 중첩되어 안개가 낀 것 같이 흐릿해진다(그림 9.53).

볼록 렌즈에서는 노란색-초록색 상보다 파란색 상은 렌즈에 가까운 위치에, 빨간색 상은 렌즈에서 먼 위치에 형성된다.

색수차의 원인은 분산이라는 현상에 뿌리를 두고 있으며, 이에 대해서는 9.6절에서 논의한다. 원래는 뉴턴조차도 불가능하다고 생각했던 이 문제의 해결책을 1733년경 홀(C. M. Hall)이 발견했으며, 1758년에 런던의 안경사인 돌랜드(John Dolland)가 개발하고 특허를 받았다. 이 방법에서는 다른 종류의 두 유리를 근접시킨다. 가장 일반적인 구조는 그림 9.54에 보이는 프라운호퍼 결합 무채색이다. 첫 번째 렌즈는 크라운 유리이고, 두 번째 렌즈는 플린트 유리(표 9.1)이다. 두 물질이 선정된 이유는 분산 정도가 거의 동일하기 때문이다. 그러면 첫 번째 렌즈에서 더 모아진 파란색 파장이 두 번째 렌즈에서는 더 벌려진다. 가시영역의 다른 파장에서도 비슷한 효과가 일어나서 이런 형태의 결합 이중 렌즈는 단일 렌즈에 비해 색수차가 90% 이상 줄어든다.

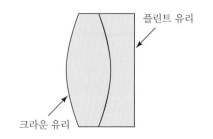

그림 9.54 프라운호퍼 결합 무채색 이중 렌즈.

물리 체험하기 9.12

주변에서 두꺼운 돋보기 하나쯤은 발견할 수 있다. 이 돋보기와 촛불을 이용하여 색수차의 원리를 알아보자.

촛불을 광원 즉 물체로 하고 그 상이 맺히는 렌즈의 반대쪽에 흰 카드로 스크린을 만든다. **물리 체험하기 9.11**을 참고하라. 이제 스크린을 렌즈 쪽으로 움직여 본다. 촛불의 상의 가장자리 부분의 색이 변하는지 자세히 관찰한다. 이번에는 반대로 스크린을 렌즈에서 먼 쪽으로 움직이며 역시 상의 가장자리 부분의 색의 변화를 관찰한다. 마지막으로 촛불의 반대쪽에서 렌즈를 통하여 직접 촛불을 바라보자. 색수차가 확연히 보일 것이다.

9.5 인간의 눈

눈은 우리의 감각 기관 중에서 가장 복잡한 기관일 것이다. 그러나 빛이 흡수되어 뇌로 보낼 신호가 만들어지기까지를 보면 눈은 꽤 단순한 광학기기이다.

그림 9.55는 사람 눈의 간략한 단면이다. 빛이 왼편에서 들어와서 안구의 후면에 있는 망막에 투사된다. 눈동자에서 색을 띠고 있는 부분인 조리개는 눈에 들어오는 빛의 양을 조절한다. 조리개의 원형 개구, 즉 동공은 어두운 불빛에서는 커지고 밝은 빛에서는 작아진다. 빛이 각막에 입사되면 각막의 볼록한 형태 때문에 빛이 한 곳으로 모인다(그림 9.40). 눈의 보조 렌즈는 간단히 렌즈라고 부르기도 하는데 빛이 좀더 모이도록 기능하여 상이 망막에 형성되도록 한다. 각막과 렌즈의 효과는 마치 눈이 하나의 볼록 렌즈군으로 되어 있는 것과 같아서 그림 9.45에 나타낸 상 형성과정이 적용된다.

9.5a 눈의 결함

물체가 명확하게 보인다면 상의 초점은 틀림없이 망막에 맞춰져 있을 것이다. 눈 안에서, 상거리는 안구의 지름이므로 항상 고정되어 있다. 렌즈의 형태를 변화시킴으로써 초점거리를 바꿀 수 있으므로 가깝거나(물체거리가 짧거나) 멀리 있는 (물체거리가 긴) 물체 모두에 대해 초점을 맞출 수 있다. 눈이 먼(가령 5 m보다 더 먼) 물체에 초점을 맞추고 있을 때는, 렌즈가 얇아져서 초점거리가 길다(그림 9.56). 가까운 물체에 대해서는 특별한 근육이 렌즈를 두껍게 만든다. 이것은 렌즈의 초점거리를 짧게 하여 가까운 물체의 상이 망막에서 초점이 맺히도록 한다. 카메라나 다른 여러 광학 장치와는 달리, 눈은 상거리(p)가 고정되어 있으나 다양한 물체거리(s)에 대해 초점거리 f를 변화시켜 적응한다.

나쁜 시력의 가장 흔한 타입인 근시와 원시는 초점 조절이 원활하지 않아서 생긴다. 근시는 가까운 물체는 초점이 맞지만 먼 물체는 그렇지 않을 때 생긴다. 먼 물체로부터 오는 빛은 망막에 도달하기 전에 초점이 맺혀, 망막에 도달할 때는 초점에서 벗어나게 된다(그림 9.57). 이러한 문제는 눈앞에 적절하게 선정된 오목

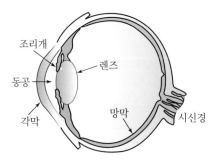

그림 9.55 인간의 눈. 빛이 조리개의 개구인 동공을 통해 들어가서, 망막에 상을 형성한다. 각막과 렌즈는 마치 하나의 볼록 렌즈처럼 역할을 한다.

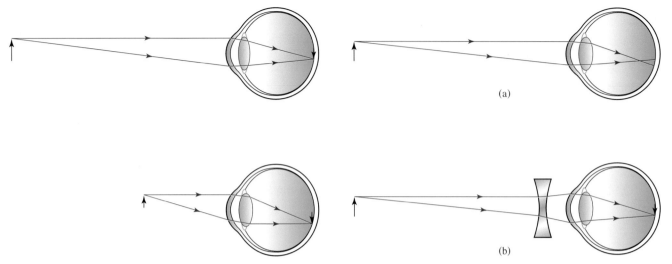

그림 9.56　눈은 렌즈의 두께(이에 따른 초점거리)를 변화시켜서 먼 거리나 가까운 거리에 있는 모든 물체의 상을 망막에 형성할 수 있다.

그림 9.57　(a) 근시안은 먼 물체에서 오는 빛이 너무 빨리 모이게 한다. (b) 오목 렌즈로 그 문제를 바로 잡는다.

렌즈를 놓아서 교정한다. 교정 렌즈는 틀에 올려놓거나(안경) 혹은 직접 각막에 접촉시킨다(콘택트 렌즈). 이 렌즈는 빛이 눈에 들어가기 전에 약간 퍼지게 만든다. 이는 빛이 만나는 점을 망막이 있는 뒤쪽으로 이동시키기 위함이다.

원시는 그 반대로 먼 물체는 초점이 맞지만 가까운 물체는 그렇지 않다. 각막과 렌즈가 가까운 물체에서 오는 빛을 충분히 모으지 못한다. 빛은 서로 만나기 전에 망막에 도달되어 상의 초점이 맞지 않는다(그림 9.58). 이러한 상태는 눈앞에 적절하게 선정된 볼록 렌즈를 놓아서 해결한다. 이 렌즈는 빛이 눈에 들어가기 전에 약간 모이도록 만들어서, 이 빛이 망막에서 초점이 맺히도록 한다.

또 하나의 흔한 문제는 각막이 대칭적이지 않을 때 생기는 난시이다. 예를 들어, 아래위로 평행하게 들어오는 두 빛에 대한 각막의 초점거리가 양 옆으로 평행하게 들어오는 두 개의 빛에 보다 짧다면, 물체가 일그러져 보인다. 이러한 상태는 흔히 좌우와 상하가 비대칭인 특별한 모양의 렌즈를 사용하여 교정될 수 있다.

9.5b 시력 교정 수술

20세기 후반부에 몇 종류의 시각 교정술이 대중화 되었다. 앞에서 기술한대로 볼록 렌즈 형태의 각막이 빛을 모아준다. 각막의 형태가 완전하지 못하면 투과하는 빛이 망막에 적절히 초점이 맺히지 않는다. 1970년대 근시를 교정하는 각막절개

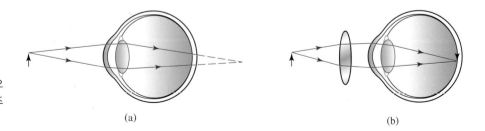

그림 9.58　(a) 원시안은 가까운 물체에서 오는 빛을 충분히 모으지 못한다. (b) 볼록 렌즈로 그 문제를 바로 잡는다.

술(RK)이 개발되었다. 이 시술에서 의사는 각막을 방사상으로 절개하여 곡면을 고르게 한다. 치료된 환자는 더 이상 렌즈를 필요로 하지 않는다.

1990년대 들어서 레이저 수술법이 RK를 대신하게 되는데 PRK는 컴퓨터로 제어하는 자외선 레이저를 사용한다. 레이저는 각막 표면을 선택적으로 기화시켜 각막 표면을 원하는 곡면으로 만들어 준다. 또 다른 레이저 수술법으로 LASIK은 더욱 복잡한데 각막의 표층을 절개한 후 안쪽면을 수정한다. LASEK도 비슷한 과정이기는 한데 절개하는 대신 알코올 용액으로 얇은 막의 덮개를 만들어 준다. 나중에 레이저로 각막면의 모양을 만들어 준다.

9.6 분산과 색

누구나 한 번쯤 유리창에 걸린 장식용 유리 진자에서 햇빛이 뿜어져 나오는 것을 본 적이 있을 것이다. 그렇다면 공기에 의해 진자가 천천히 돌면서 밝은 무지개 색이 떠다니는 것을 목격하였을 것이다. 이런 아름다운 광경이 어떻게 만들어지는지 궁금증을 가져 보았는가? 뉴턴은 이것이 궁금해서 해답을 구하려고 몇 가지 실험을 하였다. 그가 내린 결론은 흰색인 햇빛은 무지개의 모든 색이 섞인 것이고, 유리와 같은 투명한 물질을 통과하면서 각각의 파장(색)으로 분산 또는 분리될 것이라는 것이었다. 분산 과정이 색에 따라 다르다는 것이다!

이렇게 굴절 정도가 색에 따라 다른 이유는 매질에서의 빛의 속도가 색에 따라 조금씩 다르기 때문이다. 유리, 다이아몬드, 얼음을 포함한 대부분의 투명 물질 속에서는 파장이 짧을수록 빛의 속도가 조금씩 느리다. 보라색은 파란색보다 조금 느리고 파란색은 초록색보다 조금 느린 식이다. 보통의 유리의 경우 보라색 빛의 속도는 1.95×10^8 m/s이고 빨간색 빛의 속도는 1.97×10^8 m/s이다. 다른 색의 속도는 중간이다. 색에 따른 이 작은 속도 차이가 분산 현상을 일으킨다. 다이아몬드는 보라색 빛과 빨간색 빛의 속도 차이가 약 2%로 1%인 유리에 비해 커서 분산 정도가 크다. 다이아몬드의 색이 아름다운 것은 이 때문이다. 물에서 보라색 빛과 빨간색 빛의 속도 차이는 유리에서보다 비교적 작다.

지금까지는 매질에서의 빛의 속도가 파장에 따라 달라진다는 사실을 무시하였다. (이전까지 빛의 굴절을 다루면서 우리는 하나의 색 즉, 파장을 갖는 단색광을 가정하였다.) 그렇다면 이제 빛이 공기-유리의 경계면을 통과할 때 보라색 빛과 빨간색 빛은 어떻게 달라지는가?

그림 9.59와 같이 입사광선이 단지 파란색과 빨간색 파장의 혼합이라고 가정하자. 9.3절에서의 분석에 따르면, 파란색과 빨간색 빛 둘 다 공기에서보다 유리에서 속도가 느리므로 두 광선 모두 법선 쪽으로 꺾일 것이다. 그러나 유리에서는 파란색 빛이 빨간색 빛보다 더 느리므로 법선 쪽으로 조금 더 꺾일 것이다. 그림 9.59에서 보듯이 파란색 빛의 굴절각이 빨간색 빛보다 조금 작게 된다. 그러므로 유리를 통과하면서 두 광선 모두 법선 쪽으로 꺾이기는 하지만, 파란색 빛이 빨

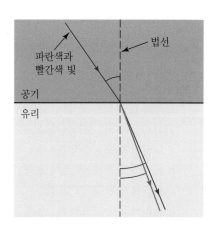

그림 9.59 공기-유리 경계면에서의 분산에 의해 파란색과 빨간색 광선이 분리된다. 파란색 광선이 빨간색 광선보다 굴절각이 작다.

그림 9.60 흰색 빛이 등변 프리즘을 지나면서 분산되어 스펙트럼을 만든다. 파장에 따라 속도가 조금씩 달라서 색이 꺾이는 정도가 다르다.

간색 빛보다 경계면에서 더 많이 굴절되어 나온다. 파장에 따라 빛의 속도가 다른 굴절 과정의 결과로 색이 분산, 즉 분리되는 것이다.

입사광선에 들어 있는 다른 색들은 나오는 광선의 파란색과 빨간색 사이에서 보인다. 이것이 스펙트럼이며 여러 색들이 다른 각도로 펼쳐져 나온다. 이것이 분산이 일어나는 과정이며, 색들을 분리시켜서 9.4절 마지막에서 논의했듯이 단일 렌즈의 색수차를 일으킨다.

파란색과 빨간색의 굴절각 차는 0.5°가 안 된다. 이는 작아 보일지 몰라도 밝은 상황에서 사람 눈이 광선을 구별할 수 있는 최소 각 간격의 30배에 이른다. 공기-유리 경계면이 추가되면 굴절이 더 일어나고 나오는 광선의 각은 더 퍼진다. 이 경우 빛이 더 심하게 분산된다고 말한다.

프리즘은 빛을 분산시켜서 스펙트럼을 만드는 데 사용되는 흔한 기구이다(그림 9.60). 프리즘은 1600년대부터 중국에서 알려졌고 색을 만드는 능력을 크게 향상시켰다. 프리즘은 오늘날에도 같은 이유로 과학자들에게 매우 유용하다. 예를 들어 빛을 분산시켜서 스펙트럼으로 만들고 각 파장(색)의 세기(양)를 측정하여 광원에서 방출되는 빛을 분석할 수 있다. 광원이 흑체처럼 빛을 내면(8.6절), 광원의 온도를 알 수 있다. 10장에서 보게 되듯이 스펙트럼을 분석하면 광원의 화학적 성분도 알 수 있다. 그림 9.64는 주로 사용되는 두 가지 분산프리즘에서 단색광이 지나는 경로를 보여준다.

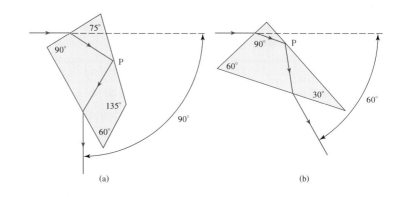

그림 9.61 프리즘을 통해 빛이 분산되는 두 가지 형태를 단색광의 경로를 통해 보여준다. (a) 펠린-브로카 프리즘과 (b) 아베 프리즘 두 프리즘 모두 광원의 입사 방향과 다른 특정한 각도에서 (a)는 90° 등. 이는 물론 특정한 파장의 단색광의 경우이다. 두 가지 경우 모두 P점은 전반사가 일어나는 지점이다.

복습

1. 보라색 빛과 노란색 빛이 유리블록 속으로 동일한 입사각을 가지고 입사하면 보라색 빛의 굴절각은
   a. 노란색 빛의 굴절각보다 매우 크다.
   b. 노란색 빛의 굴절각보다 조금 더 크다.
   c. 노란색 빛의 굴절각과 같다.
   d. 노란색 빛의 굴절각보다 조금 작다.
   e. 노란색 빛의 굴절각보다 매우 작다.

2. 원시를 교정하려면 _____ 렌즈를 사용하여야 한다.
3. 근시 교정 수술을 하면 _____ 의 형태가 바뀐다.
4. (참 혹은 거짓) 푸른색 빛은 유리 속에서 붉은색 빛보다 더 느리게 진행한다.

답 1. d 2. 볼록렌즈 3. 각막 4. 참

9.7 대기 광학: 무지개, 해무리 그리고 파란 하늘

9.7a 무지개

"하늘의 무지개를 바라보면 내 마음은 뛰네" 이는 시인 워즈워스가 무지개를 바라 본 감흥 표현이다. 많은 사람들이 하늘을 가로지르는 무지개의 영롱함이 시에 공감을 느낀다. 어떻게 공기 중의 물방울들이 이런 장관을 연출하는가? 9.3절과 9.6절에서 배운 내용 중 그 실마리를 찾아보자.

물리 체험하기 9.13

당신은 맑은 날 잔디에 물을 뿌리거나 또는 세차를 할 때 무지개를 본 경험이 있을 것이다. 그런데 이 무지개가 생기는 원리를 곰곰이 생각해 본 적이 있는가? 다음 번 호스를 들고 야외에서 물을 뿌릴 때는 그 원리를 생각해 보기 바란다. 먼저 무지개를 보는 경우는 태양은 당신과 무지개의 위치와 상대적으로 어디에 있는가? 무지개가 보이는 것은 안개와 같이 뿌려지는 물방울의 크기와는 어떤 관계가 있는가? 무지개의 각 색깔은 안쪽에서 바깥쪽으로 어떤 순서로 배열이 되는가? 무지개의 전체 호는 길이는 얼마나 큰가? 어림짐작의 수치로 측정하기 위하여 몇 가지 각도를 측정할 수 있는 방법 즉, 그림 9.62의 정보가 필요할 것이다. 이러한 질문과 그 답을 유념하며 다음 내용들을 공부해 보자.

깊이 들어가기 전에 무지개의 기본을 정리해 본다. 첫 번째로 무지개는 색을 띤 빛(스펙트럼)이 둥글게 하늘을 가로질러 나타나는데, 빨간 부분이 스펙트럼의 바깥쪽이고 파란색과 보라색 부분이 안쪽이다. 두 번째로 무지개는 항상 태양이 사람 뒤에 있을 때 물방울을 배경으로 나타난다. 무지개의 이 두 기본 특성을 공부해 보자.

태양에서 온 빛이 빗방울에 도달하는 상황을 상상해 보자. 실제로 낙하하는 빗방울은 소파 위에서 짓눌린 원형 베개처럼 생겼지만 간단하게 하기 위해서 빗방울은 공 모양으로 둥글다고 가정하자. 빗방울 뒷면 내부에서 반사하여 태양 방향으로 되돌아가는(무지개의 두 번째 기본 참조) 빛에 굴절법칙을 적용하면, 그림 9.63과 같다. 빗방울 중앙으로 입사하는 빛(1번 빛)은 입사 방향을 따라 되돌아가며 빗방울의 축을 형성한다. 축 위로 입사하는 빛은 축 아래로, 축 아래로 입사하

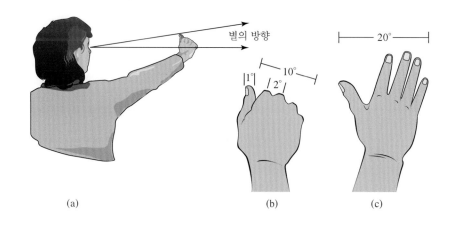

그림 9.62 손을 이용하면 어림짐작의 각도를 측정할 수 있다. (a) 팔을 쭉 뻗은 상태에서 손을 바라본다. (b) 엄지는 1도, 두 개의 골은 2도, 주먹은 10도. (c) 손바닥을 펴면 약 20도가 된다.

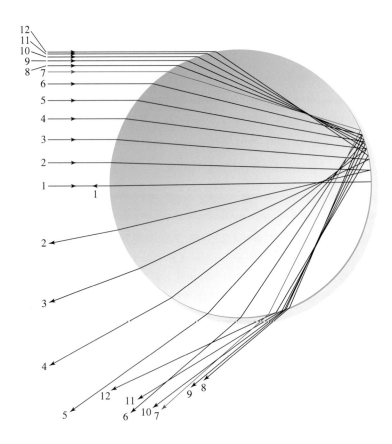

그림 9.63 물방울을 통과하는 빛의 경로. 7번 빛이 데카르트 광선이다.

는 빛은 축 위로 나간다. 축 위로 더 멀리 입사할수록 나가는 각이 더 커져서 7번 빛에 이른다. 1637년에 무지개에 대한 이러한 설명을 처음으로 제안한 데카르트 (René Descartes)의 이름을 따 이 광선을 데카르트 광선이라 한다.

데카르트 광선 위로 입사하는 빛들은 데카르트 광선보다 작은 각으로 나간다. 데카르트 광선 양 옆으로 빗방울에 입사하는 빛들은 데카르트 광선과 같은 각으로 나가므로, 빗방울에서 나오는 빛들이 데카르트 광선에 해당하는 최대각에 집중된다. 이 각은 그림 9.63에서 6번부터 10번 빛에 해당하는데 약 41°이다.

이와 같이 태양광선이 반사와 굴절을 거쳐 41°로 모여서 나가면서 무지개가 만

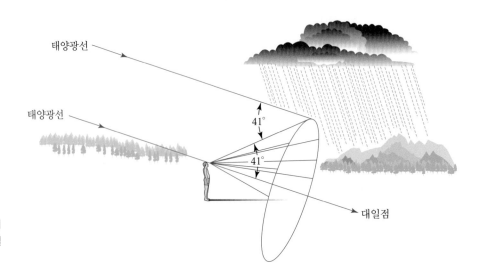

그림 9.64 데카르트의 설명에 의하면 무지개는 대일점에 중심을 두고 각반지름의 원이 될 것으로 예측된다.

들어진다. 데카르트에 의하면 무지개는 하늘에서 태양 반대 방향의 한 점(대일점)에 중심을 두고 각 반지름 41°의 원을 그린다. 그러므로 무지개를 보려면 그림 9.64와 같이 우리 뒤의 태양 "정반대쪽"에서 41°에 집중된 빛을 찾아야 한다. 주의할 것은, 태양이 지평선 위에 있으면 대일점은 그림자를 뚫고 지평선 아래쪽에 있다. 이 경우 지평선이 무지개와 교차하므로 원의 일부인 호만 보인다. 지상의 관측자는 태양이 지평선에 있을 때 무지개를 가장 잘 볼 수 있는데, 무지개 원의 반이 보인다. 태양이 지평선에서 41°보다 높으면 지면에서는 무지개를 볼 수 없는 이유는 대일점이 지평선에서 41°보다 아래에 있어서 무지개 원이 지평선 위까지 도달하지 않기 때문이다. 그래서 정오에는 미국 전역에 걸쳐서 무지개를 볼 수 없다. 비행기에서 보면 무지개가 완전한 원으로 보인다.

이제까지 무지개의 색을 제외한 위치와 형태에 대한 몇 가지 특성에 대해 설명했다. 색을 설명하려면 분산 현상을 설명해야 한다. 투명한 매질을 투과할 때 파란색 빛이 빨간색 빛보다 더 꺾인다고 9.6절에서 논의했다. 따라서 빗방울에서 나오는 최대각이 파란색 빛이 빨간색 빛보다 작다(그림 9.65). 그러므로 파란색 빛이 빨간색 빛보다 더 작은 각에 집중된다. 계산에 의하면 파란색과 보라색 빛은 40°, 빨간색 빛은 42°의 각반지름에 집중된다. 무지개의 다른 색들은 그 사이에 있다. 분산을 포함한 더 구체적인 모형에 의하면 실제 무지개는 하늘에 약 2° 넓이의 색 띠를 만들며 파란색과 보라색 빛은 안쪽에, 빨간색 빛은 바깥쪽에 위치하는데 실제로 보는 것과 정확히 일치한다.

반사와 굴절(분산 포함)법칙을 낙하하는 빗방울에 적용하면 일차 무지개를 설명할 수 있다. 일차 무지개는 빛이 빗방울의 뒷면 내부에서 한 번 반사하여 일어난다. 빛이 내부 반사를 두 번 이상 하고 빗방울에서 나오면 높은 차수의 무지개도 만들어지기도 한다. 일차 무지개 바깥쪽에 약 51°의 각반지름의 원호를 따라 위치하는 이차 무지개를 본 경험이 있을 것이다(그림 9.66). 이 무지개의 색 순서는 일차와 반대이다. 이 모든 특성들은 이미 익숙한 광학법칙으로 설명할 수 있다(그림 9.67).

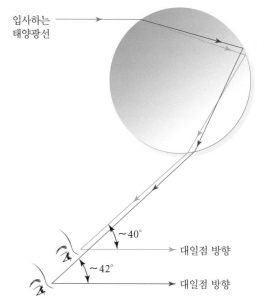

그림 9.65 공 모양의 빗방울에 의한 태양광선의 분산.

그림 9.66 일차 무지개와 이차 무지개.

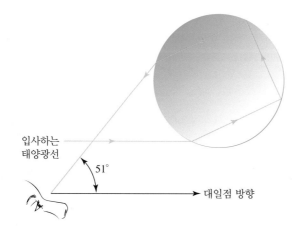

그림 9.67 빗방울 내부에서 두 번 반사하여 만들어지는 이차 무지개 그림. 빛의 경로는 노란색 빛에 해당한다. 빛은 대일점 방향에서 51° 각도로 나온다. 빨간색 빛은 조금 작은 각도로, 파란색 빛은 조금 더 큰 각도로 나와서 이차 무지개에서는 색 순서가 반대로 된다.

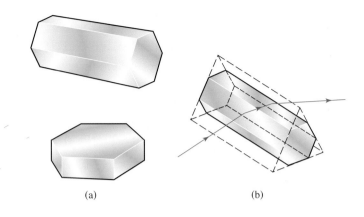

9.7b 해무리

태양이나 보름달 주위로 둥근 호를 그리는 종종 안쪽이 붉은 해무리는 겨울 무지개라고 생각할 수 있다. 상층 대기 온도가 영하로 내려가면 얼음 결정이 만들어진다. 지면 온도가 높은 지역에서는 이 얼음 결정들이 짧고 끝이 뭉툭한 연필 같은 육각형으로 보인다(그림 9.68a). 단면을 보면 등각(60°) 프리즘 조각과 같아서, 프리즘처럼 빛의 방향을 휘게 만든다(그림 9.68b).

빗방울 속으로 들어가는 빛의 경우와 같이, 다양한 입사각으로 결정 속으로 들어가는 빛의 경로를 추적하면 나오는 각이 약 22°에서 빛이 집중되는 것을 알 수 있다. 그러므로 태양이나 달에서 오는 빛이 다양한 각도의 얼음 결정 구름 속으로 들어가면 나오는 빛은 태양이나 달을 중심으로 각반지름이 22°인 원호에 모인다.

해무리를 만드는 빛을 보려면 태양이나 달에서 22° 방향을 보아야 한다(그림 9.69). 그러면 해무리의 안쪽이 빨간색을 띠는 것을 알 수 있다. 이것 역시 분산의 결과이다. 굴절될 때마다 태양광선(또는 단지 반사된 태양광선일 뿐인 달빛)

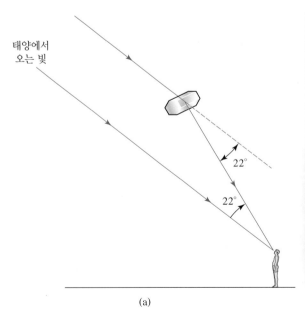

그림 9.69 22° 해무리가 어떻게 만들어지는가를 보여주는 그림으로 이 현상을 일으키는 얼음 결정은 실제보다 크게 그려졌다. 얼음 결정에서 22°로 굴절되어 해무리를 만드는 태양광선을 보려면 하늘에서 태양으로부터 22°인 방향을 보아야 한다. (b) 태양 주위에 보이는 22° 해무리(나무에 의해 부분적으로 가려짐).

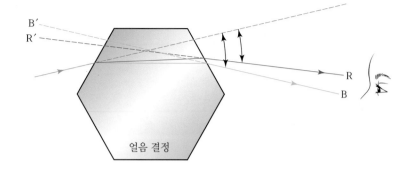

의 파란색 성분은 빨간색 성분보다 더 많이 굴절된다. 결과적으로 파란색 빛은 빨간색 빛보다 더 큰 각도에 집중되어서 그림 9.70에서 보듯이 빨간색이 해무리의 안쪽에 보인다.

우리가 논의해 온 것은 잘 알려진 22° 해무리이다. 46° 해무리도 있는데 얼음 결정의 한 면으로 들어가서 같은 면으로 나온다. 이 해무리는 22° 해무리보다 훨씬 약해서 훨씬 보기가 어려운데, 각지름이 90°가 넘어서 하늘에서 차지하는 공간이 너무 큰 것이 부분적인 이유가 된다. 그러나 이들은 얼음 결정의 반사와 굴절에 관련된 많은 현상 중 두 가지 현상에 지나지 않는다. 우리가 눈을 돌리기만 하면 이러한 장관이 매일 우리 주위에 벌어진다. 물리학을 알면 이런 자연의 경이를 더욱 심도 깊게 받아들일 수 있다.

9.7c 파란 하늘

대기의 광학 현상 중에서 가장 일반적인 것은 파란 하늘이다. 이 현상은 공기 분자가 태양광선을 모든 방향으로 산란시켜서 일어난다. 빛이 대기를 통과하면서 진동하는 전기장이 공기 분자의 전자를 동일한 진동수로 진동시킨다. 8장에서 논의한 바와 같이 진동하는 전하(이 경우는 전자)는 전자기 복사(이 경우는 빛)를 방출한다. 우리가 보는 것은 이렇게 방출되어서 모든 방향으로(그래서 산란이라는 용어를 사용) 진행하는 빛이다.

그런데 입사하는 태양광선은 흰색인데 왜 하늘은 파란색인가? 공기 분자의 전자는 진동수가 높은 빛을 더 잘 흡수하고 방출한다. 공기 분자의 전자는 빨간색 빛에 비해 파란색 빛의 경우 훨씬 더 많은 에너지를 흡수하고 방출한다. 구체적으로, 공기 분자에 의해 매 초 산란되는 에너지의 양은 빛의 파장의 네제곱에 반비례한다.

$$\frac{E_{산란}}{t} \propto \frac{1}{\lambda^4}$$

파란색 빛의 파장은 빨간색 빛의 파장의 약 0.7배이다(표 8.1). 결과적으로 산란된 태양광선에는 파란색 빛이 빨간색 빛에 비해 4.2(= $1/0.7^4$)배가 더 많다. 하늘이 "순수한" 파란색이 아니라 연한 파란색인 것은 모든 진동수의 빛이 아직도 얼마간은 태양광선에 남아 있기 때문이다.

(a)

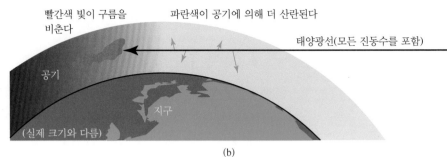

빨간색 빛이 구름을 비춘다

파란색이 공기에 의해 더 산란된다

태양광선(모든 진동수를 포함)

공기

지구

(실제 크기와 다름)

(b)

그림 9.71 (a) 해지기 직후의 구름 사진. (b) 해질 무렵 구름을 만난 태양광선의 파란색이 산란에 의해 대부분 제거되었다.

분자의 산란은 아름다운 파란 하늘뿐만 아니라 일몰 직후와 일출 직전에 구름을 황홀한 주황색과 빨간색으로 물들이기도 한다(그림 9.71a). 이 경우 구름을 만나기 전, 태양광선은 대기를 수백 킬로미터나 통과해야 한다. 도중에 태양광선의 매우 많은 에너지가 산란된 빛으로 옮겨진다. 이 과정에서 높은 진동수(파란색)는 낮은 진동수(빨간색)보다 더 심하게 감쇠된다. 결과적으로 구름을 만난 태양광선은 빨간색을 띠는데, 이는 태양광선에서 빨간색 빛이 비교적 덜 제거되었기 때문이다(그림 9.71b). 일몰 직후와 일출 직전에 구름을 붉게 만드는 산란과정은 지평선 부근에 있는 태양 자체를 불타는 주홍색으로 만들기도 한다.

복습

1. 41° 무지개가 생기는 것과 관계없는 것을 모두 고르시오.
   a. 회절   b. 분산
   c. 전반사   d. 굴절
   e. 간섭
2. 태양의 주변에 생기는 해무리와 관계가 있는 것은?
   a. 수증기 물방울   b. 먼지 입자
   c. 얼음 입자   d. 이산화탄소 분자
   e. 오존 분자

3. 태양이 막 동쪽에서 떠오르는 시간에 무지개가 관찰되었다면 이 무지개는 하늘의 어느 부분에서 볼 수 있는가?
   a. 천정의 지점   b. 북쪽 지평선
   c. 남쪽 지평선   d. 동쪽 지평선
   e. 서쪽 지평선
4. (참 혹은 거짓) 대기 중에서 480 nm의 햇빛이 산란되는 양은 590 nm 파장보다 작다.

답 1. a,e 2. c 3. e 4. 거짓

요약

광파 가시광선은 약 400~750 nm 사이의 파장으로 이루어진 전자기파로 이루어져 있다. 둘 이상의 파동이 어떤 영역에서 겹쳐지면 간섭이 발생한다. 만약 파동들의 위상이 일치한다면, 서로 합쳐지고, 보강 간섭이 일어난다. 파동들의 위상이 일치하지 않는다면, 서로 소멸하고 상쇄 간섭을 일으킨다. 빛은 횡파라서 편광시키면 특정 방향을 따라서 진동하게 할 수 있다. 폴라로이드 선글라스와 LCD는 이러한 빛의 특성을 이용한 것이다. 반사의 법칙이란 입사각이 반사각과 같다는 것을 말한다.

거울: 평면거울과 구면거울 거울은 광선의 진행 방향을 바꾸고 수정하는 반사의 법칙을 사용해서 만든다. 평면거울은 물체의 정립 허상을 만든다. 오목거울은 광선을 모으고, 상을 확대할 수 있다. 볼록거울은 광선을 분산시키고, 넓은 영역을 관측할 수 있다. 면의 모양이 구면인 거울은 구면수차로 인해서 흐릿한 상을 만든다. 포물면경은 완벽한 상을 만들어서 반사 망원경에 자주 사용된다.

굴절 굴절은 빛이 서로 다른 투명한 매질의 경계면을 통과할

때 일어난다. 굴절의 법칙은 입사각과 굴절각의 크기 사이의 관계를 설명한다. 투명한 매질 속으로 들어가는 빛의 속도가 입사 매질에서 보다 더 느려진다면, 굴절각은 입사각보다 작아진다. 반대로 투과하는 매질에서의 속도가 입사 매질에서보다 빠르다면, 굴절각은 입사각보다 크다. 투과된 광선이 매질 속에서 진행하는 속도가 입사광선이 진행하는 속도보다 더 크다면, 굴절각을 90°로 만드는 임계각이 존재한다. 임계각보다 입사각이 더 크다면, 입사광선은 전반사되고 입사 매질 속에 갇히게 된다. 이 효과는 다이아몬드를 매우 반짝이게 하고, 광섬유의 기본적인 원리이다.

렌즈와 상   렌즈는 광선을 굴절시켜 경로를 조절하고 상을 형성하는 광학장비이다. 얇은 간단한 렌즈는 초점거리가 음수인지 양수인지에 따라서 각각 오목 렌즈이거나 볼록 렌즈이다. 렌즈의 초점거리와 렌즈에 대한 상대적인 물체의 위치를 알고 있다면, 렌즈에 의해서 형성되는 상의 위치는 렌즈 공식을 사용해서 결정될 수 있다. 상의 배율로 물체의 크기와 방향에 대한 정보를 알 수 있다. 배율은 물체거리와 상거리의 음의 비율이다. 분산은 광선으로 구성된 각각의 파장(색)이 두 투명 매질 사이의 경계면에서 나누어지는 과정을 설명한다. 분산은 진공이 아닌 다른 매질에서는 파장이 다르면 빛의 속도가 다르기 때문에 발생

한다. 분산은 간단한 렌즈에서는 원치 않는 색수차를 만들지만, 프리즘을 사용해서 조절하면 광원의 온도와 구성 요소를 규명하는 데 사용할 수 있다.

인간의 눈   눈은 매우 정교한 감각기관이지만 망막에서 빛을 흡수하고 이를 전기신호로 바꾸어 뇌로 전달하는 매우 단순한 방법으로 작동한다. 빛은 동공으로 들어와서 망막에 투영된다. 조리개는 빛이 눈으로 들어오는 양을 조절하고, 각막과 렌즈에 의해 빛이 집중된다. 근시와 원시는 렌즈가 초점을 잘 맞추지 못해서 발생하지만 안경, 콘택트 렌즈 그리고 시력 교정 수술을 통해서 대부분의 문제는 해결할 수 있다.

분산과 색   햇빛이 유리 같은 투명한 물질을 통해 굴절될 때 이를 구성하는 파장(색)에 따라 분산되거나 나누어진다. 이것은 빛의 속도가 어떤 매질에서 각각의 색에 따라 조금씩 다르기 때문이다. 파장이 짧은 빛은 파장이 긴 빛보다 조금 더 느리게 진행한다. 즉, 파란색은 빨간색보다 더 느리게 진행한다. 따라서 파란색 빛은 빨간색 빛보다 더 많이 굴절된다.

대기 광학: 무지개, 해무리 그리고 파란 하늘   분산의 효과를 포함하는 반사와 굴절의 법칙을 응용하면 무지개나 해무리같은 많은 자연현상을 대기 광학의 영역에서 조사하고 이해할 수 있다.

핵심 개념

● 정의

거울반사 매우 반짝이는 표면이나 거울에서 볼 수 있는 반사의 친숙한 형태.

법선 입사광선이 반사 또는 굴절 표면에 부딪치는 점에서 표면과 수직한 가상의 선.

입사각 입사광과 법선 사이의 각.

반사각 반사광과 법선 사이의 각.

난반사 빛이 매끄럽거나 반짝이지 않는 표면에 부딪칠 때 발생하는 반사의 한 종류. 입사광은 모든 방향으로 산란된다.

보강 간섭 두 개의 파동이 위상이 일치하여(배와 배가 겹쳐서) 만나서 서로 합쳐질 때 발생한다.

상쇄 간섭 두 개의 파동이 위상이 어긋나며(배와 골이 겹쳐서) 만나서 서로 소멸할 때 발생한다.

편광 횡파가 진동하는 면의 방향을 묘사하는 데 사용하는 단어. 빛은 투과축에 평행한 방향으로 진동하는 파동을 제외한 모든 파동을 흡수하는 폴라로이드 필터를 통과하면 편광될 수 있다.

초점 투사할 수 있는 실상의 경우, 오목 거울에 의해 반사되거나 볼록 렌즈에 의해 굴절된 빛에 의해 만들어지는 에너지가 집중되는 영역.

구면수차 구 모양의 반사나 굴절 표면을 사용할 때 형성한 상이 흐려지는 것.

굴절각 투과광과 법선 사이의 각.

임계각 굴절각을 90°로 만드는 입사각. 이 입사각이 만드는 투과광은 두 매질 사이의 경계면을 따라서 진행한다. 입사광선은 광속이 더 느리거나 굴절률이 더 큰 매질에서 나온다.

전반사 어떤 투과광이 입사매질 속으로 방향을 바꾸어 되돌아오고, 두 번째 매질 쪽으로 진행하지 않는 것을 보이는 상태.

초점거리 반사나 굴절 표면과 그 초점 사이를 광축에 따라 측정한 거리.

주광선 간단한 렌즈나 거울에 의해서 형성된 상의 위치를 찾는 데 사용되는 것으로 물체 위의 한 점에서 나오는 세 개의 특별한 광선. 특히 렌즈에 대해서
1. 광축에 평행한 광선은 렌즈 반대쪽의 초점으로 간다.
2. 물체 쪽의 초점으로 향하는 광선은 렌즈에서 광축에 평행하게 나간다.
3. 렌즈 중심을 지나는 광선은 평행한 두 경계면을 지나므로 방향이 변하지 않는다.

물체거리 렌즈와 물체 사이의 거리. 물체

가 렌즈의 왼쪽에 있다면 물체거리는 양수이다.

상거리 렌즈와 상 사이의 거리. 상이 렌즈의 오른쪽에 있다면 상거리는 양수이다. 간단한 렌즈에서 상거리는 물체거리와 렌즈의 초점거리에 다음과 같은 관계가 있다.

$$p = \frac{sf}{s-f}$$

실상 볼록 렌즈에 의해 형성된 스크린에 투사될 수 있는 상.

허상 렌즈를 통해서만 보이며 스크린에 투사될 수 없는 상.

배율 광학장비(거울 또는 렌즈)를 사용하여 형성된 상의 물체 크기에 상대적인 확대나 축소. 렌즈 장비의 배율을 계산하는 방법은 둘이지만 동일하다.

물체와 상의 높이를 사용한 방법

$$M = \frac{\text{상의 크기}}{\text{물체의 크기}}$$

물체와 상의 거리를 사용한 방법

$$M = \frac{-p}{s}$$

● 법칙

반사법칙 입사각과 반사각은 같다.

굴절법칙 광선은 진행 속도가 더 느려지는 투명한 매질로 들어갈 때 법선 쪽으로 꺾인다. 광선이 진행 속도가 더 빨라지는 매질로 들어갈 때 법선에서 멀어지는 쪽으로 꺾인다.

질문

(▶ 표시는 복습 질문을 나타낸 것이고, 답을 하기 위해서는 기본적인 이해만 있으면 된다는 것을 의미한다. 다른 것들은 지금까지 공부한 개념들을 종합하거나 확정해야 한다.)

1(1). ▶ 빛에 의한 도플러 효과와 회절은 왜 소리에서와 같이 흔히 관찰이 되지 않는가?

2(2). ▶ 거울반사와 난반사의 차이를 설명하라.

3(3). ▶ 반사법칙은 빛이 두 매질의 경계면에 닿을 때 입사각과 반사각의 관계를 보여준다. 이 관계를 설명하라.

4(4). 흰색 조명 아래에서 책 표지가 파란색으로 보인다. 파란색 조명에서는 어떤 색으로 보일까? 그 이유를 설명하라.

5(5). 발레리나가 초록색 의상을 입고 무대에 선다. 발레리나 의상이 청중에게 검게 보이려면 어떤 색으로 조명을 해야 하는가?

6(6). ▶ 좁은 두 실틈을 통과한 빛이 어떻게 간섭무늬를 형성하는지 설명하라.

7(7). 물 위에 떠있는 얇은 기름 막을 내려다보니 빨간색으로 보인다. 기름 막의 두께를 구하고, 보라색으로 보이는 다른 곳의 두께를 구하라.

8(8). 가시광선의 파장이 500 nm가 아니라 10 cm인데도 우리 눈에 보인다면, 사람의 회절과 간섭효과 측정 능력에 어떤 영향을 줄까?

9(9). 빨간색 빛을 한 쌍의 좁은 실틈을 통과시켰더니 간섭무늬가 형성되었다. 파란색 빛을 사용하였더니 (보강 간섭이 일어나는) 밝은 부분의 간격이 달라졌다. 어떻게 해서 달라졌을까? 그 이유를 설명하라.

10(12). ▶ 편광된 빛이란 무엇인가? 편광 선글라스는 편광을 어떻게 이용하는가?

11(13). 원형 창문 앞에 놓인 원형 폴라로이드를 어떻게 하면 빛 가리개로 사용할 수 있을까?

12(14). 해가 지기 바로 직전, 운전하는 사람 눈에 건물 벽에서 반사된 빛이 들어왔다. 폴라로이드 선글라스로 이 빛을 차단할 수 있을까? 그 이유를 설명하라.

13(15). 친구가 생일 선물로 새 선글라스를 주었다. 선물을 포장하면서 친구는 가격표를 포함한 모든 표시를 떼어 버렸다. 선글라스에 편광 렌즈가 포함되었는지 아닌지 어떻게 알 수 있을까?

14(16). 전신을 보기 위해 필요한 최소한의 거울 높이(바닥에서 맨 위까지)는 사람 키와 비교해 어느 정도인가?

15(17). 그림 9.72와 같이 관측자 O가 평면거울 앞에 서 있다. 1에서 5까지의 장소 중 관측자의 눈에 비친 광원 S의 위치는 어디인가? 적절한 광학 법칙을 사용하여 설명하라.

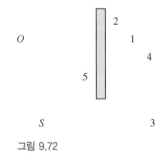

그림 9.72

16(18). 그림 9.73에서 *SO* 방향으로 이동하는 빛이 평면거울 표면에 도달한다. 거울에서 반사한 빛의 경로는 *OP*, *OQ*, *OR*, *OT* 중 어느 것인가? 적절한 광학 법칙을 사용하여 설명하라.

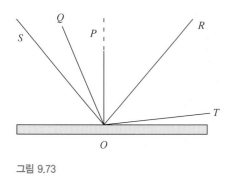

그림 9.73

17(19). 그림 9.74에서 관측자가 거울로 점의 상을 볼 수 있는 위치는 어디인가?

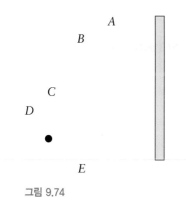

그림 9.74

18(20). 그림 9.75와 같이 거울 두 개가 직각으로 고정되어 있다. 빛이 입사각 45°로 거울 1에 입사한다. 빛이 장치를 빠져나가는 방향을 그려라. 이 장치를 코너 반사경이라고 하며, 자전거 반사경과 고속 도로 표지판의 설계의 기본이다.

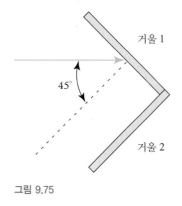

그림 9.75

19. 평면거울 앞에서 오른손을 들면 무엇이 보이는가? (상을 주

의 깊게 묘사하라.) 어려우면 글씨가 써진 치약이나 다른 물체를 거울 앞에 놓아라. 어떻게 보이는가? (지금 목격한 과정을 반전이라 하며 평면거울의 일반적인 특성 중 하나이다.)

20(21). ▶ 볼록거울에 비친 (가까운 물체의) 상과 오목거울에 비친 상의 차이는 무엇인가? 볼록거울과 오목거울의 장점은 무엇인가?

21(22). ▶ 망원경에 사용되는 오목거울의 이상적인 형태는 무엇인가?

22. 숲에서 길을 잃어서 추위를 피하거나 음식을 데우려고 태양 광선과 작은 렌즈로 불을 피우려면, 어떤 렌즈(볼록 또는 오목)를 써야 하는가? 그 이유를 설명하라.

23(23). 환자의 이와 잇몸을 검사할 때 치과의사가 사용할 이상적인 거울의 종류는 무엇(볼록, 오목, 평면)이라고 생각하는가? 그 이유를 설명하라.

24. ▶ 광속이 느려지는 매질로 빛이 (어떤 각도로) 들어갈 때 경로가 어떻게 바뀌는지 설명하라. 광속이 빨라지는 매질로 들어가는 경우와 비교하라.

25(25). 유리를 물이나 다이아몬드로 바꾸면 그림 9.29a는 어떻게 바뀌는가?

26(26). 어떤 종류의 유리는 광속이 액체인 벤젠과 정확히 같다. 빛이 벤젠에서 이 유리로 들어갈 때, 반대의 경우에 어떤 일이 일어나는지를 설명하라.

27(27). 유리 조각이 물에 잠겨 있다. 빛이 영보다 큰 입사각으로 유리에서 물로 들어간다면, 어느 방향으로 빛이 꺾이는가?

28(28). 그림 9.76과 같이 빛이 공기에서 투명한 플라스틱 조각

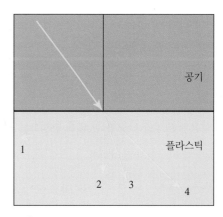

그림 9.76

으로 들어간다. 플라스틱 안에서 빛의 경로는 어느 것이 정확한가? 적절한 광학 법칙을 사용하여 설명하라.

29(29). 골프선수가 공을 물속에 빠트린 후, 물속을 들여다보고는 팔을 뻗으면 공을 잡을 수 있다고 보았다. 공을 잡으려고 팔을 뻗은 골프선수는 팔을 최대 한도로 뻗어도 공을 잡을 수 없게 되자 놀라게 된다. 골프선수가 왜 공의 위치가 가깝다고 잘못 생각했는지 설명하라.

30(30). "통 안에 든 물고기 맞추기"라는 말을 종종 듣는다. 이는 흔히 완수하기 쉬운 임무(어떤 임무이든지 간에)를 의미한다고 여겨진다. 그런데 통 안에 든 물고기 맞추기가 실제로 쉬울까? 광학을 좀 안다면! 보트 안에서 몇 미터 떨어진 큰 물고기를 보았다. 물고기를 맞추려면 어떻게 겨냥해야 하는가? 물고기 위? 아래? 물고기 쪽으로? 이유를 설명하라. (물속에서 탄도의 경로가 빛과 같이 직선에서 변하지 않는다고 가정하라.)

31(31). 빛이 30°의 입사각으로 다음의 물질 속으로 들어갈 때 굴절각(작은 것에서 큰 것으로)의 순위를 정하라. (a) 물, (b) 벤젠, (c) 농도가 진한 플린트 유리, (d) 다이아몬드

32(32). ▶ 전반사란 무엇이며 임계각과는 어떤 관계가 있는가?

33(33). 유리-물 경계면의 임계각은 유리-공기 경계면의 임계각보다 작은가, 큰가, 같은가? 그 이유를 설명하라.

34(34). 평평하고, 매끈하고, 균일한 판유리창으로 보면 상이 찌그러지지 않는 이유를 설명하라.

35(35). ▶ 투명한 고체에 평행광선이 입사할 때, 표면이 밖으로 굽은 경우와 안으로 굽은 경우에 빛의 경로에 미치는 효과의 차이는 무엇인가?

36(36). ▶ 볼록 렌즈와 오목 렌즈의 차이를 설명하고 예를 들어라.

37(38). 그림 9.44의 세 볼록 렌즈 중 어느 것이 초점거리가 가장 짧은가? 이유를 설명하라.

38(39). ▶ 상의 위치를 구하기 위해 사용하는 세 주광선을 설명하라.

39(40). ▶ 실상과 허상을 가능한 한 많은 방법으로 설명하라.

40(41). 실상인지 허상인지 표시하라.
a) 사람 눈의 망막에 맺힌 상
b) 자동차 백미러에 보이는 상
c) 극장 스크린 위의 상
d) 확대경에 보이는 상

41(42). 볼록 렌즈로 스크린 위에 만든 작고 고정된 물체의 상이 깨끗하게 초점이 맞았다. 스크린이 렌즈 쪽으로 더 가까이 다가온 후에도 스크린 위의 상이 깨끗하게 유지되려면 렌즈를 어떻게 해야 하는가?
(a) 물체 쪽으로 이동, (b) 물체에서 더 멀리 이동, (c) 계속 그 자리 유지. 그 이유를 설명하라.

42. 일반 카메라 필름에 형성된 글자 F의 상을 그려 보아라.

43(43). ▶ 렌즈의 배율과 물체거리의 관계는 무엇인가? 렌즈의 배율과 상거리와의 관계는 무엇인가? 배율의 부호의 의미는 무엇인가? 배율의 크기(숫자)의 의미는 무엇인가?

44(44). 그림 9.45, 그림 9.48, 그림 9.49의 배율을 구하라.

45(45). ▶ 색수차란 무엇인가? 어떻게 하면 교정되는가?

46(46). ▶ 거리가 다른 물체들이 어떻게 눈에 초점이 맞는가?

47(47). ▶ 근시인 사람이 멀리 있는 물체를 볼 때 눈에 어떤 일이 일어나는가? 이것은 일반적으로 어떻게 교정하는가?

48(48). ▶ 분산 현상을 설명하고 스펙트럼 형성과의 관계를 설명하라.

49(49). 파장이 700 nm와 400 nm인 두 광파가 같은 입사각으로 (공기에서) 유리로 들어간다. 어느 쪽의 굴절각이 큰가? 왜? 광파가 유리에서 공기로 들어간다면 답이 달라질까?

50(50). 길이 20 m의 관을 벤젠으로 채우고 양 끝은 두꺼운 유리로 봉했다. 빨간색과 파란색 빛의 펄스를 관의 한 쪽에 동시에 비추면 반대쪽으로 동시에 나올까? 아니라면, 어느 펄스가 먼저 나올까? 왜?

51(51). 유리에서 빨간색과 보라색 빛의 광속 차이가 어떤 종류의 플라스틱보다 작다. 두 색의 빛이 공기에서 비스듬하게 두 물질로 들어가면 각 분산이 어느 물질에서 더 클까?

52(52). ▶ 프리즘이란 무엇인가? 왜 이것이 과학자에게 유용한가?

53(53). 다이아몬드로 만든 프리즘이 유리 프리즘보다 빛의 분산에 더 나은가? 아니라면? 이유를 설명하라.

54(55). ▶ 입증된 무지개 모형을 설명하라. 그 모형이 일차 무지개의 크기, 형태, 위치, 색 순서를 어떻게 설명하는지 구체적으로 논의하라.

55(56). 유리 공장이 폭발해서 유리 가루가 "비"처럼 쏟아진다고

생각하자. 여기서 만들어진 무지개가 보통의 무지개와 다를까? 그렇다면 어떻게 다를까? 왜?

56(57). ▶ 일차 무지개와 이차 무지개의 각도 크기, 색 순서, 물방울 속에서 일어나는 전반사 숫자를 비교하라.

57(58). 태양이 지는 바로 그 순간 서쪽에 화려한 무지개가 떴다고 한다. 그 말을 믿는가? 아니라면? 그 이유를 설명하라.

58. ▶ 22° 해무리는 어떻게 만들어지는가?

59(60). 구름 속의 물방울은 공기 분자와 유사한 방식으로 햇빛을 산란시킨다. 구름이 (낮 동안에) 흰색이라면, 구름 입자에 의한 산란은 진동수에 따라 어떻게 다른가?

연습 문제

1(3). 공기 중을 진행하는 빛이 유리 표면에 입사각 50°로 도달했다. 빛의 일부는 반사하고 일부는 굴절한다. 반사한 빛과 굴절한 빛이 공기-유리 경계면의 법선과 이루는 각을 구하라.

2(4). 노란색 빛이 유리에서 공기로 경계면을 지난다. 입사각이 20°일 때 굴절각을 구하라.

3(5). 그림 9.34를 사용하여, 빛이 공기에서 유리로 다음의 입사각으로 입사할 때의 굴절각을 구하라. 5°, 10°, 20° 굴절각의 경향이 보이는가? 그렇다면 설명하라. 그 경향에 의하면 입사각이 40°일 때 굴절각은 얼마가 예상되는가? 그림 9.34에 표시된 수치와 비교하라.

4. 335쪽의 주에 포함된 굴절률의 정의와 표 9.1의 데이터를 사용하여, 다음 물질의 굴절률 n을 구하라. (a) 공기, (b) 벤젠, (c) (임의의 형태의) 유리

5(6). 물고기가 연못 수면 쪽으로 올려다보니 좁은 빛의 원뿔 안쪽에 있는 구름, 하늘, 새 등은 모두 보이는데 원뿔 밖은 까맣게 아무것도 보이지 않는다. 왜 이런 시각 현상이 일어나며, 물고기 눈에 보이는 원뿔의 각을 구하라.

6(7). 카메라에 초점거리 30 cm인 렌즈가 장착되어 있다. 2 m 거리의 물체를 사진 찍으려 할 때 필름과 렌즈 사이의 거리를 구하라.

7(8). 볼록 렌즈 앞에 높이가 2.0 cm인 물체가 서 있다. 이 렌즈로 배율 2.5의 허상을 얻으려 한다. 상과 렌즈 사이의 거리가 15 cm가 되려면 물체와 렌즈 사이의 거리는 얼마여야 하는가?

8(9). 폭이 2 cm인 우표를 확대경으로 보니 정립이고, 폭이 6 cm이다. 배율을 구하라.

9(10). 높이가 2 m인 동상이 보인다. 망막에 맺힌 상이 허상이고, 높이가 0.005 m일 때 배율을 구하라.

10(11). 연습 문제 **6**의 배율을 구하라.

11(12). 작은 물체가 볼록 렌즈 왼쪽 광축 위에 놓여 있다. 물체와 렌즈 사이의 거리는 30 cm이고, 렌즈의 초점거리는 10 cm이다. 상의 위치를 구하라. 상을 그려 보아라.

12(13). 연습 문제 **11**에서 거리가 8 cm 되도록 물체가 렌즈 쪽으로 다가가면 상의 위치는 어디가 되는가? 상의 특성을 설명하라.

13(14). a) 초점거리 50 mm인 렌즈가 장착된 카메라에서 렌즈와 필름 사이의 최대 거리가 60 mm이다. 필름에 맺힌 상이 선명하려면 물체와 카메라 사이의 거리는 얼마 이상이어야 되는가? 배율을 구하라.

b) 렌즈와 카메라 본체 사이에 튜브를 연결하여 렌즈와 필름 사이의 거리가 100 mm가 되었다. 물체와 카메라 사이의 거리는 얼마 이상이어야 되는가? 배율을 구하라.

14(15). 볼록 렌즈의 초점거리는 음수다. $f = -20$ cm라면, 렌즈 왼쪽 50 cm 거리의 광축 상에 있는 물체의 상은 어디에 형성되는가? 상의 배율을 구하라.

15(16). 단순 렌즈의 s, p, f 를 연결하는 식은 구면거울에도 적용된다. 초점거리 8 cm인 오목거울이 10 cm 거리의 물체의 상을 형성한다. 상의 위치는 어디인가?

16. 연습 문제 **15**번에서 거리를 16 cm로 바꾸면 상의 위치는 어디가 되는가? 렌즈의 배율 공식이 거울에도 적용된다고 가정하고 상의 크기와 방향을 구하라.

17. 파장이 두 배가 될 때 빛이 지구 대기에 의해 산란되는 양의 변화율은 얼마인가? 산란되는 빛의 양이 커지는가 작아지는가?

18(18). 하늘에서 산란된 빛에서 파란색과 주황색이 차지하는 양의 근사적인 비율을 구하라.

10 장
원자 물리학

플라즈마 디스플레이 패널.

오래된 것 그리고 새로운 것

형광등과 플라즈마 TV. 형광등은 우리에게 친숙하고 신뢰받는 흔한 장치로 수십 년간 효율적인 조명을 제공해왔다. 플라즈마 TV는 21세기 최고의 상징물 중 하나가 되었다. 형광등은 일상적인 조명으로 기구 안에 들어 있어서, 제대로 작동하지 않을 경우(깜빡거리거나 소음을 내는 경우)에만 관심을 받는다. 플라즈마 TV의 가격은 수천 달러나 되기도 하며 종종 이목의 집중을 받는데, 심지어 TV 뉴스 프로그램과 군사 기자회견용 방송 세트의 일부가 되기도 한다. 이 장치의 발명가들은 2002년에 에미상(Emmy Award)을 공동 수상하였다.

형광등은 평범한 것이고, 플라즈마 TV는 눈길을 끄는 것이다. 그러나 둘 다 같은 물리적 원리에 의해 빛을 만든다. 사실 플라즈마 디스플레이는 기본적으로 함께 연동되

어 빛을 내는 수백만 개의 작은 형광램프들이다. 이들은 다음의 세 가지 단계를 거쳐 이루어진다. 먼저 전자와 이온이 플라즈마를 통하여 움직여 원자에 에너지를 준다. 이 원자들은 에너지를 받아 자외선 방출하고 이 자외선은 형광물질을 때리게 된다. 형광물질이 자외선을 흡수하면 그보다 낮은 에너지의 가시광선을 방출한다.

형광등이나 플라즈마 TV는 사실 현대 원자물리학과 빛의 양자적인 성질을 이용하는 다양한 기계들 중 하나일 뿐이다. 이 장의 첫 부분은 20세기 초의 물리학자들이 세 가지 수수께끼 같은 사실들로부터 광자의 개념과 보어의 원자모델을 도출할 수 있었는지에 대한 이야기를 다룰 것이다. 이어서 원자를 구성하는 입자의 파동적인 성질, 그리고 물리학의 혁명적 이론이라 볼 수 있는 양자역학의 탄생을 다룬다. 나머지 절들에서는 원자의 양자역학적 모델을 이용하여 어떻게 원자의 스펙트럼이 성공적으로 설명되는지, 그리고 X-선과 레이저의 원리를 다룬다.

10.1 양자 가설

19세기 말까지 물리학자들은 물리학 연구에서 이루어진 대단한 진척에 대해 매우 만족했다. 수천 년간 과학자들을 곤혹스럽게 해왔던 많은 문제들이 해결되었다. 역학을 다룬 뉴턴(Newton)의 대단한 논문과 맥스웰(Maxwell)의 전자기학 규명에 의해 가능해진 진보 덕분에 과학자들은 물리적 세계를 깊이 이해하게 되었다. 사실, 몇몇의 물리학자들은 이 분야가 끝이 다가오고 있는지도 모른다고 걱정했다. 말하자면 모든 문제들이 곧 해결될지도 모른다는

두려움이다.

그러나 몇몇의 문제들은 해결되지 않았고, 실험장비와 기술의 발전은 새로운 발견으로 이어졌다. 이러한 현상들을 설명하기 위한 시도들로부터 생겨난 결과들은 너무나도 혁명적이어서 1900년 초까지 많은 물리학자들이 이번에는 자신들이 실제로 얼마나 알고 있는지 어리둥절하고 의아해했다.

이 장의 처음 5절에서는, 위와 같은 문제들 중 세 가지에 대해 역사적으로 접근해 본다. 그러한 문제들에 대한 연구들이 빛의 본질 그리고 빛이 물체와 상호작용하는 방법에 대한 재해석을 어떻게 이끌어냈는지 설명한다. 그 현상들은 (1) **흑체 복사**(blackbody radiation), (2) **광전효과**(photoelectric effect) 그리고 (3) **원자 스펙트럼**(atomic spectrum)이다.

물리학자들은 위와 같은 현상들에 대해 많이 알고는 있었지만, 원인에 대해 근본적으로 이해하지는 못했다. 이는 천문학자들이 달과 행성의 궤도 형태에 대해서는 많이 알고 있었지만, 무엇이 그런 특정한 형태를 유발하는지는 알지 못했던 뉴턴(Newton) 이전의 시기와 매우 비슷했다. 뉴턴의 역학과 만유인력의 법칙이 해답을 제공했다. 마찬가지로, 약 2세기 후의 과학자들은 세 가지 현상에 대한 이론적인 원리를 찾고 있었다.

10.1a 흑체 복사

우리 주변의 모든 것들은, 우리의 몸 자체도 물론, 끊임없이 전자기(EM)파를 방출한다. 물체의 온도가 대개 실내온도와 비슷하면 이들은 대부분 적외선의 영역이다. 그러나 아주 뜨거운 물체, 예를 들면 태양이나 높은 온도로 가열된 열선은 가시광선이나 또는 자외선, 그리고 아주 작은 양의 적외선을 방출한다. 8.6절에서 약간 다루기도 하였던 이러한 빛의 방출은 19세기 물리학자들의 주요 연구 대상이었으며 그 원리는 당시에 잘 알려져 있지 않았다. 예를 들면 입사되는 모든 빛을 흡수하는 물체 그래서 검게 보이는 물체를 흑체라고 불렀으나 이 흑체는 또한 완전한 빛의 방출체가 된다는 것이다. 이러한 이상적인 흑체에서 방출되는 빛을 흑체복사(BBR)라고 한다.

물리 체험하기 10.1

백열전구의 밝게 빛나는 필라멘트는 약 2500 K~3000 K의 완전한 흑체라고 볼 수 있다. 그것이 방출하는 가시광선 영역의 빛을 CD를 이용하여 분광하여 볼 수 있다. 마치 CD를 프리즘과 같이 사용하는 것인데 이는 CD의 촘촘한 간격의 세그먼트들이 각 파장의 빛이 서로 다른 각도에서 간섭이 일어나도록 하기 때문이다.

CD의 밝게 빛나는 면을 이용하여 전구에서 나오는 빛이 CD면에 반사되어 당신의 눈으로 들어올 수 있도록 배치한다. 천천히 CD면을 회전시키는데 CD 가운데의 구멍 부분이 더 전구 쪽으로 가도록 하는 방향으로 회전시키며 구멍과 반대쪽 부분의 색깔을 주의 깊게 관찰한다. 당신은 가시광선 영역의 모든 색깔들을 볼 수 있는가?

특정한 온도에서 흑체에 의해 방출되는 흑체 복사의 잘 알려진 특징은 그래프를 사용하면 편리하게 설명할 수 있다. 복사의 각 파장을 매우 짧은 파장인 자외선부터 훨씬 긴 파장인 마이크로파까지 차례로 조사하고, 매 초마다 흑체로부터 방출되는 에너지(일률)를 측정한다고 상상하라. 파장에 대한 복사의 세기로 그려진 그래프를 흑체 복사 곡선이라고 한다. 그림 10.1은 두 개의 다른 온도에서의 흑체 복사 곡선을 보여준다. 이 곡선들은 흑체의 온도가 증가할 때 흑체 복사가 변하는 두 가지 중요한 방법을 나타낸다.

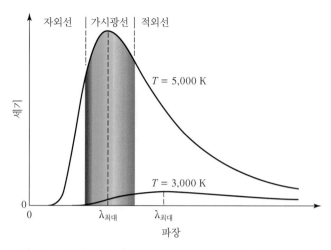

그림 10.1 두 개의 다른 온도에서 흑체에 의해 방출되는 전자기파에 대한 파장별 세기 그래프.

1. 전자기 복사의 각 파장에서 초당 더 많은 에너지가 방출된다.

2. 초당 최대 에너지가 방출되는 파장(다른 말로 흑체 복사 곡선의 최고점)이 더 작은 값으로 바뀐다. 극도로 뜨거운 별이 푸르게 빛나는 반면, 토스터 열판은 빨갛게 달궈지는 것은 그 때문이다.

왜 흑체는 각 파장에서의 에너지 방출, 즉 전자기 복사를 이런 식으로 방출하는 것일까? 전자기학의 원리를 이용하면 왜 전자기파가 이와 같이 방출되는지 쉽게 알 수 있다. 원자와 분자는 연속적으로 진동하며, 그들은 하전 입자(전자와 양자)들을 가진다. 8장에서 이러한 종류의 체계가 전자기파를 발생할 것이라는 것을 살펴보았다. 그러나 위의 두 가지 특성을 설명하는 정확한 메커니즘은 19세기 말의 과학자들에게 불가사의한 것이었다.

10.1b 양자 진동자

1900년에 독일의 물리학자 플랑크(Max Planck)에 의해 수수께끼를 풀기 위한 실마리가 발견되었다(그림 10.2). 먼저 시행착오를 통해, 플랑크는 흑체 복사 곡선의 기울기에 맞도록 수학 방정식을 유도했다. (이것은 이론 물리에서의 일반적인 첫 번째 단계이다. 행성궤도가 타원이라는 사실은 뉴턴이 수학적으로 원리를 규명하기 1세기 전에 이미 알려졌다.) 이 식은 근본적인 과정의 이해를 돕는 데는 별로 기여하지 못했지만, 플랑크는 그의 식을 설명할 수 있는 모형도 개발했다.

플랑크는 흑체 안에서 진동하는 원자는 오직 특정한 에너지 값만 가질 수 있다고 제안했다. 원자는 0, E, $2E$, $3E$, $4E$ 등과 같은 특정한 양의 에너지만 갖는다. 다시 말해, 각 원자 진동자의 에너지는 **양자화**(quantized)되어 있다. 에너지 E는 진동자 에너지의 기본 **양자**(quantum)라고 한다. 원자에 허용된 에너지는 이 양자의 정수배이다.

$$\text{허용된 에너지} = nE \quad \text{여기서,} \quad n = 0, 1, 2, 3, \cdots$$

이것은 용수철에 매달린 질량이나 그네 타는 아이와 같이 일정한 값이 아닌 연속적인 범위의 에너지를 가지는 일반적인 진동자와는 매우 다르다.

그림 10.2 막스 플랑크(1858~1947)의 연구는 양자 혁명의 기폭제의 역할을 하였다.

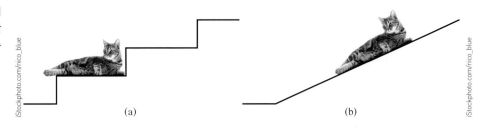

그림 10.3 (a) "양자화된" 고양이. 위치 에너지는 각 계단마다 하나의 특정한 값으로 제한된다. (b) 고양이는 경사로의 어디에나 있을 수 있으므로 위치 에너지는 양자화되지 않는다.

(a)

(b)

우리는 계단과 경사로를 비교함으로써 양자화된 에너지와 연속적인 에너지의 차이를 설명할 수 있다. 계단에 누워있는 고양이는 양자화된 위치 에너지(PE)를 가진다. 고양이는 계단들 중 오직 한 개의 계단 위에만 있을 수 있으며, 각 계단은 특정 위치 에너지에 해당한다. 반면에 경사로에 누워 있는 고양이는 양자화된 위치 에너지를 가지지 않는다. 고양이는 경사로의 어디에나 있을 수 있다. 지면으로부터의 높이는 일정한 범위 안에서 어떤 값도 될 수 있으므로 위치 에너지는 연속적인 범위 안의 값 중 하나이다(그림 10.3).

진동하는 원자에 대한 에너지 양자화 개념은 혁명적이었다. 논리적인 근거가 없어 보였지만 효과가 있었다. 플랑크의 양자화된 원자 진동자는 단지 높은 에너지 단계에서 낮은 에너지 단계로 떨어질 때에만 펄스 형태로 빛을 방출할 수 있다. 그는 흑체가 이러한 방식으로 빛을 방출해야만 정확한 흑체 복사 곡선이 된다는 것을 보여 주었다. 게다가 그는 기본 양자 에너지가 진동자의 진동수에 비례한다($E \propto f$)고 밝혔다. 특히

$$E = (6.63 \times 10^{-34})f = hf$$

상수 h는 플랑크 상수라 하며, 표준 단위는 J–s이다. 허용된 에너지는 다음과 같이 쓸 수 있다.

$$\text{허용된 에너지} = nhf \quad \text{여기서,} \quad n = 0, 1, 2, 3, \cdots$$

플랑크는 그의 모형의 의미에 대해 확신이 없었다. 그저 정확한 결과를 얻는 데 유용한 도구라고만 여겼다. 그러나 그것은 원자 단계에서 양자화 효과를 보여주는 최초의 과학적 발견으로 밝혀졌다.

복습

1. 흑체 A의 온도가 2000 K이고 흑체 B의 온도가 1000 K이다. 두 흑체에서 방출되는 전자기파 복사는
   a. A는 단위시간당 어느 파장에 대하여도 B보다 더 큰 에너지를 방출한다.
   b. A 복사곡선이 최대가 되는 파장은 B보다 긴 파장쪽이다.
   c. B는 적외선을 방출하지만 A는 아니다.
   d. 위 모두 참이다.

2. (참 혹은 거짓) 흑체 안의 진동하는 원자의 에너지는 일정한 구간의 모든 에너지 값을 가질 수 있다.

3. 어떤 계가 제한된 특정한 수치적 값만을 가질 수 있을 때 _____ 화 되었다고 말한다.

답 1. a, 2. 거짓, 3. 양자

368 10장 원자 물리학

10.2 광전효과와 광자

20세기 초에 물리학자들을 당황하게 했던 두 번째 현상은 광전효과였다. 빛이 관련되었다는 점 외에는 흑체 복사와 관련성이 없어 보였지만, 양자화 개념은 이 현상을 설명하는 데에도 열쇠가 되었다. 광전효과는 헤르츠(Heinrich Hertz)가 전자기파 실험 도중에 우연히 발견하였다. 헤르츠는 두 도체 사이에 방전을 일으켜 전자기파 펄스를 발생시키고 있었다. 전자기파는 모든 방향으로 진행하여 전자기파 감지에 사용되는 두 개의 금속 막대 사이의 방전을 유발한다. 헤르츠는 막대에 자외선을 비추면, 방전이 훨씬 강해진다는 것을 알아차렸다. 자외선은 웬일인지 방전에서의 전류를 증가시켰다. 이것이 광전효과의 한 예이다.

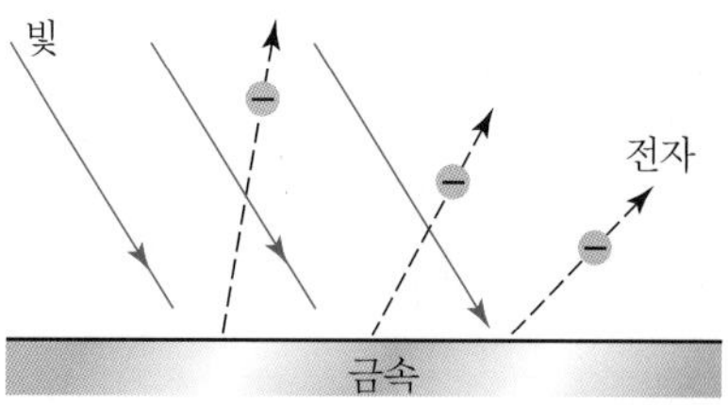

그림 10.4 광전효과. 빛이 금속 표면을 때려 전자가 튀어나오게 한다.

10.2a 광전효과

광전효과는 금속이 X-선, 자외선에 노출되었을 때 나타나는데, 나트륨과 칼륨을 포함하는 몇몇 금속의 경우에는 높은 진동수의 가시광선으로도 나타난다. 어쨌든 전자기파는 금속 안에 있는 전자에게 에너지를 주어 표면으로부터 튀어나오게 한다(그림 10.4). (헤르츠 실험 장치에서 방전을 강화시킨 것은 이 방출된 전자들이었다.) 전자기파의 특성을 생각하면 이런 종류의 현상이 일어나는 것은 그리 놀랄 일은 아니다. 다만 과학자들이 관찰한 광전효과의 몇 가지 특성들은 그 핵심적인 원리가 완전한 이해에 도달하지 못하였다는 사실을 알게 해 주었다. 가장 큰 수수께끼는 방출된 전자의 속도 또는 에너지와 입사광의 관계였다. 빛이 더 강하면 전자의 에너지가 더 커서 더 높은 속도로 표면에서 튀어나온다고 가정하는 것이 합리적일 것으로 생각했다. 그러나 빛이 강하면 더 많은 전자가 튀어나오기는 하였지만, 에너지가 더 커지는 것은 관찰되지 않았다. 심지어 더욱 놀라운 것은 오직 빛의 진동수(색)만이 방출된 전자 에너지에 영향을 준다는 것이었다. 빛의 진동수가 높으면 더 큰 에너지의 전자가 튀어나오는데, 심지어는 극도로 어두운 빛이라도 진동수만 충분히 높으면 전자가 즉각적으로 튀어나왔다.

광전효과는 1905년 아인슈타인에 의해 규명되었다(그림 10.5). 플랑크는 빛이 "덩어리" 혹은 "다발" 형태로 방출된다고 제시했다. 아인슈타인은 그의 발상에서 한 단계 더 나아가 빛은 그 자체가 덩어리 혹은 "다발" 형태이며, 따라서 그 형태로 흡수되는 것이라고 제안했다. 금속 안에 있는 전자는 복사의 양자 하나만이라도 흡수해야만 빛에너지를 받아들일 수 있다. 빛의 양자 하나가 가진 에너지량은 진동수에 따라 다르다. 구체적으로는 다음과 같다.

$$E = hf \quad \text{(전자기파의 양자 에너지)}$$

이 식은 플랑크의 양자화된 원자진동자의 에너지 식과 동일하다. 진동하는 원자의 에너지가 양자화되듯이, 아인슈타인은 빛과 다른 전자기파도 같은 방식으로 양자화된다고 제안했다.

전자기파의 에너지가 양자화된다는 발상이 나오면서, 전자기파가 현재 **광자**

그림 10.5 아인슈타인(1879~1955). 취미인 요트를 즐기고 있다.

AIP Neils Bohr Library

(a)

(b)

그림 10.6 (a) 다가오는 한 사람이 누구인지를 파악하려면 그의 얼굴, 눈과 머리칼의 색깔 등을 보게 된다. (b) 그러나 멀어지고 있는 사람의 인식은 그의 체형이나 걸음걸이 등 다른 요소들로 이루어진다.

(photons, 이 용어는 1926년 길버트 뉴턴 루이스가 만들었다)라 불리는 개별 입자들로 되어 있다고 생각하였다. 각각의 광자는 $E = hf$ 만큼의 양자 에너지를 가지며 빈 공간에서 빛의 속도로 전파된다. 전자기파의 전체 에너지는 모든 광자 에너지의 합이다. 이러한 발상이 8장에서 전개된 빛의 파동성과는 전혀 다르다는 점에 주목하라. 두 개념 모두 오류가 없는 것으로 밝혀졌으며 전자기파의 특성을 상호 보완한다. 굴절이나 간섭 현상을 일으킬 때는 빛이 파동성을 띤다. 방출되거나 흡수될 때는 빛이 입자성을 나타낸다. 이러한 빛의 이중성은 사람의 앞뒤 모습과 같다(그림 10.6). 사람의 앞모습을 볼 때는 얼굴 생김새, 눈이나 머리의 색깔 등으로 사람을 알아본다. 사람의 뒷모습을 볼 때는 체격이나 걸음걸이로 사람을 알아본다. 두 경우 다른 면을 보면서도 여전히 사람을 알아 볼 수 있다. 빛의 경우도 유사하다. 여러 실험들에 의해 빛의 서로 다른 두 성질이 발견되었는데, 결국 빛은 두 가지 성질을 모두 가진다는 것으로 밝혀졌다.

아인슈타인의 제안은 광전효과에서 관측된 의문점들을 일거에 해소했다. 빛의 진동수가 높으면 각각의 광자가 큰 에너지를 전자에 전달하므로 튀어나온 전자의 에너지도 크다. 빛이 강하다는 것은 단지 금속을 때리는 광자가 많다는 것을 의미한다. 이 결과로 더 많은 전자가 튀어나오는 것이지 각각의 전자가 가지는 에너지가 커지는 것은 아니다. 금속마다 빛이 아무리 강하더라도 광자가 방출되는 데 필요한 문턱(차단) 진동수가 있다. 진동수가 이 문턱보다 작으면 광자의 에너지가 너무 작아 금속에서 어떤 전자도 튀어나올 수 없다. 이는 전자가 금속원자에 너무 단단히 결합되어 있어 광자 에너지가 결합 에너지를 넘어서기에는 너무 작기 때문이다. 아인슈타인은 1921년에 광전효과로 노벨물리학상을 수상하였다. 빛의 특성 그리고 빛이 물질과 상호작용하는 방법을 이해하게 되면서 20세기 물리학은 뿌리에서부터 흔들리게 되었다.

광자 하나가 가지는 에너지는 얼마나 될까? 그리 크지 않다. 가시광선의 광자 하나가 가지는 에너지는 3×10^{-19} J 밖에 되지 않는다. 이렇게 극히 작은 척도에서는 전자볼트(eV)라는 아주 작은 에너지 단위를 사용하는 것이 편리하다. 1 eV는 1 V에서 전자가 얻는 위치 에너지이다. 볼트는 전하당 에너지이므로 전자 한 개의 전하량을 1 V와 곱하면 1 eV라는 에너지가 된다.

$$1 \text{ eV} = 1.6 \times 10^{-19} \text{ coulomb} \times 1 \text{ volt}$$
$$= 1.6 \times 10^{-19} \text{ coulomb} \times 1 \text{ joule/coulomb}$$
$$1 \text{ eV} = 1.6 \times 10^{-19} \text{ J}$$

가시광선의 광자 에너지를 전자볼트로 표현하면 간편하며, 대략 2 eV이다. 플랑크 상수를 전자볼트로 나타내면 다음과 같다.

$$h = 6.63 \times 10^{-34} \text{ J-s}$$
$$= 4.14 \times 10^{-15} \text{ eV/Hz}$$

여러 형태의 전자기파의 광자 에너지를 그림 10.7에 나타내었다.

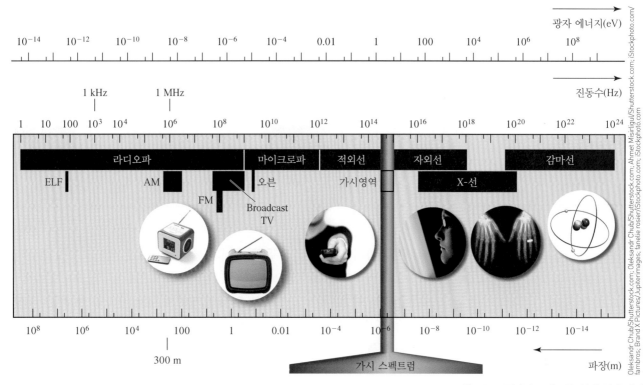

광자 에너지(eV)

10^{-14} 10^{-12} 10^{-10} 10^{-8} 10^{-6} 10^{-4} 0.01 1 100 10^4 10^6 10^8

진동수(Hz)

1 kHz   1 MHz

1 10 100 10^3 10^4 10^6 10^8 10^{10} 10^{12} 10^{14} 10^{16} 10^{18} 10^{20} 10^{22} 10^{24}

라디오파   마이크로파   적외선   자외선   감마선

ELF   AM   오븐   가시영역   X-선

FM

Broadcast TV

10^8 10^6 10^4 100 1 0.01 10^{-4} 10^{-6} 10^{-8} 10^{-10} 10^{-12} 10^{-14}

300 m

가시 스펙트럼

파장(m)

그림 10.7 전자기 스펙트럼 상의 광자 에너지. 가시광선의 광자는 1.7에서 3.1 eV(빨간색에서 보라색 빛까지)이다.

Oleksandr Chub/Shutterstock.com; Oleksandr Chub/Shutterstock.com; Ahmet Misirligul/Shutterstock.com; iStockphoto.com/ fambros; Brand X Pictures/Jupiterimages; Janelie rosier/iStockphoto.com; iStockphoto.com

---

예제 10.1

다음의 각 형태의 전자기 복사의 양자 에너지를 비교하라.

$$\text{빨간색 빛: } f = 4.3 \times 10^{14} \text{ Hz}$$
$$\text{파란색 빛: } f = 6.3 \times 10^{14} \text{ Hz}$$
$$\text{X-선: } f = 5 \times 10^{18} \text{ Hz}$$

각각에 대해 양자 에너지에 관한 플랑크 방정식을 사용한다.

$$E = hf$$
$$= 4.136 \times 10^{-15} \text{ eV/Hz} \times 4.3 \times 10^{14} \text{ Hz}$$
$$= 1.78 \text{ eV (빨간색 빛)}$$

파란색 빛과 X-선에 대해서도 같은 방정식을 사용하면 다음과 같다.

$$E = 2.61 \text{ eV} \quad \text{(파란색 빛)}$$
$$= 20{,}700 \text{ eV} \quad \text{(X-선)}$$

빨간색 혹은 파란색 빛과 비교하여 X-선의 양자 에너지가 훨씬 큼에 주목하라. 그렇다면 많은 양의 X-선이 사람에게 해로울 수 있다는 것은 전혀 놀랄 일이 아니다.

10.2b 광전효과의 응용

1900년대 초에 과학자들이 직면했던 세 번째 수수께끼로 넘어가기 전에 광전효과가 적용되는 몇 가지 예를 살펴보자. 이 현상은 빛과 전기를 "연결하는" 열쇠이

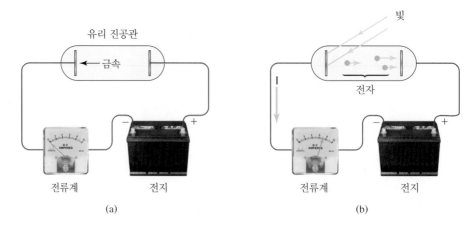

다. 전자기학의 원리에 의해 운동이 전기 에너지로 혹은 역으로 변환되듯이, 전자가 광자 에너지를 흡수함으로써 빛을 검출하고 측정할 수 있으며 빛에서 에너지를 추출할 수 있다. 빛을 검출할 수 있는 장비의 구조는 그림 10.8에 나타나 있다. 금속에 빛을 쬐지 않으면 튜브 안에 전하 운반체가 없기 때문에 회로에 전류가 흐르지 않는다. 금속에 빛을 쬐면 전자가 방출되어 튜브의 양극단자로 이끌려 간다. 그 결과로 회로에 전류가 흐르게 된다. 이런 종류의 감지기는 건물 출입 인원수 자동감지기로 사용할 수 있다. 감지기는 문의 한쪽에 위치하고 광원은 반대쪽에 감지기를 향하도록 놓는다. 사람이 이 사이를 지나면서 감지기로 향하는 빛을 차단하면 전류가 멈춘다. 이때 회로의 전류계와 연결된 계수기는 자동적으로 1을 추가한다. 유사한 장치로 문을 자동적으로 열고 닫을 수 있다.

복사기와 레이저프린터는 전기와 빛의 상호작용의 원리를 활용하는데, 이것을 전자사진술이라 한다. 이 과정의 핵심은 광전도 표면에 있다. 이것은 보통은 절연체이지만 빛을 쬐면 도체가 된다. 원자에 묶여 있던 전자가 입사한 빛의 광자

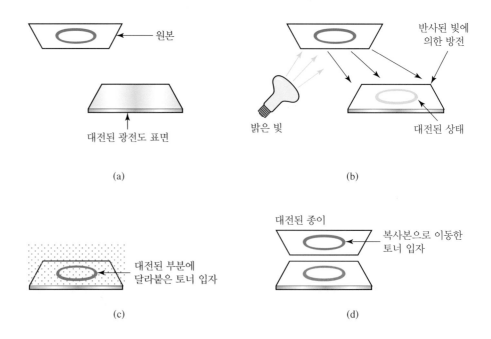

그림 10.9 복사 과정의 주요 단계.

를 흡수하여 방출된다.

광전도 표면이 정전기적으로 대전되면서 이미지 형성 과정이 시작된다. 광전도 표면에 머물러 있던 전하는, 표면을 때린 빛이 방출시킨 전자의 도움으로 표면을 떠난다. 인쇄된 원본의 거울상이 빛에 의해 광전도 표면에 형성된다. 복사기의 경우, 원본 위에 밝은 빛을 비추면 반사된 빛이 대전된 표면을 때린다(그림 10.9). 원본의 흰색 부분은 광전도 표면의 해당되는 부분에 빛을 반사한다. 결과적으로 이 부분은 많은 입사광자들에 의해 방전된다. 원본의 어두운 부분, 예를 들어 인쇄된 글자 등은 빛을 반사하지 않아서 결과적으로 광전도 표면의 해당되는 부분은 대전된 채로 남아 있다. 이때 고체 형태의 잉크와 유사한 미세한 토너 입자가 표면에 달라붙는다. 방전된 부분은 그대로 남고, 대전된 부분은 토너 입자가 이끌려 그 위에 모이게 된다. 역시 전기적으로 대전된 빈 복사용지가 겹쳐진다. 토너 입자들이 종이에 이끌려 붙는다. 토너 입자가 종이에 녹아들어서 최종 이미지가 종이 위에 "녹아들게" 된다.

레이저프린터의 경우, 컴퓨터로 제어되는 레이저가 원본의 흰색 부분에 해당하는 광전도 표면을 방전시킨다. 나머지 과정은 복사기와 동일하다.

대다수가 반도체인 특수한 다용도용 "감광"물질들이 고안되었다. 카메라의 조명측정기, 광학적 영상을 전기적 신호로 변환하는 비디오와 디지털카메라의 광감지소자, 팩스의 스캔소자, 천문학자가 멀리 떨어져 있는 별과 은하계의 희미한 빛을 측정하기 위해 사용하는 고감도 광 검출기 그리고 태양광의 에너지를 전기로 변환하는 데 사용하는 태양전지와 같은 장비들은 광자의 에너지 추출을 이용한 장비들 중 일부일 뿐이다(그림 10.10).

그림 10.10 저자 돈 보드(왼쪽)와 그의 학생들이 텍사스 빅밴드 국립공원에 태양전지판을 설치하고 있다.

복습

1. 파란색 빛에 해당되는 광자의 에너지는 붉은색 빛에 해당되는 광자의 에너지보다
   a. 더 크다.   b. 더 작다.   c. 같다.
2. (참 혹은 거짓) 광전효과에서 광자의 에너지가 더 큰 것을 사용하면 방출되는 전자의 에너지도 더 커진다.
3. (참 혹은 거짓) 광전효과에서 빛의 세기를 크게 하면 방출되는 전자의 에너지도 더 커진다.
4. 광전효과나 전자가 빛의 에너지를 흡수하는 그런 과정을 응용한 전자기기에는 어떤 것들이 있는지 두 가지만 들어보라.

답 1. a, 파란 진동수 2. 참 3. 거짓 4. 복사기, 레이저 프린터, 디지털 카메라 등, 태양전지

10.3 원자 스펙트럼

20세기 초에 설명이 어려웠던 세 번째 문제는 다양한 화학적 원소들의 스펙트럼과 관련이 있다. 흔히 보는 백열전구의 뜨거운 필라멘트에서 방출되는 빛을 프리즘을 사용하여 다음과 같은 실험을 한다고 생각해 보자. 9장에서 설명했듯이, 빛은 프리즘을 통과하면서 분산되어 스펙트럼을 나타낸다(그림 9.60). 스펙트럼은 색이 다음 색과 연속적으로 섞이면서 무지개와 같은 모습으로 보일 것이다. 이 스

그림 10.11 몇 개의 불연속적인 색(세 가지)으로 구성된 뜨거운 기체의 스펙트럼.

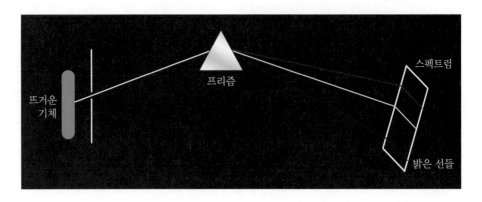

펙트럼을 **연속 스펙트럼**(continuous spectrum)이라고 하며, 뜨거운 고체에서 방출되는 복사의 특성이다.

어떤 종류의 기체를 유리관에 넣고 빛의 방출을 유도한다고 상상하라(그림 10.11). 기체에서 나온 빛을 프리즘으로 조사하면 연속 스펙트럼이 보이지 않는다. 따로 떨어져 있는 몇 개의 독립된 색선으로 구성된 **방출 선스펙트럼**(emission-line spectrum)이 보인다. 이 경우, 기체인 광원은 모든 파장(색)을 복사하는 것이 아니라 특정 파장만 복사한다. 만약 또 다른 종류의 기체에서 나온 빛을 조사한다면 다른 형태의 스펙트럼이 나타날 것이다. 각각의 기체는 그림 10.12와 같이 고유한 선스펙트럼을 가진다.

물리 체험하기 10.2

물리 체험하기 10.1과 비슷한 실험이나 단지 그림 4.1과 같은 간편형 형광등을 광원으로 한다. 형광등으로부터 CD까지는 2~3 m 정도의 거리를 확보하고 주변에 또 다른 광원이 없도록 한다. 앞의 실험과 CD로 관찰하는 스펙트럼의 색깔은 어떻게 다른가? 형광등으로부터 나오는 방출 선 스펙트럼은 단순하지만은 않다. 또 거리의 수은등 또는 네온등의 방출 선스펙트럼을 관찰해 보자.

1850년대에 기화된 물질들에서 나온 빛이 프리즘에 의해 분산되어 선스펙트럼을 나타낸다는 사실이 발견되었다. 각 원소들이 특정 스펙트럼을 가진다는 것을 알게 된 화학자들은 스펙트럼을 분석하여 물질의 성분을 실험실에서 밝혀낼 수 있었다. 독일의 과학자, 분젠 버너를 발명한 분젠(Robert Bunsen)과 키르히호프(Gustav Kirchhoff)는 19세기 후반 스펙트럼에 대한 연구, 즉 분광학이라는 새로운 연구 분야의 개척자들이었다. 남은 문제는 기체에서 나온 빛이 왜 연속적이 아니라 선스펙트럼을 나타내는지 그리고 각 원소가 가지는 고유한 분광적 "지문"으로 어떻게 원소들을 구별할 수 있는지 이해하는 것이었다.

분광학은 범죄 수사와 천문학에서도 쓰일 정도로 다양한 분야에서 화학적 분석을 위한 유용한 도구가 되었다. 범죄현장에서 발견한 의심스러운 독이나 물질을 조사할 때 선스펙트럼을 카탈로그에 수록된 알려진 원소와 성분들의 선스펙트럼과 비교하면 식별할 수 있다. 또한 천문학자들은 망원경을 이용해 별빛의 스

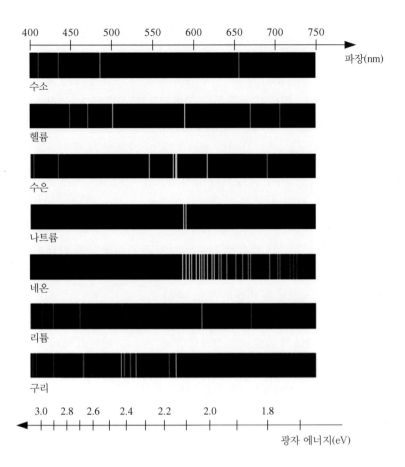

그림 10.12 특정 원소들의 방출 스펙트럼.

펙트럼을 조사하여 별의 대기 중에 어떤 화학적 성분이 있는지 알아낼 수 있다.

원자 스펙트럼의 규명에 의해 물리학은 역사상 가장 중대한 진전의 기간을 맞게 된다. 이 장의 나머지 부분에서는 원자 스펙트럼을 설명하기 위해 원자구조의 모습이 어떻게 만들어지고 수정되었는지 설명한다. 이러한 노력에 의해 원자 크기의 물체를 다루는 "새로운" 물리학인 양자역학이 탄생했다.

복습

1. 매우 뜨거운 고체는 _____ 스펙트럼을 뜨거운 기체는 _____ 스펙트럼을 만든다.

2. (참 혹은 거짓) 두 서로 다른 기체가 같은 방출 선스펙트럼을 만들 수 있다.

답 1. 연속, 선스펙트럼 2. 거짓

10.4 보어의 원자 모형

20세기 초에는 원자에 대해 알려진 바가 거의 없었다. 사실 원자의 존재 자체에 대해 많은 의혹이 있었다. 분광학이 각광받는 분야임이 사실이었음에도 불구하고 원자의 존재를 부인함으로써 원자 스펙트럼의 원인은 미스터리가 되었다. 1911년, 영국에서 러더퍼드(Ernest Rutherford)는 아주 중요한 실험을 통해 원자 안에 있

그림 10.13 닐스 보어(1885~1962). 원자 물리학의 거장.

는 양전하는 핵이라 부르는 아주 작은 중심에 집중되어 있다는 것을 알아냈다. 이 결과는 곧바로 1913년에 덴마크의 훌륭한 물리학자 보어(Niels Bohr)의 원자 모형으로 발전했다(그림 10.13). 보어의 원자 모형은 나중에 수정을 거친 후, 다음에서 보듯이 원자 스펙트럼의 특성을 성공적으로 설명했다. 그러나 플랑크의 흑체복사 규명과 마찬가지로 **보어의 원자 모형**(Bohr's model)도 당시에는 합리적이라고 인정을 받지는 못했다. 보어의 원자 모형의 기본적 특징은 다음과 같다.

1. 원자는 중심에 있는 핵과 핵 주위의 특정 궤도를 따라 움직이는 전자로 구성된 "태양계"의 축소 모형이다. 핵은 태양의 역할을, 전자는 행성의 역할을 한다.
2. 전자궤도는 양자화되어 있다. 즉, 전자는 주어진 원자핵에 대해 오직 특정 궤도에만 존재한다. 각각의 허용된 궤도는 그것과 관련된 특정 에너지를 가지며 먼 궤도일수록 더 큰 에너지를 가진다. 전자는 안정 궤도에 있을 때는 에너지를 복사하지 않는다(빛을 방출하지 않는다).
3. 전자는 허용된 궤도에서 다른 궤도로 "도약"할 수 있다. 전자가 낮은 에너지 궤도에서 높은 에너지 궤도로 도약하려면 반드시 두 궤도의 에너지 차이와 동일한 양의 에너지를 얻어야 한다. 높은 에너지 궤도에서 낮은 에너지 궤도로 떨어질 때, 전자는 해당되는 에너지를 방출한다.

그림 10.14는 가장 단순한 원자인 수소에 대한 보어의 원자 모형을 보여준다(원자번호 = 1). 한 개의 전자가 핵(이 경우는 양성자가 한 개)을 중심으로 하는 궤도를 돈다. 전자는 많은 궤도(그중 네 개를 보임) 중 어느 한 궤도에 있을 수 있다. 각 궤도에 있는 전자와 반대의 전하를 가진 양성자 사이의 전기적 인력이 구심력 역할을 하여 전자가 궤도에 유지된다.

전자는 궤도 1에 있을 때 가장 낮은 에너지를 갖는다. 전자는 먼 궤도에 있을수록 더 높은 에너지를 갖는다(그림 10.15). 전자의 에너지는 핵에 속박되어 있기 때문에 어느 궤도에 있든지 간에 항상 음이다(3.5절의 마지막 부분 참조). 전자가 더 먼 궤도로 가려면 반드시 에너지를 얻어야 한다. 전자가 여전히 양성자에 속박된 상태이면서도 가질 수 있는 최대 에너지를 **이온화 에너지**(ionization energy)라

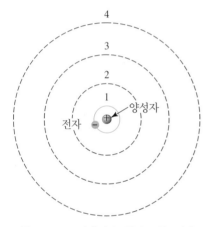

그림 10.14 보어의 수소 원자 모형. 전자는 오직 특정 궤도들에만 존재한다. 이들 중 네 개의 궤도를 표시했다. 그림의 척도는 실제와 다르다. 실제로 네 번째 궤도의 크기는 첫 번째 궤도의 16배이다.

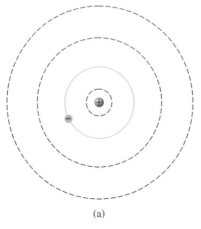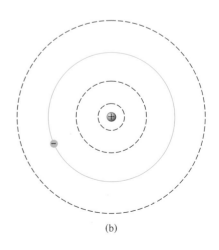

그림 10.15 (a) 궤도 2와 (b) 궤도 3에 전자가 있는 수소 원자. 전자가 궤도 3에 있을 때 더 높은 에너지를 갖는다.

고 한다. 전자가 이보다 더 큰 에너지를 얻게 되면 핵으로부터 떨어져 나와 자유롭게 되어 원자는 이온화된다. 이렇게 만들어진 양이온은 맨 양성자이다.

그림 10.16 광자 방출. 전자는 궤도 6에서 궤도 2로 전이하면서 광자를 방출한다. 광자의 에너지는 전자가 잃은 에너지와 같다.

10.4a 원자 스펙트럼에 대한 설명

수소 기체가 빛을 낼 때 나오는 특정 스펙트럼을 보어 모형은 어떻게 설명하는가? 전자가 먼 궤도에서 가까운 궤도로 "뛰어내릴" 때 에너지를 잃는다. 이 에너지를 잃는 방법 중 한 가지는 빛을 방출하는 것이다. 이 과정이 원자 스펙트럼의 근원이다.

수소 원자의 전자가 에너지가 E_6인 여섯 번째 허용된 궤도에 있다고 상상하라. 전자가 핵 가까이에 있는 궤도, 예를 들어 에너지가 E_2인 두 번째 궤도로 이동한다(뛰어내린다)고 가정하라. 그러려면 전자는 반드시 ΔE만큼의 에너지를 잃어야 한다.

$$\Delta E = E_6 - E_2$$

복사 전이라 부르는 과정에서 전자는 그림 10.16과 같이 광자의 방출을 통해 에너지 ΔE를 잃는다. 전자가 궤도 6에서 궤도 2로 전이할 때 저절로 생성된 광자는 남는 에너지를 전자기 복사 형태로 공간으로 운반한다. 이것은 플랑크의 원자 진동자가 광자를 방출하는 과정과 매우 흡사하다. 광자 에너지는 h와 진동수의 곱이므로, 다음과 같다.

$$\text{광자 에너지} = \Delta E = E_6 - E_2$$

따라서

$$\text{광자 에너지} = hf$$

이므로

$$hf = E_6 - E_2$$

이다.

방출된 빛의 진동수는 전자가 뛰어내린 궤도 간의 에너지 차에 비례한다. 에너지 차가 클수록 이 과정에서 방출된 빛의 진동수는 높다. 궤도 3에서 궤도 2로 내려가는 전이는 궤도 간의 에너지 차가 작기 때문에 생성되는 광자의 에너지와 진동수가 낮다.

$$\Delta E = E_3 - E_2 \text{는 } \Delta E = E_6 - E_2 \text{보다 작다.}$$

수소에서 전자가 궤도 6에서 궤도 2로 전이하면 보라색 빛 광자가 방출된다. 전자가 궤도 3에서 궤도 2로 전이하면 빨간색 빛 광자가 방출된다.

전자가 바깥쪽 궤도에서 안쪽 궤도로 전이하면 특정 진동수를 가진 광자가 방출된다. 적당히 가열된 수소 기체가 방출하는 빛은 이 특정 진동수 외의 다른 진동수는 가지고 있지 않다. 이것이 수소의 선스펙트럼이다. (이에 관해 10.6절에서 더 논의할 것이다.)

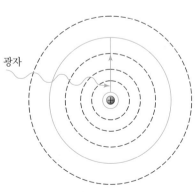

그림 10.17 광자 흡수. 전자가 광자를 흡수하여 궤도 1에서 궤도 5로 전이한다.

전자의 전이는 빛의 방출 이외에 충돌 전이라 부르는 과정을 통해서도 발생할 수 있다. 이 경우 수소 원자와 다른 입자(다른 수소 원자 포함) 간의 충돌은 바깥쪽 궤도에 있는 전자를 저절로 안쪽 궤도로 떨어지도록 유도한다. 전자가 잃은 에너지는 다른 입자로 전이되거나 충돌한 두 입자의 운동 에너지가 증가하도록 변환되기도 한다. (이것은 그림 3.32에서 묘사한 충돌과 매우 흡사하다.) 충돌-유도 전이는 일반적으로 부피당 원자 혹은 분자 수가 많아 두 개 혹은 그 이상의 기체 입자가 충돌할 가능성이 큰 밀도가 높은 기체에서 많이 일어난다.

지금까지 바깥쪽 궤도에 있는 전자가 안쪽 궤도로 뛰어내림으로써 어떻게 에너지를 잃는지에 초점을 맞췄다. 이 반대의 과정도 발생한다. 안쪽 궤도에 있는 전자가 적절한 에너지를 얻으면 바깥쪽 궤도로 도약할 수 있다. 예를 들어 가장 낮은 에너지 준위에 있는 수소 원자의 전자가 궤도 1에서 궤도 5로 도약하기 위해서는 에너지가 필요하다. 전자가 도약하기 위해 필요한 에너지는 다음과 같다.

$$\Delta E = E_5 - E_1$$

이 에너지를 얻기 위한 방법 중 한 가지는 충돌이다. 수소 원자는 더 큰 에너지를 가진 다른 수소 원자와 충돌할 수 있다.

전자가 바깥쪽 궤도로 도약하는 또 하나의 방법은 적절한 에너지를 가진 광자를 흡수하는 것이다(그림 10.17). 예를 들어 궤도 1에 있는 전자는 다음의 에너지를 가진 광자를 흡수함으로써 궤도 5로 도약할 수 있다.

$$광자\ 에너지 = \Delta E = E_5 - E_1$$

수소 기체에 (흑체 복사와 같은) 넓은 대역폭의 전자기파들을 비춘다면 많은 전자들이 바깥쪽 궤도로 전이할 것이다. 입사하는 복사의 몇몇 광자들은 전자를 안쪽 궤도에서 바깥쪽 궤도로 유도하기에 적절한 에너지를 가질 것이다. 이 과정에서 특정 에너지를 가지는 광자의 수가 줄어들게 되어 그에 해당하는 진동수의 전자기파 세기는 감소한다. 이러한 특정 진동수에서의 빛의 세기의 감소로 인해 **흡수 스펙트럼**(absorption spectrum)이 나온다(그림 10.18). 예를 들어 흰색 빛이 수소 기체를 통과하여 프리즘에 의해 분산되면 특정 진동수들에서 어두운 띠들이 보인다. 이 진동수들은 빛을 내는 수소의 방출 스펙트럼과 정확히 같은 진동수이다.

이 현상을 이용하여 헬륨 원소를 발견하였다. 1868년 당시에 알려지지 않은 몇

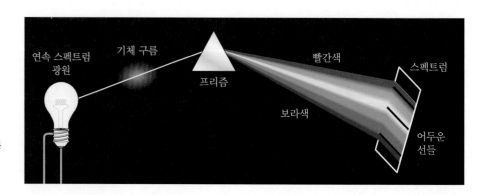

그림 10.18 기체의 흡수 스펙트럼. 기체가 통과하는 빛의 광자를 흡수하므로 스펙트럼에서 특정 진동수의 색이 희미하다.

개의 흡수 띠를 태양의 스펙트럼에서 발견했다. 이러한 띠를 설명하기 위해 태양의 대기에서 새로운 원소의 존재가 제시되었다. 이 새로운 요소의 이름은 태양을 의미하는 그리스어(헬리오스)를 따서 지어졌다.

10.4b 모델의 가설

보어 모형은 원자 스펙트럼의 원인을 성공적으로 설명하였다. 그러나 전자 궤도에 대한 보어 모형이 다음 두 가지에 대해서는 설명하지 못했다. 첫 번째, 오직 특정 궤도만 허용되는 이유이다. 지구 주위의 위성 궤도는 어떤 반지름이라도 가질 수 있지만 전자 궤도는 특정 반지름으로만 제한되었다. 이 반지름은 외관상 무작위로 보이지만 특정한 규칙성을 가진다. 궤도에 위치한 전자의 각운동량은 양자화되어 있다. 플랑크의 양자화된 원자 진동자의 에너지와 마찬가지로 궤도를 도는 보어 전자의 각운동량은 플랑크 상수를 2π로 나눈 값의 정확히 정수배이다. 즉,

$$\text{허용된 각운동량} = n\left(\frac{h}{2\pi}\right)$$

$$\text{그리고} \quad n = 1, 2, 3, \cdots$$

이다. 결국 어디서나 진동하는 원자의 에너지, 전자기파의 에너지 그리고 이제는 원자 궤도를 도는 전자의 각운동량까지 양자화와 맞닥뜨린다.

그 당시의 물리학자들이 받아들이기 어려웠던 두 번째 가정은 전자가 허용된 궤도에 머무는 한 전자기파를 방출하지 않는다는 것이다. 맥스웰의 연구는 구심 가속을 포함해 하전 입자가 가속되면 언제나 전자기파를 방출한다는 것을 이미

● 개념도 10.1

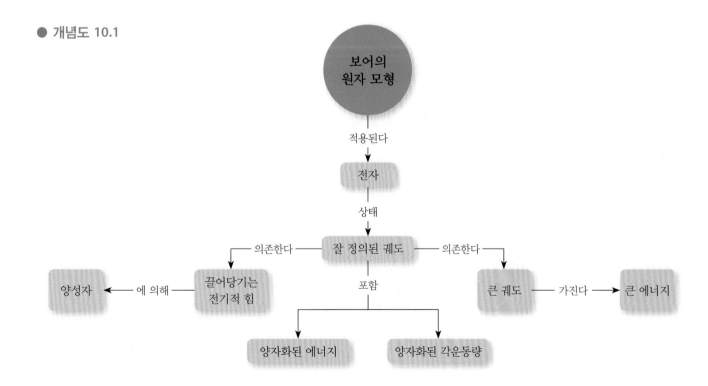

증명했다. 다시 말해 주기적으로 궤도 운동하고 있는 전자는 앞뒤로 진동하는 전하와 매우 흡사하게 전자기파를 방출한다. 궤도를 도는 전자는 계속해서 복사해야 하며 이 과정에서 에너지를 잃고 나선형 궤적을 그리며 핵 근처로 떨어져야 한다. 당시에 알려진 물리적 법칙을 따르면 원자는 안정한 상태로 머물 수 없고 순식간에 붕괴되어야 한다!

보어 모형이 효과가 있었음에도 물리학자들은 명쾌하게 납득하지 못했다. 필요했던 것은 원자 수준에서 자연이 어떻게 동작하는지에 대한 혁명적인 이해였다. 이 장 뒷부분에 있는 '개념도 10.1'에 보어의 원자 모형이 요약되어 있다.

10.5 양자역학

10.5a 드브로이의 가설

비록 보어의 원자 모형이 당시의 물리학 개념에 어긋나긴 했지만, 보어의 원자 모형의 성공은 원자단계에서 무슨 일이 벌어지는지를 설명하기 위해서는 새로운 물리학이 필요하다는 것을 암시했다. 이 방향에서의 첫 번째 진척은 1923년 여름에 시작되었다. 물리학 박사학위 과정 중이었던 프랑스 귀족 드브로이(Louis Victor de Broglie) ("트로이"와 운율이 맞다)는 전자와 다른 입자들이 파동과 같은 특성을 가진다고 제안했다(그림 10.19). 아인슈타인은 빛이 파동과 입자의 특성을 모두 가진다는 것을 밝혀냈는데, 그렇다면 왜 전자는 아닐까? 움직이는 입자와 연관된 파동은 입자의 운동량(mv)에 의존하는 특정한 파장[드브로이 파장(de Broglie wavelength)]을 가진다. 입자의 운동량 mv는 다음과 같다.

$$\lambda = \frac{h}{mv} \quad \text{(드브로이 파장)}$$

입자의 운동량이 클수록 파장은 짧아진다. 고속 전자는 저속 전자보다 짧은 파장을 가진다.

다시 한 번 플랑크 상수가 나온다. h가 매우 작은 수이기 때문에 드브로이 파장은 극히 작다. 이는 입자의 파동 특성이 원자와 원자보다 작은 크기에서만 보인다는 것을 의미한다.

그림 10.19 루이 드브로이(1892~1987)는 입자도 파동과 같은 성질을 가짐을 처음으로 주장하였다.

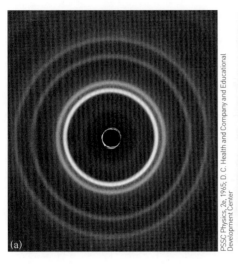
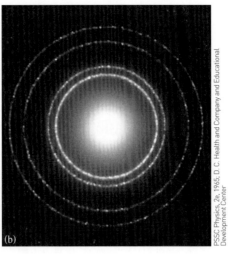

그림 10.20 이 무늬들은 알루미늄 금속에 (a) X-선이나 (b) 전자 빔을 쏠 때 생긴다. 전자가 파동과 같이 행동하면서 알루미늄 원자와 상호작용하기 때문에 두 무늬의 형태가 같다.

예제 10.2

속력이 2.19×10^6 m/s(수소의 가장 안쪽 궤도에 있는 전자의 근사적 속도)인 전자의 드브로이 파장을 구하라.

주기율표에 나와 있는 전자의 질량을 사용하면 전자의 운동량은 다음과 같다.

$$mv = 9.11 \times 10^{-31}\,\text{kg} \times 2.19 \times 10^6\,\text{m/s}$$
$$= 1.99 \times 10^{-24}\,\text{kg-m/s}$$

SI 단위로 h의 값을 사용한다(10.1절).

$$\lambda = \frac{h}{mv} = \frac{6.63 \times 10^{-34}\,\text{J-s}}{1.99 \times 10^{-24}\,\text{kg-m/s}}$$
$$= 3.32 \times 10^{-10}\,\text{m} = 0.332\,\text{nm}$$

이 거리는 원자 지름과 같은 범위이다.

또 다른 근본적인 이론이 물리학의 중앙무대에 등장했던 것이다. 비록 신출내기의 제안이기는 하지만 아인슈타인이 그럴 듯하다고 생각했기 때문에 드브로이 가설은 물리학계에서 완전히 외면당한 것은 아니었다. 그 후 1925년에 몇몇의 실

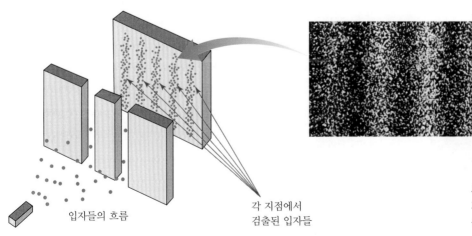

입자들의 흐름

각 지점에서 검출된 입자들

그림 10.21 전자와 같은 입자가 좁은 실틈을 지나면서 간섭을 일으킨다. 전자는 파동의 특성을 보인다(그림 9.7과 비교하라).

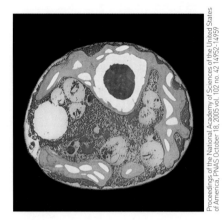

Proceedings of the National Academy of Sciences of the United States of America, PNAS October 18, 2005 vol. 102 no. 42 14952-14959

그림 10.22 전자 현미경으로 관찰한 해조 세포의 합성 컬러 이미지.

험들의 당혹스러운 결과들로 인해 드브로이 물질파의 존재를 부정할 수 없게 되었다. 계속되는 실험을 통해 미국인 물리학자 데이비슨(Clinton Davisson)은 (많은 공동연구자들과 함께) 니켈 금속에 고속 전자 빔을 쏠 때 회절이 일어난다는 것을 보였다. 전자는 마치 파동과 같이 행동하였던 것이다. 사실 X-선이나 전자나 비슷한 산란 무늬를 나타낸다(그림 10.20).

다른 여러 실험들이 전자, 양성자 그리고 다른 입자들의 파동 특성을 증명했다. 빛이 파동임을 입증했던 영의 이중실틈 실험은 입자가 간섭 현상을 일으키도록 사용할 수 있다(그림10.21). 전자 현미경은 전자의 파동 특성을 이용한다. 빛을 이용하는 일반적인 현미경과는 달리, 전자 현미경은 파동처럼 행동하는 전자 빔을 사용한다. 전자의 드브로이 파장은 그림 10.22와 같이 가시광선의 파장보다 훨씬 짧기 때문에 전자 현미경의 배율이 훨씬 높다. 파동이 세포들과 같은 작은 물질들의 주위 혹은 그 사이를 통과할 때 일어나는 회절과 간섭은 영상의 선명도에 큰 영향을 미친다. 짧은 파장(전자)은 긴 파장(빛)에 비해 훨씬 덜 회절하고 간섭한다.

물리 체험하기 10.3

당신은 캔자스 주립대학의 딘 졸만 교수와 동료들이 개발한 프로그램을 사용하면 전자가 스릿들을 통과하며 보이는 회절과 간섭 현상을 모의 실험을 통해 탐구할 수 있다. 시각적 양자역학 웹사이트 http://phys.edu.ksu.edu/를 방문하여 모의 실험 중 하나를 선택하여 보자. 예를 들면 2중 슬릿 회절 실험. 매뉴얼을 따라 실험을 하며 슬릿의 폭, 입자의 에너지, 입자 빔의 세기 등 변수를 바꾸어가며 전자의 간섭 패턴이 어떻게 변하는지 관찰한다. 당신이 알고 있는 빛의 이중 슬릿 실험과 비교하여 설명해보라.

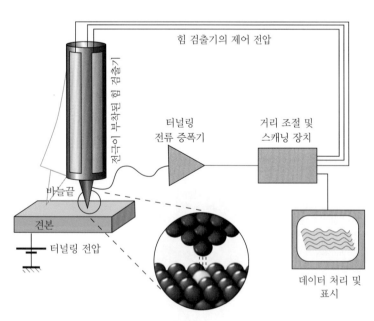

그림 10.23 주사형 터널 현미경(STM)의 단순 그림. 전자의 파동 특성으로 표면에서 바늘까지의 간격을 건널 수 있다.

최신 현미경은 전자의 파동 특성을 이용해 고체 표면의 개별 원자 영상까지도 만든다. 주사형 터널링 현미경(STM)은 극히 가늘고 뾰족한 바늘을 사용하여 표면 전체를 오가며 스캔한다. 바늘에 걸린 양의 전압이 샘플 표면에 있는 전자를 끌어당긴다. 전자가 단순히 입자라면 간격이 1 nm보다 좁은 표면과 바늘 사이를 건널 수 없지만, 파동 특성으로 인해 뚫고 나가거나 "터널링한다"(그림 10.23). 간격이 넓어지면 아주 작은 전자의 흐름이 급격히 감소한다. 바늘이 표면 전체를 앞뒤로 스캔할 때(잔디 깎는 사람처럼) 피드백 기구는 이 터널링 전류를 일정하게 유지하기 위해 바늘을 위아래로 움직인다. 변화하는 바늘의 높이를 기록하여 표면의 등고선 지도를 그리면 개별적인 분자와 원자들이 또렷하게 나타난다(그림 10.24과 그림 4.7c). 전자 현미경 발명가와 주사형 터널 현미경 개발자들은 1986년 노벨물리학상을 공동 수상하였다.

10.5b 보어 원자의 설명

드브로이 파동 가설의 또 하나의 주요한 성과는 보어의 양자화된 궤도를 설명할 수 있다는 점이다. 드브로이는 궤도를 도는 전자가 파동처럼 행동하기 때문에 전자의 파장이 궤도의 원 둘레와 분명히 관련이 있을 것으로 추론했다. 구체적으로 전자의 파동이 전자 주위를 감싸야 하고, 그 과정에서 파동이 자기 자신과 간섭이 일어나며 그때 보강 간섭이 일어나야만(마루와 마루가 일치해야만) 전자의 궤도가 안정될 수 있다(그림 10.25). 이는 전자 궤도의 원 둘레가 드브로이 파장의 정수(1, 2, 3 등) 배와 정확히 일치해야 함을 의미한다.

$$\text{궤도의 원 둘레} = n\lambda \quad \text{그리고,} \quad n = 1, 2, 3, \cdots$$

이다. 만약 원형 궤도의 반지름이 r이라면, 원 둘레는 $2\pi r$이다. 그러므로 반지름은 다음과 같다.

$$r = n\left(\frac{\lambda}{2\pi}\right) \quad \text{그리고,} \quad n = 1, 2, 3, \cdots$$

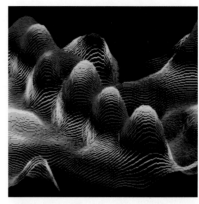

그림 10.24 주사형 터널링 현미경(STM)의 DNA 합성 컬러 사진. 가공되지 않은 이중 가닥 DNA를 식염수에 용해하여 흑연 위에 침전시킨 다음 공기 중에서 STM으로 이미지를 형성했다. 뾰족한 바늘로 표면 바로 위를 스캔하면서 바늘이 움직일 때 그 높이를 컴퓨터로 기록하여 STM 상을 만든다. 이 오른쪽으로 도는 DNA 분자의 짧은 단면의 상에서 이중 나선 구조의 마루들을 나타내는 일련의 주황색과 노란색의 봉우리가 눈에 띈다.

예제 10.3

예제 10.2의 결과를 이용하여 수소 원자의 반지름을 구하라.

드브로이의 모형에서 가장 작은 궤도의 원 둘레($n = 1$)는 전자의 드브로이 파장과 동일해야 한다. 가장 작은 궤도에서 계산한 결과 파장이 0.332 nm이다. 그러므로

$$r = \frac{\lambda}{2\pi}$$

$$r = \frac{0.332 \text{ nm}}{2\pi} = \frac{0.332 \text{ nm}}{2 \times 3.14} = \frac{0.332 \text{ nm}}{6.28}$$

$$= 0.0529 \text{ nm}$$

이다.

전자 궤도의 원 둘레(혹은 반지름)에 허용된 값을 알면 전자의 각운동량에 허용된 값을 구할 수 있다. 드브로이 파장이 다음과 같이 주어지므로

$$\lambda = \frac{h}{mv}$$

반지름은 다음과 같은 값을 가질 수 있다.

$$r = \frac{n}{2\pi}\left(\frac{h}{mv}\right) \quad \text{그리고,} \quad n = 1, 2, 3, \cdots$$

양변에 mv를 곱하면 다음과 같다.

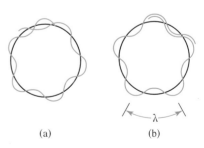

(a)   (b)

그림 10.25 핵 주위를 도는 전자의 단순화된 파동 그림. (a)의 궤도는 파동이 보강 간섭을 하지 않으므로 허용되지 않는다. 반면에 (b)의 궤도에는 다섯 개의 파장이 들어가므로 궤도 5에 해당한다.

그림 10.26 독일의 물리학자 베르너 하이젠베르크(1901~1976)는 양자역학 발전에 큰 기여를 하였다.

$$mvr = n\left(\frac{h}{2\pi}\right) \quad \text{그리고,} \quad n = 1, 2, 3, \cdots$$

mvr은 전자의 각운동량인데(3.8절), 위의 식은 10.4절의 끝 부분에서 나왔던 원자의 보어 이론의 가정들 중 하나와 동일한 식이다. 전자 궤도의 크기에 대한 드브로이의 조건은 전자의 각운동량에 대한 보어의 조건과 동일한 것으로 드러났다.

원자 단계에서의 양자화와 파동-입자 이중성 개념의 성공을 결코 간과해서는 안 된다. 1920년대 후반의 활발한 연구에 의해 이런 개념들이 통합된 **양자역학**(quantum mechanics)이라는 공식적인 수학적 모형이 도출되었다. 두 명의 주요 공로자는 하이젠베르크(Werner Heisenberg, 그림 10.26)와 슈뢰딩거(Erwin Schrödinger)이다.

하이젠베르크의 주된 공헌 중 하나는 **불확정성 원리**(uncertainty principle)이다. 원자 크기에서는 전자와 다른 입자들은 파동 특성을 띠므로 이들을 더 이상 아주 작은 공이나 볼 베어링과 같다고 가정하면 안 된다. 이들은 아주 작고, 보송보송한 솜뭉치와 같이 공간에 다소 흩어져 있다. 전자의 구식 입자 모형에서는 적어도 이론적으로는, 어느 짧은 순간에 전자의 정확한 위치와 운동량을 명시하는 것이 가능했다. 그러나 하이젠베르크는 입자의 파동 특성 때문에 이것이 불가능하다고 주장했다. 전자의 위치와 운동량 둘 다를 동시에 정밀하게 측정할 수 없다. 전자의 위치가 정밀해질수록, 운동량은 덜 정밀해지며 반대로도 마찬가지이다. Δx가 입자 위치의 불확정도이고, Δmv가 입자 운동량의 불확정도라면 다음과 같다.

$$\Delta x \, \Delta mv \gtrsim h \quad \text{(불확정성 원리)}$$

두 불확정도의 곱은 플랑크 상수보다 크거나 동일하다. 아무리 좋은 실험기구를 사용하더라도 입자의 위치와 운동량 측정의 정밀도는 불확정성의 원리에 의해 제한된다. 원자 크기의 입자의 위치를 원자보다 큰 입자와 동일한 방법으로 측정할 수는 없다.

슈뢰딩거는 입자의 파동성에 대한 수학적 모형을 수립했다. 그 모형을 사용하면 수소 원자와 같은 양자 체계를 파동함수로 설명할 수 있다. 체계의 상호작용의 특성이 규명됨으로써, 파동함수만 알면 체계의 특성과 그 체계가 미래에 어떻게 변화할지를 모두 예측할 수 있다. 예를 들어, 파동함수를 알면 전자의 평균 에너지를 구할 수 있을 뿐만 아니라 전자가 핵에서 얼마나 떨어진 곳에 있을 확률이 가장 높은가도 예측할 수 있다. 체계의 파동 함수는 비록 실제로는 구하기 어려운 경우가 종종 있기는 하지만, 원자 크기에서 입자의 행동을 이해하는 데 핵심적인 요소이다.

20세기의 첫 10년 동안에 극미소 물체에 대한 관점이 극적으로 바뀌었다. 전자기파는 입자성을 가지며, 전자를 포함한 입자들은 파동성을 가진다. 확실히 원자 크기에서의 자연은 거시적 수준에서 우리가 일반적으로 경험하는 자연과는 매우 다르다.

1. 전자의 속력이 더 빨라지면 그 드브로이 파장은
    a. 더 길어진다.
    b. 더 짧아진다.
    c. 변함없다.
    d. 길어질 수도 짧아질 수도 있다.

2. (참 혹은 거짓) 어떤 한 순간이라도 전자의 위치와 그 운동량을 매우 정밀하게 측정하는 것은 항상 가능하다.

3. 입자가 파동과 같은 성질을 갖기 때문에 나타나는 현상은
    a. 알루미늄을 통과하는 전자가 회절된다.
    b. 수소 원자에서 전자의 궤도가 양자화되어 있다.
    c. 전자가 터널 효과가 있다.
    d. 위의 모두가 참이다.

4. 전자의 파동성을 이용한 기기를 들어보라.

10.6 원자 구조

드브로이, 하이젠베르크 그리고 슈뢰딩거의 발견에 의해 행성 구조와 비슷한 보어의 단순한 원자 모형은 수정이 불가피해졌다. 더 이상 전자를 원형 궤도에서 움직이는 경계가 명확한 아주 작은 입자로 나타낼 수 없다. 실제로는 전자를 파동으로 설명해야 하며, 전자가 어느 위치에서 발견될 확률은 그 파동에 의해 결정된다. 원자는 "전자구름"에 둘러싸인 아주 작은 핵으로 묘사된다(그림 10.27). 공간의 각 점에서 구름의 농도는 그곳에서 전자를 발견할 가능성의 크기를 나타낸다. 전자의 다른 허용된 궤도들은 다른 크기와 모양을 가진 구름으로 보여진다. 본문에서 일찍이 사용했던 (그림 7.2와 같은) 원자의 단순한 그림은 엄밀하게 말하면 정확하지 않다. 하지만 전자의 파동 특성이라는 복잡한 개념 없이도 원자의 기본 구조를 제시하는 목적에는 도움이 되었다.

10.6a 원자의 에너지 준위

어느 주어진 순간에 속박 전자가 핵 주위의 어느 위치에 있는지 정확히 알 수 없기 때문에, 오히려 정밀하게 예측할 수 있는 전자의 에너지에 집중하는 것이 더욱 유용하다. 결국 원자에 의해 방출 혹은 흡수된 복사의 진동수를 결정할 때 중

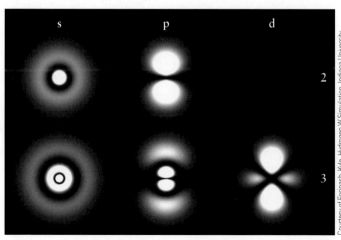

Courtesy of Forinash, Kyle. Hydrogen W Simulation. Indiana University Southeast. Retrieved on 2008-12-18. Tokita, Sumio; Sugiyama, Takao; Noguchi, Fumio; Fujii, Hidehiko; Kobayashi, Hidehiko (2006). "An Attempt to Construct an Isosurface Having Symmetry Elements". Journal of Computer Chemistry, Japan 5 (3): 159–164.DOI:10.2477/jccj.5.159.

그림 10.27 수소 원자의 몇 가지 궤도에서 전자구름을 컴퓨터로 만든 이미지. 이들은 전자의 확률분포를 색깔코드로 표현한 것이다. 검은색은 확률분포 0을, 흰색은 가장 큰 확률분포를 의미한다. 보어 이론의 주양자수가 그림 옆에 표기되어 있다. 문자 s, p, d 등 위에 표기된 문자는 전자 궤도의 각운동량 상태를 의미한다. 전자의 확률분포는 3차원 공간에서 나타나므로 각 분포 그래프를 수직 중심축에 대하여 회전시키면 얻을 수 있다. s 상태에서 확률분포는 구형 대칭이고, 각운동량 양자수가 커지면서 공간적으로 더 복잡한 형태를 갖는다. 완전히 검은 영역은 양자 상태가 허락되지 않는 것을 의미한다.

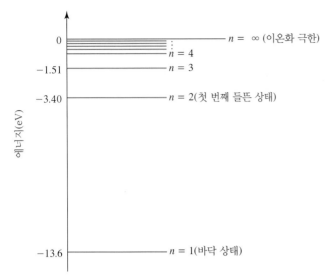

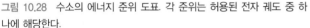

그림 10.28 수소의 에너지 준위 도표. 각 준위는 허용된 전자 궤도 중 하나에 해당한다.

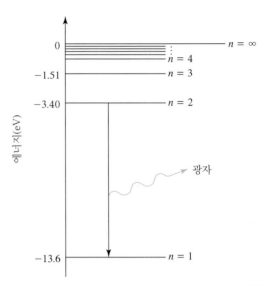

그림 10.29 준위 $n = 2$에서 $n = 1$로의 수소의 전자 전이. 전이와 함께 에너지가 10.2 eV인 광자가 방출된다.

요한 양은 전자의 처음 에너지와 나중 에너지의 차이다. 새로운 모형에서는 전자가 어떤 허용된 에너지 상태 혹은 **에너지 준위**(energy levels)에 있다고 표현한다. 수소 원자의 보어 이론에서 가장 안쪽에 있는 궤도에 해당하는 가장 낮은 에너지 단계를 **바닥 상태**(ground state)라고 한다. 높은 에너지 상태는 **들뜬 상태**(excited states)라고 한다. **에너지 준위 도표**(energy-level diagram)를 이용하여 수소 원자의 구조를 그림 10.28에 나타내었다.

각 에너지 준위에는 **양자수**(quantum number, n)를 붙이는데 바닥 상태가 $n = 1$을 시작으로 하여 점점 커진다. 양자수가 커질수록 상태의 에너지도 커진다. 또한 n이 더욱 커질수록 인접한 상태 간의 에너지 차는 작아진다. $n = 4$와 $n = 3$인 상태 사이의 에너지 차는 $n = 3$과 $n = 2$인 상태 사이의 에너지 차보다 작다. 마지막으로, 허용된 에너지로서는 최댓값을 가지며 그 이상이 되면 전자가 핵에 더 이상 속박되지 않는 상태의 존재에 다시 한 번 주목하자. 이 상태를 $n = \infty$로 지정하며, 그 상태의 에너지를 이온화 에너지라고 한다.

에너지 준위 도표의 왼쪽의 숫자들은 각 상태의 전자 에너지이다. (에너지가 음수인 것은 전자가 핵에 속박되어 있다는 것을 의미하며 이는 3.5절에 구멍 속에 들어 있는 골프공과 유사하다.) 전자가 한 궤도에서 다른 궤도로 전이한다는 것은 원자가 한 에너지 준위에서 다른 에너지 준위로 가는 것에 해당한다. "에너지 준위 전이"에 의한 전자 에너지의 변화는 두 상태의 에너지를 비교하면 알 수 있다.

에너지 준위 도표를 이용하면, 수소의 방출 스펙트럼을 더 잘 이해할 수 있다. $n = 2$인 상태에 있는 원자가 광자를 방출하여 $n = 1$인 상태로 전이했다고 가정하자. (일반적으로, 원자는 겨우 약 10억분의 1초 동안만 들뜬 상태에 있을 것이다.) 그림 10.29는 처음 준위부터 나중 준위까지의 전이를 화살표로 나타낸 것이다. 방출된 광자의 에너지는 두 준위의 에너지 차와 동일하다. 전자 전이는 오직

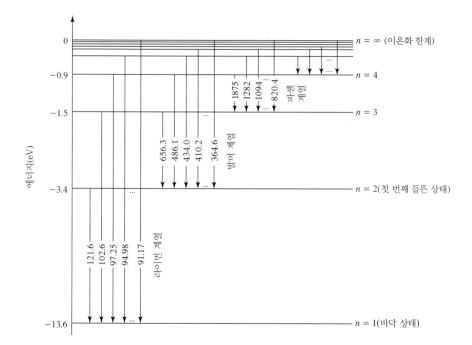

허용된 에너지 상태들 사이에서만 발생하므로, 에너지 준위 도표에서 전이를 나타내는 화살표는 반드시 허용된 준위에서 시작하고 끝나야 한다. 이 경우 광자 에너지는 다음과 같다.

$$광자\ 에너지 = \Delta E = E_2 - E_1$$
$$= -3.4\,\text{eV} - (-13.6\,\text{eV})$$
$$= 10.2\,\text{eV}$$

이것은 자외선의 광자에 해당한다(그림 10.7).

유사하게, 높은 에너지 준위에서 낮은 에너지 준위로의 모든 가능한 하향 전이를 나타낼 수 있다. 그림 10.30은 수소의 에너지 준위 도표를 확대한 것으로 높은 준위에서 낮은 준위로의 여러 가지 가능한 에너지 준위 전이를 보여준다. 각 화살표의 숫자는 방출되는 광자의 나노미터 단위의 파장이다.

예제 10.4

수소 원자가 $n = 3$인 상태에서 $n = 2$인 상태로 갈 때 방출되는 광자의 진동수와 파장을 구하라.

우선 광자의 에너지를 구하고 이 값으로 진동수를 결정한다. 식 $c = f\lambda$를 이용해 파장을 구한다.

$$광자\ 에너지 = hf = E_3 - E_2$$
$$= -1.51\,\text{eV} - (-3.4\,\text{eV})$$
$$= 1.89\,\text{eV}$$

그러므로

$$f = \frac{1.89 \text{ eV}}{h} = \frac{1.89 \text{ eV}}{4.136 \times 10^{-15} \text{ eV/Hz}}$$
$$= 4.57 \times 10^{14} \text{ Hz}$$

그리고 파장은 다음과 같다.

$$\lambda = \frac{c}{f} = \frac{3 \times 10^8 \text{ m/s}}{4.57 \times 10^{14} \text{ Hz}}$$
$$= 6.56 \times 10^{-7} \text{ m/s} = 656 \text{ nm}$$

그림 10.7에서 이것이 가시광의 광자인 것을 확인한다. (더 정확히 말하면, 표 8.1은 빨간색 빛임을 보여준다.)

여러 전이에 대한 유사한 계산들을 함으로써 들뜬 수소 원자로부터 방출될 수 있는 빛에 대해 다음과 같은 결론을 내릴 수 있다.

1. 높은 에너지 준위에서 바닥 상태($n = 1$)로의 전이로 자외선 광자가 방출된다. 이 계열의 방출선들을 라이먼 계열이라고 한다.

2. 높은 에너지 준위에서 $n = 2$인 상태로의 전이로 가시광선의 광자가 방출된다. 이 계열의 방출선들을 발머 계열이라고 한다(그림 10.12와 예제 10.4 참조).

3. 높은 에너지 준위에서 $n = 3$인 상태로의 전이로 적외선 광자가 방출된다. 이 일련의 방출 선들을 파셴 계열이라고 한다.

4. n이 3보다 큰 상태로의 하향 전이는 에너지가 더 낮은 광자를 방출한다.

$n = 3$ 이상인 상태의 원자는 바로 바닥 상태로 가는 대신에 중간 에너지 준위로 전이할 수 있다. 예를 들어, $n = 4$인 상태의 원자는 곧장 $n = 1$인 상태로 전이할 수도 있고 $n = 2$인 상태로 갔다가 $n = 1$인 상태로 전이할 수도 있다. 후자의 경우에, 두 개의 다른 광자가 방출될 것이다(그림 10.31). 그 이상의 높은 에너지 준위에 있는 원자는 "계단형 폭포"의 형태로 바닥 상태로 돌아가기도 한다.

그림 10.11과 같이 관에 담긴 수소 기체를 높은 온도로 가열하거나, 전류를 흘려 들뜨게 하면 무슨 일이 생길지 상상할 수 있다. 수많은 원자들이 들뜨게 되어 각각 전이 가능한 높은 에너지 준위로 올라간다. 들뜬 원자들은 낮은 준위로 자발적 전이를 하는데, 전이의 가능성은 원자들이 "멈춘" 준위에 따라 다르며 구체적인 양자역학적 전이의 가능성 계산은 매우 복잡하다. 수소 기체는 모든 가능한 에너지 준위에 해당하는 광자들을 연속적으로 방출하며 그중에서 몇몇의 전이들이 더 잘 일어나는데 그 정도의 차이는 부분적으로 기체 온도에 따라 다르다. 이것이 수소의 방출 스펙트럼이다.

적절한 에너지를 가진 광자를 흡수하여 원자가 에너지를 얻을 때 상향 에너지 준위 전이가 일어나는데 원자들 간의 충돌에 의해 일어

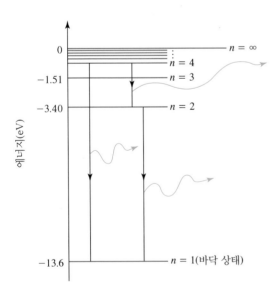

그림 10.31 $n = 4$인 상태의 수소 원자가 바닥 상태로 가는 두 가지 방법. 왼쪽 화살표는 바닥 상태로 곧장 전이하여 한 개의 광자가 방출되는 것을 나타낸다. 오른쪽의 두 개의 화살은 $n = 2$인 준위로의 전이에 이은 바닥 상태의 전이를 보여준다.

나기도 한다. 예를 들어, 바닥 상태에 있는 수소 원자가 10.2 eV의 에너지를 가진 광자를 흡수함으로써 $n = 2$인 상태로 도약할 수 있다. 서로 다른 여러 에너지의 광자들을 포함하는 흰색 빛이 수소를 통과할 때, 에너지 준위 차에 해당하는 에너지를 가진 광자들만 흡수되어, 그림 10.18에 보이는 흡수 스펙트럼이 관측된다.

원자가 흡수한 에너지가 충분히 커서 전자의 에너지가 0보다 커지면 그 원자는 이온화된다. 예를 들어, 바닥 상태에 있는 수소 원자가 13.6 eV보다 큰 에너지의 광자를 흡수하면 이온화된다. 이 "광이온화"라고 불리는 과정은 본질적으로 광전효과와 같다. 전자의 남은 에너지는 운동 에너지로 전환된다.

10.6b 모델의 응용

지금까지 상당히 완벽한 수소 원자의 그림을 제시해왔는데, 그렇다면 다른 원소들은 어떨까? 전자가 한 개 이상이면 복잡해지기는 하지만 원자 구조의 일반적인 법칙은 대동소이하다. 각 원소는 고유의 원자 에너지-준위 도표를 가지는데, 각각의 준위는 그에 해당하는 에너지 값을 가진다. 준위들 간의 다양한 하향 전이에 의해 원소의 특성 방출 스펙트럼이 나온다. 원자번호가 큰 원자는 핵 안에 더 많은 양성자를 가지므로 안쪽 전자에 가해지는 힘이 더욱 강하다. 이것은 전자들이 더욱 단단히 구속되고 따라서 전자가 가진 에너지의 값은 더 크지만 여전히 음이라는 것을 의미한다.

원소의 방출 스펙트럼을 이용하는 장치 중 하나가 네온사인인데, 이름에서 알 수 있듯이 네온이 가장 흔히 사용된다(그림 10.32a). 이런 광고판은 밀봉된 유리관에 저압 기체를 넣어 만든다. 유리관 양 끝에 연결된 고압 교류 전원장치에 의해 전자가 관 속에서 앞뒤로 움직인다. 전자가 기체 원자와 충돌하여 들뜬 상태가 되면 원자는 바닥 상태로 돌아오면서 광자를 방출한다. 원소마다 방출 스펙트럼이 다르기 때문에 다른 기체를 채우면 광고판 색이 달라진다. 네온을 채운 광고판이 빨간색인 이유는 네온의 방출 스펙트럼에 몇 개의 강한 빨간색 선이 있기 때문이다(그림 10.12).

형광등이나 플라즈마 디스플레이(TV)는 자외선 방출 스펙트럼을 이용한다. 네온 빛과 마찬가지로 기체(형광등은 수은, 플라즈마 디스플레이는 제논이나 네온)의 원자들이 전자와 충돌하면서 들뜬 상태가 된다. 방출되는 광자는 대부분 자외선이므로 제2물질인 형광체를 사용하여 가시광선 광자로 변환해서 본다. 안쪽 면에 코팅된 형광체의 원자는 자외선을 흡수하여 더 높은 에너지 준위로 올라갔다가 2단계에 걸쳐 바닥 상태로 돌아온다. 먼저 이웃 원자에 에너지를 주면서 중간 에너지 준위로 갔다가 가시광선 광자를 방출하면서 바닥 상태로 돌아온다. 형광체가 다르면 나오는 빛의 진동수가 다르다. 형광등에 사용되는 형광체는 몇 개의 다른 색을 방출하여 거의 흰색을 낸다. 플라즈마 디스플레이의 화소에는 각각 빨간색, 초록색, 파란색을 내는 세 개의 작은 화소 형광체가 들어 있다. 세 가지 색의 밝기를 조절하면 여러 가지 색을 만들 수 있다. 이것은 작은 화소 형광체의 전류를 변화시키면 된다.

그림 10.32 여기된 기체로부터 방출 스펙트럼의 예. (a) 네온사인. (b) 국제 우주정거장에서 관찰한 오로라.

오로라(북극광과 남극광)를 통해 자연은 우리에게 방출 스펙트럼의 멋진 예를 보여준다(그림 10.32b). 오로라는 주로 위도가 높은 지역에서 밤에 나타나는데 물리적인 과정들의 결합으로 일어나는 매혹적인 광경이다. 이것은 태양에서 시작되는데 이온화된 원자와 자유전자들이 태양풍의 일부로 공간에 분출된다. 며칠간의 이동 후 지구에 도달한 하전 입자들은 지구 주위의 자기장의 영향을 받는다(그림 8.6). 전자들은 자기장 주위를 나선형으로 돌면서 북극과 남극으로 향한다. 조건이 맞으면 큰 에너지를 가진 이 전자들이 대기권 상층부(지상 100 km)에 진입하여 원자, 분자, 이온들과 충돌하여 들뜨게 하여 스펙트럼을 방출하게 한다. 산소 원자에서 나오는 흰색과 초록색이 섞인 빛이 가장 일반적이다. 가끔 보이는 핑크색은 들뜬 질소 분자에서 나오는 것이다. 방출된 복사의 많은 부분은 자외선과 적외선 영역이라서 보이지 않는다.

물리 체험하기 10.4

앞에서 사용하였던 시각적 양자역학 웹사이트 http://phys.edu.ksu.edu/로 돌아가 보자. 실험들 중 개스 램프-방출 스펙트럼을 선택하자. 이 실험을 통해 한 원소로부터 방출되는 스펙트럼과 잘 맞는 세트의 에너지 준위들을 만들어 볼 수 있다. 먼저 수소와 같이 단순한 원소부터 시작해 보자. 나아가 생소하지만 더 복잡한 원소들도 시도해 보자. 만족할 만한 결과들을 얻었으면 이제 홈으로 나가 이번에는 개스 램프-흡수를 선택한 다음 같은 실험을 해 보자. 당신은 원자의 에너지 준위 구조와 그 원자의 방출 및 흡수 스펙트럼과의 관계에 대하여 어떤 결론에 도달할 수 있는가?

10.6c 파울리 배타의 원리

한 개 이상의 전자를 가지는 원자의 구조는 1925년에 발표된 파울리(Wolfgang Pauli)의 원칙이 적용된다. 파울리는 그 업적으로 1945년에 노벨 물리학상을 수상했는데, 여러 원소들의 방출 스펙트럼을 주의 깊게 분석하여 낮은 에너지 준위가 이미 특정 개수의 전자들에 의해 점유되었을 때 예상되었던 몇몇의 전이가 발생하지 않는 것에 주목했다. 여러 증거들을 분석한 파울리는 각 에너지 준위에는 정해진 개수의 전자만 있을 수 있다고 결론지었다. (비유하자면, 이미 사람들로 가득 찬 소파에는 편안하게 앉을 수 없다.) 파울리는 그의 결론을 **배타율**(exclusion principle)이라고 명명했다.

배타율
두 개의 전자는 동시에 같은 양자 상태를 점유할 수 없다.

각 에너지 준위에는 전자가 점유할 수 있는 정해진 수의 양자 상태가 있다. 일단 주어진 에너지에 해당하는 모든 양자 상태가 채워지면, 원자의 남은 전자들은 빈 다른 에너지 준위로 가야 한다. 각 에너지 준위의 양자 상태의 수는 전자의 궤도 각운동량과 스핀과 관계가 있다(12.3절). $n = 1$인 준위의 양자 상태의 수는 두 개이므로 전자가 점유할 수 있는 준위의 최대 수는 두 개이다. $n = 2$인 에너지 준위에 허용된 상태와 전자의 최대 수는 8이다. $n = 3$인 준위의 최대 수는 18이다. 준위 n에 대한 전자의 점유 한계의 일반적인 규칙은 $2 n^2$이다. 전자가 많은 원자

표 10.1 몇몇 원자의 바닥 상태 배열

원소	원자번호	준위에 있는 전자의 수		
		$n = 1$	$n = 2$	$n = 3$
수소	1	1	0	0
헬륨	2	2	0	0
리튬	3	2	1	0
탄소	6	2	4	0
산소	8	2	6	0
네온	10	2	8	0
나트륨	11	2	8	1

의 경우 바닥 상태라는 것은 파울리의 배타율을 위배하지 않는 한도 내에서 모든
전자가 가장 낮은 에너지 준위에 있는 상태를 의미한다. 만약 전자 하나라도 더
높은 에너지 준위에 있다면 원자는 들뜬 상태에 있다. 표 10.1은 몇몇의 원자가 바
닥 상태에 있을 때 각 에너지 준위에 있는 전자의 개수를 보여준다.

각 원소의 성질은 주로 원자의 바닥 상태 배열에 의해 결정되지만, 특히 가장
높은 에너지 준위에 있는 전자의 수가 성질을 결정하는 데 중요한 역할을 한다.
표 10.1은 바닥 상태에 있는 헬륨은 $n = 1$인 에너지 준위가 채워진 상태이며, 네
온은 $n = 2$인 에너지 준위가 채워진 상태라는 것을 보여준다. 이런 이유로 헬륨과

● 개념도 10.2

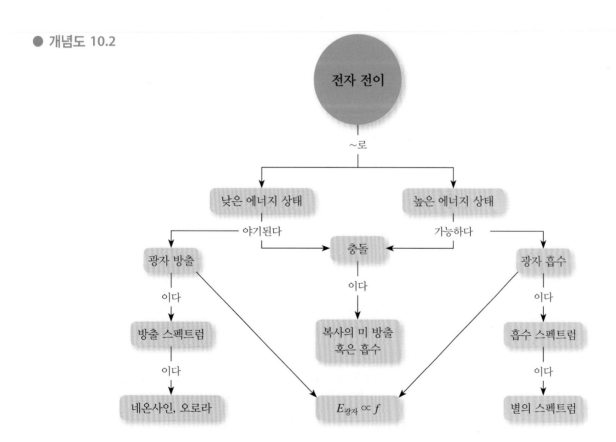

네온은 비슷한 성질을 가진다. 두 원소 모두 실온과 대기압에서 기체이며 매우 안정하다. 그들은 특수한 상황을 제외하고는 타거나 화학적으로 반응하지 않는다. 수소, 리튬 그리고 나트륨이 바닥 상태에 있을 때는 가장 높은 에너지 준위에 한 개의 전자를 가지기 때문에 비슷한 성질을 가진다.

원소들의 주기율표는 1869년 멘델레예프(Dmitri Mendeleev)에 의해 개발되었다. 그는 그 당시에 알려진 원소들을 성질에 따라 정리하였다. 비슷한 성질의 원소들은 같은 열에 위치한다. 파울리의 발견에 의해, 각 열에 있는 원소들이 비슷한 이유는 바닥 상태 배열이 비슷하기 때문이라는 것이 확인되었다. 예를 들어, 첫 번째 열에 있는 수소, 리튬 그리고 나트륨은 가장 높은 에너지 준위에 전자 한 개를 가지므로 1족이라고 한다. 이것을 보면 양자역학을 이해하는 것이 화학 등의 과학 분야에서 얼마나 중요한 역할을 할 수 있는지를 알 수 있다. '개념도 10.2'에 원자 안의 전자가 할 수 있는 전이의 종류가 요약되어 있다.

복습

1. 수소 원자의 에너지 준위 도표 안에서 다음과 같은 전자의 이동이 일어났다면 광자의 방출 아니면 흡수와 관계가 있는가?
   a. $n = 5$에서 $n = 3$로.
   b. $n = 1$에서 $n = 8$로.
   c. $n = 8$에서 $n = 9$로.
   d. $n = 3$에서 $n = 5$로.
   e. $n = 6$에서 $n = 5$로.
2. 1번 문제에서 전자의 이동이 단 하나의 광자만 방출 또는 흡수되었다면 관계된 광자의 파장을 순서대로 나열해 보라.
3. 파울리의 배타의 원리에서 배타되는 것은 구체적으로 무엇인가?

4. 발머의 계열은
   a. 유명한 프로 골프선수 아놀드 발머의 이름을 딴 시합이다.
   b. 수소 원자에서 방출되는 자외선 영역의 전자기파 스펙트럼이다.
   c. 수소 원자에서 방출되는 가시광선 영역의 전자기파 스펙트럼이다.
   d. 수소 원자의 더 높은 전자 궤도에서 $n = 3$인 궤도로 전자가 떨어지며 방출되는 전자기파 스펙트럼이다.
5. (참 혹은 거짓) 주기율표상의 모든 원소의 화학적인 성질은 그 원자의 기저 상태에서의 전자 배열과 관계가 있다.

정답: 1. 방출: a, e, 흡수: b, c, d 2. a, b, d, e, c 3. 동일한 양자 상태에 있는 전자 4. c 5. 참

10.7 X-선 스펙트럼

수소에 의해 생성되는 스펙트럼을 설명하는 데 양자역학에 의해 개선된 보어의 원자 모형이 큰 성공을 거둔 것을 보았다. X-선의 연구와 연관된 보어 원자의 또 다른 업적이 등장했다. 보어가 그의 모형을 발표한 직후, 미국의 젊은 물리학자 모즐리(H. G. J. Moseley)가 이를 X-선의 특성 스펙트럼을 설명하는 데 이용했다.

8.5절에서 X-선이 어떻게 생성되는지에 대해 설명했다. 전자가 고속으로 가속되어 금속 표면에 충돌한다(그림 8.34). 파장마다 세기가 다른 X-선 띠가 방출된다. 그림 10.33은 텅스텐(W)과 몰리브덴(Mo) 원소를 표적으로 사용했을 때 나오는 X-선의 스펙트럼을 보여준다. 이 도표는 파장별 세기를 나타내는 흑체 복사 곡선과 비슷하다. 대부분의 X-선은 전자가 표적과 충돌하여 급속하게 감속하면서

생성된다. (이것이 가속되는 전하가 전자기파를 방출한다는 맥스웰의 발견의 한 예이다.) 이 제동복사는 넓은 파장 범위를 포함하는 매끄러운 스펙트럼이다. 여러 원소들의 제동복사 스펙트럼은 거의 흡사하다. 그러나 몰리브덴 표적에 대한 두 개의 뾰족한 최고점은 독특하며 원소의 특성 스펙트럼으로 여겨진다. 원소가 다르면 특성 스펙트럼의 최고점이 다른 파장에서 보인다.

모즐리는 여러 원소들의 특성 X-선 스펙트럼을 비교하여 최고점의 진동수와 원소의 원자번호 사이의 단순한 관계를 발견했다. 각 최고점에 대해 원소의 원자번호별 진동수의 제곱근을 나타내는 그래프는 직선이다(그림 10.34). 이것은 원자번호를 밝혀내 미지 물질을 규명할 수 있게 함으로써 매우 실용적인 발견이 되었다. 그는 그저 특성 X-선 최고점의 파장을 확인하고 도표를 사용하기만 하면 되었다. 이 방법은 프로메튬(원자번호 61)과 하프늄(원자번호 72)을 포함한 몇몇의 새로운 원소를 발견하는 데 핵심 요소였다.

보어가 그의 원자 모형을 개발한 후 곧 모즐리(그림 10.35)는 특성 X-선이 수소의 방출선과 매우 흡사하다는 것을 깨달았다. 그는 가장 안쪽에 있는 전자 중의 하나가 다른 궤도(에너지 준위)로 도약할 때 X-선이 생성된다는 것을 보였다. 원소가 다르면 전자 에너지 준위도 다르므로 X-선 최고점을 나타내는 파장도 다르다. 특히, 원자번호가 높은 원자는 핵 안에 더 많은 양성자를 가지므로 안쪽의 전자를 더욱 단단히 속박한다.

모즐리는 원소의 X-선 스펙트럼을 설명하기 위해 다음과 같은 가설을 제안했다. 만약 충돌하는 전자가 예를 들어, 몰리브덴 원자와 충돌할 때 $n = 1$인 준위의 전자가 탈출하면, 위쪽의 준위에 있는 전자가 폭포수처럼 떨어져 빈 공간을 채우면서 광자가 방출된다. $n = 2$에서 $n = 1$로 전이할 때 진동수가 가장 낮은 (파장이 가장 긴) X-선 광자가 나온다. 가장 낮은 에너지 준위를 X-선 실험자들은 "K shell"이라고 불렀기 때문에 이것을 K_α(K-알파) 최고점이라고 한다. 전자가 $n = 3$에서 $n = 1$로 내려오면서 K_β(K-베타) 최고점에 해당하는 광자를 방출한

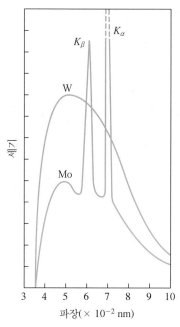

그림 10.33 35,000 eV의 에너지를 가지는 전자가 텅스텐(W)과 몰리브덴(Mo) 원소 표적에 충돌하여 생성된 X-선 스펙트럼. 제동 복사 과정에 의해 생성되는 텅스텐의 스펙트럼은 넓은 파장 범위를 가지는 연속 스펙트럼이다. 몰리브덴의 스펙트럼은 두 개의 매우 뾰족한 특성 최고점을 포함한다.

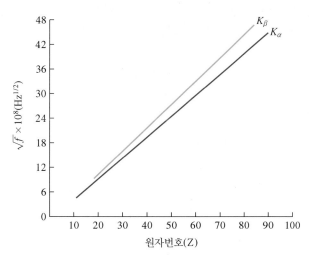

그림 10.34 모즐리의 도표는 두 개의 특성 X-선의 최고점의 진동수의 제곱근과 방출하는 원소의 원자번호(Z)의 관계를 보여준다.

그림 10.35 H. G. J. 모즐리(1887~1915)의 X-선 스펙트럼에 대한 연구는 보어의 원자 모형을 증명하는 또 다른 증거가 되었다. 그의 업적에도 불구하고 그는 1차대전 중 젊은 나이에 전사하였다.

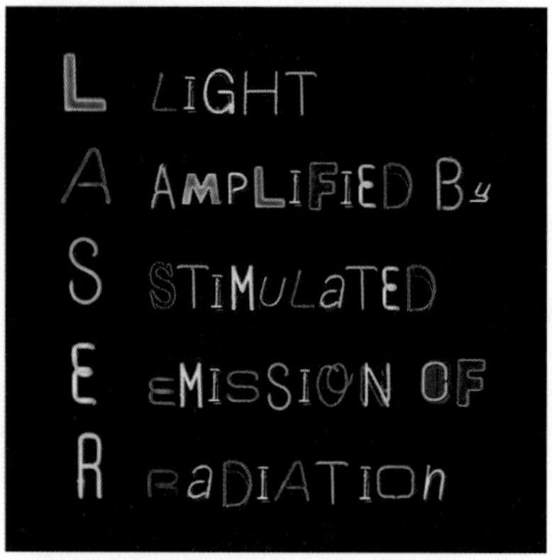

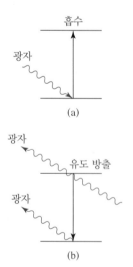

그림 10.36 레이저의 의미.

다. K_α와 K_β는 수소의 라이먼 계열에서 진동수가 가장 낮은 두 선과 일치하는 것에 주목하자.

이것을 이해하면 무거운 원소의 특성 X-선을 생성하는 데 왜 고속 전자가 필요한지 알 수 있다. 안쪽의 전자는 너무 단단히 속박되어 있어 탈출시키기 위해서는 매우 큰 에너지가 필요하다.

10.8 레이저

레이저(laser)는 "복사선의 유도 방출에 의한 빛의 증폭(light amplification by stimulated emission of radiation)"이라는 문장의 앞글자들로 만든 약어이다(그림 10.36). 이 문장을 한 번에 하나씩 검토함으로써 레이저가 어떻게 작동하는지 설명할 것이다. 이렇게 해서 원자구조 이론이 실용적으로 적용되면서 현대생활의 거의 모든 면에 영향을 주게 되는 과정의 또 다른 예를 알게 될 것이다.

원자 안에 있는 전자가 충돌하거나 특정 에너지 E를 가지는 광자를 흡수함으로써 높은 에너지 준위로 들뜨게 되었다고 가정하자. 일반적으로, 전자는 약 10억 분의 1초의 아주 짧은 시간 동안만 들뜬 상태로 있다가 낮은 에너지 준위로 돌아간다. 보통 충돌이 드문 낮은 밀도의 기체의 경우 자발적으로 낮은 상태로 이동하면 광자는 무작위적인 방향으로 방출된다.

그러나 전자는 동일한 에너지 E를 가지는 다른 광자가 건드리면 원래 준위로 돌아가도록 유도된다(그림 10.37). 원자 안의 전자들이 동일한 들뜬 상태에 있을 때, 에너지 E를 가지는 광자들로 이루어진 빛을 "쪼여주면", 원자들은 동일한 에너지 E를 가지는 광자들을 추가적으로 방출하면서 낮은 에너지 상태로 내려온다. 이 과정에서 복사가 지나가는 부분에 있는 원자들에 의한 유도방출의 결과로 빛의 세기가 증가(증폭)된다. 이렇게 레이저가 만들어진다.

이 증폭을 성취하려면, 먼저 유도하는 복사가 지나가는 원자들의 대부분이 동일한 들뜬 상태에 있도록 해야만 한다. 그렇지 않으면 들뜨지 않은 원자가 곧 복사를 흡수할 것이다. 들뜬 원자는 보통은 오래 머무르지 않기 때문에 이것이 쉬운 상황은 아니다.

많은 원자가 준안정 상태라고 부르는 들뜬 상태를 가지기 때문에 문제는 해결될 수 있다. 전자는 자발적으로 낮은 상태로 이동하기 전에 상대적으로 긴 시간 동안(10억분의 1초가 아닌 1,000분의 1초) 준안정 상태에 머물려는 경향이 있다. 반 이상의 원자들이 높은 상태로 올라가는 동안, 이미 들뜬 원자들은 도로 내려가지 않는다. "펌핑"이라고 하는 이 과정을 통해 대부분의 원자들은 동일한 준안정 상태에 있을 수 있다. 보통의 경우와 반대로 낮은 에너지 준위보다 높은 에너지 준위에 있는 전자를 가지는 원자가 많기 때문에 이 조건을 밀도 반전이라고 한다. 이 조건은 레이저 빛을 발생하기 위해 반드시 필요하다.

특정 에너지의 광자를 밀도 반전된 원자에 쪼여주면, 연쇄반응이 일어나 입사

그림 10.37 유도 방출. (a) 광자 흡수는 전자를 들뜬 상태에 있게 한다. (b) 동일한 에너지를 가지는 광자는 들뜬 원자가 가장 낮은 준위로 돌아가도록 유도하여 동일한 광자를 방출한다.

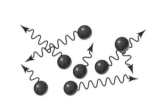

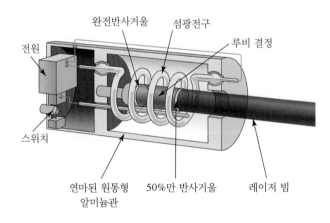

그림 10.38 (a) 보통의 전구와 같이 결맞지 않는 광원에 있는 들뜬 원자는 개별적으로 광자를 방출한다. 방출된 빛의 진행 방향과 상대적 위상은 무질서하다. (b) 레이저에 있는 들뜬 원자들은 결맞는 빛을 방출한다. 유도방출에 의해 만들어진 광자들은 서로 위상이 같고 동일한 방향으로 진행한다.

(a)
들뜬 원자로부터 방출된 결맞지 않는 복사

(b)
들뜬 원자로부터 방출된 결맞는 복사

하는 빛이 크게 증폭된다. 광자 하나가 또 다른 동일한 광자를 방출하도록 유도하고, 이 광자 두 개는 또 다른 광자 두 개가 방출하도록 유도하며, 이 광자 네 개는 또 다른 광자 네 개가 방출하도록 유도한다. 결국 동일한 진동수(색)를 가지는 한 무더기의 광자가 만들어진다. 이 빛은 단색이다. 이 증폭 과정을 거치면 단일 파장을 가진 매우 높은 세기의 빛을 만들어낼 수 있다.

레이저 빛은 강하고 단색일 뿐만 아니라, 추가적으로 간섭이라는 아주 유용한 특성을 가진다. 이것은 유도하는 복사와 추가적으로 방출되는 레이저 복사의 위상이 같아져 결맞는 상태가 되기 때문이다. 전자기파의 마루와 골이 모든 점에서 일치한다(그림 10.38b). 백열전구와 같은 보통의 광원은 들뜬 원자들이 서로 개별적인 복사를 하기 때문에 위상이 서로 맞지 않는 결맞지 않는 빛을 방출한다. 이 경우에 방출되는 광자들은 개별적인 짧은 "파동 열"로 여겨지며 서로 간에 일정한 위상관계가 없다(그림 10.38a). 반대로, 들뜬 원자에서 유도 방출된 복사는 유도하는 복사와 위상이 맞는 광자를 생성한다. 레이저 빛의 결맞음은 강한 빛을 만드는 데 기여한다. 레이저와 같은 결맞는 광원은 간섭무늬와 홀로그램을 만드는 데 중요하다.

루비 레이저는 전문적인 과학적 적용 외에는 널리 사용되지는 않지만, 개념이 단순하여 여러 형태의 레이저의 중요한 설계 특성을 설명하는 데 사용된다. 그림 10.39는 이 장치의 개념도를 나타낸다. 루비 실린더의 끝은 연마되고 은도금이 되어 거울 같으며 투과도가 1~2% 정도이다. 루비 실린더는 몇몇의 알루미늄 원자가 크롬 원자로 대체된 산화알루미늄(Al_2O_3)으로 이루어진다. 레이저 효과(lasing effect)를 내게 하는 것은 크롬 원자이다. 실린더는 550 nm 파장의 초록색 빛의 섬광을 짧고 강렬하게 고속으로 잇따라낼 수 있는 섬광전구로 감싸져 있다. 크롬 원자는 이 섬광에 의한 광학적 펌핑이라는 과정을 통해 낮은 상태 E_0에서 상태 E로 들뜨게 된다. (고강도 섬광전구는 크롬 원자에 에너지를 "펌핑"한다.) 크롬 원자는 빠르게 자발적으로 E_0로 내

루비 레이저의 구성

완전반사거울   섬광전구
전원   루비 결정

스위치

연마된 원통형   50%만 반사거울   레이저 빔
알미늄관

그림 10.39 루비 레이저의 개념도. 고강도 섬광전구에 의해 펌핑하는 빛이 나온다. 유도하는 광자들은 양끝의 평행거울 사이에서 앞뒤로 반사되어 강한 빛이 된다. 레이저는 오른쪽 끝에 있는 빛을 부분적으로 투과시키는 반사체를 통과해 나간다. 이런 유형의 레이저는 루비 실린더가 과열되고 깨지는 것을 막기 위해 펄스 형태로 작동된다.

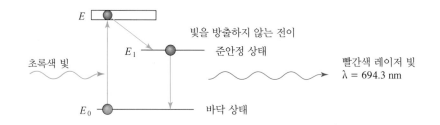

그림 10.40 루비 레이저에 이용되는 에너지 준위 전이. 크롬 원자가 초록색 펌핑 복사에 의해 들뜨게 된다. 그리고 준안정 상태로 전이된다. 준안정 준위로부터 유도된 방출로 빨간색 레이저 빛이 생성된다.

표 10.2 일반적인 레이저의 특성

능동 물질	파장(nm)	종류
불화 아르곤	193(UV)	펄스형
질소	337.1	펄스형
헬륨-카드뮴	441.6	연속형
아르곤	476.5, 488.0, 514.5	연속형
크립톤	476.2, 520.8, 568.2, 647.1	연속형
헬륨-네온	543.5, 632.8	연속형
로다민 6G 액체	570~650	펄스형
루비	694.3	펄스형
갈륨 아세나이드	780~904*(IR)	연속형
네오디뮴:야그	1,060*(IR)	펄스형
이산화탄소	10,600(IR)	연속형
*온도에 따라 변화		

려오거나, 어떤 경우에는 준안정 준위 E_1으로 가기도 한다(그림 10.40). 펌핑이 매우 강하면 대부분의 원자들은 억지로 상태 E_1으로 가게 되어 밀도반전이 일어난다. 그러다가 상태 E_1에 있는 몇몇 크롬 원자들이 E_0로 내려가면서 방출한 광자들이 다른 들뜬 크롬 원자들을 동일한 전이를 하도록 유도한다. 이 광자들이 실린더의 끝에 있는 거울에서 대부분의 광자들은 다시 안으로 반사된다. 반사된 광자들이 다시 반대 방향으로 이동하면서 더 많은 방출을 유도하고 증폭을 증가시킨다. 실린더를 따라 앞뒤로 진동하는 광자들의 일부가 은 도금된 실린더의 끝부분을 통해 투과되어 좁고 강한 결맞는 레이저를 발생한다. 루비 레이저에 의해 발생되는 이 빛은 파장이 694.3 nm인 빨간색을 띤다.

루비 레이저는 펄스형 고체 레이저의 한 예이다. 섬광전구가 한 번 터질 때마다 짧은 레이저 펄스 하나가 나오며 레이저 물질인 크롬 원자는 고체 막대에 분포되어 있다. 엔디야그[네오디뮴: 이트륨-알루미늄 석류석(Nd: Yag)] 레이저도 같은 종류이다. 또 하나의 일반적인 레이저는 기체 레이저이며 헬륨-네온(He-Ne) 레이저가 한 예이다. 이것의 레이저 물질은 헬륨 기체 15%와 네온 기체 85%의 혼합물이다. 대부분의 경우 네온 기체는 파장이 632.8 nm(빨간색)인 결맞는 빛을 내는데, 이는 헬륨 원자와 충돌하여 준안정 준위로 올라갔다가 유도 방출되는 것이다. 헬륨-네온 레이저는 파장이 543.5 nm인 초록색 빛을 내도록 설계할 수 있다. 헬륨-네온 레이저는 빛이 계속 나오는 연속형 레이저이다.

반도체 레이저는 때로는 다이오드 레이저라고도 불리는데 고체는 아니고 얇은 막의 적층으로 된 전자 소자라고 볼 수 있다. 소자에서 밀도 반전은 전기적인 방법으로 인접한 반도체 층에서 주로 GaAs 재질의 레이저 매질에 전하를 쏘아 줌으로써 이루어진다. 인접한 반도체 층을 피복(cladding)이라고도 부르는데 보통 레이저 매질에 비하여 낮은 굴절률을 가져 레이저 매질에서 방출되는 광자를 전반사를 통하여 조절한다. 레이저 빛은 아주 정교하게 홈이 파여진 반도체 결정을 통해 반사를 반복하며 증폭된다. 반도체 레이저는 통상 파장 750~880 nm 근적외선 영역에서 작동된다. 반도체 레이저는 현재 통신 산업 분야에서 활발하게 사용되는데 특히 장거리 통신은 반도체 레이저에 실린 신호가 광섬유 케이블을 타고 전달된다. 최근에 개발된 푸른색 레이저는 질화갈륨을 매질로 하는데 그 파장은 400 nm 정도로 짧은 파장은 그 해상도가 더욱 뛰어난다는 것을 의미하며 앞으로 데이터의 저장이나 인쇄 분야에 응용될 것이다.

또 다른 두 종류의 레이저로 액시머 레이저와 다이 레이저가 있다. 엑시머 레이저는 염소나 불소와 같이 반응성이 강한 가스와 아르곤, 크립톤이나 제논 같은 불활성 기체의 혼합물을 사용하는데 자외선 영역의 레이저이고, 다이 레이저는 복잡한 유기물을 용매에 녹인 형태 그 파장은 100 nm 정도로 조절이 가능하다. 표 10.2에 일반적인 레이저의 특성이 나와 있다.

물리 체험하기 10.5

지갑을 열고 그 속에 신용카드를 한 장 꺼내보자. 아주 오래전에 발급된 것이 아니라면, 틀림없이 한쪽에 약 2 cm 크기의 은빛 사각형의 홀로그램이 있을 것이다. 홀로그램을 아주 강한 불빛 아래서 자세하게 관찰해 보자. 빛이 비추는 방향에 대하여 좌우로 회전시켜보며 홀로그램의 색깔이 변하는지 또는 새나 지구 등 그 이미지가 변하는지를 본다. 어떤 홀로그램은 3차원 영상을 보이기도 하는데 이러한 홀로그램 영상은 카드를 위조하는 것을 어렵게 만드는 효과가 있다.

"광학적 응용"과 같이 홀로그램을 만드는 것은 레이저가 응용되는 수많은 분야 중 하나이다. 최근 레이저는 9.5절에서와 같이 라식과 같은 안과 수술이나 피부의 종양제거, 금속판의 정교한 절단, 핵융합반응, 거리의 측정, 광케이블을 통한 광

그림 10.41 레이저의 응용 분야. (a) 레이저 용접. (b) 레이저 드릴링. (c) 레이저 수술. (d) 레이저 가격 스캔.

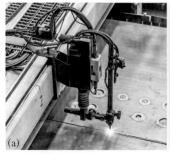

통신, 데이터의 저장이나 영화의 재생, 슈퍼마켓에서 물건의 값을 읽어 들이는데
도(그림 10.41) 응용이 된다. 이러한 모든 응용기기에 사용되는 레이저는 모두 동
일한 물리적인 원리에 의해 작동되는데 그것은 바로 원자의 구조에 대한 완전한
이해를 바탕으로 한 것이다.

1. (참 혹은 거짓) X-선은 전자가 반드시 허용된 궤도로 떨어질 때만 방울된다.

2. 다음 기기들 중에서 레이저를 응용한 것이 아닌 것은?
   a. DVD 플레이어
   b. 슈퍼마켓의 가격 읽는 장치
   c. 광케이블을 이용한 통신장비
   d. 플라즈마 TV

3. 다음 방출되는 특성 K_α 복사의 진동수가 낮은 순위로 나열하라.
   a. 철(Z = 26)   b. 아연(Z = 30)
   c. 타이타늄(Z = 22)   d. 구리(Z = 29)

4. 다음 중 레이저의 작동과 관계가 없는 것은?
   a. 유도 방출   b. 밀도 반전
   c. 준안정 상태   d. 흑체 복사

5. _____ 은 레이저를 이용하여 3D 영상을 만드는 기술이다.

답 1. 거짓 2. d 3. c, a, d, b 4. d 5. 홀로그램

요약

양자 가설   19세기가 끝나갈 무렵, 이론 물리학자들은 특히 흑체 복사, 광전효과, 원자 스펙트럼과 관련된 실험 물리학의 발전으로 뉴턴과 맥스웰에 의해 규명된 고전 물리에 도전하는 혁명적인 새로운 개념을 받아들여야 했다. 세 가지 과정의 핵심 특성은 원자 수준의 물질들이 양자화되었다고 가정함으로써 설명되었다. 원자 진동자와 광자는 이들의 진동수에 맞는 에너지를 가진다.

광전효과와 광자   광전효과는 헤르츠(Heinrich Hertz)가 전자기파 실험 도중에 우연히 발견하였다. 빛이 금속 표면을 때려 전자가 튀어나오게 한다. 광전효과는 금속이 X-선, 자외선에 노출되었을 때 나타나는데, 몇몇 금속의 경우에는 높은 진동수의 가시광선에서도 나타난다. 1905년에 아인슈타인은 빛이 광자라 부르는 덩어리로 되어 있으며, 그 형태로 흡수되는 것이라고 제안했다. 진동하는 원자의 에너지가 양자화되듯이, 빛과 다른 전자기파도 같은 방식으로 양자화된다.

원자 스펙트럼   열로 인해 방출된 빛이 프리즘을 통과하면서 분산되어 연속 스펙트럼을 나타낸다. 농도가 낮은 기체를 유리관에 넣고 빛의 방출을 유도하면, 이 빛의 스펙트럼은 연속적이지 않고 오히려 따로 떨어져 있는 몇 개의 독립된 색선으로 구성된 방출 선스펙트럼이 보인다. 스펙트럼에 대한 연구, 즉 분광학은 범죄 수사와 천문학에서도 쓰일 정도이며 다양한 분야에서 화학

적 분석을 위한 유용한 도구가 되었다.

보어의 원자 모형   보어의 원자 모형에서의 전자는 각운동량이 양자화된 특정 궤도에 제한되어 있다. 광자는 전자가 바깥 궤도에서 안쪽 궤도로 뛰어내리거나 반대의 과정을 통해 방출되고 흡수된다. 보어 모형은 원자 스펙트럼의 원인을 성공적으로 설명하지만 두 가지 가설에 대해서는 설명하지 못했다. 보어의 원자 모형에서는 전자가 오직 특정 허용된 궤도에 있으며, 허용된 궤도 중 하나에 머무는 한 전자기파를 방출되지 않는다.

양자역학   1920년과 1930년대를 거치며 입자가 파동 특성을 가지는 것이 명확해지면서 양자역학 분야가 부상했다. 이로써 보어의 원자 모형의 개선이 가능해져서 원자 수준에서 물리학의 새로운 통계학적인 해석으로 이끌었다. 드브로이는 움직이는 입자와 관련된 원자 내의 파동이 입자의 운동량에 관련된 특정 파장을 가진다는 것을 발견했다. 이제 전자는 더 이상 단순히 아주 작은 입자가 아닌 핵을 둘러싸는 확률 "구름"으로 묘사된다.

원자 구조   드브로이와 하이젠베르크와 같은 양자 물리학자들의 연구를 기반으로 전자가 양자 에너지 준위를 점유한다는 새로운 원자 모형이 제안되었다. 파울리는 더 나아가 전자의 행동을 설명하기 위해 배타율을 제안했다.

X-선 스펙트럼   1931년을 시작으로 보어와 그의 동료들에 의해

제안된 원자이론이 널리 적용되었다. 처음 모형은 무거운 원소의 특성 X-선 스펙트럼을 설명하는 데 사용되었다. X-선을 만들려면 고속 원자가 필요하다. 안쪽에 있는 전자들은 매우 단단히 속박되어 있어서 이들을 몰아내기 위해서는 아주 큰 에너지가 필요하다. 전자폭포가 높은 에너지 상태에서 비어 있는 상태로 내려옴으로써 X-선의 선스펙트럼을 관찰할 수 있다.

레이저 상대적으로 수명이 긴 준안정 상태의 규명을 포함하여 네온과 크롬 같은 원소의 에너지 준위 구조의 수립은 레이저 체계의 발전에 있어서 중요한 역할을 해왔다. 레이저(laser)는 "복사선의 유도 방출에 의한 빛의 증폭(light amplification by stimu-lated emission of radiation)"이라는 문장으로부터 파생된 약어이다. 대부분의 원자들이 특정 준안정 준위로 펌핑되고, 그들을 떨어뜨리기 위해 광자를 "쪼여주면" 광자 방출이 증폭되어 레이저 안에 채워짐으로써 강하고 단색인 빛을 만든다.

핵심 개념

● 정의

흑체 복사 들어오는 모든 빛과 다른 전자기파를 흡수하는 가설적 물체. 이 물체가 방출하는 복사가 흑체 복사이다.

광전효과 전자기 복사로부터 흡수된 에너지에 의해 금속에서 전자가 방출되는 현상.

원자 스펙트럼 기화된 물질이 빛을 내어 분산될 때 만들어지는 특성 선스펙트럼. 관찰되는 스펙트럼 특성과 연관있는 광자들의 진동수는 전자 전이와 관계된 에너지 준위 간의 차이와 관련이 있다.

$$\Delta E = hf$$

양자화 가능한 허용된 값의 연속체가 아닌 오직 별개의 값을 가지도록 제한된 물리적 양. 예를 들어, 원자 진동자의 에너지는 플랑크 상수를 2π로 나눈 값이다.

광자 전자기 복사의 양자화된 단위. 광자의 에너지는 플랑크 상수와 복사의 진동수의 곱과 같다.

$$E = hf$$

연속 스펙트럼 색이 다음 색과 부드럽게 섞인 무지개 색의 연속적인 띠.

방출 선스펙트럼 몇 개의 고립된 개별 색선을 구성하는 띠.

보어 모형 다음 세 가지 원칙을 기반으로 하는 원자 모형.

1. 원자는 중심에 있는 핵과 핵 주위의 특정 궤도를 따라 움직이는 전자로 구성된 "태양계"의 축소 모형이다. 핵은 태양의 역할을, 전자는 행성의 역할을 한다.

2. 전자 궤도는 양자화되어 있다. 즉, 전자는 주어진 원자핵에 대해 오직 특정 궤도에만 존재한다. 각각의 허용된 궤도는 그것과 관련된 특정 에너지를 가지며 먼 궤도일수록 더 큰 에너지를 가진다. 전자는 안정 궤도에 있을 때는 에너지를 복사하지 않는다(빛을 방출하지 않는다).

3. 전자는 허용된 궤도에서 다른 궤도로 "도약" 할 수 있다. 전자가 낮은 에너지 궤도에서 높은 에너지 궤도로 도약하려면 반드시 두 궤도의 에너지 차이와 동일한 양의 에너지를 얻어야 한다. 높은 에너지 궤도에서 낮은 에너지 궤도로 떨어질 때, 전자는 해당되는 에너지를 잃는다.

이온화 에너지 전자가 여전히 양성자에 속박된 상태이면서도 가질 수 있는 최대 에너지.

흡수 스펙트럼 빛이 기체를 통과하여 특정 진동수에서의 빛의 세기의 감소로 만들어진 스펙트럼.

드브로이 파장 움직이는 입자와 연관된 특정 파장.

$$\lambda = \frac{h}{mv}$$

양자역학 원자 혹은 그 이하 수준의 입자의 행동을 설명하는 수학적 모형. 이 이론은 상상할 수 있는 한 가장 작은 수준에서 물질과 에너지가 양자화된다고 나타낸다.

에너지 준위 전자가 상태를 점유할 때 가지는 에너지에 의해 명시되는 원자 체계의 허용된 상태.

가장 낮은 허용된 에너지 준위를 바닥 상태라고 한다. 높은 에너지 상태를 들뜬 상태라고 한다. 에너지 준위 도표로 원자의 에너지 준위의 도표로 된 묘사를 볼 수 있다.

양자수 원자의 허용된 상태에 정해진 에너지를 결정하는 양의 정수.

● 원리

불확정성의 원리 전자의 위치와 운동량과 같은 물리적 요소의 쌍을 동시에 정밀하게 측정할 수 없다.

$$\Delta x \, \Delta mv \geq h$$

파울리의 배타율 두 개의 전자는 동시에 같은 양자 상태를 점유할 수 없다. 양자수 n으로 명시된 에너지 준위에 대한 전자의 최대 수는 $2n^2$이다.

(▶ 표시는 복습 질문을 나타낸 것이고, 답을 하기 위해서는 기본적인 이해만 있으면 된다는 것을 의미한다. 다른 것들은 지금까지 공부한 개념들을 종합하거나 확정해야 한다.)

1(1). ▶ 에너지가 "양자화"되었다는 것은 어떤 의미인가?

2(2). 자동차 주인이 일상적으로 사야하는 용품—휘발유, 기름, 부동액, 타이어, 점화 플러그 등—중에서 일반적으로 양자화된 단위로 판매되는 것은 무엇이고, 아닌 것은 무엇인가?

3(3). 돈을 양자화된 대상으로 사용하여 양자화 개념을 어린 아이들(동생, 조카 등)에게 어떻게 설명할 수 있는가?

4(4). ▶ 어떤 가정에 의해 플랑크는 흑체 복사의 특성들을 설명할 수 있었는가?

5. 차 안에 있는 흔한 두 조절기는 핸들과 라디오 채널 선정 다이얼이다. 어느 것이 양자화된 방식으로 조절하고 어느 것이 연속적인 방식으로 조절하는가?

6(6). ▶ 광자란 무엇인가? 광자의 에너지와 진동수와의 관계는 무엇인가? 파장과의 관계는?

7(7). ▶ 광전효과를 설명하라. 이 과정을 사용하는 장치들의 예를 들어 보라.

8(8). 자연이 갑자기 변하여 플랑크 상수가 훨씬 더 커진다면, 태양전지, 원자의 방출과 흡수 스펙트럼, 레이저 등에 어떤 효과를 줄 것인가?

9(9). 나트륨이 광전효과를 일으켜서 전자 하나는 보라색 빛의 광자 하나를 흡수하고 다른 전자는 자외선 빛의 광자 하나를 흡수한다면, 후에 두 전자는 어떻게 달라지는가?

10(10). 금속이 광전효과를 보이는 이유를 가장 쉽게 생각할 수 있는가? [힌트: 이 현상과 좋은 도체나 열전도체와의 관계를 아는가?]

11(11). 광전효과의 어느 특성을 광자의 개념 없이도 설명할 수 있는가? 이 현상의 어느 특성을 설명하기 위해 광자의 존재가 요구되는가?

12(12). 9장에서 상 형성에 대해 배운 것을 기반으로, 원본의 확대와 축소가 가능한 복사기의 설계 방법을 설명하라.

13(13). 태양광선이 에너지와 운동량을 가진 광자의 다발이라 생각하면, 해변에서 광자들이 우리 몸과 충돌할 때 반발력

을 느끼지 못하는 이유는 무엇인가?

14(14). ▶ 연속 스펙트럼과 방출 선스펙트럼의 차이는 무엇인가?

15(15). 수소와 네온의 혼합 기체를 빛을 낼 때까지 가열한다. 이 빛을 프리즘을 투과시켜 스크린에 투사할 때 어떻게 보일지 설명하라.

16(16). ▶ 보어 모형의 기본 가정은 무엇인가? 보어 모형이 수소와 같은 원소들의 방출 선스펙트럼을 어떻게 설명하는가?

17(17). ▶ 이온화라는 용어의 의미에 대해 논의하라. 원자가 이온화되기에 충분한 에너지를 얻는 방법 두 가지를 들어라.

18(18). ▶ 두 원소 수소와 헬륨의 방출 스펙트럼을 비교하라(그림 10.12). 어느 원소가 에너지가 큰 빨간색 빛의 광자를 방출하는가?

19(19). 천문학자가 지구로부터 고속으로 멀어져 가면서 빛을 내는 기체 수소의 방출 스펙트럼을 조사하여 지상의 실험실 안의 수소 스펙트럼과 비교한다면, 두 광원 스펙트럼의 차이는 무엇인가? (이 문제의 답을 구하는 데 도움이 필요하면 6.2절을 보라.)

20(20). 허블 우주 망원경으로 본 별빛의 스펙트럼과 지상 망원경으로 본 동일한 별빛의 스펙트럼이 다르다. 그 이유를 설명하라.

21(21). 고에너지 광자는 자유전자와 충돌하여 에너지의 일부를 줄 수 있다. (컴프턴 효과) 광자의 에너지, 진동수, 파장은 충돌에 의해 얼마나 영향을 받는가?

22(22). ▶ 드브로이 파장이란 무엇인가? 전자의 속도가 증가하면 드브로이 파장은 어떻게 되는가?

23(23). ▶ 전자와 양성자가 같은 속도로 움직이고 있다. 어느 쪽의 드브로이 파장이 더 긴가? (이 책 뒤의 주기율표에 있는 유용한 정보가 필요할지 모른다.)

24(24). ▶ 전자 현미경에서 전자는 광학 현미경의 빛과 동일한 역할을 한다. 어떻게 이것이 가능한가?

25(25). ▶ 불확정성 원리란 무엇인가?

26(26). 보어의 원자 모형은 왜 하이젠베르크의 불확정성 원리

와 일치하지 않는지 설명하라.

27(27). ▶ 수소 원자가 "바닥 상태"에 있다는 말은 어떤 의미인가?

28(28). ▶ 수소 원자가 두 번째 들뜬 상태($n = 3$)로 전이할 때 바닥 상태에 있는 전자는 왜 어떤 에너지를 가진 광자라도 흡수할 수는 없는지 설명하라.

29(29). 이온화된, 즉 전자 하나를 잃은 수소에서 나오는 스펙트럼을 설명하라.

30(30). ▶ 바닥 상태에 있는 수소 원자를 이온화시킨 광자의 에너지는 첫 번째 들뜬 상태($n = 2$)에 있는 수소 원자를 이온화시킨 광자의 에너지보다 큰가, 작은가, 같은가? 설명하라.

31(31). 그림 10.3의 양자화된 고양이의 에너지 준위 도표는 어떤 모양인가?

32(32). ▶ 수소 원자의 라이먼 계열 방출선은 전자기파 스펙트럼 중 어디에 해당하는가? 발머 계열은? 파셴 계열은? 각 계열들이 어떻게 나오는지 설명하라. 각 계열들에서 전자는 최종적으로 어떤 상태로 전이하는가?

33(33). 방사성 스트론튬(Sr)은 섭취한 사람의 뼈에 모인다. 스트론튬이 화학적으로 칼슘(Ca)과 같은 작용을 해서 칼슘이 주성분인 뼈에 흡착된다고 하는데 그 이유는 무엇인가?

34(34). ▶ 무거운 원소의 전형적인 X-선 스펙트럼은 두 부분으로 되어 있는데 무엇이며 어떻게 만들어지는가?

35(35). ▶ 구리(Cu)의 X-선 스펙트럼의 K_α선의 진동수는 텅스텐(W)의 K_α선의 진동수보다 높은가? 낮은가? 설명하라.

36(36). ▶ 무거운 원자의 특성 X-선 스펙트럼을 설명하는데 보어 모형이 어떻게 사용되는지 설명하라.

37(37). ▶ 단어 레이저의 어원은 무엇인가?

38(38). ▶ 레이저와 보통의 전구가 내는 빛과의 차이를 가능한 한 많은 방법으로 설명하라.

39(39). ▶ 준안정 상태와 원자의 일반적인 에너지 상태와의 차이를 설명하라. 레이저 시스템에서 준안정 상태의 역할에 대해 논의하라.

40(40). ▶ 밀도반전이라는 용어의 의미를 정의하라. 레이저 시스템이 성공적으로 기능하려면 왜 이 조건이 충족되어야 하는가?

41(41). ▶ 펄스형 루비 레이저의 작동을 설명하라.

42(42). 물리학자가 노란색 빛으로 펌프하면 자외선을 내는 레이저를 발명했다는 말을 들었다. 이 주장에 왜 의문이 드는지 설명하라.

연습 문제

1(1). 진동수가 1×10^{16} Hz인 광자의 에너지를 구하라.

2(2). 주위의 물체들은 파장 9.9×10^{-6} m가 포함된 적외선을 낸다. 광자의 에너지를 구하라.

3(3). 에너지가 9.5×10^{-25} J인 광자는 전자기파 스펙트럼의 어느 부분에 있는가? 에너지는 전자볼트로는 얼마인가?

4(4). 감마선은 고에너지 광자다. 어떤 핵반응에서 에너지가 0.511 MeV(백만 전자볼트)인 감마선이 나온다. 이 광자의 진동수를 구하라.

5(5). TV 스크린 후면에 도달하는 전자는 약 8×10^7 m/s의 속도로 이동한다. 드브로이 파장을 구하라.

6(6). 전형적인 현미경에서 전자의 운동량은 약 1.6×10^{-22} kg-m/s이다. 전자의 드브로이 파장을 구하라.

7(7). 어떤 실험에서 전자의 드브로이 파장이 빨간색 빛의 파장과 동일하게 670 nm $= 6.7 \times 10^{-7}$ m이다. 전자의 속도를 구하라.

8(8). 양성자가 TV 브라운관 속의 전자와 동일한 속도로 이동(연습 문제 5번 참조)한다면 드브로이 파장은 얼마인가? 양성자의 질량은 1.67×10^{-27} kg이다.

9(9). a) 수소 원자의 전자가 $n = 4$인 준위에 있다. 보어 모형에서 전자의 궤도 반지름은 0.847 nm이다. 이 상황에서 전자의 드브로이 파장을 구하라.
b) 그 궤도에 있는 전자의 운동량 mv를 구하라.

10(10). a) 질량이 0.06 kg인 작은 공이 3.0 m/s의 속도로 반지름 0.5 m인 원형 궤도를 따라 움직인다. 공의 각운동량을 구하라.
b) 이 공의 각운동량이 보어 원자 모형의 전자와 같은 방식으로 양자화되었을 때 양자수의 근사적인 값을 구하라.

11(11). 수소 원자의 전자가 $n = 2$인 상태에 있다.

a) 이 준위의 원자가 이온화되려면 얼마의 에너지를 흡수해야 하는가?

b) 이 결과를 낼 수 있는 광자의 진동수를 구하라.

12(12). 수소 원자가 처음에 $n = 3$인 준위에 있다가 광자를 방출하고 바닥 상태로 떨어진다.

a) 방출된 광자의 에너지를 구하라.

b) 이 원자가 광자를 흡수하고 $n = 3$인 상태로 돌아가려고 할 때 이 광자의 에너지를 구하라.

13(13). 다음은 칸사시움(Ks)이라는 특별히 단순한 가상의 원소의 에너지 준위 도표이다. 화살표를 사용하여 이 원자가 광자를 방출할 수 있도록 허용된 모든 전이를 표시하고 광자의 진동수를 높은 순서로 정리하라.

그림 10.42

14(14). 중성 칼슘 원자($Z = 20$)가 바닥 상태의 전자 배열을 가진다. $n = 3$인 준위에는 몇 개의 전자가 있는가? 이유를 설명하라.

15(15). 중성 아연 원자에는 30개의 전자가 있다. 이 숫자의 전자가 바닥 상태의 배열을 가지려면 몇 개의 기본 에너지 준위가 필요한가? 즉, 아연 30개의 전자가 파울리의 배타율에 어긋나지 않으면서 가능한 한 최소의 양자 에너지를 가지는 데 필요한 n의 최솟값을 구하라.

16(16). 그림 10.33을 보면, Mo와 W의 제동복사 X-선 스펙트럼은 둘 다 0.035 nm에서 세기가 영이다. 이 파장의 X-선

은 전자가 한 번 충돌하고서 곧 정지하여 모든 에너지를 전자기파의 형태로 낼 때 나온다. 35,000 eV의 에너지를 가진 전자가 이 과정에서 0.035 nm의 파장의 X-선을 내는 것을 확인하라.

17(17). 구리의 특성선 K_α와 K_β의 파장은 각각 0.154 nm와 0.139 nm이다. 이 선들의 생성과 관련된 구리 준위들 사이의 에너지 차의 비율을 구하라.

18(18). 그림 10.34를 보면, 원자번호 Z는 $f^{\frac{1}{2}}$에 비례 또는 Z^2은 f에 비례한다. 특성 X-선의 진동수는 X-선 광자의 에너지에 비례하므로 ΔE, 즉 원자 준위의 에너지의 척도는 Z^2이라는 결론에 이른다. 이 분석에 의하면(그리고 핵의 질량에 의한 오차를 무시하면), 헬륨($Z = 2$)의 바닥 상태 에너지는 수소($Z = 1$)에 비해 얼마나 더 큰가? 나트륨($Z = 11$)과 수소의 바닥 상태 에너지에 대해서도 비교하라.

19(19). 몰리브데늄에서 나온 특성 X-선의 파장은 0.072 nm이다. 이 X-선 광자 하나의 에너지를 구하라.

20(20). 헬륨-네온 레이저에서 파장이 632.8 nm인 빨간색 빛을 내는 두 준위 사이의 에너지 차를 구하라.

21(21). 이산화탄소 레이저는 개발된 것 중 가장 강력한 종류 중 하나이다. 두 준위 사이의 에너지 차는 0.117 eV이다.

a) 이 레이저가 내는 빛의 진동수를 구하라.

b) 이 빛은 전자기파 스펙트럼의 어느 부분인가?

22(22). 바닥 상태에 있는 수소 원자에 입자를 충돌시키면, 원자는 위의 상태 중 하나로 들뜬다. 이렇게 되기 위해 입사하는 입자가 가져야 할 최소 운동 에너지를 구하라.

23(23). a) 다음 중 어느 원소가 진동수가 가장 높은 K-각 X-선 광자를 내는가?

b) 다음 중 어느 원소가 진동수가 가장 낮은 K-각 X-선 광자를 내는가?

　i) 은(Ag)　　　　iii) 이리듐(Ir)

　ii) 칼슘(Ca)　　　iv) 주석(Sn)

11장

핵물리학

이온화 타입 화재 감지기.

Peter Mukherjee/Getty Images

방사능 감지기

어느 집에나 방사능 장치가 하나쯤은 있다. 그것은 바로 당신의 생명과 집을 지키는 역할을 하는 화재 감지기이다. 그것은 이미 수십 년 전부터 건물 내에서 연기와 같은 아주 작은 입자를 감지하여 화재경보를 울려주고 있다. 물론 감지기는 전기로 작동하는 기기이지만 그 내부에는 작은 양의 방사능 물질이 들어있다.

화재 감지기의 중요한 부분은 공기가 통하도록 되어 있는 원통형 챔버이다. 챔버 내 공기 중에는 끊임없이 이온이 발생하고 있는데 이 이온은 배터리에 의해 작은 전류로 만들어지고 전기회로에 의해 감지된다.

만일 연기 입자가 감지기 챔버 안으로 들어오게 되면 이온들이 여기에 흡착되고 전류는 크기가 감소하게 되고 경

보가 울리는 것이다. 감지기는 매우 민감해서 토스트나 또는 조리 중인 음식이 타는 연기를 즉각 감지하여 사람들을 깜짝 놀라게도 한다.

감지기의 챔버 안에서 지속적으로 만들어지는 이온은 바로 감지기 내의 방사능 물질의 붕괴로 방출되는 방사선이 공기 중의 질소나 산소분자와 충돌하여 만드는 것이다. 방사능 물질의 붕괴가 바로 이 장에서 다루려고 하는 핵심 주제이다. 나아가 어떻게 핵분열이나 핵융합 반응을 통해 막대한 에너지가 방출되는지도 알아보고자 한다.

11.1 원자핵

상상도 할 수 없을 만큼 작으면서 밀도가 높은 핵은 원자의 가장 중앙에 위치한다. 원자의 질량 99.9% 이상을 바로 핵이 차지하고 있는데, 이는 원자 전체 부피의 1조분의 1인 크기에 약 $2 \times 10^{17}\,kg/m^3$의 밀도로 압축되어 있다. 이 핵의 밀도는 물의 밀도보다 2×10^{14}배이며, 만약 원자를 $2{,}000\,ft (= 600\,m)$ 만큼 크게 확대한다면 핵은 콩만한 크기에 해당된다. 핵은 화학적 및 열적 과정에 영향을 받지 않지만 에너지로 가득 차 있다. 이 에너지는 예를 들어 별이나 태양이 빛을 낼 수 있는 원동력이다.

핵은 두 가지 종류의 입자, 즉 양성자와 중성자로 구성되어 있다. 핵을 구성하는 이 입자들은 전자 질량의 1,840배에 해당하는 값을 가지며 둘의 질량는 거의 같다. 그러나 여기서 취급되는 질량의 값은 매우 작기 때문에 편리를 위해 이 입자들을 위한 질량 단위를 새롭게 도입할 필요가 있으며 이것이 바로 원자질량(atomic mass, u)이라

양성자

 중성자

그림 11.1 헬륨 원자의 가능한 서로 다른 핵. 모든 핵은 양성자 두 개를 가지고 있으나, 중성자 수는 변할 수 있다. 핵 주위의 궤도에 있는 전자는 보이지 않았다. 그림에 보이는 크기로 전자의 궤도를 그리면 그 반경이 약 305 m 정도일 것이다.

표 11.1 원자에 있는 입자들의 특성

입자	질량	전하
전자	9.109×10^{-31} kg = 0.00055 u	-1.602×10^{-19} C
양성자	1.67262×10^{-27} kg = 1.00730 u	1.602×10^{-19} C
중성자	1.67493×10^{-27} kg = 1.00869 u	0

고 한다.

$$1 \text{ u} = 1.66 \times 10^{-27} \text{ kg}$$

이 단위를 사용한다면 양성자와 중성자는 각각 약 1 u의 질량을 가지고 있다. 양성자는 양의 전하를 가지고 있고, 중성자는 전하가 없는 중성의 성질을 띠고 있다(표 11.1). 핵에 들어 있는 양성자의 수는 그 원자의 **원자번호**(atomic number) Z와 같다. 수소 원자(Z = 1)의 핵에는 양성자 한 개가 있으며, 헬륨 원자(Z = 2)의 핵에는 2, 산소 원자(Z = 8)의 핵에는 양성자 여덟 개가 들어 있다. 이 숫자는 원자의 정체성을 결정한다.

한편 전기적으로 중성인 중성자는 원자의 특성에 큰 영향을 주지 않으나, 원자 질량에는 주요 역할을 한다. 실제로 같은 종류의 원소에서 원자핵에 들어 있는 양성자의 수는 같지만 중성자의 수는 변할 수 있다. 예를 들면, 헬륨 원자는 일반적으로 두 개의 양성자와 두 개의 중성자를 가지고 있는데, 어떤 경우에는 양성자 두 개와 중성자 한 개 혹은 양성자 두 개와 중성자 세 개, 네 개, 심지어 여섯 개를 가지고 있을 수 있다(그림 11.1). 그러나 각각 모두 헬륨 원자이며 유일한 차이는 질량이다. 따라서 핵에 들어 있는 **중성자의 수**(neutron number)를 정의할 필요가 있다.

이것을 중성자번호(보통 N이라고 둠)라고 한다. 모든 헬륨 원자에 대해서는 Z = 2이지만, N은 1, 2, 3, 4 혹은 6이 될 수 있다.

원자의 질량은 그 핵 내에 양성자와 중성자가 몇 개 들어 있느냐에 따라 결정된다. 전자는 그 질량이 매우 가볍기 때문에 전체 질량에는 무시할 수 있을 정도이다. 따라서 각 핵에 제3의 수, 즉 **질량번호**(mass number, 혹은 질량수)를 정의하는 것이 유용하다.

질량번호는 보통 A로 표시하는데 원자번호(양성자 수)와 중성자번호(중성자 수)를 합한 것과 같다.

$$A = Z + N$$

원자번호가 핵의 전기 성질을 알려주는 것처럼 이 질량번호는 원소의 질량을 알려준다. 양성자와 중성자는 통칭하여 **핵자**(nucleons)라고 하는데, 원자의 질량번호는 핵 내에 있는 핵자의 전체 개수와 같다. 헬륨의 가능한 질량번호는 A = 3, 4, 5, 6, 8인데, 이들을 헬륨의 **동위원소**(isotope)라고 한다.

한 원소의 각각 다른 동위 원소들은 같은 원자 성질을 가지고 있다. 즉, 원자의

중성자번호(N)
핵에 들어 있는 중성자의 수

질량번호(Z)
핵에 들어 있는 양성자와 중성자의 전체 수

동위원소
한 원소의 동위원소란 핵 내에 양성자 수는 같지만 중성자 수가 다른 경우의 원소들을 말한다.

특성은 원자번호 Z에 의해 결정된다. 예를 들어 우리 몸에 있는 탄소 원자는 여섯 개의 양성자와 여섯 개의 중성자가 핵에 있지만, 예외로 몇몇의 탄소원자들은 7, 8개의 중성자를 핵에 가지고 있는 소위 동위원소들이 있다. 이 세 종류의 탄소원자들은 화학적인 특성에 관한 한(예를 들면, 연소할 때 등) 거의 완벽하게 같은 성질을 띠고 있다. 그러나 서로 다른 동위원소들은 핵의 특성에서는 매우 다른 성질을 가지고 있다. 예를 들어 대부분의 원자력 발전소들은 우라늄-235(질량번호 $A = 235$)를 분열시켜 에너지를 생산하지만, 우라늄-238은 사용되지 않는다.

우리가 알고 있는 118 종류의 원소(혹은 원자)는 대부분 동위원소들을 가지고 있다. 이 중에서 일부는 몇 개 정도의 동위원소를 가지고 있으나(예를 들면, 수소는 세 개 있음) 또 다른 일부는 무려 20개가 넘게 동위원소를 가지고 있는 경우도 있다(요오드, 은, 수은 등). 지금까지 3100개 이상의 동위원소들이 발견되었으며, 이 중에서 340개 정도는 자연적으로 생성되지만, 나머지 동위원소들은 인공적으로, 예를 들면 핵폭발과 같은 과정에서 생산된다. 이 동위원소들 중에서 256개만 긴 수명을 가지고 있고, 나머지 2800여 개는 불안정한 상태이다. 이 불안정한 동위원소들의 핵은 방사능 붕괴라는 과정을 거쳐 다른 성질을 가진 핵으로 변한다.

한 원소에 속하는 동위원소들은 질량번호에 의해 구별된다. 널리 알려진 헬륨 동위원소는 $A = 4 (Z = 2, N = 2)$를 가지고 있는데 헬륨-4라고 불린다. 다른 헬륨 동위원소들은 헬륨-3, 헬륨-5, 헬륨-6 그리고 헬륨-8이 있다. 탄소의 세 개 동위원소 경우에는 우리 몸에 있는 탄소 동위원소는 탄소-12, 탄소-13 그리고 탄소-14가 있다. 수소의 동위원소 중에서 두 개의 동위원소는 특별한 이름을 갖고 있는데, 수소-2는 중수소라고 하고, 수소-3은 삼중수소라고 한다.

얼리거나, 끓이거나, 태우거나 혹은 압력을 가하는 등 여러 화학적 그리고 물리적인 과정에도 불구하고 원자의 핵은 변하지 않는다. 이러한 외부 요인들은 단지 원소의 전자와 관련된 힘에 대하여 그 영향을 받지만, 핵은 파괴 되지 않는다. 그러나 몇 가지의 핵 과정은 핵에 영향을 끼칠 수 있다. 핵은 양성자와 중성자를 잃거나 얻을 수 있으며, 감마선을 흡수 혹은 방출할 수 있을 뿐만 아니라, 작은 핵들로 분리 또는 합쳐질 수도 있다. 이런 과정들을 핵반응이라고 부른다. 몇몇은 자연적으로 일어날지도 모르나 대부분의 핵반응은 과학자들의 실험실에서 인위적으로 발생된다. 이번 장에서는 대부분 핵반응의 성질 그리고 그것들의 쓰임에 대해서 논할 것이다.

핵반응의 도표를 그릴 때 동위원소에 대해 특별한 기호를 사용하는데, 이 기호들은 그 원소의 화학적 기호에 아래첨자와 위첨자를 왼쪽에 넣는다. 아래첨자는 그 원자의 원자번호 Z 그리고 위첨자는 원자의 질량번호 A를 사용한다. 예를 들면,

$$\text{헬륨-4} \quad {}^{4}_{2}\text{He} \quad \text{탄소-14} \quad {}^{14}_{6}\text{C}$$

$$\text{탄소-12} \quad {}^{12}_{6}\text{C} \quad \text{우라늄-235} \quad {}^{235}_{92}\text{U}$$

이 두 개의 숫자들은 각 원소의 핵이 가진 질량과 전하를 나타낸다. 또한 중성자

번호 N은 A에서 Z를 빼줌으로써 알아낼 수 있다. 예를 들어 우라늄-235는 143개의 중성자를 가지고 있는데 235 − 92 = 143으로부터 계산된 값이다. 여기서 꼭 알아야 할 것은 화학기호와 아래첨자는 이 원소의 종류를 나타내기 때문에 이것은 언제나 일치되어야 한다. 예를 들면, 위첨자의 값과 상관없이 아래첨자가 6이라면 그 원소는 탄소이며 따라서 C로 표기하여야 한다.

이러한 표기는 어찌보면 과잉이다. 원자번호와 기호가 같은 정보를 주고 있다. 예를 들면 탄소-14의 경우 ^{14}C라고만 표기해도 사실 충분하다. 때로는 어떤 교과서는 간단히 이렇게 표기하기도 한다.

이 기호는 입자를 나타내는 데도 사용될 수가 있는데 중성자, 양성자 및 전자를 이 기호에 따라 표현한다면

$$\text{중성자} \quad {}^{1}_{0}n$$
$$\text{양성자} \quad {}^{1}_{1}p$$
$$\text{전자} \quad {}^{0}_{-1}e$$

전자 경우에선 질량번호를 0으로 둔다. 그 이유는 이미 설명한 바와 같이 전자의 질량이 다른 입자에 비해 워낙 작기 때문이다. 전자에 −1을 표시한 것은 그 전자는 양성자와 같은 크기의 전하를 가지고 있으나 그 값이 양성자에 비하여 음의 값이라는 것을 뜻한다.

그렇다면 양성자가 핵 내에서 어떻게 서로 밀어내지 않고 핵을 형성하느냐고 궁금할 것이다. 즉, 같은 종류의 전하를 가지는 물체는 서로 척력에 의하여 밀어내게 된다(쿨롱 법칙). 따라서 양성자끼리는 전기력 때문에 서로를 밀어내야 하고 결과적으로 핵과 같은 좁은 공간에 양전하를 가진 양성자는 공존할 수 없다. 그럼에도 불구하고 양성자 및 중성자가 좁은 공간에 서로 묶여 핵을 형성한다는 것은 위에서 언급한 전기적 척력보다 더 큰 힘이 이 핵자에 작용함으로써 양성자 및 중성자들을 같이 붙여 놓는다는 뜻이다. 이 새로운 힘을 강한 핵력(혹은 강력)이라고 하는데, 이 힘은 자연의 기본적인 네 가지 힘 중에 하나이다. (약한 핵력—혹은 약력—은 핵의 일부 과정에 관여할 수 있지만 핵을 형성하는 데는 기여하지 않는다. 좀 더 자세한 설명은 12장에서 함.) 이 강력은 핵들 사이에 서로 끌어당기는 인력인데, 이 힘이 핵에 있는 모든 양성자와 중성자들이 서로 끌어당기게 해준다. 한편 강력은 중력이나 전자기력에 비해 매우 특이한 성질을 가지고 있는데 그중 하나는 다른 힘들에 비해 무척 강하지만 매우 짧은 거리에서만 작용한다는 것이다. 핵 내의 핵자들이 3×10^{-15} m 정도 떨어져 있어도 그 크기가 상당히 약화되며, 10^{-14} m 이상 떨어져 있는 경우 거의 영이 된다. 한편 이와 같이 힘이 미치는 거리의 한계가 바로 안정적인 핵의 크기를 결정해 준다. 예를 들면 아주 큰 핵 중에서는(핵은 구 형태에 핵자들이 채워져 있다고 본다) 바깥부분에 있는 양성자와 그 반대편에 있는 양성자의 거리가 멀어 아주 아슬아슬하게 서로 끌어당기는 핵력을 미치는 경우가 있다. 이런 경우에는, 양성자들의 전기적 척력이 아주 중요한 영향을 미치는데 거리가 너무 멀어서 쿨롱 힘이 강력보다 크면 그 핵은 분리될 수

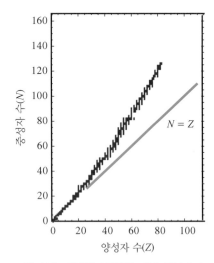

그림 11.2 안정한 동위원소 내에 양성자 수와 중성자 수를 보여주는 그림으로서, 조그마한 각각의 사각형은 안정한 동위원소를 나타낸다. 초록색 선은 같은 수의 양성자와 중성자를 가지는 핵의 경우에 대한 그래프이다. 이 그림에서 보여주듯이 핵이 커짐에 따라 안정한 핵의 경우 양성자 수보다 중성자 수가 더 많아짐을 보인다.

있다. 이러한 이유 때문에 우리가 알고 있는 안정된 동위원소 중에서 원자번호가 83 이상인 경우는 없다.

핵을 유지하는 핵력의 유효성에 관련된 중요한 요인은 바로 핵에 존재하는 양성자와 중성자의 수이다. 만약 양성자들에 비해 너무 많은 중성자들이 존재한다면, 이 핵은 불안전한 상태가 될 것이고, 이 반대로 중성자들에 비해 너무 많은 양성자들이 존재하더라도 이 핵은 불안정한 상태가 될 것이다. 예를 들어 탄소-12와 탄소-13은 아주 안정적인 원자이지만, 탄소-11과 탄소-14는 아주 불안정한 상태이다. 이 결과 안정적인 핵의 N과 Z의 비율은 원자번호가 작을 경우 1이며, 큰 핵의 경우는 약 1.5이다(그림 11.2). 예를 들면 아주 안정적인 동위원소인 납-208은 126개의 중성자와 82개의 양성자를 핵에 가지고 있다.

복습

1. $^{18}_{8}O$ 동위원소의 핵에 대한 설명 중 틀린 것은?
   a. 8개의 양성자가 있다.
   b. 18개의 핵자가 있다.
   c. 8개의 전자가 있다.
   d. 중성자가 10개 있다.

2. 한 원소의 동위원소는 핵 속에 같은 개수의 _____ 과 다른 개수의 _____ 을 가진다.

3. (참 혹은 거짓) 양성자는 핵 속에서 서로 가까이 있을 수 있다. 이는 매우 가까운 거리에서는 전기적 척력이 없어지기 때문이다.

11.2 방사능

방사능(radioactivity) 혹은 방사능 붕괴는 불안정한 핵이 입자나 전자기 방사선을 분출시키는 과정이다. 동위원소들 중에서 불안정한 핵은 **방사능 동위원소**(radioisotopes)라 불리는데 거의 대부분의 동위원소들이 방사능이다. 어디서 이 방사능이 나오는지에 관하여 그 논의를 잠시 접어두고, 어떻게 방사능이 발생하는지에 관하여 설명해 보겠다.

방사능이 처음 발견되었을 때, 방사선(nuclear radiation)은 X-선 형태와 비슷하다는 것을 알아냈다. 예를 들어 방사능은 X-선과 같이 사진 건판에 흔적을 남길 수 있다. 오래지 않아 과학자들은 세 종류의 방사선을 발견했는데 이들은 **알파**(alpha, α), **베타**(beta, β), **감마**(gamma, γ) **선**(radiation)이다. 알파선과 베타선은 아주 빠른 속도의 입자들로 구성되어 있으며, 이 알파선과 베타선은 전기장과 자기장에 의해서 운동 방향이 바뀔 수 있다(그림 11.3). 감마선은 아주 높은 주파수를 가지는 전자기파(높은 에너지를 가지고 있는 광자들)로 구성되어 있다. 그리고 불안정한 핵들이 방사능 붕괴를 할 때 붕괴되는 종류(붕괴 채널)가 여러 가지 있다고 알려졌다. 여기서는 문제를 간단히 하기 위하여 여러 채널 중 오직 알파, 베타, 감마 붕괴만 고려한다.

여러 종류의 기계들이 방사능을 감지하는 데 사용되는데, 그중에서도 가장 널

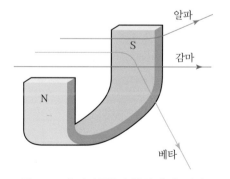

그림 11.3 세 가지 종류의 핵 방사능은 자기장에 대하여 서로 다른 반응을 보이는데, 알파선과 베타선은 전하를 띤 대전 입자이기 때문에 자기장을 지나면서 휘어지게 되고 감마선은 그대로 통과한다.

표 11.2 몇 가지 동위원소의 특성

원소	동위원소	붕괴 모드	상대적인 빈도(%)
수소	^1_1H (안정)	. . . (안정)	99.985
	^2_1H (중수소)	. . .	0.015
	^3_1H (삼중수소)	베타	. . .
헬륨	^3_2He	. . .	0.00014
	^4_2He	. . .	99.9999
	^5_2He	알파	. . .
	^6_2He	베타	. . .
	^8_2He	베타, 감마	. . .
탄소	$^{12}_6C$	. . .	98.90
	$^{13}_6C$	. . .	1.10
	$^{14}_6C$	베타	trace
	$^{15}_6C$	베타	. . .
은	$^{107}_{47}Ag^*$	감마, 그 후 안정	51.84
	$^{108}_{47}Ag$	베타, 감마	. . .
	$^{109}_{47}Ag^*$	감마, 그 후 안정	48.16
	$^{110}_{47}Ag$	베타, 감마	. . .
우라늄	$^{232}_{92}U$	알파, 감마	. . .
	$^{233}_{92}U$	알파, 감마	. . .
	$^{234}_{92}U$	알파, 감마	0.0055
	$^{235}_{92}U$	알파, 감마	0.72
	$^{236}_{92}U$	알파, 감마	. . .
	$^{237}_{92}U$	베타, 감마	. . .
	$^{238}_{92}U$	알파, 감마	99.27
	$^{239}_{92}U$	베타, 감마	. . .

동위원소 중 여기된 상태는 *표를 사용하였다.
탄소, 은, 우라늄의 경우 모든 동위원소가 나열되어 있지 않다.

리 쓰이는 것은 가이거 계수기(geiger counter)이다. 이 기계의 작동 원리는 "방사선은 이온화 방사"라는 사실에 기초를 두고 있다. 즉, 이 기계는 가스가 가득 찬 실린더에 그림 11.4와 같이 전기가 흐를 수 있는 미세한 실선을 연결해 둔다. 그다음 실린더 벽과 실선 사이에 높은 전압차가 유지되도록 하여 강력한 전기장이 형성되도록 한다. 이러한 상태에 알파, 베타 혹은 감마선이 실린더에 들어오면, 가스 원자들 중 몇몇을 이온화시키게 되고(즉, 원자에서 전자를 떼어낸다), 자유로워진 전자(원자로부터 떨어져 나온 전자)는 다시 전기장에 의하여 가속되어 속도가 빨라져서 다른 원자와 충돌하게 된다. 이 충돌로 인하여 다른 가스 원자들이 이온화된다. 이러한 전자 눈사태는 결국 실선에 도달하게 되어 전류 펄스를 만들게 된다. 대부분의 가이거 계수기는 이와 같은 현상이 감지될 때마다 우리가 들을

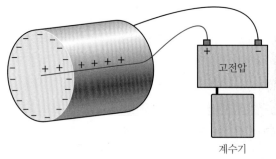

그림 11.4 (왼쪽) 가이거 계수기의 간단한 그림. 핵방사능이 실린더 내에 있는 가스를 이온화시킨다. 이 과정에서 나온 자유 전자는 전선으로 가속되어 흡수됨으로 전류 펄스를 만든다. (오른쪽) 납용기(회색)에 들어 있는 동위원소에서 방출된 베타선을 검출하는 가이거 계수기. 베타선은 G로 표시된 검출기 내의 자기장에 의하여 휘어지므로 검출비율은 자석(푸른색)에 의하여 확대된다.

고전압

계수기

가이거 관

수 있는 클릭 소리를 내게 된다. 또한 이 기계는 초당 몇 번이 감지되었는지, 즉 알파, 베타, 감마선이 초당 몇 번 입사되었는지를 알려준다.

이 세 가지의 방사능 붕괴하는 핵에 대하여 각각 다른 영향을 미친다. 알파와 베타 붕괴는 핵 자체를 바꿀 수 있으며(원자번호가 바뀐다) 그와 동시에 에너지를 방출시킨다. 감마선 방출은 핵 자체에 영향을 주진 않지만 많은 에너지를 방출시킨다. 아주 비슷한 예로 여기된 원자의 에너지를 광자를 통하여 방출시키는 것과 같다. 알파 붕괴와 베타 붕괴에 감마선 방출이 종종 수반되는데 그 이유는 알파 및 베타 붕괴 후 핵은 굉장히 불안한(여기) 상태로 되며 따라서 많은 에너지를 빛(광자, 여기서는 감마선)으로 방출하고 좀더 안정된 핵 상태로 변하기 때문이다. 표 11.2는 여러 방사능 동위원소와 붕괴 방법을 보여준다.

11.2a 알파 붕괴

알파 입자란 네 개의 핵자가 강력히 접착되어 있다. 이 네 개의 입자는 두 개의 양성자와 두 개의 중성자이며, 헬륨-4의 핵과 동일하다. 이 사실 때문에 알파는 다음과 같이 표현될 수 있다.

$$\text{알파 입자: } \alpha \quad \text{혹은} \quad {}^{4}_{2}\text{He}$$

알파 붕괴를 하는 핵은 헬륨-4의 핵을 포함하고 있다가 방출하는 것이 아니라, 우연히 방출되는 입자덩어리의 그저 안정적인 핵 입자 결합이 헬륨-4일 뿐이다.

핵에서 알파 입자를 방출한다면 원자번호 Z와 중성자번호 N에 각각 2만큼 값이 줄어든다. 그 결과 질량번호 A는 4가 줄어든다. 그림 11.5는 플루토늄-242의 알파 붕괴를 나타내는데 핵의 원자번호가 94에서 92로 줄어드는 것을 볼 수 있다. 그리고 그 결과 이 핵 자체가 플루토늄-242에서 우라늄으로 바뀐다. 여기서 이 그림의 플루토늄-242 핵은 "부모"라고 불리며, 우라늄-238은 "자녀"라고 불린다.

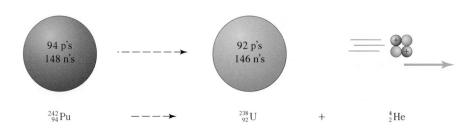

그림 11.5 알파 붕괴하는 플루토늄-242의 핵.

그림 11.5는 왜 동위원소 기호가 편리한가를 보여준다. 이런 핵 과정을 설명할 때, 예를 들어 알파 붕괴에서 핵에 대한 아주 정확한 양의 질량과 전하를 알려준다. 전하와 질량 보존 법칙에 의해 전체 전기전하와 양성자 및 중성자의 수가 이 핵 붕괴 과정을 거치기 전의 값과 거치고 난 후의 값이 같아야 한다. 따라서 화살표 오른편의 아래첨자 값의 합은 화살표 왼편의 아래첨자 값의 합과 같아야 하며, 위첨자에 대해서도 똑같이 적용된다. 이것은 핵이 알파 붕괴를 할 때 그 결과로 나오는 "자녀"핵이 무엇인지 알려 줄 수 있다.

예제 11.1

동위원소 라듐-226은 알파 붕괴 과정을 거치게 된다. 그 반응식을 쓰고, 자녀핵이 무엇인지 말하라.

원소의 주기율표를 보면 라듐은 원자번호는 88, 화학적 기호는 Ra라는 것을 알 수 있다. 따라서 이 과정의 반응식은 다음과 같다,

$$^{226}_{88}\text{Ra} \rightarrow ? + {}^{4}_{2}\text{He}$$

이 식의 화살표 양쪽의 위첨자 값이 같기 위해서 자녀핵의 질량번호는 222이어야 하며, 같은 방법으로 원자번호는 86이어야 한다. 다시 주기율표를 보면 $Z = 86$은 라돈(Rn)이므로 자녀핵은 라돈-222이다. 즉,

$$^{226}_{88}\text{Ra} \rightarrow {}^{222}_{86}\text{Rn} + {}^{4}_{2}\text{He}$$

알파 붕괴가 핵의 질량에 아주 큰 변화를 주기 때문에 이 과정은 대부분 높은 원자번호를 가진 방사능 동위원소에서만 일어난다. 방출된 알파 입자는 아주 빠른 속도를 가지고 있지만(빛 속도의 20분의 1정도 임), 물질에 침투하면 알파 입자들은 재빨리 그 물질에 흡수된다. 따라서 침투되는 물질이 얇은 종이처럼 얇더라도 대부분의 알파 입자를 흡수할 수 있다.

11.2b 베타 붕괴

베타 붕괴는 이 세 가지 종류의 방사능 중에 가장 이상하게 여겨지는 붕괴 과정이다. 베타 입자란 다름 아니라 핵에서 탈출한 전자이다. 따라서 베타 입자들은 전자와 똑같은 기호를 가지고 있다.

$$\text{베타 입자: } \beta \quad \text{혹은} \quad {}^{0}_{-1}\text{e}$$

그러나 핵에는 전자가 존재하지 않는다. 그러면 그 전자는 어디에서 오는 것인가? 베타 붕괴란 중성자가 양성자와 전자로 변환되고, 그 양성자는 핵에 남아 있지만 전자는 핵으로부터 탈출하는 것이다. 이 과정을 표현하면 다음과 같다.

$$\text{중성자} \rightarrow \text{양성자} + \text{전자}$$
$$^{1}_{0}\text{n} \rightarrow {}^{1}_{1}\text{p} + {}^{0}_{-1}\text{e}$$

전체 전하량은 항상 같은 값 영으로 남아 있다.

그림 11.6 베타 붕괴하는 탄소-14의 핵.

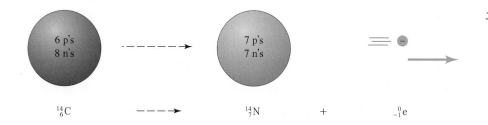

베타 붕괴에서는 뉴트리노(이탈리아어로 작은 중성 입자라는 뜻)라는 또 다른 입자가 방출된다. 뉴트리노는 아주 특별한 입자로 전하도 질량도 없는 극히 작은 입자로 물질과도 거의 상호작용을 하지 않는다. 뉴트리노들은 지속적으로 지구 전체를 투과하여 지나가는데 전혀 흡수되지도 영향을 미치지도 않는다. 따라서 뉴트리노는 단순히 베타 붕괴의 과정에서 방출되는 하나의 에너지로 간주하여도 무방하다. 12장에서 뉴트리노에 대하여 더 알아보기로 한다.

베타 붕괴 과정을 겪는 핵은 한 개의 중성자를 잃지만 한 개의 양성자를 얻게 된다. 그림 11.6은 탄소-14의 베타 붕괴를 나타내는데, 이 과정에서 질량번호는 변하지 않는다.

예제 11.2

동위원소 요오드-131이 베타 붕괴를 거친다. 이에 대해서 나타나는 반응식과 자녀핵을 설명하라.

주기율표에서 찾아보면 요오드의 화학적 기호와 원자번호는 I와 53이다. 따라서

$$^{131}_{53}\text{I} \rightarrow ? + ^{0}_{-1}\text{e}$$

이 반응에서 물론 질량번호는 그대로 유지되어야 한다. 하지만 중성자가 줄어든 대신 양성자가 하나 증가하였으므로 원자번호가 54로 바뀌었다. 다시 한 번 주기율표를 보면 제논 (Xe)이 그 원소에 해당함을 알 수 있다. 즉, 요오드의 자녀핵은 제논-131이다.

$$^{131}_{53}\text{I} \rightarrow ^{131}_{54}\text{Xe} + ^{0}_{-1}\text{e}$$

다른 여러 가지의 핵 과정과 같이 중성자의 붕괴는 역으로도 일어날 수 있다. 즉, 양성자와 전자가 합쳐서 중성자를 이룰 수 있다는 뜻이다. 이 현상은 전자포획 과정에서 나타날 수 있는데, 원자의 전자가 핵을 뚫고 지나가면서 핵에 있는 양성자와 상호작용한다. 이 상호작용으로 인해 두 개의 입자들은 서로 묶이게 되어 중성자로 변환된다. 이 과정을 역 베타 붕괴라고도 한다. 이런 경우 핵은 양성자를 잃고 중성자를 얻게 되는데, 질량수는 똑같이 남아 있게 된다. 하지만 원자번호가 1만큼 줄어든다.

알파, 베타 붕괴의 과정에 의해 생성된 자녀핵들은 대부분 방사능 물질이고 다시 붕괴하여 다른 동위원소로 바뀌게 된다. 플루토늄-242가 알파 붕괴를 거치게 된다면 우라늄-238로 변한다. 이 우라늄-238은 알파 붕괴를 다시 거침으로써 토륨-234로 된다. 이러한 과정들은 9번의 알파 붕괴와 6번의 베타 붕괴가 일어나

기 전까진 끝나지 않는데, 이 모든 과정을 거친 결과 안정적인 상태의 동위원소 납-206으로 된다. 이와 같이 붕괴의 전 과정을 **붕괴 사슬**(decay chain)이라고 한다. 별이 폭발한 파편으로부터 이 지구가 형성되는 과정에서 많은 종류의 방사능 물질들이 존재했다고 한다. 그러나 초기에 대부분 우라늄-238만 포함하고 있던 물질이 현재는 많은 양의 납-206도 포함하고 있는 이유가 바로 이 방사능 붕괴 때문이다.

11.2c 감마 붕괴

감마선은 질량도 없고 전하도 띠지 않기 때문에 감마선이 핵에서 분출될 때 그 핵의 원자번호 Z와 질량번호 A는 변함없다. 원자에서 전자가 높은 에너지 준위의 궤도에서 상당히 오래 머물 수 있는 것과 마찬가지로 핵도 여기 상태에서 상당한 기간 머물 수 있다. 감마선은 핵이 높은 에너지의 상태에서 낮은 에너지 상태로 전환될 때 방출된다. 그림 11.7은 스트론튬-87의 핵이 감마 붕괴를 겪는 과정을 보여주는데, 핵의 본질은 감마 붕괴에 의해 변하지 않는 것을 볼 수 있다.

감마선은 그림 10.7과 같이 약 100,000 eV(전자볼트, 굉장히 작은 에너지 단위로서 전자 혹은 양성자가 가지는 전하량이 1 V의 전위차에 의해 얻는 에너지)에서 100억 eV보다 큰 에너지를 가질 수 있는데, 대부분의 감마 붕괴에서 나오는 방사능 광자는 100만 eV 정도의 에너지를 가지고 있다. (핵물리학에서 주로 사용되는 에너지 단위는 MeV로서 이는 100만 eV이다.)

이 세 가지의 붕괴 과정을 구별할 수 있는 방법은 바로 붕괴되는 핵의 특징을 관찰하는 것이다. 즉, 핵의 질량, 전하 그리고 에너지를 관찰한다. 알파 붕괴는 이 세 가지 모두를 변화시킨다. 알파 입자가 방출될 때 많은 양의 질량과 두 개의 양성자와 그리고 엄청난 양의 운동 에너지를 가지고 나온다. 베타 붕괴는 핵의 질량에 대해선 아주 조그마한 영향을 미치지만, 핵 안에 양성자의 숫자들을 증가시킴으로써 핵의 전하를 증가시키고, 베타 입자가 (분출될 때) 운동 에너지를 가지고 나옴으로써 핵의 에너지는 줄인다고 할 수 있다. 하지만 감마 붕괴는 핵에 대해 오직 에너지만 변화시킨다.

이 세 가지의 핵 방사선은 고체에 대한 투과력에서 큰 차이를 보이는데, 이 세 가지 모두 투과될 물질의 원자를 이온화시키는 정도에 따라 그 크기가 달라진다. 즉, 이 세 가지의 방사선들은 물체를 지나가면서 물체의 원자들을 이온화시킨다. 알파 입자는 그 입자의 양전하가 물질 원자의 전자 및 핵과 강한 상호작용을 일으키기 때문에 짧은 거리만 지나도 대부분 흡수된다. 베타 입자들은 알파 입자

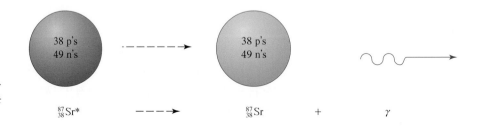

그림 11.7 감마 붕괴하는 스트론튬-87의 핵. 부모핵을 나타내는 표시 위에 있는 별표(*)는 그 핵이 여기 상태라는 것을 의미한다.

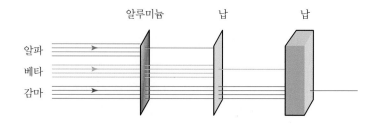

들보다 투과력이 더 높은데, 예를 들어 아주 얇은 알루미늄 한 장은 알파 입자들을 쉽게 막을 수 있는 반면, 베타 입자는 막지 못한다. 이 모든 방사선 중에선 감마 방사선의 투과력이 가장 높다. 감마선은 전하를 띠지도 않고 빛의 속도로 움직이기 때문에 물질을 지나갈 때 그 물질의 원소와 상호작용하는 횟수가 훨씬 적다. 따라서 감마선을 막기 위해서는 몇 센티미터 두께의 납을 사용하여야 한다 (그림 11.8).

11.2d 방사능과 에너지

핵 방사선이 흡수될 때 그 방사선이 가지고 있는 에너지는 어떻게 되는가? 거의 대부분의 방사선 에너지는 (그 방사선을 흡수하는) 물질의 열 에너지로 변환된다. 최초의 방사능 실험자들은 방사능 실험의 대상이 된 물질들이 따뜻하다는 걸 알게 되었는데, 이 열은 그 물질이 방사선을 방출하는 한 계속 따뜻하다는 발견하였다. 이 사실 때문에 방사능 에너지가 방사능 우주선에 에너지를 공급하는 근원이 된다. 많은 행성 무인 우주탐사선, 예를 들어 토성을 조사하러 간 카시니 무인 우주탐사선은 방사능 동위원소 열전기 발전기를 쓴다. 플루토늄-238이 방사능 붕괴의 과정을 거칠 때 내는 열이 전기로 전환됨으로써 카메라와 라디오 시스템 등을 작동하는 데 쓰인다.

지구 내부는 워낙 고온이라서 용해 상태로 존재한다. 이 열이 화산이나 간헐 온천 그리고 다른 지열 과정을 통해 지구 표면에 도달한다. 지리학자들은 왜 지구 내부가 엄청난 고온인지는 모르지만, 이 높은 고온이 식지 않는 이유는 방사성 붕괴가 일으키는 열 때문이라는 것을 알고 있다. 지구의 내부에는 아주 작은 양의 방사능 동위원소들이 존재하는데 이 동위원소들이 일으키는 방사성 붕괴만으로도 지구 내부에서 표면으로 전달되어 없어지는 열을 보상하기에 충분하다. 이 방사능 동위원소들이 지구 껍질의 바로 밑에 존재하기 때문에 이 방사능이 내는 열 때문에 지구 내부는 액체로 존재한다. 이 액체 상태의 지반이 지구표면을 지탱하기 때문에 지구 표면의 대륙들이 움직일 수 있다.

11.2e 방사능 이용

방사능 붕괴에서 나오는 방사선은 많은 곳에 사용되는데, 대표적으로 핵의학의 경우에는 많은 방사능 동위원소를 이용하여 병을 진단하거나 치료하는 데 이용한다. 세계 곳곳의 수 많은 공장에서 코발트-60이나 그 외 동위원소에서 나오는 감마선을 이용하여 주사바늘이나 수술 장갑 같은 병원 쓰레기를 위생 처리한다. 감마선은 아주 깊이 관통할 수 있으므로 대부분의 박테리아나 다른 여러 가지 미생물을 죽일 수 있다. 이런 회사들은 또한 허브에서 신선한 육류까지 여러 다양한 음식물도 감마선 혹은 다른 동위원소를 이용하여 부패하는 것을 방지하여 신선도를 오래 유지하도록 하거나 살모넬라와 같은 나쁜 박테리아 등을 죽이는 데 이용하고 있다.

감마선은 물체를 통과할 때 예측된 형태로 흡수되기 때문에 이 감마선으로 물체의 두께나 그 물체의 구성요소를 파악하는 데도 쓰인다. 예를 들어 제트 비행기의 엔진 내부에 고장난 부분이나 커다란 케이블 내부에 생긴 흠 등을 감마선으로 찾을 수 있다. 즉, 그러한 지점에서는 감마선이 더 잘 통과되기 때문에 그 결과를 이용하여 고장난 곳을 예측을 할 수 있다.

방사능의 쓰임은 또 다른 여러 곳에서 볼 수 있는데, 그 한 예가 연기감지기이다. 연기감지기는 그림 11.9와 같이 아메리슘-241에서 나온 알파 방사선이 전지에 연결된 두 판 사이의 공기를 이온화시키도록 한다. 그러면 이온화된 공기 분자 혹은 원자는 대전 판에 끌려가게 되어 두 판 사이에 전류가 흐르게 된다. 이러한 상태에 연기가 들어오면 이온화된 공기가 연기 입자에 흡착되어서 두 판 사이에

개념도 11.1

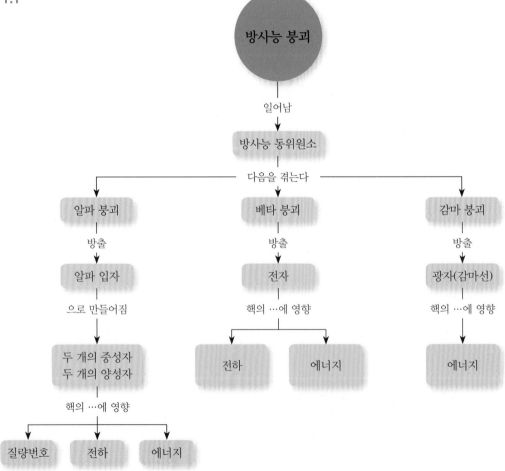

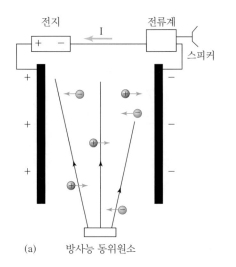 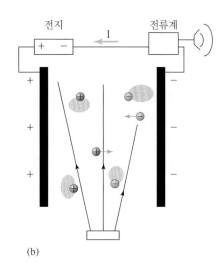

그림 11.9 연기감지기의 간단한 도면. (a) 방사능이 공기를 이온화시키기 때문에 두 판 사이에 전류가 흐른다. (b) 이온이 연기 입자에 이끌려 흡착된다. 이로 인하여 전류가 감소되고 전류가 감소되면 경고음이 울리게 된다.

흐르는 전류의 크기를 감소시키고, 이것이 검류계에 의하여 확인되면 경고 사이렌을 작동시킨다. 이러한 간단한 기계가 수천 명의 인명을 구하고 있다.

한편 방사능 분석이 핵물리학 연구에도 중요한 도구가 된다. 즉, 동위원소에서 방출된 방사능의 종류와 그 에너지를 분석하면 그 핵의 구조에 대한 단서를 얻을 수 있다. 사실 핵은 너무 작아서 우리 눈으로 볼 수 없기 때문에 그 핵에서 나오는 방사능과 같은 간접적인 증거를 통해서만 연구가 가능하다.

복습

1. 다음 방사능 붕괴와 관계가 있는 것은?
   a. 지구의 내부는 뜨겁다.
   b. 화재감지기에 응용된다.
   c. 우주선의 에너지원으로 사용된다.
   d. 위 모두가 참이다.

2. 핵에서 방출되는 방사선은 _____ 로 감지할 수 있다.
3. 세 가지 핵 붕괴에서 ____ 만이 원자번호에 변동이 없다.
4. (참 혹은 거짓) 알파 붕괴를 하면 핵자의 개수는 증가한다.

정답 1. d 2. 가이거 계수기 3. 감마 붕괴 4. 거짓

11.3 반감기

이제 우리는 피해 왔던 주제, 즉 붕괴 시간에 관해서 알아보고자 한다. 핵이 방사능 물질이라면 그 핵은 언제 붕괴될 것인가? 사실, 핵이 붕괴될 때까지 걸리는 정확한 시간은 모른다. 수천 년이 걸릴 수도 있고 백만분의 1초가 걸릴 수도 있다. 방사능 붕괴는 주사위를 던지는 것처럼 무작위로 발생된다. 한편, 주사위를 던졌을 때 나올 숫자를 정확히 예측할 수 없지만, 주사위를 많이 던져보면 어떠한 패턴을 읽을 수 있고 그것을 바탕으로 무슨 숫자가 나올지 짐작해 볼 수 있다. 마찬가지로 방사능 붕괴가 얼마나 걸릴지 모르지만, 그 핵이 붕괴하는 것을 많이 관찰함으로써 그 핵의 붕괴가 어떤 패턴이나 얼마의 시간이 걸릴지를 짐작해 볼 수 있

방사능 동위원소의 샘플 중에서 그 반이 붕괴될 때까지 걸리는 시간이 그 동위원소의 반감기이다. 또한 각 핵이 붕괴될 확률이 50%되는 시간을 말한다.

다. 이러한 현상을 설명하기 위해 반감기라는 개념을 도입한다. 즉, 한 개의 핵이 붕괴할 정확한 시간은 모른다. 그러나 예를 들어 만 개의 핵 중에서 5천 개가 남을 때까지 시간은 여러 실험을 통하여 비교적 정확히 얻을 수 있다. 이와 같이 여러 개의 핵에서 반이 남을 때까지 걸리는 시간이 바로 **반감기**(half-life)이다.

11.3a 반감기의 측정

방사능 동위원소의 반감기 중에선 단 백만분의 1초도 걸리지 않는 것도 있지만 10억 년이나 걸리기도 한다(표 11.3). 이 반감기 동안에 핵의 반 정도가 붕괴, 즉 방사선을 방출한다고 보면 된다. 이 반감기 이후에 남은 나머지 반도 또 한 번의

표 11.3 동위원소들의 반감기

원소	동위원소	반감기
수소	$^{1}_{1}H$	. . .
	$^{2}_{1}H$ 중수소	. . .
	$^{3}_{1}H$ 삼중수소	12.3 yr
헬륨	$^{3}_{2}He$	. . .
	$^{4}_{2}He$	. . .
	$^{5}_{2}He$	2×10^{-21} s
	$^{6}_{2}He$	0.805 s
	$^{8}_{2}He$	0.119 s
탄소a	$^{12}_{6}C$	. . .
	$^{13}_{6}C$	. . .
	$^{14}_{6}C$	5,730 yr
	$^{15}_{6}C$	24 s
은a	$^{107}_{47}Ag$*b	44.2 s
	$^{108}_{47}Ag$	2.42 min
	$^{109}_{47}Ag$	39.8 s
	$^{110}_{47}Ag$	24.6 s
우라늄a	$^{232}_{92}U$	70 yr
	$^{233}_{92}U$	159,000 yr
	$^{234}_{92}U$	245,000 yr
	$^{235}_{92}U$	704,000,000 yr
	$^{236}_{92}U$	23,400,000 yr
	$^{237}_{92}U$	6.75 d
	$^{238}_{92}U$	4,470,000,000 yr
	$^{239}_{92}U$	23.5 min

a 탄소, 은, 우라늄의 경우 모든 동위원소가 나열되어 있지 않다.
b *표는 동위원소 중 여기된 상태를 말한다.

그림 11.10 주사위 두 개를 한 번 던져서 나올 값을 정확히 맞히기는 어렵다. 그러나 1,000번 던져서 그 합이 11이 되는 횟수는 상당히 정확하게 예측할 수 있다. 마찬가지로 주어진 핵 한 개가 붕괴될 정확한 시간을 예측하기는 매우 어려우나, 백만 개의 핵 중에서 주어진 시간 내에 붕괴될 개수는 상당히 정확하게 예측할 수 있다.

반감기를 지남으로써 오직 1/4만큼의 핵이 남게 되고, 또 한 번의 반감기를 지나면 1/8만큼 남을 것이다. 만약 반감기를 n번 지난다면, 1/2의 n제곱 만큼이 아직 붕괴되지 않고 남은 핵의 양이다.

$$N = N_0 \left(\frac{1}{2}\right)^n$$

여기서 N_0는 처음 샘플에 존재하던 방사성 핵들의 숫자이고 N이 바로 n번의 반감기를 거침으로써 남은 핵의 수이다. 예를 들어, 8백만 개의 방사성 동위원소가 있다고 치고, 반감기가 5분이라고 하자. 그럼 처음 5분 후 4백만 개의 방사성 동위원소가 붕괴될 것이다. 10분이 지난 후는 두 번의 반감기를 거치므로 2백만 개의 방사성 동위원소가 남을 것이고, 15분에 또 한 번의 반감기를 거친다면 1백만 개의 방사성 동위원소가 남을 것이다. 이렇게 시작 시간에서 50분이 지난다면(10번의 반감기) 약 7800개의 핵만 남을 것이다.

예제 11.3

일반적인 집의 지하실에 틈이나 균열을 통하여 주변의 흙이나 암석으로부터 나오는 자연 방사능 물질 라돈 기체의 축적은 건강을 해치는 심각한 문제이다. 라돈 기체가 붕괴되어 생기는 자녀핵도 역시 방사능이 있어 먼지나 연기 입자에 묻어 사람이 숨쉬며 흡입하면 폐에 남아 있다가 방사선을 방출하게 된다. 만일 5.5×10^7원자의 라돈이 지하실에 축적된 상태에서 그 공간이 봉쇄되어 더 이상의 기체가 들어오지 않는다고 가정하자. 라돈의 반감기는 3.83일이라면 1달 즉, 31일 이후에는 몇 개의 라돈 기체가 남아 있는가?

라돈의 반감기가 3.83일이므로 31일은 8.1 반감기에 해당한다. 8반감기가 지나면 라돈 원자의 개수는 $\left(\frac{1}{2}\right)^8$ 즉, $\frac{1}{256}$이 된다. 8.1반감기를 약 8반감기로 계산하면 한 달 후 남은 라돈 원자는 다음과 같다.

$$\frac{(5.5 \times 10^7 \text{ 원자})}{256} = 2.15 \times 10^5 \text{ 원자}$$

현실에서는 5분마다 동위원소의 남은 핵들이 얼마나 있는지 정확히 알 수는 없다. 하지만 가이거 계수기를 쓰면 이 붕괴의 비율(1분당 붕괴하는 핵의 수)이 얼마인지 짐작할 수 있다. 위의 예를 본다면, 4백만 개가 처음 5분만에 붕괴하고, 그 다음 2백만 개가 다음 5분 동안 붕괴되는 형태가 반복되는데, 가이거 계수기로 측정한다면 처음 붕괴 속도는 1분마다 10,000개가 붕괴된다고 나올 것이다. (실제 정확한 계수율은 이 계수기가 얼마나 샘플에 가까이 있는지 그리고 얼마나 효율적으로 그 방사선을 측정할 수 있는지에 따라 다르다.) 그 다음 5분 후에 계수율은 1분에 5,000개로 될 것이다. 곧, 반감기가 지날 때마다 계수율이 반으로 줄어든다고 보면 된다. 즉, 계수율을 측정함으로써 우리는 그 동위원소의 반감기를 예측할 수 있다. (주의할 점: 여기서 처음 5분 동안 4만 개가 붕괴되었으면 평균적으로 분당 8000개가 되어야 한다고 생각할 것이다. 그러나 처음 5분 동안 안에서도 첫 번째 1분과 나중의 1분 동안 붕괴되는 수가 다르다는 것을 염두에 두어야

그림 11.11 (a) 반감기가 5분인 방사능 동위원소에 대하여 시간의 함수로서 남은 핵의 수를 나타내는 그래프(N_0는 핵의 초기 개수이다). (b) 같은 동위원소에 대하여 시간의 함수로서 상대적인 계수율을 나타내는 그래프.

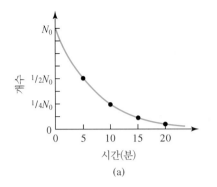

(a)

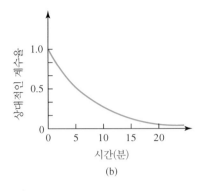

(b)

한다. 여기서 10,000개가 나온 것은 이를 고려한 것이다.)

그렇다면 과연 방사능 동위원소들의 반감기를 알면 정말 그 정보가 유용한 것인가? 그 답은 여러 가지 이유로 "그렇다"이다. 방사능 동위원소의 반감기를 앎으로써 우리는 어떤 샘플이 얼마 동안 방사능 유출을 할 것인가를 짐작할 수 있다. 예를 들면, 동위원소 아메리슘 241은 연기감지기로 쓰이는데, 그 이유는 이 동위원소의 반감기가 아주 길어서(432년) 이 동위원소가 연기감지기에 필요한 이온을 상당기간 계속해서 일정하게 제공할 수 있다는 것을 알기 때문이다.

아주 조그만 양의 방사능 동위원소들은 우리 인간 몸에 의학적으로 쓰이기도 하는데 우리 혈관에 동위원소들이 얼마나 지나가는지 가이거 계수기를 사용하여 잴 수 있다. 이 경우에 쓰이는 방사능 동위원소는 반감기가 아주 길어야 하는데 그 이유는 이 동위원소가 우리 몸을 다 거치려면 오랜 시간이 필요하기 때문이다. 하지만 이 동위원소의 반감기가 너무 길어도 안 된다. 왜냐하면 우리 몸이 방사능의 나쁜 영향을 받지 않으려면 최소한의 시간 동안에만 방사성에 노출되어야 하기 때문이다. 핵의학에서 가장 널리 쓰이는 방사능 동위원소는 테크네튬(technetium)-99로서 이 동위원소는 감마를 방출하며 6시간의 반감기를 가지고 있다.

물리 체험하기 11.1

한 50개 정도의 동전이나 또는 양면이 구분되는 작은 원모양의 것으로 방사능 붕괴의 모의 실험을 해 보자.

1. 동전을 작은 상자나 주머니에 넣고 흔들어 섞은 다음 책상 위에 무작위로 쏟아 놓는다.
2. 동전 중 뒷면이 나온 것은 방사능 붕괴가 일어난 것으로 간주한다. 이것들을 따로 옆으로 치워두고 남아 있는 동전의 개수를 기록한다. 이렇게 붕괴가 일어나지 않은 동전들을 모아 실험을 반복한다.
3. 동전의 뒷면이 나올 확률은 50%이므로 한 번 쏟아놓는 과정은 바로 반감기에 해당이 된다. 평균적으로 동전의 반이 붕괴할 것이다.
4. 실험을 반복할 때마다 남아 있는 동전의 수가 어떻게 감소하는지 살펴보자. 이 숫자를 그래프로 그려보자. 그림 11.11과 같은 결과를 얻을 수 있을 것이다.
5. 확률에 대하여 생각해 보자. 만일 5번의 실험을 반복하였다면 후에 남아 있는 동전의 수는 몇 개일까? 간단한 계산에 의하면 $(1/2)^5 = 1/32 = 0.0313 = 3.13\%$ 한 번 더 동전을 던진다면 남아 있는 것의 개수는 몇 개인가?

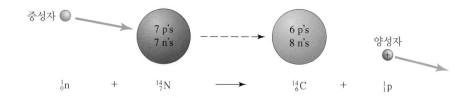

그림 11.12 질소-14로부터 탄소-14의 생성. 이 과정은 대기권 상층부에서 자연적으로 일어난다.

중성자

7 p's
7 n's

6 p's
8 n's

양성자

$${}^{1}_{0}n \quad + \quad {}^{14}_{7}N \quad \longrightarrow \quad {}^{14}_{6}C \quad + \quad {}^{1}_{1}p$$

11.3b 연대측정

방사성 동위원소의 붕괴 속도는 시계로도 쓸 수 있다. **탄소-14 연대측정**(Carbon-14 dating)이 아주 좋은 예인데, 탄소는 우리 지구에 사는 모든 생물에게 가장 중요한 원소이다. 식물이 이산화탄소를 흡수함으로써 탄소가 우리의 먹이사슬에 들어오는데, 이 탄소를 흡수하는 식물을 동물과 인간이 섭취한다. 약 99%의 탄소는 안정한 상태인 탄소-12이다. 그러나 탄소원자 약 1조 개마다 한 개가 방사능 동위원소인 탄소-14로 나타난다. 생성 원인은 대기층 상부에서 우주 입자가 지구 대기권의 공기 입자와 충돌하기 때문이며 대부분 지속적이고 일정한 비율로 탄소-14가 생성된다. 즉, 그 충돌에서 자유로운 중성자가 만들어지는데, 이들이 질소-14와 충돌하여 탄소-14를 생성시킨다. 이 반응은 다음과 같다(그림 11.12).

$${}^{1}_{0}n + {}^{14}_{7}N \rightarrow {}^{14}_{6}C + {}^{1}_{1}p$$

탄소-14 원자는 산소원자와 결합하여 이산화탄소를 만들 수 있는데, 이것이 대기권에서 먹이사슬로 들어오는 것이다. 사람의 몸이나 식물 및 동물의 몸에 아주 조그마한 양의 탄소-14가 있다. (따라서 우리는 아주 미약하지만 방사능이다. 그러나 탄소-14의 양이 너무 작아서 방사능—여기서는 베타 입자—이 심각하지는 않다.) 탄소-14의 반감기는 약 5700년이며, 따라서 우리 몸이나 생물에 있는 탄소들은 생물이 살아 있는 동안 아주 조금만 붕괴한다. 다만 일부 수천 년 동안 사는 나무들은 상당히 많은 탄소 붕괴를 거치게 된다.

만약 어떠한 생물체가 죽는다면, 그 이후 새로운 탄소-14는 더 이상 추가되지 않는다. 따라서 그 생물체에 있는 탄소-14의 양은 붕괴에 의하여 서서히 줄어들게 되는데, 이를 이용하여 생물체의 시체나 잔여물 등의 연대를 측정할 수 있다(그림 11.13). 예를 들어, 나무를 베어서 집을 짓는 데 사용하였다면, 5700년 후엔 그 사용된 나무는 일반 나무보다 탄소-14의 숫자가 1/2배로 작을 것이다. 11400년 후

그림 11.13 (a) 나무가 죽은 직후부터 탄소-14는 감소하기 시작한다. (b) 5700년(탄소-14의 반감기)이 지난 후 반만 남아 있게 된다. (c) 11,400년 후에는 1/4만 남아 있다.

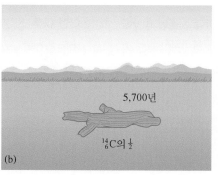

5,700년

${}^{14}_{6}C$의 $\frac{1}{2}$

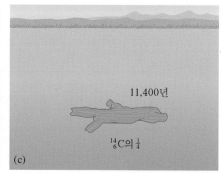

11,400년

${}^{14}_{6}C$의 $\frac{1}{4}$

그 나무는 일반 나무의 탄소-14 수보다 1/4정도만 가지고 있을 것이다. 고고학자들은 이런 방식을 이용하여 오래된 통나무나 석탄, 뼈, 천 또는 다른 역사적인 물품들의 나이를 알 수 있다. 이 방식은 고고학자들에게 아주 중요한 도구가 되었으며 40,000년까지의 나이를 가진 물품에 관해선 꽤 정확하게 측정할 수 있다.

지질학자들은 이런 방사능 동위원소를 이용함으로써 바위의 형성과 지구의 나이를 알 수 있다. 이러한 나이를 측정하는데 부모 방사능 동위원소와 자녀 방사능 동위원소의 비율을 이용한다. 예를 들어 자연적으로 생성되는 루비듐의 28%는 방사능 동위원소 루비듐-87이다. 루비듐의 반감기는 490억 년 정도로 아주 길기 때문에 아주 작은 양의 루비듐만이 지구가 생성된 후 붕괴되었다. 루비듐-87은 베타 붕괴를 거침으로써 안정적인 동위원소 스트론튬-87이 된다. 따라서 루비듐-87을 가지고 있는 바위에서 스트론튬-87의 양을 측정함으로써 나이를 짐작할 수 있다. 스트론튬-87이 많을수록 그 바위는 더욱 오래된 바위이다.

방사성 붕괴 때문에 지구가 생성된 직후에 존재했던 방사능 동위원소들은 대부분 붕괴되어 사라졌다. 그러나 긴 반감기를 가지고 있는 동위원소, 예를 들면 루비듐-87이나 우라늄-238 등이 아직도 존재한다. 한편 짧은 반감기를 가지는 동위원소는 탄소-14와 같이 현재도 지속적으로 생성되기 때문에 자연에서 존재하는데, 이와 더불어 인간이 원자 폭탄이나 원자력발전소 등을 통하여 많은 방사능을 인공적으로 발생시키고 있다. 특히 원자폭탄 실험에 의한 방사능 낙진에 대한 심각한 우려 때문에 1963년 원자폭탄 실험 금지조약을 맺어서 그 피해를 줄이는 노력을 하고 있다.

한편 몸속에 방사성을 방출하는 동위원소를 인공적으로 주입하는 치료 요법을 사용하기도 한다. 어떤 경우에는 방사능 동위원소를 조그마한 통에 넣어서 암조직 근처에 놓아둔다. 이와 같이 특정 위치에 많은 약이 투여되도록 할 수 있다. 방사능 동위원소인 요오드-131(반감기 = 8일)을 입으로 섭취하여 갑상선에 축적하도록 하면 그곳에서 축적된 동위원소가 붕괴되면서 방사성이 방출되어 갑상선에 있는 암조직만 죽일 수 있다. 최근에는 항독소에 방사능 동위원소를 결합시켜 암세포를 찾아가 접합시킴으로써 동위원소에서 방출된 방사성이 그 암세포를 죽이도록 할 수 있다.

복습

1. 어떤 방사능 동위원소의 반감기가 3시간이다. 처음에 10,000개의 원자가 있었다면 6시간이 지난 후에 붕괴되지 않은 원자의 수는?
   a. 10,000
   b. 5,000
   c. 2,500.
   d. 0

2. 어떤 나무 조각이 수천 년 전의 것으로 추정된다. 정확한 연수는 방사능 _____ 로 알 수 있다.

3. (참 혹은 거짓) 지구의 나이는 아주 오래되었으므로 내부의 방사능 동위원소는 모두 붕괴되어 존재하지 않는다.

답 1. c 2. 탄소-14 3. 거짓

11.4 인공적인 핵 반응

방사능과 질소-14로부터 탄소-14의 생성은 자연적으로 일어나는 핵반응의 예이다. 감마 붕괴를 제외하면, 위의 각 붕괴는 핵 자체의 전환(한 원소의 원자로부터 다른 원소의 원자로 변환: 중세기 연금술사의 꿈)을 동반한다. 여러 종류의 핵반응이 실험실에서 인공적으로 유도될 수 있는데 가장 대표적인 것이 알파 입자와 핵의 충돌, 베타 입자와 핵의 충돌, 양성자와 핵의 충돌, 중성자와 핵의 충돌 그리고 핵과 핵의 충돌 등이 있다. 만약 핵이 충돌하는 입자를 흡수하면 다른 종류의 원소가 되거나 동위원소가 되는데 이를 인공적인 핵전환이라고 부른다. 주의할 점은 여기서는 무언가 핵에 더해지지만, 방사능 붕괴에서는 무언가가 핵에서 떨어져 나가는 것이다.

유용한 인공적인 핵반응의 한 예는 중성자를 우라늄-238에 충돌시키는 데서 볼 수 있다.

$$_{92}^{238}\text{U} + _{0}^{1}\text{n} \rightarrow _{92}^{239}\text{U}$$

여기서 나온 새로운 우라늄-239는 베타 붕괴를 두 번 거쳐서 플루토늄-239로 바뀐다.

$$_{92}^{239}\text{U} \rightarrow _{93}^{239}\text{Np} + _{-1}^{0}\text{e}$$

$$_{93}^{239}\text{Np} \rightarrow _{94}^{239}\text{Pu} + _{-1}^{0}\text{e}$$

플루토늄-239는 핵원자로에 직접 사용될 수 있으나 우라늄-238은 사용될 수 없다. 증식로는 원자로 연료(플루토늄-239)를 만들기 위하여 중성자를 사용하도록 디자인된 원자로이다. 이 과정은 또한 원자번호가 92를 넘는 원소를 인공적으로 어떻게 만드는가를 보여준다.

비슷한 방법으로 많은 수의 새로운 동위원소(대부분 방사능 물질임)들을 만드는 데 중성자 충격을 사용한다. 핵의학에서 사용되는 일부 동위원소들은 이 방법에 의하여 만들어진다. 한편 **중성자 활성 분석**(Neutron activation analysis)은 물질 내에 어떤 원소들이 들어 있는지를 결정하는 정확한 방법이다. 검사할 물질에 중성자로 충격을 가하면 그 물질 내의 핵 중에서 많은 숫자는 방사능 동위원소로 변환되고, 그림 11.14에서 보는 바와 같이 그 방사능 동위원소가 방출하는 핵 방사능의 강렬도(intensity)와 에너지를 확인함으로써 원래 원소가 무엇인지 알아낼 수 있다. 예를 들면, 오직 자연에서 발생하는 나트륨-23은 중성자를 흡수하여 방사능 물질 중의 하나인 나트륨-24가 된다.

$$_{11}^{23}\text{Na} + _{0}^{1}\text{n} \rightarrow _{11}^{24}\text{Na}$$

나트륨-24는 특별한 에너지를 가지는 감마와 베타선을 방출한다. 따라서 나트륨이 어떤 물질 속에 들어 있는지를 알고 싶다면, 그 물질에 중성자를 충격시키고 그 결과로 방출되는 감마와 베타선의 에너지를 측정함으로써 확인할 수 있다.

중성자 활성 분석법은 6천5백만 년 전 지구상에 떨어진 유성이 공룡의 멸종에

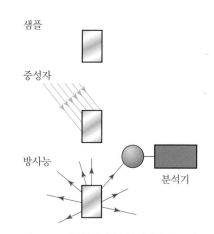

그림 11.14 중성자 활성 분석법에서는 샘플에 중성자를 쏘여주어서 방사능 동위원소로 만들고, 이 동위원소에서 방출되는 방사능을 분석하여 그 원소가 무엇인지를 알아낸다.

기여했는지를 확인하는 데 중요한 역할을 하였다. 원소 이리듐은 지구상에서 매우 희귀하다. 그러나 1970년대 중성자 활성 분석법에 의하여 고대 침전물에 이리듐이 많이 축적되어 있음이 발견되었다. 이를 근거로 과학자들은 유성과의 엄청난 충돌에 의하여 이리듐이 많이 포함된 먼지가 대기 중으로 확산되었고, 이는 조그마한 동물 종류를 제외한 모든 동물들에게 치명적인 기후 환경을 만들게 되었다고 결론지었다. 시간이 지나면서 이리듐이 많이 들어 있는 물질들이 지구 표면에 낙하하게 되고 그 결과는 바위에 새겨지게 되었다고 본다.

중성자 활성 분석법은 범죄수사에도 일부 사용될 수 있다. 예를 들면, 독약으로 죽은 사람의 머리카락에서 비소의 존재를 확인할 수 있다. 마찬가지로 예술품에 사용된 페인트나 혹은 여러 다른 물질들이 그 예술품이 만들어질 때의 것인가를 확인함으로써 모조품을 식별하는 데도 사용되고 있다.

이 방법은 또한 잘 숨겨져 있는 폭발물이나 불법적인 마약 같은 것을 찾는 데도 유용하다. 대부분의 화학적인 폭발물은 질소를 포함하고 있으며, 불법적인 마약, 예를 들면 코카인은 염소를 포함하고 있다. 따라서 트럭에 실린 중성자 활동 분석기를 의심되는 차량 옆에 두고 그 차량을 스캔함으로써 그러한 물질들을 찾아낼 수 있다. 즉, 그러한 의심 차량에 중성자를 충격시켜, 차량 내에 있는 물질들을 방사능 동위원소로 만든 후 그 물질에서 방출되는 감마선을 검출기에 통과시킴으로써 그 에너지가 질소나 염소가 발생시키는 에너지와 같은지를 분석하여 확인할 수 있다.

11.5 핵 결합 에너지

핵의 중요하고 유용한 특성이 핵의 결합 에너지이다. 다음과 같은 실험을 생각해 보자. 양성자나 중성자를 하나씩 제거하여 핵을 분해한다고 하자. 이 과정에서 필요한 일, 즉 핵 내에 결합되어 있는 핵자를 떼어내기 위해서 각 핵자의 결합 에너지에 해당하는 일을 해주어야 하는데 그 전체 일을 측정한다. 그리고 이 과정을 역으로 수행한다고 하자. 즉, 양성자와 중성자들이 강력에 의하여 원래의 핵이 되도록 재결합된다고 하자. 그러면 에너지 보존 법칙에 의하여 분해하기 위하여 해준 일 만큼 재결합할 때 방출되어야 한다. 이 에너지를 **결합 에너지**(binding energy)라고 하며, 이 결합 에너지의 크기는 핵이 얼마나 단단히 결합되어 있는가를 나타낸다. 여러 종류의 핵 결합력을 서로 비교하기 위하여 사용되는 유용한 양으로 각 양성자와 중성자 한 개에 대한 평균 결합 에너지가 있다. 즉, 핵자당 결

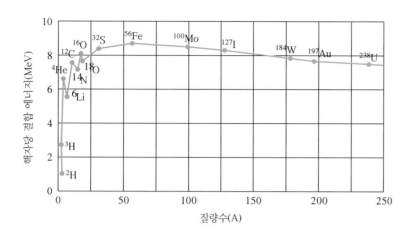

그림 11.15 질량수의 함수로서 핵자당 결합 에너지. 결합 에너지가 높을수록 그 핵은 단단하게 결합되어 있다.

합 에너지이다. 이것은 전체 결합 에너지를 핵을 구성하고 있는 양성자와 중성자의 전체 개수(이미 언급한대로 이를 질량번호라 한다)로 나눈 값이다. 모든 원소들에 대하여 핵자당 결합 에너지를 측정한다면, 그 값이 1MeV에서 9 MeV까지 상당히 크게 변한다는 것을 알 수 있다(그림 11.15).

질량번호가 약 50정도인 핵들은 핵자당 높은 결합 에너지를 가지고 있다. 즉, 이 범위의 핵에 들어 있는 양성자나 중성자는 이 범위보다 더 크거나 작은 원자핵에 들어 있는 양성자나 중성자보다 더 단단히 결합되어 있어서 그 원자핵들은 좀 더 안정되어 있다. 헬륨-4의 상대적으로 높은 안정성은 $A = 4$에서 작은 피크로 나타나 있다.

결합 에너지를 이해하기 위하여 다음과 같은 상황을 생각해 보자. 핵에 묶여 있는 양성자나 중성자는 운동장에 있는 구멍에 빠져 있는 공과 같다. 그 공의 전체 에너지는 음의 값을 갖는다(공이 자유롭게 굴러다니지 못하므로 구멍에 의하여 묶여 있다고 이해할 수 있다). 그 공의 결합 에너지는 그 공을 구멍에서 꺼내는 데 요구되는 일과 같다(즉, 구멍에서 빠져 있는 공을 꺼내서 자유로이 운동할 수 있도록 해주는 데 필요한 일). 구멍이 깊을수록 꺼내는 데 필요한 일의 크기가 커지며 따라서 결합 에너지가 높다.

핵자당 결합 에너지를 나타내는 그래프를 보면 핵에너지가 어떻게 도출될 수 있는지를 보여준다. 예를 들면, A가 200 정도인 핵의 핵자당 결합 에너지는 A가 100 정도인 핵의 핵자당 결합 에너지보다 작다. 다시 말하면 A가 100 정도인 핵의 결합 에너지에 해당하는 구멍의 깊이가 A가 200 정도의 핵의 결합 에너지에 해당하는 구멍의 깊이보다 깊다. 따라서 A가 200 정도인 핵이 A가 100 정도인 두 개의 핵으로 분리될 때 그 차이에 해당하는 에너지가 방출될 수 있음을 알 수 있다. 이렇게 핵이 분리되는 것을 핵분열이라고 하며, 이 경우 에너지 방출이 동반된다.

비슷한 이유로 두 개의 아주 작은 핵을 결합하여 그 차이에 해당하는 에너지를 얻을 수 있다. 즉, 수소-1 핵과 수소-2 핵을 결합하여 헬륨-3 핵을 만들었다면 헬륨의 결합 에너지가 더 크므로 그 차이에 해당하는 에너지가 방출될 수 있다. 이 과정을 핵융합이라고 한다.

핵 질량번호의 함수로 나타낸 핵자당 결합 에너지 그래프는 왜 핵분열과 핵융합이 에너지를 방출할 수 있는지를 설명할 수 있기 때문에 핵물리학에서 매우 중요하다. 핵분열은 원자력 발전소와 원자폭탄에 이용되며, 핵융합은 태양과 별의 에너지 근원 또한 수소폭탄에 이용된다. 그러나 주어진 *A*에 해당하는 결합 에너지를 측정할 때 그 핵을 구성하는 양성자와 중성자를 한 개씩 떼어내면서 각각에 따른 일의 양을 측정하여 전체 값을 측정하는 것은 실제로 불가능하다. 결합 에너지를 측정하는 가장 바람직한 방법은 바로 질량과 에너지의 동등원리를 이용하는 것이다.

12.1절에서 설명한 아인슈타인 특수 상대론의 예측 중 하나는 어떤 물체가 에너지를 얻으면 그 질량이 늘어난다는 것이다. 즉, 입자의 에너지와 질량 사이의 정확한 관계는 유명한 공식

$$E = mc^2$$

으로 주어진다. 입자에 에너지가 주어지면 질량이 증가하며, 에너지가 감소하면 그 질량도 감소한다. 다시 말하면 질량이 에너지로 전환될 수 있으며, 또한 에너지가 질량으로 전환될 수 있다. 일상 생활 주변의 물건에서 에너지를 빼앗을 때 그에 해당하는 질량의 감소는 너무 작아서 측정되기 매우 어렵다. 그러나 핵 과정에서 나타나는 에너지는 매우 크기 때문에 질량-에너지 관계식이 측정될 수 있다.

예를 들면, 수소-1 원자(한 개의 양성자와 한 개의 전자로 되어 있다)의 질량은 1.00785 u이며, 한 개 중성자의 질량은 1.00869 u이다(표 11.1). 따라서 수소 원자와 자유 중성자의 전체 질량은 2.01654 u이지만, 수소-2(한 개의 양성자와 한 개의 중성자 그리고 한 개의 전자로 구성된 원자로서 중수소라고 한다)의 질량을 측정하면 2.01410 u로 주어진다. 즉, 한 개의 양성자와 한 개의 중성자가 수소-2의 핵으로 결합될 때, 전체 질량은 서로 떨어져 있을 때(즉, 둘 다 자유 입자로 되어 있을 때)와 비교하여 질량이 0.00244 u 만큼 작다는 것을 알 수 있다. 이 질량차 만큼이 양성자와 중성자가 결합될 때 에너지로 변환되며, 이 에너지가 바로 수소-2 핵의 결합 에너지이다(그림 11.16).

비슷한 방법으로 모든 핵의 질량은 그 핵이 가지고 있는 수와 같은 개수의 (자유) 양성자와 (자유) 중성자의 전체 질량에 비해 작다는 것이 알려졌으며, 이 질량의 차이가 바로 그 핵의 전체 결합 에너지에 해당한다. 이미 언급한 바와 같이 이 전체 결합 에너지를 그 핵의 질량번호(그 핵을 구성하고 있는 양성자와 중성자의 전체 개수)로 나눈 것이 그 핵의 핵자당 결합 에너지이다. 이 방법은 또한 여러 동위원소의 핵자당 결합 에너지를 계산할 때도 쓰인다.

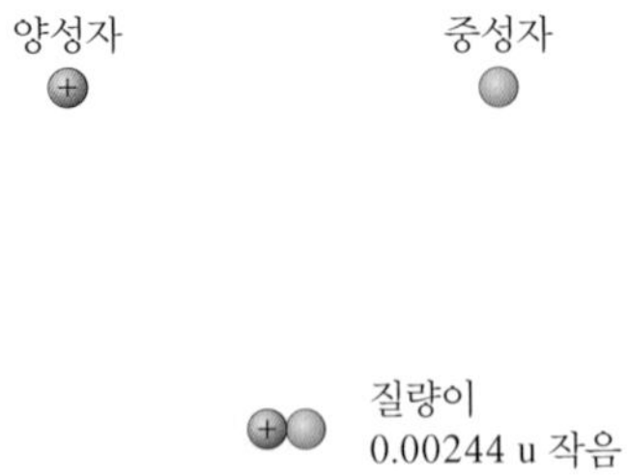

양성자　　　　　　　중성자
＋　　　　　　　　　○

질량이
0.00244 u 작음

그림 11.16 핵 내에 결합된 양성자와 중성자는 따로 분리되어 있는 양성자와 중성자의 질량보다 작다. 그 둘이 결합하면, 질량 일부가 (결합) 에너지로 변환된다. 핵의 결합 에너지 (전자는 보이지 않는다).

예제 11.4

중수소의 결합 에너지를 줄 또는 MeV 단위로 계산해 보자. 이로부터 핵자 한 개당 결합 에너지를 구하여 그림 11.15에 주어진 값과 비교해 보자.

중수소의 질량결손은 0.00244 u이다. 이것을 에너지 단위로 계산하면

$$E = mc^2$$
$$= (0.00244 \text{ u} \times 1.66 \times 10^{-27} \text{ kg/u}) \, c^2$$
$$= 4.0504 \times 10^{-30} \text{ kg} \times (3 \times 10^8 \text{ m/s})^2$$
$$= 4.0504 \times 10^{-30} \text{ kg} \times (9 \times 10^{16} \text{ m}^2/\text{s}^2)$$
$$= 3.6454 \times 10^{-13} \text{ J}$$

이고 MeV 단위로는

$$E = (3.6454 \times 10^{-13} \text{ J}) / (1.602 \times 10^{-19} \text{ J/eV})$$
$$= 2,275,506 \text{ eV} = 2.276 \text{ MeV}$$

^{2}H 핵은 양성자와 중성자로 이루어졌으므로 핵자가 2개이다. 따라서 중수소의 핵자당 결합 에너지는 1.1375 MeV가 된다. 이는 그림 11.16의 데이터와 잘 맞는 것이다.

한편 원자 질량단위 u는 정확히 탄소-12 원자 한 개 질량의 12분의 1로 정의 된다. 즉, 질량 단위 u는 탄소-12 원자 질량이 12 u가 되도록 정의한다. 물론 다른 동위원소를 이용하여 질량 단위 u를 정의할 수 있으나 탄소-12가 매우 흔할 뿐만 아니라 지구상의 거의 모든 생명체의 순환과 밀접한 관계를 가지고 있기 때문에

● **개념도 11.2**

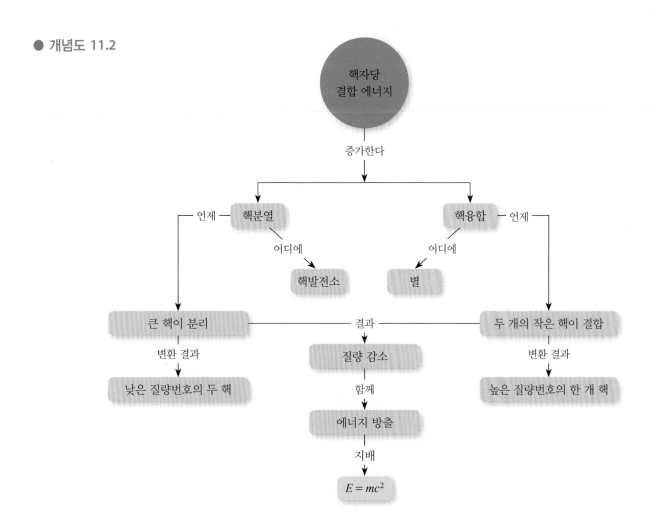

유용하게 사용되고 있다.

핵분열과 핵융합은 물질을 에너지로 변환시키는 과정이다. 두 경우 모두 반응 후 원소의 전체 질량은 반응 전의 전체 질량보다 작다. 대체로 0.1%에서 0.3% 정도의 질량이 에너지로 변환된다. 다음 두 절에서 핵분열과 핵융합을 자세히 설명한다.

11.6 핵분열

1930년경, 중성자 충돌 실험 중 인류 역사상 가장 운명적인 발견이 이루어졌다. 어떤 동위원소의 핵은 중성자를 흡수한 후 쪼개지는 현상이 바로 그것이다. 우라늄-235와 플루토늄-239는 이러한 현상을 일으키는 핵 중에서 가장 중요하다. 이 과정을 거치는 중에 여러 개의 중성자와 함께 에너지가 방출되는데, 이러한 과정을 **핵분열**(nuclear fission)이라고 한다.

핵분열이 일어난 후 생기는 두 개의 새로운 핵을 핵분열 조각이라고 하는데, 어떤 동위원소의 경우, 핵분열을 일으키고 난 후 생성되는 핵분열 조각이 항상 동일한 것은 아니다. 즉, 다른 종류의 핵분열 조각이 생성될 수도 있다. 핵이 분열될 수 있는 방법이 수십 가지가 있을 수 있으며 따라서 핵분열 조각 역시 수십 개의 다른 종류가 나타날 수 있다.

핵분열은 가장 일반적으로 중성자를 핵에 충돌시킴으로써 유도된다. 그러나 중성자 외에 양성자, 알파 입자 그리고 감마선이 사용되기도 한다. 핵이 중성자를 흡수하면 그 핵(핵이 중성자를 흡수하면 핵의 종류는 그대로 유지되나 질량수가 달라지는 동위원소가 된다)은 극히 불안정해져서 아주 짧은 시간 내에 그림 11.17과 같이 분열된다(여기서 아주 짧다는 것은 10^{-23}초 정도의 시간을 말한다). 예를 들면, 우라늄-235의 여러 가지 가능한 핵분열 중에서 대표적인 것을 보면

$$\frac{1}{0}n + \frac{235}{92}U \rightarrow \frac{236}{92}U^* \rightarrow \frac{141}{56}Ba + \frac{92}{36}Kr + 3\frac{1}{0}n$$

$$\frac{1}{0}n + \frac{235}{92}U \rightarrow \frac{236}{92}U^* \rightarrow \frac{140}{54}Xe + \frac{94}{38}Sr + 2\frac{1}{0}n$$

여기서 별표(*)는 우라늄-236이 불안정하여 즉시 분열된다는 것을 뜻한다. 위의 두 경우 모두 핵분열 동안 에너지가 방출되는데, 그 양은 다음과 같다. 반응이 일어난 후의 핵분열 조각 모두의 질량과 생성된 중성자(첫 번째의 경우 세 개, 두 번째의 경우 두 개) 질량 모두를 합한 전체 질량은 핵분열하기 전의 전체 질량(우라늄-236의 질량과 중성자 한 개의 질량)보다 작다. 따라서 그 질량차 만큼이 에

핵분열

큰 핵이 두 개의 작은 핵으로 갈라지고, 자유 중성자와 에너지도 함께 방출된다.

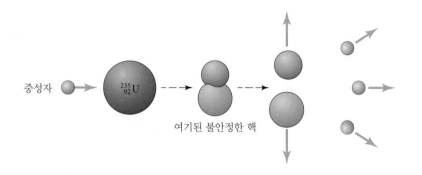

그림 11.17 핵분열하는 우라늄 핵의 개략적인 그림. 이 예에서는 세 개의 자유 중성자가 방출된다.

너지로 변환되어 방출된다. 이 에너지 대부분은 핵분열 조각의 운동 에너지로 나타난다.

우라늄-235 핵 한 개가 핵분열하여 발생되는 평균 에너지는 2억천5백만 eV (3.4×10^{-11} J)이다. 한편 화학 반응, 예를 들면, 연소하거나, 몸의 신진대사 또는 화학적 폭발 등에 나오는 에너지는 화학 반응에 참여하는 분자 한 개당 약 10 eV 에 불과하다. 이러한 엄청난 차이 때문에 핵연료를 사용하는 배나 잠수함은 수년 동안 연료를 공급받을 필요가 없지만, 디젤이나 오일과 같은 화학(화석)연료를 사용하는 경우 매 출항마다 연료를 공급받아야 한다.

핵분열 동안 에너지가 방출되는 것 외에 다음 두 가지가 매우 중요하다.

1. 핵분열에서 생성되는 핵분열 조각 대부분은 그 자체가 방사능 물질이다. 핵분열 조각에 들어 있는 양성자에 대한 중성자의 비율은 안정한 핵이 되기 위한 비율보다 너무 높아서 대부분 베타 붕괴를 하게 된다. 이러한 방사능 물질인 핵분열 조각은 핵폭발에서 나오는 낙진과 핵발전소에서 나오는 원자력 폐기물의 중요한 성분이다.

2. 핵분열에서 다시 발생된 중성자는 또 다른 핵(위 예에서는 우라늄-235)과 충돌하여 새로운 핵분열을 야기시킬 수 있다. 이러한 일련의 연속적인 핵분열 과정을 연쇄 반응이라고 한다.

우라늄-235에 대해서는 평균적으로 2.5개의 중성자가 핵분열마다 배출되는데, 만약 그중 한 개만 다음 핵분열을 일으키는 데 관여한다면 안정적인 연쇄 반응이 될 수 있다. 즉, 매 초 핵분열을 일으키는 수는 일정하며 따라서 발생되는 에너지 또한 일정하다. 이러한 형태의 반응은 핵발전소에서 사용된다. 한편 한 개 이상의 중성자가 다음 핵분열에 관여(유도)한다면, 불안정한 연쇄 반응이 되어 핵폭발이 일어나게 된다. 즉, 핵분열에서 나오는 중성자 중에 두 개가 그 다음의 핵분열을 일으킨다면 처음에는 한 개의 핵분열, 그 다음은 두 개의 핵분열, 그 다음은 네개, 그 다음은 여덟 개 등과 같이 기하급수적으로 그 핵분열 수가 늘어나게 되어 그에 따른 에너지도 같은 비율로 발생된다. 이러한 과정이 핵폭탄에서 사용된다.

만약 핵연쇄 반응(핵분열)과 화학적 연쇄 반응(연소)을 비교하여 설명하면, 안정적 연쇄 반응은 용광로 혹은 스토브에서 자연가스의 연소와 같다. 즉, 매 초 연소되는 가스의 분자수는 일정하여 발생되는 에너지 또한 일정한 비율로 나온다.

불안정한 연쇄 반응은 폭죽의 화약 폭발과 같다. 즉, 처음 발생된 에너지는 재빨리 다른 화약들이 폭발적이고 조절불가능 형태로 연소되도록 한다.

이 절의 나머지 부분은 원자폭탄과 핵발전소를 만드는 데 관련되는 여러 가지 상세한 내용을 살펴보기로 한다. 단 핵폭탄에는 두 가지 다른 종류가 있다. 핵분열을 이용하는 핵폭탄과 핵분열과 핵융합 모두를 사용하는 수소폭탄(열핵 폭탄이라고도 한다)이 있다.

원자폭탄과 핵발전소에 사용되는 핵심 물질은 우라늄이다. 자연에서 캐는 우라늄 중에서 약 99.3%는 우라늄-238이고, 0.7%만 우라늄-235이다. 우라늄-235는 핵분열이 일어나지만 우라늄-238은 (굉장히 빠른 속도의 중성자를 이용하지 않는 한) 잘 일어나지 않는다. 그러나 핵분열이 잘되는 플루토늄-239로 정제될 수 있다.

11.6a 원자폭탄

조절 불가능한 핵분열 연쇄 반응을 일으키기 위해서는 각 핵분열이 한 개 이상의 핵분열을 유도시킬 수 있어야 한다. 이렇게 하기 위해서는 핵분열 가능한 핵의 밀도를 매우 높여준다. 따라서 그림 11.18에서와 같이 핵분열 후 생성된 중성자가 다른 핵과 쉽게 충돌하도록 하여 연쇄적인 핵분열을 유도하도록 하여야 한다. 다른 표현을 쓰면, 거의 순수한 우라늄-235나 플루토늄-239가 사용되어야만 한다. 우라늄-235는 우라늄 광석으로부터 복잡할 뿐만 아니라 비용도 많이 드는 정제 혹은 동위원소 분리라는 과정을 거쳐 얻을 수 있다. 우라늄 동위원소 모두 똑같은 화학적 특성을 가지기 때문에 화학적인 방법은 통하지 않고, 다만 핵의 질량에서 차이가 있다는 점을 이용하여야 한다.

핵폭탄을 만들려면 거의 순수한 우라늄-235 혹은 플루토늄-239가 필요할 뿐만 아니라 충분한 양이 있어야 하며 또한 적절한 형태, 예를 들면 구형으로 만들어야 한다. 그 이유는 중성자가 핵분열을 위한 물질을 담고 있는 용기(그릇)를 빠져나가기 전에 핵과 충돌할 수 있도록 하기 위함이다. 이러한 조건이 만족되는 핵폭발에 필요한 핵분열 물질의 임계질량이 있다. 만약 핵분열을 일으킬 물질의 핵수가 너무 작거나, 그 핵들이 너무 멀리 떨어져 있을 때(즉, 밀도가 낮을 때) 너무 많은 중성자가 (다른 핵분열을 일으키기 전에) 그곳을 빠져 나간다면 폭발이 일어나지 못하게 된다. 그리고 폭발이 일어날 정도의 연쇄 반응이 일어나도록 충분히 오랜 시간 동안 그 임계질량이 유지되어야 한다. 만약 그렇지 못할 경우 초기 핵분열에서 나온 에너지와 열이 임계질량을 분리시켜 연쇄 반응이 일어나지 않는다. 폭죽에서도 같은 이유로 종이를 사용하여 단단히 싸매어져 있어야 한다.

핵폭탄의 또 다른 중요한 요인은 타이밍이다. 너무 일찍 폭발하는 것은 바람직하지 못하다. 이를 위하여 두 가지 기술이 사용되는데, 먼저 총대 원자폭탄에서는 두 개의 임계질량 이하의 우라늄-235 덩어리를 그림 11.19에서와 같이 큰 튜브의 양쪽 끝에 놓아두고, 폭발물을 터

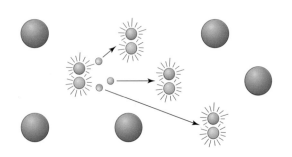

그림 11.18 순수 우라늄-235의 핵분열 연쇄 반응. 핵 모두가 핵분열 가능하기 때문에 한 핵분열에서 나온 각 중성자는 이웃하는 핵과 충돌하여 또 다른 핵분열을 하도록 유도한다. 이와 같이 것이 폭발적인 연쇄 반응을 일으킨다.

트리면 두 덩어리가 합쳐져서 임계질량이 되도록 고안한 것이다. 일본 히로시마에 투하된 폭탄이 이러한 형태의 폭탄이다.

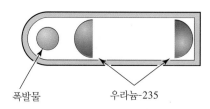

그림 11.19 총신원자폭탄. 우라늄 두 덩어리가 강압적으로 임계질량에 이르도록 한다.

원자폭탄의 또 다른 종류는 파열 폭탄인데 플루토늄-239와 함께 사용된다. 임계 이하의 플루토늄이 그림 11.20과 같이 특별히 고안된 일반 폭발물로 둘러싸여 있다. 이 일반 폭발물을 터트리면 그 폭발의 팽창에 의하여 플루토늄을 압축하여 임계질량에 도달하도록 하며(부피가 줄어들기 때문) 원자폭탄이 터지도록 만들어져 있다. 일본 나카사키에 투하된 폭탄이 이러한 종류이다.

핵폭발은 엄청난 양의 에너지를 열, 빛 그리고 전자기적 및 핵 방사능의 형태로 방출한다. 핵폭발 중심부에서 온도는 수백만 도에 달하며, 열이 워낙 강하여 1 km 만큼 떨어져 있어도 나무와 불에 탈 수 있는 물질에 화염이 휩싸이도록 할 수 있을 정도이다. 또한 폭발 근처의 공기가 데워져서 급격히 팽창하게 되고 충격파가 발생되며, 곧바로 허리케인만큼 강한 바람이 불게 된다. 방사능 핵분열 파편뿐만 아니라 폭발 중에 발생된 중성자와 여러 방사능이 공기, 먼지 및 여러 부스러기와 충돌함으로써 많은 양의 방사능 동위원소들이 발생된다. 이러한 물질들이 결국 땅으로 떨어지게 되는데 이를 낙진이라고 한다.

원자폭탄의 폭발에 의하여 방출되는 에너지는 일반적으로 같은 양의 에너지를 방출하는 TNT의 톤수로 표현되는데, 1톤의 TNT는 약 45억 J(줄) 정도의 에너지를 방출한다. 대부분의 원자폭탄은 10~100킬로톤 정도인데 이를 TNT로 환산하면 10,000~100,000톤과 맞먹는다. 이에 대한 이해를 돕기 위하여 좀 더 설명하면 10,000톤의 TNT는 기차 100량에 가득 실어야 할 정도이다. 그러나 특수 핵분열 핵폭탄은 한 사람이 들고 다닐 수 있을 정도로 작고 가볍게 만들 수 있다.

11.6b 핵발전소

현재 전 세계 전기 생산량의 약 1/8이 핵발전소에서 만들어진다. 2015년 7월 전 세계에 458기의 원자력 발전소가 가동 중이며 이 중 99기가 미국 내에 있다. 이들 발전소에서 미국 전기수요의 20%를, 전체 에너지 수요의 8.5%를 담당한다. 모든 핵 발전소는 핵분열 방식으로 에너지 방출을 제어한다. 제어의 기본은 연쇄 반응이 폭발적으로 일어나지 않도록 중성자의 수를 제어하는 것이다.

핵원자로를 디자인하는 방법에는 수십 가지가 있으나, 이들 대부분은 약 3% 우라늄-235를 이용하는 방법이다. 이것은 핵분열할 수 있는 핵의 밀도를 낮게 유지함으로써 핵분열에서 발생되는 중성자(전 절에서 설명한 바와 같이 각 핵분열에서 평균적으로 2.5개의 중성자가 발생된다) 모두가 다음 핵분열을 일으키도록 하는 것이 아니라 그중 일부만 필요에 따라 다음 핵분열을 유도하도록 조절하는 것이다. 그러므로 핵분열 연쇄 반응의 비율을 조정하여 임계질량에 다다르지 못하도록 하는 것이다. 따라서 핵원자로는 그림 11.21에서 보는 바와 같이 원자폭탄처럼 폭발할 수 없다. 이 방법은 또한 경제적이기도 한데 그 이유는 우라늄-235를 정제하는 과정이 매우 비싸기 때문이다.

핵원자로 내에서 핵분열 연쇄반응을 일으키고 조절하는 또 다른 중요한 요인

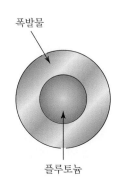

그림 11.20 파열 원자폭탄. 플루토늄이 폭발물의 힘에 의해 내파할 때까지 임계 이하로 유지되지만 내파에 의하여 임계질량에 다다른다.

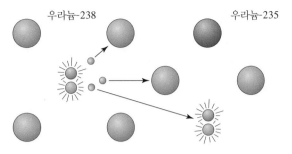

우라늄-238   우라늄-235

그림 11.21 강화 우라늄의 통제된 핵분열 연쇄 반응. 핵의 일부분만 핵분열이 가능하므로 중성자 모두가 핵융합을 유도하는 것은 아니다. 즉, 중성자 일부는 핵분열하지 않는 우라늄-238에 흡수된다.

은 느린 중성자가 빠른 중성자에 비하여 우라늄-235를 핵분열하는 데 훨씬 더 효과적이라는 것이다. 우라늄-235가 핵분열함으로써 발생되는 중성자를 느리게 하면 그 만큼 다른 우라늄-235 핵에 의하여 포획될 가능성이 높아져서 핵분열을 일으키게 할 확률이 올라가게 된다. 이는 다시 원자로 내의 우라늄-235의 양을 작게 할 수 있다는 것을 의미한다.

그러면 어떻게 중성자를 느리게 할 수 있는가? 이것은 작은 핵을 많이 포함하고 있는 감속제(크기가 작은 핵을 다량으로 포함하고 있는 물질)를 이용함으로써 가능하다. 작은 크기의 핵은 큰 핵보다 훨씬 효과적으로 중성자의 운동 에너지를 줄일 수 있다. 이는 마치 골프공이 정지하여 있는 야구공에 충돌하면 정지해 있는 볼링공에 충돌할 때보다 더 많은 운동 에너지를 잃는 것과 같은 원리이다. 중성자를 감속제에 통과시킴으로써 감속제의 핵과 많은 충돌을 하여 에너지를 잃게 되어 결국 주변의 핵과 같은 크기의 평균 운동 에너지를 갖게 된다. (즉, 중성자는 감속제의 온도에 의하여 결정되는 에너지 $3/2 \, kT$를 평균적으로 가지게 되고 이러한 이유로 그 중성자를 열중성자라고 부른다.) 미국에 있는 대부분의 원자로는 감속제로서 물을 사용하고 있다. 그 이유는 물분자에 들어 있는 수소 원자핵이 작기 때문이다. 한편 영국이나 소비에트 연방에서는 감속제로서 흑연 형태로 된 탄소를 사용하고 있다.

우라늄 연료는 긴 막대형태로 다듬어져 있으며 이것을 연료봉이라고 한다. 큰 원자로에는 이러한 연료봉 수천 개를 감속제에 담구어 두며, 각 연료봉은 이웃 연료봉에서 생성된 중성자를 받아들여서 연쇄 반응을 유지하도록 설계되어 있다. 한편 그림 11.22에서 보는 바와 같이 연료봉 사이로 조절봉을 넣음으로써 연쇄 반응을 일으킬 중성자의 수를 조절할 수 있는데, 조절봉은 대부분 카드뮴이나 보론으로 만들어져 있다. 원자로 내에서 핵분열하는 비율, 즉 발생되는 에너지의 비율은 이와 같이 원자로 내에 조절봉 수로서 조정할 수 있다.

핵원자로 내에서 발생된 에너지는 대부분 열의 형태를 띠는데, 이 열을 이용하

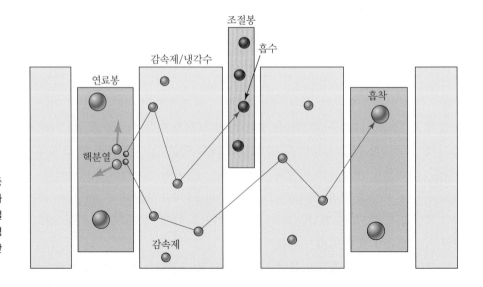

조절봉
흡수
감속제/냉각수
연료봉
흡착
핵분열
감속제

그림 11.22 핵원자로 중심의 간략한 도면. 중성자를 흡수하는 조절봉이 연쇄 반응을 조절하기 위하여 연료봉 사이에 삽입될 수 있다. 조절봉은 핵분열을 일으킨 연료봉에서 방출된 중성자가 다른 연료봉에 흡수되어 새로운 연쇄 반응을 일으키는 것을 막을 수 있다.

여 압축된 물을 고온의 스팀으로 바꾼다. 그 외 원자력 발전소의 일은 석탄을 이용한 발전소의 그것과 동일하다(그림 5.32). 즉, 스팀은 터빈을 돌리고, 터빈은 발전기를 돌리며, 발전기에서 전기가 생산된다. 대부분의 핵원자로에서 물이 연료봉 주위를 흐르는데, 이의 역할은 두 가지이다. 먼저 핵분열에서 발생된 중성자의 속도를 줄여주는 감속제 역할과 자동차의 라디에이터에 있는 액체가 엔진에서 발생된 열을 식혀주는 역할을 하는 것과 마찬가지로 원자로의 열을 식혀주는 역할을 하는 냉각재 역할을 한다. 만약 어떤 이유에서든지 원자로에서 물이 없어지면 그 원자로는 위험할 정도로 과열된다.

11.6c 핵발전소 사고

핵발전소는 여러 가지 세련된 안전장치와 응급 처리 보조시스템을 가지고 있다. 온도가 너무 높아지거나 냉각재가 새는 경우 그 원자로를 식히기 위하여 수백만 갤런(1갤런은 3.6리터임)의 물이 항상 준비되어 있으며, 약간의 문제라도 보이면 원자로의 가동을 중지하기 위하여 조절봉이 항상 준비되어 있다. 또한 전체 원자로와 부속 시스템은 강철이 들어 있는 거대한 콘크리트 건물에 들어 있다. 이 건물은 보통 200 ft(60 m)의 돔 형태이며, 벽두께는 약 1 ft(30 cm)이다. 이 빌딩은 원자로에서 방사능이 누출될 위험이 있을 경우 완전히 밀봉될 수 있도록 설계되어 있다. 이렇게 안전장치를 갖추는 이유는 원자로 내에는 일반적인 핵폭탄이 발생시키는 방사능보다 더 많은 양이 있기 때문이다.

사람이 운영을 잘못하거나 디자인을 잘못했을 때 재앙이 뒤따를 수 있다는 것을 보여주는 세 가지 핵발전소 사건을 지적하고자 한다. 1979년 사람에 의한 몇 가지 실수와 장비의 오작동 때문에 원자로의 냉각수 대부분이 없는 상태에서 약 3시간 동안 운행하는 일이 펜실베니아의 트리마일아일랜드에서 발생하였다. 그 결과 중심부 반 이상이 녹아버렸으나, 다행히 외부 건물이 제 역할을 해준 덕택에 극히 일부 방사능만 누출되었다. 그러나 비싼 원자로가 파괴되었으며, 중심부는 방사능 물질이 가득한 파편 덩어리로 변해 버렸다. 따라서 그 후 약 10년간 10억 달러라는 엄청난 비용을 투입하여 깨끗이 청소할 수 있었다.

좀 더 심각한 핵 참사는 1986년 4월 우크라이나의 키에프 근처 체르노빌에서 일어났다. 발전기를 점검하는 기술자들이 원자로의 운전을 극한 이상으로 몰고 갔다. 그 발전소는 트리마일아일랜드에서 설치되어 있는 것과 같은 봉쇄건물이 없었으므로 방사능 물질을 가진 수천 톤의 부스러기들이 대기 중에 방출되었고 이는 다시 바람을 타고 세계 곳곳으로 날아갔다. 엄청난 양의 흑연은 열에 의하여 화재가 발생하여 10일간이나 지속되었으며, 31명의 인명 피해가 즉시 발생하였고, 아울러 30만 명 이상이 다른 곳으로 이주하여야 했다. 수천 명이 방사능에 피폭되었기 때문에 죽을 것으로 예측되었으나 2011년에 발간된 UN 보고서에 따르면 사고 당시 어린이였던 사람 중에 약 6000여 명이 갑상선 암에 걸렸다고 알려진다. 우크라이나와 이웃나라가 당한 경제적인 손실은 수천억 달러로 추산되며, 이러한 사건을 방지하기 위하여 좀 더 안전한 원자로의 설계와 철저한 운전 훈련이 절실히 필요하다는 것을 교훈으로 주고 있다.

세 번째 대형 핵발전소 사고는 2011년 3월 일본에서 일어났으며 이는 아주 강력한 지진(리히터 지진계로 강도 9.0)에 의해 발생된 쓰나미가 원인이 되었다. 후쿠시마 다이치 핵발전소는 일본의 동북방 대도시 센다이에서 약 90 km 떨어진 해안가에 위치해 있었으며 당시 6개의 원자로로 구성되었다. 이들 원자로는 물을 이용하여 두 가지 중요한 공정이 이루어지는데 하나는 원자로 코어의 열을 식히는 것이고, 다른 하나는 핵 반응에서 나오는 중성자의 속도를 감속시키는 것이다. 지진이 일어날 당시 가동 중이었던 4기의 원자로의 자동 안전장치는 정상적으로 가동하여 감속봉을 내려 더 이상 핵 반응이 진행되지 않도록 하였다. 그러나 지진이 있은지 한 시간 후에 핵발전소를 덮친 쓰나미는 발전소의 대부분의 시설을 초토화시켰고 원자로 코어의 열을 식혀주기 위해 물을 공급하는 냉각수 펌프들에 공급되던 전력이 차단되었다. 펌프의 가동이 중단되며 원자로 코어의 온도는 재난 수준으로 상승하게 되었고 결국 당일에 가동 중인 원자로의 3기가 폭발하였고 네 번째 원자로에는 2건의 대형 화재사고가 있었다.

사고로 인해 원자로 건물은 물론 후쿠시마 다이치 발전소를 기준으로 방사능 수치가 높게 나타난 약 30 km 반경의 지역에서 긴급구호 인력을 제외한 약 16만 명의 주민이 2011년 3월 25일 주변지역으로 강제로 소개되었다. 원자로 주변의 음용수와 채소들의 방사능 수치가 지속적으로 모니터링 되었고 사고 후 1주일이 지난 후의 측정치는 위험 기준치를 밑도는 수치였다. 인접한 바다로의 추가적인 방사능 오염이 일어났는데, 이는 원자로의 밑에 고인 물이 바다로 흘러들며 일어난 것이었다.

5년이 지난 지금까지도 방재작업 및 방사능 모니터링은 계속되고 있어 약 8000여 명의 인력이 이 일에 투입되고 있다. 그간의 데이터들과 전문가들의 판단으로는 현재 완전한 원상회복을 위해서는 약 40년의 시간이 필요하다고 한다. 현재 이곳의 가장 중요한 작업은 지하수가 더 이상 원자로가 있던 지하로 흘러드는 것을 막는 것이며 이를 통해 지하수 그리고 태평양 바다가 오염되는 것을 막는 일이다. 이를 위하여 원자로의 주변에 얼음 장벽을 세우는 일이 진행되는데 이는 약 60개의 대형 원통을 비롯하여 약 1.5 km에 달하는 그물망 파이프에 냉매를 주입하는 방법을 사용하고 있다.

아직은 이 비극적인 사고가 장기적인 관점에서 지구촌의 인류에게 특히 후쿠시마 다이치 발전소 주변 그리고 해변과 바다의 환경에 어떠한 영향을 미칠 것인지에 대하여는 더 지켜보아야겠으나 분명한 점은 후쿠시마와 비교하여 약 10배 정도의 방사능 물질이 공기 중으로 배출되었던 체르노빌의 대재앙보다는 그 영향이 덜할 것이라는 것이다. 이 시점에서 다시 한 번 강조하고자 하는 것은 지진이나 허리케인, 토네이도와 같은 자연의 재앙을 고려하여 핵발전소의 안전시설을 2중 3중으로 지나쳐도 과함이 없다는 점이다.

연료봉에 있는 핵분열 가능한 동위원소들이 모두 소진된 후 그 연료봉은 교체되어야 한다. 이 폐연료봉은 200가지 이상의 방사능 동위원소를 가지고 있기 때문에 차갑게 유지하기 위하여 몇 달 동안 물속에 담궈 두어야 하며 동시에 방사능 물질이 붕괴되도록 하여야 한다. 그러나 짧은 반감기를 가지는 방사능 동위원소들이 붕괴되어 없어지더라도 그리고 연료봉이 차갑게 식었다 할지라도 수천 년 동안 위험한 방사능 물질로 남게 된다. 폐연료봉과 그 외 다른 핵폐기물을 안전하게 폐기하는 것이 가장 중요한 관심사로 남아 있다.

11.7 핵융합

놀랍게도 핵분열을 능가하는 핵에너지의 또 다른 원천이 존재하는데 이것이 **핵융합**(nuclear fusion)이다. 이것은 태양 에너지의 근원이며 아울러 수소폭탄 에너지의 근원이기도 하다.

핵융합은 비록 그 과정에 작은 핵이 관여하지만 핵분열(핵분열은 대부분 큰 핵이 관여된다)의 역과정으로 이해하면 된다. 핵융합의 일례가 그림 11.23에 나타나 있다. 이 경우 두 개의 수소 원자핵, 즉 한 개는 수소-1이고 다른 하나는 수소-2(중수소)가 헬륨-3의 원자핵으로 융합된다. 에너지를 방출하는 핵융합은 여러 종류가 있다. 이들 중 몇 가지를 방출되는 에너지의 양과 함께 표시하면 다음과 같다.

$$^2_1H + ^2_1H \rightarrow ^3_2He + ^1_0n + 3.3 \text{ MeV}$$
$$^2_1H + ^3_1H \rightarrow ^4_2He + ^1_0n + 17.6 \text{ MeV}$$
$$^2_1H + ^3_2He \rightarrow ^4_2He + ^1_1p + 18.3 \text{ MeV}$$

각각의 경우, 에너지는 융합 후 각 핵자의 전체 질량이 반응이 일어나기 전의 전체 질량보다 작기 때문에 발생된다. 핵분열과 같이 그 줄어든 질량이 에너지로

핵융합
두 개의 핵이 합쳐져 에너지가 방출되면서 큰 핵으로 변환되는 것이다.

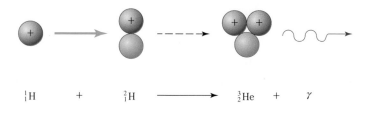

$$^1_1H \qquad + \qquad ^2_1H \qquad \longrightarrow \qquad ^3_2He \qquad + \qquad \gamma$$

그림 11.23 수소-1 핵과 수소-2 핵의 융합. 그 과정 중에 감마선이 방출된다.

11.7 핵융합 **433**

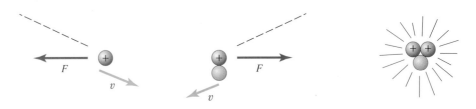

그림 11.24 두 핵의 고속 충돌에서 두 핵은 서로의 척력을 극복하고 융합이 일어난다. 극히 높은 온도에서 핵은 열운동 때문에 그러한 높은 속도를 가진다. (즉, 핵의 속도는 $\sqrt{T}$에 비례한다.) 이것이 열적 핵융합이다.

전환된다. 이 에너지는 융합된 핵의 운동 에너지 그리고 양성자, 중성자, 감마선의 에너지로 나타난다.

강력은 아주 짧은 거리에 작용하는 핵력인데, 두 핵이 이 정도의 짧은 거리로 접근해야만 강력에 의하여 하나로 합쳐지는 융합이 이루어질 수 있다. 이러한 기본적인 물리학 원리 때문에 융합 반응을 일으키는 데 상당한 어려움이 있다. 즉, 핵은 전기적으로 양전하를 띠고 있다. 한편 두 양전하는 쿨롱법칙에 따라 서로 척력이 작용하므로 두 핵을 충분히 가까이 접근시키는 일이 매우 어렵다.

이러한 어려움은 어떻게 극복될 수 있을까, 궁극적인 방법은 온도를 극도로 높이는 것이다. 핵자들이 충분한 평균 운동 에너지를 갖는다면 그것들이 충돌하며 융합이 가능하다. 이것이 열핵융합 반응이다.

그러면 온도가 얼마나 높아야 할까? 그 답은 각 핵이 가지는 양전하의 크기와 관련 있다. 즉, 전하량이 크면 그 만큼 쿨롱힘이 크므로 온도가 높아야 한다. 수소-1과 수소-2(중수소)의 핵융합인 경우 그 온도는 섭씨 5천만도 정도이지만 어떤 경우는 수억 도를 올려야 하는 때도 있다. 상상을 초월하는 이 온도는 별의 내부에서 발견되며, 핵분열 폭발의 중심부에서도 도달될 수 있다.

11.7a 별의 핵융합

태양은 뜨겁게 이글거리며 엄청난 양의 에너지를 방출한다. 이러한 에너지는 태양 내부에서 자연스럽게 일어나는 핵융합 반응에서 나온다. 태양은 대부분 수소로 되어 있는데, 이들은 고밀도, 고온의 플라즈마 상태로 존재한다. 태양의 중심 온도는 섭씨 1천5백만 도이며, 압력은 10억 기압 이상이다. 이런 상태 하에서 수소는 일련의 핵융합 반응을 거쳐 헬륨으로 변한다. 태양 내부에서는 매 초 수억 톤의 수소가 핵융합을 하여, 4백만톤 이상의 물질이 에너지로 변환된다.

안정된 별은 핵융합에 의하여 에너지를 얻는데, 어떤 별은 태양에서 일어나는 것과 같은 반응에 의하여 에너지를 생성시키지만, 더 크고 온도가 더 높은 별의 경우는 다른 핵융합 반응을 이용한다. 내부 중심의 온도가 섭씨 1억 도를 넘는 큰 별인 경우, 헬륨이 핵융합하여 탄소나 산소핵을 만들고, 이들은(탄소나 산소핵) 다시 융합하여 실리콘이나 철로 변환된다. 이러한 방법으로 주기율표에 있는 원소들은 기본 물질인 수소로부터 만들어진다. 가장 무거운 원소들은 초신성이 폭발하는 동안 만들어진다(초신성 폭발이란 거대한 별이 수명을 다할 때 일련의 중성자 흡수 및 베타 붕괴에 의하여 발생되는 거대한 폭발이다).

지구와 그 위에 있는 거의 대부분의 원소는 수십억 년 전에 일어난 초신성이 폭발하는 동안 생성되었다(그림 11.25).

　태양 없이는 우리 행성의 생명이 불가능하다. 직간접적으로 태양 에너지가 모든 생명을 지원해 주고 있다. 친숙하고, 믿을 만하며, 명백하고, 자연스런 형태의 태양 에너지가 상상을 초월하는 크기의 폭력적인 핵융합에 기인한다는 것이 아이러니이다.

11.7b 열핵무기

지구 병기고에 있는 가장 파괴적인 무기는 열 핵탄두, 즉 수소폭탄이다. 이 무기는 수소의 핵융합에서 그 폭발 에너지를 얻는다. 핵융합이 일어날 수 있는 충분히 높은 온도를 얻기 위하여 핵분열 폭발을 기폭제로 사용한다. 엄청난 폭발을 동반하는 핵분열폭탄도 수소폭탄의 뇌관에 불과하다. 즉, 방출되는 에너지를 비교할 때, 수소폭탄과 원자폭탄의 크기 비율은 다이너마이트 덩어리와 폭죽의 크기비율과 같다.

　수소폭탄 대부분은 메가톤 범위에 있으며 그 에너지는 TNT 수백만 톤에 해당된다. 지금까지 실험된 가장 큰 무기는 50메가톤인데, 이 폭탄의 에너지는 일본에 투하된 두 개의 원자 폭탄을 포함하여 역사에 기록되어 있는 모든 전쟁에 동원된 폭탄을 합친 것보다 더 크다. 그러나 이것도 지구상에서 일어난 가장 큰 폭발은 아니다. 일부 화산 폭발은, 예를 들면, 1883년 크라카토아 섬에서 생긴 화산 폭발은 이보다 더 많은 에너지를 발생시켰다.

　핵분열과 핵융합이 연계된 무기가 바로 중성자탄이다. 이 무기의 특징은 파괴적 에너지의 약 50%는 방사선 특히 매우 빠른 속도의 중성자로 방출된다는 것이다. 즉 일반적인 수소폭탄의 용기에 해당하는 물질은 중성자를 잘 흡수하는 우라늄이나 납 등으로 이루어져 있으나 중성자탄의 용기는 중성자가 잘 투과할 수 있는 크로뮴이나 니켈을 사용한다. 중성자탄은 수소폭탄에 비해 그 폭발이나 열 폭풍의 규모는 작으나 그 인명 살상력은 극대화되는데, 이는 중성자가 빌딩이나 철갑 등 그 어떤 보호벽도 잘 통과할 수 있는 투과력 때문이다.

　중성자탄이 수소폭탄과 다른 점은 그 연료로서 삼중수소를 주로 사용한다는 점이다. 즉 중성자탄의 기폭은 다음과 같은 중수소 3중수소의 반응으로 이루어진다.

$$^2_1H + ^3_1H \rightarrow\ ^4_2He + ^1_0n + 17.6\ MeV$$

그러나 표 11.2에서 보듯이 삼중수소의 방사능은 그 반감기가 12.3년에 불과하다. 다시 말하면 중성자탄은 그 수명이 매우 짧다는 것이며 그 성능의 유지를 위해서는 주기적인 연료의 교체가 필요하다는 점이다. 애초에 전략무기로 개발되었던 중성자탄은 2003년에 모두 해체되었고 그 이후로는 어떤 나라도 공격무기로 중성자탄을 보유하고 있지 않다.

　현재 세계에 산재해 있는 병기고에는 수천 개의 수소폭탄이 숨겨져 있으며, 이 가운데 일부만 사용되더라도 인류를 포함한 대부분의 생명체는 사라질 것이다.

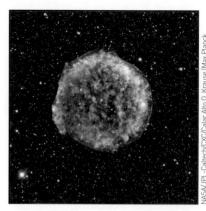

그림 11.25 유명한 덴마크 천문학자 티코 브라헤에 의하여 자세히 관측되어 보고된 1572년 11월에 일어난 티코 초신성의 잔해. 팽창하는 가스와 먼지로 이루어진 이 풍선은 7500광년 떨어진 카시오페이아 별자리에 있다. 이 영상은 궤도를 돌고 있는 찬드라 X-선 관측소의 X-선 영역 관측, 스피츠 우주 망원경의 적외선 영역의 관측 그리고 스페인의 칼라 알토 망원경을 이용한 광학 관측을 결합하여 만든 것이다.

11.7c 통제된 핵융합

핵융합이 발견된 직후 과학자들은 그것을 에너지원으로 이용될 수 없을까 연구하였다. 핵분열 원자로의 성공이 그들에게 희망을 주었으나, 핵융합의 경우 수십년 동안 노력하였으나 아직까지 그 해결의 실마리를 찾기 어려운 기술적인 어려움이 있었다. 열 핵융합 반응이 일어나기 위해서는 다음과 같은 두 가지 조건이 만족되어야 한다.

1. 핵융합을 시작하기 위해서 핵을 굉장히 높은 온도로 올려야 한다. 수백만 도의 온도를 만드는 것은 가능하지만, 문제는 이러한 높은 온도의 플라즈마를 담아 두는(가두는) 용기(그릇)에 있다. 일반적인 물질을 사용하는 용기의 경우 이렇게 높은 온도에 도달하기 전에 녹아 버릴 것이다.

2. 충돌 가능성을 높이기 위하여 충분히 높은 밀도를 유지하여야 한다. 즉, 사용할 만큼 충분한 에너지를 얻기 위해서는 충분한 수의 핵융합이 이루어져야 하며, 그렇게 하기 위해서는 플라즈마의 밀도가 높아야 한다.

통제된 핵융합에 대한 연구는 여러 각도에서 다양하게 진행되고 있다. 먼저 첫번째 방법은 플라즈마를 자기(magnetic) 유폐시키는 방법이다. 플라즈마를 물질에 닿지 않고 가둘 수 있도록 특별한 형태를 갖춘 자기장이 고안되었다. 즉, 핵은 전하를 가지고 있기 때문에 움직이는 핵은 전기장에 의하여 힘을 받게 된다. 이 힘을 이용하여 핵을 한정된 영역에 가두어 둘 수 있는데 대표적인 것이 토카막이라 불리는 디자인이다. 토카막은 도넛 형태의 토로이드 내에 핵을 가두어 둔다(그림 11.26). 핵융합이 이러한 구조에서 일어나는 것을 확인하였으나, 현재의 기술로는 그 반응을 시키기 위하여 소모된 에너지는 핵융합에 의해 생성된 에너지보다 더 크기 때문에 경제성이 없다.

통제된 핵융합의 또 다른 접근 방법은 조그마한 핵융합 폭발을 만들기 위하여 엄청나게 강한 레이저를 사용하는 것이다. 중수소와 삼중수소를 포함하고 있는 조그마한 캡슐에 여러 각도에서 동시에 레이저를 쏘아 준다. 그러면 캡슐 내에 발생된 10^{11}기압의 엄청난 압력이 핵들을 압착하여 서로 융합할 수 있도록 해준다. 로렌스 리버모어 국립연구소의 NIF(The National Ignition Facility)에서는 가장 최신이며 가장 큰 시설을 40억 달러 이상의 비용을 들여 만들었으며(그림 11.27), 2009년 3월부터 테스트를 하도록 확정되었다. 이 실험에서는 캡슐에 5×10^{14} W의 에너지를 공급할 수 있도록 192개의 레이저 빔을 사용한다. 만약 레이저 빔의 테스트 결과가 좋다면, 실제 실험은 2010년 초에 수행될 것으로 보인다.

세 번째 기술 역시 핵융합을 시키는 데 성공하였고 자체 지속적인 핵융합 반응을 유지할 수 있는 장래가 기대되는 유망한 방법이다. 펄스 파워 기계 혹은 Z 기계라고 불리는 이 장치는 전자기장을 이용하는데, 먼저 수백 개의 매우 얇은 선을 중심축(z-축) 둘레로 대칭적 그리고 평행하게 배열시킨다. 수천 암페어나 되는 매우 큰 전류를 순간적으로 동시에 모든 선을 따라 흘려보내면, 그 선은 옴의 법칙에 따라 열이 발생하여 기화되고 따라서 플라즈마가 된다. 매우 큰 전류에 의하

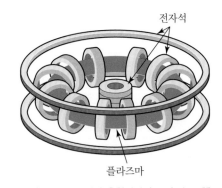

전자석

플라즈마

그림 11.26 토카막 융합장비의 도면. 수소 핵을 포함하는 플라즈마가 여러 전자석에 의하여 만들어진 자기장에 의하여 갇혀 있다. [*Scientific America* 249, 4호(October 1983) :63에서 인용하였다.]

여 만들어진 자기장은 전류가 흐르는 플라즈마에 힘을 가하여 그 플라즈마를 압축시킨다. 전하를 띤 입자들을 빠르게 안쪽으로 가속시키면 강력한 X-선 펄스가 발생되는데, 이 펄스가 BB 크기의 중수소로 된 작은 공 내에서 핵융합이 일어나도록 만든다. 이 방법은 2012년 완공을 목표로 LMJ(Laser Mégajoule) 프로젝트를 개발하고 있는 프랑스 과학자들이 수행하고 있다. 이 방법 혹은 다른 방법일지라도 핵융합을 이용하여 상업적인 전기를 얻을 수 있는지는 더 두고 보아야 한다. 통제된 핵융합이 에너지원으로 좋은 이유가 여러 가지 있다. 그중에서 가장 중요한 이유는 핵융합 연료인 수소, 특히 중수소는 바다에서 무한정 채취할 수 있다는 것이다. 또한 핵분열 원자로와 비교할 때 훨씬

그림 11.27 National Ignition Facility의 건설 중인 반경 10 m의 표적 챔버(푸른색). 192개의 강력한 레이저 빔이 챔버의 중심에 있는 연료 캡슐에 조준될 것이다.

적은 양의 방사능 폐기물이 발생된다. 주요 부산물은 헬륨과 삼중수소인데, 헬륨은 여러 가지 용도로 사용할 수 있으며, 삼중수소는 핵융합의 연료로 사용될 수 있다. 그리고 핵융합 연쇄 반응은 핵분열 연쇄 반응보다 다루기가 쉬운 장점도 있다. 그러나 엄청난 기술적 문제 때문에 가까운 장래에 핵융합을 이용한 에너지 생산은 어려울 것으로 보인다.

11.7d 저온 핵융합

고온을 사용하지 않고 핵융합을 유도하는 방법이 있다. 즉, 융합을 일으킬 두 핵을 가까이 가져가는 또 다른 방법을 사용하는데 고온이 필요하지 않기 때문에 저온 핵융합이라고 한다. 원자번호가 100 이상인 아주 무거운 원소의 핵은 이러한 저온 핵융합을 이용하여 만들 수 있다. 즉, 가벼운 핵을 고속이 되도록 가속시켜서 무거운 핵에 충돌시킨다. 적절한 조건 하에서 이 두 핵은 융합을 하여 더 큰 핵을 만든다. 1958년부터 1974년 사이, 미국과 소련 과학자들은 매우 작은 핵을 가속하여 원자번호 102에서 106까지의 원소를 만들었으며, 1980년대 독일 과학자들은 그리 작지 않는 핵을 무거운 핵과 충돌시킴으로써 더 큰 핵을 만들었다. 예를 들면, 1996년 독일팀은 납-208과 아연-70을 충돌시킴으로써 원자번호 112인 원소를 만들었다. 그 과정은 다음과 같다.

$$^{70}_{30}Zn + ^{208}_{82}Pb \rightarrow ^{277}_{112}Cp + ^{1}_{0}n$$

여기서 Cp는 코페르니슘(원자번호 112인 원소의 이름으로 제시됨)에 대한 기호이다.

입사하는 핵의 운동 에너지는 두 핵을 가까이 접근시키기 위하여 두 핵 사이의 전자기 척력(둘 다 양전하를 가지고 있기 때문)을 극복하여야 하지만 핵분열이 일어날 정도가 되지 않도록 하여야 한다. 이러한 방법과 적절한 입사 핵(충돌하는 핵) 및 표적 핵(충돌되는 핵)의 선택 및 적절한 상대적인 에너지를 사용하면 더 크고 무거운 원소를 만들 수 있을 것으로 기대한다.

저온 융합의 또 다른 형태는 뮤온(뮤온은 전자와 모든 특성에서 정확히 동일하

지만 질량만 약 200배 더 크다)이라는 다소 이국적인 기본 입자를 사용하는 것이다. (뮤온과 그 외 기본 입자는 12장에서 논의한다.) 수소 분자는 수소 원자 두 개가 결합되어 있다. 이 분자에서 전자 두 개 중 한 개를 떼어내면 나머지 한 개가 수소 원자핵 두 개에 공유되어 결합된다. 이 경우 두 핵은 너무 멀리 떨어져 있어서 서로 융합될 수가 없다. 위와 같은 상태에서(전자 하나가 수소핵 두 개를 묶고 있는 상태) 전자를 같은 특성을 가지는 뮤온으로 대체할 수 있다. 이 경우 모든 것은 동일하나 질량이 200배 더 크기 때문에 두 수소핵 간의 거리가 전자에 의해 묶여 있을 때의 거리와 비교하여 200배 정도 짧아진다. 이러한 짧은 거리에서는 두 핵이 융합될 가능성이 매우 높다. 실제로 이와 같은 현상이 실험실에서 관측되었으나, 새로운 에너지원으로 개발하기는 어려워 보인다. 즉, 뮤온은 전자와 달리 불안정한 입자로서 반감기가 2.2×10^{-6}초이다. 따라서 이 시간 이내에 융합이 이루어져야 하고, 또한 현재 기술로는 뮤온 하나를 만드는 데 필요한 에너지가 뮤온에 의하여 만들어지는 융합에서 나오는 에너지보다 크기 때문이다.

복습

1. 태양 에너지의 근원은 무엇인가?
2. 무기 _____ 는 핵분열과 핵융합을 동시에 사용한다.
3. (참 혹은 거짓) 핵융합을 통하여 존재하는 것으로 알려진 가장 큰 핵이 만들어진다.

4. 다음 핵융합을 하는 방법이 아닌 것은?
   a. 자기적인 방법으로 가둔 플라즈마
   b. 레이저를 이용한 핵자의 응집
   c. 핵자를 아주 낮은 온도로 냉각하기
   d. 핵분열 폭발을 이용한 핵자의 응집

정답 1. 수소 융합 2. 열핵폭탄 3. 참 4. c

요약

원자핵 핵은 양성자와 중성자가 강한 핵력에 의하여 하나로 묶인 집합체이다. 어떤 원소의 동위원소란 양성자 수는 같으나 중성자 수가 다른 경우를 말하며 그 표기법은 원소의 이름에 질량번호를 적어준다.

예를 들면, 우라늄-235는 우라늄 동위원소로서 질량번호가 235인 핵을 말한다. 강한 핵력은 핵자를 함께 묶는데 한계가 있어서 너무 큰 핵이나 혹은 양성자 수와 중성자 수의 비율이 적당하지 못한 핵은 불안정하여 입자와 더불어 에너지를 방출한다. 이 경우 그 핵은 방사능이 되며 방사선을 방출하는 데 그 방법은 몇 가지 있다.

방사능 세 가지(알파, 베타, 감마) 종류의 방사능 붕괴가 있으며, 각 붕괴는 핵에 서로 다른 영향을 미친다.

알파 붕괴는 두 개의 양성자와 두 개의 중성자를 방출하며, 베타 붕괴는 전자 한 개를 방출한다. 그리고 감마 붕괴는 전자기파를 방출하면서 핵은 낮은 에너지 상태로 천이한다.

반감기 방사능 붕괴는 무작위 과정이지만, 방사능 동위원소가 붕괴할 때까지 걸리는 평균 시간을 예측할 수 있다. 반감기는 방사능 동위원소가 많이 모인 샘플에서 그 전체 핵의 반이 붕괴될 때까지 걸리는 시간을 말한다. 자연에는 2,000여 개 이상의 방사능 동위원소가 존재하는데, 그 반감기는 극히 짧은 시간에서부터 수십억 년에 이르기까지 다양하다. 몇 가지 방사능 동위원소는, 예를 들면 탄소-14는 유기체나 지질 형성의 나이를 측정하는 데 매우 유용하다.

인공적 핵 반응 중성자 혹은 다른 소립자를 핵에 충돌시켜 여러 가지의 핵 반응을 유도할 수 있다. 핵이 충돌하는 소립자를 흡수하여 다른 종류의 원소 혹은 동위원소가 되는 인공적인 변환이 일어날 수 있다. 중성자 활성 분석법은 물질 내에 어떤 원소가 들어 있는지를 알게 해준다.

핵 결합 에너지 결합 에너지는 핵의 매우 중요하고 유용한 면을 보여준다. 여러 원소에 대하여 핵자당 결합 에너지를 측정한 결과에 따르면 너무 큰 핵이나 너무 작은 핵의 결합 에너지는 질량번호가 50에서 60 사이의 결합 에너지보다 작다. 이 사실이 왜 큰 핵이 분리되며 아울러 왜 작은 핵이 융합되면서 에너지를 방출하는지에 대한 근거를 제공한다. 즉, 반응 후의 질량이 반응 전의 질량에 비하여 작아지며, 아인슈타인의 질량과 에너지 등가공식($E = mc^2$)에 따라 그 질량차 만큼의 에너지가 방출된다.

핵분열 큰 핵이 중성자와 충돌함으로써 작은 두 개의 핵으로 분리되는 현상인 핵분열은 1930년대에 발견되었다. 주어진 핵이 핵분열을 일으킬 수 있는 가지 수가 많기 때문에 핵분열 후 나오는 두 개의 작은 핵은 항상 같은 종류가 아니라 여러 다른 핵이 나올 수 있다. 이렇게 나온 거의 모든 핵은 방사능이며, 핵

분열 과정에서 나온 중성자는 또 다른 핵과 충돌하여 그 핵을 핵분열하도록 유도할 수 있다. 이처럼 연쇄적으로 일어나는 핵분열을 연쇄 반응이라고 한다.

한편 이러한 과정에서 방출된 에너지는 원자폭탄이나 원자력 발전소에 이용된다.

핵융합 두 개의 작은 핵이 결합하여 하나의 큰 핵으로 변환되는 것을 핵융합이라고 한다. 핵융합에서 나오는 에너지는 핵분열에서 나오는 에너지와 비교하여 굉장히 크지만 그 에너지를 이용하기 위한 방법에는 기술적인 문제 특히 핵융합을 일으키기 위한 조건이 대단히 까다롭기 때문에 지금까지 성공하지 못하고 있다.

태양, 별 및 핵열폭탄은 핵융합에서 나오는 에너지를 이용하고 있다. 초고온 없이 일어나는 저온 핵융합은 무거운 원소를 만들기 위하여 실험실에서 이용되고 있지만 에너지 공급원으로서의 사용은 아직 요원하다.

핵심 개념

● 정의

원자번호(Z) 주어진 원자의 핵에 있는 양성자 수.

중성자번호(N) 핵에 있는 중성자 수.

질량번호(A) 핵에 있는 양성자와 중성자 전체 수.

핵자 양성자와 중성자를 통칭하는 이름.

동위원소 양성자 수는 같으나 중성자 수는 다른 핵.

방사능 불안정한 핵이 방사선을 방출하는 현상.

방사능 동위원소 방사능 붕괴를 일으키는 불안정한 핵의 동위원소.

알파방사능(α) 높은 속도를 가지는 헬륨-4 핵으로 구성된 방사선의 일종.

베타방사능(β) 높은 속도를 가지는 전자나 양전자로 된 방사선의 일종.

감마방사능(γ) 높은 진동수를 가지는 전자기파로 구성된 방사선의 일종.

붕괴고리 방사능 동위원소가 안정한 동위원소가 될 때까지 연속적으로 붕괴되는 과정.

반감기 방사능 동위원소의 핵 샘플에서 그 반이 붕괴하는 데 걸리는 시간.

$$N = N_0 \left(\frac{1}{2} \right)^n$$

탄소-14 연대측정 탄소-14의 일정한 붕괴율을 이용하여 연대를 측정하는 방법.

중성자 활성 분석법 중성자를 주입하여 그 결과로 샘플에서 나오는 방사능을 조사하여 그 물질의 구성 원소를 찾아내는 방법.

결합 에너지 핵을 완전히 분해하는 데 필요한 에너지로서 결합 정도를 나타낸다.

핵분열 큰 핵이 작은 핵 두 개로 분열되는 현상.

$$E = mc^2$$

핵융합 작은 핵 두 개가 큰 핵 한 개로 결합되는 현상.

(▶ 표시는 복습 질문을 나타낸 것이고, 답을 하기 위해서는 기본적인 이해만 있으면 된다는 것을 의미한다. 다른 것들은 지금까지 공부한 개념들을 종합하거나 확정해야 한다.)

1(1). ▶ 한 원소의 서로 다른 동위원소들은 화학적 특성이 같은가?

2(2). 동위원소의 원자번호와 질량번호가 같다. 이 동위원소는 무엇인가?

3(3). 산소 동위원소인 산소-16과 산소-18의 혼합물이 있다. 이 혼합물을 통에 넣어서 매우 빠른 속도로 회전시킨다. 그러면 한 종류의 동위원소는 회전축 가까이에 쌓이게 되고 다른 동위원소는 통의 바깥부분에 모이게 된다. 그 이유는 무엇이며, 각 동위원소가 쌓이는 지역을 구분하라.

4(6). ▶ 핵에서 양성자와 중성자를 묶어주는 힘은 무엇인가?

5(7). ▶ 핵 구성의 어떤 점이 그 핵을 불안정하게 만드는가?

6(8). ▶ 방사능 붕괴의 일반적인 종류에 대하여 기술하고 각 붕괴가 핵에 미치는 영향을 기술하라.

7(9). 우주 멀리에서 핵폭발이 일어나서 알파, 베타 및 감마 방사능이 대량으로 방출되었다. 이 중에서 지구에 가장 먼저 도달하는 것은 무엇인가?

8(10). 자기장을 통과하면서 알파 입자가 꺾이는 정도는 베타 입자가 꺾이는 정도보다 훨씬 적다(그림 11.3). 그 이유를 설명하라.

9(11). 몸속에 있는 암을 퇴치하기 위한 일반적인 방법은 방사능을 이용하여 암세포를 죽이는 것이다. 만약 방사능이 암세포에 도달하기 위해서 정상조직을 통과해야 한다면, 알파방사능은 적절한 방사능이 아닌 이유를 설명하라.

10(12). 빌딩의 콘크리트에 알파방사능을 방출하는 방사능 동위원소가 포함되어 있다고 하자. 이때 사람들을 그 방사능으로부터 보호하기 위하여 어떻게 해야 하는가? 만약 감마방사능이 방출된다면 어떻게 해야 하는가?

11(13). ▶ 반감기란 개념에 대하여 설명하라.

12(14). 반감기 동안 방사능 동위원소의 핵들 중에서 반이 붕괴한다. 그 나머지 반은 왜 그 다음 반감기 동안 모두 붕괴되어 버리지 않는가?

13(15). 많은 수의 육면체 주사위를 박스에서 뒤섞은 후 테이블 위에 놓았다고 하자. 여기서 1과 2가 나온 주사위는 빼어버리고 나머지 주사위를 다시 박스에 담아 뒤섞은 후 다시 테이블에 올려두고, 1과 2가 나온 주사위를 제외한다. 이러한 과정을 반복할 때, 주사위의 반감기가 한 개씩 던질 때의(한 개씩 던져서 1과 2가 나오는 주사위를 제거한다) 반감기와 비교하여 큰가, 같은가 혹은 작은가?

14(16). ▶ 나무, 뼈 혹은 다른 인조물의 나이를 측정하기 위하여 탄소-14가 어떻게 사용되는가?

15(17). 탄소-14를 이용한 나이 측정법은 대기 중의 이산화탄소 양이 항상 일정한 것이 아니라 변할 수 있다는 점 때문에 정확하다고 밀힐 수는 없다. 측정하고자 하는 인조물이 생성될 때 탄소-14의 양이 현재보다 많았을 경우 측정된 나이에 어떤 영향을 미치는가?

16(18). 보야지 우주선의 전기를 생산하기 위해 사용되는 플루토늄-238의 반감기는 약 88년이다. 이는 우주선의 사용연한에 어떤 영향을 미치는가?

17(19). ▶ 핵의학에 사용되는 방사능 동위원소의 반감기는 대부분 몇 시간에서 몇 주 정도이어야 한다. 그 이유를 설명하라.

18(20). ▶ 중성자 활성 분석법에서 가장 중요한 과정은 무엇인가?

19(21). 핵발전소나 핵처리시설이 정상적인 운행을 하더라도, 기계나 빌딩 등은 비록 접촉하지 않더라도 방사능 물질이 된다. 그 이유는 무엇인가?

20(22). 핵자당 결합 에너지가 자연에서와 같이 $A = 56$에서 최대가 되는 것이 아니라 질량번호가 증가함에 따라 계속 증가하는 경우, 지금과 같이 핵분열 혹은 핵융합이 가능한가? 그 이유를 설명하라.

21(23). ▶ 우라늄-235의 핵이 분열하기 위하여 어떻게 유도되는가? 핵이 어떻게 되는지 설명하라.

22(24). ▶ 핵분열의 어떤 점이 핵연쇄 반응을 일으키게 하는가? 원자폭탄의 연쇄 반응과 원자력발전소의 연쇄 반응 사이의 차이점을 설명하라.

23(25). ▶ 중성자를 흡수하는 물질이 핵분열 연쇄 반응을 조절

하기 위하여 어떻게 사용되는가?

24(26). ▶ 핵분열 조각이란 무엇이며, 그것이 왜 위험한가?

25(27). ▶ 원자력 발전소에 있는 우라늄-235의 양은 히로시마에 투하된 원자폭탄의 우라늄-235의 양보다 더 많다. 그럼에도 불구하고 원자로가 원자폭탄처럼 폭발하지 않는 이유를 설명하라.

26(28). 핵분열 원자로의 연료봉이 수명을 다한 후(일반적으로 3년), 그것이 생산하는 에너지의 대부분은 플루토늄-239의 핵분열에 기인한다. 그 이유를 설명하라.

27(29). ▶ 핵융합 반응을 일으키기 어려운 이유는 무엇인가?

28(30). 만약 핵력의 범위가 더 넓어진다면, 즉 핵력이 더 멀리까지 미친다면, 핵융합을 이용한 에너지 생산에 어떤 영향을 미치는가?

29(31). ▶ 극히 높은 온도가 핵융합을 일으키는 데 효율적인 이유를 말하라.

30(32). ▶ 자기 구속이 융합연구에 왜 필요한가?

31(33). ▶ 저온융합이란 무엇인가?

연습 문제

1(1). 다음 동위원소의 핵 성분(양성자 수 및 중성자 수)을 써라.

a) 탄소-14
b) 칼슘-45
c) 은-108
d) 라돈-225
e) 플루토늄-242

2(2). 동위원소 헬륨-6이 베타 붕괴한다. 그 반응식을 적어라. 그리고 자녀핵은 무엇인가?

3(3). 동위원소 은-110이 베타 붕괴한다. 그 반응식을 적어라. 자녀핵은 무엇인가?

4(4). 동위원소 산소-15가 전자를 흡수한다. 그 반응식을 적어라. 자녀핵은 무엇인가?

5(5). 동위원소 폴로늄-210이 알파 붕괴한다. 그 반응식을 적어라. 자녀핵은 무엇인가?

6(6). 동위원소 플루토늄-239가 알파 붕괴한다. 그 반응식을 적어라. 자녀핵은 무엇인가?

7(7). 동위원소 은-107*가 감마 붕괴한다. 그 반응식을 적어라. 자녀핵은 무엇인가?

8(8). 다음은 가능한 핵분열 반응이다. 물음표에 해당하는 핵은 무엇인가?

$$\,^{1}_{0}n + \,^{235}_{92}U \rightarrow \,^{236}_{92}U^* \rightarrow \,^{95}_{39}Y + ? + 2\,^{1}_{0}n$$

9(9). 다음은 가능한 핵분열 반응이다. 물음표에 해당하는 핵은 무엇인가?

$$\,^{1}_{0}n + \,^{235}_{92}U \rightarrow \,^{236}_{92}U^* \rightarrow \,^{143}_{57}La + ? + 3\,^{1}_{0}n$$

10(10). 두 개의 중수소핵은 두 가지의 핵융합 반응을 일으킬 수 있다. 첫 번째는 11.7절 첫 부분에 주어졌고, 다른 하나는 새로운 핵과 양성자로 변환되는 것이다. 이 반응식을 적고, 자녀핵을 찾아라.

11(11). 어떤 별의 중심부에서 질소-15는 양성자와 융합 반응을 일으켜 두 개의 핵을 만든다. 그 하나는 알파 입자이다. 다른 하나는 무엇인가? 이 변환의 반응식을 적어라.

12(12). 철-58과 비스무트-209가 융합하여 더 큰 핵과 중성자로 변환된다. 반응식을 적고 결과 핵이 무엇인지 찾아라.

13(13). 가이거 계수기가 방사능 동위원소로부터 분당 4,000회의 측정값을 나타낸다. 12분 후에는 1,000회의 측정값을 보인다. 이 방사능 동위원소의 반감기를 구하라.

14(14). 요오드-131의 반감기는 8일이다. 순수 요오드-131의 샘플 2 g을 32일 동안 저장해두었을 때, 요오드-131이 얼마나 남아 있는가?

15(15). 사고로 인하여 실험실이 반감기 3일인 방사능 동위원소로 오염되었다. 방사능이 최대 허용치의 8배 만큼 측정된다면, 얼마나 지나야 그 연구실에 들어갈 수 있는가?

16. 일반적으로 방사능 동위원소에서 방출되는 방사능은 반감기를 10회 지나면 안전하다고 한다(물론 초기 동위원소의 양도 매우 중요하다).

a) 10회의 반감기를 지난 후 방사능의 방출률의 얼마로 줄어드는가?
b) 플루토늄-239는 가장 위험한 방사능 동위원소로서 반감기는 25,000년이다. 플루토늄 샘플을 얼마동안 저장해두어야 안전하다고 할 수 있는가?

17(16). 고대 나무공에 들어 있는 탄소-14의 양이 최근 나무에 들어 있는 탄소-14의 양에 비하여 반만큼 있다. 그 나무공의 나이를 구하라.

18(17). 1945년 뉴멕시코에서 플루토늄 폭탄이 테스트될 때 약 1 g의 물질이 에너지로 변환되었다. 이 폭발에서 나온 에너지를 J(joule)로 계산하라.

19(18). 원소 112번의 핵이 11.7절의 끝에 주어진 반응식을 이용하여 형성되었다. 그리고 6회의 연속적인 알파 붕괴를 거친다. 각 반응에서 나오는 동위원소를 찾아라.

20(19). 114번 원소는 칼슘-48과 플루토늄-244의 융합에 의하여 만들어진다. 중성자 세 개가 생성되는 점을 이용하여 그 반응식을 쓰라.

12 장

특수 상대론 입자 물리학, 그리고 우주 물리학

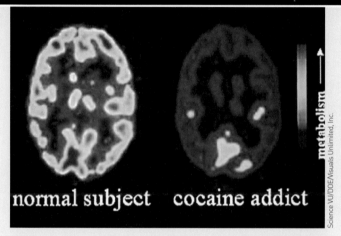

normal subject   cocaine addict

정상적인 사람의 뇌(좌측)와 코카인 중독자의 뇌(우측)의 양전자 방출 단층 촬영(PET) 사진. 사진의 붉은 부분은 글루코스 활성도가 높은 곳이며 푸른 부분은 낮은 곳이다. 두 스캔 사진을 비교한 결과 코카인 중독자는 글루코스 활성도가 현저히 낮으며 이는 두뇌가 거의 정상적인 역할을 하지 못하고 있음을 보여준다.

반물질, 의학적인 기술로 이미 우리의 주변에

반물질, 이 단어는 마치 공상과학소설에서 저 우주 깊은 곳에서 원자가 폭발하며 흩어지는 입자와 같은 느낌을 준다. 대부분의 사람에게 반물질이란 외진 실험실 안에서 과학자들끼리 오가는 그저 상상 속의 단어일 뿐이다. 그러나 이 단어는 PET를 통해 인간의 생명을 구할 수도 있는 가능성으로 우리에게 가까이 다가오고 있다.

PET는 양전자를 이용한 의학 영상장비로 인체 내의 생화학적 반응을 모니터링 한다. 환자는 아주 짧은 반감기를 갖는 C-11이나 O-15 또는 F-18과 같은 양전자를 방출하는 소량의 검출물을 마시거나 흡입한다. 체내에서 방사능을 가진 핵이 붕괴하며 양전자를 방출하고 주변의 전자와 결합하여 소멸되며 두 개의 높은 에너지를 갖는 감마선을 방출한다. 감마선은 검출기에 검출되어 영상으로 스캔되는데 스캔된 사진은 방사능을 띤 원소들이 어디에 집중되어 있는지를 영상으로 보여준다.

PET는 신경학을 비롯하여 여러 영역에서 의학적인 연구와 치료에 큰 변화를 가져왔는데 특히 인간의 뇌의 화학적 작용과 기능을 이해하는 데 큰 역할을 하였다. 환자로서는 아주 적은양의 방사능을 짧은 시간동안만 노출되기 때문에 PET는 매우 빠르고 반복적인 측정이 가능하여 신약의 효능을 모니터하는 데도 유용할 것이다. 환자 역시 편안한 상태에서 측정이 가능하다는 것도 장점이다.

환자에게는 진단뿐만 아니라 치료의 목적으로도 이용된다. 또한 공부하는 학생에게 PET는 일상생활에서 응용되는 입자 물리학의 분야로 물질과 반물질을 이해하는 데 도움이 된다.

이 장의 목적은 소위 입자 물리학자들이 말하는 표준 모델을 이해하고, 초미세 세계와 우주를 이해하는 것이다. 이는 곧 자연에 존재하는 모든 힘을 하나의 거대한 이론으로 통일시키려는 물리학자들의 노력이고 이는 바로 아인슈타인의 특수 상대론이라는 첫 단추로 시작된다.

12.1 특수 상대론: 고속의 물리학

다음과 같은 실험을 생각해 보자. 당신이 20 km/h의 일정한 속도로 친구로부터 멀어지는 방향으로 곧장 움직이고 있는 작은 트럭의 짐칸에 앉아 있다. 친구가 수평 방향으로 50 km/h의 속도로 당신에게 야구공을 던진다(그림 12.1). 당신이 바라볼 때, 야구공의 속도는 얼마인가?

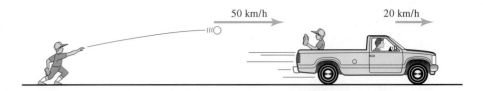

그림 12.1 20 km/h로 움직이고 있는 당신을 향해 친구가 50 km/h로 공을 던진다면, 당신에게는 공이 30 km/h로 날아오는 것으로 보인다.

30 km/h라고 답하면, 당신이 옳다. 분명히 당신에 대한 야구공의 속도는 당신 자신의 속도, 즉 관찰자의 속도에 의존한다. 이는 상식이다. 뉴턴도 당신의 의견에 전적으로 동의했을 것이다.

이제 두 번째 가상 실험을 생각해 보자. 당신을 태운 우주선이 지구를 떠나 200,000 km/s의 일정한 속도로 여행한다. 잠시 후 친구가 우주선의 운동 방향으로 광선을 발사하고, 이 광선은 300,000 km/s의 광속으로 운동한다(그림 12.2). 광선이 당신에게 도달했을 때, 당신이 측정한 광선의 속도는 얼마일까? 100,000 km/s라고 대답하면, 당신은 틀렸다. 이상하게 보이겠지만, 지구에 있는 친구가 측정한 값과 똑같이 당신이 측정한 광선의 속도는 300,000 km/s일 것이다. 분명히 광속은 관찰자의 운동에 무관하다. 맥스웰의 예측대로 움직이는 빛(그리고 다른 모든 전자기 복사)은 뉴턴 물리학에 근거하여 당신이 예측한 대로 행동하지 않는다. 뉴턴 역학의 이론과 전자기학의 이론 사이에는 모순이 있는 듯하다.

12.1a 특수 상대론의 가설

아인슈타인(Albert Einstein)은 빛의 전파에 대해서 고전역학과 전자기학의 예측 사이에 모순이 있음을 인식했다. 그는 다음의 두 가설을 채택함으로써 두 이론을 조화시키는 데 착수하였다.

1. c = 300,000 km/s인 광속은 관측자의 운동과 관계없이 모든 관측자에게 일정하다.

   뉴턴의 중력 법칙에서 중력 상수 G 또는 원자 진동자의 에너지를 양자화하는 식에서 플랑크 상수 h와 마찬가지로 c도 자연의 기본 상수이다. 아인슈타인이 1900년대 초에 연구를 시작할 무렵 광속이 일정하다는 사실은 막 받아들여지기 시작하였다. 지난 100여 년 동안 수행된 정교한 실험들은 광속이

그림 12.2 200,000 km/s의 속력으로 광원으로부터 멀어지고 있지만 빛은 300,000 km/s의 속력으로 당신에게 다가온다(그림은 축척대로 그리지 않았다).

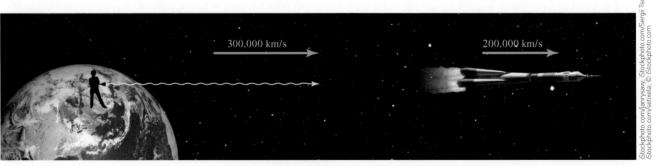

모든 환경에서 불변이라는 점을 의심할 여지없이 설명해왔다. 예를 들어, 파이온(pion)이라 불리는 아원자(subatomic) 입자(π 메존)가 $0.9998\,c$로 진행하다가 붕괴될 때 방출되는 광자의 속력은 뉴턴 운동학에서 예측하는 속력인 $2\,c$가 아니라 오차 범위 0.02% 이내에서 c로 측정되는데, 이는 아인슈타인의 첫 번째 가설에 기초한 예측과 매우 잘 들어맞는다.

2. 물리 법칙은 일정한 속도로 움직이는 모든 관측자에게 동일하다. 이를 **상대성 원리**(principle of relativity)라고 한다.

이 가설은 일정한 속력으로 서로를 향해 움직이는 두 관측자가 동일한 실험을 할 때, 두 관측자는 동일한 결과를 얻는다는 것을 의미한다. 또한, 관측자가 자신의 움직임 여부를 알 수 있거나 자신의 속력이 얼마인지를 알 수 있는 실험은 결코 있을 수 없다는 것을 의미한다. 747 제트 비행기의 라운지에서 하키 놀이를 하는 두 사람은 테이블 위의 퍽의 운동을 통해 자신들이 공중에 떠서 800 km/h의 일정한 속력으로 움직이는지 아니면 공항 활주로에 정지해 있는지를 알 수 없다. 일정한 속도로 순항하는 배 위에서 당구 혹은 원반밀어치기와 같은 놀이를 할 수는 있지만, 배의 운동 여부에 대해서는 말을 할 수 없다. "실험"(하키 놀이 또는 원반밀어치기)의 결과는 육지에 대한 일정한 운동을 설명하는 데 사용될 수 없는데, 이는 역학 법칙(이 법칙을 포함한 모든 물리 법칙)이 당신뿐만 아니라 육지에 있는 관측자에게도 동일해야 하기 때문이다. 비행기나 배의 창을 통해 당신이 움직이는 것을 알 수 있다고 말할 수도 있다. 맞는 말이지만, 당신이 진짜 정지한 것이 아니며, 구름, 나무, 산 등이 어떤 마법에 의해 당신과 반대 방향으로 일정하게 운동한다는 것을 어떻게 증명할 수 있나? 실제로 증명할 수 없다! 상대성 원리는 입자 충돌 실험에서 무수히 검증되어 왔는데, 이 실험에서 에너지와 운동량의 측정값은 상대성 원리에 기초한 예측과 매우 잘 일치하고 있다.

위의 두 가설을 기반으로 아인슈타인은 1905년에 발표된 **특수 상대론**(special theory of relativity)을 발전시켰다. 이 이론은 일정한 상대 운동을 하는 두 관측자가 어떻게 공간과 시간을 다르게 인식하는가를 설명하고 있다. 이론의 흥미로운 면 중의 하나는 일단 실험적으로 검증된 두 가설을 받아들인다면, 이 이론의 근본적인 예측들은 초보적인 대수학만으로도 이해될 수 있다는 것이다. 특수 상대론에서 나오는 식들은 뉴턴의 운동 법칙이나 중력 법칙보다 약간 어려울 뿐이다.

특수 상대론을 다루기 전에 먼저 아인슈타인의 이론이 얼마나 혁명적인 발상이며 이후 100년간 이론 및 실험 물리학의 발전에 중요한 시사점을 제공하였다는 점을 강조하고자 한다. 아인슈타인은 19세기 초에 물리학계에서 겨우 그 의미가 진지하게 논의되기 시작하던 두 개의 가설을 통하여 특수 상대론이라는 물리학의 놀랍고도 믿을 수 없는 전혀 새로운 세계를 열었던 것이다. 아마도 여러분도 이 이론들을 배우며, 지금은 거의 당연하게 받아들여지는 것들이지만, 1910년대의 물리학 학도들이 경험했던 것과 같은 놀라움과 의심의 눈초리를 가지고 이 물리학적인 우주의 새로운 패러다임을 마주치게 될 것이다.

서론의 P.4절에서 언급한 과학적 방법론의 관점에서 생각하면 "때론 실제적인 면에서 기술적인 문제가 있을 경우 사고 실험을 통한 연구가 필요해진다. 뉴턴이 가상적인 인공위성을 떠올렸 듯, 아인슈타인도 이러한 방법론을 사용하였다. 어떤 경우에나 최종적인 점검은 실제적인 관찰과 실험을 통해서만 완결된다. 아인슈타인의 상대론(이후 일반 상대론까지도)의 실험적인 검증은 여러 가지 분야의 다양한 기술들을 요구하는 것으로 그 하나하나가 또 다른 성취였다. 이것은 특별히 상대론이 매우 빠른 속도를(그리고 매우 거대한 중력을) 요구하는 것이어서 실험실에서는 물론 천문학적인 분야에서도 어려운 일이었다. 따라서 성공적으로 그것이 수행되기 위해서 특별한 천재성과 인내력, 그리고 과학적 직관을 필요로 하는 것으로 성공적인 결과는 대개 노벨상으로 보답되었으며 동시에 과학기술의 커다란 진보로 나타났다.

12.1b 특수 상대론의 예측

특수 상대론의 예측 중 하나인 **시간 지연**(time dilation)에 대해 생각해 보자. 섬광 전구와 거울 그리고 빛 감지기로 구성된 두 개의 동일한 "시계"를 상상하자 (그림 12.3). 섬광 전구는 미리 조절된 시간 간격으로 섬광을 방출한다. 각각의 빛 펄스는 거울에서 반사된 후 감지기에 도달한다. 빛 펄스를 수신할 때마다 감지기가 일반적인 벽시계 소리와 같이 째깍 소리를 낸다. 이제 두 시계의 시간을 일치시킨 후, 지구에 머무는 당신에 대해 v의 일정한 속력으로 우주여행을 할 친구들에게 시계 하나를 준다. 질문은, 두 시계는 같은 시간을 유지할까? 이다. 즉, 두 시계가 같은 속도로 똑딱거림을 유지할 것인가? 답은 명백해 보인다. 그렇다! 이것은 뉴턴이 제시했을 답이다. 불행하게도 특수 상대론의 가설에 의하면 이 답은 틀

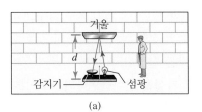

그림 12.3 (a) 지상의 실험실에 정지해 있는 "빛 시계". (b) 지상의 관측자가 보았을 때 속력 v로 일정하게 움직이는 우주선에 탑재된 빛 시계.

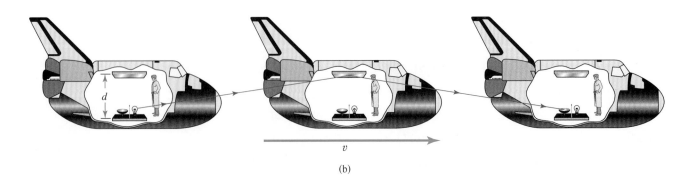

렸다. 왜 그런지 살펴보자.

우주선 안의 시계를 생각해 보자. 친구들이 시계를 우주선에 실었을 때, 이 시계가 정상적으로 작동하고 있는 "표준" 시계라는 것에 모두가 동의했다. 따라서 그들은 함께 여행하는 시계의 성능에 대해 어떤 특이점도 발견할 수 없다. 실제로 그들은 시계에 대한 어떤 다른 것도 인지할 수 없는데, 이는 만약 무언가를 인지한다면 그들은 자신들이 움직이고 있다는 것을 알게 되기 때문이다. 이 상황은 일정하게 움직이는 모든 관측자에 대해 물리 법칙이 동일하다는 상대성 원리에 위배된다. 우주선에 있는 친구들이 볼 때, 우주선 안의 시계는 그들이 처음 시계를 받았을 때와 같은 속도로 똑딱거린다.

외부 관측자인 당신이 바라보는 우주선에 탑재된 시계는 어떨까? 강력한 망원경을 통해 시계의 운동을 따라가면, 섬광 전구에서 감지기까지 가는 동안 빛이 지그재그 경로를 따라 운동하는 것을 보게 될 텐데, 이는 우주선과 함께 움직이는 빛 펄스의 속도가 수직 성분뿐만 아니라 측면 성분까지 갖기 때문이다(그림 1.11). 움직이는 시계에서 빛의 이동 경로는 당신의 실험실에 있는 시계에서 빛의 이동 경로보다 분명히 길다. 두 경우 모두에서 광속이 동일하기 때문에 당신은 당신의 시계보다 움직이는 시계에서 빛이 감지기에 도달하는 데 시간이 더 걸린다고 결론낸다. 다시 말하면, 움직이는 시계가 천천히 간다. 즉, 똑딱거리는 속도가 당신의 시계보다 느리다. 또 다르게 표현하자면, 움직이는 시계에서 똑딱거림 사이의 시간 간격은 지연되거나 넓어진다.

물론, 우주선을 타고 있는 친구들이 당신의 시계를 본다면, 당신의 시계가 느리게 가는 것으로 보이는데, 이는 그들의 입장에서 볼 때 당신의 실험실이 일정한 속도 v로 반대 방향으로 움직이기 때문이다. 상대성 원리는 지구에서의 관찰과 우주선에서의 관찰 사이의 대칭을 보장한다. 그렇다면 누가 진짜로 옳으냐고 물어볼 수도 있다. 누구의 시계가 정말로 느리게 갈까? 두 관측자는 모두 옳으며, 각각의 시계는 상대 시계와 비교될 때 정말로 느리게 간다. 그러나 어느 관측자가 진짜로 일정하게 운동하는지를 결정해주는 실험이 없으므로 각 관측자의 인식은 상대 관측자의 인식과 마찬가지로 옳다. 따라서 시간은 절대적인 것이 아니다. 즉, 시간은 관측자 및 관측자의 상대적 운동 상태에 의존한다.

위에서 논의된 두 시계의 연속적 똑딱거림 사이의 간격은 얼마나 다를까? v가 광속에 거의 접근하지 않는 한 크게 차이나지 않음이 밝혀졌다. 관측자와 함께 정지해 있는 시계의 똑딱거림 사이의 시간을 Δt라 하고 관측자에 대해 v의 속력으로 움직이는 시계의 똑딱거림 사이의 관측된 시간을 $\Delta t'$이라 할 때, Δt와 $\Delta t'$사이의 관계는 다음의 식으로 주어진다.

$$\Delta t' = \frac{\Delta t'}{\sqrt{1 - v^2/c^2}}$$

그림 12.4에 v값에 따른 $\Delta t'$에 대한 그래프가 주어져 있다. 광속의 절반인 150,000 km/s 정도의 빠른 속도에 대해서도 $\Delta t'$은 Δt보다 그리 크지 않다. 즉, 두

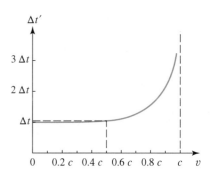

그림 12.4 관측자에 대해 상대적으로 움직이는 시계의 속력 v에 대한 똑딱거림 사이의 시간 간격 ($\Delta t'$) 그래프. 속력이 $0.5\,c$까지 올라가도 $\Delta t'$은 관측자에 대해 정지해 있을 때 똑딱거림 사이의 시간 간격 Δt와 거의 같다.

시계는 거의 같은 속도로 똑딱거린다. 일상생활에서 시간 지연 효과는 사실상 알려지지 않았는데, 이는 우리가 극도로 빠른 속도를 경험할 수 없기 때문이다. 그러나 이 효과는 물리학의 다른 현상들처럼 실제 현상이며, 매우 흥미로운 방식으로 관측되고 있다.

아원자 입자인 뮤온은 평균적으로 0.000002초 이내에 자발적으로 전자와 다른 입자들로 붕괴된다. 뮤온은 우주로부터 오는 고에너지 입자(우주선)가 지상 10 km 또는 그 이상의 대기 분자와 충돌하면서 대량으로 생성된다. 주어진 짧은 수명으로는 생성 지점으로부터 지표면까지 거의 광속으로 달려도 지상에 도달하는 뮤온은 거의 없을 것이다. 그러나 실제로는 지면에서 엄청난 수의 뮤온이 검출된다. 어떻게 그럴 수 있을까?

이 모순은 특수 상대론을 적용하면 해결된다. 뮤온이 매우 빠르게 움직이기 때문에 붕괴율을 조절하는 뮤온 내부의 시계가 우리에게는 10배나 더 느리게 가는 것으로 보인다. 따라서 우리 입장에서 볼 때 뮤온은 지상에 도달하여 검출되기에 충분한 시간을 가지고 있다. 물론, 뮤온 입장에서 볼 때에는, 자신은 자신의 고유 시간에 따라 0.000002초 이내에 붕괴하며 우리의 시계가 10배나 더 느리게 가는 것으로 보인다.

예제 12.1

뮤온이 실험실에 대해 0.90 *c*로 움직일 때 실험실에서 측정한 뮤온의 평균 수명을 구하라. 정지해 있는 뮤온의 평균 수명은 2.2 × 10⁻⁶초이다.

관측자가 뮤온과 같이 움직인다면, 이 관측자에게 뮤온은 정지해 있는 것으로 보인다. 따라서 이 관측자가 볼 때 뮤온은 평균 시간 $\Delta t = 2.2 \times 10^{-6}$초 이내에 붕괴된다. 실험실에 있는 관측자가 볼 때 뮤온은 시간 지연 때문에 이보다 더 오래 생존한다. 식을 적용하면, 실험실에서 관측한 뮤온의 평균 수명 $\Delta t'$은

$$\Delta t' = \frac{\Delta t}{\sqrt{1 - v^2/c^2}} = \frac{2.2 \times 10^{-6}\,\text{s}}{\sqrt{1 - (0.90\,c)^2/c^2}}$$

$$= \frac{2.2 \times 10^{-6}\,\text{s}}{\sqrt{0.19}} = 5.0 \times 10^{-6}\,\text{s}$$

이다.

이 값은 정지해 있는 뮤온의 평균 수명의 약 2.3배이다. 실험실의 관측자에게는 뮤온의 시계가 두 배 이상 느리게 가는 것으로 보인다. 본문에서 언급한 것처럼 뮤온의 시계가 10배 이상 느리게 가는 것으로 보이기 위해서는 뮤온이 얼마나 빨리 움직여야 할까?

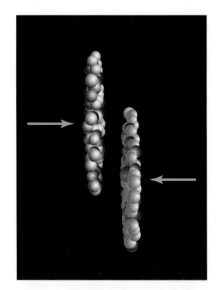

그림 12.5 초상대론 양자론적 분자 동역학 모의실험에서 금과 금 이온이 충돌하고 있다. 붉은 색은 양성자, 흰색은 중성자이다. 금 이온은 반경 약 7 fm의 구형 모양이다. 그림에서 금 이온은 약 0.99 *c*의 속도이고 움직이는 화살표 방향으로 100분의 1로 길이의 수축이 일어나고 있다.

시간 지연은 특수 상대론의 검증된 예측 중의 하나이다. 중요한 예측이 두 개나 더 있다. 첫 번째는 **길이 수축**(length contraction)인데, 이에 의하면 움직이는 자는 운동 방향으로 길이가 줄어든다. 거리를 측정하는 편리한 방법은 그 거리만큼 빛이 진행하는 데 걸리는 시간을 재는 것이다. 그런데 움직이는 시계가 느리게 가서 빛이 진행하는 데 경과한 시간이 짧아지면 움직이는 자의 길이도 운동 방향으

로 그만큼 줄어들어야만 한다. (거리 = 속도 × 시간임을 기억하라.) 관측자에 대해 운동하는 막대 자의 길이는 두 빛 시계 사이의 똑딱거림 사이의 시간 비율과 동일한 비율만큼 줄어들어야 한다. 따라서 운동하는 관측자들은 길이와 시간을 모두 포함하는 문제에 대해서 의견이 서로 다르게 된다.

시간 지연과 같이 길이 수축이 일반적으로 관찰되지 않는 이유는 우리가 움직일 때의 속력이 광속에 비해 매우 작기 때문이다. 그러나 길이 수축 또한 실제의 효과이다. 캘리포니아의 스탠퍼드 선형 가속기를 통과하는 전자가 고속으로 움직일 때, 길이 수축에 의해 전자의 전기력선이 운동 방향으로 압축된다. 상대론적 전자가 가속기를 따라 배열된 도선 코일을 통과할 때 발생하는 짧은 신호는 느리게 움직이는 전자가 발생하는 신호와 분명히 차이가 난다. 이와 같이 관측된 차이는 길이 수축에 대한 특수 상대론적 예측으로 정확하게 설명된다(그림 12.5).

특수 상대론의 또 다른 결과이면서 입자 물리학의 가장 중요한 결과는 11.5절에 도입된 에너지와 질량의 동등성이다. 움직이는 관측자 사이에 길이와 시간을 포함하는 사건에 있어서 의견이 서로 다를 경우, 이들은 운동하는 물체의 속도에 대해서도 의견이 다르게 된다. 예를 들어 한 실험실 세트에서 두 전자가 충돌할 때, 실험실의 관측자가 측정한 입자들의 처음과 나중 속도는 실험실에 대해 일정하게 운동하는 다른 관측자가 측정한 속도와 일반적으로 일치하지 않는다. 그럼에도 불구하고 두 관측자는 충돌의 물리가 동일하다는 것에는 동의해야만 한다. 특히 두 관측자는 충돌하는 동안에 운동량과 에너지가 보존되어야 한다는 것에 동의해야만 한다.

운동량과 에너지의 보존 법칙을 유지하기 위해 관측자들은 아인슈타인의 유명한 식으로 주어지는 입자의 **정지 에너지**(rest energy) E_0을 각자의 계산에 포함시켜야 한다는 것이 밝혀졌다.

$$E_0 = mc^2$$

여기서, m은 입자의 정상적인 질량(때때로 정지 질량이라 한다)이고 c는 광속이다. 따라서 1921년 아인슈타인이 기술하였듯이, "질량과 에너지는 근본적으로 서로 같다. 즉, 이 둘은 동일한 것의 다른 표현에 불과하다."

특수 상대론에서는 한 관측자가 측정한 입자의 **상대론적 에너지**(relativistic energy) 전체는 두 부분의 합, 즉 입자의 정지 에너지 mc^2과 운동에 의해 입자가 갖는 부가적인 에너지인 운동 에너지의 합으로 구성된다. 입자의 정지 에너지는 모든 관측자에게 동일한 반면 운동 에너지(그리고 그에 따른 전체 에너지)는 그렇지 않다. 특히, 특정한 관측자에 대해 v의 속력으로 운동하는 질량 m인 입자의 전체 상대론적 에너지는

$$E_{rel} = KE_{rel} + mc^2 = \frac{mc^2}{\sqrt{1 - v^2/c^2}}$$

으로 주어진다. 이를 상대론적 운동 에너지에 대해서 풀면

$$KE_{rel} = \frac{mc^2}{\sqrt{1 - v^2/c^2}} - mc^2$$

이 된다.

입자의 속력이 매우 낮을 때, 이 식은 유명한 뉴턴 역학 형태인 $\frac{1}{2}mv^2$로 환원되는 것을 보일 수 있다. 그러나 광속에 접근하는 속도에 대해서는 운동 에너지가 제한 없이 증가한다. 따라서 입자를 광속으로 가속시키기 위해서는 무한한 양의 에너지가 필요하게 된다. 이 때문에 어떤 물질 입자도 광속으로 여행할 수 없다. 광속으로 가속하기에 필요한 에너지와 일률은 쉽게 얻을 수 없다! 광속은 모든 관측자에게 일정한 상수일 뿐만 아니라 어떤 물체도 뛰어넘을 수 없는 절대적인 속력의 장벽이다.

입자의 (정지) 질량이 모든 관측자에게 동일(불변, invariant)하다는 것이 질량이 변하지 않는다는 것을 의미하는 것은 아니다. 정반대이다! 비탄성 충돌에서 질량은 빈번하게 에너지로 변환된다. 반대로 이러한 충돌에서 에너지가 질량으로 전환될 수도 있다. 이런 상황은 두 물리량의 동등성에 대한 아인슈타인의 인식의 직접적인 결과이다. 이에 따라, 두 진흙 덩어리가 충돌하여 하나로 합쳐질 때 처음 에너지의 일부가 내부 에너지로 전환된다. 특수 상대론의 틀에서 볼 때, 내부 에너지(뿐만 아니라 나중 상태에서 존재하는 다른 어떤 형태의 내부적인 여기)로 전환된 에너지는 처음 정지 질량에 대한 나중 정지 질량의 증가량으로 정확하게 측정된다. 일상생활의 대부분의 상황에서는 이런 형태의 상호작용을 동반하는 질량의 변화가 너무나 작아서 감지되기 어렵다. 그러나 이런 형태의 변환이 11.5절의 핵 반응과 연계되어 매우 극적인 효과를 보이는 예들에 대해서는 논의된 바 있다. 앞으로 보듯이, 고속의 입자 사이의 비탄성 충돌에서 발생하는 유사한 변환은 고에너지 실험 물리학의 기본이며 자연에서 결코 볼 수 없는 새롭고 색다른 종(species)의 생성을 유도한다.

예제 12.2

X-선관(그림 8.34)에서 질량 $m = 9.1 \times 10^{-31}$ kg인 전자가 1.8×10^8 m/s의 속력으로 가속되었다. 전자의 에너지를 구하라. J(줄)과 MeV(백만 전자볼트)의 단위로 각각 답하라.

전자의 전체 상대론적 에너지 E_{rel}은 전자의 상대론적 운동 에너지와 정지 에너지의 합이다. 위의 식으로부터

$$E_{rel} = KE_{rel} + mc^2 = \frac{mc^2}{\sqrt{1 - v^2/c^2}}$$

이다. 먼저 전자가 광속에 비해 얼마나 빠르게 움직이는가를 결정하자.

$$\frac{v}{c} = \frac{1.8 \times 10^8 \text{ m/s}}{3.0 \times 10^8 \text{ m/s}} = 0.60$$

$$v = 0.60\,c$$

전자는 광속의 60%로 운동한다.

E_{rel}에 대한 식에서 제곱근을 계산하면

$$\sqrt{1 - v^2/c^2} = \sqrt{1 - (0.60)^2} = 0.80$$

이 된다. 그러므로 전자의 에너지는

$$E_{rel} = \frac{(9.1 \times 10^{-31}\,kg)(3.0 \times 10^8\,m/s)^2}{0.80}$$
$$= 1.02 \times 10^{-13}\,J$$

로 주어진다. 그런데 $1\,J = 6.25 \times 10^{18}\,eV$이므로

$$E_{rel} = (1.02 \times 10^{-13})(1\,J)$$
$$= (1.02 \times 10^{-13})(6.25 \times 10^{18}\,eV)$$
$$= 637,500\,eV$$

이다. $1\,MeV = 1 \times 10^6\,eV$이므로 전자의 에너지는 대략 $0.638\,MeV$이다.

에너지를 MeV로 표시하여 나타낼 때 전자의 동등 질량은 $0.638\,MeV/c^2$으로 주어짐에 주목하라. 이 값은 자주 사용되며 아원자 입자의 질량을 표현하는 데 매우 편리한 방식인데, 그 이유는 이 방식이 복잡한 지수 함수적 표현에 필요한 작은 숫자들을 지워주기 때문이다.

전자의 상대론적 운동 에너지를 고전물리학에서 주어지는 값과 비교해 보자. 위의 방식을 따르면 전자의 정지 질량 mc^2은 $0.511\,MeV$임을 쉽게 보일 수 있다. 따라서 상대론적 운동 에너지는

$$KE_{rel} = E_{rel} - mc^2$$
$$= 0.638\,MeV - 0.511\,MeV$$
$$= 0.127\,MeV$$

가 된다.

한편 뉴턴 역학에 의하면 전자의 운동 에너지는

$$KE_{classical} = \frac{1}{2}mv^2$$
$$= \frac{1}{2}(9.1 \times 10^{-31}\,kg)(1.8 \times 10^8\,m/s)^2$$
$$= 1.47 \times 10^{-14}\,J$$
$$= 92,100\,eV$$
$$= 0.092\,MeV$$

이다. 고전적 결과는 전자의 운동 에너지를 거의 30%나 낮게 어림한다.

특수 상대론을 고찰하면, 이 이론이 물리학의 심오한 통합을 달성하고 있음을 알 수 있다. 즉, 저속의 물리학과 고속의 물리학을 조화시키고 있다. 이 이론은 뉴턴에 의해 체계화된 것보다 더 완전하고 포괄적인 역학 체계인데, 그 이유는 이 이론이 입자의 상대 속도에 관계없이 모든 입자에 대해 잘 적용되기 때문이다. 저속 영역에서는 1~3장에서 열거되었던 고전역학의 법칙들이 복원된다. 한편, 고속 영역에서는 아인슈타인의 이론이 뉴턴 역학에는 포함되지 않지만 실험적으로 검증된 새로운 효과들을 통합적으로 예측한다는 것이 알려졌다. 통합의 문제에 대해서는 먼저 소립자 및 소립자가 매개하는 힘에 대해서 살펴본 후 12.5절에서

● 개념도 12.1

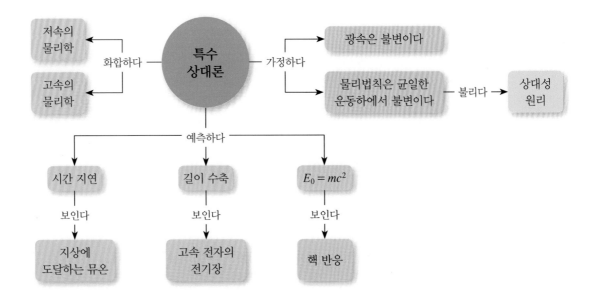

다시 논의할 것인데, 이는 통합의 주제가 이전부터도 그래왔지만 오늘날에도 물리학의 가장 중요한 목표로 남아 있기 때문이다.

복습

1. 아인슈타인의 특수 상대론에 의하면 정지해있는 시계에 비하여 움직이고 있는 동일한 시계는
   a. 더 느리다.　　　　b. 더 빠르다.
   c. 빠르기가 같다.　　d. 빨랐다 느렸다 한다.

2. _____ 는 일정한 속도로 움직이고 있는 관찰자에게 물리법칙은 모두 동일함을 말해준다.

3. (참 혹은 거짓) 어떤 사람이 수평으로 $0.99\,c$의 속도로 수직으로 서 있는 미터자를 지나간다면 자는 100 cm로 보일 것이다.

4. $0.5\,c$의 속도로 움직이는 사람을 향하여 광자를 방출하는 신호기가 빛의 속도 c로 이 사람이 측정하는 광자의 속도는 얼마인가?
   a. $0.25\,c$　　　　b. $0.5\,c$
   c. c　　　　　　　d. $1.5\,c$

5. 수평으로 늘어난 스프링은 늘어나지 않은 스프링에 비해 질량이
   a. 더 크다.　　　b. 더 작다.　　　c. 같다.

답 1. a 2. 상대성 원리 3. 참 4. c 5. a

12.2 일반 상대론

12.2a 서론

아인슈타인(Albert Einstein)은 이것을 "내 인생의 가장 큰 실수"라고 불렀다. 그러나 정말 그랬을까? 우주 상수(cosmological constant) Λ는 물리학에서 길고 파란만장한 역사를 가지고 있다. 일반 상대론(general theory of relativity)의 일부분으로 1917년 아인슈타인에 의해 도입된 우주 상수는 은하 사이의 중력에 의해 은하들이 한 덩어리로 붕괴되는 것을 막음으로써 최대로 가능한 규모의 우주를 안정화시키는 은하 사이의 척력을 제공했다. 10년 뒤, 허블(Edwin Hubble)이 모든 은하가 서로 멀어져 가고 우주가 팽창한다는 사실을 발견했을 때, 아인슈타인

은 관측과 일치하지 않은 우주 상수를 폐기하였다. 우주 상수는 1948년 우주에서 발생한 격정적 사건을 서술하기 위해 "빅뱅(Big Bang, 대폭발)"이라는 용어를 만들어낸 호일(Fred Hoyle)과 그의 동료에 의해 재도입되었으나 다시 퇴출되었다. 오늘날 이 우주 상수는 초신성 폭발을 연구함으로써 우주 팽창의 본질을 이해하기 위해 노력하는 독립적인 두 연구 그룹의 작업의 결과로 또 다시 중심 무대를 밟았다.

하이-Z 초신성 연구팀(High-Z Supernova Search Team)과 초신성 우주 프로젝트(SCP, Supernova Cosmology Project)의 두 그룹은 각각 상보적이지만 독립적인 분석 기법을 사용하여 특별한 종류의 초신성에 대한 거리와 적색편이 z를 결정하였다.

이러한 초신성이 속해있는 은하(그림 12.6)들은 모두 지구로부터 멀어지고 있으며 이들로부터 관측되는 스펙트럼은 6.2절에서 언급한 도플러 효과에 의해 붉은색 쪽으로 편이되며 그 정도 z는

$$z = \frac{\lambda_{관측} - \lambda_{방출}}{\lambda_{방출}}$$

적색편이 $z = 1$은 관측된 파장이 원래 방출된 파장의 2배가 됨을 의미한다. 은하가 멀어지는 속도가 150,000 km/s 보다 작을 때에는 적색편이가

$$v = cz$$

가 된다. 여기서 c는 빛의 속도이다. 속도가 더 빠른 경우 v와 z와의 관계는 더욱 복잡해진다. 그럼에도 불구하고 cz라는 양은 아직도 깊은 우주의 팽창 속도를 구하는 적절한 대체재로 사용된다.

이러한 팽창속도를 거리에 따라 구한 그림 12.7과 같은 허블 그래프를 더 깊은 우주, 따라서 더 먼 과거(빛의 속도가 유한하기 때문에 더 먼 곳에서 떠난 빛은 지구에 도달하기까지 더 오랜 시간이 걸린다)로까지 확장되었고 결과는 직선으로부터 더욱 벗어난다는 것이다. 과연 이에 대하여 어떠한 한 해석이 가능한 것인가?

중력이 우주 팽창에 영향을 주는 유일한 힘이라면 은하 사이의 인력 때문에 시간이 지남에 따라 은하들이 점점 속력을 늦출 것이라고 예상할 수 있다. 우주의 질량-에너지 밀도가 클수록 인력도 커지고 속도의 느려짐도 더 빨라질 것이다. 광속이 일정하기 때문에 공간상에서 더 멀리 볼 수 있다는 것은 우주 역사에서 시간상으로 더 이른 시기를 되돌아볼 수 있는 것과 같다. 따라서 가장 먼 은하가 근처의 은하보다 더 빠르게 움직여야 한다. 즉, 적색편이가 더 커야 한다. 허블 도표(Hubble plot)라고 불리는 속도(y축) 대 거리(x축) 도표는 위쪽으로 휘어져야 한다. 질량-에너지 밀도가 클수록 위쪽을 향하는 곡률이 커진다.

그러나 그림 12.7을 보라! 이 그림은 하이-Z 연구팀과 SCP에 의해 연구된 소위 Ia형이라 불리는 초신성에 대한 자료를 포함하며, $z = 1.75$ 근처까지 적색 편이가 확장된 허블 도표를 보여준다. (참고로, $z = 0.5$는 현재 우주 나이의 3분의 1 정도까지 확장된 시간 되돌림인 45억 년에 해당한다.) 이 자료는 의심할 여지없이 위

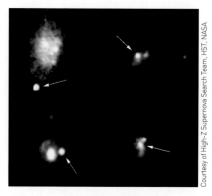

그림 12.6 허블 망원경이 깊은 은하에서 관측한 4가지 유형의 초신성 사진 모음.

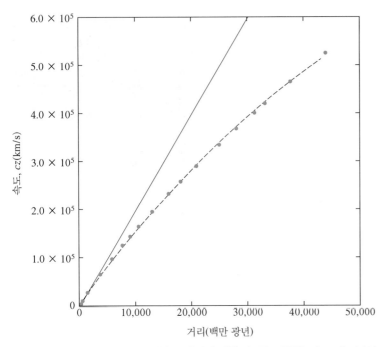

그림 12.7 Ia형 초신성과 적색편이가 큰 은하에 대한 자료를 포함하는 속도 대 거리의 허블 도표. 실선은 가까운 (적색편이가 매우 낮은) 은하에 대한 선형 허블 관계를 확장한 것이다. 실선이 점선보다 크므로 점선은 은하들이 현재보다 먼 과거에 더 느리게 움직였다는 사실을 보여주는 최근 자료의 경향을 따른 것이다. 우주의 팽창은 가속되고 있다(1백만 광년 = 10^6 광년 = 9.46×10^{18} km임을 상기하라).

쪽이 아니라 아래쪽으로 굽어지는 것으로 보이는데, 이는 우주 팽창이 최소한 $z \leq 1$ 이후의 시기 동안에는 감속이 아니라 가속되고 있음을 나타낸다. 터무니없이 작은 우주의 질량-에너지 밀도에 대해서조차 우주 모형에 척력이 포함되어야 한다. 이것이 바로 아인슈타인이 우주 상수를 도입했을 때, 그가 상상했던 바로 그 항이다. Ia형 초신성을 이용하여 우주의 팽창이 가속되고 있다는 사실을 발견한 로렌스 버클리 국립연구소의 초신성 프로젝트의 리더였던 사울 펄무터, 그리고 하버드 대학의 High-Z 초신성 연구팀의 아담 라이스는 2011년 노벨 물리학상을 수상하였다.

비록 Ia형 초신성 관측에 의해 요구되는 음의 우주 압력(negative cosmic pressure)이 아인슈타인의 Λ처럼 모든 시공간에 대해 일정하지는 않을지라도, $z > 1.7$에 대한 초신성 관측으로부터 확인된 우주 상수의 존재는 워싱턴대학의 물리학자 윌(Clifford Will)이 일반 상대론의 "르네상스"라고 부른 우주론에 끊임없이 불을 지필 것이다. 이 연구로 인해 야기된 가장 흥미로운 질문 중의 하나는 우주 척력의 근원에 대한 문제이다. 오늘날에도 이 질문에 대한 많은 사색적인 답들이 존재하고 있지만, 이 시점에서 더 큰 질문은 우주론을 논의하는 데 기초를 형성하는 일반 상대론이 정확히 무엇인가라는 것이다.

지금부터는 우주의 구조와 진화에 대한 일반 상대론의 의미와 중요한 특징에 대해 살펴볼 것이다. 이 과정에서 우주에 대한 가장 기본적이고 흥미로운 질문을 시작하기 위해서는 역학, 열역학, 전자기학, 양자역학 등의 다양한 물리학 분야가 어떻게 합의를 보아야만 하는가를 발견하게 될 것이다.

예제 12.3

코마 은하는 평균 325 Mly 거리에 있다. (a) 허블의 법칙에 의하면 이 은하는 어떤 속도로 멀어지고 있는가? (b) 이 은하의 평균 적색편이는 얼마인가? (c) 1차로 이온화된 칼슘은 393.3 nm의 강한 스펙트럼을 방출한다. 코마 은하의 깊숙한 곳에서 이러한 파장의 빛이 방출되고 있다면 관측되는 빛의 파장은 얼마인가?

(a) 허블의 법칙은 은하까지의 거리 d와 그 속도 사이의 관계를 말해주며

$$v = H_0 d$$

여기서 H_0는 허블 상수로 $H_0 = 20.8$ km/s/Mly이고, 따라서 코마 은하의 속도는 다음과 같다.

$$v = (20.8 \text{ km/s/Mly}) \, (325 \text{ Mly}) = 6{,}760 \text{ km/s}$$

(b) 이 은하의 적색편이는 빛의 속도를 대입하면

$$z = v/c$$

여기서 $c = 3 \times 10^8 \text{ m/s}$

$$z = (6760 \text{ km/s})/(3 \times 10^8 \text{ m/s}) = (6.76 \times 10^6 \text{ m/s})/(3 \times 10^8 \text{ m/s})$$
$$= 0.0225$$

(c) 적색편이에 대한 또 다른 관계를 파장으로 표현하면

$$z = \frac{\lambda_{관측} - \lambda_{방출}}{\lambda_{방출}}$$

따라서 고정된 실험실에서 측정한 파장 393.3 nm과 (b)의 결과를 대입하면

$$z = 0.0225 = \frac{\lambda_{관측} - 393.3 \text{ nm}}{393.3 \text{ nm}}$$

이 되고 이를 $\lambda_{관측}$에 대하여 풀면

$$\lambda_{관측} = (393.3 \text{ nm})\,(0.0225) + 393.3 \text{ nm} = 8.86 \text{ nm} + 393.3 \text{ nm}$$
$$\lambda_{관측} = 402.16 \text{ nm}$$

z의 값이 양수이고 멀어지고 있음을 의미하므로 파장은 더 긴 쪽으로 편이됨을 알 수 있다.

12.2b 아인슈타인의 일반 상대론

1915년 아인슈타인에 의해 시작되고 발전된 **일반 상대론**(general theory of relativity)은 기본적으로 중력에 관한 이론이다. 이 이론은 특수 상대론(12.1절)을 포함하며, 뉴턴의 중력 법칙(2.7절과 비교)에서는 근사적인 답만 얻을 수밖에 없는 강한 중력장에 놓인 물질과 광자의 운동을 이해하도록 해준다. 뉴턴의 중력 이론에 대한 아인슈타인의 중력 이론의 우월성을 극명하게 보여주는 충분히 입증된 예는 여러 개 존재한다. 이 중 몇 개를 순서대로 살펴볼 것이다. 우선 뉴턴의 중력 개념과 다른 아인슈타인의 중력 개념에 대해 몇 가지 살펴보자.

일반 상대론의 기본 가설은 **동등성의 원리**(principle of equivalence)이다. 이 원리는 균일한 중력장에서 모든 물체는 크기, 모양, 구성 성분에 관계없이 같은 비율로 가속된다는 것을 당연시한다. 아인슈타인은 이러한 조건이 지표면 근처에서 자유 낙하하는 물체의 운동과 국소적 중력장이 없는 공간에서 9.8 m/s^2(1 g)의 비율로 위 방향으로 가속되는 실험실에서 동일한 물체의 운동을 물리적으로 구별하는 것을 불가능하게 만든다는 점을 인식했다. 자유 낙하 법칙에 관한 한, 가속 실험실과 가속되지 않지만 중력을 갖는 실험실은 동등하다. 아인슈타인은 두 실험실에 대해 자유 낙하하는 물체의 법칙이 같을 뿐만 아니라 한 걸음 더 나아가 두 환경에서 모든 물리 법칙이 같다고 주장했다. 이와 같은 소위 강한 동등성 원리의 채택은 매우 인상적인 결과를 이끈다. 그림 12.8의 로켓처럼 가속하는 "실험실"에서 광선의 경로가 직선을 벗어나는 것이 관찰된다면, 태양과 같이 무거운 물

그림 12.8 빛 펄스의 전파와 관련된 동일한 실험의 두 가지 관점. 1 g의 가속도로 빠르게 올라가는 승강기 밖에 정지해 있는 관측자에게는 직선으로 움직이는 빛은 승강기 안의 관측자에게는 휘어진 경로를 따라 움직인다. 두 관측자는 왼쪽 창의 꼭대기 근처를 통해 빛이 승강기로 들어가서(1), 오른쪽 창 바닥 근처로 빠져나온다(4′)는 것에 동의한다. 외부 관측자(왼쪽)는 이 사실을 빛이 승강기를 가로지르는 데 필요한 시간 동안 승강기가 위 방향으로 운동하기 때문이라고 말한다. 자신이 지구에서와 같은 중력장에 놓인 것으로 믿는 승강기 안의 관측자(오른쪽)는 자신의 관찰은 중력이 빛의 경로를 아래 방향으로 휘게 만드는 것을 의미한다고 해석한다. 두 설명은 똑같이 타당하다(그림은 축척대로 그린 것이 아니라 실제 빛이 이러한 환경에서 겪게 될 휘어짐의 정도를 크게 과장하여 그린 것이다).

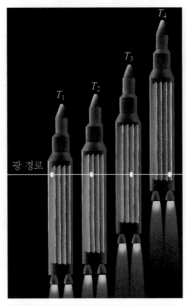
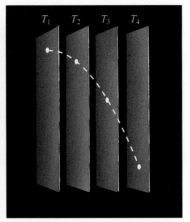

체에 의해 만들어진 중력장에서도 광선의 경로는 이와 유사하게 편향될 것이다.

중력장에서 광선이 편향되는 이유에 대한 아인슈타인의 해석은 뉴턴이 했을 해석과 매우 다르다. 뉴턴은 중력을 주는 물체의 질량과 빛을 형성하는 광자의 질량 사이의 인력(10.2절과 비교)에 대해 언급했을 것이다. (광자는 정지 질량이 없음을 상기하라. 광자의 질량은 아인슈타인의 방정식 $E = mc^2$에 의해 광자가 갖는 에너지로부터 유도된다. 12.1절을 보라.) 이 힘은 광자가 구심 가속도를 갖게 만들고, 이어서 광자가 뉴턴의 제1법칙(2.2절)에 의해 예측된 직선으로부터 편향되도록 만든다. 실제로, 뉴턴 역학적 방법을 이용하여 광선에 대해 기대된 편향 정도를 계산할 수 있는데, 그 결과는 불행히 관측 값의 절반에 해당된다.

편향 효과에 대한 정확한 설명은 이 상황을 혁명적인 방식으로 바라본 아인슈타인의 것이었다. 그는 힘을 통해서 편향을 설명할 필요가 없으며, 광자의 경로는 단지 질량(또는 에너지)의 존재로 인해 왜곡된 휘어진 공간[또는 상대론에서 공간과 시간은 분리될 수 없게 연계되어 있기 때문에 더 적절하게는 시공간(space-time)]에서의 자연스러운 또는 측지선(geodesic) 경로임을 깨달았다. 프린스턴 대학의 물리학자 휠러(John A. Wheeler)는 이 문제에 대한 아인슈타인과 뉴턴의 관점을 앞쪽의 아래 부분에 보인 바와 같이 대비시켰다.

뉴턴에 따르면:
힘은 질량이 어떻게 가속되는가를 알려준다.
질량은 중력이 어떻게 힘을 가하는가를 알려준다.

아인슈타인에 따르면:
휘어진 시공간은 질량-에너지가 어떻게 움직이는가를 알려준다.
질량-에너지는 시공간이 어떻게 휘어지는가를 알려준다.

아마도 다음과 같은 가상의 이야기가 두 관점을 조금 더 명확하게 구별하는 데 도움을 줄 것이다. 18번째 골프 코스 위의 헬리콥터로부터 마스터스 골프 챔피언 십의 마지막 홀을 중계한다고 상상해 보자. 당신과 함께 중계를 책임진 이들은 다름 아닌 뉴턴과 아인슈타인이다. 세 사람이 볼 때 타이거 우즈가 버디 퍼팅을 준비하고 있다. 샷을 마친 후, 퍼트를 성공시킨 우즈가 환호하는 군중을 향해 의기양양하게 팔을 흔든다. 공중에서 볼 때 컵을 향해 공이 따라간 경로가 그림 12.9a에 그려져 있다.

직선으로부터 벗어난 경로에 대해 뉴턴은 휘어진 경로를 따라 공이 가속되기 위해서는 공에 작용하는 힘이 존재해야만 한다고 말한다. 그는 강한 옆바람이 공의 흐름을 바꾸었거나 우즈가 철심이 박힌 공을 사용하고 잔디 표면 아래쪽에 공에 자기력을 미치는 광물이 존재하거나 하는 등등의 의심을 한다. 이때 아인슈타인이 공은 단지 18번 그린의 휘어진 표면의 자연스런 등고선을 따랐기 때문에 이와 같은 힘에 대한 언급은 불필요하다는 것을 지적하기 위해 말을 가로채는 것을 상상할 수 있다. 이를 증명하기 위해 아인슈타인은 헬리콥터를 착륙시켜 그린을 근접 조사할 것을 제안한다. 결과는 그림 12.9b에 그려 있다.

모든 훌륭한 골퍼들이 알고 있는 사실 즉, 대부분의 잔디 표면은 편평한 면이 아니라 "그린을 읽고" 경사와 휘어짐을 이용하여 퍼팅하는 기술을 시험하기 위해 고안된 기복이 있는 등고선이라는 사실을 아인슈타인도 알고 있었다. 마지막 샷을 하기 전에 타이거 우즈는 공을 움직이게 하는 신비로운 힘에 의존하지 않고 단지 공이 휘어진 표면을 따라 운동할 것이라는 점을 인식했다. 그는 공이 홀컵에 도달하기 위해 가야 하는 자연스런 경로를 정확히 진단하였다. 이것이 "중력"이라고 하는 것의 효과를 볼 수 있도록 해준 아인슈타인의 방식이다.

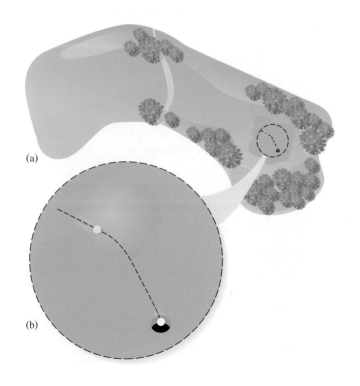

그림 12.9 (a) 골프장 위의 높은 곳에서 바라본 골프공의 경로. 직선 운동으로부터의 편향은 어떤 (알려지지 않은) 힘의 작용을 필요로 하는 것으로 보인다. (b) 공이 움직인 잔디 표면의 자세한 모습. 컵으로 굴러가는 동안 공은 홀을 향해 방향을 돌리게 만드는 작은 언덕이 있는 잔디의 자연적인 등고선을 따라 움직인다.

12.2c 휘어진 시공간에서의 운동

모든 우화에서와 마찬가지로 방금 언급한 가상의 이야기에는 제한점이 존재하지만, 이 이야기는 아인슈타인과 뉴턴 세계관의 근본적 차이를 강조하는 데 도움이 된다. 이제 다시 빛의 편향 문제로 돌아가서 곡률(curvature)의 근원인 질량-에너지에 대해 초점을 맞추도록 하자. 아인슈타인의 일반 상대론에서 물질과 에너지는 공간을 왜곡시키고 시간을 변경시킨다. 주어진 물질과 에너지 밀도가 클수록 왜곡은 커진다. 즉, 곡률이 증가한다. 2차원에서의 유추가 또 다시 도움이 될 수 있다. 지지대 사이가 팽팽하게 당겨진 큰 고무판을 생각하자. 판의 중앙 근처에 공깃돌을 놓으면, 공깃돌의 무게는 그 주변의 표면을 아주 조금 변형시킬 것이다 (그림 12.10a). 공깃돌을 둘러싼 표면은 편평함을 유지하고, 공깃돌을 지나 굴러가는 작은 볼베어링의 경로는 판 표면의 구부러짐 때문에 직선으로부터 매우 작은 양만큼 편향될 것이다. 그러나 공깃돌을 볼링공으로 대체하면 고무는 매우 큰 정도로 늘어날 것이며, 평면이었던 볼링공 주변의 표면은 매우 크고 넓게 변형이 일어날 것이다. 이제 볼링공을 지나 굴러가는 볼베어링은 상당한 곡률을 보이는 표면을 경험할 것이고, 그 경로는 직선으로부터 크게 벗어날 것이다(그림 12.10b).

멀리 떨어진 별에서 오는 빛이 태양 근처를 지나거나 멀리 떨어진 은하에서 오는 빛이 전방의 은하단 근처를 지나는 3차원 공간에서도 이와 유사한 편향 효과가 발생한다. 이 현상은 일식에 의해 만들어지는 어둠 속에서 태양에 가까운 별의 위치가 측정된 1919년에 처음 관측되었다. 일식 동안 측정된 별의 위치와 일식이 일어나지 않을 때 측정된 별의 위치 사이의 관측 값 차이는 일반 상대론의 예측과는 아주 잘 맞지만 뉴턴의 중력 법칙에 의한 예측과는 그리 잘 맞지 않았다.

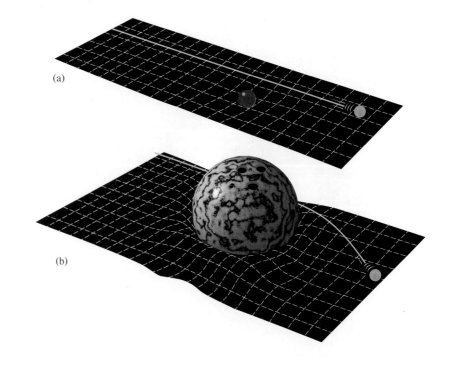

(a)

(b)

그림 12.10 무거운 물체에 의한 공간 왜곡은 근처를 움직이는 입자의 경로 편향의 원인이 된다. 질량이 클수록 물체를 둘러싼 공간의 변형이 커진다. (a) 구슬(빨간색)은 2차원 고무판 표면에 작은 왜곡을 일으키며, 결과적으로 볼베어링(초록색)의 경로가 직선에서 아주 조금 벗어나게 만든다. (b) 볼링공이 판의 표면을 깊게 패이게 만들기 때문에 볼베어링의 경로가 직선으로부터 크게 벗어나게 된다. 각각의 경우에 볼베어링은 판의 표면 위에서 측지선 경로를 따르는데, (b)에서 표면은 무거운 물체의 작용에 의해 편평한 면으로부터 왜곡되었다.

다음과 같은 방법으로 그림 12.10과 같은 공간의 왜곡 효과를 얻을 수 있다. 침대의 시트를 걷어내고 매트리스의 평평한 면을 이용한다. 아이들 크립의 매트리스도 적당하다. 매트리스의 한 가운데 상대적으로 작은 크기의 매우 무거운 물체를 올려놓는다. 볼링 볼 같은 것이면 적당하다. 그러나 꼭 구 모양일 필요는 없다. 무거운 벽돌이나 책도 괜찮다. 다만 매트리스가 푹 들어갈 정도로 그 탄탄한 정도에 따라 더 무거운 물체가 필요할 것이다. 다음은 가벼운 구 모양의 물체를 준비하자. 탁구공이나 골프공이 적당할 것이다. 공을 가볍게 매트리스에 굴려보자. 먼저 매트리스의 가장자리에서 모서리를 따라 평행으로 공을 굴려본다. 공이 굴러가는 궤적은 어떤 모양인가 기술해 보자. 점차 공을 굴리는 시점을 매트리스의 중앙 부분으로 이동해 보자. 그 궤적에는 어떤 변화가 일어나는가? 그 궤적을 기술해 보자. 공을 굴리는 초속도를 좀 더 빠르게 해보자. 공의 속도가 궤적에는 어떤 영향을 미치는가? 당신은 일반 상대론의 이론을 이용하여 매트리스에서 어떤 일이 일어나고 있는지 설명할 수 있는가?

최근에 천문학자들은 무거운 물체에 의한 빛의 휘어짐을 질량을 산출하기 위한 도구로 전환하여 활용하고 있다. 그림 12.11a는 중력 렌즈(gravitational lens)로 행동하는 노란 은하단에 대한 허블 우주 망원경(HST, Hubble Space Telescope)의 상을 보여준다. 이 은하단의 질량은 그 주변의 공간 구조를 왜곡시키고 마치 렌즈처럼 더 멀리 떨어진 푸른 은하에서 오는 빛을 휘게 만들어 은하단 주위의 원호를 따라 배열된 다중 상을 만들게 한다(그림 12.11b). 일반 상대론을 이용하여 은하의 상을 주의 깊게 분석하면 전면 은하단의 질량을 구할 수 있다. 은하단의 질량을 결정하는 데 사용된 이 방법을 다른 방법과 비교해보면, 매우 만족할 만하게 일치한다. 이러한 사실은 우리가 관찰의 본질을 정확하게 해석하고 있다는 관점에 대한 신뢰를 제공하고, 다른 방법이 이용될 수 없는 상황에서 중력 렌즈만을 통해 수립된 질량에 대한 확신을 심어준다.

아인슈타인의 일반 상대론의 또 다른 예측은 질량에 의한 공간의 왜곡으로 인해 하나의 구형 물체에 대한 다른 구형 물체의 공전 궤도가 뉴턴의 역제곱 법칙에 의해 예측되는 닫힌 타원이 되지 않는다는 것이다. 닫힌 타원 대신 궤도는 두 물체 사이의 최인접점이 서서히 공간상에서 진행[세차(precession) 효과]하는 열린 곡선이 된다. 태양계에서 이러한 현상은 태양에 대한 수성의 운동에서 관찰된다(그림 12.12). 수성의 공전에 있어서 근일점은 일반 상대론적 효과 때문에 백년에 43아크초 (0.012°)의 비율로 세차한다. 일반 상대론의 예측과 수성 궤도의 관측 사이의 일치는 아인슈타인의 이론에 대한 최초의 성공적 검증 중의 하나였다.

더 극적인 이론의 예는 1974년에 헐스(Russel Hulse)와 테일러(Joseph Taylor)에 의해 발견된, 서로에 대해 공전하는 두 펄사(pulsar; 빠르게 회전하고, 강하게 자화되었으며, 주로 중성자로 구성된 붕괴된 별) 사이의 운동에서 나타난다. 이 계에서 물체(PSR 1913 + 16으로 분류된다)들은 태양이 수성에 미치는 중력장 세기보다 10,000배 이상이나 되는 중력장을 받기 때문에 태양계보다 일반 상대론적 효과가 훨씬 더 중요하게 된다. 실제로 PSR 1913 + 16의 세차율은 1년에 4°보

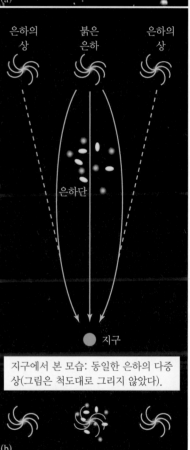

그림 12.11 (a) 중력 렌즈와 같이 행동하는 노랗고 타원형인 은하단에 대한 HST 상. 은하단 주변의 파란색 타원체는 은하단의 바로 뒤에 위치하며 더 멀리 떨어진 은하의 왜곡된 상이다. (b) 은하단의 거대한 질량은 그 주변 공간을 왜곡시키며 후면 은하에서 출발하여 은하단 근처를 지나는 광선의 경로를 휘게 만든다. 서로 다른 방향에서 지구에 도착한 빛은 더 멀리 떨어진 은하에 대한 여러 개의 왜곡된 상들을 형성한다.

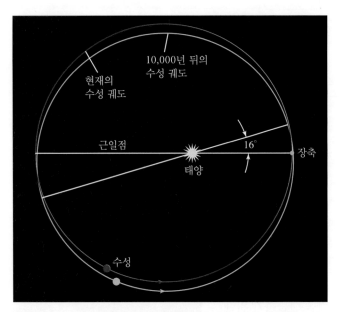

그림 12.12 수성의 근일점 세차 모습. 부분적으로는 일반 상대론적 효과로 인해 수성에 대한 태양의 중력 이끌림이 엄밀한 $1/r^2$의 법칙에서 벗어나기 때문에 이러한 효과가 생기게 된다. 수성의 실제 세차는 인접한 행성과 연관된 중력 섭동에 의한 기여를 포함한 모든 원인을 고려하여도 단지 1만 년당 16° 정도가 축적될 정도로 매우 작다.

다 조금 더 크다!

이 쌍성에서 관측된 세차를 일반 상대론적 효과로 연계시킴으로써 헐스와 테일러는 두 별의 질량을 유추하여 일반 상대론의 또 다른 측면에 대한 매우 세심한 검증을 시도할 수 있었다. 또 다른 측면이란 중력 복사 형태의 에너지 손실 때문에 계의 공전 주기가 점차 감소한다는 예측을 말한다. 뉴턴 이론에서는 이에 대한 유사성을 찾을 수 없다.

8.5절로부터 가속되는 전하는 광속으로 퍼져나가는 전자기파를 방출한다는 것을 상기하자. 이와 유사하게, 일반 상대론에 의하면 가속되는 무거운 물체 또한 중력파의 형태로 에너지를 방출한다. 중력파는 전자기파에 비해 세기가 훨씬 약하여 직접 검측하기가 매우 힘들다. 이 때문에 중력파를 검출하기 위한 매우 정교한 실험이 전 세계의 실험실에서 진행되었으나 어떤 실험도 명백하게 성공을 거두지는 못했다.

쌍성 펄사와 같은 계에 대해서, 구심 방향으로 가속되는 질량으로부터 방출되는 중력 복사로 인해 두 별의 공전 주기는 연간 75 μs 정도의 아주 작은 양만큼씩 짧아지며 서로를 향해 점차 안쪽으로 나선 운동을 하게 된다는 것이 일반 상대론의 예측이다. 놀랍게도 1983년 즈음에 이 유별난 이중성에 대한 자료가 축적되어 공전 감쇄 비율이 연간 76 ± 2 μs라는, 일반 상대론과 거의 완벽하게 일치하는 측정값이 얻어졌다. 따라서 비록 중력파의 직접 검출은 해결하지 못한 목표로 남아 있지만, PSR 1913 + 16에 대한 일반 상대론의 예측과 관측 사이의 정확한 일치에 기초한 중력파의 존재는 의심할 여지가 거의 없다. 이 업적으로 테일러와 헐스는 1993년 노벨 물리학상 수상자로 선정되었다.

2015년 9월 14일 동부 표준시 오전 5:51 테일러와 헐스의 발견을 무색케 할 만한 놀라운 발견이 이루어졌는데 이는 마치 아인슈타인의 일반 상대론이라는 위대한 발견이 있던 1915년의 100주년을 기념하는 듯한 사건이었다. 그것은 일반 상대론이 예견하던 중력파의 존재에 대한 직접적이고도 과학적인 증거가 과학자에 의해 발견된 것이다. 이는 아마도 하나의 블랙홀이 더 거대한 블랙홀로 빨려 들어가며 발생한 것이었다. 측정은 두 대의 쌍둥이 중력파측정 레이저간섭계(LIGO)로 관측되었는데 하나는 핸포드 워싱턴에 다른 하나는 루이지아나주 리빙스톤에 있는 것으로 두 관측소의 측정 장치는 모두 1.2 m 반경의 진공 파이프로 설치된 4 km 길이의 L자 모양의 팔과 그 양끝에 매달린 기준 추와 추에 고정된 거울들로 이루어져 있다. 초 안정된 레이저가 두 거울 사이에서 반사되며 그 거울 사이의 거리를 모니터링 한다. 아인슈타인의 예측에 의하면 중력파가 측정 장치를 통과할 때 두 거울 사이의 거리에 미세한 변화가 일어난다는 것이다. 현재의 제원으로 LIGO는 양성자의 직경의 약 1만분의 1의 길이인 10^{-19}의 길이를 측정한다.

그림 12.13과 같은 LIGO 신호를 분석한 결과 과학자들은 이 중력파가 약 13억 년 전에 태양의 질량의 약 30배의 두 블랙홀이 충돌하는 과정에서 일어난 것으로 추정한다. 신호의 세기로 보아 이 충돌로 인해 아인슈타인의 $E = mc^2$ 공식에 따라 태양의 질량의 약 3배에 해당되는 에너지가 1초 이내의 시간에 우주로 방출되었다. 그러나 이런 일반 상대론의 성공에도 불구하고 아인슈타인 스스로는 중력파가 너무 약하여 측정이 불가능하다거나 블랙홀은 존재하지 않을 것이라고 예측했고, 그의 예측은 과학의 아이러니가 아닐 수 없다. 아마도 막스플랑크 연구소의 중력 연구소(아인슈타인 연구소) 소장 브루스 알렌이 말한대로 "그는(아인슈타인) 그가 틀린 것에 대하여 전혀 개의치 않았을 것"이다.

이러한 일반 상대론의 예측과 측정결과들, 중력 렌즈 효과, 근일점 세차, 중력파들이 시공간에서 공간에 초점이 맞추어진 것이라고 볼 수 있다. 그러나 초강력한 중력은 시공간의 시간에도 영향을 미친다. 일반 상대론과 관련된 시간에 대한 영향 중 중요한 하나는 강한 중력장 하에서 시계는 약한 중력장의 시계에 비해 천천히 간다는 것이다(규칙적인 틱 사이의 간격이 길어진다). 이는 예제 12.1의 특수 상대론에서 시간의 지연과 동일하다. 다만 두 시계가 상대적으로 움직이고 있다는 것이 중력장 하에 놓여 있다는 것으로 바뀌었다는 점이다. 이를 **중력 시간지연**(gravitational time dilation)이라고 부른다.

앞에서의 시간 지연의 공식과 유사하게 질량 M으로부터 d 거리에 있는 곳에서의 시간 간격 Δt_d는 질량으로부터 아주 먼 거리에서의 시간 간격 Δt_f에 비교하여

$$\Delta t_f = \frac{\Delta t_d}{[1 - 2(GM/dc^2)]^{1/2}} = \frac{\Delta t_d}{[1 - (d_S/d)]^{1/2}}$$

으로 주어진다. 여기서 G는 뉴턴의 만유인력 법칙의 상수이고 c는 빛의 속도, d_S는 슈바르츠 차일드 반경으로 $d_S = 2GM/c^2$이다. 보듯이 주어진 질량에 대하여 거리 d가 멀어질수록 분모는 1로 접근하고 각각 먼 거리의 두 관측자 사이의 시간간격은 차이가 없어진다. 반대로 주어진 거리에서 질량 M이 증가하면 분모는 1보다 매우 작아진다. 이는 무한히 먼 곳에 있는 사람의 시간 간격 틱탁이 d거리에 있는 사람의 시간 간격보다 매우 크다는 것이다. 따라서 먼 곳에 관측자는 d에 있는 시계가 자신의 것보다 천천히 가고 있다고 생각할 것이다. 시간이 지연되는 것이다.

1.1절 끝부분에 수록된 '타임아웃'이라는 글을 참고하면 현대에는 원자시계가

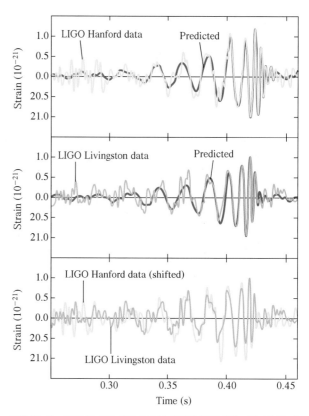

그림 12.13 쌍둥이 LIGO 관측소에서 측정한 중력파의 그림. 뒤 두 개는 한포드와 리빙스턴에서 측정한 데이터를 두 개의 거대한 블랙홀에 대한 아인슈타인의 예측과 함께 그린 것이다. 수직축인 스트레인은(비틀림힘) 중력파가 지나가며 LIGO 거울들 사이의 거리의 비가 달라진 정도를 나타낸다. 세 번째 그래프는 두 LIGO 데이터를 서로 비교한 것으로 한포드의 데이터를 역을 취하여 두 사이트의 리시버들의 배치의 차이를 본 것이다. 두 사이트의 거리의 차를 보정하기 위해 데이터를 평행이동하여 나타냈다. 두 데이터 사이의 일치는 놀랄만한 것이어서 각 지점에서 측정한 중력파는 동일한 것임에 의심의 여지가 없다.

시간을 지키며 1초의 길이는 빛의 진동을 이용 정의된다. 쉽게 말해서 원자시계의 틱은 파동인 빛이 한 파장을 오가는 데 걸린 시간이다. 이러한 상황에서 일반 상대론을 적용하면 매우 질량이 큰 물체 가까이에 있는 원자가 방출하는 파동의 한 주기는 물체로부터 아주 먼 거리에 있는 원자에 비해 길어진다. 주기가 길어짐은 곧 파동의 마루에서 마루까지의, 즉 파장의 길이가 길어짐을 의미하며 더 붉은 색을 띠게 된다. 이를 중력 적색편이라고 한다.

일반 상대론의 다른 예측들처럼 중력 시간지연이나 중력 적색편이 현상도 많은 연구소와 우주에 기반을 둔 관측기구가 관심을 가지고 측정하였다. 1960년 파운드와 레브카는 철-57 시료를 진공 상태의 22.6 m의 높은 타워에서 철 원자로부터 방출되는 14.4 KeV 감마선의 편이를 측정하는 실험을 수행하였다. 감마선이 높은 곳에서 타워 아래로 진행하며, 즉 지구의 중력이 작은 곳에서 큰 쪽으로 이동하므로 예측되는 편이는 적색이 아니라 청색편이로 그 크기는 $z = -2.46 \times 10^{-15}$ 이었다. 파운드와 레브카의 측정결과는 $z = -(2.57 \pm 0.26) \times 10^{-15}$으로 예측치와 근사한 값을 보였다.

1976년에 발사된 위성 중력 프로브 A는 일반 상대론에 의한 시간지연이 약 100만분의 70에 달함을 정밀하게 측정해 오고 있으며 이를 지구의 궤도에 있는 모든 GPS 위성들에게 알려 정확한 시간을 유지하도록 하고 있다. 또 다른 천문학적으로 알려진 중력 시간지연 효과의 증거로 아주 작은 그러나 밀도가 아주 큰 백색왜성이라 불리는 시리우스 B의 관측결과가 있다. 별의 진화 과정 중 마지막 단계인 백색왜성은 밀도가 매우 커서 그 표면에서 떠난 빛은 그 중력효과로 인해 적색편이가 일어나며 일반 상대론의 예상치는 2.8×10^{-4}이었다. 실제 시리우스 B의 스펙트럼을 측정한 결과 적색편이는 $(3.0 \pm 0.5) \times 10^{-4}$로 예상치와 잘 맞는 것이었다. 이들 두 가지 증거들은 일반 상대론이 틀림없는 정확한 물리법칙의 하나임을 보여준다.

예제 12.4

태양은 그 질량이 1.99×10^{30} kg 그리고 그 반지름은 6.96×10^8이다. 만일 태양의 표면 가까이에 있는 관측자가 태양의 화염이 30분간 타오르는 것으로 관측하였다. 지구에 있는 관측자가 측정하는 화염은 몇 분간 계속되었을까?

태양에서 지구까지의 거리는 1.50×10^{11} m으로 태양으로부터 매우 먼 거리에 있으므로 중력에 의한 시간 지연이 일어나며 앞에 제시된 수식에 따라 계산한다. 먼저 태양의 슈바르츠 차일드 반경은

$$d_S = \frac{2GM}{c^2}$$
$$= \frac{2(6.67 \times 10^{-11} \text{ N-m}^2/\text{kg}^2)(1.99 \times 10^{30} \text{ kg})}{(3 \times 10^8 \text{ m/s})^2}$$
$$= 2,950 \text{ m}$$
$$= 2.95 \text{ km}$$

으로 계산된다. 중력 시간지연 공식에 대입하고 공식 중 $\Delta t_d = 30$분을 사용하면

$$\Delta t_{\mathrm{f}} = \frac{\Delta t_{\mathrm{d}}}{[1-(d_{\mathrm{S}}/d)]^{1/2}}$$

$$= \frac{30 \text{ min}}{[1-(2{,}950 \text{ m})/(6.96 \times 10^8 \text{ m})]^{1/2}}$$

$$= \frac{30 \text{ min}}{[1-(4.24 \times 10^{-6} \text{ m})]^{1/2}}$$

$$= \frac{30 \text{ min}}{[0.99999576]^{1/2}}$$

$$= (1800 \text{ s})/(0.99999788)$$

$$= 1800.0038 \text{ s}$$

지구에서의 관측자는 태양 가까이에 있는 관측자보다 화염의 길이가 0.0038초 더 긴 것으로 관측한다. 이 시간은 매우 짧은 시간이지만 원자시계를 사용하는 현재의 기술로는 쉽게 측정할 수 있는 것으로 상시적으로 지구의 GPS 위성의 시계를 보정해주어야만 한다.

일단 일반 상대론의 타당성과 질량-에너지가 시공간을 변형시키는 사실을 인정하면 우주에 있는 모든 물질과 에너지가 우주의 전체적인 구조와 진화 및 기하에 미치는 영향에 대해 탐구하는 것이 가능해진다. 요컨대 물질과 에너지의 최대로 가능한 농도는 전 우주에서 주어진 것이다! 무거운 볼링공이 평평한 고무판을 변형시킨 것만큼이나 편평한 유클리드 공간으로부터 우주의 "형태" 혹은 기하를 바꾸는데 우주 "재료"의 총량은 충분히 큰가? 이와 같은 질문은 우주론(cosmol-

● 개념도 12.2

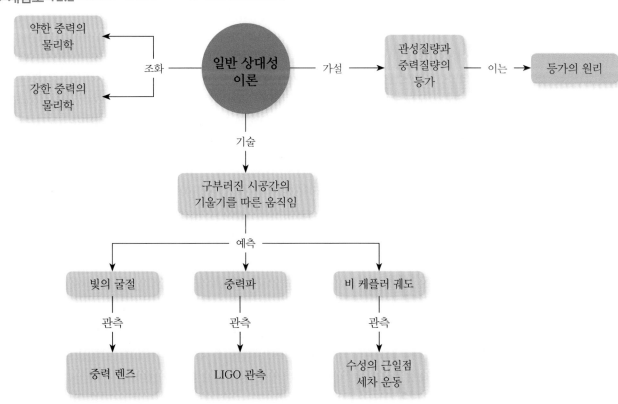

ogy), 즉 가장 웅장한 규모로 볼 때 우리의 우주는 무엇과 같은지, 대폭발의 초기 상태에서 현재 상태까지 어떻게 진화했는지, 앞으로 50억 또는 100억 또는 1000억 년 후의 미래에 우리는 어떻게 될지에 대해 이해하기 위한 연구의 영역에 속한다. 이 모든 질문들에 대한 답은 아직 확실하게 알려지지 않으며, 현재 남아 있는 우주에서 이 문제들에 대한 현재의 어렴풋한 생각보다 더 나은 생각을 하는 것도 가능하지 않다. 그러므로 이 문제들에 대해서는 시작하자마자 마무리하고, 초점을 편평도 문제(flatness problem)라고 하는 것에 맞추도록 하자.

12.3 힘과 입자들

12.3a 네 가지 힘: 입자 사이의 자연적 상호작용

2.7절의 끝부분에서 자연에 존재하는 네 가지 근본적인 힘을 소개했다. 표 12.1에 이 힘들과 이들의 몇 가지 특징을 나열하였다. 우리 주변에서 일어나는 모든 상호작용이 이들에 기인한다는 점을 인식하는 것이 중요하다. 이들이 우리를 둘러싼 세계에서 매일 목격하는 아름다움과 다양성과 변화를 만들어낸다.

2장에서는 힘을 물체의 변형이나 속력의 변화(혹은 둘 다)를 야기하며 물체에 작용하는 밀기 또는 끌기로 정의하였다. 이 정의는 고전 물리학에서 힘의 의미를 매우 잘 표현한 것이기는 하지만, 입자 물리학 영역을 탐구하기 위해서는 입자가 겪는 모든 변화, 반응, 생성, 소멸, 붕괴 등이 포함되도록 힘의 정의를 확대해야 한다. 이에 따라, 방사성 핵이 저절로 붕괴될 때(11.2절), 어미핵과 붕괴 생성물 사이에 작용하는 힘의 관점에서 이 붕괴를 기술한다. 마찬가지로 두 입자가 충돌하여 핵 반응을 겪고 새로운 입자를 생성시킬 때(11.4절), 이 변환에 대응하는 힘이 존재한다고 말한다.

입자 물리학에서 힘이 하는 역할이 고전 물리학에서 전통적으로 힘이 하는 역할과 다소 다르기 때문에 때때로 이들을 네 가지의 기본 힘 대신 네 가지의 기본 상호 작용이라 한다. 이러한 맥락에서 앞으로는 "상호작용"이라는 단어는 하나 또

표 12.1 네 가지 기본적 힘 또는 상호작용

이름(예)	상대적 세기	범위(m)	운반자		
			입자	질량 (MeV/c^2)	스핀
강한 핵력(핵을 속박한다)	1	$\lesssim 10^{-15}$	메존[a]	$> 10^2$	1
전자기력(원자와 분자를 속박한다)	10^{-2}	무한대	광자	0	1
약한[b] 핵력(베타 붕괴를 일으킨다)	10^{-7}	$\lesssim 10^{-18}$	Z^0, $W^\pm$	$\lesssim 10^5$	1
중력(행성들을 태양에 속박시킨다)	10^{-38}	무한대	중력자	0	2

[a] 핵자의 수준에서는, 비록 12.5절에서 다루듯, 이 상호작용의 실제 운반자는 질량도 없고 전하도 없는 글루온이지만, 강력의 운반자를 메존으로 간주할 수도 있다.

[b] 기본적인 힘의 운반자는 약력의 운반자 중 두 개를 제외하고는 모두 전하를 띠지 않는다. W^+ 입자는 기본 양전하를 운반하는 반면 W^-는 기본 음전하를 운반한다. 약력의 또 다른 운반자인 Z^0은 전기적으로 중성이다.

는 여러 입자가 다른 입자에 미치는 상호 간의 작용 또는 영향이라는 의미로 사용된다. 이를 염두에 두고 표 12.1로 되돌아가서 가장 친숙한 중력 상호작용부터 시작하여 네 가지 기본 상호작용에 대해 논의해 보자.

일상생활에서 매우 중요한 힘인 **중력**(gravity)은 2장에서 어느 정도 자세히 살펴보았다. 입자 물리학과 관련하여 이 상호작용의 여러 측면을 다시 생각해 볼 필요가 있다. 첫째, 중력은 모든 입자에 작용하지만 다른 상호작용과 비교할 때 그 세기가 너무 약하기 때문에 입자 물리학에서는 완전히 무시된다. 아원자 수준에서 중력이 얼마나 하찮은지를 이해하기 위해 핵 안에 구속되어 있는 두 양성자 사이의 중력과 전기적 척력을 비교해 볼 수 있다. 간단한 계산을 통해 전기적 상호작용이 중력 상호작용에 비해 10^{36}배 이상 크다는 것을 보일 수 있다. 중력과 나머지 상호작용의 세기 사이의 비교가 표 12.1에 주어졌다. 각각의 경우마다 중력의 효과는 중요하게 고려되기에는 너무 작다.

다른 힘에 대한 논의를 진행하기 전에 거시 규모의 상호작용에 대해 중요성을 갖는 중력의 두 가지 측면에 대해 언급할 필요가 있다. 첫째, 중력 상호작용은 전하의 중립성이 지배적인 상황에서 두드러질 수 있다. 많은 입자들이 서로 상호작용하는 동시에 양전하와 음전하가 균형을 이룰 때, 전기력은 상쇄되고 중력이 두드러진 상호 작용이 된다. 물체의 질량은 오직 한 종류만 존재하기 때문에 전기적 상호작용과는 달리 중력은 차폐되거나 제거되지 않는다. 둘째, 중력은 장거리 상호작용이다. 중력은 거리의 제곱에 반비례하여 변하기 때문에 거리에 따라 약해지기는 하지만 완전히 사라지지는 않는다. 따라서 중력의 영향은 전체 우주의 구조와 진화에 영향을 주는 방식으로 축적되며 우주 공간의 광범위한 영역까지 도달한다.

중력을 제외한 가장 친숙한 힘 또는 상호작용은 8장에서 논의된 **전자기 상호 작**

용(electromagnetic interaction)이다. 항상 인력으로 작용하는 중력과 달리 전자기력은 상호작용하는 전하의 부호에 따라 인력이 될 수도 있고 척력이 될 수도 있다. 그러나 중력과 마찬가지로 전자기력은 두 전하 사이의 거리가 멀어질수록 작아지는 장거리 상호작용이다. 전자기력은 또한 움직이는 전하와 연관된 자기력에서 스스로를 분명하게 드러낸다. 이 상호작용은 8장에서 조사했던, 감마선부터 라디오파에 이르는 모든 종류의 전자기 복사의 원인이다.

비록 전기력과 자기력은 하전 입자 사이에만 작용하지만 전자기 상호작용은 전하를 띠지 않는 않은 입자에도 영향을 줄 수 있다는 것을 주목하는 것은 중요하다. 예를 들어, 광자는 하전 입자가 아니지만 원자가 광자를 흡수하거나 방출하는 것은 전자기적 과정이다.

자연의 상호작용 중에서 그 다음은 **약한 핵력**(weak nuclear force)인데, 이 힘은 베타 붕괴(핵 안에서 중성자가 양성자로 변하는 것, 11.2절)와 관련이 있다. '약한'이라는 용어는 다양한 방식으로 해석될 수 있다. 예를 들어, 매우 짧은 범위 안에서만 영향을 미친다는 의미에서 이 상호작용은 "약하다". 약한 핵력이 미치는 범위는 강한 핵력의 범위에 비해 최소한 100배나 작고, 중력과 전자기력이 미치는 범위에 비해서는 극미하다. 또한 약한 핵력은 그 힘이 수반되는 상호작용이 일어날 확률이 매우 낮기 때문에 "약하다". 실제로 약력을 동반하는 입자 간 상호작용은 일반적으로 다른 모든 종류의 상호작용 메커니즘이 금지될 때 최후의 수단으로 일어난다.

지금까지 언급한 내용만으로는 명확하지 않지만, 전자기력과 약한 핵력 사이에는 매우 밀접한 관계가 있다. 두 상호작용 사이의 유사성은 1950년대 말에 처음 주목받게 되었으며, 약력과 전자기력 사이의 연계에 대한 심도 깊은 연구로부터 두 상호작용은 **약전자기 상호작용**(electroweak interaction)이라는 하나의 상호작용으로 통합되었다. 이는 맥스웰의 이론에서 전기와 자기 사이의 통합과 매우 유사하다. 전자기력과 약한 핵력은 근원이 같지만 실제 발현에 있어서 상당히 다르기 때문에 각각 독립적으로 분류되고 있다. 힘의 통합 문제에 대해서는 12.5절에서 더 언급할 것이다.

자연의 힘 중에서 마지막은 **강한 핵력**(strong nuclear force)이다. 강한 핵력은 원자의 핵들을 묶어두는 원인이 되며, 핵융합 반응에 수반된다(11.7절). 이 힘은 전기 전하에 의존하지 않는 단거리 인력 상호작용이다. 서로 충돌하는 두 입자가 다른 세 가지 기본 상호작용의 어느 것과도 대립되는 강력에 의해 상호작용할 확률을 고려할 때, 강력은 실제로 전자기력보다 반응을 일으키는 데 100배 이상 효과적이기 때문에 정말로 "강하다". 하나의 반응이 특정한 상호작용을 통해 일어날 상대적 확률 사이의 비교는 표 12.1에 주어진 네 가지 힘의 상대적인 세기에 대한 척도를 확립하는 데 사용되어 왔다.

네 가지 힘의 특성을 비교해 보았으므로, 이제부터는 각각의 특성을 어떻게 알게 되는지에 대해 생각해 보자. 아인슈타인의 특수 상대론은 광속이 유한하다는 가설을 포함한다. 300,000 km/s는 우주에서 입자가 얻을 수 있는 최대 속력이다.

이 값은 또한 우주에서 정보가 전파되는 최대 속력이다. 1억5천만 km 떨어진 별이 갑자기 폭발한다는 사실은 최소한 500초(약 8분)가 지나기 전까지는 우리가 알 수 없다. 그 이유는 폭발에 의해 방출된 입자가 지구까지 도달하는데 그만큼의 시간이 필요하기 때문이다. 그러므로 폭발에 대한 정보는 상호작용이 일어난 곳에서 그 사건의 본질에 대한 정보를 실어서 우리가 있는 위치까지 달려오는 입자를 통해서 전해진다.

사건이 일어나는 동안 방출된 입자를 통해서 항성 폭발의 자세한 내용을 이해하게 되는 것과 마찬가지 방식으로 입자 물리학자들은 상호작용에서 발생하는 입자들을 통해서 자연계의 네 가지 힘의 특성을 이해할 수 있게 된다. 실제로 현재 이론들은 각각의 힘을 상호작용의 **운반자**(carrier) 혹은 중재자와 연계시키고 있다. 이 운반자들은 힘을 경험하는 입자들 사이에 교환될 뿐만 아니라 반응 물질과 생성 물질 사이의 상호작용을 전달한다. 이러한 이유 때문에 운반 입자는 교환 입자라고도 알려져 있다. 예를 들어 우리가 전자를 흔들면 전자에 의한 전자기장의 변화는 광속의 파동으로 퍼져나가게 된다. 전기장의 요동은 이웃한 다른 하전 입자들에 작용하는 힘을 생성하고 그들에게 전자의 운동에 대한 정보를 전달하게 된다. 파동의 역할은 전달자의 역할이고, 이로부터 물리학자들은 전달 입자인 광자(10.5절과 파동−입자 이중성의 논의를 상기하라)에 의해 전달되는 전자기장의 영향을 인지하게 된다. 이러한 관점에서 전자기장의 모든 효과는 광자의 교환으로 설명될 수 있다. 전자기 상호작용을 매개하는 광자는 여기된 원자에 의해 방출되는 실제 광자가 아니라 가상 광자(virtual photon)라고 하는 광자이다. 이 입자는 전통적인 의미에서는 검출될 수 없지만 다른 일반적이고 관측 가능한 입자 사이의 힘의 전달과 연계되어 있다. 따라서 가상 광자 자체는 직접 관찰될 수 없지만, 전자기 상호작용의 운반자로서 가상 광자의 효과는 직접 볼 수 있다.

네 가지 기본 상호작용의 운반자와 각각의 질량(동등한 에너지 단위로 측정된 질량, 예제 12.2)이 표 12.1에 주어져 있다. 다음 절에서는 이들을 포함한 소립자의 특성에 대해 조금 더 자세히 탐구할 것이다. 그 전에 그림 12.14를 통해 입자 물리학자가 핵 안에서 중성자가 양성자로 변환되는 약한 상호작용(베타 붕괴)을 어떻게 표기하고 현대 물리학에서 두 전자 사이의 척력을 어떻게 이해하는지 살펴보라.

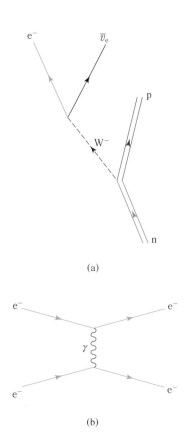

그림 12.14 (a) 중성자의 베타 붕괴에 대한 현대적인 표현. 중성자는 W^- 입자를 방출한 후 양성자로 변하며, W^-는 뒤이어 전자(e^-)와 반중성미자($\bar{v}_e$)로 붕괴된다. (b) 입자 물리학에서 두 전자 사이의 전자기적 척력은 (가상) 광자(γ)의 교환에 의한 것으로 본다. 이 과정은 표현법을 개척하고 노벨상을 수상한 이론 물리학자인 파인만(Richard P. Feynman, 1912~1988)의 이름을 따서 "파인만 도형"으로 불리는 표현으로 나타냈다.

12.3b 입자의 분류체계

4장에서는 물질을 고체, 액체, 기체 및 플라즈마 상태로 분류하였다. 또한 주어진 원자의 개수와 종류에 따라 물질을 원소, 화합물, 혼합물 등으로 분류하였다. 뿐만 아니라, 고체에서는 큰 힘이 작용하고 액체에서는 작은 힘이 작용한다는 등의 구성 물질 사이에 작용하는 힘을 기초로 하여 물질의 특성을 분류하였다.

물질을 여러 방식으로 분류할 수 있듯이 소립자도 다양한 기준을 사용하여 분류할 수 있다. 이 절에서는 각각 스핀, 상호작용, 질량을 근거로 하는 세 가지 방식을 고려해 보자. 논의를 진행하기 전에 **소립자**(elementary particle)와 **반입자**

소립자

기본적이고 더 이상 쪼갤 수 없는 우주의 구성 요소. 모든 물질 및 반물질과 이들 사이의 상호작용이 유도되는 기본적 구성물. 소립자는 진정한 "점" 입자이며, 내부 구조를 갖거나 측정할 만한 크기가 없다.

반입자

일반적인 입자와 전하가 반대 부호인 입자. 자신의 대응 입자와 질량 및 스핀은 같지만 전기 전하(와 다른 양자역학적 "전하")는 반대 부호인 입자.

(antiparticle)를 정의하는 것이 필요하다.

모든 알려진 입자는 그에 대응하는 반입자가 있다. 예를 들면, 반전자[일반적으로 양전자(positron)로 불린다], 반양성자, 반중성자 등이 있다. 보통 입자의 집합이 (보통의) 물질을 형성하듯이 반입자 집합은 반물질을 형성한다. 첫 번째 반물질인 양전자는 1932년에 앤더슨(Carl Anderson)에 의해 우주선에서 발견되었다. 반양성자는 1955년에 발견되었으며, 그 다음 해에 반중성자가 발견되었다. 오늘날 입자 물리학자들은 고에너지 가속기를 이용하여 일상적으로 작은 양의 반물질을 만들고 저장한다.

물질과 반물질이 만나면 감마선 형태의 막대한 에너지를 동반하는 쌍소멸이 일어난다. 예를 들어 전자와 양전자가 충돌하면 이 둘은 빠르게 소멸하며 두 개의 고에너지 감마선을 생성한다. 이 과정은 양전자 방출 단층촬영(PET, positron emission tomography)이라 불리는 현대의학의 진단 과정에 이용되고 있다. PET는 양전자를 이용하여 신체의 생화확적 반응을 관찰하는 의학적 영상 기술이다. 탄소-11, 산소-15, 불소-18과 같이 반감기가 짧고 양전자를 방출하는 동위원소를 포함하는 추적 물질을 환자에 주입하면 방사능 핵이 붕괴되면서 방출되는 양전자는 조직 주위의 전자와 빠르게 소멸하며 감마선을 발생시킨다. 발생된 감마선은 특수한 검출기에 의해 관찰되고, 조사된 신체부위에서 방사성 동위원소의 위치와 농도를 나타내는 영상이 만들어진다. PET는 여러 분야, 특히 뇌의 작용과 기능에 대한 이해를 극적으로 증진시킨 신경학 분야에서 연구와 치교에 혁명을 불러왔다.

PET 조사에서 사용되는 양전자 방출 방사성 동위원소는 작은 원자로 주변 또는 이러한 방사능 종을 취급하는 병원시설 안에서 흔히 발생된다. 적절한 예가 산소-18의 핵이 고속의 양성자와 충돌할 때 발생하는 불소-18이다. 1995년에 이와 비슷한 고에너지 물리학 기술을 이용하여 유럽 원자핵 공동 연구소(CERN)의 과학자들이 반양성자와 양전자로 만들어진 반물질 원소인 반수소를 생성하는 데 성공하였다.

이제부터 입자와 반입자의 생성과 소멸을 조사하기 위해 몇 가지 경우를 살펴보겠다. 이 반응들에서 반입자의 기호는 그에 대응하는 입자의 기호 위에 "막대"(bar)를 표기한 동일한 기호를 사용한다. 예를 들면, 중성자를 나타내는 기호가 n이라면 반중성자를 나타내는 기호는 $\bar{n}$(엔-바)로 표시한다.

몇 가지 예외가 존재한다면 반전자(포지트론)는 $\bar{e}$가 아니라 e^+로 표기한다. 마찬가지로 반 뮤온은 $\bar{\mu}$가 아니라 $\bar{\mu}^+$로 표기한다. 표 12.3은 이러한 규칙이 엄격히 지켜지지 않는 다른 경우들을 예시하였다.

"기본"이라는 이름이 붙여지는 입자의 종류는 시간이 지남에 따라 점차 변화되어 왔다. 전자의 발견 이전까지는 원자가 물질의 최소 단위로 간주되었으며, 원자 자신은 내부 구조를 갖지 않는 것으로 믿어졌다. 1930년대에는 자연의 기본 구성요소는 양성자, 중성자, 전자, 양전자, 광자 그리고 중성미자(전하를 띠지 않고, 보통의 물질과 매우 약하게 상호작용하며, 통상적으로 베타 붕괴 반응에서 생성

"PARTICLES, PARTICLES, PARTICLES."

그림 12.15 CERN 정리하기?

되는 질량이 극히 작은 입자)로 구성된다. 1934년경에는 이 입자들이 고대 그리스인들이 찾던 "원자"(더 이상 쪼갤 수 없는 입자)라고 하였다. 지난 75년 동안 입자 물리학자들은 자연에는 여섯 개의 "기본" 입자보다 많은 입자가 있을 뿐 아니라 처음 여섯 개의 입자는 더 이상 진정한 소립자가 아니라는 사실을 발견해 왔다! 이 입자들 자체는 그보다 더 기본적이고 알기 어려운 입자들로 구성되어 있다. 이 글을 쓰고 있는 시점에 100여 종이 넘는 아원자 입자가 존재하고 있으며 (그림 12.15), 그중 양성자와 중성자는 물질의 궁극적인 구성 성분이 아니라는 사실이 잘 알려져 있다. 이 절의 나머지 부분의 대부분은 무엇이 진정으로 "기본적인" 입자를 구성하는가에 대한 우리 인식의 변화가 어떻게 전개되어 왔는지에 대해 서술할 것이다. 그러나 먼저 아원자 입자의 특성에 대해 조금 더 살펴보자.

12.3c 스핀

질량이나 전하처럼 **스핀**(spin)은 모든 소립자의 내재적인 특성이며, 입자의 각운동량을 나타낸다. 소립자를 단순한 강체 구로 취급한다면, 입자의 스핀은 구를 관통하는 축에 대한 입자의 회전에 기인한 것으로 형상화할 수 있다. 그러나 손가락 끝에서 회전하는 농구공이 임의의 스핀을 가질 수 있는 것과는 달리, 소립자의 스핀은 $h/2\pi$의 단위로 양자화되어 있는데, 여기서 h는 플랑크 상수이다(10.5절). 알려진 입자의 스핀은 모두 이 기본 단위의 정수배이거나 반정수배이다. 다시 말하면, 스핀은 $h/2\pi$ 단위로 0, $\frac{1}{2}$, 1, $\frac{3}{2}$ 등의 값만 가질 수 있다. 예를 들면, 전자와 양성자의 스핀은 $\frac{1}{2}$이고, 광자의 스핀은 1이다.

반정수 스핀을 가진 입자는 이러한 입자 집단의 특성을 주의 깊게 연구한 이탈리아계 미국 과학자 페르미(Enrico Fermi)의 이름을 따서 **페르미온**(fermion)이라 한다. 정수 스핀을 가진 입자는 이런 입자의 집단적 특성을 설명하는 법칙을 아인슈타인과 함께 발전시킨 인도 과학자 보즈(Satyendra Bose)의 이름을 따서 **보존** (boson)이라 한다. 페르미온과 보존 사이의 주요한 차이점은 페르미온이 파울리 (Wolfgang Pauli)의 배타 원리(10.6절)를 따르는 데 반해 보존은 배타 원리를 따르지 않는다는 것이다. 파울리에게 1945년에 노벨상을 안겨준 배타 원리는 상호 작용하는 두 개의 페르미온은 정확히 같은 양자 상태에 있을 수 없음을 뜻한다. 두 페르미온은 어떤 방법으로든 구별이 가능해야만 한다. 따라서 정상적인 헬륨 원자에서, 두 개의 전자가 가장 낮은 원자 에너지 상태(기저 상태)에 있을 때, 배타 원리에 의하면 스핀 $\frac{1}{2}$인 두 전자는 어떤 방식으로든 달라야 한다. 이것이 어떻게 가능할까? 한 전자가 다른 전자와 똑같이 보이지 않는단 말인가? 질량도 같고, 전하도 같고, 스핀도 같은데? 그렇다. 여기서 회전하는 구 모형으로 되돌아가보자. 구슬은 회전축에 대해서 시계 방향 또는 시계 반대 방향으로 회전할 수 있다. 주어진 전체 각운동량에 대해 회전 방향에 따라 두 개의 구별 가능한 스핀 상태가 존재한다(그림 12.16). 같은 방법으로, 하나의 전자를 각각 동일한 스핀 $h/4\pi$를 갖는 스핀업(spin-up)과 스핀다운(spin-down)이라 불리는 서로 다른 스

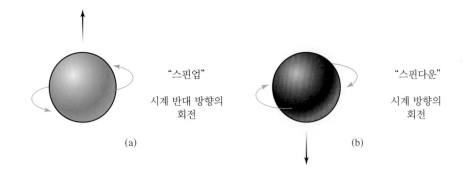

그림 12.16 회전하는 구슬에 대한 (a) 스핀업과 (b) 스핀다운 배열.

"스핀업"

시계 반대 방향의 회전

(a)

"스핀다운"

시계 방향의 회전

(b)

핀 배열과 연계시킬 수 있다. 따라서 한 전자는 스핀업 상태에 있고 다른 전자는 스핀다운 상태에 있음으로써 헬륨은 파울리의 원리를 만족할 수 있다. 모든 원자 안의 모든 전자의 상태는 이 원리에 의해 설명될 수 있다.

이에 반해 보존은 파울리의 원리를 만족하지 않는다. 이들은 정말로 구별할 수 없다. 무제한적인 수의 보존은 주어진 하나의 에너지 상태를 공유할 수 있고, 이에 따라 어떤 물리 법칙도 위반하지 않은 채 주어진 공간의 체적 내에 응집될 수 있다. 이와 같은 특성은 한 광선에 담길 수 있는 광자(스핀 1인 입자)의 수에 제한이 없으며, 따라서 광선의 세기에는 (이론적) 제한이 없다는 사실을 설명해준다. 주어진 임의의 반응에서 교환될 수 있는 힘 전달 입자의 개수 또한 제한이 없는데, 그 이유는 기본 상호작용의 모든 매개체가 정수의 스핀을 갖기 때문이다(표 12.1). 다시 한 번 언급하고자 하는 것은 초유체 현상(4.5절)과 초전도체(7.3절)는 모두 많은 개수의 보존이 같은 양자 상태를 점유하여 나타나는 소위 보제-아인슈타인 응축의 결과라는 사실이다.

12.3d 소립자의 목록

스핀에 따라 입자를 나누면 입자는 두 집단으로 나뉜다. 추가적인 선택 기준을 도입하면 두 집단을 더욱 세분화할 수 있다. 이러한 작업에 매우 유용한 방식은 입자를 강한 상호작용에 참여하는 입자와 참여하지 않는 입자로 구별하는 것이다. 이 방식에 따르면 표 12.2에 주어진 바와 같이 입자는 네 개의 집단, 즉 바리온(baryon, 중입자), 렙톤(lepton), 메존(meson, 중간자) 그리고 **매개**(intermediate 또는 gauge) **보존**(bosons)으로 구분된다. 각 집단에 속하는 입자의 예가 표에 포

표 12.2 입자의 분류

스핀 집단	강력에 의해 상호작용하는 입자(하드론)	강력의 영향을 받지 않는 입자
페르미온 (반정수 스핀)	바리온 (양성자, 중성자, 람다, 시그마, …)	렙톤(전자, 뮤온, 중성미자, …)
보존 (정수 스핀)	메존 (파이온, 케이온, 에타, …)	매개 (또는 게이지) 보존 (광자, Z^0, $W^{\pm}$, 중력자)

함되어 있다. 전자는 강력의 영향을 받지 않는 스핀 $\frac{1}{2}$인 렙톤이고, 양성자는 강력을 통해 상호작용하는 스핀 $\frac{1}{2}$인 바리온이다. 광자는 강한 상호작용에 참여하지 않는 보존이다.

집단의 이름은 실험적으로 결정된 입자들의 질량을 근거로 한 처음의 분류 체계에서 유래되었다. **바리온**(baryon)은 무거움을 뜻하는 그리스어인 barys로부터 유래하였고, **렙톤**(lepton)은 그리스어로 "가벼운 것"을 의미한다. **메존**(meson)은 중간 정도의 질량을 갖는 "중간인 입자"를 의미한다. 이러한 집단의 이름이 지어질 무렵에는 알려진 입자 중 가장 무거운 입자는 바리온 집단에서 발견되었으며, 가장 가벼운 입자는 렙톤 집단에 있었다. 그러나 최근에는 메존과 최소한 하나 이

표 12.3 수명이 긴 몇몇 하드론의 성질

분류	입자 이름	기호ª(쿼크 내용)	반입자	질량(MeV/c^2)	Sᶜ	수명(초)
바리온	양성자	p (uud)	$\bar{p}$	938.3	0	안정적
	중성자	n (udd)	$\bar{n}$	939.6	0	886
	람다	Λ^0 (uds)ᵇ	$\overline{\Lambda}^0$	1,115.7	−1	2.6×10^{-10}
스핀 $= \frac{1}{2}$	시그마	Σ^+ (uus)	$\overline{\Sigma}^-$	1,189.4	−1	0.8×10^{-10}
		Σ^0 (uds)ᵇ	$\overline{\Sigma}^0$	1,192.6	−1	7.4×10^{-20}
		Σ^- (dds)	$\overline{\Sigma}^+$	1,197.5	−1	1.5×10^{-10}
	크시	Ξ^0 (uss)	$\overline{\Xi}^0$	1,315	−2	2.9×10^{-10}
		Ξ^- (dss)	$\overline{\Xi}^+$	1,321	−2	1.6×10^{-10}
스핀 $= \frac{3}{2}$	오메가	Ω^- (sss)	$\overline{\Omega}^+$	1,672	−3	0.8×10^{-10}
메존	파이온	π^+ (u$\bar{d}$)	π^-	139.6	0	2.6×10^{-8}
		π^0 (u$\bar{u}$, d$\bar{d}$)ᶠ	자신ᵉ	135.0	0	8.4×10^{-17}
	케이온ᵈ	K^+ (u$\bar{s}$)	K^-	493.7	+1	1.2×10^{-8}
		K^0 (d$\bar{s}$, $\bar{d}$s)ᶠ	$\overline{K}^0$	497.7	+1	0.9×10^{-10}
스핀 $= 0$						5.2×10^{-8}
	에타	η^0 (u$\bar{u}$, d$\bar{d}$, s$\bar{s}$)ᶠ	자신	547.8	0	5.5×10^{-19}
	"디-플러스"	D^+ ($\bar{d}$c)	D^-	1,869	0	1.0×10^{-12}
	"비-플러스"	B^+ ($\bar{b}$u)	B^-	5,279	0	1.7×10^{-12}
스핀 $= 1$	프사이	ψ^0 (c$\bar{c}$)	자신	3,097	0	7.6×10^{-21}
	입실론	Υ^0 (b$\bar{b}$)	자신	9,460	0	1.2×10^{-20}

ª 입자기호의 오른쪽 위 첨자는 입자에 의해 운반되는 전하를 양성자 전하의 단위로 나타낸다(12.3절). 바리온과 메존의 쿼크 조합에 대한 논의는 12.4절과 12.5절을 보라.

ᵇ 이 두 바리온은 같은 쿼크들로 이루어져 있으나 이소스핀이라 불리는 내부 양자수가 서로 다르므로 같은 쿼크 시스템의 서로 다른 상태로 나타난다.

ᶜ 기묘도(12.3).

ᵈ 강한 상호작용에서 생성되지만, K^0 메존은 중성 입자 진동이라 불리는 것에 기인하며 하나가 다른 하나보다 대략 575배나 짧은 두 개의 특성 시간을 갖고, 약력에 의해 붕괴된다.

ᵉ 몇몇 중성 입자는 자신의 반입자이다. 따라서 두 개의 π^0가 만날 때, 이들은 서로를 소멸시켜 γ선을 형성한다.

ᶠ 몇몇 메존은 둘 또는 세 개의 쿼크−반쿼크 상태의 혼합으로 구성된다.

표 12.4 렙톤족[a]

족	입자 이름	기호[b]	반입자	질량 (MeV/c^2)
전자	전자	e^-	e^+(양전자)	0.511
	중성미자	v_e	$\overline{v}_e$	$\sim0(\lesssim 2 \times 10^{-6})$
뮤온	뮤온	μ^-	μ^+	105.7
	중성미자	v_μ	$\overline{v}_\mu$	$\sim0(<0.17)$
타우	타우	τ^-	τ^+	1,777
	중성미자	v_τ	$\overline{v}_\tau$	$\sim0(<15.5)$

[a] 족에 관계없이 모든 렙톤의 스핀은 $\frac{1}{2}$이다. 이 때문에 이 성질을 각 입자에 대해 따로 표기하지 않았다.
[b] 입자기호의 오른쪽 위 첨자는 입자가 전달하는 전하를 양성자 전하의 단위로 나타낸다. 따라서 전자는 단위 음전하를 나타내는 한편 반뮤온은 단위 양전하를 운반한다. 중성미자는 전하를 운반하지 않는다.

상의 렙톤의 질량이 양성자와 중성자보다 무겁다는 것이 밝혀졌다. 따라서 거의 대부분의 종에 대해서는 여전히 유효한 기준이 되기는 하지만, 입자의 질량만으로 소립자의 정확한 분류를 명시하는 것이 더 이상 불가능해졌다.

힘 전달 입자인 매개 보존은 매우 폭넓은 질량 분포를 보인다. 입자가 보존이기 때문에 임의의 상호작용에서 교환될 수 있는 개수에는 제한이 없지만, 입자가 매개하는 힘의 범위와 입자의 질량 사이에는 밀접한 관계가 있다. 전달 입자의 질량이 크면, 일반적으로 이 입자를 생성하고 먼 거리에 걸쳐 교환하는 것이 힘들어진다. 따라서 질량이 큰 입자에 의해 전달되는 힘은 짧은 범위를 가진다. 약한 상호작용을 매개하는 W와 Z 입자가 여기에 해당된다. 그러나 광자나 중력자(graviton)처럼 전달 입자가 자체 질량이 없다면, 이 입자와 연계된 힘(각각 전자기력과 중력에 해당)은 매우 먼 거리에 걸쳐 작용하게 된다.

이 절을 마치기 전에 소립자와 관련하여 빈번히 사용하는 용어 하나, 즉 하드론(hadron, 강입자)에 대해 소개하겠다. 이 단어는 "두꺼운" 또는 "강한"을 뜻하는 그리스어 hardros에서 유래한다. 바리온과 메존을 한꺼번에 하드론이라고 언급하는데(표 12.3), 그 이유는 이들이 강력에 의해 상호작용하기 때문이며, 이는 렙톤이나 게이지 입자가 공유할 수 없는 차이점이다.

렙톤 가족으로는 잘 알려진 그리고 어디에나 존재하는 전자, 그리고 그의 반물질 양전자가 있다. 잘 알려지지는 않았지만 뮤온과 그 반물질, 타우와 안티타우가 있다. 그리고 이들 입자들은 그들만의 뉴트리노(그리고 안티 뉴트리노): v_e, v_μ 그리고 v_τ가 있다. 이들 모두는 스핀이 $\frac{1}{2}$인 페르미온이며 각각 전자 가족, 뮤온 가족, 타우 가족으로 분류되며 정리하면 표 12.4와 같다.

타우 뉴트리노에 대한 첫 번째 증거는 2000년 7월에 미국 시카고에 있는 페르미 랩의 국제적인 연구자 그룹에 의해 보고되었다. 초고에너지로 가속된 양성자를 텅스텐 타깃 충돌시켜 방출된 타우 뉴트리노는 특별히 고안된 액체 속의 핵자와 상호작용을 통해 검출되었다. 액체 속에서 약 5개월에 걸친 실험 중 관측

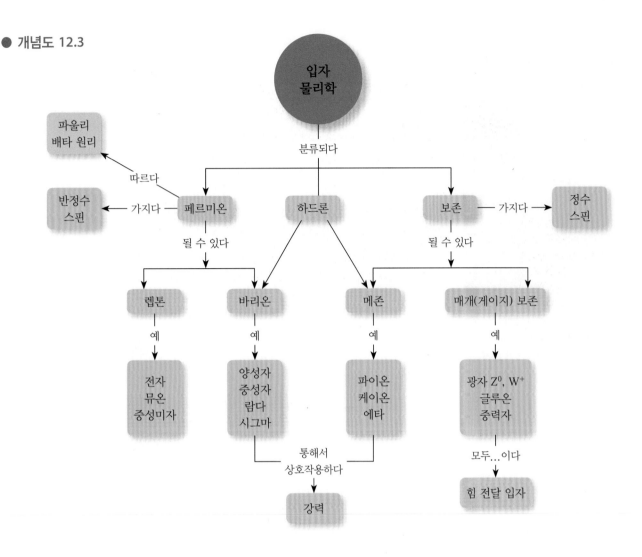

된 200회의 상호작용 중 단지 4회만이 뉴트리노와 관련된 모든 특성을 만족하는
것이었다. 소립자 사이의 연관성과 분류 방식은 개념도 12.3에 잘 나타나 있다.

복습

1. 다음 중 자연의 기본적인 힘이 아닌 것은?
   a. 마찰력　　　　b. 중력　　　　c. 장력(스프링의)
   d. 강한 핵력　　　e. 전자기력

2. A열의 항목과 B열의 항목과 연결하여라. 항목마다 관계가 되는 것은 하나뿐이다.

A	B
(Ⅰ) 바리온	(a) 강한 핵력, 스핀 0 또는 1
(Ⅱ) 메존	(b) 기본적인 힘의 운동자
(Ⅲ) 렙톤	(c) 강한 핵력 스핀 1/2 또는 3/2
(Ⅳ) 중간 보존	(d) 스핀 1/2이며 강한 핵력이 작용하지 않음

3. 정수의 스핀을 갖는 입자를 _____ 라 하고 1/2의 스핀을 갖는 입자를 _____ 라 한다.

4. (참 혹은 거짓) 양전자는 전자와 동일한 질량을 갖는다. 그러나 전하는 $+e$ 대신 $-e$이다.

5. 10^{-18} m 또는 그 이하의 범위를 갖는 상호작용이 수반되는 힘은
   a. 중력　　　　　　　b. 전자기력
   c. 약한 핵력　　　　　d. 강한 핵력
   e. 위의 어느 힘도 아니다.

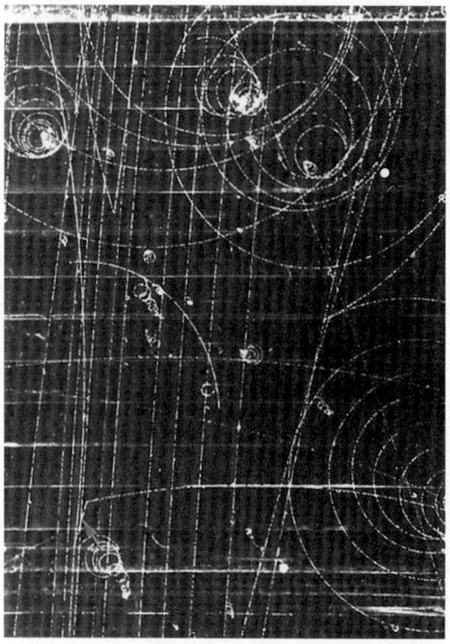

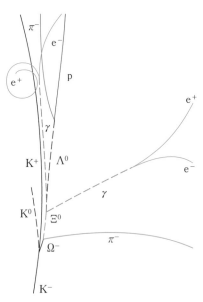

그림 12.17 1964년에 국립 브룩헤이븐 연구소에서 찍은 Ω^-에 대한 첫 번째 사진. Ω^-의 경로는 그림의 왼쪽 아래에 화살표로 표시되었다.

12.4 쿼크: 혼돈*속의 질서

1950년대에서 1970년대 초까지의 기간 동안 아원자 입자의 급격한 증가로 인해 물리학자들은 "소립자들"이 정말로 "기본적"인지에 대해 의문을 갖게 되었다. 이들은 "진짜 기본적인" 입자들인 더 작은 입자들의 합성물일 수도 있다. 그러나 이러한 의문이 생기기 전인 1956년에 일본 물리학자 사카타(Shoichi Sakata)는 모든 하드론이 양성자, 중성자, 람다 및 그들의 반입자로 구성된 여섯 개의 입자로 구성되어 있다는 모형을 제안하였다. 비록 몇몇 하드론의 질량과 결합 에너지에 대한 예측과 관련하여 이 모델이 약간의 특이한 면을 보이기는 했지만 당시에 알려진 하드론과 메존의 특성을 설명하는데 매우 좋았을 뿐 아니라 당시까지 알려진 어떤 물리 법칙도 위배하지 않았다.

1961년에 겔만(Murray Gell-Mann)과 니만(Yuval Ne'eman)은 독자적으로 하드론을 분류하는 방법을 제시하였다. 그들은 유니타리(unitary) 스핀이라 불리는 아원사 입사의 추가적인 성질을 도입하였다. 이 양사적 특성은 강한 상호작용에서 보존되며 여덟 개의 성분을 갖는데, 각각은 우리가 앞에서 본 양자수들(과 이 책의 수준에서 이해하기 힘든 난해한 양자수들)의 조합으로 이루어졌다. 기본 "전하"의 8부(eight-part) 구조와 자연을 보다 깊게 이해하도록 이끄는 이론의 중요성 때문에 겔만은 열반에 이르는 불교의 "숭고한 8계"에 비유하여 이 이론에 "팔정도(eight-fold way)"이라는 이름을 붙였다.

표 12.3에 열거된 입자 중 상당수는 하드론의 구조에 대해 경쟁 관계에 있던 두 이론이 제안될 때까지 발견되지 않고 있었다. 가장 좋은 과학적 방법의 전통 속에서, 두 이론 중에서 어느 이론이 자연을 보다 잘 기술하는지를 구별하기 위한 분석이 고안되었다. 1963년 이전까지 시그마 입자의 스핀은 알려져 있지 않았다.

사카타의 모형은 이 입자의 스핀이 $\frac{3}{2}$이라고 예측한 반면 팔정도는 $\frac{1}{2}$로 예측하였다. Σ^0와 $\Sigma^\pm$의 스핀이 최종적으로 측정되었을 때, 이들은 팔정도의 예측대로 판명되었다.

얼마 지나지 않아 겔만-니만 모형을 지지하는 추가적인 자료가 Ω^-(오메가 마이너스) 입자의 발견과 함께 나타났다. 이전까지 발견된 바 없으며 전하 -1, 기묘도-3, 스핀 $\frac{3}{2}$인 무거운 단일 입자가 팔정도에 기초하여 예측되었다. 새로운 고에너지 충돌 실험을 통해 입자 물리학자들이 이 종류의 입자를 찾기 시작하였으며, 1964년 2월에 마침내 예측된 모든 특성을 갖는 입자의 성공적인 관측이 국립 브룩헤이븐 연구소(Brookhaven National Laboratory)의 과학자들에 의해 발표되었다. 그림 12.17와 12.18은 Ω^-라는 해석을 이끈 실험과 분석에 사용된 입자 궤적의 원본 사진이다.

그림 12.18 그림 12.17에 나타난 몇몇 입자 궤적의 개략적 재구성도. 실선은 하전 입자의 궤적을 나타내며, 점선은 중성 입자의 궤적(원래 사진에는 보이지 않음)을 나타낸다. Ω^-의 형성과 붕괴는 다음의 반응들을 포함한다.

(1) $K^- + p \rightarrow \Omega^- + K^+ + K^0$

(2) $\Omega^- \rightarrow \Xi^0 + \pi^-$

---

* 여기에서 사용된 단어 혼돈(chaos)은 혼란(confusion)과 같은 뜻이며, 처음 변수의 정확도에 대한 극도의 의존성으로 인해 실험 결과를 거의 예측할 수 없는 동역학 분야를 언급하는 용어로 쓰이지 않았다.

12.4a 쿼크

팔 정도의 의미에 대한 심도 깊은 연구를 통해 1964년에 이론의 개선이 이루어졌다. 당시에 겔만(Gell-Mann)과 츠바이크(George Zwieg)는 모든 하드론이 세 개의 소립자와 이들의 반입자로 형성된다고 가정하였는데, 겔만이 이들을 **쿼크**(quark)라고 명명하였다. 세 쿼크는 각각 u(up), d(down), s(strange)로 표기되었다. 이 입자들과 이들의 반입자의 특성이 표 12.5에 주어졌다. 모든 쿼크는 스핀이 $\frac{1}{2}$이고, 전하는 양성자 전하의 $\pm\frac{1}{3}$ 또는 $\pm\frac{2}{3}$배라는 사실을 주목하라. 이전까지 취급되었던 것과는 달리 이들의 전하는 분수 값을 갖는다!

전하가 분수인 입자의 도입으로 물리학자들은 1970년 이전에 발견된 모든 하드론을 완벽하게 기술할 수 있게 되었을 뿐만 아니라 약간의 확장을 통해 지금까지 발견된 모든 무거운 입자를 기술할 수 있게 되었다. 쿼크로부터 하드론 형성을 지배하는 두 가지 규칙은 다음과 같이 매우 단순하다.[*]

1. 메존은 $u\bar{d}$와 $d\bar{s}$와 같이 쿼크–반쿼크 쌍으로 구성된다.
2. 바리온은 세 개의 쿼크 조합으로 구성되며, 반바리온은 세 개의 반쿼크로 구성된다.

예를 들어 π^+ 메존은 각자의 스핀이 서로 반대 방향을 향하고 있는 $u\bar{d}$ 쌍과 동등하다. 이 조합은 스핀 0, 전하 $+1\left(=\frac{2}{3}+\frac{1}{3}\right)$인 입자를 만든다(표 12.5). K^0메존은 d 쿼크와 $\bar{s}$ 쿼크 조합으로 구성되는 것을 보일 수 있다.

이와 유사하게 양성자는 uud 쿼크 조합이며, 중성자는 udd 쿼크 조합이다. (몇 분만 투자하면 지시한 쿼크들을 더함으로써 친숙한 양성자와 중성자의 일반적 특성이 얻어진다는 것을 확신할 수 있을 것이다. 표 12.3과 12.5의 자료가 이 고려에 도움을 줄 것이다.) 다른 세 쿼크 조합으로 다른 바리온을 형성할 수 있다. 예를 들어, $\Sigma^+ = $ uus이고, $\Lambda^0 = $ uds이며, $\Omega^- = $ sss이다.

이 시점에서 쿼크 모형은 오직 하드론에만 적용된다는 것을 강조하는 것이 중요하다. 전자, 뮤온, 중성미자와 같은 렙톤은 쿼크로 구성되어 있지 않다. 실제로 입자 물리학의 영역에서 렙톤과 쿼크의 위상은 거의 동등하다. 이 둘은 함께 우주의 물질을 형성하는, 기본적이고 더 이상 쪼갤 수 없는 스핀 $\frac{1}{2}$인 페르미온으로 구성되어 있다.

쿼크 모형은 아원자 입자에 대한 다른 경쟁적인 이론들보다 몇 가지 뚜렷한 이

표 12.5 **최초로 제안된 쿼크들[a]의 몇 가지 성질들**

쿼크	전기 전하 (Q)[b]	기묘도(S)
u	$+\frac{2}{3}$	0
d	$-\frac{1}{3}$	0
s	$-\frac{1}{3}$	-1
$\bar{u}$	$-\frac{2}{3}$	0
$\bar{d}$	$+\frac{1}{3}$	0
$\bar{s}$	$+\frac{1}{3}$	$+1$

[a] 모든 쿼크는 스핀은 $\frac{1}{2}$이다.
[b] 이 값들은 양성자 전하의 단위로 표시되었다. 따라서 SI 단위를 사용할 때 u 쿼크의 전하는 $\left(\frac{2}{3}\right)(1.6 \times 10^{-19}\,\text{C}) = 1.07 \times 10^{-19}\,\text{C}$이다.

---

[*] 2003년에 다섯 개의 쿼크로 구성된 새로운 종류의 소립자인 색다른(exotic) 바리온이 일본, 미국, 독일, 러시아의 실험 그룹들에 의해 보고되었다. 오늘날에는 Θ^+로 불리는 이 입자는 질량이 $1,540\,\text{MeV}/c^2$이며, 두 개의 ud 쿼크 쌍과 한 개의 $\bar{s}$ 쿼크로 구성되어 있다고 믿어진다. 이론가들은 겔만-츠바이크의 원래 모형을 확장하여 10여 년 전에 이미 이러한 색다른 바리온의 존재를 예측했다. 2005년의 몇몇 실험에 의해 Θ^+의 존재가 확인되는 듯 보였으나, 페르미 연구소, 브룩헤이븐, SLAC, 독일의 DESY를 포함하는 대규모 연구에서는 단지 존재하지 않는다는 결과(null result)만 얻었다.

점을 가지고 있다. 첫째, 쿼크 모형은 왜 메존은 모두 정수 스핀을 갖는지, 즉 왜 메존이 보존인지를 설명해준다. 메존은 두 쿼크의 조합이기 때문에 전체 스핀이 0(두 쿼크의 스핀이 서로 반대 방향일 때) 또는 1(두 스핀이 맞게 정렬될 때)만을 가질 수 있다. 둘째, 쿼크 모형은 모든 바리온이 반정수 스핀을 갖는 페르미온이라는 사실을 설명한다. 즉, 셋 중 두 스핀이 짝을 이루든가$\left(\text{스핀 } \frac{1}{2}\right)$ 세 스핀 모두 평행하든가$\left(\text{스핀 } \frac{3}{2}\right)$에 따라 세 개의 쿼크가 어떻게 배열되어도 항상 스핀이 $\frac{1}{2}$이거나 $\frac{3}{2}$인 입자를 생성한다. 게다가 쿼크 이론은 기묘도와 그 보존에 대한 새로운 해석을 가능하게 해준다. 기묘도는 단지 입자를 구성하는 기묘 반쿼크의 개수와 기묘 쿼크의 개수 사이의 차이다. 강한 상호작용에서 기묘도 보존은 반응이 일어나는 동안 s 쿼크가 d 쿼크나 u 쿼크로 변환되는 것을 금지하는 것으로 볼 수 있다.

쿼크 모형의 많은 성공에도 불구하고 쿼크의 존재에 대한 증거를 찾으려는 시도는 그리 오래되지 않았다. 다양한 종류의 입자 간 상호작용에 대해 주의 깊은 많은 연구가 진행되었음에도 불구하고 자유로운 쿼크는 아직 발견되지 않았다. 쿼크의 속박에 대한 널리 알려진 이론에 따르면, 쿼크는 색력(color force)이라는 힘에 의해 피할 수 없이 하드론 안에 속박되어 있다. 각각의 하드론 내에서 색력은 글루온(gluon)이라 불리는 교환 입자에 의해 매개되며, 하드론을 이루는 개개의 쿼크를 묶는 "끈(string)"은 글루온관(gluon tube)이라고 불린다. (글루온과 색력에 대해서 보다 자세한 것은 12.5절을 보라.) 따라서 하드론 사이에 존재하는 강력은 이제 쿼크를 묶는 "진짜 강력"(색력)의 잔영에 불과하다는 것이 밝혀졌다. 그러나 이러한 모든 것이 사실이라 하더라도 우리의 원래 질문, 즉 쿼크의 존재에 대한 증거가 무엇인가의 문제는 여전히 남아 있다.

쿼크에 대한 실험적 증거는 두 가지 원천으로부터 나온다. 하나는 양성자에 대한 고에너지 전자의 산란이고, 다른 하나는 전자와 양전자 사이 또는 양성자와 반양성자 사이의 충돌로부터 나오는 하드론 분출에 대한 관찰이다. 양성자가 균일한 구형 분포를 갖는 양전하라면 양성자 내부를 관통하는 고속의 전자가 겪는 편향은 양성자를 통과할 때 전자가 얼마나 많은 전하를 "보느냐"에 크게 의존할 것이다. 반면에 양성자가 분수 전하를 갖는 세 개의 작은 쿼크로 이루어졌다면, 전자가 쿼크 중의 하나와 "정면으로" 충돌하지 않는 한 입사 전자의 편향은 하찮을 것이다. 정면충돌이 일어나면 전자와 쿼크 사이의 전기력이 상당하기 때문에 전자는 매우 큰 각으로 산란될 것이다. 그러나 이와 같은 일은 결코 일어나지 않는데, 그 이유는 쿼크 모형에서 양성자는 거의 빈 공간이기 때문이다. 그렇다면 무엇이 관측되었을까? 쿼크 모형으로부터 예측된 바대로 관측되었다! 특히 크게 편향된 전자의 수는 쿼크 모형에서 예측된 것과 매우 잘 일치한다.

쿼크에 대한 두 번째 형태의 증거는 전자와 양전자 빔의 고에너지 충돌의 생성물을 수반한다. 이 반응에서 e^--e^+ 소멸로부터 나오는 에너지는 q-$\bar{q}$ 쌍의 생성에 쓰인다. 이 입자들이 (선운동량 보존이 요구하는 대로) 반대 방향으로 움직임에 따라 이들은 새로운 q-q̄ 쌍을 생성한다. 이와 같이 양 방향으로 분출되는 쿼크들은 재빨리 결합되어 다양한 하드론을 만들기 때문에 실험 수준에서 보이는 것은 180°의 방향으로 서로에게 멀어지는 두 줄의 무거운 입자들이다(그림 12.19). 이와 유사한 하드론 분출이 양성자와 반양성자 사이의 고에너지 충돌에서도 관찰된다. 이 관찰은 앞 단락에서 기술한 전자 산란 실험의 자료와 연계되어 쿼크 이론의 총괄적 정확성과 이러한 기묘 입자들의 존재에 대한 설득력 있는 증거를 제공해준다.

그림 12.19 이 궤적은 1989년과 2000년 사이에 CERN에서 가동된 LEP(Large Electron–Positron, 거대 전자–양전자) 충돌 장치에서 DELPHI 탐지기에 수집된 실제 자료의 한 예이다. 여기에서 Z^0 입자는 전자와 양전자 사이의 충돌에서 발생한 후 쿼크-반쿼크 쌍으로 붕괴한다. 쿼크 쌍은 탐지기에서 하드론 분출 쌍으로 나타난다.

물리 체험하기 12.2

속이 보이지 않는 물체의 내부 구조를 알아보기 위해 높은 에너지의 입자를 쏘아보는 것은 새로운 방법이 아니다. 예를 들면, X-선을 투과시켜 치아나 뼈의 모습을 사진으로 찍는 것도 모두 같은 원리이다. 러더퍼드는 바로 이러한 기법을 이용하여 핵의 구조를 밝히고 핵의 크기를 알아냈다. 입자 물리학자들도 바로 같은 원리로 하드론 내부의 점과 같은 쿼크의 존재를 연구하였다. 우리도 같은 원리를 이용하여 충돌 실험을 통하여 2차원의 사각형 안에 그려진 원의, 즉 원자에 해당, 크기를 알아보기로 하자.

그림 12.20을 약 두 배 정도 확대하여 출력을 하자. 사각형 테두리가 반드시 포함되도록 한다. 같은 크기의 먹지를 준비한 다음 원, 즉 원자가 그려진 그림을 덮어 그림이 보이지 않도록 한다. 이때 먹지의 먹 부분이 그림을 향하도록 붙인다. 종이를 평평한 테이블 위에 놓고 작은 조약돌이나 구슬을 약 30~60 cm 높이에서 무작위로 먹지 위에 떨어뜨린다. 이때 구슬이 먹지를 한 번만 부딪치도록 튀어 오르는 구슬을 잡아준다. 약 100번 정도 반복하여 종이의 대부분에 자국이 나도록 한다.

먹지를 타깃 종이에서 떼고 구슬이 남긴 전체 자국의 수를 센다. 다음으로 자국이 원 안에 들어가 있는 것, 즉 구슬이 타깃 맞춘 것의 총 수를 센다. 자를 이용하여 사각형의 가로 세로를 측정하여 전체 넓이를 구한다. 원 모양 타깃의 총 개수를 센다.

원의 크기가 모두 일정하고 구슬 자국이 완전히 무작위적이었다면 전체 원의 면적과 사각형의 면적의 비는 원 안에 들어간 자국의 수와 전체 자국의 수의 비와 같을 것이다. 데이터로부터 이 자국의 수의 비 값을 계산해 보자. 그러면 원 모양 타깃들의 총 면적은 얼마인가 계산해 보자. 이 총 면적을 원의 개수로 나누어주면 원모양 타깃의 면적, 그리고 원의 반지름을 알 수 있다.

이렇게 얻은 원의 반지름 값은 얼마인가? 직접 자를 이용하여 원의 반지름을 측정해 보자. 이 값은 실험을 통하여 간접적으로 측정한 값과 잘 일치하는가?

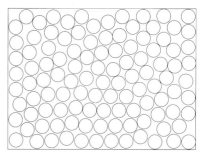

그림 12.20 물리 체험하기 12.2의 스케터링 실험을 위한 타깃 종이.

복습

1. 세 개의 쿼크가 모여서 만들어지는 것은?
   a. 바리온   b. 전자   c. 메존   d. 광자

2. (참 혹은 거짓) 쿼크는 소립자들이며 양성자의 $\pm\frac{1}{3}$ 또는 $\pm\frac{2}{3}$의 전하를 갖는다.

3. _____ 은 하드론 내부에서 쿼크를 묶어주는 색깔 힘의 운반자이다.

4. 메존은
   a. 언제나 두 개의 u 쿼크 또는 두 개의 d 쿼크로 이루어진다.
   b. 언제나 서로 다른 두 개의 쿼크로 이루어진다.
   c. 언제나 쿼크와 반 쿼크로 이루어진다.
   d. 언제나 한 개의 쿼크와 한 개의 렙톤으로 이루어진다.
   e. 위의 어느 것도 참이 아니다.

12.5 표준 모형과 대통일 이론

12.5a 쿼크의 색과 맛깔

쿼크는 반정수 스핀을 가지는 페르미온이므로 파울리의 배타 원리를 만족해야 한다. 그러나 이게 사실이라면 Ω^-의 존재는 어떻게 설명할 것인가? 이 입자는 세 개의 기묘 쿼크로 구성되어 있는데, 이들의 질량, 스핀, 전하 등은 모두 같다. 즉, 같은 양자수를 공유한다. Ω^-는 상호작용하는 세 개의 동일한 s 쿼크로 구성되어 있는 것으로 보인다. 이것은 배타 원리에 위배되는 것이 아닌가? 이 상황을 어떻게 하면 조정할 수 있을까?

한 가지 방법은, 쿼크는 다른 페르미온과는 달리 파울리 원리를 따르지 않아도 된다고 주장하는 것이다. Ω^-와 같은 입자가 발견되었을 때 몇몇 이론 물리학자들은 딜레마를 해결하기 위해 이러한 설명을 제안했었다. 그러나 배타 원리에 예외를 두는 것을 꺼려하던 다른 과학자들은 그 대신 Ω^-와 같은 하드론 안에서 쿼크는 서로 구별되는 부가적인 성질을 가진다고 제안하였다. 이 제안이 제대로 작동되기 위해서는, 예를 들어 Ω^- 안에 있는 세 개의 s 쿼크가 서로 구별되는 것이 허용되기 위해서는, 새로운 성질이 세 종류가 되어야 한다. 이론 물리학자가 이러한 새로운 양자적 특성 또는 양자수에 붙여준 이름은 색(color)인데, 이는 우리가 보통 색이라 부르는 것, 즉 전자기 스펙트럼에서 특정 진동수에 대한 주관적 인식과는 전혀 관계가 없다. 세 개의 쿼크 색은 각각 빨간색, 파란색, 초록색으로 표시되었다. 반쿼크는 반빨강(antired), 반파랑(antiblue), 반초록(antigreen)으로 채색된다(그림 12.21).

색이 하드론의 관측된 성질이 아니라는 사실은 이 입자가 "무색인" 것을 가리킨다. 하드론이 색쿼크로 구성된다면 하드론 안에서 색들이 함께 올 수 있는 방법은 알짜 색이 없는, 즉 중성인 색의 무언가를 만드는 것과 같다. 이것이 사실이기 위해서는 바리온을 구성하는 세 쿼크의 색은 각각 빨간색, 파란색, 초록색으로 서로 구별되어야만 한다. 원색의 혼합은 "흰색"이 되므로 세 개의 서로 다른 색쿼크를 포함하는 바리온은 색전하(color charge)와 관련해서는 흰색 또는 중성으로 간주된다. 마찬가지로, 메존은 중립적인 색을 갖기 위해서 색쿼크 한 개와 반색(anticolor)을 갖는 반쿼크 한 개로 구성되어야 한다. π^+ 메존을 색 물리학의 관점에서 보면 u 쿼크가 빨강이면 $\bar{d}$ 쿼크는 반빨강이어야 한다.

아마도 입자 물리학의 언어가 지금까지 다루어왔던 다른 물리학 영역에 비해 다소 별스럽다고 느껴질 것이다. 이러한 별스러움에 한 걸음 더 나아가서 때때로 다른 종류의 쿼크인 u, d, s(와 앞으로 간단하게 소개될 다른 것들)를 쿼크 맛깔(flavor)로 부르는 것에 유의하라. 쿼크는 여섯 개의 맛깔로 나타나고(반맛깔은 세지 않음), 각각의 맛깔은 세 개의 색으로 나타난다.

색은 유니타리 스핀과 같이 내부 양자수의 또 다른 예이다. 색은 하드론에서 직접 관찰되지 않으며, 이를 이용하여 하드론을 분류할 수 없다. 뿐만 아니라 색은 하드론 사이의 상호작용에 영향을 주지 않는다. 그렇다면 색전하의 의의는 어디

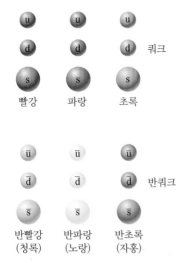

그림 12.21 각각의 쿼크(와 반쿼크)는 세 개의 색(또는 반색)으로 나타난다.

에 있을까? 색전하가 입자 물리학에서 할 수 있는 역할은 무엇일까?

현대 이론에 의하면 전기 전하가 전기력의 근원인 것과 같이 색전하는 쿼크 사이의 힘의 근원이다. 하전 입자 사이의 전기력이 광자에 의해 전달되듯 속박된 쿼크 사이의 색력은 글루온에 의해 전달된다. 글루온은 하드론에 속박된 쿼크들 사이에 교환되는 입자로서, 전기적으로 중성이고, 질량이 없으며 스핀 1인 입자이다. 글루온은 모두 8개가 있으며, 글루온이 방출되거나 흡수됨에 따라 쿼크의 색이 변하게 된다. 주어진 하드론을 구성하는 쿼크 사이에서 이러한 색 변화는 매우 빠르고 끊임없이 일어나는데, 이때 하드론의 전체 색은 항상 중성을 유지한다. 하나의 메존($q\bar{q}$)이 두 개로 붕괴하는 것은 원래 메존에 속박되어 있던 글루온 하나가 방출되는 것으로 해석할 수 있다. 이때 방출된 글루온은 재빨리 물질과 반물질, 즉 새로운 쿼크와 반쿼크로 변환된 후 이미 존재하던 쌍에 묶여 두 개의 메존을 형성한다. 전기적 상호작용을 매개하지만 그 자체는 전기 전하를 띠지 않는 가상 광자와는 달리 색력 운반자 자신은 색전하를 가지고 있다.

12.5b 맵시, 참, 아름다움

1960년대 초반에는 당시까지 알려진 하드론을 설명하는 데 세 개의 쿼크로 충분했는데, 당시에 알려진 렙톤의 수는 네 개, 즉 전자와 전자 중성미자 및 뮤온과 뮤온 중성미자였다. (타우 입자는 1975년까지 발견되지 않았다.) 이와 같은 쿼크와 렙톤의 개수의 비대칭 때문에 렙톤과 균형을 이룰 네 번째 쿼크가 존재할 것이라는 제안이 있었다. 네 번째 쿼크의 존재에 대한 "강력한" 증거는 전하는 보존되지만 기묘도가 변하는 하드론을 동반하는 드물고 약한 상호작용의 형태로 나타났다. 이 자료로부터 입자 물리학자들은 또 다른 쿼크인 c 쿼크가 자연에 존재하며 맵시(charm)라고 불리는 새로운 양자 "전하"를 운반한다고 확신하였다. 이론에 의하면 맵시 쿼크는 전하량이 $+\frac{2}{3}$, 기묘도가 0이고, 이전에 규명된 다른 어떤 쿼크보다 더 큰 질량을 갖고 있다.

맵시 입자라고 하는 c 쿼크를 포함하는 입자에 대한 연구는 1974년에 브룩헤이븐 연구소와 캘리포니아의 스탠퍼드 선형 가속기 센터(SLAC; Stanford Linear Accelerator Center)에서 본격적으로 시작되었다. 1974년 11월 브룩헤이븐 그룹의 리더인 팅(Samuel Ting)과 SLAC의 수장인 리히터(Burton Richter)가 공동으로 e^{-}-e^{+} 소멸에서 만들어지며 "조건에 딱 들어맞는" 짧은 수명의 입자를 발견했다고 발표하였다. 팅 그룹에서는 J라 불리고 리히터 그룹에서는 ϕ(프사이, psi)라 불린 입자는 $c\bar{c}$ 조합으로 보이는데, 이 조합은 3.1 GeV/c^2의 질량을 갖는 "차모니움(charmonium, c 쿼크와 $\bar{c}$ 쿼크로 구성된 메존의 총칭)"의 여러 가능한 상태 중의 하나이다. 팅과 리히터는 이 업적으로 1976년 노벨 물리학상을 공동 수상하였다.

그러나 입자 물리학자들에게 더욱 놀라운 일이 남아 있었다. 1977년에 시카고 외곽에 위치한 페르미 연구소에서 실행된 실험에서 Υ(입실론, upsilon) 입자로

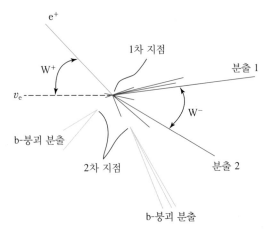

그림 12.22 꼭대기–반꼭대기 생성에 대한 후보 사건. 각각의 꼭대기 쿼크는 pp̄ 1차 충돌 지점에서 W 보존과 바닥 쿼크로 붕괴한다. W⁺는 양전자 e⁺와 눈에 보이지 않는 중성미자(v_e)로 붕괴하고, W⁻는 하나의 쿼크와 하나의 반쿼크로 붕괴하는데, 이들은 두 개의 하드론 분출(분출 1과 2)로 나타난다. 각각의 바닥 (b) 쿼크는 생성 지점으로부터 붕괴되어 하나의 하드론 분출을 만들기 전까지 수 밀리미터를 이동하는 중성 B 메존이 된다.

불리는 매우 무거운 메존이 발견되었다. 이 입자는 이전에 가정한 네 개의 쿼크로는 설명할 수 없었다. 이에 따라 이 하드론의 특성을 설명하기 위해 연구자들은 다섯 번째 쿼크인 b 또는 "바닥"(bottom) 쿼크의 존재를 가정하였다. [이전에는 아름다움(beauty)이라고도 불렸다.] ϒ 메존은 bb̄ 쌍으로 존재한다고 여겼다.

1975년에 타우 입자와 (가상의) 타우 중성미자(이 입자는 2000년에야 발견되었다)를 발견했다는 발표는 렙톤의 수를 여섯 개로 만들었다. 1982년 b 쿼크의 확인으로 쿼크는 또다시 렙톤보다 한 개가 부족하게 되었다. 둘 사이의 대칭을 유지하기 위해서 여섯 번째 쿼크가 필요하였다. 가장 새로운 쿼크인 t[꼭대기, top; 때로는 진실(truth)이라고 불림] 쿼크의 존재로 인해 렙톤에서와 같이 쿼크를 세 개의 족, 즉 (u,d), (s,c), (b,t)로 짝짓는 것을 가능하게 되었다. 1985년에 CERN에서 수행된 실험에서 t 쿼크를 포함하는 메존에 대한 초보적인 증거가 발견되었다.

1995년 3월에는 페르미 연구소의 테바트론(Tevatron) 가속기를 이용해서 진행된 양성자–반양성자 충돌 실험의 자료를 근거로 400명 이상의 과학기술자 컨소시엄의 대표자들이 50만 분의 1 이하의 오차 범위에서 수 조개 중에서 t 쿼크와 연관된 100개 이상의 사건을 발견했다고 공표했다. 그림 12.22는 p-p̄ 충돌에서 나타나는 전형적인 "꼭대기 사건(top event)"과 꼭대기 쿼크와 반꼭대기 쿼크가 다른 입자들로 붕괴되는 개략적 표현을 나타낸다. 2007년에 들어서면서 페르미 연구소에서 tb̄ 메존 조합에서 "단일" 꼭대기 쿼크에 대한 실험 결과가 보고되었는데, 이는 꼭대기 쿼크의 실재에 대한 절대적 증거를 제시하고 있다. 이 실험 결과에 기초한 꼭대기 쿼크의 질량은 174.3 GeV/c^2으로 금 원자핵의 질량보다 더 무겁다!

표 12.6 u, d, s, c, b, t 쿼크의 기본 특성 요약

쿼크	양자수 또는 전하[a]					
	전기 전하	기묘도	맵시	바닥	꼭대기	질량[b](MeV/c^2)
u	$+\frac{2}{3}$	0	0	0	0	2.5
d	$-\frac{1}{3}$	0	0	0	0	4.8
c	$+\frac{2}{3}$	0	1	0	0	1,275
s	$-\frac{1}{3}$	−1	0	0	0	95
t	$+\frac{2}{3}$	0	0	0	1	174,300
b	$-\frac{1}{3}$	0	0	1	0	4,180

[a] 모든 쿼크는 스핀이 $\frac{1}{2}$이다.
[b] 주어진 값들은 쿼크 질량 범위의 대략적인 상한선 값들이다.

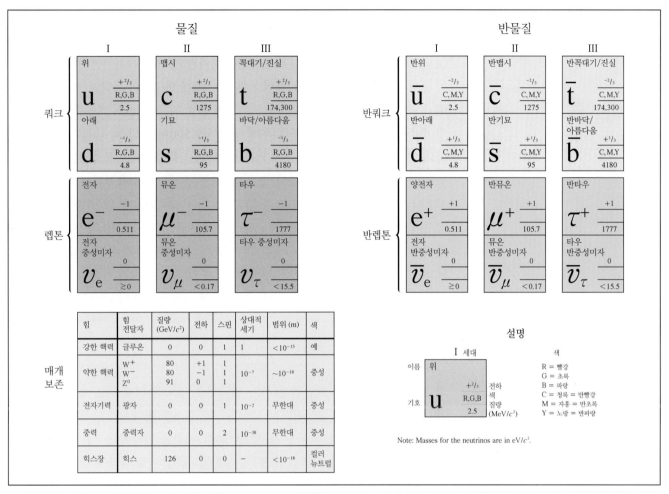

그림 12.23 소립자에 대한 표준 모형.

2010년 3월에는 스위스의 제네바 인근에 위치한 CERN에서 거의 40억 불짜리 거대 하드론 충돌장치(LHC; Large Hadron Collider)가 정상적으로 가동되어 14 TeV(tera = 10^{12})에 달하는 충돌 에너지를 갖는 양성자 빔으로부터 매 실험마다 8×10^6개의 $t\bar{t}$ 쌍이 생성될 것이다. 머지않아 우주를 지배하는 물질과 힘에 대해 여전히 남아 있는 많은 질문에 대한 답을 하기 위해 물리학자들이 꼭대기 쿼크를 이용할 수 있을 것이다. 표 12.6에 여섯 개의 쿼크의 특성이 요약되어 있다.

자연에 여섯 개 이상의 쿼크가 존재할까? 여섯 개 이상의 렙톤이 존재할까? 족의 수가 3이 넘는 것을 기대할 수 있을까? 만일 그렇게 된다면, 이는 "기본" 입자들이 자신보다 더 기본적인 종으로 구성되어 있다는 증거를 제공할 것인가? 현재는 이 모든 질문에 대해 답할 수 없지만 지난 몇 년간 진행된 실험의 결과에 의하면 쿼크와 렙톤이 셋 이상의 족을 가질 것으로는 보이지 않는다. 꼭대기 쿼크의 존재에 대한 확인과 함께 자연의 기본 구성 요소는 모두 발견된 것으로 보인다. 그림 12.23에는 오늘날 소립자 물리학의 표준 모형(standard model)이라 불리는 모형의 세 개의 쿼크 및 렙톤족과 그들의 반입자의 특성이 요약되어 있다.

소립자에 대해 알려진 많은 특성을 매우 성공적으로 설명하고 있지만 표준 모형에는 한계가 존재한다. 예를 들어, 표준 모형은 모든 중성미자의 질량이 정확히

0이어야 한다고 예측한다. 실험실에서의 실험값은 이들의 질량에 대한 상한선을 제공하고 있지만(표 12.4), 서드베리 중성미자 관측소(SNO, Sudbury Neutrino Observatory)의 최신 관측 결과에서 중성미자가 질량을 가져야만 한다는 결정적인 증거가 나왔다. 미국, 영국, 캐나다에 있는 15개 연구소의 과학자 컨소시엄에 의해 운영되는 이 설비의 핵심은 지하 2 km에 묻힌 지름 12 m의 격납관 속 1,000톤의 중수(D_2O)로 구성된다. 관 내부에 위치한 9,500여 개의 빛 감지기가 (주로 태양의 핵에서 일어나는 핵 반응에 의해 방출되는) 중성미자와 중수 사이의 상호작용을 동반하는 미약한 섬광을 찾고 있다. 다른 중성미자 검출기와는 달리 SNO는 상호작용에 포함된 중성미자의 종류(전자, 뮤온, 타우 입자)를 구별하는 능력이 있으며, 최신의 결과에 의하면 지구에 도달하는 중성미자의 3분의 1만이 전자 중성미자에 해당된다. 이러한 사실은 이미 40여 년 전에 데이비스(Raymond Davis Jr.)와 그의 동료들에 의해 보고된, 태양으로부터 검출된 전자 중성미자의 양은 태양 내부에 대한 가장 훌륭한 모형을 기초로 예상한 것보다 더 적다는 결과를 확인해준다. "태양 중성미자 문제"로 불리는 분야에 대한 선구적인 업적으로 데이비스는 2002년 노벨 물리학상을 수상하였다.

태양에 의해 생성되는 중성미자의 거의 대부분이 전자 중성미자이므로 이들의 3분의 2는 지구에 도달할 때까지 대략 8분 정도의 비행 동안에 맛깔이 변해야 한다. 질량이 없는 중성미자는 자발적으로 형태를 변화시키지 못하므로, SNO의 결과는 중성미자가 질량을 가져야만 한다는 것을 암시한다. 이러한 중성미자 진동을 설명하기 위한 이론적 모형들은 개개의 중성미자 질량에 대한 정확한 값을 제공하지는 못하지만 중성미자 사이의 질량 차이는 제공한다. 비록 모형에 매우 의존적이기는 하지만, 질량 차이에 대한 최신의 값은 대략 10^{-1} eV/c^2에서 10^{-4} eV/c^2 범위 안에 있는 작은 값이다. 대략 1 eV/c^2인 전자 중성미자의 척도로 중성미자의 질량을 따지면, 모든 중성미자의 질량은 매우 작다. 그러나 이 교묘한 입자가 어쨌든 얼마간의 질량을 갖는다는 사실은 표준 모형이 설명할 수 없는 무언가가 남아 있다는 것이다. 현재는 이 문제를 포함한 다른 부족함을 해결하기 위해 표준 이론을 수정하려는 이론 입자 물리학의 다양한 노력이 진행되고 있다. 2015년도 물리학 분야의 노벨상은 뉴트리노가 질량을 가지고 있음을 보여주는 뉴트리노 진동을 발견한 공로로 아서 맥도날드와 타카키 카지타에게 수여되었다.

12.5c 약전자기 상호작용과 대통일 이론

12.2절에서는 1950년대에 처음 인식하게 된 전자기력과 약한 핵력 사이의 유사성에서 출발하여 결국 두 상호작용이 실제로는 **약전자기 상호작용**(electroweak in-teraction)이라 불리는 더 기본적인 상호작용의 서로 다른 두 표현이라는 결론이 유도되었다는 사실을 언급하였다. 이 상호작용을 설명하는 이론은 1967년에 와인버그(Steven Weinberg), 1968년에 살람(Abdus Salam)에 의해 독자적으로 개발되었는데, 이를 와인버그-살람 이론이라 부른다. 와인버그와 살람은 두 힘

의 통합에 기여한 글래쇼우(Sheldon Glashow)와 함께 1979년에 노벨 물리학상을 공동 수상하였다.

와인버그-살람 모형에 의하면, 100 GeV의 높은 에너지 영역에서 약전자기 상호 작용은 네 개의 질량이 없는 보존에 의해 전달되며 대칭적인 (즉, 이 입자들의 어떤 특성에 대한 수학적 연산에 대해 불변인) 방정식에 의해 기술된다. 그러나 계의 에너지가 낮아짐에 따라 대칭성이 자발적으로 깨지고 네 개의 질량이 없는 보존족은 두 개의 아족(subfamily)으로 분리되는데, 그중 하나는 전자기 상호작용을 매개하고, 다른 하나는 약한 상호작용을 운반하며 매우 무거운 매개 (또는 게이지) 보존($W^{\pm}$, Z^0)을 포함한다.

질량이 없던 약전자기 상호작용의 운반자가 계의 대칭성이 깨짐에 따라 질량을 획득하는 이유를 이해하기 위해서는 게이지장(gauge field)과 힉스 메커니즘(Higgs mechanism)이라고 하는 개념이 포함되며, 이 책의 수준에서 자세히 언급하기에는 너무 복잡하다. 그러나 다른 맥락에서 깨진 대칭성(broken symmetry)을 포함하는 예가 이 개념과 연관된 불가사의를 제거하는 데 도움이 될 수도 있다.

이러한 예는 호킹에 의해 제시되었는데, 여기에서 계 안의 대칭성은 계의 에너지와 연계된다. 그림 12.24의 룰렛 회전판 위의 공을 생각해 보자. 판이 빠르게 회전하는 높은 에너지에서 공은 기본적으로 하나의 방식으로 행동한다. 즉, 공은 회전판의 홈 안에서 한 방향으로 데굴데굴 구른다. 높은 에너지에서 공은 오직 한 상태로 발견되며, 빠르게 회전하는 모든 룰렛 회전판은 동일한 상태를 보인다. 즉, 이들은 모두 서로에 대해 대칭적이다. 그러나 회전판이 느려지고 공의 에너지가 낮아짐에 따라 공은 결국 회전판에 형성된 38개의 홈 중 하나로 떨어진다. 즉, 낮은 에너지에서는 공이 존재할 수 있는 구별 가능한 상태가 38가지가 있게 된다. 낮은 에너지에서만 룰렛 회전판을 조사한다면, 이 38개의 가능성이 공에 허용된 유일한 상태라는 결론에 도달할 수도 있다. 이에 따라 높은 에너지에서는 구별 가능했던 상태들이 하나로 합병된다는 사실을 빠뜨릴 수도 있다. 이는 약전자기 상호작용의 운반자족에 대한 상황과 유사하다. 높은 에너지에서 모든 운반자는 질량이 없고 서로 같이 행동한다. 그러나 대칭성이 깨진 낮은 에너지에서 운반자들은 완전히 다른 두 개의 족으로 나뉜다.

와인버그-살람 이론이 처음 발표될 당시에는 이 이론의 예측, 특히 약한 핵력을 전달하는 무거운 $W^{\pm}$와 Z^0입자의 존재를 검증하는 데 필요한 에너지를 만들 수 있는 입자가속기가 존재하지 않았다. 그러나 1980년대 초반에는 필요한 에너지에 다다를 수 있는 기계들이 가동되기 시작하였고, 1983년 1월에 CERN의 루비아(Carlo Rubbia)가 1백만 번의 p-p̄ 충돌 중 9개의 사건에서 W 입자의 검출을 보고하였다. 1984년 7월에는 CERN 그룹에서 또다시 Z^0 입자의 발견 사실과 더불어 W 입자의 검출을 지지하는 추가 증거를 발표하였다. 약한 상호작용의 운반자 발견과 연구에 대한 공로로 루비아와 그의 동료인 메르(Simon van der Meer)에게 1984년의 노벨 물리학상이 수여되었다. 이들의 결과는 와인버그-살람 모형의 정당성을 완벽하게 입증하였으며 모형의 정확성에 대한 의심의 여지를 제거

Ken Whitmore/Stone/

makluk/iStock/Getty Images Plus/Getty Images

그림 12.24 (a) 룰렛 회전판 위의 높은 에너지 상태. 판이 빠르게 회전할 때 계의 유일한 상태는 공이 홈을 따라 회전하는 상태이다. (b) 회전판의 속력이 느려질 때(낮은 에너지 상태) 계의 가능한 상태는 38개인데, 이는 공이 들어갈 수 있는 홈의 개수와 일치한다.

그림 12.25 프랑스와 엥러트(왼쪽)와 피터 힉스(오른쪽) 2012년 7월 4일 CERN 미팅에서 힉스 보존의 발견을 발표하는 모습. 엥러트와 힉스는 소립자의 질량의 근원에 대한 이론적 연구의 성과로 2015년 노벨 물리학상을 공동으로 수상하였다.

하였다.

표준 모델에 대한 오랜 도전 중의 하나는 어떻게 약 전자기 상호작용의 대칭성이 깨지며 또 원래 질량이 없었던 운반자가 질량을 가질 수 있는가를 명쾌하게 설명하는 것이었다. 이 이론의 가장 간단한 버전은 시스템의 대칭성이 새로운 입자의 생성으로 인해 깨진다는 것인데 이 입자는 바로 힉스 보존으로 1964년 입자가 질량을 갖게 되는 이론을 주창한 6명 중의 한사람 피터 힉스의 이름을 딴 것이다. 지난 50여 년 동안 힉스 입자의 존재에 대한 연구는 입자 물리학자들의 가장 큰 관심사였는데 이는 이것이 표준모델에 가지는 결정적인 요소 때문이었다. 그럼에도 힉스 입자의 무거운 질량으로 인해 그것이 가능하기 위해서는 더 좋은 성능의 LHC(하드론 입자가속기)를 필요로 하였다.

2012년 7월 4일 고 에너지로 가속된 양성자를 납 원자에 충돌시키는 서로 독립된 2개의 실험을 통하여 CERN의 과학자들은 약 $125\sim127\,\mathrm{GeV}/c^2$의 질량을 가지는 힉스 입자로 추정되는 입자의 검출을 보고하였다. 2013년 3월 이 입자의 상호작용과 붕괴는 그 대칭성과 스핀과 색이 표준모델을 위한 힉스 입자와 같음을 보여주었다. 더욱 정밀한 실험의 결과 입자의 질량은 $125.09\,\mathrm{GeV}/c^2$ 오차 범위는 0.5%이었고 수명은 $1.56 \times 10^{-22}\,s$이었다. 이러한 힉스 입자가 생성된 확률은 100억분의 1에 불과하였으나 CERN의 과학자들에 의해 그 확률이 3백만분의 1에 이를 정도로 데이터가 축적되었다. 힉스 입자의 존재가 확인됨으로 그 이론의 주창자들인 피터 힉스와 프랑스와 엥러트는 2013년 12월 노벨상을 수상하게 된다(그림 12.25).

전자기력과 약한 핵력의 통합에 대한 성공으로 인해 많은 물리학자들은 강한 핵력과 약전자기력을 통합하여 소위 **대통일 이론**(GUT, grand unified theory)이라는 것을 만드는 것이 가능하지 않을까 하고 생각하게 되었다. 대통일 이론의 기본 개념은 다음과 같다. 전자기력과 약력이 높은 에너지 영역에서 합체되는 동일한 힘의 서로 다른 면을 나타내듯, 약전자기력과 강한 핵력은 더 높은 에너지 영역에서 나타나며 보다 더 근본적인 힘의 다른 표현으로 간주된다. 이들 세 힘을 하나의 힘으로 녹이는 에너지를 대통일 에너지라고 부른다. 이 값은 잘 알려지지 않았지만 최소한 $10^{15}\,\mathrm{GeV}$ 정도로써, 지구상의 입자가속기 실험에서 얻을 수 있는 에너지보다 훨씬 더 크다. 뿐만 아니라 대통일 이론은 이 에너지에서 스핀 $\frac{1}{2}$인 입자들이 모두 같은 방식으로 행동할 것이라고 예측한다. 이는 각각 전자기력과 약력을 매개하는 광자와 매개 보존으로부터 하나의 약전자기 전달 입자족이 형성되는 것과 유사하다.

실험실에서 직접 대통일 이론을 검증하는 데 필요한 에너지에 도달하는 것이 불가능하기 때문에 과학자들은 이 이론의 간접적이고 낮은 에너지 영역에서의 결과에 대한 연구를 시작하였다. 그중 하나의 연구가 양성자의 붕괴 가능성과 관계있다. 강한 상호작용에서의 바리온 수의 보존은 붕괴될 수 있는 더 가벼운 바리온이 존재하지 않기 때문에 양성자가 절대적으로 안정해야만 할 것을 요구한다. 그런데 대통일 에너지에서 양성자를 구성하는 쿼크는 더 이상 렙톤과 구별될 수 없으므로 (쿼크 변환을 통해) 양성자가 양전자와 같은 더 가벼운 입자들로 자발적으로 붕괴하는 것이 가능해진다. 양성자 안에 속박된 세 개의 쿼크는 정상적일 때에는 이러한 전이가 일어나기에 충분한 에너지를 가지지 못한다. 우리가 사는 세상에서 통상적으로 이용 가능한 에너지는 대통일이 일어나기 위한 문턱 에너지보다 훨씬 낮다. 그러나 양자역학에 의해 조종되는 모든 상호작용과 같이, 이 전이가 일어나서 양성자가 붕괴할 가능성은 엄청나게 낮지만 0이 아닌 확률로 존재한다. 이와 같은 일이 일어날 기회는 매우 적다. 만약 붕괴되는 양성자를 목격할 희망을 갖고 하나의 양성자를 바라본다면, 백만의 백만의 백만의 백만의 백만 (또는 10^{30}) 년을 기다려야 한다! 이와 같은 일은 분명히 현실적이지 못하다. 우주는 단지 140억 년 정도만 존재해왔을 뿐이다.

양성자의 붕괴를 목격할 기회를 증대시킴으로써 대통일 이론에 정당성을 부여하기 위해서는 양성자를 하나만 관찰하는 대신 많은 양성자를 관찰해야 한다. 대략 10^{31}개 정도의 엄청난 양성자를 포함하는 물질을 1년 동안 관찰하면 평균적으로 10개의 양성자 붕괴를 관찰할 수 있을 것이다. 시료에서 양성자의 수를 증가시킬수록 붕괴를 볼 기회는 분명히 커질 것이다.

이것이 일본에서 슈퍼 카미오칸데(Super-Kamiokande) 실험을 진행하고 있는 연구자들이 택한 방법이다. 5만 톤의 물로 채워지고 (각각의 물 분자는 열 개의 양성자를 기부한다) 수천 개의 빛 탐지기가 부착된 땅속의 수조를 이용하여, 실험자들은 양성자 붕괴를 동반하는 것으로 믿어지는 고속의 양전자에서 방출되는 방사선 섬광을 찾고 있다. 이 실험의 결과(그리고 현재까지의 연구들)는 다소 실망스러운 것이다. 2014년에 이르러 1996년부터 축적되어 온 슈퍼 카미오칸데 실험의 데이터(그림 12.26)는 통계적으로 유의미한 양성자 붕괴에 대한 보고를 내놓지 못하고 있다.

이러한 데이터에 의하면 양성자의 수명의 하한은, 거의 90%의 신뢰도로, 5.9×10^{33}년이 된다. 이러한 값은 단순한 GUT의 예측치보다 큰 값이며 소위 초대칭 모델이 제시하는 10^{34}년에 근접하는 값이다.

한 가지는 분명하다. 만일 양성자가 이처럼 긴 시간 틀에서조차 불안전한 것이 밝혀지면, 우주의 모든 물질은 궁극적으로 증발될 것이다. 그 이유는 양성자 붕괴의 산물인 양전자가 전자와 함께 감마선을 발생시키며 소멸할 것이기 때문이다. 우주가 필요한 정도의 시간 동안 생존한다면, 모든 물질은 궁극적으로 사라지고 우주는 (점차 에너지를 잃어가는) 광자와 (붕괴를 모면한) 약간의 고립된 전자와 중성미자로 채워진 차갑고 어두운 공간으로 전락할 것이다. 실로 잔인한 운명이지만, 찬란한 현재의 우주가 기다리는 운명이다. 이보다 더 분명한 것은, 이러한 예는 아원자 영역의 물리학이 알려진 가장 큰 규모의 물리학에 어떻게 영향을 주는지를 잘 설명하고 있다는 것이다. 이에 역 또한 사실이다.

지상의 실험에서 대통일 이론의 예측을 직접 증명하는 데 요구되는 에너지를 언젠가는 달성할 것이라고 기대하는 것은 현실적이지 못하다는 것을 알았다. 실

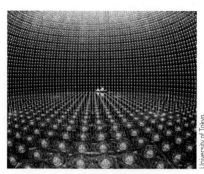

그림 12.26 슈퍼 카미오칸데 뉴트리노 검출 장치는 39.3 m 반경과 41.4 m 높이의 스텐인레스 탱크로 약 50,000톤의 초순도의 물로 채워져 있다. 내부 벽에는 약 13,000개의 고감도 광 검출기가 부착되어 있다. 이 장치는 지하 일본의 카미오카 광산의 지하 1000 m 깊이에 위치한다. 사진은 장치 내부에서 물을 채우기 직전 기술자가 광 검출기를 점검하고 있는 모습이다.

제로 "그 정도의 에너지가 우주의 전체 역사에서 사용 가능한 적이 있었나?"라고
물어볼 수도 있다. 그러면 대답은 "대폭발에서 우주가 탄생한 바로 직후부터 그
렇다!"이다.

따라서 대통일 이론에 대한 궁극적인 검증은 가능한 한 가장 큰 규모로 우주의
구조와 진화를 연구하는 학문인 우주론(cosmology)의 영역에 놓여 있다는 것을
깨닫기 시작했다. 가장 작은 물리적 실체인 쿼크 및 전자와 연관된 이론에 대한
검증은 가장 큰 물리적 구조인 은하와 은하단에 대한 이해에 달려있다.

복습

1. 쿼크는 다음에 의해 그 색깔이 바뀔 수 있다.
   a. 보존을 흡수   b. 광자를 방출
   c. 글루온을 흡수   d. 뉴트리노를 방출
   e. 위의 어느 것도 아니다.

2. 최근의 발견에 의하면 _____ 은 입자가 질량을 얻는 과정에
   결정적 역할을 하는 것으로 이는 입자 물리학의 표준 모델의
   예측을 확증하는 것이다.

3. (참 혹은 거짓) 최근의 실험 결과는 양성자의 수명은 10^{33}으
   로 현재 추정되는 우주의 나이보다 10^{20}이나 크다.

4. 대통일장의 이론(GUT) 다음 자연계에 존재하는 어떤 힘들을
   하나로 엮는 것인가?
   a. 전기력과 자기력
   b. 강한 핵력과 약한 핵력
   c. 강한 핵력, 약한 핵력과 전자기력
   d. 강한 핵력, 약한 핵력, 전자기력과 중력

5. 대통합 이론의 진위 여부는 _____ 영역에서 드러날 것인데
   이는 결국 우주 전체의 구조와 진화에 대한 연구를 담는다.

정답: 1. c 2. 힉스 3. 거짓 4. c 5. 우주론

12.6 우주론

12.6a 기하학, 흑암 물질과 흑암 에너지

이제 12.2절에서 다루었던 우주의 구조와 진화라는 **우주론**(cosmology)의 주제로
돌아가보자. 500년 전 콜럼버스와 다른 탐험가들의 항해 이전에는 대부분의 교육
받은 사람들조차 지구는 평평하다고 믿었다. 그들은 대양을 항해하여 너무 멀리
나갈 경우 지구의 끝부분에 도달하여 결국은 끝이 없는 낭떠러지로 떨어지는 두
려움을 가지고 있었다. 그들이 신봉했던 우주관은 완전히 닫힌 유클리드 기하의
관점이었던 것이다. 고교시절 기하시간에 배웠듯이 유클리드의 기하는 다섯 가지
의 기본 가설로 이루어졌으며 그중 하나는 바로 직선 바깥에 있는 한 점을 지나며
그 직선에 평행인 직선은 오직 하나뿐이라는 유명한 가설이 그것이다. 유클리드
의 이러한 가설은 곧 궁극적으로 "평면의 기하"라고 부르는 기하에 도달하게 된
다. 그러나 우리가 살고 있는 공간은 2차원이 아니다. 다만 유클리드의 가설이 적
용되는 공간을 3차원의 평평한 공간이라고 한다.

지난 500년 동안 우주의 공간에 대한 인류의 지식은 비약적으로 증가하였지만
그러나 아직도 우주 공간의 기하를 이해하기 위하여 노력하고 있다. 큰 얼개에 있
어서는 유클리드의 견해는 지금도 타당하며 유용하다. 다만 우주에 분명한 경계

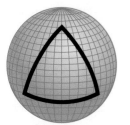
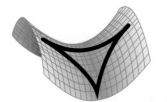

| 양으로 구부러진 공간 | 음으로 구부러진 공간 | 유클리드 공간 |

그림 12.27 가능한 우주 공간의 기하를 2차원에서 시각화하였다. 평행선에 대한 각각의 가설에 따라 직선으로 구성된 삼각형의 모양이 서로 다르게 보인다. 예를 들면 유클리드 기하에서 삼각형의 내각의 합은 180도가 된다. 반면에 양으로 구부러진 공간에서는 그 합이 180도 보다 크며, 음으로 구부러진 공간에서는 180도 보다 작아진다.

가 있다는 주장을 제외하고는 말이다.

일반 상대론에 의하면 우주의 곡률은 오늘날 보통 암흑 에너지라 불리며 우주 척력과 관계된 장(field)을 담고 있는 에너지를 포함하는 질량-에너지 밀도 Ω_T에 의존한다. 일반 상대론에서 사용되는 차원 없는 단위로 표시할 때, 이 값이 1과 같으면 공간은 우주론적 규모에서 편평하다. $\Omega_T = 1$에서 조금이라도 벗어나면 우주의 기하는 3차원 유클리드 시공간 기하가 아니라는 것을 의미한다.

그렇다면 다른 가능한 시공간이 존재하는가? 유클리드 기하 이외에도 우주의 전체 구조를 기술할 수 있는 두 종류의 기하가 더 있다. 이들은 평행선 가정에 있어서만 유클리드 기하와 다르다. 그중 하나는 수학자 리만(Georg F. B. Riemann)의 이름을 따라 리만 기하라 부르며, 한 직선 위에 있지 않은 임의의 점을 통과하는 평행선을 그릴 수 없다는 가정을 택한다. 이 가정은 구 표면 위의 2차원 기하의 특성과 유사한 3차원 기하 특성을 이끈다. 나머지 하나는 직선상에 있지 않은 임의의 점을 통과하는 평행한 (교차하지 않는) 선을 무한 개 만큼 그릴 수 있다는 가정을 택한다. 로바체프스키(Nikolai Lobachevski)에 의해 발전된 이 기하의 3차원적 특징은 트롬본의 종처럼 생긴 2차원 표면의 특성과 유사하다. 그림 12.27은 가능한 3가지 우주의 기하를 2차원에서 표현한 것이다.

지난 수년간의 다양한 관측에 의하면 Ω_T에 대한 물질(입자)의 기여도인 Ω_M은 대략 임계값의 30% 정도이다. 즉, $\Omega_M \sim 0.3$이다. 이 중 물질의 대부분(아마도 99%)은 "어둡고" (즉, 발광하지 않고), 85% 이상의 부분이 바리온이 아닌 입자들이다. (12.3절의 논의와 비교) 이런 물질에 대해 다음과 같은 세 가지의 후보가 제안되었다. (1) 모형에 따라 $1\,\text{eV}/c^2$에서 $10^{-16}\,\text{eV}/c^2$ 사이의 질량을 갖는 이론적 입자인 액시온(axion), (2) $10\,\text{GeV}/c^2$에서 $500\,\text{GeV}/c^2$ 사이의 질량을 가지며 소위 약하게 상호작용하는 무거운 입자들(WIMPs; Weakly Interacting Massive Particles)이라 불리는 가상 입자인 뉴트랄리노스(neutralinos), (3) $\leq 1\,\text{eV}/c^2$보다 같거나 작은 질량을 갖는 일반적인 중성미자. 우주의 질량-에너지 밀도에 기여하는 중성미자의 최신 추정치는 0.1%에서 5% 사이인데, 이 값은 Ω_T에 대한 바리온이 아닌 입자들의 기여도를 설명하기에는 너무 작다. 뉴트랄리노스는 전기적으로 중성인 입자이며, 중력을 통해서만 보통의 물질과 상호작용한다. 이런 입자가 존재한다면, 이들은 은하에 붙어서 은하 주위의 후광을 형성할 것이다. 현재까지 뉴트랄리노스를 포함한 WIMPs에 대한 모든 연구는 어떤 결론적인 결과

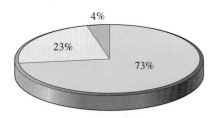

그림 12.28 우주의 성분을 보여주는 파이 도표. 우주 질량-에너지 밀도의 대부분은 우주 가속 팽창의 원인이 되는 음의 압력의 원천인 암흑 에너지에 묶여 있다. 나머지는 대부분 바리온이 아닌 암흑 물질로 구성되어 있다. 우주 질량-에너지의 약 4%만이 보통의 물질로 구성되어 있는데, 이 중 대부분은 은하들의 주변에 분포된 기체로 구성되며, 이들 역시 "어둡다". 우주에서 빛을 내는 물질(별, 성운, 은하)은 전체 우주 질량-에너지 밀도의 약 1%일 뿐이다.

도 내놓지 못하고 있다. 마찬가지로 CERN의 액시온 태양 망원경(Axion Solar Telescope)을 이용한 $0.02\ eV/c^2$ 정도까지의 질량을 갖는 액시온에 대한 연구도 아무런 단정적인 관측을 하지 못하고 있다. 따라서 암흑 물질은 기묘한 채로 남아있다.

물질은 편평한 우주에 필요한 임계 질량-에너지 밀도의 3분의 1 가량만 제공한다. 그렇다면 암흑 에너지 기여도인 Ω_Λ는 어떤가? Ia형 초신성에 대한 관측에 기초하여 하이-Z 그룹과 SCP 그룹은 독자적으로 Ω_Λ 값이 대략 70%라는 결론에 도달했다. 놀랍게도 ($\Omega_M + \Omega_\Lambda$)은 1에 매우 근접한다(그림 12.28). 따라서 우주는 유클리드 기하에 매우 근접한 구조를 하고 있다. 현재의 우주 질량-에너지 밀도가 팽창 140억 년 후의 임계 밀도의 두 배 이내에 있다면, 대폭발 시간으로 되돌아가 추정할 때 원래의 질량-에너지 밀도는 임계값과 10^{61}분의 몇의 오차 범위에서 일치한다! 따라서 초기의 우주가 편평하였기 때문에 현대의 우주도 편평한 것으로 보인다.

우주 팽창에서 관측된 가속도의 원인으로 보이는 암흑 에너지 장에 대한 정확한 성질은 아직 알려지지 않고 있다. 암흑 에너지 원천의 본질에 대한 실마리는 우주의 구체적 역사에 있을 것인데, 그 이유는 암흑 에너지 모형이 다르면 팽창률이 다르기 때문이다. 그러나 그 차이가 엄청나게 작으므로, 더 큰 적색편이까지 확대된 관찰뿐만 아니라 10배 정도로 정확한 초신성의 밝기 측정이 필요하다. 이는 초신성 가속 탐침(SNAP; Supernova Acceleration Probe)과 암흑 에너지 우주 망원경(DESTiny; Dark Energy Space Telescope) 및 나사(NASA)의 HST의 35억 달러짜리 대체 장비인 6.5미터 제임스 웹 우주 망원경(James Webb Space Telescope)이 2018년 발사될 예정이며 2.4 m의 광폭 적외선 탐사 망원경이 2024년 발사 예정되어 있다.

12.6b 팽창하는 우주

왜 우주는 다른 방식으로 휘어지게 할 수 있는 다른 값 대신에 자신을 편평하게 만들기 위한 아주 정확한 양의 물질과 에너지만 가지고 출발했을까? 우주가 이같이 조심스레 선택된 초기 조건으로 시작된 것처럼 보이는 사실을 어떻게 해석할 수 있을까? 초기의 대폭발 시나리오는 이런 질문에 적절한 답을 할 수 없었다. 그래서 물리학자들은 주어진 물리적 상황으로부터 자연스레 출현한 것이 아니라 이론의 밖으로부터 주어져야만 하는 특별히 조정된 상황에 대해 줄곧 의구심을 갖고 있다. 이것이 편평도 문제의 핵심이다.

이 문제에 대해 제시된 답은 새로운 물리를 도입함으로써 미리 지정된 특별한 초기 조건의 필요성을 피하는 것이다. 이것은 우주에 대한 초기 대폭발 모형의 설득력 부족을 유도한 보이지 않는 고리를 제공한다. 소립자 물리학자는 우주론자의 구원자가 되었으며, 편평도 문제와 최초의 대폭발 시나리오에 내재된 몇몇 난제들을 해결했던 새로운 접근 방법을 발전시키고 있다. 초소형과 초대형의 결합으로 출현한 우주 모형은 **팽창 우주**(inflationary universe)라고 알려져 있다.

12.5절에서 논의했듯이, 대통일 이론(GUTs; Grand Unified Theories)은 자연의 기본 상호작용들을 하나의 통일체로 합병하려는 시도를 하고 있다. 네 가지 힘이 서로 구별될 수 없는 통합은 대략 10^{16} GeV에서 10^{19} GeV까지의 매우 높은 에너지 영역에서만 일어날 수 있다. 이런 에너지는 지상의 실험실에서 얻을 수 없지만 대폭발로 우주가 생성될 때에는 충분히 존재했다. 이 거대한 에너지가 압도하던 시기인 대폭발 이후 10^{-43}초까지의 시기는 TOE(Theory of Everything: 모든 것의 이론) 시대라고 알려져 있다. TOE를 발전시키기 위한 초기의 시도는 초끈 이론(superstring theory)에 집중되었는데, 여기서 소립자들은 10차원 끈의 서로 다른 떨림 진동수(vibrational frequency)에 해당한다. 공간과 시간은 합쳐서 네 개의 차원만 제공하며, 나머지 여섯 개의 차원은 10^{-33}미터 정도로 매우 작아 검출되기 어려운 크기의 매듭 속으로 말려 올라가 있다.

보다 최근의 노력으로 인해 경쟁력있는 끈 이론들이 M-이론(M은 얇은 막 membrane, 대가 master, 마법의 magic, 신비로운 mystery 등으로 다양하게 읽힌다)이라 하는 더 웅장한 11차원의 이론으로 융합되는 데 성공하였다. M-이론에 의하면, 우주는 더 고차원의 초공간에 파묻힌 3차원 "막(brane)"에 고정되어 있다. 많은 다른 평행 우주들이 다른 막에 존재할 수 있지만, 광자가 막의 경계를 가로지를 수 없기 때문에 이들은 우리에게는 보이지 않는다. 유일하게 중력자 (표 12.1)만 막의 경계를 가로지를 수 있는데, 이는 중력을 통해 다른 우주(와 그들의 물질)의 영향을 "느낄" 수 있음을 나타낸다. 이것이 암흑 물질 문제에 대해 제시된 해답이다.

끈 이론의 예측이 환상적이기는 해도, M-이론은 초기의 끈 이론에는 없는 현저한 특징을 가지고 있는데, 이는 이 이론의 예측 중 일부는 검증이 가능하다는 것이다. 예를 들어, 광학적으로 확인될 수 없는 중력 복사의 강력한 원천이 LIGO로 검출되었을 경우, 이 원천은 다른 이웃 막의 평범한 물질로부터 우리의 막으로 전해진 중력자 집단의 후보가 될 수 있다. 이론과 관측이 점차 세련됨에 따라 미시 물리(양자역학)의 영역과 거시 물리(일반 상대론)의 영역을 통일하겠다는 M-이론의 약속이 달성되는 단계에 대해 더 많이 알 수 있기를 기대할 수 있다.

태초의 시기에 자연의 힘 사이에는 완벽한 대칭성이 있었다고 믿어진다. 우주가 진화함에 따라 에너지 밀도는 낮아지고, 대칭성의 자발적 파괴가 일어나며, 힘이 차례로 분리되어 각자 자신의 정체성을 띠게 되었다. 자발적으로 깨진 대칭성에 대한 이러한 에피소드는 우주의 상태 변화에 해당된다. 그러한 대칭성이 존재했지만 그 뒤 깨졌다고 가정할 때, 초기 우주의 구조와 진화에 많은 일이 발생했다. 그중 하나는 우주가 크기에 있어서 급격하고도 엄청난 팽창을 겪었는데, 이 팽창이 초기 곡률에 관계없이 우주를 실질적으로 편평하게 만들었다는 것이다.

우주가 확장되며 차가워짐에 따라 첫 번째로 발생한 상전이는 중력이 떨어져 나간 것이다. 두 번째이자 우리의 논의에 있어서 매우 중요한 상전이는 남아있는 약전자기력에서 강력이 떨어져 나간 것이다. 이 상전이는 물의 응고에 비유될 수 있다. (4.1절과 5.6절을 참조) 물통이 서서히 차가워지는 과정에서 용기가 교란되

그림 12.29 과냉각된 액체는 그 상태가 안정적이지 않아 작은 충격에도 상변이가 일어나 고체 상태로 변한다. 그림에서 용기에 들어 있는 과냉각된 액체 상태의 물이 용기의 바닥 부분을 살짝 충격을 주자 물 분자들이 급격하게 한 방향을 정돈되며 결정 상태에 이르고 그 위쪽 액체 부분은 뿌연 모습. 충격으로 인한 상변이는 수초 만에 완결된다.

지 않는다면, 물을 응고시키지 않고 0 ℃ 이하로 과냉각시킬 수 있다. 계는 준안정적인(metastable) 액체 상태에 빠져들게 된다. 약간의 교란이 발생하면, 핵이 형성되기 시작된다(그림 12.29). 얼음 결정은 매우 빠르게 형성되며, 대칭적인 액체 상태(이 상태에서 분자들은 특정한 방향에 대해 선호하는 방향이 없다)를 뚜렷하게 비대칭적인 고체 상태(서로 다른 결정 방향에 따라 특유의 비등방성을 나타낸다)로 전환시키면서 전체 체적을 통해 퍼져나간다. 강력이 "내쫓겼을" 때 우주에서도 이와 같은 종류의 상전이가 일어났다고 믿어진다.

위의 예에서와 같이, 팽창되고 온도가 내려감에 따라 우주는 가짜 진공 상태(false vacuum state)라 불리는 준안정적인 상태에 빠져들었다. 이 상태가 오래 지속되었다면, 에너지 밀도(이와 같이 매우 이른 시기에는 우주에는 질량이 없었다)는 주로 진공 상태와 연관된 것으로 구성되었을 것이다. 에너지 밀도의 일부만이 복사에 묶여 있었다. 진공 에너지 밀도의 본질은 액체가 융해할 때의 잠열(latent heat)의 특성과 유사한 듯하다. 융해 잠열은 녹는점에서 액체 상태에 있는 물질의 분자들을 유지시키기 위해 준비되어야만 하는 에너지의 양과 같다. 즉, 잠열은 분자들이 서로 결합하여 고체를 형성하는 것을 막기 위해 요구되는 내부 에너지의 양이다. 마찬가지로 진공 에너지 밀도는 우주가 강력과 약전기력이 결합된 대칭적인 상태를 유지하는 데 필요한 에너지였다. 궁극적으로 팽창을 유도한 것은 이 진공 에너지였다.

우주가 결국 강력을 약전자기력으로부터 분리되는 상전이를 겪을 때 엄청난 양의 에너지가 방출되었는데, 이는 물이 얼면서 열이 주변으로 방출되는 것과 같다. 방출된 에너지는 급격하고 엄청나게 우주의 크기를 팽창시켰다. 사실, 일반 상대론의 식에 의하면 팽창은 약 10^{-32}초만큼의 시간이 지나는 기간에 최소한 10^{25}배(에서 최대 10^{50}배) 정도로 우주를 크게 만든 지수함수적인 방식으로 진행되었다. 팽창 시대는 약 10^{-34}초 정도로 매우 짧았고, 비대칭적인 상태로의 전이가 충분히 이루어져 진공 에너지가 완전히 고갈되었을 때 끝이 났다. 그 이후 우주는 정상적인 팽창 특성을 되찾았으나 팽창 시기의 효과는 심원하였다.

특히, 태초 우주의 시공간이 상변화 이전에 심하게 굽어져 있더라도, 팽창은 시공간을 평평하게 만들어 곡률을 줄였을 것이다. 이러한 일이 어떻게 일어나는가에 대한 설명에 도움을 주는 생생한 2차원적 비유로 팽창되는 풍선의 표면을 들 수 있다(그림 12.30). 팽창 초기에 표면은 매우 작고 심하게 굽어있다. 공기가 점차 풍선 속으로 들어감에 따라 표면은 팽창하고, 표면의 일부만 조사한 국소적 관찰자에 의해 인식되듯이 덜 심하게 굽어지게 된다. 이제 풍선이 빠르게 팽창하여 극도로 큰 부피를 갖도록 세게 부는 것을 상상하자. 팽창이 끝난 후, 풍선 표면은 너무 넓어져서 표면의 2차원 공간 어디에서든 모든 국소적 관찰자는 편평한 표면을 보게 된다. 팽창하기 시작할 때 표면의 곡률이 얼마인가에 관계없이 일단 팽창이 끝나면 풍선 표면은 편평하게 보인다. 이와 유사한 상황이 초기 우주에서도 일어났으며, 이런 이유로 오늘날에는 질량-에너지 밀도가 편평한 유클리드 세계에 대한 임계 밀도에 매우 근접한 값을 갖는 것이다. 편평도 문제에 대한

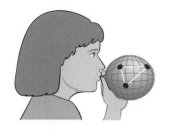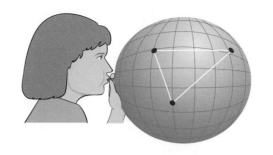

그림 12.30 풍선을 빠르게 불어 크게 팽창시키면, 국소적 측정만으로는 표면의 곡률이 편평한 유클리드 면과 구별하기 힘들어질 정도로 줄어들 수 있다. 팽창 가설이 옳다면, 이와 동일한 효과가 초기 우주에서 발생했을 수도 있다. 이게 사실이라면, 초창기 대폭발 이론을 괴롭히던 편평도 문제는 해결될 수 있다.

이 설명의 좋은 점은 성공적인 설명을 위해 특별한 초기 조건이 필요하지 않다는 것이다. 우주의 처음 상태가 무엇이든 상관없이, 팽창 후에 우주는 항상 평평한 최종 상태에 도달한다. 달리 표현하면, 대폭발에서 10^{-34}초보다 앞선 시기에 어떤 조건이었는가에 대한 특별한 가정이 필요 없는 팽창으로 인해 Ω_T는 자연스럽게 1로 접근한다.

1980년대에 구스(Alan Guth), 린데(Andre Linde), 스테인하르트(Paul Steinhardt)에 의해 발전된 팽창 우주론은 초창기 대폭발 이론과 관계된 여러 가지의 사라지지 않는 문제에 대한 해답도 제공한다. 이 모형의 성공은 부분적으로는 가장 작은 크기의 물질의 근본적인 구조를 설명하기 위해 고안된 이론에 대한 신뢰에서 유래한다. 따라서 가장 작은 규모의 물리학은 가장 큰 규모의 물리학의 설명을 유도했다. 소립자 물리학과 우주론은 불가분하게 연계되어 왔으며 한 분야의 진보는 다른 분야의 진보를 촉진해왔다. 이와 같은 형태의 협동은 물리학, 화학, 생물학, 약학, 대기과학 또는 어느 다른 분야이든지 간에 현대 과학 탐구의 핵심이다.

이 절에서 우리는 일반 상대론이 지엽적인, 그리고 우주적인 스케일에서 우주를 이해하는 새로운 대로를 열었다는 사실에 초점을 맞추었다. 그 내용들을 곰곰이 되돌아보면 우리가 우주를 온전하게 이해하려면 상대론 이외에도 앞에서 배웠던 그 이외의 모든 내용들, 즉 이 교재의 앞 장들에서 배웠던 다른 모든 물리적인 개념들과 이론과 실험들이 종합되고 연결되어야만 가능하다는 사실을 깨닫게 되었을 것이다. 이것이 책을 마무리하며 그리고 우리의 작업이 여러분에게 대자연에 대한 충분한 호기심을 불러 일으켰기를 희망하며 독자들이 지속적으로 자기만의 물리학을 향한 탐구를 계속하기를 바란다.

복습

1. 우주의 구성은 주로 다음의 것들로 되어 있다.
   a. 보통의(바리온들) 물질   b. 이외의(바리온이 아닌) 물질
   c. 암흑 에너지   d. 우주의 배경 복사
   e. 위의 아무것도 아님
2. (참 혹은 거짓) 최근의 관측 결과 우주의 기하는 조지 리만이 이론에 따르면 양으로 구부러진 공간이다.

3. _____ 모델에 따르면 우주는 10^{-32}이라는 짧은 시간동안 엄청난 팽창에 의해 창조되었으며 그동안 그 크기는 10^{25}으로 커졌다.
4. _____ 은 우주의 기원, 그 구조 그리고 그 진화를 우주적 차원에서 다루는 학문 분야이다.

답: 1. c, 2. 거짓, 3. 인플레이션, 4. 우주론

특수 상대론: 고속의 물리학 특수 상대론은 고전역학을 광속 근처의 속력을 갖는 계까지 확장시킨다. 이 이론은 광속은 모든 관찰자에게 일정하고, 물리 법칙은 균일하게 운동하는 모든 관측자에게 동일하다고 가정한다. 움직이는 시계가 느리게 간다는 시간 지연과 움직이는 막대가 운동 방향으로 줄어들어 보인다는 길이 수축은 이 이론의 예측 중에서 실험적으로 확인된 예측이다. 특수 상대론은 질량과 에너지의 동등성을 확립시켰는데, 이에 의하면 질량이 인 정지한 물체의 정지 에너지는 $E_0 = mc^2$으로 주어진다.

일반 상대론 1915년 완성된 아인슈타인의 일반 상대론은 특수 상대론과 강한 중력장에서 광자와 입자의 거동을 고려한 것이다. 이는 균일한 중력장과 같은 크기로 일정하게 가속되고 있는 계는 구분할 수 없다는 동등성의 원리를 기반으로 하여 매우 무거운 물체의 가까이에서 휘어진 공간에서 빛이 휘어짐을 말해준다. 이러한 시공간의 휨과 관련된 입자의 궤적은 뉴턴의 물리학의 결과와는 다른 것으로 천문학자들이 관측한 수성의 세차 운동이나 먼 은하로부터의 빛이 중력 렌즈에 의해 휘어진다는 관측을 통해 확인되었다.

또 다른 예측인 중력에 의한 시간지연이나 중력파 역시 펄사의 관측에서 확인되었다.

자연계에는 기본적으로 4가지 상호작용, 중력, 전자기력, 약한 핵력과 강한 핵력이 있다. 입자물리학에서는 뒤의 3가지 작용만이 의미가 있다. 이러한 상호작용들에는 각각에 해당하는 광자나 글루온과 같은 운반자가 있다.

쿼크: 혼돈 속의 질서 쿼크는 여섯 가지 맛깔이 나는 분수 전하를 갖는 입자이다. 여섯 개의 맛깔은 업, 다운, 기묘, 맵시, 바닥 그리고 꼭대기이다. 바리온은 세 개의 쿼크로 구성된 반면 메존은 쿼크-반쿼크 쌍으로 구성된다. 입자 물리학의 표준 모형에 따르면, 여섯 개의 쿼크와 그들의 반쿼크는 전자, 양전자, 타우 및 이들의 중성미자와 함께 우주의 모든 물질과 반물질을 형성한다.

표준 모형과 대통일 이론 현대물리학의 중요 목표는 자연의 기본 힘들을 통일하는 것이다. 1960년대에 전자기력과 약력은 성공적으로 합쳐져서 약전자기 상호작용을 만들어냈다. 오늘날 과학자들은 대통일 이론이라 불리는, 약전기력과 강력을 통일하려는 시도를 하고 있다. 아직 완성되기에는 멀었지만, 최신 대통일 이론은 대폭발의 기원과 연계되는 우주론적 관찰에 의해서 궁극적으로 검증될 수 있는 예측을 제안하고 있다.

우주론 우주론은 우주 전체의 기원, 구조 그리고 진화를 다루는 분야이다. 일반 상대론에 의하면 우주, 특히 그 곡면은 우주의 총 질량-에너지와 관계가 있다.

천문학자들에 의하면 우주의 구성은 암흑에너지가 약 73%, 바리온이 아닌 암흑물질이 약 23%로 추정하며 정확한 구조는 알려져 있지 않다고 한다.

최근의 측정된 우주의 질량-에너지 밀도는 수세기 전 확립된 유클리드의 평평한 공간을 지지한다. 우주가 거대한 스케일에서 곡률이 0이라는 사실은 팽창 우주의 모델로 설명할 수 있다. 이는 우주가 빅뱅 이후 급격한 팽창 초기의 곡률이 상실되었는데, 마치 풍선이 급격히 부풀어 올라 부피가 팽창할 때 국부적으로 더욱 평평해진다는 사실로 알 수 있다.

● **정의**

특수 상대론 일정하게 상대적인 운동을 하는 두 관측자는 공간과 시간을 다르게 인식한다는 아인슈타인의 이론. 이 효과는 관측자들의 상대 속력이 광속에 접근할 때에만 눈에 띄게 나타난다.

시간 지연 움직이는 시계가 정지한 시계보다 느리게 가는 것으로 인식된다는 특수 상대론의 예측.

$$\Delta t' = \frac{\Delta t}{\sqrt{1 - v^2/c^2}}$$

길이 수축 움직이는 막대 자는 운동 방향으로 길이가 줄어든다는 특수 상대론의 예측.

정지 에너지 질량과 에너지는 근본적으로 같다는 것을 증명하기 위해 아인슈타인에 의해 사용된다.

$$E_0 = mc^2$$

상대론적 에너지 특수 상대론에 의하면 전체 상대론적 에너지는 다음과 같이 주어진다.

$$E_{rel} = \frac{mc^2}{\sqrt{1 - v^2/c^2}}$$

상대론적 운동 에너지는 전체 에너지에서 정지 에너지를 뺀 것과 같다.

$$KE_{rel} = \frac{mc^2}{\sqrt{1 - v^2/c^2}} - mc^2$$

중력 모든 입자 사이에 존재하는 인력.

전자기 상호작용 하전 입자 또는 물체 사이에 작용하는 힘. 이 힘은 인력 또는 척력으로 작용할 수 있으며, 일상생활에서 겪는 접촉력, 마찰력, 탄성력과 같은 일상적인 힘의 원인이다.

약한 핵력 자연의 네 가지 기본 힘 중의 하나. 베타 붕괴의 원인이 되는 힘이다.

약전자기 상호작용 전자기력과 약력이 유사하다는 것을 제안하는 통합.

강한 핵력 자연의 네 가지 기본 힘 중의 하나. 중성자와 양성자를 핵 안에 묶어두는 힘.

운반(또는 교환) 입자 자연의 네 가지 기본 힘 또는 상호작용의 매개자. 예를 들어 광자는 전자기 상호작용을 매개하는 교환 입자이다. 운반 입자의 질량은 상호작용의 범위와 관계가 있다. 즉, 질량이 작을수록 작용하는 범위가 커진다. 모든 교환 입자는 보존이다.

소립자 기본적이고 더 이상 쪼개질 수 없는 우주의 구성 요소. 모든 물질, 반물질 그리고 이들의 상호작용을 유도하는 기본적인 구성 성분. 소립자는 내부 구조나 측정할만한 크기를 가지지 않는 진짜 "점" 입자로 간주된다.

반입자 원래 입자와 반대의 전하를 갖는 입자. 자신의 대응 입자와 질량(및 스핀)은 같으나 반대의 전기 전하(와 다른 양자 역학적 "전하")를 갖는 입자.

양전자 반전자.

스핀 아원자 입자가 갖는 고유의 각운동량. 스핀은 $\frac{h}{2\pi}$의 정수배 또는 반정수배로 양자화되어 있다.

페르미온 반정수배의 스핀을 갖는 입자. 페르미온은 파울리의 배타 원리를 만족한다.

보존 정수배의 스핀을 갖는 입자. 보존은 파울리의 배타 원리를 따르지 않는다.

바리온(중입자) 세 개의 쿼크로 이루어져 강하게 상호작용하는 입자. 양성자와 중성자가 대표적인 예이다. 바리온은 페르미온이다.

렙톤 강한 핵력을 매개로 상호작용하지 않는 소립자. 전자와 중성미자가 대표적인 예이다. 렙톤은 페르미온이다.

메존(중간자) 쿼크와 반쿼크로 구성된 입자. 메존은 보존이다.

기묘도 기묘 (또는 s) 쿼크를 포함하는 몇몇 아원자 입자가 보이는 특징. 강한 상호작용과 전자기 상호작용에서 기묘도

(S)는 보존되지만 약한 상호작용에서는 기묘도가 ±1씩 변할 수 있다. 기묘도는 부분적으로 보존되는 양이다.

쿼크 메존과 바리온에서 다른 쿼크들과의 조합으로만 발견되며, 분수 전하를 갖는 소립자. 페르미온인 쿼크는 업, 다운, 기묘, 맵시, 꼭대기, 바닥이라 불리는 여섯 개의 맛깔을 나타낸다.

대통일 이론 강한 핵력과 약전기력을 통일하려는 이론의 일종.

● 법칙

바리온 수의 보존 법칙 입자 간 상호작용에 있어서 바리온 수(B)는 일정해야만 한다. 반응을 시작할 때의 알짜 바리온 수는 반응이 끝났을 때 존재하는 바리온 수와 같아야 한다.

렙톤 수의 보존 법칙 입자 간 상호작용에 있어서 렙톤 수(L)는 보존되어야 한다. 각각의 렙톤족(전자, 뮤온, 타우) 내에서, 렙톤 수는 반응 시작과 반응 끝의 값이 동일해야만 한다.

질문

(▶ 표시는 복습 질문을 나타낸 것이고, 답을 하기 위해서는 기본적인 이해만 있으면 된다는 것을 의미한다. 다른 것들은 지금까지 공부한 개념들을 종합하거나 확정해야 한다.)

1(2). ▶ 아인슈타인의 특수 상대론의 기초를 이루는 두 개의 기본 가설에 대해 기술하라.

2(3). 태양을 향해 $0.25\,c$의 일정한 속도로 운동하고 있다고 가정하자. 태양으로부터 나오는 빛의 흐름은 얼마의 속력으로 지나치겠는가? 그 이유를 설명하라.

3(4). 빛은 물속에서 2.25×10^8 m/s의 속력으로 진행한다. 입자가 물속에서 2.25×10^8 m/s보다 큰 속력으로 움직일 수 있는가? 왜 그런지 혹은 왜 그렇지 않은지를 설명하라.

4(5). ▶ 특수 상대론의 시간 지연과 길이 수축을 자신만의 언어로 정의하라. 시간 지연 효과를 실제로 관측할 수 있는 예를 들어라.

5(6). 갈릴레이는 시간 간격을 측정하기 위해 심장박동 수를 셈으로써 맥박을 시계처럼 사용했다. 여행 환경이 자신에게 어떤 의미 있는 물리적 압력도 주지 않는다고 가정할 때, 광속에 가까운 일정한 속력으로 움직이는 우주선을 타고 여행하는 갈릴레이는 자신의 심장박동 수의 변화를 알 수 있을까? 지구상의 관찰자가 강력한 망원경으로 갈릴레이를 관찰할 때, 관찰자는 갈릴레이의 심장박동 수가 지구상에서의 심장박동 수에 비해 어떤 변화가 있는지 감지할 수 있을까? 답을 설명하라.

6(7). 뉴턴에 의하면 "절대적이고, 정확하며, 수학적인 시간은 스스로 그리고 본성적으로 외부의 어느 것과도 관계없이 똑같

게 흐른다." 상대적으로 운동하는 두 시간 기록자에 대해 이 진술의 중요성을 평가하라. 특수 상대론의 관점에서 뉴턴의 진술은 타당한가? 이를 설명하라.

7(8). 특수 상대론의 효과를 일상생활에서는 왜 인지하지 못할까? 구체적으로 말하라.

8(9). $E_0 = mc^2$은 광속으로 움직이는 물체에만 적용되는가? 왜 그럴까 또는 왜 그렇지 않을까?

9(10). 대장간 화로에서 편자가 붉게 달궈질 때까지 열을 받으면 편자의 질량은 변할까? 용수철이 평형 상태로부터 두 배만큼 늘어난다면, 이 과정에서 용수철의 질량은 변할까? 만약에 그렇다면 각각의 경우에 대해서 어떻게 그렇고 왜 그런지에 대해 설명하라.

10(23). ▶ 자연의 네 가지 기본 상호작용을 나열하고 이들의 상대적 세기와 유효 범위에 대해 논의하라.

11(24). ▶ 전자기 상호작용과 중력 상호작용의 어떤 공통적 특징 때문에 이들의 운반 입자는 질량이 없어야 하는가?

12(25). ▶ 반입자란 무엇인가? 입자와 그의 반입자가 충돌하면 어떤 일이 벌어질까?

13. ▶ PET는 무엇의 약자를 나타내는가? PET는 왜 입자 물리학과 일상생활을 연계시켜주는 좋은 예인가?

14(26). π^0과 같은 몇몇 중성 입자는 자기 자신의 반입자이지만, 중성자는 그렇지 않다. n과 $\bar{n}$가 어떤 면에서 같은가? 이들이 어떻게 다를 수 있는지에 대해 생각해 보라.

15(27). 표 12.4에 의하면 전자의 정지 질량은 $0.511\,\mathrm{MeV}/c^2$이다. 양성자의 정지 질량을 구하라.

16(28). ▶ 가능한 한 다양한 방법을 통해 페르미온과 보존의 차이점을 논의하라.

17(29). ▶ 물리학자가 소립자를 구분하는 방법에 대해 설명하라.

18(30). ▶ 네 가지 기본 상호작용 중에서 전자, 중성자, 양성자, 광자는 각각 어디에 속하는가?

19. ▶ 바리온과 렙톤 보존은 소립자를 수반하는 반응의 가능성 여부를 결정하기 위해 입자 물리학자가 자주 사용하는 법칙이다. 이 법칙이 그러한 결정을 하는 데 어떻게 이용되는지를 설명하라.

20. ▶ 기묘도라는 용어가 물리학자에게 어떤 의미를 갖는지를

기술하라.

21(31). ▶ 쿼크란 무엇인가? 현재까지 알려진 쿼크는 몇 종류인가? 이 쿼크들을 구별하는 기본적 특성에는 어떤 것이 있을까?

22(32). ▶ 과학자가 쿼크가 존재한다는 결론을 내리게 한 증거에 대해 기술하라.

23(33). ▶ 바리온과 메존은 각각 몇 개의 쿼크로 구성되는가? 만약 관계가 있다면, 쿼크와 렙톤(예를 들어 전자) 사이의 관계는 무엇인가?

24(34). 쿼크 모형에서 기묘도가 −1이고 전기 전하가 +2인 바리온이 존재할 수 있을까? 설명하라.

25(35). 바리온, 메존, 렙톤 중에서 꼭대기 쿼크와 반꼭대기 쿼크의 조합인 $t\bar{t}$에 해당하는 입자는 무엇인가? 이러한 입자의 특징에 대해 기술하라.

26. 알짜 전하가 +2인 바리온은 발견되었지만(연습 문제 26번), 알짜 전하가 +2인 메존은 아직 확인된 바 없다. 알짜 전하가 +2인 메존이 발견된다면 쿼크 모형에 어떤 영향을 주겠는가? 쿼크 모형에서 그러한 메존을 어떻게 해석할 수 있을까?

27(36). ▶ 쿼크는 "색"을 가지고 있다고 말한다. 이것이 무엇을 의미하는가? 물리학자들이 정말로 쿼크가 잘 익은 딸기와 같이 붉은색이거나 또는 구름 한 점 없는 하늘과 같이 파란색이라는 제안하고 있는 것인가?

28(37). ▶ 소립자 물리학의 표준 모형에 대해 기술하라.

29(38). 어느 물리학과 학과장 소유의 자동차 범퍼에 다음과 같은 선전문구가 붙어있다. "입자 물리학자는 내장[GUT]을 갖고 있다." 이 귀여운 농담 혹은 "말장난"의 의미를 설명하라.

30(39). ▶ 기본 법칙들과 이론들을 통합하는 일은 물리학의 오랜 목표이다. 물리학자들이 어떤 힘들과 이론들을 통합하는 데 성공적이었던 방법에 대해 기술하라. 물리학의 어느 영역이 아직 통합 과정 중에 있나?

31(40). 양성자가 붕괴될 수 있다면, 그 수명은 우주의 현재 나이보다 훨씬 긴 10^{34}년 정도가 된다. 이러한 사실은 양성자 붕괴가 우주의 전체 역사에서 아직 일어나지 않았다는 것을 필연적으로 의미하는 것일까? 설명하라.

1(1). 어떤 소립자 종의 수명은 2.6×10^{-8}초이다. 이 입자가 실험실의 관측자에 대해 광속의 95%로 움직일 때, 이 관측자가 측정하는 입자의 수명을 구하라.

2(2). 관측자에 의해 측정된 뮤온의 수명이 관측자에 대해 정지해 있을 때의 수명보다 10배나 더 길면, 이 뮤온은 관측자에 대해 얼마나 빠르게 움직이나?

3(3). 자유로운 중성자의 수명은 886초이다. 중성자가 실험실의 관측자에 대해 2.9×10^8 m/s의 속력으로 움직인다면, 관측자가 측정하는 중성자의 수명을 구하라.

4(4). 실험실의 과학자가 측정할 때, 실험실의 컴퓨터가 어떤 계산을 하는 데 필요한 시간이 $2.5\,\mu$초이다. 실험실에 대해 $0.995\,c$의 속력으로 운동하는 관측자에게는 동일한 계산을 하는 데 걸리는 시간을 구하라.

5(5). 길이 수축에 대한 공식에 의하면, 관측자에 대해 속력 v로 움직이는 자의 간격의 길이는 $\sqrt{1 - v^2/c^2}$ 곱하기 관측자에 대해 정지한 자의 동일한 간격의 길이로 주어진다. 당신에 대한 속도가 광속의 95%로 측정되는 막대자는 길이가 얼마나 줄어드는가?

6(6). 길이가 2마일인 스탠퍼드 선형 가속기를 따라 전자가 광속의 99.98%의 속력으로 질주할 때, 전자의 입장에서는 몇 미터나 여행한 것인가? (연습 문제 **5**번)

7(7). J와 MeV 단위를 사용하여 양성자의 정지 질량을 구하라. 양성자의 질량은 몇 MeV/c^2인가?

8(8). 질량이 $1{,}777\ \text{MeV}/c^2$인 타우 입자는 알려진 렙톤 중에서 가장 무거운 입자이다. 타우 입자의 정지 질량을 J와 MeV 단위로 구하라. kg 단위로는 질량이 얼마인가? 계산 결과를 kg 단위로 계산한 전자의 질량과 비교하라.

9(9). 질량 1.0 kg이 완전히 에너지로 전환된다면 몇 J의 에너지가 방출되나? 계산 결과를 1.0 kg의 물이 0 ℃에서 얼 때 방출되는 에너지의 양과 비교하라.

10(10). 양성자 빔 속의 입자들이 $0.8\,c$의 평균 속력으로 움직인다. 각 양성자의 전체 상대론적 에너지를 J와 MeV 단위로 나타내라.

11(11). 정지 질량이 140 MeV인 입자가 전체 상대론적 에너지가 280 MeV나 되는 매우 빠른 속도로 움직이고 있다. 이 입자는 얼마나 빠르게 움직이나?

12(12). 어느 입자의 상대론적 운동 에너지가 정지 에너지에 비해 9배가 클 때, 이 입자의 속력은 광속에 비해 얼마나 될까?

13(13). 정지해 있는 양성자와 반양성자가 쌍소멸할 때 얼마나 많은 에너지가 방출되는가?

14. 다음의 붕괴 중에서 가능한 것을 골라라. 금지된 반응에 대해서는 어떤 보존 법칙에 위배되는가를 밝혀라.
a) $\Sigma^+ \to n + \pi^0$
b) $n \to p + \pi^-$
c) $\pi^0 \to e^+ + e^- + \nu_e$
d) $\pi^- \to \mu^+ + \nu_e$

15. 충분한 에너지를 가정할 때, 다음의 반응 중에서 일어날 수 있는 것을 골라라. 금지된 반응에 대해서는 어떤 보존 법칙에 위배되는가를 밝혀라.
a) $p + p \to p + n + K^+$
b) $\gamma + n \to \pi^+ + p$
c) $K^- + p \to n + \Lambda^0$
d) $p + p \to p + \pi^+ + \Lambda^0 + K^0$

16. 반응이 일어나기에 충분한 에너지가 주어진다고 가정할 때, 다음의 강한 상호작용에서 빠진 입자를 채워 넣어라.
a) $n + p \to p + p +$ _____
b) $p + \pi^+ \to \Sigma^+ +$ _____
c) $K^- + p \to \Lambda^0 +$ _____
d) $\pi^- + p \to \Xi^0 + K^0 +$ _____

17. 다음의 약한 상호작용에서 빠진 입자를 채워 넣어라.
a) $\Omega^- \to \Xi^0 +$ _____
b) $K^0 \to \pi^+ +$ _____
c) $\pi^+ \to \mu^+ +$ _____
d) $\tau^+ \to \mu^+ +$ _____ $+$ _____

18(20). 팽팽한 줄에 의해 고정점에 연결된 질량 0.1 kg인 공이 3 m/s의 속력으로 반지름 0.5 m인 원주 위를 회전하고 있다. 회전하는 공의 각운동량을 구하라. 이 값을 전자의 고유 각운동량과 비교하라. 전자가 후자보다 몇 배가 더 큰가?

19(21). 반중성자와 반양성자의 쿼크 조합을 각각 써라.

20(22). 전하가 각각 (a) +1, (b) −1, (c) 0인 하드론을 형성하는 세 개의 쿼크(반쿼크가 아님!) 조합을 써라.

21(23). 전하, 기묘도, 맵시, 바닥도(bottomness)가 모두 0인 메존을 형성하는 쿼크–반쿼크 조합을 모두 써라. 이러한 입자들은 서로가 구별 가능할까?

22(24). 가능한 한 많은 방법을 써서 $\overline{d}\,\overline{u}s$ 쿼크 조합으로 구성된 입자를 dus 쿼크로 구성된 입자와 구별하라. dss 조합과 $\overline{d}\,\overline{s}s$ 조합에 대해서도 구별하라.

23(25). Δ^-입자는 전하 −1, 기묘도 0, 스핀 $\dfrac{3}{2}$이며 수명이 짧은 하드론이다. 이 입자에 해당하는 쿼크 조합을 구하라.

24(26). F^-메존은 전하 −1, 기묘도 −1, 맵시 −1을 갖는다. 이 입자를 구성하는 쿼크 조합을 밝혀라.

25(27). D^+메존은 전하 −1, 맵시 −1, 기묘도 0인 맵시 입자이다. 이 소립자에 대한 쿼크 조합을 만들어라.

26(28). Δ^{++}하드론의 쿼크 조합은 무엇인가? 이 입사는 기묘도, 맵시, 꼭대기도(topness), 바닥도가 모두 0이지만 스핀은 $\dfrac{3}{2}$이다.

27(29). 다음의 반응들을 구성 쿼크를 이용하여 분석하라.
a) $\pi^+ + p \rightarrow \Sigma^+ + K^+$
b) $\gamma + n \rightarrow \pi^- + p$
c) $p + p \rightarrow p + p + p + \overline{p}$
d) $K^- + p \rightarrow K^+ + K^0 + \Omega^-$

28(30). 다음의 붕괴를 입자들의 쿼크를 이용하여 분석하라.
a) $\Sigma^- \rightarrow n + \pi^-$
b) $K^+ \rightarrow K^0 + \pi^+$
c) $\Lambda^0 \rightarrow p + \pi^-$
d) $\Omega^- \rightarrow \Lambda^0 + K^-$

29(31). 꼭대기 쿼크의 성질은 2007년에 t 쿼크와 $\overline{b}$ 쿼크로 구성된 메존을 발견함으로써 확인되었다. 이 입자의 전하, 스핀, 꼭대기도, 바닥도를 구하라.

30. 약전자기 이론에서 대칭성 깨짐은 대략 10^{-17} m 길이의 척도에서 발생한다. 드브로이 파장(10.5절)이 10^{-17} m인 입자의 진동수를 구하고, 그 결과를 이용하여 입자의 에너지를 플랑크 공식에 의해 결정하라. 이러한 에너지를 갖는 입자의 질량은 W 입자의 질량과 거의 비슷하다는 것을 설명하라.

31(32). 양성자의 평균 수명이 10^{33}년이라고 할 때, 1년에 100개의 양성자가 붕괴하는 것을 보기 위해서는 몇 개의 양성자를 모아서 동시에 관찰해야 할까? 계산 결과에 대한 이유를 설명하라.

거리

1 m = 3.28 ft
1 cm = 0.394 in.
1 km = 0.621 mi
1 light-year = 5.9×10^{12} mi

1 ft = 0.305 m
1 in. = 2.54 cm
1 mi = 1.61 km
1 light-year = 9.5×10^{15} m

면적

$1 \text{ m}^2 = 10.8 \text{ ft}^2$
$1 \text{ cm}^2 = 0.155 \text{ in.}^2$
$1 \text{ km}^2 = 0.386 \text{ mi}^2$

$1 \text{ ft}^2 = 0.093 \text{ m}^2$
$1 \text{ in.}^2 = 6.45 \text{ cm}^2$
$1 \text{ mi}^2 = 2.59 \text{ km}^2$

부피

$1 \text{ m}^3 = 35.3 \text{ ft}^3$
$1 \text{ cm}^3 = 0.061 \text{ in.}^3$
$1 \text{ m}^3 = 1{,}000$ liters
1 qt = 0.95 liter

$1 \text{ ft}^3 = 0.028 \text{ m}^3 = 7.48$ gallons
$1 \text{ in.}^3 = 16.4 \text{ cm}^3$
1 liter = 1.06 qt

시간

1 min = 60 s
1 day = 24 h = 86,400 s

1 h = 60 min = 3,600 s
1 year = 3.16×10^7 s

속도

1 m/s = 2.24 mph
1 m/s = 3.28 ft/s =3.60 km/h
1 km/h = 0.621 mph

1 mph = 0.447 m/s = 1.47 ft/s
1 ft/s = 0.305 m/s = 0.682 mph
1 mph = 1.61 km/h

가속도

$1 \text{ m/s}^2 = 3.28 \text{ ft/s}^2$
$1 \text{ m/s}^2 = 2.24$ mph/s
$1 \text{ g} = 9.8 \text{ m/s}^2$
$1 \text{ m/s}^2 = 0.102$ g

$1 \text{ ft/s}^2 = 0.305 \text{ m/s}^2$
$1 \text{ mph/s} = 0.447 \text{ m/s}^2$
$1 \text{ g} = 32 \text{ ft/s}^2 = 22$ mph/s

질량

1 kg = 0.069 slug
1 kg = 6.02×10^{26} u

1 slug = 14.6 kg
1 u = 1.66×10^{-27} kg

힘

1 N = 0.225 lb

1 lb = 4.45 N
1 ton = 8,896 N = 2,000 lb

에너지, 일, 열량

1 J = 0.738 ft-lb = 0.239 cal
1 cal = 4.184 J
1 cal = 0.004 Btu
1 J = 0.00095 Btu
1 kWh = 3,600,000 J
1 Btu = 0.00029 kWh
1 eV = 1.6×10^{-19} J

1 ft-lb = 1.36 J = 0.0013 Btu
1 Btu = 778 ft-lb
1 Btu = 252cal
1 Btu = 1,055 J
1 kWh = 3,413 Btu
1 food calorie = 1,000 cal
1 J = 6.25×10^{18} eV

일률

1 W = 0.738 ft-lb/s

1 ft-lb/s = 1.36 W

1 W = 0.00134 hp

1 W = 3.41 Btu/h

1 hp = 550 ft-lb/s
1 hp = 746 W
1 Btu/h = 0.293 W

압력

1 Pa = 1.45×10^{-4} psi
1 Pa = 9.9×10^{-6} atm
1 atm = 1.01×10^5 Pa = 76 cm Hg = 10.3 m H_2O
1 atm = 14.7 psi = 29.92 in.Hg = 33.9 ft H_2O

1 psi = 6,900 Pa
1 psi = 0.068 atm

질량 밀도

$1 \text{ kg/m}^3 = 0.0019 \text{ slug/ft}^3$

$1 \text{ slug/ft}^3 = 515 \text{ kg/m}^3$

무게 밀도

$1 \text{ N/m}^3 = 0.0064 \text{ lb/ft}^3$

$1 \text{ lb/ft}^3 = 157 \text{ N/m}^3$

10의 지수의 접두사

10의 지수	접두사	약어
10^{15}	peta	P
10^{12}	tera	T
10^9	giga	G
10^6	mega	M
10^3	kilo	k
10^{-2}	centi	c
10^{-3}	milli	m
10^{-6}	micro	μ
10^{-9}	nano	n
10^{-12}	pico	p
10^{-15}	femto	f

주요 상수와 그 밖의 자료

기호	이름	값
c	빛의 속도	3×10^8 m/s
g	중력가속도(지구)	9.8 m/s^2
G	중력 상수	6.67×10^{-11} N-m^2/kg^2
h	플랑크 상수	6.63×10^{-34} J-s
q_e	전자의 전하	-1.60×10^{-19} C
m_e	전자의 질량	9.11×10^{-31} kg
m_p	양성자의 질량	1.673×10^{-27} kg
m_n	중성자의 질량	1.675×10^{-27} kg

태양계

태양:	질량	1.99×10^{30} kg
	반지름(평균)	6.96×10^8 m
지구:	질량	5.979×10^{24} kg
	반지름(평균)	6.376×10^6 m
달:	질량	7.35×10^{22} kg
	반지름(평균)	1.74×10^6 m
지구—태양 거리		1.496×10^{11} m
지구—달 거리		3.84×10^8 m
지구 공전주기		3.16×10^7 s
달 공전주기(평균)		2.36×10^6 s

원소의 주기율표

Group

Legend (범례):
- Atomic Number
- Boiling Point, °C (3)
- Melting Point, °C (3)
- Symbol (1)
- Specific Gravity (2, 3)
- Name

30	Zn
906	7.14
419.5	
	Zinc

Element data — columns: Atomic Number · Symbol · Specific Gravity · Boiling Point, °C · Melting Point, °C · Name

Group IA

No.	Symbol	SG	BP °C	MP °C	Name
1	H	0.071	-252.7	-259.2	Hydrogen
3	Li	0.53	1330	180.5	Lithium
11	Na	0.97	892	97.8	Sodium
19	K	0.86	760	63.7	Potassium
37	Rb	1.53	688	38.9	Rubidium
55	Cs	1.90	690	28.7	Cesium
87	Fr			(27)	Francium

Group IIA

No.	Symbol	SG	BP °C	MP °C	Name
4	Be	1.85	2770	1277	Beryllium
12	Mg	1.74	1090	650	Magnesium
20	Ca	1.55	1440	838	Calcium
38	Sr	2.6	1380	768	Strontium
56	Ba	3.5	1640	714	Barium
88	Ra	5.0	1740	700	Radium

Group IIIB / IVB / VB / VIB / VIIB / VIII / IB / IIB (transition metals)

No.	Symbol	SG	BP °C	MP °C	Name
21	Sc	3.0	2730	1539	Scandium
39	Y	4.47	2927	1509	Yttrium
57	La	6.17	3470	920	Lanthanum
89	Ac		3300	1050	Actinium
22	Ti	4.51	3260	1668	Titanium
40	Zr	6.49	3580	1852	Zirconium
72	Hf	13.1	5400	2222	Hafnium
104	Rf				Rutherfordium
23	V	6.1	3450	1900	Vanadium
41	Nb	8.4	3300	2468	Niobium
73	Ta	16.6	5425	2996	Tantalum
105	Db				Dubnium
24	Cr	7.19	2665	1875	Chromium
42	Mo	10.2	5560	2610	Molybdenum
74	W	19.3	5930	3410	Tungsten
106	Sg				Seaborgium
25	Mn	7.43	2150	1245	Manganese
43	Tc	11.5	4260	2140	Technetium
75	Re	21.0	5900	3180	Rhenium
107	Bh				Bohrium
26	Fe	7.86	3000	1536	Iron
44	Ru	12.2	4900	2500	Ruthenium
76	Os	22.6	5500	3000	Osmium
108	Hs				Hassium
27	Co	8.9	2900	1495	Cobalt
45	Rh	12.4	4500	1966	Rhodium
77	Ir	22.5	5300	2454	Iridium
109	Mt				Meitnerium
28	Ni	8.9	2913	1455	Nickel
46	Pd	12.0	3980	1552	Palladium
78	Pt	21.4	4530	1769	Platinum
110	Ds				Darmstadtium
29	Cu	8.96	2595	1083	Copper
47	Ag	10.5	2210	960.8	Silver
79	Au	19.3	2970	1063	Gold
111	Rg				Roentgenium
30	Zn	7.14	906	419.5	Zinc
48	Cd	8.65	765	320.9	Cadmium
80	Hg	13.6	357	-38.4	Mercury
112	Cp				Copernicium

Group IIIA / IVA / VA / VIA / VIIA / VIIIA

No.	Symbol	SG	BP °C	MP °C	Name
5	B	2.34	3900	2080	Boron
13	Al	2.70	2518	660	Aluminum
31	Ga	5.91	2237	29.8	Gallium
49	In	7.31	2000	156.2	Indium
81	Tl	11.85	1457	303	Thallium
113					
6	C	2.26	4000	3500	Carbon
14	Si	2.33	2900	1410	Silicon
32	Ge	5.32	2830	937.4	Germanium
50	Sn	7.30	2270	231.9	Tin
82	Pb	11.4	1725	327.4	Lead
114					
7	N	0.81	-195.8	-210	Nitrogen
15	P	1.82	280	44.2	Phosphorus
33	As	5.72	613	817	Arsenic
51	Sb	6.62	1380	630.5	Antimony
83	Bi	9.8	1560	271.3	Bismuth
115					
8	O	1.14	-183	-218.8	Oxygen
16	S	2.07	444.6	119.0	Sulfur
34	Se	4.79	685	217	Selenium
52	Te	6.24	989.8	449.5	Tellurium
84	Po	9.2	962	254	Polonium
116					
9	F	1.505	-188.2	-219.6	Fluorine
17	Cl	1.56	-34.7	-101.0	Chlorine
35	Br	3.12	58	-7.2	Bromine
53	I	4.94	183	113.7	Iodine
85	At		(302)		Astatine
2	He	0.126	-268.9	-272.2	Helium
10	Ne	1.20	-246	-248.6	Neon
18	Ar	1.40	-185.8	-189.4	Argon
36	Kr	2.6	-152	-157.3	Krypton
54	Xe	3.06	-108.0	-111.9	Xenon
86	Rn		(-61.8)	(-71)	Radon
118					

— Names undecided

* Lanthanides

No.	Symbol	SG	BP °C	MP °C	Name
58	Ce	6.67	3468	795	Cerium
59	Pr	6.77	3127	935	Praseodymium
60	Nd	7.00	3027	1024	Neodymium
61	Pm			(1027)	Promethium
62	Sm	7.54	1803	1072	Samarium
63	Eu	5.26	1439	826	Europium
64	Gd	7.89	3000	1312	Gadolinium
65	Tb	8.27	2800	1407	Terbium
66	Dy	8.54	2600	1356	Dysprosium
67	Ho	8.80	2600	1461	Holmium
68	Er	9.05	2900	1461	Erbium
69	Tm	9.33	1727	1545	Thulium
70	Yb	6.98	1427	824	Ytterbium
71	Lu	9.84	3327	1652	Lutetium

** Actinides

No.	Symbol	SG	BP °C	MP °C	Name
90	Th	11.7	4820	1842	Thorium
91	Pa	15.4		1570	Protactinium
92	U	19.07	3818	1132	Uranium
93	Np	19.5	4000	637	Neptunium
94	Pu	19.5	3235	640	Plutonium
95	Am	11.7	2607	1176	Americium
96	Cm		3110	1340	Curium
97	Bk			986	Berkelium
98	Cf			900	Californium
99	Es			860	Einsteinium
100	Fm			1530	Fermium
101	Md			830	Mendelevium
102	No			830	Nobelium
103	Lr			1630	Lawrencium

Notes:

(1) Gold-solid
 Pink-gas
 Blue-liquid
 Green-artificially prepared

(2) Values for gaseous elements are for liquids at the boiling point.

(3) Numbers in parenthesis are uncertain.

부록 C

부록 C는 교재에서 다루어지는 수학 중 일상에서 사용하는 간단한 연산의 범위를 넘어서는 부분에 대한 것이다.

기초대수학

대수학에서는 숫자를 문자처럼 활용한다. 예를 들어, 당신이 다른 세 사람과 동등하게 동업관계를 맺었다고 하자. 당신이 부담하는 투자액이나 분배받는 이익은 총 합의 4분의 1이다. 어떤 상품의 구매 가격이 $60라면 당신이 내야 할 몫은 $15가 된다. 이와 같은 상황은 대수적인 관계, 즉 등식으로 표현할 수 있다. 1인분의 몫을 S, 금액의 총 합을 A라고 놓을 때, S는 A의 $\frac{1}{4}$ 혹은 0.25이다. 이것을 식으로 표현하면 다음과 같다.

$$S = 0.25 \times A \quad \text{또는} \quad S = 0.25\,A$$

곱셈기호($\times$)는 일반적으로 생략할 수 있다. 하나의 숫자와 한 개 또는 두 개의 문자가 나란히 표기되어 있는 경우, 이 나란한 숫자와 문자들은 서로 곱해져 있는 것이다.

S와 A는 고정되지 않고 변하는 값을 가지기 때문에 '변수'라고 부른다. 수식은 여러 변수들 간에 존재하는 수학적 관계를 표현하는 것이다.

전체 $200의 수익 중 당신이 분배받을 몫 S를 구하기 위해서는, 금액의 총 합 A를 $200으로 바꾼 뒤 곱셈식을 세워야 한다.

$$S = 0.25\,A$$
$$S = 0.25 \times \$200$$
$$S = \$50$$

이 접근법은 더 많거나 적은 인원과의 동업에 대해서도 적용할 수 있다. 동업자들 중 한 명이 차지하는 비율을 F라고 하자. 위의 예시 문제에서 F는 0.25이다. 동업을 맺은 이가 두 명이라면 F는 0.5 또는 $\frac{1}{2}$이 될 것이고, 열 명일 경우 0.1 또는 $\frac{1}{10}$이 될 것이다. 그러면 총 금액 A에 대하여 몫 S는 다음과 같이 표현될 수 있다.

$$S = FA$$

열 명이 동업을 할 때, $200의 수익에 대한 1인당 분배액은 다음과 같다.

$$S = 0.1 \times \$200$$
$$S = \$20$$

물론 이 정도의 연산은 암산으로도 가능하지만, 정식으로는 위와 같이 등식을 사용하는 것이 옳다.

제시된 식과 같이 하나의 변수 값을 다른 두 변수를 통해 구하는 유형의 등식은 이 교재에서 가장 자주 쓰이는 유형이다. 물리학에서 중요한 관계식 대부분은 이러한 유형이다.

이러한 식은 또 다른 방향으로도 활용할 수 있다. 예를 들어 몫 S가 이미 주어져 있을 때 전체 금액 A를 역추적할 수 있다. 이는 본래 식이 표현하고자 하는 상관관계를 그대로 둔채 식의 변환이 가능하기 때문이다. 이에 대한 기본 법칙은,

> 등호 양변 모두에 같은 변화를 주는 경우 식의 효력을 유지하면서 수학적 변환은 가할 수 있다는 사실로부터 나온다.

다음 보충 설명에 제시될 식들은 활용 빈도가 높은 수학적 변환의 예들이다. 변환 후에도 식의 효력이 변함없이 유지된다는 것을 보이기 위해 수치를 사용하였다.

더하기 등호 양 쪽에 숫자 또는 문자를 더할 수 있다.

$$A = B - 6$$

식을 예로 들면, B값이 8이라고 주어졌을 때 A값은 2이다.

$$2 = 8 - 6$$

이와 같은 방식으로, B값이 11로 주어질 때 A는 5이고, B가 83이면 A는 77이다.

등호 양변에 같은 수를 더해도 등식은 같게 유지된다. 앞 문단의 식의 양변에 모두 4를 더하면 $A = B - 6$이다.

$$A + 4 = B - 6 + 4$$
$$A + 4 = B - 2$$

이렇게 해도 식의 본질은 변하지 않는다. 이는 어떠한 값의 A, B라도 최초의 식과 변형된 식을 모두 만족할 수 있다는 것을 의미한다. 최초의 식은 B값이 주어졌을 때 A값을 구하는 데 쓰인다. B값이 8로 주어지면 등식은 A값이 2여야만 한다는 것을 나타낸다. 반대로 A값이 주어지고 B값을 구하는 경우엔 B를 A에 관하여 정리하면 된다. 양변에 6을 더해 보자.

$$A = B - 6$$
$$A + 6 = B - 6 + 6$$
$$A + 6 = B \quad \text{또는} \quad B = A + 6$$

따라서 다음과 같다.

$$B = 2 + 6$$
$$B = 8$$

이렇게 해도 A값이 2일 때 B값이 8임은 변하지 않으므로 식의 본래 성질은 불변한다. 방금 풀이한 것과 같은 식을 B를 구하는 식 혹은 B를 A에 대하여 정리한 식이라고 한다. 보통 이러한 변형식은 등식 변환의 결과로 나타난다.

더 많은 변수를 사용한 예를 살펴보도록 하자.

$$C = D - E$$

일 때, D 값이 13, E 값이 7로 주어지면,

$$C = 13 - 7$$
$$C = 6$$

이고, 따라서 C 값은 6이다.

또 C와 E가 주어지고 미지의 D 값을 구하는 경우, 양변에 똑같이 E를 더한다.

$$C + E = D - E + E$$
$$C + E = D \quad \text{또는} \quad D = C + E$$

C가 6이고 E가 7이므로, 다음과 같이 구할 수 있다.

$$D = 6 + 7$$
$$D = 13$$

빼기 등호 양변에 똑같은 숫자나 문자를 빼도 등식은 같게 유지된다.

빼기는 더하기와 매우 유사하다. 더하기에서 사용한 예제를 다시 활용하기로 하자.

$$B = A + 6$$

양변에서 모두 6을 뺀다.

$$B - 6 = A + 6 - 6$$
$$B - 6 = A \quad \text{또는} \quad A = B - 6$$

곱하기 등호 양변에 똑같은 숫자나 문자를 곱할 수 있다.

$$G = \frac{H}{5}$$

우변은 대수학에서 나눗셈을 표현하는 표준 방식이다. 'H를 5로 나눈다.'

H 값이 45면, 다음과 같다.

$$G = \frac{45}{5}$$
$$G = 9$$

H 값을 구하는 경우, 양변에 똑같이 5를 곱한다.

$$G \times 5 = \frac{H}{5} \times 5$$
$$5G = \frac{H5}{5}$$

분수의 5는 지워지므로

$$5G = \frac{H5}{5} = \frac{H\cancel{5}}{\cancel{5}}$$
$$5G = H \quad \text{또는} \quad H = 5G$$

이고, G가 9이므로,

$$H = 5 \times 9$$
$$H = 45$$

이다. 양변에 5를 곱하는 방법은 H에 대해 식을 풀 때 사용한다.

더 많은 변수를 사용한 예를 살펴보도록 하자.

$$I = \frac{J}{B}$$

이 식은 J와 B 값이 주어졌을 때 I 값을 구하는 것이다. $J = 42$, $B = 7$일 때 $I = 6$이다. J를 I와 B에 관한 식으로 표현하고 싶다면 양변에 B를 곱한다.

$$I \times B = \frac{J}{B} \times B$$
$$IB = \frac{JB}{B} = \frac{J\cancel{B}}{\cancel{B}}$$
$$IB = J \quad \text{또는} \quad J = IB$$

$I = 6$, $B = 7$일 때 J 값은 변함없이 42가 나온다.

나누기 등호 양변에 똑같은 숫자나 문자를 나눌 수 있다.

동업자 이야기로 돌아가서, 한 동업자가 당신 몫이 $75라고 알려주었다. 이 사실로부터 총 수익이 얼마인지 알아내고 싶다면 나누기를 통해 분배식을 A에 관하여 정리해야 한다.

$$S = FA$$

양변을 F로 나누면 다음과 같다.

$$\frac{S}{F} = \frac{FA}{F}$$
$$\frac{S}{F} = \frac{\cancel{F}A}{\cancel{F}} = A$$
$$A = \frac{S}{F}$$

그러므로 1인당 분배액이 $75일 때, 총 수익 A는

$$A = \frac{\$75}{0.25}$$
$$A = \$300$$

이다. 때로는 풀이 과정에서 다른 방법을 사용해야 할 경우도 있다.

$$T = \frac{U}{C}$$

이는 $U = 400$, $C = 8$일 때 T 값이 50이 나와야만 함을 의미한다. 하지만 T와 U 값을 알고 C를 구해야 한다면? 이럴 때에는 양변에 C를 곱한 후 다시 T로 나누어서 C에 관한 식으로 정리해야 한다.

$$C \times T = \frac{U}{C} \times C$$
$$CT = U$$
$$\frac{CT}{T} = \frac{U}{T}$$
$$C = \frac{U}{T}$$

$U = 400$, $T = 50$일 때,

$$C = \frac{U}{T}$$
$$C = \frac{400}{50}$$
$$C = 8$$

이다. 이 과정을 간략하게 하는 방법도 있다. 변형 전후의 두 등식은,

$$T = \frac{U}{C}$$
$$C = \frac{U}{T}$$

이다. 첫 번째 식에서 C는 우변 아래쪽에 T는 좌변에 있다. 두 번째 식에서는 C와 T의 위치가 서로 바뀌었다. 이는 이와 같은 형태의 식에서 일반적으로 나타나는 결과이다. 양변의 변수나 숫자의 위치를 반대로 바꾸되 분자는 분모의 자리로, 분모는 분자의 자리로 옮긴다.

또 다른 방법도 있다. 다음에 제시된 식에서 M의 값을 구해보자. 이 문제를 해결하기 위해서는 앞서 배운 대로 등호의 한 변에 M만을 남겨두고 모든 항을 반대쪽으로 이항해야 한다.

$$P = 3M + 7$$

먼저 양변에서 7을 뺀다.

$$P - 7 = 3M + 7 - 7$$
$$P - 7 = 3M$$

그 다음 양변을 3으로 나눈다.

$$\frac{P-7}{3} = \frac{3M}{3} = M$$
$$M = \frac{P-7}{3}$$

제곱 등호 양변을 같은 횟수만큼 제곱하여도 결과는 같다. 양변을 제곱할 수도 있고, 양변에 모두 제곱근을 적용할 수도 있다.

$$V = WD$$

일 때,

$$V^2 = (WD)^2$$

이다. 숫자를 대입할 경우, $W = 3$, $D = 2$라면,

$$V = 3 \times 2$$
$$V = 6$$

이 식을 제곱하면

$$V^2 = (3 \times 2)^2$$
$$V^2 = 6^2$$
$$V^2 = 36$$

이다. V값은 6으로 유지되므로 식에 부합한다.
다음과 같은 식이 주어졌을 때,

$$X^2 = YZ$$

양변에 함께 제곱근을 적용하여 X 값을 구할 수 있다.

$$\sqrt{X^2} = \sqrt{YZ}$$
$$X = \sqrt{YZ} \quad \text{또는} \quad X = -\sqrt{YZ}$$

물리학에서 사용하는 제곱근 값은 주로 양의 값을 취한다.

비례법칙

물리학의 상당 부분은 속도와 거리의 관계와 같이 여러 변수 간의 상관관계에 대해 연구하는 것이다. 예를 들어 하나의 변량이 다른 변량의 변화에 의해 어떤 영향을 받는가에 대해 구하는 문제가 있다. 이 문제를 쉽게 풀기 위해 사탕 가게에 가서 초콜릿 몇 개를 산다고 가정해 보자. 우리는 가격이 다른 여러 크기의 초콜릿을 고를 수 있으므로, 우리가 살 수 있는 개수는 우리가 갖고 있는 돈과 초콜릿의 가격에 영향을 받아 결정된다. 살 수 있는 초콜릿의 개수를 N, 가격을 C, 가지고 있는 돈을 D라고 하면,

$$N = \frac{D}{C}$$

이다. \$2를 가지고 \$0.5(50센트)짜리 초콜릿을 산다고 할 때, 살 수 있는 초콜릿 개수는 다음과 같다.

$$N = \frac{\$2}{\$0.5}$$
$$N = 4$$

이 관계식을 다른 변수들의 값이 변할 때 N값이 어떻게 변화하는지에 관하여 알아보자. 만약 당신이 초콜릿 사는 데에 쓸 금액을 늘린다면 N값은 어떤 영향을 받을까? 금액이 증가할수록 살 수 있는 초콜릿 개수가 늘어나는 것은 분명하다. 개당 가격이 50센트이면, \$2로는 초콜릿 4개, \$3로 6개, \$4로 8개를 살 수 있고 이런 식으로 금액에 따라 계속 증가할 것이다. 이러한 관계를 비례라고 하며, 'N은 D에 비례한다.' 혹은 'N은 D에 정비례한다.'고 정리할 수 있다. D가 두 배로 증가하면 N도 역시 두 배가 된다. D가 세 배가 되면 N 또한 세 배가 된다.

같은 원리로 D가 감소하면 N 역시 함께 감소한다. \$1만 쓰기로 할 때 살 수 있는 50센트짜리 초콜릿은 2개가 된다. D가 반으로 줄면, N 역시 반으로 줄어든다.

D(\$)	N
1	2
2	4
3	6
4	8

이번엔 \$2어치 초콜릿을 사기로 하자. 이때 초콜릿의 단가가 개수에 어떻게 영향을 미치는가? 50센트짜리 초콜릿을 살 경우 네 개를 살 수 있다는 것은 이미 알고 있다. 대신 개당 \$1짜리 초콜릿을 산다면 두 개를 살 수 있을 것이다.

$$N = \frac{\$2}{\$1}$$
$$N = 2$$

한 개에 \$2하는 초콜릿을 선택하면 살 수 있는 초콜릿은 한 개뿐이다. 그러므로 초콜릿의 가격인 C가 증가하면 N은 감소한다. C가 두 개로 증가하면 N은 $\frac{1}{2}$만큼 증가한다. 이를 반비례라고 하고, 'N은 C에 대해 반비례한다.'고 정리할 수 있다. C가 감소하면 N이 증가한다. 개당 25센트인 초콜릿을 고르면, \$2만으로도 여덟 개를 살 수 있다.

C(\$)	N
0.25	8
0.50	4
1	2
2	1

과학적 기수법

과학적 기수법이란 매우 크거나 작은 수를 편리하게 축약해서 적는 방법이다. 이는 기본적으로 10의 제곱을 이용한다. 100은 10×10과 같고 1000은 $10 \times 10 \times 10$과 같으므로, 이를 축약하여 적으면, 다음과 같다.

$$100 = 10^2 (= 10 \times 10)$$
$$1,000 = 10^3 (= 10 \times 10 \times 10)$$

100이나 1,000처럼 10의 제곱수들은 10을 특정 횟수만큼 제곱한 것이다. 10^2에서 첨자 2는 지수라고 불린다. 이런 식으로 기술된 10의 제곱수들에서, 지수는 0의 개수와 같다. 그러므로

$$10 = 10^1 \quad 10,000 = 10^4 \quad 1,000,000 = 10^6$$

이다. 같은 원리로 1은 0을 하나도 가지지 않으므로,

$$1 = 10^0$$

0.1이나 0.001과 같은 소수도 음수 지수를 사용해 적을 수 있다. 음수 지수로 표기된 10의 제곱수는 1을 절댓값이 같은 10의 지수로 나눈 것과 같다.

$$0.01 = \frac{1}{100} = \frac{1}{10^2} = 10^{-2}$$
$$0.001 = \frac{1}{1,000} = \frac{1}{10^3} = 10^{-3}$$

소수를 10의 제곱수로 표현하기 위해서는 소수점이 1의 왼쪽으로 몇 번째 위치에 있는지를 확인하고, 그 자릿수의 음수를 지수로 취한다. 0.01에서는 소수점이 1로부터 왼쪽으로 두 번째 자리에 위치한다. 그러므로 $0.01 = 10^{-2}$이다.

$$0.1 = 10^{-1}$$
$$0.0001 = 10^{-4}$$
$$0.000000001 = 10^{-9}$$

정리하면 양수 지수를 갖는 10의 제곱수에서 지수는 0의 개수와 같다. 음수 지수를 갖는 10의 제곱수는 소수로 표현할 수 있고, 소수점과 1사의의 0의 개수를 음수로 바꾼 뒤 거기서 다시 1을 뺀 수가 지수가 된다. 따라서 10^5은 1뒤에 5개의 0이 있는 100,000과 같다. 10^{-5}은 소수점 아래에 네 개의 0이 있는 0.00001이다.

$10^4 = 10,000$	$10^{-1} = 0.1$
$10^3 = 1,000$	$10^{-2} = 0.01$
$10^2 = 100$	$10^{-3} = 0.001$
$10^1 = 10$	$10^{-4} = 0.0001$
$10^0 = 1$	

10의 제곱수를 곱하면 곱해진 수의 지수는 곱하기 전의 두 수의 지수의 합과 같다.

$$100 \times 1{,}000 = 100{,}000$$
$$10^2 \times 10^3 = 10^5$$

이와 같이

$$10^4 \times 10^8 = 10^{12}$$
$$10^{-3} \times 10^7 = 10^4$$
$$10^{-2} \times 10^{-5} = 10^{-7}$$

이다. 10의 제곱수를 또 다른 10의 제곱수로 나눌 때 나눈 수의 지수는 피제수의 지수에서 제수의 지수를 뺀 것과 같다.

$$10^6 \div 10^2 = \frac{10^6}{10^2} = 10^{6-2} = 10^4$$
$$10^4 \div 10^9 = 10^{4-9} = 10^{-5}$$
$$10^3 \div 10^{-5} = 10^{3-(-5)} = 10^8$$
$$10^{-7} \div 10^{-1} = 10^{-7-(-1)} = 10^{-6}$$

과학적 기수법은 10의 제곱수를 다른 수로 얼마든지 바꿀 수 있게 한다. 과학적 기수법으로 표기된 수는 일반적으로 1~10사이의 어떤 수에 10의 제곱수를 곱한 형태로 다음과 같은 예를 들 수 있다.

$$23{,}400 = 2.34 \times 10{,}000$$
$$23{,}400 = 2.34 \times 10^4$$

어떤 숫자를 과학적 기수법으로 표기할 때, 10의 지수는 원래의 수에서 소수점이 옮겨진 자리의 수와 같다. 23,400에서 소수점은 생략되어 숫자 맨 오른쪽에 있는 것이다. 이 소수점이 왼쪽으로 4칸을 옮겨 와서 2와 3 사이에 자리를 잡았다. 이 예시와 같이 소수점이 본래 있던 자리에서 왼쪽 방향으로 움직였을 때, 10의 지수는 양수 값을 가진다. 다음은 이와 유사한 예이다.

$$641 = 6.41 \times 10^2$$
$$497{,}500{,}000 = 4.975 \times 10^8$$

소수점이 오른쪽으로 이동한 경우 10의 지수는 음수이다.

$$0.0053 = 5.3 \times 0.001 = 5.3 \times 10^{-3}$$
$$0.07134 = 7.134 \times 10^{-2}$$
$$0.000000964 = 9.64 \times 10^{-7}$$

과학적 기수법을 사용해 수를 곱하거나 나눌 때, 보통 숫자 부분과 10의 제곱수 부분은 각자 같은 것끼리 표기한다.

곱셈의 예

$$(4.2 \times 10^3) \times (2.3 \times 10^5) = (4.2 \times 2.3) \times (10^3 \times 10^5)$$
$$= 9.66 \times 10^8$$
$$(1.36 \times 10^4) \times (2 \times 10^{-6}) = (1.36 \times 2) \times (10^4 \times 10^{-6})$$
$$= 2.72 \times 10^{-2}$$

나눗셈의 예

$$(6.8 \times 10^{-7}) \div (3.4 \times 10^2) = (6.8 \div 3.4) \times (10^7 \div 10^2)$$
$$= 2.0 \times 10^5$$
$$(7.3 \times 10^{-5}) \div (2 \times 10^{-8}) = (7.3 \div 2) \times (10^{-5} \div 10^{-8})$$
$$= 3.65 \times 10^3$$

유효숫자 물리학을 비롯한 과학 분야에서 쓰이는 수치들은 추상적 값이 아닌 측정값이다. 예를 들어 96.4마일은 96.35마일과 96.45마일 사이에 존재하는 값이다. 이런 값들을 가지고 연산을 할 때, 이 부정확성에 대한 개념을 확실하게 가지고 있어야 한다. 어떤 자동차가 96.4마일을 3시간에 달린다고 할 때, 차의 속도는 달린 거리를 시간으로 나눈 것이다.

$$속도 = \frac{거리}{시간} = \frac{96.4마일}{3시간}$$

산술적으로 정확한 답은

속도 = 32.1333333333 mph (*mph = miles per hour)

그러나 거리 측정에서의 부정확성은 속도 역시 정확하게 구할 수 없음을 의미한다. 그러므로 속도 역시 32.1 mph에서 32.2 mph 사이 어딘가 존재하는 값을 가진다. 시간 측정 역시 완벽하게 정확할 수 없다. 이러한 까닭으로 구한 답은 주어진 값의 오차 범위의 한계보다 더 정확할 수 없다.

이 문제의 경우 처음 세 자리의 수 3, 2, 1을 유효 숫자라고 하고, 뒷자리의 3들은 유효하지 않은 값이다. 유효 숫자는 구해진 답의 정밀도와 정확성의 범위를 한정한다. 적정한 답은 32.1로 정리해서 표기하는 것이 옳다.

속도 = 32.1 mph

수학적 규칙에 따라 주어진 값의 정확도에 근거하여 유효 숫자가 몇 개인지 결정한다. 그러나 간략화를 위해 답의 유효 숫자는 세 개 혹은 네 개라고 정하는 편이 좋을 것이다. 그러므로 우리의 답은 3자리 3~4자리 숫자가 될 것이다.

$$6.4768 \rightarrow 6.48$$
$$25{,}934 \rightarrow 25{,}900$$
$$0.4575 \rightarrow 0.458$$

연습 문제 정답

1장

1. $d = 20$ m
변환 테이블로부터 1 m = 3.28 ft
$d = 20$ m $= 20 \times 1$ m $= 20 \times 3.28$ ft
$d = 65.6$ ft

3. 0.0452 s $= 0.0452 \times 1$ s $= 0.0452 \times 1000$ ms
0.0452 s $= 45.2$ ms

5. $T = 0.8$ s (주기)
$f = \dfrac{1}{T} = \dfrac{1}{0.8 \text{ s}}$
$f = 1.25$ Hz

7. 평균 속력 = $\dfrac{거리}{시간}$
$v = \dfrac{d}{t} = \dfrac{900 \text{ km}}{2.5 \text{ h}} = \dfrac{900{,}000 \text{ m}}{2.5 \times 3600 \text{ s}}$
$v = 1{,}000$ m/s

9. 그림 1.12c, 결과 벡터의 길이는 8 m/s에 해당되는 화살표의 길이의 0.66배가 된다.
따라서 속도는 0.66×8 m/s $= 5.3$ m/s가 된다.
그림 1.12d에서 속도는 12.5 m/s이다.

11. $d = vt$
$d = 25$ m/s $\times 5$ s
$d = 125$ m
$v = 250$ m/s: $d = vt$
$\qquad\qquad d = 250$ m/s $\times 5$ s
$\qquad\qquad d = 1{,}250$ m

13.

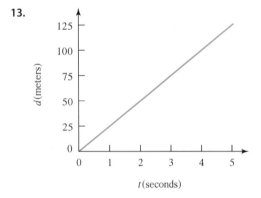

기울기 = 속력 = 25 m/s (그림 1.25 참조)

15. (a) $a = 5$ m/s^2 (예제 1.3 참조)
(b) $a = -9.4$ m/s^2 (예제 1.4 참조)

17. $a = 200$ m/s^2 (예제 1.5 참조)

19. $a = 2.86$ m/s^2 (예제 1.5 참조)

21. (a) $v = at$ $a = 60$ m/s^2 $t = 40$ s
$\qquad v = 60$ m/s$^2 \times 40$ s
$\qquad v = 2{,}400$ m/s
(b) $v = at$

$7{,}500$ m/s $= 60$ m/s$^2 \times t$
$\dfrac{7{,}500 \text{ m/s}}{60 \text{ m/s}^2} = t$ $t = 125$ s

23. (a)

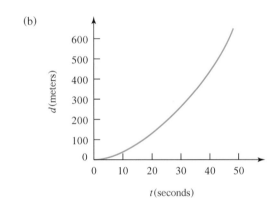

(b)

25. (a) $v = at$ $a = g$ $t = 3$ s
$\qquad v = gt = 9.8$ m/s$^2 \times 3$ s
$\qquad v = 29.4$ m/s
(b) $d = \dfrac{1}{2}at^2$ $d = \dfrac{1}{2}gt^2$
$\qquad d = \dfrac{1}{2}(9.8 \text{ m/s}^2) \times (3 \text{ s})^2$
$\qquad d = 4.9$ m/s$^2 \times 9$ s^2
$\qquad d = 44.1$ m

27. $a = 4.9$ m/s^2
(a) $v = at$ $t = 3$ s
$\qquad v = 4.9$ m/s$^2 \times 3$ s
$\qquad v = 14.7$ m/s
(b) $d = \dfrac{1}{2}at^2$
$\qquad d = \dfrac{1}{2}(4.9 \text{ m/s}^2) \times (3 \text{ s})^2$
$\qquad d = 2.45$ m/s$^2 \times 9$ s^2
$\qquad d = 22.05$ m

29. "a"에서: $a = 기울기 = \dfrac{500 \text{ m/s}}{0.001 \text{ s}}$
$\qquad\qquad a = 500{,}000$ m/s^2

"b"에서: $a = 0$ m/s^2
"c"에서: $a = -2,500,000$ m/s^2

31. $a = \dfrac{\Delta v}{\Delta t} = \dfrac{480 \text{ km/h}}{5 \text{ s}} = \dfrac{480,000 \text{ m}}{5 \text{ s} \times 3600 \text{ s}} = 2.7\, g$

2장

1. 예: $W = 150$ lb 1 lb $= 4.45$ N

$W = 150 \times 1$ lb $= 150 \times 4.45$ N

$W = 667.5$ N

$W = mg$

667.5 N $= m \times 9.8$ m/s^2

$\dfrac{667.5 \text{ N}}{9.8 \text{ m/s}^2} = m$

$m = 68.1$ kg

3. (a) $W = mg = 30 \text{ kg} \times 9.8 \text{ m/s}^2$

$W = 294$ N

(b) $W = 294$ N 1 N $= 0.225$ lb

$W = 294 \times 1$ N $= 294 \times 0.225$ lb

$W = 66.15$ lb

5. $F = 36,000$ N   (예제 2.1 참조)

7. $F = ma$

10 N $= 2 \text{ kg} \times a$

$\dfrac{10 \text{ N}}{2 \text{ kg}} = a$

$a = 5$ m/s^2

9. $F = ma$

$20,000,000$ N $= m \times 0.1$ m/s^2

$\dfrac{20,000,000 \text{ N}}{0.1 \text{ m/s}^2} = m$

$m = 200,000,000$ kg

11. $m = 4,500$ kg $F = 60,000$ N

(a) $F = ma$

$60,000$ N $= 4,500 \text{ kg} \times a$

$\dfrac{60,000 \text{ N}}{4,500 \text{ kg}} = a$

$a = 13.3$ m/s^2

(b) $v = at$

$v = 13.3 \text{ m/s}^2 \times 8 \text{ s}$

$v = 106.4$ m/s

(c) $d = \dfrac{1}{2} at^2$

$d = \dfrac{1}{2}(13.3 \text{ m/s}^2) \times (8 \text{ s})^2$

$d = 6.65 \text{ m/s}^2 \times 64 \text{ s}^2$

$d = 425.6$ m

13. (a) $a = 3$ m/s^2 (예제 1.3 참조)

(b) $F = 240$ N   (예제 2.1 참조)

(c) $d = \dfrac{1}{2} at^2 = \dfrac{1}{2}(3 \text{ m/s}^2) \times (3 \text{ s})^2$

$d = 1.5 \text{ m/s}^2 \times 9 \text{ s}^2$

$d = 13.5$ m

15. (a) $a = 28$ m/s$^2 = 2.86\, g$ (예제 1.3 참조)

(b) $d = 87.5$ m   (연습 문제 13(c)의 풀이 참조)

(c) $F = 504,000$ N   (예제 2.1 참조)

17. $a = 6\, g$ $g = 9.8$ m/s^2

$= 6 \times 9.8$ m/s^2

$a = 58.8$ m/s^2

$F = ma$ $m = 1,200$ kg

$= 1,200 \text{ kg} \times 58.8 \text{ m/s}^2$

$F = 70,560$ N

19. $v = 60$ m/s $r = 400$ m $m = 600$ kg

(a) $a = \dfrac{v^2}{r} = \dfrac{(60 \text{ m/s})^2}{400 \text{ m}}$

$a = \dfrac{3,600 \text{ m}^2/\text{s}^2}{400 \text{ m}}$

$a = 9$ m/s^2

$g = 9.8$ m/s^2 1 m/s$^2 = \dfrac{g}{9.8}$

$a = 9 \times 1 \text{ m/s}^2 = 9 \times \dfrac{g}{9.8}$

$a = \dfrac{9}{9.8}\, g$

$a = 0.918\, g$

(b) $F = ma$

$= 600 \text{ kg} \times 9 \text{ m/s}^2$

$F = 5,400$ N

21. $F = m\dfrac{v^2}{r}$

60 N $= 0.1 \text{ kg} \times \dfrac{v^2}{1 \text{ m}}$

$v^2 = \dfrac{60 \text{ N·m}}{0.1 \text{ kg}} = 600 \text{ m}^2/\text{s}^2$

$v = 24.5$ m/s

23. $F = m\dfrac{v^2}{r}$

200 N $= 1,000 \text{ kg} \times \dfrac{(5,000 \text{ m/s})^2}{r} = \dfrac{2.5 \times 10^{10}}{r}$

$r = \dfrac{2.5 \times 10^{10}}{200} = 1.25 \times 10^8$ m

25. (a) 거리가 두 배 멀어지면 힘은 $\dfrac{1}{4}$이 된다.

$F = 667.5$ N

(b) $F = 296.7 \text{ N} \left(\dfrac{1}{9}\right)$

(c) $F = 66.75 \text{ N} \left(\dfrac{1}{100}\right)$

3장

1. $mv = 650$ kg m/s   (3.2절 참조)

3. $F = \dfrac{\Delta mv}{\Delta t} = \dfrac{(mv)_f - (mv)_i}{\Delta t}$

$mv_i = 1,000 \text{ kg} \times 0 \text{ m/s}$

$$mv_i = 0 \text{ kg m/s}$$
$$mv_f = 1{,}000 \text{ kg} \times 27 \text{ m/s}$$
$$mv_f = 27{,}000 \text{ kg-m/s}$$
$$\Delta t = 10 \text{ s}$$
$$F = \frac{(mv)_f - (mv)_i}{\Delta t} = \frac{27{,}000 \text{ kg-m/s} - 0 \text{ kg-m/s}}{10 \text{ s}}$$
$$F = \frac{27{,}000 \text{ kg-m/s}}{10 \text{ s}}$$
$$F = 2{,}700 \text{ N}$$

5. $v = 39 \text{ m/s}$ (예제 3.2 참조)

7.
$$mv_\text{전} = 50 \text{ kg} \times 5 \text{ m/s}$$
$$mv_\text{전} = 250 \text{ kg m/s}$$
$$mv_\text{후} = (40 \text{ kg} + 50 \text{ kg}) + v$$
$$mv_\text{후} = 90 \text{ kg} \times v$$
$$mv_\text{전} = mv_\text{후}$$
$$250 \text{ kg-m/s} = 90 \text{ kg} \times v$$
$$\frac{250 \text{ kg-m/s}}{90 \text{ kg}} = v$$
$$v = 2.78 \text{ m/s}$$

9.
$$mv_\text{전} = 0 \text{ kg-m/s}$$
$$mv_\text{후} = (mv)_\text{총} + (mv)_\text{총알}$$
$$mv_\text{후} = 1.2 \text{ kg} \times v + 0.02 \text{ kg} \times 300 \text{ m/s}$$
$$mv_\text{후} = 1.2 \text{ kg} \times v + 6 \text{ kg-m/s}$$
$$mv_\text{전} = mv_\text{후}$$
$$0 \text{ kg-m/s} = 1.2 \text{ kg} \times v + 6 \text{ kg-m/s}$$
$$-6 \text{ kg-m/s} = 1.2 \text{ kg} \times v$$
$$\frac{-6 \text{ kg-m/s}}{1.2 \text{ kg}} = v$$
$$v = -5 \text{ m/s} \quad \text{(총알과 반대 방향)}$$
$$\frac{v_\text{총}}{v_\text{총알}} = \frac{-m_\text{총알}}{m_\text{총}}$$

11. 일 = 30,000 J (예제 3.3 참조)

13. $PE = 2{,}156 \text{ J}$ (예제 3.7 참조)

15. $KE = 45{,}000 \text{ J}$ (예제 3.6 참조)

17.
$$KE = \frac{1}{2}mv^2$$
$$60{,}000 \text{ J} = \frac{1}{2} \times 300 \text{ kg} \times v^2$$
$$\frac{60{,}000 \text{ J}}{150 \text{ kg}} = v^2$$
$$400 \text{ J/kg} = v^2$$
$$v = 20 \text{ m/s}$$

19. $v = 111 \text{ m/s}$ (예제 3.8 참조)

21.
$$v^2 = 2gd$$
$$(7.7 \text{ m/s})^2 = 2 \times 9.8 \text{ m/s}^2 \times d$$
$$59.3 \text{ m}^2/\text{s}^2 = 19.6 \text{ m/s}^2 \times d$$
$$\frac{59.3 \text{ m}^2/\text{s}^2}{19.6 \text{ m/s}^2} = d$$
$$d = 3 \text{ m} \quad \text{(표 3.2 참조)}$$

23. (a) $PE = 323{,}000 \text{ J}$ (예제 3.7 참조)

(b) $v = 46.4 \text{ m/s}$ (104 mph; 예제 3.8 참조)

25. (a) $KE = 4{,}000 \text{ J}$ (예제 3.6 참조)

(b)

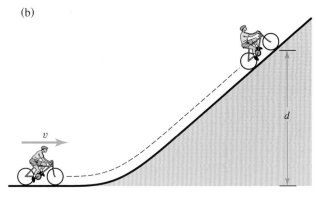

맨 밑에서 $KE = PE$ 언덕 위에서 정지했을 때
$$4{,}000 \text{ J} = mgd = 80 \text{ kg} \times 9.8 \text{ m/s}^2 \times d$$
$$\frac{4{,}000 \text{ J}}{784 \text{ kg m/s}^2} = d$$
$$d = 5.1 \text{ m} \qquad d = \frac{v^2}{2g}$$

27. 천장에 닿는 순간 정지할 수 있는 정도의 속력으로 연직 위로 던져져야 할 것이다. 즉,
$$v = \sqrt{2gd}$$
$$= \sqrt{2 \times 9.8 \text{ m/s}^2 \times 20 \text{ m}} = 19.8 \text{ m/s}(= 44 \text{ mph})$$

29. $KE_\text{전} = \dfrac{1}{2}mv^2 = \dfrac{1}{2} \times 50 \text{ kg} \times (5 \text{ m/s})^2$
$$KE_\text{전} = 25 \text{ kg} \times 25 \text{ m}^2/\text{s}^2$$
$$KE_\text{전} = 625 \text{ J}$$
$$KE_\text{후} = \frac{1}{2}mv^2 = \frac{1}{2} \times 90 \text{ kg} \times (2.78 \text{ m/s})^2$$
$$KE_\text{후} = 45 \text{ kg} \times 7.73 \text{ m}^2/\text{s}^2$$
$$KE_\text{후} = 348 \text{ J}$$
$$KE_\text{손실} = 625 \text{ J} - 348 \text{ J}$$
$$KE_\text{손실} = 277 \text{ J}$$

31.
$$P = \frac{\text{일}}{t}$$
$$200 \text{ W} = \frac{10{,}000 \text{ J}}{t}$$
$$t = \frac{10{,}000 \text{ J}}{200 \text{ W}}$$
$$t = 50 \text{ s}$$

33.
$$P = \frac{\text{일}}{t} = \frac{PE}{t}$$
$$PE = mgd = 1{,}000 \text{ kg} \times 9.8 \text{ m/s}^2 \times 30 \text{ m}$$
$$PE = 294{,}000 \text{ J}$$
$$PE = \frac{PE}{t} = \frac{294{,}000 \text{ J}}{10 \text{ s}}$$
$$P = 29{,}000 \text{ W}$$

35. $P = 155 \text{ W}$ (연습 문제 33 참조)

4장

1. $p = \dfrac{F}{A} = \dfrac{8{,}000{,}000 \text{ N}}{40 \text{ m}^2} = 2 \times 10^5 \text{ N/m}^2 = 2 \text{ atm}$ (예제 4.1 참조)

3. $F = pA$

$F = 50 \text{ N/cm}^2 \times 0.5 \text{ m}^2$

$F = 250,000 \text{ Pa}$

5. $F = 50.65 \text{ N}$ (예제 4.2 참조)

7. (a) $D = \dfrac{m}{V} = \dfrac{393 \text{ kg}}{0.05 \text{ m}^3}$ (예제 4.3 참조)

$D = 7,860 \text{ kg/m}^3$

$D_w = D \times g = 7,860 \text{ kg/m}^3 \times 9.8 \text{ m/s}^2$

$D_w = 77,028 \text{ N/m}^3$

(b) 철 (표 4.4 참조)

9. (a) $D = \dfrac{W}{V}$

$V = \dfrac{W}{D} = \dfrac{20,000 \text{ kg}}{1,000 \text{ kg/m}^3} = 20 \text{ m}^3$

(b) $D = \dfrac{W}{V}$

$V = \dfrac{W}{D} = \dfrac{20,000 \text{ kg}}{680 \text{ kg/m}^3} = 29.4 \text{ m}^3$

11. $m = 162 \text{ kg}$ (예제 4.4와 표 4.4 참조)

13. (a) $m = 2,190 \text{ kg}$ (예제 4.4와 표 4.4 참조)

(b) $W = mg = 2,190 \text{ kg} \times 9.8 \text{ m/s}^2$

$W = 21,500 \text{ N} = 4,830 \text{ lb}$

15. $p = D_w h = 9,800 \text{ N/m}^3 \times 4 \text{ m} = 39,200 \text{ N/m}^2$ (예제 4.6 참조)

$p = 39,200 \text{ Pa}$

17. $p = 3,030,000 \text{ Pa}$ (예제 4.6 참조)

19. 약 0.4 atm

21. $F_b = W_{\text{배제된 물}}$ $W = (D_w)_{\text{물}} \times V$

$F_b = 98,000 \text{ N/m}^3 \times 0.04 \text{ m}^3$

$F_b = 3,920 \text{ N}$

23. (a) $W_{He} = D_w \times V = 0.18 \text{ kg/m}^3 \times 9.8 \text{ m/s}^2 \times 50,000 \text{ m}^3$

$= 88,200 \text{ N}$ (표 4.4 참조)

(b) $F_b = W_{\text{공기}} = D_w \times V = 1.29 \text{ kg/m}^3 \times 9.8 \text{ m/s}^2 \times 50,000 \text{ m}^3$

$= 632,100 \text{ N}$

(c) $F_{\text{알짜}} = F_b - W_{He} = 632,100 \text{ N} - 88,200 \text{ N}$

$= 543,900 \text{ N}$

25. (a) $W = D_w \times V = 560 \text{ kg/m}^3 \times 9.8 \text{ m/s}^2 \times 0.1 \text{ m}^3$

$= 548.8 \text{ N}$ (예제 4.5와 표 4.4 참조)

(b) $F_b = W_{\text{물}} = (D_w)_{\text{물}} \times V = 980 \text{ N/m}^3 \times 0.1 \text{ m}^3$

$= 98 \text{ N}$

(c)

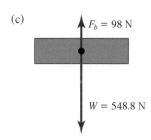

$W = 548.8 \text{ N}$

$F_b = 98 \text{ N}$

$F_{\text{알짜}} = 548.8 \text{ N} - 98 \text{ N} = 450.8 \text{ N}$ (아래로)

27. (a) $W_{\text{얼음}} = 4,410,000 \text{ N}$ (예제 4.5과 표 4.4 참조)

(b) $W_{\text{바닷물}} = F_b = W_{\text{얼음}}$ (뜨기 때문)

$W_{\text{바닷물}} = D_w \times V$

$D_{w(\text{바닷물})} = 1,030 \text{ kg/m}^3 \times 9.8 \text{ m/s}^2 = 10,094 \text{ N/m}^3$

$4,410,000 \text{ N} = 10,094 \text{ N/m}^3 \times V$

$V_{\text{바닷물}} = 436.9 \text{ m}^3$

(c) $V_{\text{밖}} = V_{\text{전체}} - V_{\text{수중}}$

$= 500 \text{ m}^3 - 436.9 \text{ m}^3$

$= 63.1 \text{ m}^3$

$V_{\text{밖}} = \dfrac{1}{9} V_{\text{전체}}$

29. 저울 눈금 $= W_{\text{Al}} - F_b = 100 \text{ N} - F_b$

$F_b = W_{\text{물}} = D_{\text{물}} \times g \times V_{\text{Al}}$

$W_{\text{Al}} = D_{\text{Al}} \times g \times V_{\text{Al}}$ $V_{\text{Al}} = 0.00378 \text{ m}^3$

$F_b = 37.0 \text{ N}$

저울 눈금 $= 63.0 \text{ N}$

5장

1. $30\,^\circ\text{C} = 86\,^\circ\text{F}$ (재킷이 필요하지 않음)

3. $\Delta l = -0.96 \text{ m}$ 더 짧아진다는 것을 의미한다.

(예제 5.1과 표 5.2 참조)

$l = 199.04 \text{ m}$

5. 지름을 5 mm에서 4.997 mm로 줄여야 한다.

$\Delta l = -0.003 \text{ mm}$

$\Delta l = \alpha l \Delta T$ $\alpha = 12 \times 10^{-6}/^\circ\text{C}$

$-0.003 \text{ mm} = 12 \times 10^{-6}/^\circ\text{C} \times 5 \text{ mm} \times \Delta T$

$\dfrac{-0.003 \text{ mm}}{60 \times 10^{-6} \text{ mm/}^\circ\text{C}} = \Delta T$

$\dfrac{-0.003}{60} \times 10^6\,^\circ\text{C} = \Delta T$

$-0.00005 \times 10^6\,^\circ\text{C} = \Delta T$

$\Delta T = -50\,^\circ\text{C}$

7. $\Delta U = $ 일 $+ Q$ $Q = -2 \text{ J}$ (열 손실)

일 $= Fd = 50 \text{ N} \times 0.1 \text{ m}$

일 $= 5 \text{ J}$ (기체에 한 일)

$\Delta U = $ 일 $+ Q = 5 \text{ J} + (-2 \text{ J})$

$\Delta U = 3 \text{ J}$

9. $Q = 1,081,000 \text{ J}$

(예제 5.4와 표 5.3 참조)

11. (a) $Q = Cm\,\Delta T$

$C = 4,180 \text{ J/kg-}^\circ\text{C}$ 물의 경우

$\Delta T = 100\,^\circ\text{C}$

$Q = 4,180 \text{ J/kg-}^\circ\text{C} \times 1 \text{ kg} \times 100\,^\circ\text{C}$

$C = 418,000 \text{ J}$

(b) $Q = 2,260,000 \text{ J}$ (5.6절 참조)

13. (a) $KE = 375,000 \text{ J}$ (예제 3.6 참조)

(b) $Q = Cm\,\Delta T$ $Q = KE$

$KE = Cm\,\Delta T$ $C = 460 \text{ J/kg-}^\circ\text{C}$ 철의 경우

$375,000 \text{ J} = 460 \text{ J/kg-}^\circ\text{C} \times 20 \text{ kg} \times \Delta T$

$\dfrac{375,000 \text{ J}}{9,200 \text{ J/}^\circ\text{C}} = \Delta T$

$\Delta T = 40.8\,^\circ\text{C}$

15. $\Delta T = 47.4\,^\circ\text{C}$ (예제 5.3 참조)

17. (a) 상대 습도 = 62.5%

(예제 5.8과 표 5.5 참조)

(b) 상대 습도 = 5.78%

(예제 5.8과 표 5.5 참조)

19. 공기 중의 수증기의 양은 수증기 밀도 즉, 습도로 주어진다.

$$\text{상대 습도} = \frac{\text{습도}}{\text{포화 밀도}} \times 100\%$$

20 ℃에서 포화 밀도 = 0.0173 kg/m³

$$40\% = \frac{\text{습도}}{0.0173\,\text{kg/m}^3} \times 100\%$$

$$\frac{40\% \times 0.0173\,\text{kg/m}^3}{100\%} = \text{습도}$$

습도 = 0.00692 kg/m³

공기 1 m³ 안에 수증기가 0.00692 kg이 들어 있다.

21. $m = DV$ $V = 150\,\text{m}^3$

$$\text{상대 습도} = \frac{\text{습도}}{\text{포화 밀도}} \times 100\%$$

$$60\% = \frac{D}{0.0228} \times 100\%$$ $D = 0.0137\,\text{kg/m}^3$

$m = 0.0137\,\text{kg/m}^3 \times 150\,\text{m}^3$

$m = 2.1\,\text{kg}$

23. 습도 = 0.0094 kg/m³

(연습 문제 19의 접근 방법 참조)

표 5.5로부터 이러한 습도를 가진 공기는 10 ℃로 냉각될 때 즉, 2,000 m 올라갈 때 포화될 것을 알 수 있다.

25. 카르노 효율 = 34.9%   (예제 5.9 참조)

27. (a) $\text{효율} = \dfrac{\text{일 출력}}{\text{에너지 입력}} \times 100\%$

$$\text{효율} = \frac{3,000\,\text{J}}{15,000\,\text{J}} \times 100\%$$

효율 = 20%

(b) 카르노 효율 = 88%   (예제 5.9 참조)

6장

1. (a) $\rho = 0.167\,\text{kg/m}$ (예제 6.1 참조)

(b) $v = 15.5\,\text{m/s}$ (예제 6.1 참조)

3. $v = 388\,\text{m/s}$ (예제 6.2 참조)

5. $v = f\lambda$

$v = 4\,\text{Hz} \times 0.5\,\text{m}$

$v = 2\,\text{m/s}$

7. $v = f\lambda$

$80\,\text{m/s} = f \times 3.2\,\text{m}$

$$\frac{80\,\text{m/s}}{3.2\,\text{m}} = f$$

$f = 25\,\text{Hz}$

9. $f = 20\,\text{Hz}$

$\lambda = 17.2\,\text{m} = 56.4\,\text{ft}$ (예제 6.3 참조)

$f = 20,000\,\text{Hz}$

$\lambda = 0.0172\,\text{m} = 0.677\,\text{in.}$ (예제 6.3 참조)

11. (a) $\lambda = 1.315\,\text{m}$ (예제 6.3 참조)

(b) $v = f\lambda$ $v = 1,440\,\text{m/s}$ (표 6.1에서 물)

$1,440\,\text{m/s} = 261.6\,\text{Hz} \times \lambda$

$$\frac{1,440\,\text{m/s}}{261.6\,\text{Hz}} = \lambda$$

$\lambda = 5.505\,\text{m}$

13. $v = 347\,\text{m/s}$ (연습 문제 5의 접근 방법 참조)

$v = 20.1 \times \sqrt{T} = 347\,\text{m/s}$ (예제 6.1 참조)

$(20.1)^2 \times T = (347\,\text{m/s})^2$

$T = 298\,\text{K} = 25\,^\circ\text{C}$

15. 이것은 소멸 간섭이다.

따라서 두 거리의 차이는 소리 파장의 1/2과 같다.

$7.2\,\text{m} - 7\,\text{m} = 0.2\,\text{m} = \dfrac{1}{2}\lambda$

$\lambda = 0.4\,\text{m}$

$v = 344\,\text{m/s}$

$f = 860\,\text{Hz}$

17. (a) 소리가 진행한 전체 거리:

$d = vt = 320\,\text{m/s} \times 0.03\,\text{s} = 9.6\,\text{m}$ (표 6.1에서 v)

$\text{눈까지의 거리} = \dfrac{1}{2}d = 4.8\,\text{m}$

(b) 눈의 깊이 = 5 m − 4.8 m = 0.2 m

19. $d = vt$ $t = \dfrac{d}{v} = \dfrac{4,782,000\,\text{m}}{344\,\text{m/s}}$

$t = 13,900\,\text{s} = 3.86\,\text{h}$

21. (a) $d = vt$ $v = 344\,\text{m/s}$ (공기)

$8,000\,\text{m} = 344\,\text{m/s} \times t$

$$\frac{8,000\,\text{m}}{344\,\text{m/s}} = t$$

$t = 23.2\,\text{s}$

(b) $d = vt$ $v = 4,000\,\text{m/s}$ (표 6.1에서 화강암)

$8,000\,\text{m} = 4,000\,\text{m/s} \times t$

$$\frac{8,000\,\text{m}}{4,000\,\text{m/s}} = t$$

$t = 2\,\text{s}$

23. 수면 아래에서 소리가 0.01초 동안 진행한 거리:

$d = vt$ $v = 1,440\,\text{m/s}$ (표 6.3 참조)

$d = 1,440\,\text{m/s} \times 0.01\,\text{s}$

$d = 14.4\,\text{m}$

소리가 물고기까지 진행해서 반사되고 되돌아온다.

물고기까지의 거리는 소리가 진행한 거리의 1/2이다.

$d = 7.2\,\text{m}$

25. 10 dB당 소리는 약 두 배 커진다.

$40\,\text{dB} = 4 \times 10\,\text{dB}$

$2 \times 2 \times 2 \times 2 = 16$

소리는 16배 더 크다.

27. (a) 음표의 배음은 음표 주파수의 2, 3, 4, …배와 같은 주파수, 즉 8,372 Hz, 12,558 Hz, 16,744 Hz 등을 갖는다. 따라서 우리가 들을 수 있는 가장 높은 배음은 16,744 Hz이다. 우리는 음표 자체 (4,186 Hz)를 포함해서 4배음을 들을 수 있다.

(b) 1옥타브 아래의 음표는 1/2의 주파수를 갖는다.

$f = 2,093$ Hz.

배음: 4,186 Hz, 6,279 Hz, 8,372 Hz, 10,465 Hz, 12,558 Hz, 14,651 Hz, 16,744 Hz, 18,837 Hz, 20,930 Hz. 우리가 들을 수 있는 가장 높은 배음은 18,837 Hz이다. 우리는 음표 자체(2,093 Hz)를 포함해서 9배음을 들을 수 있다.

7장

1. $I = \dfrac{q}{t} = \dfrac{250\,\text{C}}{30\,\text{s}}$

$I = 8.33$ A

3. $I = \dfrac{q}{t}$ $t = 1\,\text{min} = 60\,\text{s}$

$0.7\,\text{A} = \dfrac{q}{60\,\text{s}}$

$0.7\,\text{A} \times 60\,\text{s} = q$

$q = 42$ C

5. $V = IR$

$120\,V = 12\,\text{A} \times R$

$\dfrac{120\,V}{12\,\text{A}} = R$

$R = 10\,\Omega$

7. $I = 1.8$ A (예제 7.1 참조)

9. $V = 20$ V (예제 7.2 참조)

11. $P = 1,440$ W (예제 7.4 참조)

13. $P = 1,500,000$ W (예제 7.4 참조)

15. (a) $P = 40$ W $I = 3.33$ A (예제 7.5 참조)

$P = 50$ W $I = 4.17$ A (예제 7.5 참조)

(b) $P = 40$ W: $R = 3.6\,\Omega$

(연습 문제 6의 접근 방법 참조)

$P = 50$ W: $R = 2.88\,\Omega$

(연습 문제 6의 접근 방법 참조)

17. $E = 9,600,000$ J (예제 7.6 참조)

또는 $P = 4\,\text{kW}$ $t = 40\,\text{min} = \dfrac{2}{3}\,\text{h}$

$E = 4\,\text{kW} \times \dfrac{2}{3}\,\text{h}$

$E = 2.67$ kWh

19. 헤어드라이어: $E = 360,000$ J (예제 7.6 참조)

등: $E = 2,160,000$ J (예제 7.6 참조)

등은 더 많은 에너지를 소비하기 때문에 동작시키는 데 더 많은 비용이 든다.

21. (a) $P = 1,080$ W (예제 7.4 참조)

(b) $E = 64,800$ J (예제 7.6 참조)

또는 $P = 1.08\,\text{kW}$ $t = 1\,\text{min} = \dfrac{1}{60}\,\text{h}$

$E = Pt = 1.08\,\text{kW} \times \dfrac{1}{60}\,\text{h}$

$E = 0.018$ kWh

(c) $R = 13.3\,\Omega$ (연습 문제 6 참조)

23. (a) $P = IV$

$1,000,000,000\,\text{W} = I \times 24,000\,\text{V}$

$\dfrac{1,000,000,000\,\text{W}}{24,000\,\text{V}} = I$

$I = 41,670$ A

(b) $E = Pt$ $t = 24\,\text{h} = 24 \times 3,600\,\text{s}$

$t = 86,400\,\text{s}$

$E = 1,000,000,000\,\text{W} \times 86,400\,\text{s}$

$E = 8.64 \times 10^{13}$ J

$E = 1,000,000\,\text{kW} \times 24\,\text{h}$

$E = 24,000,000$ kWh

(c) $10\,\text{¢} = \$\,0.1$ 총 수입 $= \$\,2,400,000$

25. (a) $E = 28,800,000$ J (예제 7.6 참조) 또는

$E = Pt = 4\,\text{kW} \times 2\,\text{h} = 8\,\text{kWh}$

(b) $I = 133$ A (예제 7.5 참조)

(c) $E = Pt$ $P = \dfrac{E}{t} = \dfrac{8\,\text{kWh}}{1\,\text{h}}$

$P = 8\,\text{kW} = 8,000$ W

27. $P = IV$

$I = \dfrac{P}{V} = \dfrac{400 \times 10^{-3}\,\text{W}}{3.6\,\text{V}}$

$I = 0.11$ A

이것은 시계 라디오에 흐르는 전류의 약 세 배이다.

(예제 7.1 참조)

8장

1. $\dfrac{V_o}{V_i} = \dfrac{N_o}{N_i}$

120 V 입력, 5 V출력

$\dfrac{5\,\text{V}}{120\,\text{V}} = \dfrac{N_o}{N_i}$

$N_o = N_i \times \dfrac{5}{120} = 1,000 \times \dfrac{5}{120} = 417$

3. $f = 92.5\,\text{MHz} = 92,500,000$ Hz

$c = f\lambda$

$3 \times 10^8\,\text{m/s} = 9.25 \times 10^7\,\text{Hz} \times \lambda$

$\dfrac{3 \times 10^8\,\text{m/s}}{9.25 \times 10^7\,\text{Hz}} = \lambda$

$\lambda = 3.24$ m

5. $c = f\lambda$

$3 \times 10^8\,\text{m/s} = f \times 0.0254\,\text{m}$

$\dfrac{3 \times 10^8\,\text{m/s}}{0.0254\,\text{m}} = f$

$f = 1.18 \times 10^{10}\,\text{Hz} = 11,800$ MHz

7. 자외선 띠: $f = 7.5 \times 10^{14}\,\text{Hz}$ $f = 10^{18}$ Hz

$c = f\lambda$

$3 \times 10^8\,\text{m/s} = 7.5 \times 10^{14}\,\text{Hz} \times \lambda$

$\dfrac{3 \times 10^8\,\text{m/s}}{7.5 \times 10^{14}\,\text{Hz}} = \lambda$

$\lambda = 4 \times 10^{-7}$ m

$c = f\lambda$

$3 \times 10^8\,\text{m/s} = 10^{18}\,\text{Hz} \times \lambda$

$$\frac{3 \times 10^8 \, \text{m/s}}{1 \times 10^{18} \, \text{Hz}} = \lambda$$
$$\lambda = 3 \times 10^{-10} \, \text{m}$$

9. 방출하는 에너지 $\propto T^4$.
300 K에서 3,000 K으로 T는 10배 증가한다. ∴ 10^4배

11. $\lambda_{최대} = \dfrac{0.0029 \, \text{m-K}}{T}$

$\lambda_{최대} = \dfrac{0.0029 \, \text{m-K}}{10,000,000 \, \text{K}}$

$\lambda_{최대} = 2.9 \times 10^{-10} \, \text{m}$

13. $\lambda_{최대} = \dfrac{0.0029}{T}$

$T \times \lambda_{최대} = T \times 0.0000012 \, \text{m} = 0.0029$
$$T = 2{,}420 \, \text{K}$$

9장

1. 아래에 있는 그림을 보라. 반사법칙에 의한 반사각과 입사각이 50°로 동일하다. 그러므로 반사된 광선은 법선과 50°를 이룬다. 굴절되어 유리로 들어가는 광선은 속도가 느려져 법선 쪽으로 휘게 되며, 굴절각은 법선과 32°를 이룬다.

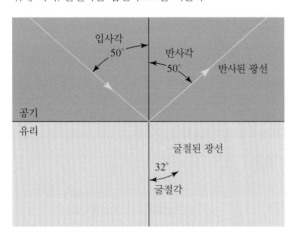

3.
입사각(°)	굴절각(°)*
5	3
10	7
20	14

그림 9.34로부터*

입사각이 두 배로 커지면 굴절각도 거의 두 배가 된다. 예를 들어, 입사각이 20°에서 40°로 두 배가 되면 굴절각은 약 2 × 14° 또는 약 28°가 된다. 이 결과에 대해 그림 9.34에서 볼 수 있듯이 굴절각이 약 27°이므로 위의 가정과 일치한다.

5. 물의 표면을 스치는 광선은 약 49°의 임계각으로 물고기의 눈으로 굴절된다(예제 9.3 참조). 물고기가 물 밖을 볼 수 있는 각도는 임계각의 두 배 혹은 약 98°이다(그림 참고).

7. $M = \dfrac{상의 거리}{물체의 크기} = \dfrac{-p}{s}$

렌즈에 의해 형성된 허상은 정립이다. 그러므로 $M = +2.5$이다. 이 허상은 물체와 같은 방향에 위치한다(예제 9.5 참조).

$$2.5 = \frac{-(-15 \, \text{cm})}{s} = \frac{15 \, \text{cm}}{s}$$
$$s = \frac{15 \, \text{cm}}{2.5} = 6.0 \, \text{cm}$$

9. $M = \dfrac{상의 거리}{물체의 크기} = \dfrac{-0.005 \, \text{m}}{2 \, \text{m}}$

$M = -0.0025$

11. $p = 15 \, \text{cm}$ (렌즈의 오른쪽에)
(예제 9.4 참조)
상은 도립 실상이다.

13. (a) $f = 50 \, \text{mm}$ $p = 60 \, \text{mm}$

$$p = \frac{sf}{s-f}$$
$$p^{-1} = \frac{(s-f)}{sf} = f^{-1} - s^{-1}$$
$$s^{-1} = f^{-1} - p^{-1} = \left(\frac{1}{50}\,\text{mm}\right) - \left(\frac{1}{60}\,\text{mm}\right)$$
$$s^{-1} = 0.0200 \, \text{mm}^{-1} - 0.0167 \, \text{mm}^{-1}$$
$$= 0.0033 \, \text{mm}^{-1}$$
$$s = 300 \, \text{mm}$$
$$M = -\frac{p}{s} = \frac{-60 \, \text{mm}}{300 \, \text{mm}}$$
$$M = -0.20 \quad \left(물체는 \frac{1}{5}로 축소되고 도립이다.\right)$$

(b) (a)의 절차를 따르면,
$$s = 100 \, \text{mm}$$
$$M = -1 \quad (물체는 실제 크기이며 도립이다.)$$

15. $p = \dfrac{sf}{(s-f)}$ $f = 8 \, \text{cm}$ $s = 10 \, \text{cm}$

$p = (10 \, \text{cm} \times 8 \, \text{cm}) \div (10 \, \text{cm} - 8 \, \text{cm})$
$$= \left(\frac{80 \, \text{cm}}{2}\right)$$

$p = 40 \, \text{cm}$ (p가 양수이므로 상은 실상이다.)

17. 빛은 초당 λ^{-4}에 반비례하여 산란한다.
파장 λ가 두 배가 되면 산란되는 빛의 양은 $2^4 = 16$의 양이므로 줄어든다.

10장

1. $E = 41.4 \, \text{eV}$ (예제 10.1 참조)

3. 먼저 진동수를 구한 후 그림 10.7을 이용하라.
$$E = hf \quad h = 6.63 \times 10^{-34} \, \text{J/Hz}$$
$$9.5 \times 10^{-25} \, \text{J} = 6.63 \times 10^{-34} \, \text{J/Hz} \times f$$
$$\frac{9.5 \times 10^{-25} \, \text{J}}{6.63 \times 10^{-34} \, \text{J/Hz}} = f$$
$$\frac{9.5}{6.63} \times \frac{10^{-25}}{10^{-34}} \, \text{Hz} = f$$
$$f = 1.43 \times 10^9 \, \text{Hz} \quad 낮은 진동수의 마이크로파$$
$$1 \, \text{eV} = 1.6 \times 10^{-19} \, \text{J} \quad 1 \, \text{J} = \frac{1 \, \text{eV}}{1.6 \times 10^{-19}}$$
$$E = 9.5 \times 10^{-25} \, \text{J}$$
$$E = 9.5 \times 10^{-25} \times \left(\frac{1 \, \text{eV}}{1.6 \times 10^{-19}}\right)$$

$$E = \frac{9.5 \times 10^{-25}}{1.6 \times 10^{-19}} = \frac{9.5}{1.6} \times \frac{10^{-25}}{10^{-19}}$$

$$E = 5.94 \times 10^{-6} \text{ eV}$$

5. $\lambda = 9.1 \times 10^{-12}$ m   (예제 10.2 참조)

$\lambda = 0.0091$ nm

7. $\lambda = \dfrac{h}{mv}$

$v = \dfrac{h}{m\lambda} = \dfrac{6.63 \times 10^{-34} \text{ J/Hz}}{(9.11 \times 10^{-31} \text{ kg}) \times (6.7 \times 10^{-7} \text{ m})}$

$v = 0.109 \times 10^{(-34 + 31 + 7)}$ m/s

$v = 1{,}090$ m/s

9. (a) $r_4 = 0.847$ nm $= 8.47 \times 10^{-10}$ m $n = 4$

$n\lambda = 2\pi r_4$

$4\lambda = 2\pi \times 8.47 \times 10^{-10}$ m

$\lambda = (\pi/2) \times 8.47 \times 10^{-10}$ m

$ = \dfrac{3.14 \times 8.47}{2} \times 10^{-10}$ m

$ = 13.3 \times 10^{-10}$ m $= 1.33 \times 10^{-9}$ m

$ = 1.33$ nm

(b) $mv = 5.0 \times 10^{-25}$ kg-m/s   (연습 문제 7 참조)

11. (a) 이온화되기 위해서, 전자가 $n = \infty$ 준위로 가므로 원자 에너지는 반드시 $E_\infty = 0$이 되어야 한다. 전자가 $n = 2$인 상태에서 시작한다면, 얻어야 할 에너지 ΔE는

$\Delta E = E_\infty - E_2$

그림 10.28로부터

$E_2 = -3.40$ eV

$\Delta E = 0 - (-3.40 \text{ eV})$

$\Delta E = 3.40$ eV

(b) 원자를 이온화시키는 광자의 에너지는 ΔE와 같다.

$E_{광자} = \Delta E = 3.4$ eV

진동수를 구하기 위해

$E_{광자} = hf$

$3.40 \text{ eV} = 4.136 \times 10^{-15} \text{ eV/Hz} \times f$

$\dfrac{3.40 \text{ eV}}{4.136 \times 10^{-15} \text{ eV/Hz}} = f$

$f = 8.22 \times 10^{14}$ Hz

13. 그림 10.23을 모형으로 이용하여, 가능한 에너지 준위 전이들을 그림으로 나타내었다.

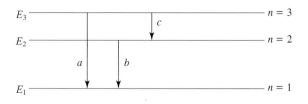

오직 하향 전이만이 광자의 방출을 유도한다. 각 광자의 진동수는 전이에 의한 전자의 에너지 변화에 비례한다. 이 에너지의 크기는 에너지 준위 도표에서 전이를 나타내는 화살표의 길이와 비례한다. 화살표 a가 가장 길고 c가 가장 짧으므로,

$E_a > E_b > E_c$

$f_a > f_b > f_c$

$n = 3$에서 $n = 1$ 준위로 전이할 때 방출되는 광자의 진동수가 가장 높고, $n = 2$에서 $n = 1$ 준위로의 전이, $n = 3$에서 $n = 2$ 준

위로의 전이 순이다.

15. 전자가 각 원자 에너지 준위에 머물 수 있는 수는 $2n^2$인데 n은 주양자수이다.

즉, $n = 1$ 준위는 2개의 전자가 머물 수 있고, $n = 2$ 준위는 전자가 8개, $n = 3$ 준위는 전자가 18개 머물 수 있다.

처음 세 번째 에너지 준위에 머물 수 있는 전자의 수는 $(2 + 8 + 18) = 28$이다. $Z = 30$인 아연은 정상 상태에서 30개의 전자를 포함한다. 다시 말해 아연 원자가 30개의 전자를 수용하기 위한 최소 준위 수 $n = 4$이다.

17. $K_\alpha(\text{Cu})$: $\lambda_\alpha = 0.154$ nm$(n = 2 \Rightarrow n = 1)$

$K_\beta(\text{Cu})$: $\lambda_\beta = 0.139$ nm$(n = 3 \Rightarrow n = 1)$

$\dfrac{E_3 - E_1}{E_3 - E_1} = \dfrac{hf_\beta}{hf_\alpha} = \dfrac{f_\beta}{f_\alpha} = \dfrac{(c/\lambda_\beta)}{(c/\lambda_\alpha)}$

$\dfrac{E_3 - E_1}{E_2 - E_1} = (\lambda_\alpha/\lambda_\beta) = \dfrac{0.154 \text{ nm}}{0.139 \text{ nm}} = 1.11$

$n = 1$ 준위와 $n = 3$ 준위 간의 에너지 차는 $n = 1$ 준위와 $n = 2$ 준위 간의 에너지 차보다 약 10% 크다.

19. $E_{광자} = hf = (hc/\lambda)$

$\lambda = 0.072$ nm $= 0.072 \times 10^{-9}$ m

$E_{광자} = \dfrac{(6.63 \times 10^{-34} \text{ J s}) \times (3 \times 10^8 \text{ m/s})}{(0.072 \times 10^{-9} \text{ m})}$

$\phantom{E_{광자}} = 2.76 \times 10^{-15}$ J $= 17.266$ eV

1 J $= 6.25 \times 10^{18}$ eV

21. (a) $\Delta E = hf$ (연습 문제 11의 풀이 과정 참조)

$0.117 \text{ eV} = (4.136 \times 10^{-15} \text{ eV/Hz} \times f)$

$\dfrac{0.117 \text{ eV}}{(4.136 \times 10^{-15} \text{ eV/Hz})} = f$

$ = 2.83 \times 10^{13}$ Hz

(b) IR 광자이다.   (그림 10.7 참조)

23. (a) $\sqrt{f} \propto Z$이므로 $f \propto Z^2$이다.

즉, 가장 높은 진동수의 X-선 광자는 가장 큰 Z값을 가지는 원소에서 나온다. 그것이 이리듐이다. ($Z = 77$)

(b) 가장 낮은 진동수의 X-선 광자는 가장 작은 원자번호를 가진 원소에 나온다. 그것이 칼슘이다. ($Z = 20$)

11장

1. (a) 탄소-14

$A = 14$ $Z = 6$ $N = 8$

양성자 6개와 중성자 8개

(b) 칼슘-45

$A = 45$ $Z = 20$ $N = 25$

양성자 20개와 중성자 25개

(c) 은-108

$A = 108$ $Z = 47$ $N = 61$

양성자 47개와 중성자 61개

(d) 라돈-225

$A = 225$ $Z = 86$ $N = 139$

양성자 86개와 중성자 139개

(e) 플루토늄-242

$A = 242 \quad Z = 94 \quad N = 148$

양성자 94개와 중성자 148개

3. $^{110}_{47}\text{Ag} \rightarrow ^{110}_{48}\text{Cd} + ^{0}_{-1}\text{e}$

          ↑

       자녀

5. ^{210}Po의 알파 붕괴

$^{210}_{84}\text{Po} \rightarrow ^{4}_{2}\text{He} + A$

                Z

$A:$ $210 = 4 + A$

         $210 - 4 = A$

             $A = 206$

$Z:$ $84 = 2 + Z$

         $84 - 2 = Z$

             $Z = 82$

자녀핵: $^{206}_{82}\text{Pb}$(납)

7. ^{107}Ag의 감마 붕괴:

감마 붕괴는 핵의 전하와 질량에는 변화를 주지 않고, 에너지만 감소시키므로 자녀핵은 $^{107}_{47}\text{Ag}$이다.

9. $^{1}_{0}\text{n} + ^{235}_{92}\text{U} \rightarrow ^{236}_{92}\text{U}^* \rightarrow ^{143}_{57}\text{La} + A + 3\,^{1}_{0}\text{n}$

                                 Z

$A:$ $236 = 143 + A + 3$

    $236 - 143 - 3 = A$

                 $A = 90$

$Z:$ $92 = 57 + Z + 0$

         $92 - 57 = Z$

                 $Z = 35$

그 나머지 핵은 $^{90}_{35}\text{Br}$(브로마인)이다.

11. $^{15}_{7}\text{N} + ^{1}_{1}\text{p} \rightarrow ^{4}_{2}\text{He} + A$

                       Z

$A:$ $15 + 1 = 16 = 4 + A$

      $16 - 4 = A$

            $A = 12$

$Z:$ $7 + 1 = 8 = 2 + Z$

        $8 - 2 = Z$

           $Z = 6$

형성된 핵은 $^{12}_{6}\text{C}$(탄소)이다.

13. 12분 동안 4000 cts/분에서 1000 cts/분으로 감소

크기에는 1/4이므로 두 번의 반감기를 거친다.

따라서 12분 = $2t_{1/2}$이므로 $t_{1/2}$ = 6분.

15. 첫 번째 반감기 후에는 계수비율이 1/2,

두 번째 반감기 후에는 계수비율이 1/4,

세 번째 반감기 후에는 계수비율이 1/8이다.

계수비율이 안전한 수준까지 떨어지기 위해서는 세 번의 반감기가 지나야 한다.

$t_{1/2}$ = 3일

$t_{1/2} = 3 \times 3$일 = 9일

17. 각 반감기 동안 탄소-14의 양이 반으로 감소한다. 나무 샘플이 최근 나무가 가지는 탄소-14 양에 비하여 반만 가지고 있다면 반감기 만큼 시간이 지났다는 뜻이다. 따라서 그 나무 샘플의 나이는 약 5730년이다. (표 11.3 참조)

19. $^{273}_{110}\text{Ds}, ^{269}_{108}\text{Hs}, ^{265}_{106}\text{Sg}, ^{261}_{104}\text{Rf}, ^{257}_{102}\text{No}, ^{253}_{100}\text{Fm}$ (예제 11.1 참조)

12장

1. $\Delta t' = 8.3 \times 10^{-8}$ s (예제 12.1 참조)

3. $\Delta t' = 3,460$ s = 57.7 min. (예제 12.1 참조)

5. $L' = L\sqrt{(1 - v^2/c^2)} = 1.0\,\text{m}\sqrt{(1 - (0.95\,c)^2/c^2)}$

     $= 1.0\,\text{m}\sqrt{(1 - 0.9025)} = 0.312$ m

막대자의 길이는 31.2 cm로 줄어들었거나 약 3.2배만큼 짧아졌다.

7. $E_0 = mc^2 = (1.673 \times 10^{-27}\,\text{kg}) \times (3 \times 10^8\,\text{m/s})^2$

        $= 1.506 \times 10^{-10}$ J

$E_0 = 1.506 \times 10^{-10}$ J $\times (6.25 \times 10^{18}$ eV/J$)$

       $= 9.41 \times 10^8$ eV

       $= 9.41 \times 10^8$ eV $\times 10^{-6}$ MeV/eV

       $= 9.41 \times 10^2$ MeV = 941 MeV

$m = 9.41$ MeV/c^2 (표 12.3 참조)

9. $E_0 = mc^2 = 1.0$ kg $\times (3 \times 10^8$ m/s$)^2$

        $= 9.0 \times 10^{16}$ J

$E =$ (물의 질량) $\times$ (융해 잠열)

    $= 1.0$ kg $\times (334,000$ J/kg$) = 3.34 \times 10^5$ J

$\dfrac{E_0}{E} = \dfrac{9.0 \times 10^{16}\,\text{J}}{3.34 \times 10^5\,\text{J}} = 2.69 \times 10^{11}$ (269억 배 더 큼)

11. $E_{\text{rel}} = \dfrac{mc^2}{\sqrt{(1 - v^2/c^2)}} = \dfrac{140\,\text{MeV}}{\sqrt{(1 - v^2/c^2)}} = 280$ MeV

$\sqrt{(1 - v^2/c^2)} = 0.5$

$1 - v^2/c^2 = 0.25$

$v^2/c^2 = 0.75$

$v = 0.87\,c$

13. $E_0 = mc^2 = (2\,m_p c^2)$

       $= 2(1.673 \times 10^{-27}\,\text{kg}) \times (3 \times 10^8\,\text{m/s})^2 = 3.01 \times 10^{-10}$ J

       $= 3.01 \times 10^{-10}$ J $\times (6.25 \times 10^{18}$ eV/J$)$

       $= 1.88 \times 10^9$ eV

       $= 1.88 \times 10^9$ eV $\times 10^{-6}$ MeV/eV

       $= 1.88 \times 10^3$ MeV

       $= 1,880$ MeV

15. (a) 가능하지 않음: 기묘도 보존을 위배한다.

(b) 가능하지 않음: 전하 보존을 위배한다.

(c) 가능하지 않음: 바리온 수 보존과 스핀 보존을 위배한다.

(d) 가능하다.

17. (a) π^-

(b) π^-

(c) v_μ

(d) $v_\mu; \bar{v}_\tau$

19. $\bar{\text{n}} = \bar{\text{d}}\bar{\text{d}}\bar{\text{u}}; \bar{\text{p}} = \bar{\text{u}}\bar{\text{u}}\bar{\text{d}}$

21. $\text{u}\bar{\text{u}}, \text{d}\bar{\text{d}}, \text{t}\bar{\text{t}}, \text{c}\bar{\text{c}}, \text{s}\bar{\text{s}}, \text{b}\bar{\text{b}}, \text{u}\bar{\text{t}}, \bar{\text{u}}\text{t}$

23. d d d: 세 개의 쿼크 모두 스핀이 정렬하여 알짜 스핀 3/2를 만들어야만 한다.

25. D^+메존은 쿼크와 반쿼크로 형성되어야 한다. 전하 +1, 맵시 +1, 기묘도 0의 특성을 갖는 유일한 쿼크-반쿼크 조합은 맵시 쿼크와 $\bar{\text{d}}$ 반쿼크로 이루어진 $(\text{c}\bar{\text{d}})$이다.

(표 12.7 참조)

27. (a) $\pi^+ + \text{p} \rightarrow \Sigma^+ + K^+$ (표 12.3을 이용하라)

     $(\text{u}\bar{\text{d}}) + (\text{uud}) \rightarrow (\text{uus}) + (\text{u}\bar{\text{s}})$

양변에 공통으로 있는 쿼크들을 상쇄시키면 다음과 같다.

$(d + \bar{d}) \rightarrow (s + \bar{s})$

d와 $\bar{d}$의 소멸은 새로운 $(s + \bar{s})$ 조합을 생성하는 데 사용되는 에너지를 만든다.

(b) $\gamma + n \rightarrow \pi^- + p$

$\gamma + (udd) \rightarrow (d\bar{u}) + (uud)$

$\gamma + (u + \bar{u})$

감마선의 에너지는 $(u + \bar{u})$ 쌍의 질량으로 변환된다.

(c) $p + p \rightarrow p + p + p + \bar{p}$

$(uud) + (uud) \rightarrow (uud) + (uud) + (uud) + (\bar{u}\bar{u}\bar{d})$

KE(충돌하는 양성자의) $\rightarrow (uud) + (\bar{u}\bar{u}\bar{d})$

KE $\rightarrow 2(u + \bar{u}) + (d + \bar{d})$

원래의 KE는 두 개의 $(u + \bar{u})$쌍과 하나의 $(d + \bar{d})$쌍을 만드는 데 이용된다.

(d) $K^- + p \rightarrow K^+ + K^0 + \Omega^-$

$(s\bar{u}) + (uud) \rightarrow (u\bar{s}) + (d\bar{s}) + (sss)$

$(u + \bar{u}) \rightarrow 2(s + \bar{s})$

$(u + \bar{u})$쌍의 소멸 에너지는 두 개의 $(s + \bar{s})$쌍을 만드는 데 이용된다.

29. $t\bar{b}$ 메존은 $Q = (+2/3) + (+1/3) = +1$을 가지며, 꼭대기도는 +1이고, 바닥도는 −1이다. 이 입자의 스핀은 쿼크와 반쿼크의 스핀이 반대 방향이면 0이고, 평행하면 +1이다. 어느 경우이든 정수값을 갖는 메존의 스핀과 일치한다.

31. 모든 양성자가 10^{33}년 정도 존재하면 10^{33}개의 양성자 모임에서 평균적으로 매년 하나의 양성자가 붕괴된다.

매년 100개의 붕괴가 일어나기 위해서는 100배만큼 많은 양성자가 필요하다. 즉, 양성자 개수는 다음과 같다.

$100 \times 10^{33} = 10^2 \times 10^{33} = 10^{35}$

번역 및 교정에 참여하신분

권난주 · 김규욱 · 김덕현 · 김영태 · 김진명 · 김호섭 · 김홍석 · 문종대 · 박승옥 · 박주태
박효열 · 배춘익 · 신기량 · 오기영 · 유평렬 · 윤형식 · 이근우 · 이영선 · 이철준 · 이행기
장성주 · 장현철 · 전윤한 · 정경아 · 정윤근 · 정준우 · 정종원 · 정호용 · 조영석 · 조영탁
최범식 · 하 양 · 한두희 · 한태종   (가나다 순)

쉽게 배우는 **물리학** 8판 개정판

2023년 3월 2일 인쇄
2023년 3월 5일 발행

저　　자 ◦ VERN J. OSTDIEK,
　　　　　DONALD J. BORD

역　　자 ◦ 물리학교재편찬위원회

발 행 인 ◦ 조 승 식

발 행 처 ◦ (주)도서출판 **북스힐**
　　　　　서울시 강북구 한천로 153길 17

등　　록 ◦ 제 22-457호

　(02) 994-0071

　(02) 994-0073

　www.bookshill.com
　　　　　bookshill@bookshill.com

잘못된 책은 교환해 드립니다.
값 33,000원

ISBN 979-11-5971-474-0